Grundlagen

ZOOTIERHALTUNG

Grundlagen

ZOOTIERHALTUNG

J. Junhold (Hrsg.)

13., aktualisierte Auflage

VERLAG EUROPA-LEHRMITTEL · Nourney, Vollmer GmbH & Co. KG
Düsselberger Straße 23 · 42781 Haan-Gruiten

Europa-Nr.: 57402

13. Auflage 2025
Druck 5 4 3 2 1

ISBN 978-3-8085-5098-4

Redaktion und Satz: Manuela Kupfer, 35039 Marburg
Umschlag: Zeichenbüro des Verlags Europa-Lehrmittel, Ostfildern, unter Verwendung eines Fotos des Zoologischen Gartens Leipzig
Umschlagkonzept: braunwerbeagentur, 42477 Radevormwald
Druck: UAB BALTO print, 08217 Vilnius (Litauen)

Inhaltsverzeichnis

Vorwort

Wildtierhaltungen erfreuen sich ungebrochen einer hohen Beliebtheit in unserer Gesellschaft. Sie erfordern ein hohes Maß an Verantwortungsbewusstsein, aktuelles biologische Fachwissen, tiergärtnerisches Gespür und die Empathie aller Pflegenden. Dabei können wir unsere Vorstellungen und Bedürfnisse als Menschen nicht immer eins zu eins auf die uns anvertrauten Tiere übertragen. Der Schweizer Zoodirektor und Begründer der Tiergärtnerei als Wissenschaftsdisziplin Heini Hediger führte bereits 1942 dazu sehr treffend aus: „Tierliebe bedeutet, Eigenarten und Bedürfnisse der Tiere kennen zu lernen und den Verzicht auf Befriedigung unserer eigenen Wünsche, die meist auf viel körperliche Berührung abzielen. Unter echter Tierliebe verstehen wir Freude am Tier unter größtmöglicher Rücksichtnahme auf seine biologischen Erfordernisse."

Gerade in unseren Breiten haben die Wissensaneignung und die professionelle Ausbildung zur Haltung von Wildtieren eine lange Tradition. Der Lehrberuf des Zootierpflegers wurde bereits in den 1950er Jahren eingeführt und die akademische Ausbildung der wissenschaftlichen Mitarbeiter in der Zoo- und Wildtierhaltung ständig weiterentwickelt. Folgerichtig erschien im Jahr 1970 erstmals der Grundlagenband „Wildtiere in Menschenhand" als erster von insgesamt sechs Bänden. Er war das weltweit erste Lehrbuch für Tierpfleger. Vor Ihnen liegt nun bereits die 13. Auflage des Grundlagenbands. Die Lehrbuchreihe „Zootierhaltung" ist heute das Standardwerk für die Pflege von Wildtieren im deutschsprachigen Raum. Mit ihren Spezialbänden zur Haltung von Säugetieren, Vögeln, Fischen, Amphibien und Reptilien sowie von Wirbellosen dient sie nicht nur der Ausbildung, sondern ist als Nachschlagewerk zum ständigen Begleiter eines jeden Wildtierhaltenden geworden.

Die Aufgaben der zoologischen Gärten beschreibt heute die „Welt-Zoo- und Aquarium-Naturschutzstrategie", herausgegeben vom Weltverband der Zoos und Aquarien (WAZA). Mit dem rasant fortschreitenden Verlust der biologischen Vielfalt hat sich die gesellschaftliche Aufgabe und das Selbstverständnis zoologischer Gärten mit hoher Dynamik in Richtung Arten- und Naturschutz verschoben. Die Welt-Naturschutzunion IUCN stellt in ihrem Positionspapier aus dem Jahr 2023 den bedeutenden Beitrag, den botanische Gärten, Aquarien und Zoos für den Erhalt wild lebender Tiere, Pilze und Pflanzen leisten, heraus. Konsequenterweise führt die deutsche Bundesregierung in der im Jahr 2024 beschlossenen Nationalen Biodiversitätsstrategie 2030 dazu aus: „Neben der In-situ-Erhaltung spielt auch die Ex-situ-Erhaltung als komplementäre Erhaltungsmaßnahme eine zunehmend wichtige Rolle für die Erhaltung der Artenvielfalt." Die Haltung von Reservepopulationen in den Wildtierhaltung gewinnt damit noch mehr an Bedeutung.

Für diese anspruchsvollen Aufgaben benötigen alle Zoo- und Wildtierhaltungen gesunde und nachhaltig gemanagte Tierpopulationen. Das individuelle Tierwohl und seine Quantifizierbarkeit spielen dabei für die gesellschaftliche Akzeptanz eine entscheidende Rolle. Dazu bekennen sich heute alle forrschrittlichen zoologischen Gärten. Die dafür notwendige Exzellenz in der Tiergärtnerei erfordert unbestritten ein solides Fachwissen und ständige Weiterbildung.

So wie sich das Selbstverständnis zoologischer Gärten und ihre Aufgabenstellungen stetig weiterentwickeln, so ist auch das Berufsbild des Zootierpflegers einem ständigen Wandel unterworfen. Entsprechend wurde der Inhalt dieses Lehrbuchs aktualisiert und fortgeschrieben. Der Verlag, der Herausgeber und alle Autoren wünschen allen Lesenden und Lernenden eine bereichernde Lektüre zum Wohle aller in menschlicher Obhut lebenden Wildtiere.

Leipzig im April 2025 Prof. Dr. Jörg Junhold

1

Die Geschichte der zoologischen Gärten in Deutschland

Lothar Dittrich

Wildtiere wurden schon in vorgeschichtlicher Zeit gehalten. Die Domestikation einiger Arten zu Haustieren, in verschiedenen Zeiten, Kulturen und Weltgegenden erfolgt, ist ohne eine längere Pflege von Einzeltieren und ununterbrochene Zucht gezähmter Wildtiere nicht denkbar. Auch eine menagerieartige Haltung von Wildtieren bzw. eine solche in großen, abgeschlossenen Arealen hat es im Vorderen Orient, in Indien und China schon vor einigen Jahrtausenden gegeben. Sie diente unterschiedlichen Zwecken und hatte teils weltliche (Jagd, zeremonielle Jagd des Herrschers), teils religiöse (Haltung von Tieren für kultische Rituale) Vorstellungen als Hintergrund oder war, wie in der römischen Antike, als Vorratshaltung für Jagd- und Kampfspiele in den Arenen gedacht.

Ab dem Zeitalter der Entdeckungen der außereuropäisch-mediterranen Welt für die europäischen Seefahrermächte, also ab Mitte des 15. Jahrhunderts, kam als Grund für die Haltung fremdländischer Wildtiere ein Sammlungsbestreben hinzu. Die Wildtierhaltung vieler Fürsten, aber auch einiger reich gewordener Bankiers und Kaufleute, war gewissermaßen eine Außenstelle ihrer Kunst- und Wunderkammer, in denen die leblosen Naturobjekte, Präparate, Kunstwerke, technischen Instrumente und andere für sammelnswert gehaltene Objekte aufbewahrt wurden. Die Sammlungen sollten die Vielfalt der Welt in ein Ordnungsgefüge bringen und überschaubar repräsentieren. Mitunter diente sie auch der Darstellung weitgespannter politischer oder wirtschaftlicher Beziehungen des Besitzers.

1.1 Menagerien der Fürsten

1662/68 wurde erstmals in Europa mit der Menagerie Louis XIV. in Versailles eine baulich durchgeplante, in sich geschlossene Anlage zur Haltung von Wildtieren geschaffen. Mit ihrer radiärsymmetrischen Bauweise und einem Pavillon für den König im Mittelpunkt spiegelte sie die Welt- und Staatsordnung wider, wie der König sie verstand, mit sich selbst als dem Weltherrscher im Zentrum. Diese Menagerie wurde anderen fürstlichen Tierhaltungen in den folgenden 100 Jahren zum baulichen Vorbild. Nur die 1752 fertiggestellte Menagerie am Schloss in Wien-Schönbrunn, der historische Kern des heutigen Wiener Tiergartens, ist von den barocken Menagerien bis auf unsere Tage gekommen. Ihr liegt allerdings trotz der Ähnlichkeit ihrer Gestaltung mit einem Zentralpavillon ein anderes geistiges Konzept zugrunde im Sinne des Weltverständnisses der Aufklärung und der Freimaurer, einerseits mit dem Menschen und andererseits mit dem Souverän als Verkörperung des Zentrums der menschlichen Gesellschaft im Mittelpunkt.

Der zoologische Garten im modernen Sinne – dieser Name wurde für den 1828 eröffneten Londoner Zoo gewählt – ist ein Ergebnis der Französischen Revolution von 1789 und ihrer gesellschaftspolitischen Vorstellungen. Nachdem die Menagerie in Versailles geschlossen worden war und viele ihrer Tiere verloren gegangen waren, wurde der überlebende bescheidene Rest des Tierbestands, vermehrt um in ganz Frankreich beschlagnahmte Tiere aus anderen adligen Tierhaltungen und von umherziehenden Schaustellern, im ehemals königlichen Pflanzengarten von Paris, im Jardin des Plantes, wiederum zu einer Menagerie vereinigt. Ihr lag ein Programm zugrunde, das im Wesentlichen noch heute für die Zoos als verbindlich erachtet wird. Sie sollte allen Bürgern ohne Einschränkung geöffnet sein. Wenn auch schon einige Fürsten, den Gedanken der Aufklärung verpflichtet, ihre Menagerien der Öffentlichkeit zugänglich gemacht hatten, so Landgraf Friedrich II. 1764 in Kassel oder Kaiser Joseph II. 1779 in Wien-Schönbrunn, hatten doch restriktive Bestimmungen, etwa eine vorgeschriebene Kleiderordnung für die Besucher oder die Anmeldepflicht, die Besuchsmöglichkeiten beschränkt. Außerdem sollten nun die gehaltenen Tiere eine Bildungsfunktion haben, wobei nicht nur an die Vermittlung zoologischer Informationen anhand der vorhandenen Arten durch die Menagerieleitung und durch von ihr verpflichtete Fachleute gedacht war, sondern auch an die Bildung von Herz und Gemüt der Besucher. Der Aufenthalt in einer ästhetisch einwandfreien Tiergartenumwelt sollte sie für die Schönheit und Vielfalt der Natur empfänglich machen und ihr moralisches Empfinden und damit ihr Selbstverständnis wie ihren Bürgersinn stärken. Wir würden dieses Programm heute mit der Aufgabe des Zoos gleichsetzen, sowohl Bildungseinrichtung zu sein als auch der Erholung zu dienen. Schließlich sollten durch die Beobachtung von Wildtieren und durch ihr Studium nach dem Tod verschiedene Disziplinen der Wissenschaft mit neuen Erkenntnissen bereichert werden.

Im Jahr 1812 hatten der württembergische König Friedrich I. in Stuttgart am Schloss Retrait und 1821 der preußische König Friedrich Wilhelm III. auf der Pfaueninsel bei Potsdam eine der Öffentlichkeit zugängige Menagerie eröffnet. In beiden gab bereits eine Beschilderung der Gehege Auskunft über Namen und Herkunft der Tiere. Beide Menagerien existierten nicht lange. Wesentliche Teile des Tierbestands der Menagerie auf der Pfaueninsel wurden zur Gründung des Berliner Zoos auf dessen Gelände überführt.

1.2 Reisende Menagerien

Nicht fürstliche Menagerien, sondern die mit einem Gastspiel von meist nur wenigen Tagen von Stadt zu Stadt reisenden **Wandermenagerien** mit zum Teil großem Tierbestand waren in der ersten Hälfte des 19. Jahrhunderts in den deutschen Ländern die Übermittler von zoologischen Informationen anhand lebender Tiere an breite Kreise der Bevölkerung. Die Wandermenagerien waren sowohl die Vorläufer als auch noch jahrzehntelang die Konkurrenten der frühen zoologischen Gärten, zumal sie ab Mitte des 19. Jahrhunderts nicht nur Raubtiere, Affen, Papageien und andere exotische Vögel, Krokodile und andere Reptilien, sondern auch einige Huftiere wie Zebras und sogar Antilopen und Hirsche, mitunter auch Großtiere wie Elefanten, Giraffen, Nashörner und schließlich sogar Menschenaffen, vor allem Orang Utans und Schimpansen, mit sich führten. Seriöse Wandermenagerien fühlten sich einem Bildungsauftrag verpflichtet, gaben gedruckte Führer durch ihren Tierbestand heraus oder verkauften Bilddrucke von ihren selteneren Tieren. Sie wurden im letzten Drittel des 19. Jahrhunderts aber immer weniger von der Öffentlichkeit akzeptiert, weil es ihnen nicht gelang, mit ihren zoologischen Informationen dem Fortgang der biologischen Erkenntnisse zu entsprechen und weil ihre Tierhaltung und Präsentationsmethoden immer stärker abgelehnt wurden. Sie überließen schließlich das Feld den zoologischen Gärten.

1.3 Die ersten deutschen Zoos

Entsprechend der im Vergleich zu den westlichen Nachbarstaaten Großbritannien, den Niederlanden, Belgien und Frankreich in Deutschland etwas verzögerten wirtschaftlichen und gesellschaftspolitischen Entwicklung zur bürgerlichen Industriegesellschaft kam es einige Jahrzehnte später als dort auch bei uns zur Gründung zoologischer Gärten. Nur der Zoo Berlin war mit starkem Einfluss der Krone 1844 dieser Entwicklung vorangegangen. Die erste

Welle der Gründung zoologischer Gärten in Deutschland mit der Eröffnung der Zoos von Frankfurt (1858), Köln (1860), Dresden (1861), Hamburg – Am Dammtor (1863), Hannover, Breslau und Karlsruhe (1865) entsprang der Initiative des Bürgertums. Vor allem Industrielle, Bankiers, Ärzte, Lehrer, Offiziere, Politiker, Gelehrte u.a. waren die Träger der Zooidee und die Organisatoren. Sie schlossen sich zu Aktienvereinen zusammen und brachten das notwendige Kapital auf. Ihre Gründe, einen zoologischen Garten einzurichten, waren im Wesentlichen die gleichen, die schon in Paris formuliert worden waren. Führende bürgerliche Kreise hatten außerdem inzwischen erkannt, dass Fortschritte in der Produktion und Gesellschaft nur mit einem vielseitig gebildeten Bürger zu erreichen waren. Hinzu kam, dass sie wie vor allem in Köln die Weltoffenheit ihrer Stadt durch das Hereinholen von Tieren aus aller Welt dokumentieren, oder, und das gilt für alle, dass sie ihrer Stadt und ihren Kaufleuten durch eine Attraktion für Touristen zusätzliche Einnahmen verschaffen wollten.

Die architektonische Gestaltung der Tierunterkünfte war entweder einem naturimitierenden Stil verpflichtet, wie er schon ab 1806 in der Menagerie im Jardin des Plantes von Paris entwickelt worden war, dem sogenannten Style rustique, oder aber im Stil des Exotismus mit morgenländischen Bauten bzw. mit burgenähnlichen Bärenanlagen und anderen Gebäuden dem damals herrschenden Historismus verpflichtet. Um fremdländische Tiere als solche erleben zu können, hielt man es für notwendig, ihrer Unterkunft ein entsprechend exotisches Dekor zu geben. Da in dieser Zeit der professionelle Tierhandel erst in seinen Anfängen stand, war man über die von Gönnern erhaltenen Tiere hinaus bei der Tierbeschaffung im Wesentlichen darauf angewiesen, was zufällig als Mitbringsel von Seeleuten und Reisenden in den europäischen Häfen angeboten wurde. So war der Tierbestand vor allem im Vergleich zu dem der Wandermenagerien, die überwiegend aus England, Frankreich und den Niederlanden ihre Tiere bezogen, noch sehr bescheiden. Viele Zootiere waren, ehe sie Europa erreichten, in ihren Ursprungsländern künstlich aufgezogen worden und dadurch handzahm. Sie konnten von den Pflegern im direkten Umgang und hinter bescheidenen Absperrungen gehalten werden, sofern man nicht deren für den Menschen erachtete Gefährlichkeit durch martialische Absperrungen verdeutlichen wollte, wie bei den burgenartigen Verließen für Braunbären.

1.4 Die Zoos im Kaiserreich

Die zoologischen Gärten kamen schon nach wenigen Jahren in finanzielle Bedrängnis, weil man die Zahlungsbereitschaft der an naturkundlicher Bildung interessierten bürgerlichen Kreise über-, die Unkosten der Tierhaltung unterschätzt hatte und die Eintrittserlöse die Unkosten und die Zinsen für das aufgenommene Kapital nicht decken konnten. Finanzielle Probleme sollten die zoologischen Gärten, abgesehen von wenigen Ausnahmen und von jeweils nur kurzen Phasen besonderer wirtschaftlicher Prosperität, fortan begleiten. Die Zoos versuchten in der zweiten Hälfte des 19. Jahrhunderts den finanziellen Engpässen durch zusätzliche Attraktionen zu entgehen. Es wurden u.a. Konzerte, Bälle, Feuerwerks-, Schlittschuh- oder Rollschuhveranstaltungen organisiert. Einerseits wurden die Zoos dadurch zu einem gesellschaftlichen Mittelpunkt der Vergnügungen des städtischen Bürgertums, andererseits verspielten sie aber die ursprünglich angestrebte enge Verbindung zu wissenschaftlichen Institutionen.

Ab Mitte der 1870er Jahre wurden in den mitteleuropäischen Zoos sogenannte **Völkerschauen** gezeigt. Von Carl Hagenbeck oder Impressarios in ihrer Heimat angeworben, wurden aus außereuropäischen Teilen der Welt beinahe alljährlich indigene Männer und Frauen in die Zoos gebracht, gelegentlich sogar mit Kindern und oft mit typischen Haustieren. Sie wurden veranlasst, sich selbst zur Schau zu stellen, und zeigten Folklore, typische Handwerksarbeiten, Reiterspiele und mitunter sogar Kulthandlungen. Kam den ersten „Völkerschauen“ noch ein gewisser Bildungswert zu, wurden sie bald, vor allem vor dem Hintergrund des zeitgenössischen Überlegenheitsgefühls der Europäer in kultureller Hinsicht über sogenannte Kulturvölker zu „Attraktionen“ mit sehr zweifelhafter Aussage, ganz abgesehen von der ethischen Fragwürdigkeit, Menschen in diesem Rahmen zur Schau zu stellen. Aus heutiger Sicht ist es kritisch zu bewerten, dass die Zoos damals, wenn auch im Kontext mit dem herrschenden Zeitgeist, ihre Pforten für Veranstaltungen öffneten, die Rassismus und koloniales Denken durch Anschauung des „Exotischen“ förderten, die mit dem Bildungsanspruch und -auftrag der zoologischen Gärten nichts zu tun hatten, aber, wenn auch allmählich ausklingend, bis in die ersten drei Jahrzehnte des 20. Jahrhunderts vereinzelt fortgeführt wurden. Außerdem gab es in diesen Jahrzehnten noch Vorführungen dressierter Raubtiere, die wie die Völkerschauen in finanzieller Hinsicht für die Zoos eine große Bedeutung hatten.

Als Deutschland, die neu geeinte Nation, zunächst einen wirtschaftlichen Aufschwung erfuhr, kam es nach 1871 zu einer zweiten Welle von Zoogründungen. Da sich nunmehr durch die Firmen Carl Hagenbeck in Hamburg und Gebrüder Reiche in Alfeld sowie im Verlauf des letzten Drittels des 19. Jahrhunderts, zusätzlich durch kleinere Unternehmen auch in Deutschland ein leistungsfähiger Handel mit fremdländischen Wildtieren entwickelte, war die Tierbeschaffung für die Zoos leichter geworden. So öffneten 1871 in Stuttgart der Privatzoo von Nill seine Pforten, 1874 Carl Hagenbeck seinen Tierpark in Hamburg am Neuen Pferdemarkt, im gleichen Jahr ein Zoo in München am Englischen Garten, ebenso wie in Posen, das damals unter deutscher Verwaltung stand, in Münster 1875, Düsseldorf 1876, interessanterweise eine Gründung des örtlichen Tierschutzvereins „Fauna“, in Leipzig 1878, Krefeld 1879, Elberfeld 1881 (heute Wuppertal), Aachen 1882, Königsberg und Bremerhaven 1896, sowie Landau 1904. Im Unterschied zu den Zoos der ersten Welle waren es nunmehr meist Einzelpersönlichkeiten, zum Teil wirtschaftlich erfolgreiche Unternehmer, die sich mit dem Zoo, oft verbunden auch mit Tierhandel und den genannten Nebenattraktionen, finanzielle Gewinne aus ihrer Zoogründung erhofften. Nicht immer, wie in Leipzig, gingen solche Überlegungen in Erfüllung, und einige der genannten Zoos dieser Epoche verschwanden wieder.

Mit der vollständigen kolonialen Erschließung und Unterwerfung von Ländern der Dritten Welt, aber auch z.B. im russischen Zentralasien, etablierten sich dort Firmen und Einzelpersönlichkeiten, die sich dem Fang und der Eingewöhnung von zoologisch interessanten Tieren der lokalen Fauna widmeten und diese in Deutschland entweder direkt oder über die Firmen Hagenbeck und Reiche bzw. ab 1910 auch Ruhe/Alfeld den Zoos anboten. Vor allem unter den finanzstärkeren Zoos entwickelte sich nun der Wunsch, möglichst viele seltene Tiere zu bekommen und eine immer größere Artensammlung aufzubauen. Es entstanden große Tiergebäude mit langen Reihen von Käfigen und Gehegen. Infolge der Inwertsetzung nationaler Besonderheiten im Bewusstsein der Menschen, auch der deutschen Landschaften, wurde ab den 1880er Jahren der heimischen Tierwelt in den Zoos eine größere Aufmerksamkeit zuteil. Man baute Vogelhäuser und Volieren für einheimische Vögel, Freilandterrarien für hiesige Reptilien. Auch einige **Heimattierparks** entstanden, die sich vorrangig oder ausschließlich der Pflege heimischer Wild- und Nutztiere widmeten. Die wirtschaftliche Situation vieler Zoos verschlechterte sich infolge der hohen Betriebskosten aber immer mehr. Viele wurden von laufend gezahlten Zuschüssen der öffentlichen Hand abhängig.

1.5 Carl Hagenbecks neue Zooidee

Seit der Jahrhundertwende wurden in illustrierten Zeitschriften und in Buchpublikationen immer mehr Fotos von frei lebenden Wildtieren, auch aus Übersee, die Eindrücke von den Lebensräumen der Tiere vermittelten, sowie Reiseberichte publiziert. Ohne dass sich eine spezielle Kritik der Tierhaltung an den etablierten Zoos artikuliert hätte, müssen doch viele an Tieren interessierte Zeitgenossen nicht mehr mit der traditionellen Schaustellung der Zootiere zufrieden gewesen sein, sonst hätte Carl Hagenbecks neuer Tierpark in Stellingen bei Hamburg nicht eine so enthusiastische Resonanz in der Öffentlichkeit gefunden. In dem 1907 eröffneten Tierpark waren ganz andere Prinzipien der Tierschaustellung realisiert worden, sieht man davon ab, dass bereits in dem 1901 eröffneten Zoo von Halle/Saale auf Veranlassung seines zweiten Direktors Gustav Brandes, der von vornherein an der Gestaltung dieses Zoos beteiligt war, naturbelassene, felsige Gehege für Bergtiere entstanden waren. Carl Hagenbeck hatte auf mehreren Feldern der Tierhaltung vielfältige Erfahrungen gesammelt. Seit 1896 war er auf verschiedenen Welt- und anderen überregionalen Austellungen mit einem mobilen sogenannten Nordlandpanorama vertreten gewesen, einer fantasievollen Kulissenlandschaft, belebt mit Eisbären, Robben und Seevögeln, deren Gehege voneinander durch einen unsichtbaren, für die Tiere jedoch unüberwindlichen Graben getrennt waren. Carl Hagenbeck hatte durch die mit jedem Tierhandel en gros verbundene Notwendigkeit, Tiere zeitweilig nur improvisiert unterbringen zu müssen, Erfahrungen über die Anpassungsfähigkeit bestimmter Tierarten an unser Klima gewinnen können. Und als scharfer Beobachter war er z.B. mit der Sprungleistung vor allem von Raubtieren vertraut, die von seinem Bruder Wilhelm, einigen von diesem verpflichteter Tierlehrer und solchen, die in seinem eigenen Haus tätig waren und mit ihren Dressurgruppen in Engagements gingen, ausgebildet wurden.

Kernstück seines neuen Tierparks in Stellingen war eine Anlage nach Art des Nordlandpanoramas, eine zentral im Park liegende Landschaft mit künstlichen Felsen. Die davor gelagerten Gehege für Löwen, Huftiere und Wasservögel waren, jeweils durch verdeckte Gräben voneinander getrennt, vom Besucher sowohl jedes für sich als auch aus der Distanz als Gesamtpanorama zu erleben. Die Stallungen mehrerer anderer Gehege waren durch ebensolche Felsen kaschiert. Die meisten Tiere hatten große Ausläufe. Viele Tiere waren so weit an das Hamburger Klima gewöhnt, dass sie die meiste Zeit über im Freien zu besichtigen waren. Alle Anlagen waren in einer Parklandschaft untergebracht. Im Jahr 1997 wurde das Hagenbecksche Ensemble unter Denkmalschutz gestellt.

Außer der Betonung der Adaptationsfähigkeit vieler Tiere an unser Klima waren die Weiträumigkeit der Gehege und vor allem die Verwendung von Trenngräben zur Begrenzung von Tieranlagen das neue Prinzip der Schaustellung, das vielen Besuchern die Illusion vermittelte, die gehaltenen Tiere lebten in größerer relativer Freiheit als in den traditionellen Zoos. Erkauft wurde dieser Eindruck durch weitgehenden Verzicht auf die Haltung von kleinwüchsigen Tierarten, die man auf diese Weise nicht schauattraktiv halten kann. Hagenbecks Prinzip der Haltung von Tieren in **Freisichtanlagen** wurde in der Folgezeit, wenn auch teilweise mit erheblicher Verzögerung durch den Ersten Weltkrieg und die anschließende Zeit schwieriger Wirtschaftsverhältnisse in Deutschland, von so gut wie allen Zoos und überall auf der Welt übernommen und war ein entscheidender Schritt zur Tierschaustellung in unserer Zeit. Panoramaanlagen nach dem hagenbeckschen Muster, die von vielen Fachleuten als unnatürliche Szenerie empfunden wurden, entstanden freilich in Deutschland in der Folgezeit nicht mehr.

1.6 Neue Zoos am Anfang des 20. Jahrhunderts

Eine dritte Welle von Zoogründungen erfolgte kurz vor dem Ersten Weltkrieg. Ein wichtiges Motiv der Zoogründer war nun, mit dem Zoo wie mit anderen kulturellen Einrichtungen, Museen etwa, den Rang der Stadt gegenüber vergleichbaren deutschen Städten, die bereits solche Einrichtungen in ihren Mauern besaßen, zu unterstreichen. Hagenbecks Freisichtanlagen mit übersprungsicheren Trenngräben wurden von ihnen schon berücksichtigt. Im Jahr 1911 wurde der erste Zoo in München-Hellabrunn eröffnet, 1912 der in Nürnberg, Am Dutzendteich, und 1913 die Tiergrotten in Bremerhaven.

Die Zeit des Ersten Weltkriegs überstanden die deutschen Zoos mit ihrer herkömmlichen Infrastruktur, fast alle verloren aber den größten Teil ihres Tierbestands. Viele Tiere verhungerten oder mussten getötet werden, weil kein Futter mehr zu beschaffen war, andere starben, weil ihre Unterkünfte nicht mehr geheizt werden konnten. Eine ganze Reihe von Zoos musste in der Wirtschaftskrise, die unmittelbar nach dem Ende des Krieges ausbrach, vorübergehend die Pforten schließen, weil kein Geld mehr zur Bezahlung der finanziellen Verpflichtungen vorhanden war. Einige Zooaktiengesellschaften brachen finanziell zusammen. Um die für so viele Besucher attraktive Institution nicht zu verlieren, übernahm in einigen Fällen die Stadtverwaltung den Zoo und führte ihn als städtische Dienststelle weiter. Damit wurden allerdings die Zoos, schon seit vielen Jahren auf regelmäßig von ihrer Stadt gewährte Zuschüsse angewiesen, gänzlich von dem städtischen Haushaltsetat abhängig.

In den späten 1920er Jahren und in der ersten Hälfte der 1930er Jahre, als mit der Heimatbewegung und der anschließenden nationalsozialistischen Ideologie nationale Elemente erneut in den Vordergrund traten, gab es in Deutschland wiederum eine Welle von Tiergartengründungen, von denen einige als Heimattiergärten entstanden, sich entweder schnell oder erst später zu zoologischen Gärten mit einem breiteren Spektrum des Tierbestands entwickelten. Sie können hier nicht alle aufgezählt werden. Es seien nur diejenigen genannt, die als zoologischer Garten eine Rolle spielten: Neunkirchen 1925, der Tierpark München-Hellabrunn 1928, Essen-Grugapark 1929, Saarbrücken 1932, Bochum 1933, Duisburg, Heidelberg und Hamm 1934, Osnabrück 1936, Augsburg und Rheine 1937, Krefeld 1938 sowie Straubing 1939. In München war ein neues Prinzip der Anordnung der Tieranlagen realisiert worden, das 1912 im Hause Hagenbeck für einen „Hagenbeck-Zoo" in Berlin entworfen worden war, der aber nicht gebaut wurde. Der Tierbestand wurde nicht mehr nach pflegerisch-funktionalen oder zoologisch-systematischen, sondern nach tiergeographischen Gesichtspunkten geordnet ausgestellt (Geozoo).

Tiergärtnerisch fielen in die Zeit nach dem Ersten Weltkrieg für ein halbes Jahrhundert verstärkte Bemühungen, für die wichtigsten Zootiere die – wie wir heute sagen – artgemäßen Haltungsfaktoren zu ermitteln und ihre regelmäßige Nachzucht unter Zoobedingungen zu gewährleisten. Die Präsentation von Tiermutter und Kind, die Beobachtung des Fortpflanzungs- und Aufzuchtverhaltens, Hinweise auf die Beobachtung von Tierverhalten, zugleich aber auch eine direkte Kontaktnahme von Zoobesuchern vor allem mit jungen Tieren in sogenannten Tierkindergärten, traten im Bildungsprogramm der Zoos in den Vordergrund. Neue Fangmethoden ermöglichten den Import größerer Mengen von Tieren derselben Art und damit auch die Haltung größerer Tiergruppen, mit denen auch bessere Zuchterfolge erzielt werden konnten. Nach dem Ende der Tierhandelsfirma Reiche 1910 hatte die gleichfalls in Alfeld/Leine ansässige Tierhandlung L. Ruhe deren Geschäftsfeld übernommen. Mit den wissenschaftlichen Arbeiten, u.a. von Oskar Heinroth in Berlin, Gustav Brandes in Dresden, Karl-Max Schneider in Leipzig und Otto Antonius in Wien, die vorrangig dem Verhalten und der Jugendentwicklung von Säugetieren und Vögeln im Zoo gewidmet waren, gewannen die deutschsprachigen Zoos wieder Anschluss an die wissenschaftliche Biologie. Nach wie vor spielten aber die Nebenaktivitäten zur Verbesserung der Einnahmen, darunter auch Vorführungen von Tierfilmen, eine große Rolle.

1.7 Kritik an der Existenz des Zoos

Im Jahr 1936 sahen sich die deutschen Zoos einer fundamentalen Kritik ausgesetzt, die von dem schwedischen Schriftsteller Bengt Berg initiiert worden war. Hintergrund war, dass in den davorliegenden Jahren der Tierschutzgedanke stärker beachtet worden war, was sich in

Deutschland 1933 auch in einem neuen, zukunftsweisenden Tierschutzgesetz ausdrückte. Eine solche grundsätzliche Kritik hatte es durch Adolf Freiherr von Knigge 1788, also schon zu Zeiten der späten fürstlichen Menagerien gegeben. Jedwede Haltung von Wildtieren war von ihm aus ethischen Erwägungen abgelehnt worden. Nunmehr wurde die Existenzberechtigung der Zoos erneut infrage gestellt, in einem totalitären Staat eine gefährliche Situation.

Der Leipziger Zoodirektor Karl Max Schneider formulierte als Antwort darauf die Aufgaben des Zoos. Er wies auf den Bildungsauftrag für die breite Bevölkerung und die Bemühungen der Zoos auf diesem Feld hin, auf die Erkenntnisse, die das Studium der Zootiere der Wissenschaft ermöglichte, aber auch schon darauf, dass der Zoo in der Lage sei, seine Besucher für den Naturschutz zu sensibilisieren und, mit dem Beispiel des Wisents, dass er durch Zucht unter kontrollierten Bedingungen an der Erhaltung einer vom Aussterben bedrohten Tierart mitwirken könne. Freude am Tier solle der Zoo seinen Besuchern bieten, und er forderte, als bereits jedweder Ausbau nicht nationalsozialistischer Einrichtungen gestoppt war, „nicht Abbau, sondern vielmehr Ausbau (der Zoos), zum Vorteil von Mensch und Tier". Ein gewisses Desinteresse der Machthaber an der Problematik der Wildtierhaltung unter Zoobedingungen ließen die gegen die Zoos gerichteten Bestrebungen im Sande verlaufen. Nur der neue Nürnberger Tiergarten erlebte den geforderten Ausbau, weil der alte Zoo am Dutzendteich städtebaulichen Maßnahmen (Neugestaltung des Areals für Veranstaltungen der NS-Partei) weichen musste. Er wurde im Jahr 1939 kurz vor Kriegsbeginn eröffnet. Die Devisenbewirtschaftung schränkte in der zweiten Hälfte der 1930er Jahre die Tierbeschaffung aus Übersee zunehmend ein.

1.8 Zerstörungen im Krieg und Wiederaufbau

Im Bombenhagel des Zweiten Weltkriegs fielen die Anlagen der meisten deutschen Zoos in Schutt und Asche. Der Zoo Hannover z.B. musste schon im Oktober 1944 nach Totalzerstörung durch Fliegerbomben geschlossen werden, der Zoo Düsseldorf wurde im November 1944 vollständig zerstört, der Zoo Dresden im Februar 1945. Der Düsseldorfer blieb der einzige Zoo, der in Deutschland nach dem Krieg nicht wieder aufgebaut wurde. Der Wiederaufbau der Zoos verlief in den beiden deutschen Teilstaaten gleichsinnig mit dem ihrer Städte, d.h. rascher und nach moderneren architektonischen Prinzipien in der Bundesrepublik Deutschland und verzögerter und vielfach auf die Reparatur der überkommenen Haltungssysteme beschränkt in der Deutschen Demokratischen Republik. Durch die kollegiale Verbundenheit der Zoodirektoren in Ost- und Westdeutschland wirkte sich die politische Teilung auf ihre fachliche Zusammenarbeit sowie beim Austausch von Tieren und Informationen kaum aus. In beiden deutschen Teilstaaten, in der Bundesrepublik Deutschland 1954 und in der Deutschen Demokratischen Republik 1955, wurde der Beruf des Zootierpflegers zum Fach- und Lehrberuf.

1.9 Tiergartenbiologie als Wissenschaft

Tiergartenbiologisch war die Nachkriegszeit vor allem dadurch gekennzeichnet, dass es bis zu den 1970er Jahren gelang, für so gut wie alle in den Zoos gehaltenen Tierarten die artgemäßen Haltungsfaktoren herauszufinden. In seinen zusammenfassenden Schriften hatte der Schweizer Zoodirektor Heini Hediger das wissenschaftliche Fundament der Wildtierhaltung unter Zoobedingungen als Tiergartenbiologie bezeichnet. Immer mehr wissenschaftliche Arbeiten waren in der Zeit nach dem Zweiten Weltkrieg in den Zoos und zu Problemen der Wildtierhaltung auch in Universitätsinstituten angefertigt worden. Die Ergebnisse enormer Fortschritte in der Tiermedizin und Tierernährungslehre standen den Zoos nunmehr zur Verfügung. Die wichtigsten Infektionskrankheiten, allen voran die Tuberkulose, der in den zurückliegenden 125 Jahren viele Zootiere zum Opfer gefallen waren, verloren durch neue Diagnosemethoden, Therapien und hygienische Maßnahmen ihre Bedeutung. Parasitäre Erkrankungen, oft die Primärschädigung für nachfolgende Organerkrankungen, verschwanden aus den Zoos. Die Nachzucht von immer mehr Tierarten gelang so regelmäßig, dass die Zoos weitgehend frei wurden von der einst immer wieder notwendigen Entnahme von Tieren aus der Wildbahn, gerade rechtzeitig, als zum Schutz der vielen vom Aussterben bedrohten Tierarten der Fang und kommerzielle Handel mit ihnen untersagt oder weltweit weitestgehend eingeschränkt wurde. 1973 wurde auf einer internationalen Konferenz in Washington die Convention on International Trade with Endangered Species (CITES), das Washingtoner Artenschutzübereinkommen, beschlossen. Der Austausch von zoogezüchteten Tieren wurde die Grundlage für die Erhaltung des Tierbestands in den Zoos. Der gewerbsmäßige Handel mit Wildtieren kam fast völlig zum Erliegen.

In den 1960er Jahren wurde im Zoo Hannover erkannt, dass die Fähigkeit zu territorialem Verhalten, auch vieler in der Wildbahn nomadisch lebender Arten, für die Begrenzung ihrer Gehege genutzt werden konnte. Sofern die Tiere solcher Arten, vornehmlich Huftiere, in ihren Gehegen ihre wichtigsten Bedürfnisse angemessen befriedigen können, haben sie nicht die Absicht, das vertraute Gehege zu verlassen und akzeptieren ihr Zoogehege als Lebensraum. Zur Begrenzung ihrer Gehege genügen optisch bescheidene Grabensperrungen, die sie an sich physisch überwinden könnten. Zahlreiche Gehegezäune verschwanden aus den Zoos und wurden durch schmale Grabenabsperrungen ersetzt, die den Besuchern ein relativ nahes Herangehen an die Gehege ermöglichten.

Nachdem sich herausgestellt hatte, dass die für die einzelnen Tierarten bedeutungsvollen Ökofaktoren der Wildbahn nicht durch schlichte Imitate im Zoo zu artgemäßen Haltungsfaktoren werden, sondern durch solche Elemente, die unter den spezifischen Zoobedingungen den gleichen Bedeutungswert gewinnen (funktionelle Substitution der relevanten Ökofaktoren), nahmen viele Haltungssysteme ein technisches und steriles Aussehen an, zumal dann, wenn hygienische Gesichtspunkte im Vordergrund der Tierhaltung stehen mussten. An solchen artifiziell/technisch aussehenden Haltungssystemen und an noch erhalten gebliebenen, längst überholten aus früheren Zeiten, entzündete sich in den 1980er Jahren erneut die Kritik am Zoo, nicht so sehr eine fundamentale, als vielmehr eine Kritik der Haltung ganz bestimmter Tiergruppen, wie der Delfine, Elefanten, Bären, Affen und Menschenaffen, Großgreife und einiger anderer Gruppen. Bei manchen Tieren unter Zoobedingungen häufig zu beobachtende Verhaltensmuster wie die sogenannten Zwangsbewegungen (Bewegungsstereotypien), die meist aus Langeweile zur Selbstbeschäftigung ausgeübt werden, signalisierten einem für den Tierschutz sensibilisierten Zoopublikum, dass sich die Tiere im Zoo anscheinend unwohl fühlen. Nachweisbare Ergebnisse der Wildtierhaltung, wie die, dass die meisten Zootiere einen gut gepflegten Eindruck hinterlassen, sehr alt werden, regelmäßig Junge aufziehen, widerstandsfähig gegen Tierkrankheiten sind und eben keine Verhaltensstörungen zeigen, konnten einen Teil der Kritiker nicht überzeugen.

In den Medien nahm die **Zookritik** in den 1980er Jahren und der ersten Hälfte der 1990er Jahre einen breiten Raum ein. Wie schon zu Carl Hagenbecks Tagen wurde deutlich, dass die Zoos sich auf zwei ganz verschiedenen Ebenen weiterentwickeln und zeitgemäß bleiben müssen. Es geht nicht nur darum, jeweils auf dem Stand der Wissenschaft den Zootieren die besten Haltungsbedingungen zu bieten, also artgemäße Haltungsfaktoren zu schaffen, die nachweisbar und wissenschaftlich überprüfbar sind, sondern den Haltungssystemen ein Aussehen zu verleihen, in dem die Zoobesucher ihre Vorstellungen von einem den Bedürfnissen der Tiere entsprechenden naturnahen Lebensraum im Zoo verwirklicht sehen. Nur wenn die Zoobesucher die Haltungsumstände der Zootiere akzeptieren, kann der Zoo sein Bildungsprogramm vermitteln. So sind ab den 1980er Jahren mehr und mehr Tieranlagen entstanden, die ein natürliches Aussehen haben, d.h., den Eindruck eines Naturausschnittes vermitteln, obwohl es selbstverständlich bei den meisten Zootieren grundsätzlich nicht möglich ist, die im natürlichen Wohngebiet der Tiere bestehenden ökologischen Beziehungen im Zoogehege nachzubauen. Und solche kann es auch gar nicht geben. Indessen im natürlichen Wohngebiet der Tiere ein dynamisches Gleichgewicht zwischen seinen verschiedenen Elementen herrscht, mit dem Werden und Vergehen von Individuen, hat das Zoomanagement die Erhaltung von Individuen oder aber eine gelenkte Herausnahme, etwa der Nachzucht, nach Gesichtspunkten der langfristigen Erhaltung von Zuchtgruppen zum Ziel. Die naturnahe Gestaltung der Haltungssysteme ging meist mit einer erheblichen räumlichen Vergrößerung einher, so dass schon aus diesem Grund, aber auch um die Betriebskosten zu senken, in den 1990er Jahren sowohl der Bestand an Tierarten als auch an Individuen in den meisten Zoos sehr verringert worden ist, gemessen an ihrer Zahl in den 1960er oder 1970er Jahren.

Die technischen Voraussetzungen, in sehr großen Hallen ein ganz bestimmtes Klima zu erzeugen und zu erhalten, und die tiergärtnerischen Möglichkeiten, eine größere Tiergemeinschaft gesund und stabil halten zu können, führten andererseits, zunächst vor allem in den Niederlanden und in den USA, zur Entstehung fremdländischer Landschaften unter Glas, wie etwa Urwald- oder Wüstenhäuser, in denen ein Ausschnitt aus der entsprechenden Fauna in einer ihren Ökosystemen nachgebauten Umwelt gezeigt werden konnte.

1.10 Arterhaltung im Zoo

Die Notwendigkeit, in den Zoos ohne Zufuhr von Tieren aus der Wildbahn sich selbst erhaltende Zuchtgruppen zu unterhalten und dabei Inzucht und eine genetische Verarmung zu vermeiden, hat ab den 1970er Jahren zu einer institutionalisierten und internationalen Zusammenarbeit der Zoos untereinander und mit der Weltnaturschutzorganisation und anderen Gremien geführt, die sich der Erhaltung gefährdeter Tierarten in der Wildbahn widmen. Das weltweite, computergestützte Informationssytem ISIS (International Species Information System), heute umbenant in Species360, entstand 1974. Zucht- und Studbücher für immer mehr Tierarten wurden erstellt, deren Bestand in der Wildbahn bedroht ist, oder die ein sehr begrenztes Vorkommen haben und nur mit wenigen Exemplaren im Zoo gehalten werden. Zuchtprogramme und ein weltweiter Austausch von Tieren unter züchterischen Gesichtspunkten haben sich entwickelt. Ein europäisches Erhaltungszuchtprogramm (EEP) besteht seit 1985. Die zoologischen Gärten übernahmen in zunehmendem Umfang auch die Aufgabe, mit ihrem Tierbestand und unter Nutzung der ihnen zur Verfügung stehenden Ressourcen eine Erhaltungszucht für in der Wildbahn vom Aussterben bedrohte Tierarten mitzuwirken, vorwiegend von Großsäugern und -vögeln. Zu den großen Leistungen der Zoos für den Naturschutz gehört die ab den 1960er Jahren erfolgte Ausbürgerung von zoogezüchteten Tieren, sowohl von heimischen Tieren, vorwiegend Tag- und Nachtgreifen, als auch vor allem von Säugetieren fremder Faunen in inzwischen geschützte oder renaturierte, aber verwaiste Habitate im ehemaligen Verbreitungsgebiet der Art. Es bestehen mehr als 200 Projekte zur Wiederansiedlung zoogezüchteter Tiere.

1.11 Weitere Zoos entstehen

Ab 1949, mit dem Wiederaufbau der kriegszerstörten Städte und zunehmender Freizeit der arbeitenden Bevölkerung, entstanden in Deutschland eine ganze Reihe neuer zoologischer Gärten: 1949 in Gelsenkirchen und Stuttgart, dort der zoologisch-botanische Garten „Wilhelma“, 1950 in Magdeburg und Neumünster, 1952 in Rostock, 1953 in Dortmund, 1954 in Cottbus,

1955 in Ostberlin, so dass in Berlin neben dem ältesten Zoo in Deutschland auch einer der jüngsten existiert, der Tierpark in Berlin-Friedrichsfelde. Weitere Zoogründungen gab es 1956 in Schwerin, 1957 in Görlitz, 1959 in Hoyerswerda, 1965 in Darmstadt und 1970 in Neuwied. Der Aqua-Zoo Düsseldorf entstand 1987 als Ersatz für das in einem Bunker provisorisch nach dem Zweiten Weltkrieg eingerichtete Aquarium. Der Besuch der zoologischen Gärten erfuhr einen enormen Anstieg. Vor dem Hintergrund einer eher regionalen Orientierung der Bevölkerung wurde vor allem in den ostdeutschen Ländern eine Vielzahl von **Heimattiergärten** gegründet, die neben heimischen Wild- und Haustieren in geringem Umfang auch fremdländische Tiere hielten und lokale Bedeutung hatten. Einige entsprachen nach der Wiedervereinigung der beiden deutschen Teilstaaten nicht den nun gültigen legislativen Bedingungen für die Wildtierhaltung und wurden aufgegeben. In den USA sowie auch in Westeuropa waren als eine neue Form der Tierschaustellung ab den 1960er Jahren kommerziell betriebene sogenannte **Safariparks** eingerichtet worden. Vorwiegend schauattraktive Großsäuger, Huftiere und Großraubtiere, einige hochsoziale Affenarten und Großvögel werden in weiträumigen, umzäunten Arealen gehalten, die von den Besuchern überwiegend im eigenen Kraftwagen aufgesucht, im Ausland zum Teil auch von Aussichtsplattformen bzw. einem hoch gelegenen Laufgang beobachtet werden können. Im Zoo Rostock wurde 2012 mit der Eröffnung des Darwineums eine Verbindung von Tierhaltung und musealen naturkundlichen Bildungsmethoden vorgenommen. Das Darwineum ist der Entstehung und Evolution des Lebens auf der Erde gewidmet und illustriert das Thema mit ausgewählten Fossilien, Exponaten und multimedialen Mitteln eines Museums sowie der Schaustellung von ca. 80 Tierarten, die entscheidende Entwicklungsstufen der Evolution repräsentieren, darunter einige Primaten bis hin zu Orang-Utan und Gorilla. Damit ist in Deutschland ein neuer Weg der naturkundlichen Belehrung im Rahmen des Bildungsprogramms der Zoos beschritten worden, die das 1793 in Paris entwickelte Konzept einer zentralen biologisch-geologischen Bildungseinrichtung durch räumliche und verwaltungstechnische Integration eines Naturkundemuseums und eines Zoos aufgreift, in Paris das Muséum national d'Histoire naturelle und die Ménagerie du Jardin des Plantes. Eine Verbindung von zoologischem Museum und zoologischem Garten hat es im 19. Jahrhundert einige Male im Ausland, aber nicht in Deutschland gegeben.

1.12 Zoo und Zukunft

Auch heute noch, nach mehr als 150 Jahren Geschichte, sind die zoologischen Gärten attraktive Institutionen für breite Kreise der Bevölkerung. Die deutschen Zoos werden alljährlich zusammengenommen von vielen Millionen Menschen besucht. Sie stehen nach wie vor im Brennpunkt des Interesses, auch der Medien, seit sie nach dem Zweiten Weltkrieg eine stärkere Öffentlichkeitsarbeit pflegen als vorher. Diese starke Beachtung in der Gesellschaft verpflichtet sie, sich auch künftig in einer Form weiterzuentwickeln, so dass sie ihren Besuchern verständnisvollen Zugang zur Welt der Tiere, Verständnis für Tiere und Freude an Tieren ermöglichen können. Die hohen Betriebskosten, vor allem verursacht durch die hohen Lohn-, Energie- und Wasserkosten, werden sie auch zukünftig zwingen, Wege und Methoden zu finden, möglichst hohe Einnahmen an den Kassen zu erzielen. Dabei muss aber die Darstellung von Tieren und das Hineinführen der Besucher in die Welt der Tiere weiterhin Mittelpunkt ihrer Bemühungen sein. Es wird auch künftig eines ihrer Hauptziele bleiben, ihre Besucher für die Belange des Natur- und Tierschutzes zu sensibilisieren. Die Rolle der Zoos und Aquarien bei der Erhaltung der zoologischen Vielfalt wurde in der 1992 erstmals herausgegebenen Welt-Zoo-Naturschutzstrategie beschrieben. Die Europäische Union hat 1999 dafür Richtlinien zur Haltung von Wildtieren in Zoos veröffentlicht.

2

Das Tierreich im Überblick

Martin Schlegel & Isabell Schumann

2.1 Was versteht man unter Tieren – Einzeller und Vielzeller

Tiere sind charakterisiert durch ihre heterotrophe Ernährungsweise. Dies bedeutet, dass sie lebensnotwendige Stoffe nicht selbst herstellen können. Sie müssen daher organische Stoffe von außen aufnehmen. Zudem sind sie auf den Abbau energiereicher Substanzen angewiesen, um ihren eigenen Energiebedarf zu decken. Im Lauf der ca. 3,5 Mrd. Jahre alten Evolutions- und Stammesgeschichte haben sich drei große Evolutionslinien (Domänen) entwickelt, die Archaea (Archaebakterien), die Bacteria (Bakterien) und die Eukaryota (Eukaryoten, Organismen mit einem Karyon = Zellkern). Zahlreiche Evolutionslinien mit Übergängen zur Vielzelligkeit entstanden im Lauf ihrer Stammesgeschichte (Phylogenie), die vor ca. 2 Mrd. Jahren begann (Abb. 2.1). Diese werden heute im System der Eukaryota in fünf große Taxa eingeteilt (Abb. 2.2).

Auf dem Niveau der Einzelligkeit „stehen gebliebene" Eukaryoten werden heute als Protisten bezeichnet, die damit jedoch keine geschlossene **Abstammungsgemeinschaft** (siehe Infobox 1) darstellen. Darunter gibt es auch viele, die nach ihrer heterotrophen Lebensweise als Tiere definiert sind. Von den Protisten sollen im nächsten Abschnitt einige Beispiele vorgestellt werden, da unter ihnen viele für Tiere und Menschen bedeutende Krankheitserreger vorkommen.

2.2 Einzellige Vertreter (Protisten)

Protisten sind in ihrem Grundplan wie die Zellen vielzelliger Organismen aufgebaut. Sie müssen jedoch als selbständiger Organismus mehr Funktionen innerhalb einer Zelle erfüllen. Sie sind daher komplexer aufgebaut und weisen zahlreiche spezifische Strukturen auf (Abb. 2.3). Häufig gibt es intra- und extrazelluläre Skelettelemente aus organischem und anorganischem Material, beispielsweise bei Schalenamöben, Kammerlingen, Wimpertierchen und Panzergeißlern. Mikrofilamente und Mikrotubuli stellen wichtige Bestandteile des Cytoskeletts dar, sind aber auch für die Zellteilung und für die Fortbewegung in Form von Geißeln und Cilien wichtig. Diese sind nach demselben Muster aus Mikrotubuli aufgebaut, unterscheiden sich jedoch in ihrer Länge und Bewegungsweise. Kontraktile oder pulsierende Vakuolen sind bei vielen Protisten vorhanden und dienen der Regulierung des Wasserhaushalts (Osmoregulation). Zahlreiche kleine membranumschlossene Zellkörperchen (Organellen) wie Toxicysten können ihren Inhalt ausschleudern und dienen sowohl

Infobox 1 Geschlossene Abstammungsgemeinschaft (Monophylum): Darunter versteht man alle Nachkommen einer systematischen Gruppe (Taxon), die auf einen gemeinsamen Vorfahren (Stammart) zurückgehen. Sie werden durch **Schlüsselmerkmale** charakterisiert. Die Mammalia (Säugetiere) sind z.B. eine geschlossene Abstammungsgemeinschaft. Sie sind durch zahlreiche Schlüsselmerkmale, etwa Haare, Milchdrüsen, sekundärer Gaumen, sekundärer Kieferapparat, charakterisiert. Die Reptilien dagegen sind keine geschlossene Abstammungsgemeinschaft, weil die Krokodile näher mit den Vögeln verwandt sind als mit den Schuppenkriechtieren. Falls bei solchen Taxa der lateinische Name verwendet wird, muss er in Anführungszeichen gesetzt werden: „Reptilia". Gebräuchlicher ist dann der deutsche Name: Reptilien.

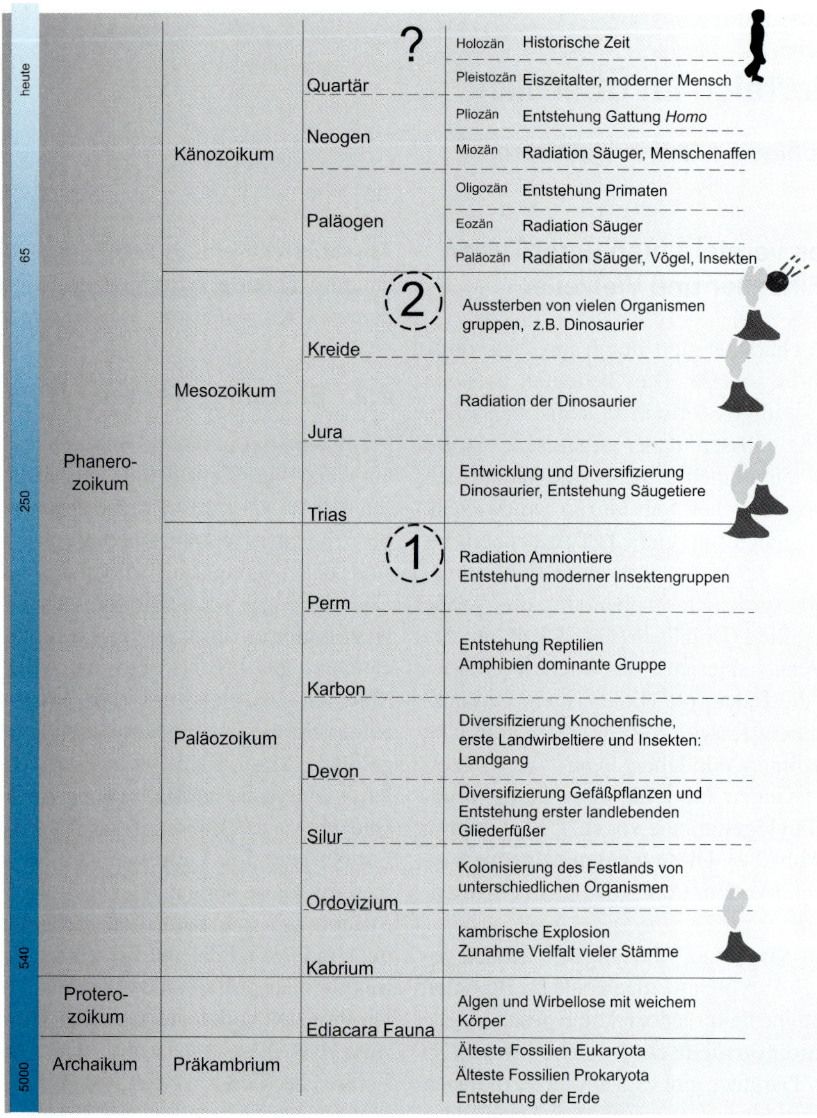

Abb. 2.1 Erdzeitalter mit Angabe wichtiger Evolutions- und Aussterbeereignisse: 1) Massensterben am Ende des Perms, 2) Massensterben am Ende der Kreidezeit.

der Feindabwehr als auch dem Beutefang. Protisten kommen in fast allen feuchten und wässrigen Lebensräumen (Habitaten) vor.

Neben frei lebenden Protisten gibt es zahlreiche Symbionten, Kommensalen und Parasiten (siehe Infobox 2). So findet man in spezialisierten Darmabschnitten (anaeroben „Gärkammern“) von Termiten Geißeltierchen (Flagellaten), mit deren Hilfe die Termiten die Cellulose im Holz zu Glucose abbauen können. Wimpertierchen (Ciliaten) findet man zahlreich im Pansen von Wiederkäuern. Viele Protisten sind zudem im Belebtschlamm von Kläranlagen zu finden, wo sie bei der Reinigung von Abwässern durch

Phagocytose von Bakterien eine bedeutende Rolle spielen.

Excavata

Die Excavata sind ein sehr diverses Taxon von Protisten, mit Flagellen (Geißeln) und einer Fressgrube (excavat: ausgehölt). Man findet hier viele anaerobe und parasitische Arten. Bekannte Beispiele sind die Doppeltierchen (Diplomonaden) wie *Giardia lamblia* im Darm des Menschen und *Trichomonas vaginalis* in der Genitalschleimhaut. Besondere Bedeutung als Krankheitserreger von Mensch und Tier haben die Vertreter der Gattungen Trypanosoma und Leishmania (Tab. 2.1).

Stramenopilaten, Alveolata, Rhizaria (SAR)

Hierbei handelt es sich um ein sehr heterogenes Taxon, das aufgrund molekularer Merkmalsübereinstimmungen in eine nähere Verwandtschaft gestellt wird. Die Stramenopilaten (Strohhaarlinge) sind durch zwei verschieden ausgestaltete Geißeln charakterisiert, wovon eine kleine Flimmerhaare besitzt (Name!). Bekannte Vertreter sind die autotrophen Goldalgen (Chrysophyceen), Kieselalgen (Bacillariophyceen) und die Braunalgen (Phaeophyceen). Die Alveolaten wiederum umfassen die Panzergeißler (Dinoflagellaten), Wimpertierchen (Ciliaten) und die endoparasitischen Sporentierchen i.e.S. (Apicomplexa). Sie weisen als gemeinsames Abstammungsmerkmal membranumschlossene Vakuolen unter der Zellgrenzmembran auf (Name!). Panzergeißler haben eine hohe ökologische und medizinische Bedeutung. So kann es in den Sommermonaten zu Massenvermehrungen (Algen-

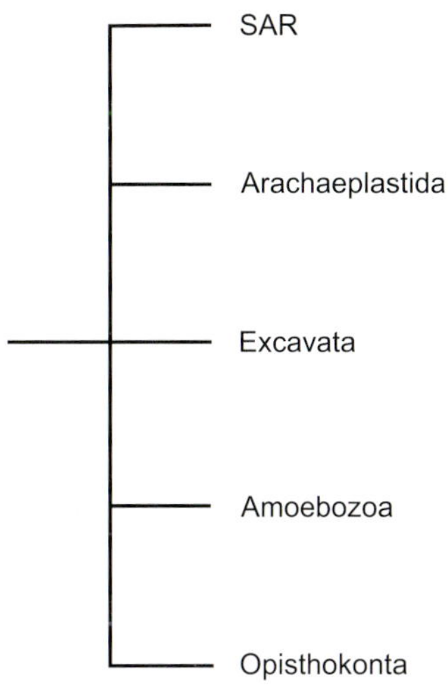

Abb. 2.2 Stammbaum der Eukaryota.

> **Infobox 2 Symbionten, Kommensalen, Parasiten:** Hierunter versteht man verschiedene wechselseitigen Beziehungen zwischen Individuen verschiedener Arten. Bei **Symbiosen** profitieren beide Partner (Beispiel: Insektenbestäubung von Blütenpflanzen). **Kommensalen** profitieren von der Nahrung eines Wirtes ohne diesen zu schädigen oder ihm zu nutzen („Mitesser", Beispiel: Aasgeier fressen Beutereste von Löwen). **Parasiten** leben und vermehren sich auf oder in einem Wirtsorgansimus und schädigen ihn dabei. Man unterscheidet Ekto- von Endoparasiten, wobei Ektoparasiten häufig pathogene Endoparasiten, z.B. beim Blutsaugen, übertragen (Beispiel: Blutsaugende Zecken übertragen Bakterien – Wanderröte – und Viren – FSME: Frühsommermeningoencephalitis).
>
> Bei der Ausbreitung von Parasiten spielen unterschiedliche Wirtsformen eine wichtige Rolle:
>
> **Endwirt:** In diesem findet die geschlechtliche Fortpflanzung des Parasiten statt.
>
> **Zwischenwirt:** In diesem vermehrt sich der Parasit ungeschlechtlich z.T. massenhaft und schädigt den Wirtsorganismus erheblich.
>
> **Reservoirwirt:** Stammesgeschichtlich älterer Wirt, der schon länger an den Parasiten angepasst ist und von dem diese immer wieder auf die Zwischenwirte übertragen werden können.
>
> Die Wirtsspezifität ist sehr unterschiedlich ausgeprägt, von hochspezifisch (z.B. Kleiderlaus) bis breit gefächert (z.B. Katzenfloh).

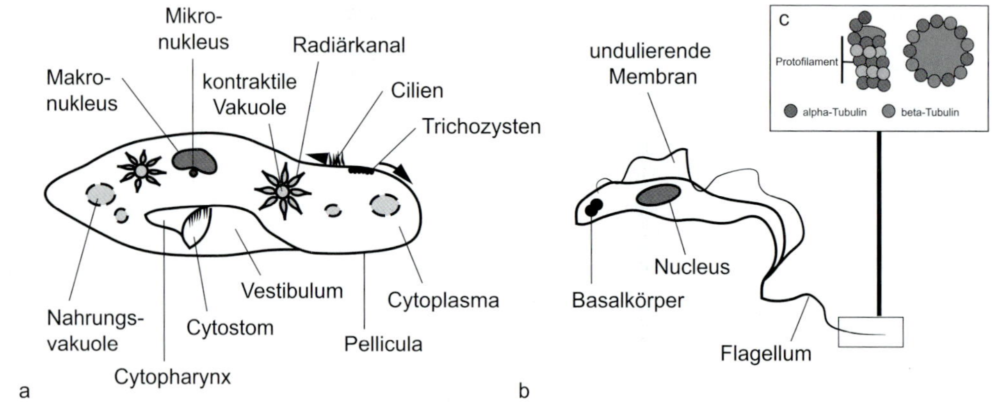

Abb. 2.3 Organisation der Protistenzelle. **a:** Ciliat (*Paramecium*), **b:** Flagellat (*Trypanosoma*), **c:** molekularer Aufbau von Geißeln und Mikrotubuli.

blüten) kommen. Manche Arten produzieren hierbei Giftstoffe (Okadainsäure, Saxitoxin, Brevitoxin), die durch Filtration aufgenommen in der Nahrungskette angereichert werden und zu schweren zum Teil tödlichen **Krankheitsbildern** bei Tieren und Menschen führen können (diarrhöische Muschelvergiftung, paralytische Muschelvergiftung). Massenvergiftungen durch Muscheln, die Algentoxine aufgenommen hatten, scheinen weltweit zuzunehmen. So trat die paralytische Muschelvergiftung 2017 ca. neunmal so häufig auf wie 1970, wohl verursacht durch Verschmutzung der Küstengewässer und durch den Transport von Ballastwasser in Schiffen.

Unter den Apicomplexa gibt es zahlreiche **Krankheitserreger**, die Tiere und Menschen befallen, wie die Toxoplasmose oder die in subtropischen und v.a. tropischen Ländern auch heute

Tab. 2.1 Wichtige Vertreter der Gattungen *Trypanosoma* und *Leishmania* (nach Mehlhorn, Piekarski, 1995)

Art	Zwischenwirt	Krankheit	Verbreitung	Überträger/Endwirt	Übertragung
Trypanosoma brucei brucei	Equiden, Schweine, Nager, Wiederkäuer	Naganaseuche	tropisches Afrika	Tsetse-Fliege (*Glossina* sp.)	Stich
Trypanosoma b. gambiense	Mensch, Affen, Hund, Schweine, Antilopen	Schlafkrankheit (weniger akuter Verlauf)	Westafrika	Tsetse-Fliege	Stich
Trypanosoma b. rhodesiense	Mensch, (Ratten)	Schlafkrankheit (akuter Verlauf)	Ostafrika	Tsetse-Fliege	Stich
Trypanosoma simiae	Schaf, Ziegen, Affen	tödlich	Ostafrika	Tsetse-Fliege	Stich
Trypanosoma equiperdum	Equiden	Beschälseuche	Mittelmeer, Indien, China, Amerika	-	Geschlechtsakt
Trypanosoma cruzi	Mensch, Haustiere, Wildtiere	Chagaskrankheit	Südamerika (in Ausbreitung!)	Raubwanzen	Kot
Leishmania donovani	Mensch, Hund, Füchse (Reservoirwirte)	Kala Azar	Mittelmeer, Vorderer Orient, Afrika, Indien, ehem. UdSSR, Südamerika	Sandmücke (*Phlebotomus* sp.)	Stich
Leishmania brasiliensis	Mensch, Nagetiere, Gürteltiere (Reservoirwirte)	Schleimhaut-Leishmaniasis	Mexiko, Brasilien	Sandmücke (*Phlebotomus* sp.)	Stich

Tab. 2.2 Beispiele bedeutender Krankheitserreger der Apicomplexa (nach Mehlhorn und Piekarski, 1995, u.a.)

Art	Zwischenwirt	Krankheit	Verbreitung	Überträger/Endwirt)	Übertragung
Toxoplasma gondii	alle Säugetiere, viele Vogelarten	Toxoplasmose	weit verbreitet, Mensch >50 %	Katzen	oral über freigesetze Eikapseln
Sarcocystis suihominis	Schwein	Fieber, Erbrechen, Durchfall	weltweit, Europa Mensch ca. 20 %	Mensch	infiziertes, ungegartes Fleisch
Plasmodium vivax	Mensch	Malaria tertiana („Anderntagsfieber")	Tropen und Subtropen	Stechmücken (*Anopheles* sp.)	Stich
Plasmodium ovale	Mensch	Malaria tertiana	Tropen und Subtropen	Stechmücken (*Anopheles* sp.)	Stich
Plasmodium malariae	Mensch, höhere Affen	Malaria quartana („Drittetagsfieber")	Tropen und Subtropen	Stechmücken (*Anopheles* sp.)	Stich
Plasmodium falciparum	Mensch	Malaria tertiana	Tropen	Stechmücken (*Anopheles* sp.)	Stich
Plasmodium gallinaceum	Hühnervögel	Geflügelmalaria	Tropen?	Stechmücken (*Culex, Aedes* sp.)	Stich

noch weit verbreitete Malaria, die insbesondere bei Kindern zu hohen Sterblichkeitsraten führt (Tab. 2.2).

In die Rhizaria werden zahlreiche Vertreter der ehemaligen Rhizopoda (Wurzelfüßer) und Actinopoda (Radiolarien und Heliozoen, Strahlen- und Sonnentierchen) gestellt. Eine bedeutende systematische Gruppe sind die vorwiegend marinen Foraminifera (Kammerlinge), die bis zu mehreren Zentimetern groß werden können und eine große Formenvielfalt aufweisen. Ihre Schalen bestehen aus organischem Material, das durch Auf- oder Einlagern von Kalkoder Kieselsäure oder Sandkörnchen verstärkt wird, die oft als Fossilien erhalten sind. Geologische Schichten können aus Schalen fossiler Arten bestehen (Fusulinen-, Nummulitenkalk).

Archaeplastida

Das charakteristische Merkmal dieses Taxons sind die Plastiden, die durch die Aufnahme eines Cyanobakteriums (daher der Name Archaeplastida!) entstanden sind und sie zur Photosynthese und damit zur autotrophen Lebensweise befähigen. Die Archaeplastida umfassen die wenige Arten umfassenden Glaucophyta, deren Chloroplasten noch Reste der ehemaligen Bakterienzellwand (Peptidoglycanhülle) aufweisen, die Rhodophyta (Rotalgen) und die eng mit ihnen verwandten Chloroplastida (grüne Pflanzen) mit den Grünalgen (Chlorophyta), und die zur Synthese von Cellulose befähigten Charophyta, deren bedeutendstes Taxon die Embryophyta (Landpflanzen) sind.

Amoebozoa

Charakteristisch für dieses Taxon sind die lappen- oder zylinderförmigen Pseudopodien (Scheinfüßchen). Die Bewegung erfolgt durch Neubildung und Kontraktion der Pseudopodien unter Beteiligung von Actin und Myosin. Es kommen sowohl nackte (Gymnamoebaea) als auch beschalte Formen (Testacealobosea) vor. Weit bekannt ist die häufig im Süßwasser vorkommende *Amoeba proteus*, die mehrere Pseudopodien ausbildet. Es gibt jedoch auch etliche Kommensalen und Parasiten, wie Acanthamoeben, die Hornhautentzündungen der Augen verursachen können. Besonders bei mangelnder Hygiene kann sich im Mundraum *Entamoeba gingivalis* bei Menschen und Haustieren ansiedeln. Ein in den Subtropen und Tropen verbreiteter Parasit ist *Entamoeba histolytica*, der die Amöbenruhr mit blutigen Durchfällen und Darmentzündungen bis hin zu Leberabszessen hervorruft.

Opisthokonta

Namensgebend für dieses Taxon ist die einzelne, am Hinterende der Zelle inserierende Geißel (Name: am Hinterende begeißelt) Zu den

Ophisthokonta zählen als wichtige Vertreter die Fungi (echte Pilze), Choanoflagellata (Kragengeißler) und die Metazoa (vielzellige Tiere). Choanoflagellaten sind marine Filtrierer mit einer langen Geißel, die von einem Kragen aus Mikrovilli (schlauchartige Fortsätze der Zelloberfläche) umgeben ist. Sie leben als Einzelzellen (solitär) oder in Kolonien. Ihr charakteristischer Bau weist hohe Übereinstimmungen mit dem Gastroderm der Schwämme auf (Abb. 2.5). Zusammen mit den häufig an Krustentieren, Insekten und Fischen parasitierenden Ichthyosporea werden die Choanoflagellata und Metazoa häufig als Holozoa bezeichnet.

2.3 Vielzellige Tiere (Metazoa)

Die Metazoa sind durch zahlreiche Schlüsselmerkmale als geschlossene Abstammungsgemeinschaft charakterisiert:

- Vielzelligkeit und Differenzierung der Zellen
- Bau der Spermatozoen (Kopf mit Akrosom, Mittelstück und Schwanz)
- Extrazelluläre Matrix, Kollagen
- Ausbildung von Zell-Zell-Kontakten (Adhäsionszonen)
- Furchungsteilungen in der Embryonalentwicklung

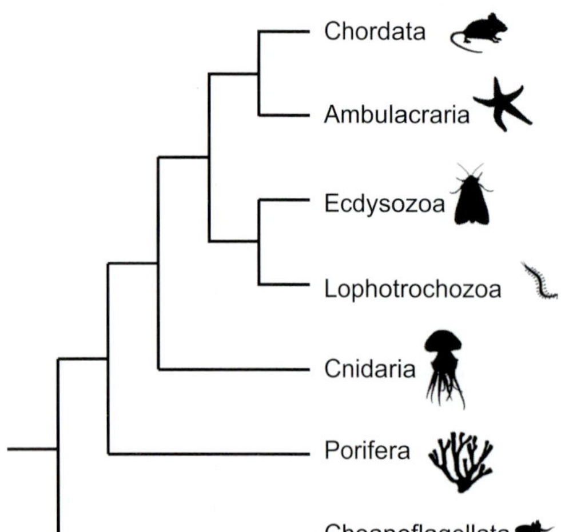

Abb. 2.4 Stammbaum der Metazoa.

Als ihre ältesten Vorfahren gelten häufig die weit verbreiteten Fossilien der Ediacara-Fauna, deren Alter auf ca. 600 Mio. Jahre datiert wird (Abb. 2.1). Ob es sich hierbei um frühe Vertreter heutiger Taxa oder um ausgestorbene Vertreter (Vendobionten) handelt, ist jedoch nicht eindeutig geklärt. Anderen Schätzungen zufolge trennten sich wesentliche Evolutionslinien wie die zweikeimblättrigen (diploblastischen) und dreikeimblättrigen (triploblastischen) Tiere bereits vor 1 Mrd. Jahren. In der ersten Periode des Paläozoikums, im Kambrium, erscheinen dann in einer Radiation (der sog. kambrischen Explosion) fast alle heute lebenden Tierstämme im Fossilbericht (Chengjiang-Fauna in China, ca. 520 Mio. Jahre, Burgess-Schiefer in British Columbia, 505 Mio. Jahre).

2.3.1 Systematik und Verwandtschaft der Vielzeller

Es werden 3 Organisationsstufen unter den Metazoa unterschieden: Parazoa (Nebentiere), Placozoa (Plattentiere) und Eumetazoa (echte Vielzeller). Insbesondere Letztere spalten sich wiederum in mehrere große Abstammungslinien auf (Abb. 2.4).

2.3.2 Parazoa

2.3.2.1 Porifera (Schwämme)

Das einzige heute lebende (rezente) Taxon der Parazoa stellen die Porifera (Schwämme) mit ca. 8000 Arten dar. Sie leben festsitzend und werden von wenigen Millimetern bis über 3 m groß. Sie bilden schlauch-, becher- oder pilzförmige Körper aus oder wachsen oft auch in Form unregelmäßiger Krusten. Ein Kanalsystem dient der Atmung, Ernährung, Exkretion und z.T. als Geschlechtsgang. Im Unterschied zu anderen Metazoa haben die Schwämme keine Organe ausgebildet. Der Schwammkörper ist aus 3 Schichten aufgebaut (Abb. 2.4), wobei noch keine echten Gewebe (Epithelien mit gürtelförmigen Zell-Zell-Kontakten) ausgebildet werden.

Die äußere Schicht bildet das Pinacoderm (Dermallager) aus flachen Zellen (Pinacocyten), die zur Nahrungsaufnahme (Phagozytose) befähigt sind. Bei Süßwasserschwämmen sind kontraktile Vakuolen vorhanden, die sonst nur bei Protisten vorkommen.

Die innere Schicht wird vom Choanoderm (Gastrallager) gebildet und besteht aus Choanocyten mit einer langen Geißel und einem Ring aus Mikrovilli, die ebenfalls zur Nahrungsaufnahme befähigt sind. Durch die Bewegung der Geißeln wird ein Wasserstrom erzeugt, der von den Poren über einen inneren Hohlraum durch eine oder mehrere Ausstromöffnungen (Osculum) fließt. Sie filtrieren dabei große Wassermengen (Badeschwamm von 500 cm^3: 2 l/min).

Zwischen Pinakoderm und Choanoderm liegt eine bindegewebsartige Mittelschicht (Mesohyl). Sie besteht aus einer Grundsubstanz (Glycoproteine, Kollagenfasern) und verschiedenen Zellen wie Archaeocyten (mitotisch teilend, beweglich, phagozytierend, andere Zellen können aus ihnen gebildet werden), Collencyten (bilden Kollagen), Spongiocyten (bilden Spongin, ähnlich Kollagen, enthält bis zu 14 % Jod), Sklerocyten (bilden die Skelettelemente der Schwämme), Geschlechtszellen und viele weitere mehr.

Im Aufbau der Schwämme werden im Wesentlichen drei Organisationstypen unterschieden: Ascon-, Sycon- und Leucon-Typ. Sie sind getrenntgeschlechtlich oder zwittrig (Spermien entstehen aus Choanocyten, Eizellen wahrscheinlich aus Archaeocyten). Die Verbreitung erfolgt über frei schwimmende Larven, die aus der befruchteten Eizelle hervorgehen.

Die meisten Arten sind marin, ca. 100 Arten kommen im Süßwasser vor, wo sie nahrungsreiches, bewegtes Wasser bevorzugen. Marine Schwämme bilden auf Felsböden dichte Überzüge, aber auch auf Schnecken, Muscheln und Algen. Bohrschwämme (*Cliona*) bohren in Kalkstein oder Molluskenschalen netzförmige Gänge. Häufig leben Schwämme in Symbiose mit einzelligen Algen, Bakterien und Cyanobakterien. Schon im Kambrium und Silur (Paläozoikum) waren sie am Aufbau von Riffen beteiligt und v.a. im Erdmittelalter (Trias, Jura) gesteinsbildend.

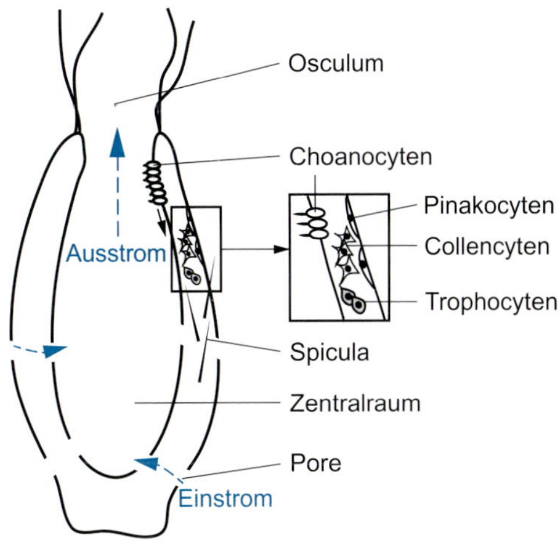

Abb. 2.5 Aufbau eines Schwammes.

Die Schwämme werden anhand ihrer Skelettelemente in vier Subtaxa eingeteilt:

- I. **Demospongiae** (Horn- und Kieselschwämme) mit ca. 7000 Arten in großer Formenvielfalt, Silikatskelett meist mit Spongin (kollagenhaltiges Stützprotein). Beispiel: *Spongia officinalis* (Badewannenschwamm)
- II. **Hexactinellida** (Glasschwämme) mit etwa ca. 700 Arten, mit triaxonen (= dreistrahligen) Kieselskleriten. Beispiel: *Euplectella aspergillum* (Gießkannenschwamm)
- III. **Homoscleromorpha** mit ca. 100 Arten, die Sklerite bilden kein Skelett. Beispiel: *Oscarella lobularis* (Fleischschwamm)
- IV. **Calcarea** (Kalkschwämme) mit ca. 700 Arten, mit Kalkskelett, nur in dieser Gruppe Ascon- und Sycon-Typ. Beispiel: *Leucosolenia variabilis* (Kalkröhrenschwamm).

2.3.3 Placozoa

Dieses Taxon besteht nur aus einer Art: *Trichoplax adherens*. Die abgeflachten, 2-3 mm großen Tiere weisen keine Symmetrie auf.

Der Körperaufbau ist sehr einfach und formveränderlich. Er besteht dorsal (Rückseite oder

Oberseite) aus Deckzellen mit Geißeln und ventral aus ebenfalls begeißelten Zylinderzellen (Drüsen- sowie Resorptionszellen). Dazwischen befinden sich Faserzellen in lockerer Anordnung (Parenchym). Es gibt keine Organe und keine spezifischen Muskel- und Nervenzellen. Placozoa leben in der Spritzwasserzone (Litoral) vorwiegend warmer Meere auf Algen, wo sie sich mithilfe der Geißeln gleitend fortbewegen.

2.3.4 Eumetazoa

Dieses Taxon ist durch das Vorkommen echter Gewebe (**Epithelien**) definiert. Hierunter versteht man Verbände aus zylinderförmigen Zellen, die über gürtelförmige Zell-Zell-Kontakte und eine basale extrazelluläre Matrix verbunden sind. Dadurch wird eine Kontrolle des Stoffaustausches zwischen Außen- und Innenmilieu ermöglicht.

2.3.4.1 Zweikeimblättrige (diploblastische) Tiere

Diese Tiere sind durch das Vorkommen von zwei **Keimblättern** charakterisiert, aus denen in der Embryonalentwicklung spezifische Gewebe und Organe hervorgehen, das Ektoderm (äußeres Keimblatt) und das Entoderm (inneres Keimblatt). Sie bestehen aus zwei Taxa: den Cnidaria (Nesseltiere) und Ctenophora (Rippenquallen). Aufgrund von Übereinstimmungen des Körperbaus werden sie häufig als Coelenterata (Hohltiere) zusammengefasst. Ihre nähere Verwandtschaft ist jedoch umstritten und von manchen Autoren werden die Ctenophora in eine nähere Verwandtschaft zu den Bilateria (Zweiseitentiere) gestellt.

Nesseltiere (Cnidaria)

Die Cnidaria kommen mit etwa 1100 Arten hauptsächlich im Meer, seltener im Süßwasser vor. Sie weisen einen radiärsymmetrischen Körperbau auf. Dieser besteht aus der Epidermis, die aus dem Ektoderm entsteht, und der Gastrodermis, die aus dem Entoderm hervorgeht. Dazwischen befindet sich eine Zwischenschicht, die Mesogloea, die Kollagen, verschiedene Eiweißstoffe (Glycoproteine) und bis zu 98 % Wasser enthält. Der Körper umschließt einen Darmhohlraum (Gastrocoel) der nur eine Öffnung aufweist, die zugleich Mund-, After- und Geschlechtsöffnung ist (Abb. 2.6a). Eine Besonderheit stellen die hochdifferenzierten Nesselkapseln (Cniden) dar (Name!). Diese können auf eine Reizeinwirkung hin einen Nesselfaden ausschleudern, der in die Epithelien von Beuteorganismen oder Angreifern eindringen und Giftstoffe injizieren kann. Bei einigen Arten können sie starke Hautreizungen verursachen und sogar tödlich sein. Manche Cubomedusen (Würfelquallen) zählen zu den giftigsten Mee-

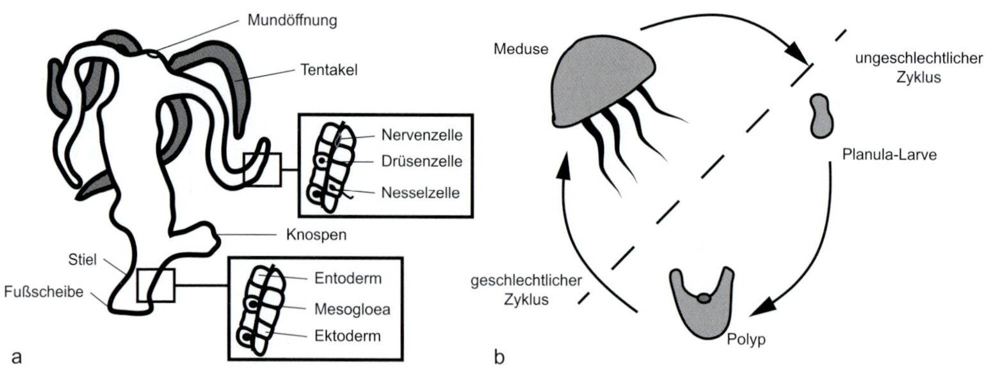

Abb. 2.6 Organisation der Nesseltiere. **a:** Bauplan eines Polypen, **b:** Generationswechsel: Aus der befruchteten Eizelle entsteht zunächst eine frei schwimmende Planula-Larve, die sich auf dem Substrat festsetzt umd zum Polypen wird. Aus diesem gehen durch ungeschlechtliche Vermehrung die Medusen hervor, die sich geschlechtlich fortpflanzen.

restieren (neurotoxische Eiweiße die Na-Kanäle blockieren, z.T. gibt es auch hämolytische, d.h. Blut zersetzende, Gifte)

Die Cnidaria weisen in ihrem Lebenszyklus zwei verschiedene Formen auf, die sessilen (sesshaften) **Polypen** und die frei schwimmenden **Medusen** (Quallen), die trotz ihrer sehr unterschiedlichen Morphologie im Prinzip ähnlich aufgebaut und über ihren **Lebenszyklus** miteinander verbunden sind. Hierbei wechselt eine geschlechtliche **Fortpflanzung** der Medusen mit einer ungeschlechtlichen Fortpflanzung der Polypen ab (Abb. 2.6b). Diese unterschiedliche Fortpflanzung verschiedener Lebensformen wird als **Generationswechsel**, in diesem Fall als Metagenese, bezeichnet.

Die Cnidaria werden in vier Subtaxa eingeteilt:

I. Anthozoa (Blumentiere)
Diese stellen mit ca. 5600 Arten das arten- und formenreichste Subtaxon dar. In ihrem Lebenszyklus bilden sie keine Medusen aus. Sie leben entweder als Einzeltiere (solitär) oder in Kolonien. Insbesondere die Vertreter der Baumkorallen (Acropora-Arten) sind am Aufbau von Korallenriffen beteiligt (Barriereriff vor der Nordostküste Australiens). Beispiele: *Actinia equina* (Gemeine Pferdeactinie, solitär), *Corallium rubrum* (Edelkoralle, koloniebildend).

II. Cubozoa (Würfelquallen)
Sie sind mit ca. 20 Arten in warmen Meeren in Küstennähe vertreten. Ihr Medusenschirm ist fast würfelförmig (Name!). Massenhaftes Auftreten an Stränden kann zu schweren Verletzungen durch ihre Nesselfäden führen. *Chironex fleckeri* (Seewespe) gilt als gefährlichstes Meerestier durch die Produktion des Giftes Cardiotoxin, ein speziell auf den Herzmuskel wirkendes Gift.

III. Scyphozoa (Scheibenquallen)
Diese umfassen ca. 230 Arten, die z.T. große Medusen ausbilden. Beispiele: *Aurelia aurita* (Ohrenqualle, nahezu weltweit), *Chrysaora hysoscella* (Kompassqualle) im Mittelmeer, Atlantik und Nordsee.

IV. Hydrozoa
Dieses artenreiche Subtaxon umfasst ca. 3200 Arten mit koloniebildenden Polypen. Sie kommen auch im Süßwasser vor. Beispiel: *Hydra vulgaris* (gemeiner Süßwasserpolyp). Die Polypen von *Polypodium hydriforme* parasitieren in den Eizellen von Stören. Dabei liegt das Entoderm außen und das Ektoderm mit den Tentakeln innen. Sobald die Störe ihre Eier ablegen, drehen die Polypen sich um und geben ihre Medusen ab.

Rippenquallen (Ctenophora)
Die Ctenophora sind mit ca. 190 Arten ausschließlich im Meer verbreitet. Sie ähneln im Körperbau den Medusen der Cnidaria, weisen jedoch auch deutliche Unterschiede auf. Kennzeichnend für die Ctenophora sind acht in Längsrichtung (longitudinal) verlaufenden „Rippen" aus hintereinander angeordneten Cilienbändern. Zudem besitzen sie keine Nesselzellen, sondern Klebzellen (Colloblasten) an zwei langen einziehbaren Fangtentakeln, mit denen sie ihre Beute festhalten. Auch gibt es keine Polypen und es findet kein **Generationswechsel** statt. Beispiel: *Mnemiopsis leidyi* (Meerwalnuss). Diese Art war ursprünglich in an der Atlantikküste von Nord- und Südamerika verbreitet und wurde durch Ballastwasser von Schiffen zunächst ins Schwarze Meer verschleppt, wo sie sich aufgrund fehlender Fressfeinde zahlreich vermehrte und einheimische Arten verdrängte. Später wurde sie ebenfalls in die Ost- und Nordsee verfrachtet.

2.3.4.2 Bilateria (Zweiseitentiere)

Die Bilateria umfassen mit ca. 95 % die meisten aller Tierarten. Durch ihre bilateralsymmetrische Körperorganisation (Name!) ergeben sich neue **Lagebeziehungen** (Abb. 2.7). Die Bilateria sind durch zahlreiche **Schlüsselmerkmale** gekennzeichnet. Zu den beiden **Keimblättern**

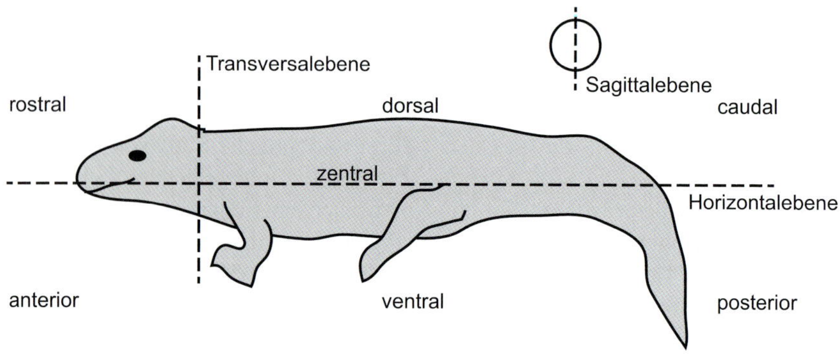

Abb. 2.7 Lagebeziehungen des Körpers der Bilateria.

Ektoderm und Entoderm kommt ein drittes hinzu, das Mesoderm. Sie erreichen somit ein triploblastisches Organisationsniveau. Weitere Neuerwerbungen sind die Ausbildungen eines Exkretions- und Blutgefäßsystems und eines Coeloms (sekundäre, mit einem inneren Abschlussgewebe, dem Endothel, ausgekleidete Körperhöhle). Die Konzentrierung von Nervensystem und Sinnesorganen im vorderen Körperabschnitt ging einher mit der **Entwicklung** eines eigenen Kopfabschnitts und einer gerichteten Fortbewegung. Dadurch hat sich eine hohe Diversifikation der Ernährungsweisen und damit einhergehend des Verdauungstrakts entwickelt. Im Wesentlichen werden die Bilateria durch zwei große Abstammungslinien gebildet, die Protostomia (Altmünder) und Deuterostomia (Neumünder). Taxa mit unsicherer Stellung im System der Bilateria sind die Xenacoelomorpha, kleine marine wurmförmige Organismen, die bis zu 30 mm groß werden können, sowie die ebenfalls marinen Chaetognatha (Pfeilwürmer).

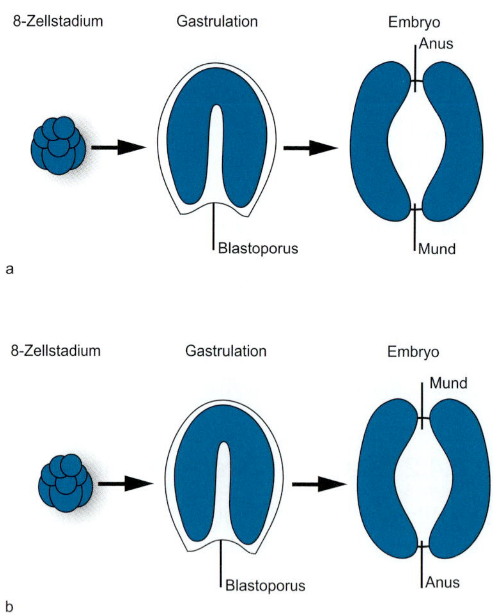

Abb. 2.8 Entstehung von Mund- und Afteröffnung bei den Bilateria. **a:** Protostomia, **b:** Deuterostomia.

Protostomia (Urmundtiere)

Die Protostomia werden dadurch definiert, dass der Urmund (Blastoporus) sich zum definitiven Mund entwickelt und der After an der gegenüberliegenden Seite neu entsteht (Abb. 2.8). Obwohl dieses Merkmal innerhalb der einzelnen Gruppen der Protostomia sehr unterschiedlich ausgeprägt ist, sind sie durch zahlreiche morphologische und molekulare Merkmale als geschlossene **Abstammungsgemeinschaft** ausgewiesen.

Die Protostomia umfassen die Spiralia (Spiralfurcher, Lophotrochozoa) und die Ecdysozoa (Häutungstiere).

Spiralia (Spiralfurcher, Lophotrochozoa)

Die Spiralia sind durch ihre Spiralfurchung charakterisiert. Hierbei teilen sich die Zellen in der frühen Embryonalentwicklung so, dass die Zellen schräg gegeneinander versetzt sind. Ein weiteres charakteristisches Merkmal ist die **Entwicklung** über eine Wimperlarve (Trochophora-Larve). Wichtige Vertreter dieses Taxons werden im Folgenden vorgestellt.

Plathelminthes (Plattwürmer)

Die Plathelminthes weisen mit ca. 36000 Arten frei lebende und zahlreiche bedeutende parasitische Vertreter auf. Das Mesoderm ist bei den Plathelminthes als solides Bindegewebe (Parenchym) ausgebildet. Eine sekundäre Körperhöhle (**Coelom**) fehlt. Der Darm endet blind. Die Tiere sind meist zweigeschlechtlich (Zwitter) mit komplexen Geschlechtsorganen (Abb. 2.9).

I. Turbellarien (Strudelwürmer). In diesem Subtaxon werden die frei lebenden Plathelminthes zusammengefasst. Zu ihnen gehören jedoch auch einige kommensale und parasitische Formen, die nicht zu den Neodermata gerechnet werden. Beispiele: *Dugesia gonocephala* (Bachplanarie), in Bächen häufig, *Dendrocoelum lacteum* (Milchweiße Planarie) weit verbreitete Süßwasserform in Europa.

II. Neodermata. Dieses Subaxon umfasst die parasitischen Plathelminthes, die bei der **Entwicklung** im Wirtsorganismus ihre Epidermis verlieren und eine neue Körperoberfläche ausbilden (Name!).

Trematoda (Saugwürmer)

Trematoden besitzen Mund- und Bauchsaugnäpfe als hochentwickelte Haftorgane (Name!). Die weitaus artenreichsten der parasitischen Plathelminthes stellen die endoparasitischen Trematoden mit obligatorischem Wirts- und **Generationswechsel** (Digenea) dar (Abb. 2.10). Zwischenwirte sind häufig Gastropoda (Schnecken) und Arthropoda (Gliederfüßer). Die Endwirte sind häufig Wirbeltiere, einschließlich des Menschen und dessen Nutztiere. Beispiele: *Fasciola hepatica* (Großer Leberegel). Der weltweit verbreitete Erreger der „Leberfäule“ parasitiert in den Gallengängen von Wiederkäuern. Bis vor wenigen Jahren waren bis zu 50 % der Rinder parasitiert; seltener werden Menschen befallen. Arten der Gattung *Schistosoma* (Pärchenegel) leben in Eingeweidevenolen (= kleine Venen) des Verdauungstrakts und des Exkretionssystems. Sie verursachen häufige **Tropenkrankheiten** vor allem in Afrika: Darmbilharziose (*Schistosoma mansoni*), Blasenbilharziose (*Schistosoma haematobium*).

Cestoda (Bandwürmer)

Die Cestoda sind extrem an die endoparasitische Lebensweise angepasst. Der Darm wurde völlig reduziert, die Nahrung wird nur über die Körperoberfläche aufgenommen. Die Tiere sind stark abgeplattet (Name!). Ihr Körper besteht aus einem Scolex (Kopf) mit Haftorganen (Saugnäpfe und Haken), und einer langen Kette von Proglottiden (Gliedern) mit einem oder selten zwei vollständigen Genitalapparaten aus Hoden, Keimstock (**Germarium**) und Dotterstock (**Vitellarium**). Selbstbefruchtung innerhalb eines Gliedes oder zwischen verschiedenen Gliedern ist weit verbreitet. Ein **Generationswechsel** findet (au-

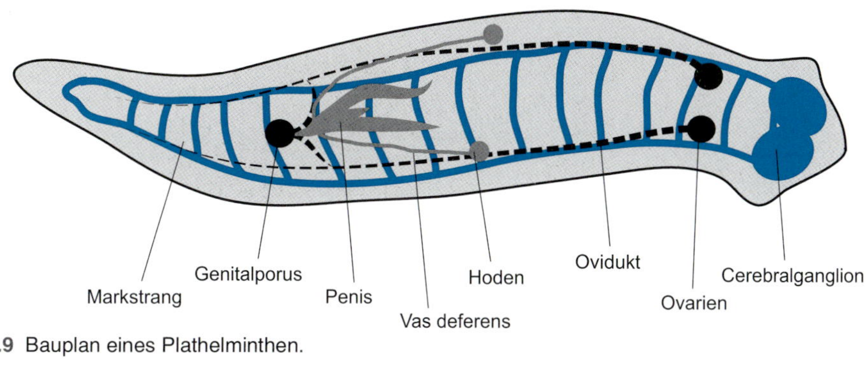

Abb. 2.9 Bauplan eines Plathelminthen.

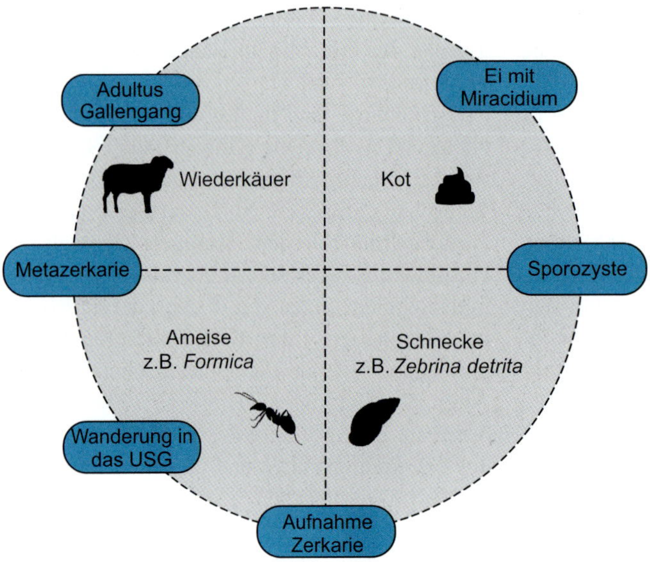

Abb. 2.10 Vereinfachter Entwicklungszyklus von *Dicrocoelium dendriticum* (Kleiner Leberegel). Aus den befruchteten Eizellen entwickeln sich in der Eihülle Wimperlarven (Miracidien). Diese werden mit dem Kot abgesetzt und von Landschnecken gefressen (1. Zwischenwirt), in denen die Miracidien schlüpfen und sich zu Sporocysten entwickeln. In diesen entstehen Gabelschwanzlarven (Cercarien), die in Schleimballen freigesetzt von Ameisen (2. Zwischenwirt) gefressen werden. Die meisten Cercarien wandern in die Körperhöhle und umschließen sich mit einer Hülle (Metacercarien). Eine Cercarie wandert jedoch in das Gehirn der Ameise (Unterschlundganglion, USG), was bei dieser einen Mandibelkrampf verursacht. Dadurch verbeißen sich die Ameisen an Grashalmen und werden z.B. von Schafen gefressen. In ihrem Verdauungstrakt werden die Metacercarien freigesetzt und wandern über den Gallengang in die Leber, wo sie sich in ca. 7 Wochen zu den geschlechtsreifen Saugwürmern entwickeln.

ßer bei Hunde- und Fuchsbandwurm) nicht statt, jedoch ist die **Entwicklung** fast immer mit einem Wirtswechsel verbunden.

Beispiele: *Taenia saginata* (Rinderbandwurm) 5-10 m lang, ohne Hakenkranz, häufigster Bandwurm des Menschen, kosmopolitisch, wo Rinder gehalten und gegessen werden; *Taenia solium* (Schweinebandwurm) mit Hakenkranz, 3-4 m lang; *Echinococcus* sp., kleine Bandwürmer mit nur 3-5 Proglottiden. Als Besonderheit tritt hier zum Wirts- noch ein Genrationswechsel in Form einer Metagenese hinzu. Die geschlechtliche **Fortpflanzung** erfolgt im Endwirt (Hunde, Katzen), die ungeschlechtliche **Fortpflanzung** und massenhafte Vermehrung im Zwischenwirt durch vegetative Vermehrung, je nach Art sind dies Huftiere, Nager und Mensch. *Echinococcus granulosus* (Hundebandwurm), *Echinococcus multilocularis* (Fuchsbandwurm).

Lophophorata (Tentaculata, Kranzfühler)

Die Lophophorata sind sessile, filtrierende Organismen, die durch einen Lophophor (Tentakelträger, Name!), einen U-förmigen, dorsal nach Außen mündenden Darmkanal und ein geteiltes Coelom charakterisiert sind. Die Filtration der Nahrung aus dem Wasser findet an den Tentakeln des Lophophors statt. Sie umfassen die Bryozoa (Moostierchen), Phoronida (Hufeisenwürmer) und Brachiopoda (Armfüßer).

Die **Bryozoa** (Moostierchen) stellen ein großes und formenreiches Subtaxon mit etwa 6000 Arten dar. Die kleinen Organismen leben in Kolonien in Gehäusen aus Chitin und Calcit oder Aragonit. Sie sind vorwiegend marin, wenige Arten kommen auch im Süßwasser vor.

Die Phoronida (Hufeisenwürmer) umfassen nur etwa 16 marine Arten, die häufig in hoher Individuenzahl am Meeresboden vorkommen, wo sie chitinige Röhren zum Schutz des lang gestreckten Rumpfes ausbilden.

Brachiopoda (Armfüßer) leben als Filtrierer bis zu 500 m Tiefe im Meer Sie weisen in ihrem Körperbau Ähnlichkeiten zu den Molluska (Weichtieren) auf. Jedoch bedecken die Schalen die ventrale und dorsale Körperseite (nicht die linke und rechte wie bei den Molluska). Im Vergleich zu den heute lebenden ca. 380 Arten waren sie in der Vergangenheit wesentlich artenreicher, ca. 30000 fossile Arten datieren das Vorkommen der Tiere bis ins Präkambrium zurück.

Molluska (Weichtiere)

Die Molluska stellen mit etwa 80000 rezenten (heute lebenden) und 70000 fossilen Arten ein sehr artenreiches Taxon dar. Ihr Ursprung liegt im Praekambrium vor ca. 600 Mio. Jahren (Abb. 2.1). Auch wenn die auf dem Land lebenden Formen am bekanntesten sind, zeigen sie ihre größte Arten- und Formenvielfalt im Süßwasser und im Meer, wo sie bis in große Tiefen vordringen. Molluska sind ein wichtiger Nahrungsbestandteil von vielen Krustentieren, Stachelhäutern und Wirbeltieren, einschließlich des Menschen. Der Körper wird durch eine umlaufende Einschnürung, die Mantelrinne, in zwei Teile gegliedert. Der ventrale Teil umfasst einen Fuß mit bewimperter Gleitsohle und von diesem durch eine Querfurche abgesetzt als Vorstufe eines Kopfes ein Mundfeld mit einer Raspelzunge (Radula). Dorsal gliedert sich der Körper in einen Eingeweidesack und den ihn umhüllenden Mantel (Pallium), von dem in etlichen Taxa eine Schale abgeschieden wird. (Abb. 2.11). In eine Erweiterung der Mantelrinne, die Mantelhöhle, ragen ein bis zwei Paar Kiemen. Das Blutgefäßsystem ist offen und die sekundäre Leibeshöhle (Coelom) ist auf einen Bereich um Herz und Geschlechtsorgane reduziert.

I. Solenogastres (Furchenfüßer) und
II. Caudofoveata (Schildfüßer)

Die Solenogastres umfassen knapp 300 Arten, die hauptsächlich von Nesseltieren ernähren, während die wurmförmigen Caudofoveata mit 130 Arten vertreten sind, die sich vorwiegend in der oberen Schicht des Meeresbodens von Detritus und verschiedenen Einzellern ernähren (Detritus: Schwebe- und Sinkstoffe in Gewässern, dessen Hauptanteil abgestorbene Mikroorganismen bilden).

III. Polyplacophora (Käferschnecken)

Die Polyplacophora sind mit ca. 900 bis zu 40 cm großen Arten hauptsächlich im Flachwasser felsiger Küsten vertreten. Sie kommen jedoch auch bis in große Tiefen (>7000 m) vor. Dorsal ist der Körper durch 8 Schalenplatten gekennzeichnet, die von Cuticula und Skleriten (Hartteilen) umgeben sind. Beispiel: *Lepidochiton cinerea* (Rändel-Käferschnecke).

IV. Tryblidia (Monoplacophora, Napfschaler)

Dieses Taxon umfasst wenige (ca. 30) Arten und wurde erst in den 1950er Jahren entdeckt. Der Körper ist von einer napfförmigen Schale bedeckt.

V. Bivalvia (Muscheln)

Die Bivalvia umfassen etwa 15000 Arten, die in ihrem Bau stark abgewandelt sind. Der Mundbereich ist vollständig reduziert und die Ernährung erfolgt filtrierend an den Kiemen, die somit neben der Atmung eine zweite Funktion ausüben. Der Mantel bildet zwei seitliche Lappen, die den gesamten Weichkörper umschließen und die Schale sezernieren (vorwiegend am Mantelrand). Die zweiklappige Schale wird dorsal mit einem biegsamen Band (Ligament) und einem Schloss verbunden. Ventral berühren sich die Mantelränder und verwachsen oft miteinander. Die frei bleibenden Ein- und Ausstromöffnungen können dann zu langen Schläuchen verwachsen, die es den Muscheln ermöglichen, sich schützend in das Sediment einzugraben. Der Fuß dient bei manchen Arten ebenfalls zur Verankerung und zum Graben im Sediment. Zwei Schließmuskeln können die Schalenklappen fest verschließen. Manche Arten können sich schwimmend durch Auf- und Zuklappen der Schalen fortbewegen, z. B. *Pecten jacobaeus* (Pilgermuschel).

Beispiele: *Unio pictorum* (Malermuschel); *Macoma baltica* (Baltische Plattmuschel); *Tridacna gigas* (Mördermuschel), bis zu 1,4 m groß und 200 kg schwer, davon 60 kg Weichteile, lebt in den Korallenriffen des Indopazifik; dem Licht zugewandter Mantelrand enthält photosynthetische Dinoflagellaten: *Symbiodinium* sp., *Teredo navalis* (Gemeine Schiffsbohrmuschel).

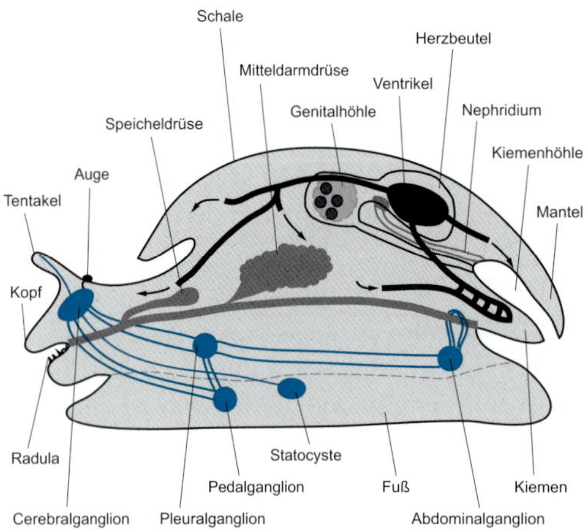

Abb. 2.11 Bauplan eines Mollusken.

VI. Scaphopoda (Kahnfüßer)

Die rein marinen, ca. 520 Arten umfassenden Scaphopoda sind in ihrem Körperbau ebenfalls sehr stark abgewandelt. Die röhrenförmige Schale ist an beiden Enden offen. Der Kopf kann vollständig in die Schale zurückgezogen werden. Der kegelförmige Fuß dient zum Graben im Sediment. Herz und Kiemen sind reduziert und es ist nur eine Gonade vorhanden. Sie leben in der oberen Sedimentschicht von der Spritzwasserzone bis zu 7000 m Tiefe wo sie sich mit Hilfe ihrer Fangtentakel vorwiegend von Foraminiferen ernähren. Beispiel: *Dentalium elephantinum* (Elefantenzahn).

VII. Gastropoda (Schnecken)

Die Gastropoda sind mit ca. 100 000 Arten das herausragende Subtaxon unter den Molluska. Ihre ältesten Fossilien findet man bereits im frühen Kambrium. Sie sind vorwiegend Bodenbewohner im Meer, Süßwasser und an Land, seltener findet man pelagische (frei schwimmende) Formen. Sie ernähren sich auf verschiedenste Weisen, detrivor (Detritus = kleine Partikel organischer Substanzen), herbivor (pflanzenfressend) und carnivor (fleischfressend, räuberisch). Auch parasitische Formen kommen vor. Möglicherweise bedingt durch die Beibehaltung der kriechenden Lebensweise haben die Gastropoda einige ursprüngliche Merkmale beibehalten (Abb. 2.11). Dennoch sind einige evolutive Neuerungen kennzeichnend für sie. So sind Eingeweidesack und Schale spiralig aufgerollt und um ca. 180° nach vorne gedreht, Mantelhöhle und Kiemen liegen jetzt vorne. Dadurch kommt es auch zur Überkreuzung der Nervenstränge (Streptoneurie). Diese ist bei ursprünglichen Subtaxa noch heute erhalten (Prosobranchia), während abgeleitete Formen diese durch teilweise Zurückdrehung (Ophisthobranchia) oder Verkürzung der Nervenstränge (Pulmonata) wieder aufgehoben haben.

Beispiele: *Littorina littorea* (Gemeine Strandschnecke), häufige Art in der Spritzwasserzone der Nordseeküste, *Hydrobia ulva* (Wattschnecke); *Conus textile* (Kegelschnecke), Kegelschnecken können einen giftigen Radulazahn abschießen und damit ihre Beute lähmen. Sie sind teilweise auch für Menschen sehr giftig! *Helix pomatia* (Weinbergschnecke), *Cepea hortensis* (Gartenschnirkelschnecke).

VIII. Cephalopoda (Kopffüßer)

Die Cephalopoda sind marine Organismen, die vorwiegend pelagisch leben und in Tiefen bis zu 8000 m vorstoßen. Sie beherbergen auch die größten lebenden wirbellosen Tiere (bis zu 20 m). Ihre Ernährung ist hauptsächlich carnivor. An der Mundöffnung ist ein kräftiger Kiefer als Beißwerkzeug ausgebildet („Papageienschnabel"). Der Fuß umgibt als Muskelwulst den Kopf und bildet Tentakel (Fangarme) sowie Arme mit Saugnäpfen. Zudem bilden 2 Lappen des Fußes einen Trichter am Ausgang der Mantelhöhle, durch den Wasser gepresst wird und eine Fortbewegung nach dem Rückstoßprinzip ermöglicht. Ursprünglich ist eine gekammerte Schale vorhanden, die bei abgeleiteten Taxa zunehmend reduziert wurde. Insbesondere die Coleoida (Tintenfische) zeigen eine starke Tendenz zur Cephalisation (Gehirnbildung). Beispiele: *Nautilus* sp. (Perlboot), Kopf mit Lochkamera-Augen und ca. 90 Tentakeln; *Vampyroteuthis infernalis* (Vampirtintenfisch), ca.

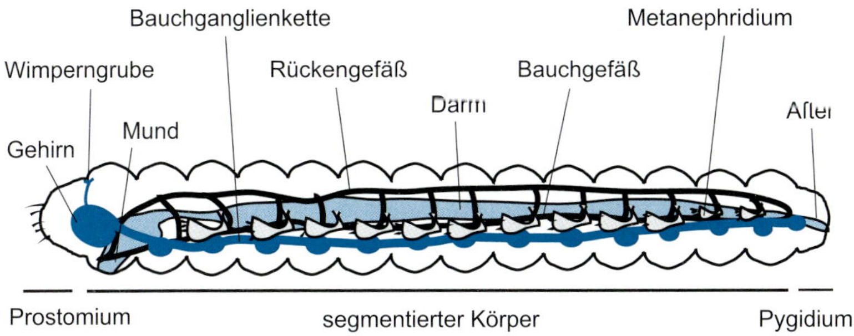

Abb. 2.12 Bauplan eines Anneliden.

25 cm. Die Fangarme sind mit Häuten verbunden und bilden einen Fangtrichter. Der Vampirtintenfisch wurde während der ersten deutschen Tiefsee-Expedition 1898-1899 entdeckt; *Octopus vulgaris* (Gemeiner Krake), lebt in felsigen Höhlen oder selbst gebauten Steinwällen. Diese Art besitzt das am höchsten differenzierte Nervensystem wirbelloser Tiere.

Annelida (Ringelwürmer)

Die Annelida bewohnen mit ca. 16500 Arten marine, limnische und terrestrische Lebensräume in hohen Individuenzahlen. Ursprünglich sind sie im Meer entstanden, wo sie auch heute noch ihren Verbreitungsschwerpunkt haben. Ihr Ursprung geht bis ins Kambrium vor über 500 Mio. Jahren zurück (Abb. 2.1). Viele Arten sind Detritusfresser, einige leben aber auch räuberisch. Manche Vertreter sind obligatorische Kommensalen, Endo- oder Ektoparasiten. Kennzeichnend ist ihre Körpersegmentierung, wobei jedes Segment aus jeweils einem Paar Parapodien (beinähnlichen Extremitäten, die jedoch nicht gegliedert sind), ventralen Ganglien, **Coelomsäckchen**, Nephridien und Gonaden besteht (Abb. 2.12). Die paarigen Bauchganglien sind miteinander durch Kommissuren und zwischen den Segmenten durch Konnektive verbunden (Stickleiternervensystem). Am Vorderkörper ist ein Prostomium („vor dem Mund") ausgebildet, welches das Gehirn in Form eines Oberschundganglions beherbergt und verschiedene Sinnesorgane trägt. Das Hinterende wird von einem Pygidium gebildet, das die Afteröffnung trägt. Der Blutkreislauf ist geschlossen. Eine drüsenreiche Epidermis sezerniert nach Außen eine schützende Cuticula aus Collagen. Unter der Epidermis liegt der Hautmuskelschlauch aus einer äußeren Ring- und inneren Längsmuskulatur. Diese klare Körpersegmentierung ist jedoch bei vielen Subtaxa stark abgewandelt.

Wichtige Vertreter der Annelida werden im Folgenden kurz vorgestellt.

I. Errantia (Umherirrende)

Die Errantia stellen frei lebende vielborstige Ringelwürmer dar, die sich oft räuberisch ernähren. Sie sind homonom (gleichmäßig) segmentiert mit deutlich ausgeprägten Parapodien. Das Prostomium trägt Antennen und Sinnestaster. Der Vorderdarm ist oft mit einem Kiefer ausgebildet.

Infobox 3 Regenwürmer sorgen für Bodenstabilität: Regenwürmer (Lumbricidae, Clitellata) haben durch ihre detrivore Ernährung eine hohe ökologische Bedeutung. Durch die Aufnahme von Kot und alten Pflanzenteilen wirken sie an der Bildung von Ton-Humus-Komplexen im Boden mit, die zur Erhöhung der Wasserspeicherkapazität beitragen. Durch ihre hohe Individuendichte produzieren sie bis zu 25 t Regenwurmkot auf einem Hektar Landfläche im Jahr.

Beispiele: *Hermodice carunculata* (Feuerwurm), in dichten Bündeln angeordnete Borsten mit Widerhaken verursachen heftiges Brennen; *Eunice* sp. (Palolowürmer), ihre massenhafte **Fortpflanzung** ist eng an den Mondphasenwechsel geknüpft, dann werden sie von der Bevölkerung als Delikatesse in Körben abgefischt und verzehrt.

II. Sedentaria (Sitzende)
Die Sedentaria umfassen festsitzende und grabende Polychaeten (Vielborster), die oft in Röhren leben. Sie sind Detritus- oder Suspensionsfresser und besitzen am Vorderende lange Fortsätze, wie z.B. Tentakelkränze, die der Filtration dienen. Die homonome Segmentierung ist häufig abgewandelt in mehrere Tagmata (Körperabschnitte) mit verschiedenartigen Parapodien.

Beispiele: *Arenicola marina* (Pier- oder Köderwurm), 20 cm; *Lumbricus terrestris* (Gemeiner Regenwurm, Tauwurm), bis 30 cm, in Europa heimisch, Bioindikator für die Bodenqualität (Infobox 3); *Megascolides australis* (Giant Gippsland Earthworm), Vorkommen in Australien, bis 3 m; *Hirudo medicinalis* (Medizinischer Blutegel), seine Speicheldrüsen enthalten ein blutgerinnungshemmendes Sekret (Hirudin).

Ecdysozoa (Häutungstiere)

Die Ecdysozoa sind gekennzeichnet durch ihre Cuticula, die während des Wachstums gehäutet wird. Sie besteht aus Proteinen und Chitin (dieses besteht aus vielen Zuckermolekülen, die ein Stickstoffatom enthalten). Die Cuticula ist bei verschiedenen Taxa sehr unterschiedlich ausgeprägt. Bei den Arthropoda (Gliederfüßern) ist sie zu einem festen Exoskelett (Außenpanzer) verdickt. Die Ecdysozoa sind mit mehreren Millionen Arten das artenreichste Taxon der Tiere. Sie werden in zwei große Subtaxa eingeteilt, Cycloneuralia (u.a. Nematoda, Priapulida, Loricifera) und Panarthropoda (Onychophora, Tardigrada und Arthropoda). Wichtige Vertreter werden im Folgenden vorgestellt.

Cycloneuralia (ohne dt. Name)
Charakteristisch für dieses Taxon ist die ringförmige Ausbildung ihres Gehirns um den Vorderdarm (Name!). Ihr weiteres Nervensystem besteht aus einem vom Gehirn ausgehenden dorsalen und ventralen Nervenstrang (Abb. 2.13).

Nematoda (Fadenwürmer). Von den Nematoda sind ca. 15000 Arten bekannt. Ihre tatsächliche Artenzahl wird jedoch als weitaus höher eingeschätzt. Viele Arten sind zudem in hoher Individuendichte, z.B. in Böden, anzutreffen. Sie leben in aquatischen und terrestrischen Habitaten. Im Sediment des Meeresbodens kommen sie von der Küste bis zur Tiefsee vor. Viele Vertreter der Nematoda sind endo- und ektoparasitisch an Höheren Pflanzen sowie endoparasitisch in Tieren und ökologisch, wirtschaftlich und medizinisch von großer Bedeutung. Manche Parasiten werden bis zu 40 cm lang, z.B. *Ascaris lumbricoides* (Spulwurm des Menschen). Die Atmung erfolgt durch die Haut, ein Blutkreislauf ist nicht vorhanden. Nematoda sind getrennt geschlechtlich und entwickeln sich direkt ohne ein Larvenstadium.

Beispiele: *Ascaris suum* (Schweinespulwurm); *Ancylostoma duodenale* (Haken- oder Grubenwurm), Erreger der Hakenwurmseuche; *Trichinella spiralis* (Muskeltrichine), **Entwicklung** unter Wirtswechsel, geschlechtsreif im Darm von Ratte, Schwein, Mensch, die Infektion erfolgt durch Verzehr von rohem Fleisch, das eingekapselte, 1 mm lange Jugendstadien enthält (Muskeltrichinen); *Dracunculus medinensis* (Medinawurm); *Wuchereria bancrofti* (Haarwurm), Erreger der Elefantiasis; *Onchocerca volvolus* (Knäuelfilarie), Erreger der Flussblindheit.

Panarthropoda
Zu den Panarthropoda werden drei unterschiedlich artenreiche Subtaxa zusammengefasst, die Onychophora (Stummelfüßer), Tardigrada (Bärtierchen) und die mit mehreren Millionen Arten vertretenen Arthropoda (Gliederfüßer). Ursprünglich weisen sie im Körperbau nur eine

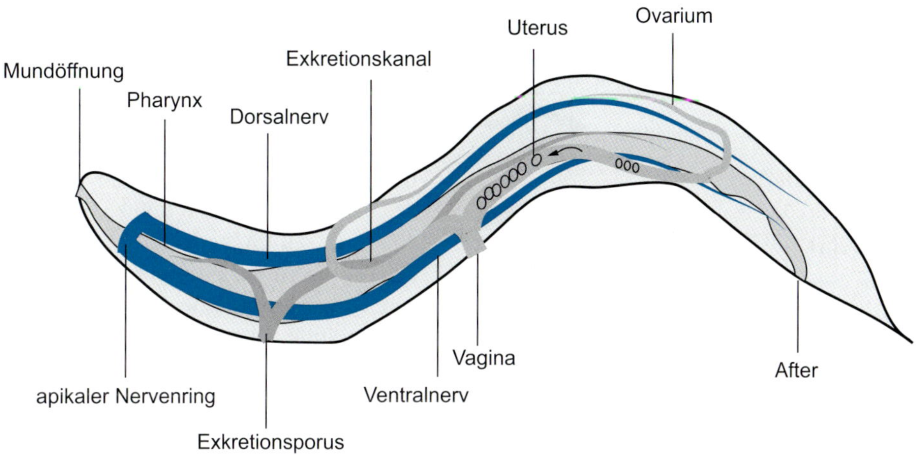

Abb. 2.14 Bauplan eines Nematoden, weibliches Tier.

Gliederung in Rumpf und Kopf auf. Sie sind weiter gekennzeichnet durch die Rückbildung des Coeloms und des Zirkulationssystems. Die Cuticula der Tardigrada und Onychophora ist im Vergleich zu den Arthropoda nur schwach ausgebildet. Gegliederte Extremitäten (Arthropodien, Name!) kommen nur bei den Arthropoda vor, Tardigrada und Onychophora besitzen ungegliederte Lobopodien.

Onychophora (Stummelfüßer)
Die Onychophora leben in tropischen und subtropischen Breiten in Mull (Humus), morschen Baumstämmen, Moos und Falllaub. Ihr Hauptverbreitungsmuster (Südamerika, südliches Afrika und Australien) geht auf den Superkontinent Gondwana zurück (s. Abschnitt „Tiergeographie"). In ihren Wehrdrüsen produzieren sie ein klebriges Sekret, mit dem sie ihre Beute fixieren und danach verspeisen.

Tardigrada (Bärtierchen)
Die Tardigrada leben in marinen, limnischen und terrestrischen Habitaten. Sie sind sehr klein, 0,08 - 2 mm, und bevorzugen dauerfeuchte und temporär wasserhaltige Lückensysteme. Sie leben von Algen und kleinen Wirbellosen, auch einige parasitische Formen kommen vor. In einer Cryptobiose, einem Zustand bei dem die Stoffwechselvorgänge extrem reduziert sind, können sie ungünstige Umweltbedingungen überdauern.

Arthropoda (Gliederfüßer)
Die Arthropoda stellen die vielfältigste und mit über einer Million das artenreichste Taxon im gesamten Tierreich dar. Ihre Größenspannweite reicht von wenigen Millimetern bis zu 4 m bei der Japanischen Riesenkrabbe. Von der Tiefsee bis in Wüstenregionen hinein besiedeln sie fast alle Lebensräume. Ihre Entstehung geht bis ins Kambrium zurück (Abb. 2.1). Besonders charakteristisch für die Arthropoda ist die Ausbildung eines Kopfes, der aus der Verschmelzung mehrerer Segmente hervor ging, mit einem Gehirn aus mehreren Abschnitten und verschiedenen Sinnesorganen wie Ocellen (Medianaugen) und Facettenaugen (Komplexaugen). Ursprünglich waren die Extremitäten als gegliederte Spaltbeine ausgebildet wie sie heute noch bei den wasserlebenden Crustaceen vorkommen. Bei der Eroberung terrestrischer Lebensräume wurde das äußere Bein reduziert. Meist sind sie getrenntgeschlechtlich, äußere und innere Befruchtung kommen vor. Die Atmung erfolgt ursprünglich durch Kiemen, aus denen in Anpas-

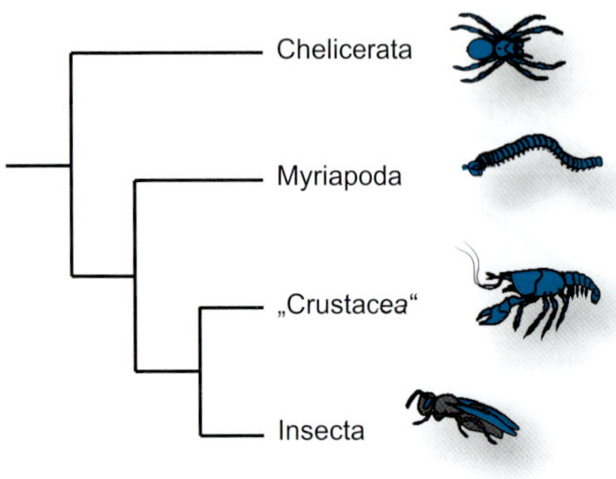

Abb. 2.14 Stammbaum der Arthropoda.

sung an das Landleben die Tracheen hervorgingen. Die Arthropoda werden in vier Subtaxa gegliedert, die Chelicerata (Kieferklauenträger) sowie die aufgrund ihrer ursprünglich beißend-kauenden Mundwerkzeuge als Mandibulata bezeichneten Myriapoda (Tausendfüßer), „Crustacea“ (Krebse) und Insecta (Hexapoda, Insekten). Häufig werden die „Crustacea“ und Insecta als Pancrustacea in ein Taxon gestellt, weil die Insecta aus einer Teilgruppe der Crustacea entstanden sind und diese für sich keine geschlossene **Abstammungsgemeinschaft** (siehe Infobox 1) bilden (Abb. 2.14) Aus Gründen der Übersichtlichkeit werden im Folgenden die 4 klassischen Subtaxa im Einzelnen vorgestellt.

I. Chelicerata (Kieferklauenträger)

Die etwa 110000 Arten umfassenden Chelicerata haben ihren Ursprung im Meer, wo sich heute noch die wenigen Arten der Xiphosura (Schwertschwänze) und Pantopoda (Asselspinnen) finden. Alle anderen Vertreter sind Landtiere, die nur in wenigen Fällen wieder zu einer aquatischen Lebensweise zurückgekehrt sind. Die Chelicerata können von 0,1 mm (einige Milben) bis zu 85 cm (Chinesischer Pfeilschwanzkrebs) groß werden. Sie leben vorwiegend räuberisch. Auch parasitische Formen kommen vor (Spinnmilbe, Zecken, Krätzmilbe). Kennzeichnend ist die Körpergliederung in zwei Abschnitte (Tagmata), Vorder- und Hinterkörper (Prosoma und Opisthosoma). Der Vorderkörper trägt aus Extremitäten umgebildete paarige Cheliceren (Name!), Pedipalpen (Tastfüße) und vier Laufbeinpaare. Die Extremitäten des Opisthosomas sind reduziert oder umgebildet, z.B. zu Spinndrüsen. Bei den Araneae (Webspinnen) wird die mit den giftigen Cheliceren erbeutete Nahrung vor dem Mund verdaut und mithilfe einer Saugpumpe in den Magen aufgenommen.

Beispiele: Scorpiones: *Androctonus australis* (Dickschwanzskorpion), von Nordafrika bis Südasien verbreitet, gehört zu den giftigsten Skorpionen, verursacht jährlich mehrere Todesfälle; Araneae (Webspinnen): *Latrodectus tredecimguttatus* (Malmignatte, Europäische Schwarze Witwe), verursacht die meisten Vergiftungsfälle in Europa, *Aranaeus diadematus* (Gartenkreuzspinne), in Mitteleuropa häufig vertretene Art der Radnetzspinnen; Acari (Milben): *Ixodes ricinus* (Zecke, Holzbock), Blutsauger, Überträger der FSME (Frühsommer-Meningoencephalitis) und der Borreliose (Wanderröte).

II. Myriapoda (Tausendfüßer)

Die Myriapoda umfassen ca. 16500 Arten. Zurückverfolgen kann man sie bis ins Silur (Abb. 2.1). Alle Arten leben terrestrisch, wobei zahlreiche als Detritusfresser durch mechanische Zerkleinerungs- und Zersetzungsprozesse einen bedeutenden Beitrag zur Bodenbildung leisten. Andere Vertreter sind räuberisch. Der Körper der Myriapoda ist in Kopf und einen durchgehend segmentierten Rumpf gegliedert. Die Segmente können zwar unterschiedlich gebaut sein, tragen aber alle Extremitäten (Name!).

Beispiele: Chilopoda (Hundertfüßer, Extremitäten des ersten Rumpfsegmentes zu Kieferfüßen mit Giftdrüse umgebildet): *Scutigera coleoptrata* (Spinnenläufer), sehr schnell, dringt auch in Häuser ein; Progoneata (Tausendfüßer i.e.S.): *Glomeris marginata* (Gerandeter Saftkugler), kann sich zu einer Kugel einrollen.

III. „Crustacea" (Krebse)

Von den „Crustacea" sind heute fast 70000 Arten beschrieben. Ihr Ursprung geht bis ins Präkambrium zurück (570 Mio. Jahre). Sie sind in ihrem Körperbau die vielgestaltigsten Organismen der Tierwelt. Sie leben vorwiegend aquatisch, wo sie vor allem zahlreich im Plankton (schwebend im Wasser) vertreten sind und eine wichtige Rolle im Nahrungsnetz einnehmen. Eine Anpassung an das Landleben haben die Isopoda (Gleichfüßer) vollzogen und sind sogar bis in Wüstengebiete vorgedrungen. Einige Formen leben parasitisch wie die Branchiura (Karpfenläuse). Kennzeichnend für die „Crustacea" ist die Verschmelzung der Segmente zu drei Körperabschnitten (Tagmata): Caput (Kopf), Thorax (Brustkorb) und Abdomen (Hinterleib), wobei Kopf und Thorax zu einem Cephalothorax verschmolzen sein können. Der Kopf trägt neben dem Gehirn und den Augen zwei Paar Antennen, Mundwerkzeuge und zwei Paar Nephridien (Ausscheidungsorgane). Die Extremitäten von Thorax und Abdomen sind als Spaltbeine ausgebildet und Tragen zum Teil Kiemen. Sie sind zudem in ihrer Form und Zahl in den verschiedenen Subtaxa mannigfaltig abgewandelt, z.B. als Scheren zum Greifen und Zerschneiden von Beutetieren (Hummer). In der Regel sind die „Crustacea" getrenntgeschlechtlich.

Beispiele: Branchiopoda (Kiemenfüßer): *Daphnia pulex* (Wasserfloh), Maxillopoda (Kieferfüßer): *Acartia clausi*, weit verbreitete Art des Planktons; *Lepas* sp. (Entenmuscheln), *Balanus* sp. (Seepocken); Malacostraca (Höhere Krebse): *Porcellio scaber* (Kellerassel), *Astacus astacus* (Edelkrebs), *Carcinus maenas* (Strandkrabbe).

IV. Insecta (Hexapoda, Insekten)

Von der Artenzahl sind die Insecta mit Abstand die häufigsten Arthropoda. Erste Vertreter findet man am Ende des Kambriums im Übergang zum Ordovizium (Abb. 2.1). Die Entstehung ihrer immensen Vielfalt ist eng verknüpft mit der Eroberung terrestrischer und limnischer Lebensräume sowie des Luftraums und der damit einhergehenden Coevolution z.B. mit Endosymbionten, Wirtsorgansimen und Blütenpflanzen. Ihre tatsächliche Artenzahl wird auf mehrere Millionen geschätzt In ihrer Größe variieren sie zwischen 0,2 mm (Erzwespen) und 30 cm (Gespenstschrecken). Charakteristisch ist die strenge Gliederung des Körpers in einen Kopf, Thorax aus drei Segmenten und Abdomen, das aus elf Segmenten besteht. Herausragend ist die vielfältige Morphologie und Funktionsweise ihrer Mundwerkzeuge. Vom ursprünglich beißend-kauenden Typ entstanden zahlreiche Abwandlungen zu leckenden, saugenden und stechenden Mundwerkzeugen sowie Kombinationen davon. An jedem Thoraxsegment ist ein Beinpaar ausgebildet. Ursprünglich sind die Insekten ungeflügelt, die Flügel entstanden erst später als Ausstülpung der Körperwand des mittleren und hinteren Thoraxsegmentes bei den Pterygota (Geflügelten). Diese sind wiederum in verschiedener Weise ausgeprägt und abgewandelt. Sie stellen ein wichtiges Unterscheidungsmerkmal verschiedener Subtaxa dar. Die Extremitäten des Abdomens sind reduziert oder stark abgewandelt, z.B. zu Begattungshilfsorganen (Genitalfüßen) oder Legebohrern zur Eiablage.

Eine weitere Besonderheit zeigt sich in ihrer **Entwicklung**. Man unterscheidet eine hemimetabole (direkte) Entwicklung von einer holometabolen (indirekte) Entwicklung. Erstere ist dadurch gekennzeichnet, dass die Larvenstadien über mehrere Häutungen hinweg dem erwachsenen Organismus zunehmend ähnlicher werden, bis sie dieses Stadium erreichen. Bei der Holometabolie ist zwischen Larven- und Erwachsenenstadium ein Puppenstadium eingeschaltet, in dem eine Metamorphose zum adulten Tier stattfindet. Somit kann bei holometabolen Insekten zwischen larvalen und adulten Merkmalen unterschieden werden. Larvenstadien können sich sowohl morphologisch als auch im Lebensraum stark von den Adulten unterscheiden. So leben beispielsweise die räuberischen Libellenlarven limnisch mit Tracheenkiemen zur Atmung im Wasser, währen die adulten auf dem Land und im Flug mit einer Tracheenatmung ihrer Sauerstoffbedarf decken.

Beispiele: Odonata (Libellen): *Calopteryx splendens* (Gebänderte Prachtlibelle), *Anax imperator* (Große Königslibelle); Mantodea (Fangheuschrecken, Gottesanbeterinnen): *Mantis religiosa* (Gottesanbeterin); Dermaptera (Ohrwürmer): *Forficula auricularia* (Gemeiner Ohrwurm); Isoptera (Termiten): *Macrotermes natalensis* (Nataltermite); Orthoptera (Heuschrecken): *Tettigonia viridissima* (Grünes Heupferd); Phthiraptera (Lauskerfe, Tierläuse): *Phthirus pubis* (Filz- oder Schamlaus); Coleoptera (Käfer): *Oryctes nasicornis* (Nashornkäfer); Hymenoptera (Hautflügler): *Apis mellifera* (Honigbiene), Lepidoptera (Schmetterlinge): *Vanessa atalanta* (Admiral); Diptera (Zweiflügler): *Musca domestica* (Stubenfliege).

Deuterostomia (Neumundtiere)

Die Deuterostomia sind dadurch charakterisiert, dass der **Urmund** (Blastoporus) sich zum After entwickelt und der Mund an der gegenüberliegenden Seite neu entsteht (Abb. 2.8). Dieses Taxon ist zudem durch ein dorsales Nervensystem und ventrales Blutgefäßsystem gekennzeichnet. Das Mesoderm und mit ihm die sekundäre Leibeshöhle (**Coelom**) entsteht durch Ausstülpungen aus dem Urdarm. Deuterostomia werden in zwei Taxa eingeteilt: Ambulacraria mit den Echinodermata (Stachelhäuter) und Hemichordata (Kiemenlochtiere), und Chordata mit den Tunicata (Manteltieren), Acrania (Schädellosen) und Craniota (Wirbel- oder Schädeltiere).

Ambulacraria

Die Ambulacraria (Abb. 2.15) werden durch ein dreigliedriges **Coelom** definiert (Pro-, Meso- und Metacoel). Im Procöl befindet sich eine Öffnung nach außen, der Coelomporus.

Hemichordata (Kiemenlochtiere)

Die Hemichordata weisen ca.120 Arten auf, die am Meeresboden (Benthos) leben. Sie beinhalten zwei sehr unterschiedliche Taxa, die wurmförmigen, bis zu 2 m langen Enteropneusta (Eichelwürmer) und die nur Millimeter großen stockbildenden Pterobranchia (Fügelkiemer). Bei beiden Taxa bildet der Darm eine Ausstülpung, das Stomochord (Name!), welches nach vorne in das Prosoma hineinragt.

Echinodermata (Stachelhäuter)

Die Echinodermata sind mit ca. 7000 Arten ebenfalls im Benthos der Meere vertreten, wo sie einen hohen Anteil an der Biomasse darstellen. Ihre Größe reicht von wenigen Millimetern bis 1,40 m im Durchmesser. Sie sind fossil seit dem frühen Kambrium nachgewiesen. Kennzeichnend für ihren Körperbau ist die Radiärsymmetrie adulter Tiere mit ursprünglich fünf Radien (Ambulacren), die aus der Umwandlung einer zweiseitig symmetrischen Larve hervorgeht. Die Körperachse verläuft senkrecht von der dem Substrat zugewandten Mundseite (Oralseite) zur gegenüberliegenden Afterseite (Aboralseite). Abgeleitet hiervon sind im Laufe ihrer Stammesgeschichte jedoch auch wieder bilateralsymmetrische Formen entstanden, z.B. irreguläre Seeigel. Das namengebende Charakteristikum sind Stacheln, die Spezialisierungen des mesodermalen Skelettes darstellen. Bei einigen Gruppen können diese als Pedicellarien (pinzettenartige Greiforgane) ausgebildet sein. Das Mesocoel bildet einen Ringkanal aus, von dem Radiärkanäle auslaufen, die einen Füßchenapparat (Ambulacralsystem) ausbilden. Die Echinodermata sind mit wenigen Ausnahmen getrenntgeschlechtlich.

I. Crinoidea (Seelilien und Haarsterne)

Die Crinoidea umfassen sessile Formen deren Körper in Stamm, Kelch mit den inneren Organen und einer aus den vervielfältigten Radien gebildeten Tentakelkrone gebildet wird. Die einzelnen Tentakel sind verzweigt und dienen zur Filtration von Schwebepartikeln aus dem Wasser. Die Crinoidea waren zahlreich im Erdmittelalter vertreten mit Formen bis zu 20 m Länge (Schwarzjura). Beispiel: *Heterometra savignyi*.

II. Asteroidea (Seesterne)

Die Asteroidea sind fünfstrahlige, sternförmige und relativ flache Tiere, wobei die Oralseite dem Substrat zugewandt ist. Der vordere Teil des sich anschließenden Magens kann beim Fressen ausgestülpt werden (extraorale Verdauung). Der hintere Teil verzweigt sich in gelappte Blindsäcke in die Arme hinein. Die Blindsäcke bilden Verdauungsenzyme und dienen der Speicherung sowie Aufnahme von verdauter Nahrung. Der Darm führt gerade vom Magen zur Afteröffnung auf der Aboralseite. Auf der Oralseite tragen die Arme Füßchen, die zur Fortbewegung dienen. An den Spitzen der Arme sind einfache Augen ausgebildet.

Beispiele: *Asterias rubens* (Gemeiner Seestern) mit fünf Armen, *Acanthaster planci* (Dornenkrone), 8-21 Arme (Infobox 4).

III. Ophiuroidea (Schlangensterne)

Bei den Ophiuroidea sind die Radien zu langen beweglichen Armen ausgezogen, die scharf vom Körper (Mundscheibe), abgesetzt sind. In der Mehrzahl sind die Arme unverzweigt. Bei manchen Arten sind diese jedoch verzweigt und wirken als Netz, mit dem Planktonorganismen filtriert und zum Mund transportiert werden (Gorgonenhaupt). Auf Weichböden der Meere sind sie häufig dominierend mit bis zu 2000 Individuen pro Quadratmeter.

Beispiele: *Ophiotrix fragilis* (Zerbrechlicher Schlangenstern), *Gorgonocephalus caputmedusae* (Gorgonenhaupt).

IV. Echinoidea (Seeigel)

Die Echinoidea weisen einen kugelförmigen Körperbau aus fünf Radien und fünf Interradien

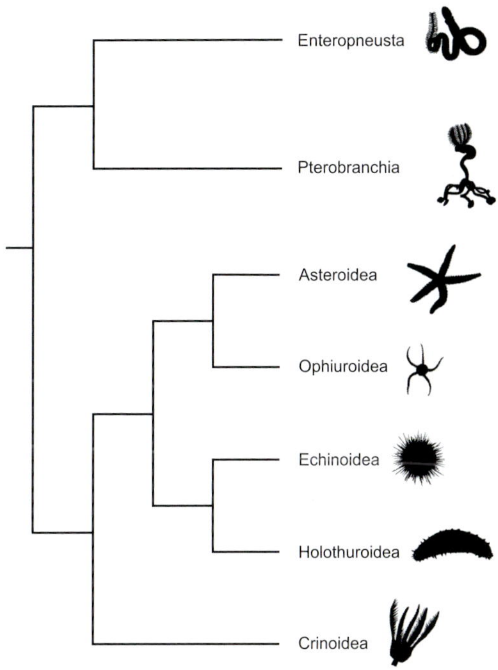

Abb. 2.15 Stammbaum der Ambulacraria.

auf. Aus den Radien ragen Reihen von Füßchen des Ambulacralsystems nach außen, die nicht der Fortbewegung dienen, sondern als Tupf-, Tast- und Kiemenfüßchen mit dünner Wand und vergrößerter Oberfläche ausgebildet sind. Eine Besonderheit ist der komplexe Kieferapparat der schon von Aristoteles beschrieben wurde und daher als Laterne des Aristoteles bezeichnet wird. Er besteht aus fünf harten, radiär angeordneten und ständig nachwachsenden Zähnen, die mit zahlreichen Skelettstücken verbunden sind und durch ein eigenes Muskelsystem bewegt werden können. Unterschieden werden zwei

Infobox 4 Der Dornenkronenseestern (*Acanthaster planci*) wird bis zu 40 cm groß und trägt auf seiner Oberseite bis zu 6 cm lange Stacheln. Er ernährt sich ausschließlich von Krallen. Seit Mitte der 1960er Jahre sind im Indopazifik, besonders im australischen Barriere Riff, alarmierende Massenvermehrungen zu verzeichnen, die erhebliche Schäden an den Korallenriffen verursachen. Es wird unter anderem vermutet, dass Düngemittel durch Flüsse ins Meer gelangen und das Wachstum von Algen begünstigen, von denen sich die Larven der Seesterne ernähren. Hinzu kommt, dass die Zahl der natürlichen Fressfeinde durch Überfischung der Meere abnimmt.

Formen. Die Regularia sind streng radiärsymmetrisch aufgebaut aus fünf Radien und fünf Interradien. Sie ernähren sich als Weidegänger z.B. auf Korallenriffen, Hart- oder Weichböden und Seegraswiesen. Die Irregularia sind von dem ursprünglichen **Bauplan** der Regularia stark abgewandelt. Der After wurde z.T. bis in die Oralseite verlagert, auch der Mund wurde seitlich verlagert, wodurch eine sekundäre Bilateralsymmetrie entstand. Die Tiere sind oval, herzförmig oder stark abgeplattet. Sie leben vorwiegend im sandigen und schlammigen Meeresboden und ernähren sich mikrophag als Sandlecker oder Sandtupfer. Beispiele: *Echinus esculentus*, (Essbarer Seeigel), *Cypeaster humilis* (Sanddollar).

V. Holothuroidea (Seegurken)

Die Holothuroidea weichen in ihrem **Bauplan** wesentlich von den anderen Echinodermata ab. Die Hauptachse des langgestreckten Körpers liegt dem Substrat auf mit vorn gelegenem Mund und terminalem After. Das Skelett ist zu isolierten Kalkkörperchen reduziert. Die Ambulacralfüßchen der Mundregion sind zu Tentakeln umgebildet. Vom Darmkanal gehen verzweigte Wasserlungen aus, die der Atmung und Exkretion dienen, aber auch zahlreiche Parasiten und Endozoen („Untermieter") beherbergen, z.B. den Eingeweidefisch *Carapus acus* (Ophidoidei). Beispiel: *Synapta maculata* (Gefleckte Wurmseegurke), bis zu 2 m.

Chordata (Chordatiere)

Die Chordata sind zweifellos eine geschlossene **Abstammungsgemeinschaft**, die u.a. durch **Chorda dorsalis** (Name!), Neuralrohr, und Kiemendarm gekennzeichnet ist.

Die Chorda ist ein dorsal über dem Darm gelegener Stützstab, der als axiales Widerlager zur Muskulatur fungiert. Sie entsteht aus einer Abfaltung des Urdarmdaches. Das dorsal über der Chorda gelegene Neuralrohr entsteht embryonal durch Einfaltung aus dem Ektoderm und stellt den Hauptnervenstrang dar. Die Wand des Neuralrohrs enthält außer Nerven und Gliazellen auch noch Sinneszellen (Rückenmarksaugen von Branchiostoma). Der Kiemendarm ist im Vorderbereich von vielen Spalten durchbrochen und dient sowohl der Atmung als auch dem Nahrungserwerb durch Filtration des Atemwasserstroms. Die ventrale Rinne produziert einen Schleimfilm, der über Cilien an den Kiemenbögen entlang geleitet wird und die eingestrudelten Nahrungspartikel in den hinteren Darmabschnitt transportiert. Die Chordata besitzen zudem ein geschlossenes Blutkreislaufsystem in dem das Blut ventral nach vorne

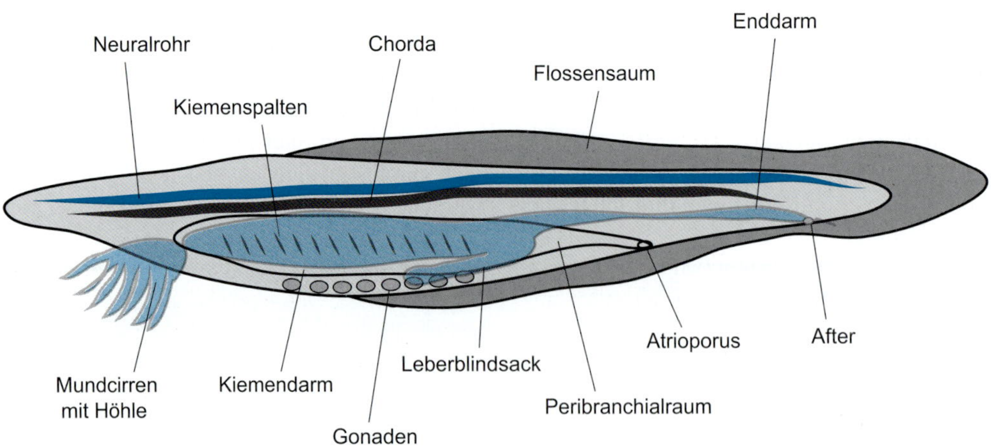

Abb. 2.16 Bauplan eines Lanzettfischchens.

transportiert wird und weisen eine deutliche Segmentierung auf. Wenig abgewandelt von diesem **Bauplan** sind diese Merkmale noch heute bei den Acrania deutlich ausgeprägt (Abb. 2.16).

I. Tunicata (Manteltiere)

Bei den ca. 2000 Arten der Tunicata findet man die Chordatenmerkmale nur noch bei den freischwimmenden Larvenstadien. Die Erwachsenenstadien sind stark abgewandelt. Kennzeichnend ist die Tunika (Mantel, Name!), die besonders bei sessilen Formen sehr deutlich ausgeprägt ist. Einzigartig im Tierreich vorkommend enthält diese neben Wasser und Proteinen Cellulose (wahrscheinlich wurde die Cellulose-Synthese durch horizontalen Gentransfer von einem Endosymbionten übernommen). Nur noch die Appendicularia (Larvacea) bilden als Adulte einen Schwanz mit Chorda und Neuralrohr aus. Alle Tunicata sind mikrophage Filtrierer. Man unterscheidet drei Subtaxa: Ascidia (Seescheiden), Taliacea (Salpen), und Appendicularia (Geschwänzte Manteltiere).

Beispiele: *Ciona intestinalis* (Schlauchseeschiede); *Pyrosoma atlanticum* (Feuerwalze), freischwimmende Kolonien aus zahlreichen Einzelindividuen, Leuchtvermögen durch Endosymbionten (Meresleuchten); *Oikopleura dioica* (kein deutscher Name gebräuchlich).

II. Acrania (Cephalochordata, Lanzettfischchen)

Die Acrania umfassen nur wenige, ausschließlich marine Arten, die vom **Grundbauplan** der Chordaten wenig abweichen (Abb. 2.16). Sie leben in grobsandigen Böden eingegraben, wobei die Mundöffnung in das Wasser hineinragt. Sie erreichen hierbei Individuendichten von bis zu 5000 pro Quadratmeter. Der lanzettförmige Körper (Name!) wird von der Vorderspitze bis zur Schwanzflosse von der Chorda dorsalis durchzogen. Der größte Teil der seitlichen Körperwand besteht beiderseits aus ca. 60 Blöcken quergestreifter Skelettmuskulatur (Myomeren), die durch Bindegewebe getrennt sind. Der Mundöffnung ist eine Höhle vorgelagert, deren Eingang von Cirren umgeben ist und das Eindringen grober Partikel vermindert. Das Epithel der dorsalen Präoralhöhle besteht aus Cilien tragenden Zellen, die einen Wasserstrom in Richtung Pharynx (Schlund, Rachen) und Kiemendarm erzeugen. Der Kiemendarm erstreckt sich über die vordere Hälfte des Tieres, die Schleimfiltration erfolgt zwischen den Kiemenspalten an den Kiemenbögen. Der sich anschließende Darmabschnitt bildet eine Aussackung, den Leberblindsack. Er dient der Speicherung von Fett und Glycogen sowie der Bildung von Verdauungsenzymen. Er ist der Leber der Wirbeltiere homolog (ursprungsgleich). Das Blutgefäßsystem entspricht in seiner Anordnung der Hauptgefäße weitgehend dem **Wirbeltierbauplan**. Als Exkretionsorgane sind dorsal neben dem Kiemendarm jederseits etwa 90 hintereinander (metamer) angeordnete Nierenkanälchen vorhanden, die aus dem Coelom in den Peribranchialraum und von dort nach außen münden. Die Lanzettfischchen sind getrenntgeschlechtlich, die Gonaden sind ebenfalls segmental angeordnet.

III. Craniota (Wirbel- oder Schädeltiere)

Die Craniota sind mit ca. 50000 Arten in einer großen Formenvielfalt im Meer, Süßwasser und an Land vertreten. Mehr als die Hälfte davon lebt jedoch aquatisch. Der im Vergleich zu den anderen Chordata große Artenreichtum der Craniota wird erklärt durch die Evolution eines knöchernen Schädels, der das Gehirn umgibt sowie eines Rumpfes mit den inneren Organen (vegetative Funktion) und eines Schwanzes (lokomotorische Funktion). Damit einher ging auch eine Zunahme der Körpergröße bis zu 30 m und einem Gewicht von 190 t (*Balaenoptera musculus*, Blauwal). Fossil findet man die frühesten Craniota im Unterkambrium vor etwa 520 Mio. Jahren (Abb. 2.1).

Zahlreiche **Schlüsselmerkmale** weisen die Craniota als geschlossene **Abstammungsgemeinschaft** aus. Die äußere Haut (Integument) ist aus mehreren Schichten aufgebaut, der Oberhaut (Epidermis), Lederhaut (Cutis) und Unterhaut (Subcutis). Sie hat wichtige Schutzfunktionen (mechanisch, vor kurzwelliger Strahlung, Infektionen), dient der Thermo- und Osmoregulation, und ist bedeutend beim Kontakt und Austausch mit der Umwelt, beispielsweise durch Ausbildung optischer Muster und Duftstoffen (Pheromonen). Im Blutkreislauf entstand ein Herz als Pumporgan aus dem Sinus venosus. Das Skelett besteht aus dem Dermatocranium (Hautskelett), das im Mundbereich Zähne trägt, dem Neurocranium (Gehirnkapsel), und dem Viscerocranium (Eingeweideskelett) zur Aufnahme der Nahrung und der Kiemenatmung. Die Skelettelemente bestehen aus Knorpel (Chrondoitinsulfat) und Knochen (vorwiegend Calciumphosphat). Ein Endoskelett mit einer Wirbelsäule tritt erst bei den Gnathostomata (Kiefermündern) auf. Dieser Stützapparat hat bedeutende biomechanische Funktionen bei der Stabilisierung des Körpers und bei der Fortbewegung (Lokomotion) als Widerlager zur Muskulatur. Im vorderen Bereich des Neuralrohres entstand ein Gehirn aus fünf Abschnitten (Vorderhirn, Zwischenhirn, Mittelhirn, Kleinhirn und Nachhirn). Dies ermöglichte die Evolution von Sinnes- und Kognitionsleistungen, die von keiner anderen Tiergruppe erreicht wurden.

Die Crantiota sind vorwiegend getrenntgeschlechtlich, bei manchen Arten findet auch Parthenogenese statt (Jungfernzeugung). Einen Überblick über die Subtaxa der Craniota und ihrer Verwandtschaftsbeziehungen gibt Abb. 2.17.

„Agnatha“ (Kieferlose)
Die „Agnatha“ sind durch etliche Merkmale als ursprünglichste Wirbeltiere gekennzeichnet. Sie besitzen noch keinen Kieferapparat, sondern einen Saug- und Schluckmund mit epidermalen Hornzähnen. Auch paarige Extremitäten sind nicht vorhanden. Der fehlende knöcherne Hautpanzer der rezenten Formen ist jedoch eine Reduktion. Fossilien aus dem Unterkambrium (vor 520 Mio. Jahren) belegen, dass sie einen Panzer aus Deckknochenplatten besaßen (Ostracodermen, Schalenhäuter). Die meisten Taxa starben mit der Entstehung der Gnathostomata im Oberdevon (vor 360 Mio. Jahren) wieder aus. Die rezenten Kieferlosen werden zu einem Taxon Cyclostomata (Rundmäuler) zusammengefasst.

Cyclostomata (Rundmäuler)
Kennzeichnend für die Cyclostomata sind u.a. ein Zungenapparat und Hornzähne im Mund sowie nur eine Nasenöffnung. Eine elastische Chorda dorsalis ist vollständig erhalten. Paarige Extremitäten fehlen. Sie bestehen aus zwei Subtaxa, den Myxinoida und Petromyzontida.

Myxinoida (Schleimaale)
Die Myxinoida sind mit ca. 80 Arten im Meer bis 200 m Tiefe vertreten. Kennzeichnend ist ein Mund mit Lippen, Tentakeln, Hornzähnen am Zungenkopf und ein Gaumenzahn. Ventral weisen sie zwei Reihen von Schleimdrüsen (Name!) auf. Sie leben von Würmern, toten und kranken Fischen. Dabei können sie die Körperwand durchraspeln und in die Leibeshöhle eindringen. Beispiel: *Myxine glutinosa* (Nordatlantischer Schleimaal).

Petromyzontida (Neunaugen)
Die Petromyzontida kommen mit ca. 40 Arten marin und limnisch vor. Ihre Mundöffnung trägt eine Saugscheibe mit Hornzähnen. Ihr Name erklärt sich durch die unpaare Nasengrube, Augen und sieben Paar äußere Kiemenöffnungen. In ihrer Entwicklung durchlaufen sie ein Branchiostoma-ähnliches Larvenstadium mit einem Kiemendarm als Filtrationsorgan. Etwa die Hälfe der Arten lebt ektoparasitisch an Teleostiern (Knochenfischen). Sie wandern nach dem Larvenstadium ins Meer, wo sie bis zu zwei Jahre verbleiben. Laichwanderungen führen sie vom Meer zurück ins Süßwasser (anadrome Laichwanderung), wo sie ablaichen und sterben. Nicht-parasitische Formen finden sich nur im Süßwasser. Beispiele: *Petromyzon marinus* (Meeresneunauge), *Lampetra planeri* (Bachneunauge), nur im Süßwasser.

Gnathostomata (Kiefermünder)

Kennzeichnend und namensgebend für die Gnathostomata ist der Kieferapparat. Er besteht aus einem Oberkiefer (Palatoquadratum) und Unterkiefer (Mandibulare). Diese sind gelenkig miteinander verbunden und können durch kräftige Muskeln geschlossen werden. Mit der weiteren Kieferentwicklung zu einem Beißapparat mit Zähnen eröffneten sich den Gnathostomata völlig neue und effektive Möglichkeiten des Nahrungserwerbes durch Ergreifen, Festhalten und Zerkleinern von Beuteorganismen. Weitere Neuerungen der Gnathostomata sind ein hochentwickeltes Seitenliniensystem zur Wahrnehmung von Wasserströmen. Aus einem in die Tiefe verlagerten Teil entstand das Schweresinnes- und Gleichgewichtsorgan. Zu den Gnathostomata gehören zwei Subtaxa, die Chondrichtyes (Knorpelfische) und Osteognathostomata (Kiefermünder mit Knochenskelett aus Calciumphosphat).

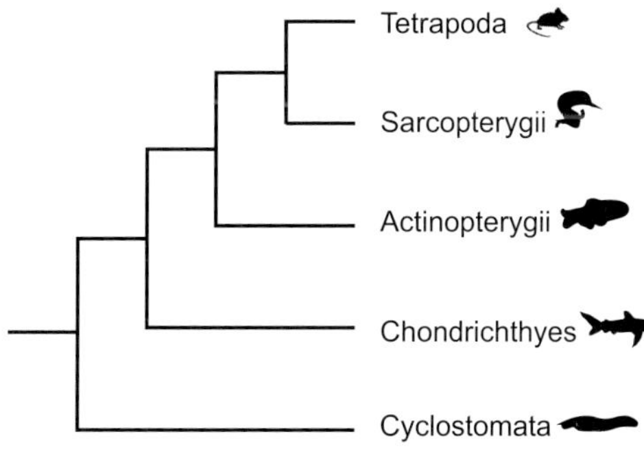

Abb. 2.17 Stammbaum der Craniota.

Chondrichthyes (Knorpelfische)

Die Chondrichthyes repräsentieren mit ca. 1200 Arten nur 4 % der heute lebenden Fische. Sie sind mit wenigen Ausnahmen marin. Ihre Körpergröße reicht von 15 cm beim Zwerghai (*Etmopterus perryi*) bis zu 18 m beim Walhai (*Rhinocodon typus*). Das Endoskelett der Chondrichthyes besteht aus hyalinem Knorpel. Durch Einlagerungen von Kalk erhält es jedoch eine hohe Festigkeit. (Knochengewebe in Form von Calciumphosphat gibt es jedoch in Kiefern und Wirbelkörpern. Auch das Dentin der Placoidschuppen ist eine Calciumphosphatverbindung, das Hydroylapatit.) Das Vorderende des Schädels ist oft zu einem Rostrum (ein schnabelartiger Knorpelvorsprung des Schädels, der Schnauzenfortsatz) ausgezogen. Die Kiefer tragen kräftige, sehr verschiedengestaltige Zähne oder Zahnplatten. Der Kiemendarm mündet mit fünf bis sieben (meist fünf) Kiemenspalten, frei nach außen. Der Atemwasserstrom wird vorwiegend durch den Staudruck beim Schwimmen erzeugt. Die Brustflossen stehen horizontal vom Körper ab und bilden eine flügelartige Tragflächenkonstruktion. Besonders ausgeprägt ist diese bei den Rochen. Die Schwanzflosse ist asymmetrisch gebaut mit einem deutlich verlängerten dorsalen Abschnitt (heterozerke Schwanzflosse). Ein weiteres wichtiges Merkmal der Chondrichthyes ist die innere Befruchtung mit einer Umbildung der männlichen Bauchflossen zu Kopulationsorganen. (Abb. 2.18). Besonders ausgeprägt sind die Geruchssinnesorgane. Vom Seitenlinienorgan abgeleitet sind Elektrorezeptoren, die sehr schwache elektrische Felder wahrnehmen können (Lorenzinische Ampullen). Sie dienen der Orientierung, Kommunikation und dem Beutefang. Die Chondrichthyes werden in zwei Subtaxa gegliedert, die Holocephali und Neoselachii.

I. Holocephali (Chimären, Seekatzen)

Die Holocephali umfassen nur ca. 50 Arten, besonders kennzeichnende Merkmale sind die Verwachsung des Oberkiefers mit dem Neurocranium sowie die Ausbildung von Zahnplatten. Der Hautknochenpanzer (Dermalskelett) ist völlig reduziert und Wirbelkörper fehlen. Beispiel: *Hydrolagus collei* (Gefleckte Seekatze).

II. Neoselachii (Haie und Rochen)

Die Haie stellen für sich keine geschlossene **Abstammungsgemeinschaft** dar, da zu einer Teilgruppe ebenfalls die Rochen (Rajiformes) gezählt werden müssen. Die Wirbelkörper weisen Verkalkungen auf. Die Zähne sind in nach-

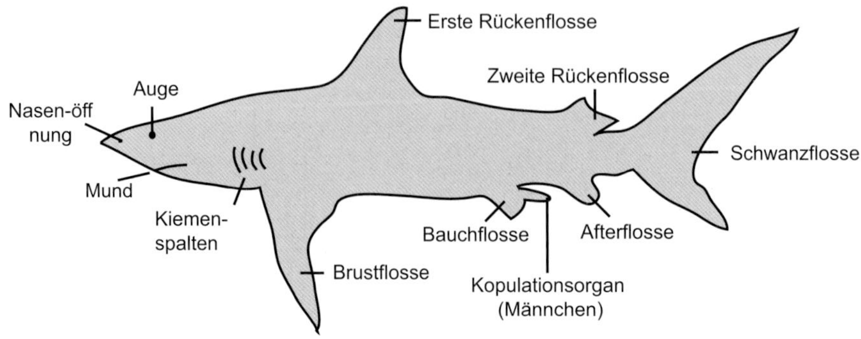

Abb. 2.18 Äußere Gestalt eines Knorpelfisches.

wachsenden Reihen angeordnet („Revolvergebiss").

Beispiele: Lamniformes (Makrelenhaie): *Lamnus nasus* (Makrelenhai); *Carcharadon carcharias* (Weißer Hai); *Cetorhinus maximus* (Riesenhai), Durchflussfiltrierer; Carcharhiniformes (Grundhaie): *Scyliorhinus canicula* (Kleingefleckter Katzenhai); Squaliformes (Hundshaie): *Squalus acathias* (Dornhai), wird geräuchert als Seeaal und Schillerlocken verzehrt; Rajiformes (Rochen): *Manta birostris* (Riesenteufelsrochen).

Osteognathostomata (Kiefermünder mit Knochenskelett)

Die Osteognathostomata umfassen alle übrigen Taxa der Craniota. Als geschlossene **Abstammungsgemeinschaft** sind sie durch zahlreiche Merkmale ausgewiesen. Hierzu gehören ein knöchernes Endoskelett und knöcherne Flossenstrahlen. Eine Ausstülpung des Vorderdarmes wurde zu einem hydrostatischen Organ (Schwimmblase) oder Atmungsorgan (Lunge). Die hydrostatische Funktion der Schwimmblase ermöglichte eine Anpassung an den jeweiligen Wasserdruck und somit ein Schweben im Wasserkörper ohne Energieaufwand. Damit entfiel die Funktion des paarigen Flossenskeletts als Tragflächenorgan und Höhensteuer. Die Osteognathostomata werden in zwei Großgruppen aufgeteilt: die Actinopterygii (Strahlenflosser) und die Sarcopterygii (Fleischflosser).

Actinopterygii (Strahlenflosser)

Die Actinopterygii stellen mit ca. 30000 beschriebenen Arten das dominante Subtaxon der rezenten Craniota dar. Der Bau der Flossen ist hierbei charakteristisch. Muskulatur und Endoskelett sind in den Rumpf integriert und nur die Flossenstrahlen ragen aus dem Körper heraus (Name!) (Abb. 2.19). Die Schwimmblase wird zu einem hydrostatischen Organ. Die vier Paar Kiemen werden durch Kiemendeckel einerseits verdeckt und geschützt, andererseits wird durch deren Bewegung der Atemwasserstrom erzeugt. In ihrer ursprünglichen Form tragen die Actinopterygii in ihrem Integument rautenförmige Schuppen, die mit einer Schmelzschicht bedeckt sind (Ganoidschuppen). Diese sind jedoch nur noch bei wenigen rezenten Arten in dieser Form vorhanden und wurden vielfach abgewandelt, z.B. zu Rund- und Kammschuppen.

I. Cladistia (Flösselhechte und Flösselaale)

Die Cladistia sind Süßwasserbewohner mit einem geschlossenen Panzer aus Ganoidschuppen, gestielten Brustflossen und einer in einzelne Flössel (Name!) aufgelösten Rückenflosse. Sie umfassen ca. 13 Arten. Beispiel: *Polypterus bichir* (Flösselhecht).

II. Chondrostei (Störe und Löffelstöre)

Die Chondrostei sind mit ca. 27 Arten holarktisch verbreitet (s. Abschnitt „Tiergeographie"). Ihr Endoskelett ist weitgehend knorpelig und

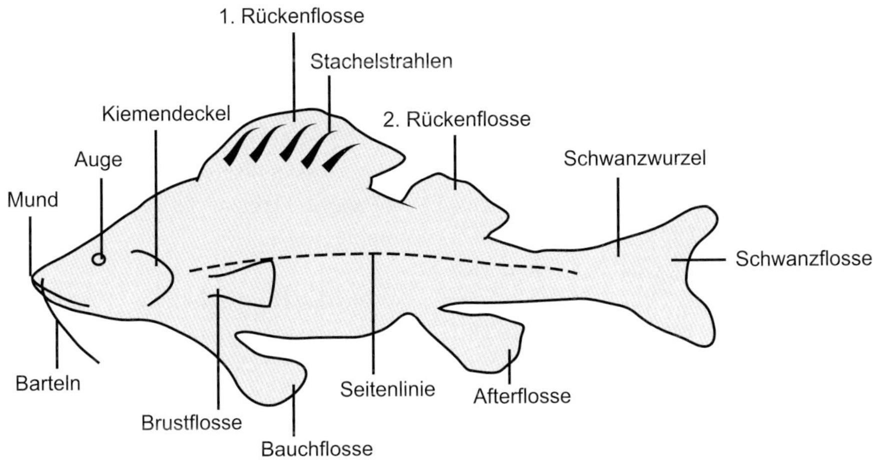

Abb. 2.19 Äußere Gestalt eines Strahlenflossers.

wenig verknöchert (Name!). Sie sind weiterhin gekennzeichnet durch ein ausgeprägtes Rostrum und eine heterozerke Schwanzflosse. Beispiel: *Acipenser sturio* (Stör), bis 3 m, Hauptlieferant des Kaviars.

III. Holostei (Knochenganoide): Gynglimodi (Knochenhechte) und Halecomorphi (Kahlhechte)

Die Holostei weisen ebenfalls noch Ganoidschuppen auf. Das Skelett ist jedoch stärker verknöchert. Die Gynglimodi (Knochenhechtartige) besitzen eine verlängerte, kaimanähnliche Schnauze (Alligatorfische) und ausgeprägte rautenförmige Ganoidschuppen. Sie sind Stoßräuber und lauern versteckt zwischen Pflanzen auf Beute. Beispiel: *Lepisosteus oculatus* (Gefleckter Knochenhecht). Die Halecomorphi (Kahlhechte) sind nur mit 1 Art vertreten, dem Schlammfisch *Amia calva*. Ihre Schuppen sind mehr rundlich geformt und tragen nur noch eine dünne Schmelzschicht.

IV. Teleostei (Knochenfische i.e.S.)

Die Teleostei sind mit ca. 30000 Arten das größte Subtaxon unter den Actinopterygii und unter allen Craniota. Ihre Entfaltung begann an der Grenze vom Jura zur Kreide. Sie sind gekennzeichnet durch den Verlust der Ganoinschicht der Schuppen, die zu Rund- und Kammschuppen (Cycloid- und Ctenoidschuppen) umgebildet wurden. Ihre Schwanzflosse ist symmetrisch (homozerk). Ihre Wirbelsäule besteht aus beidseits nach innen gewölbten Wirbeln (amphicoele Wirbel), die mit Resten der Chorda dorsalis verbunden sind. Als zusätzliche Knochen treten Gräten in den Bindegeweben der Muskelfasern auf. Die Schwimmblase als hydrostatisches Organ hat bei ursprünglichen Formen noch eine Verbindung zum Darm (Ductus pneumaticus), z.B. bei Heringsverwandten. Abgeleitete Formen ohne Verbindung zum Darm regulieren den Gasgehalt mit Hilfe eines Netzes aus Blutgefäßen um die Schwimmblase (Physoclisten), z.B. Barschverwandte. Bedeutend ist zudem die Lösung der Hautknochen des Oberkiefers vom Schädel. Dadurch kann die Mundöffnung schnell nach vorne vorgestülpt werden. Durch den dabei entstehenden Unterdruck können kleinere Organismen eingesaugt werden.

Teleostei haben eine herausragende weltwirtschaftliche Bedeutung. Durch Fischfang und Aquakulturen wurden 2020 jeweils ca. 75 Mio. Tonnen Fisch gewonnen. Beispiele: Anguilliformes (Aalartige): *Anguilla anguilla* (Europäischer Flussaal), Laichwanderung von europäischen Binnengewässern zur Sargossa-See (katadrome Laichwanderung), Clupeiformes (Heringsartige): *Clupea harengus* (Atlantischer Hering); Cypriniformes (Karpfenartige): *Cyprinus carpio* (Karpfen), *Carassius auratus* (Goldfisch), im 17. Jh. aus Ostasien eingeführt; Salmoniformes (Lachsartige): *Salmo salar* (Lachs), bis 1,5 m, anadrom, *Salmo trutta* (Forelle); Gadiformes (Dorschartige): *Gadus morhua* (Kabeljau), Jungstadien und Ostseeformen werden als Dorsch bezeichnet; Perciformes (Barschartige): *Perca fluviatilis* (Flussbarsch), *Lucioperca lucioperca* (Zander).

Sarcopterygii (Fleischflosser)

Die Sarcopterygii sind durch (ursprüngliche) paarige fleischige Flossen (Name!) charakterisiert, die Extremitäten mit Skelettelementen aus einer Achse mit anliegenden Knochenstrahlen (Radialia) aufweisen. Das hydrostatische Organ fungiert als Lunge. Durch die muskulösen Extremitäten und die Ausbildung von Lungen waren Voraussetzungen (Präadaptationen) zur erfolgreichen Besiedelung des Landes geschaffen (Ursprung der Tetrapoda).

Bei den rezenten Sarcopterygii werden drei Taxa unterschieden, die Actinistia (Hohlstachler), Dipnoi (Lungenfische) und Tetrapoda (Landwirbeltiere). Beide wasserlebenden Taxa werden als Nächstverwandte der Landwirbeltiere diskutiert. (Morphologische Übereinstimmungen im Labyrinth und Nervensystem sprechen für eine nähere Verwandtschaft der Actinistia und Tetrapoda, wohingegen das Vorhandensein eines Lymphsystems ein mögliches **Schlüsselmerkmal** von Dipnoi und Tetrapoda darstellen könnte. Genomische Vergleiche sprechen zudem für die letztere Hypothese.

Dipnoi (Lungenfische)

Die Dipnoi sind durch einen massigen, fischförmigen Körper charakterisiert. Sie leben in limnischen Gewässern und sind in der Lage, trockene Perioden zu überstehen. Hierbei graben sie sich Höhlen, die sie zum Schutz vor Austrocknung mit Schleim auskleiden. Zudem reduzieren sie ihre Körperfunktionen. Rezent gibt es nur noch 6 Arten auf 3 Kontinenten: *Neoceratodus fosteri* (Australischer Lungenfisch), *Lepidosiren paradoxa* (Südamerikanischer Lungenfisch) sowie *Protopterus* sp. (4 afrikanische Arten). Sie stellen damit ein typisches Gondwana-Fauenenelement dar (s. Abschnitt „Tiergeographie").

Actinistia (Hohlstachler)

Die Actinistia waren bis 1938 lediglich als marine Fossilien bekannt, bis *Latimeria chalumnae* vor der Mündung des Chalumna-Flusses in der Ostkapprovinz Südafrikas gefunden wurde. Eine 2. Art, *Latimeria menadoensis,* wurde 1997 in der Celébessee nördlich von Sulawesi entdeckt. Die Flossenstrahlen bestehen aus hohlen Knorpeln und ermöglichen mit den gestielten Brust- und Bauchflossen eine „laufende"?Fortbewegung auf dem Meeresboden. Sie werden bis zu 2 m groß und 80 kg schwer.

Tetrapoda (Landwirbeltiere)

Die Tetrapoda sind mit etwa 27000 Arten das artenreichste Subtaxon der Sarcopterygii. Die ursprünglichen Landwirbeltiere wiesen sowohl Fisch-, als auch Tetrapodenmerkmale auf, z.B. Schuppen und Flossen als Fischmerkmale, aber auch ein Flossenskelett, Rippen und einen flachen Schädel als Tetrapodenmerkmale (fossile Funde *Tiktaalik*, *Ichthyostega*)

Die Eroberung des Landes erfolgte wohl im küstennahen Gezeitenbereich im Devon. Beim Verlassen des Wassers wirkten dabei starke Selektionsdrucke durch die neue Umgebung, insbesondere auf den Bau und die Funktionen der Haut, Sinnes-, Atmungsorgane- und auf den Stütz- und Bewegungsapparat. Hierdurch entwickelten sich neue charakteristische Merkmale der Tetrapoda. Der Schultergürtel wurde vom Kopf gelöst, was zu mehr Beweglichkeit führte. Der Beckengürtel wurde über eine verlängerte Rippe (Sacralrippe) mit der Wirbelsäule fest verbunden, was gleichzeitig zu mehr Beweglichkeit und Stabilität geführt hat (Abb. 2.20). Aus den Brust- und Bauchflossen entstanden

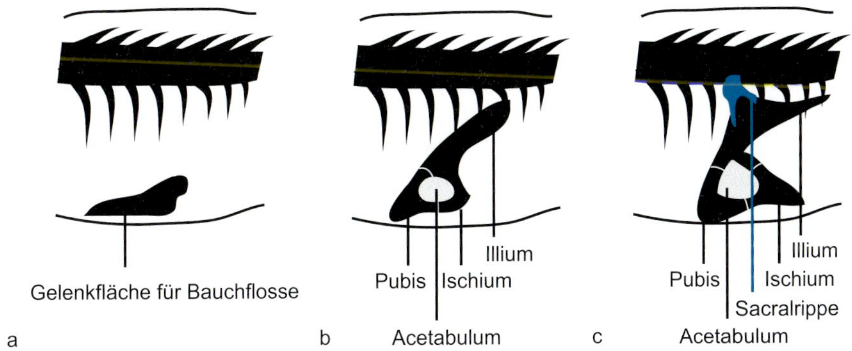

Abb. 2.20 Evolution des Beckengürtels. **a:** Seitliche Ansicht des Beckengürtels eines Sarcopterygiers, Wirbelsäule und Rippen dorsal, kleiner Beckengürtel ventral. **b:** Ursprüngliches Tetrapoda-Stadium, Beckengürtel vergrößert mit 3 typischen Knochenelementen. **c:** Beckengürtel weiter vergrößert, Darmbein fest werwachsen mit der vergrößerten Sacralrippe.

Vorder- und Hinterbeine (Name!) mit fünf Fingern und Zehen. Im Mittelohr entstand aus dem oberen Teil eines Kiemenbogens ein Gehörknöchelchen, die Columella („kleine Säule"). Die noch vorhandenen jedoch offenen Seitenlinienorgane lassen darauf schließen, dass die Tetrapoda bereits vor dem Wechsel zur Lebensweise auf dem Land entstanden sind.

Die Tetrapoda haben sich im Oberen Karbon vor ca. 350 Mio. Jahren in zwei jeweils geschlossene Abstammungsgemeinschaften aufgespalten, die Lissamphibia (Amphibien) und Amniota (Nabeltiere).

Lissamphibia (Amphibien)
Die Lissamphibia sind mit ca. 7000 Arten weltweit verbreitet. Sie sind in ihrem Lebenszyklus noch an das Wasser gebunden, da ihnen beschalte Eier und Embryonalhüllen fehlen. Der stammesgeschichtliche Übergang vom Wasser- zum Landleben wird daher bei ihnen in ihrer **Individualentwicklung** (ontogenetisch) rekapituliert durch aquatische Larven mit Kiemen und einer Metamorphose zu lungen- und hautatmenden adulten Tieren. Sie werden von etwa 10 mm (kubanisches Monte-Iberia-Fröschchen, *Eleutherodactylus iberia*) bis zu 1,5 m groß (Chinesischer Riesensalamander, *Andrias davidianus*). Kennzeichnend sind u.a. starke Reduktionen des Skeletts, v.a. im Schädel sowie der Rippen und die Reduktion des fünften Fingers der Vorderextremitäten. Die unverhornte Haut besitzt viele Schleim- und Giftdrüsen zum Schutz vor Austrocknung und Infektionen. Systematisch werden die Lissamphibia in drei Subtaxa eingeteilt, die Gymnophiona (Blindwühlen), Caudata (Schwanzlurche) und Anura (Froschlurche).

I. Gymnophiona (Blindwühlen)
Die Gymnophiona umfassen ca. 200 Arten, die nur in den Tropen verbreitet sind. Sie leben hauptsächlich grabend in der oberen Bodenschicht oder aquatisch. Der Kopf ist wenig vom extremitätenlosen, langgestreckten Körper abgesetzt. Das Integument ist durch ringförmige Hautfalten gekennzeichnet (Annuli). Durch diesen Körperbau erinnern sie oberflächlich an große Regenwürmer. Beispiel: *Dermophis mexicanus* (Mexikanische Hautwühle).

II. Caudata (Schwanzluche)
Die ca. 700 Arten der Caudata besitzen einen ursprünglichen Körperbau mit etwa gleich großen Extremitäten und einem deutlich ausgebildeten Schwanz (Name!) (Abb. 2.20). Bei einigen Formen werden die Larven geschlechtsreif, ohne über eine Metamorphose ins Erwachsenenstadium überzugehen, z.B. *Proteus angui-*

nus (Grottenolm), *Ambystoma mexicanum* (Axolotl). Weitere Beispiele: *Salamandra salamandra* (Feuersalamander), *Triturus cristatus* (Kammmolch).

III. Anura (Froschlurche)

Mit ca. 7000 Arten sind die Anura das weitaus artenreichste Subtaxon der Lissamphibia. Im Vergleich zu den Caudata weisen sie einen stark abgewandelten Körperbau auf, wodurch u.a. ihr Sprungvermögen ermöglicht wurde (Abb. 2.21). Die weit hinten ansetzenden Hinterextremitäten sind als Sprungbeine deutlich länger und kräftiger ausgebildet als die Vorderbeine. Die Vorderextremitäten sind seitlich unter den Körper gedreht und federn die bei der Landung auftretenden Kräfte ab. Diese Anpassungen finden sich ebenfalls im Skelettbau. Schien- und Wadenbein sowie Speiche und Elle sind zu stabilen Knochen verschmolzen. An den Hinterextremitäten sind die Fußwurzelknochen verlängert und bilden ein zweites Fersengelenk, was einen effektiveren Schub beim Absprung ermöglicht. Die Wirbelsäule ist verkürzt und versteift. Der hintere Teil ist zu einem langen Stab verwachsen (Urostyl). Das Darmbein ist gleichfalls verlängert. Der Beckengürtel ist gelenkig mit der Wirbelsäule verbunden. Es ist bei den sitzenden Tieren als deutlicher Knick im Rücken erkennbar. Der Schwanz ist mit einer Ausnahme (Nordamerikanischer Schwanzfrosch, *Ascaphus truei*) bei allen Fröschen reduziert. Die Larvenformen (Kaulquappen) besitzen jedoch einen kräftigen Ruderschwanz, der bei der Umwandlung (Metamorphose) zurückgebildet wird.

Beispiele: Pipidae (Krallenfrösche und Wabenkröten): *Xenopus laevis* (Krallenfrosch); Pelobatidae (Knoblauchkröten): *Pelobates fuscus* (Knoblauchkröte); Hylidae (Laubfrösche): *Hyla arbeorea* (Laubfrosch); Bufonidae (Echte Kröten): *Bufo bufo* (Erdkröte); Dendrobatidae (Pfeilgiftfrösche): *Phyllobates terribilis* (Schrecklicher Giftfrosch, Goldener Baumsteiger).

Amniota (Nabeltiere)

Die Amniota sind vollständig vom Wasser unabhängig geworden. Dies wurde durch die Evolution einer von **Embryonalhüllen** umschlossenen und mit Fruchtwasser gefüllten Amnionhöhle ermöglicht, die den heranwachsenden Embryo vor Austrocknung schützt (Abb. 2.22). Dieses **Schlüsselmerkmal** war eine wesentliche Präadaptation für die erfolgreiche Radiation der Landwirbeltiere. Bei der Embryogenese erfolgen die Zellteilungen am Rand des dotterreichen Eies, wobei zunächst eine Keimscheibe entsteht (diskoidale Furchung). In der weiteren

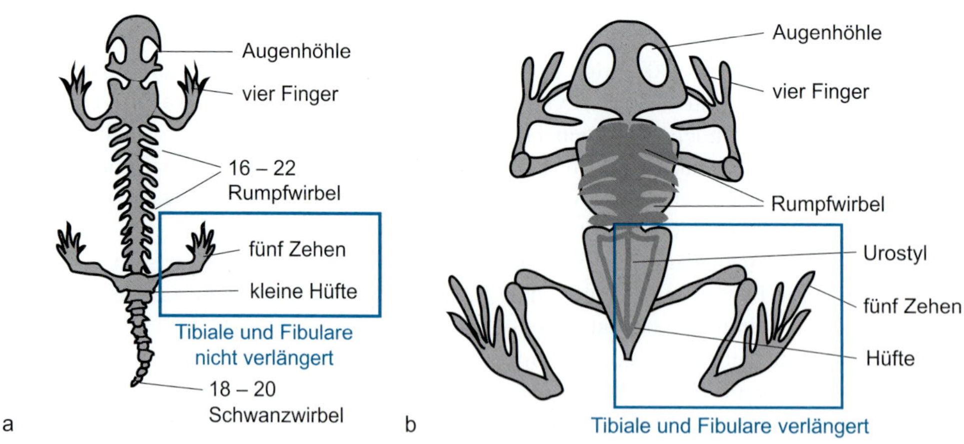

Abb. 2.21 Skelettaufbau der Amphibien. **a:** Schwanzlurch, **b:** Froschlurch.

Entwicklung teilt sich der Embryo in einen Kern- und Hüllembryo. Während der Kernembryo zum Organismus wird, bildet der Hüllembryo eine Ringfalte, die sich über dem Kernembryo zu einer Doppelhülle schließt (Abb. 2.22). Diese Hüllen werden Embryonalhüllen oder Eihäute genannt. Die äußere Eihaut wird zur Serosa, die innere zum Amnion. Anatomisch enthält diese Doppelhülle extraembryonales Coelom. Aus dem Embryo wächst die Allantois in die Amnionhöhle, die der Exkretion, Atmung und Resorption dient. Um den Dotter wächst extraembryonales Ekto- und Mesoderm zu einem geschlossenen Dottersack.

Viele weitere Merkmale kennzeichnen die Amniota als geschlossene **Abstammungsgemeinschaft**: Die Seitenlinienorgane sind (bis auf die Abkömmlinge des Schweresinnesorgans) reduziert; die Haut wird von Hornschuppen, bedeckt. Durch die beginnende Trennung der Herzkammer entwickelt sich ein getrennter Körper- und Lungenkreislauf, das Endhirn wird vergrößert. Die beiden vordersten Wirbelkörper differenzieren sich zu Atlas und Axis, was eine erhöhte Beweglichkeit des Kopfes gegenüber der Wirbelsäule ermöglicht. Es erfolgt eine innere Befruchtung mithilfe eines unpaaren Kopulationsorgans (Penis) u.v.m. Bereits im Karbon (Abb. 2.1) trennten sich die Amniota in zwei Evolutionslinien, die Sauropsida und Synapsida.

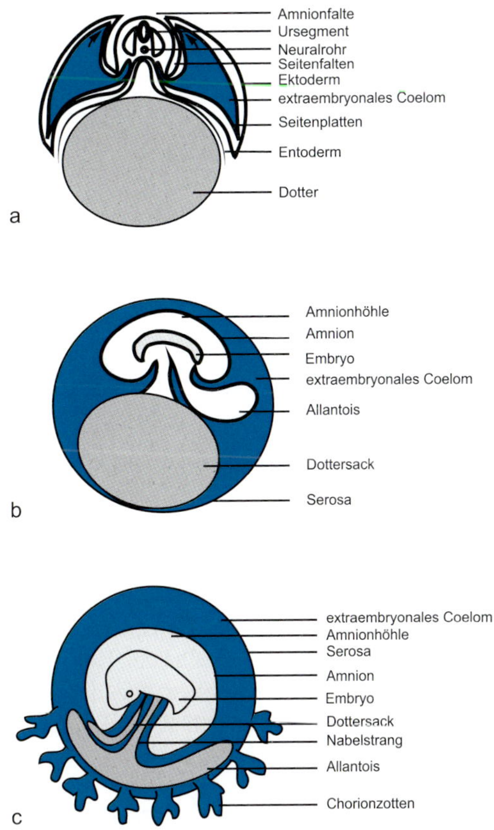

Abb. 2.22 Schematische Darstellung der Embryonalentwicklung der Amniota. **a:** Frühes Entwicklungsstadium der Reptilien, **b:** späteres Entwicklungsstadium der Reptilien, **c:** späteres Entwicklungsstadium der Plazentatiere.

Sauropsida (Sauropsiden)

Die rezenten Sauropsida umfassen die Testudines (Schildkröten), Sphenodontia (Brückenechsen), Squamata (Schuppenkriechtiere), Crocodylia (Krokodile) und die Aves (Vögel). Traditionell wurden die ersten vier Taxa als „Reptilia" von den Aves abgegrenzt. Sowohl morphologische als auch molekulare Merkmale belegen jedoch eine nähere Verwandtschaft von Krokodilen und Vögeln, die als Archosauria bezeichnet werden. Die Sphenodontia und Squamata werden als Lepidosaura zusammengefasst. Unsicher ist hingegen die systematische Stellung der Testudines (Abb. 2.23).

Testudines (Chelonia, Schildkröten)

Die Testudines sind mit ca. 280 Arten in aquatischen und terrestrischen Lebensräumen weit verbreitet. Unter ihnen entwickelten sich Riesenformen, wie z.B. auf den Seychellen und Galapagos-Inseln. Viele Arten sind durch Verfolgung und Lebensraumzerstörung bedroht, während andere, wie z.B. Maurische und Griechische Landschildkröte beliebte Haustiere sind.

Kennzeichnend für die Testudines sind ein geschlossener Schädel ohne Schläfenfenster und ein zahnloser Kiefer mit einem Hornschnabel sowie ein Panzer aus Hornschildern und darun-

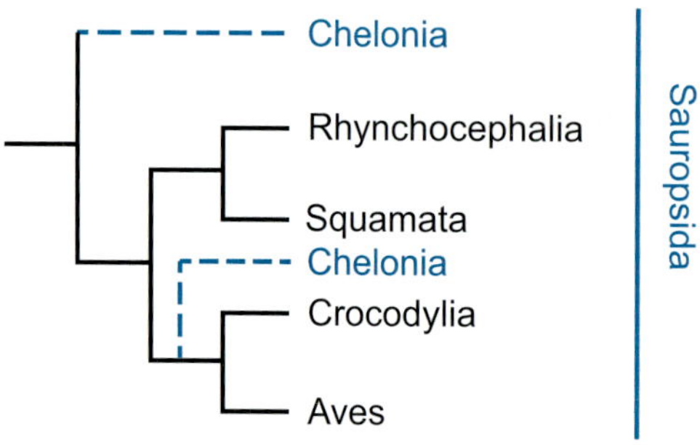

Abb. 2.23 Stammbaum der Sauropsida.

ter liegenden Knochenplatten. Der Panzer besteht aus einem Carapax (Rückenpanzer) und Bauchpanzer (Plastron), Schulter- und Beckengürtel sind meist am Rückenschild angewachsen. Man unterscheidet Pleurodira (Halswender), die beim Einziehen des Kopfes den Hals seitlich unter die Ränder des Panzers legen, und Cryptodira (Halsberger), welche den Kopf gerade unter den Panzer einziehen und dabei die Wirbelsäule S-förmig vertikal einkrümmen. Beispiel Pleurodira: *Chelus fimbriatus* (Matamata, Fransenschildröte), Amazonas; Cryptodira: *Eretmochelis imbricata* (Echte Karettschildkröte), *Emys orbicularis* (Europäische Sumpfschildkröte), *Testudo hermanni* (Griechische Landschildkröte, *Chelonoides elefantopus* (Galapagos-Schildkröte).

Lepidosauria (Sphenodontida, Brückenechsen, und Squamata, Schuppenkriechtiere)

Die Lepidosauria sind durch den Verlust des Penis, eine querstehende Kloakalspalte, eine gespaltene Zunge und ihre regelmäßige Häutung gut charakterisiert. Zudem besitzen sie ein zweites Riechorgan im Mundhöhlendach, das Jacobson'sche Organ. Der Schädel weist zwei Schläfenfenster auf (diapsider Schädel). Die Sphenodontida (Brückenechsen) umfassen rezent nur zwei Arten, *Sphenodon punctatus* und *S. guentheri*, die auf kleinen Inseln vor Neuseeland leben. Sie weisen noch zahlreiche ursprüngliche Merkmale auf wie ein gut ausgebildetes Parietalauge (Hell-Dunkel-Wahrnehmung), Zähne sind ansatzweise noch auf dem Pflugscharbein (Vomer) erkennbar. Die beiden Schläfenfenster sind durch den vom Jochbein gebildeten unteren Schläfenbogen vollständig erhalten.

Squamata (Schuppenkriechtiere)

Die Squamata sind mit ca. 6000 Arten nach den Aves das artenreichste Subtaxon der Sauropsida. Sie besiedeln alle terrestrischen Lebensräume. Etliche Vertreter leben sekundär semiaquatisch oder sind vollständig ins Wasser zurückgekehrt. Die vorwiegend mittelgroßen Squamata werden von nur 30 mm (*Brookesia micra*, Stummelschwanzchamäleon) bis zu 3 m groß (*Varanus komodoensis*, Komodowaran).

Charakteristisch ist die Ausbildung der Geschlechtsorgane in Form vom paarigen Hemipenes und Hemiklitores. Die Squamata neigen zur Rückbildung der Gliedmaßen. Ihre Eier sind kalkig oder dünnwandig, viele Arten sind in Anpassung an kühlere Lebensräume ovovivipar und seltener vivipar (Bergeidechse, Blindschleiche, Kreuzotter).

I. Iguania

Die Iguania sind mit ca. 800 Arten meist große und herbivore Vertreter in der Neuwelt (s. Abschnitt „Tiergeographie"). Beispiel: *Iguana iguana* (Grüner Leguan).

II. Acrodonta

Die Zähne der Acrodonta inserieren auf einer Kauleiste des Kiefers (Name!). Ihr Hauptverbreitungsgebiet liegt in der mediterranen und den tropischen Zonen der Alten Welt. Beispiele: Agamidae (Agamen): *Pogona vitticeps* (Streifenbartagame); Chamaeleonidae (Chamäleons): *Chamaeleo africanus* (Basiliskenchamäleon).

III. Scleroglossa

Die Scleroglossa sind das artenreichste Subtaxon, das durch zahlreiche Schädelmerkmale gekennzeichnet ist. Beispiele: Gekkonidae (echte Gekkos): *Gecko gecko* (Tokeh); Lacertidae (echte Eidechsen): *Podarcis muralis* (Mauereidechse) *Lacerta agilis* (Zauneidechse); Anguidae (Schleichen): *Anguis fragilis* (Blindschleiche); Serpentes (Schlangen): *Boa constrictor* (Abgottschlange), *Natrix natrix* (Ringelnatter),*Naja naja* (Kobra), *Vipera berus* (Kreuzotter); Varanidae (Warane): *Varanus komodoensis* (Komodowaran).

Archosauria

Die Archosauria sind durch thecodonte (mit einer Wurzel verankerte) Zähne, ein fehlendes Sternum (Brustbein) und einem zusätzlichen Gelenk in der Fußwurzel ausgezeichnet. Die rezenten Archosauria (Crocodylia und Aves) besitzen zudem als **Schlüsselmerkmale** einen Muskelmagen und eine geschlossene Herzscheidewand. Diese trennt die Herzkammer in eine linke und rechte Hälfte, wodurch Lungenkreislauf und Körperkreislauf vollständig getrennt werden.

I. Crocodylia

Die Crocodylia sind große Panzerechsen mit ca. 25 Arten und somit im Vergleich zu ihren nächstverwandten, den Aves, ein kleines Subtaxon der Archosauria. Sie sind durch etliche morphologische Merkmale an ihre amphibische Lebensweise in Seen, Flüssen und flachen Meeresbereichen angepasst. Hierzu gehören der seitlich abgeplattete Ruderschwanz, Schwimmhäute zwischen den Zehen, verschließbare dorsale Nasenlöcher und äußere Gehörgänge. Beispiele: Alligatoridae (Alligatoren und Kaimane): *Alligator missisippiensis* (Missisippi-Alligator); Crocodylidae (Echte Krokodile): *Crocodylus niloticus* (Nilkrokodil), *Osteolaemis tetraspis* (Stumpfkrokodil); Gavialidae (Gaviale): *Gavialis gangeticus* (Ganges-Gavial).

Aves (Vögel)

Die Aves repräsentieren mit ca. 10000 Arten das artenreichste Taxon der Sauropsida. Sie sind weltweit verbreitet und besiedeln extreme Lebensräume wie die Antarktis und das offene Meer. Im Gegensatz zu dem auch bei einigen anderen Craniota vorkommenden Gleiten in der Luft haben sie ein aktives Flugvermögen durch zahlreiche anatomische und physiologische Anpassungen evolviert. Die Vorderextremitäten wurden zu Federn tragenden Flügeln umgebaut (Abb. 2.24). Weitere Veränderungen im Körperbau stehen vor allem im funktionellen Zusammenhang mit der Gewichtsreduzierung und Stabilisierung des Skeletts. Die Knochen sind durch eine dreidimensionale Balkenstruktur leicht und mit Luft gefüllt und dennoch stabil. Weitere Stabilität wurde durch die Verschmelzung von Knochen erzielt, wie der Lenden und Brustwirbel und der Verwachsung der Schlüsselbeine zum Gabelbein (s.a. Abb. 3.10). Zusätzlich reduzieren Luftsäcke das Gewicht, die zudem eine wichtige Rolle bei der Atmung mithilfe einer effizienten Durchströmungslunge spielen. Die Zähne wurden reduziert und ein Hornschnabel ausgebildet. Das Sehvermögen ist hoch entwickelt. Die rezenten Aves werden anhand ihrer Gaumenstrukturen in die Paläognathae und Neognathae untergliedert.

I. Palaeognathae (Altkiefervögel)

Bei den Palaeognathae besteht der Gaumen aus einem großen Pflugscharbein (Vomer), das fest mit dem Gaumenbein (Palatinum) und den Flügelbeinen (Pterygoid) verbunden ist. Hierzu gehören die Steißhühner Süd- und Mittelamerikas und die flugunfähigen Flachbrustvögel mit einem reduzierten Brustbeinkamm, die Straußenvögel in Afrika, Nandus in Südamerika und

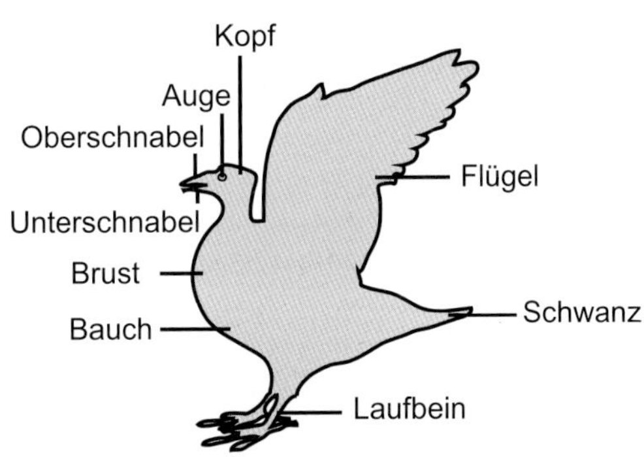

Abb. 2.24 Äußere Gestalt eines Vogels.

Emus in Australien (s. Abschnitt „Tiergeographie"). Beispiele: Struthionidae (Strauße): *Struthio camelus* (Afrikanischer Strauß); Rheidae (Nandus): *Rhea americana* (Nandu); Casuaridae (Kasuare, Emus): *Dromaius novaehollandiae* (Großer Emu), *Casuarius casuarius* (Helmkasuar); Apterygidae: *Apteryx mantelli* (Nördlicher Streifenkiwi).

II. Neognathae (Neukiefervögel)
Der Gaumen der Neognathae weist ein Gelenk zwischen den kleinen Flügelbeinen und dem Pflugscharbein auf. Darüber hinaus gibt es anders als bei den Palaeognathae keine besonderen Charakteristika. Innerhalb der Neognathae werden die Galloanseres mit den Galliformes (Hühnerartige) und Anseriformes (Entenartige) von den Neoaves vor allem aufgrund molekularer Merkmale abgegrenzt. Morphologisch sind sie zudem durch die Reduktion des Phallus charakterisiert. Beispiele: Galliformes (Hühnervögel): *Lagopus mutis* (Alpenschneehuhn); Anseriformes (Gänsevögel): *Anas platyrhynchos* (Stockente); Ciconiiformes (Schreitvögel): *Ciconia ciconia* (Weißstorch); Sphenisciformes (Pinguinvögel): *Aptenodytes forsteri* (Kaiserpinguin); Procellariformes (Röhrennasen): *Fulmarus glacialis* (Eissturmvogel); Gruiformes (Kranichvögel): *Grus grus* (Kranich); Charadriiformes (Regenpfeifervögel): *Chalidris alpinus* (Alpenstrandläufer), *Larus argentatus* (Silbermöwe); Columbiformes (Taubenvögel): *Streptopelia turtur* (Turteltaube), Falconiformes (Greifvögel): *Pandion heliaetus* (Fischadler); Strigiformes (Eulenvögel): *Bubo bubo* (Uhu); Piciformes (Spechtvögel): *Picoides major* (Buntspecht); Passeriformes (Sperlingsvögel): mehr als die Hälfe aller rezenten Vogelarten, *Sylvia atricapilla* (Mönchsgrasmücke), *Fringilla coeleps* (Buchfink), *Passer montanus* (Feldsperling).

Synapsida
Kennzeichnend für alle Synapsida ist der Schädel mit beidseits nur einer Schläfenöffnung. Ihre ältesten echsenähnlichen Vertreter findet man bereits im Oberkarbon und Perm („Pelicosauria"). Rezente Vertreter dieses Taxon sind die Mammalia (Säugetiere) (Abb. 2.25).

Mammalia (Säugetiere)
Die Entstehung der Mammalia geht zurück auf die Wende von der Trias zum Jura vor ca. 200 Mio. Jahren (Abb. 2.1). Rezent sind sie mit ca. 5400 Arten vertreten. Ihr Größenspektrum reicht von 3 cm (*Craseonycteris thonglongyai*, Hummelfledermaus) bis zu über 30 m (*Balaenoptera musculus*, Blauwal). Bedeutend für ihre erfolgreiche Entfaltung waren u.a. Neubildungen der äußeren Haut (Integument), Weiterentwicklungen des Endhirns, Ausbildung eines Pump-Saug-Mechanismus der Jungtiere zur Nahrungsaufnahme und die Weiterentwicklung des Kiefergelenks von einem Schnapp- zu einem effizienten Kauapparat. Diese und weitere **Schlüsselmerkmale** kennzeichnen die Mammalia als geschlossene **Abstammungsgemeinschaft**, die im Folgenden etwas näher erläutert werden.

Neubildungen des Integuments. Die Ausbildung echter Haare und eines Haarkleides steht im Zusammenhang der autonom geregelten Körpertemperatur (Homoiothermie) der Säugetiere. Sie nehmen jedoch auch andere Funktionen wahr, wie des Schutzes und der Kommunikation z.B. durch Abwandlungen zu Borsten, Stacheln und Tasthaaren. Bedeutend sind zudem schlauch- und traubenförmige Hautdrüsen (Schweißdrüsen, Talgdrüsen, Duftdrüsen) sowie die Milchdrüsen.

Ausbildung eines sekundären Kiefergelenks. Das primäre Kiefergelenk der Craniota ermöglicht ein effektives Zuschnappen des Kiefers, jedoch keine Kau- und Mahlbewegungen. In der **Entwicklung** der Mammalia wurde dieses durch ein weiter vorne im Schädel inserierendes sekundäres Gelenk ersetzt, das im Unterkiefer nur noch aus einem Knochen, dem Dentale besteht. Die dabei „frei gewordenen" Knochen des primären Kiefergelenkes (Quadratum und Articulare) wanderten in das Innenohr und wurden zu den Gehörknöchelchen Incus (Amboss) und Malleus (Hammer). Die bereits vorhandene Columella wurde zum Stapes (Steigbügel). Das sekundäre Kiefer-

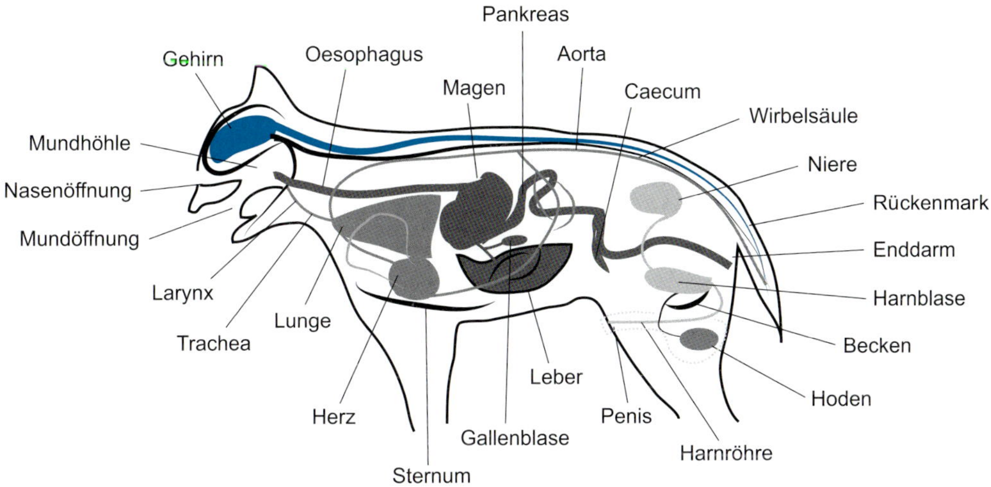

Abb. 2.25 Bauplan eines Säugetiers.

gelenk ermöglichte ein Zerkleinern der Nahrung vor dem Schlucken und damit auch die Erschließung neuer Nahrungsquellen, wir. z.B. harter Gräser. Einher mit dieser Neubildung erfolgte eine Differenzierung des homodonten Gebisses mit gleich gestalteten Zähnen zu einem heterodonten Gebiss mit verschiedenen Zähnen (Schneidezähne, Eckzähne, Backenzähne) in Anpassung an verschiedene Strategien des Nahrungserwerbs.

Ausbildung eines sekundären Gaumens. Der zuvor einheitliche Mundraum mit einem primären Gaumendach wurde durch einen sekundären Gaumen unterteilt. Dies geschah durch ein horizontales Einwachsen (Verlängern) der paarigen Oberkieferknochen nach innen. Hierdurch erfolgte eine Trennung von Atem- und Speisekanal. Atmung und Nahrungsaufnahme wurde gleichzeitig möglich, was insbesondere beim Säugen eine wichtige Rolle spielt. Durch die **Entwicklung** des sekundären Gaumens mit nach hinten verlagerten inneren Nasenöffnungen entstanden zudem voluminöse Hohlräume zur Entfaltung des Riechorgans.

Weiterentwicklungen des Endhirns. Insbesondere die dorsale Rindenregion wird bei Mammalia zu einem geschichteten Neocortex, in dem Gedächtnis- und Lernfunktionen lokalisiert sind. Die zunehmende Größe und Differenzierung des Endhirns führte über die Steigerung kognitiver Fähigkeiten (Gesamtheit aller Prozesse, die mit dem Wahrnehmen und Erkennen zusammenhängen) hinaus zur **Entwicklung** komplexer Verhaltensmuster.

Als weitere **Schlüsselmerkmale** sollen beispielhaft noch angemerkt werden:

- Zwerchfell, das als wichtigster Atemmuskel Brust- und Bauchhöhle trennt
- geschlossene Herzkammer und damit völlige Trennung von Lungen- und Körperkreislauf
- Rotation der Vorder- und Hinterextremitäten unter die Körperachse
- Regionalisierung der Wirbelsäule in Hals-, Brust-, Lenden- und Schwanzwirbelsäule
- Mimik durch besondere **Entwicklung** der Hautmuskulatur im Kopfbereich
- äußere Ohren (Ohrmuscheln) u.v.m.

Die Einteilung der Mammalia in die drei Subtaxa Monotremata, Marsupialia und Placentalia sowie deren Verwandtschaftsbeziehungen sind unumstritten.

Monotremata (Kloakentiere)

Die nur wenige Arten umfassenden Monotremata weisen noch etliche ursprüngliche Merkmale auf. Sie sind eierlegend (ovipar), die Genital-, Harnöffnung und der After münden in eine gemeinsame Kloake (Name: Einlochtiere!). Die Milchdrüsen münden in einem Drüsenfeld, es sind keine Zitzen ausgebildet (wobei man sich nicht sicher ist, ob dieser Zustand ursprünglich oder reduziert ist). Als Neuerwerbungen gelten ein zurückgebildetes Gebiss und ein Fersensporn der im männlichen Geschlecht zu einem Giftsporn ausgebildet ist. Die Monotremata sind auf die australische Region beschränkt. Zwei Subtaxa: Ornithorhynchidae (Schnabeltiere), nur eine Art, *Ornithorhynchus anatinus* (Schnabeltier); Tachyglossidae (Schnabeligel): fünf Arten, Beispiele: *Tachyglossus aculeatus* (Kurzschnabeligel), *Zaglossus bartoni* (Barton-Langschnabeligel).

Theria

Die Marsupialia und Placentalia werden zusammen als Theria in ein Subtaxon zusammengefasst. **Schlüsselmerkmale** der Theria sind u.a. die Trennung von Urogenitalöffnung und Afteröffnung durch einen Damm, Milchdrüsen mit Zitzen und Viviparie. Die Marsupialia und Placentalia trennten sich von ihrer gemeinsamen Stammlinie vor ca. 170 Mio. Jahren.

Marsupialia (Beuteltiere)

Die Marsupialia entfalteten eine besonders reiche Fauna im Tertiär in Südamerika. Heute ist dieses formenreiche Subtaxon mit ca. 265 Arten in Amerika (Ameridelphia), Australien und dem Malayischen Archipel (Australidelphia) verbreitet. Der weibliche Genitaltrakt besteht aus einem doppelten Uterus und doppelter Vagina (Doppelscheider). Die Jungen werden nach kurzer Tragezeit in noch sehr unreifem Entwicklungszustand geboren und im Beutel (Marsupium, Name!) gesäugt. Die Jungtiere saugen sich an den Zitzen fest, die in der Mundhöhle knopfartig anschwellen. Die Beuteltragezeit beträgt 1-7 Monate. Oft werden unterschiedlich alte Junge an verschiedenen Zitzen gesäugt.

I. Didelphoidea (Beutelratten)

Die Didelphoidea haben ihren Verbreitungsschwerpunkt in Süd- und Mittelamerika, kommen jedoch bis Nordamerika vor. Beispiel: *Didelphis virginiana* (Nordopossum), Vorkommen bis Südkanada.

II. Macropodoidea (Kängurus)

Die Macropodoidea sind mit 56 Arten herbivore Vertreter der Marsupialia. Charakteristisch sind ihre verkürzten Vorder- und verlängerten Hinterbeine mit denen sie sich meist hüpfend-springend fortbewegen. Eine wichtige Rolle in der Steuerung spielt hierbei auch der kräftige Schwanz. Beispiele: *Macropus giganteus* (Riesenkänguru), bis 90 kg, Sprünge bis 10 m weit und 3 m hoch.

III. Vombatoidea (Plumpbeutler und Beutelbären)

Dieses Taxon umfasst nur drei Arten. Sie sind Bodenbewohner und suchen ihre Nahrung grabend nach Wurzeln, Knollen. Beispiel: *Vombatus ursinus* (Nacktnasenwombat). Die baumlebenden (arboricolen) Beutelbären sind hingegen nur mit einer, allerdings sehr bekannten Art vertreten: *Phascolarctus cinereus* (Koala, „Teddybär“). Als Anpassung an ihre Nahrung, die nur aus Eukalyptusblättern und -trieben besteht, haben sie einen sehr langen Blinddarm entwickelt. Die Jungtiere fressen den Blinddarmkot der Mutter.

IV. Dasyuroidea (Raubbeutler)

Die Dasyuriodea sind mit ca. 50 Arten in der australischen Region verbreitet, meist sind sie carnivor. Beispiele: *Sacrophilus harrisi* (Beutelteufel), *Dasyurus hallucatus* (Fleckenbeutelmarder), *Thylacinus cynocephalus* (Beutelwolf, Tasmanischer Tiger), um 1930 wurde das vermutlich letzte Tier dieser Art abgeschossen.

Placentalia (Plazentatiere)

Die Radiation der Placentalia begann vor ca. 100 Mio. Jahren. Ihre heutige Vielfalt entwickelte sich jedoch erst nach dem Aussterben der Dinosaurier am Ende der Kreide im darauffolgenden Tertiär. Heute stellen die Placentalia mit ca. 90 % aller Arten das dominierende Subtaxon der Mammalia dar. Sie besiedeln nahezu alle Lebensräume und haben als einzige rein wasserlebende und aktiv fliegende Formen entwickelt. Eines der **Schlüsselmerkmale**, das auch einen Grund für ihre erfolgreiche Entfaltung darstellt, ist die Differenzierung der Placenta und mit ihr einhergehend die verlängerte Embryonalentwicklung im Uterus und Geburt „reifer" Jungtiere. Bei der Bildung der Placenta legt sich der embryonale Harnsack (Allantois) mit seiner Außenwand an das Chorion an (welches aus der Serosa hervorging). Der Allantoisstiel enthält Blutgefäße die sich am Chorion ausbreiten in Chorionzotten eindringen (fetaler Teil der Placenta), die wieder in die Uteruswand eindringen (mütterlicher Teil der Placenta) (Abb. 2.22c). Dabei übernimmt die Placenta Gasaustausch, Nährstoffzufuhr, Abtransport von Exkreten und produziert zudem Hormone.

Ein weiteres **Schlüsselmerkmal** stellt die Anlage der Milchdrüsen in zwei seitlichen Epidermisleisten (Milchleisten) dar. Darin differenzieren sich einzelne Zitzen und Milchdrüsen. Bei verschiedenen Tiergruppen ist deren Ausbildung auf unterschiedliche Körperregionen beschränkt: leistenständig bei Unpaarhufern, Paarhufern und Walen; rumpfständig bei Carnivoren, brustständig bei Primaten, Fledermäusen und Elefanten. In seltenen Fällen, auch beim Menschen entwickeln sich überzählige Zitzen. Neben vielen anderen Schlüsselmerkmalen soll hier noch die einfache Vagina (Monodelphie) erwähnt werden.

Systematisch können die Placentalia sowohl anhand morphologischer als auch molekularer Merkmale vier Subtaxa unterschieden werden, die sich wiederum in weitere Subtaxa untergliedern Die Aufklärung ihrer stammesgeschichtlichen Beziehungen wurde mithilfe molekularer Merkmale deutlich vorangetrieben (Abb. 2.26).

I. Afrotheria

Die Afrotheria umfassen 7 Subtaxa, die entweder in Afrika vorkommen oder dort ihren Ursprung haben. Diese Gruppierung wird unterstützt durch molekulare Merkmale. Beispiele: Hyracoidea

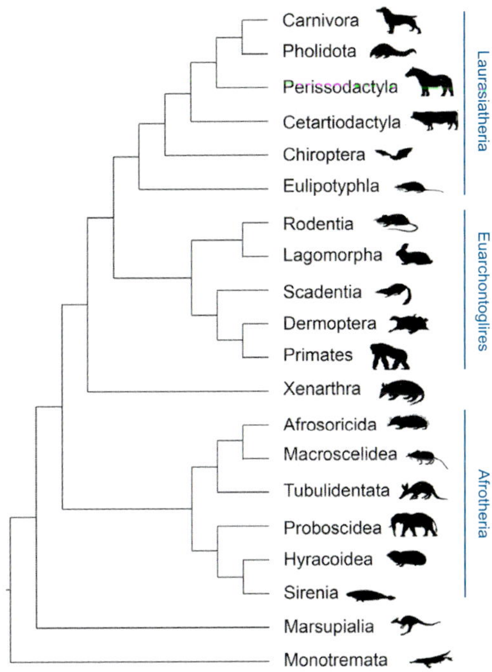

Abb. 2.26 Stammbaum der Placentalia.

(Schliefer): *Procavia capensis* (Kapklippschliefer); Proboscidea (Elefanten): *Loxodonta africana* (Afrikanischer Elefant); Sirenia (Seekühe): *Dugong dugon* (Dugong); Tubulidentata (Erdferkel): *Orycterus afer* (Erdferkel); Macroscelidae (Rüsselspringer und Elefantenspitzmäuse): *Elephantulus rozeti* (Nordafrikanische Elefantenspitzmaus).

II. Xenarthra (Nebengelenktiere, Zahnarme)

Die Xenarthra entfalteten sich in einer langen Isolationsphase im Tertiär in Südamerika, von deren einstiger Vielfalt heute nur noch ca. 30 Arten vorhanden sind. Trotz ihrer auffälligen Unterschiede sind sie eine geschlossene **Abstammungsgemeinschaft**, die durch zahlreiche **Schlüsselmerkmale** charakterisiert ist. Namensgebend sind die zusätzlichen Gelenke an den Wirbeln der hinteren Wirbelsäulenregion (Name!). Beispiele: Cingulata (Gürteltiere): *Tolypeutes matacus* (Kugelgürteltier); Pilosa

(Faultiere und Ameisenbären): *Bradypus tridactylus* (Dreifingerfaultier); *Myrmecophaga tridactyla* (Großer Ameisenbär).

III. Euarchontoglires

Die Euarchontoglires stellen die diversesten und häufigsten Mammalia dar. Sie umfassen zum einen die Glires, zu denen die Rodentia (Nagetiere) und Lagomorpha (Hasentiere) gehören. Anhand molekularer Merkmale werden sie zu den Euarchonta gestellt, die sich in die Scandentia (Spitzhörnchen), Primates (Herrentiere) und die wenige Arten umfassenden Dermoptera (Riesengleiter) untergliedern. Beispiele: Rodentia: *Cricetus cricetus* (Feldhamster), *Apodemus flavicollis* (Gelbhalsmaus); Lagomorpha: *Lepus europaeus* (Feldhase); *Oryctolagus caniculus* (Kaninchen); Scandentia: *Tupaia glis* (Gewöhnliches Spitzhörnchen); Primates: *Pan troglodytes* (Schimpanse); Dermoptera: *Galaeopterus variegatus* (Malaien-Gleitflieger).

IV. Laurasiatheria

Die sechs Subtaxa der Laurasiatheria haben ihren Ursprung auf der Nordhalbkugel im ehemaligen Superkontinent Laurasia und stellen insgesamt ein sehr formen- und artenreiches Taxon dar. Ihre nähere Verwandtschaft wird durch molekulare Merkmale begründet. Sie haben weltweit alle Lebensräume erobert und mit den Fledermäusen als einzige Säugetiere aktiv flugfähige Formen hervorgebracht Sowohl paläontologische als auch morphologische Befunde ergaben eine nähere Verwandtschaft der Cetacea (Waltiere) mit einem Teil der Paarhufer, den Flusspferden (Hippopotamidae). Beispiele: Liptophyla (Insektenfresser i.e.S.): *Talpa europaea* (Europäischer Maulwurf); Cetartiodactyla (Paarhufer und Wale): *Giraffa camelopardius* (Giraffe), *Phocoena phocoena* (Schweinswal); Mesaxonia (Unpaarhufer): *Equus quagga* (Steppenzebra); Chiroptera (Fledermäuse und Flughunde): *Nyctalus noctula* (Großer Abendsegler); Pholidota (Schuppentiere): *Smutsia temmincki* (Steppenschuppentier); Carnivora (Raubtiere): *Panthera pardus* (Leopard).

2.4 Tiergeographie

Die heutige Verteilung von Flora und Fauna auf der Erde ist zu einem großen Teil bedingt durch historische Prozesse wie **Kontinentaldrift** und **Faunenschnitte** (d.h. Massenaussterben und erneute Radiationen, allerdings z.T. von anderen nachfolgenden Organismengruppen). Diese historische Biogeographie erklärt vor allem großräumige Verbreitungsmuster. Jüngere und gegenwärtige, eher kleinräumige Verteilungsmuster als Folgen von Habitatverteilungen und Interaktionen zwischen Arten werden von der ökologischen Biogeographie untersucht.

Eine Schnittmenge bilden die Klimazonen, die sowohl historische als auch ökologische Verteilungsmuster beeinflussen. Als einfache Beispiele sollen hier zwei der ökogeographischen Regeln angeführt werden, die besagen, dass sich nahe verwandte Arten in bestimmten Merkmalen unterscheiden, wenn sie in verschiedenen geographischen Regionen vorkommen.

Bergmann'sche Regel: Wenn nahe verwandte Arten sich in kältere Regionen ausbreiten, werden sie größer, wobei die Oberfläche in der 2. Potenz, das Volumen in der 3. Potenz zunimmt und der Körper daher langsamer auskühlt Ein Beispiel hierfür sind die Pinguine (Tab. 2.3). Allerdings gibt es hiervon auch Ausnahmen. Auf subantarktischen Inseln und selbst in der Antarktis kommen auch etliche kleinere Pinguin-Arten vor.

Allen'sche Regel: Die Länge der Ohren nimmt mit der geographischen Breite ab. Ein Beispiel hierfür sind verschiedene Arten der Füchse vom Wüstenfuchs (Fennek, *Vulpes zerda*) über den Rotfuchs (*Vulpes vulpes*) (gemäßigte Breiten) zum Polarfuchs (*Vulpes lagopus*) der Tundra.

Nicht nur Arten unterscheiden sich in ihren Köperformen in Abhängigkeit der Klimaregionen. Auch der Artenreichtum ist in den Tropen am höchsten und nimmt mit zunehmender geographischer Breite ab. In den Tropen ist die Sonneneinstrahlung höher, und es steht somit mehr Energie zur Verfügung. Zudem gibt es mehr besiedelbare Fläche, die in mehr Habitate „aufgeteilt“ werden kann (räumlicher Effekt). Auch sind die Tropen klimatisch älter und stabiler als gemäßigte Breiten, und es stand daher mehr Zeit für Artbildungsprozesse zur Verfügung (zeitlicher Effekt).

In der heutigen großräumigen Verbreitung lassen sich biogeographische Regionen erkennen, die durch nur dort beheimatete, endemische Taxa charakterisiert sind. Um diese Verbreitungsmuster zu verstehen ist es wichtig, sich die historischen Prozesse, die zu ihnen geführt haben, zu vergegenwärtigen. Von besonderer Bedeutung ist hierbei das Konzept der Plattentektonik und der Kontinentaldrift, das bereits Anfang des 20. Jahrhunderts von dem Geophysiker und Polarforscher Alfred Wegener erstellt wurde. Die Landmassen bewegen sich als Kontinentalplatten (Lithosphärenplatten) entsprechend der Mantelkonvektion. Abgekühltes Material sinkt von der Erdkruste in Richtung Erdkern, während erhitztes Material durch den Erdmantel in Richtung Erdkruste aufsteigt. Dies bewirkt eine Konvektionsbewegung innerhalb des Erdmantels und somit auch die Driftbewegung der Lithosphärenplatten. In geologischen Zeiträumen haben sie dabei ihre Gestalt immer wieder drastisch verändert und erst in der Kreide begannen die Kontinente ihre heutige Gestalt anzunehmen (Abb. 2.27). Einher gingen diese Veränderungen mit tiefgreifenden Klimaänderungen, die mit zu den großen Faunenschnitten beigetrugen, welche die Zusammensetzung der Tierwelt entscheidend veränderten (s. Abschnitt „Faunengeschichte“). Aber auch lange Zeiträume, in denen Landmassen isoliert waren, trugen entscheidend zur heutigen Zusammensetzung von Fauna und Flora bei. Ein Beispiel wurde bereits angeführt, die Entstehung der Xenarthra in der langen Isolation des heutigen Südamerikanischen Subkontinents im Paläogen und Neogen (Abb. 2.1). Weitere Beispiele sind die durch ihre frühzeitige Isolation erhaltenen ursprünglichen Säugetierfaunen auf Madakaskar und in Australien. Andererseits sind heute nahe verwandte Arten weit getrennt auf verschiedenen Kontinenten beheimatet, deren Verteilungsmuster ebenfalls nur durch die Kontinentaldrift erklärt werden kann. Bekannte Beispiele sind die Gondwana-Faunenelemente wie die Stummelfüßer (Onychophora) und Lungenfische (Dipnoi). Auch für die Altkiefervögel (Paläognathae) wurde eine **Gondwanaverteilung** angenommen, die jedoch weder durch molekulare noch paläontologische Befunde gestützt und derzeit widersprüchlich diskutiert wird.

2.4.1 Faunenregionen

Zur Illustration sind die tiergeographischen Regionen der Erde in Abb. 2.28 skizziert.

2.4.1.1 Holarktis

Die Holarktis stellt die flächenmäßig größte Region dar. Sie umfasst die gesamten nicht tropischen Gebiete von Eurasien und Nordamerika. Trotz ihrer Artenvielfalt erreicht sie nicht die der tropischen Regionen (s.o.). Zudem wurde diese Region stark durch die Eiszeiten geprägt.

Tab. 2.3 Körpergröße und Gewicht von Pinguin-Arten in Abhängigkeiten ihrer geographischen Verbreitung.

Art	Größe (cm)	Gewicht (kg)	Verbreitung (° südl. Breite)
Galapagos-Pinguin (*Spheniscus mendiculus*)	50	2,2	Äquator
Humboldt-Pinguin (*Spheniscus humboldti*)	65	4,5	3-35
Magellan-Pinguin (*Speniscus magellanicus*)	70	4,9	34-56
Königspinguin (*Aptenodytes patagonica*)	95	15	50-60
Kaiserpinguin (*Aptenodytes forsteri*)	120	40	65-77

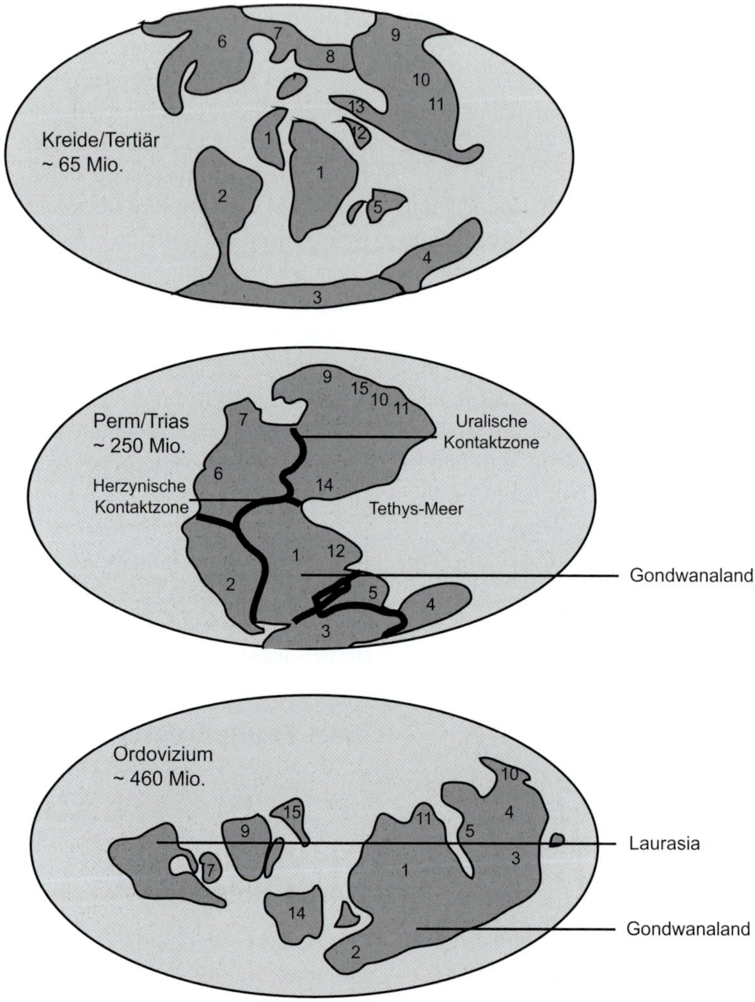

Abb. 2.27 Die Verschiebung der Kontinente durch die Kontinentaldrift im Lauf der Erdgeschichte. Die Zahlen kennzeichnen geographische Regionen und ihre verschiedenen Positionen in den dargestellten Erdzeitaltern. 1: Afrika, 2: Südamerika, 3: Antarktis, 4: Australien, 5: Indien, 6: Nordamerika, 7: Grönland, 8: Europa, 9: Sibirien, 10: Nordchina, 11: Südchina, 12: Arabien, 13: Türkei, 14: Baltikum, 15: Kasachstan.

Beispiele: Riesensalamander, Grottenolm, Alligator, Raufußhühner, Löffler, Baumläufer, Seidenschwanz, Bison, Elch, Wapiti, Dickhornschaf, Rentier, Vielfraß, Wolf, Rotfuchs, Wiesel, Braunbär, Eisbär, Eisfuchs, Nager: holarktische Gattungen zahlreich: Maulwurf, Biber, Murmeltier, Hörnchen, Ziesel, Feld- und Rötelmäuse, Lemming.

2.4.1.2 Paläarktis

Diese Subregion umfasst neben Europa auch Afrika bis zum Südrand der Sahara und Asien bis zum Südrand der arabischen Wüsten und zur Küste des Arabischen Meeres. Die weitere Grenze verläuft am Südrand der Thar-Wüste in Nordwest-Indien, Südhang des Himalaya und Nordrand der der tropischen Wälder Hinterindiens und Chinas. Beispiele endemischer Taxa: Blindschleichen, Braunellen, Gämsen (außer Schneegämse), Bilche (Schläfer).

2.4.1.3 Nearktis

Diese Subregion umfasst Nordamerika und grenzt im Süden entlang des nördlichen Wendekreises an die Neotropis Im Gegensatz zur Paläarktis (und Äthiopis) verlaufen die Gebirgszüge hier in nord-südlicher Richtung, was in den Eiszeiten Wanderungsbewegungen erleichterte. Beispiele endemischer Taxa: Aalmolche, Querzahnmolche, Schnappschildkröten, Krustenechsen, Truthühner, Gabelbock (*Antilocapra americana*), auch als Pronghorn bekannt. Einzige Art der Gabelhornträger (Antilocapridae); das Horn wird anders als bei den Hornträgern (Bovidae) periodisch gewechselt und ist zudem gegabelt.

2.4.1.4 Äthiopis

Diese vergleichsweise isolierte Region erstreckt sich von der Südgrenze der Sahara über ganz Afrika, den südlichen Teil der Arabischen Halbinsel und Madagaskar. Es wird vermutet, dass die Region des Afrikanischen Festlandes erst spät im Neogen über eine Landbrücke von Indien aus besiedelt wurde, da die nordafrikanische und arabische Wüste eine Besiedelung erheblich erschwert hätten. Sowohl Fossilfunde aus dem Pliozän als auch rezente Vertreter weisen auf eine enge Verwandtschaft der Fauna beider Regionen hin.

2.4.1.5 Afrikanische Subregion

Die artenreiche Fauna dieser Subregion ist durch ihren herausragenden Artenreichtum an Großsäugern charakterisiert, besonders auffallend ist das ostafrikanische Steppengebiet. Infolge tektonischer Aktivitäten entstand der in Nord-Südrichtung verlaufende Ostafrikanische Grabenbruch mit den höchsten Bergen und tiefsten Seen Afrikas, in denen riesige Arten-

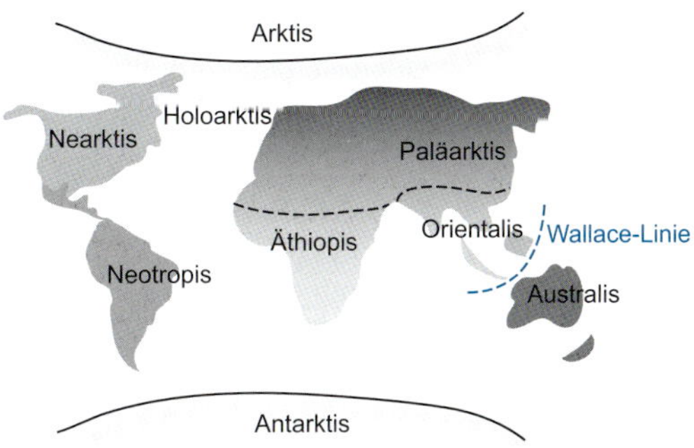

Abb. 2.28 Die tiergeographischen Regionen der Erde.

schwärme von Buntbarschen entstanden sind. Beispiele endemischer Taxa: Strauß, Schuhschnabel, Mausvögel, Erdferkel, Schliefer, Halbaffen (Lori, Galago), Hundsaffen (Meerkatzen, Paviane), Gorilla, Schimpanse, Flusspferd, Okapi, Giraffe, Ducker, Kuhantilope, Zebra u.v.a.

2.4.1.6 Madagassische Subregion

Diese Subregion wurde zu Beginn des Neogens vom Afrikanischen Festland getrennt und nimmt seither eine isolierte Insellage ein, wodurch sich eine eigenständige Fauna entwickeln konnte. Die Fauna ist lückenhaft, es fehlen z.B. die Huftiere. Die vorhandenen Taxa konnten sich jedoch aufgrund der Isolation zu artenreichen Formen entwickeln. Beispiele endemischer Taxa: Madagaskar-Buntbarsche, Madakaskarfrösche, Leguane der Gattungen *Opluris* und *Chalarodon*, Madagaskarboas, Madagaskarstrauße, Borstenigel, Tenrek, Makis, Indris, Fingertiere.

2.4.1.7 Orientalis

Diese kleine tiergeographische Region umfasst Vorder- und Hinterindien, Südchina entlang des Jangtsekiang, Taiwan, Hainan, Sri Lanka sowie Sumatra, Java und Borneo. In sich ist diese Region durch topographische und geographische Unterscheide reich strukturiert, wodurch eine artenreiche Fauna entstanden ist. Die Philippinen, Sulawesi und Kleinen Sundainseln bilden eine Zwischenregion, die Wallacea. Die hohe Übereinstimmung mit der Äthiopis zeigt sich in zahlreichen Taxa, die fast ausschließlich in diesen beiden Regionen vorkommen. Beispiele hierfür sind Ruderfrösche, Chamäleons, Nashornvögel, Nektarvögel, Menschenaffen, Schuppentiere, Stachelschweine, Hyänen, Leoparden, Löwen, Nashörner, Elefanten. Trotz ihres Artenreichtums gibt es (daher) relativ wenige endemische Vertreter der Orientalis. Beispiele: Asiatische Krötenfrösche, Großkopfschildkröte, Erdschlangen, Wassertrugnattern, Gavial, Elfenblauvögel, Haarigel, Riesengleitflieger, Tupajas, Koboldmakis, Gibbons, Kleiner Panda.

2.4.1.8 Neotropis

Diese Faunenregion besteht aus Südamerika, einem großen Teil Mittelamerikas, den Galapagos-Inseln und einem Teil der Antillen. Im Norden besteht mit der mittelamerikanischen Landbrücke eine Verbindung zur Nearktis. Diese Landbrücke stellt ein ausgedehntes Mischungsgebiet beider Regionen dar. Kennzeichnend für die Neotropis sind stammesgeschichtlich alte Taxa, v.a. die Ameridelphia (amerikanische Beuteltiere) und die Xenarthra (Nebengelenktiere) sowie das weitgehende Fehlen von Großsäugern. Die Artenvielfalt der Aves ist hingegen weltweit am größten. Beispiele endemischer Taxa: Schienenechsen, Nandus, Steißhühner, Wehrvögel, Trompetervogel, Hoatzine, Kolibris, Neuweltpapagaien, Tukane, Beutelratten, Opossums, Nebengelenktiere, Neuweltaffen, Meerschweinchenverwandte, Nabelschweine, Guanako, Vikunja (neotropische Schwielensohler).

2.4.1.9 Australis

Die Fauna dieser Region ist ebenfalls durch eine lange Zeit der Isolation geprägt, die vor der Entstehung der Placentalia erfolgte. Die ursprüngliche Säugerfauna umfasst mit den wenigen Arten der Monotremata etwa 200 Arten der Marsupialia, die durch die konvergent zu den Placentalia anderer Faunenreiche ähnliche ökologische Nischen realisiert haben (Wolf und Beutelwolf, Siebenschläfer und Beutelbilch, Murmeltier und Wombat, Maulwurf und Beutelmull, Flughörnchen und Flugbeutler. Außer Vertretern der Robben, Fledertiere und Mäuse konnten keine Vertreter der Placentalia Australien besiedeln. Erst durch die Besiedelung des Menschen wurden zahlreiche Großsäuger in die Region eingeführt. Beispiele endemischer Taxa: Lungenfische, Urfrösche, Brückenechse, Neuguinea-Weichschildkröte, Kasuare, Emus, Großfußhühner, Kiwis, Kakadus, Loris, Zwergpapageien, Laubenvögel, Paradiesvögel, Kloakentiere, Beuteltiere.

2.4.1.10 Wallacea

Dieses indo-australische Überlappungsgebiet ist als Inselregion charakterisiert und besitzt als größten Landanteil die Insel Sulawesi (Celebes) und wird im Westen von der Wallace- und im Osten von der Lydekker-Linie begrenzt. Die Wallace-Linie begrenzt die westlichsten Vorkommen der Australis-Faunenelemente, die Lydekker-Linie hingegen die östlichste Verbreitung der Faunenelemente der Orientalis, wodurch der Artenreichtum dieser kleinen Region erklärt wird. Dennoch haben sich endemische Formen entwickelt. Beispiele: Komodowaran, Anoa, Hirscheber, insbesondere Papageien und Sperlingsvögel.

2.4.1.11 Arktis und Antarktis

Die Polargebiete der Erde weisen trotz ihrer klimatischen und ökologischen Übereinstimmungen eine völlig unterschiedliche Fauna auf.

Arktische Region

Diese Region erstreckt sich zirkumpolar nördlich der Holarktis. Ihre Begrenzung erfährt sie durch die nördliche Baumgrenze. Aufgrund der niedrigen Temperaturen sind vergleichsweise wenige, extrem angepasste Arten verbreitet. Allerdings waren bis zum Pleistozän die klimatischen Verhältnisse günstiger, so dass es eine reichhaltigere Fauna gab. Viele rezente Arten sind zirkumpolar verbreitet. Beispiele: Polarfalke (Gerfalke), Schneeeule, Schneehuhn, Gänse, Möwen, Raubmöwen, Seeschwalben, Alkenvögel, Schnee- und Spornammer, Eisbär, Polarwolf, Eisfuchs, Vielfraß, Lemminge Schneehase. Da es sich hierbei jedoch um keine endemischen Arten handelt, wird die arktische Region von verschiedenen Autoren auch als Teil der Holarktis angesehen.

Antarktische Region

Diese Region besteht aus dem südpolaren Kontinent und antarktischen Inselgruppen. Die **Entwicklung** und Ausbreitung der Säugetiere erfolgte erst nachdem diese Region keine Verbindung mehr zu den übrigen Kontinenten der Südhalbkugel besaß, sodass keine Landsäuger die Antarktis erreicht haben. Charakterisiert ist die Fauna vor allem durch die Vögel und unter den Säugetieren durch die Robben. Beispiele endemischer Arten: Scheidenschnäbel, Kerguelenente, Südgeorgien-Spitzschwanzente, Seeleopard, Südlicher See-Elefant, Antarktischer Seebär.

2.4.1.12 Lebensraum Meer

Die Erdoberfläche besteht zu ca. zwei Drittel aus Meeren. Deren Verbindung auch über geologische Zeiträume hinweg führte jedoch zu keiner horizontalen Differenzierung in Faunenreiche wie bei den Kontinenten. Es kann lediglich zwischen den polaren Kaltwasserregionen und einer dazwischen liegenden von den Wendekreisen begrenzten Warmwasserregion in den höheren Wasserschichten unterschieden werden. So sind z.B. für das Nordpolarmeer Heringsartige, Dorschartige, Plattfischartige und unter den Crustaceen Vertreter der Krabben charakteristisch, während für das Südpolarmeer Eisfische und unter den Crustaceen Isopoden (bis zu 30 cm!) und Amphipoden typisch sind. Eine vertikale Gliederung des Lebensraumes Meer zeigt jedoch eine gewisse Differenzierung. Vertreter fast aller Taxa haben sich an den mit zunehmender Tiefe eintönigeren Lebensraum angepasst, insbesondere Vertreter der Porifera, Cnidaria, Crustacea, Bivalvia, Polychaeta und Fische. Die Artenzahlen nehmen nicht mit zunehmender Tiefe kontinuierlich ab. Vielmehr lässt sich in 2000 m Tiefe ein Maximum an Arten erkennen. Die frei schwimmenden Formen des Pelagials werden in der Tiefsee von Garnelsen und v.a. Zehnarmigen Tintenschnecken (Kalmare) und Fischen gebildet, z.B. *Macrurus sclerorhynchus* (Langschwanzfisch). Besondere Anpassungen der räuberischen Tiefseefische zum Verschlingen der Beute sind sehr große Mundöffnungen, riesige Zähne und erweiterungsfähige Mägen sowie Leuchtorgane. In oder auf dem Tiefseeboden leben z.T. in hoher Individuendichte Vertreter der Porifera, Crustacea, Echinodermata, Cephalopoda und bodenbewohnende Vertebrata, neben Agnatha (Kieferlosen) und Chondrichthyes (Knorpelfischen) vorwiegend Vertreter der Teleostei (Knochenfische). *Abyssobrotula galatheae*, ein Bartmännchenfisch, wurde in über 8000 m Tiefe gefunden.

In 2000-3000 m Tiefe wurden am Rande von (plattentektonisch bedingten) Hydrothermalquellen schwefeloxidierende Bakterien gefunden, die unabhängig von Sonnenenergie durch Kohlendioxidassimilation mithilfe geothermischer Energie Biomasse synthetisieren und die Grundlage für ganze Lebensgemeinschaften darstellen (Muscheln, Eichelwürmer, Bartwürmer).

Zahlreiche Taxa, die auch im Süßwasser und terrestrisch vorkommen, haben im Meer eine ungleich höhere Arten- und Formenvielfalt, wie z.B. Anneliden, Mollusken und Crustaceen. Auch Vertreter der terrestrischen Sauropsida und Säugetiere haben sich an das Leben im oder auf dem Meer angepasst (Meeresschildkröten, Seeschlangen, Seevögel). Eine vollständige Anpassung an das Meer und völlige Unabhängigkeit vom Land haben unter den Säugetieren die Wale und Seekühe vollzogen.

2.4.2 Inselbiogeographie

Bei der Betrachtung von Inselfaunen muss unterschieden werden zwischen landnahen Inseln, bei deren Zuwanderung von Tieren wenig Einschränkungen bestehen, und landfernen Inseln, die nicht ohne weiteres besiedelt werden können. Zudem wird differenziert zwischen kontinentalen Inseln, die dem Festlandsockel aufsitzen und durch Meeresspiegelschwankungen zeitweilig über Landbrücken mit dem Festland verbunden waren und pelagischen oder ozeanischen Inseln, die keinem Festlandsockel aufsitzen und nie Verbindung zum Festland hatten. Selbstverständlich werden Inselfaunen auch wie kontinentale Faunenregionen durch Klima und geographische Lage (Ökozonen) beeinflusst. Dennoch gibt es besondere Inselphänomene, die deren Faunenzusammensetzung mitbestimmen.

Landferne Inseln werden von Tieren vorwiegend passiv durch Luft und Wasserunterstützung (oft auf Flößen) besiedelt. Auch flugfähige Tiere sind oft passiv eingewandert, da sie nicht freiwillig große Distanzen zurücklegen (Zugvögel spielen bei der Besiedelung von Inseln wegen ihrer Zugunruhe weniger eine Rolle). Inseln sind artenärmer als Festlandgebiete vergleichbarer Größe, wobei die Wahrscheinlichkeit der Zuwanderung mit der Entfernung vom Festland abnimmt. Hinzu kommt der Gründereffekt: Erstbesiedler besitzen nur einen geringen Teil der genetischen Variabilität der Stammpopulationen auf dem Festland. Sie sind zudem aufgrund ihrer geringen Populationsstärke Zufallsprozessen (genetischer Drift) und Inzucht unterworfen. Sie tragen daher ein erhöhtes Aussterberisiko. Die Inseltheorie (MacArthur und Wilson) besagt, dass nach einer gewissen Zeit Zuwanderungs- und Aussterberate ein Gleichgewicht erreichen (Abb. 2.29). Zudem ist die Aussterbewahrscheinlichkeit auf kleineren Inseln aufgrund der kleinen Populationsgrößen und damit bedingt ihrer genetischen Verarmung größer als auf großen Inseln. Zusammengefasst lässt sich festhalten, dass auf kleineren, vom Festland weiter entfernten Inseln die Artenarmut größer ist als auf dem Festland nahen größeren Inseln.

Diese **Inseltheorie** lässt sich auch auf isolierte Lebensräume auf dem Festland anwenden. Aufgrund von Lebensraumfragmentierungen in inselartige Habitate vieler Tierarten sind die Aussagen der Inseltheorie zu einem wichtigen Instrument des Naturschutzes geworden.

Dennoch kann auch das Phänomen beobachtet werden, dass Gründerpopulationen eine erhöhte Evolutionsgeschwindigkeit aufweisen und sich in schnellen Radiationen in zahlreiche Arten aufspalten können. Vorteilhafte Mutationen breiten sich schneller aus und zudem können viele Nischen aufgrund fehlender Konkurrenz anderer Arten realisiert werden. Beispiele hierfür sind die bekannten Darwinfinken auf Galapagos und die Kleidervögel auf Hawaii. Auch von der Ägäischen Mauereidechse (*Podarcis erhardi*) gibt es auf dem Festland drei, auf den zahlreichen, viel kleineren Inseln jedoch 24 Unterarten.

Fehlender Konkurrenzdruck hat wohl andererseits auch dazu geführt, dass altertümliche Arten in Inselrefugien überlebt haben (jedenfalls solange sie nicht vom Menschen ausgerottet wurden), während sie auf dem Festland von überlegenen Arten verdrängt worden wären. Beispiele hierfür sind die Urfrösche und Brückenechsen Neuseelands, Riesenschildkröten des Indischen Ozeans und der Galapagos-Inseln sowie die Borstenigel, Halbaffen und Schleichkatzen auf Madagaskar.

Zwei Phänomene lassen sich weiterhin auf Inseln beobachten, „Inselgigantismus" und Inselverzwergung. Bekannte Beispiele für ersteres sind der 3 m große Madagaskarstrauß und die Moas Neuseelands. Die Dronte war ebenfalls gegenüber ihren Festland-Verwandten wesentlich größer. Auch wenn der Komodowaran alle anderen Warane an Größe und Gewicht übertrifft, ist dies kein Inselphänomen. Fossilfunde in Australien erwiesen, dass es noch größere Exemplare gab und die jetzigen Formen lediglich Reliktvorkommen sind. Überhaupt leben die größten Insekten, Amphibien und Reptilien? auf dem Festland. Vielfach sind Inselformen gerade wesentlich kleiner als ihre Verwandten auf dem Festland (Inselverzwergung). Hierfür gibt es zahlreiche fossile und rezente Beispiele. Auf Mittelmeerinseln gab es während der Eiszeit Zwergelefanten mit teilweise nur 80 cm Schulterhöhe. Der Sundatiger auf Sumatra und Java ist kleiner als die Festland-Unterarten, die nach Norden hin größer werden bis hin zum Sibirischen Tiger. Ein Grund für diese geringeren Körpergrößen wird in der begrenzten Nahrungsmenge gesehen, sodass kleine Tiere eher satt werden und damit größere Populationen hervorbringen können, die bessere Überlebenschancen haben als große Tiere mit kleinen Populationen. Auch Inzuchtphänomene könnten zur Verringerung der Körpergröße beitragen. Ein umstrittenes Beispiel sind die Fossilfunde des Flores-Menschen auf der indonesischen Insel Flores.

2.4.3 Neozoen

Besiedelungen neuer Lebensräume sind im Lauf der Erdgeschichte immer wieder erfolgt. So wurden z.B. am Ende des Tertiärs nach der Bildung einer Landbrücke zwischen Südamerika und dem nördlicheren Amerika zahlreiche Arten der ursprünglichen Xenarthra durch konkurrenzstärkere Arten verdrängt. Auch die einst weiter verbreiten Beuteltiere wurden bis auf ihr heutiges Verbreitungsgebiet von moderneren Placentaliern zurückgedrängt. Ein Beispiel natürlicher rezenter Ausbreitung ist die Türkentaube, die sich seit den 1930er Jahren von Südosteuropa in wenigen Jahrzehnten über das gesamte nordwestliche Europa bis zu den Britischen Inseln ausgebreitet hat. Sie wurde jedoch auch unabsichtlich in die Bahamas eingeführt und breitete sich von dort über Florida in 22 US-amerikanischen Bundesstaaten aus und wurde somit zu einem Neozoon, einer in diesem Fall vom Menschen ungezielten Verschleppung von Arten in neue Regionen.

Das entscheidende Problem bei der Einbürgerung neuer Arten ist ihre rasante Ausbreitung aufgrund fehlender Konkurrenten und damit ihr hohes Schadenspotenzial in Natur- und Kulturlandschaften. Eine Hauptursache ist hierbei schon seit langem der internationale Schiffsverkehr (s. Ctenophora). Die Wollhandkrabbe (*Eriocheir sinensis*) wurde Anfang des 20. Jahrhunderts mit Ballastwasser aus China in viele Teile der Welt verschleppt. Schiffe verschleppen seit jeher Ratten über weite Entfernungen mit gravierenden Folgen. Vor allem auf Inseln, auf denen es keine Carnivoren gibt, dezimieren sie kleinere Tiere. Auf 537 von 719 ozeanischen und kontinentalen Inseln wurden synanthrope (an den Menschen gebundene) Nager gefunden, davon 61 % Haus- und 46 % Wanderratten. Auch neue Verkehrsverbindungen und damit die Beseitigung von Ausbreitungsbarrieren wie der Panama- und Suezkanal haben zu Veränderungen der Faunenzusammensetzung geführt. Schließlich soll hier noch die Verschleppung landwirtschaftlicher Schädlinge erwähnt werden. So verursachte die Amerikanische Reblaus verheerende Schäden im Weinanbau in Europa im letzten Jahrhundert. Der Kartoffelkäfer breitete sich ebenfalls im

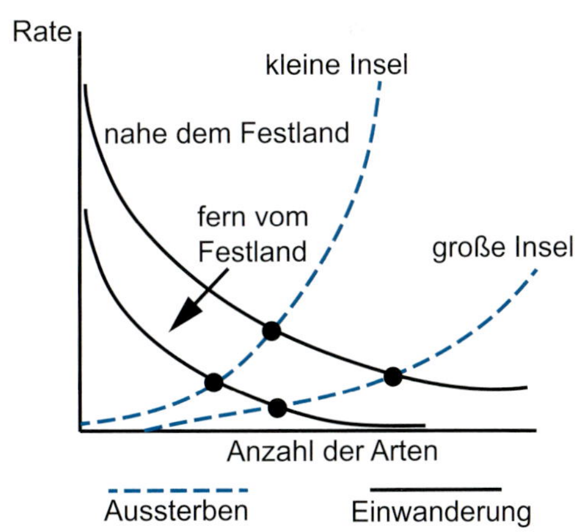

Abb. 2.29 Abhängigkeit der Artenzahl von Einwanderung und Aussterben auf Inseln. Die 4 Gleichgewichtspunkte stellen Kombinationen von großen und kleinen Inseln in naher und weiter Entfernung zum Festland dar.

letzten Jahrhundert innerhalb von 35 Jahren in ganz Europa aus, obwohl intensive Bekämpfungsmaßnahmen unternommen wurden.

Beabsichtigte Einbürgerungen von Tier- und Pflanzenarten erfolgten aus verschiedenen Gründen wie die Mitführung domestizierter Haustiere (und Pflanzen) bei der Besiedelung neuer Lebensräume und deren anschließende Verwilderung, wie z.B. Dingo und Hausschweine. Auch die Bereicherung jagdbaren Wildes (Damwild), Erhöhung der Fellproduktion (Bisamratte, Nutria, Marderhund) und Steigerung von Erträgen bei Hydrokulturen (Karpfen, Forellen, Japanische und Amerikanische Auster) waren Gründe für die Einbürgerung faunenfremder Arten. Erwähnt werden müssen auch die Einbürgerungen von Prädatoren zur Biologischen Schädlingsbekämpfung (Katze, Rotfuchs, Mungo), die sich jedoch im Ergebnis oft als kontraproduktiv erwiesen. Auch das beabsichtigte Aussetzen von faunenfremden Arten, die als Haustiere gehalten und lästig wurden, trägt zur Faunenverfälschung bei. Erwähnt seien hier nur die Schmuckschildkröten. Einen Überblick über die Zahl der Neozoen in Deutschland gibt Tabelle 2.4.

Das Eindringen oder Einbringen von Neozoen ruft jedoch auch Reaktionen der heimischen Artengemeinschaften hervor. So entwickelte z.B. in weniger als 60 Jahren (ca. 23 Generationen) die heimische australische Rotbäuchige Schwarzotter (*Pseudechis porphyriacus*) eine Resistenz gegen das Cardiotoxin der aus Kalifornien eingeschleppten invasiven Agakröte (*Bufo marinus*).

2.5 Faunengeschichte, Extinktionen

Im Lauf der **Erdgeschichte** kam es wiederholt zum Aussterben zahlreicher Arten innerhalb eines relativ kurzen Zeitraums. Diesen Ereignissen des Massenaussterbens folgten jeweils Radiationen der überlebenden Arten, was zu gravierenden Veränderungen der Faunen- und Florenzusammensetzung führte (Faunenschnitte und Florenschnitte) (Abb. 2.1). Belege für diese Ereignisse findet man in den Fossilien.

Tab. 2.4 Überblick über die Neozoen Deutschlands, angegeben sind jeweils die Artenzahlen.

Taxon	Neozoen	Etabliert	Unbeständig	Unbekannt
Säugetiere	26	15	6	5
Vögel	153	19	55	79
Reptilien	16	0	10	6
Amphibien	10	2	8	0
Knochenfische	43	17	21	5
Spinnentiere	31	22	6	3
Insekten	327	242	39	46
Krebse	67	58	4	5
Würmer	33	26	1	5
Weichtiere	58	52	4	2
Nesseltiere	6	5	1	0
sonstige Arten	28	18	8	2
Summe	**797**	**476**	**163**	**158**

Als unbeständig gelten Arten, die nur vereinzelt nachgewiesen werden konnten. Zusätzlich gibt es Nachweise von wild lebenden Arten, deren Status als unbekannt gilt.
Quelle: Bundesamt für den Naturschutz (BfN), Stand: 05.10.2023, https://neobiota.bfn.de/grundlagen/anzahl-gebietsfremder-arten.html.

Nachdem zum Ende des Proterozoikums im Übergang zum Phanerozoikum die Ediacara-Fauna einem Massenaussterben zum Opfer fiel, entfalteten sich im anschließenden Kambrium in einer Radiation, die oft als Kambrische Explosion bezeichnet wird, in relativ kurzer Zeit (10-25 Mio. Jahre) fast alle heutigen großen Taxa, und darüber hinaus viele, die wieder ausgestorben sind. Wichtige fossile Lagerstätten sind der Burgess-Schiefer in den kanadischen Rocky Mountains (ca. 505 Mio. Jahre) und die Chengjiang-Fauna in China (ca. 520 Mio. Jahre). Dominierende Formen waren die zu den Spinnentieren gehörenden Trilobita, die ihre Blütezeit im Kambrium hatten. Von ihnen sind ca. 15000 Arten beschrieben. Sie werden auf Grund ihrer Vielfalt als Leitfossilien des Kambriums bezeichnet. Bereits am Ende des Kambriums ging ihre Artenzahl drastisch zurück, ihr endgültiges Ende fanden sie jedoch am Ende des Perms. Ihre Blütezeit hatten auch die Brachiopoda (Lophophorata) (rezent 330 Arten, fossil 30000 Arten). Die schwammähnlichen Archaeocyathen waren durch ihre kalkigen Gehäuse bedeutende Riffbildner mit ihrer höchsten Entfaltung im Unteren Kambrium, die am Ende des Kambriums ausstarben.

Zum Ende des Perms und damit des Paläozoikums erfolgte das größte Massenaussterben in der Erdgeschichte. Als Ursachen gelten starke Vulkanausbrüche (eventuell auch Meteoriteneinschlag) mit Treibhauseffekten, extremen Klimaschwankungen und starken Schwankungen des Meeresspiegels. Etwa 95 % aller marinen und 70 % aller terrestrischen Arten starben aus. Es kam zum völligen Auslöschen der Trilobiten und weiterer Taxa wie der ebenfalls zu den Spinnentieren gehörenden Seeskorpione (Eurypterida). Auch Teile der Hemichordaten (Graptolithen), Kopffüßer (Ammoniten, Goniatiten), Armfüßer (Brachiopoden) und Stachelhäuter (Echinodermen) sowie der Nesseltiere (Rugosa) waren betroffen. An Land traf es viele Verwandte der Säugetiere (Therapsiden) und Insekten-Gruppen. Als mögliche Ursachen werden u.a. plattentektonische Effekte, ein Meteoriteneinschlag und in dessen Folge extremer Vulkanismus diskutiert.

In den sich anschließenden Abschnitten des warmen Mesozoikums entfalteten sich unter den Tieren vor allem die Sauropsida. Sie eroberten alle Lebensräume im Meer, an Land und in der Luft. Zum Ende dieses Zeitalters entwickelten sich bei den Dinosauriern die Vögel und aus den Synapsida die Säugetiere. Im Übergang zum Känozoikum am Ende der Kreidezeit kam es wiederum zu einem Massenaussterben, dem weltweit ca. 50 % aller Arten zum Opfer fielen, darunter alle Ammoniten und Belemniten (Kopffüßer), einer großen Gruppe der Muscheln (Rudisten), der Dinosaurier, der Meeresechsen (Ichthyosaurier und Plesiosaurier) und der Flugsaurier (Pterosaurier). Von den Sauropsida überlebten nur die Schildkröten, Schuppenkriechtiere, Krokodile und die Vögel. Als Ursachen werden ein Meteoriteneinschlag (Chicxulub-Krater im Golf von Mexiko nahe der Halbinsel Yucatan) sowie kontinentaler Vulkanismus in Vorderindien gedeutet. Auffallend ist eine weltweite Sedimentschicht an der Grenze von Kreide zu Paläogen, die erhöhte Iridium-Werte aufweist (Iridium-Anomalie), die auf den Meteoriteneinschlag zurückgeführt werden.

Zunehmend wird von der Jetztzeit als Anthropozän gesprochen, weil der Mensch die Erde tiefgreifend umgestaltet. Hierbei ist ein teilweise dramatischer Rückgang der Biodiversität in zahlreichen Lebensräumen zu verzeichnen. Fossile Pferdeknochen in großer Menge belegen, dass bereits steinzeitliche Jäger sehr erfolgreich Jagd auf Wildpferde machten. Es wird angenommen, dass diese Verfolgungen zu ihrem Aussterben und dem anderer eiszeitlicher Großtiere zumindest beitrugen. Gezielter Bejagung fielen auch weitere Arten zum Opfer, wie im 17. Jahrhundert die flugunfähige Dronte (Dodo), im 18. Jahrhundert die Steller'sche Seekuh, das südliche Steppenzebra (Quagga) im 19. Jahrhundert. Der vom Menschen in Australien eingeführte Haushund verwilderte nach seiner Einführung (Dingo) und verdrängte den heimischen Beutelwolf (Tasmanischer Tiger). Nur auf Tasmanien blieb dieser zunächst erhalten, weil der Dingo diese Insel nie erreicht hatte. Die dortigen Viehzüchter rotteten ihn jedoch zum Schutz ihrer Schafe ebenfalls aus, was sogar durch staatliche Abschussprämien unterstützt wurde.

Neben den Auswirkungen direkter menschlicher Verfolgung sind es vor allem zunehmend die Eingriffe in die natürlichen Lebensräume und damit einhergehende Lebensraumzerstörungen, die zum Rückgang zahlreicher Arten und zur Gefährdung der Lebensgrundlagen indigener Bevölkerungen führen. Besonders in den tropischen Regenwäldern sind die Schäden erheblich. Verstärkt werden diese Prozesse durch den nicht mehr weg zu diskutierenden Klimawandel. Ein anhand von acht Parametern erstellter Biodiversitätsindex weist einen Rückgang der weltweiten Biodiversität seit 1970 um nahezu 20 % auf. Aber auch in Deutschland ist die **Entwicklung** dramatisch. Laut Bericht des Bundesministeriums für Umwelt, Naturschutz und Nukleare Sicherheit zur Lage der Natur 2020 liegt ein günstiger Erhaltungszustand der Arten in Deutschland bei nur 25 % der 195 über die europäische Fauna-Flora-Habitat-(FFH-)Richtlinie erfassten Arten vor, 30 % befinden sich in einem unzureichenden und 33 % in einem schlechten Zustand. Besonders ungünstig ist der Zustand bei den Lebensräumen des Grünlands, bei marinen und Küsten-Lebensräumen, Binnengewässern, aber auch bei Mooren und Sümpfen sowie Gletschern.

Hier liegt auch eine der wichtigsten Aufgaben moderner Zoos, über diese Entwicklungen aufzuklären und sich bei in situ-Maßnahmen zu beteiligen. Es ist somit auch die Aufgabe von Tierpflegerinnen und Tierpflegern, sich mit ihrem Fachwissen zu Botschaftern für die Tierwelt und deren Erhalt einzusetzen.

3

Grundlagen der vergleichenden Anatomie und Physiologie der Wirbeltiere

Udo Gansloßer

3.1 Vorbemerkungen

3.1.1 Kennzeichen des Lebens und des tierischen Organismus

Um zu verstehen, wie Tiere möglichst gut und ihrer natürlichen Lebensweise entsprechend gehalten werden müssen, ist es unumgänglich, sich über die Funktionen des tierischen Organismus zu informieren.

Alles Leben auf der Erde, auch das von Tieren, hat eine Reihe von gemeinsamen Eigenschaften. Diese Eigenschaften des Lebens unterscheiden beispielsweise ein Tier von einem ebenfalls wachsenden Kristall oder von einem anderen Prozess der unbelebten Natur. Alle Eigenschaften lebender Systeme müssen immer gemeinsam betrachtet werden, ein einzelnes Merkmal reicht nicht aus, um Leben zu definieren. Zu diesen Eigenschaften gehören:

- Ordnung: Ein Organismus ist sehr komplex und auf mehreren Ebenen strukturiert. Von Molekülen und Zellen über Gewebe bis zu Organen reichen die Organisationsebenen eines Tieres, vom Individuum über die Gruppe zur Population und zum Ökosystem reichen die übergeordneten Organisationsebenen.
- Fortpflanzung: Organismen pflanzen sich fort, Leben geht nur aus Leben hervor.
- Wachstum und Entwicklung: Da die erblichen Programme in Form des Erbguts von Generation zu Generation weitergegeben werden, müssen aus diesem Informationspool die Strukturen und Funktionsweisen der Tiere, Pflanzen und anderen Lebewesen gebildet werden.
- Energienutzung: Alle Organismen müssen Energie aus der Umwelt aufnehmen und in andere Energieformen umwandeln. Nur Pflanzen, bestimmte Bakterien und Archaeen sind in der Lage, aus anorganischen Substanzen, etwa Sauerstoff oder Kohlenstoff, unter Zuhilfenahme von Sonnenlicht oder anderen Energiequellen komplizierte Moleküle aufzubauen. Tierische Organismen sind dazu nicht in der Lage, sie müssen daher andere Organismen als Nahrung zu sich nehmen.
- Reaktionen auf die Umwelt, die insbesondere bei Tieren mithilfe von Nerven- und Sinnesorganen sowie dem daraus resultierenden Verhalten sehr gut zu beobachten sind.
- Regulationsmechanismen, die den inneren Zustand eines Organismus wenn nicht konstant, so doch zumindest innerhalb bestimmter Grenzen aufrechterhalten. Die Aufrechterhaltung des inneren und äußeren Gleichgewichts (Homöostase), Temperaturregulation, Wasserhaushalt, aber auch die wünschenswerte Individualdistanz zu Artgenossen sind solche Bestandteile der Regulation. Wenn es einem zu heiß wird, geht man in den Schatten, und wenn einem ein Artgenosse zu nahe kommt, versucht man ihn zu vertreiben oder ihm auszuweichen. Beides sind Mechanismen, mit denen die Homöostase wiederhergestellt werden soll.
- Der Evolution, der stammesgeschichtlichen Entwicklung der Organismen, wird an anderer Stelle ein eigenes Kapitel gewidmet.

Tiere als Großgruppe sind erheblich schwerer als beispielsweise Pflanzen durch gemeinsame Merkmale zu charakterisieren. Im Wesentlichen sind dies einige sehr komplizierte chemische Strukturen sowie die Abwesenheit von bestimmten, für Pflanzen typische Merkmale: So besitzen tierische Zellen keine Zellwand, sondern sind nur mit einer Membran umgeben, und Tiere sind nicht in der Lage, energiereiche Substanzen aufzubauen.

Der **Stoffwechsel** ist für Tiere ein zentrales Geschehen. Hierbei muss zwischen zwei ganz unterschiedlichen Aufgaben des Stoffwechsels unterschieden werden:

Beim Betriebs- oder **Energiestoffwechsel** wird energiereiche Substanz aus der Umgebung aufgenommen und mithilfe von Enzymen zerlegt. Dadurch werden die in den chemischen Verbindungen vorhandenen Energiebeträge frei und für vielfältige Aufgaben im Körper, sei es Muskelarbeit, Nerventätigkeit, Wachstum und Entwicklung oder auch die Produktion anderer chemischer Substanzen, nutzbar.

Dem **Baustoffwechsel** müssen demgegenüber lebenswichtige Nährstoffe zugeführt werden. Auch ein bereits ausgewachsenes Tier unterliegt einem ständigen Wandel. Beim Menschen geht man beispielsweise davon aus, dass spätestens alle sieben Jahre sämtliche im Körper vorhandenen Moleküle ihren Platz gewechselt haben oder ausgetauscht worden sind. Den längsten Zyklus haben dabei die Haare und ihre Bildungszellen. Auch bei anderen Tieren ist die Umsetzung und Erneuerung von Molekülen und Zellbestandteilen eine lebenslange Aufgabe. Um diese Bausteine geht es beim Baustoffwechsel.

Die **Regulation** des inneren und äußeren Gleichgewichts bei Tieren kann auf ganz unterschiedliche Weise erfolgen. Wie in Kapitel 6 dargelegt, gibt es allgemein die beiden Möglichkeiten, sich entweder umweltkonform zu verhalten oder sein inneres Milieu aktiv zu regulieren. Die aktive Regulation, z.B. der Körpertemperatur, des Salzgehalts oder des Wasserhaushalts, der Individualdistanz zum Artgenossen oder der Entfernung zu einer nutzbaren Ressource, erfordert Energie, gibt dem Tier jedoch auch eine größere Unabhängigkeit. Die passive Konformität erfordert wenig Energie, macht das Tier jedoch auch zum „Spielball" seiner Umwelt. Daher ist in vielen Tiergruppen eine Entwicklung zu beobachten, bei der sowohl im Laufe der Individualentwicklung als auch im Laufe der stammesgeschichtlichen Entwicklung jeweils mehr und mehr Organsysteme und Funktionen des Körpers aktiv reguliert und zumindest in bestimmten Grenzwerten kontrolliert werden. Die Höherentwicklung einer Art besteht u.a. auch darin, dass sie in vielen Bereichen des Lebens eine Unabhängigkeit von der Umwelt erwirbt.

Aus der Vielzahl hoch entwickelter Organismen innerhalb des Tierreichs seien im Folgenden die Wirbeltiere (Vertebrata) ausführlich besprochen. Andere hoch entwickelte Organismengruppen, etwa die Tintenfische unter den Weichtieren oder Insekten unter den Gliedertieren, werden mit ihren Grundbauplänen in den einschlägigen Spezialbänden behandelt. Da die Mehrzahl der in Zoos gehaltenen Tierarten den Wirbeltieren angehört, sei ihre Anatomie auch als beispielgebend für andere, ebenso komplex organisierte Gruppen dargelegt.

3.1.2 Anatomische Grundbegriffe

Einige Grundbegriffe sollten zur besseren Verständigung vorab geklärt werden. Die beiden Forschungs- und Arbeitsgebiete Anatomie und Physiologie greifen bei der Besprechung der Lebensanforderungen eines Tieres so eng ineinander, dass sie hier gemeinsam behandelt werden. Die Anatomie (aus dem Altgriechischen für „aufschneiden") ist die Lehre vom Aufbau der inneren Organe eines Tieres. Die Morphologie ist die Lehre von den äußeren Kennzeichen eines Tieres, diese sind streng genommen nicht Bestandteil der Anatomie. Trotzdem werden sie gemeinsam behandelt. Physiologie dagegen ist die Lehre von den Funktionen der Zellen und der Organe sowie ihrem Zusammenspiel.

Ebenso wichtig ist eine Reihe von Begriffen, die sich mit der Richtung und der Lage von Organen und Körperteilen an einem tierischen

Organismus beschäftigen. Das Vorderende eines Wirbeltieres wird als das Cranialende bezeichnet (von lateinisch *cranium*: Kopf), das Hinterende als Caudalende (von lateinisch *cauda*: Schwanz). Die beiden Seiten werden als lateral bezeichnet, die Rückenseite liegt dorsal, die Bauchseite ventral. Auch bei einem auf zwei Beinen aufrecht laufenden Tier, etwa einem Menschenaffen oder dem Menschen, spricht man beim Rücken von dorsal und beim Bauch von ventral, nicht etwa von hinten und vorne.

Bisweilen werden in Bezug auf die Lage von Strukturen am Kopf noch weitere Fachausdrücke benutzt: Die Außenseite, die den Wangen und Lippen zugewandt ist, heißt labial, die Innenseite, die der Zunge zugewandt ist, lingual. Will man innerhalb des Kopfes noch das Vorderende bezeichnen, spricht man von rostral (von lateinisch *rostrum*: Spitze).

Bei Extremitäten und anderen Körperanhängen wird unterschieden zwischen dem körpernahen Teil, dem sogenannten proximalen, und dem distalen, dem körperfernen Teil. An unserem Arm wäre also das Schultergelenk proximal, das Handgelenk und die Finger distal.

3.2 Die Zelle und ihre Bestandteile

Zellen sind die kleinsten selbstständig arbeitenden Einheiten von Lebewesen. Manche können einzeln (bei Einzellern), andere nur gemeinsam (bei vielzelligen Lebewesen) existieren. Man unterscheidet:

- Zellen höherer Lebewesen (Pflanzen, Tiere, Pilze): mit Zellkern
- Archaeen, Bakterien: ohne Zellkern

3.2.1 Membran

Ein gemeinsames Merkmal aller lebenden Zellen ist die **Biomembran**. Sie besteht aus einer Doppelschicht von Molekülen, die jeweils außen hydrophile (wasseranziehende) Phosphatgruppen, innen hydrophobe (wasserabstoßende) Fettsäurereste tragen. Die Membran ist flüssig und in sich beweglich, selektiv durchlässig für bestimmte Stoffe (semipermeabel) und trägt ein- bzw. aufgelagert weitere Bestandteile:

- **Proteine** (Eiweiße) bilden Tunnel, dienen zur Erkennung von z.B. Hormonen oder wirken als aktive Träger, d.h., sie transportieren unter Energieverbrauch Stoffe.
- **Glykolipide** sind mit Zuckerresten versehene Moleküle zur Feinderkennung, Immunabwehr etc., sie sind auch Träger der Blutgruppenspezifität.
- **Zotten** sowie feine Ausstülpungen (Mikrovilli) dienen der Oberflächenvergrößerung von Zellen. Die Verankerung von Zellen im Gewebeverband und die Verbindung zwischen Zellen erfolgt durch spezielle Ankerproteine, von einer Zelle zur anderen durchgehende Tunnelproteine und durch Kittsubstanz.

3.2.1.1 Transport durch Membranen

- Fettlösliche Stoffe gelangen direkt und ohne Energieaufwand durch Membranen, z.B. fettlösliche Hormone.
- Durch Tunnel, die wie Röhren gebaut sind und nur ganz bestimmte Moleküle oder Ionen durchlassen, kann z.B. die Nervenerregung erfolgen.
- Mithilfe von aktiven Trägermolekülen und unter Energieverbrauch werden ebenfalls nur bestimmte Stoffe durchgeschleust.
- Nur die Information wird transportiert, indem ein Hormonmolekül außen an einer besonderen Erkennungsstelle (Rezeptor) gebunden wird, eine Formänderung der betreffenden Stelle und als Folge auf der Zellinnenseite eine weitere chemische Reaktion bewirkt.
- Durch Phagozytose bzw. Pinozytose werden feste Stoffe oder Tröpfchen aufgenommen, indem ein Membranbläschen sich abschnürt und ins Innere der Zelle wandert.
- Der umgekehrte Vorgang, bei dem ein mit Substanz gefülltes Bläschen sich nach außen entleert, heißt Exozytose.

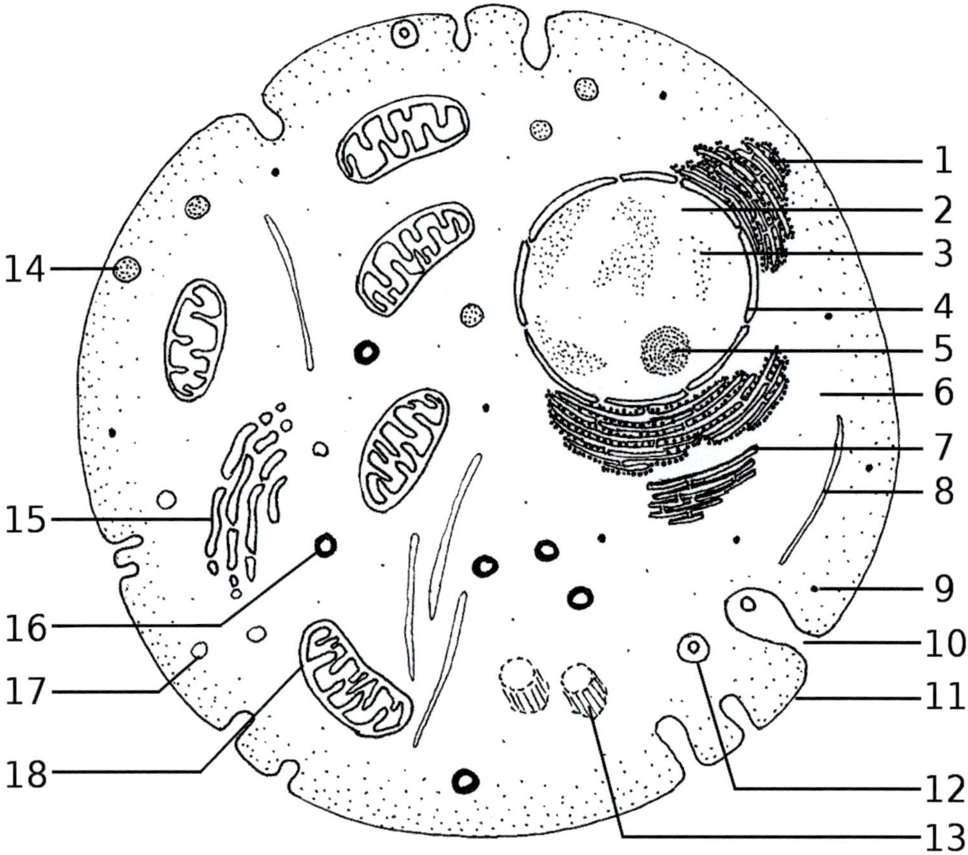

Abb. 3.1 Aufbau einer tierischen Zelle mit ihren Zellorganellen, 1: raues Endoplasmatisches Retikulum (ER), 2: Zellkern (Nucleus), 3: Chromatin (DNA), 4: Kernmembran mit Kernporen, 5: Zellkörperchen (Nucleolus), 6: Zellplasma, 7: glattes ER, 8: Mikrotubuli, 9: Ribosom, 10: Einstülpung der Zellmembran, 11: Zellmembran, 12: Vesikel von der Membran, 13: Zentralkörperchen (Centriolen), 14: Lysosom, 15: Golgi-Apparat (Dictyosom), 16: Peroxisom, 17: Vesikel, 18: Mitochondrium.

Das Zellplasma, die Grundflüssigkeit der Zelle, ist eine wässrige Lösung, die Salze, Nährstoffe, Fetttröpfchen, Botenstoffe und andere Substanzen enthält.

Membranen finden wir nicht nur auf der Außenseite, sondern – vor allem bei höheren Lebewesen – auch im Innern der Zelle. Sie unterteilen den Zellinnenraum in verschiedene Kompartimente. Vorteil dieser Unterteilung ist, dass verschiedene chemische Prozesse gleichzeitig ablaufen können.

3.2.2 Organellen

Eingelagert in das Plasma, das aus Wasser, Proteinen, Salzen, Pigmenten und Speicherstoffen besteht, finden wir Organellen (Orgänchen). So bezeichnet man den Organen eines mehrzelligen Organismus vergleichbare Strukturen in der Zelle. Wichtig sind folgende:

- **Mitochondrien:** Diese sind zu einem länglichen Gebilde gefaltete Membranen. Auf den Membranen sitzen Enzyme, die im Fließbandverfahren abzubauende Stoffe weiterreichen. Mitochondrien sind die Orte des endgültigen Abbaus der Nahrungsbestandteile bis zu Wasser, Kohlendioxid und Energie. Letztere wird in energiereichen Verbindungen gespeichert. Mitochondrien enthalten kleine, ringförmige Erbgutstücke (DNA) die nur über die mütterliche Linie vererbt werden und daher für Verwandtschaftsbestimmungen geeignet sind.

- **Golgi-Apparat:** Dabei handelt es sich um einen Stapel flacher Membrangebilde, dort werden z.B. Drüsensekrete gebildet.
- **Endoplasmatisches Retikulum** (ER): Ein System von Membranröhren zieht sich durch das ganze Plasma. Man unterscheidet, das raue ER, mit Ribosomen, dort findet die Proteinbildung statt, und das glatte ER, ohne Ribosomen. Dieses bildet Lipide, Steroidhormone etc.
- **Lysosomen/Peroxisomen/Vesikel:** Das sind kleine Membrankugeln, in deren Innerem verschiedene chemische Reaktionen ablaufen.

Eine wichtige Struktur der Zelle ist das **Zellskelett**. Es gibt drei Bestandteile:

- Aktin-/Myosinfäden (beweglich)
- Tubulinröhrchen (beweglich)
- Filamente (nicht beweglich), z.B. bei Keratin

Das Zellskelett gibt jedem Zelltyp seine charakteristische Form, bringt die Straffheit des Gewebes mit sich und dient als Leitsystem beim Transport innerhalb der Zelle. **Centriolen** sind Stäbchen aus Tubulin, die den Spindelapparat bei der Zellteilung verankern.

3.2.3 Der Zellkern

Der Zellkern ist von einer doppelten Membran mit Poren umgeben. Darin befindet sich die Erbsubstanz in den Chromosomen. Man unterscheidet bei der Kernstruktur die Arbeits- von der Transportphase. In der Arbeitsphase ist die Erbsubstanz (Desoxyribonukleinsäure, DNA) in langen, offenen Fäden „abgewickelt“, dann kann der Kern seine Aufgabe bei Steuerung, Stoffwechsel etc. erfüllen. In der Transportphase ist die Erbsubstanz mithilfe von Proteinen, z. B. den Histonen, aufgewunden und als Chromosomen zu erkennen. In dieser Phase kann die geordnete Teilung des Zellkerns (Mitose) und die gleichmäßige Aufteilung des Erbguts auf die Tochterzellen erfolgen.

Vor der Zellteilung muss die Erbsubstanz verdoppelt werden. Dies geschieht im „Reißverschlusssystem“. Danach werden die Chromosomen geordnet auseinandergezogen, und zwar mithilfe des Spindelapparats, der von den Zentriolen ausgeht. An diesem Spindelapparat greifen bestimmte Zellgifte an, z. B. Colchicin, das Gift der Herbstzeitlosen, und verhindern somit die Teilung. Geschieht dies in der Leber oder im Knochenmark, wird der betreffende Organismus schwer geschädigt, da die Erneuerung des Gewebes ausbleibt. Die geordnete Zellteilung hat Bedeutung für Wachstum, Entwicklung, Reparatur von Gewebedefekten etc. Besondere Verhältnisse herrschen bei der Entstehung der Geschlechtszellen (Meiose), da dabei der Chromosomensatz halbiert werden muss.

3.2.4 Zellalterung

Obwohl Zellen mit Zellkern über einige Monate bis Jahre, Nervenzellen gar zeitlebens aktiv bleiben, kommt irgendwann ein erkennbares Alterungsstadium. Die Zellen verlieren Wasser, es bilden sich Fett- und/oder Pigmentablagerungen, das Kerninnere wird dichter, stärker färbbar, der Kern kann sich auflösen oder in kleine Teile zerfallen. Dadurch ist das geordnete Ablesen und die Umsetzung des Erbmaterials nicht mehr möglich. Außerdem treten im Laufe der vielen vorangegangenen Zellteilungen hin und wieder Fehler auf, die sich langsam im Erbgut ansammeln. Irgendwann stirbt die Zelle schließlich ab.

3.3 Gewebe

Gewebe sind Zusammenschlüsse gleichartig spezialisierter Zellen, die im Sinne einer Arbeitsteilung von anders spezialisierten Zellver-

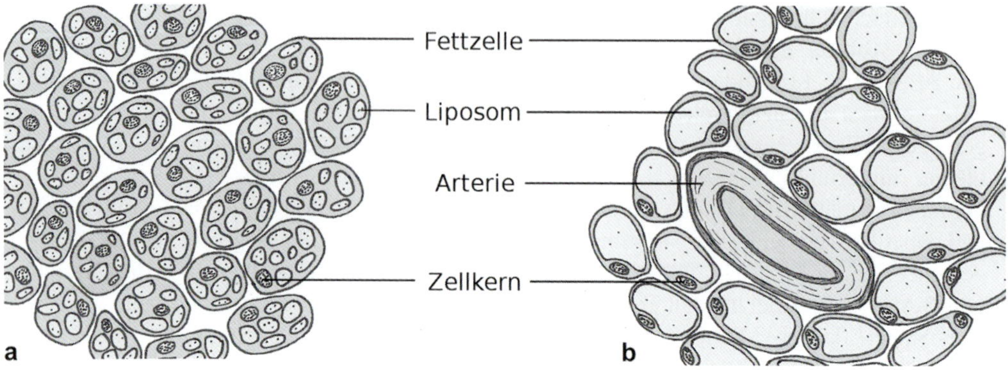

Abb. 3.2 Fettgewebetypen. **a:** Braunes Fettgewebe, **b:** weißes Fettgewebe.

bänden unterschieden sind. Es gibt die vier Grundtypen Epithel-, Binde- bzw. Stützgewebe, Muskel- sowie Nervengewebe.

3.3.1 Epithelgewebe = Abschlussgewebe

Oberflächenepithelien begrenzen das Tier nach außen und kleiden innere Hohlräume aus. Die Zellen mehrreihiger Epithelien sitzen alle auf einer Basallamina, auch wenn sie nicht alle bis zur Oberfläche des Epithels reichen. Bei mehrschichtigen Epithelien sitzen nur die Zellen der jeweils untersten Schicht direkt auf der Basallamina. Die Basallamina ist eine Absonderung aus Eiweißen und Kohlenhydraten, die gewissermaßen wie eine Klebebandschicht die Zellen verankert.

3.3.1.1 Drüsenepithel

Proteine (Eiweiße) werden am rauen ER produziert und gelangen über den Golgi-Apparat nach draußen. Proteinfreie Sekrete werden am Golgi-Apparat selbst oder am glatten ER gebildet.

- **Merokrine** oder **ekkrine** Drüsen arbeiten nur über Exozytose, vor allem bei Drüsen mit hoher Sekretionsleistung, z.B. Speicheldrüsen. Hier wird nur das Sekret über Bläschen ausgestoßen, die Zelle bleibt am Leben.
- **Apokrine** Drüsenzellen schnüren jeweils Teile des Zytoplasmas ab, die Zelle mit Zellkern bleibt am Leben.
- **Holokrine** Drüsenzellen lösen sich bei der Sekretabgabe auf und gehen zugrunde. Nach der Richtung, in die Sekrete abgegeben werden, unterscheidet man endokrine (innere oder Hormondrüsen) und exokrine, an die Körperoberfläche abscheidende Drüsen. Nach der Dünnflüssigkeit des Sekrets kann man seröse, dünnflüssig produzierende Drüsen von mukösen, mit zähem Sekret unterscheiden. Die Ausführgänge von Drüsen verstopfen leicht.

Bei apo- und holokrinen Drüsen bilden die Sekrete einen guten Nährboden für Bakterien und rufen oftmals Entzündungsherde hervor.

3.3.2 Binde- und Stützgewebe

Binde- und Stützgewebe bestehen generell aus Zellen und Interzellularsubstanz. Die Zellen sind fix (z.B. Fibroblasten) oder mobil (Fresszellen = weiße Blutkörperchen). Die Interzellularsubstanz ist aufgebaut aus Fasern (ein Gitter aus elastischen Fasern, die aus Kollagen gebildet werden) in einer amorphen, d.h. strukturlosen Grundsubstanz (Matrix) aus Proteoglykanen, also Eiweiß-Zucker-Verbindungen.

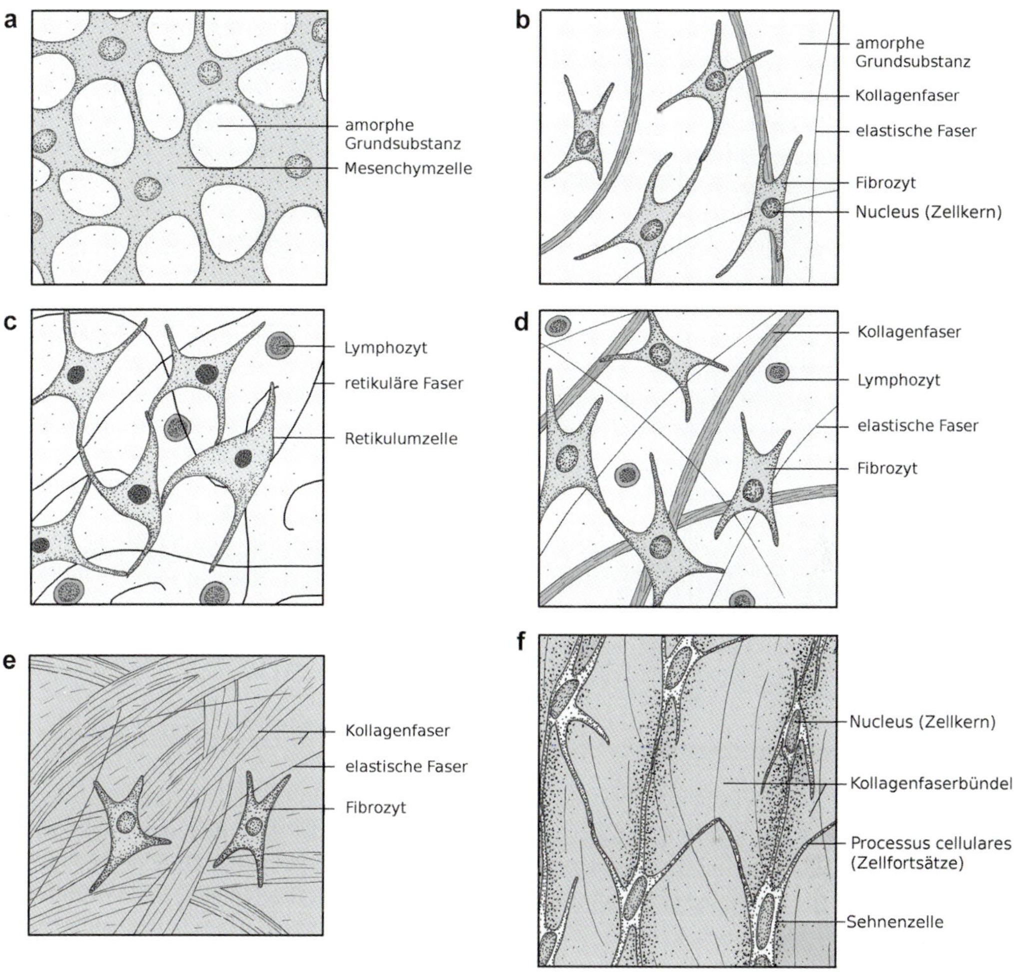

Abb. 3.3 Bindegewebstypen und Sehnengewebe, schematischer Bau. **a:** Mesenchym (embryonal, in Chorion und Amnion), **b:** gallertiges Bindegewebe (embryonal, in der Nabelschnur), **c:** retikuläres Bindegewebe (Knochenmark, Milz, Lymphknoten), **d:** lockeres Bindegewebe (zwischen Organen, Nebengewebe), **e:** straffes Bindegewebe (in Gelenkkapseln, Lederhaut, Bänder), **f:** Sehne (Längsschnitt).

3.3.2.1 Bindegewebe

Je nach Anordnung und Mengenverhältnis von Fasern und Matrix können unterschieden werden:

- **Mesenchym:** embryonales undifferenziertes Bindegewebe, Gallertgewebe mit viel gebundenem Wasser, z.B. in der Nabelschnur, in der Zahnhöhle etc.
- **Retikuläres (vernetztes) Bindegewebe:** schwammiges, z.T. zur Phagozytose befähigtes Gewebe, z.B. in lymphatischen Organen
- **Fettgewebe:** Sonderform des vernetzten Bindegewebes. Es kann auftreten als weißes Fett, mit nur einem Fetttröpfchen pro Zelle. Als Baufett polstert und umlagert es Organe, z.B. die Niere. Als Speicherfett in Unterhaut und Bauchhöhle isoliert es und speichert Energie. Braunes Fett mit vielen kleinen Tröpfchen pro Zelle, gelblich gefärbt durch ein Carotinoidpigment, gibt es bei Primaten nur bei Neugeborenen. Es wird für die zitterfreie Wärmebil-

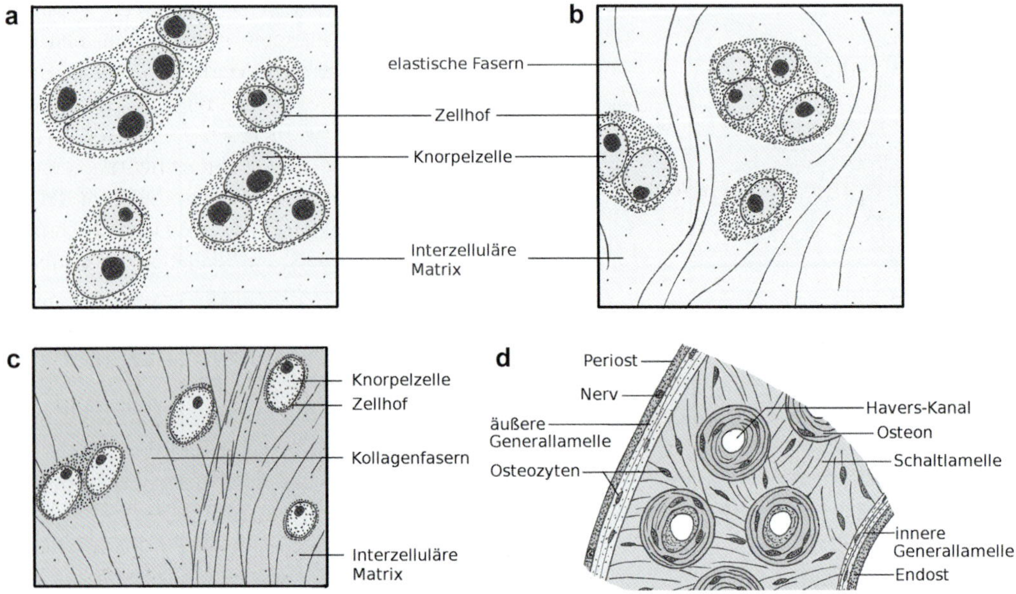

Abb. 3.4 Knorpel- und Knochengewebe, histologischer Bau. **a:** Hyaliner Knorpel (in Gelenken, Nase, embryonale Skelette), **b:** elastischer Knorpel (Ohrmuschel, Gehörgang, Kehlkopf), **c:** Faserknorpel (in Bandscheiben, Menisken, Symphysen), **d:** Lammellenknochen.

dung genutzt. Bei Winterschläfern befindet es sich z.B. als „Winterschlafdrüse" in der Nackenregion und dient der Energiespeicherung.

- **Faseriges Bindegewebe:** Locker-faserig umhüllt und isoliert es Organe, schließt Lücken etc., straff-faserig, mit hoher Widerstandsfähigkeit, als Geflecht (z.B. harte Hirnhaut oder Lederhaut um den Augapfel) oder mit den Fasern in bestimmte Richtungen gerichtet (Sehne, Aponeurose = flache Sehne, Faszium oder Band) dient es als Schutz bei Bewegungen. Faszien umkleiden die Muskeln, Bänder verbinden Knochen. Als Gleitmittel zum gerichtet-faserigen Bindegewebe finden wir Schleimbeutel und Sehnenscheiden.

3.3.2.2 Stützgewebe

Stützgewebe finden wir als Chordagewebe (embryonal, Vorläufer der Wirbelsäule), Knorpel, Knochen, Zahnzement und Zahnbein = Dentin). Knorpel wächst meist von innen durch Vermehrung der Grundsubstanz. Dadurch rücken die Zellen auseinander. Wir finden sie als Grüppchen in der Knorpelhöhle. Da Knorpel im Innern keine Blutgefäße enthält, kann er nur von außen ernährt werden, daher heilen auch Knorpelverletzungen viel schwerer als Knochenbrüche. Ebenfalls aus diesem Grund kann Knorpel nicht beliebig dick werden.

- **Hyaliner Knorpel:** ist die verbreitetste Form. Bei Alterung enthält die Matrix weniger Wasser, der Knorpel degeneriert oder verknöchert. Eine Regeneration ist von außen, vom Perichondrium her möglich.
- **Elastischer Knorpel:** ist nicht regenerationsfähig, z.B. Ohrmuschel
- **Faserknorpel:** ist nicht regenerationsfähig, z.B. Meniskus am Kniegelenk
- **Knochen:** enthält anorganische Einlagerungen, ca. 65 % Mineralien, vor allem Calcium und Phosphat und 10 % Wasser. Bei Nichtbelastung (Gipsbein) oder Mangelernährung werden diese Mineralien durch Hormonwir-

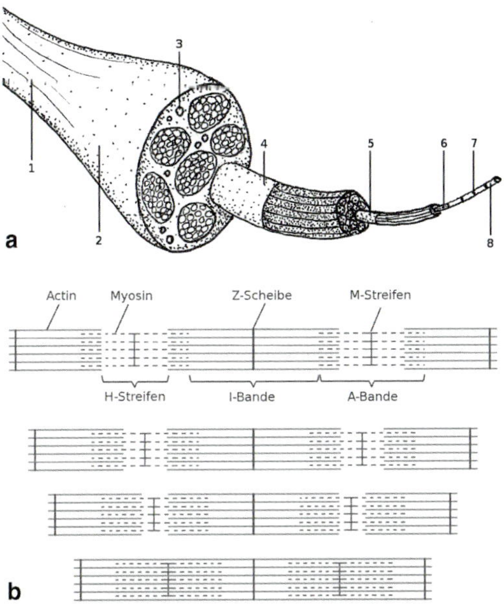

Abb. 3.5 Skelettmuskulatur. **a:** Aufbau, 1: Sehne (Tendo), 2: Muskel, 3: Blutgefäß, 4: Muskelfaserbündel, 5: Muskelfaser, 6: Myofibrille, 7: Z-Scheibe, 8: Sarkomer, **b:** drei Stadien unterschiedlicher Kontraktion.

kung ins Blut überführt. Die organischen Teile sind 95 % Kollagen, 5 % Interzellularsubstanz.

Lebende **Knochenzellen** (Osteozyten) sind eingemauert. Knochen kann entweder durch direkte Verknöcherung oder nach einer knorpeligen Vorstufe als sogenannter Ersatzknochen entstehen. Die Regeneration des Knochens geschieht von der Knochenhaut, dem Periost, her. Bei der Heilung eines Knochenbruchs bildet sich zunächst ein bindegewebiger Kallus, später entsteht bei guter Fixierung Osteoidgewebe – bei schlechter Fixierung entsteht erst Knorpel, dann Knochen. Der Querschnitt eines großen, besonders eines Röhrenknochens zeigt einen charakteristischen Feinbau: Der Knochen ist in eine Mark- und eine Rindenschicht gegliedert. Die äußere Rindenschicht ist nach dem Bauprinzip des Sperrholzes aufgebaut (mehrere übereinandergelagerte Schichten, deren Fasern in unterschiedlichen Richtungen zueinander verlaufen) und damit sehr bruchfest. Im Inneren befinden sich neben den fettspeichernden, Blut- und Immunzellen bildenden Markzellen auch Knochenbälkchen. Deren Richtung sowie die Dicke und Ausrichtung der Rindenschicht, geben Auskunft über die Hauptbelastungsrichtung des jeweiligen Knochens und passen sich an die jeweiligen Lebensumstände an. Deshalb können Anthropologen z. B. am Skelett eines mittelalterlichen Handwerkers nicht nur erkennen, ob er beispielsweise Schmied oder Schneider, sondern auch ob er Links- oder Rechtshänder war.

3.3.3 Muskelgewebe

3.3.3.1 Muskelbau und -funktion

Alle Typen von Muskelgewebe sind aus kontraktilen, d.h. zur Verkürzung befähigten Fasern, den **Myofibrillen**, aufgebaut. Man unterscheidet glatte, quergestreifte und Herzmuskulatur. Bei der quergestreiften Muskulatur sind die Fasern bis zu 12 cm lang und vielkernig. Sie entstehen durch Kernteilungen ohne zugehörige Zellteilungen. Als **motorische Einheit** bezeichnet man eine Nervenfaser mit allen von ihr innervierten Muskelfasern. Die Verkürzung des Muskels erfolgt durch Ineinandergleiten der beiden, aus verschiedenen Eiweißmolekülen gebildeten Bereiche. Durch Abwinkeln von herausragenden Köpfchen werden die Bereiche ineinandergeschoben. Der energieverbrauchende Schritt ist die Ablösung der Köpfchen, daher entsteht aufgrund des Fehlens des Energienachschubs die Totenstarre. Kontraktionen können isotonisch sein, bei gleich bleibender Spannung, d.h. bei Verkürzung oder isometrisch, bei gleich bleibender Länge (etwa bei Gymnastik). Im Normalfall treten allerdings beide Formen zusammen auf. Die maximal mögliche Verkürzung erfolgt nicht auf die erste Kontraktion hin, sondern durch Überlagerung mehrerer Kontraktionsbefehle. Einzelfasern arbeiten nach der Alles-oder-nichts-Regel. Der Gesamtmuskel kann aber in der Intensität auch abgestuft arbeiten. Eine Dauerverkrampfung heißt Tetanie.

Je nach Dauer der Muskelarbeit werden verschiedene Energiequellen genutzt:

- bis zu 20 Sekunden reicht die im Muskel selbst gespeicherte chemische Energie,
- bis zu 6 Minuten kann aerob, also durch Zellatmungsvorgänge gearbeitet werden (dann ist bei normaler Muskulatur der Sauerstoffvorrat erschöpft),
- danach geht es nur noch anaerob, durch Gärung, was weniger effektiv ist.
- Da die Befehle vom Nervensystem zu den Muskelfasern zunächst elektrisch weitergeleitet werden, kann durch ein Elektromyogramm, d.h. durch Aufzeichnung der elektrischen Vorgänge im Muskel, die Muskelaktivität überprüft werden.

3.3.3.2 Erkrankungen und Störungen der Muskulatur

Degeneration: Bei Wegfall der normalen Nervenversorgung (Unfall, Nervenerkrankung) tritt zunächst eine Übererregbarkeit und Fibrillation (selbständiges Muskelzittern) auf, nach einigen Wochen ist die Aktivität zu Ende, die Fasern werden abgebaut und durch Bindegewebe ersetzt.

Atrophie: Rückbildung bei Nichtgebrauch.

Hypertrophie: Massenzunahme durch häufigen Gebrauch (Sportlerarme).

Myopathien: Muskelerkrankungen können strukturell oder funktional sein.

- Muskeldystrophie: eine genetisch bedingte, also erbliche Degeneration
- Myotonie: verzögerte Muskelerschlaffung, also erhöhte Spannung, ist in der Regel eine Membranstörung, die durch Magnesiummangel bewirkt wird
- Myositide: Muskelentzündung, kann eine Drüsenerkrankung oder Dermatomyositide, z.B. Pilzerkrankung, sein
- Myasthenie: abnorme Ermüdbarkeit der Muskulatur, ist in der Regel eine Störung der Erregungsleitung vom Nerv über dessen Endplatte zur Muskelfaser. Myasthenien sind häufig Autoimmunerkrankungen, d.h. Krankheiten, bei denen das Immunsystem körpereigenes Gewebe angreift.
- Mythopathie endokriner Herkunft: wird durch Störungen des Hormonhaushalts hervorgerufen, tritt auf z.B. bei Schilddrüsenüber- oder unterfunktion. Auch Diabetiker leiden z.T. unter Muskelkrämpfen und Druckschmerzhaftigkeit.

3.3.4 Nervengewebe

Das wichtigste Kennzeichen des Nervengewebes, speziell der eigentlichen Nervenzellen, ist die Erregbarkeit, die Fähigkeit elektrische Erregungen entstehen zu lassen und als Aktionspotenziale weiterzuleiten. Neben den eigentlichen Nervenzellen gehören einige Gruppen von Stütz- und Hilfszellen zum Nervensystem. Die wichtigsten davon sind die Gliazellen, die als Nährzellen im Gehirn fungieren.

Nervenzellen können nur Traubenzucker (Glucose) als Brennstoff verarbeiten. Ist davon jedoch zu viel im Blut (bei Diabetes mellitus oder aufgrund des Fehlens von zuckerabbauenden Verdauungsenzymen, z.B. bei manchen Neuweltaffen), kann es zu Nervenschäden, Krämpfen und anderen Verhaltensauffälligkeiten kommen.

Die kleinsten Einheiten im Nervensystem sind die Nervenzellen. Diese sind oft nach der Pubertät nicht mehr teilungsfähig, daher sind Verletzungen und Schädigungen im Gehirn und Rückenmarkbereich besonders gefährlich. Nervenfasern können unter Umständen sehr langsam wieder auswachsen. Mittlerweile ist bekannt, dass zumindest in einigen Teilen des Gehirns auch nach Abschluss der Pubertät die Teilungsfähigkeit von Nervenzellen erhalten bleibt. Jede Nervenzelle besteht aus einem Zellkörper und mehreren Ausläufern. Der Zellkörper enthält den Kern und den größten Teil der anderen Organellen. Mindestens ein Ausläufer ist besonders lang, kräftiger und oft von einer Hülle aus anderen, nicht neuronalen Zellen umgeben. Diese Hülle (Myelinscheide) ist dem Plastikmantel um einen Draht vergleichbar und dient als Isolierschicht.

Die Besonderheit der Nervenzellen, vor allem im Bereich der langen Ausläufer (Axone), ist die Fähigkeit zu elektrischer Erregung. Dank einer nur teilweisen Durchlässigkeit (selektiven Permeabilität) der Membran für verschiedene Ionen, vor allem Na^+, K^+ und Cl^-, herrscht normalerweise im Innern der Zelle eine negative Ladung gegenüber der Außenseite. Kommt eine Erregung an, ändert sich die Membranpermeabilität, zunächst für Na^+-Ionen. Diese strömen ein, die Innenseite wird weniger negativ. Als nächstes öffnen sich Kaliumkanäle, K^+-Ionen strömen aus. Wird eine bestimmte Schwellenspannung erreicht, d.h., sind kurzzeitig genug Na^+-Ionen eingeströmt, kommt es in weniger als einer Tausendstel Sekunde zum plötzlichen starken Na^+-Einstrom. Ein **Aktionspotenzial** entsteht und wird über das Axon weitergeleitet. Erreicht dieses Aktionspotenzial das Ende der Faser, wo durch eine **Synapse** die Verbindung zur nächsten Nervenzelle erfolgt, wird ein chemischer Überträgerstoff aus der Synapse ausgeschüttet. Dieser überquert den Zellzwischenraum, koppelt an Rezeptoren der nachfolgenden Zellen, öffnet dort wieder lonenkanäle und startet den Vorgang damit erneut. Ist das Aktionspotenzial beendet, wird durch komplizierte lonenpumpen, also aktiven Transport von Ionen, wieder der Ruhezustand erreicht.

Das ganze System ist in Wirklichkeit noch viel komplizierter, denn es gibt verschiedene Formen von Fasern, verschiedene Ströme und verschiedene Botenstoffe. Für uns aber ist Folgendes wichtig:

- Es handelt sich um elektrische Vorgänge.
- Dabei spielen z.B. an den Synapsen auch chemische Vorgänge eine Rolle. Werden bestimmte Stoffe, die diese Vorgänge stören, eingesetzt, kommt es zu Lähmungen oder zu lokaler Betäubung (z.B. Curare, ein Pfeilgift,

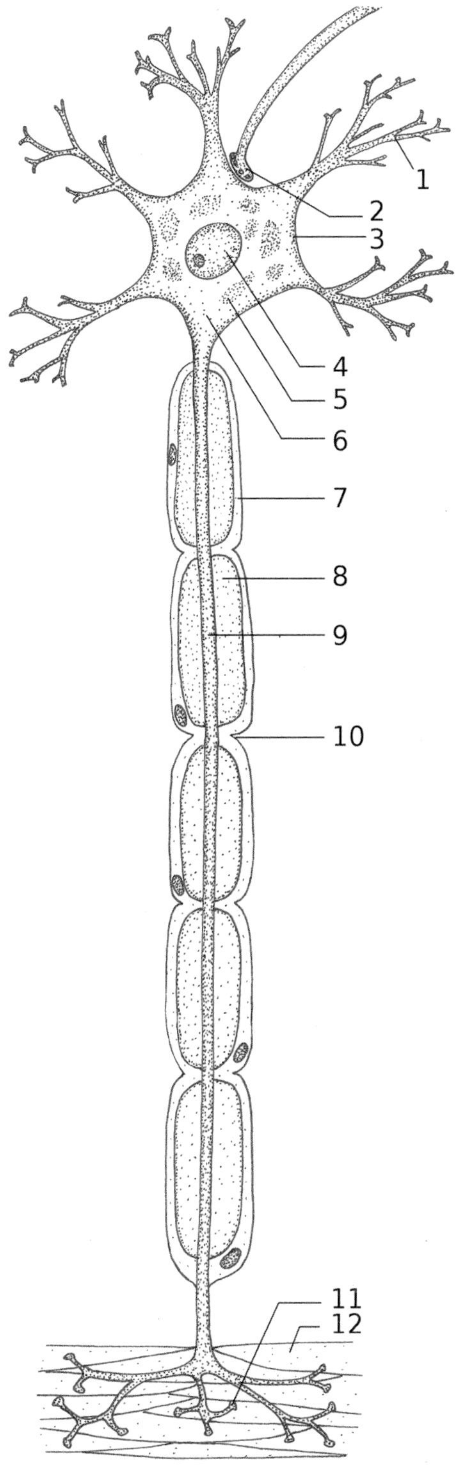

Abb. 3.6 Aufbau einer Nervenzelle, 1: Dendrit, 2: Synapse von der Nachbarzelle, 3: Zellkörper (Soma), 4: Zellkern, 5: Nissl-Schollen, 6: Axonhügel, 7: Schwann'sche Zelle, 8: Myelinscheide, 9: Axon, 10: Ranvier'scher Schnürring, 11: synaptisches Endknöpfchen, 12: Muskelzelle.

blockiert die chemische Übertragung vom Nerv zum Muskel).

- Geschädigte Nervenfasern wachsen nur sehr langsam (ca. 0,5 mm pro Tag) wieder aus.
- Sind die Isolierhüllen um die Nervenzellen beschädigt (z.B. bei Quetschung, Bandscheibenvorfall, Entzündungen), treten die Ströme unkontrolliert über, es kommt zu extrem schmerzhaften Neuralgien.

3.3.4.1 Einige Grundbegriffe der Gewebspathologie

- **Atrophie:** Rückbildung durch Alter, Druck oder Inaktivität. In der Regel wird das Gewebe durch Fett oder Bindegewebe ersetzt.
- **Nekrose:** Absterben von Zellen, z.B. durch Membranauflösung oder Eiweißschädigung. Als Ursachen kommen u.a. Verletzungen, Infektionen, Verbrennung, Erfrierung, Strahlung, Sauerstoffmangel in Betracht. Sobald in einem Bereich Zellen abgestorben sind, strömt aus der Umgebung Flüssigkeit ein und verändert das Bild des Gewebes. Ein **Infarkt** ist eine durch Gefäßverstopfung bedingte Nekrose (im Herz oder Hirn). Ein **Gangrän** ist eine Nekrose einer Extremität durch Verschluss einer dortigen Arterie – erkennbar durch eine braunschwarze Verfärbung aufgrund der Zersetzung des roten Blutfarbstoffs Hämoglobin.
- **Hypertrophie:** Vergrößerung eines Organs durch Vergrößerung der Zellen; das Organ wird leistungsfähiger, hat aber weniger Reserven.
- **Hyperplasie:** Vergrößerung durch Vermehrung der Zellzahl, z.B. Kropf als Schilddrüsenhyperplasie.

3.4 Bewegungsapparat

3.4.1 Skelettanatomie im Überblick

Traditionell beginnt man die Besprechung der Anatomie eines Wirbeltiers mit dem Skelett. Dies liegt nicht zuletzt daran, dass gerade das Studium von Knochen, hauptsächlich von Schädeln, ein wesentlicher Teil der Fossilforschung und damit der Aufklärung der stammesgeschichtlichen Zusammenhänge von Wirbeltieren ist. Um die für die Einordnung von ausgestorbenen und ausgegrabenen, in Fossilform erhaltenen Tieren notwendigen Strukturen besonders schnell griffbereit zu haben, werden diese in den Anatomielehrbüchern meistens zuerst besprochen. Ein weiterer Grund ist, dass gerade Knochen und Skelettmerkmale sich besonders gut konservieren lassen. Daher sind sie in anatomischen Kursen und im Unterricht sehr gut für das Studium durch Anfänger geeignet.

Der Bewegungsapparat umfasst mehrere Teile des Wirbeltierkörpers, zum einen den Schädel mit seinen Anhangsorganen, zum anderen das Rumpf- oder Stammskelett, das aus der Wirbelsäule und dem Brustkorb besteht, sowie die freien Extremitäten, also Arme und Beine bzw. Vorder- und Hinterextremitäten. Zum Stammskelett gehören bei Fischen und ursprünglichen Amphibien auch die unpaaren Flossen, also Rücken-, Schwanz- und Analflosse.

Ebenso wird oftmals unterschieden zwischen dem passiven und aktiven Bewegungsapparat. Zum passiven gehören Knochen und Gelenke, Bänder und Kapseln, die die Gelenke zusammenhalten. Zum aktiven Bewegungsapparat gehören die Muskeln und Sehnen, die die Bewegungen ermöglichen.

In der Stammesgeschichte der Wirbeltiere war die Bildung des Skeletts ursprünglich auf zwei unterschiedliche Regionen zurückzuführen. Der **Hautknochenpanzer**, der bereits die frühesten fossil bekannten Wirbeltiere bedeckte, nämlich die Ostracodermen oder Schalenhäuter (die nächsten Verwandten sind die heute noch lebenden Neunaugen und Schleimaale), wurde ursprünglich aus einer beweglichen, aus Platten gestalteten Knochenschicht mit einem Überzug aus Schmelz und anderen noch festeren Substanzen gebildet. Aus diesem Hautknochenpanzer entstanden später die Teile des **Dermacraniums**, der äußeren Schädelumhüllung.

Demgegenüber entstanden im Inneren des Körpers der ursprünglichen Wirbeltiere aus unterschiedlichen Regionen zunächst knorpelige, später verknöcherte Gebilde. Dies war zum einen der Hirnschädel (**Neurocranium**), der aus Kapseln zum Schutz der großen Sinnesorgane und des Gehirns entstand und später verschmolz. Das ventral liegende **Viscerocranium**, eine Reihe von beweglich gegeneinander gelagerten Knorpelstäben, diente zunächst zur Stützung der Kiemenbögen. Beide Teile, das Neuro- und das Viscerocranium, erfuhren im Laufe der Höherentwicklung der Wirbeltiere eine Reihe von Umgestaltungen. Gemeinsam war ihnen stets, dass sie embryonal zunächst knorpelig angelegt und später durch Verknöcherung verfestigt wurden. Dieser Vorgang der zunächst knorpeligen Anlage und späteren knöchernen Verfestigung hat zu ihrem Namen **Ersatzknochen** geführt.

Demgegenüber werden die Knochen des Hautknochenpanzers durch eine **direkte Verknöcherung** ohne knorpelige Vorstufe gebildet. Neben den Knochen der äußeren Schädelwand sind z. B. das Schlüsselbein (Clavicula), das bei Knochenfischen vorhandene Cleithrum und die knöchernen Grundplatten der Knochenschuppen (bei Knorpel- wie Knochenfischen und Krokodilen) auf Reste dieses ursprünglichen Hautknochenpanzers zurückzuführen.

Mit zunehmenden Anforderungen an die Stabilität und gleichzeitige Beweglichkeit des Skeletts wurden die tragenden Knochen immer mehr ins Innere des Körpers als **Innenskelett (Endoskelett)** verlagert. Spätestens beim Übergang vom Wasser zum Landleben war es für die Tiere wichtig, die schweren Eingeweide vom Boden abheben zu können und trotzdem eine große Beweglichkeit im Bereich von Rumpf wie auch freien Extremitäten aufzuweisen. Die Verlagerung der Knochen ins Körperinnere bzw. ins Innere der Arme und Beine mit außen ansetzenden Muskeln und mehr oder weniger beweglichen Gelenken war die wichtigste Voraussetzung dafür.

Die **Verbindung zwischen den Knochen** eines Skeletts, sei es am Schädel, am Stammskelett oder an den Extremitäten, kann in unterschiedlicher Weise erfolgen. Einige häufig anzutreffende Verbindungen sind:

- **Bandhaftverbindung** (Syndesmose), bei der ein elastisches Band die beiden nebeneinander liegenden Knochen zusammen hält (z. B. Verbindung zwischen Schien- und Wadenbein)
- **Knorpelhaftverbindung** (Synchondrose), bei der eine Knorpelbrücke die beiden Knochen etwas stabiler zusammenhält, etwa bei der Befestigung der Rippen am Brustbein
- **Knochenhaftverbindung** (Synostose), bei der die benachbarten Knochen, wie etwa am Schädel eines erwachsenen Säugetiers üblich, durch eine zementartige Kittsubstanz aneinandergebunden sind
- **Gelenkverbindung** (Diarthrose), mit den typischen Strukturen, siehe Abbildung 3.7.

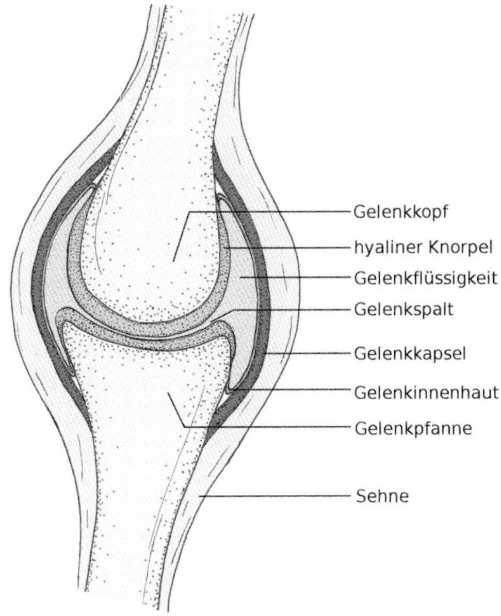

Abb. 3.7 Bau eines typischen Extremitätengelenks.

Wie erwähnt war der außen liegende Hautknochenpanzer der frühesten Wirbeltiere bereits aus Hartsubstanzen gebildet. Demgegenüber war das Innenskelett des Hirnschädels und des Kiefer- und Kiemenapparats noch weitgehend knorpelig. Die Knorpelfische (Haie, Rochen und Seekatzen) werden oft fälschlich als stammesgeschichtlich besonders ursprünglich betrachtet, weil sie „noch" keine Knochen aufweisen. Aber die Schuppen der Haie und Rochen sind Reste des ursprünglichen Hautknochenpanzers. Lediglich die Verknöcherung des Innenskeletts hat noch nicht stattgefunden. Ähnliches gilt für die urtümlichen Knochenfische, etwa Störe.

Spätestens mit dem Übergang zum Landleben waren die Robustheit und Stabilität eines Knorpelskeletts nicht mehr ausreichend, sodass die mehr oder weniger vollständige Verknöcherung des Skeletts eintreten musste.

Auch bei Jungtieren und bei Embryonen ist aus Gründen der besseren Größenzunahme und Verformbarkeit das Skelett zunächst knorpelig angelegt. Selbst bei jugendlichen Säugetieren vor der Pubertät ist in Form der Knorpelfugen oder Wachstumsfugen (Epiphysenfugen) ein letzter formbarer Bereich in den langen Röhrenknochen des Skeletts vorhanden. Erst mit dem Ansteigen der Sexualhormone zu Beginn der Pubertät wird dieser Knorpelspalt mit Knochensubstanz gefüllt, wodurch gleichzeitig das Längenwachstum des betreffenden Tieres beendet wird. Bei etlichen Großsäugerarten (Riesenkängurus, Elefanten, manchen Paarhufern) mit besonders starker Männchenkonkurrenz, z.B. in der Paarungszeit, gibt es allerdings im männlichen Geschlecht lebenslanges Wachstum, bei Elefanten sogar in beiden in unterschiedlicher Geschwindigkeit.

Nicht alle Knochen entsprechen dem typischen Bild eines Röhrenknochens mit dem Knochenschaft in der Mitte und den beiden an den Enden aufgelagerten Epiphysen (Gelenkflächen). Andere sehr häufig im Körper vorhandene Knochenformen sind:

- Würfelknochen (z.B. Hand- und Fußwurzelknochen)
- Plattenknochen (z.B. Becken und Schädel)
- kleine Röhrenknochen, z.B. im Bereich von Mittelhand oder Mittelfuß bzw. Finger und Zehen

Die Gestalt der Gelenkflächen einer echten Gelenkverbindung zwischen zwei Knochen ist dafür verantwortlich, in welche Raumrichtungen das Gelenk bzw. seine Knochen sich bewegen können. Die größte Beweglichkeit in nahezu alle Richtungen ermöglicht das **Kugelgelenk**, bei dem eine kugelförmige Gelenkfläche in eine napfförmige Vertiefung eintaucht. Beispiele dafür sind die Hüftgelenke der Säugetiere. Die große Beweglichkeit dieser Gelenke muss jedoch durch eine starke muskulöse Absicherung in viele Richtungen gewährleistet werden. Dies führt nicht nur zu einer erheblichen Gewichtszunahme der beteiligten Muskulatur, sondern auch zu einer erhöhten Gefahr von Gelenkfehlbildungen. Die vielfältigen Probleme mit der Hüftgelenksverformung, die nicht nur bei Haustieren, sondern auch zunehmend bei gehaltenen oder stark ingezüchteten Wildtieren auftreten, zeugen davon.

Gelenke, die nur in eine Richtung beweglich sind, heißen **Scharniergelenke**. Dabei ist der Gelenkkopf als quer stehende Walze und die Gelenkgrube als rinnenförmige Vertiefung ausgebildet. Musterbeispiel dafür ist das Ellenbogengelenk.

Steht der Gelenkkopf nicht quer, sondern längs zur Bewegungsrichtung und ist auch die zugehörige Gelenkfläche als Längsrinne ausgebildet, spricht man von einem **Schlittengelenk**. Ein Beispiel ist das Kiefergelenk der Nagetiere, besonders deutlich ausgebildet bei den Meerschweinchenartigen.

Bei **Zapfengelenken** bildet ein fingerförmiger Fortsatz die Gelenkfläche des einen Knochens und taucht in eine ringförmige oder schraubige Vertiefung des Gegenknochens ein. Beispiele dafür sind das Gelenk zwischen dem ersten und zweiten Halswirbel oder das Grundgelenk an der Handwurzel gegen den Unterarm beim Menschen.

Die Umgestaltung der Gelenkflächen hin zu einer Einschränkung der Bewegungsrichtungen steht im Zusammenhang mit der Reduktion von Muskelgewicht an den Extremitäten und damit einer schnelleren und/oder energiesparenderen

Fortbewegung. Sie ist konvergent bei sehr vielen schnell laufenden Tierarten aus unterschiedlichen Ordnungen entstanden. Im Bereich der Säugetiere seien Paarhufer, Unpaarhufer oder Großnagetiere genannt.

Nicht nur die Form der Gelenkflächen, auch andere Merkmale an der Außenseite eines Knochens lassen bereits seine **funktionelle Spezialisierung** auf bestimmte Bewegungsformen und Ansprüche erkennen:

So sind lange, schlanke Knochen meist für schnelle Bewegungen mit relativ geringer Kraftentfaltung, kurze und kräftig-robust gebaute Knochen dagegen für langsame und eher kraftvolle Bewegungen mit hoher Belastung ausgelegt. Je gleichmäßiger rund der Durchmesser eines Knochens in der Mitte seines Schaftes ist, desto gleichmäßiger nach allen Seiten ist die an ihm von der Muskulatur und durch die Bewegung ausgeübte Kraft. Je mehr der Querschnitt eines Knochens einem Oval gleicht, umso mehr wird auch die Zug- und Druckbelastung der an diesem Knochen ansetzenden Muskulatur nur in eine Richtung gehen.

An der Oberfläche der Knochen gibt es verschiedene Flächenveränderungen, die der Befestigung von Muskulatur dienen können. Diese Knochenvorsprünge und Kanten sowie aufgerauten Oberflächenstrukturen sagen ebenfalls etwas über die Bewegungsrichtung und Bewegungsform aus. Je länger diese Kanten und Rauigkeiten sind, je weiter weg vom Gelenk sie liegen, desto mehr Kraft kann an dieser Stelle ausgeübt werden. Je näher sie am Gelenk liegen, desto schneller kann das Gelenk bewegt, aber nur mit entsprechend geringerer Kraftausübung betätigt werden.

3.4.2 Schädel

3.4.2.1 Kopfbildung

Der Schädel der Wirbeltiere ist in seiner Gestalt nur verständlich, wenn man einerseits die stammesgeschichtliche Herkunft und andererseits die vielfältigen funktionellen Anpassungen berücksichtigt. Die Bildung eines **Kopfes** ist bei vielen Tiergruppen, neben den Wirbeltieren seien etwa auch die Gliederfüßer und die Weichtiere, insbesondere Tintenfischartige genannt, ein besonderes Zeichen von Höherentwicklung. Hier findet am Vorderende des Tieres nicht nur die Nahrungsaufnahme statt. Auch die großen Sinnesorgane und die mit der Verarbeitung der von ihnen aufgenommenen Reize befassten Nervenzentren befinden sich dort. Zum Schutz dieser Organe sowie zur Stützung des Mundapparats bei der Nahrungsaufnahme, entstanden Kapseln und andere, aus Hartsubstanzen gebildete Hilfsstrukturen. Auch die Mundwerkzeuge, z.B. der Gliederfüßer, sind in der Regel aus Hartsubstanzen gebildet.

In der Stammesgeschichte der Wirbeltiere entstand der Schädel aus mehreren Regionen mit unterschiedlichen Aufgaben.

3.4.2.2 Kiemen-, Kiefer- und Gesichtsschädel

Das **Kieferskelett** ist stammesgeschichtlich ein Abkömmling der Kiemenbögen. Bei manchen niederen Wirbeltieren ist dieser Übergang auch in der Embryonal- oder Larvalentwicklung noch nachvollziehbar. Während der Kieferapparat ursprünglich nur zum Aufspannen des Mundbereichs diente und gewissermaßen wie der Rahmen eines Fangkeschers fungierte, bekam er später in der Stammesgeschichte zunehmend Kontakt zum darüberliegenden Neurocranium, der Hirnkapsel. Dadurch entstand eine Abstützung, ein Widerlager, und damit wurde auch die Zerkleinerung festerer oder größerer Nahrung möglich. Zusätzlich war zunächst eine Beweglichkeit nach allen Richtungen in den Elementen dieses Kieferapparats vorhanden. So konnte das Maul eines Fisches Wasser oder auch Nahrung einsaugen. Danach wurde das Maul geschlossen, das Wasser nach hinten durch die Kiemen nach draußen gedrückt und die Nahrung verschluckt. Wie dieser Unterdruckapparat funktioniert, kann man bei Anglerfischen beobachten, wenn ein unachtsames Beutetier schlagartig und ohne erkennbare vorherige Bewegung des Fisches ins Maul eingesaugt und verschlungen wird. Jedoch hat dieser sehr bewegliche Saug- und Druckpumpenapparat auch Nachteile. Zum Zerkleinern von festerer Nahrung, etwa im Meer lebender Muscheln, Schnecken oder gepanzerter Gliederfüßer, ist er nicht geeignet. Daher finden wir bereits sehr früh in der Stammesgeschichte der Fische auch feste Konstruktionen, bei denen die Beweglichkeit des Oberkieferapparats und der ihn umgebenden Aufhängungen zugunsten einer starren Verbindung aufgegeben wurde. Beispiele dafür sind die Seekatzen unter den Knorpelfischen oder die Lungenfische unter den Knochenfischen.

Beim Übergang zum Landleben war die Saug- und Druckpumpenkonstruktion nicht mehr hilfreich. Jetzt bedurfte es einer Stabilisierung zum Zerkleinern und gegebenenfalls auch Abbeißen von größeren und festeren Nahrungsbrocken. Daher ist bei den ältesten fossil bekannten Landwirbeltieren, den Dachschädlern oder Altamphibien, die Verbindung des Kieferapparats zum Hirnschädel bereits fester geworden. Bei modernen Amphibien ist sie endgültig knöchern verschmolzen. Innerhalb der Reptilien wurde die knöcherne Verbindung in manchen Entwicklungslinien noch durch den Einbau eines Gaumen- und Munddachapparats versteift (z.B. bei Krokodilen, Schildkröten). In anderen Entwicklungslinien dagegen (Extremfall Schlangen) wurde die Verbindung wieder gelockert. Durch bindegewebige, bänderartige Konstruktionen wurden Knochenlücken überbrückt. So ergab sich wieder die Möglichkeit, sehr große Beute hinunterzuwürgen.

Beim Übergang zu den modernen Vögeln und Säugetieren wurde diese Art von Beweglichkeit aufgegeben. Nur bei manchen Spezialgruppen, etwa den Walen, oder manchen Vogelgruppen, etwa den Papageien, sind durch komplizierte Schubstangenapparate manche Teile des Gesichtsschädels wieder beweglich geworden. Dies ist mit speziellen Anpassungen an besondere Nahrungs- und Fortbewegungsweisen gekoppelt.

Ebenso waren beim Übergang zum Landleben die Stützbögen für die Kiemen nicht mehr notwendig. Auch diese ursprünglich bei Fischen einheitlich und einförmig hintereinander angeordneten Bögen nahmen dann evolutionsgeschichtlich unterschiedliche Wege. So ist aus dem vordersten der Kiemenbögen zunächst eine zusätzliche Kieferbefestigung geworden, wie wir sie bei Haien noch erkennen. Das Spritzloch der Haie, mit für die Kiemenatmung nicht mehr funktionierenden Kiemenblättchen, entstand dadurch, dass ein Teil des vordersten Kiemenbogens Kontakt zum Kieferapparat aufnahm und diesen zusätzlich abstützte. Beim Übergang zum Landleben wurde aus diesem Knochen (Hyomandibulare) das erste **Gehörknöchelchen** der Landwirbeltiere, die Columella. Beim Übergang vom Reptil zum Säugetier entstand aus dieser Columella dann das dritte Gehörknöchelchen, der Steigbügel (lat. Stapes).

Mit diesem ersten Gehörknöchelchen war es möglich, die Schallwellen aus der Luft über eine schwingungsfähige Membran, nämlich das Trommelfell, zum Innenohr weiterzuleiten.

Auch Fische besitzen z.T. knöcherne Strukturen, die der **Weiterleitung des Schalls** dienen. Hier ist beispielsweise der sogenannte Weber'sche Apparat der Karpfenartigen zu nennen, eine Reihe von Knöchelchen, die eine bewegliche Verbindung zwischen der Schwimmblase und dem Innenohr darstellen. Die Schwimmblase dient hier als Resonanzkörper, der die Schwingungen aufnimmt und dann über den Weber'schen Knochenapparat an den Schädel weitergibt. Jedoch dient die Schwimmblase, zumindest bei manchen Fischen, auch der aktiven Lauterzeugung. Damit diese Fische sich sozusagen nicht permanent selbst ins Ohr brüllen, haben sie einen kleinen Muskel, der dann während der aktiven Lauterzeugung den Weber'schen Apparat aus der Verbindung herausklinkt und ihn erst wieder einklinkt, wenn die Lauterzeugung beendet ist.

Säugetiere besitzen drei Gehörknöchelchen, von denen die beiden äußeren, nämlich Hammer und Amboss, eigentlich dem Kiefergelenk der niederen Wirbeltiere bis einschließlich Reptilien und Vögel entsprechen. Mit dem Übergang zu den Säugetieren veränderte sich die Mechanik des Schädels sehr stark. So wurde durch eine erhöhte Anforderung zur mechanischen Zerkleinerung der Nahrung die Kaubewegung immer wichtiger und aus funktionsmorphologischen Gründen verlagerten sich die meisten Kaumuskeln näher an die Backenzähne, die diese Kaubewegung überwiegend durchführten. Aus mechanischen Gründen war es dann auch günstiger, dass das Kiefergelenk weiter vorne entstand und der Unterkieferknochen (das Dentale) selbst Kontakt mit dem Oberschädel (**sekundäres Kiefergelenk**) bekam. Daraufhin erst wurden die beiden Knochen des vorherigen primären Kiefergelenks frei und als weitere Gehörknöchelchen ins Mittelohr übernommen.

Wenn wir den Gesichtsschädel eines heute lebenden höheren Wirbeltieres, einschließlich eines Knochenfisches betrachten, erkennen wir von den ursprünglichen Elementen des Kiefer- und Kiemenapparats (Viscerocranium) nicht mehr viel. Nur das knöcherne Kiefergelenk aller Nichtsäugetiere besteht noch aus Elementen des alten Viscerocraniums, ebenso wie erwähnt die Gehörknöchelchen und die knöchernen bzw. knorpeligen Kiemenbögen der Fische. Die Elemente, die wir als Gesichtsschädel bei Knochenfischen und von den Amphibien aufwärts bis zu den Säugetieren sehen, sind dagegen Deckknochen, die sich auf die ursprünglichen Elemente des Kiefer- und Kiemenkorbs gelegt haben. Die wichtigsten davon sind auf Abbildung 3.8 zu erkennen.

Aus den restlichen Kiemenbögen, die ebenfalls mit dem Übergang zum Landleben und zur Lungenatmung überflüssig wurden, entstanden der Kehlkopf sowie die Zungenbeinhörner der Landwirbeltiere. Diese Teile blieben jedoch überwiegend knorpelig. Der sogenannte zweite oder untere Kehlkopf, die Syrinx der Vögel, ist dagegen keine Bildung des ursprünglichen Kiemenskeletts. Sie entstand an der Aufgabelung der Bronchien.

3.4.2.3 Hirnschädel

Der **Hirnschädel (Neurocranium)** ist im Laufe der embryonalen und auch der stammesgeschichtlichen Entwicklung ebenfalls großen Veränderungen unterworfen gewesen. Embryonal erkennbar sind unabhängige Verknorpelungszentren: die Nasenkapsel (Ethmoidregion), Labyrinth- und Ohrkapsel (Oticalregion) sowie als Seitenwand hinter den Augen, die Orbitalwand. Diese wachsen später mit einem knorpelig gebildeten Boden und einem Ring um den Eintritt des Rückenmarks in den Schädel zusammen. Der knorpelige Boden bildete dann die Schädelbasis. Aus dem ursprünglich knorpeligen Ring um das Rückenmark entstand das Hinterhauptsbein. So liegt zum Schluss eine Art Schachtelkonstruktion vor, mit mehreren Eckpfeilern (Nasenkapseln und Ohrkapseln), der Seitenwand und dem Boden sowie der hinteren Begrenzung. Ein Dach gibt es für das klassische Neurocranium nicht. Hier sind die Elemente des Hautknochenpanzers, etwa das Scheitelbein oder das Stirnbein, für den harten Abschluss zuständig.

Bei der Vergrößerung des Gehirns, die im Zuge der zunehmenden Höherentwicklung von Wirbeltieren stattfand, wurden auch die beengten Räume im Hirnschädel zwangsläufig zu klein. Daher wurden bereits beim Übergang zum Landleben noch drei ursprünglich der Wirbelsäule zugehörige Elemente des Wirbelsäulenskeletts in die hintere Schädelregion einbezogen. Das Hinterhauptsloch der Reptilien ist also um drei Fragmente gegenüber dem der Fische nach hinten verlagert worden. Eine zweite, wesentlich stärkere Umkonstruktion erfuhr der Hirnschädel beim Übergang vom Reptil zum Säugetier. Dabei kam es zu einer Verbreiterung und zu einer Verlängerung des Gehirns, sodass weder die Schädelseitenwand noch die ursprüngliche Trennung zwischen Hirnkapsel und Nasenkapsel beibehalten wurden. Der Hirnraum der Säugetiere ist also gegenüber dem der Reptilien sowohl nach vorne bis zur Nasenkapsel als auch nach seitlich bis zum Hautknochen-

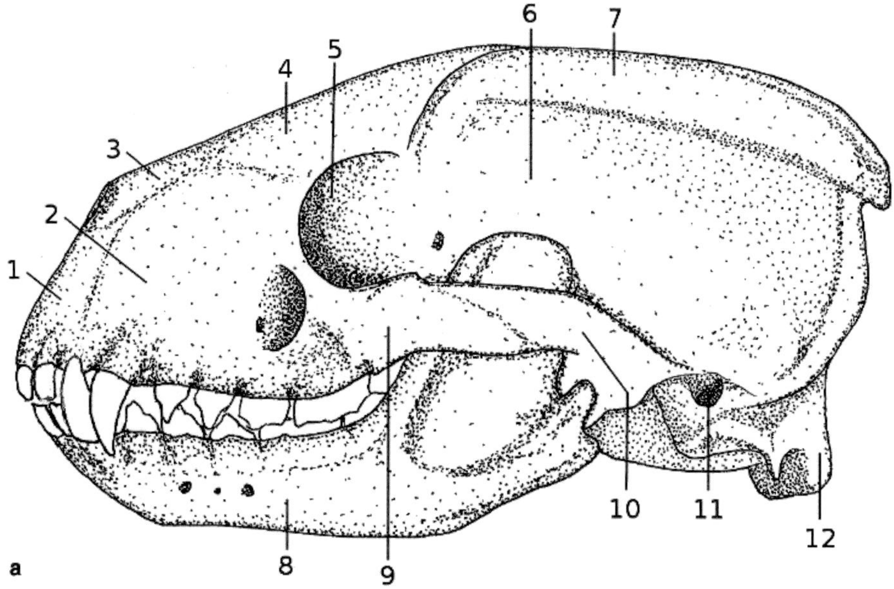

a

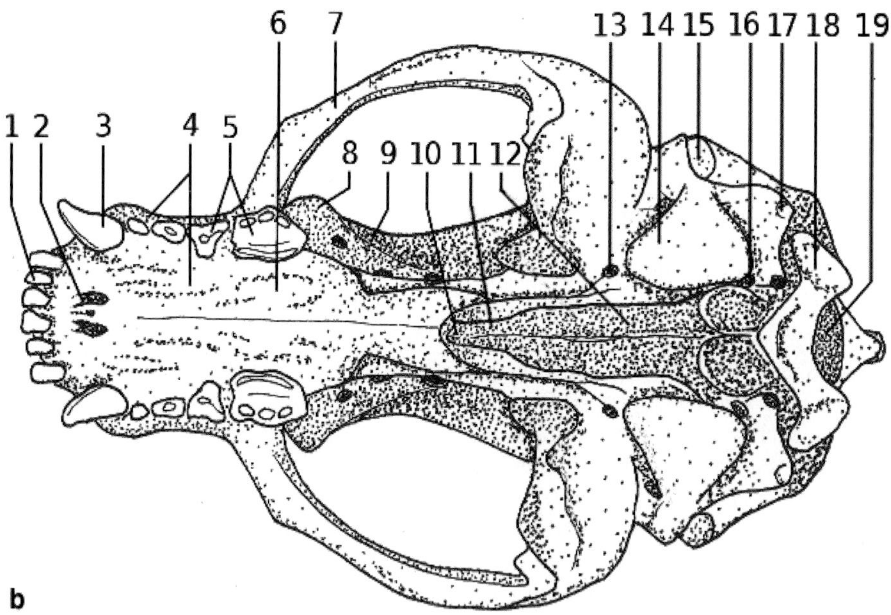

b

Abb. 3.8 Aufbau eines Säugetierschädels am Beispiel des Dachses (*Meles meles*). **a:** Schädel lateral, 1: Os praemaxillare, 2: Os maxillare, 3: Os nasale, 4: Os frontale, 5: Orbita, 6: Os temporale, 7: Os parietale, 8: Os mandibulare, 9: Os zygomaticum, 10: Os squamosum, 11: Meatus acusticus externus, 12: Os occipitale. **b:** Schädel ventral, 1: Incisivus, 2: Foramen incisivum, 3: Caninus, 4: Os maxillare, 5: Prämolar und Molar, 6: Os palatinum, 7: Os zygomaticum, 8: Os frontale, 9: Orbita, 10: Vomer, 11: Os praesphenoidale, 12: Os basisphenoidale, 13: Foramen ovale, 14: Bulla tympanica, 15: Meatus acusticus externus, 16: Foramen jugulare, 17: Processus jugularis, 18: Condylus occipitalis, 19: Foramen magnum.

panzer des Dermatocraniums vergrößert worden. Daher finden wir bei höheren Landwirbeltieren nur noch wenige Elemente des ursprünglichen Neurocraniums als Schädelknochen. Im Wesentlichen sind dies bei Säugetieren nur noch das Siebbein (Ethmoid, die Trennung zwischen Nasenkapsel und Hirnschädel), die knöcherne Schädelbasis, das Hinterhaupt und die Ohrkapsel.

3.4.2.4 Sonderbildungen und -formen des Schädels

Eine Reihe von funktionalen Anpassungen an verschiedene Formen der Lebensweise lassen sich an der Form und an der unterschiedlichen Ausgestaltung von Schädelelementen erkennen.

So ist mehrmals in der Entwicklung der Landwirbeltiere eine zusätzliche Versteifung des Schädelapparats mit zeitgleicher weitgehender Trennung von Atem- und Nahrungswegen erfolgt, indem ein **knöchernes Gaumendach** eingezogen wurde. Beispiele dafür sind die Meeresschildkröten, die Krokodile und die Säugetiere. Durch diese Konstruktion ist es möglich, dass ein Tier auch mit vollem Mund weiter regelmäßig atmet, was sowohl bei einem unter Wasser lauernden Krokodil, bei dem nur die Nasenöffnungen über die Wasseroberfläche ragen, als auch bei einer Seetang verschlingenden oder Muscheln knackenden Schildkröte und einem kauendem Säugetier notwendig ist. Auch die Saugbewegung des Milch trinkenden Jungsäugetiers wäre ohne diese Konstruktion nicht möglich, da die gleichzeitige regelmäßige Atemtätigkeit nicht gewährleistet wäre.

Schubstangenapparate, die eine Beweglichkeit des Schädels ermöglichen, finden wir beispielsweise bei Papageien (die als eine von ganz wenigen Vogelgruppen in der Lage sind, auch den Oberschnabel, also die Elemente des Oberkiefers gegen die Schädelbasis, anzuheben), bei Schlangen, bei denen mit abwechselnden Vorschieben der linken und der rechten Ober- und Unterkieferhälften die Beute in den Verdauungstrakt hineingezogen wird, und bei einer Reihe von Fischen, insbesondere solchen mit besonderen Methoden der Nahrungsaufnahme.

Vielfach ist es im Zuge der Weiterentwicklung zu einer **Größenzunahme** der Tiere gekommen und die Schädel tragen Stirnwaffen. Besonders auffällig ist dies innerhalb der heute lebenden Säugetiere bei Paarhufern. Um diese schweren Kopfkonstruktionen gut beweglich, aber auch stabil am Körperstamm zu befestigen, bedarf es kräftiger Nackenbänder und einer kräftigen Nackenmuskulatur. Diese wiederum benötigt Befestigungsfläche. Daher ist bei vielen dieser großen Säugetiere die äußere Schädelform mehr durch die Notwendigkeit der Befestigung großer Muskelpakete als durch die Hirngröße im Inneren bedingt. Besonders deutlich wird dies etwa beim Schädel eines Elefanten, bei dem das Gehirn nur einen Bruchteil des Volumens einnimmt, das der äußere Schädelumriss vermuten ließe. Aus Gründen der Stabilität und gleichzeitigen Gewichtsersparnis wurden die Zwischenräume zwischen dem Gehirn und der der Muskelbefestigung dienenden Schädelkapsel zu einem System von Knochenbälkchen und luftgefüllten und mit Schleimhaut ausgekleideten Hohlräumen. Als Nasennebenhöhlen (Stirn- und Kieferhöhlen) bezeichnet, haben sie durch dünne Kanäle Verbindung mit dem Nasenraum. Neben der Gewichtsersparnis übernehmen die Nasennebenhöhlen jedoch sekundär noch andere Funktionen. So dienen sie gleichzeitig als Resonanzkörper. Ihre Bedeutung wird uns etwa dann klar, wenn wir durch eine Erkältung mit geschwollenen Nasenschleimhäuten sprechen und dann plötzlich der Zugang zu den Nasennebenhöhlen verlegt ist. Unsere Stimme klingt ganz anders, wenn dieser Resonanzraum fehlt.

Beim erneuten Übergang zum **Wasserleben** ist bei Seekühen wie auch bei Walen eine konvergente Entwicklung zur Umkonstruktion des Schädels erfolgt. Neben der notwendigen Gewichtsersparnis sind auch die Anforderungen der Schallweiterleitung zum Gehör unter Wasser ganz anders. Körpergewebe hat eine ähnliche Schwingungseigenschaft wie Wasser, sodass im Wasser weitergeleitete Schallwellen auch über das Gewebe einschließlich des Knochens weitergeleitet werden würden. Ausgestoßene Laute würden sich über die Knochenleitung sofort ins eigene Innenohr ausbreiten. Um die Lautstärke zu verringern, finden wir bei sehr vielen Walen eine Abkopplung der Gehörkapsel vom Rest des Schädels in Form einer bindegewebigen Brücke. Diese aus fettartigem Gewebe bestehende Brücke ist als Schwingungsdämpfer sehr wirksam. Eine weitere Methode, mit der die Schallwahrnehmung und das Richtungshören unter Wasser erleichtert werden, besteht in der starken Asymmetrie der Schädelknochen der meisten Wale.

Wenn der gleiche Knochen auf der linken und auf der rechten Schädelseite unterschiedlich groß ist, sind auch die Schwingungseigenschaften und die Weiterleitung von Schallwellen über die Knochen auf der linken und rechten Schädelseite unterschiedlich. Dadurch wird ein Laufzeitunterschied zwischen linkem und rechtem Ohr erzeugt, der zum räumlichen Hören genutzt werden kann.

Wesentliche Veränderungen in der Form des Schädels ergeben sich auch während der **Jungtierentwicklung**. Das sogenannte Kindchenschema mit dem runden, hohen Stirnschädel, das erst später in das schlankere, geradlinigere Erwachsenenprofil übergeht, ist Anzeichen für unterschiedliche Wachstumsprozesse im Bereich des Schädels. Gerade bei Säugetieren ist aufgrund der Ernährung des Jungtiers mit Milch der Kieferapparat anfangs weniger wichtig. Dem gegenüber ist ein großes Gehirn, das viele Eindrücke verarbeiten und lernen kann, bereits von Geburt an sehr bedeutsam. Im Laufe der Zeit wächst der Kieferapparat immer mehr zu seiner späteren Größe heran, was zu einer Verschiebung der Proportionen des ganzen Schädels führt.

Bemerkenswert ist, dass in vielen Gruppen von Säugetieren, aber auch bei manchen Vögeln, im Zuge der **Domestikation**, des Übergangs zum Haustierstand, nahezu gleichartige Umgestaltungen des Schädelapparats stattfanden. Die Wichtigsten sind eine Verkürzung des Schnauzenteils, die teilweise Verlagerung des Schnauzen- und Gesichtsschädels unter den Hirnschädel und ein daraus entstehender mehr oder weniger starker Knick zwischen Gesichts- oder Kiefer- und Hirnschädel. Dieser als Vermopsung bezeichnete Prozess ist nicht nur beim namengebenden Mops, sondern selbst bei Schäferhunden, also einer Hunderasse mit recht wolfsähnlich aussehenden Kopfproportionen, erkennbar. Hund und Wolf, Hausschwein und Wildschwein sind zwei besonders eklatante Beispiele für diesen Prozess, der sich auch bei Rassetauben (domestizierte Felsentaube), einigen Hausentenrassen (im Vergleich zur Stockente) sowie Schafen (im Vergleich zu Mufflons) und Ziegen (im Vergleich zur Bezoarziege) beobachten lässt. Eine Verkürzung des Schnauzenschädels ist jedoch keineswegs auf die Haustierwerdung beschränkt. So weisen innerhalb der Primaten die höheren Affen eine Verkürzung des Schnauzenschädels auf. In diesem Fall hat das weniger mit geänderten Nahrungsgewohnheiten zu tun, als vielmehr mit dem Übergang von der überwiegend geruchlichen zur mehr optischen Orientierung. Da die höheren Affen immer mehr bei der Nahrungssuche auf die Augen, auch im Nahbereich, angewiesen waren, bedeutete die Verkürzung des Schnauzenschädels wahrscheinlich auch ein Aus-dem-Weg-Räumen einer das Sehen behindernden Struktur. Zugleich geht aber auch der Geruchssinn in seiner Bedeutung für höhere Affen immer mehr zurück, was auch eine Verringerung des Nasenraums ermöglicht.

3.4.2.5 Stirnwaffen

In Beziehung zum Sozialsystem finden wir bei vielen größeren Säugetieren Stirnwaffen. Wie Fossilien zeigen, ist dies nicht nur auf die heute lebenden Ordnungen und Familien beschränkt. Sehr viele fossile Gruppen von Huftieren, aber auch von Nagetieren und Reptilien waren mit solchen Stirnwaffen ausgestattet.

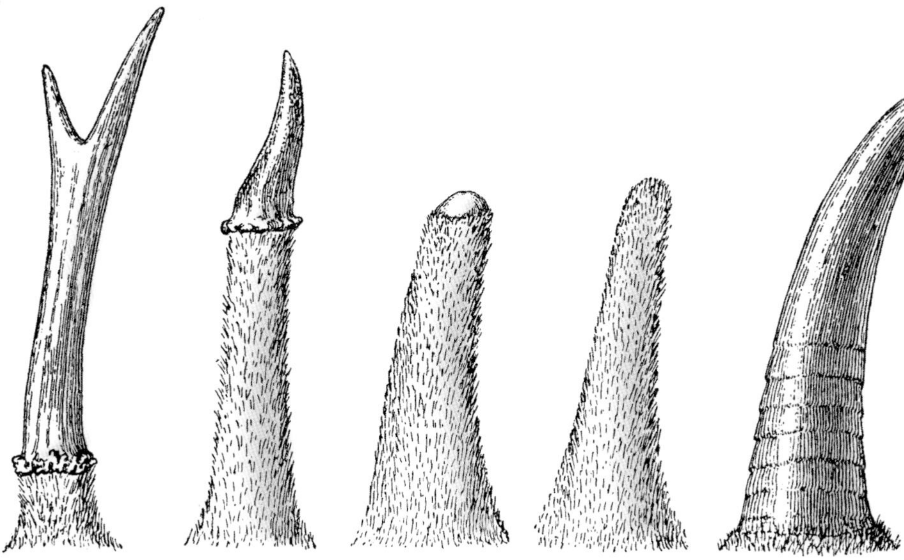

Abb. 3.9 Stirnwaffen von Säugetieren. Von links nach rechts: Edelhirsch, Muntjak, Okapi, Giraffe, Rind.

Bei den heute lebenden Großsäugetieren sind die echten Stirnwaffen (im Gegensatz etwa zu Nasenaufsätzen wie beim Nashorn) in drei verschiedenen Formen zu finden. Giraffen tragen **Knochenzapfen**, die auf dem Stirnbein stehen. Diese Knochenzapfen sind wahrscheinlich der stammesgeschichtliche Vorläufer der Geweihbildung der Hirsche.

Geweihe entstehen dadurch, dass die auf dem Stirnbein stehenden Knochenzapfen durch eine distale, also körperferne Wachstumszone sich zunehmend verlängern und dann auch durch weitere seitliche Wachstumszonen verzweigen. Charakteristisch ist, dass zwischen dem sich bildenden Geweih und der knöchernen Basis, dem Rosenstock, eine Zone besonders ausgebildeter Zellen liegt. Diese Osteoklasten, knochenabbauende Zellen, beginnen jahresperiodisch mit der Produktion von Säuren und lösen dadurch den Knochen auf, was das Abwerfen der Geweihstange ermöglicht. Anschließend kommt es zu einer erneuten Bildung von Knochengewebe aus der Knochenhaut und dem Bindegewebe heraus und damit zur Bildung eines neuen Geweihs.

Die Stirnwaffen der Rinderartigen sowie des Gabelbocks (**Hörner**) bestehen dagegen aus einem fest mit dem Stirnbein verbundenen Knochenzapfen, der von einer Horntüte, also von einer Bildung des Integuments, der Haut, überzogen wird. Diese Horntüte wächst an der Basis, im Gegensatz zum an der Spitze wachsenden knöchernen Geweih. Sie wird normalerweise nicht abgeworfen. Ausnahme ist das Gehörn des nordamerikanischen Gabelbocks, bei dem die Hornscheide gewechselt wird. Die neue Hornscheide bildet sich auf ganzer Länge des Knochenzapfens unter der alten, die sich an der Basis ablöst und abgestreift wird. Danach erhärtet die neue Hornbildung.

Ebenfalls eine Stirnwaffe, jedoch ohne Verbindung zum Schädel, ist das Horn der Nashörner. Es handelt sich um Hornfäden, die sich aus der Haut der Nasenregion bilden. Durch eine Rauigkeit am Schädel ist die Verankerung des **Nasenhorns** verbessert, daher kann auch bei Schädelfunden fossiler Nashörner erkannt werden, ob diese horntragend waren oder nicht, obwohl das eigentliche Nasenhorn nicht versteinert und daher nicht erhalten ist.

3.4.3 Stammskelett

3.4.3.1 Chorda dorsalis

Die ursprünglichsten Wirbeltiere, z.B. auch die heute noch lebenden Neunaugen und Schleimaale, besitzen als Stammskelett keine Wirbelsäule. Stattdessen haben sie eine als **Rückensaite** bezeichnete Chorda dorsalis, eine biegsame und elastische Struktur. Diese Chorda dorsalis dient der Befestigung der segmentiert, also in gleichmäßiger Reihenfolge, nacheinander angeordneten Muskelpakete. Von der Chorda dorsalis ausgehend finden wir Muskelsepten, das sind häutig-bindegewebige Strukturen, die jeweils durch Muskelfasern verbunden sind. Die Elastizität der Chorda dorsalis ist der Gegenspieler dieser Muskelpakete. Krümmt sich ein Fisch auf die linke Seite, indem er die Muskelpakete der linken Seite anspannt, so muss er, um sich wieder zu strecken, lediglich die Muskelpakete der linken Seite erschlaffen lassen. Die Elastizität der Rückensaite streckt den Körper dann automatisch. Erst um sich anschließend auf die rechte Seite zu krümmen, ist eine erneute Muskelkontraktion nötig. Dieses Zusammenspiel aus segmental angeordneten Muskelpaketen und der Elastizität der Chorda dorsalis führt zu einer schlängelnd-schwimmenden Fortbewegung, wie wir sie auch bei den Lanzettfischchen finden.

3.4.3.2 Flossen

Zur Vergrößerung des Rumpfquerschnitts und zur besseren Manövrier- und Steuerfähigkeit entstanden bereits sehr früh am Körper der frühen Wirbeltiere die **unpaaren Flossen**. Ursprünglich war es wohl ein durchgehender Flossensaum, der sowohl die Rücken- als auch die Bauchseite überzog. Dieser wurde sehr früh in drei noch heute beobachtbare unpaare Flossen aufgeteilt: die Rücken- oder Dorsalflosse, die Analflosse und die Schwanzflosse (Caudalflosse). Bei den ältesten bekannten Wirbeltieren zog sich die Chorda dorsalis, später auch noch die Wirbelsäule, in den oberen Lappen der Schwanzflosse. Dadurch entstand beim seitlichen Schlagen mit dem Schwanz gleichzeitig ein Abtrieb, wie es auch für eher bodenbewohnende und am Gewässergrund nach Nahrung suchende Fische aus Strömungsgründen günstig ist. Mit dem zunehmenden Übergang zum Schwimmen im freien Wasser und damit zur Bewegung in drei Dimensionen entstand eine symmetrische Schwanzflosse, wobei zunächst ein unterer Schwanzflossenlappen ohne knöcherne bzw. Chordastützung zu finden war. Bei den heute lebenden modernen Knochenfischen dagegen ist die Wirbelsäule im Schwanzbereich so stark verkürzt, dass sie nur noch als Knochenrest an der Basis des oberen Schwanzflossenlappens erkennbar ist.

Wasserlebende Wirbeltiere, die überwiegend an der Oberfläche schwimmen, haben einen stärker ausgebildeten unteren Schwanzflossenlappen. Bei den ausgestorbenen Fischsauriern war dies sogar so stark, dass auch die Schwanzwirbelsäule nach unten abgeknickt und in den unteren Schwanzflossenlappen gezogen war.

3.4.3.3 Wirbelsäule

So hilfreich die Elastizität eines durchgehenden, knorpelähnlich strukturierten Stabes auch sein mag, für feindifferenziertere Bewegungen ist dieser, sich in seiner Gesamtheit biegende oder streckende Stab nicht sonderlich hilfreich. Dies war wohl einer der wichtigen evolutiven Faktoren, die schließlich zur Ausbildung der aus einzelnen, hintereinander geschalteten Wirbeln bestehenden Wirbelsäule und der Verdrängung der Chorda dorsalis führten.

Die Ausbildung einer **Wirbelsäule** ist bereits bei Knorpel- und auch den frühen Knochenfischen zu finden, wobei wir den langsamen Übergang von der ungegliederten Chorda dorsalis bis zur voll strukturierten Wirbelsäule innerhalb der heute noch lebenden Haie und Rochen beobachten können. Zunächst bilden sich seitlich neben der Chorda dorsalis jeweils halbe Wirbelkörper, die durch Gelenkflächen miteinander verbunden sind. Gleichzeitig entstehen als Schutzstruktur um das Rückenmark, das oberhalb der Chorda dorsalis liegt, die ersten Ansätze der späteren Neuralbögen in Form von nach oben gerichteten, an der Spitze aneinander reichenden Knochen bzw. Knorpelstäben. Zunehmend, sowohl embryonal als auch stammesgeschichtlich verfolgbar, verschmelzen dann die unterschiedlichen Bereiche und bilden schließlich gemeinsam die Wirbel und deren Gesamtheit, die Wirbelsäule. Lediglich in den Kernen der **Zwischenwirbelscheiben** (Bandscheiben) finden sich bei den Säugetieren noch Reste von chordaartigem Gewebe.

Bei primär wasserlebenden Wirbeltieren ist diese Wirbelsäule noch in der gesamten Länge des Körpers gleichartig strukturiert. Vielfach ist auch die Wirbelzahl bei unterschiedlich großen Individuen der gleichen Art nicht gleich. Beim Übergang zum Landleben erfolgte eine Aufteilung in festgelegte Rumpfabschnitte mit konstanter Wirbelzahl. Bei den Landwirbeltieren unterscheidet man Halswirbelsäule, Brustwirbelsäule, Lendenbereich, Kreuzbeinbereich und Schwanzbereich.

Der Brustbereich ist durch die Befestigung von Rippen gekennzeichnet, der Kreuzbeinbereich durch die Verbindung mit dem Becken. Hals, Lenden und Schwanzbereich sind die jeweils alternierend dazu gelegenen Teile ohne Verbindung zum restlichen Skelett. Selbst bei Tierarten, die Halsrippen tragen, z.B. manche Reptilien, haben diese keine Verbindung zum Stammskelett.

Im Zusammenhang mit funktionellen Anpassungen der Bewegung finden wir bei einigen Gruppen der Wirbeltiere weitere **Sonderbildungen** im Bereich des Wirbelsäulenskeletts. So sind bei Vögeln im Zuge einer weitgehenden Versteifung des Rumpfes (aus Gründen der besseren Aerodynamik) mehrere Abschnitte der Wirbelsäule nicht mehr beweglich, sondern fest miteinander verschmolzen. Dies betrifft einerseits den Bereich der Brustwirbelsäule (dort wurde durch Verschmelzung der Brustwirbel das Brustkorbbein oder Notarium gebildet). Den Bereich der Lendenwirbel bildet mit dem Becken zusammen das Synsacrum. Auch die wenigen übrig gebliebenen Schwanzwirbel der Vögel sind zum Pygostyl (Schwanzstiel) verschmolzen.

Bei Säugetieren ist zunächst der Besitz von sieben Halswirbeln charakteristisch, nur wenige Arten, einige Seeкühe und Faultiere, weichen scheinbar von dieser Zahl ab. Jedoch ist dies nur eine Folge einer unterschiedlich ausgebildeten Rippenanzahl, wobei definitionsgemäß ein siebter Halswirbel, der bereits eine Rippe trägt und mit dem Brustbein Kontakt hat, eben kein Halswirbel mehr wäre.

Die ersten beiden Halswirbel sind bei allen höheren Landwirbeltieren (Reptilien, Vögel und Säugetiere) umgebildet. Der erste Halswirbel, der nur in einem Ring um das Rückenmark besteht, heißt Atlas. Der zweite, der mit einem fingerförmig nach oben in den Ring hineinragenden Zapfen ausgestattet ist, heißt Axis. Während die Nickbewegung des Schädels tatsächlich in einer Bewegung des Hinterhaupts gegen den Atlas besteht, ist die Drehbewegung des Schädels eine Drehung des Atlas als Ring um den Zapfen des Axis. Es wird also nicht der Kopf, sondern der erste Halswirbel gegen den zweiten gedreht. Da der Zapfen des Axis sich relativ leicht vom Wirbelkörper löst, besteht eine große Gefahr, dass er sich bei Genickbruch in das Atemzentrum des unmittelbar davor liegenden Stammhirns bohrt. Dies ist eine häufige Todesursache bei Unfällen.

3.4.3.4 Brustkorb

Die **Rippen** sind ursprünglich Verknöcherungen im Bereich der bindegewebigen Trennwände zwischen der Muskulatur des segmental aufgebauten Rumpfmuskelsystems. Bei Knorpelfischen dienen sie bereits in einem gewissen Umfang dem Schutz der Organe im vorderen Rumpfbereich. Insbesondere das Herz, bei Knochenfischen auch die Lunge, aus der später die Schwimmblase entsteht, werden hier stabilisiert. Ihre wichtigste Bedeutung bekamen sie jedoch mit dem Übergang zum Landleben. Um den Bereich der Hohlorgane im vorderen

Rumpf, gegen die Schwerkraft abzustützen und dadurch auch die Entfaltung dieser Hohlorgane zu erhalten, war eine Stabilisierung und ein knöcherner Abschluss des Brustkorbs notwendig. Das **Brustbein** (Sternum) ist eine Neubildung der Landwirbeltiere, die ursprünglich auch aus wirbelkörperähnlichen, segmental angeordneten Knochenstückchen bestand und dann zu einem einheitlichen Knochenstab verschmolz. Nunmehr bestand die Möglichkeit, zwischen der Wirbelsäule und dem Brustbein über die Rippen eine durchgehende knöcherne Verbindung herzustellen, die dann beweglich durch Knorpelhaftung oder sogar echte Gelenke befestigt wurde. Bei Säugetieren unterscheidet man die echten Rippen, die selbst das Brustbein erreichen, die unechten Rippen, die über knorpeligen Kontakt zu einer anderen Rippe indirekt Verbindung zum Brustbein haben, und die freien oder falschen Rippen, die keinerlei Verbindung zum Brustbein aufweisen.

Während die Reptilien überwiegend durch die Zwischenrippenmuskulatur den Brustkorb erweitern und verengen, entstand bei Säugetieren eine zweite Form der Lungenbelüftung, nämlich mithilfe des Zwerchfells. Dadurch wurde auch die Befestigung der Rippen an der Wirbelsäule verändert. Zweiköpfige Rippen, wie sie für Säugetiere typisch sind, zeigen immer, dass beide Atemmechanismen, sowohl Brust- bzw. Zwischenrippen als auch Bauch- bzw. Zwerchfellatmung, möglich sind.

Im Zuge der Stabilisierung des Körperskeletts zwecks besserer Aerodynamik ging diese Form der Atmungsmöglichkeit bei Vögeln jedoch verloren. Daher entstand bei ihnen ein starrer Brustkorb und als Ausgleich dafür das Luftsacksystem, das im Abschnitt „Atmung" genauer besprochen wird. Zur Stabilisierung des Brustkorbs tragen die Rippen der Vögel nach hinten gerichtete Hakenfortsätze (Processus uncinati), die auf der jeweils darauffolgenden Rippe aufliegen.

Bei flugfähigen, insbesondere zum aktiven Schlagflug befähigten Wirbeltiergruppen (Flugsaurier, Vögel, Fledermäuse) trägt das Brustbein einen **Brustbeinkamm** (Crista sterni), eine knöcherne Auslappung in ventraler Richtung zur Befestigung der Flugmuskulatur. Bemerkenswert ist, dass die Laufvögel, aber auch die mit ihnen nah verwandten flugfähigen Steißhühner (Tinamus) diesen Brustbeinkamm nicht besitzen.

Einige Reptilien, etwa die Krokodile, besitzen **Bauchrippen** als Bindegewebsverknöcherung in den hinter dem Brustkorb gelegenen Muskelpaketen, deren Funktion noch nicht endgültig geklärt ist.

Demgegenüber sind die **Fleischgräten** der Knochenfische keine mit den Rippen homologe Strukturen, sondern unabhängig entstandene Stützelemente im Bereich der Muskelsepten.

Ebenfalls besondere Strukturen als Anpassung an bestimmte Lebensumstände finden wir an einigen Bereichen der **Schwanzwirbelsäule**. Hier sind beispielsweise die Wickelschwänze zu nennen, die nicht nur bei Neuweltaffen, sondern auch bei anderen neuweltlichen Säugetieren, etwa dem Wickelbären, und den neuweltlichen Beuteltieren entstanden. Auch einige Reptilien (Chamäleons, Wickelskinke) besitzen solche zum Greifen fähige Schwänze, die durch eine besonders große Beweglichkeit der Schwanzwirbel charakterisiert sind.

Weitere Besonderheiten finden wir an den Wirbelsäulen einiger afrikanischer Wirbeltiere. So sind beim Potto die Dornfortsätze der Hals- und vorderen Brustwirbel so stark verlängert, dass sie sogar die Haut durchstoßen, zusätzlich sind sie mit dem Sekret einer Giftdrüse überzogen. Sie dienen der Abwehr von Feinden, jedoch wohl auch innerartlichem Kampf- und Kommunikationsverhalten. Demgegenüber sind die nach unten gerichteten Hämalbögen der Halswirbelsäule bei der afrikanischen Eierschlange in Form einer sägeartigen Struktur bis in die Speiseröhre verlängert, was dem Öffnen der im Ganzen verschlungenen Vogeleier dient.

Insbesondere bei Großtieren mit schweren Köpfen, gegebenenfalls auch Stirnwaffen, sind die Dornfortsätze der Brustwirbel besonders verlängert. Sie dienen dem Ansatz der Nackenmuskulatur und Nackenbänder, um den Schädel gegen den Rumpf zu verspannen.

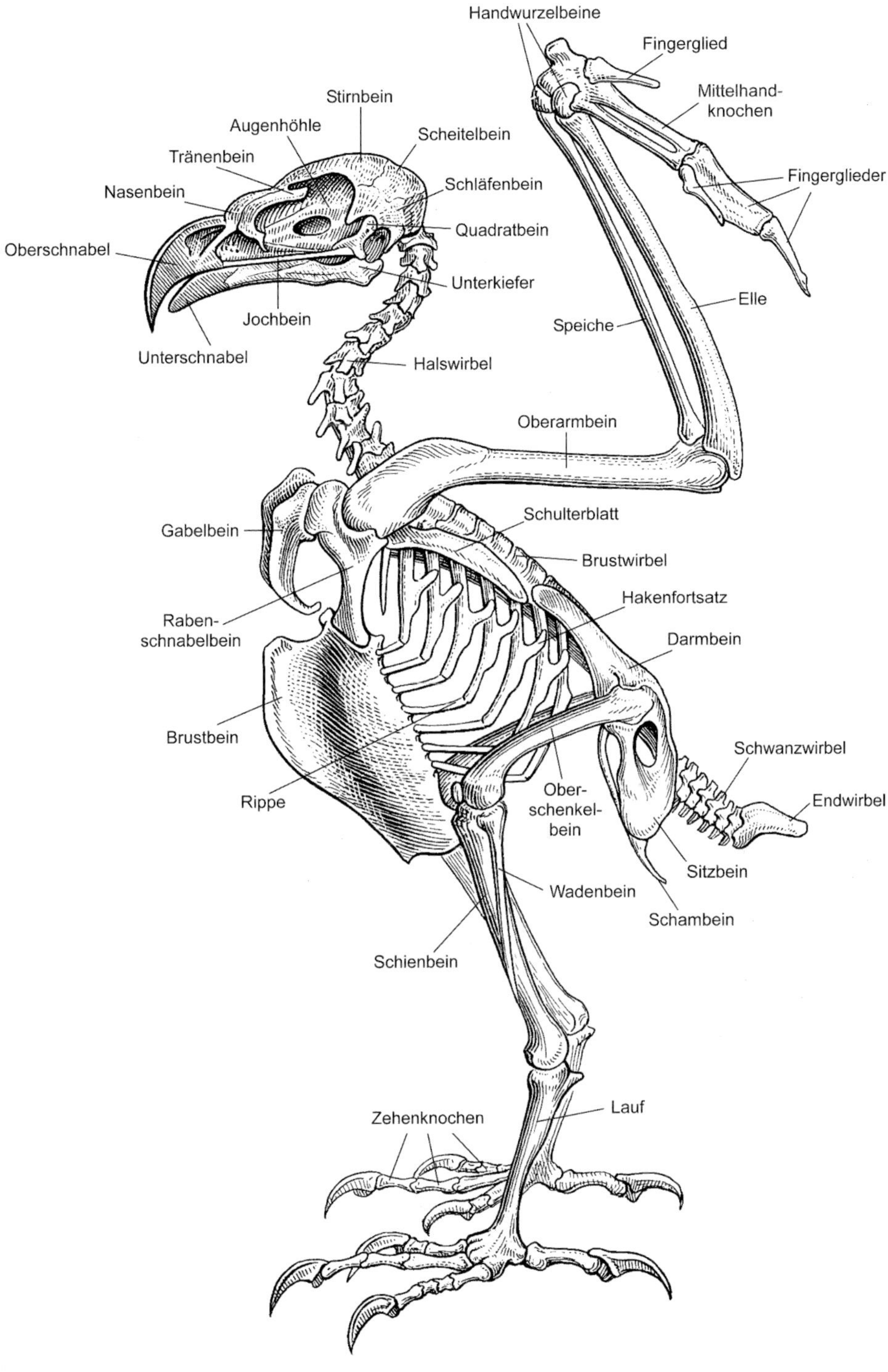

Abb. 3.10 Skelett des Steinadlers (*Aquila chrysaetos*).

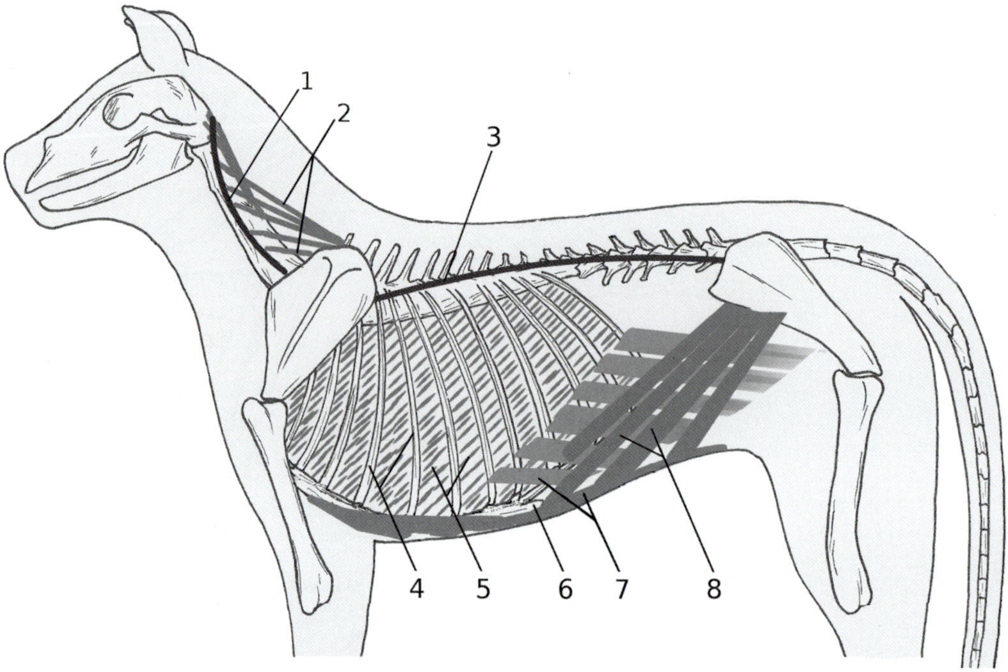

Abb. 3.11 Konstruktionsprinzip eines Säugerskeletts, Bogen-Sehnen-Konstruktion, 1: Bogen der Halswirbelsäule, 2: Sehnen im Nackenbereich, 3: Bogen der Brust- und Lendenwirbelsäule, 4: Rippen, 5: Rippenmuskulatur, 6: Brustbein, 7: Bauchmuskulatur, 8: Sehnen im Rumpf.

Bei der Wirbelsäulenkonstruktion großer, schwerer Landtiere lässt sich ein biomechanisches Prinzip erkennen, das als Bogen- und Sehnenkonstruktion bezeichnet wird. Wie Abbildung 3.11 zeigt, ist die Rumpfwirbelsäule bei Landwirbeltieren, insbesondere Großsäugetieren, fast immer nach dorsal-konvex gekrümmt. Bemerkenswerterweise gilt das z.B. auch für Arten, die scheinbar ein Hohlkreuz besitzen, z.B. der Afrikanische Elefant oder die afrikanischen Nashörner. Dieses scheinbare Hohlkreuz ist eine Folge der besonders verlängerten Dornfortsätze im vorderen Brustbereich. Die nach oben dorsal-konvex gekrümmte Wirbelsäule wird durch die Bauchmuskulatur stabilisiert, die sich wie ein Zuggurt zwischen Brustkorb und Becken spannt, sodass eine weitgehend freitragende und sich selbst stabilisierende Konstruktion entsteht.

3.4.4 Extremitätengürtel und freie Extremität

3.4.4.1 Paarige Flossen und Flossengürtel

Die ältesten fossil bekannten Wirbeltiere und auch ihre noch lebenden, ursprünglichen Verwandten, die Neunaugen und Schleimaale, besitzen noch keine paarigen Extremitäten (hier Bauch- und Brustflossen) und dementsprechend auch keine Extremitätengürtel, die deren Befestigung dienen.

Es ist zu vermuten, dass bei den ursprünglichsten, kiefertragenden Fischen, den Althaien, ein paariger Flossensaum, der möglicherweise aus der Überwachsung des Kiemendarms beim Lanzettfischchen hervorging, durch einzelne Flossenstrahlen an verschiedenen Stellen verstärkt wurde. Es gibt nämlich Fossilfunde von Althaien, die nicht zwei, sondern ca. fünf paarige Flossen besitzen, von denen die erste und die letzte besonders groß ausgebildet sind. Diese Flossen sind wahrscheinlich ursprünglich zum Steuern sowie zur Erhaltung des Auftriebs im Wasser und weniger zur Fortbewegung genutzt worden. Bei den moderneren Fischen wurden dann die mittleren drei dieser paarigen Flossen reduziert. Die Brust- und Bauchflossen als die vordersten und hintersten blieben übrig. Diese waren zunächst mit einer breiten Basis und einer Reihe von parallel laufenden Flossenstrahlen am Körper befestigt.

Als Vorläufer eines **Extremitätengürtels** dürften die in dieser Gegend bereits vorhandenen Platten des Hautknochenpanzers im Schulterbereich gedient haben. Auch bei heute lebenden Fischen sind Teile des Schultergürtels aus dem Hautknochenpanzer übrig geblieben. Die Befestigung der Brustflossen verlief ursprünglich und verläuft auch heute noch bei den Knochenfischen über eine Knochenverbindung zum hinteren Schädelrand. Eine Verknüpfung mit dem Stammskelett ist bei Fischen ursprünglich nicht zu beobachten.

Während die Brustflossen über diese Verbindung zum Schädel nicht nur eine bessere Befestigung, sondern damit auch bereits die Fähigkeit zum Abstützen des Körpers, z.B. auf den Gewässerboden, aufweisen, sind die Bauchflossen ursprünglich nur im muskulösen und Bindegewebe verankert. Im Laufe der weiteren Evolution der Fische entstanden schließlich zwei kleine, zunächst nur in die Muskulatur eingelagerte Knorpel- bzw. Knochenstäbe (endoskelettal), die dann eine Basis für die Bauchflossen bildeten.

Während einige Fische bisweilen mithilfe ihrer gut abgestützten Brustflossen zu Laufbewegungen fähig sind, der Schlammspringer sogar an Land, sind die Bauchflossen nur als Manövrierorgane ohne tragende Funktion zu sehen.

Erst beim **Übergang zum Landleben** wurden die paarigen Flossen stärker gefordert, um die Abstützung des Rumpfes vom Boden und damit das Einquetschen der inneren Organe zu verhindern. Daher beobachten wir auch beim Übergang vom Wasser- zum Landleben eine zunehmende Stabilisierung nicht nur der Flossen und der daraus entstehenden Arme bzw. Beine, sondern auch eine Stabilisierung der Extremitätengürtel.

Der **Schultergürtel** ist wie erwähnt aus Teilen des Hautknochenpanzers und aus endoskelettalen Teilen zusammengesetzt. Er verliert die Verbindung zum hinteren Rand des Schädels über den als Cleithrum bezeichneten Knochen. Dadurch ist eine bessere Drehbarkeit des Kopfes möglich. Auch der Besitz von Hinterhauptshöckern ist nahezu ausschließlich den Landwirbeltieren vorbehalten. Hinterhauptshöcker ermöglichen im Verein mit der Drehbarkeit und Beweglichkeit des Schädels gegen die Rumpfwirbelsäule und dem Wegfall des Cleithrums einen Rundumblick. Der zweite hautknöcherne Teil am Schultergürtel ist das **Schlüsselbein** (Clavicula). Darunter liegend finden wir ebenfalls zwei endoskelettale Ersatzknochen, nämlich das Schulterblatt (Scapula) und die Coracoidplatte, die sich später in das **Rabenschnabelbein** differenziert.

Mit der Entstehung des Brustbeins (siehe oben) besteht eine indirekte Verbindung des Schultergürtels mit der Wirbelsäule bzw. dem Stammskelett. Das Schlüsselbein bekommt Kontakt zum vorderen Ende des Brustbeins. Dieser Kontakt wird erst bei einigen, an schnelle Laufbewegungen angepassten Säugetieren wieder gelöst.

Demgegenüber wird das **Becken** in anderer Weise verankert. Die ursprünglichen, undifferenzierten Knochenstäbe werden zu plattenartigen, flachen Knochen, die in drei Verknöcherungszentren gebildet werden. Daraus entstehen das **Darmbein** (Ileum), das **Sitzbein** (Ischium) und das **Schambein** (Pubis). Die Namen ergeben sich daraus, dass die Knochen des Beckens ursprünglich beim Menschen benannt wurden, bei dem das Schambein in der Region hinter den äußeren Geschlechtsorganen und das Sitzbein in der Gegend des großen Gesäßmuskels liegt.

Alle drei Knochen des Beckens gemeinsam bilden dann die Gelenkgrube für das **Hüftge-**

lenk (Acetabulum). Ist das Acetabulum nicht ausreichend tief ausgeformt, entstehen Hüftgelenkschäden, die häufig aus einer Kombination von angeborenen Dispositionen, Ernährungs- und Bewegungsfehlern in der Jugend resultieren oder verschlimmert werden. Die Hüftgelenkdysplasie, die nicht nur beim Menschen, sondern auch beim Haushund eine recht häufige Gelenkveränderung darstellt, ist ein Beispiel für diese Form von Gelenkschäden.

Über das Darmbein erfolgt dann die bei landlebenden Wirbeltieren in der Regel fest verwachsene Verbindung mit dem Kreuzbeinbereich der Wirbelsäule.

Bei ursprünglichen Säugetieren trägt das Schambein einen paarigen Aufsatz, der zunächst als **Beutelknochen** (Os marsupium) bezeichnet wurde. Dieser Beutelknochen ist jedoch nicht nur bei Beuteltieren, sondern auch bei anderen ursprünglichen, vorwiegend bei fossilen Säugetieren vorhanden. Er tritt auch bei männlichen Beuteltieren auf. Man vermutet daher, dass er nichts mit dem Stützen des Beutels, sondern mit der Stützung der Bauchwand zu tun hat.

3.4.4.2 Arme und Beine

Beim Übergang zum Landleben waren zunächst die **Vorderextremitäten** kräftiger und stärker ausgebildet. Wie bereits erwähnt waren auch Fische schon in der Lage, sich auf die Brustflossen zu stützen und dabei sogar kurze Strecken an Land zurückzulegen. Untersuchungen des Bewegungsmusters an Schwanzlurchen sowie Skelettanalysen von ausgestorbenen Amphibien und damit den ältesten Landwirbeltieren zeigen, dass der Vortrieb, also die hauptsächliche Kraftentstehung, bei den ursprünglichen Landwirbeltieren zunächst von der Vorderextremität ausging. Die Hinterextremität bewirkte nur eine Abstützung. Erst im Laufe der weiteren Stammesgeschichte der Landwirbeltiere wurde die Funktion zwischen den Extremitäten verlagert. Aus physikalischen Gründen war es günstiger, den Vortrieb von der Hinterextremität liefern zu lassen und die Vorderextremität mehr zum Abstützen zu nutzen. Dies ist bei den Landwirbeltieren, auch innerhalb der Säugetiere, unterschiedlich gut entwickelt. Hochgeschwindigkeitsfilmaufnahmen von rennenden oder galoppierenden Säugetieren oder Reptilien zeigen, dass der Körper immer dann besonders schnell nach vorne beschleunigt wird, wenn er sich mit den Hinterbeinen abstößt. Das Auftreten auf die Vorderbeine dagegen hat häufig sogar eine Bremswirkung oder dient bestenfalls dazu, den Körper in einer Drehbewegung weiter nach vorne zu bringen.

Aus diesen mechanischen Anforderungen ist auch erklärlich, weshalb die Extremitäten unterschiedlich stark ausgebildet sind. Bei nahezu allen Landwirbeltieren sind die Knochen der Hinterbeine kräftiger. Auch die Gelenke an den Hinterbeinen zeigen durch die Muskelansatzstellen, dass dort mehr Kraft ausgeübt wird. Die Vorderbeine dagegen sind meistens locker aufgehängt und können die Aufprallenergie des Körpers abfedern.

Die paarigen Extremitäten der Fische waren ursprünglich durch Flossenstrahlen gestützt. Untersuchungen an fossilen Fischen, insbesondere den fossilen Quastenflossern, und auch an den ältesten fossil bekannten Landbewohnern zeigen, dass die Flossenstrahlen der Altfische von einer stabförmigen, wohl aus Knochenmaterial oder anderen Hartsubstanzen bestehenden zentralen Achse ausgingen. Bei den heute lebenden modernen Knochenfischen wurde diese Achse verkürzt und ist nur noch in Form von flachen Knochenplättchen an der Basis der Flosse zu finden. Die eigentliche Flosse wird nur noch von hornartigen, bei Barschen und manchen anderen Fischarten teilweise auch von Knochenstrahlen gestützt.

Aus der genannten zentralen Achse der Altflossen entstand mit dem Übergang zum Landleben das Stützskelett der **paarigen Extremitäten**. Dieses folgt immer demselben **Grundbauplan**. Der Befestigung am Extremitätengürtel (Schulter- oder Beckengürtel) dient zunächst ein massiver, kräftiger Röhrenknochen. Dies ist

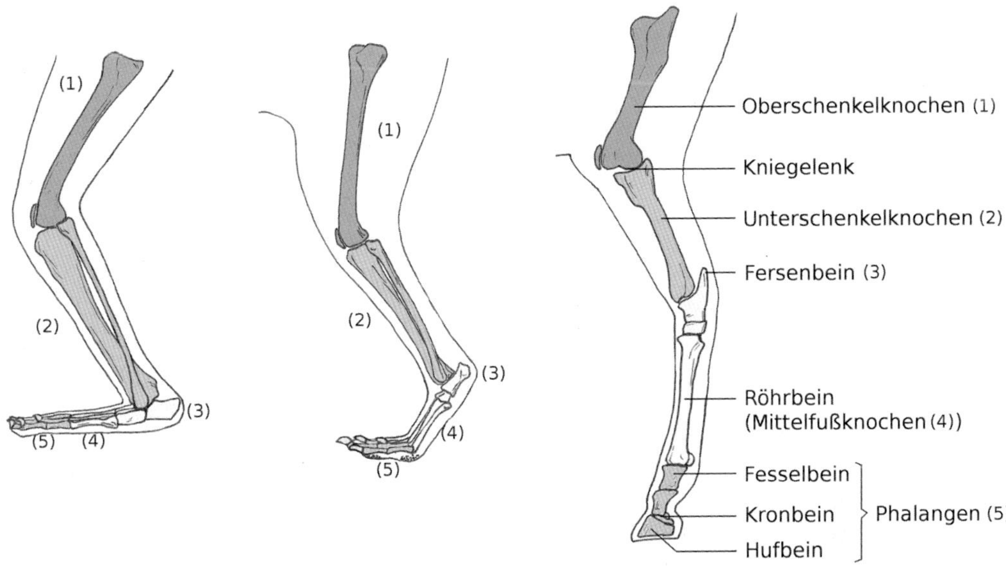

Abb. 3.12 Laufanpassungen der Säugerextremität.

der Oberarm (Humerus) bzw. Oberschenkel (Femur). Das nächste Element wird von zwei, ursprünglich nahezu gleichstark ausgebildeten, parallel verlaufenden Knochen gebildet. Dies sind Unterarmknochen, Elle und Speiche (Ulna und Radius), bzw. Schien- und Wadenbein (Tibia und Fibula).

Danach beginnt die Gruppe der Hand- bzw. Fußwurzelknochen, die im Grundbauplan aus drei Reihen besteht. Die erste Reihe umfasst ursprünglich drei, die zweite vier, die dritte fünf Knöchelchen. Im Anschluss daran finden wir die fünf kleinen Röhrenknochen der Mittelhand bzw. des Mittelfußes und im Anschluss daran die Finger- bzw. Zehenglieder. Während die Zahl der Finger bzw. Zehenstrahlen bereits zu Beginn der Evolution der Landwirbeltiere auf fünf normiert wurde, ist die Zahl der Finger- und Zehenknochen ursprünglich noch sehr variabel. Bei Amphibien gibt es noch nicht einmal eine artspezifisch festgelegte Zahl. Erst mit dem Übergang zum Landleben bei den Reptilien wurde die Finger- und Zehenzahl stärker normiert und schließlich bei Säugern auf die **Finger- und Zehenformel** 2/3/3/3/3 festgelegt. Das bedeutet, Daumen bzw. Großzehe haben zwei, die anderen Finger- bzw. Zehen drei Glieder. Die Zahl der Finger- und Zehenglieder kann jedoch sekundär wieder vermehrt sein, etwa bei der Umwandlung in Flossen nach dem erneuten Rückkehren ins Wasser (siehe Wale). Bei den ausgestorbenen Fischsauriern bestand sogar eine Vermehrung der Finger- und Zehenzahl über die Zahl Fünf hinaus.

Auch aus anderen funktionellen Gründen kann die Finger- bzw. Zehenzahl vergrößert werden. So weisen Maulwürfe und andere, mit den Händen grabende, unterirdisch lebende Säugetiere einen zusätzlichen Fingerstrahl auf. Beim Bambusbären finden wir einen sogenannten zweiten Daumen in Form eines abspreizbaren Sesambeins, mit dessen Hilfe Bambusstängel gegen die Handfläche eingeklemmt werden können.

Häufiger ist demgegenüber eine Reduktion der Finger- und Zehenzahl im Zusammenhang mit einer Anpassung an bestimmte Fortbewegungsarten.

Ein allgemeines Prinzip der Fortbewegungsmechanik besagt, je kleiner die Auflagefläche einer Extremität auf dem Boden ist, desto besser und damit auch schneller kann sich das Tier vom Boden abstoßen. Die Flächenbelastung nimmt zu, wenn das gleiche Gewicht bzw. die gleiche Kraft auf eine kleinere Fläche verteilt werden muss. Deshalb beobachten wir bei sehr vielen schnell laufenden Wirbeltieren konvergent die Verschmälerung und Verkleinerung der Auflagefläche des Hand- und Fußbereichs. Dies geschieht in der Regel in zwei, mehrmals konvergent entstandenen Entwicklungsschritten.

Zum einen wird die **Zahl der Zehen reduziert**. An schnelles Laufen angepasste Nagetiere (z.B. Pampashase), Paarhufer und Unpaarhufer, Straußenvögel sowie eine Reihe ausgestorbener Vogel- und Säugetiergruppen, aber auch einige der ausgestorbenen Dinosaurier zeigen diesen Trend. Der Endzustand dieses Trends, die Einhufigkeit, wurde nicht nur bei den Pferdeartigen, sondern auch bei einigen ausgestorbenen Urhuftieren, jedoch auch bei einem ausgestorbenen Beuteltier, nämlich an den Vorderextremitäten des Schweinsfußbeutlers, erreicht. Wie der Name dieses Tieres vermuten lässt, hatte es an der Hinterextremität zwei, wie die Klauen eines Schweines ausgebildete Zehen.

Der zweite Trend ist der, dass nicht mehr mit dem ganzen Fuß, sondern nur mit dessen **vorderem Teil aufgetreten** wird. Damit wird nochmals die Auftrittsfläche verringert, damit die Flächenbelastung und die Reibung pro Flächeneinheit erhöht und das Abstoßen vom Boden verbessert. Zum anderen ergibt sich dadurch eine funktionelle Verlängerung der Extremität und damit des Schritts. Dieser Trend führt vom Sohlengang (Plantigradie), wie wir ihn von Menschen oder von Bären und Dachsen kennen, zum Zehengang (Digitigradie), wie er bei Hundeartigen, Katzenartigen, aber auch an den Händen der Paviane zu beobachten ist. Der Endpunkt dieser Entwicklung ist schließlich der Zehenspitzengang (Unguligradie), der für viele Huftiere charakteristisch ist. Betrachtet man die Art und Weise, wie einige höhere Primaten beim Bodengang ihre Hände einsetzen, wird klar, auf welch unterschiedliche Weise dieses Prinzip erreicht werden kann. Während wie bereits erwähnt Paviane einen typischen Zehengang vergleichbar dem der höher entwickelten Raubtiere aufweisen, stützen sich Orang-Utans auf das Grundglied der Finger (Faustgang), die afrikanischen Menschenaffen dagegen auf das zweite Fingerglied (Knöchelgang). Funktionell ist das Prinzip jedoch immer das gleiche. Die Schrittlänge wird durch funktionelle Verlängerung des Arms erhöht und gleichzeitig die Auflagefläche auf dem Boden verringert.

Sehr unterschiedliche Anpassungen zwischen Vorder- und Hinterextremität im Zuge einer weitgehenden Arbeitsteilung beobachten wir bei den Vögeln. Während die Hinterextremität der Vögel mehr oder weniger deutlich zum Laufbein umgewandelt wird, durch eine Verschmelzung von Elementen des Unterschenkels mit Fußwurzelknochen (Tibiotarsus) und eine Verschmelzung der übrig gebliebenen Fußwurzel- und Mittelfußknochen (Tarsometatarsus = Laufknochen), sind die Flügel zur Fortbewegung in der Luft umgestaltet. Abbildung 3.10 zeigt, wie hier Verschmelzungen und Reduktionen einhergingen und zu einem gut beweglichen, steuer- und manövrierfähigen, dabei aber leichten Gebilde erfolgten. Neben der Reduzierung unnötiger Knochen (z.B. einiger Fingerstrahlen), erfolgte eine Versteifung der verbleibenden Knochen durch enge Bandhaftverbindung, bisweilen sogar Verwachsung im Sinne einer Knochenhaftung. Dadurch wird Haltemuskulatur eingespart, was insgesamt das Gewicht des Flügels reduziert.

Im Zusammenhang mit der Flugfähigkeit der Vögel wird noch ein weiteres Skelettmerkmal offenkundig. Nahezu alle Knochen des Vogelskeletts sind von Abfaltungen des Luftsacksystem durchzogen, zudem sind Vogelknochen aus weniger organischen, d.h. Eiweißbestandteilen und mehr aus mineralischen Substanzen aufgebaut. Dies führt ebenfalls zu einer Gewichtsersparnis, jedoch auch dazu, dass Vogelknochen viel stärker splittern als Säugetierknochen. Dies

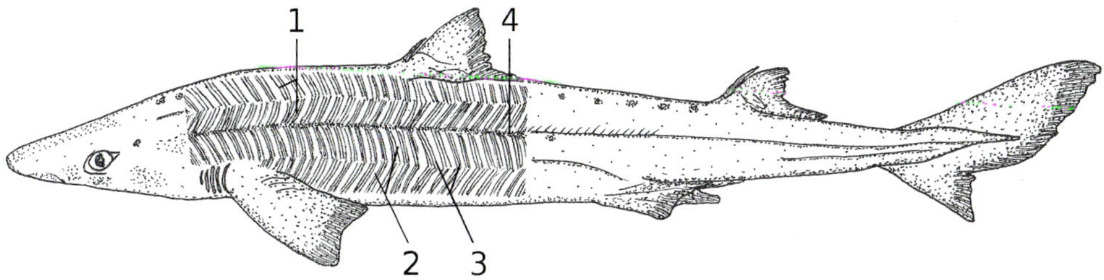

Abb. 3.13 Rumpfmuskulatur am Beispiel des Dornhais (*Squalus acanthias*), 1: epaxiale Muskulatur, 2: hypaxiale Muskulatur, 3: Myosepten, 4: horizontales Septum.

ist der Hintergrund der Empfehlung, Hunde nicht mit Vogelknochen zu füttern.

3.4.5 Muskulatur

Die Muskulatur der primär wasserlebenden Wirbeltiere, also der als Fische zusammengefassten Gruppen, ist überwiegend als **segmentale Rumpfmuskulatur** ausgebildet. Die Rumpfmuskulatur der Fische besteht aus vielen hintereinander geschalteten Muskelpaketen, in mehr oder weniger komplizierter Form ineinandergeschoben. Zwischen den Muskelpaketen liegen die Myosepten, häutig-bindegewebige Trennungen, an denen die Muskelfasern befestigt sind.

Wie bereits erwähnt war die Chorda dorsalis als Gegenspieler der Rumpfmuskulatur für die Rückstellbewegung des Körpers nach einer Krümmung und Erschlaffung der Muskulatur zuständig. Differenziertere Bewegungen wurden jedoch erst möglich, als die Wirbelsäule anstatt des durchgehenden elastischen Stabes entwickelt war. Jetzt konnten auch kleinräumigere Seitwärtsbewegungen erfolgen. Die Muskulatur der Flossen, sowohl der Brust- und Bauch- als auch der Rücken- und Analflosse, ist bei Fischen sehr schwach entwickelt. In der Regel finden wir jeweils nur einen kleinen Aufrichte- und einen ihm entgegengesetzt wirkenden Anlegemuskel.

Erst mit dem Übergang zum Landleben begann eine stärkere Differenzierung der Extremitätenmuskulatur. Nun wurden Abspreizer (Abduktoren) und Anleger (Adduktoren), Hebe- und Senkmuskeln, Vor- und Rückziehmuskeln erforderlich.

Zugleich begann bereits mit der Entwicklung von schnell schwimmenden und/oder dauerschwimmenden Freiwasserfischen eine Differenzierung in der Muskelfunktion. Bei einem Hochseefisch, aber auch beispielsweise bei einer Forelle hat die Muskulatur im Körper eine unterschiedliche Farbe. Ein Großteil der tiefer liegenden Muskelpakete ist weiß, nur ein kleiner Teil der unter der Oberfläche oder an den Flossen liegenden Muskelpakete ist rötlich gefärbt. Auch bei Vögeln (Hühnerbrust) und bei Säugetieren (im Vergleich von Hase und Kaninchen) fällt diese unterschiedliche Farbe auf. Grund ist ein Muskelfarbstoff, das **Myoglobin**. Myoglobin hat eine noch höhere Bindungsfähigkeit für Sauerstoff als der rote Blutfarbstoff Hämoglobin. Myoglobin kann daher in der Muskulatur Sauerstoff übernehmen und binden. Rote (myoglobinreiche) Muskulatur ist deshalb länger in der Lage, aerob, d.h. unter Sauerstoffverbrauch Arbeit zu leisten. Weiße Muskulatur hat wenig Sauerstoffvorräte, sie ist für kurze, schnelle Sprints vorgesehen. Sie müsste ansonsten sehr schnell in einen anaeroben, d.h. Gärungsmodus umschalten, um noch Energie bereitstellen zu können. Die Verteilung der roten und weißen Muskulatur selbst bei nah verwandten Arten (Kaninchen und Hase) oder innerhalb einer Art (Brust- und Beinmuskulatur eines

Hühner- oder Entenvogels) hängt mit der Lebensweise eng zusammen. Arten, die nur kurze Sprints benötigen, um entweder aus der Deckung heraus Beute zu machen oder sich selbst in Deckung zu begeben (Forelle, Kaninchen) haben meist große Teile weißer Muskulatur. Langstreckenläufer oder Langstreckenwanderer besitzen dagegen mehr rote Muskulatur.

Die Differenzierung in rote und weiße Muskulatur ist jedoch nicht die einzige physiologisch/funktionelle Aufteilung in der Bewegungsmuskulatur. Daneben gibt es, aufgrund der elektrischen und chemischen Eigenschaften unterscheidbar, die langsame Halte- und die schnelle Bewegungsmuskulatur. Haltemuskulatur findet sich beispielsweise in der Rückenmuskulatur, die den Körper aufrecht hält, die Wirbelsäule stabilisiert oder bei baumbewohnenden und kletternden Arten den Schultergürtel stabilisiert. Bewegungsmuskeln sind dagegen solche, die die freie Extremität schnell und kraftvoll vor- und zurückbewegen, wobei nur kurze Kontraktionsphasen mit längeren Erschlaffungsphasen abwechseln. Die Unterschiede zwischen diesen beiden Arten sind hauptsächlich in den elektrischen und chemischen Fähigkeiten der Membranen und der Muskelfasern begründet.

Einige Begriffe aus der **Muskelanatomie**: Den fleischigen Mittelteil eines Muskels bezeichnet man als **Muskelbauch**, das zipfelartige Ende, mit dem der Muskel in die Sehne übergeht als **Muskelkopf**. Einfachste Muskeln bestehen aus einem Muskelbauch, der zwischen zwei Sehnen aufgehängt ist. Innerhalb dieses Muskelbauchs verlaufen die Muskelfasern parallel. Mit zunehmender Komplexität der von den Muskeln zu steuernden Bewegungen wird dieser Bau komplizierter. So gibt es gefiederte Muskeln, bei denen die Muskelfasern nicht parallel, sondern schräg zur Längsachse des Muskels verlaufen, zwei- oder dreiköpfige Muskeln, bei denen nicht eine, sondern mehrere zipfelförmige Endungen in mehreren Sehnen an unterschiedlichen Knochenteilen ansetzen. Es gibt zweibäuchige Muskeln mit hintereinander geschalteten fleischigen Teilen usw.

Der körpernahe bzw. unbewegliche Befestigungspunkt eines Muskels wird als **Ursprung**, der körperferne, am beweglichen Teil des Gelenks befestige Teil als **Ansatz** bezeichnet.

Der gesamte Muskel ist von einer bindegewebigen Hülle, dem Faszium umgeben. Im Inneren des Muskels sind die einzelnen Muskelfaserpakete ebenfalls durch bindegewebige Teile umhüllt.

In der quer gestreiften **Skelettmuskulatur** finden wir neben den Arbeitsfasern, die für die Kontraktion verantwortlich sind, auch **Muskelsinnesorgane**. Diese Muskelspindeln bestehen aus einer komplizierten Zusammenlagerung von Nervenfasern sowie teilweise nicht kontraktionsfähigen, teilweise kontraktionsfähigen Faserbündeln. Sie melden dem zentralen Nervensystem, ob und wie stark ein Muskel gerade kontrahiert wird, warnen aber auch vor Überdehnung oder Überlastung und können bisweilen über einen schnellen reflexartigen Mechanismus sofort den weiteren Kontraktionsvorgang unterbrechen lassen. Dadurch ist eine weitgehende Sicherheit vor Überlastung, Verletzung, Faserriss etc. gegeben. Eine ganz andere Schutzstruktur findet sich an besonders beanspruchten Stellen von Sehnen. Die **Sesambeine**, verknöcherte Sehnen, schützen an solchen Stellen vor mechanischen Schäden. Bekannte Sesambeine sind z.B. die Kniescheibe oder das Erbsenbein am Handgelenk.

Abwandlungen der Rumpfmuskulatur sind die **elektrischen Organe** bei Zitteraal, Nilhecht, Zitterrochen und den anderen elektrischen Fischen. Aus den Muskelpaketen wurden batterieartig hintereinander geschaltete Plattenorgane. Diese werden durch einen Nerv versorgt, der von vorne nach hinten immer dicker wird. Dadurch wird gewährleistet, dass der vom Gehirn ausgehende Befehl zur Entladung hinten genauso schnell ankommt wie vorn. Dies ermöglicht eine synchrone Entladung und damit einen bisweilen recht beträchtlichen Stromschlag. Je nach Stärke dieser Stromschläge unterscheidet man die stark elektrischen Fische, die Stromschläge auch zur Verteidigung und zum Beutefang einsetzen, von den schwach elektrischen, die nur zur Orientierung mit Strom arbeiten.

Die Wahrnehmung von elektrischen Strömen ist bei Wirbeltieren wesentlich weiter verbreitet als die aktive Erzeugung von Stromschlägen.

Neben der Muskulatur des Bewegungsapparats sind noch einige andere, funktionell ebenso wichtige Gruppen von Muskeln zu erwähnen:

Die **Kiefermuskulatur**, die bei Landwirbeltieren zunehmend stärker ausgebildet ist, dient nicht nur der Bewegung des Kiefers, sondern erzeugt auch die zur Zerkleinerung der Nahrung nötige Kraft. Daher sind bei Säugetieren die Bewegungsrichtung des Kiefergelenks, die Hauptverlaufsrichtung der Zahnschmelzbänder und die Nahrung gemeinsam zu betrachten. Während manche zum kraftvollen Zubeißen überwiegend einen senkrecht verlaufenden Schließmuskel aufweisen, ist bei Huftieren die seitliche Bewegung des Kiefers beim Zermahlen der Nahrung zwischen den Backenzähnen wichtiger, bei anderen die Vor- und Rückwärtsbewegung, wenn der Unterkiefer wie etwa bei Meerschweinchenartigen in einem Schlittengelenk gelagert wird. Die unterschiedliche Ausprägung der drei Hauptkaumuskeln Flügelmuskel (Musculus pterygoideus), Schläfenmuskel (Musculus temporalis) und Kaumuskel (Musculus masseter) liefert also Hinweise auf die Ernährungsweise.

Die **mimische Muskulatur**, die ausschließlich bei Säugetieren vorhanden ist, leitet sich von der Kiemenbogenmuskulatur der Fische ab. Sie ermöglicht nicht nur das Öffnen und Schließen der Mundspalte sowie der Augen, sondern lässt auch vielfältige Möglichkeiten der sozialen Kommunikation zu.

Der **Hautmuskelschlauch**, der ebenfalls bei vielen Säugetieren ausgebildet ist, ermöglicht nicht nur das Aufrichten von Haaren und Stacheln, sondern kann beispielsweise beim sich einrollenden Igel auch wie eine elastische Kappe über den Körper gezogen werden und das Tier damit in eine Kugelform bringen. Schließlich sind individuelle Haar- und Federsträubmuskeln an der Basis der meisten Haare und Federn von Säugetieren und Vögeln, jedoch auch bisweilen schon bei Reptilienschuppen vorhanden. Gerade die Bauchschienen der Schlangen, die eine Bedeutung beim Vorwärtskriechen haben, werden durch solche Aufrichtemuskeln gesteuert und stabilisiert.

3.4.6 Fortbewegungsformen

Die Anpassungen von Wirbeltieren an unterschiedliche Fortbewegungsarten sind so vielfältig, dass sie in den Bänden über die jeweilige taxonomische Gruppe behandelt werden müssen. Hier sollen nur einige Grundprinzipien erklärt werden.

3.4.6.1 Fortbewegung im Wasser

Primär wasserlebende Wirbeltiere, ebenso aber auch Schwanzlurche, Krokodile oder Meerechsen, schwimmen durch seitliche **Schlängelbewegungen**, wobei abwechselnde Kontraktionen der linken und rechten Rumpfmuskelpakete den Rumpf bzw. Schwanz in Krümmung und Streckung versetzen. Dadurch drückt sich das Tier sozusagen gegen den Wasserwiderstand ab, und nach dem allgemeinen physikalischen Prinzip von Kraft und Gegenkraft drückt die Wasserwand zurück und schiebt den Fisch bzw. das Krokodil vorwärts. Molche und Salamander, die sich an Land sehr schnell bewegen, greifen ebenfalls auf diese Bewegungsart zurück. Sie legen oft Arme und Beine an und schlängeln sich über den glatten Boden. Auch kriechende Schlangen nutzen Druckpunkte in ihrer Umgebung, um sich von diesen abzustoßen. Insbesondere gilt das für das Schlängelkriechen.

Gewissermaßen um 90° gedreht in Dorsoventral-Richtung ist der gleiche Mechanismus bei sekundär wasserlebenden Säugetieren, nämlich Seekühen und Walen, wiederzufinden.

Der **aktive Flug** von Vögeln, Fledermäusen, wahrscheinlich auch Flugsauriern ist dagegen ein Spiel mit Auftrieb und Widerstand an einer gekrümmten Flügelfläche. In der Schlagbahn wird die gekrümmte Flügelfläche schräg nach vorne gezogen. Dadurch entsteht durch unterschiedliche Strömungsverhältnisse an den Flügelober- und Flügelunterseiten ein Sog, der den Flügel und damit den gesamten Vogel nach oben-vorne bewegt. Da die Flügel unterschiedlich stark verwunden und verdreht werden, überwiegen am körpernahen Armteil eines Vogels bzw. einer größeren Fledermaus die hebenden Kräfte des Auftriebs, am stärker verdrehten, körperfernen Handteil dagegen die nach vorne gerichteten Vortriebskräfte. Daher sagt man auch, der Arm eines Vogelflügels entspräche der Tragfläche und der Handbereich dem Propeller eines Flugzeugs.

In ähnlicher Weise „fliegen“ **Pinguine unter Wasser**. Analysen von Fischsaurierskeletten sowie Bewegungsanalysen von Delfinen, die auf der Bugwelle eines Schiffs mit unbeweglich schräg gestellter Schwanzflosse reiten, zeigen, dass die gleichen Prinzipien auch bei dieser Form der schnellen Fortbewegung im Wasser angewandt werden. Pinguine haben charakteristischerweise alle wichtigen Strukturen und Bewegungen des Flügels und der Flugmuskulatur sozusagen vom Land zum Wasserleben in umgekehrter Richtung übertragen. Ein Pinguin muss nicht für Auftrieb im Wasser sorgen, sondern Abtrieb. Gerade bei kleinen Pinguinarten wird dies deutlich, denn sobald sie mit den Flügeln nicht mehr schlagen, steigen sie wie ein Korken zur Wasseroberfläche auf.

3.4.6.2 Fortbewegung in der Luft

Der **Gleit- und Segelflug** ist sowohl bei großen Vögeln als auch bei einer Reihe von Reptilien (Flugdrache, Flugschlange), Amphibien (Flugfrosch) und mehrmals konvergent bei Säugetieren (dreimal Beuteltiere, Flattermaki, mehrere Hörnchengruppen) entstanden. Im Gegensatz zum aktiven Schlagflug können Gleitflieger nur an Höhe gewinnen, wenn sie sich gegen eine vorhandene Luftströmung, etwa die Thermik (afrikanische Greifvögel in der Savanne), oder den übers Meer pfeifenden Wind (Albatros) stellen. Bei Windstille können Gleitflieger lediglich die Fallgeschwindigkeit verlangsamen und einen schrägen Gleitwinkel erzielen, jedoch keine Höhe gewinnen. Der lang dauernde dynamische Segelflug des Albatros ist daher ein ständiges Wechselspiel mit und gegen den Wind, wobei Auftrieb und Vortrieb, d.h. Steigen und Geschwindigkeit aufnehmen, sich jeweils abwechseln.

3.4.6.3 Fortbewegung an Land

Auch das **Baumklettern** hat eine Reihe von Sonderanpassungen im Bewegungsapparat zur Folge. Bei kletternden Arten sind in der Regel Kraftausübung und starke Haltemuskulatur wichtiger als schnelle Fortbewegung. Ausnahmen sind etwa schwinghangelnde Gibbons. Bei den meisten kletternden Arten finden wir eine stark entwickelte Haltemuskulatur, robuste Knochen, weit vom Gelenk entfernt verlaufende Muskel- und Sehnenansätze, sowie eine große Beweglichkeit in den Hand-, Fuß- und Schultergelenken in alle Richtungen. Dadurch ist es möglich, sich an unterschiedliche Ast- und Stammstärken anzupassen, und den Körper zwischendurch auch ausruhen und in der Position halten zu können. Bisweilen werden sogar zur Nahrungsaufnahme eine oder zwei Extremitäten von der Unterlage gelöst. Auch am Schädel von baumlebenden Wirbeltieren findet man Änderungen. Viele baumlebende Säugetiere sind zu einem stärkeren räumlichen Sehvermögen befähigt als ihre bodenlebenden Verwandten, was sich in einer stärkeren Nach-vorn-Drehung der Augenhöhlen und Augäpfel widerspiegelt.

Ähnlich wie baumlebende und kletternde Arten sind schwere, große **bodenlebende Säugetiere** (aber auch hier parallel dazu die großen Dinosaurier) mit anderen Anpassungen im Skelett ausgestattet als schnelle, leichte und flinke Arten. Die Extremitäten der großen bodenlebenden Formen zeichnen sich dadurch aus, dass die körpernahen Extremitätenteile, vorwiegend Oberarm und Oberschenkel, wesentlich länger und kräftiger ausgebildet sind. Weiter nach distal werden die Extremitätenteile kürzer. Bei schnell beweglichen, flinken Arten ist es umgekehrt, hier sind die proximalen Teile die kürzesten Knochenelemente.

Die Gründe dafür sind die besseren Hebelwirkungen bei einer Verlagerung der kräftigen Körperteile nahe an den Körper. Zum anderen wird die freie Extremität leichter, wenn die schweren Muskelpakete körpernah liegen. Im Idealfall werden die körperfernen Teile nahezu ausschließlich über Sehnen und wenige kleine, leichte Muskelgruppen gesteuert. Auch die Auflagefläche der Extremität des langsam und kraftvoll schreitenden Großtieres ist anders als die der beweglichen schnellen Renner.

In der Gangart setzt sich dieser Unterschied fort. Während kleine oder leichte und flinke Arten in der Regel beim schnelleren Fortbewegen auch Flugphasen einschalten und dann große Teile ihres Bewegungszyklus nur noch mit einem oder zwei Beinen auf den Boden abgestützt sind, ist bei den schweren Arten nahezu nie eine Flugphase vorhanden. Es stehen immer mehrere Extremitäten gleichzeitig auf dem Boden.

3.5 Verdauungssystem

Die Regulation der Nahrungsaufnahme und die Steuerung des **Nahrungsaufnahmeverhaltens** ist bei vielen Wirbeltieren ein kompliziertes Zusammenspiel aus chemischen, mechanischen und hormonellen Reizen. Es wird sowohl die **Füllung** des Magen-Darm-Trakts als auch die Intensität und Häufigkeit von **Kau- und Schluckbewegungen** durch Dehnungs- und Berührungsrezeptoren in Schlund, Speiseröhre und Darmtrakt gemessen und an das Gehirn weitergeleitet. Weitere chemische Messungen betreffen den **Blutzuckerspiegel** und bisweilen den Spiegel an **Fettsäuren** im Blut. Ein Langzeitsteuerungssystem ist das im Fettkörper und in gefüllten Fettzellen produzierte Gewebshormon **Leptin**, das sozusagen den natürlichen Appetitzügler darstellt.

Diese unmittelbaren Steuerungsmechanismen überlagern **tages- und jahresperiodische Veränderungen** der Sollwerte. Beispielsweise hat ein Tier in Vorbereitung auf die Winterruhe einen höheren Nahrungsbedarf und einen später eintretenden Sättigungszustand als zu anderen Zeiten des Jahres. Ein regelmäßig zur gleichen Tageszeit gefüttertes Tier stellt bereits ca. 30 Minuten vor der nächsten Fütterung die Zerlegung von Speicherstoffen in der Leber ein und wartet auf die erneute Futterzufuhr von außen. Aus diesen, durch die innere Uhr und äußere Zeitgeber gesteuerten Nahrungserwartungen entstehen auch die oftmals zur Stereotypie führenden Probleme bei allzu regelmäßiger Fütterung.

Neben dem Bewegungsapparat ist das Verdauungssystem der Wirbeltiere dasjenige Organsystem, das die meisten Anpassungen an unterschiedliche Lebensweisen zeigt. Der Darmtrakt mit seinen Anhangsorganen ist für die Aufnahme und Verarbeitung von Nährstoffen zuständig. Unverdauliche Teile werden wieder ausgeschieden. Die Zusammensetzung der Futtermittel und die Bedeutung der Nährstoffe für den Bau- und den Energiestoffwechsel wird in Kapitel 8 ausführlicher besprochen.

Betrachtet man den Verdauungstrakt eines Wirbeltieres insgesamt, können mehrere z.T. unterschiedliche oder überlappende Gliederungsversuche vorgenommen werden. Interessant ist die Unterteilung nach Funktionen. Hierbei kann zwischen Vorderdarm, Mitteldarm und Enddarm unterschieden werden. Der **Vorderdarm** nimmt die Nahrung auf, bereitet sie vor und schließt sie für die Verdauungsprozesse auf. Der **Mitteldarm** entnimmt Nährstoffe unterschiedlicher Art aus dem Darminhalt und überführt sie in den Blutkreislauf. Der **Enddarm** verpackt das Unverdauliche, zieht das noch vorhandene Wasser heraus und ist für die Ausscheidung der übrig gebliebenen Bestandteile zuständig. Am Mitteldarm befinden sich auch die beiden großen **Verdauungsdrüsen**, Bauchspeicheldrüse und Leber.

Eine Abfaltung des Vorderdarms ist die **Lunge**, die später bei höher entwickelten Knochenfischen zur Schwimmblase evolviert.

Die evolutionsgeschichtliche Entwicklung des Darmtrakts und des Verdauungssystems steht im engen Zusammenhang mit der Entwicklung des **Kopfapparats**. Gesichts- und Kieferskelett, Gesichtsmuskulatur und die Organe des Vorderdarms bilden eine funktionelle Einheit und wirken je nach Nahrungsart und Lebensraum unterschiedlich zusammen. Daher ist eine gemeinsame Betrachtung aller dieser Organsysteme aus funktioneller Sicht notwendig.

Die ursprüngliche Art des Nahrungserwerbs bei Wirbeltieren, die sie bereits von ihren Vorfahren übernommen haben, ist das **Filtrieren** von Planktonlebewesen und anderen verdaulichen Schwebestoffen aus dem freien Wasser. Innerhalb der heute lebenden ursprünglichen Wirbeltiere ist diese Ernährungsweise noch bei den Larven der Neunaugen zu beobachten. Die gleiche Ernährungsweise finden wir, wahrscheinlich jedoch sekundär, bei einer Reihe von rezenten Fischen, sowohl innerhalb der Knorpel- als auch der Knochenfische. Voraussetzung dafür ist ein großes, saugfähiges Maul und eine große innere Oberfläche im Bereich des Kiemendarms, die mit Filtervorrichtungen oder klebrigzähem Schleim ausgestattet sein muss. Moderne Fische, die diese Ernährungsart aufweisen, sind daher immer „dickköpfig" bzw. „kopflastig". Sie zeichnen sich durch einen besonders breiten und oft auch tiefen Kopfbereich aus (z.B. Löffelstör, Walhai). Im Zusammenhang mit dem Aufnehmen größerer Nahrungsbestandteile (wahrscheinlich zunächst tierischer Herkunft, da die Verdauung von pflanzlicher Nahrung einige chemische Schwierigkeiten aufweist) wurde dann die ursprünglich nur als Rahmen um die Mundöffnung herum fungierende Kieferskelettapparatur mit dem Schädel verbunden. Ein Kieferapparat mit Stabilität zum Zubeißen entstand.

Die Ausbildung von **Zähnen** und **Munddrüsen** war ein weiterer Schritt auf dem Weg zur Verdauung von fester und großer Nahrung. Während Zähne bereits in Form von Hautzähnchen vorhanden waren und nur umgestaltet wurden, war die Entwicklung von Zunge und Munddrüsen neu in der Evolution. Auch wenn manche Fische (z.B. Labyrinthfische zum Schaumnestbau) bereits Schleimdrüsen im Mundbereich besitzen, die ein Sekret absondern, setzte die Evolution der Munddrüsen ebenso wie die einer beweglichen, fleischigen Zunge erst beim Übergang zum Landleben ein.

Ein anderer Entwicklungstrend zur zunehmenden Verbesserung und Effektivität des Darmtrakts betrifft seine **Länge** und damit die Resorptionsfähigkeit, also die Fähigkeit, Inhaltstoffe aus dem Darminhalt ins Blut zu übernehmen. Bei ursprünglichen Wirbeltieren einschließlich heute lebender Knorpelfische und ursprünglicher Knochenfische sind der Mitteldarm und auch der Enddarm geradlinig gestreckt. Dieses vergleichsweise kurze Darmrohr weist nur eine sehr begrenzte innere Oberfläche für die Resorption von Nährstoffen auf. Eine Vergrößerung der inneren Oberfläche finden wir bei Knorpelfischen und ursprünglichen Knochenfischen in Form der Spiralfalte. Eine im Inneren des Darms locker aufgewickelte Hautfalte bietet eine größere Oberfläche für die Aufnahme von Darminhaltsstoffen. Jedoch ist diese Falte ein Hindernis für den Nahrungstransport im Darm. Daher wurde bereits bei den heute lebenden modernen Knochenfischen, den Teleostei, die schraubig aufgeworfene Falte reduziert. Stattdessen wurde der Darm verlängert und in **Darmschlingen** gelegt. Zusätzlich wurde die innere Oberfläche durch **Darmzotten** vergrößert. Dadurch wird die Verweildauer der Nahrung im Darm verlängert und eine bessere Nahrungsausnutzung ermöglicht.

Am Übergang zwischen Mitteldarm und Enddarm und bisweilen am Enddarm selbst finden sich bei vielen Tierarten Aussackungen in Form von **Blinddärmen**. Diese Blinddärme sind je nach Verdauungsstrategie als Gärkammern oder als Nahrungsspeicher geeignet.

Auch im Bereich des Vorderdarms finden wir, keineswegs nur in Form des Kropfes der Vögel, vielfach Aussackungen. Auch eine Reihe von pflanzenfressenden Fischen haben solche **Vorderdarmaussackungen**. Darin können bakterielle Verdauungsprozesse stattfinden. Der **Kropf** der Vögel dient neben seiner Aufgabe als Nahrungsspeicher vielfach auch dem Einweichen der Nahrung. Zudem ist das Epithel des Kropfes auch die Produktionsstätte für Nährstoffe der Jungvögel (Kropfmilch).

Wie die Evolutionsgeschichte des Darmtrakts der Wirbeltiere begann und wie die Entwicklungsprozesse wohl dann abgelaufen sein dürften, zeigt ein Blick auf die Larvalentwicklung der Neunaugen. Wir finden dort den typischen, als **Kiemendarm** bezeichneten Vorderdarm. Dieser ist mit einer inneren Oberflächenvergrößerung durch Kiemenbögen und mit einer Vielzahl von Zilien (Flimmerhärchen) besetzt. Am Boden dieses Kiemendarms befindet sich eine schleimproduzierende Rinne (**Endostyl**), aus der sich in der weiteren Entwicklung schon bei Neunaugen die **Schilddrüse** gebildet hat. Seitlich und am Dach des Kiemendarms werden durch Flimmerhärchen die Produkte der Schleimdrüse verteilt und dienen als Klebstoff für die im eingestrudelten Wasser befindlichen Nahrungsteilchen. Am Dach des Kiemendarms wird der nunmehr mit Nahrung und anderen Schwebeteilchen versehene Schleim eingesammelt und durch Wimpernschlag nach hinten in den Nahrungsdarm transportiert. Der **Nahrungsdarm** schließt direkt an den Kiemendarm an. Im Laufe der **Metamorphose** vom larvalen Zustand zum erwachsenen Neunauge wird der Kiementeil des Kiemendarms von der darüberliegenden Speiseröhre getrennt. Dazu wächst eine Hautfalte quer in den offenen Raum des Kiemendarms hinein. Die Speiseröhre mündet dann direkt in den Verdauungsteil des Darms.

Diese Entwicklung ist ein Modell für die stammesgeschichtliche Entwicklung des Verdauungstrakts und seine ursprüngliche Verknüpfung mit dem Atmungssystem.

3.5.1 Mundbereich

3.5.1.1 Weichteile

Bei den meisten Wirbeltieren ist die Mundspalte groß und wird nach hinten erst durch das Kiefergelenk begrenzt. Nur bei wenigen Arten außerhalb der Säugetiere, etwa den Lippfischen, finden wir eine den Gesichtsweichteilen der Säugetiere entsprechende Bildung. Die Entstehung echter **Gesichtsweichteile** in Form von Lippen und Wangen dagegen ist erst im Laufe des Übergangs vom Reptil zum Säugetier geschehen. Ursächlich dafür war wahrscheinlich die Notwendigkeit, einen zum Saugen der Jungtiere notwendigen Unterdruck im Mundraum aufrechtzuhalten. Auch die Notwendigkeit, während des längeren Kauens der Nahrung den Mund geschlossen zu halten, um Verluste durch Herausfallen zu verhindern, kam wohl dazu. Die heute lebenden Kloakentiere (Schnabeltier und Schnabeligel) besitzen noch keine Gesichtsweichteile. In Verbindung mit der Tatsache, dass sie auch noch nicht säugen, sondern ihre Jungtiere die Milch nur auflecken, ist dies auch nicht notwendig.

Die Entstehung von Lippen und Wangenstrukturen ermöglichte nicht nur die bessere und längere Kautätigkeit. Außerdem sind Lippen und Wangen in Kombination mit der gleichzeitig entstandenen mimischen Muskulatur ein wichtiger Teil der sozialen Kommunikation der Säugetiere geworden. Zudem bilden sie bei vielen Tierarten **Backentaschen**. Diese als Vorratsbehälter dienenden Hautfalten ermöglichen es vor allem kleineren Säugetieren, Nahrung sehr schnell einzusammeln. Im geschützten Bau oder in anderer Deckung kann dann sortiert und gefressen werden. Die Entstehung von Backentaschen ist nicht nur bei Nagetieren, sondern auch bei manchen Primaten (Makaken) zu beobachten. Meist handelt es sich dabei um innere Backentaschen, die von der Mundhöhle aus befüllt werden. Einige Arten dagegen haben äußere Backentaschen (namengebend für die Taschenratten), die sich unabhängig von der Mundhöhle öffnen. Sie müssen mit den Pfoten gefüllt und entleert werden; danach wird die Nahrung mit den Sinnesorganen geprüft und sortiert, bevor sie gefressen wird.

Wie bereits erwähnt ist neben dem seitlichen und vorderen Verschluss durch Gesichtsweichteile auch die Trennung von Atmungs- und Nahrungsweg durch ein **Gaumendach** eine wesent-

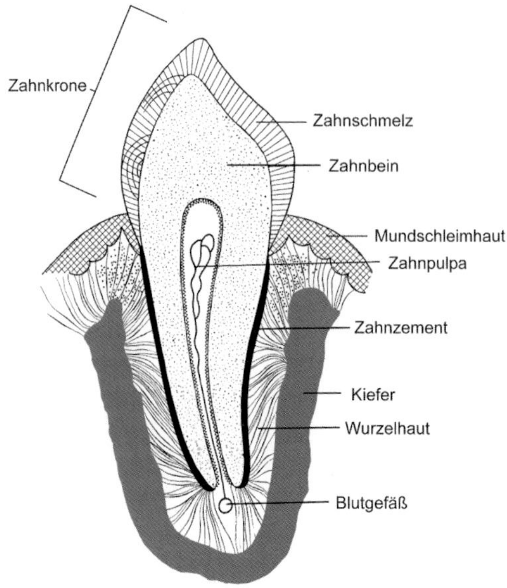

Abb. 3.14 Schneidezahn eines Säugetiers (Längsschnitt).

liche Voraussetzung für längeres, ungestörtes Kauen bei gleichzeitiger Atmung. Ein harter Gaumen entsteht daher bei der Entwicklung der Säugetiere sehr früh und wird durch den weichen Gaumen, auch Gaumensegel genannt, nach hinten fortgesetzt. Die innere Nasenöffnung (Choane) liegt daher noch wesentlich weiter hinten als am präparierten Schädel erkennbar. Einige Gruppen der Säugetiere (beispielsweise Wale, aber auch Erdferkel und Pferdeartige) haben sogar eine nahezu vollständige Trennung von Atmungs- und Nahrungsweg. Der Kehlkopfdeckel wächst nach vorne dem weichen Gaumen entgegen. Dadurch sind die Atemwege vollständig von der Nahrungsaufnahme isoliert. Nachteil dieser vollständigen Trennung ist jedoch, dass die Tiere nicht mehr durch den Mund atmen können.

Durch eine fleischige Verdoppelung im Mundboden entstand bei den Landwirbeltieren die **Zunge**. Diese hat je nach Nahrungserwerb sehr unterschiedliche Formen und Aufgaben. Bereits bei den heute lebenden Amphibien ist die Zunge entweder als Klappzunge (Froschlurche) mit Greiffähigkeit an der Zungenspitze oder als Schleuderzunge (Schwanzlurche) mit Klebdrüsen unterschiedlich ausgebildet. Innerhalb der Reptilien, speziell der Schuppenkriechtiere, lässt sich ebenfalls eine Differenzierung der Zungenfunktion erkennen. Ursprünglichere Gruppen, etwa die Chamäleonartigen, besitzen noch eine Schleuder- und Greifzunge. Bei hoch entwickelten Formen, z.B. Halsbandeidechsen, Waranen oder Schlangen, ist die Zunge dagegen weitgehend zu einem Hilfsorgan der chemischen Sinnesorgane umgewandelt. Sie dient nahezu ausschließlich dazu, Duftpartikel aus der Umgebung aufzunehmen und ins Jacobson'sche Organ im Munddach zu befördern.

Auch bei Vögeln hat die Zunge eine sehr unterschiedliche Form und Funktion. Man denke nur an die dicke klöppelförmige Zunge der meisten Papageien, die mit sehr vielen Tastorganen ausgestattet ist, die bürstenartige Zunge der nah verwandten Loris oder die lange, mit hornigen Widerhaken versehene Zunge der Spechte.

Die Zunge der Säugetiere ist meist als länglicher, beweglicher, fleischiger Wulst ein vielfältiges Hilfsorgan der Nahrungszerkleinerung und nur selten beim Ergreifen der Nahrung tätig. Ausnahmen davon sind die konvergent zur Bürstenzunge der Loris ausgebildeten Konstruktionen von nektar- und pollenfressenden Säugetieren, etwa den Honigbeutlern der australischen Faunenregion. Eine wesentliche Funktion der Zunge ist bei Säugetieren die chemische Prüfung der aufgenommenen Nahrungsmittel durch die **Geschmacksknospen**. Um die Geschmacksknospen jederzeit funktionsfähig zu halten, ist es nötig, diese bzw. ihre Umgebung von Nahrungsresten bereits geprüfter, früher aufgenommener Nahrung zu säubern. Daher finden wir auf der Zunge und speziell in der Umgebung der Geschmacksknospen **Spüldrüsen**, die einen dünnflüssigen Speichel absondern.

Die größere Menge des produzierten Speichels entsteht nicht in den Spüldrüsen, sondern in den **Speicheldrüsen**, die ebenfalls ein Charakteristikum der Landsäugetiere sind. Man unterscheidet zwischen dem dünnflüssigeren Spül- bzw. Gleitspeichel und dem zähflüssigeren Speichel, der teilweise auch der Verdauung dienende Enzyme enthält. Die drei Paar großen Speicheldrüsen sind: Ohrspeicheldrüse (im Oberkiefer, Glandula parotis), Unterzungen- (Glandula sublingualis) und Unterkieferdrüse (Glandula submaxillaris). Letztere beide münden in den Unterkiefer.

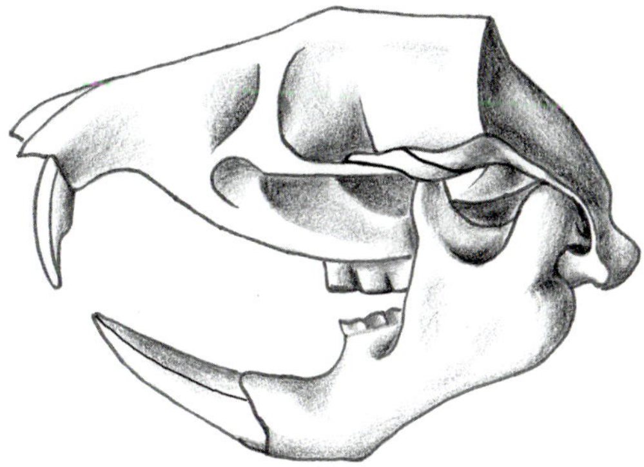

Abb. 3.15 Nagegebiss einer Blindmaus.

3.5.1.2 Zähne

Zahnbau

Bereits bei den Knorpelfischen ist eine weitere Organanlage in die Funktion des Mundapparats einbezogen, nämlich die Bildung von spezialisierten **Mundzähnen**. Wie später auszuführen sein wird, sind Zähne ursprünglich über den gesamten Körper eines Wirbeltiers verteilt vorgekommen. Nur durch den Kontakt mit dem Mund-, insbesondere dem Kieferapparat bilden sich große, für die Funktion des Festhaltens und Zerkleinerns der Nahrung angepasste Mundzähne. Bereits bei den Knorpelfischen nehmen diese Mundzähne je nach Nahrungsart unterschiedliche Formen an. Neben den spitzen, ein- bis dreizackigen Festhaltezähnen finden wir auch sägeblattartige Strukturen oder zum Knacken von Muscheln und anderen Schalentieren geeignete Platten. Die Seekatzen, die dritte Gruppe der Knorpelfische, haben bereits eine papageienschnabelartige Bildung zum Zerknacken von hartschaligen Beutetieren.

Ebenso vielgestaltig sind Zahl und Form der Zähne bei Knochenfischen, auch hier sind von spitzen Festhaltezähnen bis zu abgerundeten Schalenknackgebissen (durophage Zähne) sehr unterschiedliche Formen zu beobachten. Manche Knochenfische besitzen bereits eine Differenzierung des Gebisses, wobei im vorderen Kieferbereich spitze Greifzähne, im hinteren Bereich abgerundete Knackzähne zu finden sind (Heterodontie).

Während die Zähne der heute lebenden Amphibien klein und wenig differenziert sind, ist bei **Reptilien** eine Vielzahl unterschiedlicher Zahnanpassungen zu finden. Es gibt spitze Festhaltezähne, abgerundete durophage Zähne, aber auch Giftzähne mit Giftfurchen oder mit ins Innere des Zahnes verlagerten Giftkanälen. Der Endpunkt der Entwicklung von Giftzähnen bei Reptilien liegt in den einer Injektionsnadel ähnlich gestalteten Zähnen der Giftschlangen.

Eine Reihe von Wirbeltieren hat in Anpassung an spezielle Ernährungsgewohnheiten eine mehr oder weniger vollständige **Reduzierung des Gebisses** erfahren. Vollständig zahnlos unter den heute lebenden Wirbeltieren sind die Schildkröten, die Vögel und einige Säugetiergruppen. Schildkröten und Vögel besitzen

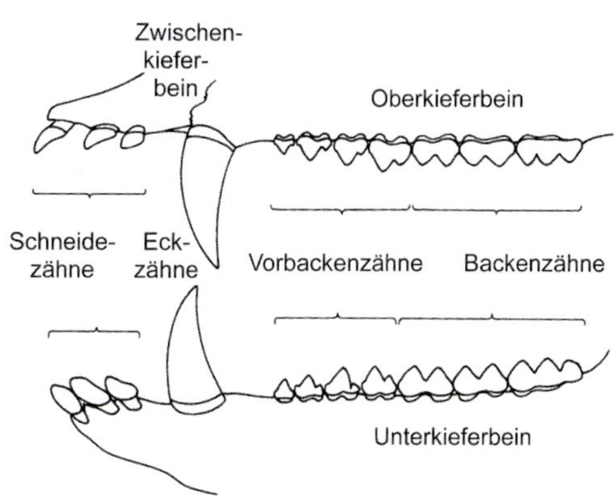

Abb. 3.16 Zähne im heterodonten Gebiss.

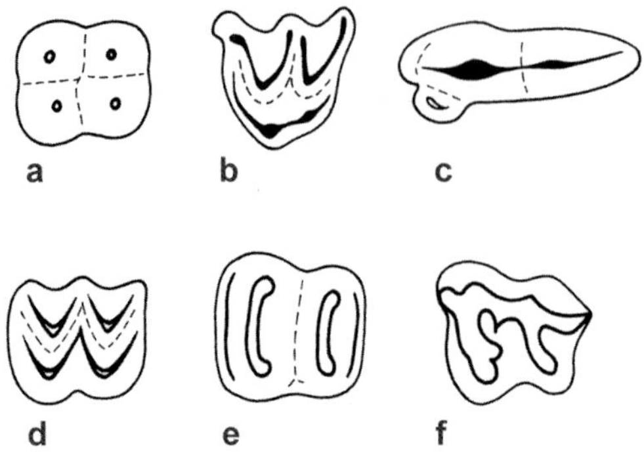

Abb. 3.17 Aufsicht auf die Kronen verschiedener Backenzahntypen. **a:** Schwein, bunodont, **b:** einige Insektenfresser oder Spitzhörnchen, dilambdodont, **c:** Katze, secodont, **d:** Wiederkäuer, selenodont, **e:** Meerkatzen, Tapire, bilophodont, **f:** Nashörner, lophodont.

Hornschnäbel als Überzug des knöchernen Kiefers, wobei Form und Struktur des Hornschnabels von der Nahrung und Lebensweise abhängen. Ursächlich für die Reduktion der Zähne insbesondere bei Vögeln war sicherlich die Gewichtsreduktion. Zähne, Zahnfesthaltesystem und die Zahnfächer im Knochen würden den Vogel kopflastig machen, hinderlich für eine ausgeglichene Schwerpunktlage beim Fliegen. Der Übergang vom bezahnten Kiefer zum mit einer hornigen Rhamphothek (Schnabelscheide) überzogenen zahnlosen Kiefer ist durch Fossilien gut dokumentiert.

Die **Zahnbefestigung** geschieht ursprünglich mit Zement auf dem (akrodont) oder seitlich (pleurodont) am Kieferknochen. Diese Form der Befestigung ermöglichte zwar keine elastische Aufhängung, ließ jedoch den Zahnverlust durch einen nachrückenden Ersatzzahn leicht wieder ergänzen. Erst beim Übergang zu den Säugetieren änderte sich die Zahnbefestigung grundlegend. Anstatt auf dem Kieferknochen zu sitzen, wurden die Zähne nun in **Zahnfächer** versenkt (thekodont) und die **Zahnwurzeln** von den Zahnfächern (Alveolen) des Kieferknochens umschlossen. Eine weitere Verbesserung der Kaufunktion war, dass die Zähne nicht wie beispielsweise bei Krokodilen im Zahnfach mit Zahnzement befestigt sind (prothekodont). Stattdessen finden wir bei Säugetieren eine Befestigung mit zähen, reißfesten **Bindegewebsfasern**. Der Zahn ist also im Zahnfach elastisch aufgehängt, anstatt am Boden des Zahnfachs festzementiert. Dies bedeutet, dass auch beim Kauen eine gleichmäßige Verteilung des Kaudrucks über die gesamte Wand des Zahnfachs erfolgt, anstatt sich punktförmig auf die Zahnwurzelspitze zu beschränken. Mit dieser Form der Zahnbefestigung ist eine größere Elastizität und damit auch ein Abfedern des bisweilen gewaltig starken Kaudrucks möglich.

Ebenso charakteristisch für die Zähne der Säugetiere ist der Besitz von echten Zahnwurzeln. Mithilfe dieser Strukturen ist eine bessere Verankerung des Zahnes im Kieferknochen und damit eine weitere Steigerung des Kaudrucks möglich.

Demgegenüber ist der Besitz einer Zahnhöhle (Pulpa) kein modernes Merkmal hoch entwickelter Wirbeltierzähne. Bereits die Hautzähnchen der Haie und Knorpelfische besitzen eine Pulpa, und auch dort finden sich Blutgefäße und Nervenfasern in der Zahnhöhle.

Die wichtigste Substanz in der Bildung des Zahnes ist das **Zahnbein** (Dentin), welches zu den Binde- und Stützgeweben zählt. Neben diesem, ähnlich dem Knochen strukturierten, aber noch festeren und stärker mineralisierten Abkömmling des Binde- und Stützgewebes finden wir den **Zahnzement**. Dieser sitzt an der äußeren Oberfläche zur Zahnbefestigung; auch Zement ist ein Teil des Binde- und Stützgewebes. Der **Schmelz** dagegen ist eine Absonderung des Epithelgewebes. Zahnschmelz ist die härteste in der belebten Natur vorkommende Substanz. Er wird in der embryonalen Bildung des Zahnes von einem glockenartigen über die Zahnanlage gestülpten speziellen Bildungsgewebe abgesondert. Sobald der Zahn das Zahnfleisch durchbricht, stirbt dieses Bildungsgewebe ab. Daher kann Zahnschmelz im Gegensatz zu Zahnbein am fertigen Zahn nicht mehr ersetzt werden. Demgegenüber ist Zahnbein, solange die Zahnpulpa noch mit Nerven und Blutgefäßen gefüllt ist, von innen her ersetzbar.

Zahnwechsel

Erst mit der Evolution des Säugetiergebisses wurde die Zahl der verfügbaren Zahngenerationen reduziert. Alle anderen Wirbeltiere können zeitlebens Zähne, die ausfallen oder abbrechen, ersetzen. Bei Haien und Rochen geschieht dieser **Zahnersatz** sogar ohne vorangehende Beschädigung regelmäßig. Man spricht wegen der ständig nachgelieferten Ersatzzähne auch von einem Revolvergebiss. Die Reduzierung der Zahngenerationen auf zwei bei Säugetieren ist wohl eine notwendige Folge der Tatsache, dass zum Erreichen eines besonders exakten Zusammenspiels zwei Gegenzähne sich individuell mit ihren Schliffspuren und Höckern aufeinander einspielen müssen. Sobald dies geschehen ist, wird die mechanische Zerkleinerung der Nahrung besonders effektiv. Das exakte Zusammenspiel wird nicht wieder aufgehoben, wenn ein Zahn ersetzt wird.

Die meisten Säugetiere wechseln ihre Zähne einmal beim Übergang vom **Milchgebiss** zum **bleibenden Gebiss**. Dieser einmalige Zahnwechsel ist nötig, weil der Kiefer im Laufe der Jugendentwicklung wächst, die Zähne können dies nicht. Um eine vollständige Zahnreihe maximal möglicher Länge zu erreichen, benötigen erwachsene Tiere größere Zähne als Jungtiere. Durch die Tätigkeit spezieller, säureproduzierender Zellen (Odontoklasten) wird die Zahnwurzel der Milchzähne angeätzt und aufgelöst. Dadurch wird der Milchzahn locker und fällt aus.

Diese Form des Zahnwechsels, als **vertikaler Zahnwechsel** bezeichnet, hinterlässt beim Übergang zunächst deutliche Zahnlücken. Solche Zahnlücken sind für das reibungslose Zusammenspiel aufeinander abgestimmter Zähne nicht hilfreich. Eine Reihe von gras- und anderen harte Pflanzen fressenden Säugetieren haben dem gegenüber einen Zahnwechselmodus, bei dem es nicht zur Lückenbildung kommt. Dies ist der **horizontale Zahnwechsel**, bei dem die Ersatzzähne langsam und in minimalen

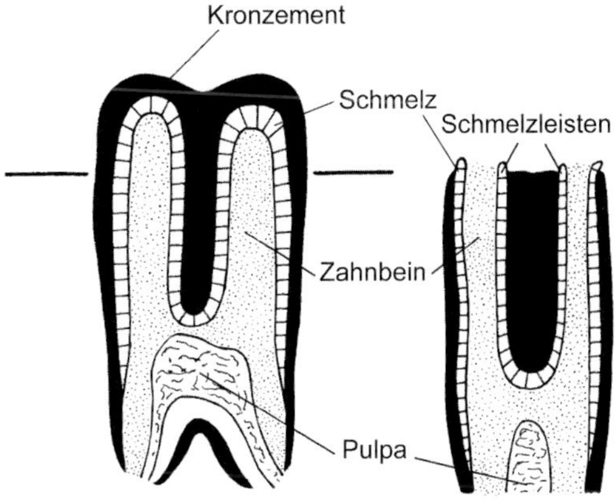

Abb. 3.18 Schnitt durch den hochkronigen Backenzahn eines Wiederkäuers, links vor, rechts nach Abnutzung.

Schritten von hinten nach vorne in den Kaubereich hineingeschoben werden. Die zu ersetzenden, abgenutzten Zähne werden in gleicher Weise nach vorne aus dem Kaubereich herausgeschoben. Erst dann setzt die Tätigkeit von Odontoklasten ein. Die Wurzel wird abgebaut, die Krone abgeworfen. Horizontalen Zahnwechsel finden wir bei Seekühen, Elefanten und den höher entwickelten Känguruarten. Während bei Elefanten der Zahnwechsel bzw. das Ausfallen und Abnutzen des hintersten Backenzahnes die Lebenszeit begrenzt, sind Seekühe offensichtlich in der Lage, so viele Zähne nachzuproduzieren, dass es zumindest bisher noch keinen dokumentierten Fall einer durch Zahnverlust beeinträchtigten Seekuh gab. Der horizontale Zahnwechsel ist immer ein fein abgestimmtes Zusammenspiel nicht nur zwischen der Tätigkeit von zahnbildenden und zahnabbauenden Zellen. Um den Zahn in jedem Stadium des Zahnwechsels noch fest und damit kaufähig im Kiefer verankert zu haben, muss auch die Alveole, das Zahnfach, mit verschoben werden. Neben der Tätigkeit der genannten zahnabbauenden Zellen wirken dabei auch knochenabbauende (Osteoklasten) und knochenaufbauende Zellen (Osteoblasten) mit. Das Zahnfach wird ständig durch die Osteoklastentätigkeit an seinem Vorderrand ab- und durch die Osteoblastentätigkeit am Hinterrand aufgebaut. So rückt der Zahn passiv durch eine Nach-vorn-Verlagerung des Zahnfachs mit, bleibt aber in jedem Stadium an der Seite des Zahnfachs verankert.

Spezielle Zahntypen

Neben dem Zahnwechsel und der Zahnzahl sind **Form** und **Größe** der Zahnwurzel als deutliche Anpassungen an unterschiedliche Nahrungsbedingungen erkennbar. Bei ursprünglichen Zähnen, auch bei ursprünglichen Säugetierzähnen, ist die Wurzel mindestens ebenso lang, oft sogar länger als die Krone (brachyodonter Zahn). Diese Proportion von flacher Krone und langer Wurzel ist dann ungünstig, wenn harte, Zahnabrieb produzierende Nahrung zerschrotet werden muss. Viele Säugetierarten, die sich von Gras, Ästen oder anderer harter Pflanzennahrung ernähren, haben daher hochkronige (hypsodonte) Zähne, wie wir sie nicht nur von Pferden, Wiederkäuern und Elefanten, sondern beispielsweise auch von Wasserschweinen, Stachelschweinen und einigen grasfressenden Beuteltieren (Wombats) kennen. Das Proportionsverhältnis ist verschoben, die Krone ist höher und die Wurzel ist kürzer. Vielfach sind hypsodonte Zähne auch mit einem länger andauernden Wachstum der Gesamthöhe des Zahnes verknüpft. Die Zähne werden also im Laufe des Lebens immer weiter aus dem Kiefer herausgeschoben. Dies gilt neben den Backenzähnen einiger Grasfresser auch für die Nagezähne (siehe unten). Solche **dauerhaft wachsenden Zähne** werden fälschlicherweise vielfach als wurzellos bezeichnet. Sie sind jedoch nicht wurzellos, sie haben lediglich einen breiten offenen Wurzelkanal, um die notwendigen großen Mengen an Nährstoffen für die Bildung des nachwachsenden Zahnes in die Pulpa schaffen zu können. Man spricht daher besser von **offenwurzeligen** anstatt von wurzellosen Zähnen.

Zur speziellen Form und Bildung der Säugetierzähne siehe den Band „Säugetiere“. Hier sollen nur einige, mehrfach konvergent auftretende Entwicklungen der Zahnform kurz angesprochen werden. Eine der auffallend oft konvergent auftretenden Spezialanpassungen betrifft die Bildung von **Nagezähnen**. Nagezähne sind meißelförmige Zähne, die im Schneidezahnbereich stehen. Sie sind durch eine unterschiedliche Zahnhärte auf der vorderen und hinteren Seite charakterisiert. Bei Nagetieren, dem Fingertier sowie den Haarnasenwombats ist nur die Vorderseite mit Zahnschmelz überzogen, die Rückseite besteht ausschließlich aus Dentin. Bei Hasenartigen und einigen anderen Säugetieren ist die Vorderseite mit dickem, die Hinterseite mit dünnem Schmelz überzogen. Der Effekt ist in beiden Fällen der, dass beim Arbeiten gegen ein hartes Substrat (Nagezähne dienen nicht nur dem Nahrungserwerb, sondern bei manchen unterirdisch lebenden Nagetieren auch dem Graben) sich der harte vordere Teil des Zahnes langsamer abnutzt als der weichere rückwärtige Teil. Dadurch entsteht der meißelförmige Abschliff, der für funktionsfähige Nagezähne charakteristisch ist. Da sich die Nagezähne nicht gegeneinander, sondern nur an der Nahrung oder dem Hartsubstrat abwetzen, kommt es zum Auswachsen der Nagezähne bei der Fütterung mit zu weicher Nahrung.

Säugetiere weisen vier charakteristische **Zahntypen** auf: die im vorderen Bereich stehenden Schneidezähne, die Eckzähne, die Vorbackenzähne und die Backenzähne. Die Anzahl wird in einer Zahnformel pro Kieferhälfte angegeben. Ursprünglich haben plazentale Säuger die Zahnformel 3/3 1/1 4/4 3/3. Das bedeutet, dass sowohl im Ober- wie im Unterkiefer je drei Schneidezähne stehen. Sodann folgen oben und unten je ein Eckzahn, danach vier Vorbacken- und drei Backenzähne.

Schneidezähne (Incisivi) sind nur im Oberkiefer eindeutig definierbar, sie sitzen im Zwischenkieferknochen (Prämaxillare, siehe oben). Daher sind die Stoßzähne der Elefanten auch Schneidezähne. Da der Unterkiefer nur aus einem einzigen Knochen (Dentale, siehe Abb. 3.8) besteht, kann man sich bei der Definition der Unterkieferschneidezähne nur einer Hilfskonstruktion bedienen. Man bezeichnet als Unterkieferschneidezähne solche Zähne, die gegen die im Oberkiefer definierten Schneidezähne arbeiten.

Entsprechendes gilt für die **Eckzähne**: Eckzähne (Canini) sind diejenigen Zähne, die als erste im eigentlichen Kieferknochen (Maxillare, siehe Abb. 3.8) stehen und im Unterkiefer gegen diese ersten Maxillarzähne arbeiten.

Allgemeiner ist die Definition von **Vorbackenzähnen** (Prämolaren) und **Backenzähnen** (Molaren). Vorbackenzähne werden gewechselt, sie haben also Vorgänger im Milchgebiss. Backenzähne werden nicht gewechselt. Embryonal gesehen entstammen die Backenzähne dem Milchgebiss, werden jedoch um den Zeitpunkt der Entwöhnung oder bis zum Zeitpunkt der Geschlechtsreife ausgebildet und durchbrechen erst dann das Zahnfleisch.

Die **Zahl der Zähne** ist bei plazentalen Säugetieren nicht nur nach Generationenzahl, sondern auch nach Zahnzahl pro Zahntyp eindeutig beschränkt. Sekundäre Verminderungen der Zahnzahl sind im funktionalen Zusammenhang relativ häufig. Sekundäre Vermehrungen finden wir nur selten (z.B. Gürteltiere, Löffelhund).

Neben der Entstehung hochkroniger Zähne, insbesondere im Backenzahnbereich, treten weitere funktionale Anpassungen, insbesondere an Pflanzennahrung, immer wieder auf. Während die ursprünglichen Backenzähne von Säugetieren aus einer größeren Zahl von gegeneinander arbeitenden Höckern bestehen (bunodont), wird bei einseitiger Pflanzennahrung oftmals die Krone in eine **Quetsch- und Reibefläche** umgestaltet. Dies kann in unterschiedlicher Form geschehen. In den meisten Fällen stehen die **Schmelzleisten** quer zur Hauptkaurichtung. Bei Wiederkäuern (selenodont) und Pferden (plicident) stehen sie längs der Zahnlängsachse, da diese Tiere durch seitliche Kauschläge mahlend kauen. Bei Wasserschweinen, Elefanten und einigen anderen Arten, die überwiegend in Vor-zurück-Richtung kauen, stehen dagegen die Schmelzleisten und Schmelzfächer quer zur Zahnlängsachse (Lamellenzähne).

Ein **sekundärer Rückgang** zur einfachen, undifferenzierten Zahnform (**Homodontie**) findet sich bei solchen Säugetieren, deren Gebiss wieder die ursprüngliche Festhaltefunktion erhält. Dies gilt vor allem für die Zahnwale, in abgeschwächter Form jedoch auch für eine Reihe von größeren, insektenfressenden Arten, etwa Gürteltiere oder Erdferkel. Ebenso kommt es in diesem Zusammenhang mehrfach zu einer erneuten Vermehrung über die in der Zahngrundformel der Säugetiere hinausgehende Zahl von Zähnen. Neben den Zahnwalen finden wir eine solche Zahnvermehrung bei Gürteltieren, aber auch beim Löffelhund innerhalb der Hundeartigen.

3.5.2 Kiemendarm und Speiseröhre

An die Mundhöhle schließt sich der nächste Abschnitt des Vorderdarms an. Bei ursprünglichen Wirbeltieren spricht man von einem Kiemendarm. Die Hauptfunktion dieses Kiemendarms besteht in der Ausbildung eines oberflächengroßen Filtrationsorgans. Die Atmungsfunktion wurde dann sekundär durch weitere Oberflächenvergrößerungen verbessert (siehe Abschnitt: Atmungsorgane). Aus dem **Kiemendarm** entsteht durch embryonale oder larvale Differenzierung eine Reihe von Organen, neben der Schilddrüse und Nebenschilddrüse (siehe Abschnitt: Hormondrüsen) sind dies beispielsweise die Verbindung zwischen Mundhöhle und Mittelohr, die Eustachi'sche Röhre, oder Teile des Immunsystems (z.B. Thymus). Aus Stützstrukturen des Kiemendarms bilden sich Gehörknöchelchen, Zungenbeinhörner und Kehlkopf.

Die **Speiseröhre** ist entwicklungsgeschichtlich der dorsale Teil des Kiemendarms, der durch Einziehung einer horizontalen Hautfalte abgetrennt wurde. Sie weist eine Muskelwand auf, die durch peristaltische Bewegungen die Nahrung aus dem Mundbereich beim Schlucken aktiv nach hinten in den Magen transportiert. Unter **Peristaltik** versteht man von vorn nach hinten den Darm entlang laufende Kontraktionswellen der umgebenden Muskulatur. Dadurch verengt und erweitert sich der Darmraum abwechselnd und der Nahrungsbrei wird nach hinten weitergeschoben. Aussackungen der

Speiseröhre in Form von Kropfbildungen etc. wurden bereits besprochen. Die Speiseröhre ist mit einem Plattenepithel ausgekleidet, das den mechanischen Belastungen und den chemischen Wirkungen der Verdauungsenzyme widerstehen kann.

3.5.3 Magen

Auch der Magen gehört vergleichend anatomisch/funktionell noch zum **Vorderdarm**. Seine Hauptaufgabe besteht zunächst in der Abgabe von **eiweißverdauenden Enzymen**. Die **Drüsenzellen** der Magenschleimhaut produzieren insgesamt drei Arten von Drüsensekreten: das **Pepsinogen**, die inaktive Vorstufe des Pepsins, die **Salzsäure** und den **Schleim**, der den Magen schützt. Durch diese Dreiteilung der Sekretion ist gewährleistet, dass ein Magen sich nicht selbst verdaut. Solange sich das Pepsinogen in den Drüsenzellen befindet, greift es kein Gewebe an. Erst beim gleichzeitigen Abgeben von Pepsinogen und Salzsäure wird das Pepsinogen in das verdauungsaktive Pepsin, den eigentlichen Magensaft umgewandelt. Jetzt schützt aber die Schleimschicht der schleimproduzierenden Zellen die Magenwand vor dem Angriff, insbesondere dann, wenn sich genug Magenbrei in der Magenhöhle befindet. Angeregt wird die Ausschüttung der Salzsäure vorwiegend durch mechanische Reizung des Schlund- und Speiseröhrenbereichs, Kautätigkeit, Speichelproduktion, aber auch durch verhaltensbiologische Faktoren, z.B. Nahrungserwartung bei regelmäßigen Fütterungszeiten, Geruch oder Geschmack von Speisen etc.

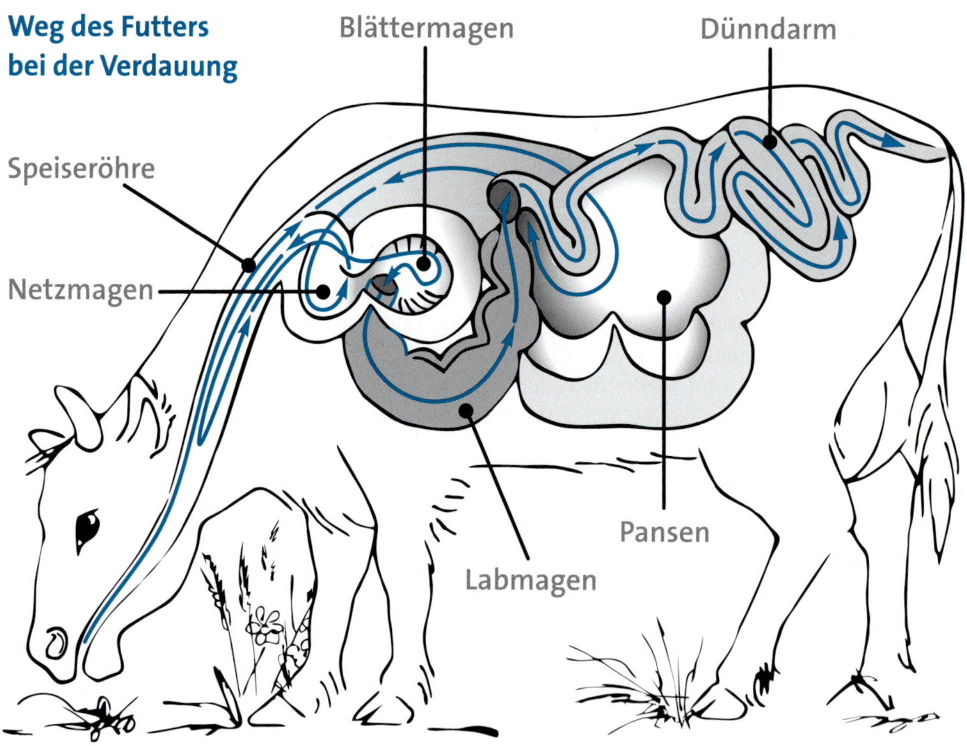

Abb. 3.19 Der Weg der Nahrung und Grobteilung der Magen- und Darmabschnitte bei einer Kuh als Vertreterin der Raufutterfresser unter den Wiederkäuern.

Bei einigen Wirbeltiergruppen (Vögel, Krokodile, Schuppentiere) dient der Magen nicht nur der chemischen, sondern auch der **mechanischen Zerkleinerung** der Nahrung (Kaumagen). Vielfach werden dazu Steine verschluckt (nicht nur bei Vögeln, auch bei Krokodilen beispielsweise), die dann gemeinsam mit der muskulösen Magenwand als Mahlsteine dienen. Gerade bei Vögeln ist die funktionelle Zweiteilung des Magens in den vorderen, dickwandigen **Muskelmagen** und den hinteren, dünnwandigen aber drüsenreichen **Drüsenmagen** deutlich erkennbar. Die relativen Größenverhältnisse von Drüsen- und Muskelmagen sind von der Nahrungsart abhängig und variieren zwischen den Vogeltaxa.

Auch bei Haien und bei einigen anderen Fischen ist die funktionelle Unterteilung in einen sackförmigen Vormagen (Cardia) und einen drüsenreicheren hinteren Magenabschnitt (Pylorus) bereits erkennbar.

Morphologisch gegliedert ist der Magen bei einer Reihe von pflanzenfressenden Säugetieren. Hier spricht man dann von **mehrkammerigen** oder **mehrhöhligen Mägen**, wobei ein gekammerter Magen nicht nur einmal, sondern konvergent mehrfach bei Säugetieren entstand. Auch Kamele, Kängurus, Schlankaffen, Pekaris und Faultiere haben eine teilweise oder vollständige Magenkammerung. In allen diesen Fällen sind die vorderen Teile des mehrhöhligen Magens Gärkammern, in denen Bakterien und einzellige Eukaryoten die Verdauung unterstützen. Dies ist nötig, weil tierische Verdauungsenzyme die pflanzliche Zellwand (aus Zellulose) nicht zerlegen können. Dazu bedarf es der **Symbionten**, also mitwirkender Kleinlebewesen. Erst wenn diese die Zellulose zerlegt haben, können die körpereigenen Verdauungsenzyme des Tieres die Verdauung erledigen.

Dementsprechend finden wir auch bei mehrhöhligen Mägen den drüsenreichen Teil, der die genannten Verdauungssäfte absondert, im hintersten Magenabschnitt. Beim Wiederkäuer ist dies der Labmagen. Dort findet bei noch saugenden Jungtieren die Verdauung der Muttermilch statt, die über eine Schlundrinne an den Gärkammern vorbei direkt dorthin geleitet wird. Im Labmagen wird jedoch nicht nur Muttermilch verdaut. Auch ein Gutteil der zunächst symbiontisch aktiven Bakterien und Kleinlebewesen aus den vorderen Magenabschnitten wird im Labmagen verdaut. Das Eiweiß der Symbionten wird also der Verdauung des Wiederkäuers zugeführt.

3.5.4 Mitteldarm

An den Magen, dessen abschließender Schließmuskel (**Pylorusmuskel**) den Übergang der Nahrung in den Dünndarm kontrolliert, schließt sich der eigentliche Verdauungsteil, der Mitteldarm an. In den Mitteldarm münden die Ausführgänge zweier großer Drüsen, der **Bauchspeicheldrüse** (Pankreas) und der **Leber** (Heparon).

Die Bauchspeicheldrüse ist nicht nur eine Verdauungsdrüse, sondern auch eine wichtige Hormondrüse. Im Verdauungszusammenhang produziert sie fett- und kohlenhydratverdauende Enzyme (**Lipasen** und **Amylasen**) sowie Enzyme, die kurzkettige Eiweißbestandteile zerlegen (**Proteasen**). Zudem hat sie die wichtige Aufgabe, den Darminhalt chemisch zu neutralisieren. Der durch Magensäure stark angesäuerte Mageninhalt wird in einen **alkalischen** Grundzustand zurückversetzt.

Die Funktionen der Leber sind vielfältig. Neben Verdauungsaufgaben hat sie die Aufgaben des Abbaus der verbrauchten Blutkörperchen, der Entgiftung, der Bildung von Blutgerinnungsfaktoren sowie der Entnahme und des Umbaus von Nährstoffen. Sowohl Fette als auch Kohlenhydratbestandteile werden in der Leber dem Blut entnommen und in Speicherstoffe umgebaut. Daneben produziert die Leber Gallensäure, die zunächst in die **Gallenblase** und dann über den Gallengang in den Mitteldarm entlassen wird. Durch den Abbau der roten Blutkörperchen entsteht der Gallenfarbstoff, der nicht nur der Gallenflüssigkeit, sondern dem damit versetzten Kot seine charakteristische dunkelbraune Färbung verleiht. Daher sind Abwei-

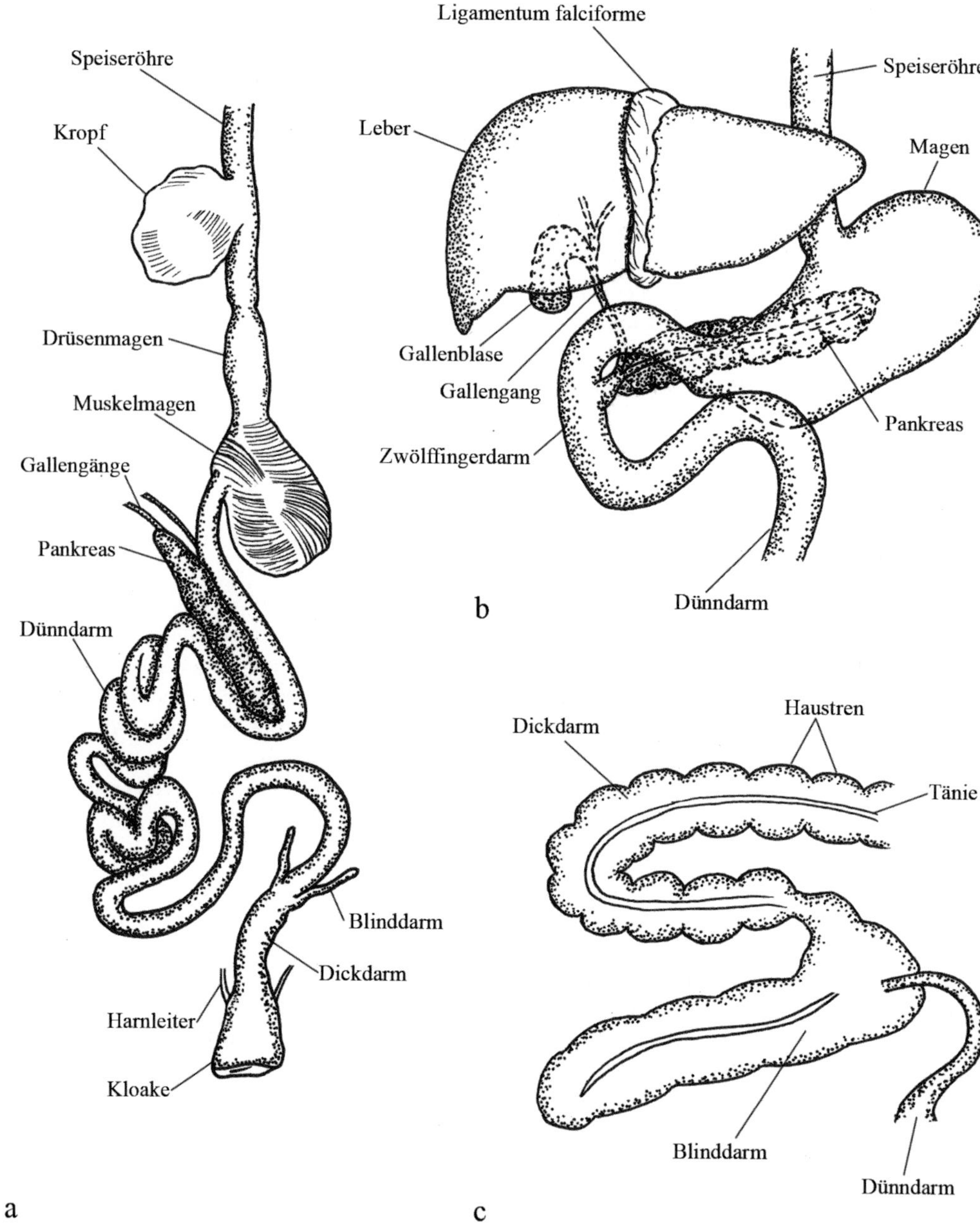

Abb. 3.20 Darmtrakt. **a:** Verdauungsorgane des Sperbers (*Accipiter nisus*). **b:** Mittlerer Darmtrakt eines allesfressenden Säugetieres. **c:** Blinddarmregion eines Einhufers (*Equus*).

chungen von der natürlichen Kotfarbe oftmals ein Hinweis auf Leberfunktionsstörungen.

Der erste Dünndarmabschnitt ist der Zwölffingerdarm (Duodenum). Der Name beruht auf den Längenverhältnissen beim Menschen. (Dort ist das Duodenum so lang wie 12 menschliche Finger breit sind.) Oberflächenvergrößerungen und starke Durchblutung ermöglichen es der Wand des Dünndarms, dem Nahrungsbrei nahezu alle brauchbaren Substanzen (Aminosäuren, Zucker, Fettbestandteile, aber auch Mineralien und Vitamine) zu entziehen. Voraussetzung dafür ist eine geregelte und für den jeweiligen Organismus charakteristische **Darmpassagegeschwindigkeit**. Sowohl bei Verstopfung und damit Aufhebung des regelmäßigen Weitertransports der Nahrung als auch bei zu starker Beschleunigung (etwa bei chronischen Durchfallerkrankungen, nach länger andauernder Antibiotikagabe etc.) wird diese Übernahme empfindlich gestört. Als Folge einer gestörten Darmtätigkeit kann dann eine Vitamin- oder Mineralmangelerkrankung auftreten. Ebenso wichtig ist die Aufrechterhaltung der **Bakterienflora** im Darm. Darmbakterien sind nicht nur für die Regelung der Verdauungstätigkeit notwendig. Wie in Kapitel 8 ausgeführt wird, produzieren Darmbakterien auch eine Reihe von Vitaminen, die der tierische Organismus selbst nicht aufbauen kann. Beispiel dafür ist das Vitamin K als Bestandteil des Blutgerinnungssystems.

Die **Länge** des Dünndarms relativ zur Gesamtlänge des Tieres ist wesentlich von der Art der Nahrung beeinflusst. Am kürzesten sind die Dünndarmabschnitte bei reinen Fleischfressern, am längsten bei Pflanzenfressern. Allesfresser liegen zwischen den beiden Extremen. So beträgt die Darmlänge bei Löwen etwa 300 %, bei Hunden und Meerkatzen 500 %, beim Menschen 700 % und bei Bären 800 % der Kopf-Rumpf-Länge; Orang-Utans mit 1000 %, Rinder mit 2000 % und Schafe mit 2300 % zeigen sich als typische Pflanzenfresser. Faultiere mit 330 % sind demgegenüber trotz ihrer Pflanzennahrung Ausnahmen von der Regel. Auch innerhalb einer engeren Verwandtschaftsgruppe lassen sich ähnliche Zusammenhänge feststellen. Das Sumatra-Nashorn hat einen längeren Dünndarm, das Breitmaulnashorn dafür einen längeren Dick- und Blinddarm.

3.5.5 Blinddärme und Enddarm

Blinddärme (Caecum) als paarige oder unpaare Aussackungen des Übergangs zwischen Mittel- und Enddarm oder am Enddarm selbst dienen einerseits als Gärkammern, andererseits als Ort der Entgiftung und Immunabwehr. Die Blinddarmmandel ist ein offen an der Oberfläche der Darmwand liegender Lymphknoten. Als „physiologische Wunde" lockt er die Bakterien und anderen Krankheitserreger der Umgebung an, um sie gezielt mit Lymphzellen zu bekämpfen. Diese Blinddarmmandel ist es, die sich entzündet, wenn beim Menschen von einem entzündeten Blinddarm die Rede ist. Nicht der Blinddarm selbst ist das Problem, sondern sein dünner, schlanker Fortsatz, als **Wurmfortsatz** (Appendix vermiformis) bezeichnet. Und an der Spitze dieses Wurmfortsatzes sitzt die genannte Blinddarmmandel.

Nicht nur bei Säugetieren, auch bei pflanzenfressenden Vögeln (etwa Gänsen) ist ein vergrößerter Blinddarm als **Gärkammer** zu finden. Ebenso vergrößert sind die Blinddärme bei aasfressenden Vögeln (Rabenvögel), vergleichbar den vergrößerten Blinddärmen bei Hyänen unter den Säugetieren.

Während bei den meisten Tierarten mit Blinddarmverdauung die Oberfläche des Blind- und Enddarms zu einer Resorption der dort aufgeschlossenen Nährstoffe befähigt ist, müssen andere Arten (z.B. Hasenartige) den Blinddarmkot nochmals fressen, um ihn dann in weiter vorn gelegenen Abschnitten des Verdauungstrakts nutzen zu können. Diese **Caecotrophie** ist auch für den Vitamin- und Mineralienhaushalt der betreffenden Tierarten wichtig. Beim Koala wird durch Caecotrophie die Entwöhnung und die Animpfung des Verdauungstrakts mit den notwendigen Bakterienstämmen beim Jungtier ermöglicht.

Der **Enddarm** selbst dient überwiegend der Rückresorption des im Darmtrakt noch vorhandenen Wassers und der Portionierung des Kotes in Vorbereitung zur Kotabgabe. Jedoch finden wir vielfach auch noch Gärungsbakterien, die beispielsweise bei Raubtieren und Allesfressern unverdauliche Eiweißfasern zerlegen. Die Abfallprodukte dieser Gärungsbakterien werden dann teilweise in gasförmiger Form abgegeben. Jedoch können sie teilweise noch aus dem Darminhalt resorbiert werden.

Die Kotabgabe wird durch den **Afterschließmuskel** gesteuert und kontrolliert. In der Abgabe des Kotes bzw. dessen Beschaffenheit lässt sich nochmals eine ökologische Abhängigkeit erkennen: „Wasserverschwender", etwa Rinder, Flusspferde o. Ä., sind nur mit einer sehr geringen Rückresorptionsfähigkeit im Enddarm ausgestattet. Wassersparer (z. B. Schafe) geben sehr festen, wasserarmen Kot ab und sind dadurch in der Lage, auch in wasserarmen Gebieten zu überleben.

Bei vielen Wirbeltieren (Ausnahme: höhere Säugetiere) münden in den Enddarm auch die Ausführgänge von Harn- und Geschlechtsorganen. Die gemeinsame Abgabeöffnung für diese Produkte wird als **Kloake** bezeichnet. Nur bei Beuteltieren und plazentalen Säugetieren wird durch den Damm (Perineum) die Trennung zwischen dem Darm und den anderen Ausführgängen erreicht.

3.6 Atmung und Gasaustausch

Die Aufgabe der Atmungsorgane besteht darin, für die **energiegewinnenden Prozesse** im Körper eines Tieres die notwendigen **Atemgase** heranzuschaffen und die entstehenden Endprodukte des Atmungsprozesses wieder abzutransportieren. Die **Zellatmung** ist der Endpunkt des Verdauungs- und Verbrennungsablaufs, der in den Mitochondrien stattfindet. Dort werden in einem Fließbandverfahren, in einer Reihe von hintereinander geschalteten, von Enzymen gesteuerten Abbauprozessen, Schritt für Schritt die in den Nährstoffen vorhandenen, in energiereichen chemischen Verbindungen gespeicherten Energiemengen freigesetzt. Dies dient zum Aufbau energieübertragender und energiereicher Substanzen im Körper des Tieres. ATP (Adenosintriphosphat) wird als allgemeine Energiewährung des Organismus bezeichnet. Diese Bezeichnung rührt daher, dass ATP im Körper in allen energieverbrauchenden Prozessen eingesetzt wird, von Muskelaktivität bis zu Denkprozessen im Gehirn.

Chemische Endprodukte der Zellatmung sind **Kohlendioxid** und **Wasser**. Das Kohlendioxid entstammt den abgebauten Nährstoffen, die in Form von Fettsäuren, Traubenzucker und anderen energiereichen Nahrungsbestandteilen aufgenommen wurden. Der Sauerstoff, der mit der Atmung aufgenommen wurde, wird auf Wasserstoff übertragen und in Form von Wasser abgegeben. Während die Regulierung des Wasserhaushalts und damit auch die Abgabe überzähligen Stoffwechselwassers über die Nieren stattfindet, wird das Kohlendioxid über die Atmungsorgane abgegeben.

Die als aerobe Abbau- und Energiegewinnungsprozesse bezeichneten Vorgänge, die bisher geschildert wurden, sind im Körper der Wirbeltiere normalerweise die bevorzugte Methode des zellulären Energiehaushalts. Unter Bedingungen von Sauerstoffarmut, etwa bei länger dauernder Muskelarbeit, muss jedoch auf einen weniger effektiven Prozess der Energiegewinnung zurückgegriffen werden. Dann finden **Gärungsprozesse** statt, bei denen als Endprodukt in der Muskulatur beispielsweise Milchsäure entsteht. Diese Gärungsprozesse zur Energiegewinnung sind jedoch aus mehreren Gründen ineffektiv. Zum einen ist das Endprodukt der Gärung, hier also die Milchsäure, als Giftstoff wirksam und muss schnellstmöglich entsorgt werden. Andernfalls kommt es über die Anreicherung dieses Endprodukts zu Entzündungsprozessen, die wir dann als Muskelkater wahrnehmen (jedoch sind am Muskelkater und den dabei entstehenden Schmerzen und Entzündungsprozessen wohl auch noch kleinste Muskelfaserrisse beteiligt). Zum anderen wird ein

Gutteil der in den Nahrungssubstanzen vorhandenen und dort gespeicherten chemischen Energie durch den Gärungsprozess nicht freigesetzt. Erst Zitronensäurezyklus und Atmungskette ermöglichen einen vollständigen Abbau und eine vollständige Freisetzung der chemisch gespeicherten Energie.

3.6.1 Sauerstoffaufnahme

Zur **Aufnahme des Sauerstoffs** in den Körper bedarf es einiger chemischer Voraussetzungen. So muss ein Konzentrationsgefälle bestehen, da der Sauerstoff zunächst durch einen passiven chemischen Transportvorgang (Diffusion) über die Gewebsgrenzen aus der Umgebung in den Körper des Tieres hineingelangt. Nur wenn die Konzentration des Sauerstoffs im Außenmedium, also in der Luft oder im Wasser, in dem sich das Tier befindet, größer ist als im Gewebe, kann der Sauerstoffübertritt erfolgen. Dies ist dann ein Problem, wenn Tiere unterirdisch oder in anderen, sauerstoffarmen Lebensräumen leben.

Eine zweite Voraussetzung für diesen Diffusionsprozess ist eine – zumindest dünne – Flüssigkeitsschicht. Auch die Atmungsorgane von landlebenden Tieren, etwa die Lungen der Landwirbeltiere, sind daher von einem dünnen Flüssigkeitsfilm aus Drüsensekret überzogen. Diese Flüssigkeit ist meist mit einer Substanz vermischt, die die Oberflächenspannung herabsetzt und dadurch den Eintritt des Sauerstoffs aus der Luft in die Flüssigkeitsschicht erleichtert.

Um die Oberflächen der Atmungsorgane sauber und damit für den Sauerstoffübertritt freizuhalten, sind die Atmungsorgane meist von einem Schleimteppich überzogen, der durch Zilien, also Wimperhärchen transportiert wird.

Gemeinsame Eigenschaft aller Strukturen im Bereich des Gasaustausches ist eine **Oberflächenvergrößerung** durch Einfaltungen, Bläschenbildungen, Ausstülpungen etc.

Bei Wirbeltieren dient der rote Blutfarbstoff (**Hämoglobin**) dem Abtransport des Sauerstoffs in die Organe des Verbrauchs, also zur Verbrennungsstelle. Das Hämoglobin ist bei Wirbeltieren in den roten Blutkörperchen (Erythrozyten) eingelagert. Hämoglobin hat eine sehr hohe Bindungsfähigkeit für Sauerstoff und ist daher in der Lage, diesen im Rahmen des oben geschilderten Diffusionsprozesses aufzunehmen und damit die Nachlieferung des Sauerstoffs aus der Umgebung zu beschleunigen. Im verbrauchenden Gewebe dagegen muss der Sauerstoff wieder vom Hämoglobin gelöst werden. Dies geschieht bisweilen durch Ansäuerung oder durch die Schaffung eines erneuten „Sogs" durch ein weiteres Diffusionsgefälle, wenn der Sauerstoff sofort in den Zellen weiterverarbeitet wird. Bisweilen ist auch der zweite, mit stärkerer Sauerstoffbindungsfähigkeit versehene Farbstoff **Myoglobin** an dieser Kette des Weiterreichens beteiligt.

Nur ein geringer Teil des zu transportierenden Sauerstoffs wird in der Blutflüssigkeit physikalisch gelöst. Im Gegensatz dazu wird der Abtransport des im Gewebe entstehenden Kohlendioxids weitgehend über die physikalische Lösung im Blut vollzogen und nur wenig davon wird gebunden.

Kohlenmonoxid bindet stärker an den roten Blutfarbstoff als Sauerstoff und führt daher zu einer Unterbrechung der lebensnotwendigen Sauerstoffnachschubkette. Cyanid dagegen wirkt als Gift an den Mitochondrien und unterbricht die für die Zellatmung notwendige Atmungskette.

3.6.2 Hautatmung

Die ursprünglichsten und kleinsten wasserlebenden Vorfahren der Wirbeltiere und auch heute noch deren nahe Verwandte, etwa Lanzettfischchen, Seescheiden und andere ursprünglichen Chordatiere, haben zum Gasaustausch nur die Körperoberfläche als Diffusionsfläche. Auch wenn der vorderste Darmabschnitt als Kiemendarm bezeichnet wird, ist dessen Hauptfunktion ursprünglich die Filterung von Nahrungspartikeln und damit die Sicherung der

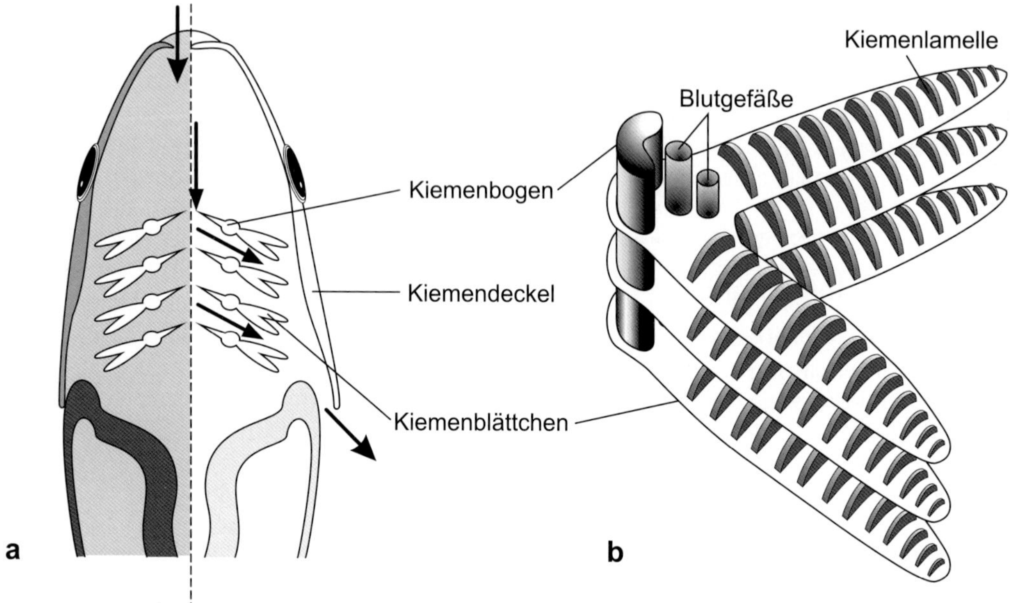

Abb. 3.21 Kiemenatmung. **a:** Frontalschnitt durch den Kiemendarm eines Knochenfisches. Die Pfeile geben den Wasserstrom an. **b:** Kieme eines Knochenfisches in Aufsicht.

Nährstoffe gewesen. Der Gasaustausch über die Haut reicht deshalb aus, weil kleine Tiere eine im Vergleich zur Körpermasse größere Oberfläche haben.

Zur Hautatmung bedarf es einer Reihe von Voraussetzungen. Die wichtigste davon ist sauerstoffreiches Wasser, in dem sich das Tier aufhält, bzw. eine sauerstoffreiche Umgebung. Die zweite Voraussetzung ist, dass das Tier relativ klein bleibt, um eine zu seiner Körpermasse vergleichsweise große Körperoberfläche zu erhalten. Die dritte Voraussetzung ist eine weiche, nicht durch Schutzstrukturen verfestigte Oberfläche mit Schleimüberzug und Flimmerhärchen.

Auch bei heute lebenden Landwirbeltieren spielt die Hautatmung noch eine große Rolle. Bei landlebenden Amphibien besteht eine Arbeitsteilung. Die Lungen dienen der Sauerstoffaufnahme, die Haut der Kohlendioxidabgabe. Dafür ist zudem eine wenig verhornte und mit einem Schleimüberzug versehene Hautoberfläche notwendig.

Unter bestimmten Bedingungen ist es möglich, dass Landwirbeltiere ohne Lungen existieren. Dies sind vorwiegend die Lungenlosen Salamander (Plethodontidae). Lungenlose Salamander bewohnen feucht-kühle Lebensräume im Bereich von Mittel- und Südamerika. Sie stammen wahrscheinlich von wasserlebenden Schwanzlurchen ab, die durch gasgefüllte Lungen nur unnötige Auftriebskörper besessen hätten. Es wird vermutet, dass ein Leben auf dem Gewässergrund ohne ständige kräfte- und energiezehrende Steuer- und Abtriebserzeugung den „evolutiven Anreiz" für die Reduktion der Lungen gegeben hat. Im Wasser, besonders in schnell fließenden, kühlen und damit sauerstoffreichen Bächen ist die Aufnahme von Sauerstoff über die Haut problemlos möglich.

Offenbar sind später die Nachfahren dieser, zunächst ins Wasser zurückgekehrten Schwanzlurche erneut an Land gegangen und mussten nun mit dem Verlust ihrer Hauptatmungsorgane überleben. Jedoch ist in feucht-kühlen Kleinlebensräumen die Sauerstoffsättigung der Umgebungsluft ausreichend, um einem kleineren Tier mit entsprechend großer relativer Körperoberfläche den Gasaustausch über die Haut zu ermöglichen.

3.6.3 Kiemenatmung

Kiemen sind reich durchblutete, durch verästelte und aufgefiederte Hautfalten mit großer Oberfläche versehene Ausstülpungen der Schleimhaut im Bereich des Kiemendarms. Sie werden gestützt von den Kiemenbögen (Kiemen = Visceralskelett) und dienen den meisten Fischen sowie den Larven der Amphibien als Atmungsorgane.

Das Atemwasser wird durch den bereits beschriebenen Saug-Druckpumpen-Mechanismus, durch eine abwechselnde Verkleinerung und Vergrößerung der Mundhöhle bei zeitlich versetztem Öffnen und Schließen der Mundöffnung, eingesaugt. Es wird nach hinten in den Kiemenraum gepresst und strömt an den reich durchbluteten Kiemenblättchen vorbei. Sodann verlässt es den Kiemendarm wieder durch seitliche Öffnungen. Diese seitlichen Öffnungen sind bei Haien und Rochen einzeln sichtbar. Bei diesen Vertretern der **Knorpelfische** sitzen die Kiemenblättchen nicht nur auf den Kiemenbögen, sondern auch auf einer zähen, zwischen Kiemenbogen und Körperwand aufgespannten Haut. Dadurch wird der Kiemenraum in eine Reihe hintereinanderliegender Kammern unterteilt, die jeweils einzeln über die von außen sichtbaren Kiemenöffnungen nach außen münden. Wegen der Anordnung der Kiemenblättchen auf dieser zähen Haut, die wie eine Platte wirkt, wurden diese beiden Gruppen der Knorpelfische auch als Elasmobranchier (Plattenkiemer) bezeichnet.

Bei den **Knochenfischen** dagegen ist keine Haut zwischen den Kiemenbögen und der Körperwand aufgespannt. Die Kiemenblättchen sitzen direkt auf den Oberflächenstrukturen der Kiemenbögen in einem gemeinsamen Hohlraum. Ein knöcherner, in sich beweglicher **Kiemendeckel** schließt diesen Hohlraum nach außen ab. Dieser knöcherne Kiemendeckel ist nicht nur ein Schutz vor Verletzungen und Verunreinigungen von außen. Er ist auch ein wichtiger Bestandteil einer noch effektiveren Gestaltung des Saug-Druckpumpen-Mechanismus. Durch die Ausbeulung des Kiemendeckels vor dem Öffnen wird ein weiteres Mal Wasser in Richtung Kiemenraum gesaugt. Im Vergleich zum einfachen Saug-Druckpumpen-Mechanismus der ursprünglicheren Fische haben wir es bei den Knochenfischen mit einem Saug-Druck-Saug-Mechanismus, also einer dreistufigen Pumpe zu tun.

Die **Larven der Amphibien** besitzen neben den ähnlich wie bei Fischen gebauten inneren Kiemen auch äußere Kiemen, in Form von nach außen, ins freie Wasser ragenden Hautverästelungen und Auffaltungen. Diese Kiemenbüschel, die ebenfalls an den Kiemenbögen befestigt sind, ragen bei den Larven der Schwanzlurche sowie bei neotänen, also im Larvenstadium geschlechtsreif gewordenen Vertretern der dauerhaft wasserlebenden Schwanzlurche (z.B. Grottenolm) frei sichtbar ins Wasser. Bei den Larven der Froschlurche, den Kaulquappen, sind sie dagegen durch eine Hautfalte, eine dem Kiemendeckel der Fische nicht homologe Struktur, überwachsen.

Auch die Larven einer Reihe von Knochenfischen, etwa der Lungenfische, weisen äußere Kiemen als Büschelkiemen auf.

Die vorderste Kiemenspalte ist durch das Hyomandibulare und dessen Umlagerung zum Hilfsapparat der Kieferaufhängung eingeengt. Physiologisch wird die **Spritzlochkieme** als falsche Kieme bezeichnet (Pseudokieme), da das sie versorgende Blutgefäß bereits sauerstoffreiches Blut enthält. Für die Sauerstoffaufnahme ist das Spritzloch daher nicht mehr bedeutsam. Jedoch dient es gerade bei bodenbewohnenden Knorpelfischen, den Rochen, als Ansaugstutzen, da Rochen mit ihrem unterständigen Maul ansonsten mehr Bodengrund als Atemwasser aufnehmen würden.

Mit dem Übergang zum Landleben, sowohl in der Stammesgeschichte als auch in der Meta-

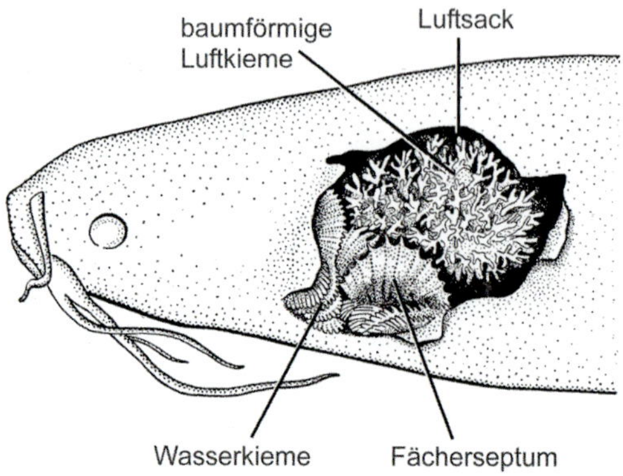

Abb. 3.22 Zusätzliches Luftatemorgan eines Büschelwelses (*Clarias*).

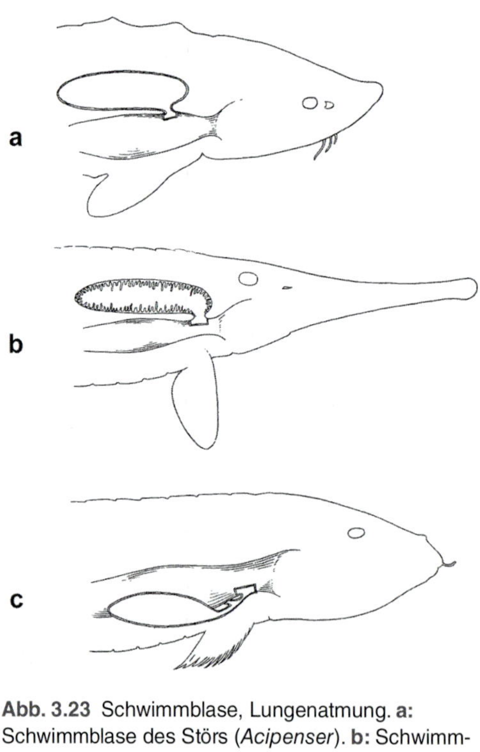

Abb. 3.23 Schwimmblase, Lungenatmung. **a:** Schwimmblase des Störs (*Acipenser*). **b:** Schwimmblasenlunge des Knochenhechts (*Lepisosteus*). **c:** Rechter Flügel der paarigen Lunge des Flösselhechts (*Polypterus*).

morphose der Amphibienlarven, werden die Kiemen reduziert und die knöchernen Elemente des Kiemenapparats in die bereits geschilderten abgewandelten Strukturen, z.B. den Kehlkopf, überführt.

3.6.4 Lunge und Schwimmblase

3.6.4.1 Fische

Die stammesgeschichtliche Entwicklung der Knochenfische begann, wie aus den geologischen Begleitumständen der Fossilfunde erkennbar ist, in warmen, flachen und sauerstoffarmen, wohl auch schlammigen Gewässern. Unter solchen Bedingungen reicht der Sauerstoffgehalt des Wassers oftmals für die Kiemenatmung nicht aus, wie auch die Ökologie heute lebender Fische zeigt. Fische in solchen Gewässertypen haben daher häufig zusätzliche oder **akzessorische Atmungsorgane**, die wir beispielsweise von Labyrinthfischen, Kiemensackwelsen oder Schlammpeitzgern kennen. Auch die stammesgeschichtlich ältesten, ursprünglichen Knochenfische befanden sich in dieser Situation, und so entstand die ursprüngliche Anlage der Lungen. Lungen sind paarige Aussackungen des Vorderdarms, die zunächst mit einem dünnen Kanal in diesen münden. Erst später erfolgte, sowohl individual- wie auch stammesgeschichtlich, die völlige Trennung vom Vorderdarm und aus dem Kanälchen wurde die Luftröhre.

Innerhalb der heute lebenden Knochenfische ist der Übergang der Lunge in ein anderes, davon abgeleitetes Organ, nämlich die **Schwimmblase** noch erkennbar. Ökologisch und evolutiv war der Übergang von der Lungenatmung zur Schwimmblase als Auftriebskörper wohl mit dem Wechsel aus den genannten sauerstoffarmen Gewässern in den freien Wasserkörper größerer, tieferer und damit auch sauerstoffreicherer Gewässer gekoppelt. Aus der stark durchbluteten, bereits ursprünglich mit leichten inneren Oberflächenvergrößerungen versehenen paarigen Fischlunge, wurde dann die sackartige, unpaare Schwimmblase. Der Übergang ist innerhalb der Knochenfische auch heute durch Zwischenstufen sichtbar, etwa die noch stark durchblutete, aber wenig gekammerte Struktur bei den Knochenhechten oder die Existenz des Schwimmblasengangs bei den physostomen Fischen, etwa den Karpfenartigen.

Stammesgeschichtlicher und funktioneller Endpunkt der Entwicklung der Schwimmblase ist dann die völlige Trennung der Schwimmblase im erwachsenen Zustand von Schlund und Vorderdarm wie sie bei den physoclisten Fischen, etwa den Barschartigen repräsentiert wird.

Physocliste Fische besitzen den Schwimmblasengang in der Regel noch als Larven und füllen ihre Schwimmblase nach dem Schlüpfen aus dem Ei durch einmaliges kräftiges Luftschlucken. Danach muss eine andere Struktur die Regulation des Schwimmblaseninhalts übernehmen. Dies geschieht durch Zusammenwirken von zwei besonderen Teilen der Schwimmblase, nämlich der Gasdrüse und dem Oval. Die Gasdrüse produziert Milchsäure, wodurch Gase, insbesondere Sauerstoff, durch die Ansäuerung des Blutes vom Hämoglobin gelöst und in die Schwimmblase abgegeben werden. Das Oval dagegen ist ein kleiner, stark durchbluteter und durch einen Schließmuskel abtrennbarer Teil der Schwimmblase. Der erzeugt durch die Abtrennung mithilfe des Schließmuskels einen hohen Innendruck und presst dadurch den Sauerstoff physikalisch wieder ins Blut zurück. Mit diesem kombinierten Be- und Entleerungsmodus wird die Füllung der Schwimmblase auch ohne einen Schwimmblasengang ermöglicht.

Neben ihrer Funktion als Auftriebskörper hat die Schwimmblase bei vielen Fischen die Aufgabe eines **Lautgebungsorgans**. Mithilfe von Trommelmuskeln, oder an der Schwimmblase befestigten Knöchelchen können Zupf-, Brumm- und Knurrlaute erzeugt werden. Zugleich dient die Schwimmblase dem entstehenden Ton als Resonanzkörper.

3.6.4.2 Landtiere

Die Knochenfische besaßen bereits eine anatomische Vorausanpassung (Präadaptation) für den Übergang zum Landleben, bevor aus ihnen die ältesten Landwirbeltiere, die Dachschädler, hervorgingen. Jedoch war die **Lunge** dieser ursprünglichsten Amphibien ähnlich wie die der heute lebenden Frösche und Schwanzlurche von sehr einfachem und wenig gekammertem Bau. Die Lunge der heute lebenden Amphibien ist im Wesentlichen ein stark durchbluteter und mit feinen Haargefäßen ausgestatteter Sack, der alleine durch das Abschlucken von Luft, also das Hineinpressen der Luft mithilfe der Schlundmuskulatur, beatmet wird. Die **Kehlsackatmung** ist bei den Amphibien ein wesentlicher Teil der Hautatmung (siehe oben).

Mit dem Wegfall der schleimüberzogenen, feuchten und damit für den Gasaustausch noch gut geeigneten Haut der Amphibien und dem Übergang zur verhornten und damit zwar vor Austrocknung schützenden, aber auch für den Gasaustausch wenig geeigneten Haut der Reptilien war eine stärkere Perfektionierung der **Lungenstruktur** nötig. Die Lungen der Brückenechsen sind noch vergleichsweise wenig unterteilt und damit mit einer geringen inneren Oberfläche ausgestattet. Dem gegenüber werden die Lungen der höher entwickelten Kriechtiere, insbesondere der Schuppenkriechtiere und Krokodile, durch eine Vielzahl von Trennwänden (Septen) und inneren Oberflächenvergrößerungen zunehmend komplizierter. Dadurch wird bei gleichem Volumen ein besserer Gasaustausch über eine größere innere Oberfläche ermöglicht.

Die Lungen der langgestreckten Vertreter der Schuppenkriechtiere sowie z.B. der Schlangen werden funktionell nochmals unterteilt. Der kaudale Teil dieser Lungen wird zum Luftsack und nur der craniale Teil hat die stark durchbluteten Oberflächenvergrößerungen eines Gasaustauschorgans. Bei den Schlangen ist ein Lungenflügel reduziert. Gleiches gilt für die Doppelschleichen, die konvergent zu den Schlangen den beinlosen Zustand erreicht haben.

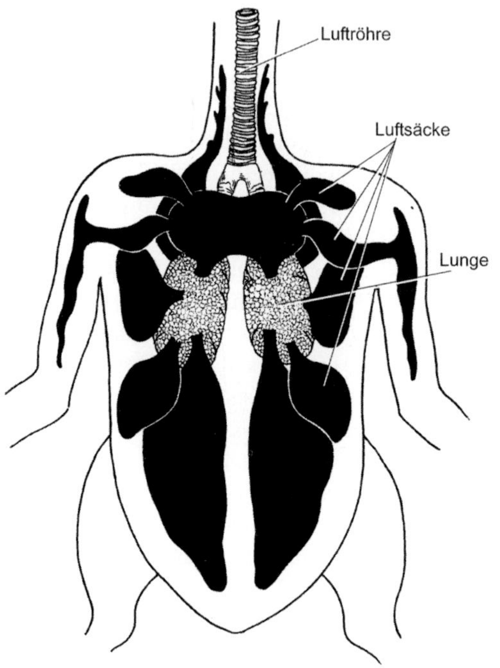

Abb. 3.24 Luftsäcke einer Taube (*Columba*).

Durch diese funktionelle Unterteilung in die kaudalen Luftsäcke und die cranialen Atmungsteile der Lunge ist es den Schlangen möglich, längere Zeit die Atmungstätigkeit einzustellen, während sie die Beute verschlingen.

Die Belüftung der Lunge erfolgt bei Reptilien mithilfe der **Zwischenrippenmuskulatur**. Dies kann jedoch bei Schildkröten, deren Rippen Bestandteil des Knochenpanzers sind, nicht funktionieren. Deshalb sind die Schildkröten die einzigen Wirbeltiere mit einer aktiv, d.h. durch ins Lungengewebe eingelagerte Muskelfasern, beweglichen Lunge. Alle anderen Landwirbeltiere können ihre Lunge nur passiv entfalten und verkleinern, und zwar durch die Mithilfe eines Flüssigkeitsfilms erfolgte Anheftung an die innere Wand des Brustkorbs. Dies funktioniert jedoch nur, wenn im Brustkorb ein Unterdruck herrscht. Ein lückenloser Abschluss des Brustkorbs gegenüber der Außenwelt ist daher notwendige Voraussetzung für die Entfaltung der Lungen.

Der hohe Sauerstoffbedarf der fliegenden **Vögel**, die geringe Sauerstoffkonzentration in großen Höhen, in denen sich die Vögel teilweise bewegen, sowie die zur Befestigung der Flugmuskulatur notwendige Versteifung des Brustkorbs bewirkten eine funktionsmorphologische Änderung des gesamten Atmungsapparats in der Stammesgeschichte der Vögel.

Wichtigstes Sondermerkmal der Vögel ist, dass ihre Lunge nicht in Form von blind endenden Lungenbläschen, mit weiteren inneren Oberflächenvergrößerungen durch Septen und Trennwände untergliedert ist. Durch die **Lungenpfeifen** wird stattdessen eine durchgehende Belüftung in einer Richtung ermöglicht. Die Lunge der Vögel ist also eine Einweglunge, bei der in jeder Phase des Atemzyklus die Luft in die gleiche Richtung streicht. Die Lungenpfeifen sind zudem durch Knorpelstrukturen gestützt. Ein Zusammendrücken und Wiederentfalten der Lunge zum Zweck der Be- und Entlüftung kann damit nicht mehr stattfinden. Die Belüftung der Lunge erfolgt über Luftsäcke, die insgesamt in fünf Paaren (nur der Schlüsselbeinluftsack ist sekundär zu einer unpaaren Struktur verschmolzen) vor und hinter der eigentlichen atmungsaktiven Lunge angebracht sind (Abb. 3.24). Während des Einatemvorgangs werden zunächst die hinteren Luftsäcke gedehnt. Dadurch wird eine Saugbewegung erzeugt. Ein Teil der eingesaugten Atemluft strömt gleich durch die Lunge in die vorderen Luftsäcke, ein anderer Teil wird zunächst an der Lunge vorbei in die hinteren Luftsäcke transportiert. Beim Ausatemvorgang werden dann die hinteren Luftsäcke verkleinert, die vor der Lunge gelegenen vergrößert, die im hinteren Luftsackbereich vorhandene, noch unverbrauchte und sauerstoffreiche Luft wird nunmehr durch die Lunge nach vorne gesaugt und von dort nach außen befördert. Bei diesem von hinten nach vorne strömenden Luftstrom wird also ständig sauerstoffreiche Luft an den dünnen Lungenröhrchen vorbeigeführt. Der Gasaustausch durch Diffusion wird dadurch in jeder Phase des Atemzyklus ermöglicht. Ein Restluftvorrat, wie er etwa bei den Säugetieren während des Atmungsvorgangs in der Lunge vorhanden ist, besteht nicht. Stattdessen ist stets die gesamte Lunge bei jedem Atemzug im Einsatz.

Die Lungenpfeifen sind in ihrem Durchmesser ca. eine 10er-Potenz kleiner als die **Lungenbläschen** gleich großer Säugetiere. Dadurch ergibt sich eine weitere Vergrößerung der atmungsaktiven inneren Oberfläche. Jedoch hat diese Feinstruktur auch ihren funktionellen Preis. Wegen der in diesen feinen Strukturen herrschenden starken Kapillarkräfte wäre es nicht möglich, bei einem Atemzug die Lunge vollständig zu entfalten. Der Übergang zum plötzlichen Lungenatmen, wie er bei der Geburt eines lebendgebärenden Landwirbeltiers notwendig ist, kann bei Vögeln also nicht geschehen. Stattdessen ist das Heranreifen des Embryos in einer steifen Schutzstruktur, nämlich dem mit Kalkschale umhüllten Ei, notwendig. Die Atmungsorgane der Vogelembryonen im Ei sind zunächst Teile des Dottersacks, die sich stark durchblutet an die innere Oberfläche der Schalen anlegen. Über die Poren der Eischale beziehen sie Sauerstoff. Diese Dottersackatmung wird beibehalten, bis die fertig gebildete Lunge langsam im Laufe von mehreren Tagen die dort noch vorhandenen Flüssigkeitsreste ausgepresst hat und für den Sauerstoffdurchzug frei ist. Erst dann kann das Küken aus dem Ei schlüpfen, der Dottersack trocknet ein und die Lungenatmung kann einsetzten. Dies ist auch der Grund dafür, weshalb man Vogelküken nicht vorzeitig aus dem Ei befreien darf. Zugleich sind die Vögel aus genau diesem Grund die einzige Landwirbeltierklasse, in der es keinen einzigen lebendgebärenden Vertreter gibt.

Die Lunge der **Säugetiere** dagegen ist blind und sackgassenartig. Über die **Bronchien**, die eine Aufzweigung der Luftröhre darstellen und mit Knorpelringen umhüllt sind, gelangt die Atemluft in die Lunge und in die Lungenbläschen (Alveolen). Dort erfolgt in der bereits geschilderten Art und Weise der Gasaustausch.

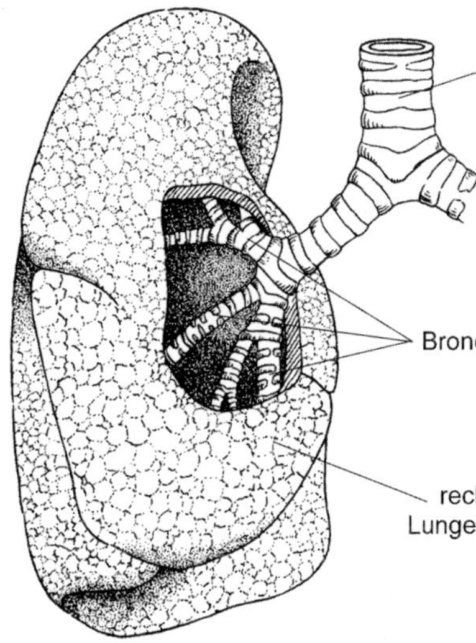

Abb. 3.25 Bau des Flügels der Säugetierlunge.

Die wichtigste funktionelle Verbesserung der Lunge bei Säugetieren liegt in der Beatmung. Wie bereits beim Stammskelett dargelegt, entstand in der Evolutionslinie von den säugetierähnlichen Reptilien zu den Säugetieren offenkundig sehr früh das **Zwerchfell**. Das Zwerchfell ist eine bindegewebige und muskulöse Platte, die den Bauchraum (mit dem Darm) vom Brustkorb (mit Lunge und Herz) trennt. Im entspannten Zustand ist es mit einem etwas zu großen Trampolin vergleichbar, das in einem etwas zu kleinen Rahmen eingespannt ist, und wölbt sich leicht in den Brustkorb vor. Wird die kreisförmig um die Bindegewebsplatte angeordnete Muskulatur kontrahiert, verringert sich der Durchmesser des gesamten Zwerchfells und die Struktur flacht ab. Dadurch wird das Volumen des Brustkorbs vergrößert und die Lunge durch diese Volumenvergrößerung passiv ausgedehnt. Beim Ausatmungsvorgang erschlafft die Muskulatur des Zwerchfells, die Platte vergrößert sich im Durchmesser, wölbt sich wieder stärker in den Brustraum vor, die Lunge wird zusammengeschoben.

Die innere Oberfläche der Lunge ist insbesondere bei Lauftieren oder anderweitig energiezehrend aktiven Säugetieren sehr groß. So beträgt die Lungenoberfläche eines Pferdes bis zu 500 m², Mensch oder Haushund erreichen etwa 90 m², ein Faultier jedoch nur 5 m². Amphibien, etwa Feuersalamander oder Kröten, erreichen nur Bruchteile eines Quadratmeters an innerer Oberfläche. Neben der Lungenoberfläche und dem Lungenvolumen ist auch die **Atemfrequenz**, also die Zahl der Atembewegungen pro Minute, eine wichtige Kenngröße für die Leistungsfähigkeit des Gasaustausches. Hier gilt generell, dass kleinere Tiere in der Regel bei gleicher Stoffwechselleistung eine höhere Atemfrequenz haben als größere. Bei Säugetieren wird nicht mit jedem Atemzug die vollständige Entleerung und Neubefüllung der Lunge vollzogen. Wird dann, z. B. bei schnellerer Bewegung, Stress oder anderen starken Anforderungen an die Sauerstoffnachlieferung, die Atemtiefe erhöht, wird auch der Rest der Lunge mit beatmet und dadurch ein höheres Maß an Sauerstoffaufnahme ermöglicht. Vögel, aber auch viele an ausgiebiges Laufen angepasste Säugetiere haben keinen solchen Restluftvorrat in der Lunge. Sie ventilieren mit jedem Atemzug die vollständige Lunge, können also bei erhöhten Anforderungen, z. B. bei Flucht, nur die Atemfrequenz erhöhen.

3.6.4.3 Lauterzeugung

Sowohl bei Vögeln als auch bei Säugetieren sind im Zusammenhang mit dem Atmungsapparat auch besondere Organe der **Lauterzeugung** entstanden. Während bei den meisten Reptilien (Ausnahme: Krokodile) nur wenige Töne produziert werden können (Ausnahme: Quaken der Geckos), ist dies bei Vögeln und bei Säugetieren durch ein kompliziertes Zusammenspiel von Knorpelstrukturen und Schleimhautfalten anders. Der **Kehlkopf** (Larynx) der Säugetiere ist homolog dem bereits beschriebenen, auf Kiemenreste zurückgehenden Kehlkopf der niederen Wirbeltiere. Er hat eine Doppelfunktion, einerseits die Weichenstellung zwischen Luftröhre und Speiseröhre, andererseits die Lauterzeugung mithilfe der **Stimmbänder**, also beweglicher Schleimhautfalten und ihrer Spannmuskulatur. Zudem ist der **Kehlkopfdeckel** oftmals bis in die innere Nasenöffnung verlängert, um ein Verschlucken effektiv zu verhindern.

Der **untere Kehlkopf** (Syrinx) der Vögel sitzt an der Verzweigungsstelle zwischen Luftröhre und den beiden Hauptbronchien. Auch er besteht aus Knorpelteilen, Stellmuskulatur und Schleimhautfalten. Der Gesang der Vögel und andere stimmhafte Laute in der Kommunikation werden dort erzeugt. Nur wenige Geräusche, etwa das „Schleifen" des Auerhahns entstehen im oberen, dem Kehlkopf der Säugetiere homologen System.

Als **Resonanzkörper** für die erzeugten Laute dienen meist luftgefüllte Hohlräume. Bei Froschlurchen sind dies Schallblasen, bei Vögeln und Säugetieren ist es in der Regel der gesamte Lungen- und Brustraum. In einigen Fällen werden jedoch zusätzliche Resonanzräume einbezogen, etwa die schleifenförmig verlängerte und damit mit größerem Luftvolumen ausgestattete Luftröhre der Kraniche, die vergrößerten und blasenförmig aufgetriebenen Kehlkopf- und Zungenbeinteile männlicher Brüllaffen oder die Kehlsäcke der männlichen Orang-Utans. Auch die Luftröhre der Pferdeartigen hat seitliche Aussackungen als zusätzliche Resonanzräume.

Die Lautgebung der Wale erfolgt wahrscheinlich durch Schleimhautfalten im Nasengang. Die Melone der meisten Zahnwale dürfte dabei die Funktion eines Schalltrichters haben, der die Richtung des abgegebenen Schalls durch Formveränderungen beeinflussen kann. Funktionell vergleichbar sind die Nasenaufsätze verschiedener Fledermausfamilien (z. B. Hufeisennasen, Blattnasen), die ebenfalls eine Schalltrichterfunktion und damit eine Richtungsweisung der erzeugten Ultraschalllaute ermöglichen. Die Doppelfunktion der Schwimmblase bei vielen Fischen, einerseits als Resonanzkörper bei der Lauterzeugung, andererseits als Resonanzkör-

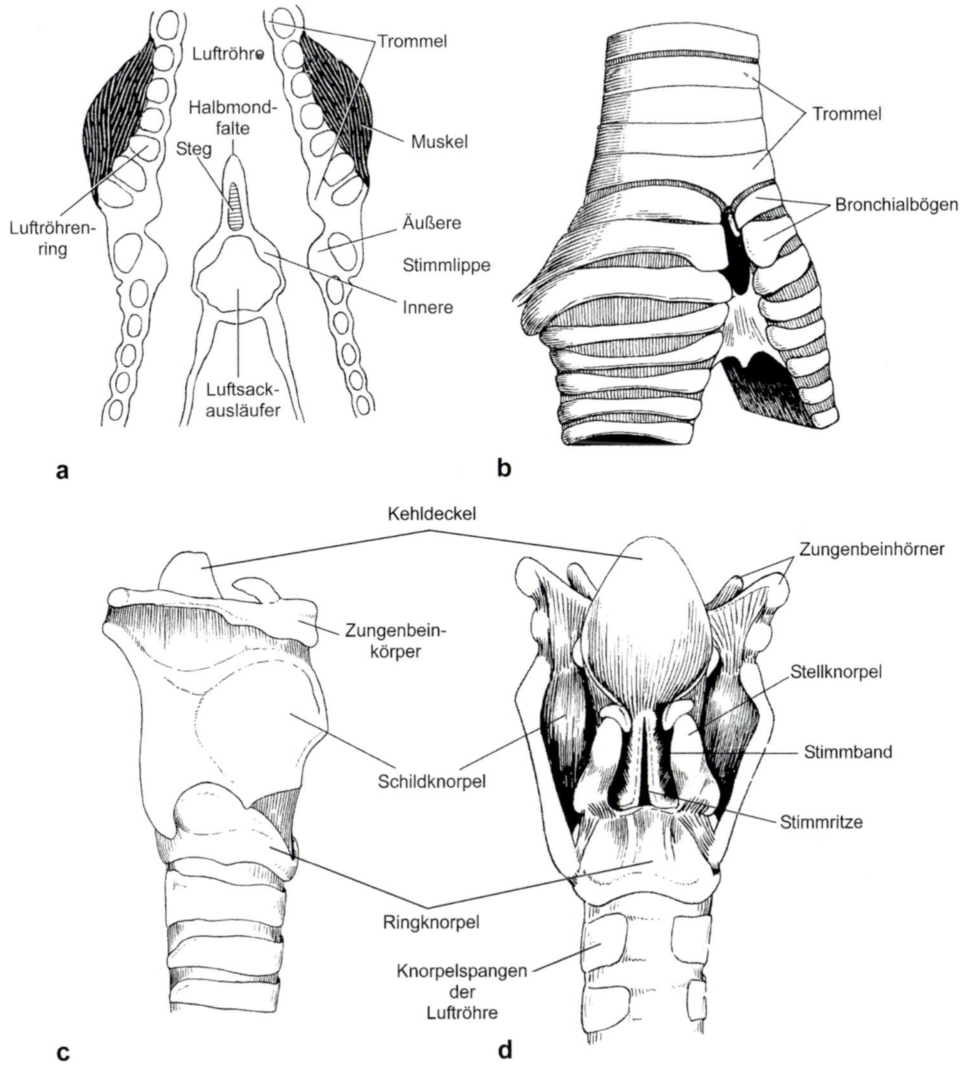

Abb. 3.26 Stimmorgane. **a:** Längsschnitt durch die Trommel (Syrinx) eines Singvogels. **b:** Trommel der Elster (*Pica pica*). **c–d:** Seitenansicht und innerer Bau des Kehlkopfs eines Säugetieres.

per bei der Lautaufnahme, wurde bereits besprochen.

3.7 Transportsysteme

Die Transportsysteme, die der Verteilung von Sauerstoff, Nährstoffen, diversen Botenstoffen und anderen wichtigen Substanzen im Körper dienen, sind das Blutgefäß- und das Lymphsystem.

Neben der Verteilung von lebenswichtigen Substanzen und dem Abtransport der Endprodukte des Stoffwechsels obliegt diesen beiden Organsystemen, die vom Herzen angetrieben werden, jedoch auch eine wichtige Aufgabe bei der **Regulation** der Homöostase, also des inneren und äußeren Gleichgewichts eines Organismus. So wird z.B. ein wesentlicher Teil der **Temperaturregulation** im Bereich des Blutgefäßsystems vorgenommen. Wird die Körperoberfläche stärker durchblutet, gelingt es, Wärme an die Umgebung abzugeben, vorausgesetzt der Körper hat eine höhere Temperatur als die Umgebung. So ist z.B. das Blut, das in die großen Ohren des Afrikanischen Elefanten einströmt, bis zu 3 °C wärmer als das Blut, das sie wieder verlässt. Umgekehrt können viele Großsäugetiere aus nördlichen Breiten (z.B. Rothirsche oder Przewalski-Pferde) die Wärmeabgabe an die Umgebung im Winter u.a. dadurch erheblich verringern, dass die Hautoberfläche wesentlich schlechter durchblutet wird. Dies, im Verein mit dem dichten Winterfell, sorgt für eine effektive Isolation und reduziert den Wärmeverlust.

Auch die soziale **Kommunikation** wird vielfach durch die Änderungen in der Hautdurchblutung bewirkt. So signalisieren viele Primaten (z.B. Uakari, aber auch Mandrill) durch die Intensität ihrer Gesichtsfärbung ihren sozialen Status und andere Faktoren ihrer derzeitigen Befindlichkeit. Auch Blautöne, etwa im Gesicht des Mandrills oder im Genitalbereich afrikanischer Meerkatzen, sind durchblutungsabhängig. Das Prinzip ist hier ähnlich wie bei uns, wenn wir bei sehr großer Kälte blaue Lippen bekommen. In beiden Fällen wird die Durchblutung gedrosselt und die leeren Blutgefäße reflektieren das Licht in einer bestimmten Weise, die Blautöne hervorruft. Auch die Aktivität der Hautdrüsen wird mit der Durchblutung unmittelbar gesteuert.

3.7.1 Blutbestandteile

Das Blut enthält eine Reihe von **zellulären Bestandteilen** und ist eigentlich eine Form von flüssigem Bindegewebe. Die zellulären Bestandteile sind im Wesentlichen drei Gruppen von Zellen zuzuordnen:

- Die **roten Blutkörperchen** (Erythrozyten) sind für den Transport des Sauerstoffs zuständig. Sie enthalten den roten Blutfarbstoff Hämoglobin. Bei Säugetieren und bei den lungenlosen Salamandern ist das rote Blutkörperchen mit besonders viel Hämoglobin gefüllt, da kein Platz für den Zellkern mehr benötigt wird. Durch die eingedellte Form wird zusätzlich die Oberfläche der Zelle vergrößert. Wegen des fehlenden Zellkerns leben rote Blutkörperchen nicht sehr lange. Sie müssen daher regelmäßig nachgebildet und wiederum abgebaut werden. Die Größe der roten Blutkörperchen und ihre äußere Form bedingt, wie viel Sauerstoff sie aufnehmen können. Daher sind die roten Blutkörperchen bei den höheren Landwirbeltieren wesentlich kleiner, da sie dann eine größere relative Oberfläche haben.
- Die **Blutplättchen** (Thrombozyten) sind für die Blutgerinnung zuständig. Gemeinsam mit Eiweißfasern im Blutplasma bilden sie den Wundverschluss nach Verletzung.
- Zu den **weißen Blutkörperchen** (Leukozyten) zählen ganz verschiedene Zellen, die allesamt mit der Immunabwehr zu tun haben (siehe unten).

Die zelligen Bestandteile des Blutes treiben in einer Flüssigkeit, dem **Blutplasma**. Dieses enthält eine große Zahl unterschiedlicher Eiweiße, Mineralien, die zu transportierenden Nährstoffe und für den Rücktransport zur Lunge auch das Kohlendioxid. Die wichtigsten **Eiweiße** des Blutplasmas sind einerseits die eher kugeligen Albumine und Globuline, andererseits die langfaserigen Fibrinogene. Fibrinogen ist die Vorstufe des für die Blutgerinnung notwendigen Fibrins. Bei einer Verletzung eines Blutgefäßes werden Botenstoffe freigesetzt, die die Umwandlung von Fibrinogen in Fibrin veranlassen. Diese Fasern verkleben dann untereinander sowie mit den Blutplättchen und bilden den Wundverschluss. Die Globuline sind die überwiegenden Bestandteile des Immunsystems, Albumine und andere Transportproteine sorgen u.a. auch für die Verteilung von Mineralien (z.B. Eisen) und Hormonen sowie fettlöslichen Substanzen im Körper.

3.7.2 Gefäße

3.7.2.1 Blutgefäße

Das Blutgefäßsystem ist bei Wirbeltieren stets in sich **geschlossen**. Es besteht aus zwei Blutgefäßtypen, den Arterien und den Venen. **Arterien** führen immer vom Herzen weg. Sie enthalten jedoch keineswegs immer sauerstoffreiches Blut. Verwirrend ist, dass die Bezeichnung „arterielles Blut" sich auf den Sauerstoffgehalt und nicht auf die Fließrichtung bezieht, die Bezeichnung „Arterie" als Blutgefäß jedoch auf die Fließrichtung und nicht auf den Sauerstoffgehalt. So enthält die Lungenarterie sauerstoffarmes (venöses Blut). Venen führen nämlich immer zum Herzen hin, venöses Blut ist sauerstoffarm.

Neben der Fließrichtung sind Arterien und Venen durch den Bau sehr deutlich zu unterscheiden. Arterien, die letztlich auch den Blutdruck abfedern und weitergeben, enthalten in ihrer **Gefäßwand** eine große Zahl abwechselnder Muskel- und elastischen Bindegewebsschichten. Die Gefäßwand in der Hauptschlagader eines Elefanten kann mehrere Zentimeter Dicke erreichen und bis zu 70 abwechselnde Muskel- und Bindegewebsschichten enthalten. Durch die abwechselnde Anordnung von Ringmuskulatur und elastischen Bindegewebsfasern sind Arterien ausgesprochen fest, auch im leeren Zustand, etwa bei der Sektion eines toten Tieres, erscheinen sie im Querschnitt immer noch kreisrund.

Venen dagegen enthalten fast keine Muskulatur. Sie sind eher häutig, auch die Bindegewebsfasern sind untereinander weniger stark vernetzt. Um ein Zurückfließen des Blutes in den Körper, anstatt zum Herzen, zu verhindern, enthalten Venen in regelmäßigen Abständen Venenklappen. Diese sind bei gesunder Gefäßausprägung so angeordnet, dass sie den Blutfluss nur in eine Richtung ermöglichen. Erschlaffen die Venen, treffen die Klappen nicht mehr aufeinander. Die Folge sind Blutstaus, wie sie in Form von Krampfadern beim Menschen bekannt sind. Wegen des Fehlens von Muskulatur sind Venen bei blutleeren, toten Tieren in sich zusammengefallen und machen einen schlappen Eindruck.

Zwischen den vom Herzen wegführenden Arterien und den zum Herzen hinführenden Venen liegen die kleinen Haargefäße, die **Kapillaren**. Man unterscheidet Arteriolen und Venolen. In den Kapillaren findet im Körper der Gasaustausch und übrige Stofftransport statt. In der Auffiederung dieser feinen Blutgefäße kann die Blutflüssigkeit auch durch die Gefäßwand ins umgebende Gewebe treten und Nährstoffe, Sauerstoff etc. abgeben. Am anderen Ende dieses Mikrokreislaufs wird das Kapillarblut wieder ins Gefäß übernommen. Hierfür ist der Sog des Herzens nötig. Fehlt dieser, kommt es zu einer von mehreren Formen von Flüssigkeitsansammlung im Gewebe, dem Lymphstau oder Ödem.

Nicht jede Kapillarisierung der Blutgefäße muss mit einem Gasaustausch verbunden sein. Wenn Blutgefäße aus anderen Gründen außer zum Gasaustausch kapillarisiert werden, spricht man von einem **Wundernetz** (Rete mirabile). Am Ende eines Wundernetzes finden wir wieder den gleichen Gefäßtyp wie am Anfang. Führt eine Arterie in das Wundernetz hinein, führt auch eine Arterie heraus, dasselbe gilt für Venen. Solche Wundernetze finden wir beispielsweise an der Basis des Gehirns von in Wüsten lebenden Großsäugetieren, um eine Kühlung des Blutes zu ermöglichen. Dadurch wird das besonders hitzeempfindliche Gehirn vor Überhitzung geschützt. Wundernetze finden wir jedoch auch an der Körperoberfläche von Meeressäugetieren, etwa am Vorderrand der Flossen von Delfinen. Dort führen sie zu einer lokalen Erwärmung des umgebenden Wassers und damit zu besseren Strömungseigenschaften. Auch das Ohr des Afrikanischen Elefanten ist mit einem solchen Wundernetz durchzogen. Ein wichtiges Wundernetz finden wir in der Leber, da dort nicht der Gasaustausch allein, sondern auch der Stoffaustausch vonnöten ist. **Sauerstoffreiches** (arterielles) **Blut** ist wegen der

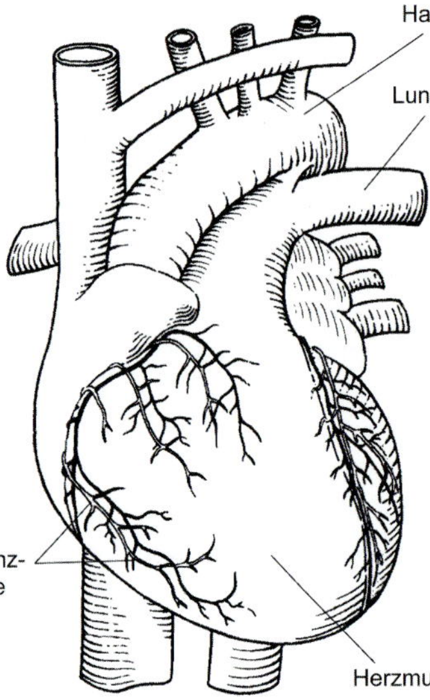

Abb. 3.27 Säugetierherz.

starken Sauerstoffbeladung des Hämoglobins hellrot, **sauerstoffarmes** (venöses) **Blut** dagegen tiefdunkelrot.

3.7.2.2 Lymphgefäße

Neben dem Blutgefäßsystem finden wir als zweites Transportsystem im Körper der Wirbeltiere das **Lymphsystem**. Dieses ist jedoch im Gegensatz zum Blutgefäßsystem nicht in sich geschlossen. Das Lymphsystem beginnt im Inneren des Körpers. In vielen kleinen Lymphkapillaren wird die Lymphflüssigkeit gesammelt und dann in immer größere Gefäße zusammengeführt. Schließlich enden die großen Lymphgefäße im venösen Blutgefäßsystem. Während bei niederen Wirbeltieren der Antrieb des Lymphsystems noch durch eigene Lymphherzen erfolgt, wird es bei den höheren Landwirbeltieren (Reptilien bis Säugetiere) durch den Sog des Herzens mit bedient.

Die Lymphgefäße ähneln im Bau den Venen und münden mit den großen Lymphstämmen ins venöse System.

3.7.3 Herz und Kreislauf

3.7.3.1 Herz

Das Herz liegt bei primär wasserlebenden Wirbeltieren im Bereich des venösen Systems. In der Embryonalentwicklung sowie bei ursprünglichen Fischen sehen wir, dass es aus vier hintereinander liegenden Abschnitten aufgebaut ist:

- Der **Sinus venosus** ist ein häutiges Gebilde, das das Blut aus verschiedenen Hauptgefäßen sammelt und weitergibt.
- Als nächstes finden wir die **Vorkammer** (Atrium), ein Sammelbecken.
- Die **Hauptkammer** (Ventrikel) ist der muskulöseste Teil des Herzens, von dort erfolgt der Antrieb des Blutkreislaufs.
- Bei Fischen finden wir ferner den **Conus arteriosus**, einen ebenfalls muskulösen, schlanken Abschnitt, in dem sich bis zu sieben Paar **Klappen** befinden. Diese wirken als Rückschlagventil.

Das Herz liegt in der Ventralregion, kurz hinter den Kiemen. Von dort aus wird das Blut in die paarigen Kiemengefäße getrieben. Bei Lanzettfischchen und einigen ursprünglichen Wirbeltieren finden sich zusätzlich Kiemenherzen. Das sind kleine muskulöse Verdickungen an der Basis der Kiemengefäße, die dem Blut nochmals einen Schub verleihen.

Das Herz ist ein Hohlmuskel, der **Antrieb** kommt aus ihm selbst. Das Nervensystem kann zwar durch Hormone und andere Botenstoffe auf die Geschwindigkeit und auf die Kraft des Herzschlags einwirken, der Rhythmus wird jedoch von mehreren **Nervenknoten** im Bereich des Herzens selbst erzeugt. Übergeordnetes Schrittmacherzentrum ist der Sinusknoten in der Wand der rechten Vorkammer. Von dort aus werden über dicke Nervenfaserbündel die Erregungen weitergeleitet zu einem zweiten, etwas langsamer schlagenden Knoten, der zwischen Herzkammer und Vorkammer sitzt. Von diesem Atrioventricularknoten ziehen weitere dicke Faserbündel (His'sche Bündel) über den Herzmuskel und leiten die Erregung in alle beteiligten Muskelregionen weiter.

Der Trennung der Herzabschnitte untereinander sowie der Trennung zwischen Herz und zu- bzw. abführenden Gefäßen dienen die **Herzklappen**. Diese sind entweder Hautfalten (Taschenklappen) oder bindegewebige, wie Segel eines Segelschiffs verzurrte Gebilde (Segelklappen). Das Herz liegt in einem eigenen kleinen Abschnitt der sekundären Leibeshöhle, dem **Herzbeutel** (Perikard). Dort findet sich eine kleine Menge Gewebsflüssigkeit, die bei der Tätigkeit des Herzens die Reibung des sich zusammenziehenden und wieder erweiternden Muskels gegen das umgebende Gewebe abmildert. Kommt es in diesem Bereich zu Verklebungen und zu Entzündungen, entstehen schwerwiegende Probleme bei der Arbeit des Herzens. Dies ist der Grund, weshalb Herzbeutelentzündungen lebensgefährlich werden können.

3.7.3.2 Kreislauf

Bei den Fischen wird das Blut auf der Dorsalseite aus den Kiemengefäßen zunächst in den beiden **Aortenwurzeln** gesammelt, die in die gemeinsame **Aorta dorsalis**, die große Körperschlagader münden. Vorher zweigen bereits zwei Gefäße zum Kopf ab, die als **Kopfarterien** (Arteria carotis) bezeichnet werden.

Die Aorta dorsalis transportiert das Blut in den gesamten Körper. Eine Vielzahl von dort abspaltenden Arterien versorgt die Organe. Am Ende des arteriellen Systems erfolgt die Kapillarisierung und das erneute Sammeln des Blutes in den Venolen und Venen. Die Venen der verschiedenen Organe münden in zwei Paar Hohlvenen. Die vorderen Hohlvenen (Venae cavae craniales/Venae cavae anteriores) sammeln das Blut aus den vor dem Herzen liegenden, die hinteren Hohlvenen (Venae cavae caudales/Venae cavae posteriores) aus den hinter dem Herzen liegenden Organen. Eine Spezialsituation liegt in der **Leber** vor. Dort werden zunächst alle aus dem Darm kommenden Venen in den Lebervenen (Venae hepaticae) vereinigt, in der Leber

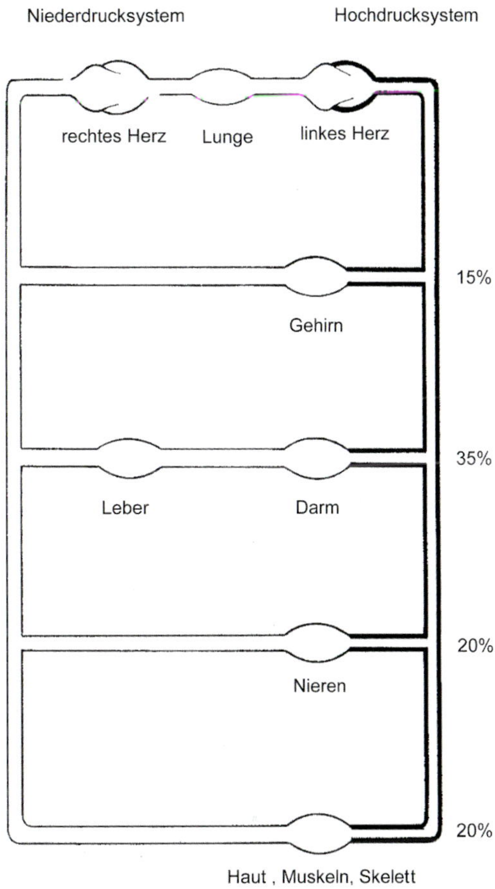

Abb. 3.28 Blutversorgung der Organe eines Säugetieres. Die Prozentwerte beziehen sich auf das vom Herzen kommende Blutvolumen.

durch das bereits erwähnte Wundernetz geführt und dann in der Pfortader (Vena portae) zum Sinus venosus gebracht.

Der einfache Kreislauf, bei dem das Herz nur von sauerstoffarmem Blut durchströmt wird, kann aus verschiedenen Gründen beim **Übergang zum Landleben** nicht aufrechterhalten werden. Einer der wichtigen Gründe ist, dass mit dem Wegfall des umgebenden Wasserdrucks auch die Notwendigkeit, das Blut aktiv durch den Körper zu treiben, wesentlich größer wird. Der Luftdruck, der auf ein landlebendes

Wirbeltier einwirkt, reicht nicht aus, den notwendigen Gegendruck auf die Gewebe und auch auf die Blutgefäße des Körpers auszuüben. Der Blutdruckabfall wird also dadurch wesentlich stärker. Zudem entsteht durch die Einschaltung der Lungen und die bereits dort erfolgende, sehr viel stärkere Kapillarisierung ein weiterer Druckabfall. Daher kommt es beim Übergang vom Wasser- zum Landleben zu einer Umkonstruktion des Blutkreislaufs. Das Blut wird, nachdem es die Lungen passiert und dort Sauerstoff aufgenommen hat, nochmals zum Herzen zurückgeführt. Damit ist der **doppelte Kreislauf**, die Trennung in den kleinen Lungen- und den großen Körperkreislauf, vollzogen. Jedoch ist ursprünglich das Herz noch nicht auf diese Trennung des Kreislaufs vorbereitet. Auch wenn bereits bei Lungenfischen durch besondere, schraubig angeordnete Klappensysteme im Herzen eine teilweise Trennung von sauerstoffreichem und sauerstoffarmem Blut erfolgt, ist diese noch unvollständig. Erst in der Stammesgeschichte der Landwirbeltiere kommt es zur vollständigen **Trennung**. Bei den Amphibien wird bereits die Vorkammer geteilt. Der Sinus venosus wird zunehmend verkleinert, und es verbleibt schließlich nur noch ein Nervenknoten, der die rhythmischen Kontraktionen des Herzens auslöst. Bei den Amphibien ist die Hauptkammer noch ungeteilt, jedoch laufen die Kontraktionswellen schräg über die Hauptkammer. So werden die beiden Herzhälften zu unterschiedlichen Zeiten ausgepresst und das Blut in unterschiedliche Teile des Kreislaufs weitergeleitet. Bei den Reptilien beginnt die Teilung der Herzkammer, die Herzscheidewand wird eingezogen. Damit wird vorwiegend die linke Herzhälfte für den Antrieb des Körperkreislaufs, die rechte Herzhälfte für den Antrieb des Lungenkreislaufs spezialisiert. Bei den meisten Reptilien ist jedoch die Herzscheidewand noch unvollständig geschlossen. Es kommt immer noch zu einer Durchmischung von sauerstoffreichem und -armem Blut. Lediglich die Krokodile haben eine vollständig geschlossene Herzscheidewand. Dadurch entsteht jedoch ein Problem: Eine wichtige Körperarterie zweigt von der rechten Herzarterie ab, sodass ein Teil des Körpers mit sauerstoffarmem Blut versorgt würde. Aus diesem Grund ist für Reptilien ein vollständig geschlossenes und getrenntes Kreislaufsystem noch nicht möglich. Die Krokodile haben anstelle eines Lochs in der Herzscheidewand eine Öffnung zwischen linker und rechter Körperarterie. Dadurch wird auch hier ein Teil des sauerstoffreichen Blutes in den rechten Arterienbogen geführt.

Mit dem Verlust der Kiemen wurden die **Kiemenarterien** und Kiemenvenen zunächst funktionslos. Jedoch änderten sie im Laufe der weiteren stammesgeschichtlichen Entwicklung ihre Orientierung. Die erste Kiemenarterie wurde zur Kopfschlagader, die zweite zur Lungenarterie. Die dritte Kiemenarterie ist bei den meisten Landwirbeltieren nicht mehr vorhanden, aus der vierten wurden die beiden Aortenwurzeln und damit die Körperschlagadern. Reptilien und Amphibien besitzen diese noch in paariger Form. Bei Vögeln wurde die linke Körperarterie reduziert, sie besitzen dadurch nur den rechten Aortenbogen. Bei Säugetieren wurde die rechte Arterienwurzel reduziert, sie besitzen nur den linken Aortenbogen. Trotzdem kommt auch bei Vögeln das sauerstoffreiche Blut für den Körperkreislauf aus der linken Herzhälfte.

Neben den Nervenfasern finden wir in der Wand des Herzmuskels, insbesondere bei den höher entwickelten Landwirbeltieren, die **Herzkranzgefäße**. Die Herzmuskulatur muss sehr gut mit Sauerstoff und Nährstoffen versorgt werden. Bei Säugetieren werden bis zu 5 % des Gesamtblutvolumens direkt in die Herzkranzgefäße geleitet. Kommt es dort zu Blutgerinnseln, entsteht der Herzinfarkt.

Auch Gehirn, Muskulatur und innere Organe erhalten einen großen Teil des Blutes aus dem Körperkreislauf (siehe Abb. 3.28).

3.7.4 Lymphsystem

Das Lymphsystem besteht einerseits aus den **Lymphgefäßen**, anderseits aus den **Lymph-**

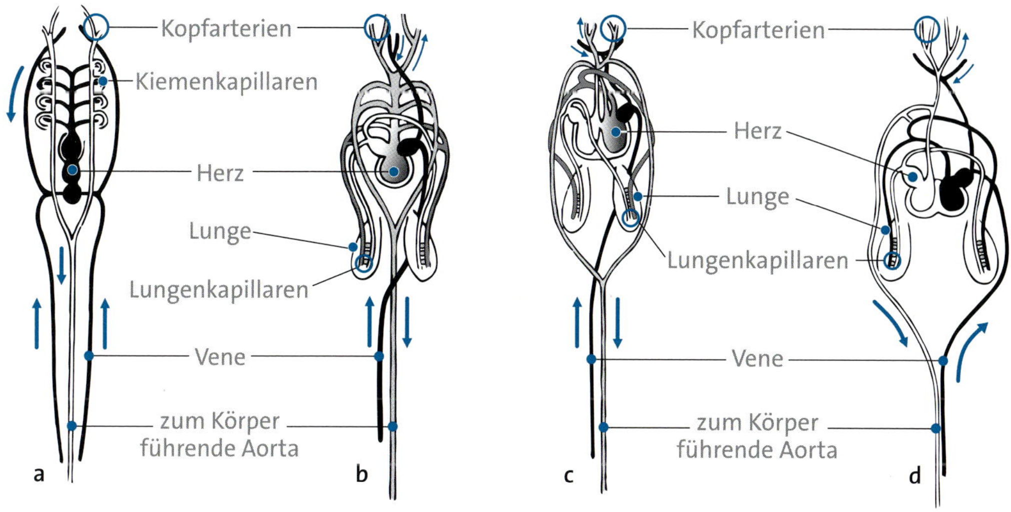

Abb. 3.29 Blutkreislaufsysteme bei Vertebraten. **a:** Fische, **b:** Amphibien, **c:** Reptilien, **d:** Vögel.

knoten. Die **Milz** als zusätzliches Speicher- und Bildungsorgan ist ebenfalls Teil des Lymphsystems. Ebenso ist, vor allem bei Jungtieren, der **Thymus**, eine Bildung aus dem Dach des Kiemendarms, wichtig für die Reifung des Immunsystems. Eine eigene Gruppe von **Lymphzellen**, die T-Lymphozyten, erhielt ihren Namen von diesem Lymphorgan. Dagegen sind die B-Lymphozyten aus dem Knochenmark (englisch *bone marrow*) gebildet und bei Vögeln entstehen sie in einem Lymphorgan am Enddarm, der Bursa (Tasche) fabricii. Lymphknoten sind in großer Zahl über den Körper verteilt und bilden die Filtereinrichtungen für das Lymphsystem. Aufgabe des Lymphsystems ist es nicht nur, überzählige Gewebsflüssigkeit aus den Organen und Geweben zu entfernen und wieder dem Kreislauf zuzuführen, sondern auch, den Fetttransport zu übernehmen. Es ist ferner ein wichtiger Teil des Abwehrsystems. Krankheitserreger und beschädigte Zellen werden über die feinen Gefäße des Lymphsystems aufgenommen und transportiert. In den Lymphknoten werden sie herausgefiltert, von den zellulären Bestandteilen des Lymphsystems angegriffen und abgebaut. Gelingt dies nicht vollständig, schwillt der Lymphknoten an. Ebenso kann es zu einer Entzündung des zuführenden Lymphgefäßes kommen. Diese Entzündungen, die bei heller Haut, etwa beim Menschen, als rote Streifen zu erkennen sind, enden daher zunächst immer sehr abrupt am jeweils gerade dazwischengeschalteten Lymphknoten. Ist dieser nicht in der Lage, die Entzündung zu stoppen, springt sie nahezu schlagartig einen ganzen Bereich weiter, zum nächsten Lymphknoten. Diese, im Volksmund bereits als Blutvergiftung bezeichnete Lymphbahnentzündung ist jedoch noch keine Sepsis im Bereich des gesamten Blutsystems. Gefährlich wird es erst dann, wenn sich die Entzündung dem Eintritt des betreffenden Lymphgefäßes in die nächste Vene nähert. Denn dann könnten die Erreger ins Blutgefäßsystem übertreten und über den gesamten Körper verteilt werden. Offene, direkt in den Darm mündende Lymphknoten und damit wirkungsvolle Anlockstellen für Krankheitserreger sind die **Mandeln** (Gaumen-, Rachen-, Blinddarmmandel). Man spricht von physiologischen Wunden, die Erreger anlocken wie ein Honigfliegenfänger ein Insekt und sie dann durch Lymphzellen angreifen.

Die Zellen des Lymphsystems haben vielfache Aufgaben im Bereich der **Abwehr** von Krankheitserregern. So finden wir dort kleine und große **Fresszellen**, die zerstörte Gewebeteile und körperfremde Zellen, also Krankheitserreger, schlichtweg umfließen und in sich aufnehmen, um sie zu verdauen. Die großen Fresszellen gehen so auch gegen solche körpereigenen Zellen vor, die vom Immunsystem, z.B. wegen einer Infektion, als Feinde erkannt und markiert wurden. Die kleinen Fresszellen sind Eiterbildner, die bei ihrer Tätigkeit verfetten und schließlich platzen. Dadurch locken sie weitere kleine Fresszellen an, um den Erreger endgültig besiegen zu können. Nur die letzten, zu spät kommenden Fresszellen, die nichts mehr an Nahrung finden, überleben und locken keine weiteren Hilfszellen mehr an.

Neben den Fresszellen finden wir im Bereich des Immunsystems **Gedächtniszellen**, die durch eine chemische Veränderung ihrer Oberfläche die Struktur von bereits einmal aufgetretenen Krankheitserregern speichern und, sobald diese wieder im Blut auftauchen, Abwehrmaßnahmen einleiten. Das Gedächtnis des Immunsystems beruht darauf, dass die Gedächtniszellen auf die Erkennung bestimmter schädlicher Reize programmiert werden. Diese Programmierung wird bei der Zellteilung weitergegeben und in einem mehr oder weniger engen Rahmen auch auf chemisch ähnliche Substanzen, verwandte Erreger etc. übertragen. Taucht eine solche Substanz dann auf, setzt die Abwehrreaktion ein.

Zusammen mit den im Blut gelöst vorkommenden **Immunfaktoren**, den Immunoglobulinen, ist dieses System äußerst wirkungsvoll bei der Bekämpfung von Krankheiten. Jedoch ist in vielen Fällen ein Erstkontakt mit dem jeweiligen Krankheitserreger nötig, um die Ansiedlung speziell auf den Erreger programmierter Fresszellen zu bewirken, sei es durch eine Schutzimpfung oder durch eine Infektion. **Aktive Immunisierung** erfolgt immer durch Kontakt mit dem Erreger, **passive** dagegen durch Einspritzung von Antikörpern, die von einem anderen Tier gebildet wurden. Bei aktiver Immunisierung wird Lebend- von Totimpfstoff unterschieden, im letzten Fall sind die eingespritzten Erreger nicht mehr infektionsfähig. Da das Immungedächtnis mit der Zeit abgeschwächt wird, ist bei Schutzimpfungen häufig eine Auffrischung im Abstand mehrerer Jahre nötig. Andernfalls würde die Konzentration der noch im Blut vorhandenen Antikörper zu gering werden, um bei einer möglichen erneuten Infektion noch abwehrend tätig zu werden.

In den letzten Jahren wurden weitere Aufgaben des Immunsystems entdeckt. Bei vielen Säugetierarten wurde nämlich festgestellt, dass eine **geruchliche Erkennung** des jeweiligen akuten Immunstatus sowie der generellen Leistungsfähigkeit des Immunsystems möglich ist. Dies hilft beispielsweise bei der Partnerwahl. Man paart sich also unbewusst bevorzugt mit solchen Artgenossen, deren Immunsystem dem eigenen ergänzend ausgeprägt ist. So könnten die daraus entstehenden Jungtiere eine besonders breite Abwehrfähigkeit gegen möglichst viele Krankheitserreger haben. Wichtigster Immunkomplex bei der Partnerwahl ist der Haupthistokompatibilitätskomplex (englisch *major histocompatibility complex*, MHC), dessen Gene über 100 verschiedene Allele aufweisen können.

3.8 Ausscheidungsorgane

3.8.1 Chemische Grundlagen

3.8.1.1 Stickstoffhaushalt, Urinbestandteile

Insbesondere bei der Verdauung von Eiweißen, aber auch von Zellkernmaterial, entstehen auf zellulärer Ebene Stickstoffabfallprodukte, die aus dem Körper entfernt werden müssen. Wegen der in Eiweißen bzw. deren Grundbausteinen, den Aminosäuren, vorhandenen Aminogruppen ist es, im Gegensatz zu Fett und Kohlenhydraten, keinem Tier möglich, Eiweiße vollständig in die Abbauprodukte Kohlendioxid und Wasser zu zerlegen. Die überzähligen Aminogruppen werden umgebaut, und es entsteht das giftige Ammoniakgas bzw. in gelöster Form **Ammonium**. Dieses, ein starkes Zellgift, darf im Körper nicht lange verweilen. Primär wasserlebende Wirbeltiere wie auch viele wasserlebende Wirbellose scheiden das Ammonium über die **Oberfläche der Kiemen** an das umgebende Wasser aus. Dieser Vorgang ist schnell genug, um Schaden durch das Gift im Körper zu vermeiden. Nach dem Übergang zum Landleben ist diese permanente Ausscheidung von Ammonium nicht mehr möglich. Daher müssen ungiftige Zwischensubstanzen für die Ausscheidung gebildet werden. Dies sind im Wesentlichen zwei Substanzen, nämlich die **Harnsäure** und der **Harnstoff**. Bei fischfressenden Tieren bildet sich eine weitere Gruppe von stickstoffhaltigen Verbindungen, die **Amine** (überwiegend Trimethylamin). Diese sind für den charakteristischen Fischgeruch sowohl des Fischfleisches selbst als auch des Urins der Fischfresser verantwortlich. Harnsäure ist ein größeres Molekül, das schwer wasserlöslich ist und sehr leicht kristallin abgelagert werden kann. Harnstoff dagegen ist ein kleineres Molekül, sehr gut wasserlöslich und dadurch mit dem Urin gut ausscheidbar.

Vögel und **Reptilien** scheiden ursprünglich hauptsächlich Harnsäure ab. Manche Fische, insbesondere solche, die auch Trockenperioden überstehen, wechseln zwischen der Produktion von Harnstoff und Harnsäure. Der Afrikanische Lungenfisch bildet während der Trockenperiode Harnsäure, während der im Wasser verbrachten Feuchtperiode dagegen Harnstoff.

Säugetiere produzieren Harnstoff, da das größere, schwer wasserlösliche Harnsäuremolekül die Plazentaschranke nicht überschreiten könnte. Es wäre dem mütterlichen Organismus nicht möglich, die Entgiftung des embryonalen Blutes für den Nachwuchs zu übernehmen. Da Harnstoff gut wasserlöslich ist, muss zur Entsorgung des gebildeten Harnstoffs auch sehr viel mehr Wasser abgegeben werden. Gerade Säugetiere aus Trockengebieten müssen jedoch mit dem Wasser sparsam umgehen. Die Fähigkeiten der Nieren dieser wassersparenden Säuger sind beeindruckend. Viele wüstenbewohnende Säugetiere sind in der Lage, ihren gesamten Wasserbedarf aus dem Wassergehalt ihrer Nahrung zu gewinnen. Dies gilt insbesondere für wüstenbewohnende Kleinsäuger, siehe Kapitel 4. Ihre Nieren sind durch eine besonders starke **Konzentrationsfähigkeit** des Urins ausgezeichnet, wodurch ein Großteil des ursprünglich zur Lösung des Harnstoffs benötigten Wassers wieder in den Körper zurückgeholt werden kann.

Der **Urin** von Landwirbeltieren enthält noch andere Bestandteile. Neben weiteren stickstoffhaltigen Produkten, etwa Kreatin, Kreatinin oder Guanin, sind schwefelhaltige (beispielsweise Sulfide und Zystin), saure (Milch-, Zitronen-, Oxalsäure etc.) oder farbliche Verbindungen (beispielsweise Urobilin oder Urochrom) enthalten. Auch eine ganze Reihe von Ionen, z.B. Natrium-, Kalium-, Calcium-Ionen, aber auch Chlorid, Karbonat und Phosphat finden wir im Urin. Der **Säurewert** des Urins hängt unter anderem von der Nahrung ab. Je mehr fleischliche Anteile das Futter eines Tieres enthält, desto saurer ist der Urin. Bei reinen Pflanzenfressern dagegen ist er oft alkalisch.

Kleine Mengen von Stickstoffendprodukten können auch über die Schweißdrüsen sowie über den Darm ausgeschieden werden.

3.8.1.2 Salz- und Wasserhaushalt

Neben der Entsorgung der Stickstoffabfälle und der Regelung des Ionengleichgewichts ist eine weitere chemische Regulationsaufgabe für Wirbeltiere, insbesondere für fischfressende und/oder wasserlebende Arten, von großer Bedeutung, nämlich die Regelung des **Salzhaushalts**. Die meisten wasserlebenden Wirbeltiere unterscheiden sich in der Salzkonzentration ihrer Körperflüssigkeiten erheblich vom umgebenden Wasser. Nur meeresbewohnende Haie und Rochen sind nahezu **isoosmotisch**. Das bedeutet, dass durch Harnstoffeinlagerung im Körper der Konzentrationswert des Blutes nahezu dem des umgebenden Wassers entspricht. Sie haben daher wenig Probleme mit Wasserverlust oder unkontrolliertem Wassereinstrom. Jedoch müssen auch sie Salz ausscheiden, das sie beispielsweise mit ihrer Nahrung aufgenommen haben. Dazu dienen Salzdrüsen im Darm.

Knochenfische dagegen sind in Bezug auf ihre Körperflüssigkeit nicht mit dem umgebenden Wasser isotonisch. Meeresbewohnende Fische enthalten in ihrer Körperflüssigkeit nur ca. 25–30 % der Salzkonzentration des umgebenden Wassers. Man bezeichnet sie als **hypoosmotisch**. Sie müssen also ständig gegen Wasserverlust ankämpfen. Die Körperoberfläche darf wenig wasserdurchlässig sein. Durch Trinken von Meerwasser müssen sie ihren Flüssigkeitshaushalt aufrechterhalten. Das dabei zu viel aufgenommene Salz wird über spezielle **Salzdrüsen** in den Kiemen unter Energieverbrauch wieder in konzentrierter Form ausgeschieden. Die Regulation des **Trinkverhaltens**, und damit die Anpassung des aufgenommenen Wassers an den aktuellen Wasserbedarf, erfolgt über ein spezielles Durstzentrum im Zwischenhirn (siehe Abschnitt: Hypothalamus).

Knochenfische des Süßwassers dagegen sind **hyperosmotisch**. Ihr Körper enthält mehr Ionen als das umgebende Wasser. Hier besteht die Gefahr eines Wassereinstroms. Die Nieren der Süßwasserfische müssen dementsprechend viel Wasser wieder nach draußen befördern.

Wasserlebende und/oder fischfressende Landwirbeltiere demgegenüber besitzen meist spezielle Drüsen, mit denen sie das aufgenommene Salz ausscheiden. Dies sind beispielsweise Drüsen in der **Augenregion** von Meerechsen oder Seeschildkröten oder die **Nasendrüsen** einer ganzen Reihe von meeresbewohnenden bzw. Meeresfische fressenden Vögeln (z.B. Pinguine, Pelikane oder Möwen).

Auch die Regulation des **Wassergehalts** im Körper ist vom Lebensraum der betreffenden Tierart abhängig. Die meisten Wirbeltiere können einen starken Wasserverlust nicht überstehen. Selbst ein Verlust von nur 10 % der körpereigenen Wasservorräte ist für die meisten Landtiere lebensbedrohlich bis tödlich. Ausnahmen sind wenige wüstenbewohnende Großsäugerarten. Bekanntestes Beispiel sind Kamele, die bis zu 25 % ihrer Körperflüssigkeit verlieren und in kürzester Zeit wieder ergänzen können.

Zur Verhinderung übermäßigen Wasserverlusts sind insbesondere bei Landwirbeltieren die verhornten und verfestigten Strukturen der Oberhaut zu nennen. Hier entsteht jedoch vor allem für Tiere, die in heißen und trockenen Gegenden leben, wieder ein physiologisches Problem. Auch die Temperaturregulation durch Schwitzen oder Hecheln erfolgt über die Körperoberfläche bzw. über stark durchblutete Bereiche, etwa die Mundschleimhaut. Temperatur über die Körperoberfläche abzugeben, würde nahezu zwangsläufig zu einem Wasserverlust führen. Selbst Tierarten, die über wenig Schweißdrüsen verfügen (Elefanten, Paarhufer, Hunde etc.) verlieren durch die **Transpiration** über die Hautoberfläche Wasser. Primaten, Einhufer u.a., die bei starker Anstrengung, Stress oder hoher Außentemperatur über Schweißdrüsen Verdunstungskälte erzeugen, erreichen dies nur durch Abgabe von sehr viel Wasser. Diese widersprüchlichen Anforderungen haben Tierarten, die in heißen oder trockenen Gebieten leben. Vielfach wird das Problem durch Verhaltensanpassungen, etwa durch Verschiebung der Aktivitätszeiten in kühlere Tageszeiten, gelöst. Andere Arten von wüstenbewohnenden Säugetieren und Vögeln haben die Fähigkeit, ihre Körpertemperatur stark schwanken zu lassen. Dadurch wird der Kühlmechanismus erst später aktiviert und eine erhebliche Wasserersparung ermöglicht. Vögel haben eine höhere Grundkörpertemperatur und können damit auch bei höheren Außentemperaturen noch frei von physiologischem Stress agieren.

3.8.2 Harnorgane

Bei primär wasserlebenden Tieren ist die Ausscheidung der Stickstoffendprodukte überwiegend eine Aufgabe der gut durchbluteten und mit einer reichlich aufgefiederten Oberfläche versehenen Kiemen. Trotzdem finden wir schon im Grundbauplan der ursprünglichen Wirbeltiere mehr oder weniger gut entwickelte **Nieren**. Deren primäre Aufgabe besteht überwiegend in der Regulation des Wasserhaushalts.

Die Nieren aller Wirbeltiere bestehen aus einem Grundelement, das als **Nierenkörperchen** bezeichnet wird. Diese Nierenkörperchen sind ursprünglich segmental angeordnet. Jedes Körpersegment bildet embryonal links und rechts der Wirbelsäule ein Paar Nierenkörperchen. Ihre Ausführkanäle verschmelzen zum primären Harnleiter. Im Zuge der Höherentwicklung der Wirbeltiere lagern sich die Nierenkörperchen bei Fischen, insbesondere Knochenfischen, mehr und mehr im hinteren Teil des Eingeweideraums zusammen. Sie bilden dann eine kompakte, oftmals, aber nicht immer nierenförmige Niere.

Die ursprünglichste Form der Nierenkörperchen bestand aus einem in die Leibeshöhle offenen **Wimpertrichter**, der mit einem gegenüber gelegenen **Blutgefäßknäuel** (Kapillarknäuel) in engem Kontakt stand. Durch den Druck des in das Kapillarknäuel hineingepumpten Blutes werden Flüssigkeit und Ionen über die Gefäßwand nach außen gedrückt. Im ursprünglichen Zustand werden sie danach durch das bewimperte Trichterchen in den ausführenden Gang des Nierenkanälchens eingestrudelt. Dieses System ist nicht sehr effektiv. Daher entstand sehr früh in der Stammesgeschichte, nachvollziehbar auch in der Embryonalentwicklung, ein verbessertes System. Anstatt des offenen Wimpertrichters ist eine kleine Hohlkugel (**Bowman'sche Kapsel**) der Hohlraum, in den das Kapillarknäuel seine Flüssigkeit und deren Inhaltsstoffe drückt. Die Flüssigkeit, die sich in dieser Kapsel sammelt, wird als **Primärharn** bezeichnet. Um Wasser zu sparen, muss eine starke Eindickung und Konzentration des Primärharns erfolgen. Zu diesem Zweck findet sich im Anschluss an die Bowman'sche Kapsel eine komplizierte Anordnung von Aufknäuelungen des abführenden Kanälchens. Diese wechselt ab mit einer u-förmigen Haarnadelkurve, die als Henle'sche Schleife bezeichnet wird (Abb. 3.30). Die Anordnung aus abwechselnd aufgeknäulten und u-förmig im Gegenstromprinzip verlaufenden Teilen des abführenden Kanälchens ermöglicht es, durch komplizierte physikalische und chemische Prozesse die meisten wichtigen Bestandteile (Ionen, Traubenzuckermoleküle, auch Hormone) und den größten Teil des Wassers dem Primärharn wieder zu entziehen. Ein Teil dieser Prozesse wird aktiv unter Energieverbrauch durchgeführt, ein Teil passiv durch Diffusion. Endprodukt ist der **Endharn**. Erst dieser wird aus den Nierenkanälchen zunächst über Sammelrohre ins **Nierenbecken** geleitet und von dort über den **Harnleiter** Richtung **Harnblase** transportiert. Bei primär wasserlebenden Wirbeltieren sowie den meisten Amphibien vereinigen sich die Sammelrohre der Nierenkörperchen zu einem primären Harnleiter (Wolff'scher Gang), der in den Enddarm mündet. Die Harnblase, eine Neubildung der Landwirbeltiere, ist eine Aussackung des Enddarms, die zunächst keine Verbindung zum Harnsystem hat. Bei Amphibien ist dies auch heute noch erkennbar. Die Harnleiter eines Frosches beispielsweise münden paarig links und rechts an der Basis der Harnblase und nicht direkt in diese.

Bei Reptilien und den von ihnen abstammenden Vögeln und Säugetieren ändern sich die Verhältnisse. Hier wächst ein als **sekundärer Harnleiter** (Ureter) bezeichneter Kanal von caudal her in die Niere ein. Der primäre Harnleiter trennt sich vom Harnsystem und wird im männlichen Geschlecht zum Samenleiter. Im weiblichen Geschlecht wird er meistens vollständig reduziert. Lediglich die Ausführgänge eines einzigen Nierenkanalpärchens werden zum Vorläufer der weiblichen Genitalgänge (siehe unten).

Zugleich verbindet der Ureter die Niere mit der Harnblase. Die Harnblase wird damit direkt in den Ausscheidungsweg eingeschaltet. Sie wiederum leitet über eine unpaare **Harnröhre**

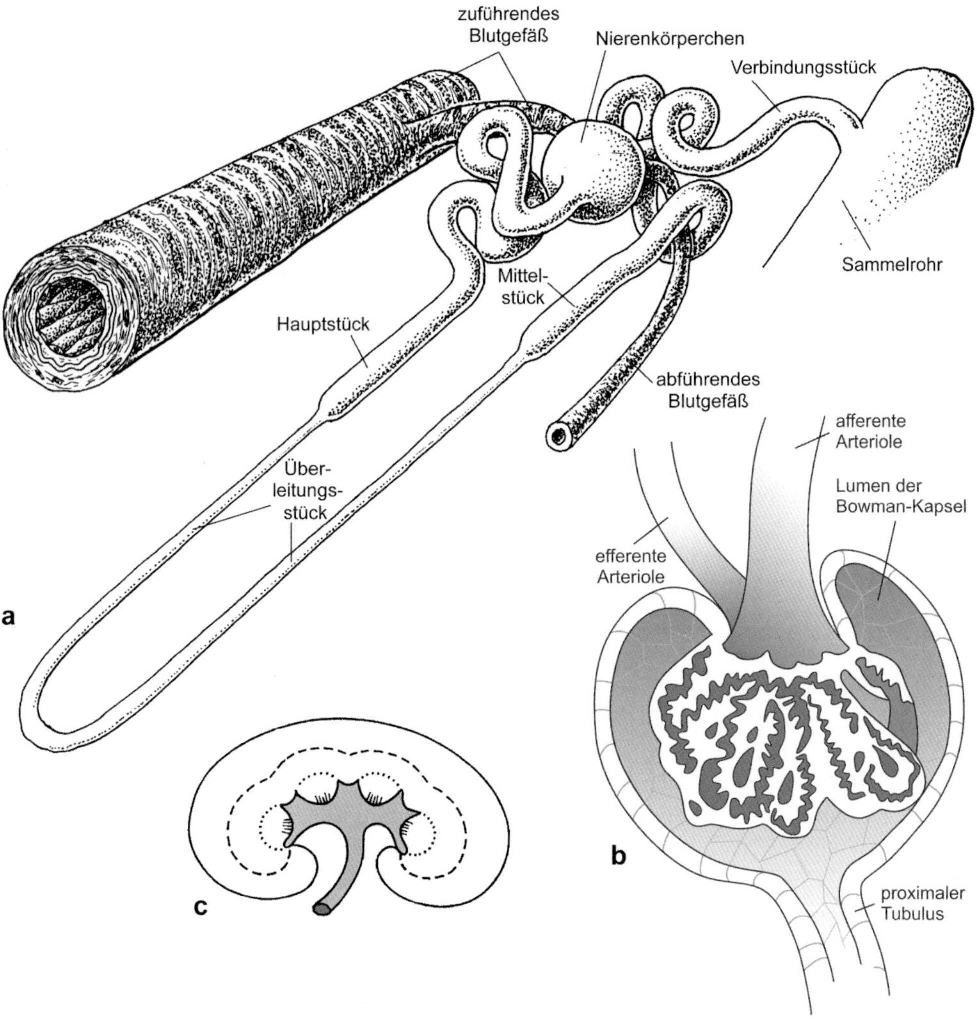

Abb. 3.30 Niere. **a:** Nierenkörperchen einer Ratte (*Rattus*). **b:** Filterapparat in der Bowman'schen Kapsel eines Säugers. **c:** Zusammengesetzte Niere eines Säugers mit mehreren Papillen.

(Urethra) in den Enddarm ab. Dieser Zustand der gemeinsamen Mündung von Harnröhre, Geschlechtsorganen und Enddarm in die **Kloake** bleibt bis zu den ursprünglichsten Säugetieren erhalten. Die stammesgeschichtlichen und funktionellen Weiterentwicklungen der Wirbeltiernieren lassen sich auch heute noch an den lebenden Vertretern der verschiedenen Wirbeltierklassen studieren. So besitzen Knochenfische eine sogenannte **Kopfniere**. Diese hat noch den anatomischen Ausgangszustand. Sie besitzt offene Wimpertrichter und leitet über einzelne Kanälchen ab. Wegen dieser Eigenschaften wird sie auch als Urniere bezeichnet. Die meisten Wirbeltiere bilden diese **Urniere** noch im frühen Embryonalstadium, überwinden dieses Stadium jedoch bereits im Laufe ihrer embryonalen Entwicklung wieder.

Nieren, die schon mit geschlossenen Bowman'schen Kapseln ausgestattet sind, jedoch noch über den primären Harnleiter ableiten, werden als **Vornieren** bezeichnet. Dies sind nicht nur die Nieren aller systematisch unterhalb der Reptilien stehenden Wirbeltiere. Auch die Nieren der neugeborenen Beuteltiere stehen teilweise noch auf diesem Stand.

Bildet sich bei geschlossenen Bowman'schen Kapseln ein sekundärer Harnleiter aus, spricht man von einer **Nachniere**. Die Nachniere ist die gemeinsame Ausscheidungsstruktur aller Amnioten, also Reptilien, Vögel und Säugetiere. Auch bei Beuteltieren bildet sich die Nachniere im Laufe der ersten Lebensabschnitte nach der Geburt aus.

Die **Nierenform** der Landwirbeltiere ist keineswegs immer identisch. Bei Vögeln besteht sie z.B. noch aus drei deutlich voneinander abgegrenzten, hintereinanderliegenden Lappen. Bei ursprünglich en und kleinwüchsigen Säugetieren, etwa den meisten Insektenfressern oder Nagetieren, weitet sich der Ureter nur zu einem einfach gestalteten Nierenbecken. Eine einzige Papille ragt zapfenförmig ins Nierenbecken hinein. Bei vielen Raubtieren, etwa den Hundeartigen, aber auch bei den Menschenaffen und vielen Paarhufern bildet sich nicht nur eine, sondern mehrere in das Nierenbecken hineinragende Papillen aus.

Auch die äußere Form der Niere kann unterschiedlich sein. So sind die Nieren vieler Paarhufer und Karnivoren an ihrer Oberfläche gelappt. Die sogenannte Renculi-Niere bei Walen oder Fischottern besteht sogar aus vielen kleinen Einzelnierchen, die mit ihren individuellen ableitenden Kanälen erst später in den gemeinsamen Ureter münden.

Im Längsschnitt zeigt sich auch im Nierengewebe eine Differenzierung. Man bezeichnet den äußeren Teil als **Nierenrinde**. In dieser befinden sich die Blutkapillargefäße und Bowman'schen Kapseln sowie ein Teil der Aufknäuelungen des abführenden Kanälchens. Mehr dem Nierenbecken zugewandt finden wir das hellere **Nierenmark**, das überwiegend ableitende Kanäle enthält.

3.9 Hormonsystem

Hormone sind **Botenstoffe**. Ihre Wirkung beruht darauf, dass die Empfangsorgane, gegebenenfalls unter Zuhilfenahme von entsprechenden **Bindungsstellen** (Rezeptoren), die Informationen aufnehmen und daraufhin Veränderungen im Zellstoffwechsel oder in der Aktivierung bestimmter Abschnitte des Erbguts vornehmen. Es handelt sich also um eine chemische Informationsübertragung. Von der **Hormondrüse** ausgehend werden Informationen in den Körper über das Blutgefäßsystem weitergegeben. Jede Zelle, die einen Rezeptor (Empfänger) besitzt, kann die Information empfangen und umsetzen.

Nach der Produktionsstelle unterscheidet man Gewebshormone von Drüsenhormonen. **Gewebshormone** entstehen in allen Zellen eines bestimmten Gewebes. Dazu gehören die an den Entzündungsreaktionen beteiligten Histamine. Auch das im Fettgewebe entstehende Leptin, das einen wichtigen Anteil an der Appetitzügelung und der Steuerung jahresperiodisch unterschiedlicher Nahrungsaufnahme, etwa bei Winterschläfern, hat, ist ein Gewebshormon. Eine makroskopisch präparierbare Hormondrüse ist nicht erkennbar. **Drüsenhormone** dagegen haben eine erkennbare Hormondrüse, die meistens auch über einen Ausführkanal ins Blutgefäßsystem mündet. Das gesamte Hormonsystem zusammen wird als **endokrines System** bezeichnet.

Neben der Unterscheidung nach den Drüsenarten ist die Unterscheidung nach der chemischen Löslichkeit der Hormone bedeutsam. **Wasserlösliche Hormone** sind in der Regel entweder Eiweißhormone oder die kleinen, eiweißähnlichen Amine. Sie können im Blut und in den Körperflüssigkeiten direkt transportiert werden. Wegen ihrer wasserlöslichen Eigenschaft haben sie keine Möglichkeit, die Zellmembran ihrer Empfängerzellen selbstständig zu passieren. Stattdessen finden wir in der Außenseite der Empfängerzellen spezielle Rezeptoren, in die das jeweilige Hormonmolekül nach dem **Schlüssel-Schloss-Prinzip** eingreift. Durch eine Veränderung der räumlichen Struktur dieses Empfängermoleküls wird ein nachgeschalteter chemischer Prozess im Innern der Zelle in Gang gesetzt. Aufgrund dieser Eigenschaften wirken die wasserlöslichen Hormone in der Regel sehr schnell (Adrenalin, eines der wichtigsten Amine, hat eine Anflutzeit von ca. 40 ms). Über einen Verstärkungsmechanismus kann sich die Wirkung jedes einzelnen Hormonmoleküls potenzieren. So wurde berechnet, dass ein einziges Molekül Adrenalin durch Stoffwechselsteigerung zur Verbrennung von ca. 10000 zusätzlichen Molekülen Traubenzucker führt. Sobald die Moleküle den Rezeptor wieder verlassen haben, der Schlüssel also wieder aus dem Schloss herausgezogen wird, hört die Wirkung schlagartig auf.

Fettlösliche Hormone, das sind überwiegend Steroide, werden dagegen direkt über die Zellmembran ins Zellinnere transportiert. Sie können meist auch die Kernmembran ungehindert durchdringen und Wirkungen direkt auf der Ebene der Genaktivierung entfalten. Deshalb dauert es ca. 5–20 Minuten nach Beginn der Hormonproduktion, bis die ersten erkennbaren Reaktionen des Organismus stattfinden. Jedoch wirken fettlösliche Hormone wesentlich länger. Auch nach dem Ablösen des Hormons von seinen Bindungsstellen dauert es bis zu mehreren Tagen, bis die Wirkung völlig abgeflutet ist. In vielen Fällen wirken gerade fettlösliche Hormone auch dauerhaft programmierend. Man spricht dann von einer **bahnenden Wirkung**. Diese liegt insbesondere in den Phasen der Jugendentwicklung vor, häufig auch schon im letzten Drittel der Trächtigkeit. Gerade die Stresshormone wirken hier auf die Entwicklung des Gehirns in einer oftmals nicht mehr umkehrbaren oder nur sehr schwer zu korrigierenden Art und Weise ein. Auch Prägungsprozesse beruhen auf neuronaler Ebene meist auf der bahnenden Wirkung von Hormonen.

Hormone sind an der Steuerung vieler Alltagsprozesse des Stoffwechsels, aber auch an Abwehrreaktionen, der Verhaltenssteuerung, an der Tagesperiodik des Schlaf-Wachrhythmus ebenso wie an der Steuerung des Sozial- und Sexualverhaltens beteiligt. Eine Gliederung der Hormondrüsen erfolgt am besten nach den Organsystemen aus denen sie ursprünglich gebildet wurden.

3.9.1 Hormondrüsen im Nervensystem

Eine Reihe von hormonproduzierenden Drüsen sind Abkömmlinge des Nervensystems oder von Gehirnregionen. Zu diesen gehört die **Zirbeldrüse** (Epiphyse), eine auf dem Dach des Zwischenhirns befindliche Struktur. Diese war wohl ursprünglich eines der unpaaren Lichtsinnesorgane und ist auch heute noch für die Steuerung von Tages- und Jahresperiodik verantwortlich.

Am **Boden des Zwischenhirns** (Hypothalamus) befindet sich ebenfalls eine Reihe von hormonproduzierenden Geweben, die zusammen mit der **Hirnanhangsdrüse** (Hypophyse) eine Vielzahl von steuernden Hormonen in den Organismus entlassen. Die wichtigsten Hormone dieses Drüsenkomplexes sind das **Prolaktin** (als Brutpflege- und Elternhormon bezeichnet), das neben der Milchproduktion auch für das elterliche Verhalten von Tieren verantwortlich ist. **Oxytocin** reguliert Wehentätigkeit und Milcheinschuss. Neben der Steuerung des Geburtsvorgangs ist es auch an der Entstehung von sozialen Bindungen, an der individuellen Erkennung im Mutter-Kind-Bereich sowie im Zusammenleben von Bindungspartnern und der Stressdämpfung beteiligt. Das chemisch nah verwandte Vasopressin übernimmt nicht nur die Wasserausscheidung und Blutdruckregulation, sondern ist ebenfalls ein Hormon des sozialen Verhaltens (Partnerschutz- oder „Eifersuchtshormon“). Auch eine Reihe von Hormonen, die der Steuerung nachgeschalteter Hormondrüsen dienen, etwa die übergeordneten Hormone des Schilddrüsenregelkreises, oder die Steuerungshormone der Nebenniere, die u. a. die Stressreaktion starten, stammen von dort. Von besonderer Bedeutung ist der Regelkreis der Sexualhormone. Aus dem Drüsenkomplex von Zwischenhirn und Hirnanhangsdrüse kommt zunächst das aktivierende GnRH (Gonadotropin-Releasing-Hormon). Die Hypophyse selbst produziert das steuernde FSH (follikelstimulierendes Hormon) und das LH (luteinisierendes Hormon). Die derzeit übliche Praxis der Fortpflanzungsunterdrückung in beiden Geschlechtern durch **Implantation** des Kastrationschips beruht darauf, dass in diesen Regelkreis eingegriffen wird. Die GnRH-Produktion wird zunächst sehr stark erhöht und dann im nachfolgenden zweiten Stadium zuverlässig etliche Monate auf null gestellt. Dadurch produzieren die Tiere keine Sexualhormone und zeigen kein Sexualverhalten mehr.

Ebenfalls ursprünglicher Bestandteil des Nervensystems sind die hormonproduzierenden Zellen des **Nebennierenmarks**, die als Teil des sympathischen Nervensystems gelten. Dort werden die Kampf- und Fluchthormone Noradrenalin und Adrenalin produziert. Diese bewirken neben der Steuerung des zugehörigen Verhaltens auch die Steigerung des Blutdrucks, Erhöhung der Stoffwechselaktivität und fördern die Durchblutung der für Kampf- und Fluchtreaktion notwendigen Organe (Gehirn, Sinnesorgane, Herz und Muskulatur).

Eine Reihe von Hirnregionen produziert auch **Gewebshormone** bzw. Botenstoffe, die auf direktem Weg das umgebende Nervengewebe beeinflussen. Dazu gehören beispielsweise die körpereigenen Opiate (Endorphine), die Teil des Selbstbelohnungssystems eines Tieres sind, oder der natürliche Stimmungsaufheller Serotonin. Die Selbstbelohnungsdroge Dopamin, die auch bei der Suchtentstehung, z.B. bei der Entstehung von Stereotypien und Zwangshandlungen, eine Rolle spielt, zählt ebenfalls dazu.

3.9.2 Hormondrüsen im Verdauungstrakt

Neben den Gewebshormonen, die mit der Steuerung der Verdauungstätigkeit befasst sind, finden wir auch Hormondrüsen, die durch Abfaltung und Spezialisierung des Verdauungstrakts entstanden. Dazu gehören die **Schilddrüse** und die **Nebenschilddrüse**, die beide aus Aussackungen des Kiemendarms gebildet wurden. Die Schilddrüse bildet das Schilddrüsenhormon **Thyroxin**. Dieses ist neben seiner Steuerungstätigkeit im Bereich des Stoffwechsels auch an dem Phänomen der Pubertät und der dabei stattfindenden Wachstums- und Entwicklungsprozesse beteiligt. Nach Untersuchungen am Menschen und einer Reihe von Haustieren, beispielsweise Hunden, lassen sich jedoch auch Auswirkungen der Schilddrüse auf das Verhalten erkennen. Durch die Steigerung des Stoffwechsels mithilfe eines erhöhten Schilddrüsenhormonspiegels wird auch der Spiegel des Adrenalins erhöht. Dies kann zu einem eher hektisch-nervösen und vorbeugend vorwärts aggressiven Verhalten führen. Umgekehrt werden durch eine Verringerung der Schilddrüsenhormonproduktion andere Botenstoffe, etwa Serotonin und Dopamin, im geringeren Maße zur Verfügung gestellt. Neben der gleichzeitigen Erhöhung des Stresshormons Cortisol führt das auch zu den auffallenden Verhaltensänderungen einer Schilddrüsenunterfunktion.

Ebenso aus dem Darmtrakt abgefaltet ist die **Bauchspeicheldrüse** (siehe oben), die neben ihren Verdauungsenzymen in ihrem endokrinen Teil Hormone produziert. Diese sind an der Regelung des **Blutzuckerspiegels** beteiligt. Das Insulin bewirkt die Senkung des Blutzuckerspiegels durch Aufnahme von Traubenzucker in die Zielorgane und Gewebe. Sein Gegenspieler Glucagon führt zu einer Erhöhung des Blutzuckerspiegels. Beide sind nicht nur an der Regelung des Nährstofftransports im Blut beteiligt. Fehlfunktionen in diesem Bereich führen zu den Krankheitsbildern des Diabetes, wobei Diabetes mellitus vom Typ 1 ein Mangel an Insulin, beispielsweise durch erbliche Faktoren, vorangehende Bauchspeicheldrüsenentzündungen etc., ist. Bei Diabetes mellitus vom Typ 2 dagegen ist Insulin unwirksam, was meist durch vorhergehende zu energiereiche und zu leicht verdauliche Fütterung bewirkt wird. Auch Stress kann zu einem Typ-2-Diabetes führen. Die früher üblichen Bezeichnungen Jugend- und Altersdiabetes sind wenig treffend für diese Erscheinung.

3.9.3 Sonstige Hormondrüsen

Die wichtigste der sonstigen Hormondrüsen ist die **Nebennierenrinde**. Die Nebenniere ist ein zusammengelagertes Organ, das bei den Landwirbeltieren meist in enger anatomischer Verbindung zur Niere auftritt. Jedoch hat sie weder funktionell noch entwicklungsgeschichtlich mit dieser zu tun. Stattdessen bildet sich das Nebennierenrindengewebe aus der Leibeshöhlenwand und umschließt die als Nervenknoten aus dem sympathischen Nervensystem ausgegliederten Zellen des Nebennierenmarks. Die Nebennierenrinde produziert eine Reihe von **Steroidhormonen**. Chemisch sind das ringförmige Substanzen, deren Ausgangssubstanz das Cholesterin ist. Die Steroidhormone der Nebennierenrinde lassen sich in drei Gruppen einteilen:

- Die **Mineralocorticoide** sind an der Regelung des Wasserhaushalts und des Ionenhaushalts beteiligt.
- Ein kleiner Teil der **Sexualhormone** wird in der Nebennierenrinde gebildet. Dies sind überwiegend die Hormone des jeweils anderen Geschlechts. Das bedeutet, dass männliche Tiere vorwiegend in der Nebennierenrinde Östrogene produzieren, weibliche Tiere dagegen auch Testosteron. Die Testosteronproduktion insbesondere weiblicher Tiere in der Nebennierenrinde ist auch verantwortlich für bestimmte, vermännlicht auftretende weibliche Individuen (z.B. Hündinnen, die beim Markieren im Stehen das Beinchen heben).
- Die **Glucocorticoide**, überwiegend Cortisol und Corticosteron, sind an der Regelung des Stoffwechsels im Tagesgang beteiligt. Auch die Regelung der Stressreaktion bei plötzlich auftretenden Gefahrensituationen geschieht von dort. Cortisol und Corticosteron sind nahezu identisch, das Verteilungsverhältnis ist mehr auf die systematische Gruppierung zurückzuführen. So haben viele Huftiere mehr Corticosteron, Primaten ähnlich wie Raubtiere mehr Cortisol. Auch das als Medikament eingesetzte Cortison gehört in die gleiche chemische Gruppe und wird bei Verabreichung über Darm oder Blutkreislauf sehr schnell in Cortisol oder Corticosteron umgewandelt. Die Wirkung dieser Stresshormone ist vielfältig. Sie führen u.a. zum Eiweiß- und Muskelabbau und zu einer Erhöhung des Blutzuckerspiegels, zu einer Schwächung der Immunabwehr, aber auch im Verhalten zu einer Reihe von Veränderungen. Diese können über Inaktivität, Lernschwäche bis zu Depressivität, aber auch zu Angst und Aggression bei Futterverteidigung oder defensivem Territorialverhalten führen. Die vielfältigen systemischen Wirkungen der Glucocorticoide führen auch zur Ausbildung von stressbedingten Organerkrankungen, beispielsweise stressbedingtem Diabetes vom Typ 2, stressbedingten Nieren- und Lebererkrankungen oder allgemeiner Anfälligkeit für Parasiten und Infektionen.

Die Produktion der Sexualhormone liegt überwiegend im Bereich der **Geschlechtsorgane** (Gonaden) und wird daher im Abschnitt „Fortpflanzung“ behandelt.

3.10 Nervensystem

3.10.1 Einteilung und Überblick

3.10.1.1 Bestandteile und Embryonalentwicklung

Die Grundbestandteile des Nervensystems, die Nervenzellen sowie die sie begleitenden Versorgungszellen (z.B. Gliazellen), wurden bereits im Abschnitt „Gewebe“ erwähnt. Charakteristisch für das Nervensystems ist, dass Nervenzellen nicht nur zur lokalen elektrischen Erregung befähigt sind, sondern durch das Entstehen der Aktionspotenziale eine schnelle und im digitalen System codierte **Reizweiterleitung** ermöglichen. Digital bedeutet hier, dass nur zwei Zustände, nämlich Erregung oder Ruhe, im Nerv vorliegen können. Eine Intensitätssteigerung der Erregung kann nur durch eine schnellere Abfolge von Aktionspotenzialen nacheinander erfolgen. Nervensysteme entstehen bei Wirbeltieren aus einer gemeinsamen embryonalen Anlage, die als Neuralleiste bezeichnet wird. Aus der gleichen Anlage entstehen übrigens die Grundeinheiten der Pigmentzellen, die Melanozyten. Dies erklärt, weshalb bei vielen Tieren Taubheit oder andere Störungen im Bereich der Nerven- und Sinnesorgane mit bestimmten Pigmentierungsmustern gekoppelt sind.

Im Laufe der Embryonalentwicklung differenziert sich das Nervensystem zunächst in Form eines **Neuralrohrs** auf der Dorsalseite des Embryos. Dieses Neuralrohr hat am vorderen Pol einen Verbindungsgang nach draußen und am hinteren Pol einen Verbindungsgang in den Darm. Beide Verbindungsgänge werden im Zuge der weiteren Embryonalentwicklung geschlossen. Offene Rückenmarkskanäle als embryonale Fehlbildungen sind jedoch bekannt und bisweilen auch die Folge eines Mineral- oder Vitaminmangels in der Schwangerschaft.

Aus dem Neuralrohr entsteht das **zentrale Nervensystem**, das sich in Gehirn und Rückenmark differenziert. An die Peripherie ausgelagerte Teile des Nervensystems sind zugleich Sinnesorgane. Dies gilt für die Riechschleimhaut und für die Sehzellen in der Netzhaut des Auges. Diese werden daher auch als **primäre Sinneszellen** bezeichnet. Weitere Differenzierungen betreffen die Teile des zentralen Nervensystems. Dort teilen sich mit der Zeit die Regionen, in denen sich die Nervenzellen befinden, von denen ab, in denen überwiegend die Nervenfasern liegen. Wegen des im Querschnitt weißlich glänzenden Bildes, das die faserreichen Regionen liefern (Grund dafür ist die Mark- oder Myelinscheide) wird diese Region im Gehirn und Rückenmark als **weiße Substanz** bezeichnet. Die im Querschnittsbild eher stumpf erscheinenden Teile, in denen sich die Zellkörper befinden, bilden die **graue Substanz**.

3.10.1.2 Peripheres Nervensystem

Dem zentralen Nervensystem gegenübergestellt wird das periphere Nervensystem, das überwiegend aus **Nervennetzen**, etwa um die Eingeweide oder die Harnblase sowie im Bereich der Geschlechtsorgane, besteht. Nervennetze des peripheren Nervensystems sind überwiegend für die Steuerung von unwillkürlichen Organfunktionen verantwortlich. Dazu kommen die vielen **Nervenfasern**, die den Wirbeltierkörper buchstäblich bis in die letzte Zehenspitze durchziehen. Diese werden eingeteilt in Fasern, die Erregungen und andere Informationen von der Peripherie in das Zentralnervensystem transportieren (**afferente Fasern**) und solche, die Anordnungen und Handlungsanweisungen aus dem zentralen Nervensystem in die Peripherie leiten (**efferente Fasern**). Eine andere, ebenfalls an der Funktion orientierte Einteilung wäre die in **viscerale**, die Eingeweide bedienende, und **somatische**, den Rest des Körpers bedienende, Fasern.

Sowohl Teile des zentralen wie auch des peripheren Nervensystems bedienen die unwillkürlich und nicht vom bewussten Handeln des Tieres beeinflussbaren Regionen der Eingeweide. Diese Eingeweidefunktionen steuernden Teile des Nervensystems werden als **autonomes Nervensystem** oder auch, weil sie mit der Funktion von Verdauung, Stoffwechsel etc. zu tun haben, als vegetatives Nervensystem bezeichnet.

3.10.1.3 Verbindung von Nerven- und Hormonsystem

Nervensystem und Hormonsystem sind in enger Verquickung miteinander an der Steuerung der Organfunktionen, aber auch der Verhaltensreaktionen eines Tieres beteiligt. Allein die Tatsache, dass viele Hormone (z.B. Katecholamine) ursprünglich auch als Botenstoffe im Nervensystem wirken, lässt diese enge Verbindung bereits erkennen. Daran, dass im Nervensystem die Reizübertragung von einer Zelle zur anderen meist über chemische Synapsen geschieht, lässt sich erkennen, dass es sich hier nicht um zwei grundsätzlich unterschiedliche Reaktionssysteme handelt. Das Nervensystem reagiert in der Regel wesentlich schneller und außerdem spezifischer. Wenn das Hormonsystem mit einem Rundfunksender vergleichbar ist, bei dem jeder, der einen Empfänger hat, auch die Informationen bekommt, ist das Nervensystem ein Kabelnetz, dessen Spezifität dahin geht, dass nur bestimmte Empfängerorgane angeschlossen sind. Was nicht angeschlossen ist, erhält die Informationen nicht und kann daraus auch keine Schlussfolgerungen für seine Funktionen ziehen. Innerhalb des Nervensystems wirkt noch eine Vielzahl verschiedener Botenstoffe und für viele Botenstoffe ist auch noch mehr als eine Art von Bindungsstelle (Rezeptor) im Gehirn vorhanden.

Neue Erkenntnisse zeigen auch, dass es zwischen Nervensystem, Hormonsystem und Immunsystem enge Verbindungen gibt. Nicht nur, dass Stress und andere Störungen der Homöostase sich auf Immunstärke und Abwehrkräfte des Organismus auswirken. Immunfaktoren haben wiederum steuernde und bahnende Wirkungen im Gehirn. Der Begriff der Psychoneuroimmunologie, einer modernen Forschungsdisziplin, die mittlerweile nicht nur an Menschen, sondern auch an vielen Tieren wichtige Erkenntnisse gewonnen hat, lässt diese engen Zusammenhänge erahnen. Gerade im Bereich der Steuerung von Fortpflanzung, Jahresperiodik, Stress und anderen, auch für die Tierhaltung bedeutsamen Bereichen ist diese enge Wechselwirkung von großer Bedeutung.

3.10.2 Rückenmark und autonomes Nervensystem

Das Rückenmark der ursprünglichsten, fischartigen Wirbeltiere war noch in seinem **Querschnitt** homogen, ein ovales Gebilde. Dieses durchzog den gesamten Körper des Wirbeltieres, die vordersten Abschnitte differenzierten sich später zum Gehirn (siehe unten). Bereits mit dem Übergang zu den Knorpel- und Knochenfischen begannen erste Differenzierungen des Rückenmarks. Die Anordnung in graue und weiße Substanz war im Querschnitt erkennbar. Mit dem Übergang zu den Landwirbeltieren schließlich war das bekannte, meist als **Schmetterlingsform** bezeichnete Querschnittsbild (Abb. 3.31) ausgeformt. Die das Rückenmark erreichenden bzw. vom Rückenmark ausgehenden Nervenfasern sind in den als **Spinalwurzeln** bezeichneten Faserbündeln zusammengefasst. Die dorsale, also rückenwärts gelegene Wurzel enthält afferente, die ventrale, also bauchwärts gelegene Wurzel die aus dem Rückenmark heraustretenden efferenten Fasern. Beide sind aus somatischen und viszeralen Anteilen zusammengesetzt. Die einfachste Form einer Verschaltung von Informationen aus der Peripherie, zentraler Verarbeitung und dem wieder an die Peripherie abgegebenen Befehl ist ein **Reflexbogen**. Hierbei entsteht an einem an der Peripherie gelegenen Sinnesorgan eine Wahrnehmung und wird ans Rückenmark geleitet. Vom Rückenmark aus wird dann z.B. der Befehl zum Wegziehen des betreffenden Organs an die zuständige Muskulatur geleitet. Beim **Eigenreflex** liegen die Wahrnehmung und die Reaktion im gleichen Organ. Bekanntestes Beispiel ist der beim Humanmediziner häufig getestete Kniesehnenreflex, bei dem eine Überdehnung der Kniesehne (Hämmerchen auf Knie) zu einer Streckbewegung des Unterschenkels führt. Dieser Reflex ist im Alltagsleben als Stolperreflex wichtig, um gegebenenfalls den Fuß beim Festhängen an einem Hindernis ruckartig wieder zu befreien. Ein **Fremdreflex** dagegen liegt vor, wenn das Bein nach einem Schmerzreiz weggezogen wird, denn hier liegt die Wahrnehmung in der Haut. Die Reizweiterleitung über das Rückenmark führt zu einer die Muskulatur aktivierenden Rückzugsbewegung.

Während die Nervenzellen der ventralen, efferenten Fasern im Rückenmark selbst liegen, finden wir die Nervenzellen der dorsalen, affe-

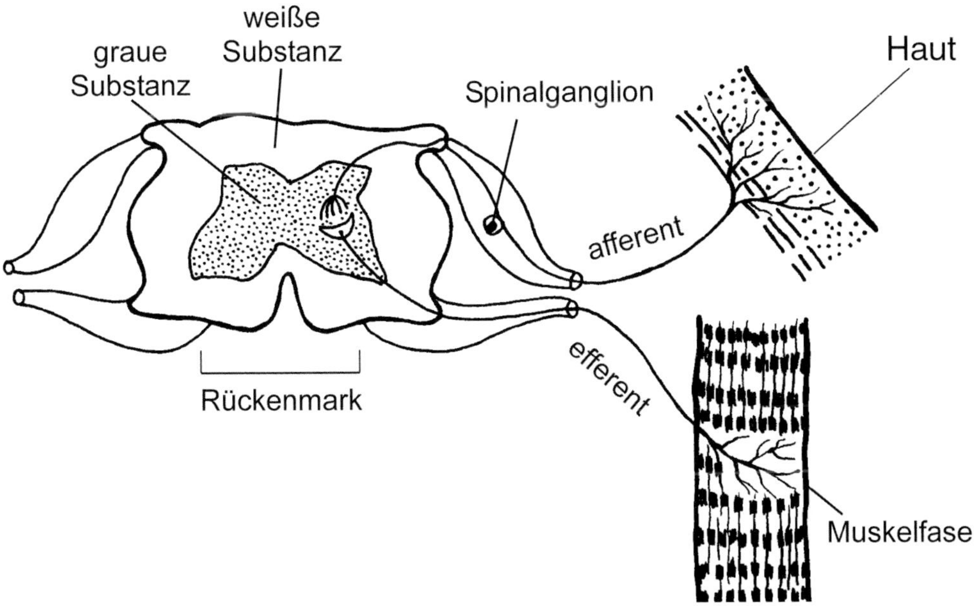

Abb. 3.31 Nervensystem, Reflexbogen.

rent wirkenden Fasern in einem Nervenknoten außerhalb des Rückenmarks. Dieser wird als **Spinalganglion** bezeichnet.

Teile der Spinalnerven, aber auch Teile der Hirnnerven bilden einen wesentlichen Bereich des **vegetativen Nervensystems**. Innerhalb dieses Bereichs unterscheidet man zwei große Funktionsgruppen, die als **sympathisches** und **parasympathisches Nervensystem** bezeichnet werden. Die Ganglien (Nervenzellknoten) des sympathischen Nervensystems finden wir im **Grenzstrang**, die Ganglien des parasympathischen Nervensystems befinden sich nahe an den Erfolgsorganen. Das parasympathische Nervensystem aktiviert überwiegend Eingeweide, Verdauungssystem, Genital- und Nierensystem und dämpft beispielsweise Herzschlag und Allgemeinaktivität. Das sympathische Nervensystem dagegen erregt Herzschlag und Allgemeinaktivität. Es kommt zu einer Dämpfung im Bereich des Eingeweideapparats. Beide Nervensysteme arbeiten mit unterschiedlichen Botenstoffen. Im gesunden Organismus befinden sich ihre Aktivitäten in einem fließenden Gleichgewicht zueinander. Störungen, Über- und Unterfunktionen des einen oder des anderen Teiles können zu erheblichen Fehlleistungen führen, von Herzrasen bis zu Verdauungsbeschwerden.

Die **Rückenmarksnerven**, die das Rückenmark jeweils zwischen zwei Wirbeln verlassen, teilen sich in Äste auf, die die Haut, Muskulatur und inneren Organe des zugeordneten Rumpfsegments versorgen. Wegen dieser Aufteilung und auch einer engen räumlichen Nachbarschaft der aus den betreffenden Organen zurückkehrenden afferenten Fasern kann es zu Fehlverknüpfungen kommen. Darauf beruht die bei Massagen gemachte Beobachtung, dass die Reizung eines bestimmten Hautareals einen Schmerz in einem vom gleichen Nerv versorgten, erkrankten inneren Organ hervorruft. Das bedeutet, dass die Massage an einer bestimmten Stelle des Rückens plötzlich einen schneidenden Schmerz im Magen verursacht, sofern beispielsweise die Magenschleimhaut durch einen Entzündungsprozess gereizt ist. Im Bereich der

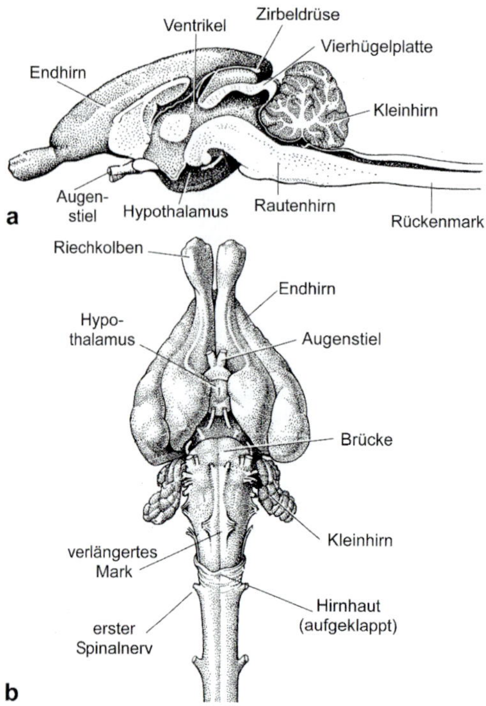

Abb. 3.32 Gehirn eines Kaninchens (*Oryctolagus*). **a:** Längsschnitt, **b:** Unteransicht.

menschlichen Physiotherapie macht man sich diese Verknüpfung von Haut- und Eingeweideästen bei der Reflexzonenmassage zunutze.

Werden die Rückenmarksnerven durch verschobene Zwischenwirbelscheiben oder Wirbelblockaden eingeklemmt, kommt es zu Lähmungserscheinungen und Fehlfunktionen der von ihnen versorgten Organe.

3.10.3 Gehirn

3.10.3.1 Gehirnteile und deren Aufgaben

Am vorderen Ende der embryonalen Anlage des Nervensystems liegt das Gehirn. Embryonal gesehen ist ein Teil des Gehirns eine Spezialisierung der vordersten Rückenmarksabschnitte. Dazu kommt ein als Prosencephalon bezeichneter Bereich des eigentlichen **Kopfhirns**, der vor dem Ende der Rückensaite zu liegen kommt. Aus diesem embryonalen Prosencephalon gehen schließlich das **Endhirn** (Telencephalon) und das **Zwischenhirn** (Diencephalon) hervor. Die vordersten Abschnitte des Rückenmarks dagegen differenzieren sich zum **Mittelhirn** (Mesencephalon), **Hinterhirn** (Metencephalon) und dem **verlängerten Rückenmark** (Medulla oblongata, früher auch als Myelencephalon bezeichnet).

Das **Endhirn** übernimmt im Laufe der Höherentwicklung der Wirbeltiere zunehmend übergeordnete Aufgaben. Ursprünglich war es vorwiegend für die Verarbeitung der aus dem Riechorgan stammenden Reize zuständig. Der **Riechkolben** ist auch heute noch ein wichtiger Teil des Endhirns, jedoch wurde durch die Vergrößerung und Verlagerung von Nervenzellen vermehrt die Oberfläche des Endhirns von Bedeutung. Hier entstanden die **Großhirnhälften** (Hemisphären), zunehmend gefaltet (Oberflächenvergrößerung), um die notwendige Zahl von Nervenzellen für eine übergeordnete Koordination von Organfunktionen und Verhalten zu erreichen. Endpunkt dieser Entwicklung, mehrfach konvergent innerhalb der Säugetiere, ist das stark aufgefaltete und mit einer gefurchten und geschlängelten Oberfläche versehene Endhirn der höher evolvierten Säugetiertaxa.

Da die Zahl der Nervenzellen, die an der Oberfläche des Gehirns untergebracht werden können, nicht nur von der Furchung, sondern auch vom Volumen des Gehirns abhängt, sind oftmals die Gehirne von kleineren Arten weniger gefurcht als die von größeren. Trotzdem muss das nicht zwangsläufig geringere Intelligenz oder weniger komplexe Verhaltensanpassungen bedeuten. Neben der **Großhirnrinde** finden wir im Bereich des Endhirns weitere, für die Verhaltenssteuerung bedeutsame Regionen. So liegt an der Basis der Großhirnhälften der **Hippocampus**, das einzige Hirnareal ohne gängigen deutschen Namen. Dieser ist für Neugier, Antrieb, aber auch für die räumliche Orientierung und für die Steuerung von Gedächtnisprozessen zuständig. Ebenfalls teilweise an der Basis des Endhirns befindet sich das **limbische System**, das als Emotionszentrum bezeichnet wird. Dort entstehen beispielsweise Angst, Trauer, Wut, Ärger, aber auch positive Emotionen wie Freude oder Glück. Unterhalb der Großhirnhälften, als Verschaltungs- und Verknüpfungsareal zwischen Großhirn und nachgeschalteten Hirnregionen, liegt der **Streifenkörper** (Striatum). Der Streifenkörper ist beispielsweise an der Entstehung von Stereotypien bei reizarmen Haltungsbedingungen beteiligt.

Das **Zwischenhirn** hat eine Reihe von wichtigen Aufgaben zu erfüllen. Zum einen entspringen ihm die Lichtsinnesorgane. Die Augen sind Abfaltungen des Zwischenhirns und die beiden Sehnerven treten auch im Bereich des Zwischenhirnbodens ins Gehirn ein. Mit der Verarbeitung von optischen Reizen aus den seitlichen Augen (im Gegensatz zum Stirnauge) hat das Zwischenhirn jedoch nichts zu tun. Am Dach des Zwischenhirns befinden sich mehrere unpaare **Ausstülpungen**, von denen zumindest ein Fortsatz als Stirn- oder Parietalauge auch heute noch im Dienste der Lichtwahrnehmung steht. Die Zirbeldrüse (Epiphyse) dagegen wurde zu einer Hormondrüse umgewandelt. Die Funktionen des Zwischenhirns bestehen einerseits in Verschaltungen zum und vom Großhirn. Andererseits entstehen in den seitlichen Bereichen und im Boden des Zwischenhirns wichtige Erregungen, die z.B. mit der Auslösung einer Stressreaktion zu tun haben. Am Boden des Zwischenhirns befindet sich die Hirnanhangsdrüse.

Das **Mittelhirn** war ursprünglich mit der Verarbeitung von Reizen aus dem Sehsystem befasst. Das Dach dieses Hirnabschnitts wird daher als Tectum opticum bezeichnet. Bei Tierarten, die sich besonders gut mit den Augen orientieren, z.B. Vögel oder auch Eidechsen, ist im Bereich des Mittelhirndachs eine Oberflächenvergrößerung, als Vierhügelplatte bezeichnet, zu erkennen. Diese vier Ausbuchtungen sind deren Sehzentrum. Bei Säugetieren wird die Verarbeitung der optischen Reize jedoch, genau wie die vieler andere wichtiger Informationen, im Großhirn vorgenommen. Die Vierhügelplatte ist mit der Steuerung anderer Körperfunktionen betreffender Prozesse befasst.

Der nächste Hirnabschnitt ist das **Nachhirn**. Dort finden wir als wichtigstes Hirnteil das **Kleinhirn** (Cerebellum), das ebenso wie das Großhirn sehr stark gefurcht sein kann. Das Kleinhirn ist für alle Aufgaben der Bewegungskoordination sowie der Wahrnehmung der Lage im Raum und der Steuerung der dafür notwendigen Muskelfunktionen zuständig. Dementsprechend finden wir innerhalb einer Verwandtschaftsgruppe jeweils differenzierter entwickelte Kleinhirne bei solchen Arten, die sich in der dritten Dimension frei und selbstständig bewegen, und weniger gut entwickelte bei solchen, die sich in zwei Dimensionen, etwa am Boden bewegen. Letzteres gilt sowohl für Rochen (zumindest die bodenlebenden) im Vergleich zu im freien Wasser schwimmenden Knorpelfischen, für Laubfrösche im Vergleich zu Kröten, für baumlebende Reptilien im Vergleich zu bodenlebenden Eidechsen. Auch innerhalb der Säugetiere ist beispielsweise das Kleinhirn bei baumlebenden Affen (etwa dem Totenkopfaffen, der deswegen das relativ größte Gehirn aller Säugetiere hat) oder Fledermäusen besonders gut entwickelt.

Das **verlängerte Rückenmark** schließlich enthält die wichtigsten, für die Steuerung vieler Organe zuständigen Abschnitte. Dort finden wir das Atemzentrum, die Zentren für Hunger, Appetit und Sättigung. Auch Zentren, die den Herzschlag und die Körpertemperatur regulieren, und viele andere mehr befinden sich dort.

3.10.3.2 Gehirnnerven

Aus dem verlängerten Rückenmark entspringen die meisten der als Gehirnnerven bezeichneten dicken Faserbündel, die dann Teile des sympathischen und des parasympathischen Nervensystems bilden.

Die Hirnnerven, bei höher entwickelten Landwirbeltieren wie den Säugetieren sind es zwölf Paar, entspringen aus unterschiedlichen Teilen des Gehirns. Sie innervieren einerseits die größten und wichtigsten Sinnesorgane, andererseits die Muskulatur und die Drüsen im Kopfbereich sowie als Teile des sympathischen und parasympathischen Nervensystems auch die Eingeweide. Einer der wichtigsten dieser Hirnnerven ist der dreiästige Gesichtsnerv (Nervus trigeminus), der im Gesicht nicht nur Muskulatur, Hautoberfläche und Drüsen versorgt, sondern auch Sinnesreize vielfältiger Art von Zunge, Mund, Lippen und Wangenregion zum Gehirn leitet. Ein anderer wichtiger Hirnnerv ist der als zehnter Nerv bezeichnete Nervus vagus, der wesentlicher Bestandteil des parasympathischen Eingeweidesystems ist.

3.10.3.3 Leistungen des Gehirns

Die Größe eines Gehirns sagt nur bedingt etwas über seine Leistungsfähigkeit aus. Zwar wird die relative Hirngröße, also der Prozentsatz Hirngewicht im Vergleich zum Körpergewicht, vielfach als erstes Maß für die Evolutionshöhe einer Wirbeltiergruppe herangezogen. Sie kann bereits in grober Näherung beispielsweise bei Säugetieren eine Aufwärtsentwicklung von Insektenfressern zu Primaten und auch von ursprünglichen Raubtieren wie Schleichkatzen zu höher evolvierten Raubtieren wie Hunde- und Katzenartigen erkennen lassen. Jedoch sind zusätzliche Einflussfaktoren zu berücksichtigen. Viele Organ- und Körperfunktionen sowie die Auswertung von Sinnesinformationen müssen bei kleineren genau wie bei größeren Arten erfolgen und benötigen eine gewisse Rechnerkapazität im Gehirn. Deshalb finden wir innerhalb einer Verwandtschaftsgruppe bei kleineren Tierarten (oder auch bei kleineren Rassen einer Haustierform) relativ zum Körpergewicht größere Gehirne als bei größeren Arten bzw. Rassen der gleichen Gruppe. Dies bedeutet nicht, dass größere Rassen bzw. Arten dieser Verwandtschaftsgruppe geistig weniger leistungsfähig wären.

Vielfach spielen die Auswertungen von Sinnesinformationen in bestimmten Hirnarealen so bedeutende Rollen, dass diese Hirnregionen stark vergrößert werden. Dies kann zu einem stark erhöhten Gesamtgewicht des Gehirns dieser Art führen. Dies gilt beispielsweise für die Totenkopfaffen, die innerhalb aller Säugetiere das größte relative Hirngewicht aufweisen. Jedoch beruht dies überwiegend auf einem besonders großen Kleinhirn und nicht auf einem besonders hoch entwickelten Endhirn. Ähnliches gilt für die im freien Wasser lebenden Zahnwale, insbesondere Tümmler und Delfine. Auch diese sind keineswegs so intelligent und geistig leistungsfähig, wie dies ihr großes Gehirn vermuten lässt. Ein Gutteil des Delfingehirns ist nämlich mit der Verarbeitung der Sinnesreize aus dem Sonarsystem befasst. Im restlichen Teil ihrer Hirnanatomie sind sie nichts anderes als etwas weiter entwickelte Huftiere, zu denen sie ja auch systematisch zählen.

Den besten Einblick in die Entwicklungshöhe des Gehirns geben der **Furchungsgrad** und die Entwicklung des Großhirns, insbesondere der halbkugeligen Großhirnhälften (Hemisphären). Ein hoher Furchungsgrad und damit eine große Oberfläche der grauen Substanz im Bereich der Großhirnhälften ist bei Menschenaffen, Elefanten oder höher entwickelten Raubtieren ein gutes Maß nicht nur für die Evolutionshöhe allgemein. In bestimmten Teilen (z.B. vorderes Stirnhirn) sind auch soziale Kompetenz und damit die Komplexität des Sozialsystems verankert. Um sich in einem komplizierten Sozialsystem und in einem reich strukturierten sozialen Beziehungsnetz sicher bewegen zu können, benötigt ein Tier große Rechnerkapazitäten im Bereich des Großhirns.

Forschungsarbeiten über die Zusammenhänge von Hirnentwicklung, Sozialsystem und sozialen Beziehungen zeigen, dass beispielsweise Eigenschaften wie Territorialität, solitäres (einzelgängerisches) gegenüber paarweise oder Gruppen bildendem Sozialsystem auch durch die Größe und die Verschaltung verschiedener Hirnregionen vorgegeben sind. Auch Aspekte wie soziale Bindungen und Individualerkennung sind durch die Größe und durch die Rezeptorenverteilung in bestimmten Hirnregionen abgebildet. Neueste molekulargenetische und neurobiologische Untersuchungen bestätigen beispielsweise, dass durch die Veränderung einzelner Gene, die mit den Rezeptoren für bestimmte Hormone des sozialen Systems (z.B. Vasopressin) verknüpft sind, erhebliche Veränderungen in der sozialen Präferenz und in der Steuerung sozialer Beziehungen entstehen können. Dadurch werden Artunterschiede in der sozialen Organisation auf hirnanatomisch/zelluläre Unterschiede zurückführbar.

Das Gehirn eines Säugetiers und vieler anderer höher entwickelter Wirbeltiere wird mit Recht als **selbstlernendes System** bezeichnet. Die wiederholte Aufnahme gleichartiger oder ähnlicher Informationen, möglichst in bestimmten, durch den Rhythmus des Lernens vorgegebenen Zeitabständen, führt dazu, dass elektrische, chemische, aber auch anatomische (Synapsenbildung) Veränderungen stattfinden und dadurch Gedächtnisspuren im Gehirn hinterlassen werden. Dies kann einzelne, konkret zu lernende Verhaltensleistungen genauso betreffen wie generelle Verhaltenstendenzen und Persönlichkeitseigenschaften. Das Gehirn, insbesondere die mit der Steuerung von Persönlichkeit, Stress und anderen grundlegenden Verhaltenstendenzen befassten Regionen, wächst buchstäblich mit seinen Aufgaben. Dies ist von ganz besonderer Bedeutung bei der Aufzucht von Jungtieren unter möglichst optimalen Bedingungen. Fordern und Fördern ist hier wichtig, um alle notwendigen Anstöße für die Differenzierung und spätere Leistungsfähigkeit der Gehirnregionen zu liefern. Defizite, die beispielsweise durch Aufwachsen in einförmigen Standardkäfigen ohne Umweltbereicherung, gegebenenfalls sogar ohne Kletter- und andere Bewegungsmöglichkeiten erzielt werden, sind oft lebenslang nicht mehr zu korrigieren. Ein Beispiel dafür sind Hunde oder Katzen, die ohne die Möglichkeit zur Bewegung in der dritten Dimension in kahlen Zwingern oder anderen langweiligen Standardkäfigen aufwachsen. Diesen fehlt tatsächlich die Fähigkeit zum räumlichen Sehen. Sie können also später Hindernisse, Treppen und andere dreidimensionale Strukturen ihrer Umwelt nicht erkennen.

Auch intensives Bewegungsspiel und soziales Balgen und Herumtollen im Jugendalter reizt die Entwicklung der Gehirnregionen und führt zu einer besseren Verknüpfung. Dies ist oftmals für eine zunehmende Stressresistenz und das Bewältigen sozialer wie auch ökologischer Herausforderungen unbedingt notwendig.

Unter diesen Umständen muss einer funktionell, aber auch biologisch sinnvollen Gehegegestaltung wesentlich größerer Raum gegeben werden, als bisher oftmals bedacht. Naturnah ausgestattete Gehege sind keineswegs nur ein Zugeständnis an den Besuchergeschmack, sondern notwendige Voraussetzung für eine sinnvolle, auch auf neurobiologischer und hormoneller Ebene stattfindende Lebensraumprägung. Dies gilt nicht nur, aber insbesondere für solche Individuen, die in einem Wiederansiedlungsprojekt in natürliche Lebensräume zurückgebracht werden sollen. Labortieruntersuchungen zeigen, dass beispielsweise Labormäuse oder auch Ratten, die genetisch besonders anfällig für Demenzerkrankungen sind, später nicht oder wesentlich weniger intensiv erkranken, wenn sie in einem reizangereicherten und interessanten Käfig aufwachsen. Diese Resistenz gegen die genetisch disponierte Demenzerkrankung wird sogar durch einen epigenetischen Prozess auf die Nachkommen weitergegeben. Epigenetische Weitergabe ist ein besonderer Prozess schnellerer Verankerung von Anpassungen als die von Mutationen. Man könnte epigenetische Veränderungen, die meist die chemische Struktur der Eiweiße rund um das eigentliche Erbmaterial betreffen, vielleicht mit handschriftlichen Randnotizen und Merkzetteln vergleichen, die an vielbenutzten Abschnitten eines Lexikons angebracht werden. Sie werden dann ebenfalls bei jedem Kopiervorgang mit abgeschrieben und verblassen erst nach mehreren Generationen (siehe Kapitel 6). Aus Sicht der Entwicklungsneurobiologie und Hormonforschung kann daher die Bedeutung naturnaher, für die Tiere gut nutzbarer und mit vielen bewältigbaren Herausforderungen versehener Gehege nicht genug betont werden.

3.11 Sinnesorgane

3.11.1 Allgemeines und einfache Sinnesorgane

Sinnesorgane sind Strukturen, die Informationen aus verschiedenen Teilen des Körpers oder aus der Umgebung aufnehmen und zum zentralen Nervensystem weiterleiten. Dies geschieht durch Weiterleitung von elektrischen Impulsen über Nervenzellen. Nur wenige Sinnesorgane bestehen aus primären Sinneszellen, die selbst als Abkömmlinge des Nervensystems über ableitende Fasern und damit über die Fähigkeit zur Bildung eines Aktionspotenzials verfügen. Dazu gehören die Riechzellen und die Sehzellen. Sekundäre Sinneszellen sind dagegen solche, die von einem ableitenden Nerv umsponnen werden. Erst dieser ableitende Nerv lässt das Aktionspotenzial entstehen. Dazu gehören die Sinnesorgane Geschmack, Gehör, Tastsinn etc. Einige wenige Informationen, etwa Schmerz, möglicherweise auch Wärme und Kälte, werden von den Sinnesnervenzellen weitergeleitet. In diesem Falle sind Verästelungen der Nervenfasern selbst bei der Aufnahme der Reize aktiv und leiten diese ohne eine vorangeschaltete Sinneszelle weiter.

Wie bereits beschrieben, bezieht sich der Begriff „Organe“ streng genommen anatomisch nur auf solche Strukturen, die aus mehreren Zellschichten und mehreren Geweben zusammengesetzt sind. Trotzdem werden unter dem Begriff Sinnesorgane auch solche Strukturen erfasst, die als einzellige Gebilde der Aufnahme von Informationen aus dem Innenleben oder der Umwelt eines Tieres dienen.

Zu den **einzelligen Strukturen**, die bisweilen noch von einer oder wenigen Hilfszellen ergänzt werden, zählt die überwiegende Zahl der Tastorgane. Diese finden sich in der Haut, in der Knochenhaut und anderen inneren Bereichen des Körpers. Zur Vergrößerung der Oberfläche von Tastsinneszellen, insbesondere im Bereich der Lederhaut und anderer oberflächennaher Teile des Körpers, dienen Hilfszellen. Sie stammen oft aus dem Bindegewebe. Manchmal umschlingen die Hilfszellen in Form einer Aufwickelung die Endfasern einer Sinnesnervenzelle, sodass eine wattestäbchenähnliche Kolbenstruktur entsteht.

In anderen Fällen umschließen sie, wie zwei Brötchenhälften einen dazwischen liegenden Belag, die Endfaser der ableitenden Nervenzelle. Viele dieser Strukturen haben eigene Namen, mit denen meistens ein früherer Anatom oder Gewebeforscher geehrt werden sollte. So kennt man die Vater-Pacini-Körperchen, oder die Herbst'schen und Grandry'schen Körperchen. Solche Taststrukturen finden sich besonders auf der Zunge und der Schnabelhaut von Vögeln, im Bereich von Lippen und Wangen von Säugetieren, auf dem Schnabel der Schnabeltiere sowie im Bereich von Finger- und Zehenspitzen der Säugetiere. Sie sind ferner an der Basis von Vogelfedern zu finden, wo sie für die Meldung von bereits geringfügigen Unregelmäßigkeiten in der Lage des Gefieders zuständig sind.

Auch im Bereich der Aufhängung des Darms, in der Knochenhaut sowie in der Hirn- und Rückenmarkshaut liegen Tastkörperchen bzw. Druckrezeptoren. Dort entsteht der unangenehme Druck bei Völlegefühl oder bei Kopfschmerzen.

Schmerzrezeptoren sind meist einfache, verästelte Nervenenden. In einigen Fällen sind sie durch zusätzliche Oberflächenvergrößerungen aufgetrieben und damit besonders empfindlich.

Kälte- und Wärmepunkte liegen unterschiedlich verteilt auf der Oberfläche des Körpers. Bei ihnen kann man deutlich eine Abhängigkeit der Reaktionsbereitschaft von Außenbedingungen feststellen. Während die Kältepunkte an der Hand eines Menschen, der im Winter längere Zeit Fahrrad gefahren ist, hinterher sehr wenig auf Reizung durch einen kalten Gegenstand ansprechen, reagieren die Wärmepunkte zu dieser Zeit auf geringfügige Veränderungen der Oberflächentemperatur. Umgekehrtes gilt im Sommer. Die Regulation der Empfindlichkeit kennen wir von vielen Sinnesorganen.

Beispiele für **zusammengesetzte Hautsinnesorgane** sind die Kolbenorgane im Schnauzenbereich des Maulwurfs. Auch die als Vibrissen oder Sinushaare bezeichneten **Tasthaare** von Säugetieren, die nicht nur im Gesicht zu finden sind, gehören hierzu. Das eigentliche Haar, an dessen Wurzel sich bereits einige Tastorgane befinden, steckt in einem flüssigkeitsgefüllten Hohlraum (daher Sinushaar). An der Außenwand dieses mit Flüssigkeit gefüllten Hohlraums finden sich nochmals Tastkörperchen. Die geringste Veränderung der Lage dieses Haares führt zu Druckwellen im Bereich des Hohlraums, die dann von allen rundum gruppierten Sinnesstellen wahrgenommen werden. Deshalb sind Sinushaare (wie wir selbst an unseren Augenwimpern feststellen können) sehr empfindlich gegen geringfügige Veränderungen ihrer Lage. Sie melden jedoch nicht zuverlässig, in welche Richtung diese Lageänderung stattgefunden hat.

Vergleichsweise einfache Organe zur Mitteilung von inneren Zuständen finden wir im Bereich der Eingeweide. **Dehnungs- und Spannungsrezeptoren** sorgen in der Magen- und Darmwand nicht nur für das Sättigungsgefühl, sondern veranlassen auch durch die reflexähnliche Auslösung der Peristaltik den Weitertransport des Nahrungsbreis. Im Bereich der Muskulatur finden wir die **Muskelspindeln**, deren Aufgabe bereits im Abschnitt „Muskulatur" besprochen wurde.

Wichtige **chemische Sinnesorgane** befinden sich an verschiedenen Stellen in großen Blutgefäßen. So wird sowohl der Blutzuckergehalt (als Maß für die Sättigung) als auch der Säurewert (als Maß für die Sauerstoff- und Kohlendioxidbeladung) des Blutes an verschiedenen Stellen der großen Schlagadern gemessen und in den Hirnstamm gemeldet. Auch die **Körpertemperatur** wird nicht nur an der Körperoberfläche, sondern auch zentral in den Halsschlagadern gemessen. Gerade eine Veränderung der Körperkerntemperatur führt zu besonders schnellen und heftigen Reaktionen in Form von Heizen oder Kühlen.

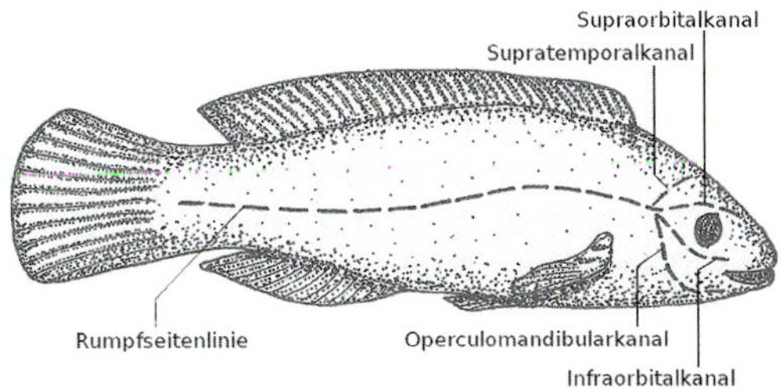

Abb. 3.33 Verlauf der Seitenlinienkanäle bei einem Knochenfisch.

3.11.2 Seitenliniensystem, Gleichgewicht und Gehör

3.11.2.1 Seitenliniensystem

Die Sinnesorgane Seitenlinienorgan, Gleichgewichtssinn und Gehör werden ursprünglich von einer gemeinsamen Gruppe von Gehirnnerven mit dem Gehirn verschaltet und daher in der Anatomie als Octavo-lateralis-System zusammengefasst (wegen der Innervierung durch den 8. Gehirnnerv und die Seitenliniennerven). Gemeinsam ist allen diesen Organen eine wesentliche Struktur der Sinneszellen. Es handelt sich um Sinneszellen, die mit Härchen versehen sind. Diese Härchen werden meist durch einen Flüssigkeitsdruck aus ihrer Ruhelage ausgelenkt. Die Verschiebung der Härchen aus der Ruhelage führt zur Entstehung einer elektrischen Erregung. Je nachdem, ob die zugrundeliegende Flüssigkeitsschwankung durch Wasserdruck entsteht (Seitenlinienorgan), durch die Verschiebung eines auf den Sinneshärchen liegenden sogenannten Otolithen, d.h. eines Steinchens, (Schweresinn), durch Trägheit (Beschleunigung) oder durch Schallwellen (Gehör), werden unterschiedliche Informationen aus der Umwelt aufgenommen.

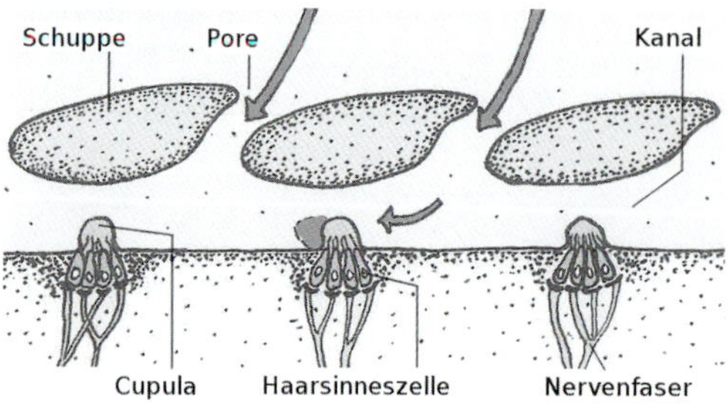

Abb. 3.34 Seitenlinienkanal eines Knochenfisches, Längsschnitt.

Am besten ausgebildet ist das **Seitenliniensystem** bei den primär wasserlebenden Wirbeltieren. Fische (Knorpel- wie auch Knochenfische) weisen ein System von zusammenhängenden Kanälchen auf, die durch regelmäßig verteilte Poren mit der Außenwelt in Kontakt stehen. Sowohl bei Neunaugen und Schleimaalen wie auch bei noch wasserlebenden Amphibien stehen die Sinneshärchen direkt an der Körperoberfläche. In allen Fällen sind sie empfindlich für Schwankungen des Wasserdrucks und melden diese ans Gehirn. Seitenlinienkanäle befinden sich sowohl am Kopf als auch am Körper von Fischen. Im Bereich des Kopfes durchziehen sie auch die oberflächlich liegenden Schädelknochen. Zur weiteren Oberflächenvergrößerung und damit einer höheren Empfindlichkeit sind die Sinneshärchen von einer Gallerthülle umschlossen und stehen auf einem Sinneshügel, damit sie besser in die Flüssigkeit hineinragen können. Der gesamte Komplex aus Sinneshügel und darauf stehenden Sinneszellen mit den in der Gallerthülle eingeschlossenen Härchen wird als **Neuromast** bezeichnet.

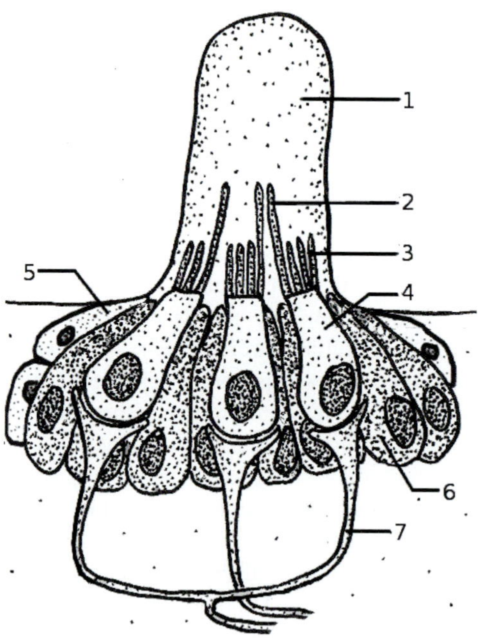

Abb. 3.35 Neuromast, 1: Cupula, 2: Kinocilie, 3: Stereocilie, 4: Haarsinneszelle, 5: Mantelzelle, 6: Stützzelle, 7: Nervenfaser.

Abkömmlinge des Seitenlinienorgans sind die **elektrischen Sinnesorgane** vieler Fische, die dadurch die Muskelpotenziale von im Bodengrund vergrabenen Beutetieren wahrnehmen. Sie können durch vom Fisch selbst ausgesandte elektrische Impulse eine Art Radarorientierung in ihrer Umwelt vornehmen.

3.11.2.2 Innenohr

Im Kopfbereich entsteht bereits früh in der Embryonalentwicklung von Wirbeltieren ein Paar Einsenkungen der Körperoberfläche, die sich dann als **Labyrinthbläschen** abschnüren. Im Zuge der weiteren embryonalen Entwicklung bilden sie kompliziertere Strukturen aus. Dazu gehören zunächst die **Bogengänge** (meist sind es drei, bei Neunaugen nur zwei), die senkrecht aufeinander stehen. Sie tragen an ihrer Basis jeweils eine als Ampulle bezeichnete Anschwellung. In dieser Ampulle stehen auf einer vorspringenden Kante die Sinneshärchen. Jede Bewegungsänderung lässt die Flüssigkeit im Inneren des Bogenganges erzittern und reizt dadurch die Sinneshärchen.

An der Basis der Bogengänge finden sich zwei senkrecht aufeinander stehende Sinnesfelder, die für die Lage im Raum und für die Beschleunigungsmessung zuständig sind. Auch hier reagieren die Sinneshärchen auf die geänderten Flüssigkeitsströmungen. Für die Wahrnehmung der Schwerkraft sind zusätzlich Gehörsteinchen oder Gehörgries zuständig, die von der Schwerkraft nach unten gezogen werden und dann die Sinneshärchen reizen. Der Wahrnehmung der geradlinigen Beschleunigung eines Tieres dient eine als **Utriculus** bezeichnete Aussackung, deren Sinneshärchen auf die Bewegung der Endolymphflüssigkeit, also der im Gleichgewichtsorgan befindlichen Flüssigkeit reagieren. Sowohl Beschleunigung als auch Bremsen werden über dieses System wahrgenommen. Im **Sacculus** erfolgt die Wahrnehmung der Lage im Raum. Dort liegen auf den Sinneshärchen die als Statolithen bezeichneten **Hörsteinchen**. Bei ursprünglicheren Wirbeltieren werden hierfür Sandkörner aus der Umgebung aufgenommen. Höher entwickelte Wirbeltiere haben keinen offenen Gang aus dem Sacculus mehr zur Umwelt und bilden die Gehörsteinchen selbst.

An einer Stelle der Basis des Bogengangsystems entsteht die **Cochlea** (Hörschnecke), das eigentliche Hörorgan. Bei Krokodilen und Vögeln ist diese nur leicht gekrümmt, lediglich bei Säugetieren wird sie in Form der Gehörschnecke aufgerollt. Im Inneren der Cochlea befinden sich die Hörzellen. Auch diese reagieren auf Flüssigkeitsschwankungen. Sie werden dadurch erzeugt, dass Schallwellen aus der Umgebung aufgenommen und auf eine am Anfang des Hörorgans sitzende empfindliche und dünnhäutige Membran übertragen werden. Besonders gut ausgebildet ist dieses System bei den Säugetieren. Eine äußere Membran, das **Trommelfell**, nimmt die Schwingungen aus der Luft auf. Dieses leitet die Schwingungen auf die dahinter geschalteten **Gehörknöchelchen** Hammer, Amboss und Steigbügel weiter. Der Steigbügel beult die als ovales Fenster bezeichnete Startfläche des eigentlichen Gehörorgans ein. Jede Einbeulung, in unterschiedlicher Frequenz, also in unterschiedlichen Schwingungsgeschwindigkeiten, setzt sich auf die im Inneren des Gehörorgangs befindliche Flüssigkeit fort. An jeweils charakteristischer Stelle schwingt das Hörorgan mit. Diese Schwingung wird von den Hörzellen wahrgenommen und als elektrischer Impuls ins Gehirn gemeldet.

Bei Amphibien und Reptilien finden wir das Trommelfell direkt an der Außenseite des Schädels und anstatt der drei Gehörknöchelchen steht nur ein einheitlicher Knochenstab (Columella). Das Prinzip ist dennoch das gleiche, nur die Empfindlichkeit ist etwas gröber.

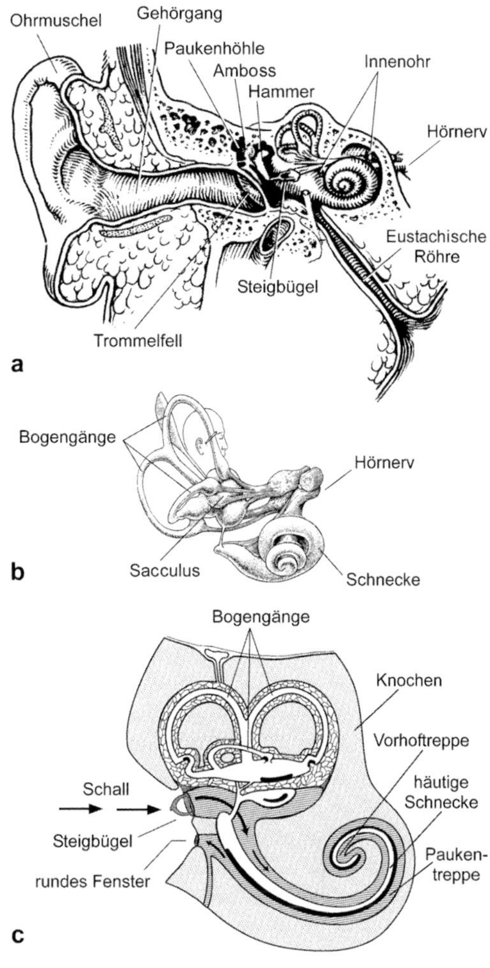

Abb. 3.36 Ohr des Menschen. **a:** Übersicht. **b:** Labyrinthorgan des Innenohrs. **c:** Hörvorgang. Die Schallwelle wird vom Steigbügel auf das ovale Fenster des Innenohrs übertragen. Die in Bewegung versetzte Flüssigkeit (Pfeile) reizt die Sinneszellen.

Die **äußere Ohrmuschel** der Säugetiere und die bei manchen Vögeln rund um den Gehörgang stehenden Federbüschel dienen als Richtungsempfänger mit ähnlicher Bedeutung wie der Parabolspiegel eines Richtmikrofons. Die Auffaltungen und komplizierten Oberflächenstrukturen der Ohrmuschel vieler Säugetiere sind von besonderer akustischer Bedeutung. Durch die komplizierten Reflexionsmuster der Schallwellen an diesen Oberflächenstrukturen entsteht eine besonders gut differenzierbare Klanglandschaft. Insbesondere nachtaktiv jagende Tiere (z.B. Katzen oder Eulen) verfügen über sehr differenzierte Möglichkeiten der Schallwahrnehmung. So sind die genannten Arten in der Lage, dreidimensional zu hören. Sie können also die Quelle eines Geräusches sehr genau im Raum lokalisieren und ihren Fang zielgerichtet auf diese Quelle ausrichten. Die leicht gegeneinander verschobene Lage des Gehörgangs im Schädel ermöglicht das räumliche Hören aufgrund des Laufzeitunterschieds der Schallwellen zum rechten und linken Ohr. Die Elastizität der Membran, auf der im Innenohr die Hörzellen angeordnet sind, ist ein wesentliches Charakteristikum der Empfindlichkeit des Hörorgans. Mit zunehmendem Alter nimmt diese Elastizität ab. Dies betrifft ganz besonders die hohen Töne, da diese die Membran in besonders schnelle Schwingungen versetzen müssen. Daher ist auch bei vielen Säugetieren mit zunehmendem Alter insbesondere die Wahrnehmung von hohen Tönen stark beeinträchtigt. Dies hat jedoch weitreichende Konsequenzen. Die Obertöne haben zwei besondere Aufgaben bei der Wahrnehmung des Schalls. Sie dienen überwiegend der Richtungswahrnehmung und enthalten die individuellen Merkmale der persönlichen Stimmfärbung. Dadurch können ältere Tiere oftmals die Richtung, aus der ein Geräusch kommt, nicht mehr wahrnehmen. Daraus wiederum entsteht allgemeine Verunsicherung und Stress. Zudem tritt der beim Menschen als Cocktailparty-Effekt bezeichnete Störeinfluss auf. Während es jüngeren Individuen relativ leicht gelingt, auch aus einem Stimmengewirr zielsicher herauszufiltern, was der unmittelbar gegenüberstehende Gesprächspartner gesagt hat, fällt es mit zunehmendem Alter immer schwerer, uns in einem solchen Stimmengewirr auf die Aussagen unseres Gesprächspartners zu konzentrieren. Dass solche Erscheinungen nicht nur beim Menschen auftreten, können Besitzer von alten Hunden, alten Katzen oder auch älteren Pferden bestätigen. Durch Lernprozesse und den Einsatz beweglicher Ohrmuscheln können Tiere möglicherweise diese Effekte teilweise ausgleichen. Tiefe Töne, deren Schwingungen auch bei einer etwas steiferen Membran eines älteren Tieres noch wahrgenommen werden können, dienen dagegen nicht der Richtungswahrnehmung und sind auch für die Individualerkennung anderer Stimmen schlechter geeignet.

3.11.3 Chemische Sinnesorgane

Chemische Sinnesorgane zur Wahrnehmung von Außenreizen werden insgesamt vier verschiedenen Sinnessystemen zugeordnet.

3.11.3.1 Geschmack

Geschmacksknospen finden sich bei Fischen auch auf der Außenseite des Kopfes. Je höher entwickelt ein Wirbeltier ist, desto mehr konzentrieren sich die Geschmacksknospen im Inneren des Mundes auf immer kleinere Flächen. Bei Säugetieren, insbesondere bei Erwachsenen, finden wir sie nur noch auf der Zunge. Geschmacksknospen sind sekundäre Sinneszellen und können nur wenige Geschmacksqualitäten unterscheiden. Neben den bekannten vier Geschmacksqualitäten süß, sauer, salzig und bitter finden wir vor allem bei fleisch- oder allesfressenden Säugetieren bisweilen noch eine fünfte Geschmacksqualität, die als Umami (Fleischgeschmack) bezeichnet wird. Selbst die Wahrnehmung von süß oder sauer ist nicht ganz einheitlich. Während die Wahrnehmung eines süßen Geschmacks beim Menschen, bei Ratten und wohl auch bei Hunden an Zuckermoleküle gebunden ist, besitzen Katzen auch Geschmacksknospen für süßlich schmeckende Aminosäuren. Ähnlich ist es bei der Geschmacksqualität sauer. Auch hier werden bestimmte sauer schmeckende Aminosäuren von Katzen wahrgenommen, während Menschen nur auf klassische chemische Säuren reagieren. Im Besitz unterschiedlicher Bitterstoffrezeptoren fressen Hauskatzen sehr ungern verwesendes Fleisch wegen der bitter schmeckenden Aminosäuren, die durch die Zerfallsprodukte des Eiweißes entstehen. Zur Säuberung der Geschmacksknospen, die sich entweder in Form von pilzförmigen Erhebungen (Pilzpapillen), in vulkankraterartigen Anordnungen (Wallpapillen) oder in Form der Blattpapillen (etwa bei Wiederkäuern) auf blattartig ausgestülpten Oberflächenvergrößerungen befinden können, gibt es in der Umgebung Spüldrüsen. Kleine Speicheldrüsen sorgen dafür, dass Nahrungsreste von den Geschmacksknospen abgewaschen werden, damit sie frei sind für neue Reize.

3.11.3.2 Der dreiästige Gesichtsnerv

Der bereits erwähnte dreiästige Gesichtsnerv (Nervus trigeminus) ist teilweise auch für die Verarbeitung von chemischen Informationen zuständig. Sowohl in der Nase als auch im Bereich von Mund und Zunge finden sich seine Verästelungen. Sie reagieren besonders schnell auf manche eventuell für das Tier gefährliche Substanzen. So sprechen die Trigeminusäste im Bereich der Nase sehr schnell auf stechende Gerüche an (z.B. Ammoniak), diejenigen im Mundbereich auf besonders scharfe Nahrung. Nicht nur die genannten Substanzen, sondern auch Eukalyptus und einige andere ätherische Öle werden von den Ästen des dreiästigen Gesichtsnervs wahrgenommen.

3.11.3.3 Jacobson'sches Organ (Vomeronasalorgan)

Dieses Organ ist ein chemisches Sinnesorgan im Munddach. Es tritt erstmals in Form einer kleinen seitlichen Aussackung des Nasengangs bei Amphibien auf und wird dann bei den Reptilien bereits vollständig vom eigentlichen Riechorgan getrennt. Am deutlichsten ist der Einsatz des Vomeronasalorgans bei Schlangen und Eidechsen, oder allgemeiner bei allen Reptilien mit schmaler, dünner und gespaltener Zunge. Diese nehmen beim Züngeln Duftpartikel aus der Umgebung auf und deponieren sie im Jacobson'schen Organ. Dort werden dann die chemischen Empfindungen ausgelöst.

Bei Säugetieren ist das Jacobson'sche Organ komplizierter. Durch eine Reihe von ringförmig um den Gang des Organs angeordneten Muskelgruppen wird es mit einem Saug-Druckpumpen-Mechanismus bedient. Zudem gehören zum Komplex des Jacobson'schen Organs auch Speicheldrüsen, die ein besonders zähes und klebriges Sekret ausscheiden. In vielen Fällen wird dieses Sekret durch Zähneklappern zu Schaum geschlagen, wie man beispielsweise bei einem erregten Hund deutlich wahrnehmen kann. Viele Säugetiere zeigen das zugehörige Verhalten des **Flehmens**, indem sie bei gekräuselter Oberlippe und mit deutlich vorgestreckter Schnauze die Luft hörbar in den Mundbereich einsaugen. Aber auch das schnelle Nasezittern von aufgeregten Nagetieren oder Hasenartigen dient der intensiveren Belüftung des Jacobson'schen Organs. Im Zusammenwirken zwischen dem Einsaugen der Luft, dem Schaumschlagen des Speichels und dem Arbeiten des Saug-Druckpumpen-Mechanismus in der muskulösen Umgebung des Sinneskanals werden Substanzen an den Speichel gebunden und in den Blindsack des Jacobsonschen Organs hineingezogen. Bei Säugetieren liegen die Wahrnehmungen des Organs überwiegend im sozialen Bereich. Pheromone und andere, der Kommunikation dienende Duftstoffe werden hier ebenso erkannt wie Immunbestandteile, Stress oder Entzündungsfaktoren. Dies ist wohl auch die organische Basis der auf Immunfaktoren beruhenden Partnerbevorzugung. Die Wahrnehmung von Entzündungsfaktoren im Körpergeruch eines Artgenossen dient der Erkennung von möglicher Erkrankung, was einerseits bei der Partnerwahl eher zu einer Ablehnung führen kann, andererseits bei engen, persönlich gebundenen Beziehungspartnern zu einem besonders intensiven Verteidigungs- und Krankenpflegeverhalten. Letztere Erscheinung kennen viele Hundehalter, wenn sich ihr Hund bei einer Krankheit des Menschen besonders eng an ihn schmiegt und ihn zu „trösten" und zu verteidigen sucht. Menschenaffen und andere höhere Primaten gehören zu denjenigen Tierarten, deren Jacobson'sches Organ nicht mehr über die Mundhöhle zu bedienen ist, da deren Gaumendach vollständig geschlossen ist. Gleiches gilt übrigens auch für Pferde. Gerade das Flehmen eines Hengstes ist daher nur ein Verhaltensrudiment. Jedoch zeigen neuere Untersuchungen z.B. am Menschen, dass kleine Zellnester in der Nasenspitzenregion unserer Nasenschleimhaut über getrennte Nervenverbindungen zum Gehirn melden. Dies könnte ein Rest des Jacobson'schen Organs sein. Möglicherweise gilt dies auch für andere Arten mit geschlossenem Gaumen-Nasen-Gang, etwa den Pferden.

3.11.3.4 Geruch

Riechzellen befinden sich auf der **Riechschleimhaut** in der Nase von Wirbeltieren. Auch bei Fischen ist der Geruchssinn bereits in der Nase konzentriert. Chemische Informationen werden mithilfe primärer Sinneszellen aus der Umgebung aufgenommen. Mit zunehmender Bedeutung des Geruchssinns wird die innere Oberfläche des Riechorgans vergrößert. Bereits bei Haien finden wir **Riechlamellen**, häutige Auffaltungen der Riechschleimhaut in der Nase. Bei Krokodilen und Säugetieren werden in Form von Knochenblättchen, den Nasenmuscheln (Turbinalia oder Conchae), die Oberflächenvergrößerungen stabilisiert und versteift. Diese Oberflächenvergrößerungen sind Abfaltungen von verschiedenen Knochen in der Umgebung des Riechorgans. Jedoch ist zu bedenken, dass nicht die gesamte Fläche der Nasenschleimhaut als Riechschleimhaut dient. Die Riechzellen sind nur auf einen bestimmten Teil konzentriert. Beim Menschen geht man von einer etwa zwei Daumennägel großen Fläche aus, bei einem Schäferhund können es jedoch durchaus bis zu 150 cm^2 sein, bei anderen Hunderassen noch mehr. Der Rest der Nasenschleimhaut dient der Erwärmung, Befeuchtung und Reinigung der Atemluft.

Die **Riechzellen** tragen zur Oberflächenvergrößerung lange, dünne Sinneshärchen, als Zilien bezeichnet. Auch in der Zahl dieser Zilien unterscheiden sich Arten mit sehr feinem Geruchsvermögen, etwa der Hund, von solchen mit schlechter entwickeltem Riechsinn, dem Menschen. Eine menschliche Riechzelle hat ca. sieben bis acht, eine des Hundes bis zu 30 solcher Zilien. An der Oberfläche der Riechzellen, insbesondere an den Zilien, sitzen die **Bindungsstellen** oder Rezeptoren für die Duftmoleküle. Dies sind komplizierte Eiweißverbindungen, an denen bestimmte Duftstoffmoleküle anbinden können, wie ein Schlüssel in ein Schloss passt. Je mehr verschiedene Schlössertypen ein Tier auf der Oberfläche seiner Riechzellen hat, desto mehr Duftstoffe kann es wahrnehmen. Der Mensch hat etwa bis zu 500, der Hund wohl bis zu 1200 verschiedene solcher Rezeptoren. Da nicht nur reine Düfte, sondern auch Duftstoffgemische wahrgenommen werden können, ergibt sich daraus eine sehr große Zahl an unterschiedlichen Geruchsqualitäten.

Jedoch werden, vergleichbar dem Immunsystem, auch Rezeptoren für Düfte nur dann gebildet, wenn das Tier mit diesem Stoff bereits Kontakt hatte. Nur dann entsteht der spezielle Schlosstyp für diese Art Schlüssel. Es ist zu vermuten, dass dies insbesondere in der frühen Jugendentwicklung geschieht.

Die Riechzellen auf der Riechschleimhaut eines Säugetiers werden in regelmäßigen Abständen erneuert. Man spricht von **Riechzellmauser**. Spätestens im Zeitraum von 2–3 Monaten werden neue Riechzellen gebildet und die alten abgebaut. Auch dadurch bleibt der Geruchssinn vieler Tiere über lange Zeiträume hinweg empfindlich. Wie alle Zellteilungsprozesse verlangsamt sich mit höherem Alter auch die Zellteilung der für die Riechzellmauser verantwortlichen Stammzellen, sodass auch hier eine Beeinträchtigung eintritt. Wird ein bestimmter Typ von Riechrezeptor einmal im Leben eines Tieres gebildet, so bleibt die Fähigkeit zu dessen Neu-/ Wiederbildung lebenslang erhalten. Insbesondere wenn in der sensiblen Phase der Nahrungsprägung solche Vorgänge erstmals stattfanden, ist dann lebenslang die Wiedererkennung dieses Duftes (z.B. Futter auch bei Pflanzenfressern nachgewiesen) erleichtert. Daraus entstehen vielfach Nahrungsbevorzugungen.

Neben den Riechzellen befinden sich auf der Riechschleimhaut **schleimproduzierende Zellen**, die einen Überzug über die Zilien und über die Oberfläche der Riechzellen verteilen. In diese wässrige Flüssigkeit muss jeder Duftstoff zunächst in Lösung gehen, bevor er an die Oberfläche der Riechzellen vordringen kann. Auch das erklärt, weshalb manche Duftstoffe besser und leichter wahrnehmbar sind als andere, wenn ihre Löslichkeit unterschiedlich ist.

3.11.4 Lichtsinnesorgane

3.11.4.1 Parietalauge

Neben den bekannten seitlichen Augen besitzen die Wirbeltiere weitere Strukturen, die der Wahrnehmung von Lichtreizen dienen. Dies sind die unpaaren **Stirnaugen**, die als Ausfaltung des Zwischenhirns entstehen. Dort, am Dach des Zwischenhirns der ursprünglichen Wirbeltiere, lagen hintereinander zwei unpaare Augen, das Parietalauge und das Pinealauge. Während das Pinealauge schon bei den Knochenfischen seine Lichtempfindlichkeit verloren hat und zu einer Hormondrüse wurde, ist das Parietalauge auch bei einigen modernen Reptilien noch gut entwickelt. Ob die Zirbeldrüse ebenfalls noch eine gewisse Lichtempfindlichkeit aufweist, wurde noch nicht eindeutig belegt.

Bei Brückenechsen und einigen Schuppenkriechtieren ist das **Parietalauge** noch ein voll entwickeltes Auge, das sogar Linse und Glaskörper aufweist. Durch ein Loch im Schädel wird die Lichtzugänglichkeit gewährleistet. Zugleich befinden sich durchsichtige und damit lichtdurchlässige Schuppen an der Körperoberfläche darüber.

3.11.4.2 Seitliche Augen

Die paarigen **Seitenaugen** der Wirbeltiere entstehen als Ausstülpung aus dem Boden des Zwischenhirns in Form eines Augenbläschens, das sich schließlich nach Kontakt mit der Körperwand in einen Augenbecher einfaltet. Sie weisen wegen dieser Aus- und anschließenden Einstülpung bei der Wahrnehmung des Lichts eine Komplikation auf. Die eindringenden Lichtstrahlen müssen nämlich auf der Netzhaut zunächst die Schichten der ableitenden Nervenfasern durchdringen, bevor sie auf die lichtempfindlichen Sinneszellen treffen. Man spricht daher von einem inversen Auge. Die konvergent in ähnlicher Perfektion entstandenen seitlichen Augen der Tintenfische dagegen sind ebenso wie das Parietalauge als everse („ausgestülpte") Augen bläschenförmig ausgestülpt geblieben.

Der Augapfel der Wirbeltiere enthält mehrere **lichtbrechende Strukturen**, die gemeinsam den dioptrischen (lichtbrechenden) Apparat bilden. Dazu gehört bereits der vorderste Teil der harten Lederhaut, der als Hornhaut bezeichnet wird. Hinter der Hornhaut liegt die Augenkammer, die mit Kammerwasser gefüllt ist. Sodann folgt die Linse und dahinter der Glaskörper. Alle diese Strukturen sind, wenn auch in unterschiedlich starker Weise, lichtbrechend und dienen dazu, das einfallende Licht zu bündeln und auf die richtige Stelle der Netzhaut (Retina) zu leiten.

Die **Netzhaut** enthält neben den Lichtsinneszellen noch mehrere Schichten von reizverarbeitenden Nervenzellen, die durch komplizierte Muster von gegenseitiger Aktivierung und Hemmung miteinander verschaltet sind. Dadurch wird aus dem unscharfen Bild, das der dioptrische Apparat liefert, durch mehrere Stufen

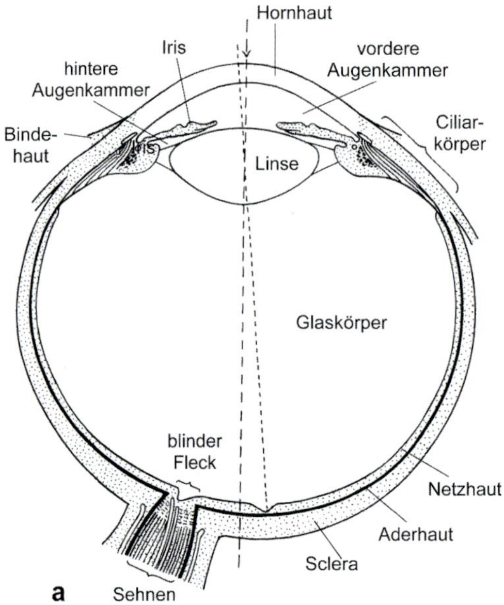

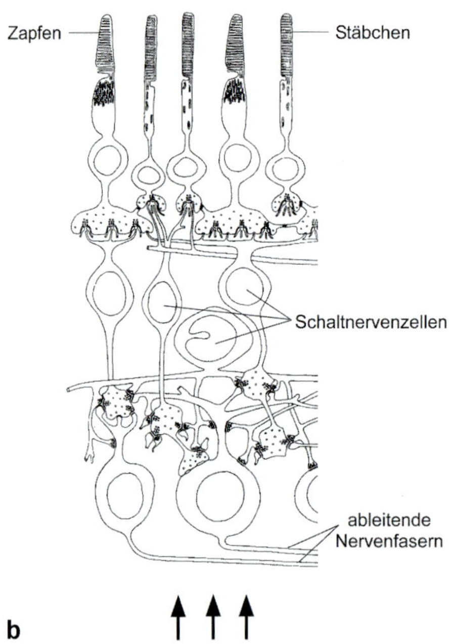

Abb. 3.37 Auge. **a:** Waagerechter Schnitt durch ein Säugerauge, **b:** Aufbau der Netzhaut. Das Licht (Pfeile) erreicht die Sinneszellen nach Durchquerung der ableitenden Nerven.

einer Bildbearbeitung bereits eine viel schärfere Wahrnehmung von Kontrasten und Helligkeitsunterschieden ermöglicht. Die ableitenden Fasern der letzten verarbeitenden Nervenschicht werden gebündelt, verlassen als Sehnerv über den **blinden Fleck** das Auge und ziehen zum Boden des Zwischenhirns.

Viele sich optisch orientierende Wirbeltiere besitzen an einer oder mehreren Stellen des Augenhintergrunds eine Region besonders scharfen Sehvermögens. Dort sind die ableitenden Nervenzellen und Nervenfasern zur Seite verlagert und das Licht kann direkt auf die Lichtsinneszellen fallen. Bei Primaten wird diese Stelle als gelber Fleck bezeichnet und ist eine kleine, nur wenige Millimeter Durchmesser betragende Grube. Bei Tierarten, die mehr auf Bewegungssehen und Rundumsicht angewiesen sind, zieht sich diese Stelle des schärfsten Sehens als Streifen über den gesamten Augenhintergrund. Dies gilt sowohl für Seevögel (z.B. Albatrosse), Greifvögel wie auch für Hundeartige und andere sich stark optisch orientierende Säugetiere, vor allem Huftiere und Hasenartige.

Die Fähigkeit, Licht in verschiedenen Farben wahrzunehmen, ist wahrscheinlich nicht nur durch die Existenz von speziellen **farbtüchtigen Sehzellen** (den Zapfen) gegeben. Auch Stäbchen, die vornehmlich für das **Hell-Dunkel-Sehen** geeignet sind, können durchaus unterschiedliche Wellenlängen des Lichts unterscheiden. Voraussetzung dafür ist, dass der in ihrem Inneren befindliche Sehfarbstoff für unterschiedliche Wellenlängen empfindlich ist. Dass dies möglicherweise der Fall ist, lassen Untersuchungen an einigen Säugetieren vermuten, die trotz fehlender Zapfen Farben erkennen.

3.11.4.3 Sehleistungen

Die Fähigkeit, **Farben** wahrzunehmen, ist mit der Lebensweise des betreffenden Tieres verbunden. Tagaktive Tiere (Eidechsen, Hörnchen, Primaten) sind in der Regel zu besserem Farbsehen befähigt als nachtaktive. Ein vollständiger Satz von Zapfen enthält drei verschiedene Farbtypen und lässt nahezu alle Farben des sichtbaren Lichts gut erkennen. Dies ist etwa bei höheren Primaten oder Hörnchen gegeben. Dämmerungsaktive Tiere haben oft ein verschobenes Farbspektrum. So sind Hundeartige beispielsweise besser in der Lage, im Blaubereich zu sehen, während sie im Bereich Gelb/Orange/Rot und Grün schlecht sehen oder nur undeutlich Farben unterscheiden können. Der Grünrezeptor fehlt ihnen völlig. Dies ist auch verständlich, wenn man bedenkt, dass gerade zur Hauptaktivitätszeit der meisten Hunde, in der Dämmerung, nahezu alle Gegenstände und auch potenziellen Beutetiere im bläulichen Licht erscheinen.

Auch die Fähigkeit, bewegte gegenüber still stehenden Gegenständen besser zu erkennen, und die Fähigkeit zum räumlichen Sehen sind großteils mit der Lebensweise der betreffenden Tierart korreliert. Die Fähigkeit, unbewegte Gegenstände scharf vor dem ebenfalls unbewegten Hintergrund abgrenzen zu können, ist bei den meisten Primaten besonders gut entwickelt. Viele Huftiere und ebenso Hetzjäger wie die Hunde können dagegen bewegte Gegenstände wesentlich besser erkennen, während unbewegte Gegenstände oft vor unbewegtem Hintergrund für sie kaum differenzierbar sind. Demgegenüber ist oftmals die Fähigkeit, Bewegungen zu erkennen, mit viel höherer Bildauflösungsgeschwindigkeit möglich. Hunde und Katzen können bis zu 40 oder mehr Bilder pro Sekunde unterscheiden, während wir, wie man beim Betrachten von alten, langsam gedrehten Kinofilmen erkennt, schon ab ca. 24 Bildern pro Sekunde eine flackerfreie, fließende Bewegung sehen. Durch diese verbesserte Fähigkeit, sozusagen in Zeitlupe zu sehen, können Beutegreifer auch minimale Bewegungen eines potenziellen Beutetiers schneller und besser erkennen.

Die Fähigkeit zum **räumlichen Sehen** ist weitgehend an einen überlappenden Sehbereich beider Augen gekoppelt. Dies bedeutet, dass bei vielen Wirbeltieren, die zum Beuteerwerb oder zu anderen feinmanipulatorischen Tätigkeiten räumlich sehen müssen, die Augen stärker nach vorne verlagert sind und dadurch der Sehbereich beider Augäpfel stark überlappt.

Zwei Fähigkeiten zur Anpassung an äußere Lichtbedingungen sind bei unterschiedlichen Wirbeltiergruppen unterschiedlich stark ausgebildet:

- Als **Adaptation** wird die Fähigkeit bezeichnet, sich auf unterschiedliche Lichtverhältnisse einzustellen. Bei den meisten höheren Landwirbeltieren geschieht dies zunächst durch die Öffnungsweite der Pupille, die wie eine Blende im Fotoapparat unterschiedliche Lichtmengen auf den Augenhintergrund vordringen lässt. Zusätzlich sind viele Wirbeltiere befähigt, die Pigmentschicht im Augenhintergrund gegenüber den Sehzellen nach vorne oder hinten zu verschieben und damit eine höhere oder geringere Lichtempfindlichkeit zu ermöglichen. Letztlich sind auch biochemische Prozesse an der Adaptation beteiligt, der Sehfarbstoff ist also unterschiedlich empfindlich für Licht. Zur Verbesserung der Lichttüchtigkeit tragen viele Wirbeltiere im Augenhintergrund eine reflektierende Schicht, als **Tapetum lucidum** bezeichnet. Diese reflektierende Schicht kann entweder aus Guaninkristallen oder aus überkreuzten Bindegewebsfasern bestehen. Daher reflektieren die Augen von nachtaktiven Tieren einfallendes Licht in unterschiedlicher Farbe, manche eher rötlich, andere eher grünlich.
- Als **Akkomodation** wird die Fähigkeit bezeichnet, den Brennpunkt der Augen zu verschieben und dadurch Gegenstände, die sich in unterschiedlicher Entfernung vom Auge befinden, in der Schärfeebene zu halten. Während bei Säugetieren und den meisten anderen höheren Landwirbeltieren die Akkomodation durch eine Veränderung der Linsenkrümmung hergestellt wird, haben Fische zu diesem Zweck eine Verschiebung der Linse nach vorne und hinten bzw. eine Veränderung der gesamten Krümmung des Augapfels erfahren. Die Altersweitsichtigkeit entsteht dadurch, dass mit höherem Alter die Elastizität der im Auge vorhandenen Bindegewebsfasern ab-

nimmt und dadurch die Linse in einer rundlicheren Form auf die Ferne eingestellt bleibt.

Die stärkere **Lichtbrechung im Wasser** gegenüber der Luft führt dazu, dass viele wasserlebende Wirbeltiere anstatt einer linsenförmigen eine kugelförmige Linse besitzen. Auch die Hornhaut ist bei ihnen häufig dicker als bei Landwirbeltieren. Besonders auffallend sind diese optischen Unterschiede bei Fischen an der Wasseroberfläche (z.B. Vieraugenfisch). Durch unterschiedliche Krümmungseigenschaften ist der obere Teil des Auges auf die Brechkraft der Luft, der untere Teil auf die im Wasser eingestellt. Das Auge selbst ist durch eine Falte quer geteilt.

Vögeln ist es nicht möglich, die Augen im Kopf zu bewegen. Säugetiere und einige Reptilien (Chamäleon) sind in der Lage, zur genaueren Betrachtung eines Gegenstands, insbesondere im Nahbereich, die Augäpfel nach vorne oder seitlich zu verdrehen. Dazu dienen die äußeren Augenmuskeln. Bei Vögeln ist dies, wegen der sehr großen Augäpfel, nicht möglich. Viele Vögel, z.B. Eulen, besitzen sogar statt runder Augäpfel eher zylindrisch langgestreckte Augen. Dadurch wird zwar die Sehfähigkeit verbessert, eine Bewegung mithilfe äußerer Augenmuskeln in der Augengrube ist aber nicht mehr möglich. Daher müssen Vögel, um Gegenstände genauer betrachten zu können, den Kopf bewegen.

Die **Bildbearbeitung** und damit das Erkennen von optischen Informationen wird nicht im Auge selbst, sondern in den dahinter geschalteten Zentren des Gehirns vollzogen. Eine der wichtigsten Fähigkeiten ist das Erkennen von räumlichen Gegebenheiten. Dazu ist es nötig, dass im Gehirn die Informationen von beiden Augen miteinander verrechnet und gegeneinandergestellt werden. Dieser Fähigkeit dient unter anderem die **Überkreuzung des Sehnervs** (Chiasma opticum) im Gehirn. Das bedeutet, dass ein Teil der Fasern aus dem linken Auge in die linke, ein anderer Teil in die rechte Gehirnhälfte geleitet wird und umgekehrt. So ist es möglich, dass jeweils die verarbeitenden Zentren im Gehirn Informationen aus beiden Augen vergleichen und miteinander verrechnen können.

3.11.4.4 Hilfsstrukturen des Auges

Zum Schutz des Auges gibt es eine Reihe von Hilfsstrukturen. So liegen, um ein Austrocknen zu verhindern, die empfindliche Oberfläche zu säubern und auch gegen das Eindringen von Bakterien und anderen Keimen zu schützen, mehrere Drüsen in der unmittelbaren Umgebung des Augapfels. Bei den Landwirbeltieren sind die beiden wichtigsten und bedeutendsten die Tränendrüse und die Harder'sche Drüse. Das Sekret beider ist dünnflüssig, wässrig und klar. Es enthält einige Enzyme, die Bakterien und andere Krankheitserreger angreifen, wenn sich diese auf dem Augapfel niederlassen.

Ebenso dem Schutz des Auges dienen die **Augenlider**, wobei viele Vögel und Reptilien neben den beiden von oben bzw. unten kommenden noch ein drittes Augenlid, als Nickhaut bezeichnet, aus dem inneren Augenwinkel nach außen ziehen können. Dem Schutz des Auges vor unerwartet herannahenden Gegenständen dient der Lidschlussreflex, der durch eine Berührung der Augenwimpern, Luftzug oder durch eine schnelle plötzliche Bewegung in der Nähe des Auges ausgelöst wird. Eine besondere Empfindlichkeit für solche Reize haben die Augenwimpern als Sinushaare.

Primaten und einige andere Tierarten mit weit hervortretenden Augen besitzen **Augenbrauen**, die durch einen knöchernen Wulst am Stirnbein gestützt werden. Diese dienen gewissermaßen als Regendach und lassen eine von oben kommende Flüssigkeit seitlich ablaufen. Beim regenwaldbewohnenden Sumatra-Nashorn schützt eine Knorpelhülle die Augen vor Verletzungen beim Durchbrechen des Gebüsches.

Vögel sind aufgrund ihrer besonders großen Augen nicht in der Lage, die Augäpfel vollständig durch Schädelstrukturen zu schützen. Daher haben sie als zusätzlichen mechanischen Schutz einen **Skleralring** aus Knochenschüppchen rund um den Augapfel.

3.11.5 Wärmesinn

Als **Grubenaugen** werden spezielle, zur Wahrnehmung von Wärmestrahlen geeignete Organe am Kopf mancher Schlangen bezeichnet. Nicht nur die Grubenottern, bei denen diese Strukturen namensgebend sind, weisen solche Wärmebildkameras auf. Auch an den oberen Mundrändern einer Reihe von Riesenschlangen finden wir nebeneinander mehrere solcher Grubenorgane. Ihr Prinzip ist das einer Lochkamera, d.h., eine Vertiefung mit kleiner äußerer Öffnung ermöglicht eine Bündelung von Wärmestrahlen, die im Hintergrund des Grubenorgans durch wärmeempfindliche Nervenzellen aufgenommen werden. Durch eine stark durchblutete Membran mit einem kleinen, darin befindlichen Loch wird die Schärfe des entstehenden Wärmebildes nochmals fokussiert. Die Empfindlichkeit dieser Grubenorgane ist so groß, dass z.B. Klapperschlangen in völliger Dunkelheit ein Beutetier wahrnehmen und zielgerichtet ergreifen können. Temperaturunterschiede von unter 1 °C können von diesen Strukturen erkannt werden.

3.12 Integument

3.12.1 Hautschichten und einzellige Drüsen

Der Besitz eines zusammengesetzten, als Integument bezeichneten Organs, das den Organismus nach außen begrenzt, ist eines der wichtigsten Kennzeichen der Wirbeltiere. Zur Bildung dieses Organs treten Schichten aus verschiedenen Gewebetypen zusammen:

- Die **Oberhaut** (Epidermis) ist ein Epithelgewebe,
- die **Lederhaut** (Corium) und
- das **Unterhautfettgewebe** (Subcutis) sind Bindegewebetypen.

Eine **mehrschichtige Epidermis**, ein aus mehreren übereinander gelagerten Zellschichten aufgebautes Abschlussgewebe, das den gesamten Körper einhüllt, ist nur bei den Wirbeltieren vorhanden. Epidermisbildungen anderer Tiergruppen dagegen sind einschichtig.

In die Epidermis eingelagert sind bei wasserlebenden, insbesondere bei primär wasserlebenden Wirbeltieren (Fische, Amphibienlarven), die einzelligen **schleimproduzierenden Kolben- und Becherzellen**, deren Absonderungen den Körper nicht nur vor der Besiedelung durch Pilze, Bakterien und andere Krankheitserreger schützen. Sie schaffen auch eine im Wasser besonders schlüpfrige und damit reibungsarme Oberfläche. Die Bedeutung des Körperschleims bei der Abwehr von Parasiten und Infektionserregern wird deutlich, wenn Fische beim Einfangen ihre Schleimschicht teilweise verlieren und an Verpilzungen erkranken. Manche Fischarten ziehen bei Nacht einen besonders dicken Schleimteppich über den Körper und schützen sich durch eine Art geruchlicher Tarnkappe vor der Entdeckung. Andere, z.B. die Diskusfische, produzieren besonders viel Schleim, um ihren Nachwuchs damit zu ernähren. Sie werden von ihren Nachkommen regelrecht abgeweidet.

Bei Landwirbeltieren, insbesondere bei den Amniota, wird die Epidermis durch eine Einlagerung von **Horn** (Keratin) wasserabweisend und zusätzlich mechanisch verstärkt. Jedoch sind die verhornten Zellen abgestorben und müssen in regelmäßigen Abständen erneuert werden. Bei Säugetieren und Vögeln geschieht dies durch unbemerktes Abstoßen von kleinen Hautschüppchen, bei Reptilien dagegen ist die **Häutung** in größeren Fetzen oder im Ganzen möglich. Zur Vorbereitung der Häutung werden bei Reptilien zunächst in einer tiefer liegenden Schicht der Epidermis die **Häutungshärchen** ausgebildet. Diese dienen als Abstandshalter zwischen der neuen und der abzustoßenden Hautschicht. Dann wird zwischen die Zellen, die die Häutungshärchen tragen, und ihre darüber liegende Schicht Flüssigkeit abgegeben. Diese Flüssigkeit dient als Polster und hebt die darüber liegende alte

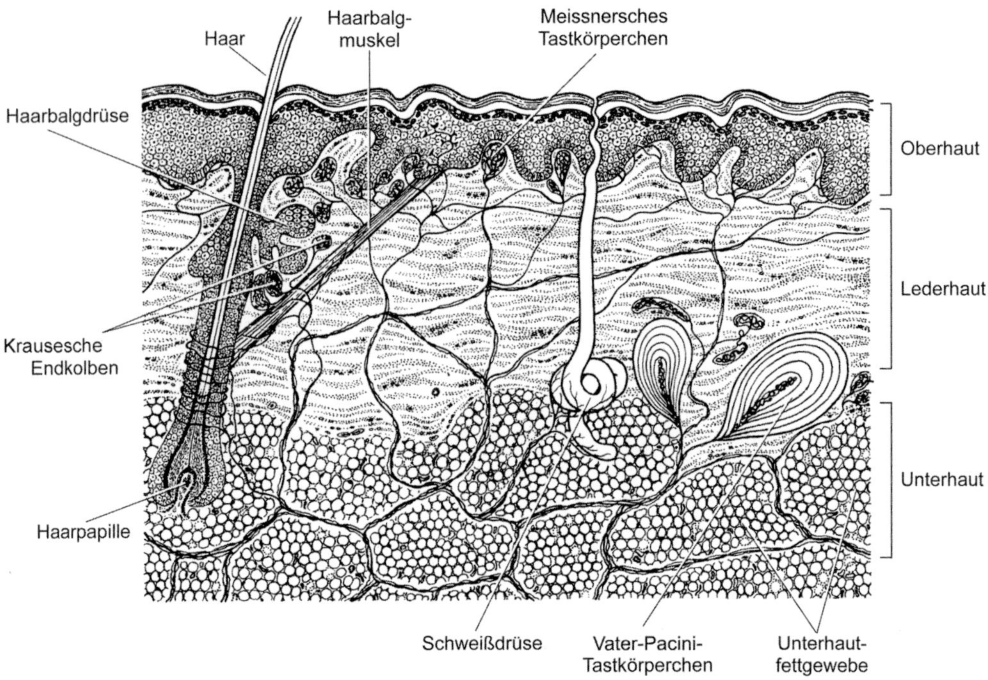

Abb. 3.38 Haut eines Säugetiers (mikroskopischer Schnitt).

Hautschicht ab. Die Häutungshärchen stabilisieren dieses Flüssigkeitsbett. Durch Reiben an einer rauen Umgebungsstruktur oder durch verstärkte Durchblutung bestimmter Körperteile platzt dann an einer Stelle die alte Hautschicht auf und wird abgestreift.

Durch die Verhornung und Trockenlegung der Epidermis bei den Amniota ist ein Stoff- und Gasaustausch über die Körperoberfläche nicht mehr so gut möglich wie bei Amphibien und den primär wasserlebenden Wirbeltieren. Lediglich ein Teil der Abgabe des Kohlendioxids kann noch durch die Haut erfolgen. Die Haut der Säugetiere, die sekundär drüsenreich geworden ist, ermöglicht wieder eine verstärkte Abgabe von Stoffwechselendprodukten und auch Duftstoffen über die Körperoberfläche.

Die Oberhaut ist weder durchblutet noch mit Nerven versorgt. Nur wenige verästelte **Nervenenden** von Sinnesnerven erreichen die Grenze zwischen Oberhaut und Lederhaut. Der Übergang zwischen Ober- und Lederhaut ist insbesondere bei Säugetieren durch eine noppen- und wellblechartige Auffaltung gekennzeichnet. Dadurch wird nicht nur die Berührungsfläche zwischen den beiden Hautschichten vergrößert und ein besserer Stoffaustausch ermöglicht. Wegen der fehlenden Durchblutung der Oberhaut müssen alle Nährstoffe und der Sauerstoff durch Diffusion über diese Kontaktfläche in die Epidermis gebracht werden. Auch eine bessere Verankerung der beiden Hautschichten und damit eine größere Reißfestigkeit wird durch diese Noppen erzielt.

Die **Lederhaut** enthält typische Elemente des Bindegewebes. Sie ist mit elastischen Fasern (Kollagen, Elastin), Blutgefäßen, Nerven, Tast- und anderen Sinnesorganen sowie den Hautdrüsen der Säugetiere durchzogen.

Die Durchblutung der Lederhaut ist sowohl in oberflächennahen wie auch in oberflächenfernen Schichten vorhanden und ermöglicht nicht nur den Stoffaustausch, sondern auch die Temperaturregulation über die Körperoberfläche. Auch bestimmte Färbungen (Rot und Blau) werden durch die Durchblutung erzeugt. Zudem trägt die Lederhaut **Farbzellen** (Chromatophoren), pigmenthaltige Zellen, die die Färbung einschließlich des bei einigen Tierarten möglichen Farbwechsels, etwa bei Fischen und Reptilien, bewirken.

Im Vergleich zur Lederhaut ist die Subcutis, das **Unterhautfettgewebe**, schlechter durchblutet. Dort sind überwiegend Fettzellen eingelagert, die als Speicher für Energie und zur Isolation des Körpers gegen Kälte gleichermaßen bedeutsam sind. Wegen der schlechteren Blutversorgung der Subcutis heilen Verletzungen in diesem Bereich langsamer als oberflächliche, nur die Lederhaut betreffende Wunden.

3.12.2 Hautdrüsen

Mehrzellige Hautdrüsen treten nur bei wenigen Reptilien in Form der **Schenkeldrüsen** auf, sind jedoch ein Charakteristikum der Säugetiere. Im Bereich der Säugetierhaut finden wir Drüsen verschiedener Sekretionstypen.

Die **Schweißdrüsen** der Säugetiere sind aufgeknäuelte Schlauchdrüsen, die ekkrin funktionieren und ein dünnflüssiges Sekret absondern. Die Wasserabgabe über die Körperoberfläche bei Säugetieren geschieht jedoch nicht nur durch makroskopisch erkennbare Schweißdrüsen. Ein Teil der Transpiration erfolgt auch über die gesamte Oberfläche bzw. aus den Poren.

Demgegenüber sind die **Talgdrüsen** holokrine Drüsen. Ihr Sekret ist fettartig, besteht aus zugrunde gegangenen Zellen und kann daher auch Bakterien leicht als Nährboden dienen. Aus diesem Grund sind verstopfte oder schlecht funktionierende Talgdrüsen oftmals der Beginn von Entzündungsprozessen.

Apokrine Drüsen werden bei Säugetieren als **Duftdrüsen** oder große Schweißdrüsen bezeichnet. Ihr Sekret enthält unter anderem zur sozialen Kommunikation dienende Bestandteile, aber auch Abbauprodukte von Hormonen, die z.B. dem Erkennen des Fortpflanzungszustands dienen.

Bei Säugetieren finden wir ferner die **Milchdrüsen**, ebenfalls Abkömmlinge von Hautdrüsen. Je nach Lage und Anordnung des Drüsen- und des umgebenden Hautgewebes werden verschiedene **Drüsentypen** (Eversionszitze, Proliferationszitze) unterschieden. Eine enge Verbindung der Milchdrüsen in der Entwicklungs- und Stammesgeschichte besteht zu den **Haarbalgdrüsen**. Diese auch als große Talgdrüsen bezeichneten Drüsenkomplexe sondern ein Sekret ab, das zunächst dem Schutz der Haare und dem Einfetten des Haarkleides gegen Wasser diente. Bei den eierlegenden Säugetieren ist dieser Zusammenhang zwischen Milchdrüsen und früheren Haarbalgdrüsen noch erkennbar. Die Milch tritt dort an der Basis von Haaren in einem Drüsenfeld aus. Erst bei Beuteltieren und plazentalen Säugetieren wird die **Zitze** ausgebildet, eine Zusammenfassung der Milchdrüsen mit gemeinsamem Ausführgang.

Die Haut der **Vögel** enthält nur wenige Drüsen. Die wichtigste ist die **Bürzeldrüse**, deren Sekret mit dem Schnabel verteilt wird und der Einfettung des Gefieders dient. Zusätzlich bildet sie eine Vorstufe des Vitamins D. Das Sekret wird beim Verteilen über den Körper mit dem Schnabel auch teilweise aufgenommen und im Körper in das aktive Vitamin D umgewandelt.

Einige Vögel besitzen keine Bürzeldrüsen. Dies sind einerseits Tauchvögel (Kormorane), die daher nach dem Tauchgang das Gefieder trocknen müssen, bevor sie wieder flugfähig sind. Andererseits sind es die Papageien, die stattdessen spezielle Federtypen (**Puderdunen**) besitzen. Diese Puderdunen zerfallen nach ihrer Reifung in viele kleine Hornkörnchen, die anstelle des Bürzeldrüsensekrets über die Oberfläche des Gefieders verteilt werden und ebenfalls eine pflegende Wirkung haben.

Neben den Milchdrüsen besitzen Säuger weitere spezialisierte Drüsen. **Duftdrüsen** finden sich z.B. in Form der Voraugendrüsen bei vielen Paarhufern. Weitere Duftdrüsen sind Ballendrüsen (Hunde), Brustdrüsen (Beuteltiere, Halbaf-

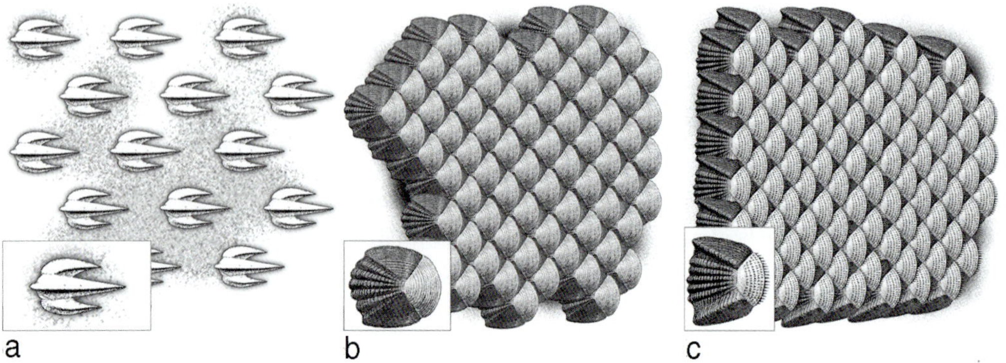

Abb. 3.39 Schuppentypen von Fischen. **a:** Plakoidschuppen eines Hais, **b:** Rundschuppe der Rotfeder (*Scardinius*), **c:** Kammschuppe des Flussbarsches (*Perca*).

fen), Analdrüsen (Carnivora), Schläfendrüse (Elefant), Rückendrüse (Klippschliefer, Pekaris).

Aus verhaltensbiologischer Sicht ist zu betonen, dass nicht jedes Drüsensekret in Zusammenhang mit dem Territorialverhalten stehen muss. Die Abgabe von Sekreten, insbesondere bei einzeln lebenden Tieren mit großem Streifgebiet, kann auch der Mitteilung über den Fortpflanzungszustand oder anderer Informationen dienen. Nur wenn zusätzlich zur Markierung auch eine Verteidigung des betreffenden Gebiets zumindest gegen Artgenossen des gleichen Sozialstatus besteht, darf von Territorialität gesprochen werden. Für die Haltung und das Tiermanagement ist von Bedeutung, dass Duftmarken, egal ob sie der Territorialmarkierung oder anderen Kommunikationszwecken dienen, nicht rückstandslos aus den Gehegen entfernt werden dürfen. Andernfalls kann das Tier sich in diesem Gebiet nicht heimisch fühlen und keine Vertrautheit ausbilden, die nicht nur stressdämpfende Wirkung hat, sondern oft auch die notwendige Voraussetzung für eine erfolgreiche Fortpflanzung ist.

3.12.3 Horn- und Hartgebilde

3.12.3.1 Schuppen und Krallen

In der Coriumschicht ursprünglicher Wirbeltiere befanden sich **Hautverknöcherungen**, die mit einem epidermal gebildeten **Schmelzüberzug** komplettiert wurden. Dieser ursprüngliche Knochenpanzer, der bei den fossilen Ostracodermen (Schalenhäutern), den Verwandten der Neunaugen und Schleimaale, vorkam, wurde später in kleinere, gegeneinander bewegliche **Knochenplättchen**, die Ganoidschuppen, aufgelöst. Auch die Placoidschuppen der Haie und Rochen sind Abkömmliche dieses Knochenpanzers.

Die modernen Knochenfische (Teleostei) besitzen nur noch dünne Knochenschuppen, die in Form von Rund- oder Kammschuppen auftreten. Nur wenige Knochenfischarten moderner Taxa besitzen einen geschlossenen kapselförmigen Panzer (Kofferfische). Demgegenüber gibt es nur wenige Landwirbeltiere mit knöchernen Hautverhärtungen. Hierzu gehören Krokodile, Schildkröten oder Gürteltiere.

Stattdessen entstanden bei den frühesten Reptilien die **Hornschuppen**, die ein gemeinsames Merkmal aller Amnioten darstellen. Bei Säugetieren finden sich Hornschuppen noch überwiegend in der Schwanzregion (Beutelratten, Ratten und andere Nagetiere), bei Vögeln im Bereich der Beine. Bei Reptilien sind Hornschuppen, die im Corium eingebettet sind und unter der Epidermis liegen, weitverbreitet. Besondere Formen von Hornschuppen der Reptilien sind die als Bauchschienen bezeichneten

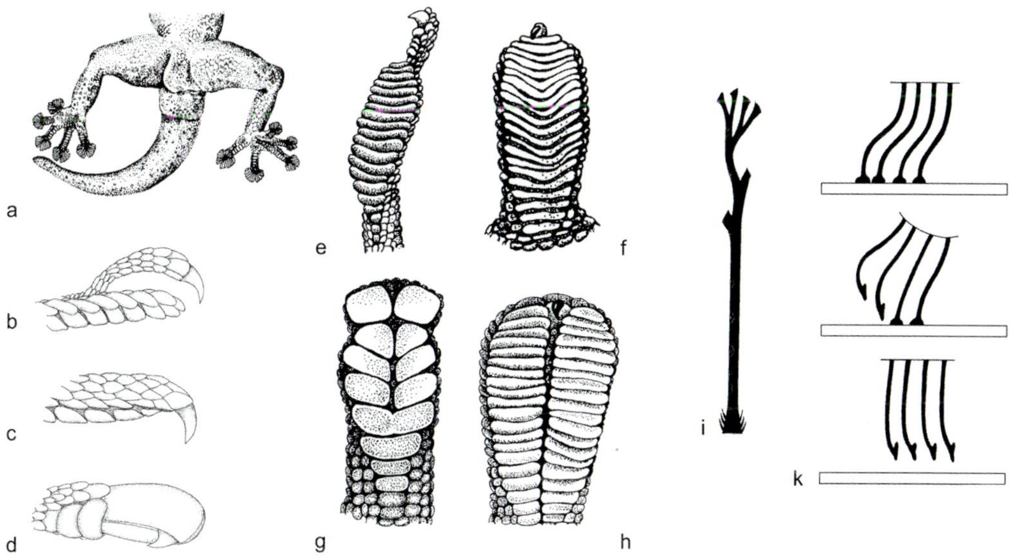

Abb. 3.40 Kletterfüße von Geckos. **a:** Füße des Fächerfingers (*Ptyodactylus*), **b–d:** Geckofüße in Seitenansicht (**b:** aufgesetzte Kralle, **c:** endständige Kralle, **d:** unterständige Kralle), **e–h:** Haftflächen von Geckozehen (**e:** *Aristelliger lar*, **f:** *Gekko vittatus*, **g:** *Oedura marmorata*, **h:** *Pseudothecadactylus lindneri*), **i:** Haftborste von *Gekko vittatus*, die untersten beiden Seitenzweige nicht eingezeichnet, **k:** Bewegungsablauf der Haftborsten, schematisch; oben: Haften, Mitte: Lösen, unten: abgelöst vom Untergrund.

breiten Schuppen auf der Unterseite der meisten Schlangen.

Weitere Hornbildungen finden sich bei Reptilien in Form der **Hautlamellen**, bisweilen auch kleinsten pinselförmigen Hornfäden als Hafthilfen etwa an den Füssen von Geckos und Anolis.

Krallenbildungen an der Spitze der Finger und Zehen sind bei Reptilien und Vögeln weitverbreitet. Sie können ähnlich wie bei Säugetieren in hufähnliche Strukturen umgewandelt sein (Strauß).

Am stärksten differenziert sind die Hornbildungen der Spitze von Fingern und Zehen bei Säugetieren. Aus den ursprünglichen, schmalen und gekrümmten Krallen, die sowohl dem Festhalten, dem Klettern als auch gegebenenfalls dem Beuteerwerb und dem Graben dienen, entstanden einerseits die flachen **Plattnägel** der höheren Primaten, andererseits Strukturen, die bei Zehen- bzw. Zehenspitzengang die empfindlichen Finger- und Zehenkuppen schützen, die **Hufe**.

3.12.3.2 Haare und Federn

Die wichtigsten und am weit verbreitetsten Hautanhangsgebilde aus Horn (Keratin) sind Federn und Haare. Während Federn zu den Schuppen der Reptilien homolog sind und in ihrer embryonalen Bildung ebenfalls als Ausstülpungen von Corium und Epidermisüberzug entstehen, sind Haare Neubildungen. Unter den heute lebenden Wirbeltieren finden wir **Haare** nur bei Säugetieren. Haarähnliche Gebilde wurden aber auch auf den fossilen Abdrücken der Flughäute von Flugsauriern gefunden. Die embryonale Bildung dieser Strukturen ist jedoch nicht bekannt. Säugetierhaare entstehen durch Einwachsen eines Hornzapfens, der sich zunächst ins Corium einsenkt und dann über eine Coriumpapille als Haarzwiebel stülpt. Solange diese Coriumpapille in der Haarzwiebel lebt, wird das Haar mit Nährstoffen versorgt und kann weiterwachsen. Nach längerer Zeit (beim Menschen ca. 5–6 Jahre) verschließt sich der

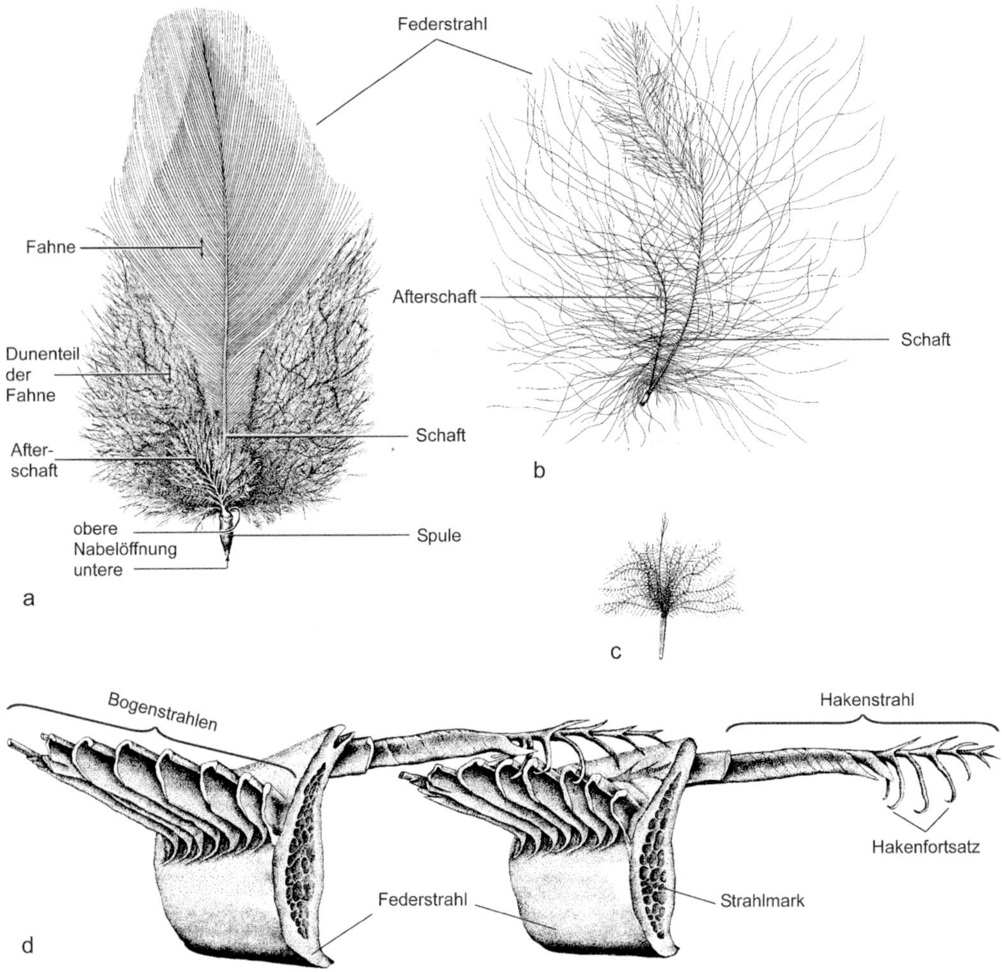

Abb. 3.41 Aufbau des Gefieders eines Hühnervogels. **a:** Konturfeder, **b:** Dune eines Erwachsenengefieders, **c:** Entwicklungsstadium einer Fadendune, **d:** Verzahnung zweier Federstrahlen.

Basalbereich und es entsteht ein abgerundetes, als Kolbenhaar bezeichnetes Gebilde. Dann ist das Haar nicht mehr zu weiterem Wachstum befähigt, fällt irgendwann aus, und ein neues Haar wird gebildet. Bei Säugetieren aus Gebieten mit stark saisonal wechselndem Klima geschieht dieser Haarwechsel oftmals synchron im Frühjahr und Herbst, bei anderen Arten ist er ohne vorgegebenen Rhythmus über das Jahr verteilt.

Je nach Dicke und Kräuselung des Haares werden die feineren, gekräuselten **Wollhaare** von den steiferen, gestreckteren und dickeren **Deck- und Grannenhaaren** unterschieden.

Auch **Vogelfedern** können in unterschiedlicher Form auftreten. Bei Dunenfedern ist kein gemeinsamer Schaft ausgebildet, auch die Abwesenheit von Hakenstrahlen (siehe unten) lässt Dunenfedern zusätzlich plüschig und voluminös erscheinen. **Konturfedern** und **Schwungfedern** weisen dagegen einen Federschaft auf, von dem seitlich die Äste mit den daran sitzenden Haken- und Bogenstrahlen abzweigen

(Abb. 3.41). Diese seitlichen Verzweigungen bilden die Fahne der Feder. Haken- und Bogenstrahlen bilden gemeinsam eine reißverschlussartige Konstruktion, die die Feder gleichzeitig widerstandsfähig, elastisch und doch stabil erhält.

Die Verteilung der Federn auf der Hautoberfläche ist meist nicht gleichmäßig. Federn stehen in **Federfluren** und die Federfluren werden von den dazwischenliegenden **Rainen**, also federfreien Arealen, unterbrochen. Jedoch ist dies am lebenden Vogel nicht zu sehen, da die Federn aus den Fluren die dazwischenliegenden nackten Raine gleichmäßig überdecken. Der Wechsel des Gefieders erfolgt in Form der Mauser. Während diese bei den meisten Arten langsam Feder für Feder erfolgt und dadurch die Flugfähigkeit erhalten bleibt, mausern manche Gruppen alle Schwungfedern in so kurzer Zeit, dass die Flugfähigkeit vorübergehend verloren geht (z.B. Enten, Nashornvögel).

Weitere hornige Hartbildungen am Körper von Wirbeltieren sind **Hornschnäbel** (Vögel, dort als Rhamphotek bezeichnet, Schildkröten, auch manche fossilen Dinosaurier), **Hornscheiden** über den Stirnwaffen der Rinderartigen, Sporne (z.B. Schnabeltier, dort an der Fußwurzel oder am Schwanzende der Nagelschwanzkängurus), Hornplatten am Kopf (Helmperlhuhn) oder Nasenschilder bei vielen unterirdisch grabenden Kleinsäugetieren.

3.13 Fortpflanzung und Entwicklung

3.13.1 Fortpflanzungsorgane

3.13.1.1 Geschlechtsorgane und Geschlechtshormone

Der Fortpflanzungstrakt der Wirbeltiere entsteht durch den Zusammenschluss mehrerer Teile aus verschiedenen Embryonalanlagen. Die **Geschlechtsorgane** im engeren Sinn, Eierstöcke und Hoden (Ovarien und Testes), entstehen als eigenständige Anlagen aus der hinteren Wand der Leibeshöhle. Die Urkeimzellen wandern in diese embryonalen Anlagen der Geschlechtsorgane ein und setzen dort ihre Entwicklung bis zu den reifen Keimzellen fort. Die Geschlechtsorgane produzieren neben den Keimzellen auch wichtige Hormone, in den **Hoden** als Produkt der Leydig'schen Zellen die überwiegenden Anteile des männlichen Hormons **Testosteron**. Testosteron veranlasst die Teilung der Vorläuferzellen der Samenzellen, steuert die Ausbildung der sekundären männlichen Geschlechtsmerkmale, ist verantwortlich für Muskelbildung und Bindegewebsverknüpfung und für bestimmte Verhaltensweisen. Im Gehirn hat es außerdem eine stressdämpfende und angstlösende Wirkung, ferner ist es das Hormon der sozialen Potenz. Der Testosteronspiegel steigt zumindest bei Säugetieren und Vögeln beiderlei Geschlechts nach einer gewonnenen sozialen Auseinandersetzung. Der gestiegene Testosteronspiegel ist also nicht die Ursache für den Beginn einer Rangordnungsauseinandersetzung. Während der Pubertät sind die Sexualhormone auch für die Steuerung der Entwicklung und Umorganisation des Gehirns verantwortlich.

Die weiblichen Geschlechtsorgane (**Eierstöcke**) produzieren die für die Reifung der Eizellen und deren Versorgungszellen wichtigen **Östrogene** und auch das Schwangerschaftshormon **Progesteron**. Östrogen bewirkt nicht nur die Reifung der Eizellen, sondern veranlasst auch die Ausbildung weiblicher sekundärer Geschlechtsmerkmale sowie weiblicher Verhaltensmerkmale. Stressanfälligkeit, zyklusbedingte Aggressivität und andere, nicht im engeren Sinn sexuell motivierte Verhaltensweisen werden von diesem Hormon beeinflusst. Aus der menschlichen Gynäkologie weiß man, dass es weniger auf den absoluten Spiegel des Östrogens, als vielmehr auf das Mischungsverhältnis zwischen Östrogen und Progesteron ankommt, wenn im Verlauf des Zyklus manche Individuen aggressiv, andere depressiv, wieder andere stark sexuell motiviert sind. Das Östradiol löst sowohl Paarungsbereitschaft aus, z.B. Aufbau

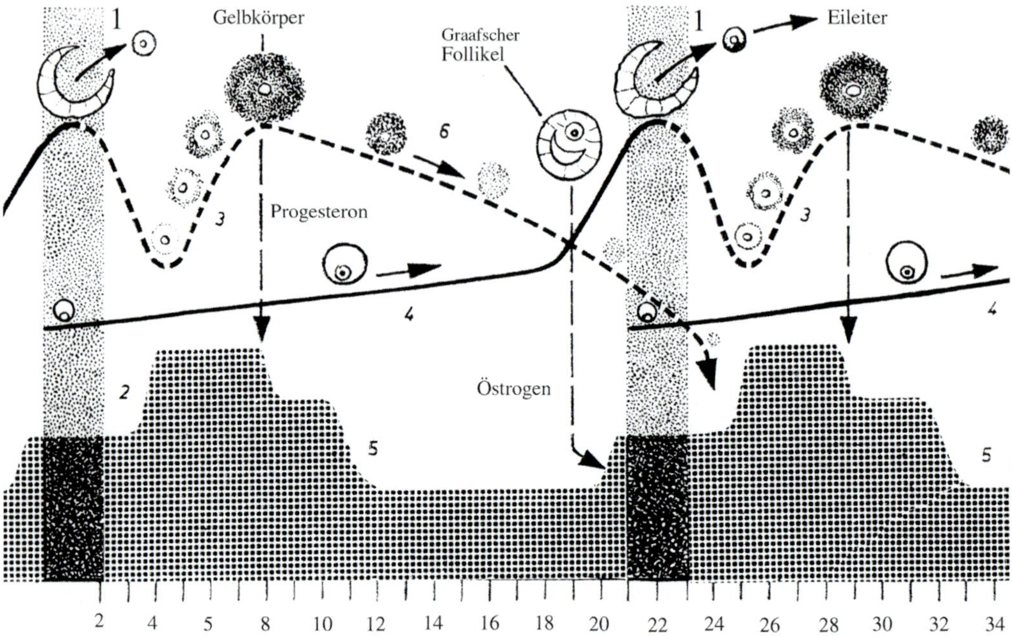

Abb. 3.42 Geschlechtszyklus – Periodische Vorgänge am Eierstock und der Uterusschleimhaut zwischen den Ovulationen, 1: Ovulation, 2: Vorbereitung der Gebärmutter, 3: Gelbkörperbildung, 4: Follikelreifung, 5: Rückbildung der Gebärmutter, 6: Rückbildung des Gelbkörpers.

und verbesserte Durchblutung der Gebärmutterschleimhaut. Ein starker LH-Anstieg führt schließlich zum Eisprung (Ovulation). Der leere Eifollikel produziert das Gelbkörperhormon, das Progesteron, das für die Einnistung der Blastozyste (siehe unten) und für die Aufrechterhaltung der Schwangerschaft verantwortlich ist. Erfolgt keine Einnistung, so produziert die Gebärmutterschleimhaut **Prostaglandin**, welches den Abbau des Gelbkörpers veranlasst. Dies geschieht bei den meisten Säugern.

Für die Intensität sexuell motivierter oder mit dem sexuellen Funktionskreis verknüpfter Verhaltensweisen ist neben der Konzentration der Sexualhormone überwiegend die Dichte und Anzahl der **Rezeptoren** für Sexualhormone im Gehirn verantwortlich. Untersuchungen an verschiedenen Nagetieren haben gezeigt, dass sexuell besonders aktive und weniger aktive Tiere keineswegs eine unterschiedlich hohe Konzentration an Sexualhormonen, wohl aber eine unterschiedliche Anzahl an Rezeptoren für die Sexualhormone im Gehirn besitzen. Auch jahresperiodische Unterschiede in sexuellen Aktivitäten sind oft mit unterschiedlichen Rezeptordichten gekoppelt.

Ein kleiner Teil der Sexualhormone, bei Hunden etwa 5 %, wird auch in der Nebennierenrinde produziert. Jedoch steht diese Produktion nicht unter der Kontrolle der steuernden Hormone des sexuellen Systems, sondern unter der der Steuerungshormone des Stresssystems.

3.13.1.2 Ausführgänge und Hilfsapparate

Im Grundbauplan der Wirbeltiere haben die Geschlechtsorgane keine eigenen **Ausführgänge**. Die Geschlechtszellen werden in die Leibeshöhle entlassen und über eine eigene Pore nahe des Afters nach draußen gegeben. Bei den Schleimaalen und Neunaugen ist dieser Zustand auch heute noch vorhanden. Erst im Zusammenhang mit einer Verlängerung der Lebensdauer und einer allgemeinen Verbesserung der Effektivität des Fortpflanzungssystems entstanden ausführende Gänge, wobei die Anlagen aus dem **primären Harnleiter** stammen. Im männlichen Geschlecht werden auch noch bei vielen heute lebenden Amphibienarten Samenzellen über die Niere und über einen gemeinsamen **Harnsamenleiter** abgeleitet. Im weiblichen Geschlecht entstand aus einem der vordersten Nierenkanälchen der Eileiter (**Müller'scher Gang**). Erst bei den Amniota ist die vollständige Trennung des harnableitenden Systems von den Ausführgängen der Geschlechtsorgane vollzogen. Im männlichen Geschlecht ist der Ureter von dem als Wolff'scher Gang bezeichneten **Samenleiter** getrennt, im weiblichen Geschlecht ist der Müller'sche Gang sowie der Ureter ausgebildet. Bei Fischen und Amphibien sind die Harnleiter des weiblichen und männlichen Geschlechts oft nicht homolog, da sie aus verschiedenen Anlagen stammen.

Der Eileiter der **Amniota** produziert Eiklar und Eischalen in hintereinander geschalteten Abschnitten. Bei Vögeln und Reptilien werden in einer Art Fließbandprozess zunächst das Eiklar, dann die aus pergamentartig zähen Eiweißen bestehende Eihülle produziert, und schließlich die entweder aus Kalk oder ebenfalls aus Eiweißen bestehende Eischale aufgelagert. Lediglich der Dotter wurde den Eiern bereits im Eierstock als Energielieferant mitgegeben. Im letzten Abschnitt des weiblichen Genitaltrakts werden bei Vögeln durch Drüsen auch die Färbungsmuster aufgedrückt.

Bei allen Wirbeltieren muss das Ei zunächst über einen Wimpertrichter in den Eileiter eingestrudelt werden. Dazu ist eine minimale Strecke freier Leibeshöhle zwischen dem platzenden Follikel und dem Wimpertrichter zu Beginn des Eileiters zu überwinden. Dass Eier sich auf dieser kurzen Strecke manchmal „verirren", zeigt das Auftreten von Bauchhöhlenschwangerschaften.

Der anschließende Abschnitt des Eileiters mündet in die **Gebärmutter** (Uterus), und diese in die **Scheide** (Vagina). Im Grundbauplan sind alle Ausführgänge bis zur Scheide paarig. Erst bei Säugetieren werden zunehmend mehr Elemente unpaar. Übergangszustände sind bei Beuteltieren zu erkennen, die noch zwei Scheiden aufweisen (der wissenschaftliche Name *Didelphia* weist auf diesen Zustand hin). Während die Samenzellen nach der Ejakulation bei allen Beuteltieren über eine oder beide der seitlichen Vaginen voranschwimmen (manche männliche Beuteltiere haben einen zweizipfeligen Penis), bildet sich zur Geburt bereits durch Lockerung des Gewebes ein medialer Geburtskanal zwischen den beiden Vaginen aus. Bei Kängurus und Honigbeutlern bleibt dieser nach der ersten Geburt erhalten und wird mit Epithel ausgekleidet. Bei ursprünglicheren Beuteltiergruppen verschließt er sich nach jeder Geburt wieder und bildet sich unter hormoneller Wirkung vor der nächsten Geburt erneut.

Innerhalb der plazentalen Säugetiere kommt es schließlich mehr und mehr zu einer **Zusammenlagerung** auch im Bereich der **Gebärmutter**, sodass als Endpunkt dieser Entwicklung (Abb. 3.43) der als Uterus simplex bezeichnete Apparat der höheren Primaten und anderen modernen Säugetiere entsteht.

Im Bereich der Gebärmutter finden wir auch die wichtigsten Merkmale von im engeren Sinn **lebendgebärenden** (viviparen) Wirbeltieren. Kennzeichen einer echten Viviparie ist es, dass die Nachkommen zumindest teilweise innerhalb des Uterus durch mütterliche Sekrete oder andere Nährstoffe versorgt werden. Demgegenüber steht die **Ovoviviparie**, wie sie beispielsweise bei manchen Knochenfischen (Guppy) oder manchen Amphibien (Feuersalamander) vorliegt. Dort reifen die Eier im Mutterleib heran und die Eihüllen platzen während oder unmittelbar vor der Geburt. Die Versorgung der Embryonen ist bei Ovoviviparie nur durch den Eidotter möglich. Bei echter **Viviparie** dagegen scheidet entweder die Uteruswand selbst Nährstoffe ab oder ein Ernährungsorgan (Plazenta) wird ausgebildet oder unbefruchtete Zusatzeier

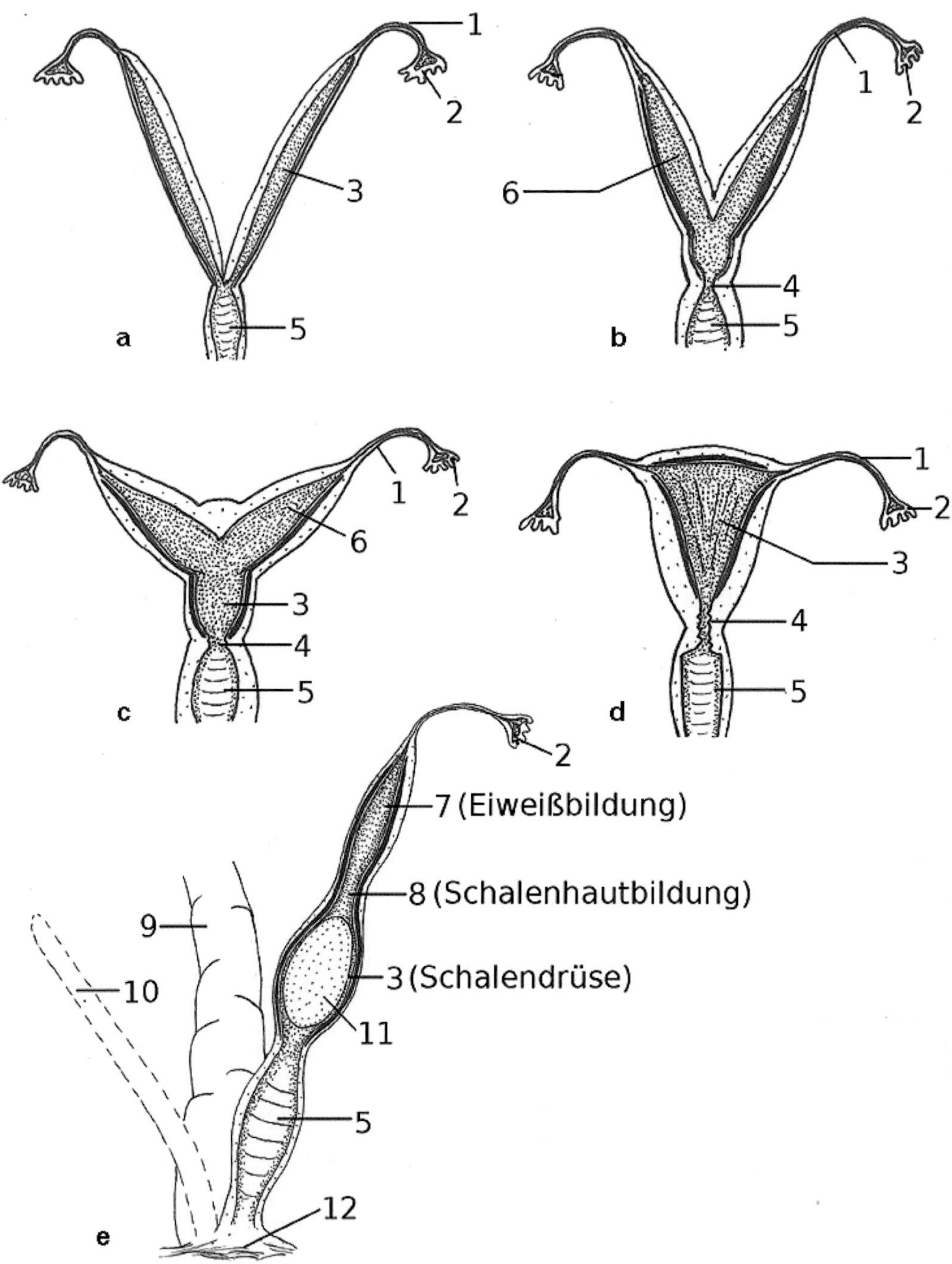

Abb. 3.43 Uterustypen plazentaler Säugetiere. **a:** Uterus duplex (z.B. Nagetiere), **b:** Uterus bipartitus (viele Carnivore), **c:** Uterus bicornis (z.B. Hunde, Pferde), **d:** Uterus simplex (z.B. Mensch), **e:** Uterus unicornis (Vögel). 1: Eileiter, 2: Infundibulum, 3: Uterus, 4: Cervix, 5: Vagina, 6: Uterushorn, 7: Magnum, 8: Isthmus, 9: Enddarm, 10: degenerierter rechter Legedarm, 11: Ei, 12: Kloake.

werden gebildet (Alpensalamander), die innerhalb des Uterus zerfließen und von den dort befindlichen Keimlingen aufgenommen werden.

Viviparie ist bei nahezu allen Wirbeltierklassen mit Ausnahme der Vögel entstanden. Letztere sind wohl aufgrund der Beschränkungen ihrer Lungenentwicklung dazu nicht in der Lage. Die Zeit, um langsam gegen die starken Kapillarkräfte die Embryonalflüssigkeit aus den Lungenröhrchen zu pressen, ist zu lang, als dass ein plötzlicher Übergang zur Lungenatmung bei der Geburt gelänge. Nur weil die Eischalen die feuchte Kammer über dem Dottersack als Hilfsatemorgan noch lange genug erhalten, kann die Entwässerung der Lungen über Stunden hinweg erfolgen.

Bei Reptilien, manchen Vögeln (Straußenvögel, Entenvögel) und den meisten Säugetieren mit Ausnahme der Kloakentiere bildet sich ein männliches **Begattungsorgan** (Penis) aus der Leibeshöhlenwand in der Umgebung der Harn- und Samenleitermündung. Dieses Begattungsorgan, das durch Schwellkörper (mit Blut befüllbare Hohlraumsysteme) vergrößerbar ist und bisweilen auch Penisknochen (Baculum, ein Sesambein) versteift wird, steht im engen Zusammenhang mit der Tatsache, dass Amnioten ihre Eier stets durch innere Befruchtung besamen müssen, bevor die Eischale aufgelagert wird. Damit die Spermienübertragung sicher erfolgen kann, ist ein Begattungsorgan hilfreich.

Im Umfeld von Paarung und Geburt finden sich bei sehr vielen Wirbeltiergruppen spezialisierte **Hilfsorgane**, deren Morphologie bisweilen auch von systematischer Bedeutung ist. Bereits bei lebendgebärenden oder ovoviviparen Fischen muss eine innere Besamung stattfinden. Meistens sind dann aus Flossenstrahlen gebildete Hilfsorgane bei der Paarung tätig. Dies betrifft z.B. die lebend gebärenden Zahnkärpflinge, bei denen ein Gonopodium aus einigen Strahlen der männlichen Analflosse gebildet wird, oder die als Mixopterygien bezeichneten Hilfsstrukturen aus den inneren Bauchflossenstrahlen der Haie und Rochen.

Demgegenüber findet bei vielen primär wasserlebenden, eierlegenden Wirbeltieren eine äu-

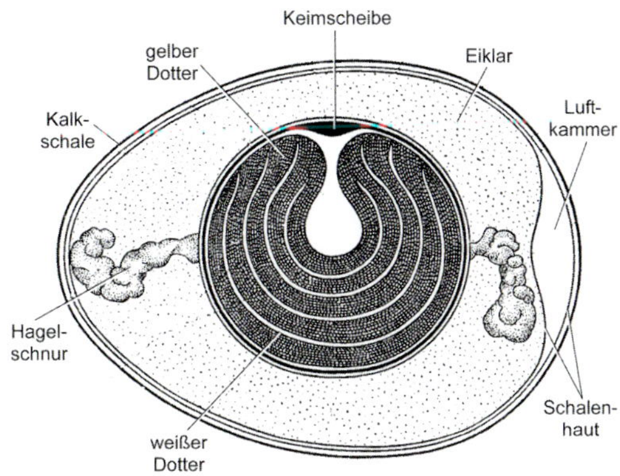

Abb. 3.44 Vogelei (Längsschnitt).

ßere Besamung statt, ohne Hilfsstrukturen und Hilfsorgane.

Schwanzlurche haben im männlichen Geschlecht oft Hilfsdrüsen, die einen **Samenträger** (Spermatophore) bilden. Dieser wird vom männlichen Molch am Boden des Gewässers abgesetzt und muss von der Partnerin in die Geschlechtsöffnung aufgenommen werden. Um diesen Vorgang entstanden komplizierte Balzrituale.

Im männlichen Geschlecht der Amniota werden die Samenzellen zunächst im **Nebenhoden** gesammelt, einem Knäuel von dünnen, ableitenden Kanälchen, das embryonal aus der Vorniere hervorgeht. Im Laufe ihrer Reise durch die ableitenden Kanäle bis zur Abgabe über den Samenleiter werden sie dann mit den Sekreten verschiedener **Drüsen** versehen. Diese sorgen nicht nur für ein passendes chemisches Milieu in der Samenflüssigkeit (Ejakulat), sondern scheiden auch Nährstoffe und Duftstoffe ab. Die wichtigsten dieser Drüsen sind die Prostata (**Vorsteherdrüse**) und die Duftstoffdrüsen im Bereich der Penisspitze.

3.13.2 Frühentwicklung und Geburt

Die Entwicklung des zukünftigen Embryos beginnt normalerweise unmittelbar nach der **Befruchtung**. Unter Befruchtung versteht man die

Verschmelzung der Samenzelle mit der Eizelle, wobei von der Samenzelle nur der Spermienkopf in die Eizelle eindringt. Später verschmelzen dann die beiden Kerne.

Wie kompliziert der Vorgang der Befruchtung im Einzelnen ist, hängt unter anderem von der Struktur der Eizelle ab. Bei primär wasserlebenden Wirbeltieren finden sich meistens kleine, mit wenig Dottervorrat versehene Eier. Nach der Befruchtung beginnt eine Entwicklung, die meist zu einer **Larve** führt. Larven sind Fressstadien, die nach Aufzehrung des Dottervorrats schlüpfen und sich dann schon, meist von Kleinstlebewesen, selbst ernähren. Ab diesem Zeitpunkt werden Wachstum und Entwicklung durch eigene Nahrungsaufnahme ermöglicht. Am Ende der Larvalwachstumsphase, bei Wirbeltieren in der Regel unter der Kontrolle des Schilddrüsenhormons Thyroxin, steht die Umwandlung (**Metamorphose**) zum fertigen Jungtier. Ein Beispiel dafür ist die Metamorphose der Amphibien, wobei aus der Kaulquappe der kleine Jungfrosch wird.

Larvalentwicklungen und Metamorphosen durchlaufen bei Wirbeltieren nur Fische und Amphibien. Mit dem vollständigen Übergang zum Landleben, beim Übergang von Amphibien zu Reptilien, änderte sich die Fortpflanzung grundlegend. Der Besitz von Larven ist geradezu ein Definitionsmerkmal der Amphibien. Bei manchen Fossilfunden hat man die Zuordnung zu Amphibien oder Reptilien erst vornehmen können, als man auch versteinerte Larven fand. Die vollständige Unabhängigkeit vom Wasser, insbesondere im Bereich der Fortpflanzung, wurde beim Übergang zu den Reptilien durch die Entwicklung der **Embryonalhüllen** ermöglicht. Embryonalhüllen, als Amnion und Serosa bezeichnet, ermöglichen es, den sich entwickelnden Embryo innerhalb des Eies in ein flüssigkeitsgefülltes Polster zu betten. Dieses Wasserbett des Embryos macht ihn einerseits weniger anfällig für die Wirkungen der Schwerkraft, andererseits schützt es ihn vor Austrocknung. Viele embryonale Wachstumsprozesse sind durch Konzentrationsunterschiede von Steuerungshormonen und Nährstoffen innerhalb des Embryos beeinflusst. Würden diese Konzentrationen durch die Schwerkraft beeinflusst werden, weil alle schweren Teile nach unten sinken, könnte sich der Embryo nicht gleichmäßig entwickeln.

Im Zusammenhang mit der Ausbildung des Flüssigkeitspolsters (als **Amnionhöhle** bezeichnet) musste auch die Bildung einer wasserundurchlässigen Eihülle erfolgen. Eischalen aus Eiweiß oder Kalk und darunterliegende Eihäute (ebenfalls aus Eiweißen) traten erstmals bei Reptilien auf.

Die als Theria zusammengefassten Beuteltiere und Plazentalier haben einen erneuten Entwicklungsschritt vollzogen. Sie besitzen sekundär dotterarme Eier und die gesamte Embryonalentwicklung wurde in das Innere des Mutterleibs verlagert. Aus dem nunmehr als **Chorion** bezeichneten Teil der Serosa und dem **embryonalen Harnsack** (Allantois) entsteht eine eigene Nährstruktur für den Embryo, der **Mutterkuchen** (Plazenta). Während bei den meisten Beuteltieren die Plazenta noch eine Hilfsstruktur des Dottersacks ist, wird sie bei manchen Beuteldachsen und den Plazentaliern von Allantois und Serosa gebildet. Diese beiden verwachsen mit der Wand der Gebärmutter und bilden dadurch ein stark durchblutetes Nährorgan. Über die Nabelschnurarterie und die Nabelschnurvene wird der Blutkreislauf des sich entwickelnden Keimlings mit der Plazenta verknüpft. Über die Plazenta erfolgt der Austausch von Nährstoffen und Abfallprodukten des embryonalen Stoffwechsels, von Sauerstoff und Kohlendioxid sowie von Hormonen mit der Mutter. Leider passieren auch viele Giftstoffe, Krankheitserreger und andere unerwünschte Substanzen die Plazenta, sodass im Zustand der Schwangerschaft besondere hygienische Vorkehrungen getroffen werden sollten. Gleichzeitig ist die Plazenta jedoch auch eine wichtige Immunbarriere, die den Embryo weitgehend vor gefährlichen Einflüssen zu schützen vermag.

Um den Stoffaustausch zwischen Keimling und Mutter zu verbessern, werden innerhalb der

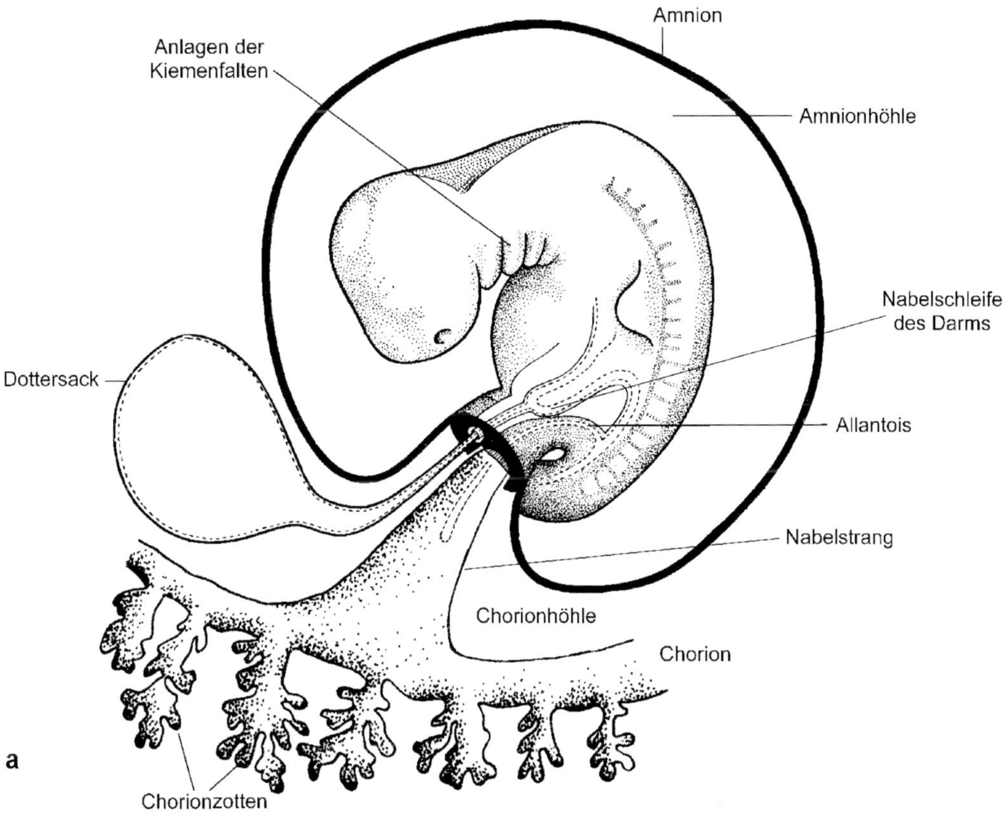

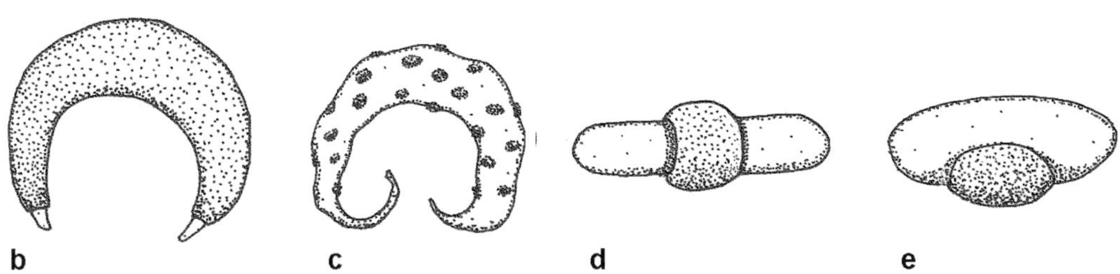

Abb. 3.45 Mutterkuchen. **a:** Versorgungsorgane des menschlichen Keims im Bauch der Mutter. **b–e:** Plazentatypen. **b:** Affen (Placenta diffusa), **c:** Wiederkäuer (Placenta cotyledonaria), **d:** Dottersackplazenta eines Hais (Placenta zonaria), **e:** Raubtiere (Placenta discoidalis).

Säugetiere zunehmend mehr Gewebsschichten zwischen den beiden Blutkreisläufen abgebaut. Während im Ausgangszustand noch sechs **Gewebsschichten** (je drei von mütterlicher und kindlicher Seite) zwischen dem mütterlichen und dem Keimlingsblut liegen, werden schließlich bei den am höchsten entwickelten Plazenten (Menschenaffen, Meerschweine) nur noch zwei bis drei embryonale Gewebsschichten aufrechterhalten, die mütterlichen fehlen ganz. Mit dem zunehmenden Abbau insbesondere der mütterlichen Gewebsschichten geht ein stärkerer Blutverlust bei der Geburt einher. Während bei Aufrechterhaltung mindestens einer oder zweier mütterlicher Gewebsschichten (beispielsweise Mäuse) die Geburt durch Ablösung des Mutterkuchens von der Uteruswand nahezu unblutig verläuft, ist gerade bei den Plazenten der Menschenaffen und Meerschweinartigen durch die entstehende große Wundfläche im Bereich der Gebärmutter eine starke Blutung nach der Geburt zu beobachten.

Die Bildung der Plazenta steht überwiegend unter der Kontrolle des **Schwangerschaftshormons** Progesteron und einiger anderer Hormone, die Einleitung der Geburt dagegen unter der Kontrolle des auch als **Geburtshormon** bezeichneten Oxytocins. Dieses lässt nicht nur die Ablösung der Plazenta, sondern auch die Muskelkontraktionen der Wehentätigkeit beginnen. Progesteronmangel ist daher eine häufige Ursache für Problemschwangerschaften, teilweise Plazentaablösungen etc. Oxytocinmangel kann eine der wichtigsten Ursachen für Wehenschwäche sein. Wie bereits erwähnt steuert Oxytocin im Umfeld der Geburt auch die Ausbildung der Mutter-Kind-Bindung und später auch das Erkennen der Mutter und des eigenen Kindes und andere soziale Verhaltensanpassungen.

Die Milchdrüsen, deren Sekretion von Prolaktin gesteuert wird, füllen sich ebenfalls unter dem Einfluss des Oxytocins erstmals kurz vor der Geburt mit Milch. Ihre weitere Tätigkeit ist dann u. a. sehr stark vom Saugreiz und der regelmäßigen Entleerung durch das trinkende Jungtier gesteuert. Während der ersten Stunden oder 1–2 Tage (je nach Art), nach der Geburt produziert die Mutter eine besondere Milchform die **Kolostralmilch**. Diese enthält u. a. besonders hohe Konzentrationen von Immunglobulinen, für die Neugeborenen eine Art Schluckimpfung gegen Krankheitserreger.

Die Produktion von speziellen **Nährflüssigkeiten** für die Jungtiere ist keineswegs auf die Säugetiere beschränkt. Bereits bei manchen Fischen (Diskusfische) verursacht das Prolaktin eine verstärkte Bildung eines nährstoffreichen Hautschleims bei den elterlichen Fischen. Der Jungtierschwarm weidet diese Körperoberfläche des Elterntiers regelrecht ab.

Bei Vögeln wird durch die Wirkung des Prolaktins die **Kropfmilch** gebildet, eine protein- und fettreiche, krümelige Substanz, die beispielsweise bei Taubenvögeln für die Ernährung des Nachwuchses von großer Bedeutung ist. Insbesondere körnerfressende Vögel oder andere, deren Nahrung schwer aufschließbar ist, müssen ihre Jungtiere zunächst mit einer solchen Übergangsnahrung versorgen.

Die Ausbildung von Embryonalhüllen und die Bildung von Eischalen erfordert zwangsläufig eine innere Befruchtung. Die Samenzellen müssen die Eizelle erreichen, bevor die darüberliegenden Schichten von der Wand des weiblichen Genitaltrakts abgesondert werden.

Sobald die erste Samenzelle in die unmittelbare Nähe des Eies kommt, streckt das Ei unter Einfluss von Botenstoffen eine als Befruchtungshügel bezeichnete Ausbeulung dem ankommenden Samen entgegen. Sobald die Membran der ersten Samenzelle mit diesem Befruchtungshügel verschmolzen ist, ändert sich die chemische Struktur der Eihülle. Es bildet sich die **Befruchtungsmembran**. Dadurch wird normalerweise das Eindringen weiterer Samenzellen verhindert. Diese Befruchtungsmembran, wegen ihrer im mikroskopischen Bild durchscheinenden Struktur als Zona pellucida bezeichnet, wird für eine immunologische Methode der Fortpflanzungskontrolle eingesetzt. Speziell aus der Befruchtungsmembran von Schweinen hat man einen **Antikörper** entwickelt. Dieser als Zona-pellucida-Antikörper bezeichnete Stoff wird bei Huftieren einem weiblichen Tier eingespritzt, und wie bei einer Schutzimpfung gegen Krankheitserreger können die betreffenden Antikörper, eine Immunabstoßungsreaktion gegen befruchtete Eizellen bewirken.

Die befruchtete Eizelle muss sich in die Wand der Gebärmutter **einnisten**. Die Gebärmutterwand wird bei lebendgebärenden und plazentabildenden Wirbeltieren (manche Skinke, Säugetiere) unter dem Einfluss des Progesterons verdickt und auch gelockert. Die befruchtete Eizelle bzw. der durch die ersten Zellteilungen daraus entstandene Keim (Blastozyste) bekommt im Laufe der ersten Schwangerschaftstage oder Schwangerschaftswochen (abhängig von der Länge der Tragzeit) zufälligen Kontakt mit der Gebärmutterwand, bleibt dort haften und sinkt schließlich in die Gebärmutterwand ein. Das ist der unmittelbare Anreiz für die Wachstums- und Bildungsprozesse zur Entstehung der Plazenta.

Bei einer Reihe von Säugetieren (beispielsweise Bären, Dachse, Rehe, Robben, manche Beuteltiere) wird die Einnistung der Blastozyste verzögert. Die **Keimruhe** sorgt für eine Verlängerung der Tragzeit. Vielfach ist diese Keimruhe ökologisch bedingt, beispielsweise bei europäischen Rehen, deren Paarung wegen der besonders guten Nährstoffversorgung im Hochsommer stattfindet, die Einnistung jedoch erst im Spätherbst. Dadurch ist es möglich, den Kitzen beim Geburtstermin im Frühjahr optimale Lebensbedingungen zu bieten. Bei den meisten Bärenarten sorgt die Keimruhe dafür, dass nur im Herbst gut genährte und mit gutem Fettvorrat ausgestattete Bärinnen trächtig werden. Schafft es die Bärin nicht, im Laufe des Sommers genug Fettvorräte für eine gemeinsame Winterruhe von Mutter und Nachwuchs bzw. für die während der Winterruhe notwendige Milchproduktion aufzubauen, findet keine Einnistung statt und die Bärin bekommt in diesem Jahr keine Jungen.

Hormonell wird die Keimruhe durch das bereits genannte, im Fettkörper gebildete Gewebshormon Leptin gesteuert. Nur bei ausreichendem Leptinspiegel erfolgt die Einnistung des Eies. Die bei vielen Arten (Caniden, Suricaten etc.) auftretende **Scheinschwangerschaft** und **Scheinelternschaft** dient der Vorbereitung auf die Mithilfe der Aufzucht von Welpen anderer (meist ranghöherer) Mütter. Ausgelöst werden sie durch eine veränderte Progesteron- und eine anschließende Prolactinproduktion.

4

Ökologische Grundlagen von Zootierhaltung und Populationsmanagement

Udo Gansloßer

Ökologie, die Wissenschaft der Beziehungen zwischen Organismen und deren Umwelt, besteht aus zahlreichen verschiedenen Bereichen, in denen jeweils spezifische Versuche und Methoden angewandt werden. Die Ökophysiologie beschäftigt sich mit physiologischen Mechanismen, also Organfunktionen in Anpassung an unterschiedliche Umweltbedingungen. Die Evolutionsökologie setzt sich mit lebensgeschichtlich bedingten, fitnessrelevanten und populationsgenetischen Aspekten auseinander. Die Verhaltensökologie beobachtet, wie sich ein Tier seiner Umwelt gegenüber verhält und sich dadurch Selektionsvorteile verschafft. Die Gemeinschaftsökologie untersucht das Zusammenleben innerhalb der Artengemeinschaften. Ein auch hier, wie in der Evolutionsbiologie, zentraler Begriff ist die **Fitness**. Darunter versteht man den Anteil des eigenen Erbguts am Genpool der nächsten Generation. Als **Ressourcen** (natürliche Lebensquellen) werden alle Stoffe, Umweltstrukturen, Lebewesen etc. bezeichnet, die ein Tier für seine Lebensgrundlagen braucht. Dazu gehören Nahrung und Wasser ebenso wie Schlaf- und Schutzhöhlen, Paarungspartner und Beutetiere.

Die Ökologie ist dadurch auch die Grundlagenwissenschaft für den Natur- und Umweltschutz. Sie kann erklären, aufgrund welcher Zusammenhänge in natürlichen wie auch von Menschen beeinflussten Lebensräumen Eingriffe des Menschen sich schädlich auswirken (können oder werden).

Der Grad der Umweltzerstörung nimmt immer mehr zu. Die Aufgabe zoologischer Gärten im Rahmen der Umweltaufklärung ist ohne Kenntnis ökologischer Zusammenhänge nicht erfüllbar. Die Anpassungsfähigkeit von Tierarten, nicht nur im Bezug auf Haltungsbedingungen im Zoo, muss bei der Entwicklung und Vermittlung von Schutzmaßnahmen stets berücksichtigt werden. Es ist aber auch Teil der Bildungsaufgabe, diese Informationen über die Grenzen der Anpassungsfähigkeit und die damit verbundene Gefahr des Aussterbens an Besucher zu vermitteln. Auch dafür ist eine naturnahe Gehegegestaltung wichtig.

Der Begriff „Ökologie“ wird aber auch vielfach missbraucht, gerade im Bereich der Vermarktung von Lebensmitteln, Treibstoffen etc. Nicht alles, was „Öko-“ oder „Bio-“ als Vorsilbe trägt, hat wirklich einen wissenschaftlich belegten naturschützenden Effekt.

4.1 Umweltfaktoren

4.1.1 Regulation

Die unterste Ebene der Ökologie beschäftigt sich zunächst mit den abiotischen **Umweltfaktoren**, also der Anpassung an beispielsweise Licht, Temperatur, Wasser, Feuer, Nährstoffe. Auch die oft von diesen Umweltfaktoren direkt beeinflussten biotischen Faktoren, also andere Lebewesen, gehören in diesen Forschungsbereich. Meist untersucht man zuerst einzelne Individuen, dann Arten und schließlich ganze Lebensgemeinschaften bis zur Ebene der Ökosysteme und Biozönosen.

Der bewohnbare Bereich der Erde wird als **Biosphäre** bezeichnet. Die diversen abiotischen Faktoren führen zu einem Mosaik von Lebensräumen. Energie wird in der Regel in Form von

Sonnenlicht in die Biosphäre eingebracht, was unter anderem zur Entstehung verschiedener Klimazonen (durch den in vielen Gegenden der Erde jahreszeitlichen Veränderungen unterworfenen Sonnenstand) führt. Die Organismen müssen ihren Energie- und sonstigen Bedarf so decken, dass ihr Körper sich im inneren und äußeren physiologischen Gleichgewicht mit der Umwelt befindet (**Homöostase**). Häufig verschieben sich die Sollwerte für dieses Gleichgewicht z.B. im Laufe des Lebens oder der Saison, sodass man besser von **Allostase** spricht. Bei einem Wanderfisch wie dem Aal wechselt beispielsweise der Salzbedarf im Laufe seiner Wanderung zwischen Süß- und Seewasser. Viele wirbellose Tiere erreichen das Gleichgewicht, indem sie den betreffenden Umweltbedingungen folgen, also z.B. ihre Körpertemperatur der Umgebungstemperatur oder ihr Salzgehalt dem ihres Umgebungswassers entspricht. Solche Organismen nennt man **Konformer**. Sie haben meist einen geringeren Energiebedarf als die **Regulierer**, aber gleichzeitig auch eine geringere Unabhängigkeit von der Umwelt. Neben der aktiven Regulation der Innenbedingungen steht den Organismen eine Reihe weiterer Anpassungen zur Verfügung, sei es durch dichtes Winterfell, Abwanderung oder andere Verhaltensweisen, etwa eine Veränderung in der Nahrungspräferenz. Allgemein nennt man Arten, die unter einer Vielzahl von Lebensbedingungen leben können, **euryök**. **Stenök** sind Arten, die nur unter sehr engen Lebensbedingungen mit geringer Toleranz für Abweichungen leben können. Euryöke Arten sind meist im Zoo sehr viel leichter zu halten, ebenso Arten mit einem großen Verbreitungsgebiet, denn diese sind gewissermaßen von Natur aus schon mit großen Toleranzbereichen für viele Umweltfaktoren ausgestattet. Andererseits werden solche Arten im Naturschutz leichter zum Problem, weil sie auch das Potenzial zum invasiven Neubürger haben. Das bedeutet, dass sie bei Verschleppung oder Ansiedlung in fremden Gebieten leicht Fuß fassen und dort einheimische Arten verdrängen können. Einige solcher Anpassungen wollen wir im Folgenden etwas genauer betrachten.

Die Anpassung (**Adaptation**) eines Tieres an seinen Lebensraum kann in unterschiedlichen Zeiträumen erfolgen. Auf physiologischer Ebene, etwa durch Reizschwellenänderung befähigter Sinnesorgane, auf Ebene der individuellen Lebensgeschichte, etwa bei unterschiedlicher Temperaturtoleranz von Hochgebirgs- und Flachlandbewohnern, und auf evolutiver Ebene durch Änderung der Erbgutzusammensetzung über Generationen. Der Begriff der Gewöhnung (**Habituation**) umfasst dabei traditionell mehr die verhaltensbiologischen, **Akklimatisation** mehr die physiologischen lebensgeschichtlichen Anpassungsvorgänge.

4.1.2 Kälte

Eine besondere Anpassung der Säuger an Kälte ist die zitterfreie Wärmebildung (engl.: *non-shivering thermogenesis*, NST), das Verbrennen von **braunem Fettgewebe**. Eine spezielle Schicht dieses Gewebes, das reich an Mitochondrien ist, befindet sich häufig im Nackenbereich oder zwischen den Schulterblättern.

Der effektivste Weg, mit einer kalten Umwelt zurechtzukommen, ist der **Torpor**, eine „freiwillige" Kältestarre, das Herabsetzen (durch Regulationsprozesse) der Körpertemperatur und des Grundstoffwechsels, bei einigen Arten auf bis zu 0 °C oder sogar noch etwas darunter. Das Parry-Ziesel z.B. kann eine Körpertemperatur von −2 °C erreichen. Ein täglicher Torpor oder auch längere **Winterschlafperioden** wurden bei mindestens fünf plazentalen und zwei Beuteltier-Ordnungen sowie einigen Vögeln (Segler) beschrieben. Das größte Tier mit „echtem Winterschlaf", das seine Körpertemperatur um mindestens 10 °C herabsetzt, ist der Dachs, sowohl die amerikanische als auch die europäische Art. Bären halten ebenfalls eine Art Winterschlaf, jedoch ist ihre Körpertemperatur nur um 5 °C herabgesetzt und ihre physiologischen Mechanismen unterscheiden sich von denen kleinerer Arten. So sind bei ihnen Kreislauf und Stoffwechselrate nur vergleichsweise wenig reduziert und sie können auch jederzeit kurzfristig aufwachen.

4.1.3 Wüstenklimate

Wüsten haben nicht nur extreme Temperaturen (Hitze und Kälte), sondern sind auch extrem trocken (arid) und weisen eine sehr geringe Biodiversität auf. Eine Strategie für kleinere Säuger, in dieser unwirtlichen Umgebung zu überleben, ist **Heterothermie**, also die Anpassung der Körpertemperatur, um den Grundstoffwechsel zu reduzieren und somit Energie zu sparen. Große Säuger wie Kamele können Wärme sehr effektiv in ihrem großen Körper speichern. Kamele können tagsüber unter Hitzestress ihre Körpertemperatur auf bis zu 41 °C erhöhen und sie nachts auf ungefähr 34 °C herabsetzen. Auf diese Weise sparen sie täglich ca. 12000 kJ Energie und 5 l Schweiß ein. Der **Wasserhaushalt** vieler wüstenbewohnenden Säugerarten wird durch ein Gegenstromsystem, das sich in deren Nasenmuscheln befindet, sowie durch die Fähigkeit, Wasser in den Nieren zu „recyceln", stabilisiert. Durch das Gegenstromprinzip streicht die aus der Lunge kommende, feuchte und körperwarme Luft an den Nasenmuscheln vorbei und kühlt ab. Dadurch wird auch Wasser abgegeben. Beim Einatmen wiederum nimmt die trockene, heiße Luft Wasser von den feuchten Nasenschleimhäuten auf, bevor sie in die Lunge kommt.

Taschenspringer gehören zu den Arten, die ohne regelmäßige Wasseraufnahme auskommen. Sie sind in der Lage, nur mit dem Wassergehalt ihrer Nahrung (Samen) sowie Oxidationswasser zu überleben.

Grasfressende Säuger können ihren Wasserhaushalt verbessern, indem sie nachts fressen, da das Gewebe der Graspflanzen zu dieser Zeit, aufgrund des geänderten Stoffwechsels einen sehr hohen Wassergehalt hat.

Fleischfresser gewinnen ihr Wasser aus ihrer Beute – Fenneks können ihren Wasserhaushalt sogar allein durch das Fressen von Mäusen konstant halten. Die Überlebenschance wüstenlebender Tiere ist durch einige Verhaltensanpassungen erhöht, etwa durch regelmäßiges Zurückziehen in Höhlen oder schattige Bereiche, in denen es nicht nur kühler, sondern auch wesentlich feuchter ist.

4.1.4 Hochgebirge

Ein schwierigerer Lebensraum für Säugetiere sind extreme Höhen. Während Wüsten durch Kälte, Trockenheit und Futterknappheit gekennzeichnet sind, haben hoch liegende Regionen Wüsteneigenschaften in Kombination mit **Sauerstoffmangel**. Daher bestehen physiologische Anpassungen von Säugetieren in hoch gelegenen Gebieten aus allen gerade besprochenen Anpassungen plus spezifischen, die einen verbesserten Gasaustausch (Lungengewebe und Blutkapillaren sind ausgeprägter), besseren Sauerstofftransport im Blut sowie bessere Sauerstofftrennung vom Hämoglobin und Übertragung auf das Körpergewebe gewährleisten. Oftmals ziehen sich auch kleinere Säuger in ariden oder gebirgigen Regionen in ihre Baue zurück.

4.1.5 Unterirdisches Leben

Lebt ein Tier ständig oder zumindest einen Großteil seiner täglichen Aktivitätszeiten unter der Erde, stößt es dort auf eine ebenfalls anspruchsvolle Umwelt.

Angehörige von mindestens elf Familien der Säuger (Beuteltiere, Insektivoren und Nager) sowie etliche Reptilien und sogar Amphibien haben Anpassungen an das unterirdische Leben. Bei Säugern erfolgt das Graben mithilfe der Vorderextremitäten, meist in lockeren Böden, wie es Maulwürfe und Beutelmulle tun, oder mithilfe der Zähne, wie es Nager in harten Böden praktizieren. Reptilien, die unter der Erde leben, sind meist beinlos und schieben sich mithilfe der Rumpfmuskulatur durch die Erde.

In einem Tunnel gibt es zahlreiche charakteristische Umweltbedingungen. Es ist oftmals heiß, ziemlich feucht und der CO_2-Anteil der Luft ist höher als außerhalb. Die meisten unterirdisch lebenden Arten sind klein. Säuger sind wenig behaart, haben einen geringeren Ruhestoffwechsel und ein effektiveres Herz-Kreislauf-System. Sie sind auch gegenüber Hypoxie, also einer Unterversorgung mit Sauerstoff, toleranter als verwandte, nicht unterirdisch lebende Arten. Ein anderer Weg, mit hohen CO_2-Konzentrationen zurechtzukommen, scheint die Ausscheidung von Bicarbonaten mit dem Urin zu sein. Unterirdisch lebende Säuger haben auch einzigartig ausgeprägte Sinnesorgane. Die häufigste Kommunikationsweise, auch bei kleinen Arten, basiert auf ihrem Gehör im Niedrigfrequenzbereich. Das bedeutet, sie können sehr tiefe Töne gut wahrnehmen, was sonst großen Arten vorbehalten ist. Dadurch werden sie für die Kommunikation in höheren Frequenzbereichen und Vibrationen fast unempfindlich. Einige Blindmäuse (*Cryptomys hottentotus*, *Spalax ehrenbergi*) orientieren sich auch am Magnetfeld.

4.1.6 Fortpflanzungsanpassungen

Anpassungen an wechselnde Umweltbedingungen können ferner durch geänderte Fortpflanzungsraten erzielt werden, wobei man traditionell, wenn auch heute nicht mehr ganz so streng, zwei Anpassungstypen unterscheidet:

- **K-Strategen** sind Arten, die Qualität statt Quantität produzieren, sich durch wenige, gut versorgte Nachkommen an die Kapazität, das Fassungsvermögen, des Lebensraums annähern.
- Dagegen produzieren **r-Strategen** durch eine hohe Nachkommenzahl (quantitativ) „Spielmaterial für die Selektion“. Statistisch gesehen besteht so eine ausreichend große Chance, dass genügend Nachkommen überleben werden.

Gerade in diesem Zusammenhang sind auch viele, nicht auf den ersten Blick ersichtliche Auswirkungen des Klimawandels zu erwarten. Durch die Verschiebung gemäßigter Temperaturzonen sowohl in Richtung der Pole als auch höher in Gebirgsgegenden werden etliche Arten verdrängt. So ist das nördliche Vorkommen des Rotfuchses ein Problem für den ökologisch unterlegenen Polarfuchs, Hybriden zwischen Grizzlybär und Eisbär sind als sog. Pizzlies aus Nordamerika schon bekannt geworden, und einige Amphibienarten mittelamerikanischer Gebirgsnebelwälder wurden verdrängt, weil ihr Gebirge nunmehr keine Nebelwaldzone mehr hat.

In Nahrungsnetzen können Probleme auftreten, wenn beispielsweise eine Konsumentenart ihren Fortpflanzungszyklus nach der Tageslänge steuert, die Beuteart aber durch Temperatur gesteuert wird. Dann ist möglicherweise die Hauptbeutedichte nicht mehr zur Fortpflanzungs- oder Aufzuchtzeit des Beutegreifers, sondern für diesen zu „früh“.

Geänderte Schwingungseigenschaften bei wärmerer Luft und vor allem wärmerem Wasser können speziell die akustische Langstreckenkomunikation (z.B. Wale) stören.

4.2 Lebensräume und Lebensgemeinschaften

Die Lebensgemeinschaften der Erde sind überwiegend durch klimatische und geographische Faktoren in ihrer Verteilung bestimmt. Als wichtigste **terrestrische Biome**, Großlebensgemeinschaften, gelten:

- tropische Wälder, nahe dem Äquator gelegen mit nahezu konstanter Tageslänge und Temperatur. Diese sind die artenreichsten Landlebensräume.
- Savannen, tropische Grasländer mit einzelnen Bäumen in Gegenden saisonal schwankender Niederschläge
- Wüsten mit sehr extremer Temperaturschwankung und allgemein niedrigem Niederschlag
- Macchie (oder Chaparral), im Gebiet der Mittelmeerklimate, mild und feucht im Winter, heiß und trocken im Sommer. Dort wachsen vielfach Hartlaubwälder; oft liegen diese Gebiete nahe an Meeresküsten.
- Gemäßigte/kühle Grasländer mit nährstoffreichem Boden und regelmäßigen Niederschlägen. Feuer oder Beweidung verhindern die Vermehrung der Holzpflanzen, dadurch bleibt der Lebensraum offen.

- Sommergrüne, Laub abwerfende Wälder gemäßigter Zonen
- boreale Nadelwälder (Taiga) in Gegenden mit kaltem, langem, schneereichem Winter und kurzem Sommer
- Tundra, in Gegenden mit niedrigen Temperaturen und heftigen Winden, die nur niedrige Sträucher oder Polsterpflanzen zulassen

Wichtige **aquatische Biome** (hier nur eine Auswahl) werden vorwiegend durch eine Höhenzonierung nach Licht- und Temperaturgefälle eingeteilt. Man unterscheidet folgende Großlebensräume:
- Seen, Flüsse und Bäche
- Feuchtgebiete (mit periodischer Überschwemmung)
- Ästuare (Flussmündungen)
- Gezeitenzonen
- Riffe
- das offene Meer und den Meeresboden

Während Landlebensräume oder -lebensgemeinschaften vielfach Gefahren, etwa durch Abholzung, Zersiedelung, Überjagung und Neubürger, ausgesetzt sind, liegt die Bedrohung aquatischer Lebensräume unter anderem in der enorm gestiegenen Verschmutzung durch den Eintrag von Schadstoffen, Düngemitteln, Abwässern etc. Manche davon fördern andere und behindern Wachstum und Vermehrung wasserlebender Arten. Als Beispiele seien die Algenblüten durch Überdüngung und die Fortpflanzungsbehinderung durch Umweltöstrogene (aus Viehzucht- und Toilettenabwässern) bei Fischen, Wasserorganismen und dem Fischotter genannt.

4.3 Wechselwirkungen zwischen Lebewesen

4.3.1 Ökologische Nischen

Innerhalb der Biome steht eine Vielzahl von Lebewesen in Wechselwirkung. Während Pflanzen oft unabhängig von anderen Arten die gleichen Lebensbedingungen nutzen, sind Tiere meist in ein Netzwerk ökologischer Beziehungen mit anderen Arten eingebunden. Man spricht daher heute nicht mehr von einer Nahrungskette, sondern von einem **Nahrungsnetz**. Sobald in einem Lebensraum mehrere Arten existieren, muss jede davon ihre eigene **ökologische Nische** schaffen. Eine ökologische Nische ist die Gesamtheit aller Umweltbedingungen, die ein Organismus braucht, um zu überleben und sich fortzupflanzen. Die verschiedenen Bestandteile dieser notwendigen Lebensbedingungen, z.B. Lichtmenge, Nahrungsart, Schlafhöhlen etc., werden als Nischenachsen bezeichnet. Eine ökologische Nische hat viele Achsen. Jede davon kann je nach Umwelttoleranz des Tieres lang oder kurz sein. Verträgt ein Tier sehr unterschiedliche Temperaturen, ist die Temperaturachse seiner Nische sehr lang (man nennt solche Tiere eurytherm). Hat es nur einen engen Temperaturbereich (stenotherm), so ist die Temperaturachse kurz. Früher sah man diese Nischen als fast planstellenartig vorgegebene Bedingungen an, die nur darauf warteten, dass eine Art käme und sie besetzte. Heute sieht man eher eine Situation analog der eines Existenzgründers, der sich mit seinen Fähigkeiten auf einem ohnehin schon umkämpften Markt positionieren muss. Dabei hat er es mit positiven und negativen Wechselwirkungen seitens anderer Arten zu tun. Zwei Arten können nur dann nebeneinander existieren (sympatrisch leben) wenn sie sich in mindestens einer Nischeneigenschaft unterscheiden (z.B. unterschiedliche Höhen in der Baumkronenregion nutzen). Positive Wechselwirkungen mit Vorteil für beide beteiligte Arten bezeichnet man als **Symbiosen**, als Beispiel sei der Einsiedlerkrebs mit seinem Blumentier auf dem Gehäuse genannt. Hat eine Art davon einen Vorteil, die andere weder einen Vor- noch einen Nachteil, so spricht man von **Karpose**, oder wenn es um Fressgemeinschaften geht, von **Kommensalismus**. Beispiel für Letztere sind die Kuhreiher, die Huftieren folgen und von diesen aufgescheuchte Insekten fangen. Beispiele für eine Karpose sind höhlenbrütende Vögel, die Spechthöhlen nutzen.

Als **Habitat** bezeichnet man den Lebensraum einer jeweiligen Art. Betrachtet man dagegen ein Gebiet mit all seinen biotischen und abiotischen Faktoren als den Bedingungen, unter denen verschiedene Arten dort leben können, so spricht man von **Biotop** (bildet die kleinste Einheit der Biosphäre).

4.3.2 Räuber-Beute-Beziehungen

Negative Wechselwirkungen sind schädlich für den einen, vorteilhaft für den anderen. Dazu gehören **Parasitismus** und **Prädation** (Räuber-Beute-Beziehung). Parasiten werden in Kapitel 9 behandelt. Bei Räuber-Beute-Beziehungen wird diskutiert, wie sehr ein Räuber den Bestand seiner Beutearten beeinflussen kann. Ausrotten können Fressfeinde ihre Beutetiere in natürlichen Ökosystemen fast nie. So etwas kennt man nur von eingeführten Räubern (Katzen, Füchse) auf Inseln oder dort, wo die Beutetiere gar nicht an sie angepasst waren (Australien). Meist wirken sich Beutegreifer nur in jenen Phasen der Bestandsentwicklung deutlich aus, in denen die Anzahl der Beutetiere ohnehin schon zurückgeht (z.B. am Ende einer Massenvermehrung der Feldmaus).

In einer Studie über Wolf und Luchs, Wiesel und Hermelin, Greifvögel und Eulen sowie mögliche Beutetiere von Wisent und Elch bis hin zu Amphibien und Spitzmäusen im Nationalpark Bialowieza in Polen ergab sich, dass die größten Arten kaum von Beutegreifern beeinflusst wurden, die Populationsdichte bei Amphibien hauptsächlich durch das Wetter beeinflusst wurde und Prädatoren generell weder auf Beutedichte noch auf die Schwankungen der Beutetierbestände einwirkten. Es gab jedoch einige Ausnahmen: Luchse waren fähig, die Rehwilddichte unter die Tragfähigkeit des Gebietes zu verringern, und sowohl Wölfe als auch Luchse waren in der Lage, die Populationsdichte von Reh- und Rotwild zu beeinflussen. Der Grund dafür mag sein, dass im Gegensatz zu den meisten anderen Räuber-Beute-Systemen die Prädatoren kleiner waren und eine höhere Fortpflanzungsrate hatten als ihre Beute. In solchen Fällen können Beutegreifer schneller auf wechselnde Bedingungen reagieren (zahlenmäßig durch Wurfgröße und Überlebensrate) als ihre Beutetiere.

4.3.3 Komplexe Wechselwirkungen

Innerhalb vieler Ökosysteme, sowohl den gemäßigten als auch den tropischen, **wandern** große Beutearten und verlassen dadurch Gebiete mit sehr hoher Raubfeinddichte. Wandernde Gnus und Karibus beispielsweise sind durch diese Strategie nachweislich einem geringeren Feindrisiko ausgesetzt.

Vergleiche zwischen wandernden und nicht wandernden Paarhufern der Serengeti und großen Raubtieren führten zu erstaunlichen Ergebnissen: Topis, Impalas, Thomson-Gazellen und Warzenschweine sind im Bestand durch Beutegreifer kontrolliert. Die Rote Kuhantilope, die nahe mit dem Topi (das aber andere Fressgewohnheiten hat) verwandt ist, scheint durch intraspezifische Konkurrenz reguliert zu werden, und Giraffen und Wasserböcke wurden aufgrund von Wilderei zahlenmäßig weniger. Letztlich scheint der Einfluss von Fressfeinden auf Populationen der Thomson-Gazelle, aber auch anderer Arten, etwas komplexer zu sein als nur durch die Zahl der direkt erlegten Tiere: Wachsamkeit und Fluchtverhalten nehmen zu, sobald der Fressfeinddruck steigt. Das betrifft alle Individuen, nicht nur die, die erlegt werden. Die Kosten für die Feindvermeidung (das Meiden potenziell gefährlicher Weidegründe, die Zeit, um zu wachsam oder in Bewegung zu sein, etc.) müssen von allen Mitgliedern der Population getragen werden, bringen dem Beutegreifer aber (weil er die wachsamen Überlebenden nicht fressen kann) keinen Vorteil.

4.4 Ökosysteme

4.4.1 Allgemeiner Aufbau

Ökosysteme bestehen aus den Organismengemeinschaften eines bestimmten Gebiets mitsamt allen abiotischen Faktoren. Innerhalb eines Ökosystems stellt man die Organismen nach ihren Nahrungsquellen als **Trophiestufen** auf verschiedene Ebenen dar:

- Primärproduzenten sind Pflanzen, die mithilfe von Sonnenlicht oder durch chemische Prozesse Kohlenhydrate aufbauen.
- Primärkonsumenten sind Pflanzenfresser.
- Sekundärkonsumenten fressen Pflanzenfresser.
- Tertiärkonsumenten fressen kleinere Raubtiere.
- Quartärkonsumenten sind Großräuber, die auch Tertiärkonsumenten fressen.
- Destruenten bauen Reste ab.

Von einer Trophieebene zur nächsten geht jeweils ein Großteil, bis zu 90 %, der Energie verloren, d.h. wird als Wärme, Kot oder Urin freigesetzt, anstatt in Wachstum und Produktion verwendet zu werden.

4.4.2 Artengemeinschaften im Ökosystem

Der ökologische Ausdruck **Gilde** definiert eine Gruppe von Arten (unabhängig vom Verwandtschaftsgrad), die in einer vergleichbaren Weise dieselben Ressourcen nutzt. Daher ist zwischen ihnen eine Konkurrenz zu erwarten. Ökologische Verdrängung oder Nischentrennung sollte zumindest entlang einer oder einiger weniger Nischenachsen erfolgen. Innerhalb von Gilden mit vielen Arten existiert ein immer wiederkehrendes Phänomen, bekannt als Charakterverdrängung. Das heißt, dass in Gebieten mit zwei oder mehr konkurrierenden Arten (**sympatrisches Vorkommen**) sich diese in mindestens einer Eigenschaft stärker unterscheiden sollten, als es zwischen Populationen der selben Art (**allopatrisch**) in nicht überlappenden Gebieten der Fall ist.

Ein Beispiel: Das Hermelin, eine kleine Wieselart, ist in Irland kleiner als in Großbritannien, wo eine noch kleinere Wieselart, das Mauswiesel, sympatrisch vorkommt. Carnivoren-Gilden wurden in vielen Ländern untersucht und in vielen Fällen existiert eine solche, gerade beschriebene Charakterverdrängung.

Bei Carnivoren-Gemeinschaften kann man direkte, aggressive Konkurrenz beobachten. Auch hier gibt es einige Achsen, entlang derer sich die Arten trennen können. Eine davon ist die Körpergröße, die in direkter Beziehung zur Beutegröße steht. In der afrikanischen Savanne leben Löwen, Leoparden, Hyänen, Wildhunde, Geparden und Schakale nebeneinander, eine direkte Konkurrenz um gleich große Beutetiere besteht jedoch fast ausschließlich zwischen Gepard und Wildhund. Nischentrennung beruht auf vielen Faktoren: Soziales Jagen ermöglicht einigen Arten das Erlegen von Beutetieren, die größer sind als sie selbst. Der Leopard nutzt Bäume mehr als die anderen Raubtiere und einige Beutegreiferarten wandern, um ihrer Beute zu folgen, während andere dies nicht tun. Bei sympatrischen Carnivoren mit gleicher Körpergröße ist oftmals die Größe des Mauls (die Fähigkeit, das Maul mehr oder weniger weit aufzureißen) eine weitere Trennachse. Auch eine erhöhte Beißkraft kann eine Trennachse sein, wenn etwa Hyänen oder tasmanische Beutelteufel sich auf das Knochenbrechen spezialisieren können. Es gab meist dann eine direkte Überschneidung all dieser Nischenparameter, wenn eine neu eingeführte Art, z.B. der Amerikanische Nerz oder Mink, oder eine kürzlich eingewanderte Art, z.B. der Streifenschakal in Ostafrika, auftrat. In solchen Fällen waren Charakterverschiebungen und Nischenwechsel oder Nischendruck offensichtlich, was meist zur Verdrängung einer der Arten (Europäischer Nerz, Schabrackenschakal) führte.

Die auffälligsten und am häufigsten beschriebenen Gilden größerer Säugetiere sind Paarhufergemeinschaften. Über Herbivorenarten sowohl in gemäßigten als auch in tropischen Gebieten wurden zahlreiche Studien durchgeführt. In gemäßigten Klimaregionen leben mindestens sechs Arten heimischer Paarhufer und in einigen afrikanischen Savannen über 20 Arten nebeneinander. Trotzdem wurde bei den meisten

Studien keine offensichtliche Konkurrenz festgestellt. Ganz im Gegensatz zu Carnivoren, bei welchen zwischenartliches Töten und direkte Konkurrenz um Nahrung häufige Erscheinungen sind, gibt es hier keine Anzeichen direkter, aggressiver Konkurrenz. Sogar indirekte Langzeiteffekte auf Populationsdichten und veränderte Bestandszahlen einer anderen Art existieren kaum. Die Verhältnisse ändern sich nur dann, wenn neu eingeführte Arten in die Gemeinschaft kommen. So erkannte man, dass verwilderte Muntiaks vielerorts mit Rehwild konkurrieren. Als Rinder in ein Gebiet Nordamerikas eingeführt wurden, in dem Schwarzwedelhirsche lebten, zog sich das Wild in andere, von den Rindern gemiedene Lebensräume zurück. Konkurrenz zwischen Hirscharten wurde in Hirschgemeinschaften Neuseelands dokumentiert, und zwar in Gebieten, in denen drei Arten (Rothirsch, Damhirsch und Weißwedelhirsch) eingeführt worden waren. Paarhufergilden können offenbar dann gemeinsam leben, wenn sie eine lange gemeinsame (Co-)Evolutionsgeschichte haben, möglicherweise weil es genügend Dimensionen gibt, entlang welcher sie sich trennen können. Das bekannteste Beispiel ist die Trennung der sogenannten **Grazer** (**Grasfresser**) von den sogenannten **Browsern** (**Blattfresser**), oder genauer gesagt, die Aufteilung in einerseits reine **Konzentratselektierer** (40 % aller rezenten Wiederkäuer, z. B. Reh, Elch), andererseits Gras- und Raufutterfresser (25 % der Wiederkäuer, z. B. Mufflon, Rind) sowie die dazwischen liegenden **Intermediärarten** (35 % der Wiederkäuer, z. B. Rothirsch, Ziege). Letztere ernähren sich entweder saisonal wechselnd oder in unterschiedlicher Menge von beiden Nahrungsarten. Sie sind aber dadurch bei der Verdauung jeglicher Nahrung weniger effektiv als die jeweiligen Spezialisten. Neben unterschiedlichen Bevorzugungen von Laub, Gras, Knospen oder Früchten gibt es bei allen Artenansammlungen weitere Unterteilungen. Die Höhenpräferenz der Nahrungspflanzen ist ebenfalls ein trennendes Kriterium bei Grasfressern. Einige Arten wie Zebras fressen hohe und trockene oder braune Gräser, andere nur niedrige und meist frische. Eine weitere Trennungsachse ist die Verbisshöhe, die durch die Maul-/Kiefergröße und die Zahnanordnung bestimmt wird. Tiere mit einem breiteren Maul sind beim Fressen weniger wählerisch. Körper- und Magengröße sind bei der Wahl, was gefressen und wie es verdaut wird, wichtige Kriterien. Die kleineren Arten haben einen höheren Energieverbrauch und spezialisieren sich auf qualitativ hochwertiges Laub, größere Arten fressen qualitativ schlechteres Gras, also Stiele oder trockenes Laub, sowie ältere Pflanzen. Der Grund dafür ist, dass größere Arten, mit größeren Gärungskammern im Verdauungssystem, die Zellwände effektiver nutzen können und daher pro Körpermasseeinheit weniger Energie benötigen. Pferdeartige sind eher dazu in der Lage, aus großen Mengen faserreicher Nahrung Energie zu gewinnen, wohingegen Wiederkäuer besser mit kleineren Futtermengen zurechtkommen. Pferdeartige können aufgrund ihrer Sozialität sich besser gegen Raubfeinde verteidigen. In Savannen gibt es häufig eine Sukzession verschiedener Paarhuferarten, die nacheinander die selben Weidegründe nutzen:

Zuerst fressen Zebras die hohen, alten und trockenen Gräser ab, dann folgen Weißbartgnus, die die niedrigeren Graspflanzen fressen, aber Grasarten auswählen. Thomson-Gazellen mit ihren schmalen Mäulern wählen nur die frischen Teile der Pflanzenmitte und Kongonis fressen die langen, braunen Stängel, die übrig bleiben.

Eine weitere Achse der Nischentrennung besteht zwischen der Unterscheidung wandernder oder nicht wandernder Arten. Erstmals wurde für die ostafrikanische Savanne nachgewiesen, wie bis zu acht Grasfresser- und insgesamt über 20 Wiederkäuerarten nebeneinander ihr Auskommen finden.

Allgemein kann jeweils festgestellt werden, dass tropische und subtropische Lebensräume meist eine höhere Artenvielfalt aufweisen als solche in gemäßigten Gebieten.

5

Grundlagen der Verhaltenskunde

Lydia Kolter & Marion Schneider

Verhalten umfasst alle äußerlich wahrnehmbaren Lebensäußerungen eines Tieres. Dazu zählen Bewegungen, Körperhaltungen, Lautäußerungen, die Sekretion von Geruchsstoffen oder Farbänderungen, die der gegenseitigen Verständigung dienen. Mithilfe optischer, akustischer, olfaktorischer, taktiler und elektrischer Signale tauschen Tiere Informationen aus. Mittels Verhalten ist die direkte Auseinandersetzung mit der Umwelt und deren Nutzung möglich. Die **Ethologie** oder Verhaltensforschung untersucht mit wissenschaftlichen Methoden das Verhalten und die Interaktionen eines Tieres mit seiner Umwelt und weist damit zahlreiche Überschneidungen mit anderen Disziplinen der Biologie auf. Die physiologischen Grundlagen, Entwicklung, Steuerung und Organisation von Verhalten sind ebenso Gegenstand der Ethologie wie Fragen nach der Entstehung von Verhaltensweisen im Laufe der Evolution und nach ihrer Funktion für Überleben und Fortpflanzung der Individuen. Grundlage der Ethologie ist eine genaue Beschreibung der Verhaltensweisen einer Tierart, deren Gesamtheit als **Ethogramm** bezeichnet wird. Man ordnet die Vielzahl der Verhaltensweisen entsprechend ihrem biologischen Sinn **Funktionskreisen** zu. Verhalten setzt sich immer – und ganz besonders bei höher entwickelten Tieren – aus erlernten und angeborenen Elementen zusammen, deren Trennung selten ohne Weiteres möglich ist. Die Fähigkeit zu lernen ist angeboren und variiert zwischen Individuen und Arten.

Für die Schaffung angemessener Haltungsbedingungen sind Kenntnisse über die Biologie der Arten im angestammten Lebensraum ebenso notwendig wie die systematische Beobachtung ihres Verhaltens im Zoo, die auf klaren Fragestellungen basieren muss. Nur so lassen sich die Verhaltensansprüche einer Art an die vom Menschen geschaffene Haltungsumwelt ermitteln. Somit liefert die Verhaltensforschung notwendige Grundlagen zur erfolgreichen Haltung von Wildtieren.

5.1 Anpassung an den Lebensraum

Es gibt zwei Ansätze, um Verhalten zu erklären. Zum einen kann man untersuchen, wie Verhalten organisiert ist und wie es funktioniert, indem man die unmittelbaren, also proximaten Ursachen eines bestimmten Verhaltens analysiert. Dazu gehören alle morphologischen, physiologischen und biochemischen Bedingungen, die ein Verhalten bewirken, sowie alle äußeren Faktoren, die als Auslöser wirken. Beispielsweise singt ein Singvogelmännchen im Frühling vermehrt, weil seine Larynxmuskulatur durch daran ansetzende Motoneurone aktiviert wird und es in dieser Zeit einen erhöhten Testosteronspiegel hat, der wiederum durch die sich ändernde Tageslänge ausgelöst wird (proximate Ursachen). Dagegen sucht die Frage nach dem Zweck eines bestimmten Verhaltens im Kontext der Evolution nach den ultimaten Ursachen. Hier stellt sich die Frage nach dem Anpassungswert eines Verhaltens, also danach, welchen Nutzen eine Verhaltensweise letztendlich für den Überlebens- und Fortpflanzungserfolg eines Individuums hat. So wurde der Gesang der Vogelmännchen im Laufe der Evolution begünstigt, weil er Rivalen fernhält und paarungsbereite Weibchen anlockt (ultimate Ursachen).

Verhalten trägt in vielfältiger Weise zum Überlebens- und Fortpflanzungserfolg bei. Es ist ebenso wie morphologische Merkmale das Ergebnis von **Anpassungen** eines Organismus an seinen Lebensraum. Diese Annahme beruht auf der **Evolutionstheorie** von Charles Darwin.

Sie besagt, dass sich die Individuen einer Art in ihren Merkmalen unterscheiden (Variabilität) und Eltern durch Vererbung verschiedene Eigenschaften an ihre Nachkommen weitergeben. Manche Individuen haben aufgrund ihrer ererbten Merkmale einen höheren Fortpflanzungserfolg als andere, sie gelten als besser angepasst. Merkmale von Individuen mit weniger Nachkommen werden daher im Laufe der Zeit seltener und verschwinden im Zuge der **natürlichen Selektion** zugunsten von vorteilhafteren Eigenschaften. Die Anpassungen an den jeweiligen Lebensraum haben sich bei den verschiedenen Tierarten über einen sehr langen Zeitraum entwickelt und sind das Ergebnis eines komplexen Zusammenspiels vielfältiger Umweltfaktoren und ihrer Wechselwirkung mit den Organismen.

Es lassen sich zwei Formen der Anpassung beschreiben. Die **phylogenetische Adaptation** entsteht durch Änderungen des genetischen Materials einer Tierart im Verlauf der Stammesgeschichte. Diese Änderungen entwickeln sich in sehr langen Zeiträumen, die weit über die Lebensgeschichte einzelner Individuen hinausgehen. Die zweite Form der Anpassung ist die **adaptive Modifikation**. Sie wirkt sehr viel kurzfristiger als die stammesgeschichtliche Anpassung und liegt vor, wenn Tiere einer Art, die sich in relevanten genetischen Merkmalen nicht unterscheiden, dennoch als Anpassung an verschiedene Lebensbedingungen unterschiedliche Merkmalsmuster entwickeln. Auf der Ebene des Verhaltens ist adaptive Modifikation mit Lernen gleichzusetzen.

Jener Bereich, in dem das Überleben von Organismen unter den gegebenen Umweltfaktoren möglich ist, wird individuell und artspezifisch durch die sogenannte **genetische Reaktionsnorm** bestimmt. Für alle Merkmale, seien es morphologische, physiologische oder ethologische, legt sie die Rahmenbedingungen fest, innerhalb derer Umwelteinflüsse Änderungen bewirken können. Lebt ein Organismus in einer unvorhersagbaren, veränderlichen Umwelt, kann eine breite Reaktionsnorm selbst ein adaptives Merkmal sein. Die Grundlage einer hohen Anpassungsfähigkeit ist also eine breite genetische Reaktionsnorm.

Die Gesamtheit aller Umweltfaktoren, die eine Art zum Überleben benötigt, wird unter dem Begriff **ökologische Nische** zusammengefasst. Dazu zählen Einflüsse der unbelebten Umwelt, also abiotische Faktoren wie Temperatur, Luftfeuchte, Wind, Sauerstoff- oder Salzgehalt ebenso wie die Wechselbeziehungen zwischen dem Organismus und seiner belebten Umwelt, den biotischen Faktoren wie Konkurrenten, Nahrung, Beutegreifer, Parasiten oder Symbionten. Die Anpassung an ökologische Nischen erfolgte in der Evolution über einen langen Zeitraum hinweg. Im gleichen Lebensraum vorkommende Arten mit ähnlichen Umweltansprüchen haben Spezialisierungen im Körperbau und im Verhalten (unterschiedliche Aktivitätszeiten, Nahrungsressourcen oder Aktionsräume) entwickelt und besetzen jeweils eigene ökologische Nischen. Selbst Individuen einer Art können unterschiedliche Nischen besetzen. Beispielsweise ernähren sich Sperberweibchen von deutlich größeren Vögeln als die fast halb so großen Männchen.

Neben Ressourcen wie Nahrung, Wasser oder Zugang zu Fortpflanzungspartnern spielen auch klimatische Bedingungen eine wichtige Rolle bei der Anpassung an den Lebensraum. Verbreitung und Aktivität von Tieren hängen in hohem Maße von der Umgebungstemperatur ab. Bei ektothermen, also wechselwarmen Tieren wie Fischen, Amphibien, Reptilien und Invertebraten schwankt die Körpertemperatur mit der Umgebungstemperatur. Sie sind gänzlich auf äußere Wärmequellen angewiesen, um eine für Stoffwechsel und Aktivität förderliche Körpertemperatur zu erreichen. Vögel und Säugetiere sind endotherme, also gleichwarme Tiere. Sie gewinnen ihre Körperwärme hauptsächlich aus ihrem eigenen Stoffwechsel und regeln ihre Körpertemperatur unabhängig von der Außentemperatur. Der Bereich der Umgebungstemperatur innerhalb dessen die Stoffwechselrate konstant bleibt und keine zusätzliche Energie zur Aufrechterhaltung der Köpertemperatur

Abb. 5.1 Soziale Thermoregulation durch Kontaktliegen (*huddling*) bei Erdmännchen.

notwendig ist, wird als thermoneutrale Zone bezeichnet und ist das Ergebnis evolutionärer Anpassung einer Art an ihren natürlichen Lebensraum. Beispielsweise liegt die thermoneutrale Zone bei Erdmännchen zwischen 30 und 33 °C, bei Eisbären zwischen –60 und +5 °C. Breite und Lage des thermoneutralen Bereichs werden im Wesentlichen durch morphologische Anpassungen wie Sommer- und Winterfell oder saisonal unterschiedlich ausgebildete subkutane Fettschichten bestimmt. Ober- und unterhalb der thermoneutralen Zone tragen verhaltensbiologische Mechanismen zur Aufrechterhaltung der Körpertemperatur bei, bevor energieverbrauchende physiologische Mechanismen wie Erhöhung der inneren Wärmeproduktion, Änderung der Durchblutung, Kältezittern, Schwitzen oder Hecheln eingesetzt werden. Zur Thermoregulation durch Verhalten gehören das Aufsuchen eines günstigen Mikroklimas wie sonnige oder schattige Plätze, Schlamm- und Wasserbaden, die Änderung der Aktivität oder der Körperhaltung sowie soziale Thermoregulation durch Kontaktliegen (engl. *huddling*).

Im Zoo weichen die klimatischen Bedingungen bei den meisten Arten stark von denen in ihrem natürlichen Lebensraum ab, an die sie sich im Laufe der Evolution angepasst haben. Zwar sind Tiere in der Lage, sich innerhalb gewisser Grenzen durch Akklimatisation, z. B. durch Anlegen einer Fettschicht oder vermehrter Fellbildung, an sich ändernde Bedingungen anzupassen, vielen tropischen Arten wie Giraffen gelingt das aber nicht in ausreichendem Maße. Um dauerhaften Stress zu vermeiden ist es daher notwendig, die Haltungsbedingungen so zu gestalten, dass sie den biologischen Ansprüchen der Tiere genügen und ihr Anpassungsvermögen nicht überfordern. So müssen Tieren aus anderen Klimazonen im Zoo neben angemessen temperierten Innen- bzw. Außengehegen ausreichend Wahlmöglichkeiten zum Aufsuchen eines geeigneten Mikroklimas zur Verfügung stehen. An Wärme angepasste Arten müssen bei längerem Aufenthalt im Freien mit erhöhten Futtermengen versorgt werden, um den höheren Energiebedarf für die zusätzlich notwendige Wärmebildung zu decken. An Kälte angepasste Tiere wie Eisbären, aber auch große Tiere aus den wärmeren Klimazonen wie Flusspferde sollten nicht in der Sonne gefüttert werden, da sie aufgrund ihrer Körpergröße leicht überhitzen.

5.2 Organisation und Steuerung des Verhaltens

Zu einer sehr einfachen Form des Verhaltens zählen **Reflexe**. So bezeichnet man unbewusst ausgeführte Verhaltensweisen, die jedes Individuum einer Art auf bestimmte Reize hin ausführt. Reflexe sind angeboren und lassen sich beliebig oft wiederholen. Eine durch einen Außenreiz hervorgerufene Erregung eines Sinnessystems führt immer zur gleichen Reaktion eines Tieres. Die neuroanatomische Grundlage hierfür bilden Nervenbahnen, die als Reflexbogen bezeichnet werden. Reflexe sind überall dort wichtig, wo ein Tier ständig bereit sein muss, bestimmte Reize in festgelegter Weise zu beantworten, z.B. zur Wahrung des Gleichgewichts, durch Rückziehen der Extremitäten bei Schmerz oder zum Schutz vor schädigenden Einflüssen wie beim Lidschlag-, Husten- oder Niesreflex.

Erbkoordinationen sind komplexere Handlungsabläufe. Sie werden durch äußere Reize oder Reizkombinationen, sogenannte **Schlüsselreize**, auch **Auslöser** genannt, ausgelöst. Erbkoordinationen sind wie Reflexe angeboren, d.h., sie sind nach Form und Ablauf weitgehend genetisch festgelegt.

Wenn einer brütenden Graugans ein Ei vor das Nest gelegt wird, steht sie auf und rollt das Ei mit der Unterseite des Schnabels ins Nest. Dieser Vorgang setzt sich aus einer angeborenen Rollbewegung (Erbkoordination) und einer umweltbedingten Steuerbewegung (Taxis) zusammen. Beide zusammen werden als modaler Bewegungsablauf bezeichnet. Entfernt man das Ei während dieses Vorgangs, führt die Gans die Rollbewegung dennoch vollständig aus (die seitlichen Steuerungsbewegungen fallen allerdings weg). Einen typischen modalen Bewegungsablauf stellt auch der Beutefang der Erdkröte dar, dessen Hauptkomponenten die orientierende Wendebewegung (Taxis) und das Zuschnappen mit der Zunge (Erbkoordination) bilden. Man weiß heute, dass ein solcher Ablauf durch Lernprozesse modifiziert werden kann. So kann das Ausschleudern der Zunge unterbrochen werden, wenn eine Beute zusammen mit einem extrem negativen Reiz geboten wird. Selbst der Ablauf formkonstanter, arttypischer Bewegungsweisen aus dem Bereich der Balz, der **Nahrungsaufnahme** und der Körperpflege, die früher als Instinkthandlung bezeichnet wurden, da man von einer starren genetischen Fixierung des Verhaltens ausging, können innerhalb gewisser Grenzen durch Außenreize modifiziert werden. Da sich Verhalten stets aus der Wechselbeziehung zwischen angeborenem und erlerntem Verhalten entwickelt, ist eine strikte Abgrenzung meist nicht möglich. Bei vielen Verhaltensweisen wirken beide Komponenten zusammen und angeborenes Verhalten kann durch Lernen modifiziert oder erweitert werden.

Am Fortpflanzungsgeschehen, also an der Balz, aber auch an Interaktionen zwischen Eltern und Jungtieren sind häufig Erbkoordinationen beteiligt. Viele Vogelarten besitzen Farbmuster am Schnabel, die Pickverhalten bei ihren Jungen auslösen. Umgekehrt lösen bei manchen Spezies bestimmte Kopfbewegungen und Farbmuster auf der Zunge das Füttern durch die Altvögel aus. Ein Schlüsselreiz kann aber auch von einer anderen Spezies ausgehen. Manche Nachtfalter reagieren auf die Ultraschallsignale von Fledermäusen mit dem Zusammenlegen ihrer Flügel, wodurch sie zu Boden fallen.

Häufig folgen auch mehrere Erbkoordinationen in einer festgelegten Abfolge aufeinander. Man spricht von Verhaltensfolgen oder **Verhaltensketten**. Das Balzverhalten bei Lachmöwen stellt eine Verhaltensfolge dar. Nachdem ein Männchen sich im Frühjahr ein Brutterritorium in der Kolonie erkämpft hat, versucht es ein Weibchen anzulocken, indem es eine charakteristische Schrägstellung einnimmt und einen Lockruf von sich gibt, sobald ein Artgenosse vorbeifliegt. Wenn ein Weibchen gelandet ist, führen beide einen Balztanz aus.

Verhaltensketten sind zwar formfest, können aber in ihrer Intensität, Vollständigkeit und Dauer beträchtlich variieren. Zu Beginn der Balz laufen sie sehr starr hintereinander ab. Später in der Saison, wenn sich die Partner gut kennen, begrüßen sie sich nur noch mit Teilhandlungen.

Häufig treten Verhaltensfolgen, insbesondere Balzhandlungen, als doppelte Reaktionsketten auf, wobei das Verhalten der Partner aufeinander abgestimmt ist. Die verschiedenen Balzkomponenten bestehen aus einzelnen Erbkoordinationen. Bei solchen Abfolgen von Verhaltensweisen in Handlungsketten löst eine Aktion des einen Partners die nächste des anderen aus. Ein Beispiel hierfür ist die Balz beim Stichling. Das Erscheinen des Weibchens löst beim Männchen den sogenannten Zickzacktanz aus. Das Weibchen präsentiert dem Männchen daraufhin seinen Bauch. Dieses zeigt dem Weibchen das Nest, welches folgt und ablaicht, woraufhin die Besamung der Eier stattfindet. Auch hier liegt keine starre Abfolge vor, eine gegebene Handlung kann verschiedene Handlungen des Partners auslösen. Es können auch Komponenten wiederholt oder aber ausgelassen werden. Zudem kann die Verhaltensfolge ohne ersichtlichen äußeren Einfluss beendet werden. Der Zweck dieser Verhaltenskette ist die Synchronisation der Fortpflanzungsbereitschaft.

Damit ein Schlüsselreiz verhaltenswirksam sein kann, muss ein Tier über einen Mechanismus der **Reizfilterung** verfügen, es muss in der Lage sein, aus den vielen Reizen, denen es ausgesetzt ist, den entscheidenden zu erkennen. Strukturen und Vorgänge im Organismus, die an der Auslösung spezifischer Reaktionen beteiligt sind, nennt man **Auslösemechanismen**. Das sind neurosensorische Filtermechanismen, die unwirksame Reize herausfiltern und so die Reaktion auf bestimmte Schlüsselreize bewirken. Von einem angeborenen Auslösemechanismus, AAM, spricht man, wenn ein Tier unabhängig von einer Lernerfahrung auf einen Schlüsselreiz biologisch sinnvoll reagiert. Das Verhalten von Maulbrütern, deren Jungtiere bei Gefahr in das Maul des Elterntieres schwimmen, ist adaptiv, da es zum Überleben der Jungen beiträgt, es setzt keine Lernerfahrung voraus. Jungtiere, die dieses Verhalten in der Evolution nicht gezeigt haben, wurden selektioniert, da sie schlechtere Überlebenschancen hatten als Tiere, die ins Maul schwammen. Die mit diesem Verhalten verbundene Erfahrung ist also nicht ontogenetischen, sondern evolutionären Ursprungs und gehört zur genetischen Ausstattung der Art. Auslösemechanismen können durch Erfahrung und durch Lernen im Laufe der Ontogenese, also der Individualentwicklung, modifiziert werden. Man spricht dann von durch Erfahrung modifizierten angeborenen Auslösemechanismen, EAAM. Beispielsweise reagieren Truthahnküken zunächst auf alle möglichen Attrappen von fliegenden Vögeln mit Warnlauten. Erst mit der Zeit lernen sie, dass bestimmte, häufig vorkommende Silhouetten, wie die von Enten oder Tauben, keine Gefahr bedeuten, und reagieren nur noch auf die seltener zu sehenden Silhouetten von Raubvögeln. Durch Lernerfahrung können auch ganz neue Verknüpfungen zwischen Reiz und Reaktion entstehen. Man spricht dann von erlernten Auslösemechanismen, EAM.

Die Leichtigkeit, mit der ein Verhalten auszulösen ist, hängt nicht nur von der Stärke der auslösenden Reize, sondern auch vom inneren Zustand des Tieres ab. Im Gegensatz zu Reflexen ist der Ablauf von Erbkoordinationen von der wechselnden **Handlungsbereitschaft** oder **Motivation** eines Tieres abhängig, kann also nicht als einfache Reiz-Reaktions-Verknüpfung beschrieben werden. Hormonelle Faktoren sowie physiologische Zustände, etwa im Zusammenhang mit Hunger und Durst, spielen ebenfalls eine wichtige Rolle. Motivation ist nicht direkt messbar. Messbar sind nur die Reize, die auf das Tier wirken, und die Stärke seiner Reaktion. Ein längeres Ausbleiben des Auslösers erhöht die Handlungsbereitschaft und führt dann zum Auftreten von **Appetenzverhalten**, der Suche nach entsprechenden Reizen. Wenn ein Tier z.B. aufgrund seines inneren physiologischen Zustands motiviert ist, Nahrung aufzunehmen, also hungrig ist, löst diese Handlungsbereitschaft zunächst ungerichtetes Appetenzverhalten aus, welches ein aktives Suchen nach geeigneten äußeren Auslösern bewirkt. Sind diese gefunden, zeigt das Tier gerichtetes Appetenzverhalten, beispielsweise das Verfolgen einer Spur oder die Manipulation von Nahrung. Anschließend kann die **Endhandlung**, hier die Nahrungsaufnahme, stattfinden, woraufhin die Handlungsbereitschaft absinkt. Der Begriff „Appetenz“ leitet sich von dem Wort „Appetit“ ab, stammt also aus dem Bereich der Nahrungssuche. Das beschriebene Prinzip der Verhaltenssteuerung trifft auch auf einige andere Funktionskreise wie Ruhe- oder Fortpflanzungsverhalten zu. Ist ein Tier beispielsweise – unter Einfluss von Geschlechtshormonen – paarungsbereit, sucht es einen Fortpflanzungspartner (ungerichtetes Appetenzverhalten) und beginnt dann mit dem Balzverhalten (gerichtetes Appetenzverhalten), auf das die Paarung folgt (Endhandlung), sofern beide Partner gleich gestimmt sind.

Die Stärke der Handlungsbereitschaft für ein bestimmtes Verhalten wird endogen durch Hormone, physiologische Zustände und zentralnervöse Vorgänge bestimmt, die vielfach durch exogene (äußere) Faktoren beeinflusst werden. Meist wirken alle diese Faktoren zusammen. Die Stärke der Handlungsbereitschaft kann zeitlich variieren. Die Höhe der Motivation für Revierverteidigung, Paarbildung, Nestbau oder Brüten bei Singvögeln ist beispielsweise jahreszeitlich bedingt unterschiedlich hoch.

Viele Verhaltensweisen unterliegen einer endogenen Periodik. Die meisten Lebewesen besitzen tagesperiodische Aktivitätszyklen. Zahlreiche physiologische Vorgänge laufen in einem genetisch festgelegten **circadianen Rhythmus**, einem Tag-Nacht-Rhythmus von ungefähr 24 Stunden ab (circadian = etwa 1 Tag). Tagesperiodische Schwankungen betreffen physiologische Größen wie Körpertemperatur, Blutdruck, Puls und Blutzuckerspiegel, die ihrerseits wiederum auf das Verhalten wirken können. Sie gehen mit Verhaltenszyklen von ca. 24 Stunden einher. Äußere **Zeitgeber**, z.B. der Hell-Dunkel-Wechsel, koppeln den Aktivitätsrhythmus des Organismus an den tatsächlichen Tag-Nacht-Rhythmus. Bei tagaktiven Tieren wird innerhalb eines Zeitraums von 24 Stunden eine ungefähr zwölfstündige Phase regelmäßig von einer in der Nacht liegenden Ruhephase abgelöst. Umgekehrt ruhen nachtaktive Tiere zu den hellen Tageszeiten. Bei Säugetieren ist der wichtigste Zeitgeber das Tageslicht, das durch spezielle Photorezeptoren wahrgenommen wird. Der arttypische circadiane Tagesrhythmus wird auch beibehalten, wenn man die Tiere unter Dauerhell- oder Dauerdunkelbedingungen hält. Bei der Haltung von nachtaktiven Tieren besteht die Möglichkeit, Nachthäuser einzurichten. Hier wird der Tag-Nacht-Rhythmus für die Tiere verändert, sodass diese Arten zu den Besucherzeiten beobachtet werden können.

Weitere Zeitgeber sind **lunare Rhythmen**, also Mondzyklen (circalunarer Rhythmus beim Reproduktionszyklus des atlantischen „Feuerwurms“ oder semilunarer Schlüpfrhythmus bei Mücken). **Tidale Rhythmen** unterliegen einer Periodendauer, die dem Gezeitenrhythmus entspricht (z.B. Winkerkrabben, Plattwürmer, Krabben, Schnecken, Fische). Innere Uhren haben sich sowohl für kurze als auch für relativ lange Zeiträume entwickelt. Die erzeugten zyklischen Zustandsänderungen der Körper- und Gehirnfunktionen steuern nicht nur Aktivitäts- und Ruhephasen innerhalb eines Tages, sondern auch das Verhalten im Verlauf des Jahres. **Saisonale Rhythmen** werden durch Jahreszeiten beeinflusst und **circannuale Rhythmen** haben eine Periodendauer von etwa einem Jahr. Zahlreiche Beispiele für die Wirksamkeit innerer Uhren finden sich im Zusammenhang mit den Wanderungen von Vögeln und Schmetterlingen. Eine längerfristige Rhythmik liegt auch dem Fortpflanzungsgeschehen vieler Tierarten der gemäßigten Breiten zugrunde, deren Lebensvorgänge an die von der Tageslichtlänge gesteuerten, regelhaften Änderungen von Temperatur und Nahrungsverfügbarkeit im Jahresverlauf angepasst sind. So wird der Gesang der Amseln, der Zug der Störche oder der Schmetterlinge dann ausgelöst, wenn bestimmte innere Bedingungen und die entsprechenden äußeren Zeitgeber, hier die jahreszeitlich schwankende Tageslichtlänge, zusammentreffen. Photoperiodische Aktivitäten werden ausgelöst, wenn der Anteil der hellen Tagesstunden eine bestimmte Schwelle über- bzw. unterschreitet. Diese kritische Tageslänge ist artspezifisch und genetisch festgelegt. So werden bei vielen Arten der gemäßigten Breiten die für die Fortpflanzung notwendigen physiologischen und ethologischen Änderungen durch zunehmende Tageslichtlänge stimuliert. Beim Rothirsch dagegen kommt das Fortpflanzungsgeschehen nur unter Einfluss kürzer werdender Tage in Gang. Dass tatsächlich der Lichtrhythmus die entscheidende Rolle spielt, hat man bei Labortieren durch entsprechende Versuche ermittelt. Bei größeren im Zoo gehaltenen Tierarten wurde dies an den entsprechenden Verschiebungen von Brunst- und Geburtszeiten nach dem Transport aus der angestammten in die andere Hemisphäre sichtbar. Tropische Tierarten weisen solche durch Licht gesteuerte Fortpflanzungszyklen nicht auf. Sie können zu jederzeit in Paarungsstimmung kommen, was dann in gemäßigten Breiten zu Nachwuchs während weniger günstigen Witterungsbedingungen führen kann.

Reproduktion von Tieren, also Sexualverhalten, Geburt und Aufzucht, bei Säugern auch Winterschlaf und Winterruhe, unterliegen also saisonalen Rhythmen. Solche Schwankungen von Handlungsbereitschaften zu unterschiedlichen Zeiten müssen bei der Zootierhaltung berücksichtigt werden. So ist es bei außerhalb der Paarungszeit solitär lebenden Tieren sehr wichtig, den richtigen Zeitpunkt zur Zusammenführung von Paarpartnern zu wählen. Aversion oder aggressives Verhalten gegen Artgenossen oder Pfleger können in diesem Zusammenhang ebenso zeitlichen Schwankungen unterliegen. Auch tierpflegerische Maßnahmen sollten auf die Aktivitätsmuster der Tiere abgestimmt sein.

Lernen ist eine auf Erfahrung basierende Modifikation von Verhalten und ermöglicht die Anpassung an die speziellen Umweltbedingungen, denen ein Individuum ausgesetzt ist. Durch Lernen und Gedächtnis haben Tiere die Möglichkeit, flexibel auf ihre Umwelt und deren Veränderungen zu reagieren. Als Folge bestimmter Erfahrungen verändert sich das Verhalten mehr oder weniger dauerhaft. Lernvorgänge sind aus allen Tierstämmen, von den Einzellern bis zu den Wirbeltieren, bekannt. Lernen erfordert die Aufnahme von Informationen durch die Sinnesorgane, deren Speicherung und ihre Abrufbarkeit. Dies geschieht im Nervensystem. Der Organismus muss außerdem zwischen positiven und negativen Erfahrungen unterscheiden können. Hinsichtlich ihres Lernvermögens unterscheiden sich die verschiedenen Tierarten beträchtlich. Sie besitzen unterschiedliche genetisch festgelegte Lerndispositionen, die sich aufgrund der Bedingungen ihres Lebensraums entwickelt haben.

Habituation ist die einfachste Form des Lernens, bei der ein Tier auf einen Reiz, der keinerlei Folgen hat, mit immer geringerer Intensität reagiert. Akustische oder optische Reize, die zunächst Flucht auslösen, verlieren nach einiger Zeit ihre Wirkung, sofern keine negative Erfahrung folgt. Präriehunde beispielsweise, die sich bei Anblick eines fliegenden Vogels in ihren Bau zurückziehen, reagieren nicht mehr auf den Auslöser aus der Luft, sofern dieser nicht angreift. Dabei ermüdet weder der Bewegungsapparat noch ändert sich die Empfindlichkeit der Sinneszellen, sondern die Erregungsleitung zu den Muskelzellen, also die Empfindlichkeit für den auslösenden Reiz nimmt ab. Auf diese Weise spart das Tier Zeit und Energie. Auch beim Süßwasserpolypen Hydra lässt das Zusammenziehen der Tentakel als Reaktion auf Berührung nach wenigen Wiederholungen nach. Habituation findet also schon bei ganz einfachen Organismen statt. Wurde der Reiz längere Zeit nicht geboten, so lässt sich die Reaktion wieder vollständig auslösen.

Prägung ist ein Lernprozess mit deutlichen angeborenen Komponenten. Sie unterscheidet sich durch zwei Eigenschaften von anderen Formen des Lernens. Die Lernvorgänge sind an einen genetisch festgelegten Zeitraum, die sogenannte **sensible Phase**, gebunden und das Ergebnis der Prägung ist nahezu irreversibel, d. h., durch Prägung Gelerntes kann nicht oder nur schwer rückgängig gemacht werden. Die sensible Phase kann je nach Tierart unterschiedlich lange dauern und kommt auch bei älteren Tieren vor. Umlernen und Lernen sind gelegentlich auch nach der sensiblen Phase möglich, dauern aber wesentlich länger. Gewisse Lernerfahrungen können für die Ausbildung arttypischer Verhaltensmuster obligatorisch sein. Prägungsvorgänge können Lerninhalte für Handlungen enthalten, die erst viel später im Leben ausgeführt werden.

Durch die Prägung auf ihre Eltern lernen Jungvögel – und wahrscheinlich auch die Jungtiere nestflüchtender Säugetiere – zunächst, wem sie folgen müssen. Das Phänomen der Prägung wurde von Konrad Lorenz an jungen Dohlen und Graugänsen erforscht. Am besten untersucht ist die **Nachfolgeprägung** bei Graugänsen. In den ersten beiden Tagen nach dem Schlupf laufen die Gössel allen sich bewegenden Objekten nach, in der Natur ist das die Mutter. Küken, die ihren ersten Lebenstag mit einem Menschen verbringen, folgen diesem unablässig und zeigen später ihrer Mutter gegenüber keine Anzeichen des Erkennens. Bei Kunstbrut und nachfolgender Handaufzucht erfolgt die Artprägung auf den Menschen. Die Nachfolgereaktion ist angeboren, lediglich die Reizkonstellation, die dieses Verhalten nach der Prägephase auslöst, wird erlernt. Prägung ist aber nicht nur auf Vögel beschränkt. Die individuelle Erkennung zwischen Mutter und Nachwuchs bei Wiederkäuern wird ebenfalls als Prägung bezeichnet. So können bei Herdentieren die Jungtiere nur in einem frühen Stadium auf den Geruch der Mutter geprägt werden. Insbesondere seitens der Mutter erfolgt innerhalb von 30 Minuten bis zu wenigen Stunden eine so eindeutige geruchliche Fixierung, dass von einer sensiblen Phase ausgegangen werden kann. Hauptsächlich spielt seitens der Mütter die olfaktorische Erkennung, z.B. bei Karibu, Bison und beim Dallschaf auch die akustische, seitens der Jungtiere auch oder vorwiegend die visuelle Erkennung eine wesentliche Rolle.

Bei vielen Vögeln kennt man zudem die **sexuelle Prägung**. Hier lernen die Tiere das Bild ihres Fortpflanzungspartners, gegenüber welchem sie als Erwachsene Balzverhalten zeigen und mit dem sie sich erfolgreich fortpflanzen können. Sie werden auf einen Partnertyp geprägt. Bei Vögeln ist bekannt, dass die Prägung auf die Eltern, die Nachfolgeprägung, und die Prägung auf zukünftige Fortpflanzungspartner, die sexuelle Prägung, verschiedene Vorgänge sind, die zu unterschiedlichen Zeiten ablaufen. Die sexuelle Prägung erfolgt später und die sensible Phase dauert länger. In jedem Fall findet sie vor der sexuellen Reifung und damit lange vor Einsetzen des Fortpflanzungsverhaltens statt. Kennt man Beginn und Dauer der sexuellen Prägungsphase, so kann man selbst bei Handaufzuchten durch Zusammenbringen mit Artgenossen während dieser Zeit sexuelle Fehlprägungen vermeiden. Aus gelegentlichen Handaufzuchten von Cerviden und Boviden ergeben sich Hinweise auf sexuelle Prägungsphasen auch bei Säugern. Diese scheinen sehr früh im Leben zu liegen. Bei Säugetieren sind diese Vorgänge und die entsprechenden Zeitfenster weniger gut untersucht.

Prägung findet auch in anderen Bereichen statt. So kennt man bei wandernden Arten, sowohl bei Vögeln als auch bei Säugern und Fischen, Orts- und Habitatprägung. Bei einer Reihe von Säugetierarten ist die Nahrungsprägung auf bestimmte Gerüche nachgewiesen, die bei der Haltung in Menschenobhut durchaus Konsequenzen für die spätere Bevorzugung und Ablehnung bei der **Nahrungsaufnahme** hat. Nahrungspräferenzen werden bei Säugern oft geruchlich in einem sehr frühen Stadium festgelegt. Hirschmäuse, die sich als Jungtiere auf ein enges Nahrungsspektrum spezialisiert haben, behalten dies auch im späteren Leben bei. Gut untersucht ist die Nahrungsprägung beim Frettchen. Bietet man Frettchen während der sensiblen Phase im Alter zwischen 60 und 90 Tagen ausschließlich Küken als Nahrung, so sind sie ausgesprochen konservativ, bevorzugen lebenslang Küken und sind später nur sehr schwer auf andere Nahrung umzustellen. Dagegen bevorzugen die mit einem breiten Nahrungsangebot oder mit vielfältigen Düften konfrontierten Tiere im späteren Leben sogar unbekanntes Futter.

Auch für solch komplexe Verhaltensweisen wie das Jagen gibt es sensible Phasen, in denen Verhaltensabläufe in kürzester Zeit erlernt werden. Dazu ist es erforderlich, Beutegreifern während eines artspezifisch festgelegten Zeitraums lebende Beute anzubieten. Bei Wölfen, die für ein Auswilderungsprojekt vorbereitet wurden, ermittelte man durch entsprechende Versuche zu verschiedenen Zeitpunkten in der Entwicklung, dass dreimonatige Welpen innerhalb von einem Tag lernen, Beute zu verfolgen. Sie versuchen dann auch diese zu schlagen. Erst im Laufe der nächsten Monate und mit zunehmender Erfahrung steigt die Erfolgsquote. Bei siebenmonatigen Wölfen dauert der Erwerb der grundlegenden Verhaltensweisen des Jagens immerhin schon eine Woche, Jährlinge erlernen das Jagen nicht mehr in angemessener Zeit. Ähnliche Erfahrungen wurden bei Auswilderungsprojekten mit Uhus gemacht. Je nach Ziel der Haltung sollte bei der Aufzucht von Wildtieren die Möglichkeit sensibler Phasen für den Erwerb funktionaler Verhaltensweisen in Betracht gezogen werden, um angemessene Bedingungen für deren Entwicklung zu bieten.

Beim assoziativen Lernen wird ein Reiz mit einem anderen verknüpft. Von Assoziation spricht man, wenn zwei Ereignisse, die gleichzeitig oder in sehr kurzem zeitlichen Abstand voneinander geschehen, im Gehirn miteinander in Verbindung gebracht werden. Die **operante Konditionierung** ist eine Form des assoziativen Lernens, bei der ein Tier lernt, eine Aktion mit den daraus sich ergebenden Konsequenzen zu verknüpfen. Sie wird auch als Lernen durch Versuch und Irrtum bezeichnet. Wenn einer zunächst spontan auftretenden Bewegung wiederholt eine Belohnung folgt, wird vom Tier eine Verbindung (Assoziation) hergestellt und die Handlung bei entsprechender Motivation (z.B. Hunger) ausgeführt. Viele Untersuchungen zur operanten Konditionierung sind mithilfe einer Versuchsapparatur, der Skinner-Box, an Ratten durchgeführt worden. Nachdem eine Ratte mehrfach zufällig einen in der Box angebrachten Hebel betätigte, der jedes Mal den Auswurf eines Futterpellets auslöste, kehrte sie schneller und schließlich gezielt zu ihm zurück, um sich Futter zu holen. Das Tier lernte rasch, die Betätigung des Hebels mit der Belohnung zu assoziieren. Das Futter wirkte dabei als Belohnung oder als positiver Verstärker. So lernen Tiere in der Natur schnell, bestimmte Nahrung mit gutem oder schlechtem Geschmack zu assoziieren und ändern ihr Verhalten entsprechend. Die operante Konditionierung ist eine sehr wirksame Methode, um das Verhalten von Tieren gezielt zu beeinflussen und wird bei der Dressur, dem Target-Training bei Zootieren, aber auch beim täglichen Umgang mit ihnen häufig eingesetzt (siehe auch Abschnitt: Mensch-Tier-Beziehungen).

Die **klassische Konditionierung** ist ebenfalls eine Form des assoziativen Lernens. Dabei wird ein ursprünglich neutraler Reiz als Auslöser für eine bestehende Verhaltensweise gelernt. Ein bekanntes Beispiel hierfür sind die Experimente von Iwan Pawlow, bei denen ein Hund jedes Mal, bevor er ein Stück Fleisch erhielt, einem bestimmten Geräusch ausgesetzt wurde. Schon nach wenigen Wiederholungen trat bei dem Tier der Speichelfluss, der zunächst nur beim Anbieten des Futters ausgelöst wurde (Geruch und Anblick von Nahrung lösen bei einem Hund einen angeborenen Speichelflussreflex aus), bereits beim Ertönen des Signals auf, ohne dass Futter vorhanden sein musste. Aus einem zunächst **unbedingten Reflex** (Speichelfluss) auf einen **unbedingten Reiz** (Futter) wird ein **bedingter Reflex** auf einen **bedingten Reiz**, der ursprünglich die Reaktion nicht auslöste. Tiere können also durch Erfahrung lernen, dass ein bestimmtes akustisches (oder auch visuelles) Signal mit dem Auftreten von Futter verbunden ist, wenn der Ton (bzw. der Anblick) regelmäßig der Fütterung vorausgeht. Dabei bilden sie eine Assoziation, die Speichelfluss zur Folge hat, wenn das entsprechende Signal auftritt, selbst wenn kein Futter vorhanden ist. Allerdings erlischt diese Reaktion auf den Signalreiz, wenn er nicht gelegentlich zusammen mit dem Originalreiz, also dem Futter, angeboten wird.

Die operante Konditionierung unterscheidet sich von der klassischen Konditionierung demnach dadurch, dass hier nicht ein neuer Reiz an eine bereits vorhandene Reaktion gebunden wird, sondern ein bestimmtes Verhalten mit der Verminderung eines Bedürfnisses (Hunger oder Durst) in Beziehung tritt. Gemeinsam ist beiden Formen der Konditionierung, dass zwischen einer Situation und einem Verhalten eine Assoziation hergestellt wird. Eine operante Konditionierung erfolgt, wenn z.B. ein Hund durch Belohnung oder Bestrafung lernt, auf Kommando etwas Bestimmtes zu tun. Eine klassische Konditionierung liegt vor, wenn ein Hund bereits mit dem Schwanz wedelt, wenn er das Auto seines Halters herankommen hört. So können auch Reizkonstellationen erlernt werden, die eine bestimmte Situation, etwa baldige Nahrungsverfügbarkeit, kennzeichnen und die entsprechenden Verhaltensweisen auslösen. Im Zoo kann die akustische oder visuelle Wahrnehmung der Pfleger Auslöser für Nahrungssuchverhalten sein, wobei das Verhalten auf einige wenige Elemente des gesamten Repertoires der natürlichen **Nahrungssuche** und -bearbeitung reduziert sein kann. Beispielsweise kann man Tiere daran gewöhnen, an einem bestimmten Platz Nahrung zu bekommen. So schwimmen Fische an dieselbe Stelle im Aquarium, sobald sie ein bestimmtes Geräusch wahrnehmen, das immer mit der bevorstehenden Fütterung verbunden ist. Allerdings besteht bei einer Reihe von Tierarten, vor allem bei Carnivoren, die Gefahr, dass bestimmte Elemente des ungerichteten Appetenzverhaltens, also solche der Fortbewegung und Erkundung, sich – belohnt durch die nachfolgende Futtergabe – zu Stereotypien entwickeln. Um Verknüpfungen zwischen Geräuschen der Futterzubereitung oder Fütterung und unerwünschtem Verhalten wie stereotypes Laufen zu vermeiden, sollten Fütterungen nach Möglichkeit nicht regelmäßig unmittelbar auf solche möglichen Auslöser folgen (siehe auch Abschnitt: Stereotypien).

Beim Beobachtungslernen imitieren Tiere das Verhalten von Artgenossen. Diese Form des Lernens ist nur bei Säugetieren und Vögeln beschrieben worden und kommt in der Regel nur innerhalb einer Art vor. So lernen junge Erdmännchen von den erwachsenen Tieren den Umgang mit gefährlicher Beute. Ein weiteres Beispiel für soziales Lernen ist die Nachahmung des Waschens von Nahrung bei japanischen Rotgesichtsmakaken. Nachdem ein Tier gelernt hatte, durch Waschen den Sand von Süßkartoffeln zu entfernen, wurde dieses Verhalten von anderen Gruppenmitgliedern übernommen. Aus dem Lernen durch Beobachtung oder Nachahmung können sich neue Traditionen etablieren, die an folgende Generationen weitergegeben werden. So werden in der Schimpansenpopulation in Guinea Nüsse ausschließlich mit Steinen, an der Elfenbeinküste aber auch mit Stöcken aufgeschlagen. Voraussetzung ist, dass die Situation, die das Verhalten auslöst, auftritt, solange beide Generationen zusammenleben. So greifen Rabenvögel Jäger an, mit denen sie eine unangenehme Erfahrung verbinden. Jungvögel übernehmen dieses Verhalten von den Eltern, auch ohne die negative Erfahrung gemacht zu haben. Bekommen sie während ihrer Aufzucht allerdings keinen Jäger zu Gesicht, bleibt das Verhalten aus.

Lernen durch Einsicht ist die Fähigkeit eines Tieres, in einer neuartigen Situation beim ersten Versuch sinnvoll zu reagieren. Dieser Lernvorgang ist also unabhängig von vorhergehenden Erfahrungen. So sind im Versuch Schimpansen in der Lage, ohne vorheriges Ausprobieren Gegenstände derart anzuordnen, dass sie dadurch an schwer zu erreichendes Futter gelangen. Ob tatsächlich einsichtiges Handeln vorliegt oder die richtige Lösung zufällig oder durch Nachahmung erfolgt, ist in vielen Fällen schwer nachzuweisen.

Lernen ist insbesondere bei Jungtieren häufig eingebettet in **Spielverhalten** und wird durch Neugier, also einen starken Drang zur Erkundung der Umwelt, gefördert. Das Spiel von jungen Tieren enthält Elemente aus wichtigen Lebensbereichen wie dem Nahrungserwerb, dem Sozialverhalten oder der Fortpflanzung, in denen das Sammeln von Erfahrungen lebenswichtig, aber im Ernstfall auch riskant wäre. Über spielerischen Beutefang oder Spielkämpfe unter Wurfgeschwistern werden in einem risikoarmen Umfeld Fähigkeiten erlernt und trainiert, die für das spätere Überleben wichtig sind und die Voraussetzungen für die Bewältigung alltäglicher Probleme schaffen. Lernerfahrungen fördern die Verhaltensvielfalt und erhöhen somit die Kompetenz von Tieren. Um gute Entwicklungs- und Lernvoraussetzungen für junge Tiere in Menschenobhut zu gewährleisten, ist die Bereitstellung von vielfältigen adäquaten Erkundungs- und Spielmöglichkeiten wichtig. Dazu gehören die für Sozialspiele notwendigen Partner sowie Gehegestrukturen und Gegenstände, die Objektspiele ermöglichen.

Nachdem das Zusammenspiel von angeborenen und erlernten Komponenten und die Steuerung des Verhaltens beleuchtet wurden, können nun die Grundbegriffe auf eine Auswahl von Verhaltensanpassungen innerhalb der Funktionskreise angewendet werden, die sich im Tierreich im Laufe der Evolution entwickelt haben und für die Zootierhaltung relevant sind.

5.3 Funktionskreise

Die im **Ethogramm** beschriebenen Verhaltenselemente ordnet man entsprechend ihrem biologischen Sinn unterschiedlichen **Funktionskreisen** wie Sozialverhalten, Fortpflanzung, **Nahrungsaufnahme**, Fortbewegung, Erkundung, **Feindvermeidung** usw. zu. Innerhalb eines Funktionskreises kann man Verhaltensmuster abgrenzen, z.B. Nestbau, Balz und Brut. Diese wiederum sind aus verschiedenen Verhaltensweisen oder Verhaltenselementen zusammengesetzt, z.B. das Herantragen eines Zweiges, dessen Bearbeitung und sein Einbau in das Nest. Bezeichnung und Differenzierung von Funktionskreisen können in der Literatur etwas abweichen. Eine eindeutige Zuordnung von Verhaltensweisen ist nicht immer möglich, da verschiedene Funktionskreise sich überschneiden. So fassen einige Autoren Sozial- und Fortpflanzungsverhalten zusammen, andere behandeln diese Bereiche getrennt. Zudem sind Verhaltenselemente wie die der Fortbewegung oder Erkundung Bestandteile von Verhaltensmustern anderer Funktionskreise. Wichtige Verhaltensbereiche betreffen die Nahrungssuche und -aufnahme, das Vermeiden von Feinden, das Sozialverhalten und die Fortpflanzung, zu der auch die Aufzucht der Jungen zählt.

5.3.1 Nahrungssuche und Nahrungsaufnahmeverhalten

Aufwand und Erfolg der Nahrungssuche beeinflussen direkt die Überlebens- und Fortpflanzungschancen eines Individuums. Das Suchen, die Auswahl und Aufnahme von Nahrung nehmen bei den meisten Arten verhältnismäßig viel Zeit in Anspruch. Welchen Anteil die verschiedenen Phasen am Zeitbudget haben, hängt von der Art der Nahrung, der benötigten Nahrungsmenge, Zusammensetzung und der räumlichen Verteilung der Nahrung im angestammten Lebensraum ab. Die Nahrungszusammensetzung wird bei Herbivoren (Pflanzenfressern) von jahreszeitlichen Schwankungen von Temperatur und Niederschlag beeinflusst. Bei Pflanzenfressern, insbesondere bei Grasfressern, kann man von einer relativ langen Phase der Nahrungsaufnahme ausgehen, da sie große Mengen aufnehmen müssen, um ihren Nährstoffbedarf zu decken. Die Suche nach Nahrung ist bei ihnen dagegen meist relativ kurz. Anders ist dies bei Insectivoren (Insektenfressern), Fructivoren (Früchtefressern) und Omnivoren (Allesfressern), deren Nahrung in der Regel weit verteilt ist. Vielfach müssen sie nicht nur größere Strecken zurücklegen, um Nahrung zu finden, sondern die Nahrung muss auch manipuliert und bearbeitet werden, ehe sie aufgenommen werden kann. Große Beutegreifer verbringen die geringste Zeit mit Nahrungssuche und -aufnahme, allerdings kann der Energieaufwand zum Stellen und Erlegen der Beute sehr hoch sein. Bei der Suche und Auswahl geeigneter Nahrung spielen vor allem sensorische Fähigkeiten eine Rolle.

Der Nahrungserwerb, der den Nährstoff- und Energiebedarf für die Aufrechterhaltung der Grundfunktionen sowie für Wachstums- und Reproduktion decken muss, ist immer auch mit Kosten in Form von Energie und Zeitaufwand verbunden. Im Laufe der Evolution wurde das Verhalten in allen Funktionskreisen in dem Sinne optimiert, dass die Kosten eines Verhaltens bezüglich Zeit- und Energieaufwand den Nutzen für das Tier dauerhaft nicht überschreiten. Nach der Theorie des optimalen Nahrungserwerbs, der sogenannten Optimal Foraging Theory, gehen Tiere bei der Nahrungssuche mit maximaler Effizienz vor. Das Nahrungssuchverhalten wird daher verständlicher, wenn man es unter Kosten-Nutzen-Gesichtspunkten betrachtet. Der Energieaufwand für den Nahrungserwerb darf also langfristig den Energiegewinn nicht überschreiten. Zudem sollte der Zeitaufwand minimiert werden, um anderen, ebenfalls wichtigen Aktivitäten aus anderen Funktionskreisen nachgehen zu können. Tiere werden also, selbst unter Haltungsbedingungen mit guter Nahrungsversorgung, stets versuchen, mit möglichst geringem körperlichen Aufwand in kurzer Zeit möglichst viel Nahrung aufzunehmen. Aufgrund ihrer Lernfähigkeit, z.B. bestimmte optische und akustische Signale mit der bevorstehenden Fütterung in Verbindung zu bringen, umgehen sie die Nahrungssuche und die damit verbundenen körperlichen Aktivitäten außerhalb der Fütterungszeiten. Auch bei der Planung von Enrichment im Zusammenhang mit Fütterungstechniken muss man das erhebliche Lernvermögen und die Tendenz zur Optimierung einbeziehen (siehe auch Abschnitt: Environmental Enrichment). Im Freiland besteht das Nahrungssuchverhalten aus Elementen der Fortbewegung, der Erkundung und gegebenenfalls der Manipulation. Im Zoo dagegen beschränkt sich das Nahrungssuchverhalten zumeist auf das Konsumieren und bestenfalls Heranziehen des Futters. Das führt bei einer Reihe von Arten zu Fettleibigkeit und birgt darüber hinaus die Gefahr, die Regulation der Nahrungsaufnahme außer Kraft zu setzen. Diese erfolgt nicht direkt über die aufgenommene Menge an Nährstoffen, sondern vielfach über die Ausführung der mit dem Nahrungserwerb zusammenhängenden Verhaltensweisen. So ist bei Pferden die Anzahl der Kauschläge für die Beendigung einer Mahlzeit entscheidend und nicht die Magenfüllung oder gar der Anstieg der Glukosekonzentration im Blut, die erst lange nach der Aufnahme der relativ schwer verdaulichen Nahrung erfolgt. Ähnlich liegen die Verhältnisse bei Giraffen, hier spielt die Zungenaktivität bei der Nahrungsaufnahme eine entscheidende Rolle. Mangelt es bei der Fütterung an Ästen und Zweigen und wird Raufutter so angeboten, dass es ohne erhebliche Zungenmanipulation aufgenommen werden kann, resultieren sehr schnell orale Störungen, die sich in Zungenschlagen, Belecken von Gegenständen bis hin zum Leerlaufkauen manifestieren können (siehe auch Abschnitt: Verhaltensstörungen). Bei der Haltung von Wildtieren ist es deshalb äußerst wichtig, das Futter derart anzubieten, dass die Tiere durch den Einsatz arttypischer Verhaltensweisen an die Nahrung gelangen und der Zeitaufwand dafür dem unter natürlichen Bedingungen zumindest nahe kommt. Die Art und Weise der Futterdarbietung sollte auch das artspezifische Nahrungssuchverhalten berücksichtigen. Während die Nahrung z.B. bei vielen Bärenarten weit verteilt ist und man deshalb mehrere Fütterungen weit verstreuter Nahrung über den Tag anbieten sollte, bietet sich z.B. bei Großkatzen die Fütterung ganzer größerer Fleischportionen mit Knochen und gelegentliche Ganzkörperfütterung an, um die arteigenen Verhaltensweisen der Bearbeitung der Nahrung zu stimulieren.

Im natürlichen Lebensraum vieler Arten treten zudem saisonale Schwankungen in den klimatischen Bedingungen und damit verbunden in der Menge und Zusammensetzung des Nahrungsangebots auf. Die meisten Arten weisen Anpassungen auf physiologischer und ethologischer Ebene an die immer wiederkehrenden Bedingungen von Nahrungsüberfluss und Nahrungsknappheit auf. Diese bleiben auch bei der Haltung in Menschenobhut erhalten. Wird dies nicht berücksichtigt, kann das zur Überforderung der Anpassungsfähigkeit der Tiere führen. So unterliegen auch Aktivität und Muster der Nahrungsaufnahme bei einigen Arten extremen jahreszeitlichen Schwankungen, die mit erheblichen Schwankungen der Motivation zur Nahrungsaufnahme einhergehen. Hirsche der nordischen Breiten, die während der üblichen Feistzeit nicht genügend Futter erhalten, um Fett anzusetzen, verlieren im Winter an Gewicht, da sie dann selbst bei hohem Futterangebot nicht vermehrt Nahrung aufnehmen. Einige der nordischen Bärenarten halten in Zeiten von Nahrungsknappheit Winterruhe, Amerikanische Schwarzbären in einigen Regionen sogar Winterschlaf, der mit erheblich reduziertem Stoffwechsel sowie gesenkter Atem- und Herzfrequenz einhergeht. Die physiologischen Veränderungen liegen dabei im Bereich derer von kleineren Arten wie Murmeltieren und Fledermäusen. Phasen erhöhter oder verminderter Aktivität und Nahrungsaufnahme sind bei diesen Arten lichtgesteuert und gehen mit saisonalen Schwankungen in der Motivation zur Nahrungsaufnahme einher. Das bedeutet, während der Feistzeit im Spätsommer und Herbst sind die betreffenden Bärenarten extrem hungrig und ständig auf der Suche nach Nahrung, um Fettreserven anlegen zu können. Sind sie dazu in der Lage, so stellen sie zu Beginn des Winters Nahrungsaufnahme und Aktivität ein und bauen die Fettreserven in den folgenden Wochen und Monaten ab. Ein ständig gleiches Futterangebot bei gleichzeitig starren Fütterungsroutinen kann die Entwicklung von Stereotypien begünstigen (siehe auch Abschnitt: Verhaltensstörungen).

Innerartliche, bei Gemeinschaftshaltung auch zwischenartliche Konkurrenz um den Zugang zur Nahrung muss bei der räumlichen Verteilung des Futters bzw. der Futterstellen beachtet werden. Das Futter muss so verteilt sein, dass es nicht durch stärkere Tiere monopolisierbar ist und Individualdistanzen eingehalten werden können. Ist dies nicht möglich, so kann es zu erheblich beinträchtigter Nahrungsaufnahme rangniederer und schwächerer Gruppenmitglieder kommen.

5.3.2 Feindvermeidung und -abwehr

Die Existenz von Feinden wie Beutegreifern oder Parasiten führte in der Stammesgeschichte zur Entwicklung von körperlichen Merkmalen, z.B. Tarn- oder Warnfarben, aber auch zu Verhaltensweisen, die zur Feindvermeidung und -abwehr beitragen. Eine erhöhte Effizienz der Wachsamkeit gehört mit zu den Faktoren, die das Leben in Gruppen begünstigt. Ständige Aufmerksamkeit und eine hohe Reaktionsbereitschaft sind bei vielen Tierarten die wichtigsten Voraussetzungen dafür, Beutegreifern zu entkommen. Sie bleiben oft auch dann noch erhalten, wenn Feinde über lange Zeiträume nur gelegentlich oder gar nicht auftreten, wie das im Zoo der Fall ist. Zudem können auch große, laute Besuchergruppen oder Fahrzeuge als Bedrohung wahrgenommen werden. Es ist daher wichtig, den entsprechenden Tierarten im Zoo ausreichend Rückzugsmöglichkeiten zu bieten. Fluchttieren der offenen Landschaften, z.B. Pferdeartige und viele Antilopen, muss ausreichend Fläche angeboten werden, damit sie als Störung wahrgenommenen Ereignissen ausweichen und Distanzen einhalten können. Besonders bei kleinen Arten ist darauf zu achten, dass Zäune elastisch sind, um ernsthafte Verletzungen und Todesfälle bei panischer Flucht zu vermeiden.

Tieren, die sich im natürlichen Lebensraum zum Ruhen oder in Situationen, die sie als gefährlich wahrnehmen, an geschützte Orte zurückziehen, müssen die von ihnen bevorzugten Strukturen in ihren Gehegen zur Verfügung gestellt werden bzw. sie müssen die Möglichkeit haben, sie selbst herzustellen. So benötigen kleinere Arten wie Fischotter, Waschbären und Erdmännchen höhlenartige Strukturen. Auch großen, waldbewohnenden Arten wie Tigern oder Leoparden müssen Rückzugsmöglichkeiten in Form von Bäumen, Asthaufen, Steingruppen oder ähnlichen Strukturelementen geboten werden. Diese sind vor allem bei der Haltung von Arten nötig, deren Jungtiere Ableger sind, z.B. Hirschartige, eine Reihe von Antilopen oder Okapis. Die Zeitspanne, in denen sie als Schutz vor Feinden Verstecke aufsuchen, variiert erheblich zwischen den Arten. Bei einigen Antilopen dauert sie nur wenige Tage, beim Okapi mehrere Monate.

Abb. 5.2 Junge männliche Grantgazelle in Demuthaltung vor einem drohend sich nähernden Altbock. Die Abbildung verdeutlicht die nahezu entgegengesetzte Form von Demut- und Drohhaltung.

5.3.3 Sozialverhalten

Unter **Sozialverhalten** werden sämtliche Aktivitäten zusammengefasst, die auf Artgenossen gerichtet sind und der innerartlichen Verständigung dienen. Auf Fortpflanzungsverhalten und Jungenaufzucht, die ebenfalls zum Sozialverhalten gehören, wird in einem separaten Abschnitt genauer eingegangen.

Beim Sozialverhalten wird zwischen soziopositivem, also freundlich motiviertem, dem Zusammenhalt dienendem und sozionegativem, agonistischem Verhalten unterschieden. Zum soziopositiven Verhalten gehört die gegenseitige Hautpflege der Primaten, vieler Huftier- und Vogelarten. Während sie bei Vögeln häufig auf Paarpartner beschränkt ist, kommt sie bei Säugetieren vielfach auch zwischen gleichgeschlechtlichen Gruppenmitgliedern vor. Dabei gibt es bevorzugte Interaktionspartner. Das sind meist solche, die auch viel Zeit in direkter Nachbarschaft verbringen. Soziale Hautpflege wird als Anzeiger von Bindung zwischen zwei Tieren angesehen. Sie kann im Kontext von Beschwichtigungsverhalten eingesetzt werden. Bei Pferden senkt sie die Herzschlagfrequenz, wirkt also beruhigend.

Beim agonistischen Verhalten geht es oft um den Zugang zu begrenzten Ressourcen, beispielsweise Nahrung oder Fortpflanzungspartner. Der Begriff beinhaltet sowohl aggressives als auch unterwürfiges Verhalten. Bei vielen Arten beschränken sich die Gegner auf **Kommentkämpfe**. Dazu gehören Verhaltensweisen, welche die Kosten aggressiver Auseinandersetzungen gering halten, z.B. Droh- und Imponierverhalten, Demuts- und Beschwichtigungsgebärden. Ein Großteil dieses Verhaltens ist ritualisiert, d.h., es besteht aus symbolischen Handlungen, sodass die Gegner keine ernsthaften Verletzungen davontragen. Kommentkämpfe sind bei Hornträgern eine häufig zu beobachtende Form der Auseinandersetzung. Es handelt sich dabei um ein Kampfverhalten, das nach relativ festen Regeln abläuft. Bei Oryxantilopen, die über lange und gefährliche Hornstangen verfügen, beginnt die Auseinandersetzung beispielsweise immer mit einem Schlag auf das gegnerische Horn. Anschließend kreuzen die Kontrahenten die Hörner und entscheiden den Kampf dann, indem sie die Stirn aneinander drücken. Auf diese Weise können die Gegner abschätzen, wer der körperlich überlegene ist, ohne unnötig Energie zu investieren oder Verletzungen zu riskieren. In Junggesellengruppen in Zoos sind

Auseinandersetzungen bei Antilopen und auch Przewalskipferden allerdings nicht auf Kommentkämpfe beschränkt. In konventioneller Haltung hat man spätestens bei Erreichen der Geschlechtsreife durchaus mit Beschädigungskämpfen zu rechnen. Welche Rolle hier Gehegegröße, Altersstruktur innerhalb solcher Gruppen und Erfahrungen der Individuen während der Aufzucht spielen, ist bislang nicht bekannt.

Zum **Droh-** und **Imponierverhalten** gehören Verhaltensweisen, welche die gleiche Funktion erfüllen wie echte Kämpfe, die Beteiligten aber weniger gefährden, z.B. Fell- oder Gefiedersträuben, Zähnezeigen oder Farbwechsel. Drohende Haltung und Mimik lassen die Tiere größer oder gefährlicher aussehen, oft werden außerdem Drohlaute produziert. Schließlich stellt einer der Gegner das Drohen ein und geht zu Demut- oder Beschwichtigungsverhalten über, was einer Niederlage gleichkommt. Die biologische Funktion des Droh- und Imponierverhaltens liegt in einer Einschüchterung des Konkurrenten, der zum Rückzug veranlasst wird, bevor es zu einer ernsthaften aggressiven Auseinandersetzung kommt.

Bei der Demutsgebärde wird die Körpergröße verkleinert, gefährliche Waffen werden verborgen oder abgewandt, wobei dem Gegner mitunter besonders empfindliche Körperstellen wie Kehle oder Hinterkopf zugekehrt werden. **Beschwichtigungsgebärden** sind vielfach Verhaltensweisen aus dem Bereich des Paarungsverhaltens oder der Brutpflege. Ihre Wirkung beruht auf der Aktivierung anderer, mit Aggression nicht vereinbarer Handlungsbereitschaften. Sie treten auch als Begrüßung bei paar- und gruppenlebenden Tierarten auf und ermöglichen Annäherung und Zusammenbleiben von Artgenossen.

Bei manchen Tierarten bilden sich **Rangordnungen** oder **Dominanzhierarchien** aus. Hier sind die Beziehungen zwischen allen möglichen Zweierkonstellationen (Dyaden) innerhalb einer Tiergruppe festgelegt. Vielfach gibt es Verhaltensweisen, z.B. Angriffe mit Körperkontakt, die immer nur vom Ranghöheren an den Rangniederen gerichtet werden, nie umgekehrt. Allerdings sind solche den Rang anzeigenden Auseinandersetzungen selten. Meistens sind die Rangverhältnisse nur am Meideverhalten des jeweils rangniederen Individuums einer Dyade zu erkennen. Rangordnungen regeln den Zugang zu knappen Ressourcen und mindern so ernsthafte, aggressive Auseinandersetzungen. Dem ranghöchsten Tier ist der Zugang zu Ressourcen sicher, rangniedere Tiere schützt das System vor Energieverschwendung und Verletzungen durch aggressive Auseinandersetzungen. Arten, deren Futter weit verteilt und nicht monopolisierbar ist, z.B. Blätter fressende Arten, bilden im natürlichen Lebensraum keine Rangordnungen aus. Hält man Tiere in Gruppen, unabhängig davon, ob sie Rangordnungen ausbilden oder nicht, so müssen die Gehege ausreichend groß und je nach ursprünglichem Lebensraum gut strukturiert sein. Ressourcen wie Nahrung, Wasser und Ruheplätze müssen so verteilt sein, dass kritische Individualdistanzen eingehalten werden können. Dies gilt insbesondere für Arten, die außerhalb der Fortpflanzungszeit solitär leben.

Überleben und Fortpflanzungserfolg eines Tieres hängen erheblich von der Qualität und der effizienten Nutzung des Lebensraums ab. Individuen einer Art können zeitweise oder dauernd ein **Territorium** oder **Revier** besitzen, das sie konsequent gegen konkurrierende Artgenossen verteidigen und dessen Grenzen sie auf arttypische Weise, z.B. durch Lautäußerungen (viele Vogelarten, Brüllaffen) oder Duftmarken (zahlreiche Raubtiere), markieren. Reviere verhindern Auseinandersetzungen um knappe Ressourcen. Das Auftreten von territorialem Verhalten hängt vor allem von der Verteilung und Verfügbarkeit der Nahrung ab. Territorien werden aber auch zur Verteidigung von Paarungspartnern etabliert (siehe auch Abschnitt: Fortpflanzungssysteme). Territoriumsbesitzer, das können einzelne Individuen, aber auch Gruppen sein, sind innerhalb ihres Territoriums dominant gegenüber Eindringlingen.

Manche Arten sind nur während der Fortpflanzungszeit territorial, außerhalb dieser Zeit besitzen sie **Streifgebiete**. Streifgebiete sind weniger exklusiv und können sich teilweise mit denen benachbarter Artgenossen überschneiden, z.B. bei vielen Primatenarten und Huftieren. Einige Arten, z.B. das zu den Kuhantilopen gehörende Topi, bilden je nach Ressourcenverteilung und Verteidigungsmöglichkeiten in bestimmten Arealen ihres Lebensraums Territorien, in anderen nutzen sie Streifgebiete. Territorien sind dort biologisch sinnvoll, wo alle lebenswichtigen Ressourcen auf relativ kleinem Raum vereinigt sind, sodass die Kosten für deren Verteidigung gering sind.

Die Nutzung lebensnotwendiger Ressourcen in einem Lebensraum, z.B. Nahrungsquellen oder Wasserstellen, beeinflusst die räumliche Verteilung und die soziale Organisation einer Art. Während Individuen einiger Tierarten als Einzelgänger leben, schließen sich andere, zeitweise oder dauerhaft, paarweise oder zu kleineren oder größeren Verbänden zusammen. Man spricht von einzelgängerisch oder solitär lebenden Arten, wenn sich die Sozialkontakte zwischen erwachsenen Tieren auf Paarung und Befruchtung beschränken. So gelten bei den Säugetieren z.B. Vielfraß, Tiger, Goldhamster und Braunbär als solitär lebend. Die große Menge sozial lebender Arten zeigt eine Vielzahl von Gruppenformen und sozialen Organisationsformen, die vielfach mit bestimmten **Paarungssystemen** einhergehen. Diese **Sozialsysteme** variieren von temporären Ansammlungen bis zu dauerhaften festen Verbänden bestimmter Größe und Zusammensetzung. Sie reichen von den aus verwandten weiblichen Tieren mit ihrem Nachwuchs (Matrilinien) bestehenden Elefantengruppen oder Rinderfamilien, über die Ein- oder auch Mehr-Männchen-Gruppen vieler Primaten, wobei auch hier die Weibchen matrilinear organisiert sein können und Töchter dauerhaft in der Gruppe bleiben, und Huftiere bis zu den paarweise lebenden Arten wie Gibbons und kleineren Antilopen wie Dikdiks und Klippspringer und einer Reihe von Vögeln (Gänse, Kraniche). Bleibt der Nachwuchs über einen längeren Zeitraum bei den Eltern und hilft bei der Aufzucht der nachfolgenden Geschwister, so spricht man bei Säugetieren von erweiterten Familien, wie sie bei Krallenaffen, Erdmännchen und Hundeartigen vorkommen. Meist jedoch verlassen ein oder beide Geschlechter die Eltern bzw. die Gruppe vor Erreichen der Geschlechtsreife, um sich anderen Gruppen oder einem Paarpartner anzuschließen. Die Zeit der natürlichen Abwanderung aus der Geburtsgruppe ist auch die günstigste, um in Menschenobhut neue Gruppen zusammenzustellen. Bei einer Reihe von Arten bilden männliche Tiere Junggesellengruppen, bis sie in der Lage sind, eine eigene Gruppe zu gründen oder zu übernehmen. Bei Equiden sind solche Gruppen durch häufige Spielkämpfe geprägt. Die Entwicklung, d.h. das Auftreten bestimmter hengsttypischer Verhaltensweisen, verläuft in solchen Gruppen schneller als bei längerem Verbleib in der Geburtsgruppe. Ein wichtiger Vorteil des Zusammenlebens ist die höhere Sicherheit vor Beutegreifern. So leben Flamingos paarweise, die Paare brüten aber in Kolonien. Durch die Synchronisation der Brut haben sie einen besseren Schutz vor Feinden. Koloniebildung findet man auch bei Säugetieren wie den Schwarzschwanz-Prairiehündchen.

Auch bei nicht dauerhaft in Gruppen lebenden Tieren kann es zu temporären Ansammlungen, sogenannten **Aggregationen**, kommen. So finden sich im Herbst, wenn die Lachse zum Laichen in die Flüsse zurückkehren, zahlreiche Braunbären zu großen Ansammlungen zusammen. Vorübergehende Rangordnungen mit den körperlich überlegenen, erwachsenen Männchen an der Spitze regulieren den Zugang zu den günstigsten Fangplätzen. Solche Ansammlungen von Individuen, die durch äußere Umweltfaktoren verursacht werden, lösen sich in der Regel bei Wegfall des bindenden Grundes auf. Aggregationen sind dadurch gekennzeichnet, dass die Tiere den Ort bzw. die Ressourcen, nicht aber andere Artgenossen aktiv aufsuchen. Ein aktives Aufsuchen von Artgenossen erfolgt nur während der Fortpflanzungszeit.

Zwischen Haltungsbedingungen und Maßnahmen, die für das Wohlergehen des einzelnen

Tieres wichtig sind, und solchen, die für den langfristigen Erhalt von Reservepopulationen einer Art notwendig sind, können erhebliche Widersprüche bestehen. Eine solche Situation ergibt sich häufig bei der Haltung gruppenlebender Tiere. So kann es z.B. aus Gründen des genetischen Managements einer Population erforderlich sein, ein Tier aus einer Gruppe zu entfernen oder hineinzubringen. Bei matrilinear organisierten Arten empfiehlt es sich, neue Gruppen aus solchen mütterlichen Linien und nicht aus unverwandten Einzeltieren aufzubauen, um sozialen Stress zu vermeiden und das Fortpflanzungspotential zu erhalten. Manchmal ist es aus haltungstechnischen Gründen auch nötig, solitär lebende Arten in Paaren oder kleineren Gruppen zu halten. Um die Tiere nicht unnötigem Stress auszusetzen, sollte man jede Art von Neugruppierung oder Zusammenführung von Individuen schrittweise vollziehen, indem man den Tieren z.B. zunächst nur den optischen und olfaktorischen Kontakt an einem Gitter ermöglicht und sie erst dann zusammenlässt, wenn die freundlichen Kontakte überwiegen. Vielfach kann man ein zu integrierendes Tier zunächst nur mit einem besonders ruhigen und als wenig aggressiv geltenden Gruppenmitglied zusammenlassen. Solche Zusammenführungen sollten stets in einem stressfreien Rahmen und erst, nachdem der Neuzugang das Gehege kennengelernt hat, stattfinden. Auch dann sollten den Tieren sichere Rückzugsmöglichkeiten zur Verfügung stehen.

Gruppenlebende Tierarten bilden soziale Bindungen aus, die durch häufiges nahes Beisammensein bzw. geringe Abstände zueinander charakterisiert sind. Hier ist es wichtig, Ressourcen, z.B. Ruheplätze, so anzulegen, dass sie gemeinsam von mehreren Tieren genutzt werden können. Mitglieder solitärer Tierarten zeichnen sich durch große Individualabstände aus. Die gemeinsame Nutzung begrenzter Ressourcen ist unüblich. Sofern sich nicht positive Beziehungen zwischen den Individuen entwickeln, was nicht vorhersagbar ist, ist es für schwächere Tiere in kleinen Haltungen vielfach unmöglich, die notwendigen Abstände einzuhalten und gleichzeitig Ressourcen (Futter, mikroklimatisch günstige Ruheplätze, manipulierbare Objekte und Substrate), sofern diese überhaupt in ausreichender Menge vorhanden sind, optimal zu nutzen. Die Alternative, entweder bestimmte Distanzen zu unterschreiten, um Ressourcen optimal zu nutzen, oder aber Distanzen einzuhalten und bestimmte Bereiche nicht optimal zu nutzen, führt zu Konflikten, aus denen Stereotypien entstehen können (siehe auch Abschnitt: Verhaltensstörungen). Eine gute Strukturierung, das Einbringen optisch dichter Barrieren oder vorzugsweise die Unterteilbarkeit von Gehegen, um Individuen zeitweise getrennt zu halten, können hier in vielen – aber nicht in allen – Fällen Abhilfe schaffen.

5.3.4 Fortpflanzungsverhalten

Zum Fortpflanzungsverhalten zählen das Sexualverhalten sowie alle zur Jungenaufzucht gehörenden Verhaltensweisen. Die **Fortpflanzungsbereitschaft** wird sowohl durch innere, endogene Faktoren (Hormone) als auch durch äußere, exogene Faktoren (Tageslänge, Anwesenheit von potenziellen Paarungspartnern) ausgelöst. Männchen sind während der gesamten für die Art typischen Fortpflanzungszeit paarungsbereit, während Weibchen nur für eine relativ kurze Zeitspanne um den Zeitpunkt der Ovulation herum die Paarung zulassen und Sexualverhalten zeigen.

Sexualverhalten umfasst Balz- oder Werbeverhalten und, sofern Sexualpartner für längere Zeit zusammenbleiben, Verhaltensweisen, welche die Paarbildung fördern und die Paarbindung festigen. Anlocken der Partner, Annäherung, Synchronisation und – bei Arten mit innerer Befruchtung – Kopulation, sind Bestandteile der Balz. Komplexe, artspezifische Verhaltensweisen kennzeichnen das Balzverhalten vieler Arten, zu denen normalerweise eine Reihe von Signalen akustischer, chemischer, taktiler oder visueller Natur gehören, z.B. das Präsentieren von zur Fortpflanzungszeit speziell ausgestatteten und gefärbten Körperpartien oder besonders betonte Körperhaltungen und Bewegungsabläufe. Die meisten Verhaltensweisen sind genetisch fixiert. Sie müssen sicherstellen, dass die beteiligten Individuen der gleichen Art und dem passenden Geschlecht angehören und die Abstimmung der Partner derart erfolgt, dass eine erfolgreiche Begattung und Befruchtung möglich ist. Vielfach enthält das Balzverhalten stark ritualisierte Elemente des agonistischen Verhaltens (z.B. Demutsgebärden) oder der Brutpflege (Fütterung des Weibchens). Bei einzelgängerisch lebenden Arten müssen zudem im Verlauf der Werbung Angriffs- und Fluchttendenzen sowie Individualdistanzen überwunden werden. Daher ist es wichtig, dass die Zusammenführung der Geschlechter zur Paarung bei ansonsten solitär lebenden Tieren genau in dem Zeitfenster erfolgt, in dem die innerartliche Aggression aufgrund der Fortpflanzungsbereitschaft erniedrigt ist (z.B. viele Raubtiere, Mindoro-Krokodile).

Balzverhaltensweisen können zudem sicherstellen, dass ein potenzieller Geschlechtspartner physiologisch fortpflanzungsfähig ist. Die Ausprägung bestimmter morphologischer Merkmale, z.B. die Intensität der Bauchfärbung des Stichlingsmännchens, oder Verhaltensweisen, z.B. die Lautstärke und Rufhäufigkeit bei Amphibien und Vögeln oder die Ausdauer beim Treiben des Partners, geben Auskunft über dessen Qualität, die vor allem für die Partnerwahl seitens der Weibchen wichtig ist. Für das teilweise komplizierte Balzverhalten vieler Vögel müssen in menschlicher Obhut geeignete Balzplätze und Requisiten vorhanden sein. Letztere sind vor allem bei Laubenvögeln wichtig, die im Rahmen der Balz Lauben aus den verschiedensten Materialien bauen und diese vielfach mit farbigen Objekten wie Blüten oder Blättern schmücken oder sogar Perlen und buntes Papier einbauen.

Die von Hirschen bekannte Brunstzeit sowie die Musth der Elefanten sind Zeiten der männlichen Hypersexualität, in denen der Testosterongehalt im Blut besonders hoch ist und die Männchen versuchen, so viele Weibchen wie möglich zu begatten. Allerdings sind Elefantenbullen auch außerhalb dieser Zeit deckfähig. Das gleiche gilt für Hirsche im Herbst und Winter, bis sie das Geweih abwerfen.

Im Tierreich findet man ein breites Spektrum verschiedener **Paarungssysteme**, die vielfach, aber nicht immer mit bestimmten Formen sozialer Organisation einhergehen. Mit **Promiskuität** bezeichnet man die wahllose Verpaarung innerhalb einer Population. Dies gilt für viele Wirbellose und niedere Wirbeltiere, aber auch für Schimpansen und Bären. Bei Braunbären und Amerikanischen Schwarzbären haben genetische Untersuchungen eine Superfekundation, also Mehrfachbefruchtung, belegt. Das bedeutet, die Weibchen wurden innerhalb einer Fortpflanzungssaison nicht nur von mehreren Männchen begattet, sondern Spermien verschiedener Männchen führten zu einer erfolgreichen Befruchtung, sodass Wurfgeschwister von mehreren Vätern stammen können. Bei **monogamen** Arten bestehen sexuelle Kontakte nur zu einem Partner. Die Partner bleiben für einen längeren Zeitraum, mindestens bis zur Geburt oder der Selbstständigkeit der Jungen, zusammen. Die meisten monogamen Arten findet man bei den Vögeln. Hier sind die Weibchen kaum in der Lage, ihre Brut dauerhaft vor Feinden zu schützen und die Jungen mit ausreichend Futter zu versorgen. Nur wenn beide Partner sich Brut und Nestbewachung teilen, können sie den Nachwuchs erfolgreich aufziehen. Allerdings haben genetische Studien an Vögeln gezeigt, dass der Paarpartner vielfach nicht der Vater ist. Daher unterscheidet man mittlerweile zwischen sexueller und sozialer Monogamie. Monogame Beziehungen können saisonal oder lebenslang bestehen. Saisonale Monogamie zeichnet die meisten Entenarten aus, während Gänse und Schwäne für ihre lebenslange Partnerschaft bekannt sind. Existieren sexuelle Beziehungen zu mehreren Partnern, so bezeichnet man das Paarungssystem als **polygam**. Beziehungen sind **polygyn**, wenn sie zwischen einem Männchen und mehreren Weibchen bestehen. Polygynie ist im Tierreich häufig, nämlich dann, wenn keine Brutfürsorge notwendig ist oder wenn Weibchen alleine in der Lage sind, ihre Jungen zu versorgen, wie das bei vielen Säugern der Fall ist. Polygynie kann in verschiedenen Formen auftreten. Bei der Ressourcen-Verteidigungs-Polygynie verteidigt das Männchen ein bestimmtes Gebiet, das Nahrungs- oder Wasserressourcen aufweist, und lockt damit Weibchen an, die wegen der Nahrung kommen. Das Männchen versucht die Weibchen in seinem Revier mindestens bis zur Paarung zu halten (z.B. Bienen, Grévy-Zebras oder Topis). Bei der Weibchen-Verteidigungs-Polygynie schart ein Männchen einen Harem um sich und verteidigt diesen gegenüber Konkurrenten (viele Primatenarten, Steppen- und Bergzebras, Przewalskipferde). Opportunistische Polygynie liegt vor, wenn Männchen ohne festes Revier auf der Suche nach Weibchen umherstreifen. Lek-Polygynie tritt beim Arenabalzverhalten auf. Eine Reihe von Vogelarten ist für ihre Arenabalz bekannt (beispielsweise Raufußhühner, Kampfläufer oder Großtrappen). Sie dient der Anlockung der Weibchen, die wiederum an solchen Balzplätzen den direkten Vergleich zwischen den konkurrierenden Männchen haben. Jedes errichtet ein kleines ressourcenfreies Paarungsterritorium, um seine spektakulären Balztänze aufzuführen. Die Territorien in der Mitte des Balzplatzes sind am größten und ihre Besitzer werden von den Weibchen bevorzugt gewählt. Auch bei einigen Antilopenarten findet man Leks zur Paarungszeit.

Es gibt aber auch Arten, bei denen ein Weibchen sich mit mehreren Männchen paart, man spricht dann von **Polyandrie**. Auch hier können verschiedene Formen auftreten. Bei der Sperma-Ersatz-Polyandrie speichert das Weibchen den Samen. Durch die mehrfache Verpaarung steigt die Nachkommenzahl (z.B. Fliegen). Bei der Ressourcen-Verteidigungs-Polyandrie verteidigt ein Weibchen, das bei Vögeln ein Prachtkleid trägt, ein Revier und lockt damit Männchen an. Nach der Paarung überlässt das Weibchen den Männchen die Aufzucht der Brut (z.B. Indischer Wasserfasan, Odinshühnchen).

Bei der opportunistischen Polyandrie ist der Nahrungsgewinn für das Weibchen umso größer, je mehr Männchen mit einem Hochzeitsgeschenk kommen (z.B. manche Kolibris). Bei der kooperativen Polyandrie helfen mehrere Männchen bei der Aufzucht der Jungen. Die Weibchen locken die Männchen mit der Aussicht auf Fortpflanzung an. Bei der Polygynandrie bestehen sexuelle Beziehungen und feste Bindungen zwischen mehreren Männchen und Weibchen. Verbreitet ist dieses Paarungssystem vor allem bei solitären und bei solchen Arten, bei denen die Weibchen während eines längeren Zeitraumes paarungsbereit sind (Affen und Menschenaffen). Einige Arten sind je nach Umweltbedingung flexibel bezüglich des gerade herrschenden Paarungssystems.

Die Bedürfnisse des Nachwuchses sind ein wichtiger ultimater Faktor für die Evolution von Paarungssystemen. Bei den meisten Tierarten ist die Fortpflanzungszeit auf bestimmte Jahreszeiten beschränkt. Die Produktion reifer Keimzellen und die verschiedenen, mit der Fortpflanzung verbundenen Brutpflegehandlungen stellen besondere physiologische Anforderungen an den Organismus. Darüber hinaus müssen die Jungen zu einer Zeit geboren werden oder schlüpfen bzw. den Geburtsort verlassen, in der das Nahrungsangebot für das Wachstum ausreichend ist. Die Setz- bzw. Schlupfzeiten jeder Tierart, bei weitverbreiteten Arten jeder Population, haben sich daher im Laufe der Stammesgeschichte durch natürliche Selektion jeweils auf diejenige Jahreszeit eingespielt, die diese Voraussetzungen weitestgehend erfüllt. Neben dem Nahrungsangebot können auch andere Umweltbedingungen, welche die Eiablage bzw. Geburt und Brutpflege begünstigen, z.B. Temperatur und Feuchtigkeit, einen Einfluss auf die Fortpflanzungszeit haben.

Die Jungtiere vieler Arten werden in einem Entwicklungszustand geboren, in dem sie noch eine gewisse Zeit auf die Versorgung durch die Eltern oder andere Artgenossen angewiesen sind, um zu überleben. Intensität und Dauer der elterlichen bzw. bei Säugern meist mütterlichen

Fürsorge hängen vom Entwicklungszustand der Jungen bei der Geburt ab. Die Jungen vieler Vogel- und Säugetierarten sind **Nesthocker**, deren Sinne, motorische und thermoregulatorische Fähigkeiten erst im Laufe der ersten Lebenswochen heranreifen (z.B. Eulen-, Greif- und Sperlingsvögel, Landraubtiere, viele Nagetiere). Sie sind auf einen gut abgeschirmten Nest- oder Wurfplatz angewiesen, der den Jungen Schutz vor Auskühlung und Feinden und dem Weibchen Sicherheit bietet. Viele Weibchen dieser Arten sind in den ersten Wochen der Aufzucht enorm störungsempfindlich und können mit dem Verlassen der Jungen reagieren, wenn Artgenossen oder auch Pfleger zu früh in ihre Nähe kommen. Dagegen können sich **Nestflüchter** gleich nach der Geburt oder dem Schlupf eigenständig fortbewegen und sich bei Gefahr verstecken oder flüchten (z.B. Enten- und Hühnervögel, Huftiere, südamerikanische Nagetiere). Dazu sind Primaten, die bis auf wenige Ausnahmen (z.B. Varis) in den ersten Monaten von ihren Müttern am Körper getragen werden müssen, noch nicht in der Lage. **Brutpflege** kommt sowohl in allen Wirbeltierklassen als auch bei manchen Gliederfüßern (z.B. Staaten bildenden Insekten) und Mollusken (z.B. Kraken) vor. Ein besonders hoch entwickeltes Brutpflegeverhalten zeigen Säugetiere und Vögel. Wenig Brutpflege betreiben z.B. Insekten, manche Fische, Amphibien sowie die meisten Reptilien. Die befruchteten Eier werden zumeist sich selbst überlassen.

Oft sind die ersten Lebenstage für Jungtiere besonders kritisch, weil sie in einem sehr schnell ablaufenden, weitgehend irreversiblen Prägungsprozess lernen müssen, wer ihre Eltern, Artgenossen oder auch spätere potenzielle Fortpflanzungspartner sind. Prägungsähnliche Lernvorgänge dienen auch bei älteren Jungtieren dem Erwerb von Informationen über die geeignete Nahrung (siehe auch Abschnitt: Prägung). Die Jungenaufzucht und deren Entwicklung ist bei der Haltung von Wildtieren ein besonders kritischer Bereich. Elefanten und Menschenaffen beispielsweise haben eine besonders lange, mehrjährige Phase des Heranwachsens und Lernens. Typischerweise erfahren die Jungen ein sehr hohes Maß an Aufmerksamkeit und Betreuung durch ihre Mütter und andere Artgenossen und erwerben so einen großen Anteil der Kenntnisse, die für ihr späteres Leben wichtig sind. Wildtiere in menschlicher Obhut müssen die Möglichkeit haben, von ihren Artgenossen zu lernen. Zumindest Säugetiere solitärer Arten erfahren während der Aufzucht eine Phase des Zusammenlebens. Erfahrungen mit Handaufzuchten legen nahe, dass sie offensichtlich bereits während dieser Zeit einen Teil des Verhaltensrepertoires, das für spätere Begegnungen mit Artgenossen, z.B. im Rahmen der Fortpflanzung, wichtig ist, einüben müssen. Für sozial lebende Arten ist es unerlässlich, in geeigneten sozialen Verbänden aufzuwachsen, um sich als Erwachsene in der eigenen Gruppe zu behaupten und später die eigenen Jungen erfolgreich aufzuziehen (Erdmännchen, Affen, Elefanten).

Junge Tiere sind besonders gefährdet, Feinden zum Opfer zu fallen. Deshalb sind viele Elterntiere überaus wachsam oder haben Techniken entwickelt, Feinde von den Jungen abzulenken. Dazu gehört das Verleiten, bei dem sich ein Altvogel scheinbar verletzt vom Nest fortbewegt und so den Feind ablenkt (viele Bodenbrüter, z.B. Säbelschnäbler). Jungtiere sind unter Umständen aber auch durch eigene Geschwister gefährdet (Siblizid oder Kainismus). Geschwisterkämpfe mit oft tödlichem Ausgang kommen bei manchen Greifvogelarten, Reihern und Hyänen vor. Bei Jungen, die ausschließlich von der Mutter aufgezogen werden, kann die Anwesenheit des Männchens ein Risiko darstellen. Fremde Männchen, die ansässige Männchen vertrieben haben, töten bei einigen Arten gezielt Jungtiere (**Infantizid**) und bewirken so, dass die Weibchen schneller wieder paarungsbereit werden (z.B. bei Grauen Languren, Löwen oder Braunbären). Infantizid wird gelegentlich auch im Zoo beobachtet. Bei der Zucht dieser Arten müssen daher ausreichend Absperrmöglichkeiten vorhanden sein, um die Jungtiere nicht zu gefährden, vor allem dann, wenn aus populationsgenetischen Gründen häufigere Wechsel der Männchen vorgesehen sind.

Unzureichende Haltungsbedingungen können verhindern, dass trächtige Weibchen erfolgreich gebären oder die Jungtiere angemessen versorgen. Mängel im Nahrungsangebot, ungenügende räumliche oder soziale Verhältnisse und eine hohe allgemeine Stressbelastung können zu Aufzuchtproblemen und hoher Jungtiersterblichkeit führen. Oft liegen die Probleme auch an mangelnder Erfahrung der Mutter bzw. der Elterntiere. Durch reichliche Fütterung sind körperlich schon reife, aber im Verhalten noch unreife Weibchen bei ihrem ersten Jungtier oft nicht in der Lage, angemessenes Brutpflegeverhalten zu zeigen. Das Fehlen von für die Aufzucht relevanten Erfahrungen kann ein Grund für mangelnde soziale Kompetenz sein. Bei manchen Arten, z.B. Bartaffen, sind große Gruppen, zusammengesetzt aus Tieren verschiedener Altersklassen, eine Bedingung für regelmäßige Reproduktion und Aufzucht. Bei der Gestaltung von Gehegen muss berücksichtigt werden, dass den Tieren entsprechend ihrer Anzahl und Gruppenzusammensetzung stets ausreichend Bereiche zur Verfügung stehen, in die sie sich vor Artgenossen, aber auch vor Zoobesuchern zurückziehen können. Dies ist besonders wichtig für Weibchen und deren Nachwuchs. Kleine Pandas beispielsweise sollten stets mehrere Wurfhöhlen zur Verfügung haben, damit die Mutter mit den Jungtieren einen anderen Ort aufsuchen kann, wenn sie sich gestört fühlt. Die Trennung von Jungtieren und Erwachsenen, z.B. das Abwandern, muss im Zoo durch Abgabe von Tieren ermöglicht werden.

Die künstliche Aufzucht von Jungtieren, deren natürliche Aufzucht nicht möglich ist, ist manchmal ein Weg, das Tier als Mitglied der Zuchtpopulation am Leben zu erhalten. In der Regel ist es allerdings außerordentlich aufwendig, dabei Bedingungen zu schaffen, die zur Entwicklung von Individuen führen, die eine ähnliche soziale und ökologische Kompetenz besitzen wie natürlich aufgewachsene. Von Hand aufgezogene Tiere haben nicht selten Fehlprägungen erfahren, die sie dazu bringen, Menschen als Artgenossen wahrzunehmen und sich entsprechend zu verhalten (siehe auch Abschnitt: Prägung). Ein hoher Anteil der von Hand aufgezogenen Tiere in einer Erhaltungszuchtpopulation kann deren langfristigen Erhalt gefährden.

5.4 Mensch-Tier-Beziehungen

Es ist schwer zu sagen, ob Tiere in menschlicher Obhut Menschen als Feinde oder Artgenossen wahrnehmen. Aggression, Meide- und Fluchtverhalten sind je nach Art und in Abhängigkeit von positiven und negativen Erfahrungen vermutlich unterschiedlich stark ausgeprägt. Untersuchungen an verschiedenen Tierarten (Spitzmaulnashorn, Gepard, Mähnenwolf, Doppelhornvogel) in Zoos haben gezeigt, dass Auftreten und Gewohnheiten der Tierpfleger einen erheblichen Einfluss auf die Reaktionen der Tiere (Aggression, Scheu, Annäherung, Rückzug) und die Konzentration von Glukokortikoid-Abbauprodukten im Kot, die ein Maß für die Stressbelastung ist, haben. Pfleger, die mehr Zeit mit den Tieren verbringen und in einem ruhigen Ton mit ihnen sprechen, senken das Stressniveau. Eine geringe Stresshormonkonzentration findet man auch bei Tieren, welche die meiste Zeit mit demselben Pfleger verbringen, während bei häufigem Pflegerwechsel die Stressbelastung steigt. Bei Spitzmaulnashörnern und Geparden fand man erhöhte Stresshormonwerte bei scheueren Tieren.

Zwischen den verschiedenen Tierarten können die Reaktionen sehr stark variieren, sie sind artspezifisch. Bei Mähnenwölfen oder Geparden können Pfleger, die sich schnell bewegen oder unerwartet Geräusche machen, eine erhöhte Aggression oder Drohverhalten auslösen. Außerdem wird die Qualität der Beziehung zwischen Pfleger und Tier stark davon beeinflusst, ob der Pfleger das Gehege betritt, während das Tier anwesend ist, ob er für das Tier sichtbar oder anders wahrnehmbar ist. Generell sind Beziehungen zum Pfleger positiver, wenn dieser mit dem Tier durch eine Barriere interagiert, als wenn er zu dem Tier auf die Anlage geht. Sichtkontakt zum Pfleger wirkt sich ebenfalls positiv auf die Zutraulichkeit von Tieren aus. Bei erfahrenen Pflegern reagieren die Tiere weniger scheu. Bei Schimpansen wirkt sich eine entspannte Beziehung zu den Pflegern positiv auf die sozialen Interaktionen innerhalb der Schimpansengruppe aus, bei Katzen wirkt sie sich positiv auf den Fortpflanzungserfolg aus.

Das deutet darauf hin, dass bestimmte Haltungsroutinen und Gewohnheiten, die Erfahrung und das Verhalten der Pfleger die Scheu der Tiere sowie ihre Stressbelastung steigern oder mindern können. Diesen Erkenntnissen sollte Rechnung getragen werden. Unterschiede zwischen einzelnen Arten sowie individuelle Unterschiede, beeinflusst durch frühere Erfahrungen des Tieres, müssen hier ebenfalls beachtet werden.

Ein gewisses Maß an Zutraulichkeit bei Tieren in menschlicher Obhut ist am ehesten durch einen ruhigen Umgang zu erreichen, und wenn das Verhalten des Pflegers weitgehend berechenbar ist und ohne negative Folgen für das Tier bleibt. Es ist wichtig, dem Tier eine sichere Rückzugsmöglichkeit offen zu lassen und eine bestimmte kritische Distanz nicht zu unterschreiten. Belohnungen, insbesondere mit Futter, beschleunigen die Gewöhnung an den Menschen und können den täglichen Umgang erleichtern. Sie sollten aber allein schon aus ernährungsphysiologischen Gründen nur maßvoll eingesetzt werden und nicht dazu führen, dass ein Tier Bettelverhalten zeigt, sobald es einen Tierpfleger sieht. Dies widerspricht der Forderung nach artgerechter Haltung.

Auch das **Training** mit Tieren kann sich positiv auf das Verhältnis zwischen Tier und Pfleger auswirken, Stresshormonwerte senken und Meideverhalten reduzieren. Bei vielen Tierarten, z.B. Elefanten, Bären, Nashörnern, aber auch bei Krokodilen oder Schildkröten, wird in Zoos das sogenannte Target-Training angewandt. Es beruht auf dem Prinzip der operanten Konditionierung durch positive Verstärkung und bietet die Möglichkeit, veterinärmedizinische Untersuchungen sowie Blutentnahmen ohne Narkose durchzuführen. Es ermöglicht so, Routinearbeiten wie Umsperren oder Wägungen ohne Stress für das Tier und ohne Gefahr für Tier oder Pfleger durchzuführen. Das Target (englisch: Ziel) besteht meist aus einem Stab mit einem Ball an einem Ende, an dem sich das Tier während des **Trainings** orientieren kann. Geeignete Target-Stäbe sind stets so gestaltet, dass ein Tier durch zufällige oder beabsichtigte Berührungen weder Schmerzen noch Verletzungen erfährt. Je nach Größe und Gefährlichkeit der Tiere variiert die Länge des Target-Stabs. Dieser wird dabei als Hilfsmittel zur Lenkung eingesetzt. Das Tier lernt, auf Zuruf beispielsweise bestimmte Körperstellen zu exponieren oder berühren zu lassen oder das Target mit einem bestimmten Körperteil (z.B. mit der Schnauze, Tatze oder Schulter) zu berühren und dort zu verharren. Wenn es das gewünschte Verhalten gezeigt hat – und nur dann – erfolgt die Belohnung in Form von Futter, um das Verhalten positiv zu verstärken. Wichtig ist hierbei, dass die Belohnung unmittelbar erfolgt, damit das Tier das gewünschte Verhalten mit dem Verstärker in Zusammenhang bringt. Als Bridging Stimulus (englisch: Brücke) wird häufig das Wort „gut“, ein Pfiff oder ein anderes akustisches Signal benutzt. Die Brücke überwindet den Zeitraum zwischen einer ausgeführten Aktion und der Belohnung, es zeigt dem Tier, dass es gerade das gewünschte Verhalten ausführt und die Belohnung gleich folgen wird. Will man ein bestimmtes Ziel erreichen, ist es wichtig, den Weg dorthin in mehrere kleine Schritte aufzuteilen. Um das Tier nicht zu überfordern, muss ein Übungsschritt gut beherrscht werden, bevor der nächste folgt und die Anforderungen erhöht werden.

5.5 Verhaltensstörungen

Bei Zootieren kann man gelegentlich abnormes Verhalten beobachten. Verhaltensstörungen können in verschiedenen Formen auftreten. Man unterscheidet wiederholte Leerlaufhandlungen, Stereotypien, unphysiologisches Kotfressen, Regurgitieren, also das zwanghafte Hochwürgen von Nahrung, Selbstverletzung und das sogenannte Overgrooming, d.h. das übermäßige Putzen des eigenen Fells bzw. Gefieders und dem von Jungtieren. Einige Tierarten scheinen eher zu abnormem Verhalten zu neigen als andere und die Verhaltensstörungen sind unterschiedlich ausgeprägt. Verhaltenstörungen sind auch von Nutztieren bekannt und scheinen generell direkt oder indirekt mit Mängeln in den Haltungsbedingungen zusammenzuhängen. In seltenen Fällen können sie sich verselbstständigen und als Neurosen manifestieren.

Unter den Vögeln ist vor allem bei Papageien (Graupapageien, Aras und Kakadus) das Ausrupfen der eigenen Federn bekannt. Meist sind isoliert und in reizarmen Käfigen gehaltene Tiere betroffen.

Bei vielen Tierarten hängt das Auftreten von abnormen Verhaltensweisen vermutlich mit unzureichender Nahrungszusammensetzung zusammen. So steht das wiederholte Regurgitieren, das zwanghafte Hochwürgen von bereits verzehrter Nahrung, das bei vielen in Zoos gehaltenen Gorillas auftritt, mit der Verabreichung von rohfaserarmer Kost in Beziehung. Durch Erhöhung des Anteils rohfaserreicher Nahrung kann man dem entgegenwirken.

Orale Störungen wie das bei Giraffen und Okapis vorkommende stereotype Zungenschlagen und Lecken können ebenfalls auf das Nahrungsangebot im Zoo zurückgeführt werden. Hier steht den Tieren im Winter oft nur gefrorenes Laub zur Verfügung und nicht ausreichend frische Büsche und Bäume, von denen sie, wie im Freiland, über viele Stunden des Tages, unter Einsatz entsprechender Zungenbewegungen Blätter abrupfen können. Offenbar senkt nicht die aufgenommene Nahrungsmenge allein, sondern auch ein bestimmtes Maß an ausgeführten Zungenbewegungen die Motivation, dieses Verhalten auszuführen. Das Anbieten von Heu und Laub in engmaschigen Körben kann das Auftreten von oralen Störungen bei Giraffen deutlich senken. Die beste Wirkung hat aber die Verfügbarkeit von Ästen. Im Sommer werden die Blätter abgerupft, im Winter kann zumindest die Rinde unter Einsatz von Lippen, Zähnen und Zunge abgezogen werden.

Bei einer sehr hohen Handlungsbereitschaft und dem Fehlen adäquater Reize können sogenannte Leerlaufhandlungen auftreten. So kennt man sowohl bei Vögeln als auch Säugetieren wie Menschenaffen und Bären Leerlaufhandlungen aus dem Bereich des Nestbauverhaltens, wenn ihnen kein Nestmaterial zur Verfügung steht, die Motivation, dieses Verhalten auszuführen, aber offenbar hoch ist. Hier reicht das Anbieten von Nestmaterial aus, um das natürliche Nestbauverhalten auszulösen und die Störungen zu beenden.

Liegt dagegen ein innerer Konflikt zwischen zwei Verhaltensweisen vor, z.B. zwischen Flucht und Angriff, so tritt häufig eine neue Verhaltensweise auf, die nicht zu dem Funktionskreis der rivalisierenden Verhaltensweisen gehört (z.B. aus dem Bereich der Körperpflege). Ein solches Verhalten nennt man Übersprungbewegung. Stehen sich z.B. zwei kampfbereite Hähne gegenüber und der rangniedere gerät in einen Konflikt zwischen Angriff und Flucht, ist eine mögliche Übersprunghandlung das Picken nach nicht vorhandenem Futter. Übersprungbewegungen und Leerlaufhandlungen müssen nicht generell als abnormes Verhalten angesehen werden. Erst wenn sie beständig auftreten, kann sich daraus eine Störung entwickeln.

Am häufigsten treten bei Zootieren, insbesondere bei Raubtieren, sogenannte Bewegungsstereotypien auf. **Stereotypien** werden als wiederholt auftretende, relativ unveränderliche und scheinbar funktionslose Bewegungsfolgen definiert. Stereotypes Gehen entlang festgelegter Strecken, Kreise, Achterfiguren oder Kopfkreisen sind die häufigsten Formen. Auch das Weben, das rhythmische Hin-und-her-Bewegen des Kopfes bei Elefanten, ist als Stereotypie anzusehen.

Um abnormem Verhalten entgegenzuwirken, muss man zunächst nach den möglichen Ursachen fragen. Häufig angeführte Erklärungen sind Reizarmut und suboptimale Bedingungen der Haltungsumwelt. Ein Tier, welches sein arttypisches Verhalten wegen fehlender Reize in der vom Menschen geschaffenen Haltungsumwelt nicht ausüben kann, zeigt aufgrund einer inneren Motivation ein gesteigertes Appetenzverhalten auf der Suche nach adäquaten Reizen, die diese Handlungsbereitschaft senken. Fehlen die entsprechenden Reize, können Verhaltensstörungen als Ersatz für das verhinderte Erreichen des angestrebten Ziels auftreten.

Besonders die Ursachen von Bewegungsstereotypien sind häufig nicht direkt ableitbar. Fortbewegung ist in jedem Suchverhalten enthalten, sodass man aus der Bewegung alleine nicht auf die gesuchte auslösende Situation und die zugrundeliegende Motivation schließen kann. Raummangel alleine ist in den seltensten Fällen der Grund für eine Bewegungsstereotypie. Die genaue Analyse der tatsächlich enthaltenen Verhaltenselemente, des Auftretens im Tagesablauf sowie der Zusammenhang mit Außenreizen können zur Klärung der Ursachen oder zumindest zu Annahmen über die möglichen Gründe führen. Gezielte Änderungen der Haltung zur Überprüfung der Annahmen können dann Klarheit bringen. So ergab eine entsprechend angelegte Studie an Eisbären, dass bei einem weiblichen Tier die Stereotypie das Ergebnis nicht möglichen Ausweichverhaltens vor ranghöheren Artgenossen (soziale Aversion) war, während beim Männchen derselben Gruppe die Futtererwartung, ausgelöst durch vom Futter ausgehende Geruchsreize und mit der Fütterung verknüpfte Geräusche aufgrund der Nähe zur Futterküche, zu einer fixierten Nahrungsappetenz geführt hatte. Findet eine Stereotypie dagegen überwiegend kurz vor Ruhephasen statt, so kann dies ein Hinweis auf unzureichende Ruheplätze oder Rückzugsmöglichkeiten sein. So kam es zu einem erheblichen Rückgang der Stereotypie von Bengalkatzen, nachdem die Gehege mit vielen Strukturen, die Barrierewirkung gegenüber Gehegenachbarn hatten, versehen worden waren. Vielfach wird die Analyse der Verhaltensstörung dadurch erschwert, dass sie mit zunehmendem Alter eines Tieres unabhängig von der auslösenden Situation wird. Einmal verfestigt bleiben Verhaltensstörungen oft erhalten bzw. treten in anderen Konfliktsituationen erneut auf. Gelegentlich beobachtete saisonale Schwankungen von Verhaltensstörungen sind möglicherweise auf saisonale Schwankungen der zugrundeliegenden Handlungsbereitschaften zurückzuführen.

Zahlreiche Studien belegen, dass stereotype Verhaltensweisen durch Environmental **Enrichment** vermindert werden können, vorausgesetzt, es wirkt auf die der Stereotypie zugrunde liegenden Motivation ein. Es ist wichtig, dass diese Motivation bekannt ist, sonst können Maßnahmen allenfalls für einen kurzen Zeitraum ablenken. Wichtig ist auch, dass man ein stereotypierendes Tier nicht, um es abzulenken, auch noch mit Futter belohnt (siehe auch Abschnitt: Konditionierung).

Generell müssen die Haltungsbedingungen derart gestaltet sein, dass die Anpassungsfähigkeit der Tiere nicht dauerhaft überfordert wird. Tiere in menschlicher Obhut sollten körperlich gesund sein, das natürliche Verhaltensrepertoire ihrer Art zeigen und keine Verhaltensstörungen aufweisen. Chronischer Stress sollte nach Möglichkeit vermieden werden. Unter Stress versteht man akute oder chronische Belastungen wie Angst, Verletzungen, thermische Belastung durch lang andauerndes Über- oder Unterschreiten kritischer Temperaturen, rasche Temperaturwechsel und soziale Belastung. Letzteres äußert sich kaum in Auseinandersetzungen, sondern bestenfalls in ständiger Aufmerksamkeit, sobald Gruppenmitglieder aktiv werden, und dem ständigen Bemühen, diesen auszuweichen. Chronischer sozialer Stress begünstigt nicht nur Verhaltensstörungen, sondern kann zu einer gestörten Fruchtbarkeit führen, wie für Geparden nachgewiesen wurde.

Das Auftreten von Verhaltensstörungen stellt zoologische Gärten vor mehrere Probleme. Abweichungen im Verhalten rufen bei Besuchern Mitleid und Zweifel an der Berechtigung, betroffene Arten zu halten, hervor, sie wecken aber nicht das Interesse für die Tierart, was eine Grundvoraussetzung für Naturschutzerziehung ist, eine der wesentlichen Aufgaben zoologischer Gärten. Will man – im Zusammenhang mit Umwelterziehung – über die Biologie und das natürliche Verhalten einer Tierart informieren, so müssen Tiere in der Lage sein, ein möglichst breites Spektrum an arttypischen Verhaltensweisen auszuüben.

5.6 Environmental Enrichment

Es ist offensichtlich, dass die Lebensbedingungen in menschlicher Obhut von den natürlichen Bedingungen erheblich abweichen. Die Lebensräume der meisten Tierarten zeichnen sich durch Komplexität und Wahlmöglichkeiten aus, die sich aus der Größe der Streifgebiete bzw. Reviere ergibt. Unvorhersehbarkeit bezüglich der Nahrungsverfügbarkeit und sogar Zeiten von Mangel sind Merkmale vieler Lebensräume. Verhalten, Physiologie und Morphologie der Tiere sind daran angepasst, die sich daraus ergebenden Herausforderungen zu meistern. Das Sozialleben gesellig lebender Arten ist durch Zu- und Abwanderung sowie durch die Begegnung mit anderen Gruppen von einem gewissen, artspezifisch unterschiedlichen Maß an Dynamik geprägt und der Nachwuchs wird durch vielfältige Kontakte mit anderen Jungtieren und Erwachsenen sozialisiert. Partnerwahl kennzeichnet alle Paarungssysteme. Den beschriebenen Merkmalen der natürlichen Umwelt stehen vielfach Vorhersehbarkeit und Gleichmäßigkeit von Routinen im Zooalltag sowie ein geringer Wechsel von Reizen der belebten und unbelebten Umwelt in den Gehegen und unveränderliche Strukturen, die nur wenig Wahlmöglichkeiten bieten, gegenüber. Das Futter ist meist reichhaltig und leicht verfügbar. Die räumlichen Gegebenheiten lassen, vor allem im Fall solitär lebender Arten, vielfach die Einhaltung notwendiger Individualabstände nicht zu. Bei geselligen Arten entspricht die Gruppenstruktur nicht immer der natürlichen, und Gruppenbegegnungen sind nur in den seltensten Fällen möglich. Aus der Summe dieser Bedingungen resultieren vielfach eine Reduktion des artspezifischen Verhaltensrepertoires und Veränderungen des Aktivitätsbudgets, die deutlich von dem natürlichen abweichen. Dem kann **Environmental Enrichment** (Bereicherung der Umwelt), also das Angebot von Reizen und Wahlmöglichkeiten für die Ausübung funktionaler Verhaltensweisen, entgegenwirken. Haben solche Maßnahmen eine Aktivitätssteigerung zur Folge und ermöglichen sie die Ausübung möglichst vielfältiger Verhaltensweisen, so ist das Ziel, nämlich **Behavioural Enrichment** (Bereicherung des Verhaltens), erreicht. Environmental Enrichment muss die Ökologie, die Sozialstruktur und das Verhalten der Tiere in den verschiedenen Funktionskreisen berücksichtigen, um wirksam zu sein. Maßnahmen, die das Jagdverhalten eines Lauerjägers stimulieren, der auf seine Beute wartet und zuschnappt, sobald sie auftaucht, können für einen Schleich- oder gar Hetzjäger, der sich möglichst dicht einer Beute annähert, um dann loszuspurten, frustrierend sein. Auch das Alter ist ein wichtiger Faktor, wenn es um die Wahl geeigneter Enrichment-Strategien geht. Während Jungtiere fast aller Arten durch Artgenossen und Objekte zu Bewegung und Spiel stimuliert werden, trifft das nur selten für erwachsene Tiere zu. Adulte Tiere von Arten, die normalerweise lange mit der **Nahrungssuche** und der Bearbeitung von Nahrung beschäftigt sind, z.B. Bären, Elefanten und Primaten, sind fast ausschließlich durch Futter, das in Substrat verstreut, in Löchern oder Spalten versteckt, in Kanistern und Röhren verpackt ist oder in engmaschigen Behältnissen vorliegt, zu ausgiebiger Manipulation und verlängerten Aktivitätsperioden zu bewegen. Wechsel der Fütterungsmethoden und, bei olfaktorisch gut ausgestatteten Arten, Einführung von Unvorhersehbarkeit durch Duftspuren, die auch schon mal ins Leere führen, verhindern Gewöhnung.

Unter natürlichen Bedingungen müssen sich Tiere mithilfe des Erkundungsverhaltens unter

Einsatz aller Sinne über ihre Umwelt orientieren, da es immer wieder kleinere Änderungen in ihrer Umgebung gibt, die es zu bewerten gilt (gefährlich, essbar, neutral). Auch in Menschenobhut regen neue bzw. häufig wechselnde Objekte oder Duftspuren zu Erkundungsverhalten an.

Bei vielen Arten ist das Ruheverhalten eine Aktivität, die sehr viel Zeit einnimmt. Den Ansprüchen der Art entsprechende Ruheplätze, gegebenenfalls Substrate, um das Anlegen von Bauen oder Nestern zu ermöglichen, sind notwendig. Insbesondere für das Ruheverhalten sind ungestörte Bereiche und Rückzugsmöglichkeiten von Artgenossen, Pflegern und Besuchern essenziell. Deren Ausgestaltung hängt vom natürlichen Lebensraum der Tiere ab. So benötigen Europäische Wildkatzen ein insgesamt deckungsreiches Gehege und viele Versteckmöglichkeiten in der Vegetation und in Baumhöhlen, während Fenneks ein möglichst tiefes Gehege brauchen, das Distanz bietet, und von der Höhle aus gut zu überblicken ist. Arboreal oder semi-arboreal lebenden Arten wie Malaienbären, Brillenbären, Kleinen Pandas, oder Primaten müssen Bäume, wenigstens aber erhöhte Plattformen zum Ruhen, aber auch als Klettermöglichkeiten zur Verfügung stehen.

Bei geselligen Arten sind arttypische Gruppenzusammensetzungen wichtig für die erfolgreiche Fortpflanzung. Zudem stimulieren Artgenossen nicht nur die Fortbewegung und Kontakte, z.B. bei Primaten und Elefanten, sie sind auch für die normale Entwicklung des Sozialverhaltens der Jungtiere unerlässlich. Bei solitären Arten dagegen können Artgenossen, die dauernd zusammen gehalten werden, abträglich für die Fortpflanzung sein und auch zu Verhaltensstörungen führen.

Polyspezifische Assoziationen, also die gemeinsame Haltung von Tieren unterschiedlicher Arten, die natürlicherweise auch im selben Lebensraum vorkommen bzw. dort Assoziationen bilden, ermöglichen dynamischere Haltungssysteme und können das Leben von Zootieren bereichern. Ein gewisses Maß an Wachsamkeit ist auch im Freiland gefordert und trägt somit zum Environmental Enrichment bei. Beispiele für die erfolgreiche gemeinsame Haltung verschiedener Tierarten sind Strauße und Zebras, kleinere Antilopenarten und Giraffen, Wölfe und Braunbären, Binturongs und Malaienbären oder die gemeinsame Haltung verschiedener Primatenarten. Es muss aber darauf geachtet werden, dass das Zahlenverhältnis der beiden Arten ausgeglichen ist und nicht eine Art über die andere dominieren kann. Die Gehegegröße muss die Einhaltung bestimmter kritischer Distanzen und die Nutzung aller wichtigen Ressourcen erlauben. Der körperlich unterlegenen Art sollte darüber hinaus immer eine sichere Rückzugsmöglichkeit zur Verfügung stehen. Solche interspezifischen Assoziationen müssen gut durchdacht sein und eignen sich nicht für jede Art.

Enrichment-Maßnahmen können tatsächlich eine Vielzahl von verschiedenen natürlichen Verhaltensweisen auslösen. Gelegentlich bewirkt ihr Einsatz eine Reduktion von Verhaltensstörungen, z.B. Stereotypien – allerdings nur dann, wenn man die der Störung zugrunde liegende Motivation kennt und die Maßnahme genau die Bedingungen bietet, die fehlen. Handelt es sich um eine Störung, die sich aus einem Suchverhalten nach einem geeigneten Ruheplatz entwickelt hat, kann man durch ein entsprechendes Angebot von z.B. Nestmaterial diese Störung stark reduzieren, nicht aber durch Fütterungs-Enrichment. Liegt der Störung eine soziale Aversion zugrunde, hilft keine der oben genannten Maßnahmen. Hier ist nur eine Änderung der Gruppenzusammensetzung und ein Umsetzen des betreffenden Tieres Erfolg versprechend. Hat man mehrere Hypothesen zu den möglichen Ursachen einer Störung, kann man diese mithilfe von Versuchen mit gezielten Enrichment-Maßnahmen überprüfen.

Um die Vielfalt der Verhaltensweisen von Wildtieren in menschlicher Obhut zu erhalten ist es also wichtig, Tiere in genügend großen, naturnahen, gut strukturierten Gehegen zu halten, die ausreichend Reize und Bedingungen bieten, die das Ausführen eines breiten Spektrums arttypischer Verhaltensweisen stimulieren. Artspezifisch optimale Gruppengrößen und -zusammensetzungen sind notwendig, um artgemäßes Sozialverhalten und Reproduktion zu fördern. Aus Freilandstudien über Aktivitätsbudgets und die soziale Organisation lässt sich die Relevanz natürlicher Verhaltensweisen und Umweltbedingungen für eine Tierart abschätzen.

6

Grundlagen der Vererbungslehre und Populationsgenetik

Lydia Kolter

Die Erbinformation steuert die Entwicklung von der befruchteten Eizelle zum erwachsenen Organismus. Sie enthält Anleitungen zur Zusammensetzung der Gewebe, zum Aufbau der Organe, zur Regulation des Stoffwechsels und der Fortpflanzung sowie zur Organisation des Verhaltens. Die funktionalen Einheiten der Erbinformation sind die **Erbfaktoren** (**Gene**). Sie bestimmen die Ausprägung der Merkmale (**Phäne**). Von einem Gen kann es mehrere Varianten (**Allele**) geben. Diese führen im einfachsten Fall zu deutlich unterschiedlichen Ausführungen des gleichen Merkmals. Sowohl die Allelkombination eines Gens als auch die Gesamtheit der Erbfaktoren eines Organismus bezeichnet man als **Genotyp**. Er prägt das Erscheinungsbild, den **Phänotyp** eines Individuums. Der Phänotyp umfasst alle morphologisch-anatomischen, physiologischen und biochemischen Merkmale sowie solche des Verhaltens. Er wird innerhalb bestimmter Grenzen durch Umweltfaktoren verändert.

Die Erbinformation wird von Generation zu Generation weitergegeben. Die Vererbungslehre untersucht die Gesetzmäßigkeiten der Weitergabe von Merkmalen an die nächste Generation und deren Grundlagen auf der zellulären wie auch auf der molekularbiologischen Ebene. Die Populationsgenetik ermittelt Faktoren, die den Genpool – also die Gesamtheit der Gene und ihrer Allele – in einer sich fortpflanzenden Population verändern und schätzt deren Wirkung ab.

6.1 DNA der Chromosomen als Träger der Erbanlagen

Aus der befruchteten Eizelle entwickelt sich der Organismus durch fortgesetzte Zellteilung und nachfolgende Differenzierung der Zellen nach den in den Genen verankerten Entwicklungs- und Bauplänen. Dazu muss die Erbinformation immer wieder verdoppelt und weitergegeben werden. Bei Eukaryoten, zu denen Tiere und Pflanzen gehören, befindet sie sich im Zellkern. Die Hauptkomponente des Kernplasmas ist das **Chromatin**, so genannt, weil es sich mit bestimmten Farbstoffen intensiv anfärben lässt. Solange die Zelle sich nicht teilt, ist es diffus verteilt. Es besteht aus den langkettigen Molekülen der Desoxyribonukleinsäure (DNS, englisch: **DNA**) und ungefähr zur Hälfte aus relativ kurzen **Eiweißmolekülen**, den Histonen. Während die DNA die Erbinformation enthält und damit auch die intrazellulären Vorgänge sowie die eigene Verdopplung steuert, stellen die Histone das Rückgrat des Chromatins dar. Mehrere solcher Eiweißmoleküle bilden scheibenförmige Strukturen, um die die DNA herumgewickelt ist wie eine Schnur um Perlen. Diese „Perlen" sind zu einer engen schraubenförmigen Faser zusammengepackt, die wiederum in Schleifen entlang einer aus Eiweißmolekülen bestehenden Achse angeordnet ist (Abb. 6.1). Nur so lässt sich die mehrere Zentimeter lange DNA im Zellkern unterbringen, dessen Durchmesser den Bruchteil eines Millimeters beträgt. Erst zu Beginn der Zellteilung wird das Chromatin durch weitere Faltung noch stärker kondensiert. Im Lichtmikroskop werden kompakte Strukturen sichtbar, die **Chromosomen** oder Kernschleifen. Sie bestehen aus zwei **Chromatiden**, die an einer Stelle, dem **Zentromer**, zusammengehalten werden. Dessen Lage bestimmt die Form der Chromosomen. Bei endständigem Zentromer sind die Chromosomen V-, bei mittelständigem

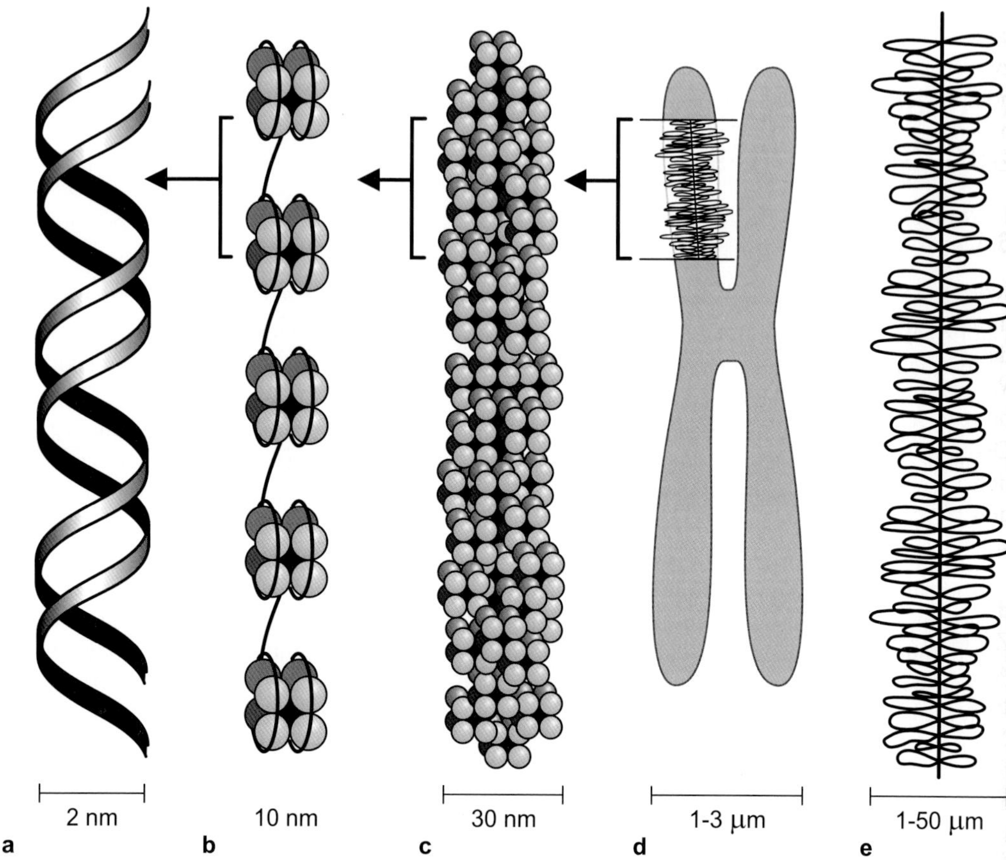

Abb. 6.1 Chromosomenstruktur. **a:** Doppelhelix, **b:** „Perlenschnur" mit Nukleosomen, **c:** Solenoid (schraubenförmig gewundene Faser), **d:** Metaphasechromosom, **e:** Lampenbürstenchromosom.

X-förmig (Abb. 6.2a). Jedes Chromatid enthält ein DNA-Molekül.

Bei der Befruchtung der Eizelle durch die Samenzelle steuern beide Eltern einen vollständigen Chromosomensatz bei. Daher liegt jedes Chromosom in den Körperzellen in doppelter (diploider = 2*n*) Ausführung vor. Solche homologen Chromosomen, auch Autosomen genannt, gleichen sich in Größe und Gestalt. In ihrer Feinstruktur, dem Bänderungsmuster, das sich durch bestimmte Färbungen darstellen lässt, können sich homologe Chromosomen leicht unterscheiden. Dennoch ist es möglich, sie in einem Karyogramm anhand der Farbbänder nach Größe und Form zu sortieren (Abb. 6.2b). Nur die **Geschlechtschromosomen** oder **Gonosomen** unterscheiden sich in einem der Geschlechter deutlich voneinander, bei Säugetieren im männlichen, bei Vögeln im weiblichen Geschlecht. Bei Säugern werden sie als X- und Y-Chromosom bezeichnet (Abb. 6.2). Weibliche Säuger tragen zwei X-Chromosomen, männliche ein X- und ein Y-Chromosom. Der **Karyotyp** gibt die Anzahl der **Autosomen** und der Geschlechtschromosomen im diploiden Satz an. Chromosomenzahl, Form und Größe sind artspezifisch – allerdings kennt man auch Arten, bei denen die Chromosomenzahl leicht variiert. Zwischenartliche Unterschiede sind beträchtlich. Aus der Anzahl der Chromosomen lassen sich weder Verwandtschaftsbeziehungen zwischen den Arten noch deren Entwicklungshöhe herleiten, wie dies Tabelle 6.1 belegt. So haben z.B. sowohl Menschen als auch Grevy-Zebras 46 Chromosomen.

6.1.1 Bau der DNA

Jedes Chromosom enthält ein solches Molekül, in dem die Erbinformation gespeichert ist. Um das Funktionieren des Organismus sowie die Weitergabe der Information von einer Generation zur nächsten zu gewährleisten, muss die DNA vor jeder Zellteilung vollständig und möglichst fehlerfrei kopiert werden. Ihre Struktur und chemische Zusammensetzung macht eine solche Verdopplung möglich.

Die Grundeinheit der DNA sind die **Nukleotide**. Sie bestehen aus einer Phosphatgruppe, dem Zucker Desoxyribose und einer der vier Basen **Adenin** (A), **Thymin** (T), **Guanin** (G) und **Cytosin** (C). Über Phosphat und Zucker sind die Nukleotide zu einem Strang in Längsrichtung fest verknüpft. Die DNA setzt sich aus zwei Strängen von Nukleotiden zu einem langen spiralförmig gewundenen Molekül zusammen. Über die an den Zucker gebundenen Basen sind die beiden Stränge durch weniger starke elektrische Wechselwirkungen verbunden. Im vereinfachten Modell ergibt sich das Bild einer um die Längsachse gedrehten Strickleiter oder Doppelhelix (Abb. 6.3a). Die sich gegenüberliegenden Basen sind nicht beliebig angeordnet. Adenin lagert sich mittels zweier Bindungen immer nur an Thymin an. Guanin und Cytosin werden durch drei solcher Bindungen zusammengehalten. Die Reihenfolge der Nukleotide (Sequenz) des einen Strangs legt also die des anderen, des komplementären Strangs fest. In der Regel sind alle Körperzellen mit der vollständigen Erbinformation ausgestattet, d.h., alle enthalten die gleiche Menge an DNA und die gleiche Chromosomenzahl. Folglich muss die DNA vor jeder Zellteilung verdoppelt werden. Dazu werden die Bindungen zwischen den Basen mithilfe von Enzymen gelöst. Es entsteht eine Replikationsgabel entlang derer der jeweils fehlende komplementäre Strang durch Einbau der entsprechenden Nukleotide ersetzt wird, wobei Adenin sich wiederum nur mit Thymin und Guanin mit Cytosin paart. Jeder Strang der DNA ist also die

Tab. 6.1 Diploider Chromosomensatz ($2n$) verschiedener Arten, nach der Anzahl der Chromosomen geordnet.

Art	Chromosomen ($2n$)
Tiere	
Stechmücke	6
Fruchtfliege	8
Kammolch	24
Kohlweißling	30
Bergzebra	32
Regenwurm	32
Steppenzebra	44
Mensch	46
Grevy-Zebra	46
Schimpanse	48
Kiang	52
Schaf	54
Kulan	54
Onager	56
Rind	60
Ziege	60
Somaliwildesel	62
Hausesel	62
Hauspferd	64
Przewalskipferd	66
Haushuhn	78
Wolf	78
Karpfen	104
Pflanzen	
Gartenerbse	14
Gerste	14
Fichte	32
Saatweizen	42
Kartoffel	48
Küchenzwiebel	48
Adlerfarn	104
Schachtelhalm	216

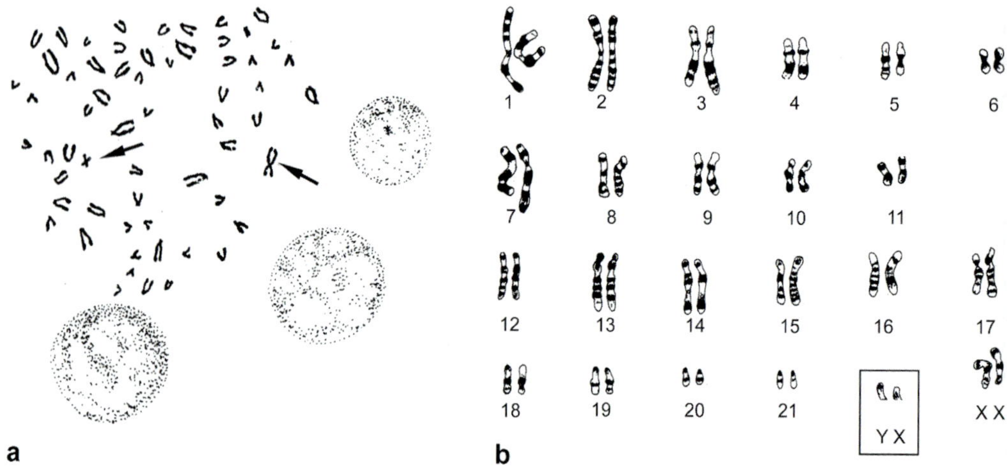

Abb. 6.2 Chromosomen. **a:** Chromosomen des Rinderbullen ($2n = 60$) in der Äquatorebene der Kernspindel während der Zellteilung. Pfeile markieren die Geschlechtschromosomen (XY). **b:** Karyotyp des Hauskaninchens. Die Chromosomenpaare werden durch spezifische Färbeverfahren (Bandenmuster) erkannt und im Karyogramm angeordnet; XX = weibliche, XY = männliche Geschlechtschromosomen.

Kopiervorlage für ein neues Molekül (Abb. 6.3b).

6.1.2 Proteinbiosynthese und genetischer Code

Ein **Gen (Erbfaktor)** ist eine Funktionseinheit, die ein **Erbmerkmal (Phän)** bestimmt. Bereits zu Beginn des letzten Jahrhunderts erkannte man, dass erblich bedingte Krankheiten durch Störungen des Stoffwechsels zustande kommen. Da sämtliche Stoffwechselvorgänge unter Beteiligung von Enzyme stattfinden, lag der Schluss nahe, dass Enzyme bei der Ausprägung erblicher Merkmale eine Rolle spielen.

Enzyme katalysieren (beschleunigen) Stoffwechselschritte. So sind sie am Auf- und Abbau von Molekülen wie Fetten, Kohlenhydraten, Steroidhormonen, an der Verdopplung der DNA und dem Umbau von Proteinen beteiligt. Sie spielen bei der Bildung komplexer Strukturen ebenso eine Rolle wie bei der Regulation des Stoffwechsels. **Enzyme** sind kettenförmige, vielfach kompliziert gewundene und gefaltete **Proteine** (Eiweißmoleküle) unterschiedlicher Länge. 20 verschiedene Aminosäuren bilden die Grundbausteine der Proteine. Damit gibt es theoretisch eine fast unbegrenzte Zahl von Kombinationen. Die einzelnen Enzyme beeinflussen meist nur einen einzigen Stoffwechselschritt, demzufolge ist ihre Wirkung hoch spezifisch. Proteine spielen aber nicht nur als Enzyme eine Rolle, sondern sind Bestandteile von Membranen und Strukturelementen in Zellen und Geweben, z.B. das Keratin in Haut, Haar und Horn oder die Moleküle Myosin und Actin in den Muskelfasern. Als Bestandteile von Antikörpern schützen sie den Organismus gegen Krankheiten. Transportproteine wie Hämoglobin befördern kleinere Moleküle, in dem Fall Sauerstoff, zu den Endorganen. Die sogenannten Peptidhormone, aus relativ kurzen Aminosäureketten bestehend, dienen genau wie Hormone aus anderen Stoffklassen der Informationsübertragung zwischen den Organen sowie der Regulation von Stoffwechsel- und Fortpflanzungsprozessen.

Die Abfolge von Aminosäuren (Aminosäuresequenz) bezeichnet man als Primärstruktur. Diese bestimmt die Sekundärstruktur. Darunter versteht man die räumliche Anordnung des Moleküls, die abhängig von den eingebauten Aminosäuren und deren chemischen Eigenschaften abschnittsweise schraubenförmig gedreht oder auch gefaltet sein kann. Auch die weitere Auffaltung in noch komplexere dreidimensionale Moleküle hängt von der Aminosäuresequenz ab. Diese Tertiärstruktur ist für die Funktionsfähigkeit der Proteine von entscheidender Bedeutung, sie enthält die sogenannten aktiven Zentren. Das sind Stellen, an denen bei Enzymen die katalysierten Reaktionen stattfinden oder weitere funktionale Einheiten anbinden. Mehrere Aminosäureketten können sich zusammenlagern und eine Quartärstruktur ausbilden. So besteht Hämoglobin in den roten Blutkörperchen aus vier Peptidketten. Jede enthält eine Bindungsstelle für Sauerstoff.

Die Anleitung zum Aufbau der Proteine und Peptide, also deren Aminosäuresequenz und Länge, sind in der DNA enthalten. Für jede der 20 Aminosäuren existiert eine bestimmte Folge aus drei Nukleotiden (**Triplett**). Sie bilden das Codewort für diese Aminosäure.

Da es 64 Möglichkeiten gibt, vier verschiedene Nukleotide in Dreiergruppen anzuordnen, existieren für eine Reihe von Aminosäuren mehrere Triplettvarianten (Synonyme), die sich aber immer nur an der dritten Stelle unterscheiden. So wird z.B. die Aminosäure Glutaminsäure durch die Nukelotidsequenz CTC oder CTT codiert, die Aminosäure Valin durch CAC oder CAT.

Ein Gen bezeichnet auf der molekularen Ebene einen DNA-Abschnitt mit der Anleitung für die Bildung eines Proteins. Die Anzahl der Nukleotide und damit die Länge eines Gens wird von der Anzahl der Aminosäuren des zu bildenden Proteins bestimmt. Die Transportform von Insulin besteht aus 84 Aminosäuren, folglich enthält das zugrundeliegende Gen 3 x 84 = 252 Nukleotide. In der DNA von Eukaryoten sind die Gene linear und ohne Überlappung angeordnet. In codierende Bereiche, den Exons, sind

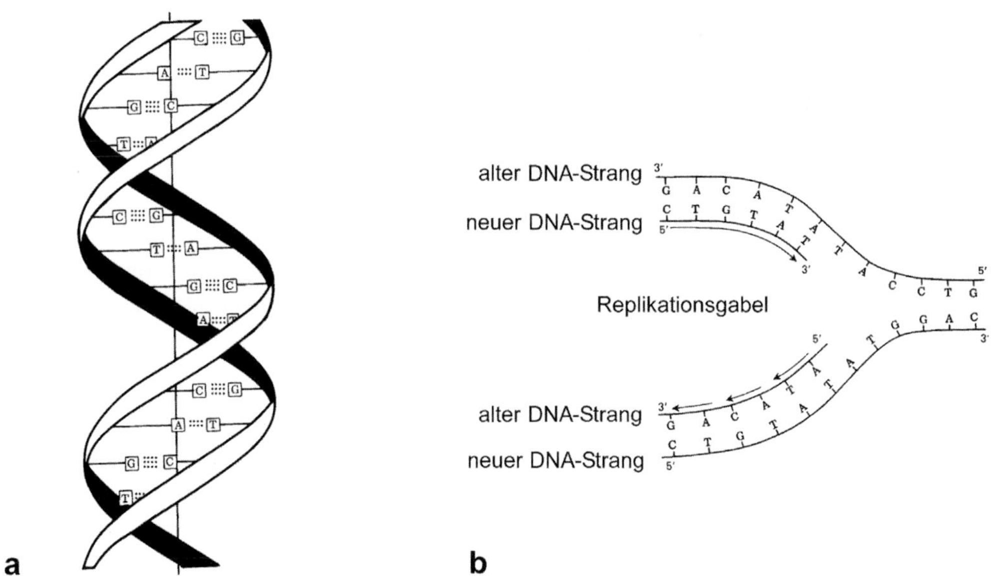

Abb. 6.3 Bau und Wirkweise des Erbmoleküls DNA. **a:** Die DNA ist eine Doppelschraube von zwei Längssträngen, die über die Nukleinbasen Adenin (A), Guanin (G), Thymin (T) und Cytosin (C) verbunden sind. **b:** Identische Verdopplung der DNA. Vor jeder Mitose öffnet sich der Doppelstrang und in dieser Replikationsgabel werden die Teilstränge durch Einbau von Nukleotiden ergänzt. A paart immer mit T und G mit C.

Tab. 6.2 Genetischer Code: 61 Codons = mRNA-Tripletts aus den Basen Uracil (U), Cytosin (C), Adenin (A) und Guanin (G) codieren für die aufgeführten 20 Aminosäuren. Drei Tripletts sind Stoppcodons, die die Synthese eines Proteinmoleküls beenden.

Codon	Aminosäure	Codon	Aminosäure	Codon	Aminosäure	Codon	Aminosäure
UUU	Phenylalanin	UCU	Serin	UAU	Tyrosin	UGU	Cystein
UUC	Phenylalanin	UCC	Serin	UAC	Tyrosin	UGC	Cystein
UUA	Leucin	UCA	Serin	UAA	Stopp	UGA	Stopp
UUG	Leucin	UCG	Serin	UAG	Stopp	UGC	Tryptophan
CUU	Leucin	CCU	Prolin	CAU	Histidin	CGU	Arginin
CUC	Leucin	CCC	Prolin	CAC	Histidin	CGC	Arginin
CUA	Leucin	CCA	Prolin	CAA	Glutamin	CGA	Arginin
CUG	Leucin	CCG	Prolin	CAG	Glutamin	CGG	Arginin
AUU	Isoleucin	ACU	Threonin	AAU	Asparagin	AGU	Serin
AUC	Isoleucin	ACC	Threonin	AAC	Asparagin	AGC	Serin
AUA	Isoleucin	ACA	Threonin	AAA	Lysin	AGA	Arginin
AUG	Methionin (Start)	ACG	Threonin	AAG	Lysin	AGG	Arginin
GUU	Valin	GCU	Alanin	GAU	Asparaginsäure	GGU	Glycin
GUC	Valin	GCC	Alanin	GAC	Asparaginsäure	GGC	Glycin
GUA	Valin	GCA	Alanin	GAA	Glutaminsäure	GGA	Glycin
GUG	Valin	GCG	Alanin	GAG	Glutaminsäure	GGG	Glycin

vielfach nichtcodierende, sogenannte Introns, eingeschlossen.

Bausteine und Bildungsorte für Proteine, nämlich Aminosäuren und Ribosomen, das sind Zellorganellen, an denen die Proteine synthetisiert werden, befinden sich im Zellplasma. Die in der DNA enthaltene Information muss also aus dem Zellkern dorthin gebracht werden. Dies geschieht mithilfe der Boten-Ribonukleinsäure (Boten-RNA, engl.: **Messenger Ribonucleic Acid, mRNA**). Sie unterscheidet sich in einigen Aspekten von der DNA. Zunächst ist sie kürzer, denn sie enthält nur die Information für ein Gen. Zudem besteht sie immer nur aus einem Strang. Es gibt auch kleine Unterschiede in der chemischen Zusammensetzung. Der Zucker des mRNA-Moleküls ist leicht abgewandelt und anstelle der Base Thymin enthält die mRNA die ganz ähnlich gebaute Base Uracil. Bei der Bildung der mRNA lagert sich Adenin nicht an Thymin, diese Base fehlt in der RNA, sondern an Uracil an.

Um die Nukleotidsequenz eines Gens abzulesen, wird die Doppelhelix enzymatisch einige Basenpaare vor dem Gen geöffnet. Nur einer der beiden DNA-Stränge enthält die genetische Information. Entlang dieses Strangs wird mithilfe eines weiteren Enzyms die Sequenz der DNA in die komplementäre der mRNA umgeschrieben (transkribiert). So entsteht am DNA-Triplett für die Glutaminsäure CTC das mRNA-Codon GAG (Tab. 6.2). Ist das Gen vollständig abgelesen, löst sich die mRNA vom DNA-Strang. Auf dem Weg ins Cytoplasma werden in einem Prozess, den man als Spleißen bezeichnet, die Introns herausgeschnitten und die funktionalen mRNA-Stücke zu einem Strang verbunden, der sich an die Ribosomen anlagert, wo Aminosäuren unter Mitwirkung der **Transfer-RNA (tRNA)** verknüpft werden (Abb. 6.4). Die in der DNA festgelegte, in die mRNA umgeschriebene und zu den Ribosomen transportierte Sequenz wird also in eine bestimmte Abfolge von Aminosäuren übersetzt (Translation). Für jede Aminosäure existiert ein spezifisches tRNA-Molekül. Seine Bindungsstelle an das **Codon** der mRNA enthält das Anticodon, im Fall der Glutaminsäure ist das CUC. Sobald die Aminosäurekette vollständig zusammengesetzt ist, die m-RNA also bis zum Ende abgelesen ist, löst sich das entstandene Protein vom Ribosom.

Die DNA enthält nicht nur codierende Bereiche mit Bauanleitungen für Proteine. Genprodukte, die nicht ständig verfügbar sein müssen, sondern nur unter bestimmten Bedingungen oder in speziellen Geweben benötigt werden,

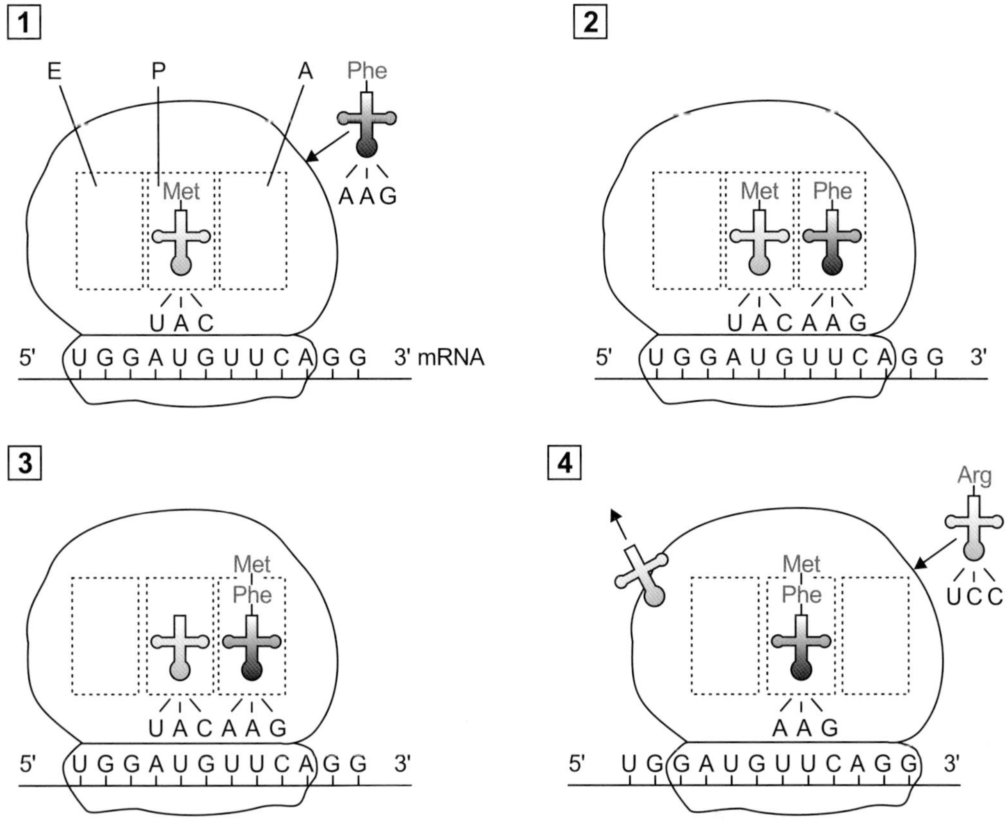

Abb. 6.4 Biosynthese von Proteinen (Translation). **1:** Das erste Triplett einer mRNA besteht immer aus dem Codon AUG, an das die tRNA mit dem Anticodon UAC und der Aminosäure Methionin (Met) bindet. **2:** Die freie tRNA-Bindungsstelle (A) wird von der durch das nächste Codon UUC bestimmten tRNA mit dem Anticodon AAG besetzt, das die Aminosäure Phenylalanin (Phe) trägt. **3:** Bildung der Bindung zwischen Met und Phe. **4:** Die tRNAs „rutschen" jeweils eine Bindungsstelle nach links, es kommt zur Ablösung der ersten tRNA und zur Besetzung der frei werdenden A-Position durch die tRNA, deren Anticodon zum Codon AGG passt, das für die Aminosäure Arginin (Arg) steht.

unterliegen der Regulation. Nukleotidsequenzen, die sich auf der DNA vor der codierenden Sequenz befinden, haben eine regulatorische Funktion. Von ihrem Zustand – blockiert oder offen – hängt ab, ob ein Gen abgelesen werden kann. Hier liegen auch die Bindungsstellen für Enzyme, die für die Verknüpfung der Nukleotide zur mRNA zuständig sind. Hinzu kommen Startersignale zum Ablesen der nachfolgenden DNA, wiederum andere sind Stoppsignale am Ende eines Gens. Darüber hinaus kennt man relativ ausgedehnte DNA-Abschnitte, die weder Information für die Bildung von Proteinen tragen, noch für deren Regulation zuständig sind, nach heutiger Kenntnis also keine Funktion haben. Auf der chromosomalen Ebene sind das die im Karyogramm stark gefärbten Bereiche des sogenannten **Heterochromatins**, das sich vor allem um das Zentromer herum befindet. Das Heterochromatin enthält kurze, oft wiederholte Sequenzen meist aus zwei oder drei Basen. Man bezeichnet sie als Mikrosatelliten, bei mehr als zehn Nukleotiden spricht man von Minisatelliten.

6.1.3 Mutationen

Mutationen sind Veränderungen der Sequenz oder der Anzahl der Nukleotide in der DNA. Sie treten spontan auf, allerdings nur mit geringer Häufigkeit, können aber auch durch mutagene Agenzien, z.B. bestimmte Chemikalien, Röntgen- und UV-Strahlung, Viren oder durch hohe Temperaturen ausgelöst werden.

Sofern Mutationen in codierenden oder regulatorischen Bereichen auftreten, haben sie vielfach Veränderungen der Zusammensetzung von Genprodukten zur Folge und ändern deren Wirkung. Verschiedene Mutationsformen eines Gens werden Allele genannt. Viele sind rezessiv und machen sich in diploiden Organismen nur dann bemerkbar, wenn sie auf beiden homologen Chromosomen, also **homozygot** vorliegen. Kommt ein rezessives Allel allerdings mischerbig oder **heterozygot** in Kombination mit der normalen, der Wildtyp-Variante des Gens vor, so manifestiert sich meist nur diese, denn der Wildtyp ist gewöhnlich dominant und überdeckt die Wirkung der Mutation. Es gibt auch Allele, die in heterozygoter Kombination zur Ausprägung einer Mischform führen, wie in Abbildung 6.7 für die Blütenfarbe der Japanischen Wunderblume dargestellt. Dann spricht man von intermediärer Vererbung. Bei Codominanz sind die Merkmale beider Allele sichtbar. Die **Blutgruppenfaktoren** A und B, die man beim Menschen und den Menschenaffen – außer den Gorillas – findet, sind codominant. Die Produkte beider Allele werden in gleichen Mengen gebildet.

Mutationen können einzelne Gene (**Genmutation**), den Bau einzelner Chromosomen (Strukturmutationen) oder die Anzahl der Chromosomen (**Chromosomenmutation**), also den Karyotyp, betreffen.

Veränderung der Basensequenz durch Austausch von Basen an einer (**Punktmutation**) oder mehreren Stellen eines Gens gehören ebenso zu den Genmutationen wie Rasterverschiebungsmutationen. Hier führt der Verlust einer oder mehrerer Basen zu Lesefehlern, da sich eine Folge völlig neuer Tripletts ergibt.

Die Wirkung von Genmutationen ist breit gefächert. Im besten Fall haben Punktmutationen keine Wirkung auf der Ebene der Proteine, nämlich dann, wenn ein Basenaustausch an der dritten Stelle eines Tripletts zu einer Sequenz führt, die die gleiche Aminosäure codiert. Wird also z. B. die dritte Stelle im Triplett CTC durch T ersetzt, so resultiert daraus CTT, beide Basenfolgen codieren für Glutaminsäure. Solche stillen Mutationen können nur durch Analyse der Abfolge der Basen in der DNA bzw. der mRNA entdeckt werden, da sie sich am entstehenden Produkt nicht manifestieren. Ist eine Base an erster oder zweiter Stelle des Tripletts betroffen, kann das durchaus zu einer veränderten Aminosäuresequenz führen. Solange diese keine Wirkung auf die Funktion des Proteins hat, weil Tertiärstruktur und aktives Zentrum durch die neue Aminosäure nicht wesentlich verändert wurden, lässt sich die Mutation nur durch biochemische Analysen feststellen. So gibt es insgesamt mehr als 250 Varianten von **Hämoglobin**. Viele der Mutationen haben keinerlei Einfluss auf den Sauerstofftransport, während andere diesen beeinträchtigen. Die bekannteste Mutation führt beim Menschen zur **Sichelzellanämie**. Hier ist im Bereich des aktiven Zentrums nur eine einzige Aminosäure, nämlich Glutaminsäure durch Valin ersetzt, weil das zugehörige DNA-Triplett CTC zu CAC mutiert ist, das bei der Transkription das Codon für Valin GUG ergibt (Tab. 6.2). Diese Änderung bewirkt erhebliche Veränderungen der Tertiär- und Quartärstruktur und führt zur Bildung sichelförmiger roter Blutkörperchen, deren Fähigkeit, Sauerstoff zu binden, deutlich reduziert ist.

Bei Strukturmutationen sind Chromosomenabschnitte verändert. Ein Chromosom kann z. B. an zwei Stellen brechen. Das betroffene Stück kann gedreht wieder ins gleiche Chromosom eingebaut werden. Solche Abschnitte können auch an nichthomologe Chromosomen angehängt werden, oder es gehen ganze Stücke verloren. Sofern größere Abschnitte betroffen sind, erkennt man Strukturmutationen sogar während der Zellteilung am geänderten Bänderungsmuster der Chromosomen. Chromosomenmutationen beziehen sich auf die Anzahl der Chromosomen. Sie führen zu Karyotypänderungen, die im Karyogramm immer direkt sichtbar sind. Chromosomen- und Strukturmutationen wurden beim Menschen, bei Labornagern und dem Hauptuntersuchungsobjekt der Genetiker, der Fruchtfliege (*Drosophila melanogaster*), genauer analysiert. Sie haben meist erhebliche negative Auswirkungen auf die Ausbildung und Funktion von Organen, da das fein abgestimmte Zusammenspiel der Gene, die Genbalance, durch die veränderte Anordnung der DNA gestört ist. So findet man bei abortierten Föten vermehrt Chromosomenmutationen.

Genmutationen finden bei der Verdopplung der DNA statt, Strukturmutationen können während normaler Zellteilungen auftreten, wohingegen Chromosomenmutationen durch eine fehlerhafte Verteilung der Chromosomen, vor allem bei der Bildung von Spermien und Eizellen während der Reifungsteilung, zustande kommen.

Mutationen können in jeder Zelle stattfinden und jeden Abschnitt der DNA betreffen. Nur Mutationen in den Keimzellen werden an die nächste Generation weitergegeben. Sofern die Genprodukte die Lebensfähigkeit der Träger nicht beeinträchtigen oder ihnen sogar Vorteile bringen, können sie sich in einer Population verbreiten. Mutationen in den Körperzellen spielen bei der Bildung von Antikörpern eine Rolle. Solche somatischen Mutationen können jedoch auch Tumore auslösen.

6.1.4 Replikation der DNA und Zellteilung (Mitose)

Im wachsenden Organismus und bei der Erneuerung von Geweben durchlaufen die Zellen in regelmäßigen Abständen Teilungszyklen. Säugetierzellen in Gewebekulturen machen einen solchen Zyklus in ungefähr 24 Stunden durch. Die weitaus meiste Zeit entfällt auf die Interphase, die durch Zellwachstum und die Bildung von Zellbestandteilen gekennzeichnet ist. Dann ist auch der Nucleolus, der Bildungsort der Ribosomen, besonders aktiv und als dunkler gefärbter Bereich im Zellkern erkennbar. In der zweiten Hälfte der Interphase wird die DNA verdoppelt. Nach Beendigung des Vorgangs liegen zwei identische DNA-Moleküle vor, die am Zentromer zusammengehalten werden. Erst dann kann die **Zellteilung** oder **Mitose** beginnen. In Kulturen von Säugerzellen dauert die Mitose ca. 1 Stunde. Der erste Schritt besteht in der Kernteilung und der exakten Verteilung der DNA auf die entstehenden Tochterkerne.

Erst verdichtet und verkürzt sich das Chromatin. Im Lichtmikroskop erscheinen zunächst lange, fädige Strukturen. Es sind die aus zwei Schwesterchromatiden bestehenden Chromosomen, die noch am Zentromer zusammenhängen. Jedes Chromatid eines Chromosoms enthält eines der vorher verdoppelten, identischen DNA-Moleküle. Bereits am Ende der Interphase haben sich die Zellkörperchen, die Centriolen, verdoppelt. Während sie zu den Kernpolen wandern, bildet sich um die Zellkörperchen eine sternförmige Struktur aus röhrenförmigen Fäden, die aus Eiweißmolekülen bestehen. Besonders lange Fasern, die Polfasern, wachsen in Richtung des gegenüberliegenden Pols und bilden die sogenannte Spindel. Mit Auflösung der Kernmembran, wandern sie ins Kernplasma. In der Metaphase ordnen sich die mittlerweile maximal verkürzten Chromosomen mithilfe der Polfasern in der Zellmitte, der Äquatorialebene, an (Abb. 6.5). Dann trennen sich die Schwesterchromatiden und bewegen sich zu den entgegengesetzten Polen, wo sie von einer sich neu bildenden Kernmembran umschlossen werden. Währenddessen wird auch das Cytoplasma auf die entstehenden Tochterzellen verteilt. Durch Kontraktion senkrecht zur Spindel schnürt sich die Zelle durch. Am Ende des Prozesses sind zwei Tochterzellen mit identischem Chromosomensatz entstanden. So erhält jede Körperzelle dieselben Erbinformationen. Nach der Teilung lockert sich die kompakte Struktur der Chromosomen auf. Im Kern liegen sie dann wieder als Chromatinfäden vor. Der Zellzyklus ist beendet und die Zelle geht erneut in die Interphase oder

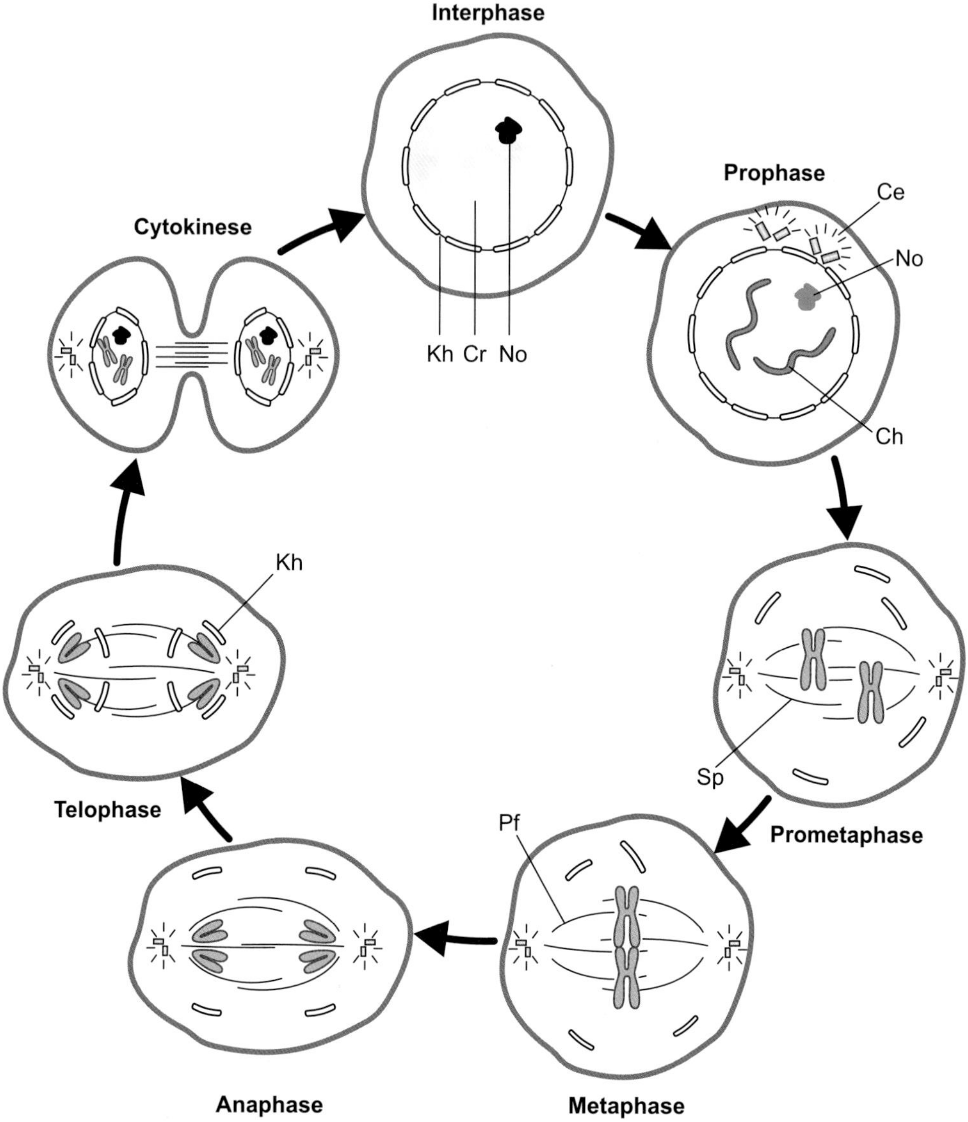

Abb. 6.5 Mitose und Cytokinese. Ce: Centriol, Ch: Chromosom, Cr: Chromatin, Kh: Kernhülle, No: Nucleolus, Pf: Polfaser, Sp: Spindel.

Arbeitsphase über. Sie wächst nun auf Normalgröße heran, indem die Zellmembran vergrößert wird und Zellbestandteile neu gebildet werden. Nur die Mitochondrien, die für die Energieerzeugung in der Zelle zuständig sind, vermehren sich durch Teilung. Sie enthalten mehrere Kopien einer ringförmigen DNA, die sich so wie die DNA des Kerns vor der Teilung verdoppelt.

Nach der Vergrößerung der Tochterzellen setzt entweder die Verdopplung der DNA wieder ein und ein weiterer Teilungszyklus schließt sich an oder – je nach Zelltyp und Lage der Zelle in einem Gewebe oder Organ – der Zellkern

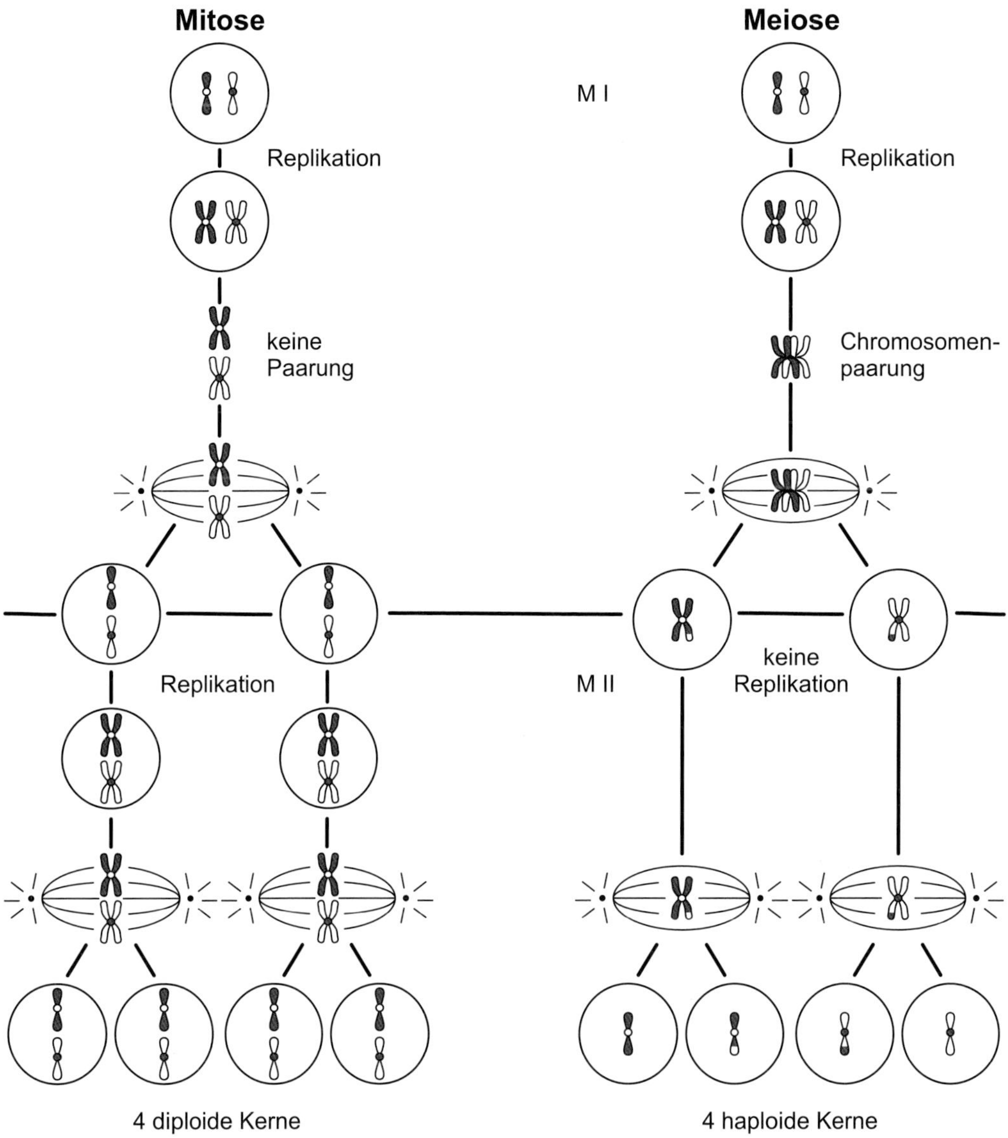

Abb. 6.6 Vergleich zwischen Mitose und Meiose. M I und M II stellen die 1. und 2. meiotische Teilung dar.

bleibt ohne weitere DNA-Vermehrung in der aktiven Phase und die Zelle differenziert sich, um spezifische Aufgaben zu übernehmen. Dies ist bei Nerven- und Muskelzellen, sowie roten Blutkörperchen der Fall, die mit ihrer Reifung ihre Teilungsfähigkeit verlieren. Andere Zelltypen, wie die obersten Zellschichten (Epithelien) von Haut, Darm und Lunge, können sich weiterhin teilen. Besonders teilungsaktiv sind bei Wirbeltieren, die für die Immunabwehr zuständigen Lymphocyten.

In spezialisierten Zellen mit hoher Stoffwechselaktivität, bei den Wirbeltieren in der Leber, kann es während der Differenzierungsphase zur Chromosomenverdopplung ohne Kernteilung kommen. Den Prozess bezeichnet man als **En-**

domitose. Aus einer **diploiden** Zelle wird eine tetraploide. Bei weiteren Verdopplungen spricht man von **polyploiden** Zellen. Solche Zellen mit einem Vielfachen des diploiden Chromosomensatzes sind allerdings die Ausnahme. Normalerweise enthalten Körperzellen nur den doppelten Chromosomensatz, der bei der Zygotenbildung aus den einfachen Chromosomensätzen der mütterlichen und väterlichen Keimzellen entstanden ist. Daraus folgt, dass für die Bildung von Spermien und Eiern der diploide Chromosomensatz halbiert werden muss.

6.1.5 Reifungsteilung (Meiose)

Bereits während der frühen Entwicklung eines Embryos entstehen die Urkeimzellen. Sie wandern in die sich bildenden Geschlechtsorgane ein und vermehren sich zunächst mitotisch. Im männlichen Geschlecht bezeichnet man diese Vorläufer der **Spermien** als Spermatogonien, im weiblichen heißen die Vorläufer der Eizellen Oogonien. Oogonien und Spermatogonien sind diploid. Erst bei Erreichen der Geschlechtsreife werden haploide **Ei-** und **Samenzellen** gebildet. Dies geschieht in zwei Teilungsschritten während der **Reifungsteilung** (**Meiose**). Wie vor der Mitose wird vor der ersten Teilung einer Oogonie/Spermatogonie, die dann zur Oocyte/Spermatocyte 1. Ordnung herangewachsen ist, die DNA verdoppelt. Zu Beginn der ersten Reifungsteilung, der Meiose I, werden die Chromosomen bestehend aus den beiden Chromatiden sichtbar. Im Folgenden kommt es, anders als in der Mitose, zur Chromosomenpaarung, indem sich die homologen, also die mütterlichen und die väterlichen Chromosomen eng zu **Tetraden** aneinanderlagern (Abb. 6.6). In diesem Zustand werden beim sogenannten **Crossing-over** DNA-Stücke zwischen homologen Chromatiden ausgetauscht, sodass mütterliche und väterliche Erbanlagen innerhalb eines Chromosomenpaares neu kombiniert werden. Bei vielen Tieren sind nach dem Crossing-over entlang der Chromosomenachse Schleifen sichtbar, deshalb werden die Chromosomen in dieser Phase als Lampenbürstenchromosomen bezeichet (Abb. 6.1). Sie sind noch wenig kondensiert und es findet eine rege RNA-Synthese statt. Danach ordnen sich die Tetraden wiederum mithilfe des unterdessen gebildeten Spindelapparats in der Zellmitte an. Anders als in der Mitose werden nun nicht die Chromatiden der Chromosomen getrennt und mittels Spindelfasern zu den Polen bewegt, sondern die homologen Chromosomen (Abb. 6.6). Während der 1. Reifungsteilung sind aus einer Zelle mit diploidem Chromosomensatz zwei Tochterzellen mit einfachem (haploidem) Chromosomensatz entstanden. Da die Verteilung mütterlicher und väterlicher Chromosomen auf die beiden Tochterzellen zufällig erfolgt, entstehen ebenfalls wie beim Crossing-over neue Genkombinationen. Es ist zwar möglich, dass eine Zelle nur alle mütterlichen und die andere nur alle väterlichen Chromosomen erhält, aber die Wahrscheinlichkeit dafür ist außerordentlich gering. Da es sich um Zufallsereignisse handelt, sind die jeweiligen Anteile der elterlichen Chromosomen in den Tochterzellen gemischt.

Meist noch bevor sich in den neuen Zellen die Kernmembranen gebildet haben, setzt die 2. Reifungsteilung ein. In deren Verlauf werden die Chromatiden der haploid vorliegenden Chromosomen getrennt und auf zwei Tocherzellen verteilt. Am Ende des Prozesses sind im männlichen Geschlecht aus jeder Ausgangszelle vier Keimzellen mit einfachem Chromosomensatz entstanden, aus denen nach Zelldifferenzierung die beweglichen, aber mit nur geringen Mengen an Nährstoffen versehenen Spermien entstehen. Im weiblichen Geschlecht wird nur eine große haploide Eizelle gebildet, die mit reichlich Nährstoffen ausgestattet ist. Die drei anderen haploiden Zellen sind klein und gehen zugrunde. Eizellen der meisten Tierarten enthalten als Geschlechtschromosom ein X-Chromosom. Sie sind homogametisch. Nur zwei der vier entstandenen Spermien sind dagegen mit einem X-Chromosom ausgestattet, die beiden anderen tragen ein Y-Chromosom. Sie sind heterogametisch. Nur bei Vögeln, manchen Amphibien und Schmetterlingen sind die Verhältnisse umgekehrt. Hier ist das männliche Geschlecht homogametisch und das weibliche heterogametisch. Statt XX und XY werden die Bezeichnungen ZZ und ZW verwendet. Jedes Spermium hat bei der Befruchtung die gleiche Chance, daraus ergibt sich, dass die Entstehung eines männlichen bzw. weiblichen Organismus gleich wahrscheinlich ist und das Geschlechtsverhältnis bei der Geburt im Populationsdurchschnitt 1 : 1 beträgt. Zumindest beim Menschen ist jedoch das primäre Geschlechtsverhältnis (bei der Befruchtung) zugunsten des männlichen Geschlechts verschoben und liegt bei 1,3 : 1, das sekundäre Geschlechtsverhältnis (bei der Geburt) liegt bei 1,05 : 1. Bei der Befruchtung verschmelzen Ei und Spermium zur diploiden Zygote. Der sich daraus durch Zellteilung und Differenzierung entwickelnde Organismus enthält also den für seine Art spezifischen doppelten Chromosomensatz, bestehend aus Autosomen und den beiden Geschlechtschromosomen, wobei die eine Hälfte der Erbinformation von der Mutter, die andere vom Vater stammt.

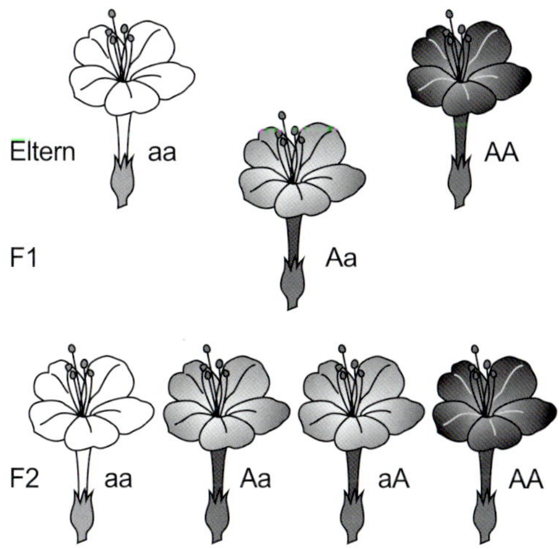

Abb. 6.7 Erbgang der Blütenfarbe der Japanischen Wunderblume. Die Kreuzung einer weiß mit einer rot blühenden Rasse ergibt unter sich gleiche F1-Nachkommen (1. Mendel'sche Regel), die rosa blühen (intermediärer Erbgang). Die F2-Generation spaltet in weiß, rosa und rot blühende Nachkommen im Zahlenverhältnis von 1 : 2 : 1 auf (2. Mendel'sche Regel). Die weiß und rot blühenden F2-Nachkommen züchten unter sich rein weiter, die rosa blühenden dagegen spalten, unter sich gekreuzt, im selben Verhältnis weiter auf.

6.1.6 Vererbungsregeln

Um der Vererbung zugrundeliegende Gesetzmäßigkeiten aufzudecken, stellte Gregor Mendel im 19. Jahrhundert gezielte Kreuzungsversuche mit verschiedenen Erbsensorten an, die sich in einem einfachen Merkmal, z. B. der Blütenfarbe, der Samenform oder -farbe deutlich unterschieden. Nach Auszählung der Merkmalshäufigkeiten in den folgenden Generationen stellte er drei Vererbungsregeln auf. Sie erlauben das Auftreten und die Verteilung der Merkmale in den folgenden Generationen vorherzusagen. Mit den heutigen Kenntnissen über die Verteilungsvorgänge der Chromosomen während der Reifungsteilung und die Wirkweise der Gene lassen sich die Mendel'schen Regeln widerspruchslos in Einklang bringen. Dies lässt sich am besten in Kreuzungsschemata nachvollziehen, in denen alle möglichen Allelvarianten der haploiden Geschlechtszellen miteinander kombiniert werden (Abb. 6.7 und 6.8).

Die entstehenden Kombinationen der mütterlichen und väterlichen Allele bezeichnet man als Genotyp. Die bei großen Nachkommenzahlen zu erwartenden Genotyphäufigkeiten kann man auszählen. Um die Häufigkeiten der Merkmalsausprägungen – also die Phänotyphäufigkeiten – aus den Schemata zu ermitteln, muss bekannt sein, ob der **Erbgang dominant/rezessiv**, **intermediär** oder **codominant** ist.

Die **Uniformitätsregel** besagt, dass bei Kreuzung homozygoter Eltern, die sich in einem Merkmalspaar deutlich unterscheiden, in der nächsten Generation, der sogenannten ersten Filialgeneration (F1-Generation), einheitlich nur eine Merkmalsvariante zutage tritt. Je nachdem, ob es sich um einen rezessiv/dominanten oder einen intermediären Erbgang handelt, ist das dominante Merkmal oder eine Mischform aus den Merkmalen beider Eltern ausgeprägt (Abb. 6.7). Beim codominanten Erbgang finden

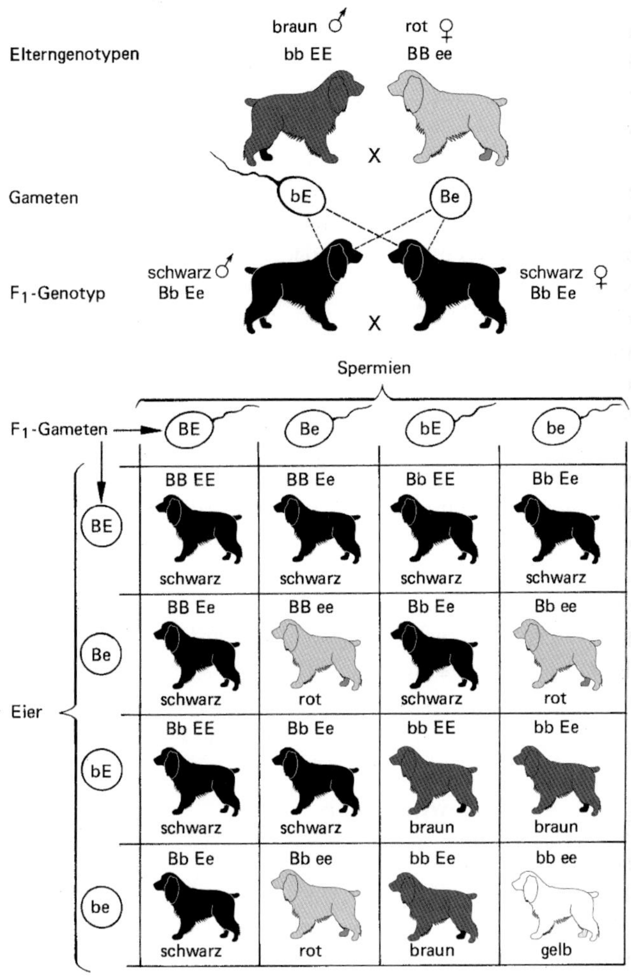

Abb. 6.8 Erbgang der Fellfarbe beim Cockerspaniel. Die Kreuzung der braunen mit der roten Rasse ergibt einheitlich gefärbte F1-Nachkommen (1. Mendel'sche Regel), während die F2-Generation aufspaltet (2. Mendel'sche Regel). Das dominante B-Gen bewirkt Schwarzfärbung, aber nur wenn der ebenso dominante Erbfaktor E vorliegt, der die Ausbreitung des Farbstoffs im Haar fördert. In der F2-Generation sind durch Neukombination der unabhängigen Allele beider Gene auch neue reinerbige Rassen entstanden (3. Mendel'sche Regel), die schwarz (BB EE) bzw. gelb (bb ee) gefärbte Hunde weiterzüchten.

sich die Merkmale beider Eltern in der F1-Generation.

Die **Spaltungsregel** bezieht sich auf die F2-Generation. Bei Kreuzung der Nachkommen untereinander spalten die Merkmale auf. Bei rezessiv/dominantem Erbgang taucht das verdeckte Merkmal wieder auf, und zwar mit einer Häufigkeit von ca. 1:3. Bei intermediärem Erbgang findet man außer den Merkmalsbildern der Eltern auch die Mischform der F1-Generation im Verhältnis 1:1:2. Rezessive Merkmale können also – je nach genetischer Ausstattung der Paarpartner – ein oder mehrere Generationen überspringen, ehe sie sich phänotypisch wieder manifestieren (Abb. 6.9a), wohingegen dominante Merkmale bei ausreichender Nachkommenzahl in jeder Generation auftreten (Abb. 6.9b).

Während sich die ersten beiden Regeln auf monohybride Erbgänge mit nur einem Merkmal beziehen, beschäftigt sich die dritte mit dihybriden Erbgängen. Hier wird das Verhalten zweier Merkmale in der F1- und F2-Generation betrachtet. Die erste Generation ist wiederum uniform. In der zweiten Generation spalten die Merkmale unabhängig voneinander auf (**Unabhängigkeitsregel**). Zudem kommt es zur Bildung neuer, in der Elterngeneration nicht vorhandener Genkombinationen und reiner Linien, wie dem Kreuzungsschema in Abbildung 6.8 zu entnehmen ist.

Da sowohl bei der Bildung der Gameten als auch bei der Befruchtung Zufallsprozesse im Spiel sind, kommt man den in der F2-Generation zu erwartenden Geno- und Phänotypen nur bei sehr großen Nachkommenzahlen nahe. Abweichungen von den Werten bei kleinen Nachkommenzahlen, wie sie in Zoos üblich sind, sprechen nicht gegen die Mendel'schen Regeln, sondern sind das Ergebnis von Zufallsereignissen.

Weichen bei dihybriden Erbgängen die Werte selbst bei großen Nachkommenzahlen, wie man sie z. B. in Kreuzungsversuchen mit Labortieren erzielen kann, regelmäßig von den Erwartungen ab, sind die Gene gekoppelt, d. h., sie befinden sich auf demselben Chromosom und können daher nicht unabhängig voneinander auf die Keimzellen verteilt werden.

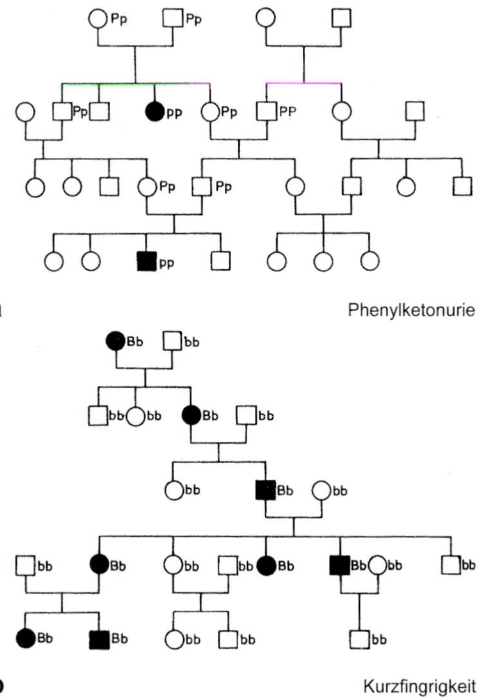

Abb. 6.9 Stammbäume. **a:** Erbgang der Stoffwechselkrankheit Phenylketonurie. Dieses rezessive Leiden tritt nur im reinerbigen Zustand (pp) auf, weshalb die Krankheit trotz erblicher Ursache Generationen überspringen kann, sofern ausschließlich die Genotypen PP oder Pp geboren werden. **b:** Stammbaum der erblichen Kurzfingrigkeit. Durch Dominanz des zugrunde liegenden Erbfaktors B sind Patienten mit BB oder Bb missgebildet. Keine Generation wird übersprungen. Kreise: Männer; Quadrate: Frauen; ausgefüllte Symbole: Individuen, die das Merkmal tragen.

6.1.7 Fortpflanzung und Geschlechtsbestimmung

Die Fähigkeit, sich zu vermehren, ist eine wesentliche Eigenschaft aller Lebewesen. Bei der Fortpflanzung wird die genetische Information an die Nachkommen weitergegeben. Man unterscheidet zwischen ungeschlechtlicher (asexueller) und geschlechtlicher (sexueller) Fortpflanzung. **Ungeschlechtliche Fortpflanzung** durch Zweiteilung ist typisch für Bakterien und Einzeller. Deren Vermehrung führt zu Klonen, da die neu entstehenden Zellen aus mitotischen Teilungen hervorgegangen sind und die gleiche Erbinformation enthalten. Ungeschlechtliche Fortpflanzung ist auch von mehrzelligen Organismen bekannt. Sie beschränkt sich auf niedere, einfach gebaute Wirbellose. Süßwasserpolypen und auch Strudelwürmer können aus Fragmenten wieder ganze Individuen regenerieren. Korallen und andere Hohltiere sind in der Lage, sich durch Knospung zu vermehren. Diese Form der ungeschlechtlichen Fortpflanzung ist nur möglich, wenn alle Zellen totipotent bleiben, also fähig sind, das gesamte in der Erbinformation enthaltene Entwicklungsprogramm zu verwirklichen. Bei Korallen führt die Knospung zu Stockbildung, da das entstehende Tier mit dem Elter verbunden bleibt. Die Vermehrung der Hydrozoen ist mit einem Generationswechsel verbunden. Aus sich ungeschlechtlich, querteilenden Polypen entstehen Medusen, die Geschlechtszellen bilden. Aus befruchteten Eiern entwickeln sich Larven, die sich festsetzen und wieder zu Polypen heranwachsen.

Die Bildung von Geschlechtszellen (**Gameten**) und deren Vereinigung zur **Zygote** sind Kennzeichen einer **geschlechtlichen Fortpflanzung**, in deren Verlauf die Erbinformation neu kombiniert und zwischen den Geschlechtern bzw. bei Einzellern zwischen Paarungstypen ausgetauscht wird. Bei Bakterien und Ciliaten findet ein solcher Austausch ohne Vermehrung statt. Bei einer Reihe von Einzellern, die sich normalerweise ungeschlechtlich durch Zellteilung fortpflanzt, wird die Differenzierung zu Zellen verschiedenen Paarungstyps (Plus oder Minus) bei ungünstigen Lebensbedingungen ausgelöst. Diese haploiden Zellen, die sich äußerlich nicht unbedingt unterscheiden, verschmelzen zu diploiden Zygoten, die eine Meiose durchmachen und vier haploide Nachkommen mit neu kombiniertem Erbgut entlassen, die sich dann ungeschlechtlich weitervermehren. Während eine geschlechtliche Vermehrung bei solchen Einzellern nur unter bestimmten Bedingungen, also fakultativ, auftritt, ist sie bei parasitischen Einzellern, z.B. Malariaerregern, obligatorisch und kommt in einem bestimmten Stadium der Entwicklung immer vor. Hier sind die Geschlechtszellen der beiden Geschlechter bereits morphologisch in bewegliche, kleine Mikro- und größere, unbewegliche Makrogameten unterschieden.

Bei höheren Organismen ist geschlechtliche Fortpflanzung die Regel. Tiere getrenntgeschlechtlicher Arten sind zeitlebens entweder männlich oder weiblich. Bei **zwittrigen** Arten unterscheidet man zwischen Simultan- und Konsekutivzwittern. Erstere, zu denen Regenwürmer und Weinbergschnecken gehören, bilden gleichzeitig Spermien und Eizellen. Bei Letzteren durchlaufen die Individuen zuerst eine männliche, dann eine weibliche Phase. Dies ist z.B. bei Bandwürmern, aber auch bei Anemonenfischen der Fall. Bei anderen Fischen, z.B. den Zahnbrassen, ist der umgekehrte Verlauf bekannt.

	X	Y
X	XX	XY
X	XX	XY

Abb. 6.10 Schema der Vererbung von Geschlechtschromosomen. Die Eizellen (X) der reinerbigen (XX) Weibchen verbinden sich mit den Samenzellen (X oder Y) der mischerbigen (XY) Männchen, sodass die Nachkommen je zur Hälfte weiblich oder männlich sind.

Eine Sonderform der geschlechtlichen Fortpflanzung ist die **Parthenogenese**, bei der es nicht zum Austausch von genetischem Material kommt, da der Embryo sich aus unbefruchteten Eizellen entwickelt, die entweder die Meiose nicht durchlaufen haben oder aber durch Kernfusion bei der ersten Teilung zu diploiden Zellen werden. Parthenogenese findet man bei Trematoden, Insekten und Krebstieren sowie bei einigen Eidechsenarten, die in langfristig konstanten Lebensräumen vorkommen. So erzeugte Nachkommen sind genetisch identisch. Es handelt sich also um Klone.

Fast alle Organismen enthalten das vollständige arteigene Genom und damit auch die genetische Information zur Bildung beider Geschlechter. Die **Geschlechtsbestimmung**, die zur Differenzierung von weiblichen oder männlichen Keimdrüsen und zur Bildung von Eizellen und Spermien führt, ist eine Frage der Genregulation während der Entwicklung. Diese kann überwiegend phänotypisch durch Außenfaktoren oder genotypisch, allein von Genen gesteuert sein. Verschiedene Faktoren wie Temperatur, Pheromone, Ressourcen oder die Anwesenheit eines Geschlechts können bei der **phänotypischen Geschlechtsbestimmung** eine Rolle spielen, wobei immer auch Kontrollgene einen Einfluss haben. Am bekanntesten ist die Temperaturabhängigkeit der Geschlechtsausbildung bei Reptilien wie Schildkröten, einigen Krokodilen und Eidechsen. Die Temperaturwirkung ist nicht gleichsinnig und die Schwellenwerte für die Bildung von ausschließlich einem Geschlecht variieren zwischen den Arten. Bei der Unechten Karettschildkröte entwickeln sich Weibchen bei höheren Temperaturen als Männchen, bei einigen Krokodilen, wie dem Mississippi-Alligator, und Eidechsen, z.B. dem Panthergecko, sind die Verhältnisse umgekehrt. Weibchen einiger Krokodilarten (z.B. Australien-Krokodil), einiger Schildkröten (z.B. Schnappschildkröte) und des Panthergeckos entstehen bei hohen und niedrigen Temperaturen, ausschließlich männliche Tiere entwickeln sich in dazwischenliegenden Temperaturbereichen. Bei der Schnappschildkröte liegt diese ausschließlich männlich determinierende Zone zwischen 22 und 26 °C, bei darunter- und darüberliegenden Temperaturen sinkt der Anteil der Männchen, ab 30 °C entstehen ausschließlich Weibchen. Genauere Untersuchungen wurden an Mississippi-Alligatoren durchgeführt. Kontrollierte Versuche, bei denen Eier verschiedenen Bedingungen bezüglich Bruttemperatur, Brutdauer bei einer bestimmten Temperatur sowie mehreren Temperaturwechseln im Verlauf der Inkubation unterworfen wurden, legen den Schluss nahe, dass es schwieriger ist und länger dauert, die Entwicklung männlicher als die weiblicher Tiere auszulösen. Ob Hoden oder Ovarien gebildet werden, hängt vom Vorhandensein zweier Enzyme ab, die zur Bildung von weiblich bzw. männlich bestimmenden Hormonen führen. Die Aktivität der zuständigen Gene ist temperaturabhängig. Letztendlich hängt das Geschlechtsverhältnis des schlüpfenden Nachwuchses in der Natur von den Bedingungen des vom Weibchen gewählten Nestplatzes und der Lage der Eier im Nest ab, bei Kunstbrut von der gewählten Temperatur im Inkubator. Eine pheromonabhängige Form der Geschlechtsbestimmung liegt beim Igelwurm vor, dessen Eier geschlechtlich undifferenziert sind. Freie Larven entwickeln sich zu bis zu 30 cm langen Weibchen. Larven, die auf ein Weibchen treffen, werden unter dem Einfluss eines vom Weibchen gebildeten Pheromons zu wenige Millimeter großen Männchen. Ein solches Männchen setzt sich am Rüssel des Weibchens fest. Soziale Aspekte können ebenfalls eine Rolle spielen. Nach Entfernen der Männchen aus einem kleinen Schwarm kommt es bei bestimmten Cichliden zur Geschlechtsumwandlung des größten Weibchens, das dann auch in der Lage ist, Junge zu zeugen. Bei anderen Arten beeinflussen Ressourcen die Ausbildung des Geschlechts. Australische Korallengrundeln benötigen zum Brüten und für die geschlechtliche Differenzierung einen Platz an den Korallenstöcken des Great Barrier Reef. Frei werdende Plätze werden sofort übernommen. Der Paarpartner nimmt das jeweils andere Geschlecht an.

Im Fall phänotypischer Geschlechtsbestimmung kann das Geschlechterverhältnis in einer Population deutlich von 1:1 abweichen, was bei **genotypischer Geschlechtsbestimmung** selten ist. Hier segregieren die geschlechtsbestimmenden Gene homologer Chromosomen während der Meiose nach den Mendel'schen Regeln (Abb. 6.10). Die Wahrscheinlichkeit, dass ein Spermium mit männlichen oder mit weiblichen Anlagen die Eizelle befruchtet, ist gleich.

Genotypische Geschlechtsbestimmung kommt bei den allermeisten Arten vor. Sie unterliegt der Steuerung durch Erbanlagen und beruht auf der Aufspaltung von Genen, die zu einer männlichen bzw. weiblichen Differenzierung führen. Eine Hormonbehandlung kann zumindest in einigen Fällen zur Geschlechtsumkehr führen, z.B. beim Krallenfrosch oder bei einigen Fischarten.

Im einfachsten Fall ist nur ein Gen für die Geschlechtsausprägung verantwortlich, dessen Produkte weitere geschlechtsdifferenzierende Gene steuern. Karyotypisch kann man z.B. männliche und weibliche Stechmücken nicht unterscheiden. Die Chromosomen beider Geschlechter sehen gleich aus. Auch beim Haplo-Diplo-Mechanismus der Hautflügler, deren Männchen aus unbefruchteten Eiern hervorgehen, nimmt man eine monogene, nur auf einem einzigen Gen beruhende Geschlechtsbestimmung an. Bei den meisten höheren Tieren lassen sich die Geschlechter – selbst wenn sie äußerlich gleich aussehen – anhand des Chromosomensatzes unterscheiden. Wie bereits ausgeführt, sind meist die weiblichen Tiere mit zwei gleichen Geschlechtschromosomen (XX) ausgestattet. Sie sind homogametisch, während die Männchen heterogametisch sind und ein X- sowie ein Y-Chromosom enthalten. Bei Vögeln, einigen Schmetterlingen, Amphibien und Reptilien sind die Männchen homogametisch, die Weibchen heterogametisch.

Allein die Tatsache, dass X- und Y-Chromosomen während der Meiose Tetraden bilden, weist darauf hin, dass die Geschlechtschromosomen aus einem Autosomenpaar entstanden sind. Im Laufe der Evolution und vor allem bei den Säugetieren gab es eine Tendenz, Gene des Y-Chromosoms zu entfernen. Hier befinden sich im Wesentlichen nur noch die männlich bestimmenden Gene, während die Gene der X-Chromosomen nicht auf die Geschlechtsbestimmung beschränkt sind.

Die normale Entwicklung des Organismus hängt von der Gendosis, d.h. von der normalen Mischung mütterlicher und väterlicher Gene ab. Da im weiblichen Geschlecht je zwei Kopien der X-chromosomalen Gene vorhanden sind, im männlichen nur eine Kopie, ist eine Kompensation notwendig. Bei Säugetieren erfolgt sie über die dauerhafte Inaktivierung eines X-Chromosoms, das zum sogenannten Barr-Körperchen komprimiert wird und nur aus stark kondensiertem, gut anfärbbarem Heterochromatin besteht.

6.1.8 Vom Gen zum Merkmal: Erbe und Umwelt

Ob und in welchem Maß ein genbedingtes Merkmal (Phän) ausgeprägt wird, hängt von inneren und äußeren Bedingungen ab. Innere Bedingungen betreffen Wechselwirkungen zwischen Genen, den physiologischen Zustand eines Organismus sowie die Wechselwirkungen zwischen Genom und Hormonen. Relevante Umweltfaktoren sind z.B. Klimafaktoren sowie Ernährung und soziales Umfeld. Generell setzt die in der DNA gespeicherte Erbinformation die Rahmenbedingungen, innerhalb derer verschiedene Reaktionsmöglichkeiten realisiert werden können. Es gibt **umweltstabile Gene** und Genkomplexe, die sich unter allen möglichen äußeren und inneren Bedingungen auswirken, wie die der Blutgruppenfaktoren oder bestimmter – aber bei weitem nicht aller – Farbmerkmale. Wie in Kapitel 5 ausgeführt sind Verhaltenselemente der Balz vieler Tierarten genetisch bedingt und daher weitgehend stabil und formkonstant. Andere Gene, deren Manifestation mehr oder weniger stark vom inneren und äußeren Milieu abhängt, sind dagegen **umweltlabil**.

Dass im diploiden Organismus Allele, also zwei Varianten eine Gens, die Merkmalsbildung beeinflussen, wurde bereits mehrfach erwähnt. Rezessiv vererbte Merkmale beruhen vielfach auf Mutationen, die zum Ausfall oder zu einer verringerten Aktivität des betroffenen Gens führen, sodass die Produktion von Enzymen, die das Merkmal bestimmen, reduziert ist oder ganz fehlt. So bewirkt die von vielen Tiergruppen bekannte **Albino**-Mutation den Ausfall eines Enzyms, das für die Bildung des Haut- und Augenfarbstoffs Melanin zuständig ist. Kommt das Allel heterozygot vor, also nur auf einem der Chromosomen, während der entsprechende DNA-Abschnitt des zweiten homologen Chromosoms unverändert ist und das notwendige Enzym bilden kann, hat das Albino-Allel keine Wirkung. Die Aktivität des normalen Allels reicht aus, um den Farbstoff zu bilden. Im heterozygoten Zustand wird ein Mangel meist durch die Aktivität des zweiten, dominanten Allels kaschiert. Das Enzym fällt allerdings ganz aus, wenn das Albino-Allel homozygot an beiden homologen Genorten vorkommt. Dann entstehen Tiere mit rosafarbener Haut und Iris. Albinismus ist ein umweltstabiles Merkmal, das auf jeden Fall ausgeprägt wird. Selbst dominante Allele manifestieren sich im Erscheinungsbild nicht immer gemäß der erwarteten Häufigkeit und Intensität. Das Merkmal „überzählige Finger/Zehen“ beim Menschen ist dominant, wird aber nicht immer vollständig – an jeder Extremität – ausgebildet und kann auch eine oder mehrere Generationen überspringen. Die hierfür ursächlichen Faktoren sind unbekannt. Eine Erklärung wäre die „Abschaltung“ von mütterlichen oder väterlichen Genen in den ersten Teilungsstadien des Embryos. Nach Erkenntnissen der **Epigenetik**, einem relativ jungen Teilbereich der Genetik, der sich mit der Beeinflussung der Genfunktion während der Zelldifferenzierung im Lauf der individuellen Entwicklung befasst, wird durch biochemische Prozesse eines der doppelt vorliegenden autosomalen Gene dauerhaft inaktiviert. Von dieser Blockierung ist allerdings nur ein Teil der Gene eines Individuums betroffen. Diese so bezeichnete epigenetische Prägung wird an alle sich mitotisch teilenden Zellen eines Organismus weitergegeben. Nur bei der Bildung der Keimzellen wird sie rückgängig gemacht. Befunde häufen sich, dass epigenetisch bedingte Blockaden oder Aktivierungen mütterlicher oder väterlicher Gene eines Genpaares unter bestimmten Umständen bestehen bleiben und Merkmale der Nachkommen in der F1- und sogar F2-Generation ändern, ohne die Sequenz der Basenpaare zu ändern. Trainierte man männlichen Mäusen eine Schreckreaktion auf einen Duftstoff an, so reagierte noch die 2. Generation der männlichen Nachkommen und auch solche, die mithilfe von In-vitro-Fertilisation erzeugt worden waren, in Tests auf diesen Stoff, ohne dass sie vorher negative Erfahrungen damit gemacht hätten. Spezifische Rezeptoren im Riechhirn waren vermehrt und entsprechende Bereiche der DNA in der Generation der Väter und der Nachkommen aktiviert. Solche selbst über mehrere Generationen bestehende Änderungen der Genregulation durch Umwelteinflüsse führen zwar nicht zu einer dauerhaften Änderung des Genoms, könnten aber unter aversiven Haltungsbedingungen zur Beeinträchtigung des Zuchterfolgs führen. So waren in Versuchen mit Mäusen gestresste Mütter auch schlechte Mütter, die sich wenig um ihren Nachwuchs kümmerten. Dieser legte wiederum selber ein geringes Brutpflegeverhalten an den Tag.

Viele Gene wirken sich nicht nur auf ein, sondern auf mehrere Merkmale aus. Sie sind **pleiotrop** oder auch polyphän. Albinotischen Säugetieren z.B. fehlt nicht nur Melanin, sie weisen vielfach auch pathologische Veränderungen des Sehnervs auf, die mit Beeinträchtigungen des Sehvermögens einhergehen. Dies gilt auch für andere Gene, die teilalbinotische Tiere, z.B. weiße Tiger, hervorbringen. Die entwicklungsbiologischen und physiologischen Vorgänge dieser mit Albinismus einhergehenden Veränderungen sind noch nicht geklärt, aber wahrscheinlich auf Sekundärwirkungen zurückzuführen. Dies ist ganz sicher der Fall bei einer Form des genetisch bedingten Zwergwuchses von Mäusen, bei denen gleichzeitig Sterilität auftritt. Hier blockiert der Gendefekt die hormonproduzierenden Zellen des Vorderlappens der Stirnanhangdrüse. Davon ist nicht nur die Produktion des Wachstumshormons Somatotropin betroffen, sondern auch die Synthese von Hormonen, die die Keimdrüsenaktivität steuern. Pleiotropie kann aber auch auf der Bildung verschiedener Primärprodukte beruhen. Dies widerspricht zunächst der Ein-Gen-ein-Enzym-Hypothese, lässt sich aber mit Prozessen bei der Bildung der m-RNA erklären. Demnach werden beim Spleißen je nach Gewebe, in dem das Gen abgelesen wird, verschiedene mRNA-Bereiche verknüpft, die zu verschiedenen Proteinen führen.

Unterdrückt ein Gen die Ausprägung des Merkmals eines Gens, das sich an einem anderen Genort befindet, so bezeichnet man dies als **Epistase**. Ein Beispiel hierfür ist die Schimmelung bei Hauspferden. Das zugrundeliegende Gen ist dominant und epistatisch über die Grundfarben Schwarz, Braun oder Rot, deren Wirkung **hypostatisch** ist. Unabhängig von der Grundfarbe mit der die Fohlen geboren werden, führt es in den ersten Lebensmonaten zum Ergrauen. Epistatische Effekte hat man zu erwarten, wenn mehrere Gene verschiedene Schritte einer Stoffwechselkette kontrollieren, die zu einem bestimmten Produkt führen. Deutlich unterschiedliche, abgrenzbare Merkmale bezeichnet man als qualitative Merkmale. Das sind sichtbare, wie die von Mendel in den Kreuzungsexperimenten benutzten, oder solche, die sich nur mit laboranalytischen Methoden darstellen lassen, z.B. verschiedene Varianten von Serumenzymen. Sie werden meist von nur ein oder zwei Genen kontrolliert.

Die Farbvererbung von Säugetieren basiert auf der Wirkung mehrerer Gene, die sich zudem gegenseitig beeinflussen können. Jedes einzelne Gen wird dabei nach den Mendel'schen Regeln an die Folgegenerationen weitergegeben. Durch die Kombination solcher Gene ergeben sich z.B. beim Hauspferd viele Möglichkeiten von Farbabstufungen, Scheckungs- und Fleckenmuster. Für die weißen Abzeichen am Kopf sind ebenfalls mehrere Gene verantwortlich, deren Wirkung sich addiert, wobei jedes einzelne meist nur kleine Änderungen hervorruft. Diese Art der **polygenen Merkmalsausprägung** mit zugrundeliegender additiver Genwirkung ist typisch für alle quantitativen (messbaren) Eigenschaften, die nur zu graduellen Unterschieden zwischen Individuen führen, während qualitative Merkmale entweder vorhanden sind oder nicht. Zu den **quantitativen Merkmalen** gehören Körpergröße, Körpermasse, Wachstumsrate, Lernfähigkeit sowie solche, die die Fitness eines Individuums beeinflussen. Kurz gesagt bezeichnet **Fitness** die Zahl der fortpflanzungsfähigen Nachkommen. Diese hängt von Wurf- und Gelegegrößen, der Jungtiersterblichkeit, dem Lebensfortpflanzungserfolg oder der Lebensdauer ab, um nur einige Parameter zu nennen. Quantitative Merkmale sind in einer Population meist normal verteilt, wobei die Merkmalsabstufung kontinuierlich ist. Segregation während der Meiose und zufällige Neukombination der beteiligten Gene und ihrer Allele bei der Zygotenbildung sind der Grund für die Art der Verteilung und die Variabilität quantitativer Merkmale in einer Population. Die Beziehung zwischen Genotyp und Phänotyp ist weniger eindeutig und eng. Umweltbedingungen tragen vielfach erheblich zur Ausprägung und damit auch zur Variabilität des Phänotyps bei. Durch Vergleich von Eltern und Nachkommen oder von Vollgeschwistern lässt sich der genetisch bedingte Anteil der Variabilität eines Merkmals, die sogenannte **Heritabilität**, innerhalb einer Population abschätzen. Äußere Bedingungen wirken je nach Merkmal unterschiedlich stark modifizierend ein. Das Körpergewicht ist sehr viel abhängiger von der Nahrungssituation während der Aufzucht als die Körpergröße, die stärker von den Erbanlagen beeinflusst wird. Während das Balzverhalten vieler Tierarten wenig variabel und sehr formkonstant ist, was für eine erbliche Fixierung spricht, sind die sozialen Fähigkeiten im Erwachsenenleben vieler Säugetiere ganz wesentlich von den Erfahrungen während der Aufzucht abhängig. Eingeschränkte Kontakte zu Artgenossen während der ersten Lebensphasen können sich negativ auf die spätere Fortpflanzung und Aufzuchtraten auswirken, wie man von Handaufzuchten weiß. Aber selbst **qualitative Merkmale**, die nur auf einem oder zwei Genen basieren, können von Umweltbedingungen beeinflusst sein. Wahrscheinlich beruht der saisonale Farbwechsel von Hermelin, Schneehuhn und Schneehase oder auch die Ausbildung weißer und dunkler Fellareale bei bestimmten Kaninchenrassen auf Enzymen, die bei Über- oder Unterschreiten kritischer Temperaturen die Bildung von Melanin oder aber dessen Transport in die Haare einstellen. So sehr Umweltbedingungen das Erscheinungsbild des einzelnen Lebewesens während der Ontogenese verändern und prägen mögen, erworbene Eigenschaften werden nicht über viele Generationen weitergegeben, da sie keinen Einfluss auf die in der DNA enthaltene Erbinformation haben.

6.2 Populationsgenetik

Die **Populationsgenetik** ist ein Teilgebiet der Evolutionsbiologie. Die Evolutionstheorie besagt, dass alle heute lebenden Arten sich aus gemeinsamen Vorfahren entwickelt haben und damit in mehr oder weniger engen Verwandtschaftsbeziehungen zueinander stehen. Die Evolutionsbiologie ermittelt Verwandtschaftsbeziehungen anhand von Merkmalsvergleichen auf der morphologisch-anatomischen, der physiologisch-biochemischen und der molekulargenetischen Ebene. Sie beschreibt den Wandel und die Entstehung der Arten und untersucht und dokumentiert die Wirkung von Evolutionsfaktoren. Dazu gehören nicht nur Selektion und Mutation, sondern auch Zu- und Abwanderung sowie genetische Drift. Diese Faktoren führen

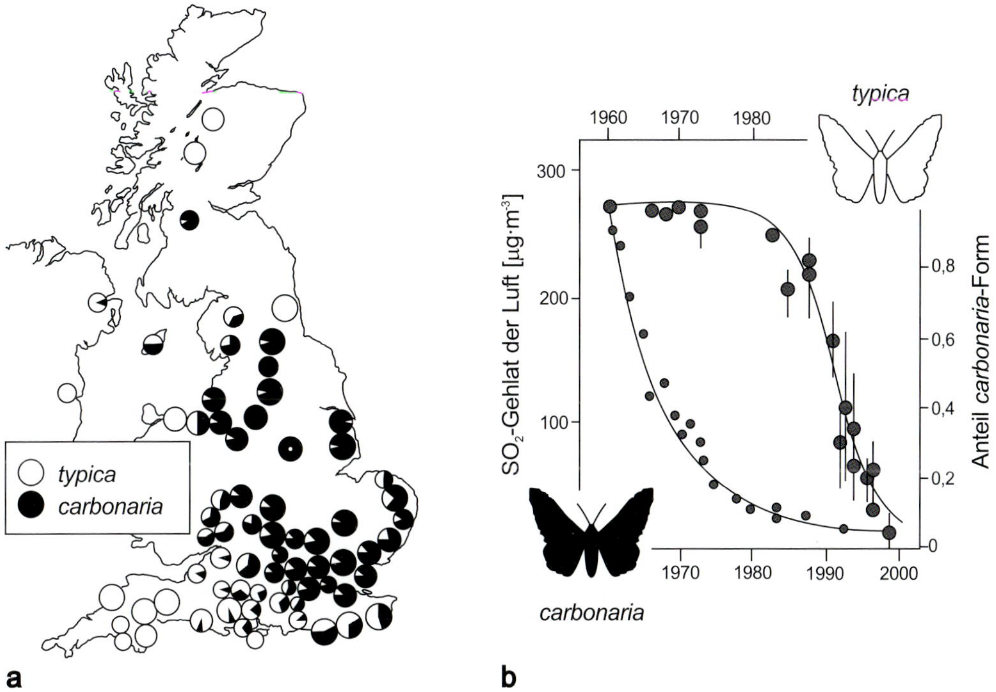

Abb. 6.11 Industriemelanismus beim Birkenspanner. **a:** Verteilung der hellen (*typica*) und dunklen (*carbonaria*) Variante in verschiedenen Regionen Großbritanniens. In Industriegebieten mit rußigem Niederschlag und dunkler Birkenrinde sind die dunklen Formen besser getarnt als die hellen, die wiederum in ländlichen, wenig belasteten Regionen im Vorteil sind. **b:** In bestimmten Gebieten Großbritanniens sinkt der Anteil der dunklen Form (große Kreise) mit abnehmender Schadstoffbelastung (kleine Kreise) zugunsten der hellen Variante.

zur Änderung des Genbestands einer Population in der Generationenfolge und damit zu Evolution.

Solche Individuen, die dank ihrer erblichen Merkmale besser an die herrschenden Umweltbedingungen angepasst sind, also die gegebenen Ressourcen für Überleben und Fortpflanzung besser nutzen können als andere, bringen mehr fortpflanzungsfähigen Nachwuchs in die nächste Generation als weniger gut adaptierte. Die den besser angepassten Phänotypen zugrundeliegenden Allel- und Genkombinationen reichern sich in der Population an, während andere zurückgehen oder gar verschwinden. Die Populationsgenetik erfasst Genotyp- und Allelhäufigkeiten und deren Änderung innerhalb und zwischen Populationen und untersucht die zugrundeliegenden Prozesse.

6.2.1 Genetische Vielfalt

Grundvoraussetzung für evolutive Veränderungen von Populationen ist deren **genetische Vielfalt** – auch als **genetische Variabilität** bezeichnet. Der Anteil mischerbiger (heterozygoter) Genorte H (**Heterozygotie**) in einem durchschnittlichen Individuum ist ebenso ein Maß für die genetische Variabilität in einer Population wie der Anteil polymorpher Gene P (**Polymorphismus**), Gene, die in zwei oder mehr Varianten vorliegen. Meist sind Allele in unterschiedlichen Häufigkeiten in einer Population vertreten. Da jeder diploide Organismus an jedem Genort maximal zwei verschiedene Varianten tragen kann, ist H immer kleiner als P. Die genetische Vielfalt beruht auf den Zufallsereignissen Mutation und Rekombination. Wie weiter oben beschrieben wurde, können Änderungen der DNA spontan an jeder Stelle des Genoms auftreten, allerdings sind sie selten und bezüglich ihrer Auswirkungen auf den Phänotyp ungerichtet. Im Mittel liegt die Häufigkeit von Mutationen (Mutationsrate) bei 1:1 Million pro Gen und Zellgeneration. Bei 100000 bis 1 Million Genen pro Organismus ist die Wahrscheinlichkeit für eine Mutation in einer Population innerhalb einer Generation jedoch relativ hoch. Allerdings nur, wenn sie in Keimzellen auftritt, besteht die Chance, dass sie an die nächste Generation weitergegeben wird und zur genetischen Vielfalt beiträgt, sofern sie dem Träger keine großen Nachteile bringt. Dies dürfte bei den allerwenigsten Mutationen der Fall sein. Der Austausch einer Aminosäure kann zu erheblichen Änderungen der Proteinstruktur führen und wird in den meisten Fällen einen Funktionsausfall zur Folge haben. Analysen der Aminosäuresequenzen und deren Vergleich zwischen weiter entfernten Arten legen nahe, dass die Häufigkeit von Mutationen, die zu funktionalen Genprodukten führen, für bestimmte Proteine über lange Zeiträume gleich sind, sich aber zwischen den Proteinen unterscheiden können. Stille Mutationen, die die dritte Base eines Codons betreffen und zum Einbau der gleichen Aminosäure führen, werden nicht erfasst, da sie nicht zu geänderten Produkten führen. Dass der Polymorphismus auf der DNA-Ebene den der Proteine erheblich übertrifft, zeigen auch Untersuchungen an nichtcodierenden Mikrosatelliten, die zur individuellen Identifizierung (genetischer Fingerabdruck) herangezogen werden. Bis zu 80 % der Mikrosatelliten liegen in mehreren Varianten vor. Phänotypisch, also auf der Merkmalsebene, wirkt sich die mutationsbedingte, genetische Variabilität demnach nur teilweise aus. Legt man Untersuchungen an Proteinen in großen Populationen zugrunde, sind durchschnittlich 7 % der Gene eines Individuums heterozygot, während der Anteil polymorpher Gene einer Art wesentlich größer ist. Über viele Arten gemittelt sind durchschnittlich 28 % der Gene, die Proteine codieren, polymorph. Die höchste individuelle Variabilität weisen bei Wirbeltieren diejenigen Gene auf, die den Proteinen des Histokompatibilitätskomplexes (engl.: *major histocompatibility complex*, MHC) zugrunde liegen. Sie bilden die Antikörper der zellulären Immunabwehr und sind damit ein wichtiger Bestandteil des Immunsystems, das eigene von fremden Stoffen unterscheidet. Aus diesem beträchtlichen Anteil merkmalsrelevanter Varianten ergeben sich bei geschlechtlicher Fortpflanzung fast unbegrenzte Möglichkeiten der Neukombination von Allelen. Daher trägt die **Rekombination** genetischen Materials während der Reifungsteilung deutlich mehr zur genetischen Variabilität einer Population bei als spontane Mutationen. Die Wahrscheinlichkeit, dass zwei genetisch gleiche Keimzellen entstehen, ist äußerst gering. Daher unterscheiden sich Nachkommen und Eltern, aber auch Geschwister, sofern es sich nicht um eineiige Zwillinge handelt, untereinander in ihren Genotyp und in ihrem Erscheinungsbild. Die somatische Rekombination in den Zellen des Immunsystems erhöht die Variabilität der entstehenden Proteine um ein Vielfaches, sodass Antikörper gegen solche Antigene produziert werden können, die es noch gar nicht gegeben hat, z.B. künstlich hergestellte Substanzen, aber auch mutierte Krankheitserreger.

6.2.2 Selektion

Der treibende Faktor der Evolution ist die natürliche Selektion. Individuen mit vorteilhaften Merkmalen erzeugen mehr Nachkommen als andere und tragen so mehr zum Genbestand der Population bei. Dies führt zur Anpassung von Populationen an ihren Lebensraum. Da dieser räumlich und zeitlich variiert, sind immer wieder anpassende Änderungen seitens der Organismen erforderlich. Selektionsfaktoren sind z.B. Nahrungsangebot und Feinde, aber auch Klimafaktoren spielen eine nicht zu unterschätzende Rolle bei der Auslese geeigneter Varianten. Da die Aktivität und damit die Wirksamkeit von Enzymen temperaturabhängig ist, können

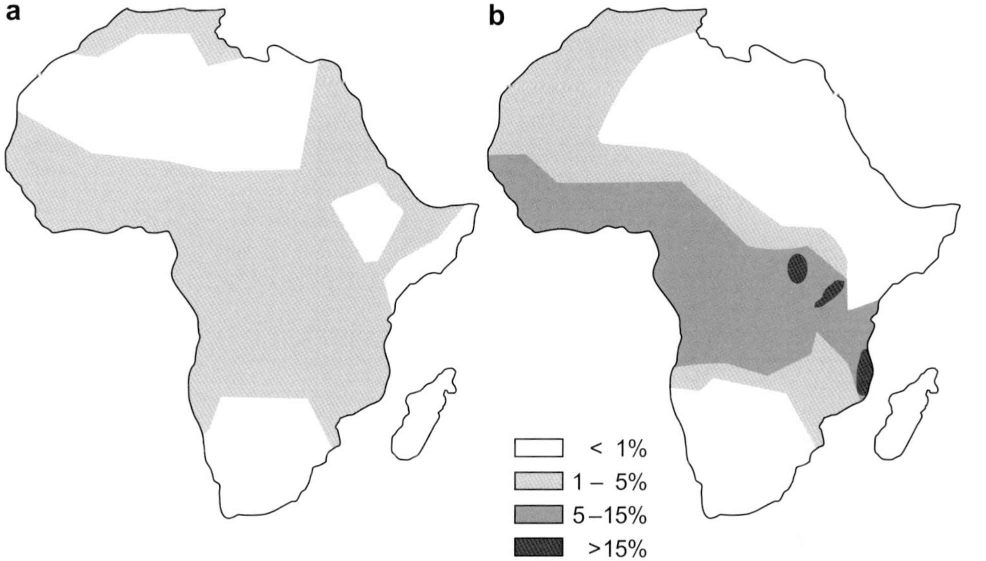

Abb. 6.12 Geographische Verbreitung von Malaria (**a**) und Sichelzellanämie (**b**) in Afrika (nach de Beer; Buettner-Janusch). Die Häufigkeit der Sichelzellallele ist durch unterschiedliche Grautöne gekennzeichnet.

selbst kleine Temperaturunterschiede zwischen den Lebensräumen zur Etablierung unterschiedlicher Enzymvarianten führen, die sich nur bezüglich einer Aminosäure unterscheiden, aber im jeweiligen Temperaturbereich optimal funktionieren. Nachgewiesen wurde dies für eine Reihe von Tieren und Pflanzen. Das Beispiel verschiedener Barrakuda-Arten, die beidseits des Äquators vorkommen, zeigt, dass ein Temperaturunterschied von nur 3–6 °C solche Enzymvarianten des Energiestoffwechsels selektiert, die bei den gegebenen Temperaturen die höchste Aktivität haben. Ob bestimmte Merkmalsausprägungen und die zugrundeliegenden Genotypen vorteilhafter sind als andere, hängt von den jeweils herrschenden Umweltbedingungen ab. Die **gerichtete Selektion** kann in relativ kurzer Zeit zu deutlichen Merkmalsverschiebungen innerhalb von Populationen führen. Am bekanntesten ist hier der Industriemelanismus, der mittlerweile bei mehr als 70 Schmetterlings- und einigen Spinnenarten beschrieben wurde. Am besten ist er für den Birkenspanner dokumentiert. Mit Beginn der Industrialisierung Mitte des 19. Jahrhunderts, die mit einer erheblichen Verschmutzung der Umwelt durch Ruß und Schwefeldioxid einherging, war eine Zunahme der dunklen *carbonaria*-Form in Kohlebergbaugebieten zu verzeichnen. Dort, nicht aber in den ländlichen Gebieten, stieg ihr Anteil innerhalb von 50 Jahren von weniger als 1 % auf gebietsweise über 98 % an, wie Abbildung 6.11a exemplarisch für Großbritannien zeigt. Auf rußgeschwärzten Oberflächen sind dunkle Individuen deutlich besser vor Fressfeinden getarnt als die hell gesprenkelte Normalform, die auf hellen, von Moos und Flechten überzogenen Birkenstämmen im Vorteil ist. Dort, wo Umweltschutzmaßnahmen greifen und die Schwefeldioxidbelastung rückläufig ist, sodass Flechten und Moose wieder gedeihen und die Birkenstämme das ursprüngliche Farbmuster annehmen können, hat sich der Prozess umgekehrt. Innerhalb von wenigen Jahrzehnten hat die Normalform erneut die Überhand gewonnen (Abb. 6.11b). Die Bandbreite quantitativer Merkmale kann sich bei starkem Selektionsdruck sogar innerhalb einer

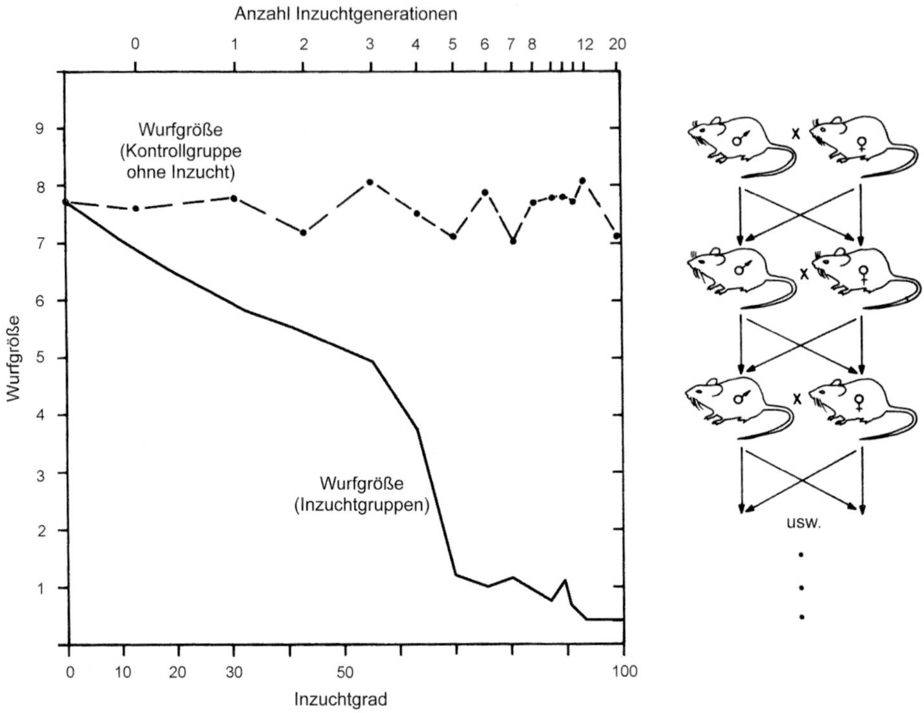

Abb. 6.13 Inzuchtdepression in einer Zucht von Labormäusen. Über 20 Generationen wurden jeweils Vollgeschwister (Bruder × Schwester) verpaart. Im Gegensatz zur nicht ingezüchteten Vergleichsgruppe sank die Wurfgröße der Inzuchtmäuse ständig ab, sie fiel nach der 3. Inzuchtgeneration besonders deutlich. Durch verminderte Fruchtbarkeit erloschen einige Inzuchtlinien.

Generation ändern, wie an Darwin-Finken beobachtet wurde. Knappes Nahrungsangebot während eines Dürrejahrs führte dazu, dass nur Vögel mit stärkeren Schnäbeln überlebten, die in der Lage waren, auch die härteren und größeren Samen zu knacken. Die nächste Generation war mit signifikant kräftigeren und an der Schnabelbasis höheren Schnäbeln ausgestattet als die vorangegangenen. Die an der Schnabelform beteiligten Allele müssen also zugenommen haben. Eine solche gerichtete Selektion, die bestimmte extreme Varianten begünstigt, kann bei Arten mit kurzer Generationsdauer selbst in überschaubaren Zeiträumen zu erheblichen Merkmals- und damit Allelverschiebungen führen – im Extremfall sogar zum Verschwinden von Allelen.

Vielfach sind aber heterozygote Genotypen von der Selektion begünstigt, die intermediäre Phänotypen hervorbringen. Dies führt zu einem stabilen Gleichgewicht der betreffenden Allele in der Population. Unter bestimmten Bedingungen bleiben sogar Allele erhalten, die in homozygoter Form nachteilig und zum frühen Tod der Individuen führen, wie das codominante Sichelzellallel (HbS). Homozygot verursacht es eine tödlich endende Anämie, ist also letal (todbringend). In Malariagebieten kann sich das HbS-Allel auf relativ hohem Niveau halten, denn Heterozygote sind resistent gegen Malaria. Ihre Träger haben trotz milder Anämiesymptome höhere Überlebenschancen als an Malaria Erkrankte, die homozygot für das Normalallel sind. In malariafreien Gebieten, wo dieser relative Selektionsvorteil entfällt, ist das HbS-Allel kaum nachweisbar (Abb. 6.12). Wie diese wenigen Beispiele zeigen, stellt die genetische Vielfalt und die darauf basierende Vielfalt von Phänotypen das evolutionäre Potenzial einer Population dar. Sie ist die Voraussetzung für eine zukünftige Anpassungsfähigkeit an sich ändernde Bedingungen.

Während die **natürliche Selektion** auf ökologischer Konkurrenz beruht, führt die Konkurrenz um Paarungspartner vor allem bei Arten mit polygynen Fortpflanzungssystemen zur **sexuellen Selektion**, die durch intrasexuelle Konkurrenz und oder durch weibliche Auswahl stärkere männliche Tiere bzw. solche mit besonders auffälligen Balzritualen oder Körpermerkmalen fördert. Faktoren der natürlichen Selektion wie Nahrungsangebot und Feinddruck setzen einem Ausufern solcher Merkmale allerdings Grenzen. **Künstliche Selektion** seitens des Menschen, die zur **Domestikation** von Wildtieren und zur Ausformung von Rassen mit ganz unterschiedlichen Körper- und Leistungsmerkmalen geführt hat, basiert auf der Auswahl entsprechender Individuen und deren Vermehrung. Eine Annahme zur Haustierwerdung geht davon aus, dass die Anpassung der vom Menschen gefangenen und gehaltenen Tiere an die künstlichen Haltungsbedingungen zunächst durch natürliche Selektion stattfand. Denn nur solche Individuen, die sich unter den gegebenen Bedingungen fortpflanzten, trugen zum Aufbau der Zuchtpopulation bei. Nur wenige Tiere einer Wildpopulation dürften dafür geeignet gewesen sein. Schätzungen aufgrund der Variabilität mitochondrialer, also nur von den Weibchen weitergegebener DNA, gehen von mindestens 77 Stuten aus, die den Grundstock für die Hauspferdezucht legten – allerdings an verschiedenen Stellen in Europa und zu unterschiedlichen Zeiten. Wahrscheinlich war Zahmheit eines der ersten Selektionskriterien. Nur relativ zutrauliche, wenig aggressive Individuen ließen sich unter den Bedingungen der Steinzeit halbwegs handhaben. Dafür spricht auch, dass in der frühen Pferdezucht nur wenige Hengste eingesetzt wurden. Experimente an Silberfüchsen von Pelztierfarmen unterstützen die Annahme der Zucht auf Zahmheit ebenfalls. Wählte man anhand des Abwehrverhaltens gegenüber dem Menschen in jeder Generation nur die zahmsten Individuen zur Weitervermehrung, so wiesen die Nachkommen bereits nach wenigen Generationen typische Haustiermerkmale bezüglich Färbung, Verhalten und Fortpflanzung auf. Künstliche Selektion führt also sehr schnell zu Merkmals- und Allelverschiebungen. Da Wildtiere in Zoos als Reserve und Botschafter ihrer wild lebenden und zumeist bedrohten Artgenossen angesehen werden, muss bei deren Zucht eine künstliche Selektion sorgfältig vermieden werden. Während es noch relativ einfach ist, eine Bevorzugung besonders großer oder auffällig gefärbter Individuen zu vermeiden, ist die Gefahr der Zucht auf Zahmheit und des Wirkens unerkannter Selektionsfaktoren sehr viel schwerer auszuschalten. Lärm durch Besucher und die Nähe von Tierpflegern können bei leicht erregbaren, scheuen Exemplaren Stress auslösen. Auch Klimabedingungen weitab von den natürlichen sowie bei solitären Tierarten die ständige Präsenz von Artgenossen sind je nach individueller Konstitution Stressoren, die die Fortpflanzung beeinträchtigen. Folglich sind erhebliche Anstrengungen notwendig, die Haltungsbedingungen so zu gestalten, dass möglichst alle Individuen der meist kleinen Zoopopulationen zur Fortpflanzung kommen, um eine unbeabsichtigte Selektion auszuschließen.

6.2.3 Inzuchtdepression

Bei weitem nicht alle Mutationen sind positiv für ihre Träger, wie das Auftreten von **Erbkrankheiten** oder erblich bedingten Missbildungen deutlich macht. Da die meisten rezessiv vererbt werden und im heterozygoten Zustand entweder nicht in Erscheinung treten oder unter Umständen gar von Vorteil sind, bleiben die Allele, wenn auch in geringer Häufigkeit, erhalten und werden als sogenannte **genetische Bürde** von Generation zu Generation weitergegeben.

In großen Populationen ist die Wahrscheinlichkeit gering, dass zufällig beide Eltern solche Erbanlagen tragen und ein Teil der Nachkommen homozygot wird. Sie erhöht sich erheblich, wenn nah verwandte Individuen miteinander Nachwuchs erzeugen (Inzucht). In intakten, zusammenhängenden Lebensräumen mit großen Populationen ist Inzucht äußerst selten. Die Abwanderung des Nachwuchses aus den elterlichen Gruppen und unterschiedliches Wanderverhalten der Geschlechter minimieren die Möglichkeit, dass sich Vollgeschwister oder Eltern-Nachkommen paaren. Genetische Analysen über einen Zeitraum von 11 Jahren an Eisbären in der Barentsee erbrachten nur einmal von 75 Fällen (= 1,3 %) den Nachweis einer Vater-Tochter-Anpaarung. In kleinen Populationen im Zoo oder in der Wildbahn kommt es über kurz oder lang zur Anpaarung von mehr oder weniger verwandten Individuen. Ein Maß für den Grad der Inzucht ist der **Inzuchtkoeffizient F**. Er liegt zwischen 0 (keine Inzucht) und 1 (100 % Inzucht) und gibt die Wahrscheinlichkeit an, mit der zwei Allele von demselben Vorfahren stammen und homozygot sind. Der Inzuchtkoeffizient bei Anpaarungen zwischen Eltern-Nachwuchs oder Vollgeschwistern liegt bei 0,25. Fortgesetzte Inzucht hat also auf jeden Fall die Verschiebung von Genotypen in der Population zur Folge. Selbst wenn Allelfrequenzen gleich bleiben, nimmt der Anteil der Homozygoten auf Kosten der Heterozygoten zu. Von der genetischen Bürde, also der Anzahl und Häufigkeit schädlicher rezessiver Allele in einer Population, hängt es ab, ob und in welchem Maß Verwandtschaftszucht zu **Inzuchtdepression** führt. Darunter versteht man die Reduktion von Lebenstauglichkeit und Fruchtbarkeit durch Inzucht. Bei einer Reihe von Arten wurde Inzuchtdepression nachgewiesen, sowohl in Menschenobhut als auch in der Wildbahn. Je nach Art können verschiedene fitnessrelevante Eigenschaften betroffen sein. Bei Wölfen in skandinavischen Zoos sanken Wurfgröße, Gewicht, Langlebigkeit und die Reproduktionsrate der Weibchen um 6–7 % pro Anstieg des Inzuchtkoeffizienten um 10 %, während sich die Inzucht in der Braunbärenpopulation nur auf die Wurfgröße negativ auswirkte. Zudem traten auf einem rezessiven Allel beruhende Defekte auf. Einige der Wölfe litten unter erblich bedingter Blindheit. In der Bärenpopulation gab es albinotische Individuen. Bei generationenlanger enger **Inzucht** kann es durch zunehmende Inzuchtdepression zum Aussterben von Zuchtlinien kommen (Abb. 6.13). Da die genetische Bürde von Populationen unbekannt ist, lässt sich die Wirkung der Inzucht nicht vorhersagen, sondern nur im Nachhinein feststellen. Um kein Risiko einzugehen, sollte man Inzucht selbst in kleinen Populationen, so gering wie möglich halten. Bestehende Inzucht lässt sich schnell und wirkungsvoll durch Einbringen unverwandter Individuen minimieren, während genetische Drift sehr viel schwerer beherrschbar ist.

6.2.4 Genetische Drift

Kleine Populationen sind nicht nur durch Inzucht gefährdet, sondern unterliegen zudem in besonders hohem Maße Zufallsprozessen, die unter dem Begriff **genetische Drift** zusammengefasst werden. Zufallsereignisse treten zum einen bei Keimzellenbildung und Befruchtung auf. Aber auch kurzfristige Umwelteinwirkungen sowie zufällige Unterschiede in der Familiengröße, definiert als Anzahl der Nachkommen pro Tier, führen in jeder Generation zu Verschiebungen der **Allelfrequenzen**. Dieser Effekt wird bei Tierarten mit polygynen Fortpflanzungssystemen verstärkt, wo ein Männchen mit mehreren Weibchen Nachwuchs bringt, sodass seine Gene vermehrt werden, während die anderer Männchen nur selten oder gar nicht in der nächsten Generation vertreten sind. Rein zufällig und ohne Einfluss der Selektion kann es deshalb zum Verlust oder zur Anreicherung von Allelen in einer Population kommen. Je größer die Population, je mehr Individuen zur nächsten Generation beitragen und je schneller sie wächst, desto weniger an genetischer Vielfalt geht verloren. In kleinen Populationen aller-

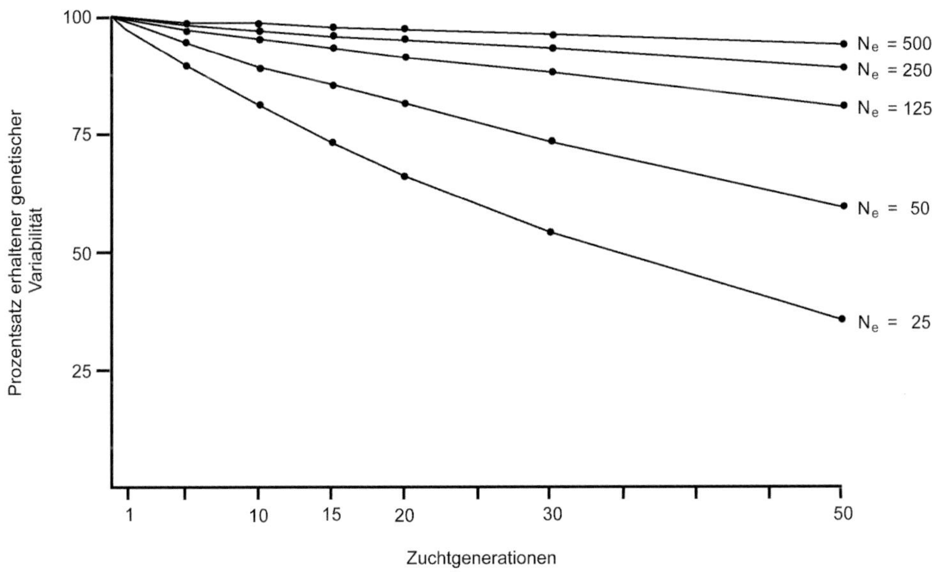

Abb. 6.14 Entwicklung der genetischen Vielfalt in Beständen mit unterschiedlicher effektiver Populationsgröße. Nur die genetische Drift findet Berücksichtigung.

dings kann die genetische Drift einen größeren Einfluss auf die Variabilität haben als die Selektion, wie an einer Reihe von Wirbellosen gezeigt wurde, die sich dank ihrer kurzen Generationszeit für entsprechende Experimente anbieten. Bleibt der Bestand über viele Generationen klein, so nimmt die genetische Vielfalt mit jeder Generation unweigerlich ab (Abb. 6.14).

Gendrift ist besonders augenfällig bei der Besiedlung isolierter Gebiete wie Inseln durch einige, wenige Individuen, die immer nur einen kleinen Teil der Allele der ursprünglichen Population einbringen. Seltene Allele können rasch verschwinden, andere im Vergleich zum Ausgangsgenpool überproportional zunehmen. Dieser sogenannte Gründereffekt kommt natürlich auch bei der Zucht von Wildtieren in Menschenobhut zum Tragen, denn Zoopopulationen vieler bedrohter Tierarten gehen nur auf 10–20 **Gründertiere**, einige sogar auf weniger als zehn zurück.

Umweltkatastrophen und bis in heutige Zeit exzessive Bejagung und Wilderei können Populationen in kurzer Zeit dezimieren, mit der Folge einer erheblichen Verringerung der genetischen Variabilität. Solche **Flaschenhalseffekte** wurden für den Nördlichen See-Elefanten, den Geparden und den Asiatischen Löwen nachgewiesen, um nur einige Arten zu nennen. Die Allozym- und Mikrosatellitenvariabilität sind im Vergleich zu verwandten Arten deutlich reduziert. Das schnelle Anwachsen von 20–30 Individuen auf mehr als 100000 Tiere nach einem Jagdverbot vor gut 100 Jahren lässt vermuten, dass die genetische Bürde beim Nördlichen See-Elefanten minimal ist. Allerdings reduziert die verschwindend geringe genetische Vielfalt die zukünftige Anpassungsfähigkeit bei sich ändernden Bedingungen. So kann aufgrund einer geringen Variabilität des Histokompatibilitätskomplexes die Resistenz beim Auftreten neuer Krankheiten herabgesetzt sein. Erfahrungsgemäß ist dies bei Geparden und Asiatischen Löwen in Zoos der Fall. Sie sind anfälliger für Krankheiten als andere Katzenarten. Das jüngste Beispiel für negative Effekte von Populationen, die in der Vergangenheit immer wieder dezimiert wurden, ist der Beutelteufel, dessen Bestand durch eine ansteckende Krebserkrankung, die wahrscheinlich von nur einem Weibchen ausging, innerhalb von weniger als 20 Jahren um 70 % zurückging. Alle Untersuchungen deuten daraufhin, dass die Tumorzellen vom Immunsystem der genetisch vergleichsweise uniformen Beutelteufel nicht als fremd erkannt und daher nicht unschädlich gemacht werden.

6.2.5 Management kleiner Populationen

Will man Zoopopulationen als Reservepopulationen erhalten, ist es notwendig, das Evolutionspotenzial, also die genetische und phänotypische Vielfalt zu erhalten. Dazu muss nicht nur künstliche Selektion ausgeschaltet und die unbeabsichtigte Selektion auf Zahmheit minimiert werden, sondern auch Inzucht und genetische Drift müssen gering gehalten werden, wie es sich aus den letzten Abschnitten ergibt. Idealerweise sollten zur Minimierung der genetischen Drift folgende Bedingungen erfüllt sein:

- Um möglichst wenig der genetischen Variabilität der Ausgangspopulation zu verlieren, ist eine relativ große Gründerpopulation anzustreben. Besteht sie aus 30 sich vermehrenden Individuen, verliert man weniger als 2 % der Variabilität der Ausgangspopulation, sind es nur zehn, gehen bereits 5 % verloren, bei sechs Gründertieren sogar 9 %.
- Die Gründerpopulation sollte in den ersten Generationen schnell anwachsen, da kleine Populationen ihre genetische Variabilität schneller verlieren als große (Abb. 6.14).
- Stark schwankende effektive Populationen, also die Anzahl der Tiere, die tatsächlich zur nächsten Generation beitragen – das sind immer weniger als der aktuelle Bestand ausweist – sollten vermieden werden.
- Die Haltungskapazität, d.h., die Größe der stabilen, nicht mehr wachsenden Population soll möglichst hoch sein.
- Damit der Beitrag der Gründertiere zur genetischen Vielfalt der neuen Population erhalten bleibt, soll ihr Anteil an den nachfolgenden Generationen gleich sein.
- Dazu müssen möglichst viele Nachkommen annähernd gleich viel Nachwuchs produzieren.
- Das bedeutet, das Geschlechtsverhältnis der Zuchtpopulation muss annähernd 1:1 sein. Dies ist bei monogam lebenden Arten geboten und bei solitär lebenden meist möglich, nicht aber bei Arten, die in fest gebundenen Gruppenstrukturen mit polygynem Fortpflanzungssystem leben. Hier kann nur die Vergrößerung der Population (Haltungskapazität) Abhilfe schaffen.
- Da genetische Variabilität immer nur beim Übergang zur nächsten Generation verloren geht, sollte die Generationsdauer, also das mittlere Fortpflanzungsalter einer Population, erhöht werden.

Als 1985 nach dem Vorbild amerikanischer SSP (engl.: *species survival plan*) die ersten Europäischen Erhaltungszuchtprogramme (EEP) gegründet wurden, sahen sich die Koordinatoren mit Gegebenheiten der Zuchtgeschichte der von ihnen zu betreuenden Arten konfrontiert, die vom geschilderten Ideal bezüglich Inzucht, der Anzahl der Gründertiere und deren Repräsentanz in der aktuellen Population erheblich abwichen. Im Folgenden seien einige der Ursachen aufgeführt. Gerade bei Arten mit längerer Zuchtgeschichte, zu deren Beginn nur wenig über die Biologie bekannt war und für die man erst durch Versuch und Irrtum die angemessenen Haltungsbedingungen und Gruppenzusammensetzungen ermitteln musste, war das Wachstum der Populationen niedrig, und bei Weitem nicht alle Wildfänge kamen regelmäßiger zur Fortpflanzung. Importe zu verschiedenen Zeitpunkten an z.T. weit entfernte Orte erschwerten einen Austausch von Nachwuchstieren. Diese Bedingungen hatten fast zwangsläufig Inzucht zur Folge. Der lang dauernde Einsatz männlicher Tiere vergrößerte das Problem und führte zudem zu erheblichen Abweichungen der Gleichverteilung der Gründertieranteile in der aktuellen Population. Haben einige Gründer nur ein oder zwei direkte Nachkommen hinterlassen, führt eine prozentuale Angleichung durch Förderung der Fortpflanzung von Nachkommen höherer Generationen keinesfalls zu erhöhter genetischer Variabilität, sondern nur zur Vermehrung bereits bestehender Kopien eines reduzierten Genoms, auf Kosten der Anteile besser repräsentierter Wildfänge. In solchen Fällen soll die Zuchtplanung seitens des Koordinators nur den Erhalt entsprechend dem noch vorhandenen genetischen Material anstreben. Computergestützte Programme, auf die in Kapitel 7 genauer eingegangen wird, berechnen anhand von Zuchtbuchdaten, die die Abstammung eines Individuums möglichst bis zu den Gründertieren dokumentieren sollten, tatsächliche und anzustrebende Gründerverteilung, sowie die Verwandtschaftsbeziehungen zwischen allen lebenden Populationsmitgliedern und Inzuchtkoeffizienten aller möglichen Anpaarungen. Diese Informationen werden beim **Populationsmanagement** angewandt, zum einen, um Inzucht durch Austausch von Individuen in bestehenden Gruppen und geeignete Zusammensetzung neuer Gruppen zu vermeiden bzw. gering zu halten. Zum anderen erlauben sie, die genetisch wichtigen Tiere zu identifizieren und für diese Zuchtempfehlungen auszusprechen und andere, deren Gene schon ausreichend oder gar übermäßig vertreten sind, zeitweise oder permanent von der Zucht auszuschließen. Nur so verhindert man eine Vereinheitlichung des Genpools der Population.

6.2.6 Molekulargenetik und Populationsmanagement

Populationsgenetische Analysen durch Zuchtbuchprogramme beruhen vielfach auf theoretischen Überlegungen und davon abgeleiteten Simulationen. Die Ergebnisse sind letztendlich nur so gut und verlässlich, wie die Abstammungsinformationen, die eingegeben werden (siehe Kapitel 7). Wurden Individuen nicht korrekt identifiziert oder ist in Gruppen mit mehreren Männchen – und sei es nur der heranwachsende, männliche Nachwuchs – die Vaterschaft unklar, sind Abstammungsnachweise nötig. Fortschritte in der molekulargenetischen Methodik erlauben heutzutage solche Nachweise auf der Basis weniger Zellen, z.B. von der Haar- oder Federbasis. Um bei monomorphen Vogelarten Zuchtpaare zusammenstellen zu können, ist die Geschlechtszuordnung mithilfe geschlechtsspezifischer Markergene notwendig.

Mittlerweile kennt man von gut untersuchten Arten auch Marker für einzelne rezessive Allele, die in Heterozygoten nicht auffallen. Marker sind spezifische DNA-Sequenzen, die immer und ausschließlich mit diesem Allel zusammen auftreten. Sofern es sich um unerwünschte Allele handelt, entweder weil sie schädlich oder von der Wildpopulation nicht bekannt sind, hat man eine Handhabe mit genetisch wichtigen Trägern des Allels zu züchten, da es möglich ist, heterozygote Nachkommen zu erkennen und von der Zucht auszuschließen und mit nicht betroffenen Nachkommen weiterzuzüchten. Der Marker für das rezessive Allel, das bei Hauspferden die Fuchsfarbe hervorbringt und die Einwanderung des Schwarzpigments in die Haare verhindert, existiert auch bei Przewalskipferden. Das Fuchsallel kam höchstwahrscheinlich durch Bastardierung mit mongolischen Hauspferden in die Population und hatte sich durch Inzucht über mehrere Generationen angereichert. Zuchtbuchanalysen seitens der Koordinatorin und Bereitwilligkeit der Halter, von vermuteten Trägern des Allels Blutproben zu nehmen bzw. nach Verbesserung der Analysemethoden Mähnen- oder Schweifhaare auszuziehen und in das Referenzlabor für Hauspferdgenetik in die USA zu senden, ermöglichten gezielte Anpaarungen und nachfolgenden Ausschluss der Träger des Fuchsallels. Diese Maßnahme führte zur Reduktion des Allels ohne den Verlust genetischer Vielfalt. Molekulargenetische Studien zur Ermittlung von Populationsunterschieden und zur Klärung der subspezifischen und interspezifischen Taxonomie haben Marker identifiziert, die für den Nachweis der geographischen Herkunft, z.B. von Tigern, Löwen und Orang-Utans, herangezogen werden können.

Die Verbesserung der Extraktionsmethoden und damit eine vereinfachte Probensammlung, die nur wenig oder gar nicht invasiv ist – so kann man heute selbst aus Kotproben die Identität eines Individuums ermitteln – erlauben in Zukunft weiter gehende Studien und die Überprüfung der zuchtbuchbasierten populationsgenetischen Annahmen zur genetischen Vielfalt eines Bestands in Menschenobhut.

7

Internationale Zoodatenbanken

Ulrike Rademacher & Kerstin Ludmann

Beim Thema „Zoo“ denkt man nicht zwangsläufig an **Datenbanken**. Internationale Datenbanken sind aber aus der Zoowelt genauso wenig wegzudenken wie aus allen anderen Bereichen des heutigen Lebens. Sie bilden die Grundlagen für ein gutes „Management“ der Tierbestände in den Zoos und liefern wertvolle Informationen für die Forschung.

In diesem Kapitel wird erläutert, wie die Daten gesammelt, erfasst und für die Forschung und das Management der Tierbestände weltweit genutzt werden.

7.1 Management der Tierbestände in den Zoos

Die vielfältigen Aufgaben der zoologischen Gärten wurden bereits ausführlich beschrieben. Aus diesem Grund wird hier nur auf die Rolle der Zoos im Natur- und Artenschutz eingegangen. Denn hier spielen Datenbanken eine wichtige Rolle.

Die Bedrohung von Tier- und Pflanzenarten und deren Lebensräumen nimmt ständig zu. Daraus ergibt sich auch für die Zoos eine wichtige Aufgabe, nämlich, wo immer möglich, den Erhalt von Tierarten und deren Lebensräumen zu unterstützen. Auch wenn das erste Ziel des Artenschutzes sicher der Erhalt der Tierarten und ihrer Lebensräume vor Ort ist, können die Zoos dennoch mit ihren Tierbeständen einen wertvollen Beitrag leisten:

- Zoos fördern das öffentliche Bewusstsein und nutzen die gehaltenen Tiere als Botschafter für den Schutz einer Art oder eines Lebensraums. Ohne die gehaltenen Wildtiere wäre diese Aufklärungsarbeit der Zoos schwer umzusetzen.
- Die Tierbestände sind die Grundlage für viele Forschungsprojekte. Viel Wissen, das man über Wildtiere, z.B. zu deren Reproduktionsbiologie oder Ernährung, hat, konnte an Zootieren gewonnen und kann nun für den Schutz der Art im Freiland oder für die Zucht der Art im Zoo genutzt werden.
- Bedrohte Tierarten werden im Rahmen von koordinierten Programmen gezüchtet. Wenn die Voraussetzungen stimmen (wenn z.B. ein geeigneter Lebensraum in ausreichendem Maße zur Verfügung steht), können im Zoo geborene Tiere für Auswilderungsprojekte zur Verfügung gestellt werden. Die Zoopopulationen dienen dann als wertvolle Reservepopulationen für die Art in der freien Wildbahn.

Einige Beispiele für erfolgreiche Auswilderungsprojekte unter Mitwirkung von Zoos sind Alpensteinbock, Bartgeier, Waldrapp, Europäischer Biber, Europäische Sumpfschildkröte, Goldgelbes Löwenäffchen, Schwarzfußiltis, Mhorrgazelle, Mendesantilope, Przewalski-Pferd, Wisent, Säbelantilope.

Noch Mitte der 1970er Jahre konnten zoologische Gärten über Tierhändler Tiere fast aller Arten aus der Wildbahn importieren. Sie war eine nie versiegende Quelle, aus der sich die Zoos bedienten. Dies änderte sich erst, als 1973 ein internationales Abkommen zum Schutz bedrohter Tiere und Pflanzen ins Leben gerufen wurde, das **Washingtoner Artenschutzübereinkommen (WA)**. Deutschland hat es 1976 unterzeichnet. Dieses Übereinkommen regelt seither den Import und Export von bedrohten Tieren und Pflanzen. Seitdem können Individuen bedrohter Arten nur noch in Ausnahmefällen aus den Ursprungsländern importiert werden. Auch im Zoo geborene Tiere geschützter Arten können nur mit entsprechenden Genehmigungen der zuständigen Behörden von Zoo zu Zoo reisen.

Ausgehend von dem Tierbestand in den 1970er Jahren (also den Tieren, die bei Inkrafttreten des WA in den Zoos gehalten wurden) mussten daher in den letzten Jahrzehnten von Importen unabhängige Zoopopulationen aufgebaut werden. Nur so können Wildtiere auch in ferner Zukunft noch im Zoo gehalten und gezüchtet werden.

Überlebensfähige Zoopopulationen zu erhalten ist jedoch nur möglich, wenn alle Zoos international zusammenarbeiten und Tiere untereinander zu Zuchtzwecken tauschen. Denn bei jeder in Zoos gehaltenen Tierart muss angestrebt werden, dass die ursprüngliche **genetische Vielfalt** einer Tierart über einen langen Zeitraum bestmöglich bewahrt bleibt. Inzucht und Domestikation gilt es so gut wie möglich zu verhindern.

Das alles erfordert ein gutes Management der Populationen im Zoo. Und genau das ist eine gewaltige Herausforderung.

Zoopopulationen sind häufig klein und gehen auf wenige Ursprungstiere zurück. „Genetischen Nachschub“ aus der freien Wildbahn gibt es nur in Ausnahmefällen. Das hängt sowohl mit internationalen Artenschutzgesetzen, als auch mit Veterinärgesetzen zusammen. Letztere betreffen besonders Huftiere. Diese Gesetze sollen die Verbreitung von Tierkrankheiten einschränken, erschweren aber genauso den Import von Tieren, auch den nicht geschützter Arten.

Kleine Populationen bergen Risiken: Sie repräsentieren nicht die genetische Variabilität von Wildpopulationen, was sie anfälliger für Krankheiten und Inzucht macht. Kleine Bestände unterliegen großen Schwankungen und können jederzeit zusammenbrechen (wenn z.B. in einem Jahr überwiegend männliche Jungtiere geboren werden, viele Tiere sterben oder eine Krankheit ausbricht).

Zuchtbücher sind das Werkzeug, um eine stabile, gesunde, ausreichend große Population einer Art in einem Zuchtprogramm im Zoo zu erhalten.

7.2 Zuchtbücher und Zuchtprogramme

In einem **Zuchtbuch** werden von dem für die Art zuständigen Zuchtbuchführer die Lebensdaten wie Geburt, Geschlecht, Eltern, Standort und Todesdatum aller Individuen einer Tierart zusammengefasst und teilweise auch bewertet. Ziel ist es, einen Überblick über die jeweilige Population zu bekommen. Der Zuchtbuchführer kann so z.B. sehen, wie viele Tiere der jeweiligen Art in den Zoos welt- bzw. europaweit geboren werden und wie viele sterben. Durch das Verhältnis von Geburten zu Todesfällen kann man den Zustand einer Population einschätzen. Sollte eine Population nicht länger stabil sein, kann die Intensität des Managements erhöht und das Zuchtbuch in ein Zuchtprogramm überführt werden.

Im Gegensatz zum Zuchtbuch bedeutet ein **Zuchtprogramm** bedeutet ein wesentlich umfangreicheres Management. Der jeweilige Koordinator arbeitet genau wie der Zuchtbuchführer in der Regel in einem Zoo oder Aquarium und hat ein besonderes Interesse an der jeweiligen Tierart. In Europa heißen diese Programme **EEP**, was im Folgenden synonym für alle Zuchtprogramme der Zoos gebraucht wird.

Jedem Koordinator steht eine Artkommission zur Seite. Dies sind meist Zoologen oder Tierärzte anderer Zoos, die bei für das EEP wichtigen Entscheidungen eingebunden sind. Die Mitglieder der Kommission werden von den jeweiligen Haltern der betreffenden Art gewählt.

Innerhalb des europäischen Zoo- und Aquarienverbands **EAZA (European Association of Zoos and Aquaria)** gibt es 413 Erhaltungszuchtprogramme (EEPs) sowie 69 Zuchtbücher (ESBs) (Stand: Juni 2024). Momentan werden die Zuchtprogramme neu organisiert und definiert. Im Zuge der sog. **RCPs** (Regional Collection Plans) beurteilen die für das jeweilige Taxon zuständigen Spezialisten (**TAG** = Taxon Advisory Group) den Status jeder bekannten Art dieses Taxons. Unabhängig davon, ob die jeweilige Tierart in Zoos gehalten wird oder ob es sich um eine frei lebende Population handelt, bestimmt das Gremium, wie intensiv und auf welche Weise jede Art von nun an gemanagt bzw. unterstützt werden kann. Neben einem intensiven Management ist es beispielsweise auch möglich, dass ein EEP ohne aktives Populationsmanagement von Zooseite geführt wird. Bei Bedarf kann es z.B. ausschließlich durch finanzielle Spenden oder personelles Engagement im Ursprungsland unterstützt werden.

Alle knapp über 400 ESBs/EEPs werden in **EAZA Ex-situ-Programme (EEPs)** umbenannt. Weitere Programme werden dazukommen. Die Beurteilung der Populationen der verschiedenen Arten erfolgt in enger Kooperation mit Wissenschaftlern, die im Freiland mit diesen Arten arbeiten, z.B. Mitgliedern der **IUCN (International Union for Conservation of Nature)**. Dieser Prozess wurde vor wenigen Jahren angestoßen und die ersten TAGs haben ihren neuen Regional Collection Plan erstellt. Außerdem wird in regelmäßigen Abständen für jedes EEP ein LTMP (Longterm Management Plan) erarbeitet. Abhängig von den jeweiligen Rollen und biologischen Charakteristiken einer Art definiert der LTMP die langfristigen genetischen Ziele für das Zuchtprogramm. Entsprechen werden Strategien entworfen, die alle wichtigen Aspekte zur Erhaltung einer Art beleuchten (z.B. artspezifisches Verhalten, veterinärmedizinisches Wissen, Datensammlungen, Forschun, Bildungsaspekte etc.). So soll sichergestellt werden, dass das jeweilige EEP seine im RCP festgelegten Ziele erreichen kann. Stand Juni 2024 wurden bereits 41 RCPs und 148 LTMPs veröffentlicht.

7.3 Die Aufgaben eines EEP-Koordinators

Unabhängig vom Managementlevel muss der Koordinator genaue Informationen darüber haben, wie sich die Population der Art, für die er zuständig ist, zusammensetzt. Dabei ist die Anzahl der Tiere wichtig, aber auch die Altersstruktur. Er muss dafür sorgen, dass die Population eine gewisse Größe nicht unterschreitet, es genügend Halter gibt und die natürliche genetische Variabilität möglichst groß bleibt. Die Verwandtschaftsverhältnisse innerhalb der Population müssen daher genau dokumentiert werden, damit sichergestellt werden kann, dass möglichst nicht verwandte Tiere miteinander züchten.

Eine Analyse der Daten ist auch notwendig, um z.B. zu sehen, wie viele Tiere ihre Gene bisher in die Population eingebracht haben und welche Individuen unterrepräsentiert sind. Die Jugendsterblichkeit und das Geschlechterverhältnis kann bewertet werden. Gibt es genügend junge (also zuchtfähige) weibliche bzw. männliche Tiere? Was sind die häufigsten Todesursachen? Tritt eine Krankheit gehäuft auf? Werden mehr Individuen benötigt?

Erst auf Grundlage dieser Erkenntnisse kann der EEP-Koordinator ein sinnvolles Konzept für die Weiterentwicklung der Population erstellen. Er kann dann den Haltern Zucht- und Transfervorschläge machen und auch auf Probleme in der Haltung hinweisen.

7.4 Datenbanken – Grundlage für ein optimales Management

Grundlage für das Erstellen von Zuchtbüchern und die Analyse von Erhaltungszuchtprogrammen sind Datenbanken. Die Qualität und Aussagekraft der Analyse hängt von der Vollständigkeit und der Qualität, also der Korrektheit der Daten ab.

7.4.1 Früher ISIS, heute Species360

Die Zoos haben sich zusammengeschlossen und eine Organisation ins Leben gerufen, die all diese Daten im Auftrag der Zoos verwaltet. Diese Organisation hieß ursprünglich **ISIS** (International Species Information System).

ISIS wurde 1974 in den USA gegründet und 1988 in eine internationale mitgliedergestützte Organisation überführt. Sie ist anerkannt von der weltweit größten Naturschutzorganisation **IUCN** und den für **CITES** (Convention on International Trade in Endangered Species of Wild Fauna and Flora) zuständigen Behörden und finanziert sich durch Mitgliedsbeiträge. Der Hauptsitz ist in Minnesota, Mitarbeiter gibt es aber auch in Amsterdam, Bogota, Tokio und Neu-Delhi.

1974 begann ISIS Daten der Zoos weltweit zu sammeln – bis dato noch auf Karteikarten – und zentral in eine Datenbank einzugeben. Später begann ISIS, Softwarepakete zu entwickeln, mit deren Hilfe die Zoos die Daten ihres Bestandes verwalten können. Nachdem zu Beginn des 21. Jahrhunderts eine Terrororganisation mit dem Namen ISIS in die Schlagzeilen geraten war, hat man sich im Jahr 2016 in **Species360** umbenannt. Der neue Name steht bezeichnend für das, womit sich diese Organisation beschäftigt: möglichst viele Informationen über Tierarten auf der ganzen Welt zusammenzubringen und zahlreiche Institutionen im Namen des Artenschutzes miteinander zu vernetzen.

Mehr als 1300 Zoos aus über 100 Ländern schicken heute Daten zu Species360 und nutzen deren neue Software **ZIMS** (Zoological Information Management System). Informationen über mehr als 13 Millionen Tiere (inkl. historischen Daten) in über 26000 Arten sind hier gespeichert (Stand: Juni 2024). Fast 3 Millionen Datensätze hiervon beziehen sich auf aktuell lebende Tiere. Davon ist ein großer Teil der Wirbeltiere individuell erfasst. Die Daten verteilen sich wie folgt: Säugetiere: 319877, Vögel: 301631, Reptilien: 115324, Amphibien: 85060, Fische: 1068156.

7.4.2 Standardisierte Datenerfassung und Softwarepakete

Wildtiere werden schon seit Hunderten von Jahren gehalten, Daten darüber werden allerdings erst in den letzten Jahrzehnten erfasst. Das hängt auch damit zusammen, dass es keine Veranlassung gab, Tierbestände nach Erhaltungsgesichtspunkten zu pflegen, Wildtiere konnten bei Bedarf jederzeit aus der Wildbahn „nachbestellt“ werden.

Häufig wussten der Zoodirektor oder die Tierpfleger etwas über die Herkunft bestimmter Tiere, nicht immer aber notierten sie diese Informationen auch. Die Informationen gingen dann über die Jahre verloren. Wenn Daten erfasst wurden, geschah dies meist handschriftlich in einer sogenannten **Tierkartei**. Was genau aber erfasst wurde, war von Zoo zu Zoo verschieden. Während ein Zoo nur den Namen und die Herkunft eines Tieres notierte, notierte ein anderer auch das Geburtsdatum. Ein Zoo gab als Herkunft den Namen des jeweiligen Tierhändlers an, ein anderer Zoo den Kontinent bzw. das Land, in dem das Tier gefangen bzw. den Zoo, von dem das Tier erworben wurde. Häufig ist die Herkunft von Tieren, die vor Jahrzehnten in die Zoos kamen, heute unbekannt.

Wenn Daten auf so unterschiedliche Art und Weise gesammelt werden, sind sie nicht auswertbar. Hierzu bedarf es einer einheitlichen Erfassung. Diese Vereinheitlichung wurde erst möglich durch die Einführung von Zoodatenbanken und speziell dafür ausgelegter Software.

Lange Zeit bestand diese aus den drei ISIS-Softwarepaketen:

- ARKS (Animal Records Keeping System)
- MedARKS (Medical Animal Records Keeping System)
- SPARKS (Single Population Analysis & Records Keeping System)

Diese Softwarepakete ermöglichten ab Mitte der 1980er Jahre eine standardisierte Datenerfassung. Das bedeutet, es wurde immer nach denselben Informationen auf immer dieselbe Art gefragt. Die Antworten konnten nur in einem bestimmten Format eingegeben werden. Häufig wurden Antworten vorgegeben (z.B. Geschlecht: männlich, weiblich, unbekannt, Zwitter) oder nur in einem bestimmten Format zugelassen (Geburtsdatum: xx/xx/xxxx). Individuelle Antworten waren nur vereinzelt möglich.

Das größte Problem dieser Programme war jedoch die fehlende Verknüpfung der Datensätze. Die Software lag immer vor Ort auf dem Server des jeweiligen Zoos und ermöglichte die

Eingabe des zooeigenen Tierbestands. Wurde ein Tier an einen anderen Zoo abgegeben, so musste dieser das Tier mit seinen ganzen Daten neu anlegen. Einmal im Monat wurden die Daten an eine Online-Datenbank geschickt und abgeglichen und erst dann mögliche Verbindungen hergestellt. Auf diese Art kam es häufig zu Doppelungen bei Datensätzen, die vom System aufgrund kleiner Eingabefehler oder Zahlendreher nicht als ein und dasselbe Tier erkannt wurden.

Gleiches galt für Daten in Zuchtbüchern (SPARKS) und veterinärmedizinische Daten wie Krankheiten und Behandlungsmethoden in MedARKS. Dadurch dass Daten häufig mehrmals neu eingegeben wurden, wuchs die Fehlerquote und es kam zunehmend zu unvollständigen Transaktionen.

Die genannten drei Softwarepakete wurden mittlerweile von der neuen Zoodatenbank ZIMS abgelöst und die Daten in diese transferiert. Dieser Prozess ist lediglich noch nicht für alle Zuchtbücher abgeschlossen (Stand: Mai 2020).

7.4.3 ZIMS – die zentrale Datenbank

Nachdem die Tierdaten früher von jeder Institution einzeln eingegeben und lokal gespeichert wurden, arbeiten seit dem Jahr 2000 arbeiten Mitarbeiter von Species360, professionelle Softwarehersteller und Zoomitarbeiter weltweit zusammen an dieser neuen, webfähigen Datenbank. Die Vorteile sind vielfältig: Dadurch, dass ZIMS nur noch auf **eine** Datenbank zugreift, müssen die Daten eines Tieres nur noch einmal eingegeben werden. Diese Datensätze stehen dann allen zur Verfügung und können jederzeit entsprechend ergänzt werden.

Solch eine webfähige Datenbank hat den Vorteil, dass eingegebene Daten tagesaktuell einsehbar sind. Während z.B. ein Zuchtbuchführer zu Zeiten von SPARKS noch warten musste, bis ihm Geburten, Todesfälle und Transfers gemeldet wurden, hat er diese Informationen jetzt zur Verfügung, sobald sie in die Datenbank eingegeben sind. Das erlaubt einem Koordinator gegebenenfalls sehr zeitnah auf Ereignisse wie Geburten oder Todesfälle zu reagieren. Für ZIMS wurden mittlerweile viele neue Bausteine entwickelt, sodass sowohl Zoodirektoren, Kuratoren und Registrare (ZIMS for Husbandry) als auch Zuchtbuchführer, Koordinatoren von Zuchtprogrammen (ZIMS for Studbooks) und Tierärzte (ZIMS for Medical) mit ein und demselben Datensatz arbeiten können. ZIMS wird stetig weiterentwickelt. Neu ist z.B. das Modul Care and Welfare, mit dem man unter Zuhilfenahme von Tabellenvorlagen und Schlagwörtern das Wohlbefinden eines Individuums zu einem besteimmten Zeitpunkt beurteilen kann.

In ZIMS werden, wie auch in der vorhergehenden Software, neben vielen weiteren folgende Basisinformationen zu einem Tier angelegt:

- Geburtsdatum (wenn bekannt, sonst muss das geschätzte Alter vermerkt werden)
- Geburtsort
- Geschlecht
- Elterntiere sowie deren Identifikationsnummern
- **individuelle Kennzeichen** (individuelle Erkennungsmerkmale, z.B. auffällige Fellzeichnungen, Transponder, Ringe, Ohrmarken, Tätowierungen, Kennnummern von relevanten Papieren, die zu dem Tier gehören)
- Name (wenn vergeben)
- Transportdatum und neuer Halter bei Umzug eines Tieres
- Angaben zur Aufzucht (wird das Jungtier von der Mutter aufgezogen, von einer „Tante“ oder von einem Tierpfleger?)
- Todesdatum und, wenn möglich, Todesursache sowie Verbleib (z.B. Museum) bei Tod eines Tieres

Um genaue Daten zu einem Tier eingeben zu können, ist die Mitarbeit der Tierpfleger essenziell. Die Tierpfleger kennen die Tiere, die sie betreuen, sehr gut, können sie in den meisten Fällen individuell auseinanderhalten (das ist natürlich nicht bei jeder Tierart möglich und erforderlich) und können daher mit hoher Sicherheit die Elterntiere identifizieren (was nicht immer

Specimen Report

SPECIES 360

Species360 27905856 **Local ID**: STUTTGART / 9607
GAN
Panthera uncia Snow leopard
Studbooks EAZA, WAZA, AZA
Order Carnivora **Family** Felidae
IUCN Vulnerable (VU) **CITES** I
Start Date Jan 01, 1800 **End Date** Apr 06, 2020

Basic Animal Information **No Local Data Differences Found**

Sex - Contraception	Female -	Status	Alive
Birthdate - Age	May 05, 2010 - 9Y,11M,1D	Preferred ID	STUTTGART / 9607
Origin	Zoo Zürich	Rearing	Parent
Birth Type	Captive Birth/Hatch	Hybrid Status	Not Hybrid
Sire	14691406 (ZURICH / A60567)	Dam	26712723 (ZURICH / A10330)
Current Collection	Main Institution Animal Collection	Collection Trip	
Clutch / Litter		Enclosure	STUTTGART

Visit History

Date in	Acquisition - Vendor/Local ID	Phy	Own	Reported By	Disposition - Recipient/Local ID	Phy	Own	Date Out
May 05, 2010	Birth/Hatch	In	In	ZURICH / B00110	Trade To STUTTGART/9607	Out	Out	Nov 16, 2011
Nov 17, 2011	Trade From ZURICH/B00110	In	In	STUTTGART / 9607		-	-	

Identifiers

Reported By	Effective Date	Type	Identifier	Location	Status	Comments
STUTTGART	Nov 17, 2011	Local ID	9607		Active	
STUTTGART	Nov 17, 2011	Intl Stdbk#	2878		Active	
STUTTGART	Nov 17, 2011	Transponder	0006E4876B		In-Use	
STUTTGART	Nov 17, 2011	House Name	Kailash		Active	
ZURICH	Feb 01, 2011	Intl Stdbk#	2878		Active	
ZURICH	Jun 29, 2010	Transponder	0006E4876B		In-Use	
ZURICH	May 10, 2010	House Name	Kailash		Active	
ZURICH	May 05, 2010	Old Accession Number	411		Active	
ZURICH	May 05, 2010	Local ID	B00110		Active	

Sex Information

Reported By	Date	Sex	Comments
STUTTGART	Nov 17, 2011	Female	
ZURICH	Jun 29, 2010	Female	
ZURICH	May 05, 2010	Female	

Specimen Report: 27905856 | Local ID: STUTTGART / 9607

Printed: Apr 06, 2020 09:37 Wilhelma Zoo Page: 1 of 1
Species360 ZIMS version 2.25.5

Abb. 7.1 Ein Specimen Report enthält alle Angaben zu einem Tier, ist also eine Art Personalausweis.

einfach ist, wenn es sich auch einfach anhört). Aus diesem Grund sind vollständige Angaben zu den Tieren – vor allem auch auf den Tagesmeldungen – immer wertvoll. Sofern Reviere Zugang zu internetfähigen Computern haben, können auch Tagesmeldungen über ZIMS eingepflegt werden. Das spart Papier und Zeit.

Damit alle Daten dem jeweiligen Tier zweifelsfrei zugeordnet werden können, ist eine individuelle Markierung, z.B. durch einen Transponder oder Fußring, wichtig. Eine Markierung ist nicht immer direkt nach der Geburt möglich. Sie sollte aber baldmöglichst erfolgen, besonders wenn die Tiere einer Gruppe schwer zu unterscheiden sind.

Bei der ersten Eingabe eines Tieres in ZIMS vergibt die neue Software automatisch eine global gültige Identifikationsnummer (GAN = Global Accession Number), mit der dieses Tier immer identifiziert werden kann. Dadurch werden alle Daten dem richtigen Tier zugeordnet, unabhängig davon, wie viele Halter Eingaben zu diesem Tier machen. Die Lebensgeschichte eines Tieres mit allen Ereignissen von der Ge-

Report Start Date
Jan 01, 2020

Taxon Report Panthera uncia

Report End Date
Apr 06, 2020

SPECIES 360

27905856 | Local ID: 9607

Individual — **Snow leopard** — **Vulnerable (VU)** — **Panthera uncia**

Date in	Acquisition - Vendor/Local ID	Phy	Own	Reported By	Disposition - Recipient/Local ID	Phy	Own	Date out
May 05, 2010	Birth/Hatch	In	In	ZURICH / B00110	Trade To STUTTGART/9607	Out	Out	Nov 16, 2011
Nov 17, 2011	Trade From ZURICH/B00110	In	In	STUTTGART / 9607	-	-	-	-

Sex/Contraception	Female / -	Birth Type	Captive Birth/Hatch
Hybrid Status	Not a hybrid	Birth Location	Zoo Zürich
Enclosure	STUTTGART	Birth Date/Age	May 05, 2010 / 9Y,11M,1D
Rearing	Parent	House Name	[Kailash/STUTTGART] [Kailash/ZURICH]
Dam	[GAN: 26712723 | ZURICH / A10330]	Intl Stdbk#	[2878/STUTTGART] [2878/ZURICH]
Sire	[GAN: 14691406 | ZURICH / A60567]	Local ID	[9607/STUTTGART] [B00110/ZURICH]
		Old Accession Number	[411/ZURICH]
		Transponder	[0006E4876B/STUTTGART] [0006E4876B/ZURICH]

MIG12-29427089 | Local ID: 9606

Individual — **Snow leopard** — **Vulnerable (VU)** — **Panthera uncia**

Date in	Acquisition - Vendor/Local ID	Phy	Own	Reported By	Disposition - Recipient/Local ID	Phy	Own	Date out
Jul 02, 2010	Birth/Hatch	In	In	COULANGE / UU21	Donation To STUTTGART/UNK	Out	Out	Nov 15, 2011
Nov 16, 2011	Donation From COULANGE/UU21	In	In	STUTTGART / 9606	-	-	-	-

Sex/Contraception	Male / -	Birth Type	Captive Birth/Hatch
Hybrid Status	Not a hybrid	Birth Location	Parc Zoologique d'Amneville
Enclosure	STUTTGART	Birth Date/Age	Jul 02, 2010 / 9Y,9M,4D
Rearing	Parent	House Name	[LADAKH/COULANGE] [Ladakh/STUTTGART]
Dam	[GAN: 9918928 | COULANGE / UU14]	Intl Stdbk#	[2865/COULANGE] [2865/STUTTGART]
Sire	[GAN: 15216260 | COULANGE / UU15]	Local ID	[UU21/COULANGE] [9606/STUTTGART]
		Transponder	[250228500003151/COULANGE] [250 228 500 003 151/STUTTGART]

HJZ19-02149 | Local ID: 10309

Individual — **Snow leopard** — **Vulnerable (VU)** — **Panthera uncia**

Date in	Acquisition - Vendor/Local ID	Phy	Own	Reported By	Disposition - Recipient/Local ID	Phy	Own	Date out
Apr 29, 2019	Birth/Hatch	In	In	STUTTGART / 10309	-	-	-	-

Sex/Contraception	Male / -	Birth Type	Captive Birth/Hatch
Hybrid Status	Not a hybrid	Birth Location	Wilhelma Zoo
Enclosure	STUTTGART	Birth Date/Age	Apr 29, 2019 / 0Y,11M,8D
Rearing	-	House Name	[Askar/STUTTGART]
Dam	[GAN: 27905856 | STUTTGART / 9607]	Intl Stdbk#	[3386/STUTTGART]
Sire	[GAN: MIG12-29427089 | STUTTGART / 9606]	Local ID	[10309/STUTTGART]
		Transponder	[972 273 000 410 050/STUTTGART]

HJZ19-02150 | Local ID: 10400

Individual — **Snow leopard** — **Vulnerable (VU)** — **Panthera uncia**

Date in	Acquisition - Vendor/Local ID	Phy	Own	Reported By	Disposition - Recipient/Local ID	Phy	Own	Date out
Apr 29, 2019	Birth/Hatch	In	In	STUTTGART / 10400	-	-	-	-

Sex/Contraception	Female / -	Birth Type	Captive Birth/Hatch
Hybrid Status	Not a hybrid	Birth Location	Wilhelma Zoo
Enclosure	STUTTGART	Birth Date/Age	Apr 29, 2019 / 0Y,11M,8D
Rearing	-	House Name	[Malou/STUTTGART]
Dam	[GAN: 27905856 | STUTTGART / 9607]	Intl Stdbk#	[3387/STUTTGART]
Sire	[GAN: MIG12-29427089 | STUTTGART / 9606]	Local ID	[10400/STUTTGART]
		Transponder	[972 273 000 410 415/STUTTGART]

Printed: Apr 06, 2020 **Wilhelma Zoo** Page 1 of 1

Abb. 7.2 Ein Taxon Report enthält alle Informationen zu dem Bestand einer Tierart in einem Zoo.

burt bis zum Tod kann so lückenlos verfolgt werden. Jede Änderung, die an den Datensätzen vorgenommen wird, wird dokumentiert. Dadurch ist die Entwicklung von ZIMS auch für die Artenschutzbehörden interessant. Nun kann die Herkunft eines Tieres jederzeit zurückverfolgt werden. Die Möglichkeit der Datenmanipulation ist so auf ein Minimum begrenzt.

Eine wichtige Funktion von ZIMS ist das Erstellen von Berichten. Beispielhaft werden hier der sog. Specimen Report und der Taxon Report vorgestellt. Für jedes Tier kann ein **Specimen**

Report (Abb. 7.1) ausgedruckt werden. Hier sind alle wichtigen Daten zu dem Tier vermerkt. Es handelt sich also um eine Art Personalausweis für ein einzelnes Tier. Ein **Taxon Report** (Abb. 7.2) dagegen ist ein Bericht über den Bestand einer bestimmten Tierart in einem Zoo. Dieser Bericht kann für jeden gewählten Zeitraum produziert werden. Jahresberichte zum Bestand oder Ereignisse wie Tod oder Geburten in einem bestimmten Zeitraum werden auf Wunsch von der Software erstellt. Diese Berichte können dann z.B. bei einer Jahresinventur hilfreich sein.

Neben Specimen Report und Taxon Report gibt es in ZIMS viele weitere Anwendungsmöglichkeiten, die es den Nutzern erleichtern, ihre Daten zu verwalten und zu teilen. Im Folgenden werden einige Beispiele gegeben.

Besonders wichtig ist die **Suchfunktion**. Hier kann man nach einem Individuum suchen, selbst wenn man nur wenige Informationen hat. Gesucht werden kann nach Hausnamen, Zuchtbuchnummern, Transpondern, Ringen, Geburtsdaten etc. und man bekommt sogleich das entsprechende Tier bzw. mehrere auf die Suchanfrage passenden Datensätze angezeigt.

Über ZIMS kann eine **Such- und Abgabeliste** verwaltet werden, was ein Verschicken von diesen Listen an alle Zoos überflüssig macht. Gründe dafür, Tiere abzugeben oder zu suchen, gibt es viele. Vielleicht ist ein altes Tier verstorben und man braucht nun einen neuen Partner für das verbliebene Tier, oder der Zoo stößt mit seiner Haltungskapazität an Grenzen, weil z.B. die Erdmännchen zu viele Nachkommen gezeugt haben. Mit nur einem Klick kann man nun in ZIMS direkt vom Tierdatenblatt aus eine überzählige Nachzucht in die Abgabeliste aufnehmen. Benötigt ein anderer Zoo Tiere dieser Art, kann er das in eine Suchmaske eingeben und bekommt alle in ZIMS verfügbaren Tiere inkl. Basisinformationen und Kontaktdetails des abgebenden Zoos angezeigt.

Auch die **Suche nach Haltern** einer bestimmten Tierart ist vereinfacht. Man gibt den Artnamen in eine Suchmaske ein und erhält (gefiltert nach Kontinent, Land oder Zoovereinigung) einen Überblick, welcher Zoo wie viele Tiere welchen Geschlechts beherbergt. Anhand dieser Liste kann man sich dann gezielt an diejenigen Kollegen wenden, die möglicherweise Tiere abzugeben haben oder einem Informationen zur Haltung dieser Spezies liefern können. Selbstverständlich muss bei Tierarten, die durch ein EEP verwaltet werden, stets der jeweilige Programmkoordinator einem geplanten Transfer zustimmen.

Sehr praktisch ist außerdem die Möglichkeit, **Gehege zu managen**. Man kann jedem noch so kleinen Gehege/Terrarium/Rückzugsbereich eine lokale Bezeichnung zuteilen. Sind die unterschiedlichen Gehege in ZIMS angelegt, so ist es auch hier mit nur einem Klick möglich festzustellen wie viele und welche Tiere/Tierarten sich z.B. aktuell im Terrarium X in Haus Y befinden. Besonders bei Tierarten, die immer mal ihre Gehege wechseln, ist es so möglich, die genauen Gruppenzusammenstellungen zu einem bestimmten Zeitpunkt nachzuvollziehen. Dies kann z.B. dabei helfen, mögliche Vaterschaften bei Jungtieren zu klären oder eventuelle Unverträglichkeiten zwischen Individuen zu beobachten.

7.4.4 ZIMS for Medical

Es werden jedoch nicht nur zoologische Informationen gespeichert, auch veterinärmedizinisches Personal kann nun sehr viel schneller an Informationen über bestimmte Medikamente oder Behandlungsmethoden kommen. Die Möglichkeiten in **ZIMS for Medical** sind vielfältig. Tierärzte können Narkoseverläufe dokumentieren, Gruppenbehandlungen, etwa Impfungen, planen und überwachen oder für bestimmte Tierarten nach passenden Therapien suchen. Datensätze können für Kollegen, auch diejenigen anderer Zoos, freigeschaltet, mit ihnen geteilt und verglichen werden. So ist es möglich, internationale Standards für Behandlungen zu entwickeln und zu optimieren. Neu ist, dass nun auch Proben (z.B. Blut, Urin oder Gewebe) mit einer ei-

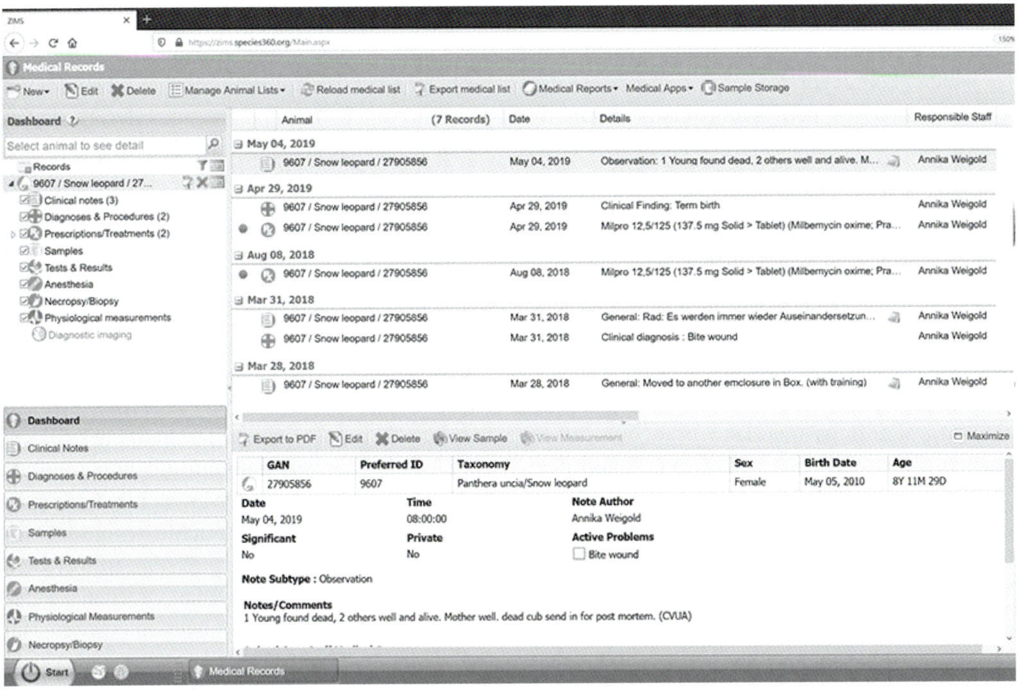

Abb. 7.3 ZIMS for Medical gibt einen Überblick über den Gesundheitszustand eines Zootieres.

genen GAN ausgestattet werden und somit deren Verwendung und Verbleib in ZIMS nachverfolgt werden kann. Essenziell für die richtige Nutzung dieses enormen Angebotes ist natürlich auch hier eine möglichst lückenlose Dateneingabe. Das bedeutet, dass neben den zu behandelnden Tieren alle Medikamente und Behandlungsmethoden, sowie Kooperationspartner (z.B. wissenschaftliche Institute, die für Studienzwecke bestimmte Proben erhalten) in das System eingespeist werden. Soll ein Tier in eine andere Institution wechseln, kann der empfangende Zoo bereits im Vorhinein Zugang zu den medizinischen Daten erhalten und sich so ein genaues Bild über eventuell bereits erfolgte Behandlungen machen.

7.4.5 Der Weg der Daten

Der Weg der Daten soll hier an einem praktischen Beispiel erläutert werden: Im Stuttgarter Zoo werden zwei Schneeleoparden geboren. Die zuständigen Tierpfleger informieren mündlich und/oder anhand der Tagesmeldung die Verwaltung des Zoos. Die Verwaltung gibt die Daten der Jungtiere unter Vergabe einer individuellen Stuttgarter Identifikationsnummer in die Datenbank ZIMS ein. Das System vergibt automatisch für jedes Tier zusätzlich eine lebenslang gültige ID-Nummer (= GAN), die nicht mehr geändert werden kann. Unter diesen beiden Nummern kann man nach den Daten der Tiere suchen. Das Geschlecht der Tiere ist noch unbekannt. Die Elterntiere sind bekannt und werden mit deren ID-Nummer vermerkt.

Nach einigen Wochen werden die jungen Schneeleoparden geimpft und untersucht. Dabei schauen Tierarzt und Tierpfleger nach dem Geschlecht der Tiere und der Tierarzt setzt jeweils einen Mikrochip unter die Haut. Alle diese neuen Informationen (Geschlecht, Transponderart und -nummer, Lage des Transponders, Art und

Zeitpunkt der Impfung und eventuell auch die Namen der Tiere) werden nun in ZIMS/ZIMS for Medical eingegeben.

Der zuständige EEP-Koordinator kann die Daten der zwei jungen Schneeleoparden ebenfalls sehen und vergibt bei nächster Gelegenheit zusätzlich je eine Zuchtbuchnummer pro Tier.

ZIMS for Studbooks greift auf die Daten aller Schneeleoparden zu und kann somit eine Analyse der gesamten Population durchführen. Es wird der Grad der Inzucht und Verwandtschaft innerhalb der Population und zwischen potenziellen Paarungspartnern bestimmt. Diese Analysen sind allerdings nur dann brauchbar, wenn Nachzuchten den Eltern korrekt zuzuordnen sind (was z.B. bei Ziegen, Antilopen, Echsen oder Singvögeln schwieriger ist als bei Schneeleoparden), wenn die eingegebenen Daten die Wirklichkeit also möglichst korrekt abbilden. Auf Basis dieser Analysen kann der Koordinator einen Transfervorschlag für die Schneeleoparden machen. Die Jungtiere können dann ab einem bestimmten Alter an andere Zoos abgegeben werden.

Da Schneeleoparden streng geschützt sind, beantragt der Halter im Sinne des WA sogenannte CITES-Papiere bei den zuständigen Behörden. Die ausstellenden Artenschutzbehörden verlangen bei der Ausstellung der CITES-Papiere immer auch einen Auszug aus der Tierkartei als Beleg für die Herkunft des Tieres. Die individuelle Markierung durch einen Transponder ist sowohl in der Datenbank als auch auf allen Begleitpapieren vermerkt. Hat der Zoo die CITES-Papiere erhalten, so können auch diese in ZIMS bei den Daten des jeweiligen Tieres hinterlegt werden.

ZIMS for Medical kann vom Grunddatenblatt eines Tieres aus mit nur einem Klick erreicht werden. Hier sind unter anderem die Impfdaten, Angaben zu Entwurmungen und individuellen Behandlungen gespeichert. Auch hier kann man die unterschiedlichsten Berichte anfordern. Interessant könnte zum Beispiel sein, in welchem Alter junge Schneeleoparden normalerweise geimpft werden oder wann bei den eigenen Tieren die letzte Kotprobe auf Parasiten untersucht wurde. Ebenso wichtig sind Informationen zu Narkosen, also deren Zusammensetzung und Wirksamkeit bei den einzelnen Tierarten und Individuen. All diese Informationen wären z.B. für den neuen Halter des Tieres wichtig.

8

Grundlagen der Tierernährung

Winfried Arnhold, Gisela Krische†, Martin Mosig† & Fritz Zwirner

8.1 Tierernährungslehre

Das Futter gibt den Tieren die Stoffe, die zum Aufbau und zur Erhaltung der Funktionen des Körpers und zu dessen Gesunderhaltung notwendig sind. Der tierische Organismus ist aus den gleichen Stoffgruppen aufgebaut, die in den pflanzlichen Futtermitteln enthalten sind.

8.1.1 Zusammensetzung der Futtermittel

Hauptbestandteile jedes Futtermittels sind Wasser und, nach dessen Entzug durch Trocknung, die Trockenmasse. Bei der Verbrennung der Trockenmasse ergeben sich der unverbrennbare Rest, das sind die anorganischen Stoffe oder die Mengen- und Spurenelemente als Asche, und der verbrannte Anteil, die organischen Bestandteile. Die organischen Teile des Futtermittels bestehen aus Nährstoffen wie Eiweißverbindungen, Fetten und Kohlenhydraten, einschließlich der Rohfaser.

Darüber hinaus sind im Futter lebensnotwendige Stoffe, z.B. Vitamine, und gesundheitsfördernde Substanzen enthalten. Aus den Nährstoffen wird die Energiemenge des Futters ermittelt, die je nach Qualität der Futtermittel von den einzelnen Tierarten unterschiedlich verwertet wird.

Der Bedarf an Nährstoffen, Vitaminen, Mengen- und Spurenelementen sowie gesundheitsfördernden Substanzen wird in der Regel in Prozent oder pro Kilogramm Futter angegeben. Jedoch muss dabei die individuelle Futteraufnahme der Tiere beachtet werden. Von energiereichem Futter wird meist weniger gefressen als von Futter mit geringem Energiegehalt. Die Tiere scheinen über die Futtermenge ihren täglichen Energiebedarf zu decken.

In ihrer quantitativen und qualitativen Zusammensetzung unterscheiden sich die Stoffgruppen in den pflanzlichen Futtermitteln oft ganz erheblich von den Stoffgruppen im tierischen Organismus.

8.1.1.1 Proteine und Amide

Das **Eiweiß** (**Protein**) ist Bestandteil jeder Zelle. Es macht die Hauptmasse des Protoplasmas aus und ist Träger aller Lebensvorgänge im pflanzlichen und tierischen Organismus. Der Gehalt an Rohprotein in Pflanzen und Tieren wird durch die Bestimmung des Gesamtstickstoffgehalts mittels Kjeldahl-Methode oder Stickstoffgasanalyse nach Verbrennung ermittelt. Es wird davon ausgegangen, dass der Stickstoffgehalt im Mittel aller Eiweiße 16 % beträgt. Rohprotein wird demnach aus dem gemessenen Stickstoff mal dem Faktor 6,25 errechnet. Jedoch enthalten einige Pflanzen mehr Stickstoff, sodass bei Getreidekörnern ein Faktor von 5,8 zur Berechnung des Rohrpoteins verwendet wird, für einige Samen und Nüsse schwankt der Faktor zwischen 5,2 und 5,7, bei einigen tropischen Laubarten zwischen 4,0 und 5,0.

Der Begriff **Rohprotein** schließt neben dem Eiweiß auch Nichtprotein-Stickstoff-Verbindungen (NPN-Verbindungen oder Amide) ein. Dazu zählen der Harnstoff und Ammoniumverbindungen, Amide, z.B. Asparagin und Glutamin, die beim Eiweißaufbau und -abbau als Zwischenprodukte entstehen, Alkaloide, Nukleinsäuren, Creatin, Nitrat und Nitrit. Ein höherer Anteil an NPN-Verbindungen im Futter kann zu einer Überschätzung des Eiweißgehalts aus der

Bestimmung des Stickstoffgehalts führen. Besonders für Wiederkäuer spielen Amide eine bedeutsame Rolle. Reich an Amiden sind vor allem junge Pflanzen, Wurzel- und Knollenfrüchte. Der Amidanteil nimmt in den Pflanzen mit fortschreitendem Alter langsam ab. In reifen Samen kann er wieder beträchtlich ansteigen.

Der Eiweißanteil des Rohproteins besteht aus eigentlichen Eiweißen (Proteine) und den zusammengesetzten Eiweißen (Proteiden). Die zusammengesetzten Eiweiße enthalten neben dem Eiweißbaustein z. B. auch Fette, Kohlenhydrate oder Farbstoffe. Die eigentlichen Eiweiße lassen sich grob in Phosphoproteine, Albumine, Kleber, Globuline und Gerüststoffe unterteilen.

Die Bausteine aller Proteine sind die **Aminosäuren**. Mehr als 60 Aminosäuren sind bekannt, lediglich 20 sind am Proteinaufbau beteiligt. Davon gelten 10–12 als lebensnotwendig, also essenziell, oder als lebenswichtig oder halbessenziell. Essenziell bedeutet, dass die Aminosäuren vom tierischen Organismus nicht synthetisiert werden können, sondern über die Nahrung zugeführt werden müssen. Zu den essenziellen Aminosäuren zählen Lysin, Methionin, Cystin, Threonin, Tryptophan, Valin, Leucin, Isoleucin, Arginin, Histidin, Phenylalanin. Methionin kann zum Teil durch Cystin und Phenylalanin teilweise durch Prolin ersetzt werden. Weiterhin scheint Taurin für Feliden essenziell zu sein. Sowohl die lebensnotwendigen als auch die lebenswichtigen Aminosäuren müssen in einer vollwertigen Ernährung enthalten sein. Alle essenziellen Aminosäuren werden nur in Pflanzen aufgebaut und mit der pflanzlichen Nahrung von den Tieren aufgenommen. Pflanzenfresser mit Vormagenverdauung (siehe Kapitel 3) decken ihren Aminosäurebedarf durch das in den Vormägen gebildete Mikrobeneiweiß.

Die Versorgung der Tiere mit diesen einfachen Eiweißstoffen ist für eine sachgemäße Fütterung außerordentlich wichtig. Es kommt dabei nicht nur auf die Eiweißmenge, sondern auch auf die Qualität des Nahrungseiweißes an. Die Eiweißverdaulichkeit und die Aminosäurezusammensetzung bestimmen den Eiweißwert. Die Gehalte der schwefelhaltigen Aminosäuren Lysin, Methionin, Threonin und Tryptophan sind in verschiedenen pflanzlichen Futtermitteln niedrig. Es ist daher notwendig, den Tieren vielseitige Futtermischungen anzubieten, die sich in der Zusammensetzung der einfachen Eiweiße ergänzen. So kann eine vollwertige Proteinversorgung weitgehend erreicht werden.

8.1.1.2 Fette, Lipoide

Fette und fettähnliche Substanzen bilden eine Gruppe von Stoffen, die sich leicht in organischen Lösungsmitteln, z. B. Benzol, Benzin, Ether, Aceton, nicht aber in Wasser lösen. Mithilfe dieser Eigenschaft wird der Anteil der Fette im Futtermittel durch Auszug aus festen und flüssigen Stoffen mit einem Lösungsmittel bestimmt. Das so ermittelte Rohfett enthält das Neutralfett und die fettähnlichen Lipoide. Je nach ihrem Schmelzpunkt unterscheidet man Fette und Öle als Bestandteile des Neutralfetts.

Neutralfette

Der hohe Energiewert der Fette lässt sie zu bedeutenden Reserve- oder Speicherstoffen im tierischen Organismus werden. Der Tierkörper lagert in Speichergeweben, z. B. im Unterhautbindegewebe, im Zwischengewebe oder an den Eingeweiden, Depotfett an, um diese Reserve im Bedarfsfall, wenn der Energiebedarf des Organismus durch Nahrung nicht befriedigt werden kann, zu mobilisieren. Fette liefern bei ihrer Verbrennung mit 2,2–2,3 kJ/g den höchsten Energiewert. Eiweiße mit einem Energiewert von 1,3–1,4 kJ/g und Kohlenhydrate mit einem solchen von 0,9–1,0 kJ/g liegen erheblich unter dem der Fette. Bekannte Zootiere, die im Organismus einen Fettspeicher anlegen, sind beispielsweise die Winterruhe haltenden Bären, die Kamele, Zebus, Rene und Fettschwanzschafe.

Im Unterhautbindegewebe gespeichertes Fett dient besonders Robben und Walen neben vielen anderen in kalten Regionen lebenden Tieren als Kälteschutz. Es verhindert die Abstrahlung der Körperwärme an die kalte Umgebung und damit einen Wärmeverlust des Körpers. Neben dem gespeicherten Fett – Depotfett – unterscheidet man das Organfett, das durch den unterschiedlichen Fettgehalt der Nahrung nicht beeinflusst wird. Das Organfett wird im Stoffwechsel ständig ab- und wieder aufgebaut. An diesem Prozess sind besonders die ungesättigten Fettsäuren beteiligt. Diese sind für den Organismus unentbehrlich und müssen im Futter der Tiere vorhanden sein. Zu diesen zählen die Linol- und Linolensäure. Für einige Carnivoren scheinen auch weitere ungesättigte Fettsäuren lebensnotwendig zu sein. Auch für die Fortpflanzung der Tiere ist ein gewisser Körperfettgehalt notwendig. Fettzellen bilden Leptin, das die körpereigene Sekretion der Fortpflanzungshormone steuert und somit auf den Eintritt der Pubertät und die Steuerung des Brunstzyklus Einfluss nimmt.

Darüber hinaus sind im Fettgewebe die fettlöslichen Vitamine A, D, E und K gespeichert, aber auch Schwermetalle wie Quecksilber und Blei sowie polychlorierte Kohlenwasserstoffe können sich dort anreichern. Da die meisten geschmacksbestimmenden Substanzen fettlöslich sind, kommen sie ebenfalls im Fett vor.

Lipoide

Lipoide sind fettlösliche Stoffe. Zu ihnen gehören:

- Phosphatide
- Sterine
- Wachse
- Carotinoide

Phosphatide: Sie sind wichtige Bestandteile des Organfetts. Sie quellen mit Wasser auf und bilden eine kolloidale Lösung. Phosphatide sind Bestandteile vieler Zellen, in besonders hohem Maße im Gehirn und im Nervengewebe.

Sterine: Sie zeichnen sich durch eine hohe physiologische Wirksamkeit bei der Verdauung und Resorption der Fette aus.

Wachse: Sie haben nur eine geringe Bedeutung in pflanzlichen Stoffen. Bedeutsamer ist ihr Vorkommen in der Bürzeldrüse beim Wassergeflügel und in der Schafwolle.

Carotinoide: Sie sind Grundlage der gelben und roten Farbe vieler Pflanzen. Von Bedeutung für die Tierernährung ist das Carotin, der rote Farbstoff der Möhren. Es ist die Vorstufe zum Vitamin A.

8.1.1.3 Kohlenhydrate

Kohlenhydrate sind als Ergebnis der Photosynthese Grundlage für das Leben der Tiere und Menschen. Haben sie in der Pflanze Funktionen als Bau-, Betriebs- und Reservestoffe zu erfüllen, so dienen sie im tierischen Organismus in erster Linie als Betriebsstoffe und Energielieferanten zur Unterhaltung aller Lebensfunktionen. Mehr als die Hälfte der pflanzlichen Trockensubstanz besteht aus Kohlenhydraten.

Nach ihrer chemischen Zusammensetzung werden folgende Gruppen unterschieden:

- Einfachzucker: Monosaccharide, z.B. Traubenzucker (Glukose)
- zusammengesetzte Zucker: Oligosaccharide, u.a. Rüben- oder Rohrzucker (Saccharose)
- Mehrfachzucker: Polysaccharide wie Stärke, Glykogen und Zellulose

Im tierischen Organismus können die Kohlenhydrate in Fett umgebaut werden; sie ermöglichen ferner den Aufbau der nichtessenziellen Aminosäuren im Körper. Mehrfachzucker und zusammengesetzte Zucker werden im Prozess der Verdauung mithilfe von Fermenten in Einfachzucker umgebaut, denn nur in dieser Form können Kohlenhydrate im tierischen Organismus aufgenommen werden.

Rohfaser

Die Rohfaser wird je nach Lösungsmethode in **NDF** (*neutral detergent fibre*, Neutral-Detergenz-Faser) und **ADF** (*acid detergent fibre*, Säure-Detergenz-Faser) eingeteilt. Wird das Futter mit einem neutralen Lösungsmittel erhitzt, werden die Zellbestandteile herausgelöst. Übrig bleiben die Zellwände, die als NDF bezeichnet werden. Das sind hauptsächlich Zellulose, Hemizellulose und Lignin. Wird hingegen eine saure

Lösung verwendet, lösen sich die Zellbestandteile und die Hemizellulose. Übrig bleibt die ADF, die hauptsächlich Zellulose und Lignin umfasst.

Für Wiederkäuer und andere Pflanzenfresser hat die Rohfaser sowohl als Nährstoff als auch im Rahmen des Sättigungszustands Bedeutung. Der Sättigungszustand schließt ein, dass die Tiere satt sind, d.h. genügend Masse in den Magen aufnehmen konnten. Von dieser mechanischen Sättigung unterscheidet man die physiologische Sättigung, die bei genügender Aufnahme von Nährstoffen mit dem Futter eintritt. Weiterhin ist ein gewisser Anteil an Rohfaser für eine funktionierende Darmpassage des Nahrungsbreis notwendig.

Für Wiederkäuer ist Rohfaser lebensnotwendig. Diese muss strukturwirksam sein. Das erfordert eine Länge der Pflanzenpartikel von mindestens 8 mm, um die Pansenwand zu stimulieren. Zoowiederkäuer, die nicht genügend Heu, Grünfutter oder Laub erhalten, weisen eine Rückbildung der für die Aufnahme bestimmter Nahrungsbestandteile notwendigen Papillen im Pansen auf (siehe Kapitel 3).

Beim Wiederkäuer zersetzen Mikroben die Rohfaser im Pansen (einer der Wiederkäuervormägen). Die Endprodukte gelangen in den Stoffwechsel und dienen zur Energiebereitstellung. Bei anderen Pflanzenfressern geschieht die mikrobielle Zersetzung im Blinddarm.

8.1.1.4 Energie

Der **Energiegehalt** (Bruttoenergie) eines Futtermittels ergibt sich aus den Anteilen an Nährstoffen und wird bei vollständiger Oxidation des Futtermittels frei. Der Energiegehalt wird in Megajoule (MJ) angegeben. Da die Tiere die Futtermittel nicht vollständig verdauen und einen Teil mit dem Kot ausscheiden, ist die verdauliche Energie (Bruttoenergie abzüglich des Energieverlusts über den Kot) für die Einschätzung der Futtermittel günstiger. Werden zusätzlich die Energieverluste durch den Urin und bei Wiederkäuern durch die Methanbildung berücksichtigt, erhält man die umsetzbare Energie. Für Zootiere existieren im Gegensatz zu landwirtschaftlichen Nutztieren keine bzw. sehr wenige Werte an umsetzbarer Energie der einzelnen Futtermittel.

8.1.1.5 Mineralstoffe

Als Mineralstoffe werden die anorganischen Bestandteile des Futters bezeichnet. Nach ihrem Vorkommen im Körper bzw. ihrem Bedarf im Futter unterscheiden wir **Mengen**- und **Spurenelemente**. Fast alle Elemente des chemischen Periodensystems kommen im Futter und im Organismus vor. Jedoch weichen die Konzentrationen stark voneinander ab. Im Laufe der Jahrmillionen dauernden Evolution haben einige von Ihnen im Körper biologische Funktionen als Bestandteil von Organgeweben oder als Aktivator von Enzymen übernommen. Ungefähr 30 Elemente werden als lebensnotwendig betrachtet. Wenige von Ihnen müssen den Tieren über das Futter hinaus verabreicht werden. Zu den Mengenelementen zählen: Calcium, Phosphor, Natrium, Kalium, Magnesium, Schwefel und Chlor. Zu den Spurenelementen, die möglicherweise nicht ausreichend im Futter vorhanden sind, gehören Eisen, Mangan, Kupfer, Zink, Jod, Selen und Kobalt. Alle anderen Spurenelemente sind im Futter in ausreichenden Mengen vorhanden.

Mineralstoffe haben beim Aufbau von Knochen, Schalen oder Panzern und zur Regulierung der Stoffwechselvorgänge im Tierkörper große Bedeutung. An allen physiologischen Vorgängen sind Mineralstoffe beteiligt, Zink ist z.B. Bestandteil oder Aktivator von mehr als 200 Enzymen. Die Funktion des Immunsystems, der Gesundheitsstatus, das Wachstum, die Fortpflanzung, die Milchbildung oder die Aufrechterhaltung des osmotischen Drucks hängen auch von einer bedarfsdeckenden Mineralstoffversorgung ab.

Der tierische Organismus verfügt über die Fähigkeit, Mengen- und Spurenelemente im Körper zu speichern, sodass bei Bedarf die Mineralstoffe in den Speichern mobilisiert werden können. Der tägliche Bedarf an Mineralstoffen wurde für landwirtschaftliche Nutztiere und Heimtiere ermittelt. Für Zootiere existieren keine Daten. Jedoch können mit hinreichender Sicherheit die bei den landwirtschaftlichen Nutztieren ermittelten Werte auf die Zootiere übertragen werden. Allerdings ist hier eine Überversorgung zu vermeiden.

8.1.1.6 Vitamine

Vitamine sind organische Substanzen, die für den tierischen Organismus lebensnotwendig sind. Sie werden dem Körper über das Futter, die Tätigkeit bestimmter Bakterien im Verdauungstrakt oder durch Vitaminpräparate zugeführt. Man unterscheidet sie nach ihrer Löslichkeit in die Gruppe der fettlöslichen und die der wasserlöslichen Vitamine. Zu den fettlöslichen gehören die Vitamine A, D, E und K. Wasserlöslich sind die Vitamine der B-Gruppe und das Vitamin C.

Vitamine sind in den meisten Futtermitteln enthalten, z.B. in frischem Gemüse oder Grünfutter, in Milch, Butter, Eidotter, Leber, Fisch, Fleisch, Getreide sowie in vielen Wurzel- und Knollenfrüchten. Vitamine besitzen eine starke physiologische Aktivität. Sie können als solche aufgenommen werden oder gelangen in Form der Vorstufen als Provitamine in den Körper. Im Körper können ausschließlich fettlösliche Vitamine gespeichert werden. Vitamin A z.B. kann aus tierischen Futterstoffen direkt aufgenommen werden. Es ist in reichem Maße in Lebertran, Butter und Milch enthalten.

Um die Gesundheit der Tiere zu erhalten, ist ein ständiges Vitaminangebot erforderlich. Ein Mangel führt zu Avitaminosen, ein teilweiser Mangel zu Hypovitaminosen. Auch ein Überangebot kann schädlich sein und zu Hypervitaminosen führen. Typische Avitaminosen sind Rachitis, Beri-Beri, Pellagra (eine Hautkrankheit) und Skorbut. Die am häufigsten auftretenden Mangelkrankheiten zeigen sich beispielsweise in schlechtem Wachstum, mangelhafter Fresslust und verringerter Widerstandskraft gegen Infektionskrankheiten.

8.1.1.7 Nicht lebensnotwendige Zusatzstoffe

Nicht lebensnotwendige Zusatzstoffe sind Futterkomponenten, die der tierische Organismus zwar zum Überleben nicht braucht, die sich jedoch positiv auf Gesundheit und Leistung auswirken können. Diese positiven Wirkungen wurden hauptsächlich bei landwirtschaftlichen Nutztieren beobachtet. Da die Verträglichkeit dieser Substanzen tierartspezifisch sein kann und für Zootiere keine verlässlichen Daten existieren, darf die Verabreichung nur in Abstimmung mit dem Tierarzt erfolgen. Für die Zootierfütterung haben sie eine sehr überschaubare Bedeutung. Einige von ihnen sind nachstehend aufgeführt.

Organische Futtersäuren

Organische Säuren werden zur Futterkonservierung genutzt. Sie wirken konservierend, antimikrobiell und geschmacksverbessernd. Im Magen-Darm-Trakt erhöhen sie die Barriere gegen das Vordringen pathogener Keime in den Darm, verbessern die Eiweißverdaulichkeit, stimulieren die Pepsin- und Gallensaftbildung und wirken dort ebenso wie im Futter antimikrobiell und pH-Wert-senkend.

Probiotika

Probiotika sind lebende mikrobielle Zusatzstoffe (z.B. Milchsäurebakterien), die die Darmflora des Wirtstieres positiv beeinflussen, pathogene Keime hemmen, das Eindringen von Giften in die Darmwand vermindern und das Immunsystem stimulieren.

Prebiotika

Prebiotika sind Substanzen, die die Lebensbedingungen der Probiotika im Magen-Darm-Trakt verbessern, indem sie die Nahrungsgrundlage für positive Mikroorganismen erhöhen. Oligosaccharide (Mehrfachzucker) verhindern das Anheften pathogener Keime an die Darmwand und verbessern die Qualität der Darmzotten.

Enzyme

Enzyme erhöhen bzw. ermöglichen die Verdaulichkeit bestimmter Futterkomponenten, die sonst von monogastrischen Säugetieren (alle außer Wiederkäuer) und Vögeln nicht oder schlecht verwertet werden können. Der in pflanzlichen Futtermitteln enthaltene, als Phytat gebundene Phosphor ist für das Tier nicht verfügbar. Er kann nur über die **Phytase** verdaut werden. Phytase wird durch Mikroben im Vormagen der Wiederkäuer oder Darm der Pflanzenfresser gebildet. Einige Futtermittel können selbst Phytase enthalten oder Phytase wird extra über das Futter verabreicht. Getreide und einheimische Eiweißfuttermittel enthalten Kohlenhydrate, die monogastrische Säugetiere und Vögel schlecht verdauen können. Enzyme wie Xylanasen, Glucanasen, Mannasen und Glaktasen erhöhen deren Verdaulichkeit und reduzieren die Viskosität des Darminhalts.

Phytogene Zusätze

Hinter diesem Begriff verbergen sich Kräuter und die daraus gewonnenen Extrakte. Sie können gesundheitsstabilisierend und entzündungshemmend wirken sowie den Appetit anregen und die Verdauung fördern.

8.1.1.8 Wasser

Physikalisch-chemische Prozesse sind Grundlage aller Lebensvorgänge. Diese Prozesse finden vornehmlich in einer wässrigen Umgebung statt. Wasser ist ein lebensnotwendiger Faktor

- als wesentlicher Bestandteil des Körpers (bei Neugeborenen 80 % Wassergehalt, 50–60 % bei Adulten)
- für Funktionen bei Verdauung, Transport und Ausscheidung
- für die Aufrechterhaltung des Zelldrucks
- bei der Thermoregulation.

Einfache, niedermolekulare chemische Verbindungen wie Traubenzucker, Rohr- und Rübenzucker sind in Wasser löslich. Kompliziertere hochmolekulare Verbindungen wie Glykogen, Fette und Rohfaser stellen in Wasser unlösliche Speicherstoffe dar.

Bedeutend ist der Wassergehalt im Protoplasma der Zellen. Er beträgt meist mehr als 70 % der Gesamtmasse. Hier ist das Wasser für die Quellungsvorgänge verantwortlich. Verliert der Organismus durch Wassermangel die Möglichkeit der Plasmaquellung, so tritt der physiologische Tod ein. Die Zellen verlieren ihre Fähigkeit, die Stoffwechselvorgänge durchzuführen.

Der tierische Körper reagiert auf Wassermangel wesentlich empfindlicher als auf Nährstoffmangel. Nur wenige Organismen können sich einem extremen Körperwasserverlust anpassen. Sie schützen sich davor durch einen Chitinpanzer, wie wir ihn bei Gliedertieren finden, durch Schalen oder Gehäuse, z. B. bei Weichtieren, oder durch eine vielschichtige, außen oft verhornte oder mit Hornschuppen, Federn oder Haaren bedeckte Oberhaut, wie sie Wirbeltiere besitzen. Raufutter enthält durchschnittlich 12–14 % Wasser. Der Wassergehalt von Körnern und ihren Produkten beläuft sich auf durchschnittlich 11–14 %.

8.1.2 Verdauung und Resorption der Nährstoffe

Der tierische Organismus kann die Nährstoffe, Vitamine und Mineralstoffe nur nutzen, wenn sie vorher im Magen-Darm-Trakt verdaut werden. Die Formen der Ernährung, die Funktion des Verdauungsapparats und die Resorption werden in Kapitel 3 abgehandelt.

8.1.3 Stoff- und Energieumsatz

8.1.3.1 Intermediärer Stoffwechsel

Nährstoffe, die die Darmwand passiert haben, gelangen über Blut- und Lymphbahnen zu den Geweben und Zellen. Sie haben folgende Aufgaben:

- Aufbau neuer Körpersubstanzen
- Gewinnung von Energie zur Erhaltung der Körperfunktionen

Alle Ab-, Um- und Aufbauprozesse im Organismus werden unter dem Begriff **intermediärer Stoffwechsel** zusammengefasst. Energie gewinnt der Organismus durch Abbau der Nährstoffe und durch Ausscheiden der Reste als Stoffwechselprodukte. Die Umsetzung der Nährstoffe erfolgt in den Zellen, gesteuert durch Enzyme, die größtenteils an bestimmte Zellelemente wie Zellkern, Mitochondrien, Mikrosomen und im Protoplasma gebunden sind. Innerhalb der Zelle können verschiedene Umsetzungsprozesse nebeneinander ablaufen. Das Gesamtgeschehen ihres Stoffwechsels wird durch das Zusammenwirken der einzelnen Zellelemente bewirkt.

8.1.3.2 Kohlenhydratstoffwechsel

Tiere mit einem einhöhligen Magen bauen Stärke und Zucker im Verdauungstrakt zu Einfachzuckern, z.B. Traubenzucker, ab. Die in das Blut gelangten Einfachzucker werden zum überwiegenden Teil für die Erzeugung der Körperenergie verbraucht. Der in den Zellen an die Mitochondrien gebundene Abbau der Einfachzucker verläuft in einem sehr komplizierten Prozess. Blutzucker wird in den Zellen verbrannt oder für die Bildung anderer organischer Stoffe, z.B. Fett, verwandt. Ein Teil des Blutzuckers verbleibt in der Leber und wird dort als Glykogen eingelagert. Durch Abbau von Glykogen wird der Blutzuckerspiegel im Organismus konstant gehalten.

8.1.3.3 Fettstoffwechsel

Fette werden im Verdauungstrakt zu Glyzerin und Fettsäure abgebaut. Vorwiegend die Lymphe transportiert Fette in kleinsten Tröpfchen zu den Organen und Geweben, beispielsweise in die Leber und Muskeln sowie in das Fettgewebe. Fette können aber auch im Organismus aus Kohlenhydraten gewonnen werden, sodass ein hohes Angebot an Kohlenhydraten im Futter zur Fettbildung führen kann. Auch die Milchfettbildung scheint auf diesem Wege erklärbar zu sein. Fette können auch aus Eiweiß aufgebaut werden.

8.1.3.4 Eiweißstoffwechsel

Die Proteine werden im Darmtrakt in Aminosäuren aufgespalten und resorbiert. Über die Pfortader gelangen sie zur Leber, von hier über die Blutbahn in die Zellen. Der Abbau der Aminosäuren kann auf verschiedene Weise erfolgen. In allen Fällen entstehen beim Abbau von Eiweiß und Amiden als Stoffwechselreste für den Organismus giftige Ammoniakverbindungen. Diese Verbindungen werden durch die gleichzeitig mit dem Eiweißabbau verlaufende Harnstoffbildung entgiftet. Der Abbau der Eiweiße wird durch Fermente gesteuert. Eiweiß wird zur ständigen Erneuerung der Zellen und Gewebe verwendet und dient der Energiegewinnung nur, wenn es dem Körper im Überschuss angeboten wird oder alle Energiereserven im Körper verbraucht wurden.

8.1.4 Nährstoffbedarf unter verschiedenen Bedingungen

Die im Futter enthaltenen Nährstoffe haben die Aufgabe, einerseits die Organfunktionen aufrechtzuerhalten und andererseits die produktiven Leistungen der Tiere zu ermöglichen.

8.1.4.1 Erhaltungsfutter

Die Aufrechterhaltung der Organfunktionen macht einen ständigen Fluss an Nährstoffen nötig. Verluste an Nährstoffen entstehen durch ihre Umwandlung in die Energieform zur Aufrechterhaltung des Stoffwechsels, also der Verdauung und Atmung, zur Bildung von Körperwärme und zur Muskelarbeit. Die Nährstoffverluste sind bei den Tieren unterschiedlich hoch, da beispielsweise Körpergröße, Körperbedeckung, Warm- und Kalthaltung, Zusammensetzung der Futtermittel, Bewegungsintensität oder der Erregungszustand der Tiere eine unterschiedlich hohe Wärmeabgabe bedingen. Tiere, die rohfaserreiches Futter erhalten, haben einen höheren Energiebedarf zur Aufrechterhaltung der Verdauungsvorgänge.

8.1.4.2 Leistungsfutter

Der über den Erhaltungsbedarf hinausgehende Anteil an Nährstoffen im Futter dient der Deckung des Leistungsbedarfs. Damit wird es den Tieren möglich, sich fortzupflanzen. Die Entwicklung des Embryos im Muttertier, die Bildung von Milch zur Ernährung der Jungtiere und das Wachstum junger Tiere erfordern ein über den Erhaltungsbedarf hinausgehendes Leistungsfutter.

8.2 Futtermittelkunde

Die genaue Kenntnis der Stoffe, die der Ernährung der Tiere dienen, ihres Nähr-, Mineral- und Wirkstoffgehalts ist Voraussetzung für den richtigen und wirtschaftlichen Einsatz. Die Futtermittelkunde vermittelt diese Kenntnis. Futtermittel sind nach dem Futtermittelgesetz Stoffe, die einzeln (Einzelfuttermittel) oder in Mischungen (Mischfuttermittel), mit oder ohne Zusatzstoffe, die dazu bestimmt sind, in unverändertem, zubereitetem, be- und verarbeitetem Zustand an Tiere verfüttert zu werden.

Stoffe, die in erster Linie zur Beseitigung oder Linderung von Krankheiten eingesetzt werden, gelten nicht als Futtermittel. Bei der Fütterung von Zootieren kommen nicht nur Futtermittel, sondern viele Produkte zum Einsatz, die auch als Nahrungsmittel der menschlichen Ernährung dienen. Die Einteilung aller dieser Futtermittel ist infolge der großen Vielfalt der verwendeten Erzeugnisse nach verschiedenen Gesichtspunkten möglich. Sie lehnt sich unter Einbeziehung der Nahrungsmittel an die in der Ernährung der landwirtschaftlichen Nutztiere übliche an.

8.2.1 Futtermittel pflanzlicher Herkunft

Sie werden für Futterzwecke angebaut oder, meist als Rückstände, bei der Verarbeitung pflanzlicher Stoffe für die menschliche Ernährung gewonnen. Sie umfassen den größten Teil aller Futtermittel und dienen als fast ausschließliches Futter für die Pflanzenfresser und meist auch als Hauptfutter für die Allesfresser.

8.2.1.1 Grünfutter

Pflanzen des Dauergrünlands und des Feldfutterbaus, deren oberirdische Teile (Blätter, Stängel, Blüten) in frischem, saftigem Zustand gewonnen und verfüttert werden, bilden das Grünfutter. Es stellt zusammen mit seinen Konservierungsprodukten (Silage, Heu, Trockengrünfutter) die Hauptfuttergrundlage für die Pflanzenfresser, insbesondere für die Wiederkäuer dar. Ein ausreichender Anteil der rohfaserreichen Grobfutterstoffe, darunter etwa zwei Drittel in genügend grober Struktur (>8 mm), sind Voraussetzung für einen günstigen Ablauf der Verdauungsprozesse, vor allem in den Vormägen der Wiederkäuer. Grünfutterpflanzen befinden sich noch im Wachstum und enthalten viel Wasser. Die meisten Pflanzen weisen einen guten Eiweißgehalt, einen hohen Gehalt an Vitaminen, insbesondere an Carotin, Vitamin E, B_1 und B_2, sowie einen guten Mineralstoffgehalt, vor allem an Calcium, Phosphor, Magnesium und standortabhängig an Eisen, Mangan und Kupfer auf. Da Grünfutter alle wichtigen Nähr- und Wirkstoffe enthält, bildet es die Grundlage der Fütterung der Pflanzenfresser während der Sommermonate.

Abhängigkeit des Futterwerts

Der Futterwert wird vielfältig bestimmt und beeinflusst. Je nach Pflanzenart bestehen Unterschiede im Blatt-Stängel-Verhältnis und im Eiweiß-, Mineralstoff- und Vitamingehalt. Boden, Klima und landwirtschaftliche Maßnahmen wirken auf den Nährwert und Mineralstoffgehalt ein. Die physikalischen und chemischen Eigenschaften des Bodens beeinflussen z.B. die Artenzusammensetzung. Auf saurem Boden werden gute Pflanzen wie Klee und Süßgräser unterdrückt. Sauergräser hingegen entwickeln sich. In nassen Jahren wächst wasserreiches, nährstoffarmes Futter. In trockenen Jahren sind

Gesamtertrag und Mineralstoffgehalt vermindert. Durch standortgerechte Arten- und Sortenwahl, Wahl des richtigen Erntezeitpunkts, sachgemäße Düngung und „Unkrautbekämpfung" erhöht sich der Futterwert.

Mit zunehmendem Alter der Pflanzen verringert sich der Gehalt an verdaulichem Rohprotein, Vitaminen und Mineralstoffen. Der Rohfasergehalt nimmt zu und die Verdaulichkeit ab. Sachgemäße Düngung erhöht die Pflanzenerträge, verbessert die Zusammensetzung des natürlichen Pflanzenbestands und die chemische Zusammensetzung der Pflanzen, z.B. den Eiweißgehalt bei stickstoffreicher Düngung.

Grünfutterarten

Leguminosen (Hülsenfrüchtler). Wegen ihres hohen Futter- und Eiweißwertes gelten **Luzerne** und **Rotklee** als Hauptfutterpflanzen. Sie werden auch in zoologischen Gärten als gern aufgenommenes Grünfutter sehr geschätzt. Rotklee wird rein oder im Gemisch mit Gräsern angebaut. Er darf nicht jung verfüttert werden, weil er blähend wirkt. Sein höchster Futterwert liegt zu Beginn der Blüte. Der Proteingehalt ist geringer als bei Luzerne, der eiweißreichsten Grünfutterpflanze. Diese enthält viel Calcium, Phosphor, Eisen und andere Mengen- und Spurenelemente sowie Carotin, das durch die Verarbeitung zu Trockengrünfutter für die Winterfütterung nutzbar gemacht wird. Bei einseitiger Fütterung, besonders junger Luzerne, ist Vorsicht geboten, da Stoffwechselstörungen auftreten können. Die beste Schnittzeit liegt ebenfalls zu Beginn der Blüte. Luzerne verholzt schneller als Rotklee.

Hinter dem Anbau von Luzerne und Rotklee tritt der Anbau anderer Grünfutterleguminosen, z.B. Weißklee, Bastardklee, Inkarnatklee, Esparsette und Serradella, weit zurück. Diese Futterpflanzen sind auch eiweißreich und werden meist gut gefressen. Esparsette und die auf leichten Böden angebaute Serradella haben einen hohen Futterwert. Inkarnatklee ist ein Bestandteil des als Winterzwischenfrucht angebauten Landsberger Gemenges. Futtererbsen (Peluschken), Ackerbohnen, Futterwicken und Süßlupinen werden auch in Gemengen des Zwischen- und Zweitfruchtanbaus gewonnen. Sie liefern ebenfalls ein eiweißreiches Grünfutter.

Gräser. Im Feldfutterbau gelangen vor allem Welsches Weidelgras und Knaulgras zum Anbau. Beide Arten liefern ein hochverdauliches eiweißreiches Grünfutter, das von Zootieren gern genommen wird. Auf trockenen Standorten bildet der weichblättrige Rohrschwingel eine gute Futtergrundlage.

Wiesen und Weiden bilden das Dauergrünland, welches ständig mit mehrjährigen Gräsern und krautartigen Pflanzen bewachsen ist. Sie liefern ein wertvolles proteinreiches Futter, das gern gefressen wird. Die botanische Zusammensetzung, die von Boden, Düngung und Nutzung (Standweide – Umtriebsweide, Schnittzeitpunkt) abhängt, beeinflusst den Nährstoffgehalt und den Futterwert stark. Je größer der Anteil an Kleeartigen ist und je jünger die Pflanzen sind, desto höher ist der Eiweißgehalt. Neben den erwünschten Süßgräsern kommen auf feuchten, sauren Böden die unerwünschten Sauergräser vor. Wertvolle Leguminosen des Dauergrünlands sind verschiedene Klee- und Wickenarten. Erwünscht ist auch ein gewisser Anteil an Kräutern (Pimpinelle, Löwenzahn, Thymian, Kümmel), die appetitanregende Aromastoffe, viel Eiweiß, Vitamine und Mineralstoffe enthalten.

Grüngetreide. Futter- oder Grünroggen ist eine beliebte Futterpflanze des Winterzwischenfruchtanbaus, die je nach Vegetationsverlauf Ende April bis Mitte Mai verfüttert und vorteilhaft als Übergangsfutter verwendet wird. Nach dem Schossen verholzt Futterroggen sehr schnell, wodurch der Futterwert sinkt; er muss deshalb mit Beginn des Schossens abgeerntet sein. Zur Erhöhung des Proteingehalts im Futter wird er gern mit Zottelwicke als Wickroggen angebaut. Das gilt auch für den Grünhafer, bei dessen Fütterung an Zootiere jedoch Vorsicht geboten ist, da er vor allem bei Elefanten leicht zu Koliken (krampfartige Leibschmerzen) führen kann. Grünmais muss kurz vor Beginn des

Kolbenansatzes geschnitten werden. In Reinsaat angebaut, gehört er wie Futterroggen und Grünhafer zu den eiweißärmeren Grünfutterpflanzen.

Grünfuttergemenge. Landsberger Gemenge besteht aus Welschem Weidelgras, Zottelwicke und Inkarnatklee. Als Winterzwischenfrucht fällt es Ende Mai bis Anfang Juni an und wird gern gefressen. Wickgemenge werden aufgrund des höheren Futterwerts den entsprechenden Reinsaaten vorgezogen. Vor allem baut man Wickroggen und Wickhafer an, die ertragssicherer, ertragreicher und günstiger im Nährstoffgehalt sind. Reine Leguminosengemenge (Felderbsen, Wicken und Ackerbohnen) oder Gemenge von Leguminosen und anderen Futterpflanzen (Mais oder Kleegrasgemische), die für die Zootierfütterung auch geeignet sind, gelangen ebenfalls zum Anbau. Nährstoffgehalt der Gemenge, Futterwert und Aufnahme hängen von der Zusammensetzung ab. Zootiere nehmen diese Gemenge zum Teil ungern auf, vor allem wenn sie Sonnenblumen enthalten.

Rübenblatt. Blätter von Futter- (Massen- und Gehalts-) und Zuckerrüben sowie von Kohlrüben sind ein eiweißreiches, rohfaserarmes Futter. Es muss einwandfrei und sauber, notfalls gewaschen sein. Verschmutztes Rübenblatt führt zu starken Durchfällen.

Futterhygienische Fragen

Viele Grünfutterarten, insbesondere Gras, Rotklee und Luzerne, können als wertvolles, vitamin- und eiweißreiches Futter in der Zootierfütterung verwendet werden, beste Beschaffenheit vorausgesetzt. Das Futter (besonders Klee und Luzerne) darf nicht zu jung oder zu verholzt sein (Kolik bei Ponys und Elefanten; schlechte Aufnahme). Ponys verabreicht man deshalb am besten nur Gras. Ein Gehalt an Schmutz führt zu Durchfällen.

Besondere Gefahren für die Gesundheit der Tiere drohen von bestimmten Stickstoffverbindungen wie einer Nitrat/Nitrit-Anreicherung im Grünfutter und anderen Futtermitteln. Sie wird begünstigt durch die unterschiedliche Speicherungsfähigkeit der Pflanzen (hoch bei Futterroggen und -hafer, Rotklee, Sonnenblumen und Roten Rüben sowie den Kräutern Melde und Schwarzer Nachtschatten), Überdüngung, Vegetationsstadium, Erntetechnik, Lagerung etc. Giftpflanzen dürfen nicht im Grünfutter enthalten sein (siehe Abschnitt: Giftpflanzen und Giftstoffe). Es können vorkommen: Sumpfschachtelhalm, Adonisröschen, Zypressenwolfsmilch, Herbstzeitlose, Adlerfarn, Hahnenfußarten, Bittersüßer und Schwarzer Nachtschatten u. a. Gefahr bringt auch das Behaftetsein mit Spritzmitteln der „Unkraut"- und Schädlingsbekämpfung. Ein Gehalt an Saponin (meist giftiger Pflanzenstoff) bei einzelnen Luzerneherkünften kann ebenfalls schädlich wirken.

Beim Wechsel von der rohfaserreichen Winter- zur rohfaserarmen Sommerfütterung mit Einsatz großer Grünfuttermengen muss eine sachgemäße Übergangsfütterung durchgeführt werden, andernfalls treten schwerwiegende Verdauungsstörungen auf. Krasse Übergänge sind deshalb zu vermeiden. Am besten wird mit kleinen Grünfuttermengen begonnen und innerhalb von 8–10 Tagen, bei sorgfältiger Beobachtung der Tiere – insbesondere ihres Kotes – auf volle Grünfütterung übergegangen. Dabei wird die angebotene Heumenge schrittweise vermindert.

Lagerung von Grünfutter

Infolge des hohen Wassergehalts (80–90 %) ist Grünfutter leicht verderblich und nur bedingt lagerfähig. Es kann kühl, an schattigen Plätzen und gut ausgebreitet kurzfristig aufbewahrt werden. Zu dicht lagerndes und gehäckseltes Grünfutter erwärmt sich schnell, vor allem Leguminosen und insbesondere Rotklee. Nicht sofort verfüttertes Grünfutter muss vor dem Einsatz stets auf die Temperatur geprüft und durch Umschütteln belüftet werden. Welkes oder bereits in Fäulnis übergegangenes Grünfutter darf wegen der Gefahr von Verdauungsstörungen nicht verabreicht werden. Nitrate werden dabei zu den um das Zehnfache giftigeren Nitriten abgebaut.

Konservierung von Grünfutter

Aufgrund seiner geringen Lagerfähigkeit muss Grünfutter als Gärfutter (Silage, Heulage) oder durch Trocknen haltbar gemacht werden, wodurch wertvolles Futter für den Winter oder für futterarme Zeiten gewonnen wird. Silage wird in zoologischen Gärten aber kaum verfüttert. Auch wäre die Geruchsbelästigung für die Zoobesucher groß.

8.2.1.2 Heu

Die Konservierung durch natürliche Trocknung führt zur Gewinnung von Heu, das zusammen mit Stroh, Spreu und Schalen das Raufutter bildet, zu dem im weiteren Sinne auch Trockenlaub zu zählen ist. Die Gewinnung von Heu ist das älteste, einfachste und am häufigsten angewandte Verfahren zum Haltbarbarmachen. Grünfutterflächen können mehrmals im Jahr gemäht werden. Der Wert des Heus wird wesentlich durch die Art der Grünfutterpflanzen, den Schnittzeitpunkt, die Art der Trocknung und Lagerung beeinflusst.

Raufutter ist wasserarm (10–15 % Wassergehalt) und deshalb gut haltbar und lagerfähig. Aufgrund des hohen Rohfasergehalts stellt es ein wichtiges Grundfuttermittel für alle Pflanzenfresser dar, die rohfaserreiches Futter zu verdauen und auszunutzen vermögen und Grobfutterstoffe für die artgerechte Aufrechterhaltung der Verdauungsvorgänge benötigen. Im Nährstoffgehalt unterscheiden sich die verschiedenen Raufutterarten grundsätzlich nach Ausgangsmaterial und Trocknungsverfahren. Zur Fütterung der Zootiere wird vor allem Heu als wichtigstes Futtermittel der Winterfütterung und als Reserve- und Diätfutter im Sommer eingesetzt.

Trocknungsverfahren

Beim Wasserentzug durch natürliche Trocknung unter Ausnutzung der Sonnenenergie sind drei Verfahren zu unterscheiden, die Bodentrocknung, die Gerüsttrocknung und die Belüftungstrocknung (Unter-Dach-Trocknung). Die Nährstoffverluste sind bei der Heugewinnung je nach Verfahren und Trocknungsbedingungen unterschiedlich groß und setzen sich aus Feldverlusten (Bröckel-, Ernte- und Transport-, Atmungs- und Auswaschungsverlust), Lagerungsverlusten und Nährwertrückgang (Verdaulichkeits- und Wertigkeitsrückgang) zusammen. Sie sind bei Belüftungstrocknung am niedrigsten, weil das Trockengut mit etwa 40 % Wassergehalt eingelagert und der Stapel bis zur vollen Trocknung unter Dach belüftet wird. Bei der Bodentrocknung können die Verluste unter ungünstigen Bedingungen 50 % und mehr erreichen. Bei schlechter Trocknung verliert das Trockengut nicht nur an Nähr-, sondern auch an Wirkstoffen.

Heuarten

Nach dem Ausgangsmaterial unterscheiden sich die Heuarten durch Nährstoffgehalt, Schmackhaftigkeit, Bekömmlichkeit und Einsatzmöglichkeit. Abhängig vom Grünmaterial, Schnittzeitpunkt, Werbungsform und Witterung schwankt der Nährstoffgehalt beträchtlich, vor allem der an Eiweiß, Mineralstoffen und Vitamin D_2. Der Gehalt an Carotin ist niedrig, da es im Heu weitgehend abgebaut wird.

Rotklee- und Luzerneheu. Rotklee- und Luzerneheu sind die wertvollsten Heuarten des Feldfutterbaus. Ihre Qualität hängt entscheidend von der Bergungsart und von der Lagerung ab. Qualitätsheu kann nur durch Gerüsttrocknung gewonnen werden. Bei Bodentrocknung sind Bröckel- und Auswaschungsverluste groß. Beide Heuarten haben einen hohen Futterwert und Proteingehalt.

Da beide Heuarten in zoologischen Gärten oft nicht ausreichend vorhanden sind, werden sie am besten an futterempfindliche, anspruchsvolle Tiere, z.B. Giraffen, viele Antilopenarten und Rentiere, und in der Eingewöhnungsfütterung verabreicht, insbesondere bei Tieren afrikanischer Herkunft, die oft an Luzerne gewöhnt sind. Heu anderer Futterpflanzen wie Esparsette und Serradella weist ebenfalls einen guten Eiweißgehalt auf, wird in Zoos aber kaum zum Einsatz gelangen.

Wiesenheu und Grummet. Durch den hohen Anteil an Dauergrünland kommt Wiesenheu am häufigsten vor. Es weist einen guten Gehalt an verdaulichem Eiweiß auf. Gutes Wiesenheu, das bei Blütebeginn des Leitgrases (Anfang bis Mitte Juni) geschnitten und einwandfrei gewonnen wurde, besteht aus guten Süßgräsern und Leguminosen sowie eiweiß- und mineralstoffreichen Kräutern. Ein hoher Anteil an Sauergräsern und überständige, verregnete Pflanzen kennzeichnen schlechtes Wiesenheu.

Gutes Bergheu oder Gebirgsheu weist aufgrund des hohen Kräuteranteils höchste Qualität sowie hohen Nährstoff-, Vitamin- und Mineralstoffgehalt auf und sollte den anspruchsvollsten Pflanzenfressern im Zoo, wenn irgend möglich, reichlich angeboten werden.

Das Heu des zweiten Schnitts wird Grummet genannt und hat in der Regel einen höheren Eiweiß- und geringeren Rohfasergehalt. Es ist zarter und blattreicher, wird aber oft von Zootieren weniger gern als Heu des ersten Schnitts genommen, mit dem es deshalb am besten im Gemisch verabreicht werden sollte.

Futterhygienische Fragen

Bei Zootieren eingesetztes Raufutter muss einwandfreie Qualität aufweisen. Es darf weder verschmutzt oder verschlammt, muffig oder modrig, noch mit Schimmelpilzen befallen oder mit Sand und Erde, Fremdkörpern wie Nägel, Drahtstücke, Bindfäden oder Glas verunreinigt sein. Fremdkörper können im Heu durch Aufschütteln mit der Heugabel erkannt werden.

Bei der Verwendung von Pressballen ist auf einwandfreie Entfernung aller Drahtteile bzw. Netze und Bindfäden zu achten. Koliken, Durchfälle und Erkrankungen durch Fremdkörper sind die Folge der genannten Mängel. Heu darf deshalb nur sorgfältig aufgeschüttelt vorgelegt werden.

Überjähriges Heu hat erhöhte Nährstoffverluste, ist morsch und staubig und oft mit Heumilben befallen, die bei starkem Auftreten Magen- und Darmstörungen hervorrufen können.

Heu der neuen Ernte muss unbedingt einem 6- bis 8-wöchigen Schwitzprozess unterliegen, ehe es verfüttert werden darf. Bei Einlagerung mit einem Feuchtigkeitsgehalt über 15 % ist es chemisch noch nicht stabil, sodass Gärprozesse stattfinden, die auf die Verdauung der Tiere negativ einwirken.

Heu von sauren Wiesen mit einem hohen Anteil an Sauergräsern wird ungern gefressen, führt zu Verletzungen der Maulschleimhäute und zu Verdauungsstörungen.

Der Besatz mit Giftpflanzen, die auch durch die Trocknung ihre Schädlichkeit nicht verlieren, kann schwere Vergiftungserscheinungen bewirken. Bei strahlenpilzanfälligen Tieren, z.B. Kängurus und Tapiren, sollte Heu auch als Einstreu dienen.

Lagerung von Heu

Heu und auch Stroh sind trocken einzulagern. Bei der Stapelhöhe muss der Feuchtigkeitsgehalt berücksichtigt werden. Infolge der eintretenden Schwitzprozesse finden Temperaturerhöhungen statt, die bei ungünstigen Voraussetzungen zur Verkohlung und Selbstentzündung des Heus führen können. Die einschlägigen Landesverordnungen zur Verhütung von Bränden sind einzuhalten. Vor allem sind die Bestimmungen hinsichtlich Temperaturkontrollen und Benachrichtigung der Feuerwehr bei Brandgefahr zu berücksichtigen. Besondere Vorsicht ist bei der Einlagerung gepressten, nicht ausgeschwitzten Heus geboten. Solche Ballen müssen unbedingt geöffnet werden.

Beurteilung von Heu

Wegen der möglichen großen Qualitätsunterschiede und der Gefährdung der Gesundheit der Tiere muss Heu sachgemäß beurteilt werden. Die Sinnenprüfung umfasst Aussehen, Geruch, Beschaffenheit und Feststellung von Verunreinigungen. Bei der botanischen Bewertung sind vor allem die minderwertigen und schädlichen Pflanzenarten festzustellen.

Ein sehr gutes Heu zeichnet sich durch eine grüne Farbe, einen kräftigen, aromatischen, teeähnlichen Geruch sowie eine weiche und zarte Beschaffenheit infolge Blattreichtums durch hohen Kräuteranteil aus. Harte Stängel, Sauergräser und Verunreinigungen fehlen.

Schlechtes Heu ist grau und ausgeblichen, verschimmelt und verschmutzt, muffig riechend, hartstängelig, klamm oder stark verunreinigt. Als minderwertige Arten gelten Schmielen, Schilf, Seggen, Binsen, Sumpfdotterblumen, Moos, Farn, Ginster und Heidekraut. Giftig sind die bereits beim Grünfutter genannten Pflanzen.

8.2.1.3 Stroh und Spreu

Beim Dreschen von Getreide, Hülsen- und Ölfrüchten sowie anderen Samenträgern fallen Stroh, Spreu und Schalen als Nebenerzeugnis an. Sie enthalten viel Rohfaser und meist wenig Nähr- und Wirkstoffe. Trotzdem können ihnen bei Wiederkäuern und Pferden bestimmte verdauungsphysiologische Funktionen zukommen, vor allem zur Sättigung und zur ausreichenden Versorgung mit Grobfutterstoffen.

In zoologischen Gärten gelangt oft Stroh der Getreidearten vor allem für Streuzwecke zum Einsatz. Es wird aber durchaus auch von den Tieren gefressen und muss deshalb einwandfrei beschaffen sein. Getreidestroh ist nährstoffarm. Für die Verfütterung eignet sich am besten Sommerhalmstroh, vor allem Haferstroh. Sehr gutes Futterstroh ist schlechtem Wiesenheu vorzuziehen und wird auch lieber genommen. Bei weniger anspruchsvollen Wiederkäuern kann es als sättigendes Raufutter eingesetzt werden.

Futterstroh wird auch als Häcksel verfüttert. Dieser muss bei Pferden zum Vermeiden von Verstopfungskoliken 5–6 cm lang sein, für Rinder genügt eine Häcksellänge von 2,5–3,5 cm.

Strohpellets, die in der Fütterung der landwirtschaftlichen Nutztiere Bedeutung haben, sollten, vor allem wenn sie mit Natronlauge aufgeschlossen oder mit Harnstoff angereichert sind, nur in Ausnahmefällen und mit großer Vorsicht zum Einsatz gelangen, insbesondere bei Herdenfütterung mit unkontrollierbarer Futteraufnahme der Einzeltiere. Reine Ganzpflanzenpellets sind hingegen bei zweckmäßigem Einsatz ein gut verwendbares Ergänzungsfutter (Pellets: Pillen, kleine Presslinge aus Trockenfutter, siehe Abschnitt: Mischfuttermittel).

8.2.1.4 Trockengrünfutter

Es wird – energieaufwendig – durch Heißlufttrocknung aus jungem, eiweißreichem Grünfutter gewonnen. Bei sachgemäßer Durchführung ist es das günstigste Konservierungsverfahren, und das Trockengut besitzt einen hohen Futterwert. Der Gehalt an Eiweiß, Calcium, Phosphor, Magnesium und Carotin ist hoch, der Rohfasergehalt bei frühem Schnitt niedrig. Trockengrünfutter wird in gehäckselter oder gemahlener Form zusammen mit dem Kraftfutter oder pelletiert verabreicht. Aufgrund des hohen Protein- und Carotingehalts bildet es ein wertvolles Eiweißfutter und im Winter eine wichtige Carotinquelle, da etwa 85–95 % des Gehalts des Grünmaterials erhalten bleiben. Allerdings nehmen die Carotinverluste bei Licht- und Luftzutritt sehr schnell zu. Dies kann jedoch durch eine licht- und luftdichte Verpackung vermindert werden. Unsachgemäße Trocknung kann ebenfalls zu einem Verlust an Carotin, zusätzlich zu einer Schädigung des Eiweißes und unter Umständen zu einer Anreicherung mit Dioxin (bei Trocknung im offenen System) im Trockengut führen.

Durch den Einsatz von Trockengrünfutter wird eine diätetische Wirkung erreicht (im Sinne einer gesundheitsfördernden Ernährung). Zu große Mengen gemahlenen Trockengrünfutters (Grünmehl) können bei Wiederkäuern den physiologischen Verdauungsablauf jedoch stören. Grünmehl wird als Bestandteil von Pelletfutter für Pflanzen- und Allesfresser oder in Kraftfuttergemischen bei Vögeln und Schweinen (mit einem Anteil von 5 %) eingesetzt. Bei der Fütterung der Wiederkäuer kann Trockengrünfutter, am besten gehäckselt, einen Teil des Kraftfutters ersetzen.

Das jung geerntete und künstlich getrocknete und gemahlene Kraut der Großen und der Kleinen Brennnessel bildet das sehr wertvolle eiweißreiche Brennnesselmehl, das vor allem in Futtermischungen für Vögel verwendet wird. Im Futterwert entspricht es Luzernemehl.

8.2.1.5 Laub und Kräuter

In der Zootierfütterung verdient der Einsatz von Laub und Kräutern besondere Beachtung. Viele Tierarten sind Blattfresser oder besonders heikle Spezialisten, deren tägliche Ration durch Laub und Kräuter aufgewertet werden kann. Es handelt sich um nährstoffreiche, gut bekömmliche, schmackhafte und gern genommene Futtermittel. Sie enthalten Inhaltsstoffe verschiedener Art und chemischer Zusammensetzung, z.B. Bitterstoffe, Mineralstoffe, ätherische Öle, Gerbstoffe, Alkaloide und Glykoside, die zum Teil den besonderen Wert ausmachen. Sie können der Pflanze einen gewissen Heilcharakter verleihen, sie aber auch als gefährlich oder giftig einordnen lassen. So ist bei den Laubarten zu beachten, dass ein Gehalt an Alkaloiden und Glykosiden den Futterwert beeinträchtigt. Besonders bei der Entnahme von Laub und Kräutern aus der Natur sind die gesetzlichen Auflagen zu berücksichtigen.

Abhängigkeit des Futterwerts

Der Wachstumszeitraum beeinflusst die einzelnen Laubarten unterschiedlich. Bei Buche z.B. nehmen Eiweißgehalt und Verdaulichkeit schnell ab, bei Linde und Schwarzem Holunder zeigen sich kaum Einflüsse. Buche und Birke sind möglichst früh zu ernten, andere Arten unabhängig von einem bestimmten Zeitpunkt. Zusammensetzung und Verdaulichkeit hängen von der Art ab. Auf den Gehalt der stickstofffreien Extraktstoffe wirken die Tageszeit und die Tageswitterung. Rotbuchen- und Lindenblätter sind besonders carotinreich, Pappel-, Eschen- und Eichenblätter Vitamin-C-reich. Zweige (bis zu 1 cm Durchmesser) enthalten weniger Eiweiß und mehr Rohfaser. Der Gehalt an Gerbsäure beeinflusst Schmackhaftigkeit und Bekömmlichkeit und nimmt vom Frühjahr zum Herbst allmählich zu. Besonders reich an Gerbsäure in Blättern, Zweigen und Reisig sind Buche, Eiche, Ahorn, Schwarzerle, Weide und Linde.

Das Verhältnis von Blättern zu Zweigen ist art- und jahreszeitabhängig. Im Frühjahr überwiegt meist der Zweiganteil, im Sommer wird das Verhältnis ausgeglichen, im Herbst nimmt im Allgemeinen der Zweiganteil wieder zu.

Der Nährwert des Laubreisigs zeigt zwar folgende Rangordnung: Schwarzer Holunder, Ahorn, Linde, Esche, Pappel, Robinie, Haselnuss, Weide, Schwarzerle, Eiche, Hainbuche, Birke, Rotbuche, aber diese Reihenfolge entspricht nicht der Beliebtheit der verschiedenen Laubarten bei den einzelnen Tieren. So kann der an sich nährstoffreiche Holunder wegen seines hohen Gehalts an auf den Organismus negativ wirkenden Inhaltsstoffen (u.a. Blausäure) nicht eingesetzt werden. In getrocknetem Zustand nimmt der Gehalt ab, so dass dann weniger Gefahr besteht.

Für den Futterwert der Kräuter und Teearten gilt Ähnliches wie für Laub. Er ist ebenfalls abhängig von der Art, dem Erntezeitpunkt und den Erntebedingungen sowie dem Nähr- und Wirkstoffgehalt.

Laubarten

Pappeln sind im Sommer sehr blattreich, das Laub schmackhaft, weshalb es das ganze Jahr über gut aufgenommen wird. Der Roheiweißgehalt ist relativ hoch (bis 10 % der Trockenmasse), desgleichen der Energiewert und der Calcium- und Phosphorgehalt. Im Herbst ist bei der Verfütterung Vorsicht geboten, weil vor allem in den Herbst- und Winterblattknospen schädlich wirkende Glykoside und Bitterstoffe enthalten sind, die zu Erkrankungen führen können.

Das Laub der Robinie, fälschlich Akazie genannt, gehört zu den besten Baumlaubarten. Es ist proteinreicher als Pappellaub und getrocknet ein gutes Winterlaubfutter. Gute Verdaulichkeit und ein geringer Gerbsäuregehalt zeichnen es aus. Rinde und Früchte enthalten jedoch schädigende Bestandteile, gegen die besonders Pferde, aber auch Antilopen empfindlich sind, bei Aufnahme können sie schwer erkranken oder verenden.

Eichenlaub wird in grünem Zustand weniger gern gefressen. Durch Trocknen verringert sich der durch die Gerbsäure bedingte bittere Geschmack, sodass es als Futtermittel besser im getrockneten Zustand eingesetzt wird. Es gehört zu den weniger protein- und energiereichen Arten. Weiterhin recht gut zu verfüttern sind Weiden-, Linden- und Himbeerlaub sowie winterharter Bambus. Für Koalas ist Eukalyptus erforderlich.

Kräuterarten

Unter den Kräuterarten ist auf die bereits genannten wertvollen Wiesenkräuter und auf die als Tee geeigneten hinzuweisen. Im jungen blattreichen Zustand werden Kräuter gern genommen und können Schmackhaftigkeit und Nährstoffgehalt von Wiesen- und Weidegras beachtlich erhöhen. Sie zeichnen sich durch einen hohen Protein-, Vitamin- und Mineralstoffgehalt aus. Sie weisen meist Inhaltsstoffe auf, die – aber erst in großen Mengen – schädlich wirken können. Löwenzahnblätter sind zart, rohfaserarm und nährstoffreich und werden gern gefressen, auch von heikleren Fressern. Vogelmiere wird als Grünfutter für Geflügel und andere Vögel geschätzt, für die sie eine wertvolle Vitamin- und Eiweißquelle darstellt. In der Aufzucht von Geflügel und zur Herstellung eines vitaminreichen Trockengrünfutters eignet sich die in jungem Zustand eiweiß- und vitaminreiche Brennnessel.

Futterhygienische Fragen

Alle Laub- und Kräuterarten müssen in einwandfreiem frischen oder getrockneten Zustand verfüttert werden. Bei Arten mit möglicherweise giftig wirkenden Inhaltsstoffen ist Vorsicht geboten, sind die verabreichten Mengen zu begrenzen oder die Verfütterung zu vermeiden. Auch Verpilzungen schließen diese von der Verfütterung aus. Beim Einsatz von Kräutern bzw. Tee ist eine genaue Kenntnis der Arten bzw. der spezifischen Wirkung notwendig, damit nicht Giftpflanzen verabreicht werden. Die diätetische Wirkung vieler Laub- und Kräuterarten ist bemerkenswert, deshalb ist deren Verfütterung zu empfehlen.

Lagerung von Laub und Kräutern

Für die Lagerung von Laub und Kräutern in frischem Zustand gilt Ähnliches wie für Grünfutter. Laub, Kräuter und Tee in getrocknetem Zustand sind luftig und dunkel an trockenen Plätzen staubfrei aufzubewahren.

Konservierung von Laub und Kräutern

Als Verfahren kommen vor allem Trocknen und Einfrosten infrage. Die natürliche Trocknung muss Wasserentzug in allen Teilen gewährleisten. Laub wird luftig an schattigen Stellen unter Dach aufgehängt. Verschimmelungen und anderen Wertminderungen muss durch lockeres Aufhängen und eine reichliche Luftzufuhr vorgebeugt werden. Das Einfrosten von Laub erlaubt bei heikleren Laubfressern, z.B. Colobusaffen, auch im Winter eine ausreichende Laubbeifütterung, ist aber energieaufwendig und teuer.

Besondere Beachtung verdienen aus getrockneten Laub- und Kräuterarten hergestellte Tees im weiteren Sinne. Verwendet werden Blätter, Blüten, Samen, Triebe, Zweige, Holz, Rinde oder Wurzeln. Für Kräutermischungen ohne spezifische Wirkungen eignen sich:

- Blätter von Ahorn, Birke, Großer Brennnessel, Brombeere, Eberesche, Erdbeere, Himbeere, Holunder, Huflattich, Schwarzer Johannisbeere, Süß- und Sauerkirsche, Linde, Malve, Minzearten, Moosbeere, Pappel, Preiselbeere, Rose, Schlehdorn, Spitzwegerich, Stechpalme, Walnuss, Weide, Weidenröschen, Weißdorn
- Triebe mit Blättern und Blüten von Heidekraut, Honigklee, Johanniskraut, Ruchgras, Feldthymian, Waldmeister
- Blüten von Heidekraut, Himmelschlüssel, Holunder, Kamille, Kornblume, Linde, Rose, Rainfarn, Schafgarbe, Schlehdorn, Stiefmütterchen, Weißer Taubnessel
- Früchte von Rose (Hagebutten) und Wacholder
- Rinde vom Faulbaum
- Wurzeln von Sanikel und Eibisch
- Schalen von Äpfeln und Birnen.

Kräutertee kann dem Kraftfutter besonders heikler Pfleglinge zugesetzt oder in Form eines Aufgusses als Tränke verabreicht werden. Wird die spezifische Wirkung verschiedener Teearten genutzt, haben diese mehr den Charakter eines Heilmittels. Genannt werden sollen: Pfefferminzblätter bei Magen-, Darm- und Gallenbeschwerden, krampfstillend; Salbeiblätter bei Entzündungen der Mund- und Rachenschleimhaut, Magen- und Darmkatarrh; Kamillenblüten bei Verdauungsstörungen, Entzündungen, Wundbehandlungen; Fenchel gegen Blähungen und krampfartige Magen- und Darmbeschwerden; Malvenblätter bei Erkrankungen der Atmungsorgane, zum Mildern des Hustenreizes; Bärentraubenblätter bei Blasen- und Nierenbeckenkatarrhen; Birkenblätter und Brennnesselkraut als harntreibend.

Tee im engeren Sinne, bekannt als schwarzer oder grüner Tee, besteht aus den Blattspitzen und jungen Trieben der Teepflanze, die in den Anbauländern aufbereitet werden. Durch seinen Gehalt an 5–7 % Gerbsäure übt er eine diätetische Wirkung aus.

8.2.1.6 Gemüse, Knollen und Wurzeln

In der Fütterung der Zootiere haben Gemüse, Knollen und Wurzeln einen festen Platz und sind durch andere Futtermittel nicht zu ersetzen. Sie bilden bei vielen Arten als wichtiger Nähr- und Wirkstoffträger einen Teil des Grundfutters, bei anderen Tierarten wertvolles Ergänzungsfutter, das vor allem der Bedarfsdeckung an Vitaminen und Mineralstoffen, dem günstigen Einfluss auf Verdauung, Darmdrüsensekretion, Darmflora und Darmperistaltik dient.

Zum Gemüse gehören pflanzliche Nahrungsmittel, die als ganze Pflanzen oder Pflanzenteile roh oder nach besonderer Zubereitung aufgenommen werden. Laut Sortenliste werden Kohlgemüse, Wurzel- und Knollengemüse, Blatt- und Stielgemüse sowie Fruchtgemüse unterschieden.

Der Nährstoffgehalt des Gemüses ist absolut gesehen niedrig, auf die Trockenmasse bezogen aber hoch. Gemüse ist leicht verdaulich. Es gilt als wichtiger Mineralstoff- und Vitaminspender, insbesondere das Blattgemüse, das reich an Carotin, Vitamin D, E und vor allem C ist. (Der Gehalt an Vitaminen des B-Komplexes ist bei allen Gemüsearten gering.) Außerdem sind Enzyme, organische Säuren und ätherische Öle, die Geschmack und Aroma verleihen, im Gemüse vorhanden. Viele Gemüsearten enthalten hochwertiges Eiweiß (Grünkohl, Mangold, Spinat, Rosenkohl, Erbsen, Bohnen). Der Kohlenhydrat- und der Fettgehalt sind ernährungsphysiologisch nicht so bedeutend wie bei anderen Futtermitteln.

Abhängigkeit des Futterwerts

Der Futterwert hängt weitgehend von der Art des Gemüses und dem Gehalt an Nähr- und Wirkstoffen ab. Boden, Klima, Erntezeitpunkt, Düngung, Züchtung, Transport, Lagerung und Zubereitung sowie Art der verwendeten Pflanzenteile beeinflussen ihn. Besonders reich an Vitamin C sind Petersilie, Paprika, Rosenkohl, Spinat, Grünkohl, Tomaten, Brokkoli und Kohlrabi, an Carotin Möhren, Kopfsalat, Grünkohl, Spinat, Chicorée, Brokkoli, Paprika und Tomaten. Die grün gefärbten Blätter enthalten mehr Carotin als die inneren blassen. Als calciumreich gelten Grünkohl, Brokkoli, Endivien, grüne Bohnen, Petersilie, Porree und Schnittlauch sowie Spinat, aus dem es aber schwer aufnehmbar ist. Reich an Phosphor sind Erbsen, Grünkohl, Petersilie und Schwarzwurzel; an Eisen Salat, Meerrettich, Spinat, Schnittlauch und Schwarzwurzel. Durch unsachgemäßen Transport und schlechte Lagerung treten Qualitäts- und Masseverluste auf, der Gehalt an Nähr- und Wirkstoffen wird vermindert. Negative Inhaltsstoffe, z.B. Glykoside und Phytate (Salze der Phytinsäure), setzen die Verwertbarkeit verschiedener Nährstoffe, Vitamine und Mineralstoffe herab.

Gemüsearten

Kohlgemüse. Sie gehören einer vielgestaltigen, unterartenreichen Gattung der Kreuzblütler an und kommen in großem Umfang zum Einsatz, insbesondere Blumenkohl, Brokkoli, Grünkohl, Kohlrabi, Weißkohl, Wirsing und Chinakohl. Sie haben einen guten Gehalt an Eiweiß, Carotin und Vitamin C. Im Winter können Grünkohl, Rosenkohl und Markstammkohl als eiweiß- und vitaminreiches frisches Grünfutter gereicht werden. Weißkohl und Kohlrabi sind als Dauergemüse ebenfalls verwendbar. Die meisten Kohlgemüse werden gern gefressen, sind leicht verdaulich, z.T. jedoch etwas blähend, insbesondere Weißkohl.

Knollen- und Wurzelgemüse. Knollen- und Wurzelgemüse, zu dem Möhren, Rote Rüben, Kohlrüben, Schwarzwurzeln, Sellerie, Wurzelpetersilie, Rettich, Radieschen und Meerrettich zählen, weisen Unterschiede im Futterwert und in den Einsatzmöglichkeiten auf. Sie stellen meist Grobgemüse dar, das feldmäßig angebaut wird und hohe Erträge liefert. Große Bedeutung kommt ihnen für die Versorgung der Zootiere mit Saftfutter während des Winters zu. Zu Knollen und Wurzeln rechnet man auch Kartoffeln, Futter- und Zuckerrüben sowie Topinambur.

Möhren bilden im Winter für viele Tierarten die wichtigste natürliche Quelle für die Versorgung mit Carotin und stellen deshalb ein nur schwer entbehrliches Futtermittel dar. Sie regen Appetit und Verdauung an und haben auch als diätetisches Futtermittel Bedeutung. Aufgrund ihres hohen Gehalts an Rohr- und Fruchtzucker (bis 5 %) schmecken sie angenehm süßlich würzig. Eiweiß- und Energiewert sind wegen des hohen Wassergehalts mäßig. Möhrenkraut ist eiweißreich und kann bei einwandfreier Beschaffenheit als wertvolles Grünfutter eingesetzt werden.

Rote Rüben, auch Rote Beete genannt, bilden ebenfalls ein wichtiges Saftfuttermittel in der Winterfütterung zur Ergänzung von Möhren, Futterrüben und anderem Gemüse. Sie enthalten etwas Zucker und entsprechen im Nährwert Futterrüben und Möhren, weisen aber einen höheren Eisengehalt auf. Carotin-, Vitamin-C- und Mineralstoffgehalt sind niedriger als bei Möhren. Rote Rüben werden nur von manchen Tierarten gern gefressen, viele, insbesondere Affen, nehmen sie ungern oder nur gekocht auf.

Kartoffeln gehören zwar nicht zum Gemüse, werden aber in der Zootierhaltung meist wie solches verabreicht. Sie sind ein stärkehaltiges, eiweißarmes Futtermittel, das vor allem den Bedarf an leicht verdaulichen Kohlenhydraten deckt. Kartoffeln sind Vitamin-C- und kalireich, calcium- und phosphorarm. Sie enthalten, insbesondere in Blättern, Früchten und Keimen sowie grün gewordenen Knollen, ein giftiges Alkaloid, das Solanin, welches bei Aufnahme größerer Mengen zu gesundheitlichen Schäden führt. Keime müssen deshalb entfernt werden. Beim Kochen wird Solanin z.T. zerstört.

Futterrüben hatten große Verbreitung in der Winterfütterung vieler Pflanzenfresser. Dabei mussten der geringe Vitamingehalt und Lagerverluste berücksichtigt werden. Rüben werden gern in größeren Mengen aufgenommen. Die Gehaltsrüben sind etwas nährstoffreicher als die Massenrüben. Zuckerrüben haben infolge ihres Zuckergehalts von 14–16 % einen höheren Nährstoffgehalt. Bei Wiederkäuern kann das zu Verdauungsstörungen führen.

Zwiebelgemüse. Hierzu zählen Speisezwiebeln, Porree, Schnittlauch und Knoblauch, von denen die Vitamin-B_1-reichen Zwiebeln und Porree zur Ergänzung und Erhöhung der Vielseitigkeit der Gemüseration eingesetzt werden. Schnittlauch, ein wichtiges Grünfutter auch im Winter, weist einen guten Gehalt an Vitamin C und Carotin und einen sehr guten an Calcium, Phosphor und Eisen auf. Im Porree sind Carotin- und Calciumgehalt beachtlich. Alle Zwiebelgemüse enthalten ätherische Öle und Glykoside, die auch in die Milch- und Schlachtprodukte übergehen. Bei Verabreichung größerer Mengen können Magen- und Darmentzündungen und so genannte Zwiebelanämie (Blutarmut) auftreten.

Blatt- und Stielgemüse. Zu dieser in der Zootierfütterung wichtigen Gemüsegruppe gehören die verschiedenen Salate (Kopf-, Pflück- und Schnittsalat), Eisbergsalat, Rapünzchen oder Feldsalat, Endivien, Spinat, Mangold,

Brunnenkresse, Chicorée und Petersilie, die Vitamin-C-reichste Gemüseart.

Für alle anspruchsvolleren und empfindlicheren Pflanzen- und Allesfresser, insbesondere Blattfresser, bildet Blattgemüse das notwendige mineralstoff- und vitaminreiche Grünfutter. Es ist eiweißreich, schmackhaft, leicht bekömmlich, mitunter etwas abführend und aufgrund des hohen Wassergehalts leicht verderblich. Besondere Bedeutung haben die Arten, die im Winterhalbjahr vor allem zur Sicherung der Vitaminversorgung gereicht werden können, z.B. Brunnenkresse, Rapünzchen, Spinat, Mangold, Chinakohl, Eisbergsalat und Chicorée, der trotz seines herben Geschmacks gern gefressen wird.

Fruchtgemüse. Bei dieser Gruppe, zu der Gurken, Melonen, Kürbisse, Tomaten und Paprika zählen, werden die Früchte als Gemüse verwendet. Größere Bedeutung haben Tomaten und Paprika, die einen guten bzw. sehr guten Vitamin-C-Gehalt aufweisen. Fruchtgemüse sind sehr wasserreich und schlecht lagerfähig. Erbsen (Schoten) werden kaum eingesetzt, grüne Bohnen höchstens gekocht, da sie roh hochgiftig wirken können.

Futterhygienische Fragen

Alle Gemüsearten sind wegen ihres hohen Wassergehalts bzw. geringen Trockenmassegehalts leicht verderblich. Sie müssen immer frisch, gut gesäubert und frei von Faulstellen verabreicht werden. Verschmutzungen mit Erde führen zu Durchfällen. Gemüse in gefrorenem Zustand darf nicht, aufgetautes oder nach langer, unsachgemäßer Lagerung welk gewordenes (besonders Wurzeln) nur mit Vorsicht verfüttert werden. Alle Mängel können zu Verdauungsstörungen führen, welk gewordene Knollen und Wurzeln auch zu Schlundverstopfungen. Bei vielseitiger Zusammensetzung der Gemüsegaben gleichen sich Unterschiede im Nährstoff-, Mineralstoff- und Vitamingehalt aus.

Lagerung von Gemüse, Knollen und Wurzeln

Da Gemüse ganzjährig über den Handel bezogen werden kann, hat die eigene Bevorratung an Bedeutung verloren. Über längere Zeit, vor allem zur Winterversorgung, können nur die Dauer- oder Spätgemüse (Kohl, Knollen, Wurzeln) eingelagert werden. Blattgemüse ist lediglich in kühlen (2–4 °C), nicht zu trockenen und nicht zu feuchten Räumen, flach ausgebreitet, über wenige Tage begrenzt lagerfähig.

Die Einlagerung des Dauergemüses über längere Zeit, die im Freien in Mieten, Einschlägen und Erdgruben kaum noch vorgenommen wird, erfolgt in technischen Mieten oder in Räumen (Keller, Hausböden, Kohlscheunen, Zwiebellager, Speziallagerhäuser). Je nach Lagerzeit und -art treten Einlagerungsverluste auf, die 40 % übersteigen können. Die Lagertemperatur liegt zwischen 0 und 4–5 °C, darunter entstehen Gefrierschäden, darüber zu starke Abbauverluste, insbesondere an Vitaminen, sowie Bakterien- und Pilzwachstum. Sie ist ständig zu kontrollieren. Luftfeuchtigkeit, Schütthöhe und Schüttbreite richten sich nach dem Lagergut. Mieten legt man an schattigen, windgeschützten Stellen in Nord-Süd-Richtung an und verwendet sie besonders bei Möhren, Roten Rüben, Futterrüben, Kartoffeln, Sellerie, Kohlrabi und Kopfkohl.

Konservierung von Gemüse, Knollen und Wurzeln

Verschiedene Verfahren können angewandt werden: als biologisches Verfahren das Silieren zu Gärfutter, als physikalisches Verfahren das Sterilisieren (bei mehr als 100 °C) und das Pasteurisieren (bei unter 100 °C) durch Erhitzen, das Trocknen und Eindicken durch Wasserentzug und das Frosten durch Kälteeinwirkung, auf chemische Weise mittels Zusätzen von Salz, Säuregemischen, Essig, Alkohol oder anderem.

Durch die verschiedenen Verfahren sollen die Bakterien getötet, Genuss- und Nährwert, Farbe, Aroma und Konsistenz weitgehend erhalten werden. Aber sie haben in der Zootierfütterung wenig Bedeutung, da nach Möglichkeit Frischgemüse zum Einsatz kommen soll. Das durch Milchsäuregärung (Silierung) aus Weißkohl gewonnene Sauerkraut ist als Futtermittel verwendbar, wenn sich die Tiere an die Aufnahme gewöhnt haben. Trockengemüse wird nur ungern gefressen.

8.2.1.7 Obst und Südfrüchte

Wie Gemüse bildet Obst eine wichtige Quelle für die Versorgung mit Vitamin C und Carotin, ferner für leicht verdauliche Kohlenhydrate und Mineralstoffe. Infolge seines Gehalts an organischen Säuren, besonders Apfel-, Zitronen- und Weinsäure, und an Gerb- und Pektinstoffen, die günstig auf die Verdauungsvorgänge wirken, besitzt das Obst einen hohen Wert.

Die Kohlenhydrate liegen in Form von Fruchtzucker vor. Der Vitamin-C-Gehalt erreicht in einigen Obstarten die höchsten Werte aller Futtermittel. An erster Stelle stehen Hagebutten, Vogelbeeren (Ebereschenfrüchte), Sanddorn, Schwarze Johannisbeeren und Südfrüchte, die keine wesentlichen Verluste während der Lagerung erfahren. Der Carotingehalt ist niedriger als bei vielen Gemüsearten. Besonders reich sind Hagebutten, Vogelbeeren, Sanddorn und Aprikosen. Schalenobst enthält in bedeutenden Mengen Vitamin B_1, außerdem viel Eiweiß und Fett.

Abhängigkeit des Futterwerts

Der Futterwert des Obstes wird durch seine ernährungsphysiologischen Eigenschaften bestimmt. Diese schwanken nach Obstart, -sorte, Anbaubedingungen, Klima und Erntejahr. Bei Dauerobst beeinflussen Lagerbedingungen und -zeit den Wert.

Obst- und Südfruchtarten

Steinobst. Zum Steinobst gehören Süß- und Sauerkirschen, Pflaumen (Zwetschgen, Spillen, Reineclauden, Mirabellen), Aprikosen und Pfirsiche. Alle Arten enthalten in den Samen (Steinen) Blausäureglykoside, weshalb bei der Verfütterung etwas Vorsicht geboten ist. Trotzdem gehört das Steinobst, am besten entsteint, zu dem beliebten, in großem Umfang jahreszeitlich abhängig einsetzbaren Obst. Besonders gern werden Süßkirschen, Aprikosen und Pfirsiche aufgenommen. Der Vitamin-C-Gehalt ist bei allen Arten mäßig hoch, der Carotingehalt hoch in Aprikosen, gut in Pfirsichen, Kirschen und Pflaumen. Der Fruchtsäuregehalt entspricht dem Durchschnitt, bei Aprikosen liegt er etwas höher.

Kernobst. Beim Kernobst, zu dem Äpfel, Birnen, Quitten und Vogelbeeren zählen, haben Äpfel und Birnen für die Zootierfütterung große Bedeutung und können in ertragreichen Jahren in beachtlichen Mengen preiswert eingesetzt werden. Sie kommen in vielen Zuchtsorten vor, die sich unterschiedlicher Beliebtheit erfreuen. Alle guten Tafelobstsorten werden gern gefressen und haben einen guten Futterwert, nicht nur als Vitamin-, sondern auch als Nährstoffträger. Sie sind kohlenhydratreich und leicht verdaulich. Der Vitamingehalt ist weniger hoch als in anderen Obstarten. Da aber Äpfel und Birnen, insbesondere die Spätsorten, lagerfähig sind, bilden sie im Winter eine wichtige Vitaminquelle. Vitaminverluste treten während der Lagerung auf und können bei ungünstigen Bedingungen hoch sein. Wenig beachtet, aber aufgrund des hohen Gehalts an Carotin und Vitamin C wertvoll, sind die süßen Vogelbeeren, die auch gefrostet gut verwendbar sind.

Beerenobst. Artenreich ist die Gruppe des Beerenobstes, zu dem Erdbeeren, Himbeeren, Brombeeren, Johannisbeeren, Stachelbeeren, Weinbeeren, Heidelbeeren, Preiselbeeren, Hagebutten und Holunderbeeren gehören. Fast alle Arten lassen sich gut einsetzen, besondere Bedeutung aber kommt Erdbeeren und Weinbeeren zu, die süß und schmackhaft als jahreszeitlich frühes bzw. spätes Obst gern genommen werden. Erdbeeren haben einen guten Vitamin-C-Gehalt, während der Carotingehalt bei beiden Arten niedrig ist. Alle anderen Obstarten (außer Hagebutten) verfügen über einen nur mäßigen Carotin-, aber relativ guten Vitamin-C-Gehalt, der bei Schwarzen Johannisbeeren und Hagebutten am höchsten liegt. Fast alle Beerenarten enthalten viel Fruchtsäure. Der Einsatz besonders von Johannis- und Stachelbeeren erfordert bei einigen Tierarten wie den Krallenäffchen größte Vorsicht. Der hohe Wassergehalt bedingt schlechte Lagerfähigkeit. Deshalb kann Beerenobst wie Steinobst nur als Frischobst oder konserviert eingesetzt werden.

Schalenobst. Zu dieser Gruppe gehören Walnüsse, Haselnüsse, Mandeln, Erdnüsse, Kokosnüsse u.a. Die Kerne des Schalenobstes sind von einer festen, nicht essbaren Hülle umgeben. Sie besitzen einen hohen Trockenmasse-, Eiweiß- (50–60 %) und Fettgehalt mit einem bedeutenden Anteil wertvoller ungesättigter Fettsäuren (besonders Walnüsse). Deshalb weist Schalenobst einen hohen Nährwert auf. Alle Nüsse sind kalorien-, phosphor- und z.T. auch calciumreich und verfügen über einen guten Eisen- und beachtlichen Vitamin-B_1-Gehalt. Sie werden von vielen Vogelarten und Affen gern genommen und sollten aufgeschlagen und auf Güte geprüft als wertvoller Bestandteil die Ration bereichern.

Südfrüchte. Sie sind in der Fütterung vieler Obstfresser unentbehrlich. Apfelsinen (Orangen), Mandarinen, Klementinen, Zitronen, Pampelmusen (Grapefruit) sowie Kiwis bilden fast das ganze Jahr über eine wichtige Quelle für Vitamin C und in geringerem Umfang auch für Carotin, das noch am meisten in Bananen vorkommt. Weitere über den Handel verfügbare Fruchtarten können je nach Einsatzmenge auch eine gute Quelle für Vitamine und Mineralstoffe bilden. Auch während längerer Lagerung treten kaum Vitaminverluste auf. Pampelmusen weisen einen hohen Fruchtsäuregehalt von 3,5–4 % auf. Den höchsten Energiewert besitzen Bananen und auch Feigen, die aber vitaminarm sind. Ananas verfügt über einen guten Vitamin-C- und mittleren Carotingehalt. Mangos sind carotinreich, Datteln hingegen kohlenhydratreich und vitaminarm.

Futterhygienische Fragen

Obst, insbesondere Beeren- und Steinobst, verdirbt sehr schnell. Nur einwandfreies Obst darf zum Einsatz kommen. Faulendes, gärendes oder verschimmeltes Obst führt zu Verdauungsstörungen und möglicherweise zu Vergiftungen. Die Früchte müssen sauber und frei von Insektenbefall sein. Bei Südfrüchten ist zu beachten, dass diese oft mit Konservierungsmitteln gespritzt werden. Sie müssen vor dem Verfüttern gründlich heiß abgewaschen werden.

Lagerung von Obst und Südfrüchten

Als notwendigem Vitaminträger in der Winterfütterung kommt der sachgemäßen Lagerung des Obstes Bedeutung zu, falls es nicht ständig aus dem Handel bezogen wird. Längere Aufbewahrung ermöglichen die Spätsorten des Kernobstes. Sorteneigenschaften, Beschaffenheit der Früchte und Lagerbedingungen entscheiden über den Erfolg. Nur einwandfreie Ware darf eingebracht werden. Die Einlagerung erfolgt in besonderen Obstlagern oder in Kellern auf Lattenrosten oder in Horden, Kisten oder Stiegen. Äpfel verlangen eine Lagertemperatur von 2–4 °C, Birnen 0,5–2 °C und eine relative Luftfeuchtigkeit von 90–95 %. Gute Luftumwälzung muss gewährleistet sein. Ständige Kontrollen auf Fäulnis und Verderb sind notwendig.

Konservierung von Obst und Südfrüchten

Erzeugnisse verschiedener Aufbereitungsverfahren sind Trockenobst, Feinfrostobst, Obstkonserven, Marmeladen und Obstsäfte. In getrockneter Form werden vor allem Weinbeeren als Rosinen, Sultaninen und Korinthen verfüttert, aber auch Äpfel, Pflaumen und Aprikosen sowie Datteln und Feigen. Sie sind wie alles Trockenobst, das aus den meisten Obstarten hergestellt werden kann, kohlenhydratreich. Obstkonserven bilden Nährstoff- und Geschmacksträger in der Winterfütterung. Marmeladen enthalten vor allem Kohlenhydrate und werden meist zur Geschmacksverbesserung und Appetitanregung eingesetzt. Die natürlichen Fruchtsäfte enthalten keinerlei Zusätze von Zucker oder Wasser und bestehen aus wenig Eiweiß, 10–19 % Kohlenhydraten, wenig Mineralstoffen und 0,5–2 % organischen Säuren. Sie haben vor allem diätetische Bedeutung und besitzen hohe Geschmackswerte. Der Vitamingehalt aller Konservierungsprodukte richtet sich nach dem Gehalt des Ausgangsmaterials und der technischen Durchführung.

8.2.1.8 Honig

Ein wertvolles Futtermittel für viele Tiere, insbesondere Nektarsauger, ist der durch Bienen eingetragene Bienenhonig. Er enthält zu ca. 80 % Kohlenhydrate, besonders Invertzucker (Gemisch aus Trauben- und Fruchtzucker), Enzyme und Abwehrstoffe, sodass er auch ein wichtiges Heilmittel ist. Vitamine und Mineralstoffe sind nur in geringen Mengen vorhanden. Je nach den Blütenpflanzen, die den Bienen zur Verfügung stehen, unterscheidet er sich in Geschmack, Geruch, Farbe und chemischer Zusammensetzung.

8.2.1.9 Körner, Samen und andere Früchte

Bei dieser Futtermittelgruppe handelt es sich um die Fortpflanzungskörper vieler Pflanzen, insbesondere des Getreides und anderer Gräser, der Leguminosen und der Kreuzblütler, denen wegen ihres Nährstoffreichtums besondere Bedeutung in der Fütterung zukommt. Sie werden bei manchen Tierarten als reines Körnerfutter oder als wichtige Bestandteile der Kraftfuttergemische eingesetzt. Alle Nährstoffe sind hochverdaulich. Beim Getreide herrschen die Kohlenhydrate (Stärke), bei den Leguminosen Eiweiß und zum Teil Fett, bei den Kreuzblütlern Fett und Eiweiß vor. Der Rohfasergehalt ist bei den reinen Samen niedrig, desgleichen der Mineralstoffgehalt. Phosphor überwiegt, während Calcium nur in geringen Mengen vorkommt. Der Wassergehalt soll 12–14 % nicht überschreiten, da wegen des hohen Nährstoffgehalts leicht die Gefahr des Verderbens besteht.

Abhängigkeit des Futterwerts

Der Futterwert hängt in erster Linie von der Pflanzenart und den als Futtermittel verwendeten Samen- oder Fruchtteilen ab. Klima, Witterung, Boden und Düngung beeinflussen die Zusammensetzung. Beim Getreide z.B. nimmt unter günstigen Witterungsbedingungen durch höhere Stärkebildung der Energiegehalt zu, der Protein- und Rohfaseranteil aber ab. Sehr feuchtes Erntewetter kann zu Auswuchs, Anreicherung mit Mykotoxinen und Hefen und damit zu erheblichen Güte- und Nährstoffverlusten führen. Die Stickstoffdüngung erhöht den Eiweißgehalt.

Getreide

Getreidekörner sind stärkereich und eiweißarm. Die Wertigkeit des Proteins ist mäßig, da einige wichtige lebensnotwendige Aminosäuren (siehe Abschnitt: Tierernährungslehre) nur in geringen Mengen vorhanden sind. Der Rohfaseranteil (2–10 %) richtet sich nach dem Spelzenanteil. Getreide ist verhältnismäßig phosphor-, kalium- und magnesiumreich, aber calciumarm. Von den Vitaminen kommen denen des Vitamin-B-Komplexes in den äußeren Schichten und dem Vitamin E in den Keimlingen große Bedeutung zu. Carotin, Vitamin C und D fehlen fast völlig.

Weizen. Er bildet neben Roggen das wichtigste Brotgetreide, ist rohfaserarm, hochverdaulich und gehört zu den eiweißreicheren Getreidearten. Er kann im Körnerfutter und im Mischfutter bei allen Pflanzen- und Allesfressern eingesetzt werden. Zur Erhöhung des Vitamin-E-Gehalts wird er vorgekeimt. Bei Tieren mit Klauenerkrankungen sollte er nicht eingesetzt werden, da die Abbauprodukte des Weizenproteins gefäßverengend wirken können und somit die Gefäßdurchblutung auch im Klauenbereich vermindert wäre.

Roggen. Er kommt selten zum Einsatz. Die in größeren Mengen angeblich schädigende Wirkung hat sich als unbegründet erwiesen.

Triticale. Sie ist ein Kreuzungsprodukt von Roggen und Weizen, bei dem die höheren Erträge und Qualitätseigenschaften des Weizens mit der relativen Anspruchslosigkeit des Roggens gegenüber dem Standort kombiniert werden.

Gerste. Sie ist ein wichtiges hochverdauliches Futtermittel für alle Pflanzenfresser. Sie wird gequetscht oder geschrotet verfüttert. Sommergerste ist etwas rohfaserärmer und proteinreicher als Wintergerste.

Hafer. Hafer ist aufgrund seines höheren Gehalts an Fett, insbesondere ungesättigten Fettsäuren, Wirk- und Mineralstoffen, und besserer biologischer Wertigkeit des Eiweißes in der Fütterung von Zuchttieren und in der Aufzucht von Jungtieren wichtig. Er enthält etwa soviel Vitamin E wie Gerste. Der Rohfasergehalt ist infolge des hohen, das Korn umgebenden Spelzenanteils mit über 10 % sehr hoch und die Verdaulichkeit daher niedriger als bei anderem Getreide. Der Futterwert hängt weitgehend von der Qualität des Hafers und den Anteilen an Korn und Spelzen ab.

Mais. Er hat den größten Gehalt an verdaulichen Nährstoffen und mit 4,5 % einen höheren Fettgehalt, vor allem an ungesättigten Fettsäuren. Eiweißgehalt und -wert sind niedriger. Neben geschältem Reis hat er den höchsten Stärkegehalt. Gelber Mais ist carotinreicher. Mais wird in geschroteter Form oder gequollen, seltener als Ganzkorn verfüttert.

Hirse. Sie kommt in vielen Arten und Unterarten vor. Besonders bekannt sind Rispenhirse, Kolbenhirse und Mohrenhirse. Unter Letzterer haben Dari und vor allem das Milokorn wegen seiner hohen Verdaulichkeit große Verbreitung. Kolben- und Rispenhirsen ähneln in ihrer Zusammensetzung mit ihrem hohen Spelzenanteil dem Hafer. Ihr Rohfasergehalt liegt mit 8–14 % weit über dem der anderen Hirsearten (2–3 %), die sich in der Zusammensetzung weitgehend gleichen und nicht wesentlich von anderen spelzenfreien Getreidearten unterscheiden. Das gilt auch für den Vitamin- und Mineralstoffgehalt. Der Fettgehalt entspricht etwa dem von Mais. Hirse wird vor allem als Vogelfutter eingesetzt.

Reis. Er wird in seinen Heimatgebieten in vielen Formen angebaut und dient vor allem der menschlichen Ernährung, für die die Körner geschält werden. Der Spelzenanteil beträgt 20–30 % und bedingt einen hohen Rohfaseranteil im ungeschälten Korn. Durch das Schälen vermindern sich Rohfaser-, Mineralstoff- und Vitamingehalt, die Verdaulichkeit erhöht sich. In der Zootierfütterung wird Reis meist nur gequollen oder vorgekocht eingesetzt. Einseitige Fütterung geschälten Reises führt infolge Vitamin-B_1-Mangels zum Auftreten der Beri-Beri-Krankheit.

Buchweizen

Buchweizen, der einzige landwirtschaftlich genutzte Vertreter der Knöterichgewächse, wird nur gebietsweise in geringem Umfang angebaut und eignet sich vor allem als Vogelfutter. Wegen seines hohen Rohfasergehalts von 14,5 % sind Verdaulichkeit und Energiewert relativ niedrig. Bei hellfarbenen Tieren führt sein Gehalt an fluoreszierenden Substanzen bei stärkerer Lichteinwirkung zur Buchweizenkrankheit, die sich in Hautausschlägen, Juckreiz und Schwellen der Gliedmaßen äußert.

Hülsenfrüchte

Gegenüber Getreide zeichnen sich Hülsenfrüchte, die Samen der Hülsenfrüchtler oder Leguminosen, durch einen hohen Eiweißgehalt und zum Teil sehr beachtlichen Fettgehalt aus. Alle Arten enthalten gesundheitsschädigende Inhaltsstoffe, die durch entsprechende technische Verfahren, z.B. Hitzebehandlung, zerstört werden müssen. An Mineralien sind sie reicher als Getreide und haben ebenso wie dieses viel Phosphor und Kalium und weniger Calcium. Der Carotin-, Vitamin-D- und Vitamin-C-Gehalt ist niedrig, während Vitamin E und die Vitamine des B-Komplexes reichlicher vorkommen. Die Eiweißverfügbarkeit variiert zwischen den Arten. Das muss in Eiweißfuttermischungen, in denen sie vor allem eingesetzt werden, Berücksichtigung finden.

Ackerbohnen. Sie werden je nach Größe auch Pferde-, Sau- oder Puffbohnen genannt. Sie sind hochverdaulich und sehr eiweißreich. Zu beachten ist aber, dass sie vor allem bei Jungtieren leicht Blähungen hervorrufen.

Wicken. Sie kommen in verschiedenen Unterarten vor und entsprechen zwar im Nährstoffgehalt in etwa Ackerbohnen, werden aber infolge des bitteren Geschmacks nicht gern genommen und können aufgrund eines Gehalts an Blausäureglykosiden giftig wirken.

Erbsen. Sie werden ebenfalls in verschiedenen Unterarten für Speise- und Futterzwecke angebaut, sind hochverdaulich und haben einen etwas niedrigeren Protein- und höheren Kohlenhydratgehalt als Ackerbohnen und Süßlupinen. Etwas eiweißreicher sind Peluschken (Acker-, Futtererbsen).

Linsen. Sie werden vorwiegend für die menschliche Ernährung angebaut und kommen als Futtermittel kaum infrage. Sie entsprechen im Futterwert in etwa Erbsen.

Lupinen. Es sind alkaloidhaltige Bitterlupinen, die nur „entbittert" verfüttert werden können, und fast bitterstofffreie Zuchtsorten der Süßlupinen zu unterscheiden. Sie besitzen eine hohe Verdaulichkeit und eine gute biologische Wertigkeit des Eiweißes.

Sojabohnen. Sie kommen weniger als Samen zum Einsatz, sondern vor allem entfettet als Sojaextraktionsschrot. Sie schmecken bitter und enthalten 35–40 % biologisch hochwertiges Protein, 18–20 % Fett mit einem hohen Anteil ungesättigter Fettsäuren und viel Vitamin B_1. Das für die Eiweißverdauung notwendige und in der Bauchspeicheldrüse gebildete Trypsin wird durch einen Stoff der Sojabohne (Trypsininhibitor) in seiner Wirkung gehemmt. Dadurch sinkt die Verdaulichkeit des Eiweißes der Sojabohne. Durch Toasten werden die Trypsinhemmstoffe inaktiviert.

Erdnüsse. Sie zählen auch zum Schalenobst, sind eiweiß- und fettreich, rohfaserarm, aber verhältnismäßig schlecht verdaulich und verpilzen leicht. Ihr Eiweißwert ist infolge des geringen Gehalts an einigen lebensnotwendigen Aminosäuren niedrig, der Gehalt an Vitaminen des B-Komplexes gut. Erdnüsse werden oft in Körnermischungen für Affen und Papageien gereicht, für andere Tiere entfettet als Kuchen oder Extraktionsschrot in Mischfuttermitteln.

Johannisbrot. Diese 10–25 cm langen Früchte des Johannisbrotbaums enthalten je nach Herkunft bis etwa 70 % stickstofffreie Extraktstoffe, die zum überwiegenden Teil aus Zucker bestehen. Das Eiweiß ist unverdaulich. Deshalb darf Johannisbrot Futtermischungen nur bis zu 10 % beigesetzt werden, sonst entstehen größere Verdauungsstörungen. Der Vitamingehalt ist gering. Durch Geschmacksstoffe wirkt es appetitanregend und infolge des Gerbsäuregehalts stopfend.

Ölsaaten

Ganze Samen werden kaum als Futtermittel verwendet und haben nur in der Fütterung der Körner fressenden Vögel Bedeutung. Samen zeichnen sich durch einen hohen Gehalt an Fett (25–50 %) und an Eiweiß (12–30 %) aus. Sie kommen deshalb meist nur entfettet als Kuchen oder Extraktionsschrot in Kraftfuttermischungen vor.

Rübsen, Raps und Senf. Sie enthalten verschiedene Senfölglykoside, die Bekömmlichkeit, Schmackhaftigkeit und bei monogastrischen Tieren (mit einteiligem Magen) den Jodstoffwechsel beeinträchtigen, und gehören mit etwa 40 % Fett (neben 22 % Eiweiß) zu den ölreichsten Samen. Der Energiewert ist außerordentlich hoch. Sie enthalten reichlich Phosphor und mehr Calcium als Getreide und Hülsenfrüchte. Die Wildpflanzen Hederich und Ackersenf liefern fett- und eiweißreiche Samen, die infolge des bitteren Geschmacks ungern gefressen werden.

Leinsamen. Er ist protein- und fettreich (etwa 25 % Eiweiß) bei einem hohen Gehalt an ungesättigten Fettsäuren. Ein großer Anteil an Schleimstoffen, die in warmem Wasser quellen und günstige diätetische Wirkung ausüben, kennzeichnet ihn. Bei der Verfütterung von Leinsamen in großen Mengen ist wegen des Vorkommens eines Blausäureglykosids Vorsicht geboten. In der Vogelfütterung gelangen die ganzen, in Kraftfuttergemischen (besonders geeignet für die Aufzucht) die geschroteten oder entfetteten Samen zum Einsatz. Sie verleihen Fell und Gefieder einen guten Glanz.

Hanfsamen. Sie sind rohfaserreicher und eiweiß- und fettärmer als Lein bei einem ebenfalls guten Gehalt an ungesättigten Fettsäuren und dienen vor allem als Vogelfutter, das den Geschlechtstrieb fördert, bei zu hohen Gaben aber entgegengesetzt wirkt.

Mohnsamen. Sie gehören mit über 40 % Rohfett zu den fettreichsten einheimischen Ölsamen, die einen wichtigen Bestandteil in der Vogelfütterung bilden.

Sonnenblumensamen. Sie werden von einer harten, rohfaserreichen Schale umgeben, die etwa 45 % ausmacht. Geschälte Samen sind hochverdaulich und haben bis 60 % verdauliches Rohfett sowie etwa 20 % verdauliches Eiweiß. Sie gelten als gutes Vogelfutter, das den Glanz des Gefieders erhöht und günstig in der Mauser wirkt.

Kardisaat. Sie besitzt wie der Sonnenblumensamen einen hohen Schalen- und somit einen hohen Rohfaseranteil und wird hauptsächlich wegen ihres markanten Aussehens den Körnermischungen in geringer Menge beigegeben.

Diverse Sämereien

Wie die meisten Ölsaaten finden die hier genannten Sämereien Einsatz in den Mischungen für Körner fressende Vögel. Alle Samen müssen einwandfrei beschaffen, voll ausgereift und ausgetrocknet, dürfen nicht überlagert, muffig oder ranzig sein. Sie dürfen keinerlei Befall mit Pilzen, Milben oder anderen Schädlingen aufweisen.

Klee- und Luzernesamen. Sie haben mit etwa 30 % einen sehr hohen Eiweiß- und mit etwa 10 % einen guten Fettgehalt. Sie sind hochverdaulich.

Meldesamen bildet einen Hauptbestandteil der Dreschabfälle und enthält etwa 12 % verdauliches Eiweiß; Wegerichsamen ist rohfaserreich und hat 11 % verdauliches Eiweiß. Beide sind fettarm. Klettensamen ist sehr beliebt, aber sehr rohfaserreich und enthält etwa 20 % Rohprotein und 15 % Fett. Distelsamen ist eiweiß- und fettärmer. Der fettarme Vogelmierensamen zeichnet sich durch einen hohen Gehalt an stickstofffreien Extraktstoffen (über 56 %) aus. Löwenzahnsamen enthält viel Fett (20 %) und viel Phosphor.

Kiefernsamen sind sehr eiweißreich (bis 40 %) und fettreich (27 %). Ahornsamen, die 55–60 % der geflügelten Früchte ausmachen, sind eiweiß- und fettreich und besonders reich an Phosphor. Eschenfrüchte bestehen zu 56 % aus Samen, zu 44 % aus Fruchtschalen. Die Samen sind eiweiß- und fettärmer als bei Ahorn.

Glanz. So heißt der Samen des Kanariengrases. Er ist fett- und eiweißreicher und rohfaserärmer als Hafer und zählt zu den beliebten und wichtigen Körnerfuttermitteln für Vögel.

Eicheln, Kastanien und Bucheckern

Eicheln. Sie bestehen in frischem Zustand aus 30–50 % Wasser und müssen für die Lagerung getrocknet werden. Sie neigen leicht zu Schimmelbildung. Getrocknete, unentschälte Eicheln haben einen hohen Gehalt an Kohlenhydraten, sind eiweißarm und mäßig rohfaserhaltig. Der Schalenanteil beträgt 15–20 %. Eicheln sind gerbsäurehaltig, calcium- und phosphorarm. Sie schmecken bitter und haben eine stopfende Wirkung. Sie werden vor allem an Schweine, Hirsche und Wildrinder verabreicht. Nach der Aufnahme großer Mengen – insbesondere auch unreifer – Früchte können Vergiftungserscheinungen auftreten.

Kastanien. Sie sind ebenfalls kohlenhydratreich sowie fett- und proteinarm. Sie enthalten viel Kalium, desgleichen Gerbstoffe und Saponine, weshalb bei ihrer Verfütterung Vorsicht geboten ist. Getrocknet haben sie etwa 4 % verdauliches Eiweiß.

Bucheckern. Die Früchte der Rotbuche können entschält oder unentschält eingesetzt werden. Die Kerne enthalten über 40 % Rohfett und mehr als 20 % Roheiweiß. Der Gerbsäuregehalt ist unbedeutend, der Calciumgehalt relativ hoch. Sie enthalten schädlich wirkende Stoffe, die Thiamin, das Vitamin B_1, unwirksam machen.

Futterhygienische Fragen

Alle Samen, Körner und Früchte sind reich an Nährstoffen. Sie schimmeln und verderben bei hohem Feuchtigkeitsgehalt und unzweckmäßiger Lagerung leicht. Sie dürfen nur in einwandfreiem Zustand, frei von Staub, Steinen, Giftsamen, Schimmelpilzen, Milben und Käfern verfüttert werden. Ölhaltige Samen werden leicht ranzig und führen dann zu schweren Verdauungsstörungen. Gegen Vorratsschädlinge behandelte Samen können nicht verfüttert werden. Beim Einsatz von Samen aus der neuen Ernte, insbesondere bei Getreide, ist Vorsicht geboten. Es ist zweckmäßig, dieses erst nach mehrwöchiger Lagerung zu verwenden.

Lagerung von Körnern, Samen und Früchten

Sie erfolgt in trockenen, luftigen Futterböden oder Speichern, die zur besseren Bekämpfung von Lagerschädlingen möglichst fugenlose, glatte Fußböden und glatte Wände und Pfeiler aufweisen sollen. Der Feuchtigkeitsgehalt der einzelnen Arten darf unterschiedliche Höchstwerte nicht überschreiten. Zu feuchtes Gut muss flach gelagert, wiederholt umgeschaufelt, gegebenenfalls technisch getrocknet oder mit Säure konserviert werden. An Speicherschädlingen sind besonders Kornkäfer, Bohnenkäfer, Erbsenkäfer, Kornmotten, Milben, Ratten und Mäuse zu beachten.

8.2.1.10 Erzeugnisse gewerblicher Verarbeitung

Viele pflanzliche Rohstoffe werden gewerblich verarbeitet, vor allem zum Herstellen von Nahrungsmitteln für die menschliche Ernährung und für technische Zwecke. Diese Nahrungsmittel haben im Rahmen der Zootierfütterung selbst große Bedeutung, zum anderen gelangen die bei der Verarbeitung anfallenden Nebenprodukte zum Einsatz.

Erzeugnisse der Getreideverarbeitung

Getreideerzeugnisse bilden die Grundlage der Ernährung der meisten Völker. Je nach dem Verarbeitungsgrad entstehen Nahrungs- und Futtermittel, die dem Ausgangsmaterial mehr oder weniger entsprechen.

Geschälte Körner. Sie stellen das von der Samenschale, wo notwendig auch von Spelzen befreite Korn dar. Je nach Anteil des Mehlkörpers sind sie mehr oder weniger kohlenhydratreich. Bei poliertem Reis werden gegenüber geschältem Reis alle Schalen und Keime entfernt, so dass dieser zu über 90 % aus Kohlenhydraten besteht und fett-, rohfaser-, vitamin- und mineralstoffarm ist. Der Nährwert der Gerstengraupen hängt vom Entfernungsgrad der äußeren Schalen ab. Perlgraupen sind zusätzlich an der Oberfläche geschliffen und demzufolge nährstoffärmer. Haferflocken werden aus den von den Spelzen befreiten Körnern durch Zerquetschen zwischen Walzen hergestellt. Die Nährstoffe des geschälten Korns bleiben weitgehend erhalten. Bitterer Geschmack von Haferflocken und anderen Haferprodukten ist auf Ranzigwerden des Fettes zurückzuführen. Weizengrieß wird aus den von Schalen und Keimlingen befreiten Weizenkörnern gewonnen und entspricht im Nährwert etwa dem Weizenmehl. Vollkornschrot enthält alle Nähr- und Wirkstoffe des Korns.

Mehl. Beim Vermahlen des Getreides zu Mehl fallen je nach Ausmahlungsgrad Produkte unterschiedlichen Nährstoffgehalts an. Je höher der Ausmahlungsgrad ist, desto reicher ist das Mehl an Mineralstoffen, Vitaminen und Eiweiß. Der Aschegehalt gilt als Maßstab für die Typenbezeichnung, die sich mit steigendem Aschegehalt und damit Ausmahlungsgrad erhöht. Reispudermehl und andere Stärkemehle (Weizen, Mais, Kartoffeln) bestehen aus reiner Stärke und bilden die Grundlage für die Puddingmehle. Für diätetische Zwecke, vor allem in der Aufzucht, eignet sich Reispudermehl sehr gut.

Die beim Vermahlen abgeschiedenen äußeren Schichten des Korns werden als Kleie bezeichnet.

Brot und Gebäck. Brot ist ein weitverbreitetes Hauptnahrungsmittel, das durch Backen des mittels Hefe oder Sauerteig aufgelockerten, aus Mehl, Wasser und Salz zubereiteten Teiges gewonnen wird. Der Nährwert des Brotes hängt weitgehend vom verwendeten Mehl und den Zusätzen ab. Der Gehalt an Nähr- und Wirkstoffen steigt mit dem Ausmahlungsgrad des Getreides. Brot enthält im Durchschnitt 7 % Eiweiß, 1 % Fett und 50 % Kohlenhydrate, ist leicht verdaulich, wohlschmeckend, gut herstellbar und verhältnismäßig lange lagerfähig. Aufgrund des relativ hohen Gehalts an verdaulicher Energie darf Brot nicht zum Sattfüttern verwendet werden. Während der Teigbereitung und des Backens vollziehen sich bedeutende biochemische Veränderungen. Mängel sind erhöhte Feuchtigkeit, erhöhter Säuregehalt und geringe Porosität. Bei unsachgemäßer Lagerung kann Brot verschimmeln. Es darf dann nicht mehr verfüttert werden.

Zum Einsatz gelangen können Roggenbrot, Weißbrot (Weizenbrot) und Brötchen, Mischbrot aus Roggen- und Weizenmehl und Knäckebrot, ein Roggenflachbrot mit besonders guter diätetischer Wirkung und hohem Nähr- und Wirkstoffgehalt. Vollkornbrote sind infolge Verwendung des vollwertigen Korns nährstoff- und wirkstoffreicher. Spezialbrote in großer Vielfalt unterscheiden sich durch bestimmte Zusätze und andere Herstellungsverfahren bei Mehlgewinnung und Backprozess. Zwieback hat einen höheren Eiweiß-, Fett- und Kohlenhydratgehalt als Brot. Bei ihm wird durch nochmaliges Backen das Wasser weitgehend entzogen, die Stärke verändert und leichter verdaulich. Er besitzt ausgesprochen diätetische Wirkung.

Teigwaren. Für die Herstellung von Teigwaren wird eiweißreiches Weizenmehl verwendet. Eierteigwaren erhalten einen Zusatz von mindestens 2,25 Eigelb je Kilogramm Mehl. Durch Zubereitung in siedendem Wasser quellen sie auf das Doppelte der ursprünglichen Größe.

Nebenprodukte. Als Rückstände der Getreideverarbeitung fallen Futtermehle und Kleien an. In den Kleien überwiegen die Schalenanteile, in den Futtermehlen die Mehlanteile. Schälkleien haben einen hohen Schalenanteil und dementsprechend hohen Rohfasergehalt, der die Verdaulichkeit beeinträchtigt. Futtermehle sind am kohlenhydratreichsten, während der Eiweißgehalt bei allen Nebenprodukten höher als im entsprechenden Korn ist. Kleien haben außerdem einen höheren Gehalt an Vitaminen des B-Komplexes, da diese vorwiegend in den äußeren Schichten des Korns vorkommen. Ist Getreide mit Pilzen befallen, weisen Kleien höhere Gehalte an Pilzen und deren Toxinen auf als das Gesamtkorn. Für die Zootierfütterung, insbesondere der Pflanzenfresser, hat die Weizenkleie Bedeutung. Sie wird auch gern als Trägersubstanz für Wirkstoffkonzentrate verwendet.

Weizenkeime und Maiskeime sind besonders wertvolle Futtermittel, die sich durch einen hohen Eiweiß- und Vitamingehalt, besonders Vitamin B_1, B_2, und E, sowie durch sehr gute Verdaulichkeit auszeichnen. Weitere Nebenprodukte wie Mais-, Roggen- und Gerstenkleie, Gersten- und Haferschälkleie, Hafer- und Reisspelzen sowie die Produkte der Hülsenfruchtverarbeitung wie Erbsenfuttermehl, -kleie und -schalen werden weniger eingesetzt.

Erzeugnisse der Stärkefabrikation

Durch Auswaschen wird stärkereichen Pflanzenprodukten, z.B. Kartoffeln und Getreide, nach entsprechender Zerkleinerung das Stärkemehl entzogen. Die Rückstände können größtenteils als Futtermittel verwendet werden und haben – je nach Ausgangsmaterial – einen unterschiedlichen Nährstoffgehalt. In der Zootierfütterung gelangen sie kaum zum Einsatz, es sei denn in industriellen Mischfuttermitteln.

Erzeugnisse der Ölfruchtverarbeitung

Zur Gewinnung des Öls aus den Ölfrüchten werden drei Verfahren angewandt, die Nebenprodukte mit unterschiedlichem Fettgehalt liefern. Durch Pressen fallen Ölkuchen, beim Expellerverfahren Expeller und beim Extraktionsverfahren Extraktionsschrote an. Alle Rückstände sind eiweißreiche Futtermittel, deren Futterwert vom Rohfasergehalt, abhängig vom Grad der Entschälung, beeinflusst wird. Mineralstoff- und Vitamingehalt übersteigen die Gehalte im Ausgangsmaterial (viel Phosphor, Kalium und Magnesium sowie etwas Vitamin-B-Komplex, wenig Calcium). Rückstände der Ölindustrie sind Bestandteile der Kraftfuttermischungen, in denen sie den Eiweißgehalt erhöhen.

In der Zootierfütterung werden vor allem Soja-, Erdnuss- und Leinextraktionsschrot sowie Leinkuchenschrot besonders in Mischfuttermitteln eingesetzt. Sojaextraktionsschrot weist einen hohen Gehalt an wertvollem Eiweiß auf. Es findet in der Fütterung aller Pflanzen- und Allesfresser Verwendung. Ein Produkt mit hohem Futterwert stellt das Vollsojamehl dar, das eiweiß- und fettreich ist und einen guten Vitamin- und Mineralstoffgehalt aufweist. Die günstigen Eigenschaften des Leins kommen im Leinextraktions- und Leinkuchenmehl zur Wirkung. Deshalb sollten diese beiden Futtermittel in keinem Kraftfuttergemisch fehlen, vor allem nicht während der Jungtieraufzucht. Ebenfalls in größerem Umfang zum Einsatz gelangen die Rückstände der Erdnussverarbeitung, während die von Raps, Senf, Mohn, Leindotter, Hanf, Sonnenblumen, Baumwollsaat, Palmkernen und anderen kaum in Zoos verfüttert werden.

Erzeugnisse der Zuckerindustrie

Durch die Zuckergewinnung aus Zuckerrüben mittels Auslaugen der gereinigten und geschnitzelten Rüben in Diffusionsbatterien fallen die Abfallprodukte Diffusionsschnitzel und, nach Aufbereiten des Zuckersafts, Melasse an. Zucker wird als Energieträger, vor allem aber als Süßstoff eingesetzt, in größeren Mengen wirkt er leicht abführend. Bei Pflanzenfressern, insbesondere Wiederkäuern, können Fehlgärungen und damit Verdauungsstörungen auftreten. Die Diffusionsschnitzel werden entweder als Nassschnitzel zu Gärfutter oder zu Trockenschnitzeln verarbeitet. Sie können an alle Pflanzenfresser verfüttert werden. Für Pferde sollten sie wie alle Schnitzelarten vor allem bei größeren Mengen wegen des Quellens im Magen unbedingt eingeweicht verabreicht werden. Steffenschnitzel erhält man durch unvollständiges Auslaugen der Zuckerrüben. Zuckerrübenschnitzel sind geschnitzelte und getrocknete Zuckerrüben. Wegen der Gefahr von Fehlgärungen im Pansen sind sie für Wiederkäuer ungeeignet. Melasse enthält vor allem Zucker und wird meist zu Melassemischfutter oder Melasseschnitzeln verarbeitet.

Erzeugnisse des Gärungsgewerbes

Im Gärungsgewerbe werden Kohlenhydrate zu Alkohol vergoren. Eiweiß und Mineralstoffe bleiben in den Rückständen zurück, die als Futtermittel genutzt werden. Nebenprodukte der Bierbrauerei sind Malzkeime, Biertreber und Bierhefe. Malzkeime haben einen hohen Eiweißgehalt. Biertreber enthalten Spelzen, Schalen- und Stärkereste und sind in frischem Zustand leicht verderblich. Bierhefe hat einen hohen Gehalt an leicht verdaulichem Eiweiß und ist reich an Vitaminen des B-Komplexes. Die Rückstände der Spiritusbrennerei bzw. Bioethanolherstellung, die Schlempen, sind frisch sehr wasserhaltig und leicht verderblich. Getrocknet können sie als Eiweißfutter in Kraftfuttermischungen verwendet werden, sind aber schlechter verdaulich als Leguminosen und Soja. Rückstände der Obstsaft- und Weinbereitung sind die Trester, die wie Biertreber und Schlempen kaum zum Einsatz kommen.

Futterhefe

Als Träger hochwertigen, leicht verdaulichen Eiweißes und eines guten Gehalts an Vitaminen des B-Komplexes hat Futterhefe, die als Bierhefe anfällt oder als Wuchshefe auf glukosehaltigen Ausgangsstoffen gezüchtet wird, besondere Bedeutung für die Tierernährung. Durch Bestrahlung mit UV-Licht kann in allen Futterhefen die Vorstufe Ergosterin in Vitamin D_2 umgewandelt werden. Getrocknete Futterhefe ist ein wertvoller Bestandteil in Kraftfuttergemischen.

Futterhygienische Fragen

Alle Produkte gewerblicher Verarbeitung sind leicht verderblich. Mehl und Mehlerzeugnisse können, wenn sie zu feucht lagern, schimmeln und dadurch unbrauchbar werden. Bei Ölfruchtkuchen besteht die Gefahr des Ranzigwerdens aufgrund des noch hohen Fettgehalts. Die Nebenprodukte der Zucker- und Gärungsindustrie sind insbesondere in frischem Zustand leicht verderblich und müssen entweder schnell frisch verfüttert oder getrocknet werden.

Lagerung von Erzeugnissen gewerblicher Verarbeitung

Erzeugnisse der gewerblichen Verarbeitung müssen, sofern es sich nicht um in frischem Zustand stark wasserhaltige handelt, trocken und luftig gelagert werden, um Lagerschäden durch Feucht-, Muffig- oder Ranzigwerden sowie Fraßschäden zu vermeiden. Bei längerer Lagerung können sie sich leicht zersetzen, deshalb ist ein genügend schneller Umschlag anzustreben. Stark wasserhaltige Produkte sind nicht lagerfähig und sofort zu verfüttern.

Konservierung von Erzeugnissen gewerblicher Verarbeitung

Eine Konservierung erfolgt durch Trocknen oder Einsilieren, besonders bei Diffusionsschnitzeln zu Trockenschnitzeln.

8.2.2 Futtermittel tierischer Herkunft

Futtermittel tierischer Herkunft haben für die Zootierernährung große Bedeutung, nicht nur für die Fütterung der Fleisch- und Fischfresser, sondern auch für die Fütterung der Allesfresser und mancher Pflanzenfresser. Der besondere Wert dieser Futtermittelgruppe ergibt sich aus ihrem Eiweißgehalt und dessen hohem Eiweißwert. Tierisches Protein hat einen höheren Gehalt an lebensnotwendigen Aminosäuren, insbesondere Lysin, Methionin und Cystin, die für Wachstum und Leistung unentbehrlich sind. Phosphor, Eisen und Selen kommen in wesentlich besser verdaulicher Form als in pflanzlichen Futtermitteln vor. Vitamin B_{12} ist nur in tierischen Futtermitteln enthalten oder wird von Mikroben gebildet. Futtermittel tierischer Herkunft kommen als ganze Tierkörper, in der Regel in getötetem Zustand, als Erzeugnisse aus Tierkörpern, die für den menschlichen Verzehr ungeeignet sind, oder als tierische Produkte zum Einsatz. Sie sind aufgrund des hohen Wassergehalts infolge Eiweiß- und Fettzersetzung leicht verderblich. Haltbare Lagerung wird vor allem durch Wasserentzug oder Frosten erzielt.

8.2.2.1 Futtertiere

Für viele Tierarten stellen sie die natürliche Nahrung dar, die nur in begrenztem Umfang durch andere Futtermittel ersetzt werden kann. Futtertiere bilden zum Teil das Grundfutter, zum Teil nur Zusatzfutter, und in vielen Fällen kommt ihrem Einsatz diätetische Wirkung zu. Sofern es sich nicht um Züchtung in Menschenhand handelt, sind für alle Futtertiere, einschließlich der Wirbellosen, die Naturschutzbestimmungen strengstens zu beachten. Für das Töten der Tiere gelten die Bestimmungen des Tierschutzgesetzes. Darin eingeschlossen ist, dass für das Töten von Wirbeltieren ein Sachkundenachweis erbracht werden muss.

Wirbellose

Die Vielfalt der Wirbellosen gewinnt besondere Bedeutung in der Ernährung der Fische, Lurche, Kriechtiere, Vögel und Insekten fressenden Säugetiere. Sie werden nach Möglichkeit in frischem, oft lebendem Zustand verfüttert, können aber auch zum Teil durch Trocknen oder Frosten für futterarme Zeiten haltbar gemacht werden. Aufgrund des höheren Futterwerts sollte aber immer versucht werden, das ganze Jahr über Frischfutter einzusetzen.

Als wichtiges Futter für Fische, insbesondere Jungfische, gilt **Plankton** (im freien Wasser schwebende Kleinstlebewesen).

Ein beliebtes Futter sind die **Schlammwürmer** (*Tubifex*), 3–5 cm lange, rötliche (fleischfarbene) dünne Würmer, die fast das ganze Jahr über zu finden und gut aufzubewahren sind. Vor dem Verfüttern müssen sie gründlich in fließendem Wasser gewaschen werden.

Enchyträen stellen ein ausgezeichnetes, nahrhaftes Futter dar, das sich leicht züchten lässt. Sie sind kleine, dünne weiße Würmer, die mit den Regenwürmern verwandt und wie diese als Mastfutter anzusehen sind.

Regenwürmer können im Ganzen, in Stücken oder als Brei eingesetzt werden und bilden ein beliebtes Futter.

Wasserflöhe (Daphnien) sind die Grundnahrung vieler Aquarienfische und ein sehr wertvoller Bestandteil des Flamingo- und Entenfutters. Diese kleinen Krebstiere können auch getrocknet oder gefrostet verwendet werden. **Hüpferlinge** (*Cyclops*) kommen wie Daphnien zum Einsatz. Für viele Seewasserfische bilden die Salinenkrebse ein unentbehrliches Futter.

Ein ausgezeichnetes Futter, vor allem für Wasservögel und Korallenfische, stellen **Garnelen** dar. Sie enthalten in getrocknetem Zustand etwa 50 % Roheiweiß.

Die Große und die Kleine **Wachsmotte**, insbesondere ihre dicken, weißen Raupen, sind ein begehrtes Winterfutter für Frösche, Echsen und Vögel. Bei der Zucht der Mehlmotten, die den Wachsmotten gleichwertig sind, ist man nicht auf Wachs angewiesen, sie vermilben aber leichter.

Seidenraupenpuppen stellen im Juni und Juli ein wertvolles, leicht züchtbares Futter dar. Vor allem **Stubenfliegen**, eignen sich besonders gut für die Fütterung von Fröschen. **Essigfliegen** sind das ganze Jahr über einfach, billig und ertragreich zu züchten und gut an Frösche, Echsen und Kolibris zu verfüttern.

Maikäfer und deren Larven werden gern vom Geflügel und anderen Vögeln genommen, als Schrot eignen sie sich für Hühner und Schweine.

Mehlwürmer, die Larven des Mehlkäfers, sind bei Vögeln und Affen sehr beliebt. Sie sind wegen ihres harten Panzers schwer verdaulich und können Magenentzündungen hervorrufen. Eine Verfütterung als Alleinfutter über längere Zeit birgt Gefahren.

Wo vorhanden und nicht chemisch bekämpft, sind auch die verschiedenen **Schabenarten** als Tierfutter verwendbar. Wegen des dicken Chitinpanzers und der giftigen Gelenkschmiere ist ihre Verfütterung nicht ungefährlich. Sie dürfen nur als Beifutter gegeben werden.

Stab- und **Wanderheuschrecken** sind einfach und ertragreich zu züchten und werden vor allem jung sehr gern genommen. Sie bilden wie Heimchen und Grillen eine wichtige Futtergrundlage, vor allem für Eidechsen. Wegen der Gefahr des Entweichens müssen insbesondere **Heimchen** und **Grillen** in fest verschließbaren, mit Vaseline abgedichteten Behältern gezüchtet werden.

Neben den genannten Wirbellosen können weitere zum Einsatz kommen, z. B. **Schnecken**, **Spinnen** und **Käfer**, sofern sie nicht unter Naturschutz stehen, Fliegenmaden und Mückenlarven.

Fische

Fische sind für die Fischfresser unentbehrliches Alleinfutter und für viele Tierarten Zusatzfutter. Sie sind reich an vollwertigem Eiweiß, leicht verdaulich und besitzen einen hohen Futterwert. Die Zusammensetzung, vor allen Dingen der Fett- und Vitamingehalt, hängt von Art, Reifezyklus, Fresszeiten und Nahrungsangebot ab. Fische enthalten die Vitamine A und D und die des B-Komplexes, speziell die Vitamine B_1 und B_2. An Mineralstoffen überwiegen Kalium, Phosphor, Schwefel, Natrium und Chlor, in weniger großen Mengen sind Calcium und Eisen vorhanden. Meeresfische enthalten viel Jod, während Süßwasserfische nur geringe Jodmengen aufweisen.

Futterfische werden als Frischfisch oder gefrostet aus dem Handel, vom Erzeuger oder Fänger bezogen. Sie müssen immer in einwandfreiem Zustand verabreicht werden. Merkmale für den Frischezustand sind klare und prall hervorstehende Augen (nicht eingefallen und trübe), blaurote, rote bis hellrote Kiemen, deutlich erkennbare Kiemenblätter, festes, elastisches Fleisch und reiner, arteigener, frischer Geruch.

Fische verderben schnell und sind dann stark gesundheitsschädigend. Im Kühlraum (0–2 °C) können sie 4–5 Tage gelagert werden. Als Gefrierfisch sind nur Fische bester und völlig frischer Beschaffenheit geeignet, die bei –30 °C einwandfrei gefrostet wurden. Sie bieten einen guten Ersatz für Frischfisch in futterarmen Zeiten. Vor dem Verfüttern müssen sie sorgfältig aufgetaut werden.

Seefische. Die wichtigsten sind Hering, Sprotte, Kabeljau, Schellfisch und Makrele, von denen Heringe die Grundlage der Fischversorgung im Zoo bilden, besonders für alle Meeresbewohner. Die Qualität der Heringe wird beeinflusst durch Frische, Zeitpunkt des Fangs und Sorgfalt der Behandlung nach dem Fang. Heringe gehören zu den Fettfischen, ihr Fettgehalt schwankt aber nach Alter und Jahreszeit beträchtlich. Für Futterzwecke in der Zootierfütterung müssen sie unbedingt mager sein und beste Qualität aufweisen. Zu beachten ist, dass Hering das Enzym Thiaminase enthält, welches Vitamin B_1 in seine Komponenten zerlegt und dadurch unwirksam macht. Bei länger gelagerten Seefischen muss das abgebaute Vitamin B_1 dem täglichen Bedarf entsprechend zugesetzt und wegen des schlechten Geschmacks in Kapseln verpackt werden.

Süßwasserfische. Es sind zu nennen Karausche, Plötze, Rotfeder, Blei und alle anderen einheimischen Karpfenfische sowie Barsch, deren Aufkommen und Einsatz örtlich abhängig sind. Sie sind kochsalzärmer. Ihre Verwendung ist der des Herings bei allen Süßwasserfischfressern vorzuziehen, obgleich ihr Fleisch grätenreicher ist. Fischen mit stark stacheliger Rückenflosse, z.B. Barschen, ist diese vor dem Verfüttern abzuschneiden. Aus diätischen und Artenschutzgründen wird auch häufiger die Schwarzmundgrundel verfüttert.

Lurche und Kriechtiere

Ein gutes, nahrhaftes Futter für Spezialisten wie verschiedene Schlangenarten und Vögel bilden vor allem Frösche und Eidechsen. Sie unterliegen den Bestimmungen des Naturschutzgesetzes, die unbedingt einzuhalten sind, und dürfen nicht der Wildbahn entnommen werden.

Vögel

Vögel haben als Quelle der Versorgung der Fleisch- und Allesfresser mit ganzen Tierkörpern größte Bedeutung. Sie sind aufgrund des Federkleids, welches je nach Art in mehr oder weniger großem Umfang mit aufgenommen wird, ein wertvolles Raufutter und Träger hochverdaulicher, vollwertiger Nährstoffe und eines guten Vitamingehalts, vor allem, wenn die Innereien mit aufgenommen werden. Ihr Fleisch ist gut bekömmlich und als Diätfutter einsetzbar. Besondere Vorsicht ist wegen der Splittergefahr bei Röhrenknochen geboten.

Hühner und Puten. Insbesondere das Huhn macht den Hauptanteil am Futtergeflügel aus. Besonders günstig ist der Einsatz junger Hähnchen. Eintagshähnchen bilden über große Abschnitte des Jahres eine preiswerte, wichtige Nährstoffquelle. Suppenhühner sind wegen ihres hohen Fettanteils ungünstig zu beurteilen. Junge Puten hingegen sind fettarm.

Tauben. Sie eignen sich besonders für kleine Fleischfresser oder für Allesfresser mit hohen, spezifischen Ansprüchen, z.B. verschiedene Affenarten. Das Fleisch ist zart und fettarm.

Gänse und Enten. Sie kommen aus ökonomischen und ernährungsphysiologischen Gründen kaum zum Einsatz. Sie sind zu fett.

Bei reichlichem Anfall von Futtergeflügel kann dieses durch einwandfreies Einfrosten für futterarme Zeiten als Reserve haltbar gemacht werden.

Säugetiere

Ganze Tierkörper. Den größten Anteil an Futtertieren, die bei Fleisch- und Allesfressern zum Einsatz gelangen, bilden die Säugetiere. Kleinsäuger werden als ganze Tierkörper verfüttert und bilden wertvolles tierisches Raufutter, da die mit aufgenommenen Haare die Magen- und Darmtätigkeit günstig beeinflussen. Sie finden deshalb auch als Diätfutter Verwendung. Die Verfütterung lebender Wirbeltiere ist nach dem deutschen Tierschutzgesetz – von einigen Ausnahmen an Schlangen abgesehen – verboten. Die Tötung der Futtertiere hat sachgerecht zu erfolgen (siehe Abschnitt: Fütterungstechnik).

Mäuse, Ratten und **Goldhamster** stellen die Hauptfuttergrundlage für Kleinsäuger, Eulen, kleinere Greifvögel und Schlangen dar. Aufgrund der Größe werden **Meerschweinchen** und **Kaninchen** bei größeren Raubtieren, vornehmlich den Katzen aller Altersstufen (vorrangig bei den in der Ernährung heikleren), als

Grund- oder Beifutter, in der Eingewöhnungszeit oder als Diätfutter eingesetzt. Sie werden immer als ganze Tierkörper, notfalls mit eröffneter Bauchhöhle, gereicht. Kaninchen haben hochverdauliches, wenig fettreiches, hochwertiges Fleisch, das sich in der Jungtieraufzucht und Krankenkost bestens bewährt. Auch größere Säugetiere (z.B. Schafe oder Ziegen) werden an Raubtiere verfüttert. Hierbei spielt auch die Stimulierung des Beutegreifverhaltens eine Rolle.

Durch Verfütterung ganzer Tierkörper werden nicht nur die Nähr- und Wirkstoffe des Muskelfleisches aufgenommen, sondern auch die der Innereien, des Magen- und Darminhalts und der Knochen, wodurch am besten eine vollwertige Ernährung gesichert werden kann. Nach Möglichkeit sollten alle Fleischfresser wenigstens einmal wöchentlich ganze Tierkörper erhalten.

Fleisch und Innereien. Eine Fütterung der großen Raubtiere mit ganzen Tierkörpern kann aus ökonomischen Gründen nicht realisiert werden. In ihrer Fütterung bildet das Fleisch der schlachtfähigen Säugetiere die Grundlage. Es handelt sich dabei um Fleisch, das für die menschliche Ernährung tauglich ist, und Nebenprodukte, die bei der Schlachtung anfallen und für den menschlichen Genuss nicht zugelassen sind. Zum Einsatz gelangen vor allem Rind-, weniger Pferde-, Schaf- und Schweinefleisch. Die chemische Zusammensetzung und der Futterwert hängen von Tierart, Alter, Ausmästungsgrad und Körperpartie ab. Fettes Fleisch ist, obwohl energiereicher, wegen seiner verminderten Bekömmlichkeit unerwünscht. Der Wassergehalt des Fleisches schwankt zwischen 50 und 75 %. Mageres Fleisch enthält etwa 20 % Eiweiß und 3 % Fett, fettes etwa 13 % Eiweiß und 40 % Fett. Das Eiweiß des Fleisches ist vollwertig, d.h., es enthält alle lebensnotwendigen Aminosäuren. Fleisch ist calciumarm und phosphorreich, der Eisengehalt schwankt je nach Fettgehalt und Ausblutungsgrad. Leber, Milz und Blut sind besonders eisenreich. Der Vitamingehalt ist im Muskelfleisch niedrig. Die Vitamine A und D sind kaum vorhanden, Vitamin C fehlt fast völlig. Die Vitamine des B-Komplexes kommen vor, in befriedigender Menge Pantothensäure, Cholin und Vitamin B_{12}. Leber hat die höchsten Vitamingehalte, besonders an den Vitaminen A, D, C, Biotin, Inosit und des B-Komplexes (insbesondere B_1, Nikotinsäure und B_{12}), und deshalb eine besondere ernährungsphysiologische Bedeutung als Vitamin-, weniger als Nährstoffträger.

Die Qualitätsbeurteilung des Fleisches richtet sich vor allem nach dem Aussehen, besonders der Farbe, nach Geruch und Konsistenz sowie nach der Beschaffenheit des Fettes. Frisches Fleisch hat je nach Tierart und -alter eine hellrosa bis dunkelrote Farbe, einen angenehmen, aromatischen und für Fleisch typischen Geruch sowie eine elastische Konsistenz. Das Fett soll nicht schmierig sein. Die Konservierung des Fleisches erfolgt durch Einfrosten. Bei einwandfreiem Gefrierverfahren bleibt die Qualität des Fleisches weitgehend erhalten.

Rind- und Pferdefleisch sind im Durchschnitt etwas fettärmer und eiweißreicher, Schaf- und Schweinefleisch werden nur nach Gewöhnung gut genommen und sind infolge des durchschnittlich hohen Fettgehalts von 18–20 % für die Verfütterung – wie auch fettes Rind- und Pferdefleisch – nur geeignet, wenn beim Portionieren die großen Fettpartien abgetrennt werden. Von den Innereien hat Leber eine besondere Bedeutung, weil sie sich durch gute Bekömmlichkeit auszeichnet.

8.2.2.2 Erzeugnisse der Fischverarbeitung

Fischmehle werden aus Fischabfällen und für die menschliche Ernährung ungeeigneten Fischen hergestellt. Nährstoffgehalt und Futterwert hängen vom Ausgangsmaterial (Dorschmehl, fettarmes Heringsmehl, fettreiches Heringsmehl) und Herstellungsverfahren ab. Sie weisen einen hohen Eiweißgehalt von 50–70 %, einen möglichst niedrigen Fett- und einen guten Mineralstoffgehalt, vornehmlich an Calcium und Phosphor, auf. Der Kochsalzgehalt darf 5 % nicht übersteigen. Sehr günstig ist der Anteil an Vitaminen des B-Komplexes, darunter B_{12}.

Die besonders Vitamin-B-reichen Fischlebermehle entstehen aus den getrockneten und gemahlenen Leberrückständen der Trangewinnung. Ihr Eiweißgehalt schwankt mit dem Ölanteil. Lebertran, aus der Leber von Dorsch, Hai und Thunfisch gewonnen, wird vor allem wegen seines hohen, aber nach Alter, Ernährungszustand und Jahreszeit stark schwankenden Gehalts an Vitamin A und D sehr geschätzt. Dorsch-Lebertran soll mindestens 1000 IE Vitamin A und 100 IE Vitamin D_3 je Gramm enthalten. Heilbutt-Lebertran weist die besten Werte auf.

8.2.2.3 Erzeugnisse der Fleisch- und Tierkörperverarbeitung

Bei der Verarbeitung der Tierkörper und Tierkörperteile von Säugetieren, die nicht für die menschliche Ernährung Verwendung finden, entstehen wertvolle Futtermittel, die vor allem in Kraftfuttergemischen für Allesfresser zum Einsatz kommen und deren Nährwert bestimmen. Jedoch dürfen diese Futtermittel derzeit laut EU-Verordnung nur an Heimtiere und Nichtwiederkäuer verfüttert werden, die nicht in die menschliche Nahrungskette gelangen. Die Qualität der tierischen Futtermehle wird entscheidend durch die Sorgfalt bei der Herstellung beeinflusst. Zu starkes Erhitzen schädigt den Eiweißwert und die Verdaulichkeit. Erkennbar sind solche Produkte an einer dunkelbraunen bis schwarzen Farbe. Ihr Wert richtet sich nach dem Ausgangsmaterial, insbesondere dem Knochenanteil. Andererseits kann eine unsachgemäße Behandlung der Tierkörper und Tierkörperteile (zu geringe Temperatur und Behandlungsdauer, zu geringer Druck) zur Verbreitung von Krankheiten führen.

Fleischmehl entsteht aus den weitgehend knochenfreien, getrockneten und gemahlenen Rückständen der Fleischverarbeitung und soll nicht mehr als 2,4 % Phosphor aufweisen. Fleischknochenmehl enthält höhere Knochenanteile (bis 6,4 % Phosphor). **Knochenfuttermehl** entsteht aus den getrockneten und gemahlenen, entfetteten und entleimten Knochen. Mit über 13 % Phosphor gilt es als ausgezeichnetes Mineralstofffuttermittel. Auch der Gehalt an Calcium, Magnesium und Zink steigt mit dem Knochenanteil.

Tierlebermehl wird aus getrockneten und gemahlenen Lebern gesunder Tiere gewonnen und weist einen hohen Gehalt an Vitaminen des B-Komplexes auf. Blutmehl ist ein reines Eiweißfuttermittel mit hohem Eisengehalt. Es muss rötlich bis dunkelbraun aussehen. Tierkörpermehl (Tiermehl) wird vor allem aus verendeten Tieren hergestellt, die durch Hitzebehandlung von allen Tierseuchenerregern befreit sein müssen. Es enthält mindestens 50 % Rohprotein und einen hohen Mineralstoffgehalt.

Reine tierische Fette kommen weniger zum Einsatz. Pferdefett zeichnet sich durch einen hohen Anteil ungesättigter Fettsäuren aus. Alle fettreichen Futtermehle und alle Fette werden schnell ranzig, was zu einem höheren Verbrauch von Vitamin E im Stoffwechsel führt.

Federmehl aus den Federn geschlachteten Geflügels besteht aus Keratin (Hornstoff), das an sich unverdaulich ist, durch Erhitzung unter hohem Druck im Autoklaven aber aufgeschlossen und für das Tier verwertbar wird. Es enthält wenig lebensnotwendige Aminosäuren.

8.2.2.4 Milch und Milchprodukte

Wichtigste Nahrung aller Neugeborenen ist die Muttermilch, die in ihrer Zusammensetzung der unterschiedlich schnellen Entwicklung der Jungen angepasst ist. Die Schwankungen sind zwischen den Tierarten beträchtlich.

Für Fütterungs- und Aufzuchtzwecke kommen in großem Umfang Kuhmilch und deren Produkte infrage sowie im Handel für viele Tierarten angebotene Ersatzmilchen. Kuhmilch ist ein hochwertiges Nahrungsmittel, das alle Grundnährstoffe enthält. Sie besteht aus 3,5–4,5 % Fett, 3,5 % Eiweiß, 4,7 % Milchzucker, 0,7 % Mineralstoffen und rund 88 % Wasser. Milch von Jersey-Rindern enthält 6–7 % Fett und über 4 % Eiweiß.

Im Handel angebotene Trinkvollmilch ist auf einen Fettgehalt von 3,5 bzw. 0,5 % eingestellt. Das Gleiche trifft auf die H-Milch zu (ultrahocherhitzt und homogenisiert).

Milcheiweiß ist hochwertig, es enthält alle lebensnotwendigen Aminosäuren. Kuhmilch gehört zu den kaseinreichen Milchen, das Eiweiß besteht vorwiegend aus Kasein; Albumin und Globulin machen nur einen kleinen Anteil in der Kuhmilch aus.

Milch ist besonders reich an Calcium, Phosphor und Kalium, die leicht aufnehmbar sind. Durch die Ergänzung der Rindermineralstoffmischungen mit Jod ist der Jodgehalt der Milch erheblich erhöht worden. Der Gehalt an Eisen ist niedrig, der an Vitaminen schwankt je nach der Fütterung der Milchkühe und ist deshalb im Sommer höher als im Winter. Das gilt vor allem für den Vitamin-A- und Vitamin-D-Gehalt. Durch Verabreichung vitaminisierter Mineralstoffmischungen werden jedoch die jahreszeitlichen Schwankungen in der Kuhmilch ausgeglichen. Der Gehalt an Vitaminen des B-Komplexes ist verhältnismäßig gleichbleibend, jedoch mäßig hoch.

Durch Fettentzug entsteht die Magermilch, die nur noch Spuren von Fett aufweist, und durch Wasserentzug Kondensmilch, die mit unterschiedlichem Fettgehalt angeboten wird (4 %, 7,5 %, 10 %, und gezuckerte mit 8 %).

Trockenmilch wird aus Vollmilch (27 % Fett) oder Magermilch (1 % Fett) hergestellt; trotz Trocknung ist sie ziemlich leicht verderblich.

Sauermilch entsteht durch Abbau des Milchzuckers zu Milchsäure durch Milchsäurebakterien und hat großen diätetischen Wert, besonders Joghurt, Kefir und Kumys, die durch spezifische Milchsäurebakterien und Hefen gebildet werden. Bei der Buttergewinnung fällt ebenfalls durch Milchsäure gesäuerte und diätetisch hoch geschätzte Buttermilch an. Quark ist das meist aus Magermilch durch Lab oder Milchsäure ausgefällte und durch Abpressen eingedickte Kasein. Der flüssige Rückstand wird als Molke bezeichnet, die etwas Eiweiß, vor allem aber Milchzucker und Mineralstoffe enthält.

Durch Weiterverarbeitung von Vollmilch und Magermilch nach bestimmten Verfahren entstehen die verschiedenen Käsesorten, die aber in der Zootierernährung kaum verabreicht werden. Aus dem Milchfett wird Butter gewonnen, die aus 83 % Fett, 0,7 % Eiweiß, 0,7 % Kohlenhydraten und Wasser besteht. Ihr Gehalt an ungesättigten Fettsäuren ist niedrig, ihre Haltbarkeit begrenzt.

8.2.2.5 Eier

Eier sind ein hochwertiges Futtermittel, das bei vielen Tierarten als wertvoller Protein- und Vitaminträger eingesetzt wird, meist in frischer Form, weniger getrocknet als Eipulver oder gekocht. Verwendet werden fast ausschließlich Hühnereier. Sie wiegen im Durchschnitt 55 g und bestehen zu 10 % aus Schale, zu 60 % aus Eiklar und zu 30 % aus Eidotter, die sich in ihrer Zusammensetzung grundsätzlich unterscheiden.

Eigelb enthält 16,1 % Eiweiß, 31,7 % Fett, Eiklar 12,8 % Eiweiß und nur 0,3 % Fett. Je Ei durchschnittlicher Größe ist mit einem Gehalt von 7 g Eiweiß, 6 g Fett und 1 g Mineralstoffen, vor allem Phosphor, Calcium und Eisen im Eigelb zu rechnen. Dieses ist auch reich an Lecithin, Vitamin A und D. Eier können aufgrund einer Jodergänzung in Mineralstoffgemischen für Legehennen neben Fisch einen wesentlichen Beitrag zur Jodversorgung liefern. Im rohen Eiklar kommt ein Eiweiß vor, das Avidin, welches die Resorption von Biotin hemmt. Biotin-Mangelerscheinungen werden verhindert, wenn anderes Eiweiß zugefüttert oder das Eiklar gekocht wird.

8.2.3 Mischfuttermittel

Auch in der Fütterung der Zootiere, insbesondere der Huftiere und des Geflügels, kommt dem Einsatz von Mischfuttermitteln große Bedeutung zu. Mischfuttermittel sind industriell hergestellte Fertigfuttermittel. Ihr Einsatz bringt nährstofföknomische, fütterungstechnische und arbeitswirtschaftliche Vorteile. Sie können als den speziellen Bedürfnissen angepasste Mischungen hergestellt oder als Mischfuttermittel bezogen werden, die in großer Zahl für die verschiedenen landwirtschaftlichen Tierarten und Leistungsgruppen sowie für Labor- und Heimtiere im Handel erhältlich sind.

Mischfuttermittel können als hochwertiges Allein- bzw. Fertigfutter oder als Ergänzungsfutter zum Einsatz kommen.

Alleinfuttermittel enthalten alle Nähr- und Wirkstoffe, die für die vollwertige Ernährung eines Tieres notwendig sind. Sie können das gesamte tägliche Nahrungsangebot verkörpern, also allein den Nahrungsbedarf decken, oder nur die Nahrung einer Mahlzeit bilden.

Ergänzungsfuttermittel sind meist Konzentrate, die immer mit anderen Futtermitteln wie Hafer, Gerste, Weizenkleie u. a. verschnitten werden müssen, z.B. als Vormischung zu Alleinfutter, als Eiweißkonzentrat (Gemisch aus pflanzlichen und tierischen Eiweißfuttermitteln) oder als andere Zusatzmischungen zum Kraftfutter.

Die Mischfuttermittel kommen als Mehlschrotgemische oder als **Pellets** in den Handel. In den zoologischen Gärten werden Mehlschrotgemische als Trockenfutter, als Weichfutter oder als sogenannter Kuchen eingesetzt.

Eine besonders günstige Form der fütterungstechnischen Verbesserung der Fütterung mit Kraftfutter bietet der Einsatz von Pelletfutter. Pellets entstehen aus mehlfeinen Futtermischungen ohne Erhitzung und ohne Wasserzusatz durch Pressen unter hohem Druck in zylindrischen Formen mit unterschiedlichem Durchmesser (0,5–2,0 cm) in verschiedener Länge. Sie können als vollwertiges Alleinfutter, Alleinkraftfutter oder konzentrierter Ergänzungsbestandteil des Kraftfutters eingesetzt werden.

Die Beliebtheit der Pellets schwankt bei den einzelnen Tierarten und Individuen. Hirsche und Antilopen sortieren sie, vor allem wenn die Pellets größer sind, gern aus. Eine besondere Form der Bearbeitung der Getreidebestandteile stellt die thermisch-mechanische Behandlung im Extruder dar. Extruder arbeiten nach dem Prinzip des Schneckenförderers und pressen die Getreidebestandteile unter hohem Druck und hoher Temperatur durch Öffnungen, die die Größe der Pellets bestimmen. Stärke und Fett des Getreides werden dadurch besser verfügbar.

8.2.4 Futterzusätze mit Sonderwirkungen

Sie haben die Aufgabe, das Futter mit lebensnotwendigen und gesundheitsfördernden Stoffen anzureichern. Das gilt vor allem, wenn ein erhöhter Bedarf durch besondere Leistungsbeanspruchung oder durch Krankheit vorliegt oder die in den natürlichen Futtermitteln vorhandenen Mengen für die Ernährung der Tiere nicht ausreichen.

Es ist zwischen anorganischen und organischen Zusätzen zu unterscheiden.

8.2.4.1 Mineralstoffmischungen

Um den Tierkörper mit den biologisch wichtigen Mengen- und Spurenelementen ausreichend versorgen und Mangelerscheinungen vorbeugen zu können, ist auch bei Zootieren der regelmäßige Einsatz von Mineralstoffmischungen notwendig. Sie werden am besten den verschiedenen Mischfuttermitteln, meist in Höhe von 3–5 %, zugefügt. Die Wahl des Mineralstoffgemisches richtet sich nach den besonderen Bedürfnissen der Tierart und nach dem Gehalt des jeweiligen Futters an Mineralstoffen.

In den meisten Fällen wird die Verwendung vielseitig zusammengesetzter Mineralstoffgemische, wie sie vor allem der Landwirtschaft für Wiederkäuer und Pferde, Schweine sowie Geflügel zur Verfügung stehen, angezeigt sein. Sie können Calcium, Phosphor, Natrium, Chlor, Magnesium, Schwefel, Eisen, Mangan, Kupfer, Zink, Selen und Jod sowie für Wiederkäuer Kobalt enthalten, wobei den Mischungen für Schafe in der Regel kein Kupfer zugemischt wird. Wird die Ergänzung eines besonderen Elements notwendig, empfiehlt sich der Einsatz des entsprechenden Mineralstoffs. Zur Anreicherung der Mengenelemente Calcium, Phosphor und Natrium können verwendet werden:

- für Calcium kohlensaurer Futterkalk, Schlämmkreide, Muschelschalen, Eierschalen
- für Calcium und Phosphor phosphorsaurer Futterkalk
- für Natrium Kochsalz und Viehsalz, die auch als Lecksteine zur beliebigen Aufnahme eingesetzt werden können.

In der Regel sind diese Mischungen mit Vitaminen angereichert, jedoch sinkt deren Gehalt mit zunehmender Lagerdauer. Deshalb sind die Mischungen innerhalb von drei Monaten zu verbrauchen. Beispielsweise wird die Konzentration an Vitamin A ungefähr um 10 %, an Vitamin D um 5–10 % und an Vitamin E um 5 % pro Monat reduziert. Diese Verluste fallen geringer aus, wenn Vitamine und Mineralstoffe in getrennten Mischungen angeboten oder geschützte Vitamine verwendet werden.

Darüber hinaus können die vitaminisierten Mineralstoffmischungen besonders für Schweine und Geflügel verschiedene Zusätze, z.B. Enzyme, organische Säuren, Probiotika, Kräuter u.a., enthalten. Diese Zusätze dienen hauptsächlich zur besseren Verdauung der Nährstoffe bzw. zur Gesunderhaltung der Tiere und sollten nur unter tierärztlicher Kontrolle verabreicht werden.

8.2.4.2 Vitamin- und Wirkstoffpräparate

Sie umfassen meist rein organische Zusätze zur Anreicherung des Futters mit Vitaminen, manchmal auch mit Mineralstoffen. Wirkstoffpräparate mit Antibiotika oder andere Leistungsförderer sollten nur nach tierärztlicher Anweisung eingesetzt werden.

8.2.4.3 Würzstoffe

Bei Schwierigkeiten in der Aufnahme bestimmter Futtermittel oder bei Futterumstellungen kann der Zusatz von Würzstoffen möglicherweise zum Erfolg führen, weil das Futter aromatischer und schmackhafter wird. Als Würzstoffe kommen die Mineralstoffgemische, Viehsalz und bestimmte pflanzliche Stoffe (Anis, Fenchel, Kräutertee und im Handel erhältliche Aromen) infrage. Auch Zucker oder Marmelade können in diesem Sinne als Würzstoff gesehen werden. Die schrittweise Zugabe eines neuen Futtermittels in die Ration ist aber in den meisten Fällen besser.

8.2.5 Beurteilung der Futtermittel und Futtermittelgesetze

Die Beurteilung stellt eine Prüfung des Futterwerts und der Einsatzfähigkeit eines vorhandenen Futtermittels dar. Voraussetzung hierfür ist die genaue Kenntnis von Aussehen und Beschaffenheit des normalen, vollwertigen, gesunden Futtermittels einwandfreier Güte. Die Bewertung wird notwendig bei Futterneuzugängen oder nach längerer Lagerung. Sie erfolgt durch die Sinnenprüfung nach Aussehen, Farbe, Konsistenz, Frische, Geruch, gegebenenfalls Geschmack, Zusammensetzung (eventuell Fremdbestandteile, verdorbene Anteile), und zwar nicht nur oberflächlich, sondern stichprobenartig auch in der Tiefe des ganzen Stapels. Bei der biologisch-mikroskopischen Untersuchung werden Echtheit, Zusammensetzung von Mischfuttermitteln, Verunreinigungen und Verfälschungen, Unschädlichkeit und Ungiftigkeit, Frische, Beschaffenheit, Alter, Haltbarkeit, Lagerfähigkeit, Bekömmlichkeit und Schmackhaftigkeit sowie Preiswürdigkeit geprüft. Durch chemische Untersuchungen werden die wertbestimmenden Bestandteile und schädliche bzw. giftig wirkende Stoffe ermittelt. Ansonsten kann auch eine Probefütterung an geeignete Tiere oder eine Untersuchung in einer Prüfstelle angezeigt sein.

Zum Schutz der Gesundheit der Tiere und zur Sicherung einer möglichst guten Qualität der im Handel befindlichen Futter- und Mischfuttermittel bestehen Futtermittelgesetze oder Futtermittelverordnungen. Sie regeln Produktion, Qualität und Verkehr von Futtermitteln.

8.2.6 Tabellen

Hilfsmittel für die Kenntnis der Nährstoffgehalte von Futter- und Nahrungsmitteln und für die Berechnung von Futterrationen bilden entsprechende Tabellenwerke. In den Futtermittel- und Futterwerttabellen ist der Gehalt an Rohnährstoffen, die durch die Futtermittelanalyse ermittelt werden, sowie an verdaulichen Nährstoffen für die gängigen Futtermittel aufgeführt (z.B. Futterwerttabellen der Deutschen Landwirtschafts-Gesellschaft, DLG, oder des amerikanischen National Research Council, NRC). In den Futterbedarfstabellen ist der Bedarf der landwirtschaftlichen Nutztiere vor allem an Energie und Eiweiß angegeben. Nahrungsmittel- und Nährwerttabellen (z.B. Große GU-Nährwerttabelle) enthalten Angaben über den Nährstoffgehalt der Nahrungsmittel und erlauben zusammen mit den Futtermittel- und Futterwerttabellen Aussagen über den Nährstoffgehalt der Futterrationen von Zootieren.

8.2.7 Giftpflanzen und Giftstoffe

Eine große Anzahl Pflanzen unserer heimischen Flora enthält Stoffe, die bei Aufnahme durch Mensch oder Tier gesundheitsschädlich oder giftig wirken. Die Inhaltsstoffe sind meist in Form von Alkaloiden, Glykosiden oder ätherischen Ölen in der ganzen Pflanze oder oft nur in bestimmten Pflanzenteilen, z.T. auch in jahreszeitlich bedingt unterschiedlichen Mengen vorhanden.

Einige Pflanzenarten mit den wesentlichen von ihnen verursachten Krankheitserscheinungen bei oft tödlichem Ausgang seien besonders hervorgehoben:

- **Rhododendron**, vor allem Blätter:
  blutiger Durchfall, Magen- und Darmentzündung und -krämpfe, Atemlähmung
- **Robinie** (falsche Akazie), vor allem Rinde und Früchte:
  besonders gefährlich für Pferde und Antilopen, Kolik, Durchfall, Apathie, Krämpfe, Lähmungserscheinungen
- **Eibe**, alle Teile:
  Taumeln, Betäubung, Atemnot, Krämpfe, Herzmuskellähmung
- **Bittersüßer Nachtschatten**, alle Teile, besonders unreife Beeren:
  Gleichgewichtsstörungen, Krämpfe, Lähmungen von Gehirn, Rückenmark, Herz und Atmung.

Ferner sind u.a. zu nennen: Adlerfarn, Buchsbaum, Christrose (Schwarze Nieswurz), Efeu, Einbeere, Eisenhut, Faulbaum, Fingerhut, Gartenschierling, Gefleckter Schierling, Wasserschierling, Goldregen, Herbstzeitlose, Liguster, Maiglöckchen, Oleander, Schöllkraut, Stechapfel, Tabak, Tollkirsche, Zypressenwolfsmilch. Bei unklaren Krankheitsbildern und -ursachen ist auch an Vergiftungen durch Pflanzen zu denken.

Bei der gärtnerischen Gestaltung der zoologischen Einrichtungen, vor allem bei gehegenahen Standorten, ist die z.T. hohe Giftigkeit vieler Zierpflanzen und Sträucher zu beachten, auch sollten Gehege und Umgebung von Zeit zu Zeit auf Giftpflanzen überprüft werden.

Mit Pilzkrankheiten, z.B. Brand, Rost, Echter Mehltau oder Mutterkorn, befallene Pflanzen oder Pflanzenteile können ebenfalls gesundheitsschädigend oder giftig wirken, desgleichen verpilzte Futtermittel, vor allem durch die oft giftigen Stoffwechselprodukte der Pilze.

Möglichkeiten der Vergiftung mit anorganischen Stoffen bestehen bei Blei, Zink, Kupfer, Selen, Jod, Arsen, Fluor und Nitrit. Eine weitere Quelle für Vergiftungen bildet die umfangreiche Verwendung von gesundheitsschädigenden Stoffen zur Bekämpfung von Beikräutern, der Pflanzenkrankheiten, der Schadinsekten und Nager sowie Reinigungs- und Desinfektionsmittel. Es ist unbedingt darauf zu achten, dass keine Pflanzen mit Rückständen solcher Schutzmittel verfüttert werden.

8.3 Fütterung

8.3.1 Allgemeine Grundsätze und Regeln der Fütterung

Die Praxis der Fütterung setzt gute Kenntnisse einer Reihe von Grundsätzen und allgemein gültigen Regeln voraus. Die Fütterung ist von der Lebensweise der Tiere in der Wildbahn, der Ernährungsphysiologie, der Verhaltensweise der Tiere, den Umweltbedingungen in der Natur, der Unterbringung im Tiergarten und den zur Verfügung stehenden Futtermitteln abhängig. Über Jahrzehnte gesammelte tiergärtnerische Erfahrungswerte sind mit zu berücksichtigen. Grundsätze und Regeln der Fütterung können in den Tiergärten nicht einheitlich sein, dazu sind die Voraussetzungen von Zoo zu Zoo zu unterschiedlich.

8.3.1.1 Art der Futteraufnahme

Die Futteraufnahme ist bei der großen Vielfalt an Tierarten recht verschieden. Der eigentlichen Aufnahme der Nahrung gehen zunächst das Suchen, Auffinden bzw. Erkennen und die Auswahl des Futters voraus. Dem spezifischen Erwerb oder Ergreifen des Futters haben sich die Tierarten anatomisch, physiologisch und in ihrem Verhalten angepasst. Einige Tierarten sind extrem spezialisiert, sodass ein Variieren in der Ernährungsweise kaum oder überhaupt nicht möglich ist (Koala, Ameisenbär, Kolibris und andere Nektarfresser u.a.). Je weiter die Nahrungsspezialisierung vorangeschritten ist, umso schwieriger und risikoreicher ist die Fütterung in Tiergärten. Haltungs- und Zuchterfolge bestätigen aber, dass diese Tiere auch in Zoos gehalten werden können.

Bei Raubtieren, Greifvögeln, Eulen, Schlangen und Waranen sind die Raubtier-Beute-Beziehung und die daraus entstandenen Verhaltensweisen zu beachten. Dies betrifft die Jagd sowie das Fangen, Überwältigen und Töten der Beute. Obwohl die „Beutetiere“ in Tiergärten bis auf wenige Ausnahmen vor der Fütterung getötet werden müssen, verlieren die auf Beutefang geprägten Tiere ihre angeborenen und zum Teil erlernten Verhaltensweisen nicht. Die Verfütterung von lebenden Wirbeltieren ist laut Tierschutzgesetz gesetzlich verboten. Zu den Ausnahmen gehört die Verfütterung an Schlangen, die nur lebende Futtertiere als Nahrung annehmen und damit darauf angewiesen sind. An Tiere, die für eine Auswilderung bestimmt sind, dürfen lebende Futtertiere nur mit Genehmigung der zuständigen Behörden verabreicht werden.

Viele Huftierarten – vorwiegend Pflanzenfresser – leben in ihren Herkunftsländern und auch in Zoos in Sozialgruppen. Das hat den Vorteil, dass die Tiere während der längeren Nahrungsaufnahme in der freien Wildbahn einen gewissen Schutz vor Raubtieren haben. Am geschützten Ruheplatz erfolgt dann das Wiederkäuen, das ruhiger verläuft als die hastige Nahrungsaufnahme. Der Pansen hat bei Wiederkäuern die Funktion der Vorverdauung und der Nahrungsspeicherung. Bei vielen Vogelarten hat der Kropf eine ähnliche Aufgabe. Einige Affen und Nagetierarten sammeln Futter in den Backentaschen; Wölfe, Füchse, Eichhörnchen u.a. legen Vorräte im Erdreich an, besonders, wenn sie reichlich Futter gesammelt haben. Beuteneid und Futtergier spielen bei Raubtieren eine nicht geringe Rolle, vor allem, wenn sich mehrere Tiere an der Beute beteiligen. Dieses Verhalten kann man z.B. bei Großkatzen während der Fütterung im Zoo beobachten. Im Moment der Verteilung und Inbesitznahme der Fleischportion zeigen diese Raubtiere häufig ein Drohverhalten auch dem Zootierpfleger gegenüber, der als Beuterivale (Nahrungskonkurrent) gilt.

Raubtiere verfügen über ein anpassungsfähiges Suchverhalten. Das Suchen, Auffinden und Erkennen der Nahrung geschieht mithilfe der Sinnesorgane. Bei den Säugetieren stehen mehr oder weniger alle Sinnesorgane im Dienst der Nahrungserkennung. Bei spezialisierten Säugern (grabende Tiere, nachtaktive Flattertiere, im Wasser lebende Säuger) überwiegen Geruch, Geschmack und Tastgefühl. Das Ergreifen der

Nahrung erfolgt bei den Säugern entsprechend ihrer anatomischen Entwicklung und Anpassung verschieden: mit Gebiss, Zunge, Lippen oder Rüssel und Gliedmaßen (auch Krallen).

Bei Vögeln ist eine vielfache Nahrungsspezialisierung vorhanden, sodass der Schnabel in Größe und Form eine mannigfaltige Variation von einer Art zur anderen aufweist. Als Beispiele sollen Pelikane, Tukane, Spechte, Kernbeißer, Segler und Kolibris erwähnt werden. Greifvögel und Eulen benutzen zum Ergreifen der lebenden Beute die bekrallten Fänge und ihren kräftigen Hakenschnabel.

Für die Fütterung sind die Besonderheiten der Futteraufnahme zu berücksichtigen und einzelne Gebisstypen zu beachten. Bei der Einverleibung des Futters sind Schlinger, Kauer, Nager und Sauger zu unterscheiden. Weiterhin sind die funktionellen Spezialisierungen der Zunge für Ergreifen und Aufnahme des Futters zu beachten, z.B. bei Ameisenbären, Gürteltieren, Spechten, Honigfressern, verschiedenen Lori-Arten, Kolibris und anderen Nektarfressern.

Nach den Zeiten der Futteraufnahme sind folgende Gruppen zu unterscheiden:

- Dauerfresser (Einhufer, Rinder, Antilopen und andere Wiederkäuer, Elefanten, Nashörner und viele Vogelarten); jedoch werden Ruhepausen eingehalten, besonders wichtig z.B. für das Wiederkäuen. Pflanzenfressern sollte ständig Grobfutter (z.B. Heu oder Laub) angeboten werden.
- Periodische Fresser oder Seltenfresser (Raubtiere, Winterschläfer, Greifvögel, Eulen, Schlangen und andere Reptilien haben längere Perioden ohne Futteraufnahme)
- Tagfresser (Huftiere, Affen, Vögel u.a.)
- Nachtfresser (Flussbiber, manche Raubtiere und Halbaffen, Eulen u.a.)

Bei der Einteilung der oben erwähnten Tierarten gibt es Abweichungen, zumal sich die Pfleglinge an den Tagesrhythmus eines Zoos gewöhnen.

Bei Wildtieren ist die Fähigkeit erhalten, zuträgliche, bekömmliche und gehaltreiche Nahrung (Nährstoffe und Wirkstoffe) auszuwählen und aufzunehmen. Bestimmte Produkte der Herkunftsländer stehen in unseren Tiergärten nicht zur Verfügung. Es ist darauf zu achten, dass die Tiere in Menschenhand gleichwertige Futtermittel erhalten.

Der größte Teil der Tiere in der freien Wildbahn ist im Ablauf der Jahreszeiten (Sommer, Winter, Trocken- und Regenzeiten, Dürreperioden) dem Nahrungsmangel bis zum Hunger oder Nahrungsüberfluss im Wechsel ausgesetzt. Obwohl in Tiergärten eine kontinuierliche und möglichst optimale Fütterung angestrebt wird, sollte die Ernährungsweise der Tiere in der Wildbahn mit ihren vielfältigen Anpassungen auch für die Fütterungsmethoden im Zoo eine Richtlinie sein. Auch im Zoo wirken sich die Jahreszeiten auf die Futterbereitstellung aus. Das bedeutet, dass nicht verfügbares Futter anderweitig ersetzt werden muss. Unbedingt ist dabei auf die Verdaulichkeit der Futtermittel zu achten, um einer Überversorgung vorzubeugen.

8.3.1.2 Wasseraufnahme

Wasser ist für das Tier lebensnotwendig ebenso wie Nährstoffe, Vitamine, Mengen- und Spurenelemente. Außer bei Stoffwechselfunktionen (siehe Abschnitt: Tierernährungslehre) spielt Wasser bei der Wärmeregulation im Körper eine bedeutende Rolle und beeinflusst die Futteraufnahme wesentlich. Der Wasserbedarf eines Tieres hängt hauptsächlich von der Umgebungstemperatur, der Menge und dem Wassergehalt des Futters, dem Entwicklungsstadium des Tieres (Wachstum, Zucht) und seinem Gesundheitsstatus ab. Gedeckt werden kann der Bedarf durch den Wassergehalt des Futters, durch das Wasser aus Prozessen im Stoffwechsel und das Tränkwasser. Während der Wasserbedarf landwirtschaftlicher Nutztiere bekannt ist (siehe Übersicht von Richter et al. 2007), existieren für Zootiere keine Bedarfswerte. Obwohl einige Tiere in freier Wildbahn über einen längeren Zeitraum kein Wasser aufnehmen müssen, sollte den in Tiergärten gehaltenen Tieren täglich frisches Wasser in einwandfreier Qualität ange-

Tab. 8.1 Richtwerte für Tränkwasser

Parameter	unbedenklich	bedenklich	unbrauchbar
pH-Wert	>6,5	>8,5	>9
Eisen (mg/l)	<0,2	2–3	>5
Nitrat (mg/l)	<50	100–200	>200
Nitrit (mg/l)	0,1	0,5–1,0	>1
Ammonium (mg/l)	<0,5	1–3	>3
Sulfat (mg/l)	<100	250–500	>500
Chlorid (mg/l)	<250	500–1000	>1000
mikrobiologische Koloniezahl in 1 ml Wasser			
bei 20 °C	<1000	2000–10000	>10000
bei 30 °C	<100	1000–10000	>10000

boten werden. Hierbei ist es wichtig, dass das Wasser frei von Verunreinigungen ist und der mikrobiologische Keimbesatz die in der Trinkwasserverordnung angegebenen Werte nicht überschreitet. So beeinträchtigen z.B. höhere Konzentrationen von Eisen den Geschmack und vermindern die Wasseraufnahme. Steht das Tränkwasser zu lange, erhöht sich der Gehalt an Keimen erheblich und kann bei einigen Reptilienarten zu Entzündungen im Maulbereich führen. Zu hohe Gehalte an Nitrat und Ammonium führen zu Vergiftungen der Tiere. Das trifft ebenso für überhöhte Konzentrationen an Kupfer zu. Wird eigenes Brunnenwasser mit einem niedrigen pH-Wert verwendet und bestehen die Wasserleitungen aus Kupfer, lösen sich erhebliche Kupfermengen ins Wasser, die Kupferkonzentration im Wasser steigt und führt hauptsächlich bei Schafen und Jungtieren in künstlicher Aufzucht zu Kupfervergiftungen und zum Tod. Tabelle 8.1 gibt einige Richtwerte zur Qualität des Tränkwassers an.

8.3.1.3 Fütterungsmethoden

Die heutigen Fütterungsmethoden sind das Ergebnis einer ständigen Weiterentwicklung auf der Grundlage von praktischen Erfahrungen und wissenschaftlichen Erkenntnissen. Die Forschungen in der Nutztierernährung haben bedeutende Fortschritte erzielt, die von der Zootierernährung übernommen werden. Voraussetzung für eine erfolgreiche Fütterung sind eine vielseitige, qualitativ einwandfreie Futtergrundlage, eine sachgemäße Lagerung und moderne Konservierung.

Für eine vollwertige Fütterung der Tiere sind Vitamin- und Mineralstoffmischungen, die der Fachhandel anbietet, verwendbar bzw. können von den Herstellern nach vorgegebenen Rezepturen in der gewünschten Menge geliefert werden. Die Ansprüche der Zootiere sind je nach Art unterschiedlich, sodass die jeweiligen Nährstoff-, Vitamin- und Mineralstoffgehalte, ferner die Verdaulichkeit und die optimale Futterration entsprechend abgestimmt werden müssen.

Der Zoo Philadelphia/USA führte 1935 erstmals neuartige Fütterungsformen ein. Jahrelange Untersuchungen sowie die Anwendung der Erfahrungen in der Tierernährung und Haltung von Wildtieren führten zur Entwicklung von vollwertigem Konzentratfutter (Kraftfutter). Je nach den Bedürfnissen der Tierarten wurden diese Gemische variabel hergestellt und zu Pellets oder Kuchen verarbeitet. Neben diesen Nährstoffkonzentraten erhalten die Zootiere zur Sättigung und für den Verdauungsprozess ein

Ergänzungsfuttermittel, z.B. Rau- und Grünfutter, Obst, Gemüse und anderes Saftfutter. Bei Nahrungsspezialisten (Fleisch-, Fisch-, Nektarfressern u.a.) werden Zusatzstoffe wie Mineralstoffe oder Vitamine in geringer Menge zugegeben. Eine anteilige Pelletfütterung (20–30 %) kann mit vollwertigem Kraftfutter vermischt werden. Wird nur Getreide zugegeben, werden die Pellets mit einer höheren Konzentration von Mineralstoffen, Vitaminen und Proteinen hergestellt, sodass das Futter insgesamt den Ansprüchen der jeweiligen Tierarten entspricht.

8.3.1.4 Einzel- und Gruppenfütterung

Die Einzel- oder Gemeinschaftsfütterung ist von mehreren Faktoren abhängig:

- ob Tiere einzeln oder gesellig leben
- von der Verträglichkeit bei gesellig lebenden Tieren (soziale Rangordnung)
- von der Art der Unterbringung in Stallungen, Käfigen und Außenanlagen, vorhandenen Absperrmöglichkeiten (z.B. bei Herdentieren Einzelaufstallung in der Nacht), speziellen örtlichen Verhältnissen
- von der langjährigen Erfahrung in der Haltung sowie der Ein- und Zusammengewöhnung
- vom Futter- und Gesundheitszustand der gehaltenen Tiere

Die Fütterung einzeln gehaltener Tiere ist kaum mit Schwierigkeiten verbunden. Bei der Herdenhaltung werden in den Außengehegen entsprechend der Herdengröße mehrere Futterstellen eingerichtet. Durch Futterneid werden schwächere oder rangniedere Tiere abgedrängt und oft so verängstigt, dass sie sich kaum noch an die Futterstellen wagen, in ihrer Entwicklung zurückbleiben und körperliche Schäden erleiden. Deshalb erweist sich die Möglichkeit der Fütterung in Einzelabteilen innerhalb der Stallungen als günstig. Somit kann man den jeweiligen Tieren die vorgesehene Futterration zukommen lassen und die vollständige Aufnahme des Futters steuern und sicher kontrollieren.

Auch bei gesellig lebenden Affen mit streng eingehaltener Rangordnung sind mehrere Futterstellen, die nicht leicht von anderen Affen einsehbar sind, einzurichten. Dies ist die beste Lösung für eine ausreichende Ernährung der rangniederen Tiere, damit sie sich körperlich normal entwickeln und eine ausreichende Widerstandskraft gegenüber Infektionen und anderen Krankheiten aufbauen können.

8.3.1.5 Standort der Fütterung

Die meisten Zootiere gewöhnen sich in kurzer Zeit an bestimmte **Futterplätze** in ihren Volieren, Freianlagen und anderen Unterkünften. Unter Berücksichtigung der räumlichen Möglichkeiten sollte der Futterplatz auch ein Ort der Sicherheit, Ruhe und Geborgenheit für die Tiere sein. Die Besucher dürfen keinen Zutritt zu der Futterstelle haben, damit keine zusätzliche Fütterung, die den Tieren meistens wenig bekömmlich ist, erfolgen kann. Aus hygienischen Gründen ist der Futterplatz so auszuwählen, dass in Außengehegen ein Schutz vor Regen, Schnee und anhaltender direkter Sonneneinstrahlung gewährleistet ist. In Häusern und Freianlagen sind die Futterstellen vor Kot, Urin und Schmutz, vor Ratten, Mäusen und Sperlingen zu schützen. Die Futtergefäße sind so anzuordnen, dass sie täglich leicht und gründlich vom Pfleger gereinigt werden können.

Standort und Wahl des Futterplatzes

Die Futterplätze müssen für die Zootierpfleger gut zugänglich angelegt und so gestaltet sein, dass sie das Futter ohne Gefährdung verabreichen können. Bei Großkatzen u.a. gefährlichen Tieren sind die Fütterungseinrichtungen von außen zu bedienen. Ein direkter Kontakt zum Tier ist aus Sicherheitsgründen grundsätzlich zu vermeiden.

Anbringen und Auswahl der Futtergefäße

Futter- und Tränkgefäße müssen feststehen oder verankert werden, damit Verletzungen der Tiere besonders bei Schreckreaktionen vermieden werden. Die Anbringung der Behältnisse richtet sich nach den Tierarten, z.B. werden bei Giraffen die Futter- und Tränkgefäße in mindestens 2 m Höhe angebracht. Dagegen können Gräser fressende Tiere (Bodenäser) ihr Futter aus Gefäßen, die in geringer Höhe oder auf dem Boden stehen, aufnehmen. Raufen für Grünfutter und Heu sind in einer den Tieren angepassten Höhe anzubringen, da sonst schwere körperliche Haltungsschäden in der Rücken- und Lendenregion (Senkrücken), besonders bei Jungtieren, auftreten können. Eine weitere Gefahr besteht, wenn den Tieren kleine Heuteilchen und Staub in die Augen fallen, was mitunter zu chronischen Augenentzündungen führen kann.

Futtergefäße mit glatten Innenflächen eignen sich gut für eine leichte Reinigung, sie sollten aus splitterfreiem Material hergestellt sein. Metallgefäße sind stabil und leicht zu reinigen, aber infolge unvermeidbarer Oxidationsvorgänge ist eine Qualitätsminderung des Futters nicht immer ausgeschlossen. Dagegen haben sich aus Aluminium und dessen Legierungen hergestellte flache Näpfe, z.B. als Tränkgefäße für Raubtiere, gut bewährt.

Für Pflanzenfresser sind Keramiktröge in stabiler Ausführung gut geeignet. Sie sind zu schwer, um – zumindest von kleineren Tieren – umgeworfen zu werden, und außerdem leicht zu reinigen. Bei größeren Pflanzenfressern werden Keramiktröge eingemauert. Damit ist Stabilität gewährt, Verletzungen der Tiere werden verhindert. Flache Tiegel für Raubtiere sind aus Sicherheitsgründen mit einem langen, stabförmigen Griff versehen, damit sie unter der Gitterfläche in den Käfig geschoben werden können. Somit kann sich der Tierpfleger vor Verletzungen beim Füttern – die Tiere sind dabei unter Umständen aggressiv – schützen. Variationen in der Art der Darreichung, z.B. das Verstecken des Futters im Gehege, dienen als willkommene Beschäftigung der Tiere.

Für Vögel gibt es – bezogen auf Material, Form und Größe – recht unterschiedliche Futter- und Tränkgefäße, die den Bedürfnissen der Arten entsprechen. Auch haben sich automatische Fütterungseinrichtungen in der täglichen Versorgung, vorwiegend der Vögel, bewährt; die Geräte können so eingestellt werden, dass Futterverluste gering gehalten werden.

Automatische Tränken sind bei Huftieren und Elefanten erprobt und schon aus hygienischen Gründen zu empfehlen. Bei Tränkstellen in Tierunterkünften und Außengehegen, die im Winter dem Frost ausgesetzt sind, können elektrische Heizungen die Funktionsfähigkeit der Tränkautomaten absichern.

8.3.1.6 Fütterungszeiten

Bei der Vielfalt der gehaltenen Tierarten sind einheitliche Futterzeiten nicht möglich, Kompromisse sind notwendig. Die zeitliche Folge und der Abstand der Fütterung werden weitgehend von folgenden Faktoren bestimmt:

Ernährungsphysiologische Gründe

Dauerfresser nehmen in der Wildbahn ganztägig mit nur relativ kurzen Pausen Futter auf. Das gehaltreichere Futter in Tiergärten lässt größere Fütterungsabstände zu. Selten- bzw. periodische Fresser beschränken ihre Nahrungsaufnahme auf eine Mahlzeit am Tag, sodass die Ration meistens auf einmal verzehrt wird. Bei einigen Reptilien wird in größeren Abständen (Tage oder Wochen) Futter aufgenommen.

Art der Unterbringung

Tiere in Außenanlagen, die täglich abends in ihren Stall kommen, erhalten einen Teil der Ration im Haus, Grünfutter bzw. Heu am Tag auf der Freianlage. Durch die teilweise Fütterung im Stall gehen die Tiere „freiwillig“ in ihre Unterkunft. Tiere, die ständig im Außengehege verweilen, erhalten dort regelmäßig ihr gesamtes Futter.

Arbeitszeit

In den Zoos ist normalerweise der tiergärtnerische Ablauf des Dienstbetriebs auf die übliche Arbeitszeit innerhalb des Tages abgestimmt. Dabei entsteht ein Bedarf an Spät- und Sonderdiensten, vor allem während der längeren Öffnungszeit im Frühjahr und Sommer.

8.3.1.7 Futterwechsel

Futterveränderungen sind bei Zootieren an der Tagesordnung und nicht vermeidbar. Das trifft u.a. für Tierneuzugänge, das jahreszeitlich bedingte Futterangebot und Diätumstellungen zu.

Für die Futterumstellungen sind Grundsätze zu beachten. Die neu hinzukommenden oder auszutauschenden Futterkomponenten sind mit den bestehenden Fütterungsbestandteilen qualitativ und quantitativ abzustimmen, damit das jeweilige Energie-Protein-Verhältnis und der Wirkstoff-, Mineralstoff- und Rohfaseranteil in seinem biologisch notwendigen Verhältnis ausgeglichen wird. Ein umfangreicherer Futterwechsel sollte nur allmählich durchgeführt werden, damit sich verdauungsphysiologisch keine Störungen bei den Tieren einstellen. Die Anpassung an das veränderte Futter kann für das Tier eine zeitweilige Belastung sein. Während dieser Zeit sind laufend Kontrollen hinsichtlich der Futteraufnahme, der Verdauung und des Zustands der Exkremente durchzuführen. Bei Verdauungsstörungen ist in Absprache mit dem Tierarzt vorerst der Futterwechsel zu unterbrechen oder für einige Tage neben Medikamenten eine Diätkost zu geben.

Bei Beginn der Grünfütterung im Frühjahr wird anfangs das Grünfutter in kleinen Mengen gemischt mit Heu gegeben. Nach einer kurzen Periode wird statt Heu Grünes – bis auf wenige Ausnahmen – nach Bedarf gefüttert. Besondere Vorsicht ist geboten, wenn im Frühjahr sehr junges, nasses oder sehr kurzes weiches Gras verfüttert wird, da frisches junges Grünfutter einen hohen Anteil an verdaulichem Rohprotein enthält, das zu Verdauungsstörungen führen kann. Die Tiere sollten dabei ständig Zugang zu Heu haben.

Bei Raubtieren ist ein Wechsel von Futterfleisch nicht günstig, da die meisten Tiere (besonders Katzen) auf eine bestimmte Fleischart bzw. Futtertierart eingestellt sind. Manche Tiere sind sogar auf eine bestimmte Fleischart fest geprägt.

Fischfressende Vögel müssen bei Marktschwierigkeiten, jahreszeitlich bedingt, von Süßwasserfischen auf Seefische umgestellt werden, was bei gut eingewöhnten Vögeln kaum Schwierigkeiten macht. Nachteilig ist der hohe Fettgehalt, z.B. bei Heringen von 8–12 %. Plötzen als wichtige Süßwasserfutterfische haben nur bis 2 % Fett.

Bei der Verfütterung von Fischen ist es unbedingt notwendig, die einzelnen Futterfische durch Geruchskontrolle und optische Überprüfung der Kiemenfarbe, der Augen und der Haut daraufhin zu untersuchen, ob eventuell eine mikrobielle Zersetzung begonnen hat, und die Verwendung des Fisches als Futter für empfindliche Fischfresser nicht mehr geeignet ist. Bei der Verfütterung von Süßwasserfischen sollte man auf mögliche Fremdkörper (insbesondere Angelhaken) achten.

Die Ernährung von Pinguinen darf nicht gänzlich auf Süßwasserfische umgestellt werden, da ihre Ernährungsphysiologie auf die Seefische mit ihrem höheren Fettgehalt angepasst ist. Bei Mangel an Seefischen können zur Überbrückung zeitweise trotzdem frische Süßwasserfische verfüttert werden.

Zur vollwertigen Ernährung der Pinguine sollten spezielle Ergänzungen (Tabletten) für Fischfresser täglich je nach Größe der Tiere und nach Anweisung der Hersteller im Maul eines Futterfisches verabreicht werden. Sie enthalten die gesamte Palette an Mineralstoffen und Vitaminen (vor allem Vitamin B_1), die bei längerer Lagerung und bei Einfrostung der Futterfische abgebaut werden.

Allesfresser lassen sich leichter auf anderes Futter umstellen. Am schwierigsten ist der Futterwechsel verständlicherweise bei ausgesprochenen Nahrungsspezialisten.

8.3.1.8 Fütterungsanweisungen

Für jede Kostgruppe sind spezielle Hinweise nach den folgenden Faktoren aufzustellen:

- Tierart
- Anzahl der Tiere
- Zustand der Tiere
- Einzel- oder Gruppenfütterung

- ein- oder mehrmalige Fütterung am Tag
- Fütterungszeiten
- massen- oder mengenmäßige Aufstellung der einzelnen Futteranteile
- Temperatur und Zubereitungsform
- Rau- bzw. Ballastfutter
- Futterzusätze (Vitamine, Mineralstoffe, vom Tierarzt verordnete Arzneimittel)

Die **Fütterungspläne** sind je nach den zur Verfügung stehenden Futtermitteln zu ändern, genauso sind Ausweich- oder Ersatzfuttermittel festzulegen. Futtermeisterei und Futterküche müssen bei Ausfällen von Lieferungen oder Qualitätsmängeln beim Futter oft kurzfristig andere Produkte als Ausgleich einsetzen. Das erfordert gewisse Vorräte und gute Sachkenntnis der Mitarbeiter. Die strikte Beachtung der Futterpläne durch die Tierpfleger sichert die qualitativ und quantitativ richtige Fütterung der Tiere und mindert die Gefahr von Fütterungsfehlern und dadurch entstehenden Erkrankungen.

8.3.1.9 Fütterung während der kalten Jahreszeit

Die Fütterung der Tiere, die vorwiegend oder dauernd im Freien oder in frostgefährdeten Räumen gehalten werden, erfordert im Winter eine besondere Anpassung. Trockenfutter ist ohne Bedenken einzusetzen, jedoch ist die Gabe von feuchten Futtermitteln sehr problematisch. Mitunter gefriert das Futter schon, bevor es vom Tier gefressen werden kann. Gefrorene Kost ist gefährlich, sie kann leicht zu schweren Magenschäden führen.

An frostigen Tagen sollten die feuchten Futtermittel nicht gegeben werden, es sei denn in kleineren Mengen angewärmt und bei sofortiger Aufnahme. Als Frostschutz für Futter und Wasser dienen auch Infrarotstrahler, die über dem Futterplatz und der Wassertränke installiert werden. Trinkwasser muss bei strengem Frost vorgewärmt werden. Im Winter ist zweimal täglich Wasser zu verabreichen, und zwar unmittelbar nach der Fütterung von Trockenfutter, was bei Wiederkäuern besonders wichtig ist.

8.3.1.10 Haltbarkeit des Futters

Leicht verderbliche Futtermittel, besonders innerhalb von Warmhäusern, im Außengehege während der warmen Jahreszeit oder wasserreiche Kost bei Frostwetter, werden vor der gewohnten Fütterung zubereitet, verabreicht und sollen möglichst schnell von den Tieren verzehrt werden. Es ist auch möglich, frisches Futter mehrmals am Tag in Teilrationen zu geben. Trockennahrung kann jederzeit eingesetzt werden.

8.3.2 Fütterung von Tieren mit Sonderansprüchen

Eine spezielle Fütterungstechnik benötigen Tiere, die sich vorübergehend in einem besonderen Zustand befinden (Krankheit, längere Transporte, Nahrungsverweigerung) oder bei Handaufzucht von Jungtieren.

8.3.2.1 Futterspezialisten

Futterspezialisten stellen außergewöhnliche Ansprüche an die Fütterung. Futterzubereitung und Fütterung müssen exakt nach dem Futterplan bzw. der Fütterungsanweisung durchgeführt werden. Zu den Futterspezialisten gehören u.a. Koalas, Große und Kleine Pandas, Schuppentiere, Schnabeligel, Ameisenbären, Seekühe, Guerezas, Schuhschnäbel und Kolibris.

Koalas werden sehr selten gehalten, da sie sich ausschließlich von wenigen Eukalyptusarten ernähren (von 500 Formen werden nur 25–30 gefressen), die in Mitteleuropa natürlicherweise nicht wachsen. Dennoch haben sich in jüngster Zeit spezielle Eukalyptus-Plantagen auch in unseren Breiten bewährt.

Kolibris, Nektarvögel, Honigfresser und Zuckervögel erhalten eine Ersatzmischung für den nicht zur Verfügung stehenden Blütennektar. Diese besteht aus Bienenhonig, Zucker, Kondensmilch, rohem Eigelb, einer speziell hergestellten Nektarnahrung, reifen Bananen, Ameisenpuppen und Mehlwürmern sowie feinem Fleischextrakt. Alles wird fein zerkleinert und verquirlt. Das flüssige Gemisch wird in Glasröhren gefüllt, die unten einen Saugnippel haben. Kolibris nehmen ihre Nahrung im Schwirrflug auf und müssen unbehindert an das Glasröhrchen heranfliegen können. Zur Anlockung ist das Saugröhrchen rot gefärbt.

Die Fütterung von „Frischfängen" direkt aus dem Ursprungsland hat heute keine Bedeutung mehr, da die Tiere vorwiegend aus zoologischen Gärten aller Kontinente oder aus anderen Tierhaltungen kommen und schon eingewöhnt und futterfest sind. Eine Umstellung auf anderes Futter ist allerdings oft notwendig, wenn die gewohnten Produkte nicht verfügbar sind. Hierbei ist die Kenntnis der Futterration der bisherigen Einrichtung erforderlich.

8.3.2.2 Fütterung der Tiere mit nächtlicher Lebensweise

Einige Halbaffen, Biber, Stachelschweine, Waschbären, Eulen und weitere Tiere, die hauptsächlich während der Nacht ihrem Nahrungserwerb nachgehen, sind auch in der Wildbahn nicht unbedingt an die nächtliche Futterbeschaffung gebunden.

In Tiergärten kann man diese Tiere auch während des Tages – und wenn es nur einige Stunden sind – in wachem und lebhaftem Zustand zeigen. Das lässt sich praktisch durch eine entsprechende Festsetzung der Fütterungszeit und Gewöhnung bei den Tieren erreichen. Die Fütterung erfolgt am Nachmittag bzw. zum Arbeitsende. So wird der Tagesrhythmus nach einer gewissen Zeit verändert bzw. angepasst.

8.3.2.3 Zwangsfütterung

Um schwerwiegende Schäden oder gar den Hungertod zu vermeiden, ist eine Zwangsfütterung bei solchen Tieren angebracht, die aus verschiedenen Gründen keine Nahrung von sich aus aufnehmen können. Eine Zwangsfütterung ist für Tiere nicht ungefährlich und sollte unter Anleitung des Zootierarztes von erfahrenen und gewissenhaften Tierpflegern praktiziert werden. Dabei müssen die Tierpfleger neben der Beherrschung der Technik auch Details der Anatomie und Physiologie der Verdauungs- und Atmungsorgane der Patienten kennen. Die verabreichte Nahrung kann insbesondere bei Abwehrverhalten bzw. Abwehrbewegungen in die Luftröhre geraten, sodass es zu einer tödlich verlaufenden Schluckpneumonie kommen kann.

Beim Einführen der Nahrung mit der Hand wird das Futter zu feuchten „Klößen" geformt, die zur leichteren Gleitfähigkeit mit Pflanzenschleim, Pflanzenöl oder Lebertran benetzt werden. Das Tier sollte zum Abschlucken der Klößchen durch Massage des Vorderhalses von oben nach unten angeregt werden.

Bei Wiederkäuern kann mithilfe einer stabilen Flasche flüssiger Nahrungsbrei seitlich durch die Zahnlücke in das Maul gebracht werden. Das Abschlucken muss dabei ständig beobachtet werden.

Vögel lassen sich bis auf wenige Ausnahmen leichter zwangsfüttern. Je nach der Art kann das Futter in Klößchen, Fleisch- oder Fischstücken mithilfe der Finger, einer stumpfen Pinzette oder eines Federkiels über den Kehldeckel in den Schlund geschoben werden.

Der Einsatz einer Schlundsonde sollte in Absprache mit dem Tierarzt erfolgen. Je nach Tierart gibt es dafür mehrere Methoden und Geräte.

8.3.2.4 Fütterung kranker und alter Tiere

Krankheiten bei Zootieren sind möglichst in der Entstehungsphase dem Zootierarzt zu melden, damit umgehend eine Behandlung eingeleitet werden kann. Neben dem Einsatz von Medikamenten ist auch eine besondere Fütterung der Patienten vom Tierarzt festzulegen. Die Verordnungen müssen exakt und gewissenhaft eingehalten werden. Dabei ist zu beachten, dass individuelle Eigenheiten der Tiere (zahm, scheu, besonderes Verhalten, Beweglichkeit, festliegend, laufbehindert u.Ä.) berücksichtigt werden.

Eine **Diätkost** sollte auf der Basis des gewohnten Normalfutters zusammengestellt werden, wobei die Zubereitung verändert wird, belastende Anteile weggelassen oder förderlich wirkende Futterstoffe zugefügt werden. Medikamente werden mit dem Futter – am besten in bevorzugten Leckerbissen – verabreicht. Wasserlösliche und flüssige Medikamente können auch in einer separaten Tränke eingemischt werden. Affen sind bei der Verabreichung von Medikamenten besonders misstrauisch. Diese Tiere sollten deshalb gelegentlich neutrale Tabletten (z.B. Traubenzucker) erhalten, sodass sie im Krankheitsfall an die Aufnahme von Zusatzgaben gewöhnt sind.

Alte Tiere können bei Aufnahme und Verdauung von Futtermitteln behindert sein. Ursachen sind ein nicht mehr voll funktionsfähiges Gebiss, Sehbehinderungen oder Blindheit, mangelnde Beweglichkeit in der Futteraufnahme, aber auch Verdauungsschwierigkeiten. Das Futter muss bei unbrauchbarem Gebiss entsprechend zerkleinert oder auch in Form einer Tränke angeboten werden. Blinde Tiere erhalten ihre Nahrung getrennt von anderen Tieren, der Futterplatz bleibt ständig an der gleichen Stelle, damit das Auffinden mithilfe anderer Sinnesorgane Gewohnheit bleibt.

8.3.2.5 Fütterung von Tieren auf Transporten

Heutzutage haben sich die Bedingungen für Tiertransporte wesentlich zugunsten der Tiere verändert. Sie gelangen heute per Flugzeug oder auf der Straße, z.T. mit Spezialfahrzeugen, in kurzer Zeit zum Empfänger. Begleiter sind selten notwendig, Futter braucht nur noch in kleinen Mengen – wenn überhaupt – zugeladen zu werden. Beim Transport mit Lkw sind gesetzlich Pausen vorgeschrieben, in denen die Tiere Wasser und eventuell Futter erhalten. Bei Kleinvögeln mit höherem Stoffwechselumsatz sind in den Behältern Futtergefäße für das übliche Futter und Wasser eingebaut.

8.3.2.6 Fütterung von Jungtieren

Die Aufzucht von Jungtieren – in erster Linie ein Ernährungsproblem – erfordert neben den nötigen theoretischen Kenntnissen praktische Erfahrungen und biologisches Einfühlungsvermögen.

Natürliche Aufzucht

Die natürliche Aufzucht durch das eigene Muttertier erweist sich als günstigste Variante und hat die beste Aussicht auf ein erfolgreiches und gesundes Aufwachsen des Jungtiers. Nach der Geburt des Jungen muss durch sorgfältige Beobachtung festgestellt werden, ob die Mutter genügend Milch hat und das Junge rechtzeitig vom Gesäuge Milch aufnimmt. Bei Nesthockern ist eine solche Beobachtung schwierig.

Eine ausreichende Ernährung verraten Jungtiere oft durch befriedigte Laute, dagegen geben sie im hungrigen Zustand häufig ein anhaltendes Quäken, Schreien und dergleichen von sich. Bei nicht ausreichend genährten Huftieren stellen sich die artspezifischen Saugintervalle nicht ein. Liegt Milchmangel vor, ist umgehend zu entscheiden, ob das Junge bzw. die Jungtiere bei der Mutter verbleiben können und zusätzlich versorgt werden, oder ob sie abgesetzt und künstlich aufgezogen werden müssen. Soweit möglich kann versucht werden, die Mutter kurze Zeit von den Jungen zu trennen, um den Zustand und die Gewichtszunahme des Nachwuchses zu überprüfen. Volle runde Bäuche beweisen fast immer die begonnene Nahrungsaufnahme des Nachwuchses. Gelber Milchkot ist auch ein Beweis, dass die Mutter Milch besitzt und saugen lässt. Während der Säugeperiode erhält das Muttertier ausreichend gehaltvolles Futter. Zu Anfang der Laktationsperiode wird vom Muttertier Kolostral- oder Biestmilch ausgeschieden, die sich durch hohe Gehalte an Eiweiß, Fett, Mineralstoffen, Vitaminen sowie spezifischen Schutz- und Abwehrstoffen (spezifische Globuline) auszeichnet, die besonders für die Resistenz, Gesunderhaltung und Kräftigung der Jungen während der ersten Lebenstage wichtig sind. Diese Gehalte nehmen im **Kolostrum** von Tag zu Tag ab, bis dann nach etwa 8–14 Tagen die artspezifische normale Milchzusammensetzung erreicht ist. Neugeborene können in der Regel nur in den ersten 24 Stunden Immunglobuline im Darm absorbieren. Deshalb müssen sie so früh wie möglich Kolostrum aufnehmen.

Die Dauer der Säugezeit ist sehr verschieden. Bei Menschenaffen, Elefanten, Nashörnern u.a. kann sie 1½–3 Jahre betragen. Das Absetzen der Jungen von der Mutter soll unter normalen Bedingungen nicht vor der vollen selbständigen Aufnahme ausreichender Nahrung erfolgen.

Jungvögel zehren nach dem Schlupf den Nährstoffvorrat im Dottersack in ½–2 Tagen auf, danach werden sie mit Aufzuchtfutter (Atzfutter) versorgt. Den Nesthockern wird die Nahrung von den Eltern zugetragen.

Künstliche Aufzucht

Eine künstliche Aufzucht kann nach Abwägung der Nachteile für das betroffene Jungtier notwendig werden, wenn die Mutter nicht in der Lage ist, ihr Junges selbst aufzuziehen. Die Folgen einer künstlichen Aufzucht können die Fehlprägung des Jungtiers auf den Menschen, das Ausbleiben artspezifischer Lernerfahrung und dadurch Schwierigkeiten sein, sich später an Artgenossen anzuschließen und selbst Nachwuchs aufzuziehen bzw. sich daran zu beteiligen. Es bedarf daher der Abwägung in jedem Einzelfall, ob eine künstliche Aufzucht eines von der Mutter verlassenen Jungtiers vorgenommen werden soll.

Eine Möglichkeit ist die Aufzucht durch **Tierammen**. Am vorteilhaftesten ist eine artgleiche Amme, die aber nur in seltenen Fällen zur Verfügung steht. In der Natur gibt es gelegentlich auch Muttertiere, die neben ihrem eigenen ein fremdes Jungtier mitsaugen lassen. So wird mitunter in größeren Herden, in denen innerhalb einer kurzen Zeitspanne mehrere Jungtiere geboren werden, beim „Versagen" eines Muttertiers dessen Junges von einer anderen Mutter mitversorgt.

Bei Verwendung von artfremden Ammen müssen möglichst nah verwandte Arten ausgesucht werden, die in der Körpergröße nicht zu stark abweichen. Die Ammen sollten bereits Jungtiere aufgezogen haben und noch einige Zeit in der Laktation mit ausreichender Milchmenge stehen. Da die Muttertiere mit ihrem feinen Geruchsempfinden ihre eigenen Jungtiere am Geruch erkennen, müssen die fremden mit dem Geruch der Amme oder ihrer eigenen Kinder getarnt werden. Eine Aufzucht durch Ammen ist in der heutigen Zeit relativ selten, da die Voraussetzungen kaum vorhanden sind. Wenn möglich sollten Gewichtskontrollen mit der Waage Gewissheit geben, dass die Versorgung durch die Amme ausreichend ist. Die Wägung sollte wenigstens zu Beginn der Aufzucht mehrmals am Tag erfolgen.

Die **Aufzucht mit der Milchflasche** ist sehr aufwendig, aber meist erfolgreich. Der Betreuer muss Einfühlungsvermögen und Fingerspitzengefühl aufweisen und viel Mühe und Geduld aufbringen. Die Flaschenkinder sollten immer vom gleichen Tierpfleger betreut werden, da sie sich in kurzer Zeit an die menschliche Ersatzmutter gewöhnen. Bei jedem Flaschenkind sollte ein ausführliches Aufzuchttagebuch geführt werden, in welchem täglich und gewissenhaft folgende Angaben festgehalten werden: aufgenommene Milchmenge je Mahlzeit, Gewichtszunahmen, Kotbeschaffenheit und Vermerke über den Gesundheitszustand. Die Zubereitung der Milchnahrung muss für jedes Tier mit größter Sorgfalt unter Einhaltung der hygienischen Richtlinien erfolgen. Die Kenntnis der jeweiligen Zusammensetzung der Muttermilch ist notwendig, damit die **Ersatzmilch** an die Muttermilch angeglichen werden kann. Der Fettgehalt der Muttermilch ist einzuhalten, die Ersatzmilch kann mit Sahne fettreicher gemacht werden. Der Eiweiß- und Milchzuckergehalt kann geringe Differenzen aufweisen. Als Ersatzmilch steht Kuhmilch, aber auch Ziegen-, Schaf- und Stutenmilch zur Verfügung. Weiterhin existiert eine breite Palette von Milchpräparaten, die den Ansprüchen der einzelnen Tierarten entsprechen und von einschlägigen Firmen zu beziehen sind. Manche Tierarten, z.B. Robben oder Kängurus, müssen mit laktosefreier Milch aufgezogen werden. Sie sind nicht in der Lage, Milchzucker abzubauen, sondern lagern die Laktose z.B. in der Augenlinse ein und können dadurch erblinden.

Die Milch sollte aus gesunden Tierbeständen kommen, damit sie frei von pathogenen Keimen ist. Die für die Aufzucht bestimmte Milch darf nur bis 80 °C erhitzt werden, damit keine Entwertung von Vitaminen und Eiweißanteilen eintritt. Bei der ersten Ersatzmilchgabe wird es zur Einstellung des artgemäßen Fett- und Proteingehalts erforderlich sein, die Ersatzmilch mit Reis- oder Dreikornschleim oder mit Kamillen- oder Fencheltee zu verdünnen. Der Zusatz von Schleim in der Milch versieht die Magenschleimhaut und die Anfangsteile des Dünndarms mit einem gegen aggressive physiologische Einwirkungen schützenden Schleimfilm. Der Milchanteil sollte anfangs ein Drittel bis ein Halb, später allmählich zwei Drittel bis drei Viertel betragen, bis dann je nach Entwicklungszustand reine Vollmilch gegeben werden kann. Die Milchflasche wird in einem Wasserbad auf Körpertemperatur (ca. 37 °C) erwärmt.

Die Verabreichung der Milch ist an das artspezifische Mutter-Kind-Verhalten anzulehnen. Dies gilt vor allem für die natürliche Saugstellung des Jungtiers. Junge Paar- und Unpaarhufer erhalten die Flasche im Stehen schräg nach oben, Hunde, Katzen, Schweine im Liegen bei etwas angehobenem Vorderkörper flach schräg von vorn. Besondere Ansprüche stellen Affen, die auch beim Saugen ihren Klammerreflex ausüben. Der Tierpfleger hält dabei das Jungtier an seinen Körper. Zu hastiges und zu reichliches Trinken ist zu vermeiden, da dabei die Gefahr einer abweichenden Milchgerinnung und die Bildung unverdaulicher Käseklümpchen, die zu Magen-Darm-Störungen führen können, besteht. Die Milchmenge für die einzelnen Mahlzeiten ist abhängig von Alter, Größe und Zustand des Jungtiers, vom Grad der Abweichung der Ersatzmilch von der artspezifischen Muttermilch und von der Gewöhnung an die fremde Milch. Die Zeitfolge der Mahlzeiten ist von verschiedenen Faktoren abhängig. In den ersten Lebenswochen und bei geringer Milchaufnahme sind sowohl am Tag als auch nachts mehrere Mahlzeiten notwendig. Später bekommen die Jungtiere in der Regel nur noch tagsüber Milch in größeren Mengen, die bis zur Sättigung verabreicht wird.

Menschenaffenbabys werden wie kleine Menschenkinder aufgezogen, dabei sollte der Tierpfleger über langjährige Erfahrungen verfügen und besonders die hygienischen Grundsätze strikt einhalten.

Bei Ernährungsstörungen wie schlechtem Appetit, Nahrungsverweigerung, Durchfall, auffälligem Kot u.a. ist sofort der Zootierarzt zu informieren, da hier nur eine unmittelbare Behandlung des Jungtiers helfen kann.

Die künstliche Aufzucht von Jungvögeln, besonders von Nesthockern, verlangt ebenso wie die Primatenaufzucht besondere Erfahrungen und Fingerspitzengefühl. Nestflüchter sind in der Lage, bereits frühzeitig selbständig Nahrung aufzunehmen. Besonders Hühner- und Gänsevögel beginnen schon am 2. Tag damit.

Umgewöhnung von der Milchnahrung auf feste Kost

Noch während der Saugzeit können die Jungtiere allmählich feste Nahrung aufnehmen. Bei Agutis, Meerschweinchen, Ziegen u.a. wird dieses Verhalten schon nach einigen Tagen, bei anderen Wiederkäuern, Einhufern, Flusspferden nach 3–5 Wochen, bei Großkatzen etwa nach 5–6 Wochen, bei Menschenaffen erst nach 3–5 Monaten beobachtet. In dieser Übergangszeit ist besonders sorgfältig bei der Auswahl, Zusammenstellung und Zubereitung des Futters zu verfahren, da die Jungtiere während der Nahrungsumstellung sehr anfällig sind. Gesunde und kräftige Junge gewöhnen sich relativ schnell an die feste Vollkost der Alttiere. Während des Wachstums sind zusätzlich Vitamin- und Mineralstoffgaben und bei Pflanzenfressern anfangs noch eiweißhaltiges Beifutter (Aufzuchtfuttermischung) notwendig.

Auch bei der künstlichen Aufzucht müssen die Jungtiere im entsprechenden Alter an feste Kost gewöhnt werden. Die Milchnahrung wird in langsam zu reduzierenden Mengen nebenbei weiter verabreicht. Das Hungerempfinden vor der üblichen Mahlzeit soll immer erst auf die feste Nahrung gelenkt werden.

Bei der Fütterung junger Fleischfresser, die vorwiegend mit Muskelfleisch ernährt werden, ist eine Zugabe vom Körper gut verwertbaren Futterkalks unerlässlich. Dadurch wird das Calcium-Phosphor-Verhältnis in der Nahrung zugunsten des Calciums verschoben und damit eine physiologische Ausbildung des Skeletts ermöglicht. Nicht alle Calciumpräparate können vom jugendlichen Organismus gleich gut genutzt werden; Gaben von Calciumlaktat werden empfohlen.

8.4 Fütterungstechnik

Zur **Fütterungstechnik** gehören alle Maßnahmen zur Vorbereitung und Verabreichung der täglichen Futtermittel an die Tiere. Die Aufgabe und Zielstellung der Fütterungstechnik besteht darin, den ernährungsphysiologischen und ökologischen Bedürfnissen der einzelnen Tierarten zu entsprechen.

Voraussetzung für eine fachgerechte Fütterung der Zootiere sind gute Kenntnisse in der Tierernährung und Futtermittelkunde. Erfahrungen in der Zoopraxis, Sorgfalt und Fingerspitzengefühl sowie eine gute Beobachtungsgabe sind die Grundlagen einer täglich individuellen Fütterung der Tiere.

Die Futtermittel können entweder einzelne Grundstoffe oder vorgefertigte Mischungen sein. Die verschiedenen Fütterungstechniken umfassen Trocken-, Nass-, Warm- oder Kaltfütterung sowie Gruppen- oder Einzelfütterung. Daneben sind die Futterzeiten in Abhängigkeit von den Bedürfnissen der verschiedenen Tierarten und deren Altersklassen zu beachten. Weiterhin sollten die Reihenfolge der Verabreichung der einzelnen Futtermittel, die Anzahl der Futtergaben pro Tag oder Ansprüche von Jungtieren (besonders bei Säugern) berücksichtigt werden, deren Ernährung allmählich von der Muttermilch zum festen Futter übergeht. Der Tagesrhythmus beim Füttern muss den Jahreszeiten (Sonnenaufgang und -untergang) angepasst werden.

Die **Futterabteilungen** sind in den zoologischen Gärten unterschiedlich organisiert, abhängig von der Größe der Einrichtung, verfügbaren Gebäuden, technischen Ausrüstungen für Lagerung, Futterzubereitung und Transport, Lagerkapazitäten für Trockenprodukte, Kühl- und Gefrierräumen für Obst, Gemüse, Futterfleisch, Fische, Laub, gefrostete Futtertiere u.a.

Soweit das Futter nicht in den Revieren zubereitet wird, hat man in größeren Tiergärten vorwiegend aus hygienischen Gründen eine Arbeitsteilung in Futtermeisterei, Futterküche, Futtertierzucht und Futterfleischbearbeitung räumlich und personell vollzogen. Alle Futtermittel werden dort für die Verfütterung vorbereitet und an die Reviere verteilt. In kleineren Einrichtungen wird eine zentrale Futterwirtschaft unter Einhaltung der notwendigen Hygiene betrieben. In Revieren mit sehr anspruchsvollen Zootieren, z.B. Affen, Vögel, Reptilien und Amphibien, Fische sowie Insekten, werden die spezifischen Futterzubereitungen in der Regel kurzfristig vor der Futtergabe durchgeführt. Das trifft auch für die anderen Tiere zu, die zeitweise einer besonderen Diät, z.B. bei Krankheiten und Eingewöhnung, bedürfen. Eine gut organisierte Fütterungstechnik trägt wesentlich zur optimalen Ernährung, zur Erhaltung der Gesundheit und Zuchtfähigkeit sowie zu einer normalen Entwicklung der Jungtiere bei und ist somit für die erfolgreiche Haltung aller Zootiere unerlässlich.

8.4.1 Die Futtermeisterei

Die Futterwirtschaft ist in den einzelnen Tiergärten unterschiedlich organisiert. Sie richtet sich nach den vorhandenen Gebäuden samt ihrer technischen Ausrüstung sowie nach der Größe des jeweiligen Zoos. Der Futtermeisterei bzw. der Futterabteilung obliegt die Beschaffung, Einlagerung, Zubereitung und Ausgabe der Futtermittel an die Reviere. Spezialfuttermischungen, z.B. Konzentratfutter (auch als Kraftfutter bezeichnet), können nach vorgegebenen Rezepturen in Mischfutterwerken nach Wunsch als „mehliges“, gebröckeltes oder pelletiertes Futter hergestellt werden. Eine Eigenproduktion im Zoo ist wegen der teuren Maschinenausrüstung und deren geringer Auslastung in der Regel ökonomisch nicht vertretbar. Ausnahmen kann es bei sehr kleinen Mengen nicht pelletierten Mischfutters geben.

Ein großer Teil der Futterlieferungen kann durch möglichst langfristige Verträge, meist für 1 Jahr, abgesichert werden. Menge, Qualität, Preise, Liefertermine und Reklamationsverfahren bei mangelhaften Futtermitteln werden dann in gegenseitiger Vereinbarung zwischen dem Zoo und den Lieferanten festgelegt. Bei Obst, Gemüse, Grünfutter und anderen leicht verderblichen Produkten schwanken die Angebote und Preise in Abhängigkeit von der Jahreszeit. Ein reduziertes Warenangebot auf den Großmärkten des In- und Auslands kann unter Umständen zu Preiserhöhungen führen, sodass alternative, gleichwertige und preiswertere Produkte gekauft werden müssen. Die leichte Verderblichkeit der oben genannten Futtermittel kann zeitweise eine kontinuierliche Nahrungsversorgung erschweren. Deswegen sind ausreichende Lagerräume für eine längere Bevorratung wünschenswert. Trockene, gut durchlüftete Räume dienen der Lagerung von Heu, Stroh, Konzentratfutter und anderen Trockenprodukten. Nicht nur in der warmen Jahreszeit können Kühlräume mit einer Temperatur von 1–5 °C für lagerfähiges Obst und Gemüse von wirtschaftlicher und organisatorischer Bedeutung sein. Bei Bananen erfolgt die Reifung und Lagerung bei 12 °C. Gefrierräume mit Temperaturen bis zu –30 °C (mindestens –18 °C) werden für gefrostete Fische, Fleisch, gefrostetes Laub und Spezialfutter (Insekten, kleinere Tiere, z.B. Ratten und Mäuse) benötigt.

Funktion und Einrichtung einer Futterküche

Die Futterküche sollte möglichst von der Futtermeisterei räumlich und personell getrennt sein, da hier vorwiegend leicht verderbliche und feuchte Futtermittel gelagert und zubereitet werden. Diese Produkte haben besondere Ansprüche in Bezug auf Hygiene und Temperierung. Zu den Aufgaben der Futterküche zählt die Zubereitung von Sonderfutter für erkrankte Tiere und für künstlich zu ernährende Jungsäuger. Darüber hinaus werden bei Verdauungsstörungen Heilmittel nach den Anweisungen des Tierarztes zubereitet, z.B. heilende Tees (Eichenrindentee oder schwarzer Tee).

In der Futterküche sind täglich die Menüs für die Reviere je nach Futterangebot zusammenzustellen. Die angelieferten Produkte werden auf Gewicht und Qualität überprüft und notfalls reklamiert. Bei Lieferausfall des Großhandels oder der Produzenten muss schnell entschieden werden, welches Obst oder Gemüse kurzfristig die Versorgungslücke schließen kann. Solche Situationen treten leider in der Winterperiode nicht selten auf. Die letzte Feinzubereitung des täglichen Futters und die Aufteilung an die Pfleglinge, die unterschiedlichen Appetit oder gesundheitliche Probleme haben können, wird im Revier in „Kleinküchen“ vollendet.

Zur Ausstattung der Futterküche können folgende Geräte gehören: Gemüsewaschmaschine, Kochherd, Dämpfer für Kartoffeln und Möhren, Großküchenmaschine zum Zerkleinern von Gemüse oder Brot, Kühlräume, Handtransporter, aber auch Gabelhubwagen zur Bewegung von beladenen Paletten.

8.4.2 Zubereitung der Futtermittel

Bevor das Futter den Tieren gereicht wird, sind die meisten gelagerten oder frisch gelieferten Futtermittel so zuzubereiten, dass den vielseitigen Ansprüchen und individuellen Bedürfnissen der Pfleglinge entsprochen werden kann.

Die Zubereitung des Futters sollte rationell in einer zentralen Futterküche bzw. Futtermeisterei erfolgen, jedoch werden im Einzelfall für empfindliche und anspruchsvollere Tiere die Rationen mit besonderer Sorgfalt direkt in den Revieren hergestellt. Diese Tiere können vom Pfleger ständig beobachtet werden; dabei erleichtert die Einzelfütterung die tägliche Kontrolle des Futterverzehrs und des Gesundheitszustands, sodass gegebenenfalls der Tierarzt rechtzeitig eine Behandlung einleiten kann.

8.4.2.1 Reinigung

Obst und Gemüse (Blatt-, Wurzel- und Knollengemüse) werden vor der Zubereitung gründlich gereinigt. Mit Fäulnis oder gar mit Schimmel befallene Früchte sind auszusondern. Pathogene Bakterien und Viren sowie Magen- und Darmparasiten gefährden die Gesundheit der Tiere. Kartoffelkeime, die den Giftstoff Solanin in hoher Konzentration enthalten, müssen gründlich entfernt werden.

Südfrüchte und Obst, davon besonders Weintrauben, sind oft mit chemischen Präparaten zur langfristigen Haltbarmachung behandelt. Diese Früchte müssen gründlich abgewaschen werden. Bei Südfrüchten werden die Schalen entfernt, da sonst bei empfindlichen Tieren Verdauungsstörungen oder gar Vergiftungserscheinungen auftreten können. Bei Obst aus biologischem Anbau sind in der Regel keine Konservierungsstoffe verwendet worden. Auch Trockenfutter (Heu, Stroh, Konzentratfutter, Getreide etc.) kann Staub, Sand, Schimmel- und Fäulnisbefall oder Fremdkörper enthalten. Heu und Stroh können durch kräftiges Ausschütteln beim Verteilen in den Revieren von Schmutz und Fremdkörpern gereinigt werden. Dazu zählen auch die zum Binden der Ballen benutzten Fäden.

Die Reinigung von Getreide obliegt dem Futterlieferanten, der über Reinigungsanlagen verfügt. Die Mischfutterwerke garantieren ein Konzentratfutter entsprechend der beigefügten Rezeptur. Staatliche Behörden untersuchen regelmäßig die Produktion und Produkte der Mischfutterwerke.

8.4.2.2 Zerkleinerung

Ein wichtiger Arbeitsgang bei der Zubereitung des Futters ist seine Zerkleinerung zum Zwecke einer erleichterten Aufnahme durch die Tiere. Damit wird die Verdauung und Verwertung des Futters erhöht. Die Zerkleinerung darf allerdings den Tieren nicht die Kauarbeit abnehmen, sondern soll nur die Nahrungsaufnahme ohne Schwierigkeiten erleichtern. Es gibt zahlreiche Verfahren für die Zerkleinerung von Futter per Hand oder mit Spezialmaschinen.

Schneiden. Mit Messern oder Küchenmaschinen können je nach Bedarf der Tiere Würfel, Scheiben oder Streifen hergestellt werden.

Schnitzeln. Es wird mit Maschinen durchgeführt und vorwiegend bei größeren Mengen von Futterrüben, Möhren und Kohlrabi eingesetzt.

Häckseln. Stroh, Grünfutter und Heu werden in Längen von 1–5 cm als Fein- und Grobhäcksel zerkleinert. Dabei muss beachtet werden, dass Häcksel nicht für alle Tierarten geeignet ist, insbesondere bei zu kurzen Partikeln. Außerdem verliert zu kurzer Häcksel (< 0,8 cm) seine Strukturwirksamkeit für Wiederkäuer.

Fleischbearbeitung. Bei Fleisch und auch bei weichen Knochen und Knorpeln wird die Zerkleinerung mit dem Beil oder Hackmesser vorgenommen. Harte und spröde Knochen (Röhrenknochen!) werden nur gesägt, um ein Zersplittern und eine damit verbundene Verletzungsgefahr beim Tier zu vermeiden.

Schroten. Getreide wird – soweit nicht als Korn verfüttert – zur besseren Aufnahme und Verdauung grob oder fein geschrotet. Auch Öl- und Hülsenfrüchte, getrocknete Garnelen, Krabben oder Insekten können mit Schrotmaschinen zerkleinert und für eine gute Verdauung aufgeschlossen werden.

Mahlen. In Mühlenbetrieben und Futtermittelwerken wird durch den Mahlprozess eine noch feinere Zerkleinerung der oben genannten Futtermittel erreicht. Bei der Mehlmüllerei wird die gröbere Kleie abgetrennt und an viele Tierarten im Gemisch mit anderen Produkten verfüttert.

Quetschen. Mit der Haferquetsche werden Hafer und auch andere Getreidekörner breit gewalzt und damit von Tieren, z.B. Pferdeartigen, leichter aufgenommen und verdaut. Dabei werden, wie auch beim Schroten, keine Bestandteile des Korns abgetrennt.

Reiben und Raspeln. Vorwiegend Obst und Gemüse werden mit Großküchenmaschinen grob oder fein gerieben. Dies ist wichtig für die Diätkost oder für ältere Tiere mit Gebissschäden. Die Reviere verwenden für kleinere Mengen das altbewährte Reibeisen. Durch Raspeln mit der Küchenmaschine wird gröberes Futter für diejenigen Tiere erzeugt, die ganze Früchte nicht aufnehmen können. Mit dem „Wolf" der Küchenmaschine erreicht man eine noch feinere Zerkleinerung von Gemüse, Fleisch, Fisch u.a.

8.4.2.3 Quellen und Anfeuchten

Das Quellen unter Zugabe von Wasser bewirkt, dass einige Futtermittel überhaupt erst aufgenommen und ohne Behinderungen verdaut werden können. Dazu zählen z.B. Trockenschnitzel, getrocknete Früchte, Maiskörner, Reis, Hülsenfrüchte oder trockenes Brot. Mit der Wasseraufnahme erfolgt eine Volumenvergrößerung, eine Auflockerung und ein Weichen des Futters. Dieses Verfahren ist vor allem für die Tiere lebenswichtig, die keine Kauwerkzeuge haben (Vögel) und die stark quellungsfähige Futtermittel abschlucken. Eine Quellung der Trockenschnitzel ist mindestens einen halben Tag vor der Fütterung durch Hinzugabe des doppelten Volumens an Wasser durchzuführen, sonst kann es passieren, dass die aufgenommenen Trockenschnitzel eine übermäßige Ausdehnung des Magens bis zur Gefahr des Reißens verursachen. Besonders gefährdet sind Wiederkäuer. Mit der Wasserzufuhr können harte und trockene Produkte wie Altbrot und stark staubende Futtermischungen für Wasservögel und Weichfresser aufgewertet werden. Das Anfeuchten wird hier erst kurz vor der Fütterung durchgeführt. Dabei muss das Futter gründlich gemischt werden. Feuchtes Futter verdirbt schnell, bei hohen Temperaturen im Sommer ist es eine besondere Gefahr für die Tiere.

8.4.2.4 Trocknen

Zur Konservierung von Grünpflanzen zu Heu oder Grünmehl wird der Feuchtigkeitsgehalt in größerem Umfang vermindert. Belaubte Zweige werden im Schatten unter Luftzutritt und vor Regen geschützt getrocknet und sind eine wertvolle Bereicherung des Futterangebots für Laubfresser in der vegetationsarmen Zeit. Auch andere Produkte werden durch den Trockenprozess für längere Zeit lagerfähig und verlieren dabei kaum ihre wertvollen Bestandteile, jedoch nimmt der Vitamingehalt bei längerer Lagerdauer ab. Beispielsweise können Früchte zu Trockenprodukten konserviert werden, frische Zuckerrübenschnitzel werden bei höheren Temperaturen zu Trockenschnitzeln. Sinkt der Trockenmassegehalt von Getreide unter 87 %, muss es getrocknet werden, da es sich sonst erwärmen und schimmeln kann. Unter der Voraussetzung, dass trockene, gut belüftete und schädlingsfreie Lagerräume vorhanden sind, können auch Backwaren für längere Zeit durch Wasserentzug lagerfähig gemacht werden.

8.4.2.5 Erhitzen

Zur Zubereitung des Futters werden diese Verfahren in vielfacher Weise in der Futterküche oder zum Teil auch im Revier angewendet. Höhere Temperaturen führen zu biochemischen Veränderungen der Nährstoffe und der Struktur des Futters, sodass die Nährstoffe leichter verdaut werden können.

Das **Backen** im geschlossenen Backofen bewirkt die Reduzierung des Wassergehalts und die Bildung von aromatischen Röstprodukten, die den Appetit anregen und die Verdaulichkeit des Futters fördern. Backwaren werden in Tiergärten nur selten hergestellt, der Bezug von Altbackwaren aus Großbäckereien ist günstiger.

Rösten durch trockene Hitze ist ein beliebtes Verfahren zur Behandlung von frischen Brotscheiben, die somit bekömmlicher sind.

Kochen steht im Mittelpunkt bei der Futterzubereitung in der Küche. Die Futtermittel werden durch den Kochprozess aufgeschlossen, Zellgefüge und Fasergewebe der Pflanzenteile werden zum Teil zerstört, damit weich, aufgelockert und leichter verdaulich. Auch Fleisch wird für einige Tierarten gekocht, die Stücke werden in bereits siedendes Wasser gegeben, wobei das Eiweiß an den Außenflächen schnell gerinnt und ein Verlust des Saftes aus dem Inneren des Stückes verhindert wird. Somit bleibt Kochfleisch in seinem Gehalt wertvoll und ist für anspruchsvolle Fleischfresser ein hochwertiges Futtermittel. Mit dem Erhitzen bis zum Siedepunkt können Futtermittel sterilisiert und damit eine Übertragung von Infektionskrankheiten (Tuberkulose, Salmonellose etc.) verhindert werden.

Beim **Dämpfen** wird das Futtermittel unter heißem Dampf und zum Teil unter hohem Druck gegart. Dabei gehen weniger Nähr- und Wirkstoffe als beim Kochen verloren. Auch mit diesem Verfahren lassen sich viele Futtermittel (Reis, Kartoffeln, Möhren, Maiskörner, Rinde, Früchte) so behandeln, dass die Tiere das Futter leichter aufnehmen und verdauen.

8.4.2.6 Milchaufbereitung

Milch, die vorwiegend bei der künstlichen Aufzucht von Jungtieren eingesetzt wird, wurde in vergangener Zeit bis maximal 85 °C erhitzt (pasteurisiert), um unerwünschte Keime abzutöten. Bei der heutigen Milchbehandlung in Molkereien, wo sie auch kurzfristig erhitzt wird, kann man auf das Pasteurisieren in Tiergärten verzichten. Eine kühle Lagerung der gelieferten Milch ist in der Futterküche unbedingt notwendig.

8.4.2.7 Temperieren

Vor dem Verfüttern sind einige Futtermittel auf eine dem jeweiligen Pflegling bekömmliche Temperatur zu bringen. Fleisch, Fisch oder Futtertiere aus Gefrierräumen werden allmählich aufgetaut und danach je nach den Ansprüchen erwärmt. Diese Prozedur kann mehrere Stunden dauern. Das Auftauen sollte in kühlen Räumen (3–8 °C) erfolgen. Bei Großkatzen sollte das Fleisch bis auf etwa 20–24 °C erwärmt werden. Bei Jungtieren, die mit der Flasche aufgezogen werden, muss die Milch der Körpertemperatur angeglichen sein. Wichtig ist, dass einmal aufgetaute Futtermittel umgehend zu verfüttern sind. Eine nochmalige Frostung ist unter keinen Umständen angeraten.

8.4.2.8 Ankeimen von Getreide

Während der kalten Jahreszeit kann der Mangel an frischem Grünfutter durch das Ankeimen von Getreide gemildert werden. So wird die Versorgung mit Vitaminen, die in der vegetationsarmen Zeit besonders wichtig ist, abgesichert. Das Ankeimen kann in Räumen von mindestens 20 °C und einer Luftfeuchtigkeit von 70 % erfolgen. Diese Bedingungen werden z. B. von Gewächshäusern, beheizten Tierhäusern und Futterküchen erfüllt. Sollen aus Getreidekeimen frische junge Triebe gewonnen werden, muss neben der Temperatur auch ausreichend Licht zur Verfügung stehen.

Werden die Getreidekeime in Wasserkultur (Hydroponik) gezogen, sind sie je nach Temperatur, Feuchtigkeit und Pflege schon nach wenigen Tagen verwendbar; für die Entwicklung der grünen Triebe muss eine längere Zeit kalkuliert werden. Bei der Hydroponik werden die Keime und Pflanzen nicht auf Böden, sondern in Nährlösungen gezogen, jedoch sind die technischen Investitionen dafür sehr aufwendig.

Zum Ankeimen eignen sich qualitativ gute Sämereien, die nicht zu alt sein dürfen. Von den Getreidearten lassen sich Weizen und Hafer mit gutem Erfolg ankeimen. Die Körner sind je nach Temperatur zwischen 2 und 6 Tagen zu weichen. Das Wasser sollte täglich erneuert werden und wird abgegossen, sobald die Keime erscheinen. Die gekeimten Samen werden dann an der Luft getrocknet und recht bald verfüttert.

Sollte eine beginnende Verpilzung festgestellt werden, müssen die verpilzten Stellen großzügig beseitigt werden.

Durch das Ankeimen werden Fermente gebildet, die die Verdauung günstig beeinflussen. In den Keimen wird reichlich Vitamin E gespeichert. Die Keimung darf nicht zu weit fortschreiten, da sonst eine schnelle Wertminderung, u.a. eine Erhöhung des Rohfasergehalts, eintritt. Beim Keimvorgang werden Nährstoffe – vorwiegend Kohlenhydrate – durch die Aktivierung des Stoffwechsels veratmet. Diese Nährstoffverluste betragen bis zu 25 %. Insgesamt wird die Wirkung der gekeimten Sämereien oft überbewertet.

8.4.2.9 Mischfutterherstellung

Mischfutter besteht aus zwei oder mehreren Einzelfuttermitteln mit oder ohne Zusatzstoffe. Die Rezepturen werden für Tierarten, Altersgruppen oder zur Aufwertung von Grundfutter festgelegt. Dabei können Allein- und Ergänzungsfuttermittel hergestellt werden.

Alleinfuttermittel sind vollwertige Futtermittel mit sämtlichen für die betreffende Tierart notwendigen Nähr- und Wirkstoffen in einer auf die tägliche Futteraufnahme abgestimmten Konzentration.

Ergänzungsfuttermittel sollen das Grundfutter um bestimmte Zusätze, z.B. Vitamine, Mineralstoffe, Proteine etc., ergänzen, um die Zuführung sämtlicher Nähr- und Wirkstoffe in der Tagesration sicherzustellen. Jedoch können Ergänzungsfuttermittel auch zur Stabilisierung der Gesundheit oder zur stärkeren Färbung von Vogelgefieder (z.B. bei Flamingos und Roten Sichlern) beitragen.

Vollwertiges Mischfutter, seit vielen Jahrzehnten in der landwirtschaftlichen Nutztierhaltung mit großem Erfolg erprobt, hat auch für die Zootierernährung immer mehr an Bedeutung gewonnen. Die Produktion für die Tiergärten überlässt man nach Möglichkeit den industriellen Mischfutterwerken, die exakt nach den vorgegebenen Rezepturen das Futter für die Zootiere als mehlige oder gebröckelte Mischung oder Pellets in verschiedenen Größen herstellen. Trotzdem wird für einige Zootiere die Zusammenstellung und Zubereitung des Futters in der Futtermeisterei durch manuelles Mischen oder mit einer einfachen Mischtrommel vollzogen.

Feuchte Futtermischungen, z.B. Weichfutter in verschiedenen Zusammensetzungen für Vögel, werden ganz traditionell in den Revieren per Hand gemischt, gründlich durchgeknetet und mit feuchten oder flüssigen Anteilen (geriebene Möhren, Obstsäfte, geschnittene Äpfel und anderes Obst) vermischt, damit eine feuchtkrümelige Struktur entsteht oder erhalten bleibt. Bei größeren Mengen können zur Rationalisierung der Arbeit Knetmaschinen verwendet werden. Je nach Menge der zugegebenen Feuchtanteile wird bei dieser Futterzubereitung zwischen Trocken- und Feuchtmischen unterschieden.

Nach alter Tradition werden auch Mischungen in eine Kuchenform gebracht. Diese Kuchen sind leicht zu portionieren und geben die Gewähr, dass die Tiere nicht selektieren, sondern alle Inhaltsstoffe aufnehmen. Das vollwertige Mischfutter, ergänzt durch Zugaben, wird zu einem festen Teig verarbeitet und auf Blechen ausgewalzt. Statt in einen Backofen werden die Bleche in einen Kühlraum gebracht, wo bei niedrigen Temperaturen der Kuchen in einigen Stunden trocknet und bindet. Eine weitere Lagerung erfolgt im Kühlraum. Vor der Verfütterung wird der Kuchen je nach den Bedürfnissen der Tiere in verschieden große Stücke aufgeschnitten.

8.4.2.10 Tötung und Zubereitung von Futtertieren

Das Töten bzw. Schlachten von Futtertieren, die als „tierisches Ganzfutter“ verwendet werden, darf laut gesetzlicher Verordnung nur von Personen ausgeübt werden, die eine entsprechende fachliche Qualifikation und einen Sachkundenachweis haben. Die fachliche Qualifikation wird in der Regel über die Ausbildung zum Zootierpfleger erlernt, die dann von der zuständigen

Tab. 8.2 Durchschnittliche Gewichte von 1 m^3 Futter

Futtermittel	Gewicht (kg)
Wiesenheu (lose)	70
Klee- und Luzernenheu (lose)	80
Frischer Klee	330
Stroh (lose)	40
Hafer (Körner)	450
Gerste (Körner)	600
Kartoffeln	680
Futterrüben	600

Tab. 8.3 Fassungsvermögen eines 10-Liter-Eimers für verschiedene Futtermittel

Futtermittel	Gewicht (kg)
Quetschhafer	3,5
Haferflocken	3,5
Hafer (Körner)	6,0
Weizen (Körner)	8,0
Kleie	4,0
Leinsamen	7,0
Pellets	7,5
Sonnenblumenkerne	5,0
Grünmehl	4,5
Reis, gekocht	8,5
Garnelen (getrocknet)	4,5
Frischfisch (Heringe)	9,0
Sojabohnen-Extraktionsschrot	5,0

Behörde geprüft oder nur bescheinigt wird. Die gesetzlichen Bestimmungen sind einzuhalten.

Die Futtertiere werden zum größten Teil blutwarm bzw. blutfrisch verfüttert. Ein Entzug des Blutes erfolgt bei Kaninchen und Geflügel. Einige Schlangen erhalten lebende Tiere als Futter. Kaninchen und Geflügel können auch mit Fell bzw. Federn an Raubtiere verfüttert werden. Daraus ist der Begriff „tierisches Raufutter" abzuleiten. Küken werden nach der Tötung im Ganzen verfüttert.

Bei gefrosteten Tieren wie Küken und Mäusen wird der tägliche Bedarf kurz vorher aufgetaut und allmählich auf ca. 20–30 °C erwärmt, je nach den Ansprüchen der Empfänger. Aus einleuchtenden Gründen sollten die Futtertiere nicht in Anwesenheit der Zoobesucher verfüttert werden.

Futterfleisch. Es darf nur noch Fleisch, das für den menschlichen Verzehr zugelassen ist, verfüttert werden. Darüber hinaus ist die Verfütterung von Tieren und tierischen Produkten an Zootiere möglich, wenn es laut der „Nebenproduktebeseitigungsverordnung" erlaubt ist. Es handelt sich hierbei um die Verordnung (EG) Nr. 1069/2009 des Europäischen Parlaments und des Rates vom 21.10.2009 mit Hygienevorschriften für nicht für den menschlichen Verzehr bestimmte Nebenprodukte und zur Aufhebung der Verordnung (EG) Nr. 1774/2002 (Verordnung über tierische Nebenprodukte). Laut dieser Verordnung entstehen tierische Nebenprodukte hauptsächlich während der Schlachtung von Tieren, die für den menschlichen Verzehr bestimmt sind, bei der Herstellung von Erzeugnissen tierischen Ursprungs wie Milcherzeugnissen. Die tierischen Nebenprodukte sind in drei Kategorien eingeteilt, abhängig von der Gesundheitsgefährdung für Tier und Mensch. Die Verfütterung der Nebenprodukte wird von der zuständiger Behörde genehmigt. So ist es zurzeit möglich, von Zootieren stammende Teile an Zootiere zu verfüttern.

In zoologischen Gärten ist Futterfleisch in verschließbaren Räumen zu lagern, sodass eine missbräuchliche Verwendung ausgeschlossen wird. Über das Futterfleisch ist ein exakter schriftlicher Nachweis zu führen. Auch der Lieferant (zugelassener Futterfleisch-Schlachtbetrieb) steht unter der Kontrolle des zuständigen Amtstierarztes und muss die zutreffenden gesetzlichen Vorschriften strikt einhalten.

8.4.2.11 Futterbereitstellung und Futterausgabe

Für die Zubereitung sowie die Einlagerung und den Transport der angelieferten Rohstoffe und Futtermittel sind technische Hilfsmittel erforderlich.

Zur Zerkleinerung von Körnern dienen z.B. Schrot- und Hammermühlen sowie Haferquetschen; eine kleinere Mischtrommel ist zur Herstellung von Mischfutter empfehlenswert.

Die Arbeitsproduktivität im Futtermitteltransport hat sich durch den Einsatz von Paletten und Containern und der entsprechenden Technik wesentlich erhöht. Bei der Entladung und Einlagerung von Paletten werden Gabelhubwagen und Gabelstapler für den horizontalen Transport benötigt. Für die Einlagerung von Heu und Stroh dienen Transportbänder und Ballenförderer. Großballen können nur mit einem leistungsfähigen Gabelstapler sicher bewegt werden. Dagegen lassen sich kleinere Heu- und Strohballen (25 bzw. 30 kg) in den Zoos mit weniger Aufwand transportieren.

Die Lagerung von Getreide und pelletiertem Konzentratfutter in Siloanlagen erleichtert die Aufnahme von umfangreichen Nahrungsmengen für einen längeren Zeitraum. Die Auslagerung ist durch Technik wie Trogkettenförderer, Elevatoren oder Druckluftleitungssysteme ebenso produktiv und bedarf nur geringer manueller Arbeit. Silos und Transportwege müssen in bestimmten Zeitabständen gereinigt werden, da sich aufgrund von Futterresten Schimmel bilden kann.

Diese aufwendigen technischen Ausrüstungen können aus wirtschaftlichen Gründen nicht in allen Tiergärten bereitgestellt werden.

Bei der Verteilung der täglichen Futterrationen im Zoo sind Fahrzeuge wie Traktoren und Elektrokarren mit Anhängern nicht zu entbehren. Als eine zusätzliche Attraktion für die Besucher und als kostensparende Alternative können für den Futtertransport Pferdegespanne eingesetzt werden.

8.4.2.12 Transport des Futters

Das in der Futtermeisterei und Futterküche vorbereitete Futter wird für die Reviere in hygienische Behälter abgepackt und ausgefahren bzw. von den Pflegern abgeholt. Leicht verderbliches Futter wird täglich ausgegeben, lagerfähige Produkte wie Rau- und Konzentratfutter können in größeren Abständen in den Revieren eingelagert werden. Dabei ist zu beachten, dass eine Zwischenlagerung in den Tierhäusern den hygienischen Mindestanforderungen entsprechen muss. Sie sollte in Räumen erfolgen, die frei von Schadnagern und anderen Schädlingen sind. Dabei sollten trockene und belüftete Vorratsbehälter genutzt werden, die leicht zu reinigen sind. Mit Futterwagen dürfen Dung, abgenagte Knochen, Kadaver und sonstige Abfälle aus hygienischen Gründen nicht transportiert werden. Ein sorgfältiges Beladen des Futterwagens ist selbstverständlich, damit Verluste von Futtermitteln vermieden werden. Kannen mit flüssigem Inhalt sollten gut verschlossen und standfest sein. Während des Winters und besonders bei starkem Regen oder Frost ist der Wagen mit einer geeigneten Plane abzudecken. Grünfutter, Heu oder Stroh werden so verladen, dass Verluste bzw. Verschmutzungen der Besucherwege im Tiergarten vermieden werden. Bei allen Transportarbeiten ist der Arbeitsschutz zu beachten.

8.4.2.13 Faustzahlen für Rauminhalte und Futtermengen

Zur Bestimmung der Menge von Futtermitteln ist die Feststellung des Gewichts mit einer Waage exakt. In der Praxis können Erfahrungswerte nach dem Rauminhalt zu einem annähernden Gewicht führen. Diese Werte können abweichen, wenn der jeweilige Wassergehalt oder die Dichte des Stapels bei Grün- und Raufutter unterschiedlich sind. Für Futtermittel, die im Revier nicht immer abzuwiegen sind, gilt es, sich Erfahrungsmaße und -gewichte, auch als Faustzahlen üblich, anzueignen: z.B. ein Arm voll Heu, Stroh, eine Hand voll Hafer, Mais, Luzernemehl, Kleie, Reis. Diese „Arm- und Handmengen" sollte jeder Pfleger zur Kontrolle abwiegen und die Werte festhalten.

Weitere gebräuchliche praktische Hohlmaße:

- große Eimer fassen 10–12 l, kleinere 6–8 l
- große Milchkannen sind auf 20 l geeicht, kleine auf 10 l

- Töpfe, Becher, Flaschen u.a. mit Maßeinteilung in l, ml bzw. cm^3
- Ess- und Teelöffel, Schaufel, Menge bei „gestrichener“ und „gehäufter“ Füllung
- Gefäße ohne Maßeinteilung sind auf ihr Fassungsvermögen nach Hohlmaß oder Gewicht zu prüfen, je nach den darin abzumessenden Futtermitteln
- Anzahl der Tropfen aus Flaschen bei Vitamin- und Arzneizusätzen

Vorteilhaft ist, wenn in allen Revieren einheitliche Gefäße mit Maßeinteilung verwendet werden. Damit wird die notwendige Futtermenge für die jeweilige Tierart abgemessen.

8.4.3 Fütterungsbewertung und wirtschaftliche Aspekte zur Fütterungstechnik

Die Ernährung der Zootiere sollte nicht unter dem Gesichtspunkt erfolgen, den Tieren unter allen Umständen Ernährungsverhältnisse zu bieten, die denen in der freien Wildbahn entsprechen. Vielmehr gilt es, unter Berücksichtigung ökonomischer Gesichtspunkte, die Fütterung nach Art, Menge und Güte so vorzunehmen, dass das Futter den spezifischen Erfordernissen der Tierart, dem Alter und der erwarteten Leistung entspricht. Das Futter muss alle jene Stoffe enthalten, die das Leben, die Lebensdauer, eine gute Fruchtbarkeit und Aufzuchtleistung unter Berücksichtigung natürlicher Entwicklungsrhythmen sichern. Sind alle vorgenannten an das Futter zu stellenden Bedingungen erfüllt, dann handelt es sich um ein vollwertiges Futter. Ein vollwertiges Futter enthält alle den physiologischen Eigenschaften des Tieres entsprechenden und zur Aufrechterhaltung aller Lebensfunktionen notwendigen Stoffe. Was der tierische Organismus dem vollwertigen Futter entnehmen kann, hängt von dem Nährstoffanteil ab, der verdaut und resorbiert wird. Für landwirtschaftliche Nutztiere konnte man durch vielfältige Verdauungsversuche Tabellen schaffen, die messbare Werte für die verdaulichen Nährstoffe im Futter brachten. Darauf aufbauend gelang es, die Futterration für die Haustiere zu errechnen. Für Tiere aus der freien Wildbahn erwiesen sich solche Verdauungsversuche als schwierig. So dienten und dienen noch heute Tabellen für landwirtschaftliche Haustiere dazu, zumindest Hinweise für die Ernährung vor allem der verwandten Wildtiere zu geben.

Beim Erarbeiten der Fütterungspläne und Verbrauchsnormen sind die ökonomischen Gesichtspunkte und die biologisch tiergärtnerischen Belange aufeinander abzustimmen.

Die Lagerung der Futtermittel muss in jeder Richtung sachgemäß erfolgen, der Verderb an Futtermitteln ist in höchstmöglichem Maße zu verhindern.

Ebenso ist das Horten leicht verderblicher Futtermittel im Bereich der Reviere zu unterlassen. Auch bei der Futterzubereitung können unnötige Verluste vermieden werden, wenn z.B. das Aussortieren, Ausschneiden und Schälen von Gemüse und Früchten, das Verteilen, Abschätzen und Wiegen mit der erforderlichen Sorgfalt geschehen. Die festgelegten Futterrationen sind einzuhalten. Übermäßige Zugaben sind den Tieren keinesfalls förderlich. Die zweifelhafte Weisheit „viel hilft viel“ hat für eine fachgerechte Fütterung überhaupt keine Gültigkeit. Das Futter ist sachgemäß in entsprechende Behälter zu füllen, damit Streuverluste vermieden und keine Futtermittel zertreten und verschmutzt werden.

Mit allen zur Fütterung eingesetzten Gerätschaften ist sorgfältig umzugehen. Sie sind in einem ordentlichen Zustand zu halten und ständig zu pflegen.

Eine sachgemäße optimale Fütterung ist mit dem ökonomisch vertretbaren Verbrauch an Futtermitteln ohne Schwierigkeiten vereinbar, wobei weder falsche Sparsamkeit noch überzogener Verbrauch oder gar Verschwendung geübt werden dürfen.

9

Grundlagen der Hygiene und Krankheitslehre

Karl Elze† & Klaus Eulenberger

9.1 Grundlagen der Hygiene

9.1.1 Haltungshygiene

Im Unterschied zur Haltung von Wirtschaftstieren sind die Anforderungen an die Hygiene bei der Haltung von Zootieren mit den biologischen Erfordernissen sowie mit den ästhetischen Vorstellungen der Besucher in Einklang zu bringen. Als grundsätzliche Maßnahmen sind durchzuführen:

- tägliches Entfernen von verschmutzter Einstreu und tierischen Abgängen sowie Abfällen und Futterresten mit anschließender Säuberung der freigelegten Fußbodenfläche, von Liege- und Sitzbrettern, gegebenenfalls Desinfektion
- tägliches Kotentfernen aus den Freigehegen
- Verbringen aller tierischen Abgänge an dafür bestimmte, für andere Tiere und das Publikum nicht erreichbare Orte
- regelmäßiges Reinigen und gegebenenfalls Desinfizieren der Arbeitsgeräte
- gelegentliches Erneuern von Dekorationen, Schlaf- und Nistkästen und anderen schlecht zu reinigenden Einrichtungen
- Zur Verhinderung einer zu starken Anreicherung von Erregern in Wassergräben und Teichen ist für einen regelmäßigen Wasserwechsel zu sorgen, sofern keine anderweitige Reinigung erfolgt. In angemessenen Abständen ist zu entschlammen, gegebenenfalls sind Schlamm- oder Wasserproben bakteriologisch zu untersuchen. Kadaver sind unverzüglich zu entfernen (Botulismusgefahr!).

9.1.2 Fütterungshygiene

Für alle Tiere sind ausreichend Futterplätze zu schaffen. Die Futtermittel sind möglichst nicht vom Boden, sondern in sauberen Futtergefäßen zu reichen (Ausnahmen: Elefanten, Flusspferde, Großkatzen, Hyänen, Streufütterung bei Primaten und Bären, Aas fressende Vögel). Stets sind die Reste der letzten Fütterung zu entfernen und alle Futter- und Tränkgefäße täglich zu reinigen. Grasfressenden Tieren sollte aus orthopädischen Gründen das Futter nicht in Raufen angeboten werden.

Das **Futter** ist in Form, Konsistenz und Temperatur den spezifischen Erfordernissen der verschiedenen Tierarten anzupassen. Es muss in einwandfreiem und sauberem (wenn nötig gewaschenem) Zustand verfüttert werden. **Tränkwasser** sollte möglichst von Trinkwasserqualität sein.

In Wochenstuben darf aus hygienischen Gründen nicht gefüttert werden. Dafür ist ein Nachbarkäfig bereitzuhalten.

9.1.3 Hygiene auf dem Wirtschaftshof

Der **Wirtschaftshof** ist der Versorgungsmittelpunkt des Betriebes. Auf dem Wirtschaftshof sollen sich möglichst nicht Quarantäneräume und Dunglagerung befinden.

9.1.3.1 Futterlager und Scheunen

Bei der Lagerung von Vorräten gelten folgende Grundsätze:

- Alle Futtermittel sind in trockenen, sauberen, für Unbefugte unzugänglichen Räumen aufzubewahren.
- Die einzelnen Futtermittel sind getrennt zu lagern. Verschmutzung und Staubbildung sind zu verhindern. Nager (u.a. Übertragung von Salmonellosen, Pseudotuberkulose), aber auch Katzen (Übertragung der Toxoplasmo-

Abb. 9.1 Futterküche im „Pongoland“ des Leipziger Zoos.

se) sollten ferngehalten werden. Eine regelmäßige Vektorenbekämpfung ist zu organisieren. Vektoren übertragen Infektionskrankheiten, ohne selbst zu erkranken, indem die Erreger entweder aktiv, z.B. durch Mückenstich, oder passiv am Überträger haftend, z.B. durch eine Schmierinfektion, in den Wirtsorganismus gelangen.

- Eine ständige Qualitätskontrolle (u.a. auf Schimmelbildung, Schädlingsbefall) der Futtermittel muss gewährleistet sein. Aus Behältern mit Blattsilage sind regelmäßig die beim Gärungsprozess entstehenden Gase abzulassen.

Die Abgabe des Futters kann folgendermaßen organisiert werden:

- Sämtliche Futtermittel werden direkt an die einzelnen Reviere geliefert, in denen eine weitere Zubereitung erfolgt. Bei dieser Form ist eine für die Tierart spezifische Zubereitung der Futtermittel möglich.
- Ein Teil der Futtermittel (Raufutter, Grünfutter, Silage, Kraftfutter, Mineralstoffe) wird direkt an die Reviere geliefert, der andere Teil über die Futterküche, wo die Zubereitung erfolgt.

9.1.3.2 Futterküche

Die **Futterküche** hat im Wesentlichen folgende Aufgaben zu erfüllen:

- Abkochen (Brei, Getreidekörner, Milch, Fleisch)
- Waschen, Putzen, Zerkleinern von Obst und Gemüse für Reviere ohne eigene Futterküche.

Für die Futterküche gelten besonders strenge hygienische Maßnahmen, z.B. tägliches Ausspritzen, gründliches Reinigen der Arbeitsgeräte und vorbildliche persönliche Hygiene des Personals. Turnusmäßig ist zu desinfizieren. Wie in Abbildung 9.1 zu erkennen ist, genügen heute Futterküchen für Zootiere modernsten hygienischen Ansprüchen.

9.1.3.3 Futterfleisch-, Tiefgefrier- und Auftauräume

Hier ist die Hygiene von besonderer Bedeutung, da die Fleischlagerung und -verarbeitung aufgrund der leichten Verderblichkeit dieses Futtermittels sowie durch die möglichen Schmierinfektionen eine große Gefahrenquelle für die Tiergesundheit darstellen.

In diesen Räumen gelten folgende hygienische Grundsätze:

- Futterfleisch muss tierärztlich beurteilt sein. Die Ausfuhr von Futterfleisch aus dem Zoo ist streng zu untersagen. Fleischzubereitungsräume, auch Futterkarren und Fleischverarbeitungsgeräte sind täglich mit Heißwasser zu reinigen und wöchentlich zu desinfizieren. Die Oberflächen der Holzblöcke zum Fleischschneiden (Hackklötze) sind regelmäßig abzuziehen und nicht nur mit Wasser zu reinigen. Das gilt auch für die Transportfahrzeuge. Kühlzellen und Auftauraum sind in festgelegten Zeitabschnitten einer gründlichen Reinigung zu unterziehen.
- Besonders ist auf die persönliche Hygiene des Personals zu achten, außerdem auf das Vorhandensein von Arbeitsschutzkleidung (einschließlich schnittresistenter Handschuhe), das Verwenden von Schutzscheiden für die Fleischverarbeitungsgeräte, das Verwenden von Feindesinfektionsmitteln nach Hautschutzplan und Möglichkeiten zur Ersten Hilfe für alle Personen, die Berührung mit Futterfleisch haben.

Gesetzliche Grundlage ist die Zulassung zur Verfütterung tierischer Nebenprodukte gemäß der Tierische Nebenprodukte-Beseitigungsverordnung TierNebV2, Artikel 23, Absatz 2.

9.1.3.4 Futtertierstallungen

Geeignete Vorkehrungen müssen dafür sorgen, dass von **Futtertieren** keine Krankheitserreger auf die Zootiere übertragen werden. Sie sollten deshalb von eigenem Pflegepersonal betreut werden. Die Tierbehältnisse sind besonders gründlich zu reinigen und in kurzen Intervallen zu desinfizieren. Zugänge sind vorher einer Quarantäne zu unterziehen. Die Anwendung des „Alles-rein-alles-raus-Prinzips“ im Rahmen eines Hygieneplans wird empfohlen. Temperatur und Luftfeuchtigkeit in den Räumen bedürfen einer ständigen Kontrolle. Es wird empfohlen, Aufzeichnungen über Aufzuchtraten und Verluste zu führen. Ein Teil der verendeten Tiere sollte der Untersuchung in einem pathologischen Institut zugeführt werden, um rechtzeitig seuchenhaft verlaufende Krankheiten zu erkennen.

9.1.4 Allgemeine Krankheitsprophylaxe

Die **Krankheitsverhütung** steht bei der tierärztlichen Betreuung von Zootieren im Vordergrund, denn der Grundsatz „Vorbeugen ist besser als Heilen“ gilt in besonderem Maße auch für die in menschlicher Obhut gehaltenen Wildtiere. Noch mehr als Haus- und Nutztiere sind Wildtiere in der Lage, Krankheitssymptome als lebenssicherndes Verhalten zu maskieren (siehe Aspergillose)! Es ist ferner zu beachten, dass während einer Eingewöhnungszeit ein besonders kritischer Zeitabschnitt zu überwinden ist. Bis zur Gewöhnung an die neue Umgebung und das Eingliedern in die Rangordnung bei Herdentieren leben die Neuankömmlinge unter „Eingewöhnungsstress“, wodurch ihre Krankheitsanfälligkeit erhöht ist. Durch die unvermeidliche Futterumstellung können auch Verdauungsstörungen und Mangelkrankheiten, z.B. Vitaminmangelkrankheiten (Hypovitaminosen), entstehen.

Organisation der Vorbeugemaßnahmen:

- regelmäßige klinische Untersuchung der Tiere
- krankheitsverdächtige und kranke Tiere mit Allgemeinstörungen sind zuletzt bzw. separat zu versorgen; auf persönliche Hygiene ist dann besonders zu achten
- Tierpfleger, die Kontakt zu Tieren mit ansteckenden Krankheiten hatten (z.B. Pocken, Herpesinfektionen der Affen), dürfen erst nach Konsultation des betreuenden Tierarztes und einer bestimmten Karenzzeit Kontakt zu Tieren und anderen Tierpflegern haben. Das Schuhwerk ist zu desinfizieren, die Kleidung zu wechseln und zu waschen.
- turnusmäßige parasitologische Kotuntersuchungen

- pathologische Untersuchung (Obduktion) aller gestorbenen Tiere
- Überwachung trächtiger Muttertiere
- regelmäßige Gewichts- und Gesundheitskontrollen (Nasen- und Maulschleimhaut, Analregion, Nabel) bei Neugeborenen, soweit nötig zusätzliche Gaben von Vitaminen und Mineralstoffgemischen an Jung- und Alttiere
- Impfungen gegen bestimmte Infektionskrankheiten
- UV-Strahlen abgebende Lampen bei Innenraumhaltung, z.B. von Reptilien, Affen
- Vektorenbekämpfung.

9.1.5 Quarantäne

Forderungen bei der **Quarantäne** von Zootieren: Jeder Zoo sollte eine eigene, vom übrigen Betrieb räumlich getrennte Quarantänestation besitzen. Eigene Arbeitsgeräte und Arbeitskleidung sind erforderlich. Mit dem Verlassen der Station müssen Hände und Schuhwerk desinfiziert werden. Die persönliche Hygiene ist seitens der Tierpfleger besonders ernst zu nehmen. Bei Direktimporten aus der Wildbahn ist das Schwarz-Weiß-Prinzip einzuhalten, d.h. völliges Umkleiden und Duschen bei Verlassen der Quarantänestation.

Die Quarantänedauer wird bei jedem Tierzugang amtstierärztlich festgelegt, sie beträgt im Allgemeinen 28 Tage.

Müssen Tiere vor allem ihrer Größe wegen sofort in die entsprechenden Häuser eingestellt werden, dann sind diese Häuser mit dem gesamten Tierbestand als Quarantäneeinheiten anzusehen und dementsprechend zu sichern. Während der Quarantänezeit sind alle notwendigen klinischen und labordiagnostischen Untersuchungen (z.B. bakteriologische und parasitologische Kotuntersuchungen, möglicherweise Antikörperbestimmungen u.a.m.) durchzuführen.

9.1.6 Bekämpfung von Zoonosen

Zoonosen sind Krankheiten, die auf natürlichem Wege zwischen Wirbeltieren und Menschen übertragbar sind. Folgende Zoonosen sind im zoologischen Garten von Bedeutung:

- durch Viren verursachte Krankheiten: Kinderlähmung, Hepatitis A und B, Herpesinfektionen und Infektionen der oberen Luftwege (besonders für Affenpfleger), Elefantenpocken (Kuhpocken)
- durch Bakterien verursachte Krankheiten: Q-Fieber (besonders für Pfleger von Klauentieren), Ornithose/Psittakose (besonders für Vogelpfleger), Tuberkulose, Ruhr (Shigellen; für Affenpfleger), Salmonellosen, Leptospirose
- durch Pilze verursachte Krankheiten: Mikrosporie („Ringworm"; besonders für Raubtierpfleger), Trichophytie (Glatzflechte)
- durch Parasiten verursachte Krankheiten: Amöbenruhr der Affen, Toxoplasmose (nur über Kontamination mit Katzenkot), Hakenwurmbefall, Befall mit bestimmten Bandwurmarten.

Die Infektionen können durch Kontakt, Tröpfcheninfektion oder Verletzungen (besonders Biss- und Kratzwunden) verursacht werden. Aus diesen Gründen ist auf die persönliche Hygiene der Tierpfleger und deren Gesundheitsüberwachung sehr viel Wert zu legen. Für alle Zoomitarbeiter, die in einem Gefahrenbereich arbeiten, ist eine arbeitsmedizinische Untersuchung im Abstand von 1–2 Jahren erforderlich. Impfungen bzw. Wiederholungsimpfungen sind zu empfehlen gegen Influenza, Hepatitis A und B, Tetanus.

9.1.7 Schädlingsbekämpfung

Folgende tierische **Schädlinge** sind in zoologischen Gärten von Bedeutung:

- Nager: Wanderratten, verschiedene Mäusearten
- Insekten: Schaben, Kornkäfer, Ameisen, Flöhe, Fliegen, Mücken
- Spinnen: Milben.

Die Hauptbedeutung der Schädlingsbekämpfung liegt in der **Infektionsabwehr**, aber auch in der Bekämpfung von Futtermittelvertilgern und Vorratsschädlingen sowie von sogenannten Lästlingen (Fliegen, Kriebelmücken).

Bekämpfungsmaßnahmen dürfen nur mit Wissen bzw. auf Anweisung der Zooleitung durch einen damit beauftragten qualifizierten Tierpfleger oder eine Schädlingsbekämpfungsfirma durchgeführt werden.

Bei der Anwendung von **Giften** ist größte Vorsicht geboten. Es muss garantiert sein, dass weder Besucher noch andere Tiere als jene, die bekämpft werden sollen, mit den ausgelegten Giften in Berührung kommen können. Außerdem sollte eine Aufnahme verendeter Schädlinge durch Zootiere vermieden werden.

Vorsicht ist auch geboten bei Anwendung von Insekten tötenden Wirkstoffen in Vorratsräumen und bei der Haltung von insektenfressenden Tieren. Dafür sind nur sehr wenige, spezielle Präparate geeignet.

9.1.8 Reinigung und Desinfektion

In der Vorbeuge (Prophylaxe) und Bekämpfung von erregerbedingten Krankheiten und den durch Parasiten verursachten Gesundheitsschäden nimmt die Reinigung den ersten Stellenwert ein. Reinigung und Desinfektion sind Schwerpunkt der allgemeinen wie auch **speziellen Seuchenprophylaxe**.

Durch gründliche Reinigung wird die Dichte der Mikroorganismen an den Gegenständen und somit auch die der Krankheitserreger und Entwicklungsstadien von Parasiten (z.B. Wurmeier und -larven) bereits wesentlich reduziert. Es sollen zumindest die Hüllsubstanzen der Krankheitserreger freigelegt oder zerstört werden, denn diese schützen die einzelnen Erreger vor ihrem Tod durch Austrocknung, Antibiose (Bekämpfung durch andere nicht infektiöse Erreger in Boden und Wasser) sowie auch vor dem Einfluss chemischer Substanzen. Das erklärt, weshalb eine Desinfektion ohne vorherige gründliche Reinigung nur wenig sinnvoll ist. Eine trockene oder feuchte Reinigung erfüllt aber ihren Zweck nur dann, wenn sie mit hoher Sorgfalt durchgeführt wird. Fußböden, Wände, Gitterstäbe, Tröge, Näpfe, Geräte und alle anderen Oberflächen sind dann korrekt gereinigt, wenn Struktur, Farbe und ursprüngliche Beschaffenheit der gereinigten Oberflächen überall wieder deutlich erkennbar geworden sind. Außerdem ist darauf zu achten, dass auch alle Ecken und Kanten gesäubert sind, ebenso die Flächen unter verrückbaren Gegenständen. Erst dann ist gesichert, dass bei der nachfolgenden Desinfektion das Desinfektionsmittel auf die Oberflächen und somit direkt an die Erreger kommt, denn je eiweißärmer das Erregermilieu ist, umso schneller sterben die Mikroorganismen ab. Wird nicht sorgfältig genug gearbeitet, bleiben Erregerreservoire zurück, aus denen sich in sehr kurzer Zeit eine erneute Verseuchung des Raums entwickelt.

In Zoos, in denen die Tierhäuser weitgehend ganzjährig über Jahrzehnte und länger mit Tieren der gleichen Arten besetzt sind, gehören regelmäßige gründliche Reinigung und, wenn es die Situation oder das Erregerspektrum erfordern, Desinfektionen zu den wesentlichsten Maßnahmen der Krankheitsvorbeuge. Tägliches Desinfizieren der Käfige ist jedoch nicht erforderlich, es würde für die meisten Tiere auch eine zu große Belastung darstellen. Vor allem die damit meist verbundenen starken Fremdgerüche belasten die Tiere sehr, zwingen sie zu übermäßigem Markieren und damit zum Verausgaben von Körpersubstanzen mit der Folge einer allgemeinen Schwächung der körpereigenen Abwehrkräfte.

9.1.8.1 Was versteht man unter Desinfektion?

Desinfizieren heißt, in oder auf totem oder lebendem Material durch

- physikalische (Wärme, UV-Strahlung)
- thermische (feuchte oder trockene Hitze) oder
- chemische (chemische Desinfektionsmittel)

Einwirkungen alle oder nur bestimmte Krankheitserreger, mit Ausnahme von Bakteriensporen, mit Sicherheit abzutöten.

9.1.8.2 Durchführen der Desinfektion

Die vorbeugenden Desinfektionen in Zoos werden meist als Teil- oder Zwischendesinfektionen durchgeführt, da nur in seltenen Fällen ganze Häuser von den Tieren geräumt werden können, um eine Gesamtdesinfektion durchzuführen. Im Vordergrund steht in Zoos die **Rotationsdesinfektion**. Dabei werden jeweils die von Tieren geräumten Käfige oder Teile eines mit Tieren belegten Hauses desinfiziert. Es handelt sich dann stets um eine Flächendesinfektion. Bei der Zwischendesinfektion erfolgt diese unter Verwendung tierverträglicher Mittel (z.B. peressig- oder ameisensäurehaltig) in den belegten Ställen und Käfigen.

Normalerweise geht bei der Desinfektion von Tierstallungen – im Gegensatz zur Humanmedizin – die Reinigung der Desinfektion voran. Nur bei Verdacht auf für Menschen hoch infektiöse Krankheiten sollte aus Gründen des Gesundheitsschutzes vor den Reinigungsmaßnahmen bereits einmal eine Desinfektion vorgenommen werden.

Die handelsüblichen chemischen Desinfektionsmittel werden in Wasser gelöst oder verdünnt und dabei wird der dem Ziel und dem Wirkstoff entsprechende Konzentrationsgrad hergestellt. Die anwendungsfertige Desinfektionslösung wird

- verspritzt: 1000–150 µm Teilchengröße
- gesprüht: 150–25 µm Teilchengröße
- als Aerosol ausgebracht: 50–0,1 µm Teilchengröße.

Die Tröpfchengröße bestimmt die erforderliche Menge an Desinfektionsmittel für 1 m^2 Fläche (z.B. Spritzen: 0,3 l, Sprühen: 0,1 l).

Entsprechend dem Ziel, den anwendbaren Möglichkeiten und den zu desinfizierenden Gegenständen muss man das geeignetste Desinfektionsmittel auswählen sowie die notwendige Konzentration und die Technik des Ausbringens festlegen. In Abhängigkeit vom Desinfektionsmittel und den Temperaturen im zu desinfizierenden Raum ergeben sich die erforderliche Einwirkzeit und die Nachreinigungs- oder Nachspülarbeiten.

Sehr wichtig ist die Beachtung des Eiweißfaktors, denn gegen alle Erreger in eiweißhaltigem Material (Bluttropfen, Milchtropfen, Kot, Harn, eiweißhaltige Futtermittel) ist die Wirkung nahezu aller Desinfektionsmittel geringer. Deshalb ist die vorherige gründliche Reinigung so wichtig. Bei Anwendung der Peressigsäure ist der Eiweißfaktor wegen der kurzen Einwirkzeit ganz besonders zu bedenken.

Bei der chemischen Desinfektion sind folgende Faktoren zu beachten und jedes Mal zu kontrollieren:

- Reinigungsgrad der zu desinfizierenden Flächen und Gegenstände
- Raumtemperatur
- Konzentration der Desinfektionslösung
- pH-Wert der Desinfektionslösung.

Die beim Umgang mit den einzelnen Desinfektionsmitteln erforderlichen Gesundheits- und Arbeitsschutzmaßnahmen werden durch eine veterinärmedizinische Fachkraft angewiesen. Während der Desinfektionsarbeiten darf nicht gegessen, geraucht und getrunken werden. Es sollten möglichst zwei Personen anwesend sein.

Wichtig: Gieße niemals Wasser in Säuren, sondern verfahre umgekehrt!

Bei der speziellen Tierseuchenbekämpfung (Ausbruch einer Seuche im Zoo oder im angrenzenden Territorium) werden die Desinfektionsmittel, die zur vorbeugenden Desinfektion in den einzelnen Revieren und Häusern eingesetzt werden sollen, sowie die zu verwendende Konzentration und das anzuwendende Desinfektionsverfahren amtstierärztlich festgelegt und kontrolliert.

Als **Desinfektionsmittel** finden, differenziert nach Wirkungsspektrum und Verträglichkeit bei den einzelnen Tierarten, folgende chemische Stoffklassen Anwendung:

- Säuren
- Laugen
- quarternäre Ammoniumbasen
- Alkohole
- Aldehyde
- Halogene.

Es sollten nur solche Mittel Anwendung finden, die in der „Liste der nach den Richtlinien der Veterinärmedizinischen Gesellschaft (DVG) geprüften und als wirksam befundenen Desinfektionsmittel für die Tierhaltung (Handelspräparate)“ aufgeführt sind. Vorsicht ist bei solchen Präparaten geboten, bei denen die Bestandteile nicht exakt ausgewiesen sind.

Phenolderivate sollten in Zoos nur in den seltensten Fällen Verwendung finden. Sie haben einen lang anhaltenden, belästigenden Geruch und führen bei Aufnahme von Rückständen besonders bei Katzen zu Vergiftungen.

Die Tierhäuser von Pflanzenfressern sollten wenigstens einmal im Jahr einer Gesamtdesinfektion durch eine in wenigen Tagen umlaufende Desinfektion unterzogen werden (Tier-, Arbeits- und Besucherräume), Geburtsställe einige Zeit (je nach Tierart Tage bis Wochen) vor den zu erwartenden Geburten.

Die Häuser von Menschen- und Tieraffen sowie Fleischfressern sollten mindestens einmal jährlich einer Rotationsdesinfektion unterzogen werden.

Brutapparate sind vor dem Einlegen der Eier zu desinfizieren.

Tiertransportwagen müssen nach jeder Entladung gereinigt und desinfiziert werden.

Vor dem Tränken von Jungtieren, nach der Pflege kranker Tiere und nach der Betreuung in Quarantäne befindlicher Tiere sind die Hände gründlich zu waschen und zu desinfizieren.

Desinfektionsbottiche, -matten oder -wannen sollten nur vor Quarantäneeinheiten oder bei akuter Seuchengefahr eingerichtet werden.

9.2 Grundlagen der Krankheitslehre

Gesundheit und Krankheit stehen sehr eng beieinander und der Übergang von einem Zustand zum anderen ist fließend.

Gesundheit ist der geordnete Ablauf der normal (physiologisch) aufeinander abgestimmten Lebensvorgänge im Organismus entsprechend der Spezifität einer Art, Familie, Rasse und des Alters. Desgleichen besteht zwischen dem Organismus des Tieres (Makroorganismus) und den Krankheitserregern (Mikroorganismen) bezüglich ihrer gegenseitigen Reaktion ein Gleichgewicht.

Im Zustand der **Krankheit** kommt es zu Störungen in dem normalerweise harmonisch geordneten Ablauf der Lebensvorgänge, z.B. zu einer Gleichgewichtsstörung bei der ständigen Auseinandersetzung zwischen Makro- und Mikroorganismen (Tier und Erreger) zuungunsten des Makroorganismus. Dabei können sowohl Regulationsstörungen (Dysregulationen) der im Körper ablaufenden Stoffwechselvorgänge als auch den zellulären Aufbau des Körpers betreffende Veränderungen infolge der verschiedensten Schädigungen im Vordergrund stehen. Es ist naheliegend, dass sich die genannten Störungen der Lebensvorgänge im kranken Organismus auch im Verhalten und an äußerlich erkennbaren Funktionsabläufen widerspiegeln. Daran, und zwar meist schon in geringfügigen Veränderungen im Verhalten der Tiere, erkennt man den Beginn einer Krankheit. Das rechtzeitige Erkennen der Abweichungen vom Verhalten eines gesunden Tieres ist für jede vorbeugende sowie behandelnde Maßnahme von großer Bedeutung.

Vom rechtzeitigen Erkennen von Krankheitsanzeichen und dem alsbaldigen Einsatz tierärztlicher Maßnahmen hängt in vielen Fällen der Behandlungserfolg ab.

Einige dieser ersten allgemeinen **Krankheitsanzeichen** sind:

- Absondern von der Herde
- verminderte Bewegungsfreudigkeit bis Apathie, Schläfrigkeit
- Aufsuchen von Wärmequellen (besonders Vögel)
- Appetitlosigkeit
- Veränderung der Kotbeschaffenheit
- vermehrte Trinkwasseraufnahme und häufigerer Harnabsatz
- Nasen- und Augenausfluss
- gesträubtes Haarkleid bzw. Gefieder
- verminderter Hautturgor (Hautfalten bleiben stehen)

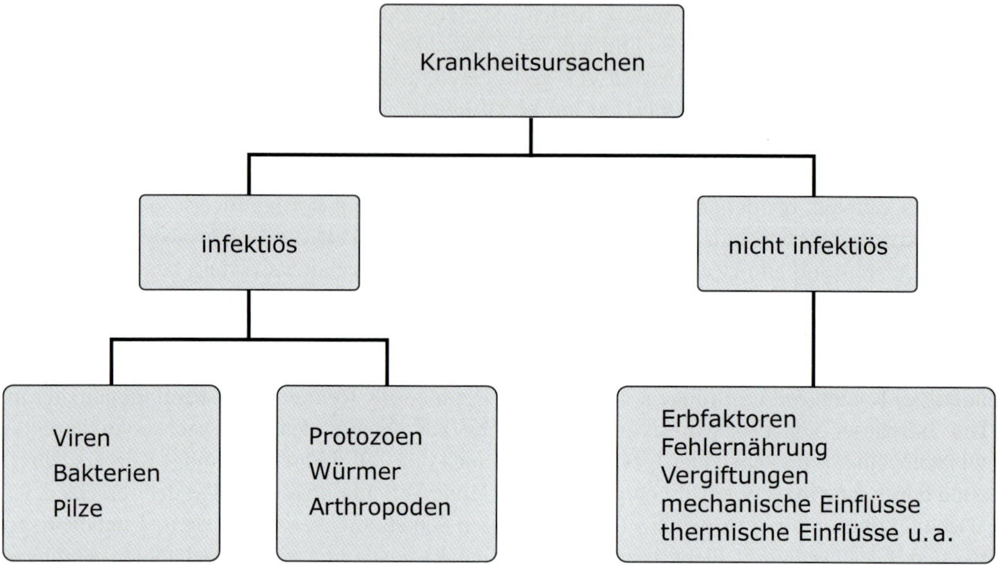

Abb. 9.2 Schema zu den Krankheitsursachen.

- Karpfenrückenhaltung (Kyphose), aufgeschürzter Bauch
- gespannte Bauchdecken
- Lahmheit.

Welcher Art können nun die Schadeinwirkungen (Noxen) sein, die den Übergang vom gesunden in den kranken Zustand des Tieres bewirken? Die Zahl dieser möglichen **Krankheitsbedingungen** und **Krankheitsursachen** ist sehr groß und mannigfaltig. Eine Übersicht über die wichtigsten Krankheitsursachen ist dem Schema in Abbildung 9.2 zu entnehmen. Nur in den wenigsten Fällen lässt sich mit absoluter Sicherheit eine Krankheit auf eine exakt erfassbare Krankheitsursache zurückführen, z. B. eine Bisswunde oder einen Beinbruch, auf den Biss bzw. auf den Schlag eines anderen Tieres, wobei im letzteren Fall bereits die Frage offen ist, ob nicht eine besondere Neigung (Disposition) zum leichteren Brechen des Knochens durch ein möglicherweise vorhandenes Unterangebot an Mineralstoffen und Vitaminen oder deren Vorstufen oder eine allgemeine Schwäche der betroffenen Tiere vorlag, die zu einer innerartlichen Auseinandersetzung geführt haben kann. Bereits anhand dieser wenigen Beispiele ist zu erkennen, dass meist das Zusammentreffen mehrerer Krankheitsbedingungen und Krankheitsursachen zum Übergang vom gesunden zum kranken Zustand eines Tieres führt. Das bedeutet auch, dass der im Folgenden gemachte Versuch, die am häufigsten wiederkehrenden Krankheitsbedingungen und -ursachen zu ordnen und aufzuzeigen, nicht vollständig sein kann, sondern lediglich als Leitfaden für die Differenzierung der wichtigsten Krankheitsursachen angesehen werden sollte.

9.2.1 Innere Krankheitsbedingungen

Darunter sind Veranlagungen oder Neigungen sowie im Organismus bedingte Bereitschaften für das Auftreten von bestimmten Krankheiten zu verstehen. Das sind z. B.:

- **Vererbung bestimmter Anlagen:** Sie führen z. B. zum Auftreten von Kopfmissbildungen, Hodensackbrüchen, Zwergwuchs, Gebissanomalien.

- **Konstitutionelle Schwächen:** Von der Konstitution (genetisch bestimmte körperliche Verfassung) hängt zu einem großen Teil die Entwicklung der einzelnen Gewebearten und Organe ab. Ein „pummeliger" Typ tendiert mehr zum Ansetzen von Fettgewebe und der Bildung von weniger stoffwechselaktivem Gewebe (Muskel, Sehne, Nerv) als ein Umsatztyp, der Nährstoffe in höherem Maße in Energie und damit Leistung (Milchleistung, Mobilität, Immunität) verstoffwechselt, und ist dann im Allgemeinen gegenüber äußeren und inneren Schadwirkungen empfindlicher.
- **Krankheitsanfälligkeit:** Darunter verstehen wir einen Zustand erhöhter Empfänglichkeit gegenüber Erkrankungen im Allgemeinen, aber auch gegenüber spezifischen Krankheiten. Dieser Zustand kann auf verschiedenen Ursachen beruhen. Diese können begründet sein in spezifischen Eigenarten der Tierart, der Rasse, der Familie, des Geschlechts, des Alters, der Hautfarbe (Pigmentierung) sowie der angeborenen Abwehrlage des einzelnen Tieres. So sind z.B. Katzen gegenüber den Viren des Katzenstaupe-Komplexes sehr empfänglich, Jungtiere gegenüber Infektionen mit dem Bakterium *Echerichia coli* (Kolibakterium), Pferdeartige gegenüber Infektionen der oberen Luftwege und z.B. Elefanten sowie alle Einhufer gegenüber Verdauungsstörungen, die mit Schmerzäußerungen im Bauchgebiet einhergehen (Kolik).

9.2.2 Äußere Krankheitsursachen

Neben inneren Krankheitsbedingungen sind von außen kommende Einwirkungen für das Entstehen einer Krankheit von gleich hoher Bedeutung, denn erst das Aufeinandertreffen einer inneren Krankheitsbereitschaft und der äußeren Krankheitsursache führt zum Auftreten der Krankheit, d.h., erst wenn die Anpassungsfähigkeit des Tieres an die äußeren Umstände des Lebens überschritten wird, kommt es zur Erkrankung. Dabei müssen wir aber zwischen absoluten und relativen äußeren Krankheitsursachen unterscheiden. Das Einwirken **absoluter äußerer Krankheitsursachen** wie fehlende Zufuhr von Nahrung und Trinkwasser oder das Einwirken von Krankheitserregern, Giftstoffen, hochkonzentrierten Säuren, starker Hitze oder Kälte, Zugluft, Stoß, Schlag, Feuer u.a. führt direkt zur Erkrankung.

Das Einwirken **relativer äußerer Krankheitsursachen** bedarf häufig des Zusammentreffens mit einer erhöhten Empfindlichkeit, um zum sichtbaren Ausbruch der Krankheit zu führen. Treffen z.B. nur wenige krank machende (pathogene) Erreger auf einen jungen oder geschwächten Organismus, kommt es in der Regel dennoch sofort zur Erkrankung. Ist das Tier aber sehr widerstandsfähig, bedarf es schon einer besonders hohen Dosis oder einer hohen Vermehrungsfreudigkeit (Virulenz) dieser Erreger.

Der Verlauf einer Krankheit kann je nach Pathogenität und Virulenz der Erreger und Abwehrlage des Wirtes unterschiedlich sein. Es werden folgende Krankheitsverläufe unterschieden:

- **Perakut:** Die Tiere verenden plötzlich ohne vorherige deutliche Anzeichen.
- **Akut:** Die Tiere zeigen über eine Dauer von 3–7 Tagen ausgeprägte Krankheitssymptome.
- **Chronisch:** Die Intensität der Symptome lässt nach, es kommt aber nicht zur vollständigen Heilung.
- **Latente Infektion:** Es kommt zur Erregerausscheidung ohne sichtbare Erkrankung des Wirtstieres.

Die Zeit vom Eindringen eines Erregers in den Wirt bis zum Auftreten erster Symptome ist die **Inkubationszeit**.

9.2.3 Ungesteuerte Zuführung von Nahrungsmitteln, Wasser und Wirkstoffen

Durch unangemessene Nahrungsmittel- und Wirkstoffzufuhr kann es zu einem Unter- oder Überangebot an Energie liefernden Futtermitteln und dadurch zu einer Unter- bzw. Überernährung der Tiere kommen. Beide können bei längerem Anhalten dieses Zustands zu schweren Erkrankungen oder sogar zum Tod der Tiere führen.

Überernährung: Bei Überernährung kommt es zur Ablagerung der überschüssige Energie tragenden Stoffe in den Fettdepots bis hin zur Fettsucht und den sich daraus ergebenden Störungen im Kreislauf, der Atmung, der Fruchtbarkeit und der Widerstandskraft gegenüber Infektionskrankheiten. Aus diesem Grund sollte die Nahrungszufuhr so berechnet sein, dass die Tiere in guter Kondition als Schau- und Zuchttiere stehen. Neben dem sichtbaren, unschönen körperlichen Zustand treten bei Verfettung als erste erfassbare **funktionelle Störungen** meist Fruchtbarkeitsstörungen, spezifische Erkrankungen während der Trächtigkeit, Herz- und Kreislaufschwäche sowie Atemnot auf.

Unterernährung: Eine primäre Unterernährung infolge mengenmäßig und in der Beschaffenheit völlig unzureichender Futtermittel- oder Wasserzufuhr ist im Allgemeinen bei der Haltung von Zootieren nicht mehr zu erwarten. Sie kann auftreten, wenn Neuzugänge über längere Zeit die Futteraufnahme verweigern. Häufiger ist sie sekundär als Begleiterscheinung anderer schwerer Erkrankungen, die zu verringerter Fresslust führen, zu beobachten. In diesen Fällen werden zuerst die vorhandenen Nährstoffreserven des Körpers aufgebraucht, worauf es sehr bald zur Rückbildung der Skelettmuskulatur und klinisch sichtbarer **Abmagerung** kommt. Die Tiere verfallen dann zusehends und bekommen eine trockene Haut, die flüssigkeitsarm ist, sowie tief liegende, eingefallene Augäpfel. Bei Großtieren kann es wie auch beim Menschen zu Wasseransammlungen (Ödeme) in den Beinen, am Hals und am Unterbauch kommen. Kleinere Tiere kommen meist infolge völliger Austrocknung in kurzer Zeit zu Tode. Am deutlichsten ist dieses Krankheitsbild bei Jungtieren zu beobachten, die aus den verschiedensten Gründen nach der Geburt nur wenig oder gar keine Nahrung aufnehmen konnten oder aufgenommen haben.

Das gleiche Krankheitsbild können wir infolge des hohen Flüssigkeitsverlusts nach wenigen Tagen auch häufig bei Tieren mit unstillbarem Durchfall oder Erkrankungen der Niere beobachten.

9.2.3.1 Fütterungstechnisch bedingte Krankheiten

Sie treten trotz aller Umsicht und Sorgfalt immer wieder auf. Am häufigsten werden sie durch folgende Umstände ausgelöst:

- Fütterung in unregelmäßigen Zeitabständen. Dadurch sind Störungen in der Motorik der Verdauungsorgane bedingt. Das kann beim Wiederkäuer zur Blähsucht (Tympanie), zu unterdrückter Vormagentätigkeit oder bei Elefanten und Huftieren zu Koliken infolge unregelmäßiger Darmtätigkeit und sich daraus ergebender Verstopfung führen. Die Tiere zeigen Appetitlosigkeit, verweigern das Futter, schlagen mit den Beinen gegen den Leib und legen oder wälzen sich.
- Zu hastiges Fressen – zu wenig zerkleinerte oder zerkaute Futterteile. Hierdurch kann es zum Verschlucken und Verkeilen dieser Futterteile in der Speiseröhre kommen. Das tritt besonders bei Wiederkäuern durch Kartoffel- oder Rübenstücke oder bei Kleinkatzen und halbwüchsigen Großkatzen bei nicht genügend zerkleinerten Fleischstückchen oder nicht entsprechend groß gehaltenen Portionen auf. Die Tiere hören mitten im Fressen auf, würgen und husten bei größter Unruhe und Erstickungsangst. Bei Wiederkäuern kommt hinzu, dass es nachträglich infolge des verhinderten Aufstoßens in kurzer Zeit zum Aufblähen (Tympanie) kommt. In derartigen Fällen ist schnelle tierärztliche Hilfe notwendig.
- Falsch temperierte Futtermittel. Viele Tierarten sind Futtermitteln gegenüber empfindlich, die nicht richtig temperiert verabreicht werden. So sind z.B. alle Pflanzenfresser sehr anfällig gegenüber aufgrund von Lagerungsfehlern heiß gewordenem Grünfutter, das sehr oft bei Elefanten und Equiden zu

schweren Koliken führt. Deshalb ist bei der Verfütterung von Grünfutter jeglicher Art stets darauf zu achten, dass es nicht erhitzt oder zu stark angewelkt ist. Nasses Grünfutter schadet im Allgemeinen den Tieren nicht. Raubtiere können empfindlich gegenüber zu kaltem Fleisch sein, sodass es bei diesen Tieren schnell zu Störungen der Verdauungstätigkeit kommt, wenn sehr kaltes Fleisch sehr hastig aufgenommen wird. Als Portion zum Abbeißen gereicht kann es günstiger sein als zu stark aufgewärmtes Fleisch mit dann nämlich erhöhter Erregerkontamination.

9.2.3.2 Aufnahme von Giften mit den Futtermitteln

Die Auswirkungen sind sehr verschieden und hängen sowohl von der Beschaffenheit und der Menge des Giftstoffs als auch stark von der Aufnahme über die Wand des Magen-Darm-Kanals in die Blutbahn und der Geschwindigkeit des Eindringens oder Haftens des Giftes in oder an den Zellen des Organismus ab. Das erklärt auch den sehr verschiedenartigen Verlauf bei Vergiftungen, der stets auf einer Ausschaltung, Hemmung, Verstärkung oder auch Änderung der Funktion der Zellen, Organe oder ganzer Organsysteme beruht. So lassen Tiere bei den verschiedenen Vergiftungen häufig ein sehr unterschiedliches Krankheitsbild erkennen. Die Krankheit verläuft teils sehr plötzlich, teils sehr verzögert. Nahezu in allen Fällen zeigen die Tiere aber völlige **Futterverweigerung** mit mehr oder weniger stark ausgeprägten Schmerzen.

Bei Giftpflanzen ist zu beachten, dass die verschiedenen Tierarten unterschiedlich empfindlich sind. So sind Grasfresser wesentlich empfindlicher als Blätterfresser.

9.2.3.3 Mangelernährung

Die **Mangelernährung** spielt als Krankheitsursache bei den Zootieren dank des erfolgreichen Bemühens um eine wissenschaftlich fundierte Ernährung und Fütterung nicht mehr die Rolle wie in früheren Jahren. Der Bedarf an Nähr- und Wirkstoffen und deren Deckung ist zwar noch nicht bei allen Arten vollständig ermittelt, es wurden in den letzten Jahren jedoch wesentliche Fortschritte erzielt. Außerdem stellen heute spezialisierte Futtermittelfirmen tierartspezifische Fertigfuttermittel zur Verfügung, die sich in den Tiergärten bewährt haben.

Bei **Mangelkrankheiten** ist der Bedarf an einzelnen Aminosäuren, Fettsäuren, Wirkstoffen oder Spurenelementen nicht voll gedeckt. Hinzu kommt, dass zwischen den Mineralstoffen, Vitaminen und Aminosäuren ein Wirkungszusammenhang besteht. Das Fehlen eines einzelnen Bausteins bewirkt außerdem nicht nur in bestimmten Zellgeweben strukturelle Veränderungen und Störungen, sondern beeinträchtigt meist den gesamten Stoffwechsel und damit auch erheblich die Gesamtleistung des Organismus.

Im Folgenden soll anhand einiger Beispiele die Lebensnotwendigkeit der optimalen Zufuhr der einzelnen Wirkstoffe erläutert werden, um erkennen zu können, welche große Bedeutung der planmäßige Zusatz von Wirkstoffen zu den Futtermitteln bei Zootieren besitzt und wie notwendig es ist, deren vollständige Aufnahme durch die Tiere zu sichern.

Erstmilch (Kolostrum): Die ersten 4–5 Tage nach der Geburt hat die Milch der Säugetiere eine wesentlich gehaltvollere und an Wirkstoffen reichere Zusammensetzung. Sie hat einen deutlich höheren Gehalt an Trockensubstanz, der Eiweißfraktion Globulin (Träger der Abwehrstoffe gegen Krankheitserreger), Mineralstoffen und Vitaminen, besonders der fettlöslichen Vitamine A, E und D. Das Kolostrum ist nicht nur für die Ernährung der neugeborenen Säugetiere, sondern auch für ihre Gesunderhaltung so wichtig, dass es bei mutterloser Aufzucht in diesen ersten Tagen nur bedingt durch ein gleichwertiges Aufzuchtpräparat ersetzt werden kann. Besonders Pflanzenfresser werden ohne spezifische Abwehrstoffe (Antikörper) geboren und erhalten diese erst mit dem Kolostrum. Durch die darin enthaltenen Antikörper gegen Erreger aus der Umwelt der Muttertiere wird den Neugeborenen eine bis zu 3 Monate anhaltende passive spezifische Immunität vermittelt. Dabei ist zu beachten, dass diese Antikörper nur wenige Stunden nach der Geburt die Darmschranke der Neugeborenen passieren und in die Blutbahn gelangen können. Das Kolostrum bewirkt zudem eine Stärkung der unspezifischen Abwehrmechanismen. Bei zu später oder zu geringer Kolostrumaufnahme in den ersten Lebensstunden fehlen die mütterlichen Abwehrstoffe im Blut des Neugeborenen, was häufig zu Jungtierverlusten infolge sogar manchmal banaler Infektionen führt.

Bei mutterloser Aufzucht sind die Inhaltsstoffe des Kolostrums dem Jungtier soweit wie möglich über die künstliche Nahrung in Form von Präparaten zuzuführen, denn sonst kommt es nicht nur zum Vitamin-A- oder Calciummangel, sondern durch den bereits beschriebenen Wirkungszusammenhang schon in den ersten Tagen zu starken, oft im Anfangsstadium gar nicht erkennbaren **Stoffwechselstörungen** und **Entwicklungshemmungen**.

Calcium-, Phosphor- oder Vitamin-D-Mangel: Calcium- und Vitamin-D-Bedarf lassen sich nicht getrennt betrachten. Das Calcium (Calciumphosphat und Calciumcarbonat) wird im Körper fast zu 100 % im Skelett als wichtigster Bestandteil des Knochengewebes eingelagert. Bei einem Unterangebot an Calcium, aber auch bei Störung des für die verschiedenen Tierarten unterschiedlichen Mengenverhältnisses von Calcium und Phosphor kommt es zu Beeinträchtigungen im Knochenaufbau oder bei älteren Tieren zum Abbau der Knochensubstanz. Selbst eine genügende Zufuhr an Calcium und Phosphor reicht nicht aus und ergibt keinen optimalen Einbau in die Knochen, wenn die entsprechende Versorgung mit Vitamin D fehlt. Die Folge ist eine **Rachitis** der Jungtiere mit dackelartigen Beinverkrümmungen, der Knötchenbildung zwischen Rippenknochen und Rippenknorpel (Rosenkranzbildung), dem verzögerten Längenwachstum der Kieferknochen und dem häufig damit verbundenen Pummelwuchs der Tiere. Bei einer übermäßigen Fütterung von schierem Muskelfleisch an junge Großkatzen und dem damit verbundenen Phosphorüberschuss in der Ration kann sich eine hohe Knochenbrüchigkeit, die sog. Glasknochenkrankheit oder Osteodystrophia fibrosa, entwickeln, die sich zunächst in plötzlich auftretender Lahmheit äußert, deren eigentliche Ursache häufig verkannt wird. Dem ist effektiv nur mit einer Ganzkörperfütterung an die jungen Tiere zu begegnen.

Eisenmangel: Da viele Jungtiere in der Wildbahn sehr kurze Zeit nach der Geburt durch ihren Lecktrieb Erde aufnehmen, ist ihre Eisenversorgung ausreichend gesichert. Das ist notwendig, da Milch sehr eisenarm ist. Weil aber die Jungtiere verschiedener Tierarten im Zoo häufig keine Erde aufnehmen können, ist bei ihnen die Gefahr eines Eisenmangels im Blut (Anämie), solange sie vorwiegend Muttermilch trinken, sehr groß. Das bedeutet einen Mangel an Hämoglobin (roter Blutfarbstoff), was einen ungenügenden Aufbau von Erythrozyten (rote Blutkörperchen) bedingt und dadurch zu einer ungenügenden Sauerstoffzufuhr im jungen Organismus führt. Aus diesem Grund ist darauf zu achten, dass den jungen Landsäugetieren, die keine Möglichkeit zur spontanen Eisenaufnahme haben, bereits von den ersten Lebenstagen an ein Eisenpräparat als Paste oder Granulat eingegeben oder angeboten wird, um einer Anämie mit nachfolgenden Entwicklungsstörungen vorzubeugen.

Vitaminmangel (Hypo- und Avitaminosen): Erkrankungen infolge Vitaminmangels können als selbständige Krankheiten, als Erkrankungsbilder innerhalb anderer Krankheitskomplexe oder auch als klinisch schwer erfassbare Bereitschaft für das Haften von Infektionserregern auftreten. Von besonderer Bedeutung sind Erscheinungen infolge eines Mangels an Vitamin A, dem gesamten B-Komplex, C, D und E. Vitamine braucht jedes Lebewesen für das Ablaufen der normalen Stoffwechselfunktionen. Sie werden mit der Nahrung aufgenommen, neugeborene Säugetiere erhalten sie mit dem Kolostrum oder in Form von Wirkstoffzugaben. Einige Vitamine gelangen als Provitamine in den Körper. Der Organismus verwandelt sie selbst oder mithilfe äußerer Faktoren zu Vitaminen, z. B. die Carotine zu Vitamin A und die Calcipherole zu Vitamin D, Letztere mithilfe von UV-Strahlen des Sonnenlichts, ersatzweise mittels spezieller Lampen.

Die Vitamine sind Substanzen, die als Katalysatoren und Regulatoren der Lebensprozesse wirken. Dabei geben sie selbst keine Energie ab. Ihre biologische Wirkung steht in enger Verbindung mit der Wirkung der verschiedenen Fermente und Hormone, die von den inkretorischen Drüsen (mit innerer Absonderung) freigesetzt werden. Außer ihrer spezifischen haben die Vitamine noch eine allgemeine Wirkung im Organismus. Sie haben eine enge Beziehung zum Aufbau der **allgemeinen Abwehrkräfte** und schützen somit vor verschiedenen Infektionen.

Ein lang anhaltendes Defizit an Vitaminen, eine gestörte Aufnahme, das Vorhandensein von besonderen Vitaminzehrern im Futter sowie ihre schnelle Zerstörung oder Ausscheidung aus dem Organismus führen zu einem Vitaminmangel. Die Folge davon ist eine Störung der grundlegenden Stoffwechselprozesse. Sind die eingetretenen Veränderungen geringgradig, so sind sie meist auf eine **Hypovitaminose** zurückzuführen. Bei deutlich ausgeprägten Symptomen wird die Bezeichnung **Avitaminose** gebraucht. Sowohl bei der Hypovitaminose als auch bei der Avitaminose können ein oder mehrere Vitamine fehlen.

Durch eine biologisch vollwertige Fütterung kann dem großen Komplex der Mangelkrankheiten weitgehend vorgebeugt werden. Im Folgenden wird bei den Vitaminen darauf hingewiesen, wie ein Mangel vermieden werden kann.

Eine ungenügende Deckung des Bedarfs an **Vitamin A** kann sich je nach Grad des Mangels sowohl bei den einzelnen Tierarten als auch den einzelnen Individuen, besonders entsprechend ihrem Alter, sehr verschieden zeigen. Vitamin A ist vor allem für die Erhaltung der Funktionstüchtigkeit und den Schutz von Haut und Schleimhaut verantwortlich, deshalb wird es auch als Epithelschutzvitamin bezeichnet. In diesem Zusammenhang und darüber hinaus gilt es auch als Antiinfektionsvitamin, d.h. als Vitamin, das für die Infektabwehr mitverantwortlich ist. Ferner hat es beim Jungtier einen wesentlichen Einfluss auf die Gesamtentwicklung und das Wachstum.

Ein Mangel an Vitamin A kann sich auch negativ auf die Fortpflanzungsfähigkeit auswirken, bei trächtigen Tieren zu Missbildungen der Früchte führen oder sogar zum vorzeitigen Absterben derselben wie zur Geburt lebensschwacher und krankheitsanfälliger Jungtiere. Aufgrund beginnender Verhornungserscheinungen an den Schleimhäuten kommt es z.B. zum schnellen Haften von Krankheitserregern im Verdauungskanal und bereits in den ersten Lebenstagen zu der bei Jungtieren sehr gefürchteten und hohe Ausfälle verursachenden Infektionskrankheit, der E.-coli-Infektion. Vitamin-A-Mangel führt bei einige Wochen alten Jungtieren zu Sehstörungen und Blindheit. Häufig zeigen junge Groß- und Kleinkatzen, ähnlich wie das Hausschwein, das so genannte Drehen infolge Vitamin-A-Mangels (nicht zu verwechseln mit der Sternguckerkrankheit, die auch häufig bei jungen Katzen beobachtet und durch einen Mangel an Vitamin B_1 bewirkt wird). Bei Vögeln und auch bei Schildkröten ist infolge Vitamin-A-Mangels häufig eine überstarke Verhornung des häutigen Gewebes der Ausführgänge der Drüsen, besonders der an den Augen, zu beobachten. Die Drüsen „verstopfen" dann oft durch sich ansammelnde verhornte Zellmassen, was äußerlich sichtbare Auftreibungen über oder unter den Augen des Geflügels verursacht. In extremen Fällen sind die Augen zugeschwollen. Die Prophylaxe besteht in der ständigen Überprüfung der im Futter enthaltenen Carotin- bzw. Vitamin-A-Gaben und der besonderen Beobachtung der tatsächlichen Aufnahme des über Wirkstoffe oder Medikamente gereichten Vitamins A.

Zu den fettlöslichen Vitaminen gehört auch das **Vitamin E**, das nicht nur als Fruchtbarkeitsvitamin wichtig, sondern auch von großer Bedeutung für den gesamten Zellstoffwechsel und die Stabilisierung des Immunsystems ist. Ein Mangel an Vitamin E, das besonders in Milch sowie Getreidekörnern enthalten ist, führt vor allem im Jungtieralter zu den verschiedensten Erkrankungen. So kommt es z.B. durch Vitamin-E-Mangel bei jungen Säugern in kurzer Zeit, anfangs schleichend, aber bald sehr heftig verlaufend, zu Erkrankungen des gesamten Muskelapparats, der **Weißfleischigkeit** bei jungen Wiederkäuern und Kamelen. Bei schnell heranwachsenden jungen Giraffen ist sehr auf die Vitamin-E-Versorgung zu achten. Bei durch einen Mangel bedingten Schädigungen der Leber- und der Herzmuskelzellen können plötzliche Todesfälle der Tiere (nicht selten bei Erregung, beim Greifen oder während Transporten) auftreten. In vielen Fällen mit ausgeprägten Schädigungen der Leberzellen verfallen die Tiere in eine gewisse Benommenheit und unkoordinierte Bewegungen. Besonders empfindlich gegenüber Vitamin-E-Mangel ist auch junges Geflügel, vor allem junge Enten. Bei plötzlichen Todesfällen nach kurzem Krankheitsverlauf wird eine Mangeldiät meist nicht vermutet. Bei verzögertem Verlauf zeigt sich die Vitamin-E-Mangelkrankheit des Junggeflügels vorerst in Mattigkeit, Bewegungsunsicherheit, verlangsamter Reaktion, Lähmungen der Gliedmaßen, hundesitziger oder Pinguinstellung und zunehmendem Kräfteschwund. Auch die Ausbildung einer Aspergillose, der bedeutsamsten durch Pilze verursachten Krankheit der Atmungsorgane der Vögel, wird bei ungenügender Vitamin-E-Versorgung begünstigt.

Ein höherer Bedarf an Vitamin E, das im Wesentlichen als Antioxidans wirkt, ist zu veranschlagen, wenn an fischfressende Vögel längere Zeit – auch gefrostet – gelagerter Fisch verfüttert wird. Der bei gelagertem Fisch höhere Anteil an ungesättigten Fettsäuren verursacht einen höheren Bedarf an Antioxidantien.

Vitamin-E-Mangel bedingt auch eine verstärkte Kalkablagerung in bestimmten Organen, der Muskulatur und den Gefäßen. Daraus lässt sich folgern, dass bei jungen Bären, speziell Eisbären, die reiche Zufuhr dieses Vitamins von ganz besonderer Bedeutung ist; junge Eisbären versterben nämlich häufiger frühzeitig an vermehrten Kalkablagerungen in den Gefäßen sowie an Leberdegenerationen.

Vitamin-B1-Mangel ruft die Beri-Beri, eine Nervenentzündung, hervor. Sie ist die älteste und bekannteste Vitaminmangelkrankheit bei Menschen und Haustieren.

B_1-(Aneurin-)Mangelerscheinungen in Form der Sternguckerkrankheit sind bei Ziegen- und Schaflämmern sowie jungen und halbwüchsigen Katzen nicht selten. Relativ häufig kommt die Beri-Beri auch bei einseitig gefütterten Küken, Tauben sowie Möwen vor. Die Tiere zeigen einen starken Krampf der Halsmuskulatur, Unvermögen der Futteraufnahme, Lähmungserscheinungen und meist verkrampft nach hinten gestreckte Beine. Deshalb sind Fütterung von ungeschältem Getreide, roher Leber, Futterhefe und im Krankheitsfall Sofortgaben oder Injektionen von Vitamin B_1 erforderlich. Desgleichen führt auch ein Mangel an jeder anderen Fraktion des Vitamin-B-Komplexes, z.B. Vitamin B_2 (Laktoflavin), Vitamin B_6 (Pyridoxin), Nicotinsäureamid (Pellagra-Schutzfaktor), Pantothensäure (Antidermatitisfaktor), Biotin (Vitamin H), Folsäure sowie Vitamin B_{12} (tierischer Eiweißfaktor) zu den verschiedensten Ausfallerscheinungen im Ablauf des Stoffwechsels im Organismus. Als Beispiele seien angeführt:

- Nervendegenerationen, Fruchtbarkeitsstörungen
- Störungen im Stoffwechsel der Haut
- Störungen der Blutbildung und der Verdauung
- verringerte Gewichtszunahme, eventuell sogar Gewichtsabnahme
- verstärkter Tränenfluss
- ungenügende Fresslust.

Erkrankungen infolge **Vitamin-C-Mangels** treten z.B. bei Menschenaffen und Meerschweinchen sowie allen Jungtieren der Säuger auf. Die älteren Säuger – außer Menschenaffen – sind zum größten Teil zum Eigenaufbau von Vitamin C befähigt. Es ist in der Nahrung sowohl pflanzlicher als auch tierischer Herkunft im Allgemeinen vorhanden, besonders reichlich aber in Früchten wie Grapefruit, Apfelsine, Orange, Zitrone, Apfel und anderem Obst sowie in Gemüse, Grünfutter und Salat.

Durch Mangel an Vitamin C kommt es bei Primaten zu einer erhöhten Durchlässigkeit der Blutgefäße mit Blutungen, z. B. am Zahnfleisch (**Skorbut**). Das Eindringen von Krankheitserregern in die Blutbahn wird begünstigt. Aus diesem Grund ist besonders in den Wintermonaten bei nicht vorhandener Deckung des täglichen Bedarfs durch die Nahrungsmittel auf eine regelmäßige Zufütterung von Vitamin C an die gegenüber Erkältungskrankheiten sehr empfindlichen Primaten zu achten.

Da Vitamin C im Gegensatz zu den fettlöslichen Vitaminen im Organismus nicht gespeichert wird, ist die Notwendigkeit der regelmäßigen (täglichen bzw. wöchentlichen) Zufütterung zu beachten. Überhöhte Gaben sind nicht effektiv, da das dem Organismus überschüssig gereichte Vitamin C in kürzester Zeit wieder ausgeschieden wird.

Bei der Zufütterung von Vitaminen oder auch anderen Wirkstoffen ist darauf zu achten, dass diese in der Ration gut verteilt sind, damit von allen Tieren einer Gruppe die nötige Menge aufgenommen wird. Stärker riechende Wirkstoffe, z. B. fast alle Vitamin-B-haltigen Präparate, müssen häufig „versteckt in Leckerbissen" oder in kleinster Konzentration in Lieblingsfuttermittel (z. B. Honig bei Bären, eingebettet in Hackfleischklößchen bei Katzen o. Ä.) gereicht werden.

Überversorgung mit Vitaminen (Hypervitaminosen): Zu gut gemeinte zusätzliche Vitaminversorgung (Substitution) mittels Vitaminpräparaten kann auch zu einer Hypervitaminose führen. Besonders gefährdet sind dabei Tiere in Handaufzuchten sowie Terrarientiere. So sind Fälle bei Aufzuchten von Bären und bei Leguanen (Hypervitaminosis D) bekannt. Auch eine Hypervitaminosis E bei Pelikanen ist beschrieben.

9.2.4 Ungenügende Luft- bzw. Sauerstoffzufuhr

Während jedes Tier eine gewisse Zeit (tierartlich verschieden) ohne Nahrung und Wasseraufnahme ohne jegliche Störung leben kann, kommt es bei völligem Sauerstoffmangel in kürzester Zeit infolge Erstickung zum Tod.

Erstickungsfälle aufgrund Sauerstoffmangels sind häufig bereits bei Jungtieren unmittelbar nach der Geburt zu beobachten, wenn die jungen Säuger bei Störungen im Geburtsablauf zu viel Fruchtschleim oder Fruchtwasser in die Luftwege bekommen haben und infolgedessen mit den ersten Atemzügen Luft und damit Sauerstoff nicht in genügender Menge einatmen können. Diese Tiere, am häufigsten die Wiederkäuer, die aufgrund des anatomischen Baus des Beckens der Mutter die längste Geburtszeit benötigen, zeigen dann entweder gleich unter oder wenige Minuten nach der Geburt das Krankheitsbild des Scheintodes. Es ist jedoch falsch, durch zu frühes Eingreifen den Geburtsvorgang verkürzen zu wollen. Das Verschlucken von Fruchtschleim wird dadurch nur in den seltensten Fällen vermieden, sondern sogar oft erst provoziert. Die Jungtiere sind noch nicht richtig in den Geburtsweg eingestellt (das ist ein wechselseitiger Vorgang von Jungem und dessen Lenkung durch die Gebärmutteraktivität), sie werden eingeklemmt und machen dadurch vorzeitig den ersten Atemzug, wodurch Fruchtwasser tief in Luftröhre und Bronchien gelangt.

Zum direkten Erstickungstod können aber auch bei älteren Tieren sehr vielfältige Ursachen führen. Das sind einerseits direkte Verlagerungen oder Verengungen der Luftwege, andererseits indirekt bedingte Atmungsbehinderungen. Erstere können auftreten durch Verfangen der Tiere im Gehegegitter, in mit der Streu eingebrachten und nicht sorgfältig entfernten Drähten, Bindfäden oder auch indirekt durch Abdrücken der Luftwege infolge Festsetzens von aufgenommenen Fremdkörpern, oder aber selbst von normalen, nicht sorgfältig und bedacht zubereiteten Nahrungsmitteln in der Speiseröhre.

So können im Schlund festgeklemmte Nahrungsmittel wie Rübenteile, Fleischbrocken, Kartoffeln, Äpfel, Bonbons und nicht genügend eingeweichte Rübenschnitzel u.a. indirekt die Luftröhre abdrücken und schlimmstenfalls in kürzester Zeit zum Tod führen. Speziell halbwüchsige Groß- und Kleinkatzen neigen bei der gierigen Aufnahme von zu kleinen Fleischstücken zum Abschlingen und Verschlucken. Geschnittenes Fleisch **nicht** füttern! Es entweder gemahlen oder in größerer Portion mit Knochen verabreichen. Wiederkäuern Rüben und Kartoffeln entweder sehr fein zerkleinert oder so groß (ganze Rüben) füttern, dass die Tiere selbst abbeißen und sie intensiv zerkleinern müssen. Einhufer sind im Allgemeinen sehr empfindlich gegenüber der Aufnahme von ungenügend eingeweichten Trockenschnitzeln, die dann nicht selten im Schlund quellen und sich festsetzen. Wenn die Tiere dann weiterfressen, kommt es oft vor, dass Futter in der gesamten Speiseröhre von unten bis oben „angeschoppt" ist und dieses so auf die Luftröhre drückt, dass nicht mehr genug Atemluft passieren kann.

Es kommt aber auch durch Krankheiten häufig zu Atmungsbehinderungen, z.B. bei starker Kropfbildung. Bei Magenüberladungen, Blähsucht, Bauchwassersucht oder Eihautwassersucht kann die Atmung durch einen Druck auf das Zwerchfell behindert sein.

Parasiten (z.B. Lungenwürmer oder auch Entwicklungsstadien, sogenannte Larven, von Magen-Darm-Parasiten, z.B. Spulwürmern) oder Bakterien und Viren können eine Entzündung der Bronchien, der noch feineren Bronchiäste und des Lungengewebes selbst hervorrufen. Wir haben es dann mit einem Katarrh der Luftwege, einer Entzündung der luftführenden Wege (Bronchitis) oder einer Lungenentzündung (Pneumonie) zu tun.

Jede derartige Entzündung (gleich an welchem Gewebe oder Organ sie auftritt) führt zu einer Reizung und damit Schädigung des Gewebes. Dieses reagiert wie jedes Gewebe bei einer Entzündung nicht nur mit Rötung, Schwellung, Hitze und Schmerz, sondern aufgrund der notwendigen vorrangigen Abwehr- und Regenerationsmaßnahmen auch mit Funktionsstörungen. So führen also derartige Entzündungsreizungen der Luftwege, vorerst vorübergehend, im schlimmsten Fall aber auch ständig, zur Minderung oder zum völligen Ausfall der Beatmung örtlicher Lungengebiete. Das bedeutet für den Organismus eine Verringerung der Gesamtkörperleistung.

Anämie, ganz gleich welcher Ursache, zieht infolge des Mangels an roten Blutkörperchen bzw. ihres Gehalts an Blutfarbstoff und damit des Fehlens ihrer Fähigkeit zum Sauerstofftransport ebenfalls schwerste Atemnot nach sich, die sogar eine plötzliche spontane Erstickung zur Folge haben kann (z.B. bei Jungtieren infolge einer Eisenmangelanämie). Bereits beim Aufenthalt in sehr sauerstoffarmer Luft können die Tiere ersticken. Die Gefahr besteht in stark überheizten und überbesetzten Häusern sowie auf Transporten während der heißen Jahreszeit.

Äußere Krankheitszeichen sind eine angestrengte, oft pumpende Flankenatmung, verringerte Bewegungslust, ängstliche Blicke, stärker geweitete Nasenöffnungen beim Atmen, starre, oft unbewegliche Körperhaltung, vermehrter Nasenausfluss, das Auftreten von Schaum vor dem Maul, in hochgradigen Fällen Angstzustände, krampfhafte Bewegung der Atemmuskulatur, Krämpfe, Bewusstlosigkeit, Atemstillstand.

Beim Auftreten von Atembeschwerden ist in jedem Fall umgehend eine Untersuchung des Tieres zur alsbaldigen Feststellung der Krankheit und ihres oft vielschichtigen Ursachenkomplexes einzuleiten.

9.2.5 Ungesteuertes Einwirken von Hitze, Kälte und Elektrizität

Aufgrund ihrer gut ausgebildeten Wärmeregulation leben die endothermen Tiere bei den verschiedensten Außentemperaturen überwiegend mit einer nahezu konstanten Körperinnentemperatur von 37–40 °C. Gegenüber stark erhöhten oder stark erniedrigten Außentemperaturen vermag sich der Organismus im Allgemeinen gut anzupassen; bei den meisten Tieren besteht aber eine größere Anpassungsfähigkeit gegenüber Kälte als gegenüber Hitze. Der Organismus ist besser zu einer erhöhten Wärmeproduktion als zu einer erhöhten Wärmeabgabe befähigt. Bei hoher Außentemperatur und Aktivität der Tiere kann es leicht zu Hitzschlag oder Sonnenstich kommen.

Beim **Hitzschlag** haben wir es mit einem allgemeinen Wärmestau im Gesamtorganismus zu tun. Er ist ferner mit einer sehr hohen Körpertemperatur (bis 45 °C) verbunden. Beim **Sonnenstich** handelt es sich um eine verstärkte Wärmestauung im Gehirn. Beide treffen wir bei den Zootieren vereinzelt an. Neben körperlicher Anstrengung können auch psychische Erregungen an heißen Tagen schnell zum Hitzschlag führen. Daher sollte bei hohen Außentemperaturen auf Fangaktionen, Umsetzungen, Zwangsmaßnahmen u. Ä. verzichtet werden.

Der **Erfrierungstod** eines sonst klinisch gesunden Tieres ist in unseren Breitengraden kaum zu beobachten, da dieser erst eintritt, wenn die Körpertemperatur unter 30 °C gesunken ist.

Viel empfindlicher reagieren der Organismus und die einzelnen Zellen aber gegenüber lokal, d. h. direkt auf das Gewebe einwirkende thermische Reize. So führt die direkte Einwirkung von 50 °C bereits zu einer nicht wiederherstellbaren Veränderung der roten Blutkörperchen. Bei der direkten Einwirkung heißer Materie (feste Bestandteile, Flüssigkeit, Gase) kommt es am Organismus, je nach Intensität, Hitzegrad und Einwirkungsdauer, zu **Verbrennungen** verschiedener Grade. Die Aussicht auf die Lebenserhaltung des Tieres ist stark von der Ausdehnung der Verbrennung abhängig. Bei sich über weite Flächen des Körpers ausdehnenden Verbrennungen ist die Möglichkeit der Genesung des Patienten stark vermindert, da Verbrennungen stets tiefgreifende Veränderungen im gesamten Wasser- und Eiweißhaushalt, in Stoffwechsel und Kreislauf bedingen.

Bei lokaler Kälteeinwirkung kommt es zu **Erfrierungen**. Während die Veränderungen im Gewebe bei leichten Erfrierungen ausheilbar sind, ist dies in schweren Fällen nicht mehr möglich, was ein Absterben der erfrorenen Körperteile bedingt. Bei Tieren werden Erfrierungen seltener als beim Menschen beobachtet. Sie treten eigentlich nur auf, wenn die Tiere bei extrem niedrigen Temperaturen so im Freien gehalten werden, dass sie nicht nach eigenem Wollen wieder in den Stallraum zurückgehen können. In erster Linie sind folgende Organteile gefährdet: Schwimmhäute und Zehen des Wassergeflügels, Kämme und Zehen der Hühner, Zitzen laktierender Tiere, Enden der Gliedmaßen, äußere Geschlechtsorgane, Ohren der Elefanten, Nashörner, verschiedener Antilopen und Kängurus.

Der erste Schutz besteht nicht in einem ängstlichen Fernhalten der Tiere von Schnee und Kälte, sondern in einer sinnvollen Regulation des Aufenthalts im Freien bei empfindlichen Tieren. Zu beachten ist, dass starker Wind bei kaltem Wetter die Temperatur der Hautoberfläche durch Wärmeentzug absenkt, sodass es schneller zu lokalen Erfrierungen kommt als bei Windstille.

Krankheits- ebenso wie Todesfälle durch Elektrizität sind bei Tieren bekannt. Sie werden bei Blitzschlag sowie Berührung mit elektrischen Strom führenden Gegenständen beobachtet. Je nach Tierart ist die Empfindlichkeit gegenüber Strom unterschiedlich, wie es auch vom Menschen bekannt ist. In zahlreichen Fällen kommt es infolge von Lähmungen der Atmungs- und Kreislaufzentren unmittelbar zum Tod der Tiere. Bricht ein Tier aus, soll sich der Tierpfleger umgehend um das Wiedereinfangen bemühen, sodass dem Tier zu wenig Zeit bleibt, um ein Kabel anzufressen. Vor sehr starken Gewittern sollten besonders seltene Einzeltiere oder Tiergruppen in ihre Häuser gebracht werden.

9.2.6 Übermäßiges Einwirken von mechanischer Gewalt

Gewalteinwirkungen auf das Gewebe, die dessen normale Elastizität und Widerstandskraft

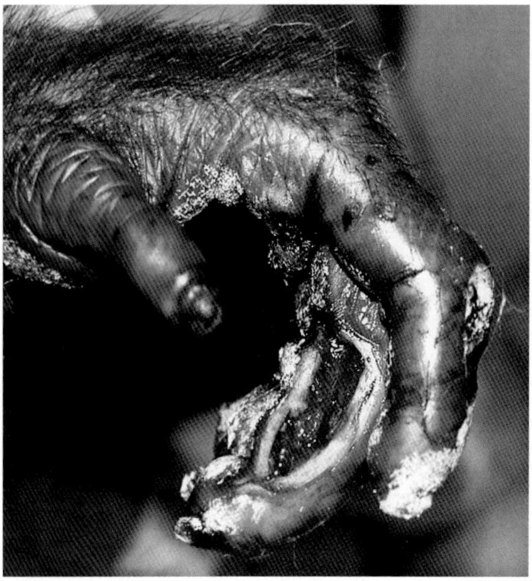

Abb. 9.3 Sekundär heilende Bissverletzung beim Schimpansen nach vorheriger Wundnaht.

überschreiten, verursachen **Verletzungen**. Die Gewalteinwirkungen können sehr verschiedenartig auf das Gewebe treffen. In Form von Druck, Zug oder stumpfer Gewalt bedingen sie Quetschungen, Prellungen, Blutungen im Gewebe (Hämatome), Dehnungen, Zerrungen (besonders in den Gelenken und an den Sehnen) oder Erschütterungen. Scharfe Gewalteinwirkungen rufen stets offene Zusammenhangstrennungen (Wunden) hervor. Bei diesen offenen Wunden liegt infolge Schnitt-, Riss-, Stich-, Quetsch-, Biss- oder Ätzeinwirkung stets eine Durchtrennung der Haut und häufig auch der darunter liegenden Gewebe wie Muskeln, Sehnen oder Gefäße vor. Bei Zootieren treten z.B. immer wieder **Bissverletzungen** auf. Diese sind stets zu beachten, besonders dann, wenn sie nicht stark bluten und der Hautdefekt sehr klein ist. Meist sind nämlich die häufig nicht sichtbaren Quetschungen und Verletzungen der unter der durchbissenen Haut liegenden Gewebe schwerwiegender, als es äußerlich sichtbar ist.

Biss-, Stich- und Rissverletzungen neigen ferner stark zur Infektion infolge der Besiedlung des Wundkanals mit überall vorkommenden Eitererregern. Nicht selten kommt es auch zur Besiedlung mit Erregern (Anaerobier), die sich bei gehindertem Sauerstoffzutritt (wie es bei verdeckten Wunden der Fall ist) besonders leicht vermehren und ins Blut übertreten. In solchen Fällen kann es selbst bei äußerlich unsichtbaren Verletzungen in kurzer Zeit zu einer sogenannten Blutvergiftung (Septikämie) und zum Tod der Tiere kommen. Zu derartigen Infektionen neigen äußerlich kleine Wunden bei Affen. Eine äußerlich gefährlich aussehende, große offene Wunde in gut bemuskelten Körperpartien ist demgegenüber meist viel ungefährlicher und muss auch nicht zwingend behandelt werden. Insbesondere Primaten öffnen solche genähten Wunden meist selbst wieder (Abb. 9.3).

Immer wieder treten in zoologischen Gärten auch **Forkelverletzungen** bei Antilopen oder während der Brunstzeit der Hirsche auf. Diese Forkelverletzungen sind deshalb gefährlich, weil die flüchtenden Tiere meist von hinten oder der Seite gestellt werden und es so häufig zu perforierenden Verletzungen der Bauchhöhle oder auch des Brustkorbs kommt. Führen derartige Forkelungen oder anderweitig bedingte Pfählungswunden zum Vorfall von Organen, dann ist dringend Erste Hilfe erforderlich. Die Tiere sind sofort von anderen Tieren des Geheges zu trennen, zu greifen und ruhigzustellen. Dann sind die vorgefallenen Organteile entweder mit sauber gewaschenen Händen zurückzuverlagern und die Wunde mit einem sauberen Handtuch abzudecken oder zuzustopfen. Letzteres gilt ganz besonders bei perforierenden Brustkorbverletzungen.

Worin soll generell die Erste Hilfe bei Verletzungen oder allgemein nach Gewalteinwirkungen bestehen?

Bei äußerlich unscheinbaren Verletzungen soll das Tier nach Möglichkeit nur von den Artgenossen abgeschiebert und bis zur tierärztlichen Untersuchung ungestört gelassen werden. Bei durchbohrenden Leib- und Brustkorbverletzungen (häufig jedoch unter dem Fell verdeckt!) sind die oben genannten Maßnahmen als Erste

Hilfe durchzuführen. Bei stark hellrot blutenden Wunden (Arterienverletzung) an den Beinen kann das Bein nach dem Greifen des Tieres oberhalb der Verletzungen mittels eines Bandes oder Gummischlauchs abgeschnürt werden, um den Blutzufluss zu verhindern. Man sollte aber bei leichten oder mittleren Blutungen von venösem, dunkelrotem Blut bezüglich der Gefahr des Verblutens, die praktisch nicht sehr groß ist, nicht zu ängstlich sein. Frische Wunden dürfen, wenn nicht im besonderen Fall tierärztlich angewiesen, keinesfalls gewaschen werden.

Zu beachten sind selbst kleine Verletzungen an den Klauen, im Zwischenzehenbereich, am Kronsaum und ganz besonders an den Sohlen und dem Zehensaum der Elefanten (Abb. 9.4). Begünstigt werden diese durch eine ungenügende Abnutzung der Klauen, Zehen oder Hornsohlen sowie eine ungenügende Fußpflege. So können nicht regelmäßig verschnittene Sohlen und nicht genügend abgerundete (gebrochene) Zehenränder bei Elefanten die Ursache von Sohlenverletzungen, dem Einwachsen kleiner Steine, Zehensaumverletzungen und schließlich von unterminierenden eitrigen Entzündungen der Sohle sein. Diese eitrigen Sohlen- und Zehensaumverletzungen führen häufig infolge des Absterbens des Unterhaut- und Untersohlengewebes zu üblen örtlichen, aber sich auch schnell unter den Hornteilen ausbreitenden Entzündungen, die eine sehr schlechte Heiltendenz besitzen und einer langen Behandlungszeit bedürfen. Unterminierende Sohlen- und Zehenvereiterungen haben zum Festliegen und in dessen Folge zum Tod von Elefanten geführt.

Haben die Tiere genügend Auslauf auf natürlichem Boden, dann sind derartige chronische Zehenerkrankungen jedoch nicht zu erwarten.

Ganz allgemein ist festzuhalten, dass bei einer frischen Wunde stets die Trockenbehandlung (Puder) im Vordergrund stehen muss, während bei heilenden, hellrote Körnchen zeigenden (granulierenden) **Wunden** soweit wie möglich Duschen von 37–42 °C oder abdeckende Salben den Heilungsprozess beschleunigen. Auf einen Spezialfall sei noch hingewiesen: Man sollte durch äußerste Vorsicht beim Schiebern stets darauf bedacht sein, Schwanzverletzungen bei Großkatzen und langschwänzigen Affen zu vermeiden, da sie meist eine sehr langwierige Heiltendenz zeigen, zumal die Tiere die heilende Wunde übertrieben stark belecken und besonders bei Juckreiz benagen. Aus diesem Grund ist oft auch eine Amputation des gequetschten Schwanzendes unumgänglich.

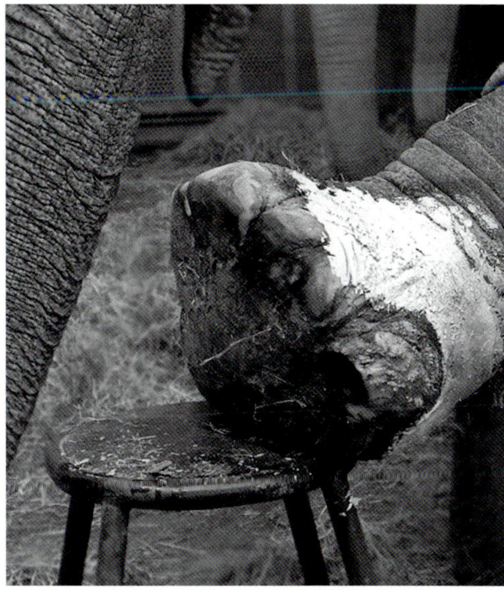

Abb. 9.4 Chronische Pododermatitis (Entzündung von Zehen und Haut) beim Asiatischen Elefanten.

9.2.7 Parasiten als Krankheitserreger

Die in zoologischen Gärten gehaltenen Tiere können leicht aufgrund von Innen-(Endo-) und Außen-(Ekto-)parasitenbefall erkranken, da sie im Allgemeinen in einer größeren Anzahl von Tieren über Jahre auf relativ kleinem Raum, in denselben Häusern, Gehegen, Ausläufen usw. gehalten werden. Diese Unterkünfte, Ausläufe, Gehege, Weiden etc. sind dann angereichert mit Eiern oder Larvenstadien der bei der betreffenden Tierart am häufigsten vorkommenden Para-

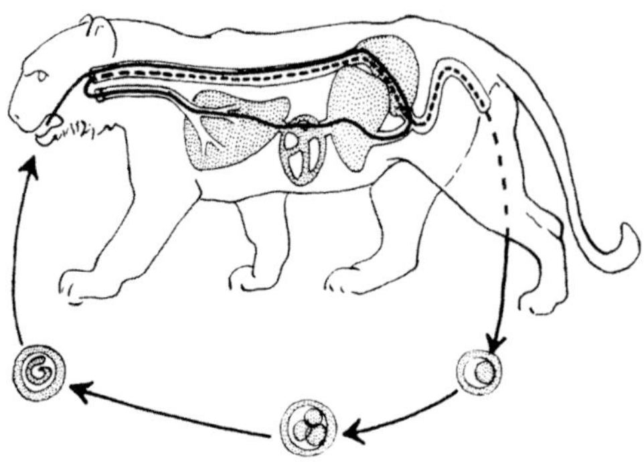

Abb. 9.5 Schema des Entwicklungskreislaufs von Spulwürmern in Raubkatzen.

sitenart und stellen somit eine ständige Ansteckungsquelle dar.

Jungtiere, durch andere Umstände (Schwergeburt, Klauenverletzung) geschwächte Alttiere oder auch zum Bestand hinzugekommene Tiere, die noch keine oder nur eine ungenügende Bildung von Abwehrstoffen (Antikörper) und damit belastbare Immunität besitzen, werden besonders stark befallen und zeigen durch das Verschieben des biologischen Gleichgewichts zwischen Wirtstier und Parasit zugunsten des Parasiten in kurzer Zeit auch in zunehmendem Maße äußerlich erkennbare Krankheitszeichen wie Hautödeme, Abmagerung, abnehmenden Appetit, Erbrechen, stumpfes Haarkleid, Zunahme des Leibesumfangs, Husten, Durchfall sowie selbst das Abgehen von geschlechtsreifen Parasiten mit Kot oder Erbrochenem.

Tiere mit Ektoparasitenbefall lassen in zunehmendem Maße Unruhe, starken Juckreiz, Haarbruch, Haarausfall sowie eine borkige, schorfige, oft blutig gebissene oder zerkratzte Haut erkennen. Bestimmte Ektoparasiten, z.B. Läuse, sind schon mit bloßem Auge auf der Haut des Tieres zu erkennen. Die wichtigsten Ektoparasiten der Säugetiere sind die Räudemilben, die unter der Haut der Tiere leben, dadurch Juckreiz verursachen, der wiederum zu Kratzeffekten mit sekundärer Besiedelung mit Wundinfektionserregern (Bakterien, Pilze) der zunehmend schorfigen Wunden führt. Die wichtigste Räude ist die **Sarkoptesräude** oder Krätze. Der sichere Nachweis kann nur über ein tief reichendes Hautgeschabsel geführt werden.

Verschiedene Parasiten treffen wir bei der Haltung bestimmter Tierarten immer wieder vorrangig an. Das ist z.B. in der Katzenhaltung der Befall mit **Spulwürmern**, der durch regelmäßige medikamentöse Behandlung im Abstand von etwa 12 Wochen (entsprechend der Reifungszeit der Katzenspulwürmer von der Aufnahme der Eier bis zum geschlechtsreifen Spulwurm) so niedrig wie möglich gehalten werden muss, um das Gleichgewicht zwischen Wirtstier und Parasiten stets zugunsten des Wirtstieres zu halten. Neben diesen regelmäßigen medikamentösen Bekämpfungsmaßnahmen sind aber die Vernichtung und somit die Verhütung der Aufnahme von ansteckungsfähigen Stadien durch sorgfältige Reinigung und Desinfektion der Mutterstuben vor ihrer Belegung eine vorrangige Aufgabe.

Eine ähnlich große Bedeutung hat der Spulwurmbefall auch bei jungen Bären und jungen Einhufern, während bei älteren Einhufern die **Strongyliden**, bei Kamelen die **Peitschenwürmer** (*Trichuris*), bei Hirschen, Rindern, Antilopen und Schafen die **Magen-Darm-Fadenwürmer** (Trichostrongyliden), **Lungenwürmer** (Metastrongyliden) und **Bandwürmer** (Zestoden) im Vordergrund stehen. Bei den Primaten sind es in erster Linie **Zwergfadenwürmer** (Strongyloiden), **Peitschenwürmer** und **Pfriemenschwänze** (Oxyuren). Bei nahezu allen Tierarten können Bandwürmer vorkommen. Neben Wurmbefall sind **Protozoen** (Einzeller wie Amöben, Giardien, Kokzidien) insbesondere bei Jungtieren von hoher pathogener Bedeutung, indem sie meist schwere Durchfälle verursachen. Vögel leiden häufig an **Haarwürmern** (*Capillaria*), und **Spulwürmern** sowie bestimmte Arten an **Luftröhrenwürmern** (Syngamiden), aber – wieder besonders Jungvögel – auch an **Kokzidien**.

Zum Entstehen einer Parasitengeneration ist die Aufnahme ansteckungsfähiger Entwicklungsstadien notwendig, daher ist die Unterbrechung der Infektionskette das sicherste, billigste und für die Tiere schonendste Bekämpfungsmittel gegen Parasiten. Dabei ist davon auszugehen, dass die Aufnahme ansteckungsfähiger Entwicklungsstadien (Eier, Larven) im Allgemeinen bereits Wochen oder Monate vor der klinisch sichtbaren Erkrankung erfolgt, da viele Parasiten einen komplizierten Entwicklungskreislauf mit oder ohne Zwischenwirt durchlaufen. Beispielsweise zeigt *Toxascaris leonina*, der bei den Katzen sehr häufig vorkommende Spulwurm, folgende Entwicklungsbiologie (Abb. 9.5): In den mit dem Kot ausgeschiedenen dickschaligen Eiern entwickeln sich (in der Außenwelt) nach verschieden langer Zeit Embryonen. Diese embryonierten Eier sind sehr lange lebensfähig und werden selbst durch viele Desinfektionsmittel, die nicht auf Laugenbasis beruhen, häufig nicht abgetötet. Die embryonierten Eier werden von den Tieren z.B. beim Belecken des eigenen Fells oder des Partners aufgenommen. Im Dünndarm schlüpfen die Larven aus den Eiern und dringen in die Darmwand ein, von wo aus sie über den Blutweg in Leber, Herz und Lunge gelangen. Von hier aus wandern sie über die Bronchien zu Kehlkopf und Schlund und werden erneut abgeschluckt. Erst jetzt wachsen sie im Dünndarm zum geschlechtsreifen Spulwurm heran. Die Entwicklung von der Aufnahme der embryonierten Eier bis zur Geschlechtsreife beträgt etwa 70 Tage.

Generell ist bei der Bekämpfung der Parasiten folgendermaßen vorzugehen: Durch regelmäßige Untersuchungen von Kotproben der Tiere auf deren Gehalt an Endoparasiten bzw. deren Entwicklungsstadien kann überprüft werden, in welchem Maß die Tiere besiedelt sind und in welchem Ausmaß eine Ausscheidung erfolgt. Auf der Grundlage dieser Untersuchungsergebnisse werden planmäßige medikamentöse Bekämpfungen durchgeführt. Hierbei muss besonders darauf geachtet werden, dass die tierärztlich verschriebene Menge an Bekämpfungsmitteln in der entsprechenden Zeiteinheit von den Tieren aufgenommen wird.

Eine Aufgabe der Reinigung der Gehege und Boxen besteht darin, die Eier und Larven der Parasiten schon weitestgehend zu vernichten.

9.2.8 Mikroorganismen als Krankheitserreger

Auf den verschiedensten Wegen können **Bakterien** und **Viren** in den Organismus gelangen und sich dort in der Nähe der Eintrittspforte, im Blut oder anderen Organen vermehren, in kürzester Zeit den gesamten Organismus überschwemmen und ihn direkt oder durch frei werdende Stoffwechsel- oder Zerfallsprodukte örtlich oder allgemein stark reizen. Es kommt zu einer lokalen oder umfassenden Entzündungsreaktion und damit zu einer schweren Allgemeinerkrankung des Organismus.

Es gibt Krankheitserreger mit einer besonderen **Wirtsspezifität**, d.h., solche Krankheitserreger sind bezüglich ihrer krank machenden (pathogenen) Eigenschaften auf bestimmte Tierarten ausgerichtet. Sie haben nur für die eine oder andere Tierart **pathogene** Eigenschaften entwickelt und vermehren sich vorwiegend nur in der Tierart, der sie sich anpassen konnten. So haben z.B. für die Rotlauferreger die Schweine eine große Empfänglichkeit, während die Pseudomonaden sehr häufig bei Reptilien vorkommen. Eine hohe Wirtsspezifität besteht auch bei den verschiedenen Herpesviren. Andere Viren und Bakterien besitzen hinsichtlich ihrer Infektiosität keine Wirtsspezifität und können bei jeder Tierart zur Auslösung von mehr oder weniger heftigen Krankheitserscheinungen führen, etwa die überall vorkommenden „Eitererreger“. Sie verursachen bei Jungtieren jeder Tierart eine Nabelinfektion oder bei allen Tierarten eine Wundinfektion. Schließlich gibt es Krankheitserreger, die sowohl bei den Tieren als auch beim Menschen schwere Krankheiten hervorrufen können. Wir sprechen bei dieser Gruppe von Infektionskrankheiten von den sog. **Zoonosen** – Krankheiten, die vom Tier auf den Menschen übertragen werden oder umgekehrt.

Der **Infektionsverlauf**, d.h. die Auseinandersetzung zwischen dem Makroorganismus und den Mikroorganismen, ist sehr unterschiedlich und vielschichtig, je nach körperlicher Verfassung, Widerstandskraft und spezifischer Abwehrlage (aktive oder passive Immunität) des Tieres einerseits und pathogener Eigenschaft, Vermehrungsfähigkeit (**Virulenz**) sowie Befallsdosis an Erregern andererseits. Besteht zwischen dem Tierkörper und dem auf ihn treffenden Mikroorganismus ein Gleichgewicht, so kommt es nach dem Eindringen der Erreger zur Verminderung ihrer Virulenz und schließlich häufig zu ihrer vollständigen Beseitigung durch die Abwehrreaktion des Körpers, ohne dass es zum klinischen Auftreten einer Infektionskrankheit kommt. Besteht eine Störung des natürlichen Gleichgewichts zuungunsten des Tierkörpers, erhöht sich im Allgemeinen in zunehmendem Maße die Virulenz der Erreger und die vorhandenen Abwehrreaktionen des Tieres reichen zur Beseitigung dieser nicht mehr aus. Die Erreger haften als Infektion und in der Auseinandersetzung mit dem Tierkörper kommt es zu Störungen der normalen Lebensvorgänge im Organismus und somit zum fließenden Übergang in den Zustand der Krankheit, im speziellen Falle zur Infektionskrankheit mit ihrem je nach Spezifität des Erregers und der Tierart mehr oder weniger typischen Krankheitsbild.

Haben Erreger die Möglichkeit, sich über längere Zeit in einer Tierherde zu halten, so ist ihre Virulenz besonders hoch und sie sind meist auch gegenüber Antibiotika resistent geworden. Man spricht dann von **Hospitalismus**.

Die Immunität der Tiere wird sehr wirksam erhöht zum einen durch die Aufnahme von Abwehrstoffen (Antikörper) von außen, z.B. über die Kolostralmilch oder tierärztlich durch Serumpräparate, zum andern durch die Eigenbildung von Antikörpern in Auseinandersetzung mit den Erregern aus der Umwelt oder durch Impfungen mittels Vakzinen.

Im Folgenden soll auf einige Krankheiten näher eingegangen werden, die in der täglichen Arbeit des Tiergartenpersonals von besonderer Bedeutung sind, wobei es vor allem um die Früherkennung einer hohen Infektionsgefahr für Tier und Mensch gehen soll.

9.2.8.1 Vogelgrippe oder Vogelinfluenza

Die Vogelgrippe wird durch Influenzaviren vom Typ A verursacht. Davon existieren verschiedene Subtypen, die auch unterschiedlich pathogen sind. Hoch pathogene finden sich in den Subtypen H5 und H7, die auch den Menschen befallen können. Eine Übertragung von Mensch zu Mensch ist jedoch noch nicht nachgewiesen worden. Besonders empfänglich sind auch Feliden. Niedrig pathogene Subtypen verursachen zwar weniger ausgeprägte Krankheitssymptome, da aber die Gefahr der Mutation zu höher pathogenen Formen besteht, wird gegenwärtig in der Bekämpfungsstrategie kein Unterschied gemacht.

Das Auftreten der Vogelgrippe ist gekennzeichnet durch den plötzlichen Tod einer Vielzahl von Vögeln einer Population in der Wildbahn oder in menschlicher Obhut. Noch lebende Vögel zeigen Apathie, Niesen, Röcheln, extremen Tränenfluss, Ödeme am Kopf mit Blaufärbung der Kopfanhänge und der Schenkel, Durchfall, zentralnervöse Symptome und reduzierte Legetätigkeit. Bei Verdacht des Ausbruchs der Seuche sind sofort alle Vögel in geschlossenen Räumen oder zumindest in überdachten Anlagen unterzubringen. Der Personenverkehr ist auf ein Minimum zu reduzieren. Auf schnellstem Weg sind die Vorgesetzten zu informieren.

Zur Stellung der Diagnose am lebenden Tier dienen frische Tupferproben aus Nase, Rachen und Kloake, die in sicheren Behältnissen transportiert werden müssen. Bei der Probennahme von kranken Tieren oder der Aufnahme verendeter Vögel ist für einen ausreichenden persönlichen Schutz zu sorgen, d.h., es sind neben einem dichten Overall auch Gummistiefel, Handschuhe und ein zertifizierter Mundschutz zu tragen.

Alle Bekämpfungsmaßnahmen werden amtstierärztlich festgelegt. Das schließt die Minimierung des Eintrags der Viren, z.B. durch Wildvögel, und andere seuchenprophylaktische Maßnahmen ebenso ein wie eine eventuelle Impfung.

9.2.8.2 Hepatitis A, und B (Leberentzündungen)

Bei diesen Formen von Leberentzündungen handelt es sich um Viruskrankheiten der Primaten.

Hepatitis A kommt bei allen Primaten, Hepatitis B nur bei Mensch und Menschenaffen einschließlich Gibbons vor. Die Übertragung erfolgt sehr leicht über Nahrung und Trinkwasser (oralfäkal) von Mensch zu Affe und umgekehrt. Eine Ansteckungsgefahr für den Menschen besteht vor allem bei Reisen unter weniger guten hygienischen Bedingungen!

Kinder wie Tierkinder unter 2 Jahren erkranken symptomlos und bilden dabei eine lebenslange Immunität aus. Typische Symptome der Krankheit sind Appetitlosigkeit, Erbrechen, Durchfall, dunkler Urin, Druckschmerz im Bereich der Leber, Gelbfärbung der Schleimhäute (Ikterus, Gelbsucht). Tieraffen zeigen kaum klinische Symptome, bei Schimpansen ist der Krankheitsverlauf ähnlich dem beim Menschen.

Alle Personen, die Umgang mit Primaten haben, sollten geimpft sein oder bereits eine spontane Immunität ausgebildet haben. Letzteres kann durch Blutuntersuchung festgestellt werden.

Die Übertragung des **Hepatitis-B-Virus** erfolgt hauptsächlich über die Blutbahn, ausgehend von Wunden, über infizierte Injektionsnadeln oder infiziertes Blut bei Bluttransfusionen, aber auch beim Deckakt.

Es handelt sich bei Hepatitis B um eine chronische Infektion, die zu Leberzirrhose (Schrumpfleber) und zu Leberkarzinomen führen kann. Im akuten Fall beträgt die Mortalität (Sterberate) bis 80 %. Menschenaffenpfleger und Tierärzte sollten unbedingt geimpft sein.

9.2.8.3 Kuhpocken

Elefanten, Nashörner, Kamelartige, Katzen und andere können wie auch der Mensch an Kuhpocken erkranken. Erreger der Krankheit ist ein Kuhpockenvirus, welches sein Reservoir in Nagern, vermutlich in Schermäusen, hat. Deshalb erkranken auch Katzen sehr häufig und kommen somit auch als Überträger infrage.

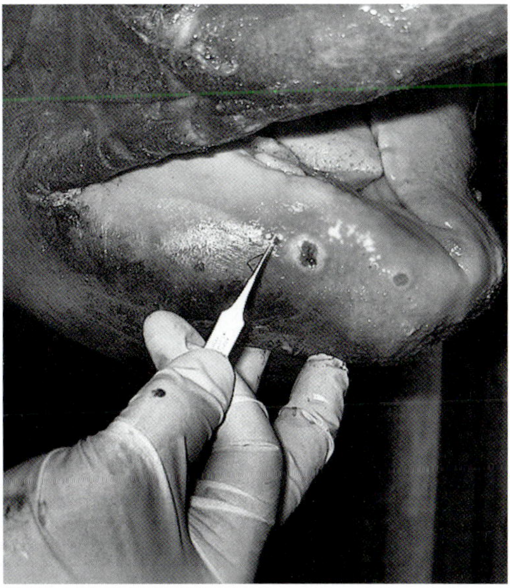

Abb. 9.6 Frische Pockenläsion an der Lippe eines Spitzmaulnashorns.

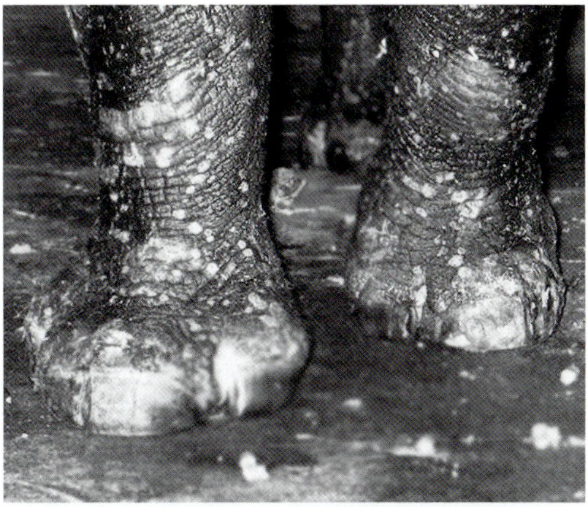

Abb. 9.7 In Abheilung befindliche Pockenläsionen beim Spitzmaulnashorn. Beachte den vom Kronsaum aus fortschreitenden Heilungsprozess bei langsamem Ersetzen des alten durch neues Horn.

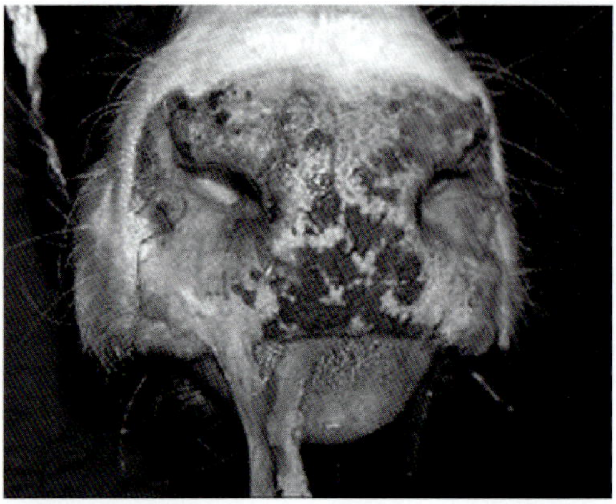

Abb. 9.8 Blue tongue beim Wisent.

Die Krankheit äußert sich meist in einer Haut- und Schleimhautform, gegebenenfalls kommt es auch zur Allgemeininfektion. Die Anzeichen einer beginnenden Pockeninfektion finden sich häufig auf der Zungen- und Lippenschleimhaut, sogenannte Erosionen, umgeben von einem schmalen Wall (Abb. 9.6). Bald ist auch die äußere Haut befallen, vor allem im Bereich des Kopfes, der Genitalien und der Extremitäten. Besonders schmerzhaft aufgrund des großen Gewichts der Tiere sind die heftigen Entzündungen an den Füßen (Abb. 9.7), vornehmlich dann, wenn es zum Ablösen des Hornes, zum „Ausschuhen", kommt. Bakterielle Sekundärinfektionen, die vor allem die Atmungsorgane betreffen, können den Krankheitsverlauf dramatisch verschlimmern.

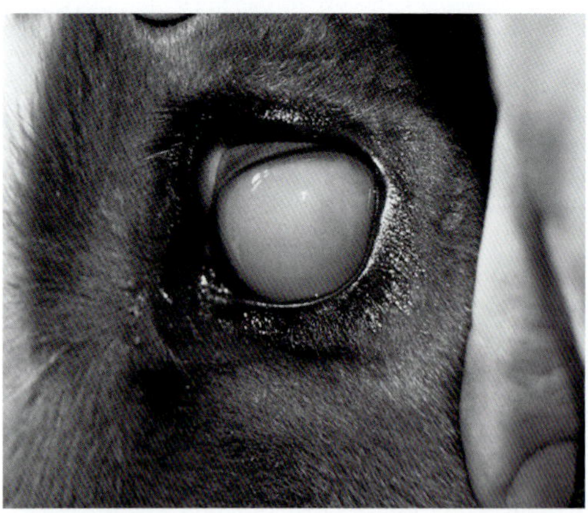

Abb. 9.9 Blue tongue beim Wisent (tiefe Hornhautentzündung).

Während der aufwendigen wie langwierigen Therapie ist ein hohes Engagement der Pfleger erforderlich, die nicht selten Tag und Nacht gefordert sind.

Prophylaxe: Impfungen im Abstand von 2–3 Jahren mit Genehmigung sind möglich.

9.2.8.4 Blauzungenkrankheit (Blue tongue)

Der Erreger ist ein Orbivirus, die Übertragung erfolgt durch Stechmücken. Die Krankheit kommt normalerweise nur in Afrika und Südeuropa vor, hat sich vermutlich im Zusammenhang mit der Klimaerwärmung aber weiter nach Norden ausgebreitet. Es erkranken vornehmlich Wiederkäuer und alle Kamelartigen an Fieber, hochgradiger Rötung der Kopfschleimhäute mit Geschwüren an Zunge und Lippen, Ödemen, besonders am Kopf (dicker Kopf) (Abb. 9.8) einschließlich der Augen (weißlich trübe Hornhaut) (Abb. 9.9). Auch Lahmheit (Entzündung des Kronsaumes der Klauen bzw. der Zehen), Durchfall, Aborte werden beobachtet. Die Symptome sind ähnlich denen bei Maul- und Klauenseuche und dem Bösartigen Katarrhalfieber, einer Herpesvirusinfektion, ebenfalls vorwiegend der Wiederkäuer.

Impfungen sind möglich, bedürfen aber der Genehmigung.

9.2.8.5 Chlamydiose

Eine weitere wichtige Krankheit vor allem der in zoologischen Gärten gehaltenen Vögel ist die Psittakose/Ornithose, auch als Papageienkrankheit bezeichnet. Es handelt sich dabei um eine durch das Bakterium *Chlamydophila psittaci* verursachte Zoonose. Sie verläuft beim Menschen wie ein grippaler Infekt und wird deshalb häufig nicht oder nicht rechtzeitig diagnostiziert, sodass sich lebensbedrohliche Lungenentzündungen entwickeln können. Beim Vogel zeigen sich ebenfalls Affektionen der Luftwege mit Schnupfen, Bindehautentzündung, Durchfall, Schläfrigkeit. Manche Vögel zeigen keine Symptome, scheiden den Erreger aber aus (latente Infektion). Deshalb sind strenge Quarantänemaßnahmen von besonderer Bedeutung.

Chlamydien kommen aber auch bei verschiedenen Säugern vor, besonders anfällig scheinen Alpakas zu sein, bei denen schwere, tief reichende Augenentzündungen (Abb. 9.19), aber auch Aborte und die Geburt lebenschwacher Fohlen sowie Jungtiere mit Gelenkentzündungen auftreten können.

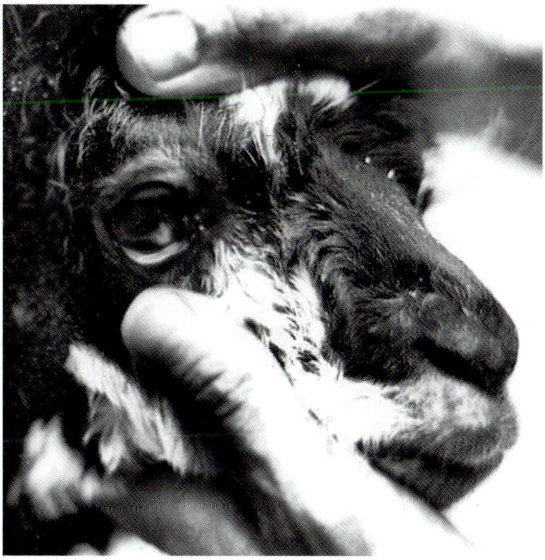

Abb. 9.10 Durch Chlamydien verursachte eitrige Augenentzündung beim Alpaka.

9.2.8.6 Q-Fieber

Die Infektion mit dem bakteriellen Erreger *Coxiella burnetii* ist eine weltweit vorkommende Zoonose. Die wichtigsten Infektionsquellen sind das Schaf, das Rind und die Ziege. Auch Damwild kann heftig erkranken und die Seuche auf den Menschen übertragen. Neuerdings wurde der Erreger sogar bei tot geborenen Robben nachgewiesen. Hauptsymptome bei Tieren sind das Verwerfen und die Geburt toter Jungtiere. Koxiellen werden mit dem Stuhl, dem Urin und der Milch ausgeschieden. Hauptübertragungsquellen sind vor allem die Nachgeburten. Der Mensch steckt sich über infektiöse Aerosole oder Einatmen von erregerhaltigem Staub an. Eine Übertragung durch Zecken ist ebenfalls möglich. Die Inkubationszeit beträgt 9–28 Tage. Die Krankheit beginnt beim Menschen wie eine harmlose Grippe mit Fieber, Kopfschmerz, Frösteln, Unwohlsein, Myalgien und Brustschmerzen. Der Ausgang der Krankheit reicht von einer sich selbst limitierenden fieberhaften Erkrankung (1–2 Monate, danach lang anhaltende Immunität) bis zu einer atypischen Lungenentzündung (30–50 %), weiterhin zu Leber-, Herz- und Hirnentzündungen.

Prophylaktisch ist auf Hygiene sehr viel Wert zu legen. Wichtig ist es, in jedem Fall den direkten Kontakt mit Plazenten und abortierten Feten zu vermeiden.

9.2.8.7 Tuberkulose

Die Tuberkulose des Menschen und der Säugetiere wird durch die Tuberkelerreger *Mycobacterium tuberculosis humanum* und *M. bovis* hervorgerufen, in früheren Zeiten eine Geißel der Menschheit (Schwindsucht) und der Zootiere. Es sind nahezu alle Säugetierarten empfänglich, aber unterschiedlich anfällig. In der Gegenwart ist die Tuberkulose bei den Zootieren sehr selten geworden, weil die Rindertuberkulose in der Landwirtschaft und beim Menschen getilgt werden konnte. Allerdings besteht immer wieder eine Einschleppungsgefahr. Am häufigsten traten in den letzten Jahren Erkrankungen noch bei Elefanten, Tapiren und Robben auf. Hauptgrund dafür waren die unzureichenden diagnostischen Möglichkeiten bei diesen Tierarten, bei denen außerdem meist nur latente Infektionen, zumindest aber keine deutlichen Symptome auftreten.

Das am häufigsten und meist auch zuerst befallene Organ ist die Lunge, es können jedoch

Abb. 9.11 Hals-und Flügellähmung bei Botulismus (Europäische Löffelente).

alle Organsysteme erkranken. Die Hauptsymptome sind Abmagerung, Husten, manchmal mit Auswurf, auch Durchfall, Müdigkeit, stumpfes Fell. Eine Behandlung beim Tier wird nur noch ausnahmsweise gestattet, weil die Ansteckungsgefahr auch für den Menschen hoch ist und ein Therapieerfolg nicht garantiert werden kann.

Die Vogeltuberkulose, besser **Mykobakteriose** genannt, ist eine chronische, bakteriell bedingte Krankheit, an der scheinbar meist Einzelvögel erkranken. Häufig sind jedoch mehrere Vögel einer Haltungsgemeinschaft erkrankt, es kann aber mehrere Monate dauern, bis erneut Vögel klinische Symptome zeigen. Diese sind unspezifisch und abhängig vom vorrangig befallenen Organsystem (Verdauungs-, Atmungsorgane, Knochen). Meist fallen die Tiere zuerst durch schlechtes Gefieder und Aktivitätsverlust auf. Durchfall, Atmungsstörungen und Lahmheiten stellen sich später ein. Bei Hühnervögeln können sich weiße Herde am Kehlkopf bilden. Die Diagnose kann derzeit nur im Blutserum gestellt werden, erkrankte Vögel sind zu töten. Die Krankheit ist auch auf Säugetiere und immungeschwächte Menschen übertragbar. Von diesen geht dann aber keine Ansteckungsgefahr mehr aus.

9.2.8.8 Salmonellose

Eine im Tierreich und beim Menschen weitverbreitete Krankheit ist die Salmonellose, die durch verschiedene Salmonellentypen hervorgerufen wird. Es handelt sich dabei um Bakterien, die auch als „Fleischvergifter" bezeichnet werden, weil der Mensch sich häufig über befallenes rohes oder ungenügend erhitztes Fleisch infiziert. Die Salmonellen werden entweder über Wildvögel oder -nager, klinisch gesunde, aber latent infizierte und den Erreger ausscheidende Tiere, aber auch über kontaminiertes Futter und Wasser übertragen. In schweren Fällen zeigen die erkrankten Tiere hochgradige Allgemeinstörungen mit starken Durchfällen, bei mehr chronischen Verläufen treten häufig Gelenkentzündungen, bei Vögeln auch Fortpflanzungsstörungen (Eileiterentzündung) auf. Die Krankheit kann Einzelvögel, aber auch seuchenhaft den ganzen Bestand befallen. Verstärkte Reinigungs- und Desinfektionsmaßnahmen (besonders Gerätschaften und Schuhwerk) sowie zum eigenen Schutz eine strengere persönliche Hygiene sind die vom Tierpfleger konsequent durchzusetzenden Maßnahmen.

9.2.8.9 Yersiniose (Rodentiose, Pseudotuberkulose)

An Yersiniose erkranken im Zoo vor allem Nagetiere und einige Primaten (Krallenäffchen, Meerkatzenartige) sowie Vögel. Auch der Mensch kann erkranken. Erreger ist das Bakterium *Yersinia pseudotuberculosis*, dessen Reservoir Wildnager, die Hasenartigen und auch Vögel sind, die den Erreger mit dem Kot ausscheiden. Symptome sind häufig wenig ausgeprägt, sodass die Diagnose erst durch die Sektion gestellt wird. Dann ist aber davon auszugehen, dass weitere Tiere angesteckt sind. Auch sind ständige Neuinfektionen zu befürchten, solange Schadnager nicht effektiv ferngehalten werden können, sodass letztlich nur eine Impfung mit einer stallspezifischen Vakzine den Bestand dauerhaft schützen kann. Die Pfleger müssen sich durch gute Hygiene schützen.

9.2.8.10 Botulismus

Eine weitere wichtige, vor allem Wasser- und Stelzvögel befallende Krankheit ist der Botulismus. Das *Bacterium botulinum* lebt unter sauerstoffarmen Bedingungen, die sich besonders im Faulschlamm der Teiche während der warmen Sommermonate entwickeln. Eine dort verendete Ente genügt, um schließlich ein ganzes Gewässer zu verseuchen. So kommt es dann auch meist zu Gruppenerkrankungen. Die Symptome sind ziemlich eindeutig: Erschlaffung des Halses, später auch Lähmung der Gliedmaßen und Festliegen (Abb. 9.11). Als Sofortmaßnahme bei erkrankten Tieren sollte der Kropf entleert werden. Meist kommt jedoch jede Hilfe zu spät. Generell sind alle in Gewässern aufgefundene Kadaver unverzüglich zu entfernen.

9.2.8.11 Aspergillose

Eine der verlustreichsten Krankheiten der Vögel ist die Aspergillose, eine durch *Aspergillus*-Pilze hervorgerufene Krankheit der Lungen und Luftsäcke, vornehmlich bei in menschliche Obhut gebrachten Meeres- und Hochgebirgsvögeln sowie den Boden bewohnenden Arten. Bei den meisten Patienten besteht eine verminderte Widerstandskraft, aber auch eine Erregeranreicherung in der Umgebung kann vorliegen. Wenn das typische Symptom Atemnot auftritt, ist es für eine Therapie häufig schon zu spät, weil bereits zu viel Lungengewebe irreparabel zerstört worden ist. Die Maßnahmen sind vor allem auf den Schutz der übrigen in derselben Umwelt lebenden Vögel zu richten. So sollte z.B. das Bodensubstrat gewechselt und das Augenmerk auf resistenzsteigernde Maßnahmen (Fütterungskorrekturen, Vitamingaben) gelenkt werden. Bei aufwachsenden Pinguinen hat sich eine wöchentliche Gewichtskontrolle (Abb. 9.12) bei gleichzeitiger Vitamingabe bewährt, um rechtzeitig therapeutisch wirksam zu werden.

Abb. 9.12 Wöchentliche Gewichtskontrolle beim Brillenpinguin als Teil der Aspergilloseprophylaxe.

9.3 Maßnahmen zur Sicherung hoher Fortpflanzungs-, Geburts- und Aufzuchtraten

9.3.1 Fortpflanzung

Grundsätzlich sollten alle in zoologischen Gärten gehaltene Tiere in der Lage sein, sich im Haltungssystem auch fortzupflanzen. Die langzeitige Verhütung von Nachwuchs (Kontrazeption) bedeutet für die meisten Tierarten eine nicht artgemäße und sie belastende und damit auch aus Gründen des Tierschutzes eine eigentlich nicht akzeptable Lösung des Populationsmanagements. Leider ist dieses Problem derzeit juristisch nicht ausreichend geregelt. Auf die verschiedenen Methoden der medikamentösen und immunologischen Kontrazeption soll nicht eingegangen werden. Die jeweils geeignete Methode muss zwischen Tierarzt und Tiergärtner abgesprochen werden.

Grundvoraussetzungen einer ungestörten Fortpflanzung und Aufzucht sind neben gutem körperlichem Zustand des Einzeltieres eine optimale artspezifische Haltung, Pflege und Ernährung der Zuchttiere. Der Umgang muss der individuellen nervlichen Verfassung der Tiere angepasst werden. Die Sicherung einer bedarfsgerechten Ernährung während der Aufzuchtperiode ist entscheidend für den Termin des Eintritts der Geschlechts- und Zuchtreife, die Raten des Eisprungs, die Empfängnis (Konzeption), die Einbettung des Eies und Bildung einer funktionsfähigen Plazenta und damit für das Trächtigwerden der Tiere. Von gleich großer Bedeutung ist eine gute zuchthygienische Arbeit. Es ist sehr wichtig, die Kennzeichen der Hitze, der Rosse, des Rollens, der Brunst, der Brunft, der Rausche usw. sowie die Länge der tierartspezifischen Brunstzyklen (im Durchschnitt 16–28 Tage) zu kennen und die Tiere zur Paarungszeit gut zu beobachten. Nur so können weitestgehend der Paarungszeitpunkt erfasst, die Fortpflanzung gesteuert oder ohne Konzeptionsverhütungsmittel (Kontrazeptiva) verhütet und der erneut zu erwartende Brunsttermin (besondere Beobachtung erforderlich), der geeignete Termin für direkte oder indirekte Trächtigkeitsuntersuchungen sowie der zu erwartende Geburtstermin berechnet werden.

Während der **Trächtigkeit** gebührt den Tieren besondere Beachtung. Genügend Bewegung sowie eine an allen Nähr- und Wirkstoffen vollwertige Ernährung ist zu gewährleisten. In der Trächtigkeit wird nicht nur über die Entwicklung der Lebensstärke der Leibesfrucht, sondern durch Vorbereitung von Stoffwechsel und Nervenaktionen auch über den Verlauf von Geburt und Nachgeburtszeit sowie über die spätere Milchleistung entschieden. Jedes unnötige Treiben und jede vermeidbare Belastung, die mit einem erhöhten Sauerstoffbedarf einhergeht, sind nach Möglichkeit zu unterlassen.

Ist es bei bestimmten Spezies erforderlich, die Muttertiere vor der Geburt in besondere Gebärställe, Gehege oder Mutterstuben zu bringen, so sollte dies z. B. bei verschiedenen Großkatzen etwa 3 Wochen vor der Geburt erfolgen, damit das Muttertier genügend Zeit hat, sich an die neue Umgebung zu gewöhnen und der mit der Geburt einsetzende Mutterinstinkt nicht durch Verhaltensstörungen unterdrückt wird. Derartige Verhaltensbelastungen wirken sich nicht nur direkt auf den Geburtsverlauf, sondern auch auf die Milchabgabe und -leistung sowie die Betreuung und Ernährung der Jungtiere durch die Muttertiere in den ersten Lebenstagen aus.

9.3.2 Geburt und Nachgeburtszeit

Die **Geburt** verläuft bei allen Tieren grundsätzlich gleich. Sie wird neurohormonal gesteuert, stellt eine wechselseitige Arbeit zwischen den elastischen Frucht- und Mutterteilen dar und erfolgt nach dem Prinzip vom kleinsten Zwang. Sie beginnt im weiteren Sinne nicht erst am Tag des Gebärens, sondern schon lange Zeit vorher mit der Vorbereitung des Organismus zur ungestörten Geburt. Wir teilen den biologischen Geburtsablauf deshalb in folgende Stadien und Phasen ein:

- **Vorbereitungsstadium:** beginnt mehrere Wochen vor der Geburt
- eigentliches **Geburtsstadium**, das sich untergliedert in
  - **Öffnungsphase:** Öffnung des Muttermundes und Eintreten der Frucht in den weichen Geburtsweg
  - **Aufweitungsphase:** Aufweitung des weichen Geburtswegs bis zum Austritt des Kopfes aus der Scham
  - **Austreibungsphase:** Austreibung der gesamten Frucht
- **Nachgeburtsstadium:** Austreibung der Eihäute (Nachgeburt).

Besonders deutlich sind diese Stadien und Phasen bei den Wiederkäuern ausgeprägt. Bei anderen Arten, z.B. allen Equiden, gehen vor allem die Geburtsphasen fließender ineinander über, selbst „Sturzgeburten" sind bei ihnen möglich.

Bei einer Normalgeburt sind folgende Kriterien erfüllt:

- Der Eintritt der Geburt erfolgt nach einer artspezifischen Trächtigkeitsdauer.
- Die Führungslinie und die Raumverhältnisse des knöchernen und weichen Geburtswegs entsprechen den körperlichen Normen der Art und Rasse (erwartet man bei einem gesunden, normal entwickelten und gebauten Muttertier).
- Die Geburtsobjekte sind ein oder mehrere reife, in der Geburtsmasse dem Artdurchschnitt entsprechende, lebende Jungtiere, eine adäquate Menge Fruchtwasser physiologischer Beschaffenheit und Eihäute ohne krankhafte Erscheinungen (erst nach der Geburt voll einschätzbar).
- Geburtsreife Jungtiere werden bei den langbeinigen Säugern in Vorder- oder Hinterendlage (Verhältnis ca. 90:10), Wirbelsäule nach oben mit gestreckten Gliedmaßen ausgetrieben.
- Die treibenden Kräfte (Wehen, Bauchpresse) wirken phasengerecht.
- Der zeitliche Ablauf der einzelnen Geburtsabschnitte (z.B. Wisent oder Bison: Eröffnung bis 6 Stunden, beendet nach Erscheinen der Füße in der Schamspalte, Sprung der Eihülle; Aufweitung etwa 2 Stunden, beendet nach Austritt des Kopfes aus der Scham; Austreibung der Frucht 10–20 Minuten, Nachgeburtsabgang innerhalb von ca. 6 Stunden) wird gewahrt.

Gestörte Geburten weichen in einem oder mehreren der für eine Normalgeburt spezifischen Kriterien von der Norm ab. Bei Eintritt der Geburt außerhalb der für die betreffende Art bestehenden spezifischen Tragezeitgrenzen liegen krankhafte Früh- oder Spätgeburten vor.

Unter der Norm der Art liegende Raumverhältnisse der Geburtswege, Übergewichtigkeit oder vorgeburtlicher Tod der Leibesfrüchte, Verzögerung der Geburt durch ungenügende Erregung der Gebärmutter und dadurch bedingte mangelhafte Stärke der treibenden Kräfte führen zur Geburtsstockung. Ein zu spätes Erkennen des Geburtsbeginns oder des Vorliegens einer Geburtsstockung führen zur Überschreitung der tierartüblichen Geburtsdauer, zum Absterben der Frucht in der Gebärmutter und beim Eindringen von Erregern zum Aufblähen der toten Frucht. Dann liegt eine **verschleppte Geburt** vor. Bei Katzen oder Ziegen kommt dies z.B. öfter vor, wenn einige Jungtiere normal geboren wurden und nur das letzte Jungtier wegen sekundärer Wehenschwäche (fehlender weiterer Kraft der Gebärmuttermuskulatur) nicht mehr ausgetrieben wurde. Man muss deshalb gut beobachten, ob sich die Mutter wirklich schon voll den Jungtieren widmet oder manchmal „noch in sich hört". Sehr genau ist auch das Verhalten, besonders die Wasser- und Futteraufnahme am Tag nach der Geburt und/oder das Säugeverhalten der Mutter sowie das Saugverhalten der Neugeborenen zu beobachten. Daraus lassen sich wertvolle Rückschlüsse über das wirkliche Geburtsende bei Mehrlingsgebärenden ziehen und generell über den ungestörten Beginn der „Wochenbettzeit" (Puerperium) ableiten.

Die Ursachen gestörter Geburten sind neben Missverhältnissen zwischen dem Körperbau der Mutter und dem des Jungtiers vor allem in Störungen des Wehenverlaufs (der kraftvoll wirkenden Vorgänge im Muttertier) zu suchen, die wiederum stark den Einflüssen der Umwelt unterliegen, beispielsweise Aufzucht, Haltung und Fütterung in der Trächtigkeit, Aufstallung vor der Geburt, Umweltreize während der Geburt.

Bei Ausschaltung von außen wirkender Störfaktoren und einem normalen Körperbau der Muttertiere gebären bei der entsprechenden Zuchtkondition auch die Zootiere aus eigenen Kräften.

Störungen und vorzeitige Einflussnahme, z. B. besonders Zughilfen, beeinflussen den hormonal und nerval regulierten und gesteuerten Geburtsvorgang negativ bzw. können mechanisch gesehen erhebliche Verletzungen des weichen und knöchernen Geburtswegs verursachen.

9.3.3 Gesunde Jungtieraufzucht und Jungtierkrankheiten

So, wie kranke und trächtige Tiere besonderer Haltung und Pflege bedürfen, benötigen Jungtiere aufgrund ihrer noch geringen allgemeinen und spezifischen Abwehrkraft und ihrer generell noch geringen Energiereserven besondere Obhut in Umgang und Pflege. Das Jungtier ist – funktionell gesehen – mit dem Muttertier noch eine Einheit. Bei den Erkrankungen der Jungtiere handelt es sich vorrangig um **Faktorenkrankheiten** mit sekundären, viralen und/oder bakteriellen und parasitären Infektionen sowie Vitaminmangelkrankheiten. Das gehäufte Auftreten von Jungtiererkrankungen wird begünstigt durch:

- Störungen in der Ernährung während der Trächtigkeit
- Stoffwechselstörungen, langwierige Infektionskrankheiten oder Parasitosen der Muttertiere
- Störungen unter der Geburt, die zu Verzögerungen oder gar zum Stillstand der Geburt führen können
- zu späte oder zu geringe Kolostralmilchaufnahme
- nicht ausreichende Erregerverdünnung in Geburtsställen und Gehegen.

Weitere unterstützende Umstände für Säuglingskrankheiten sind die körperlichen Besonderheiten der Jungtiere, wie:

- fehlende spezifische Abwehrstoffe
- geringe Widerstandsfähigkeit
- noch ungenügendes Anpassungsvermögen an Umweltbelastungen
- Mangel an unspezifischen Abwehrstoffen
- Funktionsübernahme zahlreicher Organsysteme erst nach der Geburt
- erhöhte Durchlässigkeit der Grenzmembranen und Epithelwände etc.

Folglich kommen selbst bei kurzfristig auftretenden Krankheitszeichen wie Apathie, Durchfall, Appetitlosigkeit, Nasenausfluss etc. Behandlungsmaßnahmen häufig schon zu spät. Aus dieser Erkenntnis heraus gilt es, durch planmäßige Prophylaxe die Gesundheit der neugeborenen Zootiere weitgehend zu schützen.

Derartige vorbeugende Maßnahmen sind:

- besondere Beachtung der Vorgänge in den Muttertieren (während der Trächtigkeit, während und nach der Geburt) sowie der genannten körperlichen Besonderheiten der Jungtiere
- Optimierung der Säuberungs- und Desinfektionsmaßnahmen in den Stallungen und Gehegen
- planmäßige tierärztliche Gesundheitskontrolle bei hochtragenden Tieren. Klinisch werden Ernährungszustand, Allgemeinbefinden, Farbe der sichtbaren Schleimhäute, Futteraufnahme, Kotbeschaffenheit, Häufigkeit und Menge des Harnabsatzes, Beschaffenheit des Haarkleids und Zeichen der Geburtsvorbereitung erfasst, um den Belastungsgrad der Trächtigkeit einschätzen zu können und bereits vor klinischen Krankheitserscheinungen, z. B. zu starken Stoffwechselbelastungen, Vitaminmangelerscheinungen etc., über Ernährungskorrekturen rechtzeitig regulierend eingreifen zu können.
- Vorbeugende Gaben der Vitamine A, D_3, E, C, B-Komplex, von Eisen, Gammaglobulinen und Paramunitätsinducern (Impfstoffe, die

das unspezifische Immunsystem anregen) sowie gegebenenfalls eines Depot-Antibiotikums an die Neugeborenen, die sogenannte **Jungtierprophylaxe**, können von Tierart zu Tierart und von Fall zu Fall differenziert erforderlich sein und verordnet werden.

Im Erkrankungsfall ist schnellstens tierärztliche Hilfe vonnöten, denn bei jeder Erkrankung kommt es beim Neugeborenen nahezu sofort zu Energie-, Elektrolyt- und Wasserverlusten, die sehr kurzfristig zum Tod führen können.

Um aber einen Erkrankungsbeginn bereits bei dem geringsten „Unwohlsein" erfassen zu können, ist während der ersten Lebenstage und -wochen eine konstante Beobachtung von Muttertier und Säugling erforderlich. Zu erfassen sind besonders das Muttertier-Kind-Verhältnis, das Säuge- und Saugverhalten, Liegeform und Bewegung des Neugeborenen, Flüssigkeitsgehalt der Haut (glatt anliegend oder Falten bildend), Kotabsatz, Kotfarbe und -beschaffenheit sowie die Atmung (z.B. ruhig, hastig, angestrengt) oder bereits beginnender Nasen- und/oder Augenausfluss.

Fang, Transport und Eingewöhnung von Zootieren

Wolf-Dietrich Gürtler, Klaus Eulenberger & Wolfgang Fischer†

Zu jeder Tierhaltung gehört unabdingbar die Notwendigkeit, Tiere fangen, sicher festhalten und transportieren zu können. Solche Manipulationen gehören nicht nur zur Anschaffung und Abgabe. Oft erfordern schon bestimmte Pflege- oder tierärztliche Maßnahmen unmittelbaren Kontakt oder Ortsveränderungen innerhalb eines Betriebs. Auch die spätestens bei einem Transfer für geschützte Arten oder Arten von seuchenrechtlicher Relevanz geltende **Kennzeichnungspflicht** macht es notwendig, Tiere zu greifen und zu halten, um eine Markierung – bei Säugetieren heute in den meisten Fällen ein elektronisch ablesbarer **Mikrochip (Transponder)**, bei Vögeln in vielen Fällen immer noch ein **Fußring** – zu injizieren bzw. anzubringen. Bei einem Jungtier ist dies, z. B. anlässlich einer Erstuntersuchung, der Geschlechtsbestimmung oder einer Impfung, noch mit geringem Aufwand „nebenbei" zu erledigen, sonst erfordert es eine Extra-Fangaktion. Bei der Weitergabe muss man, um sich durch Ablesen der Identität des Tieres zu versichern, es mit hoher Wahrscheinlichkeit dazu erneut in die Hand bekommen. Weitere Bedeutung erwächst diesem Aufgabenfeld durch die **Auswilderung** im Zoo geborener Tiere im Ursprungsland. Internationale Transporte werden immer wichtiger mit der Intensivierung koordinierten Zuchtmanagements, bei der die Paarkombination über die Grenzen hinweg eine Rolle beim Erhalt der genetischen Vielfalt spielt. Ohne Fang und Transport lässt sich die Forderung nach dem Erhalt der genetischen Vielfalt im Zoo nicht umsetzen. Gerade bei Wildtieren ist die „Kooperationsbereitschaft" eher die Ausnahme; nur wenige schließen sich so eng an den Pfleger an, dass dieser ohne Sicherheitsmaßnahmen Behandlungen oder Ortsbewegungen mit ihnen vornehmen kann. Grundlage in solchen seltenen Fällen ist regelmäßiges Training und vertrautes Personal. In der Regel müssen Fang und Transport von Tieren unter Anleitung eines Verantwortlichen gegen ihren Widerstand durchgeführt werden und beinhalten deshalb Risiken für Personal und Tier. Priorität müssen Maßnahmen haben, die Verletzungsgefahren und Stress für alle minimieren. Schonende Fangmethoden und sachgerechte, geeignete Transportmittel sind dazu die wichtigste Voraussetzung; sie sind gleichzeitig ein Beitrag zum Tierschutz. Die erfolgreiche Durchführung von Tiertransporten erfordert neben Umsicht tiergärtnerisches Wissen sowie praktische Kenntnisse und Erfahrungen. Fang- und Transportmaßnahmen müssen deshalb vorher geplant und von eingewiesenen Mitarbeitern ausgeführt werden. Werkzeuge und Hilfsmittel in einwandfreiem, funktionsfähigem Zustand sind ebenfalls unverzichtbar, um Gefahrenquellen auszuschalten.

10.1 Fangen und Festhalten

Das Fangen und Halten bedeutet für jedes Tier eine hohe physische und psychische Belastung. Deshalb muss jede Zwangsmaßnahme gut vorbereitet werden. Der Fänger muss die arttypischen Reaktionen des Tieres kennen, und er muss über Einfühlungsvermögen, Vorsicht, Reaktionsgeschwindigkeit und Präzision verfügen. Jede dieser Aktionen bedeutet einen schweren Eingriff in den Lebensrhythmus des Tieres. Nach dem Greifen muss das Tier, oft hochgradig erregt, den Schock des Fangens überwinden und sich darüber hinaus vielleicht in einer fremden Umgebung zurechtfinden. Im Zusammenhang mit dem Fangen von Tieren spielt das Verhaltensphänomen unterschiedlicher Annäherungsdistanzen eine Rolle: Die **Fluchtdistanz** ist die arttypische Entfernung, deren Unterschreiten Flucht auslöst; sieht das Tier keine Chance zur Flucht und unterschreitet man diese Entfernung deutlich, so schlägt die Reaktion in das Gegenteil um. Die **Angriffsdistanz** bezeichnet den Abstand, der eine Aggression des Tieres auslöst. Da der direkte Fang sowohl für das Tier wie auch den Fänger gefährlich ist, sollte er nur als letzte Maßnahme angewandt werden. Wenn der Fang nur als vorbereitende Maßnahme dienen soll, ein Tier anschließend in einem Behältnis zu transportieren, ist das – allerdings zeitraubende – Eintreiben, -füttern oder -locken vorzuziehen. Auch die Tatsache, dass sich Tiere oft erstaunlich schnell in den Aufenthalt in einer Transportkiste fügen, sollte nicht darüber hinwegtäuschen, dass bei Tiertransporten und den Vorbereitungen leicht erregbare Tiere Schockzustände, Kollaps oder Tod erleiden können.

Beim Vorgang des Fangens hat man es mit drei Variablen zu tun:

- mit der Zahl des beteiligten Personals, dessen Erfahrung und Vertrautheit mit dem Tier
- mit der Art, der Vertrautheit und der individuellen Befindlichkeit des zu fangenden Tieres
- mit den baulichen, räumlichen und technischen Möglichkeiten des Betriebs

Die Wahl der geeigneten Fangmethode für verschiedene Tierhaltungen unterliegt also unterschiedlichen Voraussetzungen. Grundsätzlich hat die schonendste Methode Vorrang.

10.1.1 Fang mit der Hand

Der Fang mit der Hand wirkt auf Wildtiere durch die direkte Berührung in höchstem Maße erregend. Sie reagieren darauf wie auf das Gepacktwerden durch einen Beutegreifer, also mit Flucht- oder Verteidigungsversuchen. Sogar ein zahmes Tier kann, durch wiederholten Fang in solche Situationen gebracht, seinen guten Kontakt zum Pfleger rasch abbauen. Manchmal ist es deshalb ratsam, die Aktion nicht durch den vertrauten Pfleger durchführen zu lassen. Auch wenn ungewohnte Griffe an zahmen, an menschliche Berührungen gewöhnten Tieren angewandt werden, z.B. bei tierärztlichen Behandlungen, kann das Vertrauen schnell zerstört werden. Nach Möglichkeit sind beim manuellen Fang **Schutzhandschuhe** mit langen Stulpen zu tragen, um Verletzungen des Fängers durch Zähne, Schnäbel oder Krallen zu vermeiden. In manchen Fällen muss allerdings darauf verzichtet werden, wenn der Handschuh den sicheren Griff behindert oder die Sensibilität des Zugreifens beeinträchtigt, z.B. bei empfindlichen Kleinvögeln. Der Fänger muss, unter Ausnutzung des richtigen Augenblicks, mit den ersten Griffen die Hauptwaffen des zu fangenden Tieres ausschalten. Grundsätzlich sollte beim Fang mit der bloßen Hand auch das Risiko einer Krankheitsübertragung (**Zoonose**) bedacht werden. Diese Gefahr ist besonders groß bei Vögeln, Nagern, Fledermäusen und Flughunden sowie Primaten.

10.1.1.1 Fang von Insektenfressern

Rüsselspringer, Tankrek-, Igel- und Spitzmausverwandte verfallen bei niedrigen Temperaturen in Winterschlaf oder Torpor. In diesem Zustand ist von Fang und Transport abzusehen. Entsprechend ist während eines Transports für ausreichend Wärme zu sorgen.

10.1.1.2 Fang von Affen

Hauptwaffen sind Gebiss und Hände. Bei Altweltaffen sollten nur Jungtiere mit der Hand gefangen werden. Vor dem Fang ist das Leittier, besser die ganze Gruppe abzutrennen, um einen Verteidigungsangriff durch die ganze Horde zu vermeiden. Das fliehende Tier wird am Gitter mit dem ersten Griff im Nacken, mit der anderen Hand an den Oberschenkeln umfasst. So festgehalten ist es relativ wehrlos. Längeres Halten erfordert eine zweite Person, die die Arme auf dem Rücken im **Polizeigriff** (Abb. 10.1) zusammenhält. So lassen sich auch Gibbons oder junge Menschenaffen halten und verpacken. Affen, die einen **Greifschwanz** als fünfte Hand einsetzen, erfordern ebenfalls eine zweite Person, die den Schwanz gesondert löst und hält, da der Affe während des Tragens stets aufs Neue versucht, sich damit festzuhalten. Krallenäffchen und andere kleine Formen werden im Nacken gepackt. Ist der Einsatz eines Keschers unvermeidlich, so sollte dieser aus Tuch sein, weil Krallenaffen leicht mit ihren Nägeln in den Maschen hängenbleiben. Loris (Halbaffen) mit Handschuh oder durch Umlaufenlassen aus geeigneter Schlafkiste fangen. Vorsicht vor Bissen: Toxine im Speichel können zu anaphylaktischem Schock führen! Langschwänzige Affen lassen sich auch am Schwanz durch das Gitter ziehen und halten, bis ein zweiter Tierpfleger ihm im Käfig einen Transportbehälter übergestülpt hat. Affen und andere langschwänzige Tierarten dürfen jedoch nie lange am Schwanz festgehalten und insbesondere der Schwanz nicht um eine Kante oder einen Gitterstab gezogen werden, weil die Gefahr von Wirbelbrüchen besteht. Lemuren können mit dem Kescher gefangen und anschließend per Hand im Genick und an der Hüfte fixiert werden – kein Polizeigriff, nicht am Schwanz festhalten! Größere Neuweltaffen werden nach Isolierung von der Gruppe in eine vor den Schieber postierte Kiste getrieben oder mit dem Kescher zu zweit (ein Pfleger schützt den Fänger) gefangen; längere Manipulationen sollten unter medikamentöser Beeinflussung vorgenommen werden, um Verletzungsgefahr und Fangstress zu minimieren.

Abb. 10.1 Festhalten eines jungen Husarenaffen im Polizeigriff; in dieser Position können kurze Untersuchungen oder Behandlungen vorgenommen werden.

10.1.1.3 Fang von Kleinraubtieren

Hauptwaffen sind Gebiss und Krallen. Marder, Füchse und Schleichkatzen muss die Fanghand rasch und sicher am Genick umfassen. Dabei darf die Luftröhre nicht zugedrückt werden, um die Atmung nicht zu behindern. Die andere Hand umfasst die Hinterschenkel, hebt das Tier aus und hält es fest. Bei Kleinbären ist diese Methode wegen der Krallen und der Wendigkeit nur mit großer Vorsicht und Erfahrung anzuwenden. Sie sind am ehesten durch einen Griff ins Rückenfell über der Lendengegend zu halten. Kleinkatzen sind zu wendig und daher nicht bzw. allenfalls als Jungtier mit der Hand und in langen Handschuhen zu fangen. Auch für Schleichkatzen oder Marder ist der Lederhandschuh zum Greifen und Halten unerlässlich.

10.1.1.4 Fang von Nagetieren

Hauptwaffe ist das Gebiss, mit dem tiefe und schmerzhafte Wunden zugefügt werden können, deshalb besser mit Lederhandschuh und Greifzange arbeiten. Große Hörnchen und Flughörnchen werden per **Nackengriff** gepackt; große Nager (wie Nutrias oder Ferkelratten) werden am Schwanz gegriffen, schnell hochgehoben und in die Kiste gesetzt. Muss man sie länger halten, werden sie geschwenkt, damit sie nicht dazu kommen, sich hochzuziehen und zu beißen. Auch Kleinnager werden am Schwanz gegriffen und gehoben, nicht am Schwanzende, sondern im Bereich nahe der Schwanzbasis, sonst kann sich die Haut des Schwanzes wie ein Handschuhfinger abziehen. Schwere Nager wie Biber lassen sich so nicht hochheben. Sie können schwere Wirbelschäden an der Wurzel der Schwanzkelle davontragen, Ursache für Lähmungen und andere Spätfolgen. Der Fang von Bibern sollte mit Hilfsmitteln erfolgen.

10.1.1.5 Fang sonstiger Säuger

Auch bei Hasenartigen vor Bissen hüten! Nach dem **Nackengriff** sofort Hinterbeine fassen und festhalten, um Schläge und Verletzungen durch die Krallen zu vermeiden (lange Lederhandschuhe!). Das Ergreifen von scheuen Hasenartigen kann zum Schocktod oder zu Wirbelfrakturen führen! Ist ein Kaninchen längere Zeit zu halten, unterstützt die andere Hand den Körper. Gürteltiere fasst man mit beiden Händen von der Seite in die Brustregion und hebt sie hoch. Hauptwaffen sind wie beim Ameisenbären die scharfen Krallen. Große Ameisenbären sind gefährlich, Fang daher nicht mit der bloßen Hand oder Kescher. Zahme oder trainierte Tiere lassen sich per Hand dirigieren, sonst nur über *crate training* (Einfüttern) oder unter medikamenteller Ruhigstellung. Schuppentiere werden am Schwanz gegriffen und ausgehoben, während die andere Hand den Körper unterstützt. Zur Vermeidung von Schnitt- oder Quetschverletzungen durch die Schuppen Handschuhe tragen. Kleine Fledermausarten erfasst man im Nacken, bei größeren, z.B. dem Abendsegler, zieht man die Flughäute vorsichtig auseinander und ist so vor dem Gebiss geschützt. Flughunde sollen nicht gekeschert werden (Gefahr von Finger- und Armbrüchen sowie Flughautverletzungen), sondern per Hand, geschützt mit einem Lederhandschuh gegriffen werden. Beim Ergreifen von Flughunden ist neben dem Nackengriff das Umfassen der Hinterextremitäten anzuraten. Eine Schutzbrille schützt die Augen des Fängers vor schlagenden Daumenkrallen. Kleinere Arten lassen sich auch in die Flughäute gewickelt an der unteren Körperhälfte halten.

10.1.1.6 Fang von kleinen bis mittelgroßen Huftieren

Hauptwaffen sind Hörner/Geweih und Hufe/Klauen/Schalen, bei Schweinen, Kleinkamelen und Einhufern auch das Gebiss. Derbe Kleidung bietet zusätzlichen Schutz gegen Tritte mit scharfen Klauen. Schweine sind allerdings kaum mit der Hand zu halten und sollten deswegen nicht ohne Hilfsmittel gefangen werden. Hausschafe und -ziegen werden nach Schäferart beim Wollvlies an Nacken und Kruppengegend gepackt und ausgehoben. Ponys fasst man an der Mähne und um den Hals, gleichfalls junge Rinder zuerst an der Halspartie. Zur endgültigen Fixierung ist dann der Nasengriff anzuwenden. Dabei werden zwei Finger in die Nasenlöcher eingeführt und setzen den Druck an der Nasenscheidewand an („Hand-Nasen-Bremse“). Man sollte es möglichst vermeiden, gehörnte Tiere an den Hörnern zu packen, da sich dabei durch den Druck die Hornscheide vom Zapfen lösen kann. Bei Widdern, Ziegenböcken oder Jungrindern lässt sich aus Sicherheitsgründen ein erster Griff nach den Hörnern nicht vermeiden. Es gibt Situationen, in denen auch horntragende Wildhuftiere bis etwa Schafgröße mit der Hand gepackt werden müssen. Sie neigen zum Springen, wenn sie gegriffen werden sollen. Wenn das Tier vorher nicht zu bekommen ist, muss man den ersten Sprung verfolgen und das Tier beim Aufsetzen greifen. Dem ersten Griff an die Hörner muss sofort das Zupacken weiterer Mitarbeiter folgen, um durch Niederhalten des Körpers Sprungversuche zu verhindern, die einem am Kopf gehaltenen Tier das Genick brechen könnten. Für längeres Halten ist das Tier zum Abliegen zu bringen, Vorder- und Hinterläufe sind im Gelenk einzuschlagen und zu fixieren, um eine Verletzungsgefahr durch Treten auszuschalten.

Ähnliches gilt für den Fang von Hirschen: Das **Geweih** ist prinzipiell kein günstiger Haltepunkt, im Bast grundsätzlich nicht, aus Sicherheitsgründen aber einzig mögliches Ziel des ersten Griffs. Beim Fang von aggressiven Rehböcken kann man sich durch einen vorgehaltenen Korb oder Heusack schützen und dann das „Gehörn" des Tieres ergreifen. Da der Schlag mit den scharfen Schalen böse Wunden zufügen kann, müssen weitere Mitarbeiter zur Stelle sein, die Vorder- und Hinterbeine des Tieres erfassen und das umgelegte Tier an den Sprunggelenken festhalten. Andernfalls besteht die Gefahr, dass sich auch hier das beim „Gehörn" gefasste Tier beim Hochspringen das Genick bricht. Bei Rehricken und Hirschkühen umfasst man den Hals, aber auch hier muss das Tier gleichzeitig von anderen Pflegern niedergedrückt werden, da es zu steigen und zu schlagen versucht.

Neuweltkamele werden ebenfalls von mindestens zwei Personen gefangen: Eine umfasst von hinten den Hals, die andere fixiert unmittelbar darauf den Kopf durch den Griff an die Ohren, sodass das Tier die Haltenden weder beißen noch bespucken kann. Zusätzlich schützen sich die Pfleger durch einen übergehängten Sack oder eine Regenjacke. Wenn sich das Tier dann nicht schon freiwillig ablegt, greifen weitere Mitarbeiter zum sicheren Halten in die Wolle.

10.1.1.7 Fang von Robben

Hauptwaffe ist das Gebiss. Bei Robben ist ein kurzes Fassen und Hochheben nur bei den kleineren *Phoca*-Arten möglich. Man fasst die Hintergliedmaßen der Robbe, hebt das Tier hoch und bringt es so hängend zur Transportkiste. Dabei ist darauf zu achten, dass man das Tier weit genug vom Körper abhält, damit es sich nicht verbeißt.

10.1.1.8 Fang von Kängurus

Hauptwaffen sind Gebiss, kräftige Hinterläufe und die Krallen. Kängurus werden vom Rücken her um den Bauch gefasst, dann sofort Hintergliedmaßen und Schwanz ergriffen und festgehalten. Ebenso müssen Vorderbeine und Kopf erfasst werden, damit das Tier weder kratzen noch beißen kann. Ruhige Kängurus lassen sich jedoch, an der Schwanzwurzel und an den Seiten der Weichengegend gefasst, leicht in Transportkisten drängen. Kängurus dürfen keineswegs nur am Schwanz gegriffen oder gar ausgehoben werden, da Wirbelverletzungen oder andere Schwanzschäden drohen. Umherjagen ist zu vermeiden, weil Kängurus blindlings gegen Begrenzungen springen und sich durch ihre enorme Sprungkraft schwere Schädeltraumen zuziehen können.

10.1.1.9 Fangen und Halten von Vögeln

Vögel geraten sehr leicht in Panik. Im Zustand großer Erregung prallen sie „kopflos" herumlaufend oder -fliegend häufig gegen Wände, Zäune, Einrichtung oder – besonders heftig – gegen Fensterscheiben. Neben schweren Traumen und Frakturen, vor allem an Schnabel, Schädel, Läufen oder Flügeln, kann es auch zum Schocktod kommen. Ein anhaltendes Herumjagen ist deshalb grundsätzlich zu vermeiden. Ein Kescher kann eine weit größere Fläche bestreichen als die Hand und ist deshalb beim Fang wesentlich effektiver. Das Greifen und Halten von Vögeln nur mit der bloßen Hand gehört deshalb zu den Ausnahmen.

Bei einigen Arten, z.B. Flamingos, Pinguinen und Kranichen, kann man sich mitunter den hohen inneren Gruppenzusammenhalt und das Phänomen der Fluchtdistanz zunutze machen und sie vorsichtig nach „Gänselieselmanier" an den gewünschten Ort treiben bzw. drücken. Flugfähige Vögel werden stets in geschlossenen Transportbehältern umgesetzt.

Viele mittelgroße und große Vogelarten sind, obwohl leicht gebaut und damit leicht verletzbar, durch ihre Waffen oder ihre Aggressivität für den Fänger gefährlich. Dazu gehören Laufvögel (kräftige Tritte, besonders von Straußen oder Kasuaren), die mit der Hand nicht einfach zu greifen sind, sondern zunächst mit Schutzschilden eingeengt und zum Abliegen gebracht werden müssen.

Gleiches gilt für Greife, Eulen und Geier, bei denen unbedingt als Erstes die Fänge mit den scharfen Krallen sowie der Kopf fixiert werden müssen. Greife reagieren oft besonders hektisch, weshalb große Verletzungsgefahr an Kopf, Zehen und Flügeln besteht, wenn sie gegen die Volierenbegrenzung fliegen. Deshalb die Anlage nie für die Tiere unerwartet betreten und sich ruhig und besonnen verhalten, um ein Erschrecken zu vermeiden! Manche Arten wiederum sind sehr aggressiv und greifen ungestüm an, vor allem zur Brutzeit. Auch Kraniche und manche Hühnervögel (z.B. Ährenträgerpfauen) verfügen über scharfe Krallen oder Sporne als Hauptwaffe.

Bei Ruderfüßern, Kranichen, Reihern und Störchen, die mit spitzem Schnabel ins Gesicht oder gar nach dem Auge des Fängers stoßen, muss der erste Griff dem Schnabel gelten, um die Hauptwaffe auszuschalten. Der Fang aggressiver Großvögel sollte mit geeigneten Hilfsmitteln (**Fangbretter**, Abwehrgeräte wie Handfeger, Reisigbesen, **Fanggabel** bei Laufvögeln) von mindestens zwei Mitarbeitern ausgeführt werden, wobei der zweite den Fänger schützt. Bei anfliegenden Arten (Greife) sollten sie je nach Art zusätzlich durch Schutzbrille, Helm mit Nackenschutz und Lederhandschuhe geschützt sein. Mitunter muss man sogar bei Kleinvögeln zeitweise mit Aggressionen rechnen, wenn sie ihr Brutterritorium verteidigen.

Greife, Eulen, Schreitvögel und Kraniche werden mit dem Reisigbesen niedergedrückt und dergestalt ergriffen, dass der Arm, dessen Hand die Füße oberhalb der bekrallten Zehen fixiert, gleichzeitig die Schwingen an den Vogelkörper drückt. Die andere Hand umfasst den Kopf mit Schnabel von hinten oder den Schnabel selbst. Nicht die Nasenlöcher zuhalten. Wenn man die Beine nicht genügend sichert, wehren sich Kraniche oft so heftig durch Treten, dass sie dabei den Fänger oder sich selbst verletzen, indem sie die Krallen in Hals und Brust verhaken. Bei langbeinigen Stelzvögeln wie Flamingos oder Störchen müssen die Läufe bei kurzem Tragen im Gelenk (bei längerem Tragen besser zu zweit – ein Fänger nimmt die Beine, damit es nicht zu einem Blutstau kommt) eingeschlagen werden. Wenn sie mit herabhängenden Füßen um sich treten, kommt es beim Anstoßen leicht zu einer Fraktur der langen Laufknochen.

Enten- und Gänsevögel lassen sich gut tragen, wenn man nach dem Ergreifen die Oberarmknochen an den Schultern zwischen Daumen und Mittelfinger nimmt und den Zeigefinger zwischen die Flügel steckt. Bei großen Gänsen und Schwänen sichert man zunächst Kopf und Schnabel und trägt die Tiere dann analog an den Flügeln nahe der Basis, was sie am Schlagen hindert. Wenn sie zu groß oder zu schwer sind, müssen sie ebenfalls dergestalt mit dem Arm um den Leib gefasst werden, dass die Flügel an den Körper gepresst werden. Mit dieser Hand können dann die strampelnden Füße gehalten werden. Die andere Hand hält den Kopf vom Gesicht des Fängers fern, oder der Vogel wird mit dem Schwanz nach vorn getragen. Beim Fang von Wehrvögeln ist Vorsicht vor Flügelschlägen geboten, da sie einen Sporn am Flügelbug (Auswuchs des Mittelhandknochens) einsetzen können.

Großpapageien (Aras, große Kakadus) werden vor dem Zugriff ebenfalls zunächst mit einem Handfeger fixiert. Der erste Griff geht von hinten um den Kopf an den Schnabel. Sicherheitshalber kann man die Vögel vor dem Zugriff in ein Beißholz beißen lassen. Für kleine Ortsveränderungen innerhalb eines Betriebs lassen sie sich leicht an das Tragen auf einer Stange gewöhnen, vorausgesetzt, sie sind flugunfähig gemacht worden. Der Fang mit der Hand ist bei Großpapageien günstiger als mit dem Kescher, da sie sich mit Krallen und Schnabel ins Netzwerk klammern und nur schwer daraus zu lösen sind. Loris und Nestorpapageien werfen sich in Abwehrstellung mit dem Rücken auf den Boden und setzen zur Verteidigung die Krallen ein.

Beim Fang von Hühner- oder Taubenvögeln ist an die Schutzreaktion der **Schreckmauser** zu denken, die ihnen noch ein Entkommen vor dem Feind ermöglicht, wenn dieser nur ins Gefieder gepackt hat. Auch Mausvögel neigen dazu. Durch ungeschicktes Fangen können Fasanen die Federn der Rückenpartie oder des Schwanzes spontan verlieren und sind dann kaum noch abgabefähig. Beim Tragen von Tauben oder Hühnern ist zu beachten, dass die Beine immer im Griff bleiben, um ein schnelles Durchrutschen durch die Hand zu verhindern. Hühnervögel dürfen nicht an den Körper des Fängers gedrückt, sondern nur umfasst und an beiden Füßen dicht unter dem Bauch gehalten werden. Dann werden sie soweit weggehalten, dass sie mit den Flügeln zwar schlagen, aber weder sich noch den Fänger verletzen können. An den Körper gepresste Hühnervögel können sich so sehr erregen, dass es bei heftigen Befreiungsversuchen zu Herz- oder Gefäßschäden kommt.

Kleine Taubenarten und Vögel ähnlicher Größe umfasst man so, dass sie in der hohlen Hand zu liegen kommen (Vorsicht: nicht zu fest zudrücken). Tauben kann man auch ähnlich wie kleine Greife und Eulen wie einen Blumenstrauß durch Umfassen von Schwanz, zusammengelegten Flügeln und Läufen halten.

Kleinvögel sind beim manuellen Fang der Gefahr einer Beschädigung ausgesetzt: Zu festes Umfassen führt zu Verletzungen des Luftsacksystems im Lungenbereich, zu langes Halten in der Hand zu Überhitzung oder Schocktod. Wenn sie vor Scheiben oder Volierendraht fliegen, genügt ein leichtes Andrücken, um sie mit der hohlen Hand wegzunehmen.

10.1.1.10 Fang von Reptilien und Amphibien

Siehe auch Engelmann & Jacken (2024).

Bei Schildkröten (Hauptwaffe: Hornkiefer) wird mit ein oder zwei Händen der **Bauchpanzergriff** ausgeführt. Bei wasserlebenden Arten ist Vorsicht geboten, da sie schlüpfrig und gewandt im Zubeißen sind. Riesenschildkröten trägt man zu mehreren Personen und fasst das Tier am Bauchpanzer vor den Beinen. Bei sehr schweren Exemplaren schiebt man ein Tragegestell unter.

Bei Riesenschlangen, ihre Hauptwaffen sind das Gebiss und der muskulöse Leib, müssen ebenfalls mehrere Pfleger zusammenarbeiten: Mit einem Stock oder Besen wird das Tier abgelenkt, durch ein übergeworfenes Tuch geblendet oder der Kopf niedergehalten. Im gleichen Moment muss die Schlange hinter dem Kopf, in der Körpermitte und in der Schwanzregion fest gepackt werden. Als Faustregel zum Bändigen des sehr kräftigen Körpers gilt ein Mann pro Meter Schlange. Schlangen sind kühl, daher nicht vor Schreck wieder loslassen! Das gefangene Tier wird mit dem Schwanz voran in den Transportsack gebracht und zuletzt der Kopf mit einem Ruck in den Sack gestoßen und losgelassen. Die Gefahr des Umschlingens ist auch bei großen Nattern gegeben, die wie die Riesenschlangen empfindlich beißen können. Beim Griff hinter den Kopf darf der Druck nicht zu stark sein, damit der Schlingapparat nicht beschädigt wird.

Große Leguane, Warane oder kleine Krokodile bis etwa 1 m Länge, Hauptwaffen sind der Kiefer, der schlagende Schwanz und die bekrallten Zehen, packt man gleichzeitig im Nacken und an der Schwanzwurzel. Kleinere Eidechsenarten, auch Krustenechsen, werden im Nacken gefasst und hochgehoben. Der Fang von giftigen Reptilien mit der bloßen Hand sollte grundsätzlich vermieden werden!

Lurche mit ätzenden Hautsekreten sollten mit Handschuhen gegriffen werden, andernfalls ist danach gründliches Händewaschen notwendig. Auch manche Frosch- und Salamanderarten sind in dieser Beziehung gefährlich. Riesensalamander, Aalmolche und Hornfrösche können empfindlich beißen. Amphibien sind schlüpfrig, dürfen aber trotzdem **nicht zu fest** gepackt werden, da sie leicht zu verletzen sind.

10.1.1.11 Fang von Fischen

Siehe auch Engelmann (2005).

Ein manueller Fang empfiehlt sich nur bei Friedfischen in einem bestimmten Größenbereich. Sie werden mittels **Kiemen-Schwanz-Griff** aus abgesenktem Wasser herausgegriffen.

Dabei ist darauf Acht zu geben, dass Flossen und Schuppenkleid nicht beschädigt werden.

10.1.1.12 Fang von Wirbellosen

Siehe auch Engelmann & Lange (2011).

Krebstiere (Hauptwaffen: Scheren), insbesondere Krabben, greift man mit Handschuhen. Große Formen (*Eriphia*) können mit einem Zugriff glatt einen Finger abtrennen. Skorpione (Hauptwaffe: Schwanzstachel) drängt man mit Hilfe eines Stöckchens in eine Fangschachtel oder ein Glasröhrchen, die sie als angebotenen Schlupfwinkel u.U. auch von selbst aufsuchen. Vogelspinnen (Hauptwaffen: Cheliceren, bei manchen Arten schleimhautreizende, leicht lösbare Haare, mitunter Gift) sind nicht am weichen Abdomen zu packen, sondern am Kopfbruststück vorsichtig mit dem Zeigefinger niederzudrücken und mit Daumen und Mittelfinger zwischen zweitem und drittem Beinpaar zu ergreifen. Große geflügelte Insekten, z.B. Futtertiere wie Heuschrecken, werden vorsichtig mit der ganzen Hand oder mit zwei Fingern an den Flügeln gehalten.

10.1.2 Fang mit Hilfsmitteln

Der Fang mit Hilfsmitteln ist in vielen Fällen sicherer, denn er schützt den Fänger, verkürzt häufig den Fangakt und hält die Erregung des Tieres durch Vermeidung unmittelbaren Kontakts niedriger. Gefährliche Tiere und Tiere oberhalb einer bestimmten Größe bzw. Masse sind ohnehin nicht manuell zu fangen. Vor dem Einsatz sind grundsätzlich alle Fanggeräte auf Vollständigkeit und Funktionstüchtigkeit zu überprüfen und griffbereit zu halten.

10.1.2.1 Fang mit Keschern und Netz

Der **Kescher** ist ein Netzsack aus Garnen verschiedener Maschenweite und Fadenstärke an einem Bügel aus Peddigrohr, starkem Draht, Kunststoff oder an einem stabilen Metallring angebracht. Bügel und Netzwerk müssen in Stabilität und Ausmaßen dem Verwendungszweck, also der Masse und Kraft des zu fangenden Tieres angepasst sein. Um ihn gut handhaben zu können, darf er nicht zu groß sein. Wichtig ist ein nicht zu langer, stabiler Stiel. Es ist zwar an die Hebelwirkung zu denken, aber auch an die Enge in dekorierten Gehegen. Wichtig ist ein ausreichend tiefer Kescherbeutel, in dem das Tier durch Umschlagen oder Drehen des Bügels auch fixiert werden kann. Kescher finden Verwendung beim Fang von Raubtieren bis Wolfs- oder Luchsgröße oder Affen (gilt wegen der Gefahr einer Zoonose als nicht mehr zeitgemäß), seltener bei Kleinantilopen oder -hirschen mit unverzweigtem Geweih. Bei Huftieren ist das Risiko zu beachten, dass es leicht zu Brüchen der Läufe kommen kann, wenn die Tiere in den Netzmaschen hängen bleiben. Bügel und Netzwerk müssen dabei eine Last von 60–70 kg aushalten können. Der Bügel besteht in solchen Fällen aus einem bis zu 15 mm starken Profileisen, das Netz ist grob und fest und der Sack etwa 1,5 m lang. Alle anderen Kescher können leichter gebaut sein, da mit zunehmender Masse die schnelle und sichere Handhabung erschwert wird. Außerdem können Tiere unbeabsichtigt gequetscht oder vom Bügel verletzt werden. Die Kescherbügel können entweder rund, halbkreis-, trapezförmig, dreieckig oder oval sein. Beim Fang von jungen Raubtieren, Affen oder kleineren Huftieren am Boden ist ein „halber" Kescher mit zum Boden paralleler Auflage am besten. Ein solches Fanggerät kann 35 x 50 cm oder 40 x 60 cm Ausmaß haben. Dabei ist das größere Maß der ebene Bodenteil des Bügels.

Besonders geeignet sind Kescher für den Vogelfang, mit Ausnahme von Laufvögeln. Auch große Vogelkescher sollten leicht gebaut sein, um den fragilen Vogelkörper nicht zu verletzen. Hier sind runde Bügel mit einem Durchmesser von 40 oder 50 cm vorteilhafter. Für Entenvögel und Kormorane eignen sich größere Bügelmaße am besten, damit diese Vögel auch beim Tauchen unter Wasser sicher gefangen werden können. Um Tauchvögel zu fangen, werden Gräben oder Teichbuchten mit Netzen abgesperrt und die aufgetauchten Kormorane, Schlangenhalsvögel, Tauchenten oder Taucher mit dem Kescher gefangen. Die unter Wasser schwimmenden Vögel verraten sich durch ihre Blasen. Der Fänger muss den Moment des Auftauchens abpassen, um den Vogel zu keschern und ein längeres Hetzen zu vermeiden. Wenn schon stellenweise Eis die Wasserläufe bedeckt, kommen tauchende Vögel leicht unter die Eisfläche und ertrinken. Beim Fang von Pinguinen lässt man das Wasser des Beckens ab, treibt die Tiere an Land und fängt sie dort mit dem Kescher. Auch kleinere Reiherarten und Rallen werden mit Keschern gefangen. Hühnervögeln und Tauben werden engmaschige Kescher, nach Möglichkeit solche mit Rohrbügeln, übergestülpt. Für kleinere Vögel sollte man Bügel aus biegsamem Draht haben. Kescher für mittlere Vögel sind Mehrzweckgeräte, die sich auch für Kleinsäuger und Reptilien eignen. Bügelmaße von etwa 30 x 30 cm und Netztiefen von 50 cm erweisen sich als ausreichend. Kleinvögel fängt man mit kurzstieligen Volierenkeschern von 15–20 cm Durchmesser. Der Fangsack ist bis 30 cm tief und besteht aus feinem Netzgewebe mit Maschenweiten von 10 mm und darunter. Beim Kescherfang verkrallen und verbeißen sich Sittiche und Körnerfresser oft im Netzsack und es kostet große Mühe und Behutsamkeit, sie aus dem Netz zu lösen. Für Honigsauger und die kleinen Kolibriarten sind Fangkescher aus Gazestoff zu verwenden, da sie bei Verwendung gebräuchlicher Maschenweiten hindurchschlüpfen oder sich darin erhängen. Der Fang mit dem Kescher ist zwar für einen Kleinvogel belastend, aber er versetzt ihn nicht in unmittelbare Todesangst wie der Griff mit der Hand, zumal wenn der Kescher hilft, das vorhergehende Treiben zu verkürzen.

Der Kescherfang flüchtiger Tiere ist Konzentrationsarbeit und erfordert Umsicht und Geschick. Das Fanggerät muss im richtigen Augenblick dem flüchtenden oder verhoffenden Tier übergestülpt werden. Danach wird versucht, den Kescher zu drehen, um das Tier sicher im Fangsack festzusetzen. Dann kann es entweder zur Behandlung arretiert oder in die Transportkiste überführt werden. Tiere sind nach Möglichkeit nur in geschlossenen Räumen aus den Keschern zu holen, um ein Entkommen des gerade Gefangenen zu vermeiden. Am besten ist ein Fang über Zwangspässe. Dabei wird das zu fangende Tier durch seine gewohnte Laufklappe getrieben, wobei der Kescher an den Ausschlupf gehalten wird. Das Tier befindet sich dann durch die Wucht des Sprungs bereits im Netzsack und kann durch dessen rasche Drehung gesichert werden. Vorsicht ist geboten bei am Gitter hängenden Tieren, seien es Katzen oder Affen. Große Katzenarten wie halbwüchsige Leoparden, Nebelparder oder Luchse werden tunlichst am Boden gefangen. Man lässt sie an der Wand entlanglaufen und fängt sie mit einem trapezförmigen Kescher mit fester Bodenauflage ein. Robben werden gewöhnlich an Land gefangen. Hierbei gilt ebenfalls größte Vorsicht, da besonders Seelöwen heftig beißen können. Ein Kescher aus fester Plane (Segeltuch) kann in solchen Fällen helfen.

10.1.2.2 Bauliche Einrichtungen als Hilfsmittel

Nicht zu unterschätzen ist der Nutzen bereits bei Planung und Bau berücksichtigter fester Einrichtungen im/am Tierhaus. Oft hängt es von der ausreichenden Anzahl von Schiebern, Türen, Verbindungsgängen oder Absperrställen ab, wie belastend oder gefährdend eine Fangaktion ist. Gerade bei Großtieren ist frühzeitig zu bedenken, dass sie schon aufgrund ihrer Masse schwer zu manipulieren und obendrein häufig gefährlich sind und deshalb das Stallgebäude möglichst aus eigener Kraft betreten und verlassen sollten. Tore und Türen entsprechender Größe, deren unmittelbare Erreichbarkeit mit dem Transportfahrzeug, Platz zum Rangieren, geeignete Vor- und Absperrgehege, ausreichende Schieberanzahl, dazu Ansatz- und Befestigungspunkte für Tierkisten oder Container (Plattform und Befestigungsösen vor dem Schieber) und die Einseh- und Bedienbarkeit aller Elemente außerhalb der Reichweite der Tiere sollten beim Bau neuer Tierhäuser schon aus Sicherheitsgründen zum Standard gehören. Grundsätzliche Vorgaben finden sich in den „Regeln für Sicherheit und Unfallschutz: Haltung von Wildtieren" der **GUV-R 116/BGR 116** (Bundesverband der Unfallkassen 2005). Auch „Quetschkäfige" zur mechanischen Einengung findet man oft als bauliche Einrichtung. Ihre Benutzung ist für das Tier jedoch mit großer Aufregung verbunden. Die medikamentöse Immobilisation ist wesentlich schonender, sodass ihr heute der Vorzug zu geben ist.

10.1.2.3 Fang durch Lauf- oder Treibgänge

Vor dem eigentlichen Fang muss das Tier häufig erst an einen geeigneten Fangort dirigiert werden. Dazu dienen **Lauf- oder Treibgänge**, die ebenfalls bereits beim Bau eines Tierhauses eingeplant werden sollten. Solche Zwangspässe lassen sich aber auch mit aufgestellten Transportkisten, stabilen Platten oder Fangklappen kurzfristig herstellen. Auch Durchlaufkisten mit an beiden Enden aufgezogenen Schiebern erleichtern vielen Tieren das Betreten des eigentlichen Transportbehälters, da sie eine Fluchtmöglichkeit vortäuschen. Bei entkommenen Tieren bilden aufgestellte Netzwände als Leitlinie eine wesentliche Fangunterstützung, da man das Tier zu der gewünschten Fangstelle drücken kann, an dem der Fang mit Kescher oder Fangkiste erfolgt. Um Tiere zu treiben, sollte man ihnen nie unbewaffnet gegenübertreten. Oft reicht schon ein Besen oder ein Stöckchen als Hilfe zum Dirigieren. Der Einsatz von schmerzzufügenden Hilfsmitteln – Elektrostab, Schlagstock, Peitsche – ist abzulehnen.

10.1.2.4 Fang mit Fanggabeln, Schutzbrettern (Fangklappen) und Blenden

Größere oder wehrhafte Tiere lassen sich beim Treiben mit **Fanggabeln oder -klappen** auf Distanz halten. Das Vorbild der Fanggabel ist der einfache Gabelstock. An einem 2–2,5 m langen, kräftigen Stiel sitzen zwei stabile Gabeläste, deren Enden je nach Verwendungszweck 10–30 cm auseinander stehen. Die Benutzungsmöglichkeit der Fanggabel ist vielseitig. Sie ist ein Hilfsmittel beim Fang aggressiver Neuweltkamele, aber auch als Abwehrgerät zu empfehlen. Fanggabeln sollten in keinem Tierhaus fehlen, da sie bei plötzlichen Notsituationen ein wirksames Mittel sind, Tiere abzuwehren oder rasch ins Gehege zurückzutreiben. Sie sind gut in Verbindung mit Fangklappen anzuwenden. Aufgrund ihrer Gefährlichkeit werden Großvögel, z.B. Strauße, Emus, Nandus, Kasuare, zunächst in eine Ecke gedrückt und dann mit Fanggabeln fixiert. Mit einem über den Kopf gestülpten Sack oder Strumpf wird der Vogel geblendet und gibt seinen Widerstand rasch auf. Über kurze Strecken sollte ein Strauß geschoben werden, jedes Anheben ist zu vermeiden. Besondere Vorsicht ist beim Fang von Kasuaren notwendig, da sie aus dem Stand bis zu 2 m hoch springen können und mit ihren scharfen Krallen schwere Verletzungen verursachen.

Fangklappen sind leichte, aber stabile Holzplatten mit rückseitigen Griffen. In kleinerer Ausführung dienen sie als Schutzschild für eine Person, in größerer bis 2 m Höhe und 2,5 m Länge erlauben sie das Einengen und Treiben oder Drücken mittelgroßer Huftiere oder solcher, mit denen man einen unmittelbaren Kontakt vermeiden will, z.B. Stachelschweine. Die Größe der Klappe ist so zu wählen, dass das Tier nicht über sie springen und sich die Person dahinter schützen kann. Hirsche oder sprungkräftige Antilopen können zusätzlich mit einer Fanggabel abgewehrt werden, wenn sie über die Fangklappe setzen wollen. Die Fangklappe ist am Boden zu halten und beim Aufstellen mit dahinter gestelltem Fuß schräg zum Pfleger zu fixieren, für den Fall, dass das Tier gegen die Klappe drückt.

Nicht nur Großvögel, sondern auch verschiedene Großsäuger beruhigen sich schnell und lassen sich leichter dirigieren und manipulieren, wenn ihnen durch Blenden die Sicht genommen wird. Auch Kamelen kann man dazu einen Sack über den Kopf stülpen. Alpakas lassen sich so ohne Gegenwehr scheren.

10.1.2.5 Fang mit Fallen, Einsatz von Quetschkisten

Tiere auf großen Anlagen oder entkommene Tiere lassen das Personal mitunter nicht nahe genug herankommen, um Fanghilfen anzuwenden. In Fällen, in denen keine große Eile geboten ist, können Tierkisten oder transportable Käfige als Lebendfallen benutzt werden, in die das Tier hineingelockt oder -geködert wird. Als Köder eignen sich nicht nur Futtermittel, sondern insbesondere Materialien mit vertrautem Geruch, z. B. benutzte Einstreu oder Dung von Artgenossen. Ein Mechanismus löst das Schließen des Kistenschiebers aus, wenn das Tier in der Kiste ist. Ein solches „Eingewöhnen“ in eine Tierkiste ist die schonendste, aber auch zeitaufwendigste Art des Fangens.

Oft sind Pflege- oder einfache tierärztliche Maßnahmen nötig, die eine Einschränkung der Beweglichkeit des Tieres erforderlich machen. In solchen Fällen können für mittelgroße Säuger Quetschkisten verwendet werden, bei denen der Insasse durch eine verschiebbare Wand gegen eine Gitterwand gedrängt wird. Durch diese Gitterwand lassen sich gefahrlos Injektionen oder Medikamente verabreichen, Geschlechtsdiagnosen und ähnliche Manipulationen vornehmen. Solche Hilfsmittel zur mechanischen Immobilisation kommen oft als Quetschkäfige in Quarantäne- oder Tierkrankenstationen zum Einsatz. In den meisten Fällen ist jedoch eine Ruhigstellung per medikamentöser Immobilisation vorzuziehen.

10.1.2.6 Fang von Vögeln mit Fangkorb

Der Fang aus großen Flugvolieren oder Tropenhallen ist mit einem Kescher kaum noch möglich. Nach dem Fallenprinzip arbeitende Vogelfangkörbe bieten oft die einzige Chance, der Vögel habhaft zu werden. Dabei wird ein aufgeklappter, drahtbespannter Deckel über dem Korb durch Federkraft in „Offen-Position“ gehalten. Futter oder ein Artgenosse im Korb dient als Köder. Bei der Landung berührt der Vogel den Auslösemechanismus, der Deckel klappt zu und setzt den Vogel fest.

10.1.2.7 Fang mit Lasso (Fangstrick), Lauf- oder Stockschlinge

Das Fangen von Tieren mithilfe von Schlingen oder Stricken wird heute seltener angewandt, denn es ist mit einem höheren Verletzungsrisiko für das Tier verbunden und erfordert erheblichen Kraftaufwand und Geschicklichkeit beim Personal. Der Lassofang kommt in erster Linie für gehörnte Huftiere infrage. Dieser Fangstrick kann von beliebiger Länge sein, ist am besten jedoch 12–15 m lang und 3- bis 4-fach gewickelt. Dem in einem Vor- oder Kleingehege befindlichen Tier wird die Schlinge um die Hörner geworfen, sofort zugezogen und mit mehrmaliger Umschlingung an einem stabilen Haltepunkt festgelegt. Dann wird das Tier herangezogen. Bei Rindern sind dazu vier bis sechs starke Männer nötig, und das Fangseil wird an einem zweiten Haltepunkt festgemacht. Das zu fangende Tier ist damit doppelt gesichert. Das Werfen des Lassos muss geübt werden, denn zu viele Fehlwürfe machen das Tier unruhig. Es versucht dann zu steigen oder die Absperrung zu durchbrechen. Besondere Vorsicht ist beim Lassowurf bei einigen jungen Antilopen angezeigt, da diese Tiere noch biegsame Hörner haben und ihr Aussehen durch unsachgemäße Fänge zeitlebens „verdorben“ werden kann. Ungehörnten Tieren wird ein durch Sicherheitsknoten abgeschirmter Fangstrick um den Hals geworfen. Der Knoten muss so angebracht sein, dass das Tier sich weder erwürgen noch aus der Schlinge ziehen kann. Er muss deshalb für jedes Tier entsprechend seiner Halsstärke neu geknüpft werden.

Mit kurzen, festen Laufschlingen können z.B. Bären mittlerer Größe an den Beinen festgelegt werden. Zur Stressreduktion empfiehlt es sich, vorher Beruhigungsmittel zu verabreichen. Es erfordert große Reaktionsschnelligkeit, einem Bären die ausgelegte Fußschlinge im richtigen Moment hoch- und zuzuziehen. Weiche Beißhölzer sind bei solchen Fangaktionen unerlässlich, damit das Tier abgelenkt wird und nicht die Stricke zerbeißt. Der Fang von Großkatzen und -bären mit Stockschlingen wird wegen der damit verbundenen Aufregung und Verletzungsgefahr heute ebenfalls weitgehend zugunsten anderer Methoden unterbleiben. Die Stockschlinge, eine umhüllte, zuziehbare Drahtschlinge an einem Stock von 1,5–2,0 m Länge, hat aber weiterhin ihre Berechtigung, z.B. beim Fang von Schlangen oder Krokodilen.

10.1.3 Fang mittels medikamentöser Beeinflussung

K. Eulenberger

In den letzten 50 Jahren haben die medikamentöse Distanzimmobilisation und -narkose für in zoologischen Gärten und Wildgattern gehaltene Wildtiere eine enorme Entwicklung genommen. Dadurch wurde die Möglichkeit geschaffen, nicht nur die tierärztliche Diagnostik und Therapie, sondern auch das Fangen und Transportieren von einerseits sehr sensiblen und andererseits häufig aggressiven und gefährlichen Tieren auf effektive und schonende Weise durchzuführen. Sie gibt gleichzeitig die Möglichkeit, die häufig im Zusammenhang mit Transporten geforderten diagnostischen Untersuchungen vorzunehmen.

Trotz gewisser Einschränkungen stehen mittlerweile gut geeignete Pharmaka und eine ausgefeilte Technik zur Verfügung, um solche Maßnahmen sowie tierärztliche Eingriffe weitgehend erregungs- und schmerzfrei und damit tierschutzgerecht durchführen zu können. Die dafür geeigneten Medikamente haben nicht nur einen immobilisierenden Effekt, sondern ebenso eine sedative und analgetische Wirkung, d.h., die Tiere werden stark beruhigt, nehmen nicht oder kaum noch ihre Umgebung wahr bzw. werden schmerzfrei.

Allerdings sind alle diese Medikamente nach § 56a des Arzneimittelgesetzes (AMG) nur für bestimmte Haustiere und bestimmte Indikationen zugelassen. Deshalb ist zur Anwendung bei anderen Tierarten in jedem Fall eine Umwidmung erforderlich, die nachfolgend anhand der gesetzlichen Grundlagen erläutert wird. Eine Umwidmung ist nur im Falle des sogenannten Therapienotstands statthaft, der aber bei der Immobilisation von Zootieren eindeutig gegeben ist.

10.1.3.1 Umwidmungskaskade für Arzneimittel (AM) für Tiere

1. Umwidmung eines für die betreffende Tierart zugelassenen AM für eine andere Indikation
2. wenn 1. nicht möglich, dann Umwidmung eines anderen für eine andere Tierart zugelassenen AM
3. wenn 1.–2. nicht möglich, dann Umwidmung eines Humanarzneimittels oder Verbringen eines Tier-AM aus einem EU-Mitgliedsstaat bzw. einem Vertragsstaat des EWR, für Lebensmittel liefernde Tiere nur solche, die dort für Lebensmittel liefernde Tiere zugelassen sind (siehe Ausführungen zu § 73 AMG, S. 18)
4. wenn 1. bis 3. nicht möglich, Zubereitung aus einem Fertig-AM und arzneilich unwirksamen Bestandteilen (Verdünnung) durch den Tierarzt oder in der Apotheke, wobei zudem der Tierarzt ein AM aus Stoffen, die außerhalb von Apotheken nicht verkehrsfähig sind, in der Apotheke herstellen lassen kann (§ 56a Abs. 2 Satz 4 AMG)

Im Fall der Umwidmung sind Mindestwartezeiten für essbares Gewebe von Geflügel und Säugetieren (z.B. Gatterwild) von 28 Tagen nicht zu unterschreiten.

10.1.3.2 Herstellen von AM in der tierärztlichen Hausapotheke

Die Herstellung einer AM-Mischung, z.B. der sogenannten Hellabrunner Mischung, bedarf nach AMG (§ 13 Abs. 1) der Herstellungserlaubnis, während das Inverkehrbringen durch § 21 Abs. 1 AMG geregelt ist.

Eine Herstellungserlaubnis nach § 13 Abs. 1 AMG benötigt der Tierarzt nicht im Rahmen des Betriebs einer tierärztlichen Hausapotheke für:

a) das Umfüllen, Abpacken oder Kennzeichnen von AM in unveränderter Form
b) die Herstellung von nicht apothekenpflichtigen AM
d) die Verdünnung von Fertigarzneimitteln mit arzneilich nicht wirksamen Bestandteilen
e) das Mischen von Fertigarzneimitteln für die Immobilisation von Zoo-, Wild- und Gehegetieren

Von besonderer Bedeutung für die Wildtierhaltung war die Aufnahme von Punkt e) in § 13 des AMG. Ohne diesen Passus wäre z.B. die Anwendung der Hellabrunner oder einer ähnlichen Mischung nicht möglich gewesen.

Wildtierimmobilisationen sind Nichttierärzten nur bei Einzeltieren eines bestimmten Bestands gestattet (§ 56a Abs. 2 AMG), sofern ein Sachkundenachweis vorliegt. Der Narkotiseur erhält die AM gemäß § 12 der Verordnung über tierärztliche Hausapotheken (TÄHAV). Dabei ist zu sichern, dass nach den Regeln der Wissenschaft

1. der Tierbestand in angemessenem Umfang untersucht ist,
2. die Anwendung der AM und der Behandlungserfolg vom Tierarzt kontrolliert werden, und
3. der Tierarzt die AM nur in dem jeweils notwendigen Umfang und mit konkreten Anweisungen über Art, Dauer und Zeitpunkt der Anwendung abgegeben hat.

Nach § 13 TÄHAV besteht Nachweispflicht, indem vom Tierarzt ein Arzneimittelabgabebeleg zu erstellen und von Tierarzt und Tierhalter 3 Jahre aufzubewahren ist.

Der Halter von Lebensmittel liefernden Tieren hat außerdem ein Bestandsbuch zu führen, in das jede Anwendung von apotheken- und verschreibungspflichtigen AM eingetragen und das 5 Jahre aufbewahrt werden muss.

10.1.3.3 Zur Immobilisation und Narkose für Wildtiere verwendete Pharmaka

Wie oben ausgeführt dürfen Personen mit Sachkundezertifikat, z.B. auch dafür bestimmte Tierpfleger und Betreiber von Wildgattern, unter Anleitung eines Tierarztes in begrenztem Umfang Distanzimmobilisationen durchführen und die dafür erforderlichen Pharmaka anwenden.

Im Folgenden werden die gebräuchlichsten und über viele Jahre bewährten, zur medikamentösen Immobilisation geeigneten Pharmaka besprochen.

Xylazin als 2%ige Lösung von verschiedenen Herstellern oder in Form von Trockensubstanz als Xylazin TS 500 mg: Xylazin führt als α_2-Agonist zur kompetitiven Hemmung der Serotonin-, (Nor)adrenalin- und Acetylcholininkretion und wirkt dadurch als Sedativum mit tierartlich unterschiedlicher analgetischer Komponente. Es ist für Lebensmittel liefernde Tiere zugelassen.

Detomidin ist als Domosedan® der Firma Pfizer im Handel. Detomidin ist ebenfalls ein α_2-Agonist, mit allerdings stärkerer und selektiverer Wirkung als Xylazin. Detomidin gibt es jedoch nicht als Trockensubstanz. Es ist für kleinere Antilopen ausreichend und auch für Lebensmittel liefernde Tiere zugelassen.

Beim Ketaminhydrochlorid handelt es sich um ein sogenanntes dissoziatives Anästhetikum. Es bewirkt u.a. eine thalamo-neokortikale Dissoziation sowie eine Besetzung von Opiatrezeptoren und ist somit ein starkes Analgetikum und Immobilisans, allerdings mit der Tendenz zur Katatonie (Muskelstarre).

Kombinationen der α_2-Agonisten mit Ketamin erhöhen die gewünschten Wirkungen und verringern die Nebenwirkungen, z.B. erhöhen sie die Analgesie und verhindern die Katatonie. Am bekanntesten ist die Hellabrunner Mischung (4 ml Ketamin® 10 % in Xylazin TS 500 mg). Aber auch eine 10%ige Lösung (5 ml Ketamin® in Xylazin TS 500 mg) findet häufig Anwendung. Der Vorteil Letzterer besteht darin, dass rechnerisch einfacher auch höherprozentige Lösungen (bis 30%ig) hergestellt und dosiert werden können, um möglichst geringe Injektionsvolumina zu erzielen, die applikationstechnisch günstiger zu werten sind.

Etorphin ist ein hoch wirksames Morphinderivat mit 700-facher Morphinwirkung (kompetitive Hemmung der endogenen Opiate im Zentralnervensystem), zu dem das Antidot mitgeliefert wird. Vorteil des Etorphins ist die sehr gute Antagonisierbarkeit beim Tier, nachteilig sind die hochgradige Erregungsphase mit enormem Vorwärtsdrang, die anhaltende Katatonie mit permanenten Zuckungen (Tremor) und die Gefährlichkeit für das Personal. Bereits ein Tropfen in eine Wunde oder auf die Schleimhaut hat beim Menschen volle Narkosewirkung. Das Antidot für die Tiere darf beim Menschen nicht angewendet werden. Im Unglücksfall ist sofort ein Notarzt zu rufen, auch sollte bei Anwendung derartiger Narkotika eine weitere medizinische Fachkraft anwesend sein. Anwendung findet Etorphin vor allem bei Equiden, Nashörnern, Giraffen, großen Rindern und Elefanten, bei Letzteren, wenn sie zum Abliegen gebracht werden müssen.

Ein neues, kurzzeitig wirkendes Morphinderivat ist Butorphenol, das zur Stehendsedierung bei Elefanten und Nashörnern, aber auch anderen Tierarten, gut geeignet ist.

Verstärkungen der Analgesie bei besonders schmerzhaften Eingriffen können zusätzlich durch Lokalanästhetika oder durch eine Inhalationsnarkose erzielt werden. Für Lebensmittel liefernde Tiere sind dafür nur Lidocain und Procain bzw. Isofluran zugelassen.

10.1.3.4 Applikationssysteme zur Distanzimmobilisation

Auf die verschiedenen Arten der Applikationstechnik zur Distanzimmobilisation wird nicht detailliert eingegangen. Für die zu den Schusswaffen zählenden Kaltgasgeräte mit einer Energie über 7,5 J ist ein Sachkundenachweis erforderlich, der mit Ausnahme von Tierärzten auch den über die Anwendung der Medikamente einschließt.

Die tierschonendste Applikationstechnik ohne bürokratischen Aufwand ist ohne Zweifel die Anwendung des Blasrohrs, für das zwar der Sachkundenachweis für die Durchführung der Immobilisation, aber keine Schießgenehmigung erforderlich ist. Der Nachteil ist, dass man sich den Tieren auf mindestens 10 m, besser 5–6 m nähern sollte, um sichere Treffer anzubringen. Dies ist auch bei Gatterhaltung mit der Möglichkeit der Separierung und des Anfütterns durchaus realistisch.

10.1.3.5 Narkosevorsorge, -überwachung und -nachsorge

Wichtig für einen ungestörten Verlauf der medikamentösen Immobilisation ist ein gutes Narkosemanagement. Hier ist eine enge Zusammenarbeit zwischen den Tiergärtnern einschließlich leitenden Tierpflegern und Tierarzt erforderlich.

Ein vorheriges Fasten der Tiere ist nur bei Tierarten sinnvoll, bei denen innerhalb von 24 Stunden der Magen geleert wird, und das ist nur bei Fleischfressern der Fall. Besonders bei Wiederkäuern ist ein Fasten sogar kontraindiziert, weil sich der Mageninhalt dann so verflüssigt, dass er beim Ablegen schwallartig regurgitiert wird und den Kehlkopf mit sofortiger Todesfolge verschließen, zumindest aber eine Schluckpneumonie verursachen kann. Ein zu langes Fasten führt bei Wiederkäuern außerdem schnell zu Stoffwechselstörungen. Unter den Bedingungen der Gatterwildhaltung scheidet es sowieso aus.

Eine vorherige Erregung der Tiere ist möglichst zu vermeiden, weil dann mit einem ungünstigeren Narkoseverlauf gerechnet werden muss. Die Immobilisation sollte im vertrauten Stall erfolgen, der so klein wie möglich sein sollte. Empfehlenswert ist auch ein Ablenken der Tiere durch Futter, das von vertrauten Personen vorgehalten wird, ohne dass es den Tieren gereicht wird. Ansonsten hat absolute Ruhe zu herrschen, im Stall befinden sich nur der Schütze und gegebenenfalls ein vertrauter Tierpfleger.

Die richtige Schätzung der Körpermasse ist ein ganz wesentliches Element der erfolgreichen Wildtiernarkose. Mittlerweile gibt es ausreichend Erfahrungswerte, auch für verschiedene Altersgruppen und die beiden Geschlechter, sodass – auch unter der Berücksichtigung der großen therapeutischen Breite der erprobten Pharmaka – kaum Dosierungsfehler passieren sollten. Es sollte dennoch jede Gelegenheit genutzt werden, die individuelle Körpermasse der Tiere exakt zu ermitteln und ins Narkoseprotokoll aufzunehmen.

Es folgt die Vorbereitung der Projektile, die einen Vortest mit Wasser einbeziehen sollte, denn Fabrikationsfehler lassen sich nicht ausschließen. Beim Füllen der Spritzen sollten Gummihandschuhe getragen werden, auch dürfen Medikamentenspritzer nicht ins Auge gelangen (Schutzbrille). Das Füllen der Narkosepfeile hat deshalb in der Nähe von fließendem Wasser zu erfolgen, um sich notfalls sofort gründlich reinigen zu können. Während des Befüllens darf es keine Ablenkung geben. Bei Verwendung von Etorphin bleibt nur eine weitere Person in gebührendem Abstand im Raum.

Weitere wichtige Aspekte der Narkosevorbereitung sind eine gründliche Umgebungskontrolle und -sicherung, um Personenschäden zu vermeiden. Die Umgebungskontrolle schließt auch die Risikoeinschätzung für die Tiere ein, z. B. die Gefahr von Stürzen in Wassergräben oder über Hindernisse, die zu Verletzungen führen können, ebenso ungeeignete, vor allem glatte Bodenverhältnisse.

Zur Vermeidung von Applikationsfehlern muss – unter Beachtung der Windrichtung – stets die geringste mögliche Distanz gewählt werden. Die zu empfehlenden Applikationsstellen sind Oberschenkel und Kruppe, bei größeren Tieren auch der Hals.

Beim Aufnehmen der immobilisierten Tiere können entscheidende Fehler unterlaufen. Generell gilt, dass ein Annähern frühestens 10 Minuten nach Abliegen des Tieres erfolgen sollte, da die volle Narkosetiefe nicht eher erreicht wird. Ein vorzeitiges Herangehen an die Tiere schreckt sie zum Nachteil des weiteren Narkoseverlaufs auf, wobei sich die Gefahr eines Narkosezwischenfalls erhöht. Bei der ersten Annäherung sollten zunächst der Hals fixiert und der Kopf nach unten gedrückt werden. Auf diese Weise können bei der Erstberührung ausgelöste Aufstehversuche verhindert werden. Liegen die Tiere ruhig, empfiehlt es sich, sofort die Augen mit einem Tuch abzudecken, wodurch die Narkosewirkung vertieft wird. Sind längere Behandlungen erforderlich, wird die Hornhaut des Auges durch Eintropfen in den Bindehautsack mittels Augentropfen feucht gehalten.

Die sich anschließende Aufwachphase muss ebenfalls ungestört verlaufen. Innerbetriebliche Umsetzungen, die noch im Toleranzbereich der Narkose bleiben, können vorgenommen werden. Längere Transporte dürfen jedoch erst beginnen, wenn die Tiere in ihrer Transportbox voll erwacht sind. Dabei ist dafür Sorge zu tragen, dass sich die Kisten auch im unteren Bereich gut belüften lassen. Bei eventuellem Nachschlaf oder auch im Liegen können die Tiere sonst an ihrer eigenen mit CO_2 angereicherten Atemluft ersticken.

Zur Verkürzung der Aufwachphase stehen Antidots zur Verfügung, z. B. Atipamezol (Antisedan®). Sie sind aber für Lebensmittel liefernde Tiere nicht zugelassen.

Zur Vermeidung von Transportverlusten stehen lang wirkende Beruhigungsmittel (*long acting tranquilizer*) zur Verfügung. Sie müssen aber schon 1–2 Tage vor dem Transport verabreicht werden. Ihre Wirkung hält je nach Dosis 7–14 Tage und somit über einen entscheidenden Teil der Eingewöhnungsphase im neuen

Areal an. In Verbindung mit einem schnell und kurz wirksamen Beruhigungsmittel (Acepromazin, Haloperidol) kann es sogar das freiwillige Annehmen der Transportkiste ermöglichen. Für Lebensmittel liefernde Tiere sind alle Tranquilizer nicht zugelassen.

10.1.3.6 Fang von Reptilien, Amphibien und Fischen mit Hilfsmitteln

Wolf-Dietrich Gürtler

Siehe auch Engelmann & Jacken (2024) und Engelmann (2005).

Die bissigen Wasserschildkröten werden mit dem **Kescher** gefangen. Für den Fang großer Krokodile, Warane, Leguane, Tejus lässt man, wenn nötig, das Becken ab und lanciert eine **Fangschlinge** aus Leder um den Brustkorb des Tieres, wobei möglichst auch ein Vorderbein festgelegt wird. Als nächstes wird die **Maulschlinge** angelegt und der Schwanz gesichert. Als Beißschutz dient ein Gummischlauch. Danach kann man das Tier in Decken einwickeln. Ist das Becken oder die Anlage geräumig, kann man eine **Fangkiste** verwenden. Ein Krokodil wird zwischen aufgestellte Begrenzungsgitter oder Fangklappen getrieben und mit Holzstangen in die Kiste gebracht.

Für kleinere Echsenformen ist die Verwendung von Fangschlingen aus dünnem Material gebräuchlich. Die mit einem Sicherheitsknoten versehene Schlinge wird an einem langen, biegsamen Stock Eidechsen oder Schlangen langsam über den Kopf gestreift und in der Halsregion ruckartig zugezogen. Bei gefangenen Eidechsen **nicht** den **Schwanz berühren**, dieser bricht dann ab. Große Geckos beißen empfindlich.

Für Riesenschlangen wird eine kräftige Fangschlinge an einem etwa 2 m langen Stock befestigt. Um zu verhindern, dass die gefangene Schlange den Stock umwindet, müssen einige Hilfspersonen das Tier festhalten. Bei großen Riesenschlangen ist je Meter ein kräftiger Mann erforderlich. Lebhafte Schlangen fängt man außerdem mit dem **Schlangenhaken**, mit dem das Tier in der Körpermitte gefasst und ausgehoben wird. Der Haken soll wie alle Fanggeräte gut handwarm sein. Die gefangene Schlange soll dann sofort in einen offen gehaltenen dunklen Leinwandbeutel überführt werden. In dunkle Schlupfwinkel kriechen alle Schlangen gern.

Bissige Amphibien wie Aalmolch, Riesensalamander und kleine Wassermolche werden **gekeschert**. Der Fischfang ist mit Keschern verschiedener Art üblich. Die zu fangenden Exemplare sollte man schnell und ohne Jagen in die Hand bekommen. Vorsicht beim Fang von stacheligen Fischen; sie bleiben oft im Kescher hängen. Dann ist es besser, eine Fangglocke oder einen ganz feinmaschigen (Futter-)Kescher zu verwenden. Piranhas oder Drückerfische können empfindlich beißen. Hier ist auch das Fangen mit Unterstützung von Betäubungsmitteln möglich.

10.1.3.7 Fang von Wirbellosen

Siehe auch Engelmann & Lange (2011).

Fliegende Wirbellose sind mit Gazekeschern (Schmetterlings-, Insektenkescher) zu fangen. Bei bodenlebenden kann man sich ihren Drang zum Verkriechen in dunklen Löchern oder Spalten zunutze machen und ihnen Röhrchen oder Schachteln anbieten, die sie von selber aufsuchen oder sich hineindirigieren lassen.

10.1.3.8 Fang von Gifttieren

Grundsätzlich sind beim Fang von Gifttieren alle Sicherheitsregeln zu beachten, die auch für deren Haltung vorgeschrieben sind. Danach dürfen keine Jugendlichen in der Gifttierpflege beschäftigt werden. Solange ein mit Gifttieren besetztes Gehege (Terrarium) geöffnet ist, muss eine zweite Person anwesend sein, die mit den Einrichtungen und den durchzuführenden Arbeiten vertraut ist. Fremde Personen (Besucher) haben währenddessen keinen Zutritt. Der Raum, in dem sich das Gehege befindet, muss für den Zeitraum, in dem das Gifttier nicht sicher im Gehege verwahrt ist, geschlossen sein, auch Fenster, Lüftungsklappen usw. Selbstverständlich muss der Raum aufgeräumt und von unnötigen Gegenständen befreit sein, um ausgekommene Gifttiere schnell entdecken und wieder einfangen zu können. Gifttiere werden grundsätzlich nicht mit der Hand gefangen, sondern nur mit geeigneten Hilfsmitteln. Diese Fanggeräte (Kescher, Schlangenhaken, Greifzange) müssen direkt vor Ort greifbar sein. Ferner müssen die Seren gegen die Gifte aller gehaltenen Gifttiere vorrätig sein. Gifttiere werden auch für kurze Transporte, z.B. innerhalb eines Betriebs, in ausbruchssicheren, besonders gekennzeichneten Behältern getragen.

10.1.3.9 Fang in Ausnahmesituationen

Auch wenn Tiere Gehegeabgrenzungen im Allgemeinen respektieren, ist die Gefahr des Entweichens nie völlig auszuschließen. In der Regel sind solche Fälle jedoch auf menschliche Unzulänglichkeiten, konstruktive Mängel an Tiergebäuden und Gehegebegrenzungen, Unachtsamkeit usw. zurückzuführen. Die regelmäßige Kontrolle von Türen, Zäunen, Gräben usw. auf Ausbruchssicherheit, aber auch die bewusste Nutzung sämtlicher Schließeinrichtungen (Riegel, Bolzen, Schlösser und deren Sicherungen) sind wichtige **Präventivmaßnahmen**. Den organisatorischen Rahmen für das Vorgehen beim Entweichen eines Tieres muss ein innerbetrieblicher **Alarmplan** regeln, der regelmäßig geübt werden sollte, damit im Ernstfall jeder Handgriff „sitzt“. Grundsätzlich ist zuerst die Gefährdung unbeteiligter Dritter zu verhindern. Bei gefährlichen Tieren darf niemand allein Fangversuche starten, sondern muss Hilfe abwarten und bis zu deren Eintreffen das Tier beobachten, damit man es nicht aus den Augen verliert. Entsprechende **Kommunikationsmittel** (Mobiltelefon, Funk) sind unverzichtbar. Wenn nichts anderes zur Hand und eine Annäherung möglich ist, kann man viele Tiere mit übergeworfenen Decken oder Jacken verwirren und ergreifen. Zum Ablenken eignen sich auch Äste, Zweige oder rasch aus Astgabeln gefertigte Fanggabeln. Während das Tier abgelenkt wird, nähern sich die Fänger von hinten oder von den Seiten. Allerdings befinden sich Tiere außerhalb ihrer vertrauten Umgebung meist in hoher Erregung. Sie werden versuchen, den Kontakt zu ihrem Gehege und den Gehegepartnern nicht zu verlieren. Wenn dieser Kontakt abreißt, besteht die Gefahr, dass sie sich orientierungslos immer weiter entfernen, gar das Zoogelände verlassen und somit schwerer zu fangen sind. Dann stellen sie ein viel größeres Risiko dar, sind aber auch selbst wachsenden Gefahren ausgesetzt. Heftiges Treiben oder Hetzen ist zu vermeiden, die Ortstreue auszunutzen. Im Idealfall lassen sich auch größere Tiere vom Zoopersonal mit Besen, Fangklappen o.Ä. durch das geöffnete Tor des Geheges zurückdirigieren. Rasch zwischen Bäumen ausgespannte Netzwände oder Rupfenvorhänge stellen in vielen Fällen eine wichtige improvisierte Leitlinie dar, die das Zurückfinden erleichtern. Für kleinere Tiere, die eine Annäherung zulassen oder die sich instinktiv ins nächstbeste Versteck flüchten, eignen sich stabile Kescher. Für den Rücktransport muss in solchen Fällen eine Tierkiste bereitgehalten werden. Entflogene Vögel können oft mit Klappfallen und Ködern oder Artgenossen als Lockvögel gefangen werden. In vielen Fällen, besonders bei wehrhaften oder in die Bäume flüchtenden Tieren, ist jedoch die Immobilisation aus der Distanz unvermeidlich, was den Einsatz eines Tierarztes erfordert. Wegen der mangelnden Vorlaufzeit ist das Risiko für das Tier dabei höher als im Normalfall.

Es wird deutlich, dass Tiere aufgrund der damit für sie verbundenen hochgradigen Erregung nur aus sachbezogenen, „höheren“ Gründen – solchen, die mit dem Tierschutz oder dem Schutz von Menschen in Verbindung zu bringen sind – gefangen werden sollten. Gründe der bloßen Vorführung und Zurschaustellung oder der Wunsch von Medienvertretern gehören nicht dazu.

10.2 Verpacken in Transportbehälter

Häufig ist der Fang eines Tieres eine vorbereitende Maßnahme für den Transport. Für den Transport über längere Strecken oder Zeiträume muss das Tier einige allgemeine Voraussetzungen erfüllen. Grundsätzlich gehören dazu Gesundheit, einwandfreie Kondition und guter Futterzustand. Durch Fang, Transport, Eingewöhnung und Futterumstellung werden die Abwehrkräfte des Tieres ohnehin geschwächt, und Endo- und Ektoparasiten finden in dem nun anfälligeren Körper beste Vermehrungsmöglichkeiten. Der Transport von eingewöhnten Tieren ist dem Transport von Frischfängen in jedem Fall vorzuziehen, da Erstere die Nähe des Menschen gewöhnt und futterfest sind. Hochträchtige Weibchen im letzten Schwangerschaftsdrittel sind wegen der Gefahr des Aborts nicht mehr transportfähig. Hirsche im Bast und Vögel in der Mauser dürfen wegen der Gefahr des Blutverlusts nach einer Verletzung des Basts bzw. von Blutkielen ebenfalls nicht verschickt werden. Hirschen, die schon gefegt haben, sägt man das Geweih unterhalb der Augsprosse direkt über der Rose ab. Das geschieht am besten mit einer Bandsäge, bei der sich die Schnittrichtung gut dirigieren lässt und die Splittergefahr am geringsten ist. Diese Maßnahme erfolgt in Abwägung der Vor- und Nachteile. Zweifellos beeinträchtigt das fehlende Geweih die Realisierung des sozialen Status des Tieres. Allerdings wird ein Geweih neu ausgebildet. Während des Transports besteht sonst die Gefahr, dass sich der Hirsch, bedingt durch die Geweihsprossen, im Transportbehälter derart verkeilt, dass er sich das Genick brechen kann. Nur bei kleinen Formen mit einfachem Geweih (Schweinshirsche, Muntjaks) kann auf ein Absägen des Geweihs verzichtet werden.

Jungtiere mit Muttertier dürfen nur in Ausnahmefällen transportiert werden und nur in Spezialkisten oder größeren Fahrzeugen, in denen die Jungtiere besonders geschützt sind. Wenn Junge als Einzeltiere transportiert werden sollen, müssen sie vorher von der Mutter entwöhnt sein, da sich der Trennungsschock zum Transportschock addiert. Im Allgemeinen werden Tiere aber einzeln in Kisten transportiert. Bei Tieren, die in Herdenverbänden leben (Affen, Antilopen, Hirsche, soziale Vögel) kann dies zu anhaltendem „Trauern“ oder zu hochgradigen Erregungszuständen führen. Affen, soziale Vögel oder soziale Kleinantilopen (Gazellen), Nager oder Mungos können zu mehreren in **Gemeinschaftskisten** reisen. Diese können bei Affen zur Sicherheit vor Beißereien in Einzelgelasse unterteilt sein, aber durch zusätzliche Drahtgaze Blickkontakt ermöglichen. Zusammengewöhnte Jungtiere sind in einer Kiste zu versenden, weil sie sich gegenseitig wärmen. Bei mehreren Tieren in einer Kiste ist deren Anzahl so zu wählen, dass keines erdrückt werden kann, wenn sich alle in eine Ecke drängen. Werden mehrere soziale Tiere in Einzelkisten verschickt, so sind die Kisten nahe beieinander aufzustellen, damit die Tiere den beruhigenden Ruf- und Witterungskontakt halten können. Nie Raubtiere in Sichtverbindung mit Huftieren oder Affen aufstellen, da Panikreaktionen zu befürchten sind.

10.2.1 Einpacken durch Treiben (Zwangspass)

Auf jeden Fall soll ein Tier ohne große Aufregung in den Versandbehälter gelangen. Jede Erregung führt zu übermäßiger Erhitzung, die Erschöpfung oder gar den Tod durch Kollaps herbeiführen kann. Deshalb ist Hektik beim Verpacken von Tieren fehl am Platz, gründliche Vorbereitung und Überdenken aller Faktoren dagegen sichern den Erfolg. Trotzdem bleiben noch genug unberechenbare Momente übrig. Die Transportkiste ist zunächst ein Fremdkörper und immer etwas Ungewohntes. Nur mit List oder sanfter Gewalt ist ein Pflegling dazu zu bewegen, diesen dunklen Raum zu betreten.

Vor dem Einpacken ist das Tier in einem möglichst kleinen Raum unterzubringen, von dem aus ein Zwangspass in Richtung des Schiebers oder der Tür führt, wo die Kiste steht. In diesen

Raum wird das Tier jedoch möglichst erst dann gelassen, wenn alle Vorbereitungen getroffen sind (bewegliche Gegenstände entfernt, eventuell Kanten abgepolstert und sonstige mögliche Unfallquellen entschärft) und die Tierkiste fangfertig steht. Der beste Zwangspass ist ein Treibergang, aber auch Gitterstrecken oder geschlossene Wände eignen sich als Leitlinien. Beim Bau von Tierhäusern sollten geeignete Strukturen von vornherein mit eingeplant werden. Von einem Mittelgang abgehende Stalltüren sollten so lang sein wie die Breite des Gangs. Bei 90°-Öffnung stellen sich gegenüberliegende Türen dann eine sichere Verbindung zwischen den beiden Stallreihen her. Eine auf 90° geöffnete Tür sperrt den Gang und gibt dem Tier nur eine Laufrichtung frei. Der Weg vom vertrauten Stall durch den Zwangspass zur Kiste soll durch möglichst gleichen Untergrund, z.B. ausgestreutes Stroh, mit dem im Normalfall auch die Kiste gepolstert ist, gekennzeichnet sein.

Jeder Tierbehälter wird vor der Benutzung auf Eignung, Sauberkeit, Funktionstüchtigkeit und daraufhin überprüft, ob nicht etwa die Spitzen von Nägeln oder Schrauben, die die einzelnen Bauelemente verbinden, in den Hohlraum hineinreichen. Vor dem Einpacken wird er arretiert, d.h. so festgelegt, dass er weder wackelt, was Tiere vor dem Betreten zurückscheuen lässt, noch beim Hereinspringen des Tieres oder durch dessen Läufe oder Körper beiseite gedrückt werden kann. Zwischenräume zwischen Gehegetür und Kiste sind durch Fangklappen oder Bretter zu schließen, eventuell durch eine jederzeit wieder verwendbare, passend gearbeitete Blende. So wird vermieden, dass an oder auf der Kiste stehende Tierpfleger mit Tatzen, Händen, Hufen oder Hörnern erreicht werden können. Bei großen Kisten können für Arretierung und Absicherung der Türöffnung eigene, den Kräften des Tieres angepasste Konstruktionen notwendig sein. Erst wenn jeder Mitarbeiter in seine spezielle Aufgabe eingewiesen ist und seinen Platz eingenommen hat, wird der Kistenschieber gezogen, den der Pfleger, auf der Kiste stehend, bewegungslos hält. Das gesamte Vorgehen muss durch vorherige Absprache geklärt sein. Das Verpacken von Tieren ist kein Diskussionsforum. Wortwechsel sind auf kurze, klare Anweisungen zu beschränken, Rauchen selbstverständlich zu unterlassen. Nicht für den Vorgang notwendiges Personal hat Abstand zu halten. Dann wird die Gehegetür, durch die das Tier in die Kiste kommen muss, geöffnet. Mitunter will das überraschte Tier gleich durch diese Öffnung hinaus und wird dadurch schnell und ohne Erregung in der Kiste gefangen. In anderen Fällen, besonders bei Huftieren, will es zunächst vorsichtig Witterung aufnehmen und macht erst nach einer „Bedenkminute" den entscheidenden Schritt in die Kiste. Diese kurze Zeitspanne sollte man dem Tier gönnen, um Aufregungen zu vermeiden. Erst wenn offensichtlich an ein freiwilliges Betreten der Kiste nicht zu denken ist, sollten Zwangsmaßnahmen zum Einsatz kommen. Ideale Zwangspässe bilden z.B. die Laufklappen vor Affenkäfigen, wobei die Kiste nur an die offen gelassene Klappe gestellt und das Tier durch diesen Ausgang getrieben wird.

Sobald das Tier vollständig in der Kiste ist, wird der Schieber – bei größeren Tieren – bis auf etwa 10 cm heruntergelassen. Auf keinen Fall darf er einfach fallengelassen werden, denn die Gefahr, dass der Schwanz oder ein Hinterbein vom herabsausenden Schieber eingeklemmt oder verletzt werden, ist zu groß. Bei Katzen und Niederen Affen sind auf diese Weise entstandene Schwanzwirbelbrüche die häufigsten Transportschäden. Bei großen Kisten haben sich auch horizontal zweigeteilte (2/3 : 1/3) Schieber bewährt, wenn z.B. die lichte Höhe des Tierhauses oder Gangs begrenzt ist und Vollschieber nicht vollständig gezogen werden können. Sie können nacheinander herabgelassen werden, ermöglichen aber auch durch Öffnen eines Spalts eine Blickkontrolle in halber Höhe, anstatt von ganz unten, wo bei Öffnen des Schiebers die Gefahr von Tritten besteht. Zum Abschluss werden alle Sicherungseinrichtungen – Riegel, Schrauben, Bolzen, Nägel – betätigt. Wenn sich nicht unmittelbar der eigentliche Transport des verpackten Tieres anschließt, ist die

Kiste mit dem Tier an einem schattigen, trockenen, nicht zu kalten, ruhigen und ungestörten Ort vorübergehend abzustellen. Bei großen oder schweren Kisten sind zu deren Bewegung verschiedene Hilfsmittel – Hebebühne, Rollhebel, Rampe, Frontlader – notwendig. Hilfsmittel, über die der Betrieb nicht selbst verfügt, z.B. Kräne oder Gabelstapler für das Verladen von Großtieren in Containern, müssen rechtzeitig bereitstehen, um den Tieren vermeidbare Aufenthaltszeiten in den Tierbehältern zu ersparen.

10.2.1.1 Einfüttern

Grundsätzlich ist die angstfreie Gewöhnung an die Transportkiste (*crate training*) nicht nur die eleganteste, sondern auch die stress- und risikoärmste Methode, ein Tier in einen Transportbehälter zu bekommen. Sie kann je nach Tierart und Umständen allerdings außerordentlich zeitraubend sein oder sogar ergebnislos bleiben. Zeit ist auch bei einem Tiertransport ein limitierender Faktor. Die Gewöhnung kann nur an ungestörten Orten, z.B. Quarantänestationen, angewandt werden. Dem Tier wird Futter und Wasser ausschließlich in der arretierten Kiste verabreicht, sodass es Tag für Tag hineingehen und nur dort Nahrung aufnehmen kann. Kurzzeitiges Schließen und Öffnen des Schiebers hilft dabei, das Tier an die Situation zu gewöhnen. Am Versandtag wird dann nur der Schieber hinter dem Tier geschlossen und es befindet sich in einem ihm schon bekannten Raum. Futter und Wasser müssen am dem Schieber entgegengesetzten Ende der Kiste gereicht werden, damit das Tier gezwungen ist, mit dem ganzen Körper hineinzugehen. Grundsätzlich ist bei dieser Methode große Geduld gefordert. Oft hilft die Stimme des vertrauten Pflegers („gutes Zureden") oder vertraute Gesten.

10.2.1.2 Einpacken durch Zwangsmittel

Da das Einpacken nicht immer mit den genannten Methoden glückt, ist das Anwenden dosierten Drucks oft unvermeidlich. Befindet sich das Tier in einem Zwangskäfig mit verstellbaren Wänden, genügt meist schon dessen Verengung, um das Tier zum Aufsuchen der Kiste zu veranlassen. Aus größeren Räumen kann man Tiere durch fingierte Verengung mit Stangen oder Brettern vertreiben. Beim Drücken von Huftieren mit Fangklappen stehen hinter jeder Fangklappe zwei oder drei Pfleger. Es ist zu verhindern, dass das Tier die Klappen überspringt oder sich hochrichtet und mit den Läufen darüberschlägt. Schon mit zwei Fangklappen wird eine bessere Wirkung erzielt, weil man das Tier auf ein Dreieck einengen und in die Kiste drängen kann. Der bloße Eindruck des Drängens kann ausreichen, das Tier zum freiwilligen Aufsuchen der Kiste zu bewegen. Wo enge Gänge oder niedrige Türen die Verwendung normaler Kisten nicht gestatten, treibt man die Tiere zuerst in schmale, leichte Umsatzkisten. Das Umladen wird dann an einem geeigneten Ort Kiste an Kiste durchgeführt. Dabei ist ein gegenseitiges Verschieben der Kisten unbedingt zu vermeiden.

Leicht erregbare Tiere können sich trotz aller Vorsicht bereits beim Verpacken oder sogar schon beim leichten Treiben Frakturen, Herzschäden und Schlimmeres zuziehen. Zu solchen besonders gefährdeten Arten zählen vor allem kleine Paarhufer und Kängurus. Beruhigungs- oder Betäubungsmittel können für den reinen Vorgang des Einpackens tierschonende Wirkung haben (siehe Abschnitt: Fang durch medikamentöse Beeinflussung). Grundsätzlich ist dabei die lange Vorbereitungsphase und die Nachkontrollphase vor dem eigentlichen Transport zu berücksichtigen. Gerade für Huftiere hat sich die Verabreichung von Beruhigungsmitteln bewährt, die die Tiere in einen „Laisser-faire"-Zustand versetzen und ihnen bei entsprechender Dosierung ermöglichen, zwar aus eigener Kraft, aber ohne Erregung die Transportkiste zu betreten. Auch bei besonders wehrhaften Tieren kommt diese Methode zur Vermeidung von Risiken vermehrt zum Einsatz.

10.2.1.3 Einpacken von Reptilien und Amphibien

Siehe auch Engelmann & Jacken (2024).

Bei ektothermen Tieren ist grundsätzlich an die Reduktion wichtiger Körperfunktionen bei starker Abkühlung zu denken. Es kann für das Einpacken großer Schlangen oder Echsen hilfreich sein, ihre Aktivitäten durch vorübergehendes Absenken der Temperatur zu dämpfen. Der Transport selbst muss unter normalen Temperaturbedingungen erfolgen. Schlangen und Eidechsen sind nach dem Fang zunächst in einen luftdurchlässigen Stoffbeutel unterzubringen. Dieser gut verschlossene, bei Bedarf mit einem Hinweis auf die Giftigkeit des Tieres versehene Beutel wird in die eigentliche Transportkiste verbracht. Werden mehrere Tiere verpackt, erhält jedes einen eigenen Beutel. Größeren Krokodilen werden vor dem Verpacken die Kiefer mit Klebeband zugebunden.

10.3 Transportbehälter

10.3.1 Allgemeine Richtlinien unter dem Aspekt des Tierschutzes

Tiertransporte über längere Strecken oder Zeiträume erfordern geeignete Behälter. Sie werden im Allgemeinen in Kistenform angefertigt und müssen, ungeachtet ihrer „arttypischen" Ausführung, einige Grundvoraussetzungen erfüllen:

- Sie müssen leicht, aber stabil genug sein, um den Kräften oder Waffen des Tieres Widerstand zu leisten und die Transportbelastung (Druck von außen, Stürze) zu überstehen.
- Sie müssen absolut ausbruchssicher sein.
- Sie müssen das Tier vor der Einflussnahme nicht berechtigter Dritter schützen.
- Sie müssen in ihren Dimensionen nicht nur auf die Art, sondern oft auf das zu transportierende Individuum (Alter, Geschlecht) zugeschnitten sein.
- Im Innenraum dürfen keine Nägel, Schrauben, Bolzen oder Splitter vorstehen oder durch die Einwirkung der Tiere freigelegt bzw. verursacht werden können.
- Die Zahl der Luftlöcher (Standarddurchmesser 2,5 cm) muss der **Stoffwechselintensität** des Tieres angepasst sein (Atemluft, Kühlluft bei von Hitzestau bedrohten Tieren) und wird von den sogenannten **Live Animals Regulations (LAR)** oft genau vorgeschrieben. Diese Luftlöcher dürfen während des Transports nicht zugestellt werden. Dies ist durch Distanzleisten sicherzustellen.
- Gitter, Sicht- und Luftöffnungen müssen so beschaffen sein, dass Schwänze, Hände, Pranken oder Hörner nicht hinausstoßen können.
- Kurze Transporte werden nüchtern durchgeführt; bei längeren Transporten muss die Möglichkeit der Versorgung mit Futter und Wasser vorgesehen werden.
- Eine geeignete Einstreu muss Kot und Urin absorbieren können. Mitunter schreiben Transportunternehmen eine dichte Jauchewanne im Kistenboden vor; Importbestimmungen mancher Länder können die Einstreu bestimmter Materialien verbieten.
- An der Tierkiste müssen deutliche Hinweise auf den Inhalt (Achtung! Lebende Tiere!)

Tab. 10.1 Maße für Raubtierkisten

Tierart	Länge (cm)	Breite (cm)	Höhe (cm)
Löwe, Tiger	180	62	100
Sibirischer Tiger, männlich	225	64	112
Sibirischer Tiger, weiblich	200	62	100
Jaguar	160	58	90
Leopard, Puma	135	58	85
Braunbär	175	75	115
Eisbär	190	80	140
Malayenbär	130	50	95
Wolf, Hyäne	115	56	80
Gepard, Mähnenwolf	110	50	75
Luchs, Nebelparder	80	50	70

Abb. 10.2 Klassische Menschenaffenkiste aus Holz mit Blechauskleidung und „Jauchewanne".

und auf die Oberseite (Richtungspfeile) angebracht sein; Kisten mit besonders gefährlichen Tieren (Raub-, Gifttiere) werden zusätzlich etikettiert. Weitere Hinweise für die Behandlung (Nicht stürzen! Nicht in die Sonne stellen!) haben sich bewährt.

- An der Tierkiste müssen in ca. 60 cm Höhe Tragegriffe zur sicheren Handhabung angebracht sein; bei Kisten über 60 kg Gewicht muss die Möglichkeit, Gabelstapler oder Hebebühnen zu verwenden, schon bei der Konstruktion berücksichtigt werden.
- Die Tierkisten dürfen nicht aus chemisch behandeltem Holz hergestellt werden; die Verwendung von Kunst- und Klebstoffen ist nach Möglichkeit ebenfalls zu vermeiden.
- Zum Transport werden grundsätzlich nur saubere, desinfizierte Kisten benutzt.

Die Größe einer Tierkiste wird von den Maßen des Insassen bestimmt. Zu bedenken ist, dass Türöffnungen und Lademaße von Transportfahrzeugen begrenzt sein können. In Zweifelsfällen sind solche Daten schon vor dem Einpacken der Tiere einzuholen und die Fahrzeugwahl danach auszurichten. Ein zu bedenkender Faktor ist auch das Gewicht der Kiste, da die Transportkosten von den Maßen und/oder dem Gesamtgewicht beeinflusst werden. Nadelholzbretter, bei Kisten für kleinere Tiere auch Sperrholz, sind das gebräuchlichste Material. Da Hartholz und Blech unökonomisch im Hinblick auf Beschaffung, Bearbeitung und Gewicht sind, bleiben sie Sonderfällen, z.B. Blechkisten für große Nager, vorbehalten. Die Bretter zum Kistenbau müssen gehobelt und gefugt sein, damit glatte Wände entstehen. Ein fester Boden und eine feste Decke sind Bedingung. Unter schwere Kisten gehören vorn und hinten angeschrägte Kufen. Die Gleitbahnen für die möglichst senkrecht laufenden Schieber müssen so stabil sein, dass sie den Befreiungsversuchen der verpackten Tiere widerstehen, und leichtgängig genug, um ein Klemmen oder Verkanten des Schiebers in der Führung zu verhindern. Bei der Anbringung von Spalten oder Luftlöchern muss die Entstehung von Zugluft in jedem Fall vermieden werden. Sie werden in der oberen Hälfte der Kiste angebracht, um ein Hineintreten zu verhindern. Hinweise zur Größe und Gestaltung von Tiertransportkisten finden sich in den **LAR**, die von der **IATA** (International Air Transport Association) herausgegeben und regelmäßig aktualisiert werden. Bei Lufttransporten haben die LAR Vorschriftscharakter. In manchen Staaten (z.B. USA) gehen die Vorschriften für Transportbehälter bei bestimmten Tierarten über diese Regeln hinaus.

Für Straßentransporte gelten entsprechende Regelungen der Animal Transportation Association (**ATA**). Bei Straßen- und Schiffstransporten ist das Gewicht in geringerem Maße bestimmend für die Transportkosten. Hier kann häufig eine ausreichende Stabilität auch mit preiswerteren Materialien erreicht werden. Grundsätzlich können Tierkisten, die den Vorschriften nicht entsprechen, von Transportunternehmen und Grenzbehörden zurückgewiesen werden. Damit ist nicht nur der Tiertransport gescheitert, sondern es besteht auch die Gefahr einer Anzeige wegen eines Verstoßes gegen das Tierschutzgesetz.

10.3.2 Säugerkisten

10.3.2.1 Kisten für Raubtiere (Katzen, Bären, Hunde)

Raubtierkisten sind vorn mit Gitter oder Stahlgeflecht und Vollschieber auszurüsten. Abstand der Gitterstäbe: bei Großkatzen und -bären 5 cm, bei Wölfen, Hyänen und kleineren Bärenarten 3 cm, bei Leoparden und Pumas 2 cm. Der hintere Vollschieber, durch den das Tier in die Kiste läuft, soll bei Katzen einen **Schwanzschutz** (Anschlag 5 cm über Kistenboden) haben, um sicherzustellen, dass der Schwanz des Tieres nicht eingeklemmt werden kann. Raubtierkisten sind so zu bemessen, dass der Insasse sich bequem umdrehen, ausstrecken und niederlegen kann. Besonders Bären toben und arbeiten unermüdlich, wenn sie in ungeeigneten oder zu kleinen Kisten untergebracht sind; diese können sie regelrecht zersprengen. Um ein Anfressen zu verhindern, sind Kisten für alle Bären, Hyänen und große Hundeartige mit glattem Blech auszuschlagen. Großkatzen toben weit weniger in den Kisten. Die notwendige Stabilität von Großraubtierkisten bedingt ein relativ hohes Gewicht. Die Verwendung von Aluminium für den Bau solcher Tierbehälter hat sich als zwar aufwendig in der Herstellung erwiesen, aber als kostengünstig aufgrund der Gewichtsersparnis. Eine leere Eisbärenkiste aus Aluminium ist z. B. trotz hervorragender Stabilität bequem von zwei Personen zu tragen. Bei Bären ist es besonders wichtig, dass die Kisten unverrückbar und ohne Spalt sicher vor dem Ausgangsschieber festgesetzt werden können und auch keine Gelegenheit zum Durchschlagen mit den Pranken besteht. Schon beim Bau einer Bärenkiste sind solche Befestigungsmöglichkeiten (z. B. für Spanngurte) vorzusehen.

Kisten für kleine Raubtiere haben entsprechend kleinere Ausmaße. Wenn eine Frontseite nur aus einem Gitter besteht, verhilft eine zusätzliche Abdunklung (Rupfenvorhang) davor dem Insassen zu einem Gefühl der Geborgenheit. Bei längeren Reisen sollten Sitzteil, Rost und Schieber vorhanden sein. Kisten für Dachse und Otter müssen aus starken Brettern gebaut und unter Umständen zusätzlich mit Blech ausgeschlagen werden.

Tab. 10.2 Maße für Huftierkisten

Tierart	Länge (cm)	Breite (cm)	Höhe (cm)
Wisent, Bison, Gaur erwachsen	280	96	200
Wisent, Bison, Gaur halbwüchsig	220	86	180
Großantilopen	200	75	175
mittlere Hirsche	160	55	170
kleine Hirsche	155	50	140
Zebra, Halbesel	220	75	185
Rothirsch, Maral	185	62	170

10.3.2.2 Kisten für Affen

Prinzipiell können Menschenaffenkisten – besonders im Hinblick auf das Schiebersystem von Gitter- und Vollschieber – nach dem Muster der Kisten für Großraubtiere gebaut werden. Um die für Affen besonders gefährliche Zugluft zu vermeiden, sollte der Sichtteil der Kiste möglichst klein gehalten sein, trotzdem aber ausreichende Durchlüftung garantieren. Decken vor vergitterten Öffnungen oder ein zweiter, geschlossener Schieber schützen nachts vor Unterkühlung. Affenkisten dürfen den Insassen keine Angriffspunkte zum Losreißen von Split-

Abb. 10.3 Ein Flusspferd verlässt seine Transportkiste hinaus in den Stallgang. Kistengröße und Anzahl der Spalten stellen sicher, dass es keinen Hitzestau erleidet und unterwegs feucht gehalten werden kann.

tern, Brettern, Gitterstäben und anderem bieten. Auch Menschenaffen müssen sich in einer Transportkiste liegend ausstrecken, bequem umdrehen und aufrichten können. Der Boden muss so konstruiert sein, dass Kot durch einen Rost fallen und Urin in eine unter dem Rost angebrachte Jauchewanne abfließen kann. Zur Versorgung auf längeren Strecken sind von außen zugängliche Wassergefäße vorzusehen. Zur Durchlüftung sind in den geschlossenen Wänden, Decken und Schiebern Luftlöcher mit einem Durchmesser von 2,5 cm in ausreichender Anzahl anzubringen. Die für Raubtiere erwähnten Vollaluminiumkisten eignen sich auch für große Menschenaffen. In solchen Kisten sind ausgewachsene Orang-Utan-Männchen erfolgreich über lange Distanzen transportiert worden.

Kisten für Gibbons, Paviane und andere größere Affenarten sind ebenfalls nach diesem Schema zu bauen. Allerdings reicht hier ein starkes Drahtgeflecht anstelle des Stabgitters aus. Feste Trinkgefäße müssen auswechselbar konstruiert und zuverlässig zu sichern sein. Bei kletternden Formen, aber auch bei halbwüchsigen Menschenaffen sind erhöht angebrachte Sitzbretter in der Kiste nötig. Für mittelgroße Affenarten können die Kisten entsprechend leichter ausfallen. Hier sind auch **Gemeinschaftskisten** mit verschließbaren Luken zum Durchsperren verwendbar, wenn größere Gruppen verschickt werden sollen. Sie können bis zu fünf Fächer hintereinander aufweisen. Diese Kisten sichern den Rufkontakt untereinander und erleichtern es den Tieren wesentlich, den Transportstress zu ertragen. Bei Languren (Laubfresser!) ist bei längeren Transporten an die Notwendigkeit regelmäßiger Nahrungsaufnahme zu denken. In diesem Zusammenhang ist eine vorhergehende Narkose ungünstig, in deren Folge es zu längerer Appetitlosigkeit kommen kann.

Kleine Affenarten und Halbaffen werden in leichten Sperrholzkisten mit Unterschlupf und halbseitig aus Drahtgeflecht bestehender Vorderwand transportiert. Lose geknülltes Vlies, Zeitungspapier oder Heu erlauben es Maus- und Katzenmakis, sich zu verstecken und die Körperwärme zu halten. Loris halten sich gern an einem Ast in der Kiste fest. Drahtkäfige ohne feste Wände sind für Affentransporte ungeeignet und nicht zulässig. Für kürzere Transporte finden auch bei kleinen Affenarten häufig die leicht gebauten **Vari-Kennels** (käufliche Kunststoffflugkisten aus dem Heimtierbereich) für Tiere bis zu maximal 25 kg Körpergewicht Anwendung. Nachteil sind die hygienische Unzulänglichkeit (nur Einstreu möglich), die lediglich aus wenigen Schrauben bestehende Verbindung der beiden Kistenhalbschalen und die nach außen öffnende Tür mit einem unzuverlässigen Schließmechanismus, dessen Bedienung im Zugriffsbereich von Krallen oder Zähnen erfolgen muss. Diese Behälter sollten nur bei Transporten innerhalb eines Betriebs oder mit bekannt ruhigen Individuen verwendet werden. Verschlüsse an Affenkisten müssen so gesichert sein, dass sie von den Tieren nicht geöffnet werden können. Besonders bei Transportbehältern für Menschenaffen ist große Sorgfalt auf die Konstruktion der Schließeinrichtungen zu legen und nicht nur die Kraft, sondern auch die Fingerfertigkeit der Insassen zu bedenken. Bei Menschenaffen (und anderen sehr gefährlichen Tieren) ist außerdem ein Schloss anzubringen, damit die Kiste nicht von Unbefugten geöffnet werden kann. Wannen zum Auffangen von Kot und Urin unter einem Latten- oder Drahtboden sind selbstverständlich. Bei der Versorgung gilt die Regel: Futter durchs Gitter, Wasser in eingeschobenen, arretierbaren Schalen. Tränken mit überstehender Vorderwand, die von den Affen nicht in die Kiste gezogen werden können, haben sich bewährt; eine Klappe, die diese Vorderwand arretiert und durch einen Sperrhaken oder Schubriegel festgehalten wird, verhindert das Hinausstoßen der Tränkschale.

10.3.2.3 Kisten für Huftiere

Im Allgemeinen sollte eine Huftierkiste wie ein guter Maßanzug sitzen. Der Insasse soll in normaler Haltung stehen und sich niederlegen können, er darf aber, von Ausnahmen abgesehen, nicht so viel Raum haben, um Schwung holen oder sich umdrehen zu können, weder in vertikaler noch in horizontaler Richtung. Schäden oder gar Verluste entstehen dann, wenn er heftig mit Schädel, Hörnern oder Läufen gegen das Holz schlägt oder beim Versuch, sich umzudrehen, steckenbleibt und sich bei Befreiungsversuchen das Rückgrat verletzt. Auf dem Rücken in der Kiste liegende Huftiere können sich in der Kiste aus dieser Position nicht mehr allein befreien und erleiden, abgesehen von dem Risiko der Frakturen, einen Schock oder Kreislaufkollaps. Bei lange dauernden Reisen per Schiff sind jedoch auch bei scheuen Hirschen und Antilopen größere Kisten vorzuziehen, in denen ein bequemes Umdrehen möglich ist. In geräumigen Kisten ist ebenfalls der Versand trächtiger Tiere (in einem frühen Schwangerschaftsstadium) möglich; dies sollten aber grundsätzlich Ausnahmefälle bleiben. Zur Vermeidung von Verletzungen bei unruhigen und scheuen Huftieren ist die **Polsterung** von Seitenwänden, Schiebern und Kistendecke unter Berücksichtigung der Durchlüftung vorzusehen. Besondere Vorsicht ist jedoch bei Hornträgern geboten: Schon mehrfach haben sich Antilopen mit den Hörnern in einer Juteabdeckung des Polsters verfangen und verletzten sich bei panikartigem Toben an herausgerissenen Nägeln oder erlitten gar einen Genickbruch. Es ist im Einzelfall abzuwägen, ob das Risiko einer oberflächlichen Verletzung in Kauf genommen werden kann, um Totalverluste auszuschließen. Hörner lassen sich gut schützen, indem man über die Spitzen Gummischläuche zieht, die überstehen. Der Boden einer Huftierkiste muss den Hufen genügend Halt bieten (Spaltenboden, Gummibelag) und darf auch bei Nässe nicht glitschig werden, damit der Insasse nicht ausgleiten kann.

Massive Kisten werden für Rinder, Großhirsche und Großantilopen benötigt. Zur Drucksicherung werden neben die Seiten- oder Stirnpfosten zwei bis drei Paar Winkeleisen eingeschraubt. Kräftige Holzschieber sind, wenn dem Stabilitätserfordernisse nicht entgegenstehen, vorn und hinten anzubringen. Huftiere treten nicht gerne rückwärts in unbekanntes Terrain hinaus. Oft ist eine Schieberteilung notwendig, um bei einer Schiebergesamthöhe von bis zu 2 m auch in niedrigen Tierhäusern arbeiten zu können. Die oberen Bretter der Kiste und des Schiebers werden mit ca. 2 cm Abstand genagelt, um eine ausreichende Durchlüftung sicherzustellen, oder die Seitenwände werden mit waagrechten, 2–3 cm breiten Längsspalten versehen. Bei Hornträgern sollten die Luftspalten des Frontschiebers senkrecht verlaufen, da sie sich dann nicht so leicht in den Öffnungen verhaken können. Werden stabile Stabgitter verwendet, sind einzeln herausnehmbare, senkrechte Stangen, auf die der Insasse nicht hinaufsteigen kann, die beste Lösung. Sechs bis acht kräftige Pfosten bilden das Gerippe der Kiste. Um eine möglichst große Sicherheit zu erreichen, muss eine entsprechende Verspannung vorgesehen werden. Sie wird durch eine Schiebersicherung mit einem durchgehenden Eisenstab erreicht. Dieser wird durch die durchbohrte Schieberführung gezogen und sichert den Schieber oberhalb des Haltegriffs ab, indem er sein Ausheben verhindert. Durch das Anziehen einer Mutter am Stabende wird der Stab arretiert.

Einhufer (Zebras, Esel, Pferde) werden in Kisten gleicher massiver Bauart transportiert. Da sie zum Auskeilen mit den Hinterbeinen neigen, kann eine **Polsterung** des rückwärtigen Kistenteils und des hinteren Schiebers helfen, Verletzungen zu vermeiden. Bei Einhufern ist es deshalb auch besonders wichtig, dem Insassen nicht zu viel Bewegungsraum zum Schwungholen zu lassen. Insbesondere Zebras neigen dazu, panisch in den Kisten zu toben; sie können sich in ungepolsterten Kisten Traumen und Schürfwunden zuziehen. Leisten auf dem Kistenboden oder ein enger Rost geben den Hufen Halt und verhindern Stürze. Eine verriegelbare Klappe am Schieberunterteil muss das Füttern und Tränken auf längeren Touren möglich machen.

Tapire brauchen sehr stabile, in den Maßen genau passende Kisten. Sind sie zu niedrig, können die Insassen sie durch Aufstemmen der Läufe sprengen. Zu große Kisten führen zu Versuchen, sich umzudrehen, wobei das Tier steckenbleiben kann. Weil Tapire leicht überhitzen, müssen die Kisten gut belüftet sein. Eine **Polsterung** ist für Tapire besonders wichtig, da sie sich sehr leicht die Haut aufscheuern.

Kleinere Huftiere können in entsprechenden Kisten geringeren Ausmaßes und leichterer Bauart transportiert werden. Wildschafe und -ziegen brauchen Kisten in stabiler Ausführung, die den Rammstößen der Gehörne widerstehen. Da die Tiere auch beim Öffnen von Futterklappen in der Vorderwand zuschlagen und dabei den Pfleger verletzen können, empfehlen sich Futteröffnungen in der Kistenoberseite. Kisten für Kleinhirsche und -antilopen können leicht gebaut sein. Hier können ungehörnte Tiere, z. B. Saigas, Muntjaks und Ducker, auch zu mehreren in Gesellschaftskisten reisen. **Polsterung** und Abdunklung verringern die Gefahr von Panik und Verletzung. Bei Neuweltkamelen reicht eine leichte Kistendecke aus Drahtüberspannung mit Segeltuch. Wollhaarige Huftiere müssen gerade bei Sommertransporten durch eine gute Kistenbelüftung vor Hitzestau bewahrt werden. Die Kisten für starke männliche Schweine sollten stabile Gitterschieber und eine Blechauskleidung aufweisen, für kleine Hausschweine genügt dagegen sogar Maschendraht an der Vorderseite. Alle Schweine sind empfindlich gegen Zug und Kälte, sie brauchen deshalb ein warmes Lager in der Kiste.

Kisten für Giraffen haben einen etwa quadratischen Grundriss, denn Giraffen neigen zur Panik, wenn sie sich nicht drehen können. Auf den allseits bis etwa in Schulterhöhe geschlossenen, **gepolsterten** Wänden sitzt ein vertikal verschiebbarer Baldachin, ein auf teleskopartig hochschiebbarem Rahmen ruhendes Dach mit leichter Planenabdeckung, die das Aufscheuern der Stirnzapfen verhindert. Es ermöglicht die zeitweise Absenkung der Gesamthöhe bei Verlademaßnahmen oder Durchfahrten von Brücken. Das erlaubte Limit der Kistenhöhe beträgt 4 m. Gerade bei hochwüchsigen Tieren setzt die lichte Höhe von Brücken, Telefonleitungen usw. auf dem Weg das Limit. Der Transportweg sollte deshalb vorher auf solche Hindernisse überprüft werden, der Transport von Giraffen oder Elefanten (bei oben offenen Kisten an die Reichweite des Rüssels denken) auf einem Tieflader erfolgen. Gefüttert und getränkt werden Giraffen mit einhängbaren Trögen.

Flusspferde, Nashörner und Elefanten brauchen äußerst stabile Transportkisten. Trotzdem müssen sie eine ausreichende Durchlüftung und bei Flusspferden auch ein Übergießen mit Wasser ermöglichen, um Hitzestau und Austrocknung der Haut zu vermeiden. Da Flusspferde eine sehr leicht verletzliche Haut haben, empfehlen sich besonders glatte oder sogar **gepolsterte**

Wände. Nashörner brauchen hohe Kisten, da sie gerne den Kopf aufwerfen und sich sonst dabei das Horn verletzen können. Eventuell ist der Behälter im vorderen Drittel nur mit einer Plane abzudecken. Elefantenkisten sind teure Bauwerke in Holz- und Metallkonstruktion; sie müssen auch den Transport oft schwieriger Bullen unzerstört überstehen können. Für Flusspferde, Nashörner und Elefanten sind solide Hartholzwände rundum vorzusehen, die von umlaufenden Metallrahmen gehalten werden. Vorn und hinten sind stabile Türen bzw. Schieber anzubringen. Hinter dem Vorderschieber sitzt ein zusätzliches schweres, senkrechtes Stabgitter aus Stangen, die einzeln nach oben herausgezogen werden können. Ein Lattenrost auf dem Boden verhindert, dass die Tiere in ihren eigenen Fäkalien stehen. Auf diese Weise gebaute Flusspferdkisten können die Maße 4,20 m (L) x 1,50 m (B) x 1,70 m (H), Nashornkisten die Maße 3,20 m (L) x 1,70 m (B) x 2,00 m (H) haben. Elefantenkisten sind im Allgemeinen Spezialanfertigungen und auf die individuelle Größe des Insassen zugeschnitten. Solche Tierkisten wiegen mit Tier mehrere Tonnen und sind nur mit Rollen, einem Flaschenzug oder Kran zu bewegen. Für den Transport von Elefanten sowie ausgewachsenen Nashörnern haben sich allerdings auch genormte Schiffscontainer bewährt. Sie sind relativ leicht, sehr widerstandsfähig und versandfertig erhältlich, ermöglichen außerdem dem Insassen eine gewisse Beweglichkeit und „passen" auf die extra für den Containerdienst eingerichteten Fahrzeuge und Verladeeinrichtungen.

10.3.2.4 Kisten für Kleinsäuger

Transportkisten für Nager, Gürteltiere, Erdferkel oder Ameisenbären erlauben dem Insassen etwas Bewegungsfreiheit. Sie weisen eine Wand aus starkem Drahtgeflecht oder leichtem Gitter auf, die übrigen Kistenteile sind mit Blech ausgeschlagen. Für Nager haben sich auch Vollmetallkisten bewährt. Da Metall die Wärme nicht hält, sind in solchen Fällen warme Lager vorzusehen. Flughundkisten müssen so hoch sein, dass die Tiere sich bequem abhängen können. Die Oberseite erhält eine **Polsterung**. Die Tiere hängen sich an einem darunter gespannten Drahtgeflecht oder besser an aufgerauten Querhölzern auf. Auch Faultiere reisen am besten in mit Heu gepolsterten Holzkisten, in denen sie sich an einen Ast hängen können. Für Ameisenbären müssen Holzkisten wegen der starken Grabekrallen mit Blech ausgeschlagen sein.

10.3.2.5 Kisten für Kängurus

Kängurus sind sehr sprungkräftig und neigen zu Panikreaktionen. In einer Transportkiste müssen sie liegen, stehen und sich umdrehen können. Die dafür notwendigen Maße sollten aber nicht überschritten werden, damit der Insasse nicht zum Sprung ansetzen kann. Vor Hitzestau schützen genügend Luftlöcher, vor schreckenerregenden Außeneinflüssen eine Verdunklung, vor Schädelfrakturen, die beim heftigen Toben passieren können, die **Polsterung** von Wänden und Kistendecke.

10.3.2.6 Kisten für marine Säuger

Der Wärmehaushalt vieler mariner Säuger ist auf die Speicherung von Wärme eingerichtet. Robben droht besonders bei Sommertransporten ein **Hitzestau**. Da sie deshalb unterwegs öfter mit lauwarmem Wasser übergossen werden müssen, reisen sie am besten in Kisten, die einen stabilen Rahmen und einen geschlossenen Blechboden haben, deren Wände und Decke aber aus einem der Größe des Tieres angepassten Drahtgeflecht bestehen. Bodenpolster aus Schaumgummi oder eine dicke Lage feuchter Sägespäne geben dem Tier eine weiche Auflage und speichern die Feuchtigkeit länger. Die Schieber sind besonders bei größeren Arten massiv anzufertigen. Bei solchen Drahtkisten müssen die Handgriffe für die Pfleger mit Holzleisten gesichert sein, damit die Robben nicht nach ihren Fingern schnappen können. Für größere Robben – See-Elefanten, Klappmützen,

Tab. 10.3 Maße für Vogelkisten

Tierart	Länge (cm)	Breite (cm)	Höhe (cm)
Großstörche, große Kraniche	75	75	190
Graukranich (Doppelkiste)	120	80	110
Großgreifvögel	70	60	90
Schwäne*	120	60	60
Fasane**	120	50	30

*Für zwei Schwäne, Sackleinwandgestell, Decke mit Draht abgefedert. Zwischen Decke und Seitenwand Luftspalt von 12 cm für Tansport in die Tropen.
**Sackleinwandgestell für etwa 10 Gold- oder Amherstfasanen

Walrosse, aber auch Bart- und Kegelrobben – sind entsprechend große Kisten anzufertigen, die eine bequeme und sichere Unterbringung selbst auf langen Transporten gewährleisten.

Delfine und Kleinwale werden einzeln liegend in einem Tragegestell in einer Hängematte aus fester Leinwand oder stoffbeschichteter Kunststoffplane transportiert, die den Körper wie ein Korsett in seiner natürlichen Form hält. Durch Ausschnitte im Mattenstoff für Flossen, Augen und Körperöffnungen (After) bleiben diese Organe vor Druckschäden bewahrt. Das Tier kann Kot absetzen, ohne den Transportbehälter zu verschmutzen. Regelmäßiges Übersprühen mit Wasser und Bedecken mit nassen Tüchern verhindern Wärmestau, Sonnenbrand und Austrocknung. Lanolin-, Zinkoxidsalbe o.Ä. auf der Hautoberfläche kritischer Körperteile bietet zusätzlichen Schutz vor Austrocknung und Aufscheuern an der Leinwand. Das Tragegestell mit dem Tier ist in einem wasserdichten Behälter untergebracht. Bei Lufttemperaturen von unter 20 °C besteht die Gefahr, dass sich diese Tiere erkälten. Dann ist vor allem Zugluft zu verhindern. Seekühe werden ohne Hängematte in wasserdichten, temperierten (20–30 °C) Containern zu mindestens drei Vierteln im Wasser schwimmend transportiert. Die Transportdauer sollte 24 Stunden nicht überschreiten.

10.3.2.7 Transporte in Viehanhängern

Für den Straßentransport mancher Großtierarten eignen sich auch modifizierte Pferdeanhänger, in die die Tiere lose verladen werden. Die rückwärtige Rampenklappe kann durch daneben gestellte Kisten oder die – stets mitzuführenden – Fangklappen in einen Zwangspass verwandelt werden. Der Innenraum ist bei Bedarf durch herausnehmbare Zwischenwände unterteilbar, das Planenverdeck mithilfe des Tragegestells in der Höhe variierbar. Eine Standheizung ermöglicht den Transport kälteempfindlicher Tiere auch im Winter. In solchen Hängern lassen sich z.B. Kamele, mittelgroße Rinder, Tapire, halbwüchsige Fluss- und Zwergflusspferde, junge Giraffen oder Strauße problemlos auch über weite Strecken transportieren. Der Hänger wirkt auf sie wie ein kleiner Stall. Zu den großen Vorteilen „loser" Transporte gehört der Mangel an Stress, der mit dem Verpacken und dem Aufenthalt in Kisten normalerweise verbunden ist.

10.3.3 Vogeltransporte

Vögel – außer Straußenvögel – können in leicht gebauten Transportbehältern reisen. Häufig sind dünne Sperrholzplatten auch für große Vögel ausreichend. Die Größe des Transportbehälters muss der Größe des Vogels angepasst sein, also eine gute Bewegungsmöglichkeit erlauben, aber keine Flugversuche. Die Tür oder Schieberöffnung wird nur so groß gewählt, dass man mit der Hand hineingreifen kann bzw. der Vogel gerade hindurchpasst. Vogelkisten sollten eine elastisch federnde Oberseite haben. Blutig gestoßene Köpfe gehören bei Vögeln zu den häufigsten Transportschäden. Eine feine Drahtnetzbespannung an der Decke, **Polsterung** und Verdunklung bieten Schutz vor Aufregung und Frakturen. An Vogelkisten darf in Reichweite der Insassen kein Lötzinn Verwendung finden. Als Versandbehälter für kleinere Hühner- und Entenvögel eignen sich bereits feste Kartons mit stabilen Kanten, Obstspan- oder flache Kunststoffkörbe. Viele Vögel lassen sich in **Gemeinschaftskisten** (bis zu maximal zehn Tiere) versenden. Bei größeren Mengen gibt es jedoch durch das Zusammendrängen meist Verluste. Mehrere Tukane, Papageien, Turakos usw. werden in unterteilten Kisten versandt, in denen sie Rufkontakt haben. Solche Fächerkisten für bis zu fünf Vögel sind auch bei Stelzvögeln, Pelikanen, Wehr- und Greifvögeln geeignet. Sitzstangen stellen für diese Vögel nur unnötige Hindernisse dar und sollen deshalb fehlen. Bei baumlebenden Arten – Turakos, Nashornvögel, Tukane, Kuckucke, Papageien, Sperlingsvögel – sind sie dagegen wichtig; in Gemeinschaftskisten können mehrere Sitzhölzer das Zusammendrängen zum Teil einschränken. Sitzstangen werden in Kisten zweckmäßig in Bodennähe angebracht.

Die Versorgung wird durch Futter- und Trinkgefäße gesichert, die an zwei Seiten an jedem Fach oder der Einzelkiste angebracht sind. Für die Wasserversorgung hat sich das Beigeben von Schwämmen im Trinknapf als zweckmäßig erwiesen. Falls das Wasser verschüttet wird, kann sich der Vogel aus dieser Reserve versorgen. Bei Hühnervögeln können eingeweichte Brötchen das Trinkwasser ersetzen. Bei Kleinvögeln dürfen nicht zu große Wassergefäße in die Kiste gegeben werden, da die Tiere dann baden, das Wasser verschmutzen und sich obendrein erkälten können. Das Futtergefäß soll herausnehmbar konstruiert (siehe Affenkisten) sein. Bei Körnerfressern ist die Versorgung einfacher als bei Frucht- oder Weichfressern, deren Nahrung rasch verdirbt. Bei Vogeltransporten ist an die hohe Stoffwechselrate von Vögeln zu denken. Die Fütterungsintervalle sind darauf einzurichten. Nur Fleisch- und Fischfresser sind an **Fastentage** gewöhnt und ertragen bis zu drei Transporttage ohne Nahrung. Ein Vogelversand erfolgt am besten abends, da der Vogel dann gefressen und getrunken hat und sein Aktivitätsdrang nachts geringer ist. Vögel brauchen Licht zur Nahrungsaufnahme. Wenn ein Vogel abends ankommt, wird er möglichst bei ausreichend Licht in der Kiste versorgt und erst am Morgen in die neue Unterkunft bzw. Quarantäne entlassen, um sie in Ruhe kennenlernen und sich orientieren zu können. Futter und Wasser müssen gut sichtbar bereitstehen. Wenn in den ersten Nächten eine schwache Dämmerungsbeleuchtung gewährt wird, kann das Tier sich beim etwaigen Auffliegen in nächtlichen Schrecksituationen besser zurechtfinden, ohne sich durch Anprall zu verletzen. Klarglasscheiben sollten mit einem leichten Kalkanstrich versehen werden, um sie kenntlich zu machen und ein Anfliegen zu verhindern.

10.3.3.1 Kisten für Straußenvögel

Straußenkisten müssen den Ausmaßen der Vogel entsprechen und stabil genug gebaut sein, um auch kraftvollen Tritten zu widerstehen. Laufvögel brauchen Kisten in Stehhöhe. Sie sollen beim Afrikanischen Strauß 1,95 m hoch sein. Diese Grenze wird durch die Containerhöhe gesetzt. Die Kisten müssen oben dick **gepolstert** sein, am besten durch Stroh zwischen zwei Lagen Leinwand. Bei allen Insassen müssen mindestens 10 cm Abstand zwischen Kopf und Decke gewährleistet sein. Eine nur aus einer Stoffbespannung, Persenning oder mit Maschendraht gesicherten Leinwand bestehende Decke ist bei genügend hohen Kisten ausreichend, damit sich die Vögel nicht den Schädel verletzen. Allseitig gepolstert verpackt, können bis zu maximal zehn Vögel (halbwüchsige Strauße, aber auch Nandus und Emus) gemeinsam versandt werden, ab dem 6. Lebensmonat jedoch nur einzeln. Da Straußenvögel während des Transports wenig fressen, sind als Futterbeigabe nur Luzernehäcksel und gewürfeltes Röstbrot zur gelegentlichen Aufnahme zu empfehlen. Abdunklung trägt zur Beruhigung bei. Im Halbdunkel stehend sind auch Kasuare während des Transports relativ ruhige Vögel, müssen aber in festen Kisten und stets einzeln verschickt werden.

10.3.3.2 Kisten für Stelzvögel

Große Stelzvögel, die mit Schnabelhieben gefährlich werden können, wie Großstörche, Marabus, große Reiher und Kraniche, sind einzeln oder in Einzelabteilen zu transportieren, da sie sich in der Enge der Kiste schwer verletzen und sogar töten können. Nicht nur das Kistendach, sondern möglichst auch die Wände sollten **gepolstert** sein, damit sich die Vögel nicht den Unterhals aufscheuern. Sie können auch beim Auspacken recht gefährlich werden, wenn die Kisten nur durch die gepolsterte Oberseite entleert werden können. Der Pfleger muss die Vögel mit der Hand greifen, herausheben, wobei die schlagenden, bekrallten Beine frei werden, und in das Gehege setzen. Dabei kann es auch zu Selbstverletzungen kommen, wenn die Krallen den Vogelhals aufreißen. Kisten für solche Vögel sollten deshalb seitliche Schieber haben, damit die Insassen ohne Aufregung und gefahrlos ihre neuen Unterkünfte betreten können. Flamingos wurden früher häufig in Stoffschläuche gesteckt, bevor sie zu mehreren in die Kisten kamen. Bei längeren Transporten kommt es dabei jedoch leicht zu Durchblutungsstörungen in den eingeschlagenen Beinen. Dies ist heute verboten. Um Streit während des Transports zu vermeiden, müssen Flamingos in Einzelfachkisten versandt werden, in denen sie stehen können. Die **IATA** schreibt für Lufttransporte vor, Flamingos in Hängematten ruhend in Kisten zu platzieren, wobei die Beine durch Öffnungen im Stoff herausragen und Bodenkontakt haben sollen, damit die Tiere die Flugzeugbewegungen ausgleichen können.

10.3.3.3 Kisten für Greifvögel und Eulen

Greife und Eulen müssen, von verträglichen Kleinfalken abgesehen, einzeln eingepackt werden, da sie sich gegenseitig mit den Fängen verletzen können. Sie werden zweckmäßig in halbdunklen, gepolsterten Kisten transportiert. Die Frontseite ist doppelt aus einem Maschengitter mit davor sitzendem Vollschieber mit Beobachtungsöffnungen auszuführen. Für wertvolle Beizvögel gibt es spezielle Transportbehälter, in denen der eine Haube tragende Falke oder der fast völlig im Dunkeln stehende Habicht auf einem mit Leder überzogenen Sitzbogen steht. Gegen das Abbrechen der Schwanzfedern kann man diese mit Mullbinden abschirmen, die mit Hölzchen geschient und durch Leukoplast verbunden sind.

10.3.3.4 Kisten für Papageienvögel

Aras und Kakadus brauchen blechausgeschlagene (nicht verlötete) Einzelkisten oder solche aus Vollmetall, damit sie sich nicht hindurchnagen können. Bei kleineren Arten reicht auch eine innenseitige Drahtbespannung der Kiste. Für Sittiche und Unzertrennliche hat sich die typische Kleinvogelkiste mit abgeschrägter und mit Drahtgeflecht bespannter Frontseite bewährt, die bei Bedarf zu unterteilen ist. Der Versand von Kleinpapageien in Pappschachteln ist allenfalls für sehr kurze Transporte zulässig. Loris brauchen einen Drahtboden über dem eigentlichen Kistenboden, damit die sehr weichen Ausscheidungen hindurchfallen können und die Tiere sich nicht verschmutzen. Alle benötigen Sitzstangen im Transportbehälter. Eine Verdunklung hindert die Tiere am Nagen.

10.3.3.5 Kisten für Pinguine

Pinguine sind ähnlich wie Robben durch Hitzestau gefährdet. Um eine Überhitzung zu vermeiden, reisen sie in Kisten mit ganzseitigen Maschendrahtwänden. Zweckmäßigerweise werden diese Behälter mit Blechwannen versehen, um die Tiere bei längeren Fahrten mit Wasser übergießen zu können. Werden mehrere Tiere in Einzelfächern versandt, sind auch die Zwischenwände aus Drahtgeflecht herzustellen.

10.3.3.6 Kisten für Hühner, Gänse und Enten

Hühner und Entenvögel werden in leichten, entsprechend geräumigen **Gemeinschaftskisten** mit einem Besatz von bis zu zehn Tieren verschickt. Für Fasanen genügt eine bloße Bespannung des Daches mit Sackleinwand nicht, da sie Löcher hineinpicken und so entkommen können. Da Fasanenhähne untereinander sehr zänkisch sein können, empfiehlt sich die Einzelverpackung. Um mehrere Kisten übereinanderstellen zu können, müssen an der Bedachung Versteifungsleisten angebracht sein. Pfauenhähne im Prachtkleid brauchen Spezialkisten. Diese Behälter sehen aus wie überdimensionale Geigenkästen. Die Pfauenschleppe kann darin zusätzlich mit Hölzern stabilisiert werden. Im Zweifelsfall können lange Schwanzfedern außerhalb der Federbildungsphase (Blutkiele!) auch beschnitten werden, denn sie wachsen bei der nächsten Mauser wieder nach.

10.3.3.7 Kisten für Kleinvögel

Für Kleinvögel werden häufig einfache, stabile Pappkartons mit einer ausreichenden Anzahl Luftlöcher verwendet, in denen die Vögel meistens einzeln sitzen. Kartons haben den Vorteil, als Wegwerfware nach dem Transport vernichtet werden zu können, statt aufwendig gereinigt und desinfiziert werden zu müssen. Sie empfehlen sich allerdings nur, wenn der Versender oder Empfänger den Transport selber ausführt und dabei den Karton kontrollieren kann. Besser geeignet als Versandbehälter sind flache, breite Sperrholzkisten mit Sitzstangen, in denen auch mehrere Insassen untergebracht werden können. Eine Abschrägung der Frontfläche ist über die ganze Breite der Kiste mit feinem Maschendraht oder Fliegengaze versehen. Bei kleinen Arten müssen alle zusätzlichen **Luftlöcher** ebenfalls mit feiner Gaze abgedeckt werden, um Verletzungen durch Hängenbleiben zu vermeiden. Die Vögel sind vor Zugluft, Kälte und Überhitzung zu schützen. Eine Abdunklung – bei guter Belüftung – sorgt für Beruhigung und schränkt angstvolles Flattern ein.

10.3.3.8 Kisten für Nektarsauger

Kolibris, Nektarvögel und andere reisen in ähnlichen Kisten. Zusätzlich hat auch die obere Hälfte der Rückwand ein feines Drahtgeflecht. In der Kiste befindet sich eine Glas- oder Plastikflasche mit Öffnung auf der Oberseite, in der eine nicht säuernde Nährflüssigkeit angeboten wird. Diese Flasche muss gegen Verlagerungen gesichert, jedoch während des Transports zum Nachfüllen herausnehmbar sein. Außer Sitzstangen sind absorbierende Einstreumaterialien vorzusehen. Kolibris sind aggressiv und deshalb in Einzelfächern zu transportieren. Sie sind vor Unterkühlung zu schützen.

10.3.4 Transportbehälter für Reptilien und Amphibien

Siehe auch Engelmann & Jacken (2024).

Reptilien und Amphibien werden grundsätzlich in allseits geschlossenen, gut ventilierten Behältern verschickt. Sie sind wechselwarm, leiden also unter starken Temperaturschwankungen. Material von **isolierender** Wirkung ist für die Herstellung solcher Transportbehälter vorzuziehen. Styropor hat sich in dieser Hinsicht als geeignet erwiesen, auf Metallkisten ist für den Transport von Reptilien zu verzichten. Der Versand darf in der kalten Jahreszeit nur in temperierten Fahrzeugen erfolgen. Gerade unter den Reptilien gibt es recht wehrhafte (bissige, giftige) Arten, deshalb ist beim Transportieren besonderer Wert auf den Sicherheitsaspekt zu legen. Dazu gehören insbesondere deutliche Hinweise auf den Inhalt an oder auf dem Transportbehälter, auf denen Giftigkeit oder Ungiftigkeit eindeutig festgehalten sein muss, damit auch Kontrollbeamte, Empfänger u.ä. Dritte nicht im Zweifel gelassen werden. Werden mehrere Tiere verschickt, so sind sie im Allgemeinen einzeln (z.B. in Fachkisten) zu verpacken.

Riesenschildkröten werden einzeln in maßgerechten, „panzernahen" Kisten verschickt, die mit Bandeisen stabilisiert werden müssen. Eine Auspolsterung des Transportraums ist notwendig, auch bei anderen Landschildkröten. Diese können in kleinen Gruppen von möglichst gleich großen Tieren zusammen verpackt werden. Die Kiste sollte so flach sein, dass zwar ein Abstand zwischen Panzer und Decke gegeben ist, die Tiere sich aber nicht aufrichten und auf den Rücken fallen oder aufeinander steigen können. Weichschildkröten sind aggressiv und müssen einzeln im Wasser versandt werden. Bei anderen Süßwasserschildkröten genügt auch für längere Transporte eine **Polsterung** mit nassem Moos. Seeschildkröten können ebenfalls feucht verpackt versandt werden. Bei Seetransporten lassen sie sich gut in Bottichen mit Seewasser halten.

Krokodile und Warane reisen am besten einzeln in futteralartigen Kisten, die so lang wie oder etwas kürzer als der Insasse sind. Die Möglichkeit, zuzustoßen und sich die Schnauze blutig zu schlagen, muss verhindert werden. Deswegen muss die Kopfregion **abgepolstert** sein. Der Schwanz wird eingeschlagen, um Schlängeln, Schwungholen und Vorwärtsbewegungen einzuschränken. Die Breite der Kiste ergibt sich aus der Rundung des eingeschlagenen Schwanzes. Auf langen (See-)Transporten müssen auch Krokodile und Warane bequeme Kisten haben. Bei der Versorgung ist besonders unter warmen Bedingungen größte Vorsicht geboten, weil diese Tiere dann eine außerordentliche Reaktionsgeschwindigkeit entwickeln können.

Schlangen, auch Riesenschlangen, sowie kleinere Echsen verpackt man zunächst in dunkle, aus gutem Material gearbeitete **Stoffbeutel**, da sie ihre Presskraft nicht nach außen, sondern nur nach innen anwenden. Die Größe dieser Beutel muss so bemessen sein, dass sich der Insasse am Boden bequem zusammenrollen kann. Der Sack wird mit einem **Etikett** mit Hinweis auf den Inhalt versehen und in eine stabile Holzkiste gesetzt, deren Luftlöcher mit Drahtgaze abgedeckt sind. Es können auch mehrere Tiere, einzeln in Säckchen verpackt, in einer Kiste transportiert werden. Zwischenräume müssen ausgepolstert werden, damit die Säckchen während des Transports nicht haltlos in der Kiste herumrutschen. Sehr große Riesenschlangen können auch in stabilen Holzkisten verschickt werden, in denen es möglich ist, sich zusammenzurollen. Giftschlangen werden zusätzlich in beschriftete Styroporbehälter und erst dann in die eigentliche Transportkiste verpackt, die ebenfalls mit einem Hinweis auf die Gefährlichkeit des Inhalts versehen sein muss. Besonders bei gemischten Transporten werden für Gifttiere rote Beutel empfohlen.

Baumlebende Reptilien (Baumschlangen, Hundskopfschlinger, Chamäleons) reisen besser ohne Sack in Kisten, die mit einem Ast oder Querholz ausgestattet sind, damit sie sich ihrer Art gemäß halten bzw. durch Umschlingen lagern können. Kleinen Eidechsen legt man trockenes Laub oder Moos bei, in dem sie sich verkriechen können.

Amphibien sind in hohem Maße von der Atmung durch die Haut abhängig. Sie müssen durch die Beigabe von feuchtem, Wasser speicherndem Material (Moos, Holzwolle) vor Austrocknung geschützt werden. Auch hier gilt das Kiste-in-Kiste-System: Ein oder mehrere Einzelbehälter werden in die eigentliche Transportkiste verpackt. Für sprungkräftige Frösche muss der innere Behälter eine federnde oder gepolsterte Decke haben. Für wasserlebende Amphibien sind geschlossene Behälter (Plastiksäcke) mit ca. einem Drittel Wasserfüllung notwendig, die in die eigentliche Transportkiste gelegt werden. Frösche dürfen nicht mit Kröten oder Salamandern gemeinsam in einem Behälter transportiert werden, da Letztere schädigende Hautsekrete haben.

10.3.5 Transportbehälter für Fische und Wirbellose

Siehe Engelmann (2005) und Engelmann & Lange (2011).

Wasserbewohner sind besonders abhängig von ihrer Umwelt und können plötzliche Änderungen ihrer Lebensbedingungen (Temperatur, Sauerstoffgehalt) schlecht abpuffern. Da sie in Wasser schwimmend transportiert werden müssen, ist für ein ausreichendes Verhältnis von Tiermasse zu Wassermenge zu sorgen. Größere Fische (Karpfen, Haie etc.) können vor dem Transport einige Zeit fasten, um die Wasserverschmutzung durch Fäkalien zu verringern. Die äußeren Transportbehälter müssen absolut wasserdicht sein, weil sie sonst vom Transportunternehmen zurückgewiesen werden können. Da es in diesen Fällen unterwegs kaum Versorgungsmöglichkeiten gibt, ist die Reisesdauer auf 48 Stunden zu beschränken. Transporte von Wasserbewohnern sind grundsätzlich als Transporte verderblicher Güter zu behandeln.

Auch Fische, Tintenfische, Wasserschnecken und andere wirbellose Wasserbewohner werden zunächst in stabilen, **durchsichtigen Plastiksäcken** verpackt, die zu einem Drittel mit Wasser, zu zwei Dritteln mit Luft gefüllt sind. Bei längeren Transporten großer Formen empfiehlt es sich, statt Luft reinen Sauerstoff zu verwenden. Selbstverständlich müssen die Säcke dicht verschlossen werden können. Der Transportbehälter, der sie aufnimmt, darf keine scharfen Ecken oder Spitzen aufweisen, die den Plastiksack verletzen könnten, und muss äußerem Druck widerstehen. Sicherheitshalber können die Plastiksäcke auch doppelt genommen, d.h. zwei Stück übereinandergestülpt werden. Der Behälter muss außerdem gut vor Temperaturextremen schützen. Für tropische Formen sollten etwa 20 °C einzuhalten sein, für solche aus gemäßigten Zonen deutlich weniger. Auch hier eignen sich aus Gründen der Isolation, der Sicherheit vor Beschädigung und des Gewichts **Styroporkisten** besonders gut. Da die Konditon der Fische unmittelbar von der zur Verfügung stehenden Wassermenge abhängt, ist möglichst – außer bei sehr kleinen Formen und kurzen Transporten – nur **ein Tier pro Plastiksack** vorzusehen. Die innerartliche Aggression mancher Fischarten ist ein weiteres Argument für den Einzelversand. Wirbellose lassen sich dagegen im Allgemeinen bei ausreichender Wassermenge zu mehreren in einem Plastiksack verschicken. Sehr große Fischarten oder solche Formen, die ständig schwimmen müssen, brauchen Spezialbehälter mit ständiger Sauerstoffversorgung durch Pumpen und einen technisch versierten Betreuer während des Transports.

Wirbellose haben prinzipiell mehrere **Entwicklungsstadien**. Es kann einfacher und tierschonender sein, Larven oder Puppen zu verschicken als voll entwickelte Tiere. Schmetterlinge als Imagines sind z.B. kaum zu transportieren, ohne dass die Tiere Schaden nehmen. Ein besonderes Problem beim Versand von Arthropoden besteht in der Tatsache, dass nicht nur viele Materialien, sondern auch Transportfahrzeuge (Flugzeuge), Lagerräume in Flughäfen oder Speditionen usw. regelmäßig mit Insektiziden behandelt werden. Die Ausgasungen können auch in die dort auf dem Transport befindlichen Tierkisten gelangen und beträchtliche Schäden anrichten. Beim Transport von Wirbellosen ist dieses Problem vorher mit dem Transportunternehmen (Spedition, Fluggesellschaft) zu klären. Im Zweifelsfall sind solche Tiere nur in absolut luftdichten Behältern zu verschicken. Es gilt auch für die Herstellung der Transportbehälter selbst: Kisten aus chemisch behandeltem Holz können tödliche Wirkung auf die Insassen haben. Wenn Wirbellose in luftgefüllten Plastiksäcken per Lufttransport verschickt werden, ist dafür zu sorgen, dass Druckänderungen im Flugzeug nicht zum Kollabieren der Plastiksäcke führen können. Auch bei Transporten von Landwirbellosen gilt das Kiste- (oder Sack-)in-Kiste-System.

Bienenvölker und andere Staaten bildende Insekten werden in Kisten oder Röhren verschickt. Der Kisten- bzw. die Röhrendeckel bestehen aus sehr feiner Drahtgaze, durch die die Bienen nicht entweichen können. Dabei ist besondere Sorgfalt auf die Randbefestigung der Gaze zu verwenden. In einer Röhre sollte zusätzlich ein w-förmig gefaltetes Gazestück eingelegt werden, an dem sich die Tiere während des Transports festhalten können. Ein Röhrchen mit nicht fließender Zuckerwasser-Agarmasse dient unterwegs als Nahrungsquelle. Königinnen sollten separat in einer kleinen Schachtel in der Kiste oder Röhre mitreisen. Da Bienenvölker Wärme produzieren, sollte eine gute Ventilation gegeben sein, um den optimalen Temperatur- und Luftfeuchtebereich zu garantieren. Kälte ist aber zu vermeiden: Bei Temperaturen unter 10 °C werden sie schnell klamm. Königinnen brauchen sogar mindestens 20 °C.

Andere Insekten und Spinnen werden in entsprechenden Kistchen mit Drahtgazeoberseite versandt. Sie können auch in luftgefüllte Plastiksäckchen verpackt werden. Da Spinnen und manche Insekten zu Kannibalismus neigen, ist **Einzelverpackung** vorzusehen. Einstreu aus geeignetem Material gibt Halt und bietet Verstecke für bodenlebende Tiere. Behälter mit giftigen Insekten oder Spinnen müssen entsprechend gekennzeichnet sein. Für Larven, Raupen, Seidenraupen müssen die speziellen Futterpflanzen dem Behälter beigegeben werden, da die Tiere einen raschen Stoffwechsel haben. Regenwürmer und viele andere Substratbewohner vertragen keine hohen Temperaturen; um die notwendigen 5–7 °C zu gewährleisten, müssen sie durch Eis gekühlt und in wasserdichten Behältnissen transportiert werden. Selbstverständlich müssen sie auf der Reise mit feuchtem Moos, Humus oder ähnlichem Material versehen sein.

Tierkisten sind meistens Spezialanfertigungen, in der Herstellung also teuer und deshalb wertvoll. Sind Tiere angekommen und ordnungsgemäß entladen, so werden die Kisten gereinigt und desinfiziert, wenn nötig repariert und dann trocken und luftig gelagert, damit sie nicht verrotten. Oft wünscht der Versender ohnehin die Rückgabe seiner Kisten.

10.4 Transporte

10.4.1 Treiben und Führen

Der einfachste Transport ist das Treiben. Nach diesem Verfahren kamen Viehherden (Rinder, Schafe, Pferde, Schweine, Puten, Gänse) auch über große Entfernungen ans Ziel. Dabei macht man sich den inneren Gruppenzusammenhalt sozial lebender Tiere zunutze. Ist das Leittier zahm und anhänglich, ist die Leitung einer solchen Herde nur eine Frage des Einfühlungsvermögens der Betreuer. Aber auch halbzahme Kasuare werden in Neuguinea auf Urwaldpfaden von Siedlung zu Siedlung getrieben. Im Zoo lässt sich z.B. mit Pinguin-, Flamingo- oder Kranichgruppen ebenfalls ein gerichtetes Treiben durchführen, indem man neben dem Herdentrieb die Tendenz zum Ausweichen vor dem Menschen nutzt. Bei vielen Tieren ist es aber unerlässlich, sie am Halfter oder Strick zu führen. Voraussetzung ist, dass die Tiere „führig“ sind, diesen Vorgang also kennen. Bei Kamelhengsten werden Halfter mit Eisenbügel verwendet, sonst genügen gewöhnlich Leder- oder Strickhalfter. Der Pfleger geht immer an der linken Seite des Tieres, führt also rechts und hält so weit Abstand, dass er nicht getreten werden kann. Die Führungsleine darf aber nicht zu lang gefasst werden, um dem Tier keinen Spielraum für „Kapriolen“ oder eventuelles Losreißen zu geben. Niemals darf der Haltestrick um die Hand gewickelt werden. Wenn sich das Tier losreißt, wird der Pfleger sonst mitgerissen.

Kamele und Pferde kann man der Einfachheit halber zu bis zu acht Tieren zusammenkoppeln, bei Kamelen auch zu einer Karawane hintereinander. Solche Verbände können von zwei Begleitern mühelos geführt werden. Elefanten, die unter Appell stehen, laufen gewöhnlich nach Kommando. Man packt sie gegebenenfalls am Ohr. Als Zwangsmittel bleibt hier noch der bekannte Elefantenhaken.

Zum Transport im Viehwagen werden die Tiere an die Eingangsschräge herangeführt und möglichst in einem Zug auf die Wagenplattform gebracht. Scheuen Pferde oder Kamele den schrägen Aufstieg, so deckt man diesen mit Stroh ab oder bindet dem Tier eine Blende über den Kopf. Pferde werden notfalls rückwärts in den Transportwagen gedrängt. Bei Transporten von Zootieren (Kamele, Elefanten) über öffentliche Straßen sind rechtzeitig die zuständigen Behörden zu benachrichtigen.

10.4.2 Transport in Kisten

An Tierkisten mit verpackten Tieren darf man nie ohne ein Ansprechen herantreten. Beim Transport schwerer Kisten mit Menschenkraft werden die Tragholme oder -griffe erfasst und die Kiste nach Kommando (keinen Lärm!) gleichmäßig angehoben. Beim Aufladen ist darauf zu achten, dass die Kisten nicht schräg getragen oder gar gekippt werden. Bei schweren Kisten ist jedoch eine gewisse Schräglage beim Anheben unvermeidlich. In solchen Fällen wird man sich zwar zum Fortbewegen der Rollen und zum Aufladen der schiefen Ebene bedienen können, hydraulische Ladewände oder ähnliche technische Hebewerkzeuge gehören aber mittlerweile weitgehend zum Standard. Für das Umladen von einem Fahrzeug auf ein anderes sind Rampen sehr hilfreich. Gabelstapler oder Kranwagen können auch Nashorn- oder Elefantenkisten sicher heben, transportieren und verladen, vorausgesetzt, beim Bau der Kisten sind von vornherein die dafür notwendigen konstruktiven Maßnahmen getroffen worden. Wer nicht über Hebefahrzeuge im eigenen Betrieb verfügt, muss sie rechtzeitig vor der Verladung anmieten. Bei allen Kistenbewegungen muss das Tier in der Kiste seinen sicheren Stand halten können. Auf den Fahrzeugen werden die Tierkisten an ihren Platz geschoben und durch Verkeilen und Festbinden vor dem Verrutschen oder gar Kippen gesichert. Hiervon kann auch die Sicherheit mitfahrender Tierpfleger abhängen.

10.4.3 Straßentransporte

Im kontinentalen Kurz- und Mittelstreckenbereich haben Straßentransporte per LKW heute Priorität. Die Möglichkeit von Selbstorganisation, freier Routenwahl und Unabhängigkeit von vorgegebenen Fahrplänen und -zeiten spielt eine ausschlaggebende Rolle und hat den Bahntransport (Express) vollständig abgelöst, zumal innerhalb Deutschlands der Transport von Wildtieren per Bahn verboten ist. Grundsätzlich werden Tiere nicht auf offenen Ladeflächen transportiert, wo sie Hitze und Kälte, Regen und Zugluft ausgesetzt sind, sondern in geschlossenen (abgeplanten) Fahrzeugen. Die **Transportfahrzeuge** müssen für Tiertransporte zugelassen und vom Amtsveterinär genehmigt sein. Sie sollten über Funk oder Telefon, Luftfederung, Heizung, vielleicht sogar Kühlung verfügen. Urin und Abwasser dürfen nicht auslaufen, der Boden muss rutschfest, eine Desinfektion leicht möglich sein.

Kisten, in denen sich die Tiere nicht drehen können, werden entweder quer oder „Schwanz in Fahrtrichtung“ auf die Ladefläche gestellt. Bei Längsaufstellung können sie sich bei Fahrzeugbewegungen besser auf den Beinen halten. In der Position „Schnauze in Fahrtrichtung“ besteht die Gefahr, dass sie sich bei mitunter unvermeidbarem scharfen Bremsen Nasenbein oder Gehörn lädieren. Beim Postieren ist darauf zu achten, dass die Luftlöcher freigehalten werden. Raubtiere sind von Huftieren und Vögeln getrennt aufzustellen, um Panikreaktionen zu vermeiden. Natürlich ist eine vorsichtige, vorausschauende Fahrweise ohne plötzliche Anfahr-, Lenk- oder Bremsvorgänge angezeigt. Lose im Hänger oder Wagen stehende Tiere können durch Eigenbewegungen solche Manöver meist besser kompensieren. Oft legen sie sich von allein ab, wenn sich das Fahrzeug in Bewegung setzt. Selbstverständlich sind auch bei Tiertransporten nicht nur die Tierbedürfnisse und Tierschutzrichtlinien, sondern auch Straßenverkehrsvorschriften, Fahrtzeitbegrenzungen, vorgeschriebene Pausenzeiten, Fahrerwechsel bei längeren Fahrten usw. zu beachten. Für lange Strecken sind mehrere Fahrer einzuplanen, die sich ablösen können, um die Fahrten nicht durch die Pausenzeiten oder Übernachtungen unnötig zu verlängern. Nach dem Muster der Vorschriften für Lufttransporte (der **IATA**) gelten auch Regelungen für den Straßentransport von Tieren (der **ATA**).

10.4.4 Lufttransporte

Tiertransporte mit dem Flugzeug spielen vor allem im interkontinentalen Verkehr eine wichtige Rolle. Der große Vorteil besteht in kurzen Transportzeiten und international weitgehend vereinheitlichten Transportbedingungen, in geringeren klimatischen Gefahren, im besseren Schutz vor Witterungsunbilden und in der schnellen Übernahme geordneter Pflege am Bestimmungsort. Reiseproviant und Transportbegleiter sind nur in Ausnahmefällen erforderlich. Heikle Tierformen werden über große Strecken ausschließlich per Luft befördert. Allerdings lässt der Lufttransport zwar die reine Transportdauer schrumpfen, jedoch verliert der Tierhalter von dem Augenblick an, zu dem das Tier durch den Zoll gegangen ist, im Allgemeinen die Einflussnahme auf sein Wohlergehen und muss etwaige Pflegemaßnahmen Fachfremden überlassen. Zu beachten ist weiterhin, dass Be- und Entladen, Transporte zum und vom Flughafen und die Erledigung der Formalitäten die reine Flugtransportdauer unter Umständen auf das Mehrfache verlängern. Ein Straßentransport als Zubringer ist also in jedem Fall erforderlich. Direktflügen muss unbedingt der Vorzug gegeben werden. Nur wenige Flughäfen sind räumlich und personell in der Lage, Tiere bei einem Transitaufenthalt zu versorgen. Meistens werden Tierkisten wie andere Ladung behandelt und ein Aus- oder Umladen erhöht nicht nur den Stress für das Tier, sondern auch den Zeit- und unter Umständen den Dokumentenaufwand (Transitgenehmigungen). Einige Länder (z.B. die USA) schreiben den Direktflug vor.

Vom Tierhalter erfordern Lufttransporte eine besonders gründliche Transportvorbereitung und die genaue Einhaltung der **LAR-Vorschriften**, da die Übernahme von Tiersendungen auf dem Flughafen andernfalls unweigerlich zurückgewiesen wird. Beachtung finden müssen nicht nur die Kistenbauangaben, sondern auch die lichte Höhe der Ladeluke, die Innenraummaße der Frachträume (Auswahl der Transportmaschine), die Tatsache, dass alle Transportgüter auf genormte Paletten geladen und befestigt werden müssen usw. Die Ausrichtung der Kisten auf der Palette muss der bei Straßentransporten entsprechen. Da Maße und Gewicht ein wesentlicher Kostenfaktor bei Lufttransporten sind, gilt für den Transportbehälter die Devise: so stabil und so groß wie nötig, so leicht und so klein wie möglich. Selbstverständlich dürfen Tiere nur in Flugzeugen mit Frachträumen, die über Druck- und Wärmeausgleich verfügen, befördert werden.

10.4.5 Seetransporte

Schiffstransporte haben lange die wichtigste Rolle im interkontinentalen Tierverkehr gespielt. Seit der Containerdienst die Stückgutverladung auf den Frachtern weitgehend abgelöst hat, sind sie jedoch kaum noch rentabel durchzuführen. Dabei haben sie gerade bei der Beförderung von Großtieren ihre Berechtigung bis heute nicht verloren. Allerdings dürfen nicht zu viele Zwischenhäfen angelaufen werden, weil sonst jedes Mal Transitgenehmigungen fällig werden. In großen Containerschiffen werden außerdem mehrere Container übereinandergestapelt. Da auf einem Tiercontainer kein weiterer Container stehen darf, werden die Tiere entweder für die Betreuung unzugänglich, weil sie ganz oben stehen, oder man muss die Kosten für einen ganzen Containerstapel tragen, weil der Raum über dem Tiercontainer freigehalten werden muss. Grundsätzlich überstehen Elefanten oder Nashörner in Containern solche Transporte auch bei langer Fahrt jedoch gut und sicher. Dem Nachteil einer meist mehrwöchigen Dauer steht der Vorteil intensiver, ununterbrochener Betreuungsmöglichkeit durch vertraute Pfleger gegenüber. Die räumlichen Bedingungen sind großzügiger, da Kistenmaße und -gewichte nicht wie im Flugzeug ein begrenzender Kostenfaktor sind.

10.4.6 Transportversorgung

Längere Fahrten erfordern einen qualifizierten Tierbegleiter mit **Sachkundenachweis** gemäß der Tierschutztransportverordnung, der in regelmäßigen Abständen Tiere und Ladung kontrolliert, bei Bedarf mit Futter und Wasser versorgt und sich bei kleineren Schwierigkeiten zu helfen weiß. Futtervorräte, vor allem Heu- und Kraftfutter, sollten reichlich bemessen sein, um auch Verzögerungen (Staus, Wartezeiten an Grenzübergängen) überbrücken zu können. Säuernde Futtermittel sind für Tiertransporte ungeeignet. Wasser muss, wenn es unterwegs nicht in einwandfreier Qualität erhältlich ist, in Tonnen mitgeführt werden. Fleisch- und Fischfresser sind eher in der Lage zu fasten. Bei mehrtägigen Transporten müssen auch sie mit Futter versorgt werden. Wenn eine Kühlung nicht möglich ist, sollte aus Gründen der schnellen Verderblichkeit dieser Futtermittel in den heißen Sommermonaten auf einen längeren Transport von Katzen, Greifen oder Robben verzichtet werden. Kleinere und mittelgroße Carnivoren lassen sich, rechtzeitig daran gewöhnt, auch vorübergehend mit Hunde- oder Katzenfutter in Dosen ernähren. Ist eine Transportbegleitung durch eigenes Personal nicht möglich, müssen die Futterstellen an den Tierkisten besonders gekennzeichnet und den Transportpapieren ausführliche **Fütterungs- und Tränkanweisungen** beigegeben sein. Bei Luftfracht können diese Hinweise direkt an die Tierkiste angeheftet werden. Die Fütterung ist in solchen Fällen so einfach wie möglich zu halten. Frisches Wasser ist allen Tieren ein tägliches Bedürfnis.

Ein eigener Transportbegleiter gewährleistet die kontinuierliche Betreuung der Tiere. Er hat die Übersicht, kann einzelne Tiere individuell versorgen, nötigenfalls die Standorte der Kisten verändern und eventuellen Erkrankungen entgegenwirken. Dies wird oft schon durch intensive Beschäftigung mit dem Tier erreicht, bei Verdauungsstörungen durch Futterwechsel oder Fasten mitunter durch Bewegung. Er kann bei Futtermangel auch mit richtiger Rationsberechnung auf geeignete Ausweichfuttermittel zurückgreifen. Grundsätzlich brauchen Tiere in Kisten weniger Kraftfutter (wenn überhaupt), da ihre Bewegungsfreiheit eingeschränkt ist. Die Fütterung wird mehrmals täglich in kleinen Rationen durchgeführt. Tränkschalen und -pfannen sind in der Kiste ein- oder angebaut, damit die Tiere sie nicht hineinziehen können.

Eine richtige Arbeitseinteilung trägt wesentlich zum Gelingen des Tiertransports bei. Mit der täglichen Reinigung genügt man auch in dieser Situation den hygienischen Anforderungen. Durch die tägliche Kontrolle der Abgänge (Kot und Harn) sind vorbeugende Maßnahmen im Gesundheitsschutz möglich.

10.4.7 Umwelteinflüsse und Stress

Verschiedene Tierarten sind sensibel gegenüber **Temperatureinflüssen**. Grundsätzlich neigen gerade sehr kleine Säuger- (z.B. Insektenfresser, Spitzhörnchen, kleine Primaten) und Vogelarten (z.B. Kolibris) schon aufgrund ihres intensiven Stoffwechsels zur Unterkühlung, aber auch größere tropische Arten (Erdferkel, Schliefer, manche Schleichkatzen, kleine Primaten) sind kälteempfindlich. Hier müssen Transporte bei starken Minusgraden vermieden werden und die Transportbehältnisse mit den Insassen dürfen weder längere Zeit im Freien stehen noch in ungeheizten Fahrzeugen transportiert werden. Besondere Hitzeempfindlichkeit trifft auf Arten polnaher Lebensräume oder kalter Meere zu, deren Metabolismus gerade auf den Schutz vor Wärmeverlusten ausgerichtet ist. Dazu gehören Robben, Eisbären, Elche, Pinguine, Alken und nordische Entenvögel. Hier sollten Transporte nicht an heißen Sommertagen stattfinden bzw. klimatisierte Fahrzeuge benutzt werden. Ein Übersprühen oder -gießen der Tiere bzw. Kisten mit Wasser muss möglich sein, und eine auslaufsichere Wanne unter der Kiste muss verhindern, dass Gießwasser in das Fahrzeug fließt. Unter diesem Aspekt ist es wichtig, dass bei für das Verladen narkotisierten Tieren die Wirkung des eingesetzten Medikaments abgeklungen ist. Unter Narkoseeinfluss kann bei manchen Tierarten die körpereigene Temperaturregulation beeinträchtigt sein. Grundsätzlich sind deshalb Verladungen und Transporte möglichst in den frühen Morgenstunden in Angriff zu nehmen und Tiere in abgeplanten oder geschlossenen Fahrzeugen (Vermeidung von Fahrtwind) zu befördern. Nicht nur bei marinen, sondern auch bei amphibisch lebenden Säugern (Flusspferde, Zwergflusspferde) besteht die Gefahr, dass die Haut bei längeren Transporten austrocknet. Als Hautschutz hilft ebenfalls das Übergießen mit Wasser. Einreiben mit Vaseline oder Einsprühen mit einer Öl-Wasser-Emulsion kann zum Verschluss der Hautporen führen und wird heute deshalb nicht mehr angewandt.

Schließlich reagieren einige Tierarten (z.B. manche Insektenfresser, Marder, Pfeifhasen, manche Beuteltiere, Hirsche und Ducker) sehr empfindlich auf Stress, auch auf Maschinenlärm und Vibrationen. Sie können den Schocktod erleiden, wenn sie solchen Einflüssen längere Zeit ausgesetzt sind.

Unter Stress sind die durch besondere Umweltreize hervorgerufenen physischen und psychischen Reaktionen zu verstehen, die Lebewesen dazu befähigen, Situationen erhöhter Belastung zu bewältigen. In einer Situation wie der Begegnung mit einem Fressfeind erhöhen sich dank der Ausschüttung des Nebennierenrindenhormons Adrenalin Blutdruck, Blutzucker, Muskeltonus, Herz- und Atemfrequenz sowie Aufmerksamkeit und Handlungsbereitschaft und versetzen das Tier in die Lage, dieser Situation durch rasche Flucht oder Kampf zu begegnen. In diesem Zusammenhang ist Stress eine sinnvolle, oft lebensrettende Reaktion. Die Wirkungskette spielt sich vegetativ und unter Einsatz des Stammhirns ab, also gewissermaßen unbewusst. Während die Stressbelastung für ein Wildtier beim eigentlichen Fang meist nur kurz, aber intensiv ist, hält sie beim Transport auf einem mittleren Level mit einigen Spitzen (Verladen auf das Fahrzeug, Anfahr- und Bremsmanöver, Abladen vom Fahrzeug, Auslassen aus der Kiste) über einen längeren Zeitraum an. Die sich unter Stressbedingungen verändernden physiologischen Parameter bleiben längere Zeit auf einem hohen Level und können sich bei empfindlichen Tieren noch Wochen später in Schädigungen oder Zusammenbrüchen manifestieren. Stress belastet auch das Immunsystem, er macht anfällig für Infektionen und verringert die Widerstandskraft gegen Parasiten. Es gilt also, Stress in jeder Phase des Vorgangs zu minimieren.

10.5 Transportformalitäten

10.5.1 Begleitende Dokumente

Zur vorbereitenden Logistik eines Tiertransports gehört die Beschaffung aller notwendigen Begleitpapiere sowie die Durchführung und Dokumentation der vom Empfänger und von den Ländern vorgeschriebenen Zoll-, Veterinär- und sonstigen Schutzmaßnahmen. Alle Länder regeln ihre Ein-, Durch- und Ausfuhrformalitäten durch genau zu beachtende Gesetze. Wie die Papiere im Einzelnen auszusehen haben, bestimmt u.a. die **EWG VO 939/97** und **RL 92/65 EWG** (**BALAI-Direktive**). Folgende Dokumente, die in ihrer Ausführung bestimmten Verordnungen entsprechen müssen, können zur Begleitung eines Tiertransports vorgeschrieben sein.

10.5.1.1 Naturschutzdokumente

Verantwortlich ist die Naturschutzbehörde (lokal: Untere Landschaftsbehörde, national: Bundesministerium für Umwelt, Naturschutz und Reaktorsicherheit).

- **CITES**-Bescheinigung (Convention on International Trade in Endangered Species), bestätigt Herkunft und Identität von Tieren („Pass"), die einer dem WA (Washingtoner Artenschutzübereinkommen) unterliegenden Art angehören; mit diesem Herkunftsnachweis verbunden ist die Kennzeichnungspflicht (Transponder-Mikrochip, Fußring usw.); zur Identifikation müssen diese injiziert/angelegt sein.
- CITES-Einfuhr- und Ausfuhrgenehmigung auf der Grundlage der CITES-Bescheinigung bei Grenzüberschreitungen von/nach außerhalb der EG (gilt nur einmalig)
- **BArtschVo**-Papiere für Tiere, die dem Schutz durch die Bundesartenschutzverordnung unterliegen
- Ausnahmegenehmigungen vom Vermarktungsverbot
- Ursprungszeugnis, kann von einigen Staaten als Handelsdokument verlangt werden und wird von der Industrie- und Handelskammer ausgestellt; im Verkehr mit Staaten, mit denen ein spezielles Handelsabkommen besteht, sind, je nach Wert der Sendung und Empfängerland, EUR1-Dokumente (vom

Zoll ausgestellt) oder EUR2-Dokumente (vom Versender ausgestellt) nötig

10.5.1.2 Veterinärdokumente

Verantwortlich sind das Veterinäramt und Landesministerium des Einfuhrlands.

- **Gesundheitsattest** nach jeweils geltenden Richtlinien, vom zuständigen Amtsveterinär unterschrieben, bestätigt die Transportfähigkeit des Tieres und das Freisein des Tieres wie seines Herkunftsbezirks von meldepflichtigen Krankheiten
- **veterinärbehördliche Einfuhr- bzw. Transitgenehmigung** (z.B. bei Einfuhr von Huf- und Klauentieren aus Drittländern); mit der Genehmigung verbundene Auflagen (Tests, Quarantänemaßnahmen, Impfungen) sind strikt zu befolgen
- besondere **Impfzertifikate** oder Nachweise über **Gesundheitstests**, wenn vom Empfänger oder Importland vorgeschrieben

Amtsstempel und Unterschrift des Amtsveterinärs dürfen nicht in schwarzer Farbe ausgeführt sein (Kopierschutz). Während der Fahrt von der kontrollierenden Grenzstelle zum Empfängerzoo ist ein Umladen in eine andere Transportkiste oder ein anderes Fahrzeug verboten.

10.5.2 Eigentliche Transport- und Zolldokumente

Verantwortlich ist die lokale Zollbehörde, Grenzabfertigung. Da die Zollformalitäten verschiedener Staaten abweichend und sehr komplex sind, ist es sinnvoll, die Hilfe einer Spedition heranzuziehen.

- **AWB** (Frachtbrief), wird vom Frachtführer bzw. Agenten ausgestellt und enthält Angaben über Empfänger, Art und Zahl der Tiere, Kistenmaße, Bruttogewicht und Begleitpapiere
- **Shipper's Certificate**, in dem der Versender unter Angabe der Zahl der Kisten sowie der Zahl und Art der Tiere bestätigt, dass nach den LAR-Vorschriften gepackt wurde, und mit dem er den Frachtführer (z.B. die Fluggesellschaft) aus der Verantwortung für Schäden, soweit sie durch fehlerhaftes Verpacken und Laden oder fehlende oder falsch ausgefüllte Papiere entstehen, entlässt; kann außerdem besondere Hinweise (z.B. auf Trächtigkeit, auf zu gebende oder bereits verabreichte Medikamente, auf Füttern oder Tränken unterwegs, auf Vorkehrungen bei Verzögerungen oder Zwischenfällen) enthalten; muss die Telefonnummer einer rund um die Uhr erreichbaren Kontaktperson bis zum Ende des Transports enthalten
- **Journeyplan** („Fahrtenbuch"), informiert über Start- und Zielort, Route, Fahrtzeiten, Grenzübergänge und wird vom Amtstierarzt auf Plausibilität geprüft
- **Packliste** (vor allem bei Lufttransporten), enthält neben Namen und Anschrift von Versender und Empfänger Angaben über Fluglinie, Flugnummer, AWB-Nummer, Abflug- und Ankunftszeiten, Größe, Zahl und Gewicht der Kisten, Zahl, Geschlecht und Art (wissenschaftliche Bezeichnung) des Tieres
- **Rechnung**, je nach Vorgabe des Empfängers Handels- oder Pro-forma-Rechnung: Handelsrechnung, wenn tatsächlich ein Preis bezahlt wird; Pro-forma-Rechnung, wenn zwar ein Wert (z.B. als Versicherungswert) anzusetzen ist, der aber nicht zur Auszahlung kommt. CITES-Anhang-I/A-Tiere dürfen nicht kommerziell gehandelt werden!
- **Futteranweisung**, gemäß Tierschutztransportverordnung für alle Arten vorgeschrieben, unter Umständen auch Beilegen des entsprechenden Futters (z.B. bei Vogelversand in die USA)
- **Sachkundenachweis** des Fahrers bzw. Tierbegleiters, der nach entsprechendem Lehrgang bzw. Prüfung von der heimatlichen Veterinärbehörde ausgestellt wird
- **Zulassung des Transportfahrzeugs für Tiertransporte**
- **Zoll-/Ausfuhranmeldung**, grundsätzlich sind alle Ausfuhren beim Zoll anzumelden,

wenn der Warenwert 1000,- Euro übersteigt; sie sind jedoch, unabhängig vom Wert der Sendung, für alle **CITES**-Arten vorgeschrieben. In diesem Fall muss eine Ausfuhrerklärung beim zuständigen Zollamt des Versenders vorabgefertigt werden. (Achtung: Nicht alle Zollämter dürfen CITES-Tiere abfertigen.)

Unabdingbar sind bei internationalen Transporten außerdem **Übersetzungen** aller Unterlagen durch einen beglaubigten Übersetzer (unter Umständen nicht nur in Englisch, sondern je nach Zielland auch in Französisch, Spanisch, Russisch oder Arabisch). Welche Bestimmungen zu beachten und welche Dokumente notwendig sind, hängt davon ab,

- welche Tiere transportiert werden (Einstufung der Art/Unterart in den Schutzkategorien des WA),
- aus welchem bzw. in welches Land die Tiere transportiert werden (unterschiedliche Regelung für Verkehr innerhalb der EU und mit außerhalb liegenden sogenannten Drittstaaten; bei Transit auch durch welches Land),
- wie die Tiere befördert werden (Straßen-, Luft-, Seetransport).

Der Umfang und die Komplexität der Aufzählung machen deutlich, dass diesem Thema beim Tiertransport heute grundlegende Bedeutung zugemessen werden muss. Rechtzeitig eingeholte Informationen, welche Dokumente für den vorliegenden Fall notwendig sind, wortgetreue Ausführung der Vorschriften und genaues, vollständiges Ausfüllen der Formulare sind entscheidend für das Gelingen des Tiertransports. Da die Verantwortung für Tiere keinen Spielraum für Experimente zulässt, kann man seine Pfleglinge auch einer auf Tiertransporte spezialisierten Fachfirma anvertrauen, die diese Verantwortung übernimmt.

Im internationalen Verkehr finden auch bei Tiertransporten heute überwiegend Formulare in englischer Sprache Verwendung, die sich einer Fülle von Abkürzungen bedienen. Die häufigsten seien hier in alphabetischer Reihenfolge kurz vorgestellt:

ATA	Animal Transportation Association
AWB	Air Way Bill (Frachtbrief)
BARTSCHVO	Bundesartenschutzverordnung
BIP	Border Inspection Point (Grenzübergang für Tiertransporte)
CITES	Convention on International Trade in Endangered Species of Wild Fauna and Flora (siehe auch WA)
EAZA	European Association of Zoos and Aquaria
IATA	International Air Transport Association
LAR	Live Animals Regulations
OIE	Office International des Epizooties
USDA	United States Department of Agriculture
WA	Washington Agreement in Europe (VO 3626/82), Washingtoner Artenschutzübereinkommen

10.5.3 Sonstige vor- und nachbereitende Maßnahmen eines Transports

Die immer komplexer werdenden Vorgänge hinsichtlich der Formalitäten, der Beschaffung aller Dokumente und der allgemeinen Logistik machen es sinnvoll, für größere Transporte eine **Checkliste** zu erstellen, die alle Angaben zum Tier, zum Versender, zum Empfänger, zu den benötigten Dokumenten, den beteiligten Behörden (Veterinär, Artenschutz, Zoll) und den Transportunternehmen enthält, dazu etwaige Auflagen des Export- wie des Importlandes. Sie muss insbesondere die zeitliche Abfolge der Maßnahmen sowie die Ausstellungs- und Geltungsdauer der Dokumente berücksichtigen. Für die Abarbeitung der Checkliste ist von vornherein die Wahrscheinlichkeit von Verzögerungen und eine sogenannte Deadline für einzelne Maßnahmen einzuplanen – ein zu knapp angesetzter Zeitrahmen ist unrealistisch, zieht eine Kettenreaktion von Ausfällen nach sich und führt letztlich selbst zu Verzögerungen. Mit der stets aktualisierten Checkliste hat man alle Daten auch für Rückfragen oder eine Umdisposition jederzeit zur Hand. Zur Vorbereitung und zur Sicherstellung des reibungslosen, verzögerungsarmen Ablaufs gehören folgende Maßnahmen:

- bei von Externen durchgeführten Transporten rechtzeitige Buchung der Luftlinie oder Spedition, bei Bedarf auch von Verladefahrzeugen, damit die Beförderer in passenden Fahrzeugen den nötigen Raum einplanen können. Schon bei der Buchung müssen Zahl, Maße und Gewicht der Kisten sowie die wissenschaftliche Bezeichnung der Tiere und ihr WA-Status angegeben werden.
- rechtzeitiges Beantragen aller erforderlichen Dokumente, rechtzeitige Durchführung geforderter Gesundheitstests (beachten, dass diese unter Umständen einerseits Bearbeitungszeit in den Labors benötigen, andererseits nur begrenzte Gültigkeit haben)
- Grenzübergänge, die für die Abfertigung der zu transportierenden Tiere zugelassen sind, über den Transport informieren (einschließlich des kontrollierenden Grenzveterinärs), um Wartezeiten zu verkürzen. Nach diesen Grenzübergängen die Route oder den Flughafen festlegen. Nicht jeder Großflughafen ist auch für die Abfertigung von Tieren zugelassen. Transporte über Wochenenden und Feiertage sind zu vermeiden, dabei auch hier Spielraum für Verzögerungen einplanen
- Berücksichtigung besonderer konditioneller Entwicklungen des zu transportierenden Tieres (Trächtigkeit, Wachstum, Geweihabwurf usw.) bis zum tatsächlichen Start
- Benachrichtigung des Empfängers vom Start des Transports, damit dieser seine Entladevorbereitungen treffen kann

Erst wenn diese vorbereitenden Maßnahmen abgearbeitet sind, kann die Durchführung des eigentlichen Transports – Fang, Verladung, Transportfahrt/-flug, Entladung – in Angriff genommen werden. Die Zeitschiene für den eigentlichen Transport (**wahre Transportzeit**) enthält also die Einheiten

- Verladezeit: vom Beginn des Fangs bis zum Beladen der Tierkiste ins Fahrzeug
- Anlieferzeit: vom Absender zur Grenzstelle
- Abfertigungszeit: Grenzabfertigung Export/ Grenzabfertigung Import
- Zustellzeit: von der Grenze bis zum Empfänger,
- Reisedauer: gesamte Reisezeit (inklusive Flug oder Transit durch Drittstaaten)
- Entladezeit: vom Eintreffen des Tieres am Bestimmungsort bis zum Alleingelassenwerden im neuen Stall bzw. Quarantäne

Rechnet man die Dauer der Quarantäne (falls vom Empfängerland vorgeschrieben, auch die, die schon vor der Verladung stattgefunden hat) dazu, sowie eine Eingewöhnungsphase in neue Räumlichkeiten/an neue soziale Verhältnisse, dann erhält man die Zeitspanne, in der sich das Tier in einem „Ausnahmezustand“ befindet.

10.5.3.1 Quarantäne

Aufgrund der zunehmenden Verschärfung des Tierseuchenrechts, auch infolge neu erkannter Tierseuchen, gewinnen **Seuchenprophylaxe** und **Quarantänemaßnahmen** mehr und mehr an Bedeutung. Schon heute können Neuankömmlinge der meisten Tierarten erst nach einer Quarantänephase von vorgeschriebener Dauer in den etablierten Bestand übernommen werden. Die **Richtlinie 92/65/EWG (BALAI-** oder **Besenrichtlinie**) regelt die Bedingungen für die zoologischen Gärten in den Mitgliedsstaaten, die erfüllt werden müssen, um exotische Tiere in die EG zu bringen oder innerhalb der EG zu transferieren. Es muss strengen tierseuchenrechtlichen Anforderungen genügt werden, um die Auflagen als amtlich zugelassene Einrichtung oder Institut zu erfüllen. Dadurch soll ein gleichwertiger Gesundheitsstatus zwischen Absender- und Empfängerzoo gewährleistet werden. Nur in diesem Fall kann von einer Quarantäne abgesehen werden. Erfüllt der Absenderzoo die Bedingungen nicht, ist ein Quarantäneverfahren von mindestens 28 Tagen auch für zugelassene Empfängerzoos vorgeschrieben, selbst dann, wenn die Tiere aus einer Einrichtung innerhalb der Mitgliedsstaaten kommen. Ein den Vorschriften entsprechendes und amtstierärztlich überwachtes Quarantänegebäude ist deshalb für einen zoologischen Garten unverzichtbar. Hier sollten Angehörige der wichtigsten Wirbeltierklassen unterzubringen, vor allem aber auch Unterkünfte für Primaten, Huftiere und Vögel enthalten sein, die besonders im Fokus des Tierseuchenrechts stehen. Großtiere wie Giraffen, Nashörner, Elefanten oder Flusspferde sind hier aufgrund ihrer Kräfte und Dimensionen kaum einzustellen, sondern müssen ihre Quarantänephase schon im eigentlichen Giraffen- oder Nashornhaus verbringen. Wenn man nicht bei jedem Neuzugang jeweils das ganze Tierhaus mit allen vorhandenen Insassen unter Quarantäne stellen und für die Dauer der Maßnahme für das Publikum sperren will, empfiehlt es sich, schon bei der Planung eines Großtierhauses einen völlig separierbaren Tierstall mit eigener Ver- und Entsorgung zu integrieren, der den Quarantäneanforderungen entspricht.

10.5.3.2 Empfang eines Tiertransports

Wenn eine Tiersendung spät abends oder nachts eintrifft, empfiehlt es sich, die Tiere erst am Morgen zu entladen. Das Risiko bei schlechten Lichtverhältnissen und mit ermüdetem Personal ist (abgesehen von höheren Personalkosten) für die Tiere größer, als wenn sie noch einige weitere Stunden – selbstverständlich bei entsprechender Versorgung mit Wasser und Futter, Vögel auch mit ausreichend Licht, und an einem ruhigen, trockenen und temperierten Standort – in der Kiste verbringen. Nur kranke oder erkennbar geschädigte Tiere sollten rasch aus der Kiste geholt werden, damit unverzüglich Hilfsmaßnahmen ergriffen werden können. In der Regel sollte ein Tiertransport aber so zu planen sein, dass er den Empfänger zur normalen Dienstzeit erreicht; dann kann mit der Entladung der Tiere auch gleich nach der Ankunft begonnen werden, denn der Empfänger hat sich auf die Benachrichtigung des Versenders oder Transporteurs von unterwegs hin rechtzeitig vorbereitet:

- Die zum Entladevorgang notwendigen Werkzeuge und Hilfsmittel liegen bereit.
- Für Großtiere stehen Gabelstapler oder Kranwagen bereit (sie müssen unter Umständen termingerecht gemietet werden).
- Es ist ausreichend Personal zum Anpacken vorhanden.
- Ein ruhiger Einzel- bzw. ein Quarantänestall sind vorbereitet, gereinigt, eingestreut und mit Futter und frischem Wasser versehen
- Im Quarantänefall ist eine separate Ver- und Entsorgung organisiert und
- ein spezieller Quarantänebetreuer ist in seine Aufgaben eingewiesen.
- Der zur Entladung notwendige Arbeitsbereich ist für Unbefugte abgesperrt.

Eine Entladung läuft etwa in umgekehrter Reihenfolge ab wie eine Verladung: Jeder Mitarbeiter bekommt vor Beginn seine Aufgabe zugewiesen. Die Tierkiste wird möglichst ohne Schrägstellung vom Fahrzeug gehoben und vor dem offenen Schieber oder Gang, der auf dem kürzesten Weg zum vorgesehenen Stall führt, aufgestellt und arretiert. Wenn jeder seinen Platz eingenommen hat, wird der Kistenschieber geöffnet. In der Regel wird das Tier nicht sofort aus der Kiste herausspringen, die es während des Transports als schützende Hülle vor einer bedrohlichen Außenwelt akzeptiert hat. Es wird zunächst versuchen, die neue Situation mit allen Sinnen zu erfassen und zu bewerten, bevor es sich hinauswagt. Wenn das Tier dann frei im Stall steht, ziehen sich alle Anwesenden außer dem unmittelbar beteiligten Pflegepersonal still zurück, um das Tier zur Ruhe kommen zu lassen. Der Pfleger hat zu kontrollieren, ob und wie viel Futter und Wasser aufgenommen wird und wie sich das Tier weiterhin verhält. Die ersten Kotuntersuchungen geben Aufschluss, ob und wenn ja, welche Erreger oder Endoparasiten das Tier mitgebracht hat. Darüber hinaus ist jede Information über Pflege, Umgang und Gewohnheiten aus dem Herkunftszoo nützlich, um die Eingewöhnung im Empfängerzoo zu erleichtern.

Der Empfänger einer Tiersendung hat seinerseits den Erhalt an den Versender zu melden. Dazu gehört auch, wie die Tiere den Transport überstanden haben, in welchem Zustand sie angekommen sind, ob die Behälter sich bewährt haben usw., da spätere Reklamationen nicht anerkannt werden können. Außerdem muss das Eintreffen des Tiertransports der eigenen Veterinärbehörde gemeldet werden. Der Amtstierarzt überprüft die Quarantäne und gibt die Tiere nach deren Beendigung frei. Die Naturschutzbehörde erhält zusätzlich eine Meldung, wenn es sich um Angehörige geschützter Arten handelt. Dabei müssen die entsprechenden Dokumente, die das Tier begleitet haben, an die jeweiligen Dienststellen weitergeleitet werden. Bevor der Empfänger ein Dokument endgültig aus der Hand gibt, sollte er sich sicherheitshalber eine Kopie für die eigenen Unterlagen machen, wenn für ihn keine Durchschrift beigefügt war. Wenn es sich um eine Tiereinstellung handelt, ist zwischen Empfänger und Versender spätestens jetzt ein Einstellungsvertrag abzuschließen.

10.5.3.3 Die Eingewöhnung

Das Auslassen aus der Transportkiste und die folgenden Vorgänge sind für ein Wildtier ähnlich dramatisch und stressreich wie der Transport selbst. Eine Quarantäne bedeutet eine weitere räumliche Beschränkung, oft kein Außengehege, keine sozialen Kontakte, schon aus Hygienegründen kaum mehr als die allernotwendigste Einrichtung, stattdessen intensive Überwachung, fremde Pfleger, Geräusche und Gerüche, unter Umständen medizinische Tests, Behandlungen, Medikamentengabe; schließlich ein erneuter Fang und ein (wenn auch kurzer) Transport in die eigentliche Haltung. Dort wird das Tier abermals mit einer neuen Umgebung, Gerüchen und Geräuschen, fremden Gehegepartnern, Pflegern, Futter und Wasser konfrontiert, oft auf der niedrigsten Hierarchiestufe unter neuen Artgenossen. Man kann dem Tier die Eingewöhnung erleichtern, wenn man in dieser Phase vermeidbare zusätzliche Stressfaktoren – Lärm, Hast, Unruhe, unmittelbaren Besucher- oder Medienandrang – von ihm fernhält. Außerdem gelten hier, je nach Tierart, „zehn Gebote“:

- Ein neu einzugewöhnendes Tier bzw. eine Tiergruppe wird zunächst für einige Tage allein in einen Innenstall gesetzt. Diesen Raum soll es als ersten kennen- und als sein **„Heim erster Ordnung“** akzeptieren lernen, dann wird es ihn auch später stets freiwillig aufsuchen. Ein Tier, das gleich ins Außengehege gelassen wird, ist später nur unter Schwierigkeiten daran zu gewöhnen, den dann aus seiner Perspektive engen, dunklen und einschränkenden Raum zu betreten. Außerdem lässt es sich für den Anfang so besser beobachten und in Notfällen leichter eingreifen. Selbstverständlich muss das Tier besonders in dieser Phase dort genügend Futter, Wasser und Ruhe vorfinden.
- **Futterverweigerung** in der Eingewöhnungszeit kommt nicht selten vor. Hilfreich ist die gewohnte Futtermischung, die entweder vom Absender mitgeschickt oder genau nach dessen Futteranweisung zubereitet wurde. Eine schrittweise Futterumstellung kann zu einem späteren Zeitpunkt erfolgreicher sein. Jegliche weitere Information aus dem Herkunftszoo – Krankengeschichte, Behandlungen, Vertrautheit mit Artgenossen oder anderen Arten – kann bei der Eingewöhnung nur nützlich sein.
- Bei hoch entwickelten Arten wie Menschenaffen oder Elefanten wird der Prozess der Anpassung erleichtert, wenn der vertraute Pfleger als **Bezugsperson** vorübergehend

den Transport und die erste Zeit beim Empfänger begleitet. Umgekehrt kann in diesen Fällen der künftige Betreuer schon beim Absender hospitieren, um den Pflegling kennenzulernen und sein Vertrauen zu gewinnen. Idealerweise arbeiten beide über den gesamten Zeitraum Hand in Hand.

- Vor dem eigentlichen Zusammenlassen eines Neulings mit Artgenossen oder Gehegepartnern ist es empfehlenswert, sie zunächst nur geschützten Kontakt durch den Zaun oder einen Gitterschieber (**„Schmusegitter“**) aufnehmen zu lassen. Die Tiere können sich schrittweise ohne Verletzungsgefahr kennenlernen und das dabei gezeigte Verhalten lässt den Grad des Aneinandergewöhnens erkennen. So lässt sich der geeignete Zeitpunkt, an dem die Tiere tatsächlich zusammengelassen werden, besser bestimmen.
- Bevor ein Tier neu in ein Gehege kommt, wird dieses Gehege sorgfältig untersucht: Alle Einrichtungsgegenstände müssen stabil und funktionstüchtig sein, Schieber, Türen und deren Schlösser und Sicherungen einwandfrei arbeiten; nirgends dürfen Fremdkörper herumliegen oder vom Tier vom Untergrund gelöst werden können; nirgends dürfen Gitterabstände, Maschenweiten oder Abstände zwischen Bauteilen ein Durchschlüpfen ermöglichen. Gehegebegrenzungen und -einrichtungen müssen nicht nur ausbruchssicher, sondern auch für das Tier erkennbar sein; dazu müssen unter Umständen Wasserstände in Becken abgesenkt, Fenster vorübergehend mit Kalkanstrich versehen oder vergittert und Zäune mit Stoffbahnen oder „Flatterbändern“ kenntlich gemacht werden.
- Der Pflanzenwuchs in und an Außengehegen darf keine **Giftpflanzen** (Nachtschattengewächse, Goldregen, Fingerhut, Eibe oder Rhododendron usw.) enthalten. Bei einer Abgrenzung durch Wassergräben sollte man darauf vorbereitet sein, den Neuling eventuell aus dem Wasser holen zu müssen.
- Bei vielen Tierarten ist es wichtig, den Neuling auch das Außengehege zunächst in Ruhe allein erkunden zu lassen. Er lernt die Gehegedimensionen, die Absperrungen und die Rückzugsmöglichkeiten kennen, ohne von anderen Gehegepartnern bedrängt zu werden, und kann sich besser orientieren.
- Darüber hinaus ist es häufig angezeigt, den Neuling mit Gehegepartnern nacheinander zusammenzuführen (besonders bei **Gemeinschaftsanlagen**), beginnend mit dem ausgeglichensten und friedlichsten Individuum bzw. der friedlichsten Tiergruppe. Die beiden können sich besser auf die Kontaktaufnahme konzentrieren und es gibt bereits eine erste Bindung, wenn weitere Tiere hinzukommen. Eine solche Maßnahme wird außerdem früh am Morgen begonnen (und nicht gerade an einem besucherreichen Wochenende!), um zeitlich möglichst viel Handlungsfreiheit bei negativem Verlauf zu haben. Es muss je nach Art die Möglichkeit einer raschen Trennung (freies Vor-, Nachbargehege oder -stall, Pfleger am Schieber, griffbereite Hilfsmittel usw.) gegeben sein für den Fall, dass die Integration misslingt.
- Es kann notwendig sein, bekannt aggressive oder aufdringliche Mitbewohner vor der Integration eines Neulings medikamentös leicht ruhigzustellen, um die Spannung aus dieser Situation zu nehmen.
- Das Zusammenführen von Geschlechtspartnern wird – besonders bei solitär lebenden Arten – wesentlich erleichtert, wenn das weibliche Tier sich in Hitze befindet. Das Männchen reagiert darauf im Allgemeinen positiv (werbend) und das Weibchen ist eher bereit, seine Nähe zuzulassen. Außerdem ist es sinnvoll, diese Zusammenführung im Gehege des unterlegenen Partners (meist des Weibchens) vorzunehmen, wo es sich nicht nur besser auskennt, sondern auch das „Hausrecht“ hat. Für die wenigen Tierarten, bei denen die Weibchen zur Fortpflanzung aktiv die Männchenterritorien aufsuchen, trifft dies eher nicht zu.
- Trotzdem ist die Integration eines Neulings stets über einen längeren Zeitraum von mehreren erfahrenen Tierpflegern zu beobachten,

die beurteilen können, ob und wann der Zeitpunkt für ein eventuell notwendiges Eingreifen gekommen ist. Oft ist es nötig, zusätzlich den Tierarzt dabei oder in Alarmbereitschaft zu haben. Auch bei positivem Verlauf sollte der Neuling in der Anfangszeit spätestens zum Dienstschluss des Personals wieder in seinem Stall separiert werden, damit es nicht nachts ohne Aufsicht zu Unfällen oder Auseinandersetzungen kommen kann.

Die Betreuung und Versorgung von Tieren in der Eingewöhnung ist anspruchsvoll und erfordert erfahrene, ruhige Mitarbeiter mit Beobachtungsgabe und Fingerspitzengefühl. Erst mit der erfolgreichen Beendigung der Eingewöhnungsphase ist eine Tierübersiedlung abgeschlossen.

Bei den in der Tiergärtnerei unvermeidlichen Tiertransporten geht man also keineswegs leichtfertig mit den wertvollen Pfleglingen um. Alle Fang- und Transportmethoden, die umfangreichen Maßnahmen der Transportvor- und -nachbereitung, die Eingewöhnung sowie die den Transport begleitenden Dokumente haben zum Ziel, Tiere wohlbehalten ankommen zu lassen, die Identität des Tieres sicherzustellen, Risiken für Mensch und Tier soweit wie möglich auszuschalten und einen hohen Sicherheitsstandard zu gewährleisten. Sachgemäße Planung und sichere, rasche Durchführung von Tierfang und -transport sind damit aber nicht nur ein Beitrag zur Unfallverhütung, sondern insbesondere ein unverzichtbarer Beitrag zum Tier- und Artenschutz. Außerdem finden Zootiertransporte heute meist im Rahmen eines Netzwerks aus zoologischen Gärten, Artenschutz-, Veterinär- und Zollbehörden (bei Grenzübertritten) sowie Transportunternehmen und Fluggesellschaften statt. Sie alle sind Partner bei dieser wesentlichen Aufgabe im Tier-, Natur- und Artenschutz. Bei mehr als 600 Millionen Zoobesuchern im Jahr weltweit stehen diese Partner zusätzlich im Blickpunkt einer kritischen Öffentlichkeit und tragen damit große Verantwortung für das Ansehen der Tiergärtnerei. Für erfolgreiche Tiertransporte sind eine gute, vertrauensvolle Zusammenarbeit aller Beteiligten sowie eine frühzeitige, intensive Kommunikation wesentliche Voraussetzung dafür, Verzögerungsgründe oder „Stolpersteine“ rechtzeitig auszumerzen.

11

Gesetzliche Grundlagen der Tierhaltung

Thomas Kauffels, Siegfried Orban, Matthias Triphaus, Ulrich Schürer, Irina von Maravić & Klaus Wünnemann

11.1 Tierschutz

Siegfried Orban, Matthias Triphaus & Klaus Wünnemann

11.1.1 Stellung des Tierschutzes

Der Schutz der Tiere nimmt einen immer höheren Stellenwert in unserer Gesellschaft ein. Wer Tiere quält oder vernachlässigt, kann nicht auf die stillschweigende Duldung seiner Mitmenschen hoffen. Verstöße gegen das Tierschutzgesetz werden von der Gesellschaft nicht als „Kavaliersdelikte" toleriert. Seine Position in Gesetzen und Vorschriften erfährt der Tierschutz als Reaktion auf diese gesellschaftliche Stellung. Seit dem 31.07.2002 ist er im deutschen Grundgesetz als Staatsziel in Artikel 20a verankert: „Der Staat schützt auch in Verantwortung für die künftigen Generationen die natürlichen Lebensgrundlagen und die Tiere im Rahmen der verfassungsmäßigen Ordnung durch die Gesetzgebung und nach Maßgabe von Gesetz und Recht durch die vollziehende Gewalt und die Rechtsprechung."

Damit hat der Tierschutz eine wesentliche Aufwertung erfahren und steht in der Abwägung nicht mehr hinter den anderen im Grundgesetz verankerten Rechten, z. B. dem Recht auf freie Religionsausübung, zurück. Durch die im Tierschutzgesetz und den nachfolgenden Verordnungen festgelegten Grundlagen für das Wohlergehen von Tieren sind die Voraussetzungen gegeben, eine tiergerechte Haltung einzufordern. Gleichwohl besteht die Gefahr, dass eine emotional aufgeladene Diskussion durch eine Vermenschlichung der Tiere genau das Gegenteil bewirkt.

Der Tierschutz stellt in erster Linie das **Einzeltier** ins Zentrum seiner Betrachtungsweise und will es vor Schmerzen, Leiden und Schäden schützen. Auch in einer Tiergruppe werden stets Individuen betrachtet. Im Gegensatz dazu geht es beim Artenschutz nicht um das Wohl eines Individuums, sondern den Erhalt einer Art oder Population, was gegebenenfalls zu einem Konflikt zwischen Tier- und Artenschutz führen kann.

11.1.2 Tierschutztheorie

Die pathozentrische Tierschutztheorie stellt die Verhütung von Schmerzen und Leiden der Tiere in den Vordergrund. Die Fähigkeit des Tieres, zu leiden und Schmerz zu empfinden, ist die Basis dieser Tierschutztheorie, die auch als ethischer Tierschutz bezeichnet – das Tier als Mitgeschöpf schützen will. Der anthropozentrische Tierschutz stellt die moralische Verantwortung des Menschen für seine Mitgeschöpfe in den Vordergrund. Er hat seine historische Basis in Theorien über die Auswirkung des Umgangs mit Tieren auf den menschlichen Charakter. Man befürchtet, dass Menschen, die Tiere quälen, sittlich verrohen und zu Gewalt gegenüber Mitmenschen bereit werden. Diese Überlegungen waren die Grundlage der ersten Tierschutzgesetze in England im Jahr 1822.

Für den Schutz von Tieren gibt es drei Motivationskonzepte:

- emotionaler Tierschutz
- wissenschaftlicher Tierschutz
- rechtlicher Tierschutz

Der **emotionale Tierschutz** leitet sich aus dem Mitempfinden, der Empathie, für die Kreatur her. Dem emotionalen Tierschutz nahestehende Menschen können zur Vermenschlichung des Tieres neigen. Aus dieser Vermenschlichung resultiert bisweilen eine totale Ablehnung der Haltung von Wildtieren in menschlicher Obhut. Die menschlichen Assoziationen beschränkter Bewegungsfreiheit, von Zäunen und verschlossenen Türen mit der Strafjustiz, werden auf den Zoo übertragen und Zootiere werden als Gefängnisinsassen gesehen. Auch die Haltung von Tieren hinter symbolischen Grenzen, die das Zootier als Besitzer eines Territoriums ausweisen, vermag dieses emotional verankerte Bild nur selten zu erschüttern.

Weitere typische Fehleinschätzungen des emotionalen Tierschutzes liegen in der oft wiederholten Forderung, in Zoos nur noch einheimische Tiere zu halten, weil diese eher artgerecht zu halten wären als Exoten. Dabei wird außer Acht gelassen, dass Tiergärtnerei nicht die Imitation, sondern die funktionelle Substitution der für das Tier relevanten Ökofaktoren seines Lebensraums in Menschenobhut darstellt. Die relevanten Ökofaktoren einer afrikanischen Baumsavanne lassen sich in einem mitteleuropäischen Zoo ebenso gut oder besser substituieren wie die eines europäischen Sumpfwaldes. Die Einzäunung eines Ausschnitts des natürlichen Lebensraums eines Tieres ist nicht ausreichend, um ein Gehege zu erstellen, das den Bedürfnissen des Tieres gerecht wird. Dass die Anpassung an ein spezielles Biotop das Empfinden eines Tieres beeinflusst, erläutert Hediger in seinem Konzept des Psychotops. Ein aus dem Regenwald stammendes Tier, das sich nur in einem dicht strukturierten Lebensraum wohlfühlt und nicht in einer offenen Landschaft, akzeptiert ein entsprechend mit europäischen Pflanzen gestaltetes Gehege besser als Ersatzlebensraum als ein Gehege in der offenen Savanne seines Heimatkontinents.

Aus der Empathie mit dem Tier und einer extremen Vermenschlichung des Tieres resultiert bei einigen Gruppen die Forderung einer Stellung des Tieres parallel zu der des Menschen. Diese als Tierrechtler zusammenzufassenden Gruppierungen fordern mit den Menschenrechten vergleichbare „Tierrechte“. Sie lehnen zoologische Gärten kategorisch ab. Sie begründen dies oft mit der fehlenden Möglichkeit des Wildtieres, im Zoo sein Leben „selbst zu bestimmen“.

Der **wissenschaftliche Tierschutz** bei der Haltung von Wildtieren hat seine Wurzeln in den Anfängen der Tiergartenbiologie, die weiter zurückreichen als deren Begründung als Wissenschaft durch Hediger. In die Nutz- und Heimtierhaltung wurde er vor ca. 50 Jahren eingeführt. Die umfangreichen Forschungsarbeiten von Universitäten und zoologischen Gärten in den Disziplinen Ethologie, Veterinärmedizin, Tierernährung und Tierzucht haben zu einer Ausweitung der Erkenntnisse geführt, wie Wildtiere in Menschenhand optimal gepflegt werden können. Dabei ist das Wohlbefinden der Tiere in den letzten Jahren mehr in den Vordergrund getreten. Als wesentlicher Faktor für das Wohlbefinden wird die Möglichkeit des Tieres, zwischen verschiedenen Handlungsoptionen zu wählen, gesehen. Mit der Erfahrung der Wahlmöglichkeit werden störende Umweltfaktoren differenziert wahrgenommen. Ein Tier, das wählen kann, wann es trinkt (Selbsttränke), ob es in der Sonne oder im Schatten liegt, ob es sich nah oder fern einer potenziellen Störung aufhält, erfährt die eigene Kontrolle relevanter Umweltfaktoren. Dies steigert das momentane Wohlbefinden des Tieres und beeinflusst bei lernfähigen Tieren die zukünftigen Reaktionen auf Stressoren positiv.

Der **rechtliche Tierschutz** bearbeitet die Frage, welche menschlichen Handlungsweisen den Tieren Schmerzen, Leiden oder Schäden zufügen und wie diese durch rechtliche Regelungen unterbunden werden können. Er ist damit Teil des prophylaktischen Tierschutzes. Er beinhaltet aber auch die Verfolgung und Bestrafung von Verstößen gegen die gesetzlichen Regelungen zum Tierschutz und wirkt über die Abschreckung der ausgesprochenen Strafen ebenfalls vorbeugend.

Je nachdem, ob Tierschutz zuwiderlaufende Handlungen verhindert oder ihre Folgen gemildert werden, unterscheiden wir auch zwischen **prophylaktischem** und **karitativem Tierschutz**. Zoologische Gärten sind in beiden Bereichen tätig. Durch Forschung über die bestmögliche Haltung von Wildtieren und Aufklärung der Besucher über Tierschutzprobleme sind sie prophylaktisch, durch die Aufnahme verletzter wild lebender Tiere und aufgrund unsachgemäßer oder tierquälerischer Haltung beschlagnahmter Wildtiere sind sie karitativ tätig.

Die Kontroverse zwischen einigen Tierschutzorganisationen und zoologischen Gärten verstellt den Blick auf die praktizierte Kooperation sowohl bei der Verbesserung der Haltung von Wildtieren als auch bei der Aufklärung der Bevölkerung über Tierschutzprobleme bei Wildtieren, z.B. grausame Methoden der Wilderei und Fischfang mit kilometerlangen Stellnetzen. Das Potenzial einer Zusammenarbeit von Tierschutzorganisationen und Zoos ist in weiten Bereichen noch ungenutzt.

11.1.3 Gesetzliche Regelungen

11.1.3.1 Das Tierschutzrecht in Österreich

In Österreich gilt seit dem 01.01.2005 ein bundeseinheitliches Tierschutzgesetz. Ziel des Gesetzes ist der Schutz des Lebens und des Wohlbefindens von Tieren, aus der besonderen Verantwortung des Menschen für das Tier als Mitgeschöpf. Das Gesetz verbietet, einem Tier ungerechtfertigt Leiden, Schmerzen und Schäden zuzufügen oder es in große Angst zu versetzen.

Das Halten von Wildtieren ist grundsätzlich anzeigepflichtig. Zoos bedürfen einer Bewilligung – näher geregelt in der Zoo-Verordnung – die die Richtlinie 1999/22 EG über die Haltung von Wildtieren im Zoo umsetzt. Die 2. Tierhaltungsverordnung vom 17.12.2004 konkretisiert die Anforderungen an die Haltung von solchen Wirbeltieren – die nicht in der 1. Tierhaltungsverordnung vom 17.12.2004 erfasst sind – sowie von Wildtieren. Darüber hinaus benennt die 2. Verordnung 23 Wildtierfamilien, die nur von Zoos gehalten werden dürfen. Tierartspezifische Mindestanforderungen an die Haltung von Säugetieren, Vögeln, Reptilien, Amphibien und Fischen enthalten die Anlagen zur 2. Verordnung.

Durch das österreichische Tierschutzgesetz wird erstmals im deutschsprachigen Raum die Haltung bestimmter Wildtiere in Zirkusbetrieben verboten. Als Begründung werden die hohen Anforderungen an die Haltung und Pflege, die von Zirkussen auch bei bestem Willen nicht erfüllt werden können, angeführt.

11.1.3.2 Das Tierschutzrecht in der Schweiz

Das Schweizer Tierschutzgesetz vom 16.12.2005 ist ein Rahmengesetz. Ethischer Leitgedanke des Gesetzgebers ist der Schutz der Würde und des Wohlergehens der Tiere. Würde ist der Eigenwert des Tieres, der im Umgang mit diesem geachtet werden muss. Missachtet wird die Würde, wenn eine Belastung des Tieres nicht durch überwiegende Interessen gerechtfertigt werden kann. Eine Belastung liegt u.a. vor, wenn dem Tier insbesondere Schmerzen, Leiden oder Schäden zugefügt werden, es in Angst versetzt oder erniedrigt wird. Den Bedürfnissen der Tiere ist in bestmöglicher Weise Rechnung zu tragen. Das Gesetz gewährt dem Tier kein grundsätzliches Recht auf Leben. Tiere dürfen jedoch nicht mutwillig oder auf tierquälerische Art getötet werden.

Die Tiere sind gemäß der vom Bundesrat erlassenen Tierschutzverordnung vom 23.04.2008 so zu halten, dass ihre Körperfunktionen und ihr Verhalten nicht gestört werden und ihre Anpassungsfähigkeit nicht überfordert wird. Die Verordnung enthält allgemeine Anforderungen an die Fütterung, Pflege und Unterkunft, die den Bedürfnissen der Tiere entsprechen müssen. Ebenso werden konkrete Mindestanforderungen für das Halten von Haustieren und Wildtieren (Säugetiere, Vögel, Reptilien und Amphibien) formuliert.

Entsprechend dem Tierschutzgesetz bedarf das gewerbsmäßige Halten von Wildtieren und die Privathaltung bestimmter Wildtiere einer kantonalen Bewilligung.

11.1.3.3 Das Tierschutzrecht in Deutschland

Das Tierschutzgesetz in der Neufassung vom 18.05.2006 ist ein vom Bundesgesetzgeber verabschiedetes Rahmengesetz, für dessen Durchführung die Länder mit den dort benannten Veterinärbehörden – und im Fall der Einfuhr von Tieren auch die Zollbehörde – verantwortlich sind.

Die Tierschutzvorschrift gilt für alle in menschlicher Obhut gehaltenen Tiere, also auch für Tiere wild lebender Arten. Geschützt wird jedes lebende Tier ohne Unterscheidung nach Lebensalter, Geschlecht und Entwicklungsstadium.

Nach dem Grundsatz des Tierschutzgesetzes ist aus der Verantwortung des Menschen für das Tier als Mitgeschöpf dessen Leben und Wohlbefinden zu schützen. Niemand darf einem Tier ohne vernünftigen Grund Schmerzen, Leiden oder Schäden zufügen.

Mit diesem Grundsatz – **§1 Tierschutzgesetz** – wird das ausdrückliche Bekenntnis des Gesetzgebers zum ethischen Tierschutz formuliert. Danach hat der Mensch eine besondere Verpflichtung gegenüber den seiner Obhut anheim gestellten Tieren. Es ist jedoch nicht angestrebt, Tieren jegliche Beeinträchtigung ihres Wohlbefindens bedingungslos zu ersparen.

11.1.4 Begriffsbestimmung

Unter **Wohlbefinden** wird ein Zustand physischer und psychischer Harmonie des Tieres mit sich und mit der Umwelt verstanden. Typische Anzeichen für Wohlbefinden sind Gesundheit sowie die Erfüllung sozialer und ethologischer Bedürfnisse und ein breites Verhaltensspektrum. Für die tierschutzfachliche Beurteilung von Wohlbefinden wird generell das Konzept zur Bedarfsdeckung und Schadensvermeidung zugrunde gelegt. Dieses wird auch mit den fünf Freiheiten der Tiere beschrieben:

1. **Freiheit von Hunger, Durst und Fehlernährung:** Die Tiere haben freien Zugang zur frischem Wasser und erhalten Nahrung, die ihre vollständige Gesundheit und Vitalität aufrechterhalten.
2. **Freiheit von Unbehagen:** Den Tieren wird ein geeignetes Umfeld inkl. Unterstand, Heizung oder Kühlung und angenehmer Ruhezone gewährt.
3. **Freiheit von Schmutz, Verletzung und Krankheit:** Krankheiten und Verletzungen der Tiere werden durch tiermedizinische Betreuung möglichst verhindert bzw. schnell diagnostiziert und behandelt.
4. **Freiheit von Angst und Leiden:** Den Tieren werden ausreichend Platz sowie die Gesellschaft mit Artgenossen (sofern sie keine Einzelgänger sind) gewährt.
5. **Freiheit zum Ausleben normalen Verhaltens:** Die Tiere leben unter Bedingungen, die psychisches Leiden vermeiden.

Schmerzen sind unangenehme Sinnes- und Gefühlserlebnisse, die im Zusammenhang mit tatsächlicher oder potenzieller Gewebeschädigung stehen. Charakteristisch für das Auslösen von Schmerzen sind unmittelbare – mechanische, chemische, thermische oder elektrische – Einwirkungen auf das Tier.

Das Schmerzempfinden wird vornehmlich durch Reizung spezieller Rezeptoren, den Nociceptoren (freie Nervenendigungen) ausgelöst. Die Reize werden zum zentralen Nervensystem (ZNS) weitergeleitet und von dort erfolgt die Auslösung zielgerichteter Handlungen zur Schmerzbeseitigung.

Zur Feststellung der Schmerzempfindung können folgende Kriterien herangezogen werden: 1. Anatomische und physiologische Ähnlichkeit bei Schmerzaufnahme, -weiterleitung und -verarbeitung mit dem Menschen; 2. Meidung von Reizen, die schmerzauslösend sind; 3. feststellbare Wirksamkeit schmerzhemmender Substanzen. Unter Berücksichtigung dieser Kriterien ist bei Säugetieren eine Schmerzempfindung, wie der Mensch sie kennt, ohne Weiteres anzunehmen. Dasselbe gilt für Vögel, Amphibien und Reptilien, für die ein hohes Maß an Schmerzempfindung anerkannt ist. Auch bei Fischen, Kopffüßern und Zehnfußkrebsen sind die für die Schmerzverbreitung verantwortlichen Botenstoffe (Neurotransmitter) nachgewiesen worden. Die Schmerzreize werden dabei in funktionell zum Neocortex der Säugetiere analogen Gehirnarealen verarbeitet.

Leiden ist ein eigenständiger Begriff des Tierschutzrechts. Leiden sind alle vom Begriff des Schmerzes nicht erfassten Beeinträchtigungen im Wohlbefinden, die über ein Unbehagen hinausgehen und eine nicht unwesentliche Zeitspanne andauern. Vornehmlich handelt es sich hierbei um Einwirkungen und Beeinträchtigungen des Wohlbefindens, die der Wesensart des Tieres zuwiderlaufen, seinen angeborenen Verhaltensmöglichkeiten nicht entsprechen und vom Tier gegenüber seinem Selbst- oder Arterhaltungstrieb als lebensfeindlich empfunden werden.

Leiden ist als psychische Empfindung nicht direkt messbar. Anzeichen für Leiden sind beispielsweise Zittern, häufiges Absetzen von Kot und Urin, weit geöffnete Augen, geöffnetes Maul, Gewichtsabnahme, ungewöhnliche Vokalisation (Angstschrei) bis hin zu Verhaltensanomalien wie Stereotypien, verstärkte Aggression, Apathie, fehlende Fellpflege oder gestörtes Sozialverhalten. Faktoren, die ein Leiden induzieren können, sind beispielsweise Mängel in der Futter- und Tränkeversorgung, in der Tierpflege und Gesundheitskontrolle, Haltung in zu kleinen Gehegen oder Gehegen mit mangelhafter oder fehlender Strukturierung, Fehlen von Separierungsmöglichkeiten, Haltung in unverträglichen Gruppen und Einzelhaltung von in Sozialverbänden lebenden Tieren.

Als **Schaden** wird jede Beeinträchtigung der physischen oder psychischen Unversehrtheit betrachtet. Eine Dauerwirkung ist nicht erforderlich. Geringfügige Beeinträchtigungen bleiben unberücksichtigt. Beispiele für Schäden sind: Abmagerung, Übergewicht, Verletzungen, Amputation, Störung der Bewegungsfähigkeit, Gleichgewichtsstörung, Unfruchtbarkeit, Gesundheitsschäden. Letztlich wird der Tod zumindest in Deutschland als größtmöglicher Schaden angesehen.

Der Begriff **vernünftiger Grund** ist im Tierschutzgesetz ein unbestimmter Rechtsbegriff. Seine Verwendung kann damit begründet werden, dass es eine Vielzahl denkbarer Situationen gibt, in denen einem Tier Schmerzen, Leiden oder Schäden zugefügt werden, ohne dass eine konkrete Definition des Begriffs möglich ist.

Inwieweit ein vernünftiger Grund im Sinne des Gesetzes als Rechtfertigungsgrund gegeben sein kann, Tieren Schmerzen, Leiden oder Schäden zuzufügen, bedarf im Einzelfall einer sorgfältigen und pflichtgemäßen Abwägung unter Berücksichtigung der Notwendigkeit, Geeignetheit und Angemessenheit einer zu treffenden Maßnahme. Diese muss gerichtlich nachprüfbar sein. Beispiele für zugelassene vernünftige Gründe einer Tiertötung sind Fleischgewinnung, Tötungen im Rahmen der rechtlich vorgeschriebenen Tierseuchenbekämpfung oder zum Schutz des Menschen vor einer Gefahr, die von einem Tier ausgeht.

11.1.5 Pflichten des Tierhalters

Die generellen Pflichten der Personen, die Tiere halten oder betreuen, sind aus **§2 Tierschutzgesetz** abzuleiten. Dazu zählen die art- und bedürfnisgerechte, angemessene Ernährung und Pflege sowie die verhaltensgerechte Unterbringung. Des Weiteren darf die Möglichkeit des Tieres zur artgemäßen Bewegung nicht so eingeschränkt werden, dass dem Tier Schmerzen oder vermeidbare Leiden oder Schäden zugefügt werden. Ebenso muss der Tierhalter oder Betreuer die notwendige Sachkunde über die angemessene Ernährung, Pflege und verhaltensgerechte Unterbringung der ihm anvertrauten

Tierart besitzen. Als Tierhalter oder Tierbetreuer gelten Personen, z.B. Leiter eines Zoos oder Tierpfleger, die direkte oder mittelbare Einwirkungsmöglichkeiten auf das Tier haben. Die Eigentumsverhältnisse bleiben davon unberührt. Die Pflichten des Tierhalters erstrecken sich auf Tiere in Schaugehegen, nicht öffentlich zugänglichen Haltungen und Zuchtanlagen sowie auf die Haltung von Futtertieren gleichermaßen.

Spezielle Verordnungen mit Mindestanforderungen an die Haltung von Tieren wild lebender Arten hat der Verordnungsgeber nicht erlassen. Stattdessen sind im Auftrag des Bundesministeriums für Ernährung und Landwirtschaft (BMEL) durch Sachverständigengruppen Gutachten und Leitlinien dazu erarbeitet worden, die im Abschnitt „Rechtsvorschriften" aufgeführt sind.

Bezüglich der rechtlichen Bindungswirkung der Gutachten/Leitlinien ist anzumerken, dass es sich hierbei weder um Gesetze noch um Rechtsverordnungen handelt. Die Gutachten und Leitlinien lassen eine Auslegung des §2 Tierschutzgesetz (Anforderungen an die Haltungsbedingungen) auf der Grundlage des jeweiligen neuesten Wissensstands zu und werden fortgeschrieben. Es handelt sich um antizipierte Sachverständigengutachten. Diese werden jeweils durch Fachgremien – bestehend aus Vertretern der Tierhaltung, der Wissenschaft, der Tierschutzorganisationen und Fachverwaltung – erstellt und überarbeitet.

Die BMEL-Gutachten/Leitlinien sollen dem Tierhalter als Orientierung über die tierschutzrechtlichen Mindestanforderungen dienen. Für die Veterinärbehörden sind sie Grundlage für eine einheitliche Beurteilung der Haltungsbedingungen von Wildtieren und sollen für Rechtssicherheit sorgen. Bei der Anwendung der Gutachten/Leitlinien besteht jedoch ein Beurteilungsspielraum. Durch Ordnungsverfügungen können die Anforderungen aus den Gutachten rechtlich bindend werden.

Neben den BMEL-Gutachten/Leitlinien zur Beurteilung von Wildtierhaltungen finden in verschiedenen Bundesländern zusätzliche Gutachten Anwendung, die teilweise aufgrund obergerichtlicher Entscheidung vorgegeben sind. Für den Tierhalter ist es daher ratsam, sich vor Beginn von Gehegeum- oder -neubauten beim zuständigen Veterinäramt über die anzuwendenden tierschutzrechtlichen Vorschriften zu informieren.

Seit einiger Zeit werden viele der Gutachten/Leitlinien des BMEL nach aktuellen wissenschaftlichen Erkenntnissen auf Aktualität überprüft. So ist nach mehrjähriger intensiver Diskussion unter den Sachverständigen am 07.05.2014 das im Auftrag des BMEL überarbeitete Gutachten über Mindestanforderungen an die Haltung von Säugetieren veröffentlicht worden. Der Anwendungsbereich dieses Gutachtens umfasst grundsätzlich die Haltung von Säugetieren wild lebender Arten und bestimmter domestizierter Formen, besonders in Zoos, Tiergehegen – einschließlich nutztierartiger Haltung von Wild –, Tierhandlungen, Zirkusbetrieben und privaten Haushalten. In das Gutachten ist ein Kernkapitel mit allgemeinen und tiermedizinischen Anforderungen neu aufgenommen worden. Es beinhaltet u.a. grundsätzliche Anforderungen an die Gehegegröße, Komforteinrichtungen, Rückzugs- und Abtrennmöglichkeiten, Badegelegenheiten, Klima, Ernährung, Sozialstruktur, Vergesellschaftung, Lebensraumbereicherung (Enrichment), Pflege und tiermedizinische Betreuung sowie Tierbestandsmanagement. Konkretisiert werden diese Anforderungen in den Kapiteln für die Haltung einzelner Tierarten. Weitere Gutachten des BMEL existieren für Papageien, Kleinvögel, Greifvögel und Eulen, Straußenvögel, Zierfische sowie Wild in Gehegen. Ein Teil dieser Gutachten befindet sich in Überarbeitung oder wurde gerade fertiggestellt. Für Zoos, in die eingeführte Elefanten verbracht werden sollen, gelten darüber hinaus die vom Bundesamt für Naturschutz herausgegebenen „Neuen Haltungsrichtlinien für Elefanten" vom 24.10.2000.

Werden in einem zoologischen Garten oder einer anderen Einrichtung, z.B. Tierpark und Wildgehege, Tiere gehalten und öffentlich zur Schau gestellt, unterliegt diese Tierhaltung einem Erlaubnisvorbehalt nach **§ 11 Tierschutzgesetz**.

Ansprechpartner für eine Erlaubniserteilung sind die jeweiligen Veterinärämter der Landkreise, kreisfreien Städte bzw. die Amtstierärztinnen/-ärzte. Die Erlaubnis ist gebunden an einen Sachkundenachweis, das Vorhandensein der erforderlichen Räume und Einrichtungen, die eine tiergerechte Ernährung, Pflege und Unterbringung gewährleisten, und an die Zuverlässigkeit der für die Haltung der Tiere verantwortlichen Person. Die Prüfung der Zuverlässigkeit erfolgt anhand der vorzulegenden Auszüge aus dem Gewerbezentralregister bzw. eines polizeilichen Führungszeugnisses.

Nach § 11 Tierschutzgesetz darf eine Erlaubnis in der Regel erst erteilt werden, wenn alle Voraussetzungen erfüllt sind. Gegebenenfalls kann eine Erlaubnis mit Auflagen und Nebenbestimmungen versehen werden, die in einer bestimmten Frist erfüllt werden müssen. Mit der Tätigkeit darf erst nach Erteilung der Erlaubnis begonnen werden. Der Erlaubnisbehörde bleibt hier kein Ermessensspielraum.

In der erteilten Erlaubnis werden die Arten oder Gattungen sowie die Höchsttierzahl erfasst, die gehalten und zur Schau gestellt werden dürfen, sowie die beantragten und beschriebenen Räume der Tierhaltung benannt. Zukünftige Abweichungen könnten eine neue Erlaubnispflicht begründen.

Soweit es zum Schutz der Tiere erforderlich ist, kann die Erlaubnis unter Befristungen und mit Nebenbestimmungen erteilt werden, z.B. Kennzeichnungspflicht von Tieren, Führen eines Tierbestandsbuches oder Untersagung der Fortpflanzung.

Je nach Landesrecht kann die §11-Tierschutzerlaubnis für das Zurschaustellen durch die örtliche Veterinärbehörde erteilt werden, oder die Erlaubnisinhalte werden in einer artenschutzrechtlichen Genehmigung bzw. Erlaubnis des zuständigen Fachamts (Umweltamt/Untere Naturschutzbehörde) nach §42 Bundesnaturschutzgesetz aufgenommen. Je nach Landeszuständigkeit kann es das Umweltamt sein (z.B. in Nordrhein-Westfalen) oder die Untere Naturschutzbehörde (z.B. in Niedersachsen oder Baden-Württemberg). Zoos unterliegen nach dem Tierschutzgesetz der amtlichen Überwachung durch das zuständige Veterinäramt.

11.1.5.1 Bau und Einrichtung von Tiergehegen

Tiergehege in zoologischen Gärten müssen den Bedürfnissen der Tiere, den Interessen der Besucher und den Erfordernissen der Tierpflege gerecht werden. Weitere Faktoren wie finanzielle Überlegungen, Denkmalschutz, lokale Gegebenheiten etc. kommen im Einzelfall hinzu. Für den Bau oder Umbau eines Geheges ist es hilfreich, alle Faktoren, insbesondere aber die Bedürfnisse der Tiere vorher zu klären. Wesentliche Grundlagen hierzu sind in den Gutachten zur Mindestanforderungen an die Haltung der verschiedenen Tiergruppen des BMEL genannt. Auch die Erfordernisse der Tierpflege sind relevant für den Tierschutz. Werden diese vernachlässigt, hat das beim Betrieb des Geheges oft unmittelbare Auswirkungen auf das Wohlbefinden der Tiere. Ein Gehege, das sich schlecht reinigen lässt, wird in der Praxis schlecht gereinigt. Futterplätze, die sehr schwer zu erreichen sind, werden nicht regelmäßig bestückt etc.

Es mangelt leider immer noch an einem Handbuch für tierschutzgerechtes Bauen im Zoo. Wichtige Prinzipien sind in Hedigers „Mensch und Tier im Zoo“ niedergeschrieben worden. Einige oft nicht ausreichend berücksichtigte Kriterien sind: Es muss darauf geachtet werden, dass einem möglichst natürlichen Eindruck des Geheges für die Besucher nicht wichtige Qualitäten der Tierhaltung ersatzlos geopfert werden. So stellt das Deckengitter eines Affengeheges eine gute Möglichkeit dar, Futter (Gemüse) mehrmals am Tag darauf zu verstreuen und so die Tiere zu beschäftigen und zum Klettern zu veranlassen. Wird aus gestalterischen Gesichtspunkten auf ein Deckengitter verzichtet, sollten andere Möglichkeiten der Beschäftigung durch Futter eingeplant werden. Nur wenn sehr große Flächen zur Verfügung stehen, ist es sinnvoll, Freianlagen für kletternde und weit springende Tierarten zu bauen. Die zur Absicherung notwendigen Entfernungen der Kletterbäume von der Gehegegrenze reduzieren den effektiv zur Verfügung stehenden Platz erheblich.

Viele Gehegeplanungen schließen besondere Ereignisse der Tierhaltung nicht ein. Während an Wurfboxen meistens gedacht wird, mangelt es oft an Räumen für Tiere, die vorübergehend von der Gruppe separiert werden müssen. Einrichtungen zur Zusammengewöhnung von Tieren sind ebenso einzuplanen. Auch die Haltung in Bereichen, die nicht für Besucher zugängig sind, ist zu berücksichtigen. Dies betrifft Haltungen zur Zucht oder zum Nachbesetzen der Schaugehege, aber auch für die Unterbringung während der Nacht. Bei Letzterem sind die natürlichen Verhaltensweisen der Tiere zu berücksichtigen, ob die Tiere z.B. nachts schlafen (viele Primaten) oder nachts Futter aufnehmen (Giraffen). Die Gehege sollen so gestaltet sein, dass sie möglichst in Gänze auch in den Nachtstunden genutzt werden werden können. Ferner soll möglichst keine Verletzungsgefahr für die Tiere bestehen. Die Gehege sollen im Grundriss keine spitzen Winkel oder Sackgassen aufweisen. Vorrichtungen, die den Fang von Tieren für eine Behandlung oder einen Transport erleichtern, helfen Verletzungen beim Fang zu vermeiden. Transportkisten müssen ohne Probleme an der richtigen Stelle angesetzt werden können und die Raumhöhe muss ausreichen, um den Schieber nach oben zu öffnen. Auch der Abtransport von gestorbenen Tieren aus dem Gehege ist vor allem bei großwüchsigen Arten (Giraffen, Elefanten, Nashörner, Flusspferden, Zahnwalen) zu bedenken.

Jedes Gehege muss den darin gehaltenen Tieren Lebensbedingungen entsprechend ihrer Bedürfnisse auch in Hinsicht auf Temperatur, Licht (Tageslichtlänge) und Belüftung bieten. Ein Gehege muss den dort lebenden Tieren bei allen lokal auftretenden Wetterlagen (z.B. Schnee, Vereisung) ein guter und sicherer Ersatzlebensraum sein. Ein Tier, das aus seinem Gehege entweicht, befindet sich in einer ihm fremden Umgebung. Das Einfangen stellt zumindest ein Verletzungsrisiko dar. Das Tier kann z.B. in ein anderes Gehege gelangen – eventuell mit tödlichen Folgen. Es ist außerhalb des Geheges vor Beutegreifern (Füchsen etc.) nicht sicher. Die Gehegebegrenzungen müssen für die Tiere erkennbar und so gebaut sein, dass Unfälle vermieden werden.

Stärker noch als die baulichen Voraussetzungen beeinflusst die Struktur des Geheges das Wohlbefinden der Tiere. Für eine sach- und verhaltensgerechte Einrichtung ist umfangreiches Wissen über die gehaltene Tierart erforderlich. Die tierartspezifischen Anforderungen an die Gehegestruktur wie Futterplätze, Tränken, Schlaf- und Ruheplätze, Grab-, Sandbad-, Kratz- und Scheuermöglichkeiten, Schwimm- und Bademöglichkeiten, Nistplätze und Aussichtspunkte sind zu berücksichtigen. Während der Gehegebau nur in Ausnahmefällen auf die individuellen Bedürfnisse der Tiere eingehen kann, müssen diese bei der Einrichtung berücksichtigt werden. Ein flugunfähiger Vogel benötigt eine speziell eingerichtete Voliere. Ein Jungtier kann sich in Spalten festklemmen, die bei erwachsenen Artgenossen unproblematisch sind. Die Einrichtung eines Geheges kann auch kurzzeitige Anforderungen an eine spezielle Einrichtung erfüllen. Eine dichtere Bepflanzung, um Individuen beim Zusammengewöhnen mehr Rückzugsmöglichkeiten zu geben, mehr Verstecke bei frisch eingewöhnten Tieren, nur für kleinere Tiere passierbare Barrieren bei sozialen Spannungen in der Gruppe sind nur einige Beispiele.

Es sollte darauf geachtet werden, dass der verfügbare Raum durch die Einrichtung tatsächlich ausgenutzt wird. Ein großer Luftraum in einer Voliere für schwere Greifvögel befriedigt das Auge des Besuchers, ohne Anflugmöglichkeiten ist er für die Vögel weitgehend nutzlos. Viele Nagetiere überqueren nur ungern freie Flächen, eine reiche Untergliederung des Gehegebodens mit Stämmen, Mauern etc. erhöht den nutzbaren Raum.

Die Gemeinschaftshaltung mehrerer Tierarten im selben Gehege kann das Leben der gehaltenen Tiere bereichern. Beim Bau eines Gemeinschaftsgeheges sind die Bedürfnisse aller gehaltenen Tieren zu berücksichtigen. In der sich einstellenden biologischen Rangordnung sind die unterlegenen Arten und Individuen besonders auf ausreichende Rückzugsmöglichkeiten und ungestörte Plätze zur Futteraufnahme angewiesen.

11.1.5.2 Tierpflege

Die Pflege bestimmt weitgehend das Wohlbefinden der Tiere. Gut ausgebildete, engagierte und verantwortungsbewusste Tierpfleger sind für den Betrieb eines Zoos unentbehrlich. Der Grundsatz „Wissen schützt Tiere" gilt in besonderem Maße für die Pflege von Wildtieren, deren Anpassungsfähigkeit an eine Haltung nicht durch gezielte Zuchtwahl beeinflusst wurde, wie dies bei Haus- und Nutztieren der Fall ist.

Alle Tätigkeiten der Tierpflege haben eine Bedeutung für das Wohlbefinden des Tieres und sind damit tierschutzrelevant. Die morgendliche Kontrolle ihm anvertrauter Pflegebereiche gehört zu den ersten Pflichten des Tierpflegers. Die Säuberung von Ställen, Aquarien, Volieren etc. nach Gesichtspunkten der Hygiene führt zu einer Verminderung potenziell krankheitsauslösender Viren, Bakterien und anderer Krankheitserreger in der Umgebung des Tieres. In dem begrenzten Raum eines Haltungssystems können sich bei mangelnder Hygiene Keime explosionsartig vermehren und die Immunabwehr überlasten. Darüber hinaus sind verschmutzte Gehegebereiche für einige Tierarten nur eingeschränkt nutzbar. So legen sich katzenartige Raubtiere nicht gerne auf eine Liegefläche, die mit Kot oder Urin beschmutzt ist. Die regelmäßige Säuberung und Wartung von Aquarienfiltern ist lebenswichtig für Fische und aquatische Wirbellose.

Die Fütterung aller Tiere entsprechend ihren ernährungsphysiologischen Besonderheiten hilft Krankheiten zu vermeiden und sie in optimaler Kondition und einem hervorragenden Immunstatus zu halten. Dazu ist bei der Vielzahl in zoologischen Gärten gehaltener Tierarten ein erhebliches Spezialwissen erforderlich. Um ein hohes Niveau der Fütterung in allen Situationen des betrieblichen Ablaufs in einem Zoo sicherzustellen, z.B. bei Wechsel von Tierpflegern und Kuratoren, haben sich schriftlich dokumentierte Futterpläne bewährt. Zur Fütterung gehören u.a. die richtige Futterzusammensetzung, Kontrolle der eingesetzten Futtermittel, Futterlagerung, -vorbereitung, -verarbeitung und -darreichung, Kontrolle der Futteraufnahme und Beseitigung der Futterreste, inklusive Reinigung der Futtergeschirre hinzu. Nur wenn alle Maßnahmen reibungslos ablaufen, ist eine optimale Fütterung gewährleistet. Auch die Fütterung muss auf die individuellen Bedürfnisse des Einzeltieres oder die spezielle Situation in einer Tiergruppe eingehen. Für kranke Tiere muss eventuell eine leichter aufnehmbare Form des Futters gewählt werden, bei sozialen Spannungen im Gehege, die innerartlich, aber auch zwischen den Arten, z.B. in einer Gemeinschaftsvoliere zur Brutzeit, auftreten können, muss das Futter eventuell an mehreren und/oder anderen Stellen angeboten werden, damit auch unterlegene Individuen oder Arten einen Zugang zur gesamten Futterpalette erhalten. Insbesondere die Kontrolle der Futteraufnahme gibt zusammen mit der der Stoffwechselendprodukte (Kot, Harn) einen Einblick in die Gesundheit der Tiere. Zu beachten ist u.a., dass sich Einzeltiere aus einer ausgewogen zusammengestellten Futterration nicht immer wieder die gleichen Futterbestandteile heraussuchen und alle Futterinhaltsstoffe in der vorgesehenen Menge aufnehmen. Neben der Befriedigung der artspezifischen und individuellen ernährungsphysiologischen Bedürfnisse sollte die Futteraufnahme für die gehaltenen Tiere auch einen „Unterhaltungswert" haben. Viele Tiere nehmen frisch geschnittene belaubte Zweige etc. als Futter gerne an. Diese können ein exzellentes Futter sein, wenn nur garantiert ungiftige Pflanzenteile verfüttert werden. Damit keine Vergiftungen durch wohlmeinende Gartenarbeiter, Besucher, Tierpfleger etc. vorkommen können, sollten Giftpflanzen im

Zoo nicht angepflanzt werden. Zur Fütterung gehört auch das Angebot von qualitativ einwandfreiem Wasser. Die artspezifischen Möglichkeiten zur Wasseraufnahme sind hierbei zu berücksichtigen; bei der Tränke, aber auch bei wasserhaltigem Futter, vor allem im Winter auch die Temperatur. Zu kaltes Wasser und vor allem gefrorenes Futter können zu schweren Schäden im Verdauungstrakt führen. Auch das andere Ende der Temperaturskala ist bei der Wahl des Futterplatzes wichtig. Viele Futtermittel verderben in der Sonne oder unter der Wärmelampe besonders schnell. Die Futterverluste durch ungebetene Gäste (Mäuse, Ratten, aber auch Wildvögel etc.) so gering wie möglich zu halten, ist nicht nur ein Gebot der Wirtschaftlichkeit. Nager und Wildvögel schleppen Krankheiten ein und vereiteln die korrekte Einschätzung der Futteraufnahme. Aus diesem Grund ist auch die Fütterung der Zootiere durch Besucher differenziert zu betrachten. Die Fütterung von mitgebrachten Speiseresten und Altbrot gehört inzwischen weitgehend der Vergangenheit an und ist strikt abzulehnen, da neben den nachfolgend geschilderten Faktoren auch die Qualität und Eignung des Futters nicht kontrolliert werden können. Einige zoologische Gärten nutzen den Wunsch der Besucher, mit den Tieren Kontakt aufzunehmen und ihnen Gutes zu tun, indem sie an die Besucher Tierfutter verkaufen. Die Fütterung der Tiere durch Zoobesucher erfolgt nicht nach wissenschaftlichen Gesichtspunkten. Zoobesucher füttern in der Tendenz zu viel, an die falschen Tiere, am falschen Ort. Die Fütterung nimmt weder auf den Ernährungszustand eines Tieres noch auf die Sozialordnung einer Gruppe Rücksicht oder verursacht die Verschmutzung des Geheges durch Futterreste. Insbesondere in Tüten abgepacktes Tierfutter wird von Besuchern im ganzen Zoo verteilt, auch an Tierarten, die diese Futtermittel nicht verdauen können. Die übermäßige Teilnahme an der Besucherfütterung reduziert die Aufnahme der Futtermittel, die der Tierpfleger gibt, und kann zu einer unausgewogenen Ernährung oder der unzureichenden Aufnahme von mit dem Futter verabreichten Medikamenten und Zusatzstoffen führen. Diese negativen Effekte müssen weitgehend eliminiert werden, damit der positive Effekt einer über den Tag verteilten Fütterung zu einer positiven Gesamteinschätzung führt. Die direkte Gabe des Futters durch Tierpfleger hat dagegen überwiegend positive Aspekte. Aus der Sicht des Tierschutzes ist die Attraktivität einer Schaufütterung bedeutungslos. Sie führt jedoch zu einer individuell genau gesteuerten Futteraufnahme, die auch die Verabreichung von Medikamenten erleichtert. Die Attraktivität für Besucher kann durch den Tierpfleger oder einen Kommentator zur Übermittlung von Botschaften mit Tierschutz- und Naturschutzaspekten an die Besucher genutzt werden.

Direkte Pflegemaßnahmen am Tier spielen bei der Haltung von Wildtieren eine untergeordnete Rolle. Die Haut- und Fellpflege wird von manchen Tierarten als positiv empfunden. Sie ist als Bereicherung des Zooalltags zu begrüßen, wenn sie nicht störend in die Sozialordnung einer Tiergruppe eingreift. Durch regelmäßiges Bürsten oder Duschen entsteht ein Vertrauensverhältnis zwischen Tier und Pfleger, das sich vor allem in besonderen Situationen bewährt. Es kann beim Verladen und Transport von Tieren den Stress wesentlich reduzieren und ermöglicht veterinärmedizinische Untersuchungen und Behandlungen ohne Narkose oder das Tier belastende Zwangsmaßnahmen. Ähnlich verhält es sich mit gezielten Trainingsmaßnahmen: Die in vielen Zoos durchgeführten Übungen, vor allem bei Robben, Delfinen und Elefanten, dienen nicht nur der Unterhaltung und Bildung der Besucher, sondern üben auch Abläufe ein, die die Belastung der Tiere durch tierärztliche Untersuchungen und Eingriffe sowie bei Transporten verringern. Die erleichtern auch Gewichtskontrollen und Gesundheitschecks, z.B. der Zähne. Gutes Training vermittelt Tieren das Erleben der Kontrolle über die Situation und fördert das Wohlbefinden in der Nähe des Tierpflegers. Tricks, die durch unphysiologische Belastungen dem Tier schaden

(Kopfstand von Elefanten etc.) sind aus dem Programm der Tiervorführungen in zoologischen Gärten ebenso verschwunden wie vermenschlichende Elemente (Schimpansenteestunde etc.). Als Medical Training (s. a. Kapitel 5) wird das Training für veterinärmedizinische Handlungen am Tier bezeichnet. Dies kann bis zu Blutentnahmen und Ultraschalluntersuchungen gehen und erspart den Tieren den Stress von Zwangsmaßnahmen und Narkosen. Medical Training wird mittlerweile bei sehr vielen Tierarten eingesetzt. Das Training erfolgt in der Regel durch das Mittel der positiven Verstärkung. Das Tier wird belohnt, wenn es das Gewünschte tut, unerwünschte Handlungen werden nicht bestraft. Training und Vorführung stellen für viele Tiere einen positiven Höhepunkt des Zooalltags dar.

In den letzten Jahren nimmt die Beschäftigung der Zootiere, die als Behavioral Enrichment (Verhaltensanreicherung) oder Environmental Enrichment (Umweltanreicherung) bezeichnet werden, als essentielle Maßnahme zum Wohlbefinden der Tiere einen immer breiteren Platz in der Literatur über Zootierhaltung ein (s. a. Kapitel 5). Eine ausreichende Schulung in diesem Bereich ist für alle Tierhalter/-betreuer erforderlich. Zugrunde liegt die Erkenntnis, dass sich die Tagesabläufe von Zoo- und Wildtieren stark unterscheiden. Die meisten Vögel und Säugetiere sind in ihren natürlichen Habitaten den größten Teil des Tages mit der Suche nach und der Aufnahme von Nahrung beschäftigt. Die dafür benötigte Zeit ist in den meisten Zoolebensräumen deutlich geringer. Zootiere „verschwenden" mehr Zeit und Energie im Spiel als wild lebende Artgenossen. Der erheblich weniger an die Sicherstellung der Existenz gebundene Tagesablauf kann zu Schäden und zu ritualisierten Leerlaufhandlungen (Stereotypien) führen. Verfettung, Konditionsverlust, verminderte oder übersteigerte Fellpflege etc. können die Folge sein. Diesen unerwünschten Begleiterscheinungen des gesicherten Lebens unter menschlicher Obhut kann durch die Beschäftigung der Zootiere begegnet werden. Viele Beschäftigungsprogramme bewirken, dass die Zeit, die für Nahrungserwerb, Reviermarkierung und andere im Zoo normalerweise wenig zeitraubende Verhaltensbereiche aufgewendet wird, erhöht wird. Futter wird versteckt, kleinteilig verstreut, so verpackt oder platziert, dass es schwierig zu erlangen ist – dies spiegelt die Herausforderungen der Nahrungssuche in der Natur wider. Geruchliche Stimulanz durch Kot fremder Artgenossen, anderer Tierarten und durch Gewürze regen zum vermehrten Markieren an. Harzige Nadelholzzweige erfüllen dabei eine doppelte Funktion. Großkatzen wälzen sich in den duftenden Zweigen und benötigen danach lange Zeit, um das Fell von dem klebrigen Harz zu reinigen. Mit diesen und ähnlichen Methoden kann auch die für die Fell- oder Gefiederpflege aufgewendete Zeit erhöht werden. Behavioral Enrichment wie auch das sogenannte Medical Training können bei Säugetieren, Vögeln und sehr vielen poikilothermen (wechselwarmen) Tieren erfolgreich eingesetzt werden.

Durch das Angebot von Spielobjekten können Tiere zum Spielen veranlasst werden. Die Möglichkeiten sind vielfältig. Sie sollten aus der Kenntnis des Verhaltens des Tieres im Freiland entwickelt werden. Das beste Beschäftigungsprogramm für Tierarten mit einer intensiven Brutpflege ist die Aufzucht von Nachwuchs. Der Ablauf von Werbung, Paarung, Trächtigkeit oder Brutzeit, Geburt, Jungenaufzucht bis zur Entwöhnung bereichert das Leben der Zootiere über einen langen Zeitraum und auf natürliche Weise.

Zur Tierpflege gehört auch die Bekämpfung von Schadnagern, Insekten etc. Dies erfordert im Zoo besondere Aufmerksamkeit, da die Gefahr besteht, dass Zootiere falsch ausgebrachtes Gift und vergiftete Schädlinge aufnehmen. Für die Schädlingsbekämpfung gilt eine Reihe von fachbezogenen und gesetzlichen Vorschriften. Es ist notwendig, einen Fachmann hinzuzuziehen und die mit der Schädlingsbekämpfung betrauten Mitarbeiter fortzubilden.

Die Bekämpfung der Schädlinge muss so durchgeführt werden, dass den Schädlingen unnötige Schmerzen und Leiden erspart werden. Dies gilt auch für die Bekämpfung von Schaden auslösenden Wildtieren wie Füchsen oder Mardern. Zu den oft nicht unmittelbar mit dem Wohl der Tiere in Verbindung gebrachten Pflichten eines Tierpflegers gehört die Pflege und Wartung der technischen Ausstattung der Tiergehege. Türen, Schieber, Hängezeuge, Kescher etc., die nicht täglich gebraucht werden, entgehen oft der Aufmerksamkeit von Tierpflegern, Inspektoren und Zooleitung. Sind sie im Bedarfsfall, der oft ein Notfall ist, nicht funktionsfähig, kann dies fatale Folgen haben.

11.1.6 Eingriffe am Tier

11.1.6.1 Tiertransport

Tiertransporte stellen für die Tiere eine besondere Situation dar. Hier ist das Potential, Leiden, Schmerzen und Schäden auszulösen, besonders groß. Deshalb sind Tiertransporte sehr sorgfältig zu planen und tierschutzgerecht durchzuführen. Rechtlich sind hier insbesondere die Anforderungen aus der Verordnung (EG) Nr. 1/2005 zu beachten. Zur Methodik siehe Kapitel 10

11.1.6.2 Betäuben von Tieren

An einem Wirbeltier darf nach **§ 5 Tierschutzgesetz** ein mit Schmerz verbundener Eingriff nicht ohne Betäubung vorgenommen werden. Die Betäubung endothermer Tiere sowie von Amphibien und Reptilien ist von einem Tierarzt durchzuführen.

Für eine Betäubung mittels medikamentöser Distanzimmobilisierung von Schalenwild kann vom Veterinäramt eine Ausnahmegenehmigung für andere Personen erteilt werden, sofern ein berechtigter Grund dafür nachgewiesen wird. Ein solcher kann das Betreiben eines Tiergeheges zur landwirtschaftlichen Wildhaltung sein, oder dass der betreuende Tierarzt nicht über die waffenrechtlichen Voraussetzungen verfügt. Die für die Immobilisation berechtigte Person muss eine ausreichende Sachkunde über tierphysiologische Abläufe im Zusammenhang mit der Immobilisation nachweisen. In Seminaren zur Immobilisation von Wild-, Zoo- und Haustieren – z.B. angeboten vom Deutschen Wildgehegeverband – kann diese Sachkunde erworben werden.

Die zur Immobilisation einzusetzenden Präparate sind verschreibungspflichtig. Die Vorschriften der Verordnung (EU) 2019/6 des Europäischen Parlaments und des Rates vom 11. Dezember 2018 über Tierarzneimittel und zur Aufhebung der Richtlinie 2001/82/EG und das **Tierarzneimittelrecht** über den Bezug und die Anwendung dieser Arzneimittel unter tierärztlicher Aufsicht müssen eingehalten werden. Neu ist, dass Tierarzneimittel zur Immobilisation nun auch im Therapienotstnd unter bestimmten Regeln aus Drittstaaten bezogen werden können. Verstöße gegen diese Vorschriften sind im Tierarzneimittelgesetz geregelt und strafbewehrt.

Zu berücksichtigen ist weiterhin, dass Teleinjektionsgeräte und Projektile für die Distanzimmobilisation – mit Ausnahme des Blasrohrs – als Schusswaffen gelten, deren Anwendung erlaubnispflichtig nach dem **Waffengesetz** ist.

11.1.6.3 Amputation

Das vollständige oder teilweise Amputieren von Körperteilen oder das vollständige Entnehmen oder Zerstören von Organen oder Geweben eines Wirbeltieres ist nach **§ 6 Tierschutzgesetz** verboten.

Diese Verbote unterstreichen das erklärte Ziel des Tierschutzgesetzes, wonach das Leben und Wohlbefinden der Tiere zu schützen ist. Auch für die Haltung im Zoo gilt, dass die Haltungsbedingungen jeweils an den Grundbedürfnissen der Tiere auszurichten sind. Ein Anpassen der Tiere an die Haltungsbedingungen, z.B. durch Amputation, ist daher grundsätzlich verboten. Ausnahmen von diesem Verbot sind u.a. dann erlaubt, wenn im Einzelfall eine tierärztliche Indikation für einen Eingriff vorliegt. Die Amputation ist grundsätzlich durch einen Tierarzt vorzunehmen.

In der Haltung von Wildtieren hat vor allem das Flugunfähigmachen von Vögeln eine hohe Relevanz. Zurzeit wird in Deutschland intensiv diskutiert, ob alle Methoden der Flugunfähigmachung – auch das Beschneiden der Schwungfedern – als Amputation zu werten sind. Nicht geklärt ist auch, ob die flugunfähige Haltung von Vögeln, z.B. von Wassergeflügel auf großflächigen Teichanlagen, gegenüber einer flugfähigen Haltung in einer Voliere eine mehr oder weniger tiergerechte Haltung darstellt. Hierzu sind belastbare Forschungsergebnisse dringend erforderlich. In jedem Fall sind die Haltungsbedingungen für flugunfähig gemachte Vögel zu optimieren, insbesondere der Schutz vor Fressfeinden.

Für die überwiegende Anzahl flugfähiger Vogelarten ist das Fliegen ein essentieller Teil ihres arteigenen Verhaltens. Die vollständige oder weitgehende Verhinderung des Fliegens unter Haltungsbedingungen ist bei solchen Vögeln tierschutzwidrig. Bei einigen wenigen Arten (ca. 2,15 % aller flugfähigen Arten) kann allerdings diskutiert werden, ob ein Flugunfähigmachen der Tiere für eine tiergerechte Haltung förderlich ist und dann eventuell sogar zu einem höheren Maß an Wohlbefinden beitragen kann.

11.1.6.4 Töten von Tieren

Das Töten eines Tieres gehört zu den emotional am stärksten belastenden Aufgaben, mit denen Mitarbeiter im Zoo betraut sein können. Da die meisten Zoomitarbeiter diesen Arbeitsplatz aus Tierliebe gewählt haben, fällt es ihnen schwer, dem Leben eines Tieres ein Ende zu setzen oder eine diesbezügliche Entscheidung zu treffen oder mitzutragen.

Voraussetzung für das legale Töten eines Tieres ist stets das Vorliegen eines „vernünftigen Grundes“. Dieser ist im Einzelfall nach sorgfältiger Güter- und Pflichtabwägung ausführlich zu begründen und muss gerichtlich nachprüfbar sein. Es empfiehlt sich, die Gründe für die Tötung eines Tieres schriftlich zu dokumentieren, z.B. in den Aufzeichnungen des Tierpflegereviers, des Zootierarztes oder der Tierkartei des Zoos. Die Aufzeichnung sollte von einem Mitglied der wissenschaftlichen Leitung des Zoos (Kurator, Zootierarzt, wissenschaftlicher Direktor) vorgenommen oder zumindest abgezeichnet werden. Es hat sich bewährt, eine Entscheidung zur Tötung eines Tieres in einer beratenden Tierschutzkommission zu erörtern und abzustimmen. Diese Kommission sollte mindestens aus einem Vertreter der betreuenden Tierpfleger, dem Kurator und dem Zootierarzt bestehen. Die Einbeziehung des Amtstierarztes ist sinnvoll. Dabei können die Entscheidungen Einzelfälle betreffen oder auch für sich wiederholende Ereignisse (Futtertierhaltung) getroffen werden. Zu beachten ist, dass mit Freiheitsstrafe von bis zu 3 Jahren oder mit Geldstrafe bestraft wird, wer ein Wirbeltier ohne vernünftigen Grund tötet (§17 Tierschutzgesetz).

Als Rechtfertigungsgründe für eine Tötung von Tieren im Zoo können nach Prüfung gelten:

- Töten von überalterten, unheilbar kranken, leidenden Tieren aus Tierschutzgründen nach tierärztlicher Beurteilung
- Töten aufgrund tierärztlicher Indikation (z.B. Seuchenbekämpfungsmaßnahmen)
- Töten von Tieren zu Futterzwecken (Töten von Wildtieren mit Kugelschuss/Schlachtung von Tieren)
- Töten von Tieren aus Gründen des Selbstschutzes bei Lebensgefahr

Für jede Tötung gilt, dass sie mit derjenigen Methode durchgeführt werden muss, die mit den geringsten Leiden für das Tier verbunden ist. Das gilt ebenso für verunglückte Wildtiere, Futtertiere und zu bekämpfende Schädlinge wie für die eigentlichen Zootiere. Infrage kommen das Töten mit Betäubungsmitteln, das sachgerechte Betäuben und Töten zur Verfütterung, dass Töten mittels Schusswaffe im Gefahrfall. Bei höheren Wirbeltieren ist eine Betäubung mit nachfolgender Überdosierung eines Betäubungsmittels vom Tierarzt durchzuführen.

Wildtiere verbergen oft Krankheitsanzeichen, selbst wenn bereits schwerste Schmerzen vorliegen. Dies sollte vor allem bei der Entscheidung, ob ein älteres Tier euthanasiert wird, beachtet werden. Insbesondere Bewegungsdefizite weisen darauf hin, dass die nicht mehr ausgeführten Bewegungen schmerzhaft sind. Bei Tieren, die ihre natürliche Lebenserwartung nahezu erfüllt haben, ist regelmäßig zu prüfen, ob Schmerzen oder Leiden vorliegen, die die Tötung gebieten. Ein besonderes Problem ist die Verfütterung von lebenden Tieren, z.B. von Fischen an Fischotter, von Mäusen an Giftschlangen und Greifvögel oder von Kaninchen an Luchse. Hierbei ist im Einzelfall im Rahmen der Verhältnismäßigkeit zu prüfen, ob die Maßnahme geeignet, notwendig und angemessen ist. So kann beispielsweise die Gabe von lebenden Futtertieren im Rahmen der Auswilderungsvorbereitung unter bestimmten definierten Bedingungen toleriert werden, wenn dadurch die Tiere ihre Beutefangtechnik trainieren können, um später im natürlichen Lebensraum überleben zu können.

Zur tierschutzfachlichen und rechtlichen Klärung der Frage, ob ein vernünftiger Grund im Sinne des Tierschutzgesetzes vorliegt, wonach eine Verwendung von lebenden Futtertieren zulässig ist, sollte vorab der Amtstierarzt hinzugezogen werden.

Nach **§ 4 Tierschutzgesetz** darf ein Wirbeltier nur unter Betäubung oder, wenn es sonst nach den gegebenen Umständen zumutbar ist, nur unter Vermeidung von Schmerzen getötet werden. Personen dürfen Wirbeltiere nur dann töten, wenn sie die dazu notwendigen Kenntnisse und Fähigkeiten (Sachkunde) besitzen. Ein Nachweis der Sachkunde wird von der Personengruppe gefordert, die berufs- oder gewerbsmäßig regelmäßig Tiere betäubt und tötet. Näheres dazu regelt die **Tierschutzschlachtverordnung** (TierSchlV). Sie enthält die Anforderungen an den Sachkundenachweis, das Ruhigstellen von Tieren sowie die für die einzelnen Tierarten zugelassenen Betäubungs- und Tötungsverfahren. Beim Töten von Tieren unter Anwendung des Kugelschusses muss darüber hinaus eine waffenrechtliche Erlaubnis vorliegen.

Im Zuge der Entwicklung der Tierbestände in zoologischen Gärten tritt das Problem auf, dass für Einzeltiere keine akzeptable Haltung mehr gewährleistet werden kann. So wird es z.B. durch Unverträglichkeiten in einer Gruppe nötig, ein Tier abzutrennen. Ist dieses Tier nachweislich trotz aller Bemühungen nicht in eine andere Gruppe zu integrieren und zu vermitteln, ist eine schmerzlose Tötung einer langjährigen isolierten Haltung unter Bedingungen, die nicht tiergerecht sind, vorzuziehen. Insbesondere die Abgabe solcher Tiere an Halter, die nicht über die notwendigen Gehege und die notwendige Qualifikation zur Haltung der Tierart verfügen, schafft Leiden für das Tier. Zur Sorgfaltspflicht des Tiergärtners gehört es, solche Situationen nicht leichtfertig herbeizuführen.

In den letzten Jahren wurde insbesondere die Tötung von Jungtieren, die nach der Aufzucht nicht in andere Zoos vermittelt werden konnten, in der Öffentlichkeit kontrovers diskutiert. Unsere Gesellschaft hat bei den Haus- und Nutztieren die Unterbindung der Fortpflanzung akzeptiert und betrachtet die Fortpflanzung nicht als Bestandteil einer tierschutzgerechten Haltung z.B. von Hunden, Katzen, Kaninchen und Pferden. Deshalb erachten viele Menschen und einige Tierschutzorganisationen die Fortpflanzung auch für die Zootiere als weniger wesentlich. Sie lehnen die Zucht von Wildtieren ab, wenn nicht garantiert werden kann, dass die Tiere im Zoo ihre maximale Lebenserwartung erfüllen können. Diese Einstellung stellt einen Unterschied zwischen Nutztieren und Versuchstieren, die in meist jugendlichem Alter getötet werden, sowie Wildtieren im Zoo her. Nationale und internationale Zooverbände verweisen auf die wichtige Funktion der Fortpflanzung für das Wohlbefinden der Elterntiere und der ganzen Gruppe, die sich bei Tierarten mit einer langsamen Jugendentwicklung über mehrere Jahre erstrecken kann. Viele weibliche Tiere können erhebliche Organschäden davontragen, wenn sie keine Nachzucht haben dürfen. Auch dies ist tierschutzrelevant, sodass im Einzelfall abgewogen werden muss, was für das potentielle Muttertier vertretbar ist.

Auch bei kontrollierter Zucht wird es bei Ausschöpfung aller Möglichkeiten des Verbleibs von nachgezüchteten Tieren nicht auszuschließen sein, dass sich in Einzelfällen die Frage nach der Tötung solcher Tiere stellt. Die Tötung kann aber immer nur eine Ultima Ratio sein, wenn eine tiergerechte Haltung ausgeschlossen ist und eine Rechtfertigung im Sinne des Tierschutzgesetzes vorliegt. Dies bedarf der sorgfältigen Prüfung aller Faktoren. Zu berücksichtigen ist das Urteil des OLG Naumburg aus 2011, wonach der Artenschutz und der Erhalt der biologischen Vielfalt keine Euthanasie erfordern und rechtfertigen, ebenso wenig die mangelnde Zuchteignung des Tieres. Die Gerichtsentscheidung bezieht sich jedoch nur auf den Sachverhalt zum Zeitpunkt der Tötung – sofortige Tötung des Nachwuchses direkt nach der Geburt. Offen bleibt, wie das Gericht die Tötung beurteilt hätte, wenn diese zu einem späteren Zeitpunkt, z.B. nach der Entwöhnung und nach vergeblichen Bemühungen zur Unterbringung der Tiere in einer tiergerechten Haltung, durchgeführt worden wäre.

Die Entscheidung zur Tötung sollte in jedem Einzelfall durch eine Tierschutzkommission, in der Zooleitung, Zootierarzt, Tierpfleger und Aufsichtsbehörde eingebunden sind, getroffen werden. Dabei geht es neben der sachgerechten Entscheidung auch darum, nach außen transparent zu machen, dass die Entscheidung aus vernünftigen Gründen getroffen wurde. Gegenüber der Öffentlichkeit ist diese Entscheidung fachlich zu begründen.

11.1.6.5 Organisation des Tierschutzes in einem zoologischen Garten

In unserer Gesellschaft werden die mit dem Tierschutz zusammenhängenden Aufgaben meist von Tierärzten wahrgenommen. Für den Tierschutz im Zoo spielt der angestellte Zootierarzt oder der fachlich fortgebildete Vertragstierarzt eine wichtige Rolle. In den täglichen Arbeitsablauf der Tierpflege nicht eingebunden, aber durch seine Tätigkeit mit allen Informationen zum Gesundheitszustand, zum Verhalten und zur Unterbringung der Tiere vertraut, kann er wertvolle Hinweise geben. Er ist auch der kompetente Ansprechpartner für den Amtstierarzt, der den Tierschutz im Zoo im Rahmen seiner hoheitlichen Aufgaben überwacht. Eine regelmäßige Fortbildung ist auch für den Zootierarzt notwendig. Eine regelmäßige Überprüfung des Wohlbefindens der gehaltenen Tiere hat als Welfare Assessment Einzug in die Organisation der Tierpflege in vielen Zoos gehalten. Eine Kontrolle vor allem bei Tieren, die sich im letzten Drittel der maximalen Lebenserwartung befinden, ist sinnvoll, um altersbedingten Schmerzen, Leiden und Schäden begegnen zu können.

Kritik an zoologischen Gärten oder einzelnen Gehegen entsteht meist aus der Tierliebe der Besucher heraus. Ihre Motivation ist deshalb grundsätzlich positiv. Oft kommt die Kritik aber aus Unkenntnis oder Fehlinformation über die Bedürfnisse der Tiere und die Arbeit der zoologischen Gärten. Sie kann häufig durch eine fachliche Argumentation entkräftet werden. Gerade Tierpfleger, die aus ihrem täglichen Arbeitsleben berichten können, wie sie sich für ihre Tiere einsetzen, erreichen in der Diskussion mit kritischen Zoobesuchern eine hohe Glaubwürdigkeit und Überzeugungskraft.

11.1.6.6 Sachkundige Person

Wildtiere werden in Menschenobhut aus verschiedenen Gründen gehalten. Neben der Haltung in zoologischen Gärten, Wildparks, Aquarien etc., Einrichtungen, die der Bildung, Arterhaltung, Forschung und der Erholung dienen, werden Wildtiere auch als Produzenten spezieller tierischer Erzeugnisse (Wildfleisch, Wolle, Leder), als Versuchstiere und häufig in Privathand gehalten. Für jede Tierhaltung gilt der Grundsatz: Wissen schützt Tiere. Gut ausgebildete und sich ständig fortbildende Tierhalter können aufgrund ihres Fachwissens den gehaltenen Tieren durch zielgerichtete Handlungen und vorausschauende Planungen Wohlbefinden ermöglichen, Schmerzen, Schäden und Leiden ersparen. Dem trägt auch der Gesetzgeber in Form der Forderung nach Sachkundenachweisen für gewerbliche Tierhalter Rechnung. Eine Ausweitung des Nachweises der Sachkunde auf jede Form der Tierhaltung wird von vielen Tierschutzorganisationen angestrebt. Die Ausbildung zum Tierpfleger befähigt den interessierten Laien, der sich zumeist aus einer emotionalen Hinwendung zum Tier für eine Tätigkeit im Zoo interessiert, die Forderungen des Tierschutzes auf wissenschaftlicher Grundlage zu beachten. Der Beruf des Tierpflegers kann in verschiedenen Fachbereichen erlernt werden: in Zoos, Forschungsinstituten und Kliniken sowie Tierheimen und Tierpensionen. Die Verordnung zur Berufsausbildung der Tierpfleger wurde zuletzt am 03.07.2003 neu gefasst. In der Schweiz regelt das eidgenössische Ausbildungsreglement (Stand: 01.03.2008) die Berufsausbildung zum Tierpfleger mit den Schwerpunkten Zoo- und Wildtiere, Versuchstiere sowie Tiere in Tierheimen. In Österreich ist die Berufsausbildung durch die Tierpfleger-Ausbildungsverordnung vom 05.03.1997 geregelt. In sämtlichen Ausbildungsordnungen ist der Tierschutz als Teil der Ausbildung festgeschrieben. Die ständig fortschreitenden Erkenntnisse über die Haltung von Wildtieren machen eine regelmäßige Fortbildung notwendig. Diese kann durch Lektüre (Zeitschriften „Der Zoologische Garten“, „Zoo Biology“ u.a.) oder auf Fortbildungsveranstaltungen (Berufsverband der Zootierpfleger, BdZ, Bundesverband für fachgerechten Natur- und Artenschutz, BNA, u.a.) erfolgen. Online-Schulungen sind für viele Bereiche ebenfalls etabliert. Eine Ausbildung zum Tierpflegemeister ist in Deutschland seit dem 11.07.1990 durch Verordnung zugelassen worden.

11.1.6.7 Entnahme aus der Wildbahn

Eine Entnahme von Tieren aus der Wildbahn für die Haltung in zoologischen Gärten ist selten geworden und steht zahlenmäßig weit hinter den Entnahmen zur Ernährung und Gewinnung tierischer Produkte. Wildtiere gelangen auf vier Wegen in zoologische Gärten: als Fundtiere, die geschwächt oder als Waisen aufgefunden und in Zoos gebracht werden, aus Beschlagnahmen durch Zoll-, Artenschutz- oder Veterinärbehörden, aus dem Tierhandel und als von zoologischen Gärten oder im Auftrag zoologischer Gärten in Artenschutzprojekten geplant gefangene Tiere.

Der Fang von Tieren für die Haltung in Menschenobhut erfordert ein Höchstmaß an Planung, Fachkunde und Augenmerk auf das Wohlergehen der Tiere. Die Vorbereitung muss sicherstellen, dass das gefangene Tier so schnell wie möglich in ein geeignetes Transportbehältnis gebracht wird, bei Bedarf tierärztlich untersucht und behandelt wird und ein geeignetes Futter sowie Wasser erhält. Leiden bei Tiertransporten sind meist auf unzureichende Planung zurückzuführen, was bei Wildtieren oft schwerere Konsequenzen hat als beim Transport bereits im Zoo eingewöhnter Tiere. Die Eingewöhnung von Wildfängen kann sich über lange Zeit hinziehen. Die Wahrnehmung der ungewohnten Umwelt und vor allem der Kontakt zum Menschen muss gesteuert werden. So werden frisch gefangene Antilopen und Nashörner in einer allseits geschlossenen Unterkunft an die Nähe des Menschen und an ein Ersatzfutter gewöhnt. Abwehr- und Schreckreaktionen von Wildtieren sind für die betreuenden Menschen oft nicht logisch und gefährden nicht nur den Fänger, sondern oft auch das Leben des Tieres. Deshalb muss der Tierpfleger verhindern, dass es sich verletzt: Beispielsweise darf ein Fisch nicht in der Lage sein, aus seinem Behältnis zu springen oder dürfen Tiere nicht Gefahr laufen, den Körper oder Körperteile in Ecken oder Winkel des Transportbehältnisses oder des Eingewöhnungsgeheges einzuklemmen.

Der kommerzielle Tierhandel spielt als Importeur von Zootieren heute kaum noch eine Rolle, außer bei der Beschaffung von Fischen für Schauaquarien. Ein seriöser Tierhändler kann durch seine Erfahrung mit frisch gefangenen Tieren, den relevanten Behörden und dem Transport von Tieren eine hohe Fachkunde einbringen, der sich zoologische Gärten bedienen können. Da im Tierhandel häufig der Tierschutz nicht mit der nötigen Priorität behandelt wird, sollte jeder vor dem Erwerb eines Tieres durch den Tierhandel die Arbeitsweise des gewählten Tierhändlers auf die Beachtung des Wohlergehens der betreffenden Tiere prüfen.

Fundtiere, die in zoologische Gärten gelangen, bedürfen besonderer Aufmerksamkeit. Solche Tiere haben meist den Menschen als Bedrohung kennengelernt. Sie erleben Fangen, Zwangsfüttern und Behandlung als einen Angriff und können dabei extreme Furcht empfinden. Der Prozess der Gewöhnung an das Leben in menschlicher Obhut ist für Fundtiere oft mit Leiden verbunden. Deshalb ist es unerlässlich, dass unmittelbar nach dem Zugang für jedes Tier eine Zukunftsprognose gestellt wird und hoffnungslose Fälle schnellstmöglich euthanasiert werden.

11.2 Artenschutz

Thomas Kauffels, Irina von Maravić & Ulrich Schürer

Im Folgenden werden europäische sowie nationale artenschutzrechtliche Vorgaben behandelt. Die nationalen Vorgaben beziehen sich ausschließlich auf die BRD, in Österreich und in der Schweiz gelten z.T. andere Regelungen.

11.2.1 Allgemeines

Um die Vielfalt an Tier- und Pflanzenarten zu erhalten und gefährdete Arten zu schützen, sind verschiedene Schutzinstrumente vorgesehen. Eine wesentliche Aufgabe des nationalen und internationalen Artenschutzes fällt der Kontrolle des Handels mit bedrohten Arten zu.

Die Rahmenbedingungen und die gesetzlichen Grundlagen für den Artenschutz, insbesondere für die Ein- und Ausfuhr, den Transport und die Haltung von Zootieren in Deutschland sind durch Gesetze, Verordnungen, Richtlinien und Gutachten vorgegeben, die am Ende des Kapitels übersichtlich zusammengestellt sind (Stand: März 2020). Sie sind in ihrer Wichtung gestaffelte Rechtsnormen, die regelmäßig erneuert und angepasst werden. Der Verband der Zoologischen Gärten (VdZ) und die European Association of Zoos and Aquaria (EAZA) wurden meist von den zuständigen Behörden vor Änderungen konsultiert.

Jeder, der Wildtiere hält, ist verpflichtet, sich die Kenntnisse der gesetzlichen Arten- und Naturschutzbestimmungen anzueignen und diese auch einzuhalten. Hierzu ist es notwendig, in zoologischen Gärten die jeweils gültigen Rechtsnormen zur Hand zu haben.

11.2.2 Regelwerke zum Artenschutz

Das Artenschutzrecht ist durch das Zusammenspiel aus internationalen und nationalen Regelungen komplex aufgebaut. Die einzelnen Regelwerke enthalten unterschiedliche Schutzinstrumente und greifen in Abhängigkeit vom Schutzstatus einer Art und von den ausgeübten Handlungen, z.B. Ein- und Ausfuhr, Vermarktung oder Besitz. Auf internationaler Ebene werden die Ziele des Artenschutzes durch völkerrechtliche Abkommen verfolgt. Die bekannteste Regelung zum internationalen Artenschutz ist das **Washingtoner Artenschutzübereinkommen (WA)** oder **Convention on International Trade in Endangered Species of Wild Fauna and Flora (CITES)**. Es ist ein internationales Übereinkommen, das am 03.03.1973 in Washington unterzeichnet wurde und seit dem 20.06.1976 in Deutschland gilt. Bis März 2020 sind 181 Staaten dem Übereinkommen beigetreten. Das WA regelt den internationalen Handel mit bedrohten Tieren und Pflanzen. Nach den Prinzipien dieses Übereinkommens darf Handel nur dann stattfinden, wenn es in einem für die Art verträglichen Maß erfolgt. Das wichtigste Schutzinstrument des WA sind Ein- und Ausfuhrgenehmigungspflichten. Diese Regelungen beziehen sich explizit auf den Handel zwischen verschiedenen Staaten. Da die EU ganzheitlich dem WA beigetreten ist, gelten die Ein- und Ausfuhrregelungen nur gegenüber Drittstaaten und nicht innerhalb der EU.

In den Mitgliedstaaten der EU wird das WA umgesetzt durch die **Verordnung (EG) Nr. 338/97** des Rates vom 09.12.1996 über den Schutz von Exemplaren wild lebender Tier- und Pflanzenarten durch Überwachung des Handels. Die Bestimmungen dieser Verordnung gehen über das WA hinaus. Bei der EG-VO 338/97 handelt es sich um unmittelbar geltendes Recht, welches nicht zuvor in nationale Gesetze umgesetzt werden muss. Die EU-Artenschutzverordnung enthält Regelungen zur Ein- und Ausfuhr für die innergemeinschaftliche Vermarktung und regelt unter bestimmten Bedingungen den Transport von Tieren. Zur einheitlichen Umsetzung der EG-VO 338/97 in allen EU-Staaten hat die Europäische Kommission die Verordnung (EG) Nr. 865/2006 (DVO) mit Durchführungsbestimmungen erlassen.

Die wichtigsten EU-Richtlinien zum Schutz europäischer Arten sind die **Vogelschutzrichtlinie** (Richtlinie 79/409/EWG über die Erhaltung der wild lebenden Vogelarten) und die **Fauna-Flora-Habitat-Richtlinie** (FFH-Richtlinie 92/43/EWG zur Erhaltung der natürlichen Lebensräume sowie der wild lebenden Tiere und Pflanzen). Zu den europäischen Vogelarten im Sinne der Vogelschutzrichtlinie gehören alle Vogelarten, die natürlicherweise in der EU vorkommen, auch seltene Irrgäste. In der Umsetzung der FFH-Richtlinie liegt ein Schwerpunkt auf den Arten des Anhangs IV. Für die dort gelisteten Arten sind gemäß der Richtlinie strenge Schutzvorkehrungen zu treffen. Zu den FFH-Anhang-IV-Arten gehören beispielsweise die Europäische Wildkatze, der Feldhamster oder die Europäische Sumpfschildkröte. Im Gegensatz zu den Verordnungen gelten die Richtlinien nicht unmittelbar und bedürfen einer Umsetzung in nationales Recht.

Die internationalen Regelungen werden in Deutschland von den nationalen Gesetzen und Verordnungen umgesetzt und ergänzt. Im **Bundesnaturschutzgesetz** (BNatSchG) und der **Bundesartenschutzverordnung** (BArtSchV) sind die Vogelschutzrichtlinie und die FFH-Richtlinie umgesetzt. Diese nationalen Regelwerke enthalten daneben Schutzbestimmungen, die über die internationalen Regelungen hinausgehen. Im Bundesnaturschutzgesetz ist u.a. ein Besitz- und Vermarktungsverbot formuliert. Die Bundesartenschutzverordnung enthält Vorschriften zu Haltung, Kennzeichnung, Melde- und Buchführungspflicht.

11.2.2.1 Einteilung in Schutzkategorien

Je nach Gefährdungsgrad werden die Arten verschiedenen Schutzkategorien zugeteilt, für die mehr oder weniger strenge Schutzvorschriften gelten. Das WA und die EU-Verordnung unterteilen die Arten in Anhänge. Das nationale Recht unterscheidet neben dem allgemeinen Schutz wild lebender Arten zwischen „besonders“ und „streng“ geschützten Arten. Die Artenschutzbestimmungen beschränken sich nicht auf lebende Tiere und Pflanzen, sondern gelten auch für tote Exemplare sowie Teile und Erzeugnisse geschützter Arten.

Anders als im WA, in dem die geschützten Arten je nach Gefährdungsgrad in die Anhänge I, II oder III eingeordnet sind, listet die Verordnung (EG) Nr. 338/97 diese in den Anhängen A, B, C oder D auf. Änderungen der WA-Anhänge werden alle 2 Jahre auf der WA-Vertragsstaatenkonferenz vorgenommen.

Anhang A enthält die im Anhang I des WA aufgeführten Arten (vom Aussterben bedrohte Arten, die durch Handel beeinträchtigt werden könnten) sowie Arten, die nach Ansicht der EU im internationalen Handel so gefragt sind, dass jeglicher Handel das Überleben der Art gefährden würde.

Anhang B enthält die Arten des WA-Anhangs II (Arten, deren Erhaltungssituation zumeist noch eine geordnete wirtschaftliche Nutzung unter wissenschaftlicher Kontrolle zulässt) und Arten, die international in solchen Mengen gehandelt werden, die das Überleben von Populationen der Art in bestimmten Ländern gefährden können.

Anhang C enthält die Arten des WA-Anhangs III (Arten, die von einer der Vertragsparteien in ihrem Hoheitsgebiet einer besonderen Regelung unterworfen sind) sowie alle vom WA erfassten Arten, die nicht bereits in den Anhängen A und B genannt sind.

Anhang D enthält Arten, bei denen der Umfang der Einfuhren in die EU eine Überwachung rechtfertigt, um gegebenenfalls aus den so ermittelten Zahlen eine stärkere Unterschutzstellung zu erreichen.

Im nationalen Naturschutzrecht existiert ein aufeinander aufbauendes, dreiteiliges Schutzregime, entsprechend dem Gefährdungsgrad: Alle wild lebenden Tiere und Pflanzen fallen im Bundesnaturschutzgesetz gemäß § 39 BNatSchG unter einen **allgemeinen Schutz**. Über diesen Mindestschutz hinaus sind einzelne Arten besonders bzw. streng geschützt.

Besonders geschützte Arten: Hierunter fallen gemäß § 7 (2) Nr. 13 BNatSchG

- die Arten der Anhänge A und B der EG-VO 338/97
- die Arten des Anhangs IV der FFH-Richtlinie
- alle europäischen Vögel (Vogelschutzrichtlinie)
- die Arten der Anlage 1 BArtSchV, die in Spalte 2 mit einem Kreuz gekennzeichnet sind.

Streng geschützte Arten: Hierunter fallen gemäß § 7 (2) Nr. 14 BNatSchG

- die Arten des Anhangs A der EG-VO 338/97
- die Arten des Anhangs IV der FFH-Richtlinie
- die Arten der Anlage 1 BArtSchV mit einem Kreuz in Spalte 3.

Der aktuelle Stand der Schutzkategorien ist im Internet unter https://www.cites.org/eng/app/index.php oder auf www.wisia.de, der Artenschutzdatenbank des Bundesamtes für Naturschutz (BfN), abrufbar.

11.2.2.2 Regelungen zum Besitz

Für die besonders geschützten Arten besteht ein Besitzverbot nach § 44 (2) Nr. 1 BNatSchG. Die Legalausnahmen (grundsätzliche Ausnahmen ohne Genehmigung einer Behörde) vom Besitzverbot sind in § 45 (1) BNatSchG festgehalten und gelten für die legale Zucht, die legale Naturentnahme sowie die legale Einfuhr. Weitere Ausnahmen können z.B. im Rahmen der Unterbringung oder Überlassung beschlagnahmter oder eingezogener Tiere erteilt werden. Für unter das Jagdrecht fallende Arten gilt ein Besitzverbot nach § 2 in Verbindung mit Anlage 1 Teil A und C Bundeswildschutzverordnung (BWildSchV). Die Besitzverbote für invasive Arten unterliegen den Vorschriften für invasive Arten der EU (VO (EU) Nr. 1143/2014).

Häufig werden Zoos verletzte, hilflose oder kranke Wildtiere gebracht. Für diese Tiere gilt das Besitzverbot nicht, und es ist erlaubt, diese Tiere aufzunehmen, um sie gesund zu pflegen oder aufzuziehen (§ 45 (5) BNatSchG). Diese Tiere müssen aber unverzüglich in die Natur entlassen werden, sobald sie sich selbstständig erhalten, d.h. für Nahrung und Schutz selbst sorgen können. Für Tiere, die dem Jagdrecht unterliegen, beispielsweise Greifvögel, sind die jagdrechtlichen Vorschriften zu beachten und das Einverständnis des Jagdausübungsberechtigten einzuholen. Die Aufnahme streng geschützter Tiere ist der zuständigen Landesbehörde anzuzeigen. Dies gilt z.B. für Fledermäuse, Eulen oder Greifvögel. Invasive Arten, beispielsweise Waschbären, dürfen nicht wieder in die Freiheit entlassen werden und müssen dauerhaft in einer geeigneten Unterbringung gehalten werden. Häufig werden in Zoos auch Wasserschildkröten abgegeben oder in Teiche ausgesetzt. Bei einigen dieser Arten, z.B. der Buchstaben-Schmuckschildkröte, gelten ebenfalls die Regelungen für invasive Arten, welche bei Unterbringung oder Vermittlung zu beachten sind.

11.2.2.3 Regelungen zur Vermarktung

Der Begriff Vermarktung ist weit gefasst und beinhaltet u.a. An- und Verkauf, Tausch, Verleih, Zurschaustellung sowie das Anbieten zum Kauf oder Verkauf. Für alle besonders geschützten Arten besteht grundsätzlich ein Vermarktungsverbot. Hierbei wird im Gegensatz zu den Regelungen zum Besitzverbot unterschieden, ob die Arten dem EU-Recht unterliegen oder ausschließlich von den nationalen Regelungen erfasst sind. Für die Vermarktung von in Anhang A und B der EG-VO 338/97 gelisteten Arten gelten die Vorschriften des EU-Rechts, für alle anderen die Vorschriften des Bundesnaturschutzgesetzes.

Das Vermarktungsverbot der Arten des Anhangs A ist in Art. 8 (1) EG-VO 338/97 geregelt. Für die Vermarktung einer in Anhang A aufgeführten Art ist eine Ausnahme vom Vermarktungsverbot nach Art. 8 (3) EG-VO 338/97 erforderlich und bei der zuständigen Landesbehörde vor der Vermarktung zu beantragen. Tiere des Anhangs A dürfen nur mit einer gültigen Vermarktungsgenehmigung gekauft oder verkauft werden. Da auch für die öffentliche Zurschaustellung in zoologischen Gärten eine Vermarktungsgenehmigung erforderlich ist, ist für Nachzuchten nach Geburt oder Schlupf eine solche Genehmigung zu beantragen. Form und Inhalt dieser Bescheinigung sind in den EU-Verordnungen klar festgelegt. Ob eine Bescheinigung für mehrmalige Vermarktungsvorgänge oder nur zur einmaligen Vermarktung zulässig ist, ist auf dem Dokument vermerkt und hängt u.a. davon ab, ob das Exemplar vorschriftsgemäß gekennzeichnet ist und aus welcher Herkunft es stammt. Beispielsweise steht der Code „W“ (wild) für aus der Natur entnommene Tiere, „F“ (F1-Generation) für in menschlicher Obhut geborene Tiere, die erst in erster Generation gezüchtet wurden und „C“ (*captive bred*) für gezüchtete Tiere.

Art. 8 (5) EG-VO 338/97 verbietet die Vermarktung von Anhang-B-Arten, wenn der Besitzer nicht nachweisen kann, dass es sich um rechtmäßig in der Gemeinschaft erworbene bzw. um rechtmäßig eingeführte Exemplare handelt. Zur Vermarktung von Arten des Anhangs B ist keine Vermarktungsgenehmigung erforderlich. Diese Arten können ebenso wie rein national geschützte Arten vermarktet werden, wenn sie nachweislich aus legaler Herkunft stammen.

Die Vermarktungsverbote für die national besonders geschützten Arten richten sich nach §44 (2) Nr. 2 BNatSchG. Grundsätzlich sind Arten, die nicht dem Besitzverbot unterliegen, auch von den Vermarktungsverboten freigestellt. Dies sind gem. §45 (1) BNatSchG Exemplare, die rechtmäßig gezüchtet wurden bzw. künstlich vermehrt oder rechtmäßig in die EU eingeführt worden sind.

Ohne Dokumente vermarktbar sind gezüchtete Tiere des Anhangs A, die in Anhang X der Verordnung (EG) 865/2006 aufgeführt sind. Es handelt sich dabei um einige sehr häufig in Menschenobhut gezüchtete Arten, deren Wildbestände aber stark bedroht sind, z.B. Laysanente, Knäkente, Moorente, Rothalsgans, Hawaiigans, Weißkopfruderente, Wallichfasan, Schwarzmaskenbaumwachtel, Weißer Ohrfasan, Brauner Ohrfasan, Königsglanzfasan, Edwardsfasan, Swinhoefasan, Palawan-Pfaufasan, Elliotfasan, Humefasan, Mikadofasan, Felsentaube, Ziegensittich, Schwarzkappen- oder Hoodedsittich und Kapuzenzeisig.

Die Zuständigkeit für die Erteilung von Vermarktungsgenehmigungen ist von Bundesland zu Bundesland verschieden und auf der Website des BfN verfügbar. Die zuständigen Behörden wurden im Amtsblatt der EG Nr. C 356 vom 08.12.1999 veröffentlicht. Vor dem 01.06.1997 ausgestellte Bescheinigungen (sog. blaue CITES-Bescheinigungen) sind als Vermarktungsgenehmigung für Anhang-A-Arten nicht mehr gültig, gelten aber immer noch als Nachweis für rechtmäßigen Besitz.

11.2.2.4 Nachweis der Besitzberechtigung/Legalitätsnachweis

Um illegale Tiere dem Wirtschaftskreislauf zu entziehen, ist nicht nur der Nachweis der Besitzberechtigung geregelt, sondern besteht darüber hinaus die Möglichkeit der Beschlagnahme und Einziehung. Tierhalter sind daher grundsätzlich verpflichtet, auf Verlangen der Landesbehörde den rechtmäßigen Erwerb aller besonders geschützten Arten nachzuweisen. Hierbei gilt nach § 46 BNatSchG die Umkehr der Beweislast. Das bedeutet, dass die Beweisführungspflicht nicht bei der Behörde, sondern beim Besitzer liegt. Kann der Nachweis der Besitzberechtigung nicht erbracht werden, kann die zuständige Behörde die betreffenden Tiere nach § 51 (4) BNatSchG beschlagnahmen und einziehen. Der Legalitätsnachweis ist grundsätzlich nicht an besondere Dokumente gebunden (Ausnahme: Vermarktungsgenehmigung bei Anhang-A-Arten). Jedes geeignete Beweismittel, beispielsweise ein Zuchtbuch des Züchters, eine behördliche Bestätigung, Rechnungen, aber auch Zeugenaussagen und sonstige Belege können als Nachweis der Besitzberechtigung anerkannt werden. Die Beweisführung wird erleichtert, wenn die Exemplare eindeutig den Belegen zugeordnet werden können, z. B. unter Angabe der Kennzeichnung.

Ein Zuchtnachweis, als Selbstdeklaration für den Züchter, sollte den wissenschaftlichen Artnamen, das Geburtsdatum, nach Möglichkeit Geschlecht und – falls vorhanden – Kennzeichen sowie Angaben zur legalen Herkunft der Elterntiere (des Zuchtstocks) enthalten. Der Nachweis des rechtmäßigen Erwerbs im Falle einer Vermarktung einer Anhang-A-Art ist an einen dokumentengeführten Nachweis gebunden, der ausschließlich mit einer EU-Vermarktungsgenehmigung zu erbringen ist, auf der z. B. die innergemeinschaftliche Zucht oder die legale Einfuhr bescheinigt wurden.

11.2.2.5 Kennzeichnungspflicht

Die Kennzeichnung dient der Individualisierung des einzelnen Exemplars sowie der Zuordnung zu Dokumenten und ist entscheidend bei der Nachweisführung bei Besitz und Vermarktung geschützter Tiere. Kennzeichnungsregelungen sind für die Arten des Anhangs A in der EU-Durchführungsverordnung (Art. 64-68 VO Nr. 865/2006) festgelegt und im nationalen Recht in der Bundesartenschutzverordnung (§§ 12-15 BArtSchV). Die den nationalen Kennzeichnungsregelungen unterliegenden Arten sind die in Anhang A aufgelisteten Säugetiere, Vögel und Reptilien sowie bestimmte in der Anlage 6 der BArtSchV aufgeführten Vogelarten des Anhangs B und der EU-Vogelschutzrichtlinie. Die Kennzeichnungspflicht ergibt sich aus § 12 BArtSchV. Die Kennzeichnungsmethoden des § 13 BArtSchV sind so gestaltet, dass sich die Regelungen der beiden Rechtsvorschriften nicht entgegenstehen. Bei einer ordnungsgemäßen Kennzeichnung nach den Vorgaben der Bundesartenschutzverordnung sind die EU-Kennzeichnungsregelungen erfüllt. Diese wurden tierschutzgerecht unter Beachtung des Wohlbefindens und des natürlichen Verhaltens der Tiere erstellt. Zu den Standardmethoden gehören Fußring, Transponder und Dokumentation, z. B. durch Fotos. Hierbei ist auch die vorgegebene Rangfolge der Kennzeichnungsmethoden zu beachten. Begründete Abweichungen von der vorrangigen Kennzeichnungsmethode, erfordern eine Ausnahmegenehmigung nach § 14 BArtSchV der Landesbehörde. Kennzeichen gemäß Bundesartenschutzverordnung werden nur durch die zugelassenen Verbände BNA (Bundesverband für fachgerechten Natur- und Artenschutz e. V.) und ZZF (Zentralverband Zoologischer Fachbetriebe e. V.) ausgegeben.

11.2.2.6 Haltung, Melde- und Buchführungspflichten

Gehalten werden dürfen gemäß Bundesartenschutzverordnung Wirbeltiere der besonders geschützten Arten nur, wenn sie keinem Besitzverbot unterliegen und der Halter die notwendige Zuverlässigkeit und ausreichende Kenntnis über die Haltung und Pflege der Tiere hat sowie über die erforderlichen Einrichtungen verfügt, die Gewähr dafür bieten, dass die Tiere nicht entweichen können und die Haltung den tierschutzrechtlichen Vorschriften entspricht. Darüber hinaus sind gemäß §6 BArtSchV Buchführungspflichten sowie Meldepflichten (§7 BArtSchV) niedergelegt. Die Buchführungspflicht bezieht sich auf gewerbsmäßige Tierhaltungen (nicht Zoos), die Meldepflicht gilt für alle anderen. Ausnahmen von der Meldepflicht bestehen insbesondere für Tierhaltungen unter zoologisch fachkundiger Leitung, die ganz oder überwiegend juristischen Personen des öffentlichen Rechts gehören.

Für Greifvögel der in Anlage 4 Bundeswildschutzverordnung (BWildSchV) aufgeführten Arten ist die Bundeswildschutzverordnung maßgeblich. Zuständig für die Meldung ist die Untere Jagdbehörde.

Allgemeine Anforderungen an die Tierhaltung sind in Deutschland in §2 TSchG niedergelegt. Konkrete und detaillierte Anforderungen folgen aus Haltungsgutachten, die vom Bundesministerium für Ernährung und Landwirtschaft (BMEL) herausgegeben werden, z.B. das Gutachten über die Mindestanforderungen an die Haltung von Säugetieren vom 19.07.1996, dessen Überarbeitung 2014 erschien. Dieses Gutachten sowie Gutachten zu weiteren Tiergruppen sind im Internet unter www.bmel.de einsehbar.

11.2.2.7 Regelungen zur Ein- und Ausfuhr

Unter Ein- und Ausfuhr ist das grenzüberschreitende Verbringen aus oder nach Drittländern zu verstehen. Aus- und Einfuhrgenehmigungen sind nur beim Verbringen über die Außengrenzen der EU-Staaten erforderlich. Auch die Schweiz und Norwegen, aber auch bestimmte überseeische Gebiete von EU-Staaten sowie die britischen Kanalinseln Jersey und Guernsey sind artenschutzrechtlich gesehen Drittstaaten. Für die Erteilung der Ein- und Ausfuhrgenehmigungen sind die Vollzugsbehörden der jeweiligen Länder zuständig (in Deutschland Bundesamt für Naturschutz), unter https://cites.org/eng/cms/index.php/component/cp sind alle Genehmigungsbehörden weltweit abrufbar. Die Beantragung erfolgt auf dafür vorgesehenen Antragsformularen.

Es gelten unterschiedliche Regelungen zur Ein- und Ausfuhr für die nach EG-Verordnung und die nach dem Bundesnaturschutzgesetz geschützten Arten.

Grundsätzlich gilt eine Einfuhrgenehmigungspflicht für Arten der Anhänge A und B der EG-VO 338/97. Die Erteilung einer Einfuhrgenehmigung für diese Arten richtet sich nach Art. 4 EG-VO 338/97 und ist an verschiedene Kriterien wie Herkunft und Einfuhrzweck geknüpft. Maßgeblich ist hier z.B. die Unterscheidung zwischen Nachzucht und Naturentnahme oder ob es sich um kommerzielle oder nichtkommerzielle Zwecke, etwa Arterhaltungsprogramme, handelt.

Eine wichtige Voraussetzung für die Erteilung einer Einfuhrgenehmigung ist die artgemäße Haltung am Unterbringungsort. Die Unterbringungsvoraussetzungsprüfung der wissenschaftlichen Behörde des BfN richtet sich nach den Haltungsrichtlinien/Tierschutzgutachten und -leitlinien des BMEL.

Die jeweilige Ein- oder Ausfuhrgenehmigung muss vor der Einfuhr erteilt werden. Diese Einfuhrgenehmigung ist in allen Fällen, in denen diese Arten auch den Bestimmungen des WA unterliegen, an die entsprechenden Ausfuhrdokumente nach dem WA gebunden. Das bedeutet, dass in diesen Fällen auch ein Dokument des Ausfuhrlands erforderlich ist. Die Einfuhrgenehmigung und gegebenenfalls die Dokumente des Herkunftslands sind der zuständigen Zollstelle bei der Abfertigung vorzulegen. Exemplare von Arten der Anhänge C und D dürfen nur eingeführt werden, wenn der Einführende der abfertigenden Zollstelle das vorgeschriebene Ausfuhrdokument (Anhang C) des Herkunftslands sowie eine vorbereitete Einfuhrmeldung auf festgelegtem Vordruck vorlegen kann. Nach erfolgter Abfertigung durch den Zoll erhält der Einführer die Kopie für den Inhaber der Genehmigung als Nachweis der rechtmäßigen Einfuhr zurück.

Bei der Ausfuhr oder Wiederausfuhr aus der EU ist Folgendes zu beachten: Die Erteilung einer Ausfuhrgenehmigung oder Wiederausfuhrbescheinigung für die Anhänge A, B und C richtet sich nach Art. 5 EG-VO 338/97. Diese Ausfuhrdokumente werden in Deutschland ebenfalls durch das BfN erteilt. Neben anderen Voraussetzungen ist auch zum Nachweis des rechtmäßigen Erwerbs eine Einfuhrgenehmigung (falls das Tier vorher eingeführt wurde), eine Vermarktungsgenehmigung für Arten des Anhangs A oder eine Vorlagebescheinigung der Landesbehörde erforderlich. Die erteilten Ausfuhrdokumente sind der abfertigenden Behörde vor der Ausfuhr vorzulegen. Das Original des jeweiligen Ausfuhrdokuments muss anschließend bei der Einfuhr im Bestimmungsland vorgelegt werden.

Eine Ausfuhrgenehmigung ist nur gültig, wenn die Transportleitlinien beachtet wurden und ein tierschutzgerechter Transport gewährleistet ist. Die Ausfuhr von Arten des Anhangs D ist ohne Vorlage von Dokumenten zulässig.

Hierbei ist zu beachten, dass aus amtstierärztlichen Gründen weitere Dokumente (TRACES) gefordert werden können. Im TRACES-Verfahren wird die Schweiz wie ein Mitgliedsstaat der EU behandelt.

Für Tierarten, die nicht von der EG-VO 338/97 erfasst sind, die aber in der EG-Vogelschutzrichtlinie oder im Anhang IV der FFH-Richtlinie verzeichnet sind, ist eine schriftliche Ausnahme vom Besitzverbot ausgestellt vom BfN erforderlich. Eine solche Ausnahme kann für gezüchtete Tiere erteilt werden. Eine kommerzielle Einfuhr von aus der Natur entnommenen Exemplaren dieser Arten kommt in der Regel nicht in Betracht und könnte nur in Einzelfällen für Zwecke der Forschung, Lehre, Bildung oder Wiederansiedlung erteilt werden. Für Arten der Anlage 1 BArtSchV genügt der formlose Nachweis, dass die Tiere aus einem Drittland stammen.

11.2.2.8 Regelungen zum Transport von Anhang-A-Arten

Beim Verbringen von Anhang-A-Tieren, die aus der Natur entnommen oder erst in erster Generation gezüchtet wurden (Herkunftscode W oder F) und für die auf einer Einfuhr- oder Vermarktungsgenehmigung ein bestimmter Ort der Haltung festgelegt wurde, ist innerhalb der EU im Rahmen des Art. 9 der Verordnung (EG) 338/97 eine sogenannte Beförderungsgenehmigung erforderlich. In diesem Fall wird von der wissenschaftlichen Behörde die artgerechte Unterbringung am Bestimmungsort geprüft. Nach Art. 9 (3) der Verordnung (EG) 338/97 ist diese Genehmigung für tierärztliche Behandlungen in einer Tierarztpraxis oder Tierklinik nicht erforderlich.

11.2.2.9 Regelungen zu invasiven gebietsfremden Arten

Invasive gebietsfremde Arten stellen weltweit eine Bedrohung der Artenvielfalt dar. Werden in Konkurrenz um Ressourcen natürlich vorkommende Arten verdrängt, kann dies gravierende Beeinträchtigung für Ökosysteme zur Folge haben.

Über die Verordnung (EU) Nr. 1143/2014 über die Prävention und das Management der Einbringung und Ausbreitung invasiver gebietsfremder Arten (kurz: IAS-VO) sowie entsprechender Durchführungsverordnungen ist der Umgang mit invasiven Arten EU-weit geregelt. Die Vorschriften der Durchführungsverordnung sind 2017 im Bundesnaturschutzgesetz in §40 BNatSchG aufgenommen worden. Die IAS-VO enthält eine Auflistung von invasiven Arten mit unionsweiter Bedeutung. Die sogenannte Unionsliste wird fortlaufend aktualisiert. Für die Haltung in zoologischen Gärten sind einige Arten dieser Liste von Bedeutung, z.B. Waschbär, Nasenbär, Chinesischer Muntjak, Schwarzkopfruderente oder die Buchstaben-Schmuckschildkröte. Für die Arten der Unionsliste gelten strenge Verbote bezüglich Einfuhr, Haltung, Vermehrung, Verwendung, Erwerb und Freisetzung (Art. 7 IAS-VO). Eine Ausnahme von den Verboten des Art. 7 IAS-VO ist nach Art. 8 IAS-VO für Einrichtungen wie zoologische Gärten, die Ex-situ-Erhaltung durchführen, möglich, wenn die Tiere unter Verschluss gehalten werden und somit deren Verbreitung ausgeschlossen werden kann. Eine Haltung unter Verschluss ist gegeben, wenn die Tiere physisch isoliert von den Besuchern untergebracht sind, eine unbefugte Entnahme ausgeschlossen werden kann und die Tiere nicht entkommen können. Hierfür kommt eine Haltung in Aquarien, Käfigen oder Anlagen, die mit einem Netz überspannt sind, infrage. Eine Ausnahme für die Zucht dieser Arten ist nur unter den strengen Voraussetzungen des Art. 9 IAS-VO möglich. Für Altbestände dieser Arten gelten Übergangsfristen.

11.2.2.10 Zoo-Richtlinie

In der Zoorichtlinie (Richtlinie 1999/22/EG über die Haltung von Wildtieren in Zoos) wird die Rolle zoologischer Gärten bei der Erhaltung der biologischen Vielfalt herausgestellt. Die Richtlinie gibt einen Mindestrahmen an Anforderungen für die tier- und artenschutzgerechte Haltung von Wildtieren in Zoos. Die gesamten Regelungen der Richtlinie werden in §42 BNatSchG umgesetzt. Der Betrieb eines Zoos bedarf einer Genehmigung und ist an bestimmte Voraussetzungen gebunden. Ein Zoo darf nur betrieben werden, wenn er sich zur artgerechten Haltung der Tiere, zur Bildungsarbeit, zu Erhaltungszuchtprogrammen oder Wiederauswilderungsprojekten verpflichtet. Unter den Zoobegriff fallen nur Einrichtungen, die den Kriterien der Richtlinien entsprechen. Tierhandlungen, Zirkusse, Gehege zur Haltung von nicht mehr als fünf Arten Schalenwild, das im Bundesjagdgesetz aufgeführt ist, oder Einrichtungen, in denen nicht mehr als 20 Tiere anderer wild lebender Arten gehalten werden, gelten nicht als Zoo im Sinne dieser Richtlinie. Einzelheiten zur Umsetzung der Zoo-Richtlinie regeln die Länder in ihrem Landesnaturschutzrecht.

11.3 Rechtsvorschriften zur Haltung von Wildtieren

Die Rechtsvorschriften betreffen die Bereiche Tierschutz sowie Natur- und Artenschutz.

11.3.1 Tierschutz

11.3.1.1 Deutschland

- Tierschutzgesetz (TSchG): Bekanntmachung vom 18.05.2006, BGBl. I, S. 1206, 1303 i.d.g.F.
- Allgemeine Verwaltungsvorschrift zur Durchführung des Tierschutzgesetzes vom 09.02.2000, Bundesanzeiger Jg. 52, Nr. 36a
- Tierschutzschlachtverordnung (TierSchlV) vom 20.12.2012, BGBl. I, S. 2982
- Verordnung über die Berufsausbildung zum Tierpfleger/zur Tierpflegerin vom 03.07.2003, BGBl. I, S. 1093

Kommentar zum Tierschutzgesetz

- Hirt A., Maisack C., Moritz J., Felde, B.: Tierschutzgesetz. 4. Aufl., Verlag Franz Vahlen, München 2023
- Lorz A., Metzger E.: Tierschutzgesetz – Kommentar. 7. Aufl., Verlag C.H. Beck, München 2019
- Gerichtsurteil: OLG Naumburg: 2 Ss 82/11

11.3.1.2 Schweiz

- Schweizer Tierschutzgesetz vom 16.12.2005, AS 2008, S. 2965 (Stand: 01.09.2023)
- Schweizer Tierschutzverordnung vom 23.04.2008, AS 2008, S. 2985 (Stand: 01.02.2024)
- Verordnung des EDI über Ausbildung in der Tierhaltung und im Umgang mit Tieren vom 05.09.2008, AS 2008 S. 4303 (Stand: 01.03.2018)

11.3.1.3 Österreich

- Bundesgesetz über den Schutz der Tiere (Tierschutzgesetz – TierSchG) BGBl. I Nr. 118/2004 i.d.g.F.
- Verordnung der Bundesministerin für Gesundheit und Frauen über Mindestanforderungen an Zoos (Zoo-Verordnung), BGBl. II Nr. 491/2004 i.d.g.F.

- Verordnung der Bundesministerin für Gesundheit und Frauen über die Mindestanforderungen für die Haltung von Pferden und Pferdeartigen, Schweinen, Rindern, Schafen, Ziegen, Schalenwild, Lamas, Kaninchen, Hausgeflügel, Straußen und Nutzfischen (1. Tierhaltungsverordnung), BGBl. II Nr. 485/2004 i.d.g.F.
- Verordnung der Bundesministerin für Gesundheit und Frauen über die Haltung von Wirbeltieren, die nicht unter die 1. Tierhaltungsverordnung fallen, über Wildtiere, die besondere Anforderungen an die Haltung stellen, und über Wildtierarten, deren Haltung aus Gründen des Tierschutzes verboten ist (2. Tierhaltungsverordnung), BGBl. II 486/2004 i.d.g.F.
- Verordnung des Bundesministers für wirtschaftliche Angelegenheiten über die Berufsausbildung im Lehrberuf Tierpfleger (Tierpfleger-Ausbildungsordnung), BGBl. II Nr. 64/1997

11.3.2 Natur- und Artenschutz

11.3.2.1 Gesetze, gültig in der BRD

- Gesetz über Naturschutz und Landschaftspflege (Bundesnaturschutzgesetz – BNatSchG) vom 29.07.2009 (BGBl. I, S. 2542), zuletzt geändert am 04.03.2020 (BGBl. I. S. 440)

11.3.2.2 Verordnungen

- Verordnung (EG) Nr. 338/97 des Rates vom 09.12.1996 über den Schutz von Exemplaren wild lebender Tier- und Pflanzenarten durch Überwachung des Handels, zuletzt geändert durch Verordnung (EU) Nr. 2019/2117 der Kommission vom 29.11.2019 (ABl. EG L 320, S. 13 vom 11.12.2019)
- Verordnung (EG) Nr. 865/2006 der Kommission vom 04.05.2006 mit Durchführungsbestimmungen zur Verordnung (EG) Nr. 338/97 des Rates über den Schutz von Exemplaren wild lebender Tier- und Pflanzenarten durch Überwachung des Handels (ABl. EG L 166, S. 1 vom 19.06.2006), zuletzt geändert durch Verordnung (EU) 2019/220 der Kommission vom 06.02.2019 (ABl. EG L 35, S. 3 vom 07.02.2019)
- Durchführungsverordnung (EU) Nr. 792/2012 der Kommission vom 23.08.2012 mit Bestimmungen für die Gestaltung der Genehmigungen, Bescheinigungen und sonstigen Dokumente gemäß der Verordnung (EG) Nr. 338/97 des Rates zum Schutz von Exemplaren wild lebender Tier- und Pflanzenarten durch Überwachung des Handels sowie zur Änderung der Verordnung (EG) Nr. 865/2006 der Kommission (ABl. L 242, S. 13 vom 07.09.2012), zuletzt geändert durch Durchführungsverordnung (EU) der Kommission vom 15.01.2015 (ABl. L 10, S. 19 vom 16.01.2015
- Durchführungsverordnung (EU) Nr. 2019/1587 der Kommission vom 23.09.2019 zum Verbot der Einfuhr von Exemplaren bestimmter Arten wild lebender Tiere und Pflanzen in die Union gemäß der Verordnung (EG) Nr. 338/97 des Rates vom 09.12.1996 über den Schutz von Exemplaren wild lebender Tier- und Pflanzenarten durch Überwachung des Handels (ABl. EG L 248 vom 27.09.2019)
- Verordnung (EU) Nr. 1143/2014 des Europäischen Parlaments und des Rates vom 22.10.2014 über die Prävention und das Management der Einbringung und Ausbreitung invasiver gebietsfremder Arten (Amtsblatt L 317, S. 35 vom 04.11.2014), zuletzt geändert durch Verordnung (EU) Nr. 2016/2031 des Europäischen Parlaments und des Rates vom 26.10.2016 (Amtsblatt L 317, S. 4 vom 23.11.2016)
- Durchführungsverordnung (EU) Nr. 2016/1141 der Kommission vom 13.07.2016 zur Annahme einer Liste invasiver gebietsfremder Arten von unionsweiter Bedeutung gemäß der Verordnung (EU) Nr. 1143/2014 des Europäischen Parlaments und des Rates (ABl. L 189, S. 4 vom 14.07.2016), zuletzt geändert durch Durchführungsverordnung (EU) Nr. 2019/1262 der Kommission vom 25.07.2019 (ABl. L 199, S. 1 vom 26.07.2019)

- Verordnung zum Schutz wild lebender Tier- und Pflanzenarten (Bundesartenschutzverordnung – BArtSchV) vom 16.02.2005 (BGBl. I, S. 258, 896), zuletzt geändert durch Art. 10 des Gesetzes vom 21.01.2023 (BGBl. I, S. 95)
- Verordnung zum Schutz von Tieren beim Transport und zur Durchführung der Verordnung (EG) Nr. 1/2005 des Rates (Tierschutztransportverordnung – TSchTrV) vom 11.02.2009 (BGBl. I, S. 375), zuletzt geändert durch Art. 2 der Verordnung vom 25.11.2021 (BGBl. I, S. 4970)

11.3.3 Weitere rechtliche Bestimmungen

- Verordnung (EG) Nr. 1282/2002 der Kommission vom 15.07.2002 zur Änderung der Anhänge der Richtlinie 92/65/EWG des Rates über die tierseuchenrechtlichen Bedingungen für den Handel mit Tieren, Samen, Eizellen und Embryonen in der Gemeinschaft sowie für ihre Einfuhr in die Gemeinschaft, soweit sie diesbezüglich nicht den spezifischen Gemeinschaftsregelungen nach Anhang A Abschnitt I der Richtlinie 90/425/EWG unterliegen (ABl. EG L 187/3 vom 16.07.2002
- Durchführungsverordnung (EU) Nr. 139/2013 der Kommission vom 07.01.2013 zur Festlegung der Veterinärbedingungen für die Einfuhr bestimmter Vogelarten in die Union sowie der dafür geltenden Quarantänebedingungen (ABl. L 47/1 vom 20.02.2013)
- Verordnung über den Schutz von Wild (Bundeswildschutzverordnung – BWildSchV) vom 25.10.1985 (BGBl. I, S. 2040), zuletzt geändert durch die Verordnung vom 28.06.2018 (BGBl. I, S. 1159)
- Verordnung (EG) Nr. 1069/2009 des Europäischen Parlaments und des Rates vom 21.10.2009 mit Hygienevorschriften für nicht für den menschlichen Verzehr bestimmte tierische Nebenprodukte und zur Aufhebung der Verordnung (EG) Nr. 1774/2002 (Verordnung über tierische Nebenprodukte). Mit Anhang Entsprechungstabelle (ABl. L 300/1 vom 14.11.2009), zuletzt geändert durch die Verordnung (EU) Nr. 2019/1009 des Europäischen Parlaments und des Rates vom 05.06.2019 mit Vorschriften für die Bereitstellung von EU-Düngeprodukten auf dem Markt und zur Änderung der Verordnungen (EG) Nr. 1069/2009 und (EG) Nr. 1107/2009 sowie zur Aufhebung der Verordnung (EG) Nr. 2003/2003 (ABl. L 170/1 vom 25.06.2019)
- Verordnung (EU) Nr. 2017/625 des Europäischen Parlaments und des Rates vom 15.03.2017 über amtliche Kontrollen und andere amtliche Tätigkeiten zur Gewährleistung der Anwendung des Lebens- und Futtermittelrechts und der Vorschriften über Tiergesundheit und Tierschutz, Pflanzengesundheit und Pflanzenschutzmittel, zur Änderung der Verordnungen (EG) Nr. 999/2001, (EG) Nr. 396/2005, (EG) Nr. 1069/2009, (EG) Nr. 1107/2009, (EU) Nr. 1151/2012, (EU) Nr. 652/2014, (EU) Nr. 429/2016 und (EU) Nr. 2031/2016 des Europäischen Parlaments und des Rates, der Verordnungen (EG) Nr. 1/2005 und (EG) Nr. 1099/2009 des Rates sowie der Richtlinien 98/58/EG, 1999/74/EG, 2007/43/EG, 2008/119/EG und 2008/120/EG des Rates und zur Aufhebung der Verordnung (EG) Nr. 854/2004 und (EG) Nr. 882/2004 des Europäischen Parlaments und des Rates, der Richtlinien 89/608/EWG, 89/662/EWG, 90/425/EWG, 91/496/EWG, 96/23/EG und 97/78/EG des Rates und des Beschlusses 92/438/EWG des Rates (Verordnung über amtliche Kontrollen) (ABl. L 95/1 vom 07.04.2017), zuletzt geändert durch Delegierte Verordnung (EU) Nr. 2019/2127 der Kommission vom 10.10.2019 zur Änderung der Verordnung (EU) Nr. 2017/625 des Europäischen Parlaments und des Rates hinsichtlich des Zeitpunkts der Anwendung bestimmter Bestimmungen der Richtlinien 91/496/EWG, 97/78/EWG und 2000/29/EG des Rates (ABl. L 321/11 vom 12.12.2019)

11.3.3.1 EU-Richtlinien

- Richtlinie 1999/22/EG des Rates vom 29.03.1999 über die Haltung von Wildtieren in Zoos (ABl. EG L 94 vom 09.04.1999)
- Richtlinie 92/65/EWG des Rates vom 13.07.1992 über die tierseuchenrechtlichen Bedingungen für den Handel mit Tieren, Samen, Eizellen und Embryonen in der Gemeinschaft sowie für ihre Einfuhr in die Gemeinschaft, soweit sie diesbezüglich nicht den spezifischen Gemeinschaftsregelungen nach Anhang A, Abschnitt I der Richtlinie 90/425/EWG unterliegen (ABl. EG L 268 vom 14.09.1992), zuletzt geändert durch Durchführungsverordnung (EU) 846/2014 der Kommission vom 04.08.2014 zur Änderung von Anhang D der Richtlinie 92/65/EWG des Rates hinsichtlich der Anforderungen an Spenderequiden (ABl. L 232/5 vom 05.08.2014); auch BALAI- oder Besen-Richtlinie genannt
- Richtlinie 2009/147/EG des Europäischen Parlaments und des Rates vom 30.11.2009 über die Erhaltung der wild lebenden Vogelarten (kodifizierte Fassung), zuletzt geändert durch Verordnung (EU) Nr. 2019/1010 des Europäischen Parlaments und des Rates vom 05.06.2019 (ABl. EU L 170, S. 115 vom 25.06.2019)
- Richtlinie 92/43/EWG des Rates vom 21.05.1992 zur Erhaltung der natürlichen Lebensräume sowie der wild lebenden Tiere und Pflanzen (ABl. EG Nr. L 206 vom 22.07.1992), zuletzt geändert durch Richtlinie 2013/17/EU des Rates vom 13.05.2013 (ABl. L 158 vom 10.06.2013, S. 193–229); auch Fauna-Flora-Habitat-(FFH-)Richtlinie genannt

11.3.3.2 Gutachten

- Gutachten über Mindestanforderungen an die Haltung von Säugetieren vom 07.05.2014
- Gutachten über Mindestanforderungen an die Haltung von Straußenvögeln, Nandus, Emus und Kasuaren vom März 2019
- Gutachten über Mindestanforderungen an die Haltung von Greifvögeln und Eulen vom 10.01.1995 (in Überarbeitung)
- Gutachten über Mindestanforderungen an die Haltung von Papageien vom 10.01.1995
- Gutachten über Mindestanforderungen an die Haltung von Kleinvögeln, Teil 1: Körnerfresser, vom 10.07.1996
- Gutachten über Mindestanforderungen an die Haltung von Reptilien vom 10.01.1997 (in Überarbeitung)
- Gutachten über Mindestanforderungen an die Haltung von Zierfischen (Süßwasser) vom 30.12.1998

11.3.3.3 Sonstige Leit- bzw. Richtlinien

- Leitlinien für die Haltung, Ausbildung und Nutzung von Tieren in Zirkussen und ähnlichen Einrichtungen vom 04.08.2000
- Leitlinien zur Beurteilung von Pferdehaltungen unter Tierschutzgesichtspunkten vom 09.06.2009
- Leitlinien für eine tierschutzgerechte Haltung von Wild in Gehegen vom 27.05.1995
- Haltungsrichtlinie für Elefanten vom 24.10.2000 empfohlen vom Beirat Artenschutz beim BfN im Zusammenhang mit der Umsetzung der Verordnung (EG) Nr. 338/97

11.3.3.4 Arbeitssicherheit

- Haltung von Wildtieren (DGUV-R 114-612) vom Juni 2023, https://publikationen.dguv.de/widgets/pdf/download/article/3489

Abkürzungen

ABl.	Amtsblatt
BfN	Bundesamt für Naturschutz
BGBl.	Bundesgesetzblatt
BRD	Bundesrepublik Deutschland
EG	Europäische Gemeinschaft
EU	Europäische Union
BMEL	Bundesministerium für Ernährung und Landwirtschaft

OLG Oberlandesgericht

OVG Oberverwaltungsgericht

Bedeutung der Zoos für den Naturschutz

Volker Homes

Wir stehen an einem Wendepunkt der Erdgeschichte: Noch nie gab es so viele Arten, die gleichzeitig hochbedroht sind und von der Erde zu verschwinden drohen. Und das alles, weil wir Menschen für einen Wandel auf der Erde verantwortlich sind und den wesentlichen Faktor für das globale Aussterben darstellen. Derzeit spricht man von einer **Zwillingskrise** und meint damit den **globalen Klimawandel**, der längst fast überall auf der Erde zu spüren ist, sowie den **Rückgang der Biodiversität**, also den Rückgang der natürlichen Lebensräume, Arten und genetischen Vielfalt. Die Ursachen für den Rückgang der Lebensvielfalt sind schon weitgehend verstanden, allein die Maßnahmen reichen nicht, um diesen Rückgang zu stoppen oder gar umzukehren.

Aus diesem Grund braucht es alle Akteure der Gesellschaft, von Regierungen und Behörden, der Wirtschaft, Nichtregierungsorganisationen und Verbänden, um den Menschen die Lebensvielfalt auf diesem Planeten zu zeigen, Zusammenhänge zu erklären und durch Beispiele Verhaltensänderungen anzustoßen.

Zoologische Gärten haben sich historisch von Menagerien der Adligen über die Zoos für das Bürgertum bis hin zu **modernen Artenschutzzentren** entwickelt. Sie sind Wissenszentren sowohl in Bezug auf den Tier- als auch auf den Naturschutz und es ist selbstverständlich, dass in einem guten Zoo alles unternommen wird, um die Tiere nicht nur adäquat, sondern vorbildlich zu halten. Im Vergleich zur Gründerzeit gibt es heute im deutschsprachigen Raum zudem breit angelegte Gesetzes- und Gutachtenvorgaben zur Haltung wild lebender Tiere, die eine tiergerechte Haltung sicherstellen sollen.

Die zunehmende Fragmentierung und Zerstörung der Lebensräume und die zunehmende Zahl bedrohter Tierarten hat auch den Fokus der zoologischen Gärten verändert. Ging es bei der Gründung der Zoos vor allem darum, Kenntnisse über die Tiere zu vermitteln, sind deren Aufgaben vielfältiger geworden. Zoos sind Kulturinstitutionen, von Menschen für Menschen gemacht, haben aber auch ein ideelles Ziel, und zwar primär den Erhalt der Biodiversität.

Das Bewusstsein der Menschen für die Notwendigkeit, nachhaltig zu leben und die Natur und Arten zu schützen, ist in den vergangenen Jahrzehnten deutlich gewachsen. Inzwischen gibt es viele Nichtregierungsorganisationen wie Stiftungen und Verbände, die sich dem Erhalt der Natur verschrieben haben, genau wie die modernen Zoos. Einige Beispiele sind die Zoologische Gesellschaft Frankfurt (ZGF), der World Wide Fund for Nature (WWF), die Wildlife Conservation Society (WCS), die Royal Zoological Society in London (ZSL) und Conservation International (CI). Kleiner sind die sehr zoonah agierende **Stiftung Artenschutz** und die **Zoologische Gesellschaft für Arten- und Populationsschutz** (ZGAP). All diese Organisationen agieren international und setzen Projekte für den Erhalt bedrohter Lebensräume sowie Tier- und Pflanzenarten weltweit um. Die Mehrzahl der hier genannten Organisationen ist aus Zoos heraus entstanden.

Früh haben die Zoos erkannt, dass ein Zusammenschluss weit mehr bewirken kann als die Anstrengungen einzelner Zoos. Der **Weltzooverband WAZA** (World Association of Zoos and Aquariums) veröffentlichte bereits 1993 die erste **Welt-Zoo-Naturschutzstrategie**. 2005 wurde die Strategie erweitert als „Zoos und Aquarien für Naturschutz“. 2015 wurde die Strategie erneut überarbeitet zu „Committing to Conservation – The World Zoo and Aquarium

Conservation Strategy“. Sie ruft alle Zoos auf, ihren Einfluss geltend zu machen und führend zu werden im Natur- und Artenschutz.

Als Akteure mit globalem Einfluss folgen die Naturschutzstrategien der WAZA und der regionalen Partnerverbände des **Europäischen Zooverbands EAZA** (European Association of Zoos and Aquaria) und des **Verbands der Zoologischen Gärten (VdZ)** im deutschsprachigen Raum den globalen Trends im Naturschutz. Viele moderne Zoos sind inzwischen Mitglied der **Weltnaturschutzunion IUCN**, des weltgrößten Naturschutzverbands, der Regierungs- und Nichtregierungsorganisationen vereint und Naturschutzanstrengungen zu harmonisieren versucht. Das IUCN-Statement zur wichtigen Rolle von Zoos, botanischen Gärten und Aquarien für den Erhalt von Natur wurde 2023 publiziert und zeigt die Anerkennung der Leistungen von Zoos.

Von den Vereinten Nationen wurde im Dezember 2022 das **Kunming-Montreal Global Biodiversity Framework** verabschiedet. Es beschreibt den Handlungsrahmen der Weltgemeinschaft zum Erhalt der weltweiten Biodiversität bis ins Jahr 2050. Gleichzeitig ist es ein historisches Abkommen, das den globalen Rückgang der Biodiversität stoppen und den Trend des Rückgangs umkehren soll. Verabschiedet wurde es im Rahmen der **Biodiversitätskonvention** (Convention on Biological Diversity, CBD), die ihren Ursprung im Abkommen von Rio 1992 hat.

Letztlich geht es um den Erhalt der belebten (Tiere, Pflanzen, Pilze) und unbelebten (Böden, Wasser, Luft etc.) Natur, was man als **Umweltschutz** bezeichnet. **Naturschutz** als Teilbereich des Umweltschutzes umfasst alle Aktivitäten, die dem langfristigen Schutz der Populationen von Arten in ihrem ursprünglichen Lebensraum (Ökosystem) dienen. Der **Artenschutz** wiederum ist ein Teilbereich des Naturschutzes, er hat die langfristige Erhaltung bestimmter Arten zum Ziel und will diese vor der Ausrottung bewahren. Der **Tierschutz** ist hingegen der Schutz einzelner Individuen vor Schmerzen, Leiden und Schäden. Er ist somit vom Artenschutz zu unterscheiden.

12.1 Die Bedrohung der Biodiversität und die Folgen für uns Menschen

Als Zentren des Natur- und Artenschutzes und Halter zahlreicher bedrohter Tierarten haben sich Zoos dem Erhalt der Biodiversität verschrieben. Dabei gilt es, die Zwillingskrise Klimaerwärmung und Verlust der Biodiversität gleichzeitig zu bekämpfen. 2019 nannte der Bericht des **Weltbiodiversitätsrats IPBES** (The Intergovernmental Science-Policy Platform on Biodiversity and Ecosystem Services) die Zahl von global etwa 1 Million Tier- und Pflanzenarten, die vom Aussterben bedroht sind. Die wichtigsten Treiber für diese Entwicklungen sind die Änderung der Landnutzung, vor allem für den Bedarf der Menschen für landwirtschaftliche Produkte und Holz und die Ausbeutung der Meere, die Übernutzung vieler Ökosysteme, der anhaltende Klimawandel, die Verschmutzung von Lebensräumen sowie die Ausbreitung invasiver, nicht heimischer Arten. Treiber sind auch das Wachstum der Weltbevölkerung sowie die nicht nachlassende Übernutzung der vorhandenen Ressource, besonders in den Ländern des Nordens, sodass die Bevölkerung einzelner Länder rechnerisch 2-4 Erden für ihren Verbrauch benötigen würde. Wir haben aber nur diese eine Erde.

Die **Roten Listen** der Weltnaturschutzunion IUCN sind ein guter Temperaturfühler, wie es global um die Arten steht. Von den etwa 2 Millionen analysierten können von etwa 160000 Arten Aussagen über deren Gefährdung und Trends der Populationen gemacht werden. Generell sind derzeit 12 % aller Vogel-, 26 % aller Säugetier- und 41 % aller Amphibienarten gefährdet. Im Durchschnitt ist mindestens jede vierte Art auf der Erde vom Verschwinden bedroht. Noch besorgniserregender ist die Zahl des **Living Planet Index**. Sie gibt Auskunft darüber, dass die Wirbeltierbestände zwischen

1970 und 2018 um 69 % zurückgegangen sind. Somit sind 2 von 3 Wirbeltieren in dieser kurzen Zeit verschwunden, dies vor allem in den warmen Regionen der Erde, den Tropen und Subtropen.

Man könnte argumentieren, in der Erdgeschichte seien immer wieder Arten ausgestorben und neue entstanden. Dies ist grundsätzlich richtig, allerdings ist dabei die vom Menschen ausgehende Vernichtung von Tierarten nicht berücksichtigt, die mit der Industrialisierung im 19. Jahrhundert in extremer Form einsetzte. Man muss davon ausgehen, dass die Geschwindigkeit der Ausrottung die Rate des Aussterbens vor der Industrialisierung um mindestens das 10- bis 100-Fache übertrifft. Es dauert also viel länger, bis sich durch Evolution neue Arten bilden, als dass Arten durch den Menschen ausgerottet werden. Daher nimmt die Artenvielfalt derzeit auf der Erde rasant ab.

12.2 Ziel: Erhaltung der Biodiversität

Was kümmert es uns nun aber, wenn eine einzelne Spezies verschwindet? Viele der derzeit aussterbenden Arten, vor allem der Wirbellosen wie den Insekten, sind wahrscheinlich noch nicht einmal entdeckt und als Arten beschrieben. Es geht im Artenschutz nicht nur um faszinierende Tierarten, z.B. das Java-Nashorn in Vietnam, das dort erst im Jahr 2009 ausgerottet wurde, sondern auch um uns Menschen. Wir Menschen, selbst Bestandteile der Ökosysteme, sind vollständig abhängig von den Ökosystemen der Erde sowie von den Leistungen und Gütern, die diese bereitstellen.

Die Biodiversität beeinflusst die Produktivität und den Gesundheitszustand von Ökosystemen ganz entscheidend: Besteht ein Ökosystem aus einer Vielzahl von Arten, ist ein größeres Potenzial für seine langfristige Weiterentwicklung und die Entstehung neuer Arten vorhanden. Die Ressourcen werden besser ausgenutzt und die Produktivität ist langfristig höher. Solche Ökosysteme sind stabiler, sie sind resistenter gegen Störungen, weil mehr Möglichkeiten vorhanden sind, um den Stoffkreislauf aufrechtzuerhalten.

Biodiversität ist kein überflüssiger Luxus. Eine intakte Natur zahlt sich für den Menschen aus. Allerdings ist eine Schätzung des Geldwerts von Ökosystemleistungen immer noch schwierig. Einige dieser Leistungen, die dem Menschen dienen und unser Leben auf der Erde sicherstellen, sind gut bekannt. So regulieren intakte Ökosysteme den Wasserhaushalt und die Trinkwasserversorgung sowie das Klima und sie schützen vor natürlichen Extremereignissen wie Lawinen, Hochwasser und Hangrutschungen. Krankheiten und Schädlinge werden eingedämmt und unter Kontrolle gehalten, für die Lebensmittelproduktion wichtige Blütenpflanzen werden bestäubt. Besonders wichtig ist die Bereitstellung von Grundstoffen zur Herstellung von Nahrungsmitteln, chemischen Produkten und Medikamenten.

Verglichen mit dem Klimawandel ist die Krise der Biodiversität wahrscheinlich um ein Vielfaches größer, obwohl der Klimawandel im Bewusstsein der Menschen deutlich größer zu sein scheint. Beim Klimawandel scheint es eine Frage zu sein, ***wie*** wir unter veränderten Umweltbedingungen in Zukunft überleben. Da wir aber von der Natur, den Pflanzen, Tieren und Pilzen vollständig abhängig sind, ist es bei schwindender Biodiversität eher eine Frage, ***ob*** wir als Menschheit überleben werden.

12.3 Aufgaben der Zoos im Naturschutz

Für alle Zoos und Aquarien bestimmt die Welt-Zoo-Naturschutzstrategie der WAZA als übergeordnetes ideelles Ziel die Verbindung aller Arbeitsbereiche mit Naturschutzaktivitäten. Das **Hauptziel ist die Erhaltung der Tierarten und ihrer Lebensräume in der Wildnis**. Grundlage der Philosophie jeder Institution Zoo sollen die Werte Nachhaltigkeit und Naturschutz sowie Sozial- und Umweltverantwortlichkeit sein. Diese Werte durchdringen alle Bereiche der Arbeit und werden von allen Zoos, die sich in internationalen Netzwerken verbinden, geteilt und vertreten. Die Zoos haben also immer noch ähnliche Hauptaufgaben, wie sie schon von Professor Heini Hediger in der zweiten Hälfte des 20. Jahrhunderts formuliert wurden:

- Arten- und Lebensraumschutzprogramme durchführen
- Informationen und Bildung vermitteln
- Forschen
- Erholungsraum bieten.

Zunehmend wird das über Jahrzehnte geltende Modell des Wertes von Zoos aber ausgeweitet, mit dem Zoo als Zentrum für Naturschutz und weitergehende soziale und ökonomische Leistungen für die Gesellschaft. Moderne Zoos entwickeln sich und ihre Aufgaben in einer sich veränderten Welt weiter. Neue Leistungen beinhalten z.B. den Einfluss von Zoos auf politische Entscheidungen, auch weit über die eigenen Zoogrenzen hinaus. Für europäische Zoos gehen diese politischen Entscheidungen etwa auf die Ebene der Bundesländer, die nationale Ebene bis hin zu Entscheidungen der Europäischen Union (EU). Neue Leistungen sind die Finanzierung von Naturschutz auch mit globaler Relevanz, der Einfluss von Zoobesuchen auf die Gesundheit von Körper und Geist der Besuchenden sowie Einflüsse auf die regionale Ökonomie von Städten und ganzen Regionen.

12.4 Arten- und Lebensraumschutz

Unter Naturschutz verstehen viele Menschen nur die entsprechenden Maßnahmen im natürlichen Lebensraum der Arten. Die Naturschutzarbeit im Zoo beginnt jedoch bereits viel früher, auch bevor eine Tierart bedroht ist. Weil die Zoos letztlich die Tierarten in der Natur erhalten wollen, gehören zu den Aufgaben der Zoos auch effiziente Erhaltungszuchtprogramme und Projekte zum Schutz bedrohter Tierarten und ihrer Lebensräume. Die **EU-Zoo-Richtlinie** fordert deshalb von den Zoos auch ein Engagement im Artenschutz ein. Diese Ziele haben sich die Zooverbände auf globaler, europäischer und subregionaler Ebene gegeben in der WAZA, EAZA und im VdZ.

Für immer mehr Arten besteht inzwischen ein Bedarf an Erhaltungszuchtprogrammen, weil immer mehr Arten durch menschliche Aktivitäten an den Rand der Ausrottung gebracht werden. Zoos haben effiziente regionale und globale Erhaltungszuchtprogramme aufgebaut. In Europa sind es die **Europäischen Erhaltungszuchtprogramme** (EEPs).

Für einzelne gefährdete Arten haben Zoos in Zusammenarbeit mit der IUCN und anderen Organisationen einen sogenannten **One-Plan-Approach** zusammen mit Zoos entwickelt. Dieses Konzept geht davon aus, dass viele Tierarten inzwischen als „globaler Bestand" gemanagt werden müssen, egal ob sich ein bestimmtes Tier einer Art in der Wildnis oder inmenschlicher Obhut befindet. Tiere werden also in die Wildnis zurückgebracht (Auswilderung) oder ausschließlich aus Naturschutzgründen von der Wildnis in menschliche Obhut genommen. Diese Arterhaltungsprogramme beziehen dabei die noch in der Wildnis lebenden Individuen mit ein. Obwohl keine andere Organisation eine so große Erfahrung im Management und in der Betreuung kleiner Populationen hat wie die Zoos mit ihren biologischen und veterinärmedizinischen Fachleuten, braucht es zur langfristigen Erhaltung einer Art mehr als nur Fachwissen, es braucht den intakten Lebensraum in der Wildnis. Und zudem müssen die Gründe, warum eine Art aus der Wildnis verschwunden ist, minimiert oder zumindest deutlich reduziert werden. Wenn Zoos zur Arterhaltung beitragen wollen, ist es deshalb nur folgerichtig, dass sie sich auch für die Erhaltung der Arten in ihren Ursprungsgebieten einsetzen.

Die gemeinschaftlichen Erhaltungszuchtprogramme der Zooverbände sind die Grundlage der Naturschutzaktivitäten eines Zoos. Zusätzlich können Zoos ihre im Zoo erworbenen Erkenntnisse in den Bereichen Bestandsplanung, Fortpflanzungsbiologie, Genetik, Verhalten, Physiologie, Fütterung, Gesundheitspflege und

Haltung für die Erhaltung der Arten in der Wildnis einsetzen. Die Erhaltungszuchtprogramme stellen zudem sicher, dass die Zoos mit ihren Tierbeständen grundsätzlich unabhängig werden und Entnahmen aus der Wildnis nicht mehr zum Bestandserhalt, sondern nur noch zur Blutauffrischung und damit zur Erhaltung einer genetisch gesunden Population nötig sind.

Um die genetische Vielfalt innerhalb einer in Menschenobhut gepflegten Art zu erhalten, werden **Zuchtbücher** geführt und die Gruppen- und Paarzusammenstellungen von einem Koordinator geplant und geleitet. Dieser ist auch das Verbindungsglied in der Zuchtplanung zwischen den Erhaltungszuchtprogrammen der Regionalverbände und den Naturschutzanstrengungen für die betreffende Art in der Wildnis. Ziel der Programme ist es, eine Zoopopulation aufzubauen, in der die Tiere ihre genetische Variabilität, ihre ursprünglichen biologischen Eigenschaften und ihre angeborene Verhaltensdisposition beibehalten können. Sie sollen auch Verhaltensweisen weitertragen können, die nur in der Gruppe mit vorhandener Kultur erlernbar sind, z.B. das Termitenfischen bei Schimpansen. Eine Domestikation (eine vom Menschen durch Züchtung zu seinem Nutzen herbeigeführte genetische Veränderung) ist zu vermeiden. Tiere mit spezifisch herausgezüchteten Merkmalen wie weiße Löwen und Tiger haben keinen Naturschutzwert.

Im Zuchtbuch wird jedes Tier mit einer Identitätsnummer, seinem Geschlecht, seinen Eltern, Geburtsdatum und -ort, eventuellen Umplatzierungen, dem Todesdatum und seiner individuellen Markierung durch Marke, Ring oder Chip festgehalten. Diese Datenbank ist heute weltweit einsehbar. Die internationale Zoogemeinschaft hat dazu die Organisation **Species360** (vormals **ISIS**, International Species Inventory System) gegründet, die das **Zoologische Informationsmanagementsystem ZIMS** (Zoological Information Management System) betreibt. Die Datenbank Species360 enthält mehr als 22000 Tierarten mit mehr als 10 Millionen Tierindividuen und ist damit eine der größten Tierdatenbanken der Welt. Eine Species360-Mitgliedschaft ist heute Pflicht für EAZA-Zoos. Zoos geben ihre Daten dazu in das Programm ZIMS ein. Eine konsequente Führung dieser Datenbank ermöglicht nicht nur die Einsicht in ein aktuelles Zuchtbuch, sie dient ebenso den Zoos mit spezifischen Informationen zu einer Tierart und dem Nachweis, dass Zoos durchaus in der Lage sind, Populationen langfristig zu erhalten, wie dies in der Biodiversitätskonvention CBD verlangt wird.

Viel Fachwissen ist inzwischen auch bei Privathaltern von Wildtieren angesammelt worden. Dabei geht es bei den gehaltenen Tieren meist um die kleineren und häufig bedrohten Arten wie Singvögel, Reptilien, Amphibien und Fische. Im Programm **Citizen Conservation** werden Tierarten gezüchtet und erhalten in einem Verbund von Zoos und guten Privathaltern, die meist in Verbänden organisiert sind.

Die zunehmende Ausrottung von Tierarten begann im 19. Jahrhundert, als die ungezügelte Jagd auf Wolf, Luchs, Bartgeier und viele weitere charismatische Arten im Fokus stand. Mit dem Einsetzen der Abholzung der großen Wälder in den 50er Jahren des 20. Jahrhunderts erreichte die vom Menschen ausgehende Ausrottung ein Maß, das die vorindustrielle natürliche Aussterberate um das mindestens 10- bis 100-Fache übersteigt. Seit 1950 hat sich die menschliche Weltbevölkerung von etwa 2,5 auf mehr als 8 Milliarden erhöht mit entsprechendem Einfluss auf die Nutzung und Ausbeutung der Umwelt. Und auch der Verbrauch der Ressourcen in den Ländern des Nordens übersteigt die Schwelle der Nachhaltigkeit um ein Vielfaches, sodass es mehrere Planeten für die Höhe unseres jetzigen Verbrauchs an Ressourcen bräuchte. Jährlich wird der „World Overshoot Day" festgelegt, also der Tag, an dem die nachwachsenden Ressourcen eines Jahres bereits von der Weltbevölkerung verbraucht sind. Dieser liegt derzeit im August und rückt fast in jedem Folgejahr im Jahreslauf immer weiter nach vorn. Die Ausrottung von Arten in den Ursprungsgebieten geht also weiter und erfordert den Aufbau von

Ex-situ-Populationen (Populationen außerhalb der Wildnis) in Zoos, die als Reservepopulationen für mögliche Wiederansiedlungen oder Bestandsaufstockungen im Lebensraum der Arten genutzt werden können.

Tiere in Erhaltungszuchtprogrammen sollen nach höchsten Tierschutzstandards gehalten werden, damit sich selbst erhaltende, gesunde Populationen für den Naturschutz aufgebaut oder erhalten werden können. Statistiker weisen darauf hin, dass eine Population im Durchschnitt mindestens 150 nachzüchtende Individuen umfassen muss, um eine Art langfristig zu erhalten. Darauf gründen auch die Ziele der Erhaltungszuchtprogramme. Als Faustformel gilt, dass 90 % der genetischen Vielfalt über 100 Jahre erhalten werden sollen.

Die Spezialistengruppe der IUCN für **Wiederansiedlungen** hat entsprechende Richtlinien aufgestellt, in welchen Fällen und auf welche Weise Tiere wiederangesiedelt werden sollen. Ziel dieser Richtlinien ist es sicherzustellen, dass gesunde Tiere, die auch ursprünglich aus dem entsprechenden Gebiet kamen, so angesiedelt werden, dass die Erfolgschancen des Projekts möglichst hoch sind und das Resultat auch überprüft werden kann. So werden beispielsweise Umsiedlungen von wild lebenden Tieren einer Ansiedlung von Zootieren vorgezogen und Projekte nur zur Ausführung empfohlen, wenn sie wissenschaftlich begleitet und auf ihren Erfolg hin kontrolliert werden. Das schränkt die Anzahl der Projekte ein. Zudem sind Wiederansiedlungsprojekte bei langlebigen Arten wie vielen Säugetier- und Vogelarten sehr langfristig und teuer. Auch müssen viele Projektbeteiligte miteinbezogen werden, um den Erfolg zu sichern. Und die Faktoren, die zum Aussterben führten, müssen verschwunden oder zumindest deutlich reduziert sein. Damit sind Wiederauswilderungen meist das letzte Mittel, um Arten zurück in ihren natürlichen Lebensraum zu bringen.

Wiederauswilderungen und Bestandstützungen mit der Beteiligung von Zoos nehmen in den vergangenen Jahren deutlich zu, und das auf internationaler, überregionaler und vor allem auch nationaler Ebene. Einige Arten wären ohne die Arbeit von Zoos bereits für immer von dieser Erde verschwunden. So listet die IUCN derzeit mehr als 80 Arten als **in der Natur ausgestorben** (Extinct in the Wild), die nur noch in Zoos und Botanischen Gärten überlebt haben. Bei vielen von ihnen ist die Wahrscheinlichkeit gar nicht so schlecht, dass sie eines Tages zurück in die Natur gebracht werden können. Und ohne Zweifel nimmt unser Wissen um die Bedürfnisse der Arten ständig zu. Inzwischen gibt es Auswilderungsprogramme für Arten, die man noch vor kurzer Zeit nicht ohne Weiteres ausgewildert hätte. Dazu zählt die Wiederansiedlung des Europäischen Luchses bis hin zu bedrohten marinen Hai- und Rochenarten. 2019 waren Zoos in der einen oder anderen Form an Programmen von über 200 Arten beteiligt. Über 50 Arten wären ohne die Arbeit der Zoos inzwischen ausgerottet oder ständen kurz davor. Sie leben wieder erfolgreich in der Wildnis. Zu den populärsten Arten gehören der Milu oder Davidshirsch, die Arabische Oryx, der Wisent, das Przewalskipferd und die Guamralle. Regional gibt es inzwischen Wiederauswilderungen von Europäischem Feldhamster, Europäischem Nerz, Bartgeier, Sumpfschildkröte und vielen anderen Arten mehr.

Inzwischen denken moderne Zoos im Naturschutz weit über ihre Zoogrenzen hinaus. Der Erhalt der Lebensräume der Arten in ihren Ursprungsgebieten ist wichtig. In den meisten Fällen suchen sich Zoos Partner, die den **Schutz der Arten in der Wildnis** (in situ) übernehmen. Das sind dann meist größere oder kleinere Naturschutzorganisationen. Die Rolle der Zoos in den Projekten besteht darin, Gelder und Expertise über die Arten zur Verfügung zu stellen. Einige, vor allem große Zoos betreiben auch eigene Zuchtstationen und Naturschutzprojekte in den Tropen wie in Vietnam und Madagaskar. Zunehmend erwarten Zoobesucher auch, dass Zoos Artenschutz betreiben. Das ist das Ergebnis repräsentativer Umfragen, die in Deutschland, Österreich und der Schweiz durchgeführt wurden. Und auch die Zooverbände haben in ihren Leitlinien die Verpflichtungen zum Artenschutz für ihre Mitglieder verschärft.

Einen weiteren Hinweis für die Bereitschaft, Naturschutzleistungen einzufordern, geben die inzwischen in vielen Zoos eingeführten **Artenschutz-Euros** oder **-Franken**. Ein Großteil der Zoobesucher leistet freiwillig diesen Aufschlag auf den regulären Eintrittspreis. Mit diesem Geld werden Artenschutzprojekte außerhalb der Zoos in internationalen oder nationalen Projekten oder auch im Zoo durchgeführt. Ein Erfolgsmodell, das Schule macht.

12.5 Fundierte Bildungsarbeit soll zum Handeln motivieren

Die Zeiten, in denen man glaubte, es gäbe eine große und unberührte Wildnis und Reservate mit einer Umzäunung und bewaffneten Wildhütern, die diese langfristig schützen, sind vorbei. Weltweit gelten nur noch knapp 3 % als ökologisch unberührte Landflächen. Nashörner und Elefanten werden nicht nur in der Wildnis, sondern auch auf Farmen und in gut bewachten Reservaten gewildert. Heute weiß man, dass ein Schutz nur möglich ist, wenn alle sogenannten Stakeholder (alle betroffenen Parteien) ein Projekt und den Schutz der bedrohten Tiere mittragen. Dafür ist wiederum entscheidend, was die entsprechende Bevölkerung über die Tiere, über den Lebensraum und dessen Bedeutung für ihr eigenes Leben und dasjenige der Tiere weiß und wie sie dieses Wissen in Naturschutzaktivitäten umsetzt. Sowohl bei uns als auch in den Ursprungsgebieten vieler Tierarten wissen die Menschen nur sehr wenig über die Zusammenhänge zwischen ihrer Umgebung und ihrem eigenen Leben: Warum soll ich nicht einen großen 4x4-Wagen kaufen, wenn ja genug Treibstoff da ist? Wieso soll ich keinen Thunfisch und nur wenig Fleisch essen? Wieso soll ich es unterlassen, den Wald hinter meinem Haus abzuholzen, wenn doch genug Wald da ist? Woher soll ich wissen, dass die Erderwärmung zu Hungersnöten und Überschwemmungen führt? Wie soll ich wissen, dass ohne Wald meine Familie hungern muss, weil dann die Nahrungsgrundlage fehlt, Erosion einsetzt und der Regen versiegt? Ebenso wichtig ist die Kenntnis alternativer Konsum- und Bewirtschaftungsformen, die nachhaltig sind und trotzdem ein gutes Auskommen ermöglichen. Bildung und Aufklärung der betroffenen Bevölkerung sind der erste und wichtigste Schritt zum Schutz eines Lebensraums oder einer Tierart, sie sollten zentraler Punkt eines jeden Naturschutzprojekts sein. Bildung ist die Grundvoraussetzung für effektiven Naturschutz.

Dabei mangelt es inzwischen nicht mehr an Kenntnissen, sondern an der Umsetzung der notwendigen Maßnahmen. Auf globaler, aber auch auf nationaler und regionaler Ebene sind die Treiber des Verlusts an Lebensvielfalt Ökonomie und Technik, Soziologie und demographische Faktoren, politisches Handeln und Konflikte. Sie führen zu einer Veränderung der Landnutzung und dem Verschwinden von Lebensräumen. Lebensräume werden übermäßig ausgebeutet oder verschwinden durch den Klimawandel. Dies erfolgt in einem solch großen und globalen Maßstab, dass nur noch die **wirtschaftliche Transformation großer Prozesse und Gesellschaften** eine langfristige Änderung möglich macht. Energie muss zukünftig nachhaltig und klimaschonend erzeugt werden, genau wie Stoffkreisläufe und die Produktion von Nahrungsmitteln vom Acker und aus dem Meer sowie die Nutzung von Holz und anderer Naturprodukte nachhaltig werden müssen.

Erkenntnis, Bildung und verändertes Handeln sind die Grundlage. Diese grundlegenden Zusammenhänge gelten auch bei uns. Unser biologisches Wissen ist mangelhaft, und doch ist das Verständnis natürlicher Vorgänge entscheidend, um sich aus dieser Erkenntnis heraus für die Natur und die Tierwelt einzusetzen. Zoos mit ihren weltweit 750 Millionen Besuchern und ihren Tieren als Botschafter ihrer in der Natur bedrohten Artgenossen und ihrer Lebensräume besitzen ein noch nicht ausgeschöpftes Potenzial, die Bevölkerung für die Tierwelt und die Natur zu begeistern, sie aufzuklären und zu bilden. Und letztlich einen Anstoß für verändertes Verhalten zu geben. Es ist die Pflicht eines jeden Zoos, dieses Potenzial zu nutzen und die Besucher über die Rote Liste der bedrohten Tierarten sowie die Gründe ihrer Bedrohung in der Wildnis zu informieren und aufzuzeigen, was jeder Einzelne zur Erhaltung dieser Arten beitragen kann. In der Gemeinschaft sind die Zoos stark. Dass Palmöl, dessen Produktion zu den größten Zerstörungen des Regenwalds beiträgt, nun in der Europäischen Union (EU) deklariert werden muss, ist z. B. auch ein Verdienst einer gemeinsamen Aufklärungskampagne und Initiative der EAZA-Zoos und ihrer Besucher.

Die Wirkung der Zoos als Bildungsinstitutionen ist dann am größten, wenn der Besucher mit Freude in einen gut geführten Zoo kommt und bereit ist, etwas zu lernen und Wissen mit nach Hause zu nehmen. Dazu muss dieses in einem attraktiven Umfeld aufbereitet und kommuniziert werden. Bildung ist neben dem Artenschutz die eigentliche Kernaufgabe der zoologischen Gärten. Dass dieser Ansatz wirkt, zeigen zahlreiche aktuelle wissenschaftliche Studien, die in modernen Zoos erstellt wurden. Es ist nicht zu erwarten, dass ein einzelner Zoobesuch direkt zu Handlungsänderungen führt, aber Zoobesuche sind ein Puzzlestein in der Bildungsarbeit, der einen Anstoß zu Verhaltensänderungen geben kann.

Die Art und Weise, wie Wissen in unserer Gesellschaft aufgenommen wird, hat sich im digitalen Zeitalter verändert. Schon früher wurden die Schilder an den Gehegen wenig gelesen, dieser Trend hat sich noch verstärkt. Das lebende Tier, das man sehen, riechen, hören und manchmal sogar fühlen kann, ist der beste Motivator, sich für Informationen rund um den Arten- und Naturschutz zu interessieren. Moderne Wissensvermittlung setzt einerseits auf das persönliche Gespräch des Tierpflegers oder einer anderen Fachperson mit dem Besucher mithilfe von Frag-den-Tierpfleger-Programmen, Präsentationen, Führungen und gezielten Aktionen. Andererseits können attraktive, interaktive Ausstellungen oder auch digitale Applikationen die Tierbeobachtung unterstützen und hinführen zu einem Wissen über biologische Zusammenhänge und die Bedrohung der Natur. Je mehr dabei auf das lebende Tier in seinem Gehege Bezug genommen wird, umso eher verbindet der Besucher sein Wissen über eine Tierart mit dem Naturschutz. Je näher man den Bezug eines Naturschutzanliegens mit dem Verhalten des Besuchers herstellen kann, desto eher wird dieser motiviert, sich seinerseits für den Naturschutz einzusetzen.

Wie schütze ich nun aber als Besucher eines hiesigen Zoos z. B. den Lebensraum eines Tieres auf einem anderen Kontinent? Hier spielen Verhaltensweisen eine Rolle, die wir unter den Begriffen Umweltschutz und Nachhaltigkeit einordnen. Wenn ich auf Palmölprodukte verzichte oder den Verbrauch reduziere, unterstütze ich den südostasiatischen Regenwald, wenn ich mein Handy recycle, helfe ich mit, dass weniger Edelmetallminen die Lebensräume von Gorillas zerstören. Naturschutzaktivitäten werden direkt mit dem Schutz einer bestimmten Tierart verbunden und dadurch verständlicher.

Zur informierenden Aufgabe als Naturschutzzentrum gehört eine entsprechende Glaubwürdigkeit des zoologischen Gartens. Moderne Zoos vermitteln in Naturschutzfragen, verhalten sich in Bezug auf die Tierakquisition und -haltung sowie auf den Umgang mit der Umwelt ethisch korrekt und verfügen über Fachwissen. Dies unterscheidet einen dem Naturschutz verpflichteten Zoo von einem Vergnügungspark.

Um Erfolgsgeschichten im Naturschutz durch Bildung produzieren zu können, arbeiten viele Zoos und Zooverbände in starken Partnerschaften. In Deutschland zum Beispiel mit dem Bundesamt für Naturschutz, das regelmäßig die „Naturbewusstseinsstudien“ über die deutsche Bevölkerung herausgibt. Nur bei hohem Naturbewusstsein sind Naturschutzmaßnahmen erfolgreich.

Zusammen sind wir stark – dies gilt auch für die Kommunikation von Naturschutzanliegen und in der diesbezüglichen Beeinflussung der

Politik. Zoos sind in der Regel gut vernetzt mit den lokalen politischen Organen, es mangelt aber an übergreifendem politischen Einfluss auf Regionen- und Länderebene. Ein aktiver und schlagkräftiger Zooverband kann diese Lücke füllen. Er kann aber nur handeln, wenn ihn die einzelnen Zoos mit Überzeugung und nach dem Motto „global denken, lokal handeln" unterstützen. Ein gutes Beispiel solcher erfolgreicher Gemeinschaftsaktionen sind die Naturschutzkampagnen der EAZA und die Politikarbeit der EAZA am EU-Sitz in Brüssel sowie des VdZ in Berlin.

12.6 Forschung im Dienste des Naturschutzes

Nichts ist für ein Unternehmen wichtiger, als sich ständig zu verbessern, neue Methoden zu entwickeln und die gesetzten Ziele zu erreichen. Zoos forschen zur Verbesserung ihrer Methodik, d. h. zur Verbesserung der Tierhaltung, der Tierpräsentation, sie arbeiten an der Optimierung des Besuchererlebnisses und der Kommunikation, um sicherzustellen, dass ihre Naturschutzbotschaften die Besucher erreichen. Die Besucher spüren sehr wohl, ob es den Tieren im Zoo gut geht. Sie werden die Naturschutzbotschaften nur aufnehmen, wenn sie von einer guten Tierhaltung im Zoo überzeugt sind. Ebenso sollen die Beobachtungen und Forschungsprogramme am Tierbestand des Zoos dazu beitragen, einen effizienteren Naturschutz in der Wildnis zu betreiben. Zoos können dort ihr Wissen in den Bereichen Erhaltungszucht, Bestandsplanung, Umsiedlung, Wiederansiedlung, Wildtiergesundheit und Naturschutzbildung mit zoologischen, veterinärmedizinischen und pädagogischen Kenntnissen einbringen. Die wissenschaftlich publizierten Beiträge reichen über alle Tiergruppen und Fachgebiete. Von der Grundlagenforschung über die Taxonomie, die Ökologie und Verhaltensforschung bis hin zur Akustik und Reproduktionsbiologie.

Einige Beispiele können den Einfluss der **Forschung in Zoos** veranschaulichen. Moderne GPS-Halsbänder zeichnen nicht nur den Standort eines besenderten Tieres auf, sondern auch seine Bewegungsdaten. Allerdings war lange unsicher, welche aufgezeichneten Bewegungsdaten welcher Verhaltensweise konkret zugeschrieben werden können. Erst durch die Besenderung und gleichzeitige Beobachtung eines in einem Zoo lebenden Luchses konnte dies geklärt werden. Somit können nun die Bewegungsdaten von wild lebenden besenderten Luchsen spezifischen Verhaltensweisen zugeordnet werden.

Vor allem kleinere Arten wie Reptilien, Amphibien und Fische werden noch immer häufig neu entdeckt und wissenschaftlich beschrieben. Durch die Analyse genetischer Proben von Zootieren bzw. durch Zooforschungsprojekte in der Wildnis wurden neue taxonomische Erkenntnisse gewonnen. So wurde 2005 eine nur in Nordvietnam vorkommende Salamanderart, der Vietnamesische Krokodilmolch (*Tylototriton vietnamensis*) entdeckt und erstmals wissenschaftlich beschrieben. Inzwischen konnte die Art nachgezogen werden und die Nachzuchten konnten in ihre südostasiatischen Heimatgebiete zurückgeführt werden. Mithilfe der Zoos und von Freilandstudien ist die Art inzwischen in die Listen des Washingtoner Artenschutzübereinkommens CITES aufgenommen und vor illegalem Handel besser geschützt.

Großes Forschungsneuland in den Zoos sind heute vor allem die marinen Aquarien. Inzwischen können sehr viele marine Fisch- und Korallenarten auch in menschlicher Obhut nachgezogen werden. Das wird uns künftig vielleicht helfen, durch die Kenntnis der Arten und durch Wiederauswilderungsprojekte Arten wieder in ihren ursprünglichen Lebensraum zurückzubringen und z.B. auch Koralleniffe wieder neu entstehen zu lassen, die vor allem durch den Klimawandel bedroht sind. Aquarien helfen zudem in der Grundlagenforschung. Jüngst wurden in Steinkorallen Stoffe entdeckt, die das Potential haben, in der Humanmedizin gegen bakterielle Erkrankungen eingesetzt zu werden.

Bei der Forschung wird eine enge Zusammenarbeit mit universitären Instituten und Forschungsverbünden angestrebt, denen die Verantwortung für die methodische Leitung der Projekte zukommt. Zoos ihrerseits können und sollen ihren Tierbestand und wichtige Beiträge und Entscheidungshilfen zur Erhaltung von Tierarten bereitstellen. Einen Überblick über die Forschungsleistungen in Zoos liefert die im Internet verfügbare Datenbank Zoo Science Library (https://www.zoosciencelibrary.org/de) der EAZA und des VdZ.

12.7 Was hat der Erholungsraum Zoo mit Naturschutz zu tun?

„Am Ende werden wir nur schützen, was wir lieben, wir werden nur lieben, was wir kennen, und wir werden nur kennen, was man uns beigebracht hat.“ Niemand hat so genau die Bedeutung eines zoologischen Gartens in unserer Gesellschaft erfasst wie der senegalesische Dichter und Umweltschützer Baba Dioum mit dieser Aussage. Längst nutzt der Mensch die Natur in einer Art und Weise, die nicht mehr nachhaltig ist. Nicht selten beruht unser Tun auf Nichtwissen und auf Ignoranz. Wir vergessen, dass wir selber ein Teil der Natur und von natürlichen Ressourcen abhängig sind. Um aber eine Bereitschaft zu lernen und ein Interesse an Tieren und Pflanzen zu entwickeln, müssen wir uns für diese begeistern und uns an den Wundern der Natur erfreuen können. Es ist deshalb entscheidend, dass das Zooerlebnis, die Begegnung mit dem Tier, beim Besucher Freude auslöst, sodass er sich mit den Tieren, ihrer Lebens- und Verhaltensweise und ihrem Status in der Natur auseinandersetzt. Der Zoo ist für viele Menschen der wichtigste Ort, der ihm eine reale Begegnung mit der Tierwelt ermöglicht. Je naturnäher ein Zoo gestaltet ist, je schöner der Besucher den Zoo und die Gehege mit den Tieren empfindet und je wohler er sich im Zoo fühlt, desto eher ist er bereit, sich mit den Tieren zu befassen sowie Informationen zu ihrem Leben im Ursprungsgebiet aufzunehmen, und umso eher ist er motiviert, sich selbst im Naturschutz zu engagieren und durch sein persönliches Verhalten (z.B. im Bereich der Mobilität, des Konsumverhaltens durch den Einkauf von Bio- und Fairtrade-Produkten oder durch Verzicht auf bestimmte Produkte) seinen Beitrag zu leisten. Aus diesem Grund ist die Gestaltung des Erholungsraums Zoo, der einzelnen Gehege, die anregend wirken und eine vorbildliche Tierhaltung erkennen lassen, entscheidend dafür, dass der Besucher den Zoo als Kompetenzzentrum für den Naturschutz anerkennt.

12.8 Das ultimative Ziel – auch für Zoos: Erhaltung der Arten in ihrem Ursprungsgebiet

Zoos haben ihren größten Einflussbereich an ihrem Standort und nur bedingt im Ursprungsgebiet der Tierarten, zu deren Schutz sie beitragen wollen. Naturschutzarbeit durch Zoos ist im eigenen Umfeld am wirksamsten, weil dort eine direkte Einflussnahme möglich ist. Dies gilt einerseits im Bereich der Bildung und der Forschung, andererseits auch bei Projekten der eigenen Stadt oder Region, bei denen es um das Überleben vieler, auch kleinerer heimischer Tierarten geht, sowie dort, wo Tierpfleger, Besuchergruppen und andere Interessierte direkt mithelfen können.

Die Aktivitäten deutschsprachiger Zoos zu bedrohten heimischen Säuger-, Vogel-, Reptilien- und Fischarten nehmen in den letzten Jahren deutlich zu. Projekte zum Europäischen Nerz, zum Europäischen Feldhamster, zu Wiesenvögeln wie dem Kiebitz oder dem zurück nach Europa kehrenden Waldrapp wären ohne die Unterstützung guter Zoos nicht oder zumindest nicht in diesem Umfang möglich. Interessierte Projektpartner und eine Finanzierung der Projekte lassen sich im gleichen Sprach- und Kulturraum des Zoos besonders gut finden. Auch ist die Zusammenarbeit mit Behörden hier einfacher. Andererseits sind Projekte in Europa besonders teuer im Vergleich zu vielen tropischen und subtropischen Regionen, in denen derzeit besonders viel Biodiversität verschwindet. Ein Naturschutzeinfluss ist in diesen Regionen für jeden investierten Euro wahrscheinlich höher.

Eines der wichtigsten Ziele der Weltzoo-Naturschutzstrategie ist es, **Erhaltungszuchtprogramme im Zoo** (ex situ) mit **Arten- und Naturschutzprojekten in der Wildnis** (in situ) zu verbinden. In den letzten Jahren haben sich die Grenzen zwischen diesen beiden Programmen verwischt. Die Weltnaturschutzunion IUCN spricht daher vom **One-Plan-Approach**, also einem Programm, das die Tiere in menschlicher Obhut und in der Wildnis als eine Population ansieht. Tierarten werden heute in vielen Ursprungsgebieten intensiv gemanagt, z. B. in Kenia, wo wild lebende Nashörner oft einzeln bewacht werden. Andererseits leben Tierarten in Zoos wie „The Wilds" in den USA auf Tausenden Hektar und können sich mit minimaler menschlicher Einflussnahme entwickeln. Je nach Situation spricht man deshalb nicht mehr von in situ und ex situ, sondern von intensiven, moderaten oder wenig gemanagten Tierarten, unabhängig von ihrem Standort.

Viele Zoos, die sich vermehrt auf exotische Tiere spezialisiert haben, sind heute in Naturschutzprojekten in fernen Ländern für spezifische Tierarten oder Lebensräume engagiert. So unterstützen die in der WAZA organisierten Zoos jedes Jahr weltweit rund 1000 Naturschutzprojekte mit einem Gesamtbudget von mehreren hundert Millionen Euro. Dies ist viel Geld, das sinnvoll und mit guter Planung eingesetzt werden muss. Da die Bedrohung der meisten Tierarten durch den Menschen erfolgt, sei es durch Veränderung der Landnutzung, Abholzung, Übernutzung der Arten und den Klimawandel, ist der Schutz der Tiere und ihrer Lebensräume in der Regel nur unter Einbeziehung der lokalen Bevölkerung erfolgreich. Die Hürden für ein gelungenes Projekt werden oft unterschätzt, da die Maßnahmen, die in den Ursprungsgebieten zu treffen sind, nicht nur biologisches Know-how, sondern auch eine umfassende Kenntnis des Landes, Menschenkenntnisse, Diplomatie und eine sehr hohe Präsenz erfordern. Meist bedingt die Zielsetzung Naturschutz eine Verhaltensänderung der Bevölkerung, die auch in einem erfolgreichen Projekt oft nur über einen Zeitraum von einer ganzen Generation erreicht werden kann. Nicht selten scheitern Projekte, weil der Bevölkerung und ihrer Entwicklung im Arbeitsgebiet nicht genügend Aufmerksamkeit geschenkt wurde oder die Naturschutzmaßnahmen die falschen sind oder zu früh beendet wurden.

Bei der Auswahl der Projekte wird eine sogenannte Win-win-Situation angestrebt. Der Zoo unterstützt mit Erhaltungszuchten, Forschungsarbeiten, Schulen, Entwicklungs- und Managementhilfe sowie Geld die Erhaltung von Tierarten und Lebensräumen und nutzt andererseits attraktive Tiere und die umfassende Information aus der Wildnis, um den Zoobesucher zu begeistern, zu sensibilisieren und dazu zu motivieren, sich selbst für den Naturschutz einzusetzen. Im Ursprungsgebiet ist die Unterstützung weitgehend davon abhängig, ob auch die lokale Bevölkerung vom Projekt in wirtschaftlicher Hinsicht profitieren kann, sei es durch zusätzlichen Ökotourismus, Hilfe für bessere landwirtschaftliche Erträge oder Direktzahlungen für den Schutz von Wäldern durch den Verkauf von CO_2-Zertifikaten.

Die **Planung eines Naturschutzprojekts** beinhaltet unter anderem:

- eine genaue Kenntnis der aktuellen Forschungslage in Bezug auf das Projekt. Besonders die Kenntnisse über die Bedrohungsfaktoren und deren Ursachen sind bedeutend.
- Beachtung der einschlägigen Gesetze und der Richtlinien der IUCN-Fachgruppen
- die Einbeziehung aller betroffenen Partner, insbesondere der Projekte in der Entwicklungszusammenarbeit, Regierungsstellen, lokalen Zoos, internationalen Naturschutzorganisationen, lokalen Gemeinden und Bevölkerungs- und Interessensgruppen
- eine realistische und überprüfbare Zielsetzung für das Projekt
- einen auf die Zielsetzung ausgerichteten Plan der einzelnen Aktivitäten

- einen langfristig angelegten Zeitplan mit überprüfbaren Meilensteinen in der Zielerreichung
- die Gewährleistung einer langfristigen Führung, Finanzierung und Logistik für das Projekt
- eine effiziente Projektorganisation mit Berichtspflichten und eine Planung, wie das Projekt begleitet und evaluiert wird.

Die Zukunft der Projektplanung von Zoos könnte in **Zookonsortien** und bei den **Zooverbänden** liegen, die auf höherer strategischer Ebene Regionen und Artengruppen identifizieren, in die die Zoogemeinschaft besonders investieren sollte und wo sie den meisten Einfluss und den besten Sachverstand einbringen kann, besser vielleicht als andere Projektpartner.

Jeder Zoo hat nur beschränkten Platz zur Verfügung für die Beteiligung an Erhaltungszuchtprogrammen und beschränkte personelle und finanzielle Mittel für sogenannte In-situ-Aktivitäten, also den Naturschutz in den Ursprungsgebieten. Dies bedingt eine Konzentration der Kräfte, um die gesetzten Ziele zu erreichen. Ziel der Weltzoo-Naturschutzstrategie ist es, dass jeder Zoo mindestens 3% seines Betriebsbudgets dafür zur Verfügung stellt, mittelfristig 5%. Viele Zoos haben dafür inzwischen z.B. den auf den Eintrittspreis freiwilligen Naturschutz-Euro oder -franken eingeführt oder finanzieren den Naturschutz über Umsatzprozente der kommerziell arbeitenden Restaurant- und Shop-Aktivitäten.

In Zukunft ist es aber auch denkbar, dass sich Zoos, Zookonsortien oder Zooverbände verstärkt mit anderen Partnern auf **staatliche Mittel im Naturschutz** bewerben, um Naturschutz in der Wildnis oder auch in den Zoos zu betreiben. Auch **Gelder aus der Privatwirtschaft** werden zukünftig sehr viel mehr zur Verfügung stehen, denn: **There is no business on a dead planet** (es gibt keine Wirtschaft auf einem toten Planeten). Mit zunehmender Erkenntnis der Wichtigkeit der Biodiversität für uns Menschen steht im Naturschutz auch immer mehr Geld zur Verfügung, das durch Fachkräfte auch aus Zoos sinnvoll in den Arterhalt investiert werden muss.

Es hat sich nicht nur für kleine Zoos mit geringen Mitteln, sondern auch für große bewährt, Kooperationen für ihre Naturschutzaktivitäten einzugehen, die dadurch nachhaltiger und effizienter und weniger von einzelnen Personen abhängig werden. Besonders erfolgreich für Zoos sind Projekte mit einem Zoo-Hintergrund, also solche, die entweder von einem Konsortium von Zoos getragen werden, z.B. die Stiftung Artenschutz oder die Madagascar Fauna Group, oder Projekte mit Organisationen wie der ZGF oder der WCS, die aus Zoos heraus entstanden sind. Eine solche Zusammenarbeit ermöglicht es den Zoomitarbeitern eher, sich persönlich einzubringen. Zudem deckt sie die Bedürfnisse der Zoos nach Informationen für den Besucher am besten ab, weil die entsprechenden Erwartungen besser bekannt sind. Langfristig angelegte Patenschaften für einzelne Naturreservate, wie sie die Madagascar Fauna Group für das Reserve speciale Betampona oder der Zoo Zürich für den Nationalpark Masoala in Madagaskar betreiben, führen zu einem engen Austausch unter allen Beteiligten. Besonders effektiv ist dabei der Einsatz der **Zooschulen**, die ihre Arbeit im Zoo mit der Ausbildung und Sensibilisierung der Betroffenen und der Bevölkerung im Ursprungsgebiet verbinden können.

Um die gesetzten Ziele in einem Naturschutzprojekt zu erreichen, genügt guter Wille allein nicht. Vielfältige Faktoren am Ort des Projekts oder im eigenen Zoo können ein Projekt zum Erfolg oder zum Scheitern bringen. Es gehört deshalb zur Professionalität eines Zoos, die Ziele genau zu definieren, Meilensteine zu planen und das Projekt immer wieder neu zu evaluieren. Der Chester Zoo in Großbritannien hat gemeinsam mit der WAZA eine Methodik entwickelt, um Effekte eines Projekts für den Naturschutz messbar zu machen.

13

Domestikation und Haustierzucht

Andreas Bernhard

13.1 Domestikation und ihre Ursachen

Unter dem Begriff **Haustiere** fasst man alle Tiere zusammen, die vom Menschen als landwirtschaftliche Nutztiere oder zu seiner Gesellschaft gezüchtet werden. Gezähmte Tiere sind daher keine Haustiere. Alle Haustiere stammen von wilden Vorfahren ab, deren Domestikation (Überführung eines Wildtieres in den Haustierstand) demnach erdgeschichtlich stets nach dem Auftreten des Menschen liegen muss. Beim Menschen bildete sich jedoch erst nach einer sehr langen Entwicklung die Voraussetzung zur Haustierhaltung.

In der Zeit, in der die Menschen noch keinen festen Wohnsitz hatten und von der Jagd und vom Sammeln von Wildpflanzen lebten, gab es noch keine Haustiere. So lebte auch der Mensch der letzten Eiszeit noch ohne sie.

Als ältestes Haustier gilt der **Hund**, dessen Domestikation man in die mittlere Steinzeit legt. Seitdem sind ungefähr zehn Jahrtausende vergangen. Wenn der damalige Mensch auch noch nicht zum Ackerbauer geworden war, so besaß er doch schon eine gewisse Sesshaftigkeit. Er kannte das Feuer und konnte Werkzeuge herstellen und gebrauchen, sodass er auch dem an Körperkraft stärkeren Tier im Kampf überlegen war und es nicht mehr zu fürchten brauchte. Wie Wölfe und Schakale auch heute noch zeitweilig Jagdzüge begleiten und an den Raststätten nach Nahrungsresten suchen, so mochten sie auch damals in die Nähe des Menschen gelangt sein, der sie zunächst gewähren ließ, wobei eventuell weniger scheue Tiere mit dem Menschen in Berührung kamen, in der Nähe des Menschen Junge hatten und diese dann in der Obhut des Menschen aufwuchsen. Später erkannte der Mensch, dass der mit seinem scharfen Spürsinn ausgestattete Hund ihm ein nützlicher Gefährte sein kann.

Es ist nicht nur beim Hund, sondern allgemein anzunehmen, dass die einzelnen Haustiere nicht von einem einzigen Ort ihren Ausgang genommen haben, sondern dass die gleiche Wildart an verschiedenen Stellen ihres ursprünglichen Wohngebiets domestiziert wurde. Heute geht man davon aus, dass jede domestizierte Tierart mit den unterschiedlichsten Rassen von jeweils nur einer Wildtierart abstammt. Auch sehr unterschiedlich aussehende Nutztierrassen (Dromedar – Trampeltier, Lama – Alpaka, europäisches Rind – Zebu) haben eindeutig die gleiche Wildform als Vorfahren. Dem Hund folgten weitere Arten, und selbst heute befinden sich viele Tiere noch am Übergang von der Wildform zum Haustier bzw. werden neue Arten domestiziert.

Der Mensch hat ursprünglich die Tiere nicht in bestimmter Absicht domestiziert; so wie er die nützlichen Eigenschaften des Hundes zunächst nicht erkannte, so wusste er auch nicht, welchen Nutzen ihm z.B. das Wildrind, das Schaf, das Huhn u.a. später bringen würden. Die für die Tiere typischen Leistungen (Milch, Wolle, Eier) wurden vom Menschen erst später genutzt und züchterisch bearbeitet. Höchstens die Fleisch- und Fellgewinnung könnte in beschränktem Maß für den Fall eine Rolle gespielt haben, dass das Wild rar wurde. Von größerer Bedeutung können auch religiöse Kulthandlungen (Opfertiere, heilige Tiere) für die erste Tierhaltung gewesen sein und erst später sind dann diese Tiere zu Haustieren geworden (vor allem trifft dies wohl bei Rind, Pferd, Katze, Taube und Huhn

Abb. 13.1 Taubenrassen. **a:** Römertaube, **b:** Pfautaube, **c:** Mövchen, **d:** Perückentaube, **e:** Kropftaube.

zu). Ebenso kann die Freude am Tier als ein Ursprung für die Zähmung gelten. Zu bestimmten Nutzungszwecken domestizierte man wohl erst seit dem Altertum, z.B. Kaninchen wegen ihres Fleisches, Strauße im 19. Jahrhundert wegen ihrer Federn und heute viele Pelztiere wegen ihrer Felle. Eine planmäßige Tierzucht setzte erst in der Neuzeit ein.

Sicher könnten neben den heutigen Haustieren verschiedene weitere Wildformen domestiziert werden, wie auch gewonnene Haustiere wieder verloren gegangen sind; so lebten z.B. einige Antilopen, die Nilgans und der Graukranich während des Mittleren Reichs in Ägypten im Haustierstand. Andere Arten werden zwar auch heute noch als Wirtschaftstiere gehalten, z.B. der Elefant, von dem aber immer wieder wild lebende eingefangen und gezähmt werden, und er somit nicht zum Haustier geworden ist.

Es hat sich gezeigt, dass die Domestikationsfähigkeit vor allem bei sozial lebenden Tieren sehr groß ist, da bei ihnen eine große Anschlussbereitschaft vorhanden ist. Fast alle wilden Vorfahren unserer Haustiere waren Herdentiere. Keine Herdentiere sind z.B. die Katzen. Bei ihnen ist es aber auch im Vergleich zu dem anderen Raubtier, das zum Haustier wurde (Wolf), stets bei einem allgemein sehr lockeren Verhältnis zum Menschen geblieben.

Wie stark die Veränderlichkeit der Wildform bei der Haustierzüchtung sein kann, zeigt Abbildung 13.1 an fünf von unzähligen aus der Felsentaube hervorgegangenen Taubenrassen. Die bekannte Mannigfaltigkeit bei verschiedenen Haustieren hängt vor allem auch von dem Interesse des Züchters an den verschiedenen Möglichkeitsformen ab. Stammesgeschichtlich junge Wildarten erweisen sich dabei als besonders wandelbar. Der Formenreichtum der Haustiere ist ein Beweis für die Veränderlichkeit der Arten. Durch das Studium der Domestikation kann daher das Verständnis für die Gesetzmäßigkeiten der Evolution erleichtert werden.

13.1.1 Auswirkungen der Domestikation

Im Laufe der Domestikation der verschiedenen Tiere kann man zahlreiche Parallelen beobachten. So kann sich die Größe verändern; es gibt dann neben Mittelformen Riesen- und Zwergrassen. Neben diesen echten Zwergen kennt man auch einen unproportionierten Zwergenwuchs, z.B. die Dackelbeinigkeit. Diese Abänderungen sind nicht, wie oft bei Pflanzen, durch eine Vermehrung oder Verminderung der Chromosomenzahl bedingt, sondern gehen auf Mutationen einzelner Erbfaktoren (Gene) zurück. Andere Parallelen sind: Verlängerung des Schädels, Verkürzung der Kiefer, Wasserköpfigkeit, Vergrößerung und Verlängerung der Ohren, Umwandlung der für das Wildtier charakteristischen Stehohrigkeit in eine Hängeohrigkeit (Maskenschwein), Verkleinerung der Ohren bis zu deren Verschwinden, Faltenbildung der Haut, Kehlanhänge wie „Glöckchen“ bei Schaf und Ziege, Angoraformen, Lockenhaar, Haarlosigkeit, Russenfarbigkeit, Holländerscheckung, Tigerscheckung u.a.

Bei vielen Haustieren nimmt die Fruchtbarkeit zu, auch der Sexualrhythmus verändert sich, sodass zahlreiche Formen zu jeder Jahreszeit zuchtfähig sind. Häufig werden Haustiere früher geschlechtsreif als ihre Wildformen.

Durch die Domestikation ändern sich nicht die Verhaltensweisen, sondern nur die Intensität und Frequenz dieser. Verwildern Haustiere, so tritt z. B. die natürliche Verhaltensweise „Scheu vor dem Menschen" bereits nach wenigen Tagen und einigen erfolglosen Verfolgungsversuchen wieder auf.

13.1.2 Abstammung der Haustiere

Da die Domestikation von Wildtieren einen langwierigen Prozess darstellt, sind die Grenzen zwischen Wildform und Haustier fließend. Auch heute werden vom Menschen noch Tiere in den Haustierstand überführt, weshalb die nachfolgende Aufzählung nicht vollständig sein kann.

Hauspferd. Die Stammform des Hauspferdes – eventuell mit anderen ausgestorbenen Wildpferdunterarten – ist das Innerasiatische Wildpferd oder Przewalskipferd, das die Wüsten der Dsungarei in kleinen Trupps bewohnte und dort ausgerottet wurde. Nur in zoologischen Gärten hatten Tiere überlebt, sodass man sich dort um die Erhaltung dieser Tiere bemüht. Der Zoologische Garten Prag begann mit dem Aufbau des Internationalen Zuchtbuchs und der Zoo Köln führte die Arbeit im Rahmen eines EEP erfolgreich fort, so dass aus den Zoobeständen Pferde ausgewildert werden konnten und wieder Herden in der Mongolei und China frei leben.

Das Innerasiatische Wildpferd hat eine Widerristhöhe von 1,35–1,40 m und ist im Allgemeinen isabellfarbig mit meist dunkleren, dicken Beinen und einem – nicht immer vorhandenen – Aalstrich. Die kurze, schwarze Mähne steht aufrecht, das Maul ist meist heller eingefasst und der Kopf an dem dick wirkenden Hals erscheint plump und lang und trägt kurze Ohren. Die Domestikation erfolgte wohl zunächst in Asien am Ende des 3. Jahrtausends v. Chr.

Der Tarpan galt lange Zeit als eine weitere Stammart unserer Hauspferde. Die Tarpane sind 1876 ausgestorben. In verschiedenen zoologischen Gärten hat man durch Kreuzung bestimmter Hauspferderassen Pferde erhalten, die in ihrem Aussehen dem Tarpan ähneln (sogenannte **Rückzüchtungen**). Die Widerristhöhe dieser Tiere betrug 1,30–1,40 m. Sie waren mausfarben mit einem Aalstrich und besaßen ein helles Maul sowie dunkle Beine.

Hausesel. Der Hausesel stammt von den afrikanischen Wildeseln ab. Die asiatischen Halbesel (Kiang, Kulan und Onager) scheiden als Wildformen aus. Vom afrikanischen Wildesel werden drei Unterarten beschrieben, nämlich der gelbbraune Nubische Wildesel mit einem Schulterkreuz und ohne Zebrastreifung der Beine, der größere Somali-Esel, der kein Schulterkreuz besitzt, bei dem jedoch die Beine gestreift sind, und der Nordafrikanische Wildesel, die Stammform unserer Hausesel. Die Domestikation erfolgte in der Jungsteinzeit vor der Überführung des Pferdes in den Haustierstand im Raum von Äthiopien und Ägypten.

Hausschwein. Das Hausschwein verdankt seine Entstehung den in Europa und Asien verbreiteten verschiedenen Wildschweinrassen. Der Beginn der Domestikation des Europäischen Wildschweins liegt in der Jungsteinzeit. Ein reiner Abkömmling des Europäischen Wildschweins ist eventuell das Hannoversch-Braunschweigische Landschwein. Die übrigen Schweinerassen sind sicher Mischlinge. Ein weiteres wichtiges Domestikationszentrum befindet sich in Ostasien und hat als Wildform das Asiatische Bindenschwein.

Wasserbüffel. Über die Zeit der Domestikation des Wasserbüffels oder Kerabaus liegen keine genauen Angaben vor. Die Stammform ist der Arni, der in den Sumpfgebieten Indiens lebt. Wasserbüffel erreichen eine Höhe von ungefähr 2 m und haben eine dunkle, schwach schwarz behaarte Haut. Die Hörner sind abgeflacht und können bis 2 m lang werden.

Gayal. Der Gayal hat als Stammform den Gaur. Der Gaur ist in Vorder- und Hinterindien verbreitet.

Balirind. Das Balirind stammt vom Banteng ab. Die Heimat des Bantengs ist Hinterindien, Java und Kalimantan. Anders als der Gaur, der eine Widerristhöhe von 2 m erreicht, wird er nur 1,80 m groß.

Hausrind. Unser Hausrind mit seinen verschiedenen Rassen stammt vom Ur oder Auerochsen (*Bos primigenius*) ab. Der Ur bewohnte vor seiner Ausrottung 1627 die Wälder Europas. Im Tierpark Hellabrunn wurde die Rückzüchtung des Ures versucht. Die Tiere haben eine Widerristhöhe von 1,85 m erreicht und waren geradrückig, kurzglatthaarig schwarz mit einem weißen Aalstrich. Das Maul war weißlich eingefasst. Die großen, nach vorn gerichteten Hörner hatten schwarze, aufwärts gerichtete Spitzen. Die Domestikation erfolgte vor etwa 6000 Jahren. Auch die Zebus stammen vom Ur ab.

Yak. Die Wildform des domestizierten Yaks ist der wild lebende Yak Die Heimat dieser 2 m hohen bräunlich schwärzlichen Tiere ist das Hochland von Tibet.

Hausschaf. Als Stammformen des Hausschafes nimmt man das Europäische Mufflon, das Innerasiatische Steppenschaf und das Argali an. (Neuerdings werden die genannten Arten auch als Unterarten aufgefasst.) Der Domestikationszeitpunkt liegt vor der Haustierwerdung des Rindes; in Nordafrika und Europa sind Hausschafe schon für die jüngere Steinzeit nachgewiesen. Man glaubt z.B., dass das Zackelschaf vom Innerasiatischen Steppenschaf, die Heidschnucken vom Mufflon und die Fettsteißschafe vom Argali abstammen.

Hausziege. Die Bezoarziege (*Capra aegagrus*) ist die Stammform von heute ca. 200 verschiedenen Hausziegenrassen. Neben Tieren für die Fleisch- und Wollproduktion sind auch spezielle Milchziegenrassen entstanden, die heute jährlich eine Milchmenge geben, die dem 20-Fachen ihrer eigenen Körpermasse entspricht.

Ren. Das domestizierte Ren stammt vom Wildren ab und ist die einzige domestizierte Hirschart. Es wird im halbwilden Zustand in großen Herden gehalten.

Kamel. Möglicherweise haben Trampeltier und Dromedar dieselbe, noch in Zentralasien vorkommende Wildform. So wird z.B. der Höcker des Dromedars embryonal wie beim Trampeltier zweiteilig angelegt. Nach Fossilfunden in Palästina wird aber auch angenommen, dass das Dromedar eine eigene Wildart als Stammform hatte, die bereits in vorgeschichtlicher Zeit ausgestorben ist. Für diese Annahme spricht, dass die F_1-Generation von Kreuzungen zwischen Trampeltier und Dromedar nur bedingt fortpflanzungsfähig ist. Die Bastardhengste erwiesen sich gewöhnlich als steril. Das Trampeltier wird vor allem in Asien gehalten, während in Afrika das Dromedar bevorzugt wird.

Lama. Die Wildform des Lamas ist das Guanako. Die Lamas werden in Südamerika in Herden auf den Hochebenen gehalten. Sie dienen als Lasttiere und Wolllieferanten.

Alpaka. Das Alpaka stammt wie das Lama vom Guanako ab. Früher glaubte man, als wilde Vorfahren eventuell auch das Vikunja annehmen zu können. Das Alpaka dient als Wolle lieferndes Nutztier.

Haushund. Der Haushund stammt vom Wolf ab. Der australische Dingo ist ein verwilderter Haushund. Fuchs und Schakal scheiden als Stammformen für unsere Haushunde aus.

Hauskatze. Der Domestikationszeitpunkt der Hauskatze liegt um 2000 v. Chr. in Ägypten. Als Stammform gelten verschiedene Rassen der Falbkatze.

Frettchen. Die Wildform des Frettchens ist der Waldiltis. Genau wie bei der Hauskatze lebt die Wildform nicht sozial.

Weitere Carnivoren wie der Rotfuchs, der Eis- oder Polarfuchs und der Amerikanische Nerz oder **Mink** wurden als Pelztiere domestiziert und werden heute in verschiedenen Farbschlägen gezüchtet.

Auch der südamerikanische Sumpfbiber, der **Nutria**, wurde bereits seit Ende des vorigen Jahrhunderts von Frankreich ausgehend als Pelztier in Farmen gehalten.

Der **Goldhamster** wurde erst 1930 in Syrien wiederentdeckt und ein Weibchen mit seinen zwölf Jungen aus dem Bau ausgegraben. Von einem Männchen und zwei Weibchen aus diesem Wurf stammen alle heute in menschlicher Obhut gezüchteten Goldhamster ab.

Meerschweinchen. Unser Meerschweinchen hat als Stammform das südamerikanische Meerschweinchen (*Cavia porcellus*).

Hauskaninchen. Das Hauskaninchen stammt vom Wildkaninchen ab. Kreuzungen zwischen Hasen und Kaninchen sind nicht bekannt. Auch die Hasenkaninchen sind echte Kaninchen.

Laborratte. Etwa gegen Anfang des 20. Jahrhunderts begann die Domestikation der Wanderratte, die einen besonderen Aufschwung durch die Verwendung in Versuchstierhaltungen erlangte.

Labormaus. Wie die Wanderratte wurde auch die Hausmaus vor allem als Versuchstier domestiziert und über entsprechende Zuchtauswahl den entsprechenden Bedürfnissen angepasst.

Haustaube. Die Haustaube, deren Stammform die Felsentaube ist, gehört mit zum ältesten Hausgeflügel und ist schon seit 4000 v. Chr. bekannt.

Haushuhn. Das Bankivahuhn ist die Wildform des Haushuhns und lebt in den Wäldern und Bambusdickichten Ostindiens. Die Domestikation erfolgte 3000 v. Chr. in Indien.

Hausputer. Der Hausputer stammt von dem aus den Vereinigten Staaten kommenden wilden Truthahn ab. Bei der Entdeckung Amerikas wurde dieses Tier bereits als Haustier gehalten.

Perlhuhn. Das zahme Perlhuhn hat als Ursprung das Helmperlhuhn. Es wird seit ungefähr 2000 Jahren gehalten. Seine Heimat ist Afrika. Die Domestikation erfolgte in Westafrika.

Hausgans. Die einzige Stammform der Hausgans ist die Graugans. Der Beginn der Haustierwerdung liegt in der Jungsteinzeit, als Domestikationsorte gelten Nordeuropa und Nordasien.

Kanadagans. In Nordamerika wird die Kanadagans als Haustier gehalten.

Höckergans. Die Stammform der Höckergans ist die Schwanengans, die in Sibirien und Ostasien vorkommt.

Hausente. Wie die Hausgans hat auch die Hausente nur eine Wildform, die Stockente; sie ist über Europa, Asien, Nordafrika und Nordamerika verbreitet.

Abb. 13.2 Deutsches Riesenkaninchen, Rammler, 8¼ kg schwer, und Hermelinkaninchen, Häsin, 1 kg schwer.

Moschusente. Die Moschusente stammt aus Mittelamerika und dem tropischen Südamerika. Sie wurde von den spanischen Eroberern Anfang des 16. Jahrhunderts bereits domestiziert vorgefunden. Sie kann mit Hausenten gekreuzt werden, was aber wegen eines unterschiedlichen Fortpflanzungsverhaltens beider Arten auf Schwierigkeiten stößt. Sie kommt als Flugente oder Cairina auf den Markt.

Kanarienvogel. Der Kanarienvogel, der von dem auf den Kanarischen Inseln lebenden Kanarengirlitz abstammt, wird seit etwa 300 Jahren als Haustier gehalten.

Japanisches Mövchen. Das Japanische Mövchen ist bereits vor mehreren Jahrhunderten in China und Japan gezüchtet worden und damit der älteste domestizierte Prachtfink. Leider liegen keine Überlieferungen über seine Erzüchtung und Abstammung vor. Sicher ist nur, dass es von Prachtfinken der Gattung *Lonchura* abstammt und wahrscheinlich mehrere Bronzemännchenarten miteinander gekreuzt wurden.

Weitere Prachtfinkenarten wie die Gouldamadine, der Muskatfink, der Reisfink und der Zebrafink gelten heute als domestiziert.

Wellensittich. Eines der jüngsten Haustiere ist der Wellensittich, der erstmals 1840 aus Australien nach England importiert wurde.

Inzwischen können weitere Psittaziden als domestiziert angesehen werden. Dazu zählen der Nymphensittich und einige afrikanische Unzertrennliche (*Agapornis*).

Karpfen. Der Karpfen wird in mehreren Rassen (Spiegelkarpfen, Lederkarpfen) gehalten und kann deshalb ebenfalls als Haustier bezeichnet werden.

Goldfisch. Stammform der sehr vielgestaltigen Zuchtformen ist die Silberkarausche.

Auch ein Teil der gegenwärtig als Aquarienfische gezüchteten Fischarten kann zu den Haustieren gezählt werden.

Seidenspinner. Seit 3000 v. Chr. wird der Seidenspinner in China als Haustier zur Seidengewinnung gezüchtet.

Honigbiene. Als eines der bekanntesten Haustiere sei abschließend die Honigbiene genannt, bei der die Königinnenzucht heutzutage erfolgreich durchgeführt wird.

Die Haustiere wurden durch den Menschen in jeweils langen Generationsfolgen aus Wildtieren durch Veränderungen ihrer natürlichen Umwelt geschaffen. Schon Darwin wies dabei auf die wissenschaftliche Bedeutung dieses größten biologischen Experiments der Menschheit hin. Die großen Kulturen in der Vergangenheit der Menschheit wären ohne die Haustiere undenkbar gewesen, sie lieferten Nahrung und Kleidung und dienten als Energiequelle und Verkehrsmittel.

Gegenwärtig wird in weiten Teilen der Erde durch die Technisierung der Landwirtschaft und die Entwicklung der Kunststoff- und Verkehrsindustrie die praktische Bedeutung vieler Haustierrassen immer geringer, sodass sie entbehrlich werden und das Interesse an ihnen erlischt. Hier ist es die Aufgabe der Tiergärten, kulturhistorisch wertvolle Rassen dieser für die tierische Produktion anscheinend wertlosen Tiere zu pflegen und zu erhalten. Mit der Haltung von Haustieren erfüllen die zoologischen Gärten nicht nur eine wichtige kulturpolitische Aufgabe, sondern schaffen gleichzeitig ein für spätere Nutztierzüchtungen unter Umständen benötigtes wertvolles Genreservoir.

In Deutschland bemüht sich die Gesellschaft zur Erhaltung alter und gefährdeter Haustierrassen (GEH) um die Erhaltung dieser Ressourcen. Seit den 80er Jahren des letzten Jahrhunderts wird jährlich eine Rote Liste der gefährdeten Nutztierrassen im Bundesgebiet herausgegeben. Im Rahmen des „Fachprogramms zur Erhaltung und nachhaltigen Nutzung tiergenetischer Ressourcen“, das im Jahr 2003 von der Konferenz der Agrarminister des Bundes und der Länder verabschiedet wurde, führt die Bundesanstalt für Landwirtschaft und Ernährung die online frei verfügbare Zentrale Dokumentation tiergenetischer Ressourcen in Deutschland (TRGDEU) mit Einstufungen in Kategorien nach Bestandsgefährdung. Die Gefährdungskategorien sind:

- PERH: phänotypische Erhaltungspopulation; unbestreitbarer kultureller Wert, jedoch nur noch Rudimente
- ERH: Erhaltungspopulation
- BEO: Beobachtungspopulation
- NG: nicht gefährdet

Die Kategorisierung erfolgt über die effektive Populationsgröße, die aus der Anzahl der weiblichen und männlichen Tiere errechnet wird.

13.2 Besonderheiten der Haustierzucht

13.2.1 Zuchtmethoden

Die Vererbungslehre hat dem Züchter die wissenschaftlichen Grundlagen für seine Arbeit gegeben. Welche Wege stehen nun dem Züchter zur Erreichung seines **Zuchtziels**, das selbstverständlich vor jedem Zuchtbeginn genau festgelegt sein muss, offen? Es sind dies die

- Auslesezucht
- Kombinationszucht
- Bastardierung und
- Mutationszüchtung

Vor jedem Zuchtbeginn wählt man zunächst aus dem zur Verfügung stehenden Tierbestand die dem gesteckten Zuchtziel am ehesten entsprechenden Individuen heraus – Individualauslese – um durch Neukombination das Gesamtziel zu erreichen. Diese Arbeit ist mit die wichtigste Voraussetzung für jeden Erfolg. Da man bei den Tieren nur den Phänotyp (Erscheinungsbild) aber nicht den Genotyp (Gesamtheit der Erbanlagen) sofort erkennen kann, ist die Beurteilung und Prüfung der Nachkommenschaft – im Allgemeinen über mehrere Generationen – notwendig. Hier zeigt sich die Bedeutung und Notwendigkeit einer wissenschaftlichen Datei, einer guten Tierkennzeichnung und eines Abstammungsnachweises für die Zuchterfolge auch in zoologischen Gärten. Herdbuchführung und ähnliche Nachweise sind in anderen Zuchtbetrieben schon lange unerlässliche Grundbedingungen für jeden Erfolg, da die Kenntnis des **Erbwerts** der Zuchttiere für eine erfolgreiche Zucht unerlässlich ist. Dabei versteht man unter dem Erbwert (Genotyp) die Gesamtheit aller in den Chromosomen lokalisierten Erbanlagen (siehe Kapitel 6).

Je vielfältiger die Genotypen des Ausgangsmaterials sind, desto wahrscheinlicher kann das gesteckte Zuchtziel erreicht werden. Als nächster Schritt erfolgt die bewusste Paarung der verschiedenen Tiere. Bei der Paarung von Fremdbefruchtern unterscheidet man zwischen **Fremdzucht** (Paarung nicht verwandter Tiere) und **Inzucht** (Paarung bis zum 6. Grad miteinander verwandter Tiere). Bei der Inzucht von Verwandten 1. und 2. Grades (Eltern × Kind; Geschwisterpaarung; Großeltern × Enkel) spricht man teilweise von Inzestzucht.

Es ist selbstverständlich, dass bei Haustieren mit geringen Vermehrungsraten und langen Generationsfolgen die Arbeit z. B. gegenüber der Landwirtschaft, hier vor allem der Pflanzenzüchtung, sehr erschwert ist und sehr viel Geduld und Ausdauer verlangt. Die Zuchtprinzipien entsprechen sich jedoch in allen genannten Zuchtrichtungen.

13.2.1.1 Auslesezucht

Am Beginn einer jeden Zucht steht die Auslese der dem Zuchtziel am ehesten entsprechenden Tiere aus der im Zoo zur Verfügung stehenden Tiergruppe (Population). Bei den oft sehr kleinen Populationen im Zoo ist deshalb das regionale und globale Management im Rahmen von Erhaltungszuchtprogrammen, der Beteiligung an Zuchtverbänden mit Zuchtschauen und Beurteilungen des Zuchtwerts von Einzeltieren oder auch das Kören von Vatertieren erforderlich.

Diese Methode ist die älteste und ursprünglichste Zuchtmethode. Besonders bei Vatertieren sollte man dies bei jeder Züchtung beachten. Vatertiere können so Ausgangspunkt von Blutlinien werden.

Die Kenntnis des Erbwertes der Zuchttiere ist eine wichtige Voraussetzung für jede Weiterzucht. Zunächst erfolgt – soweit diese Unterlagen nicht vorhanden sind – die Individualauslese rein nach dem Erscheinungsbild. Ständige Auslese, systematisch durchgeführt, führt zu einer Verbesserung der betreffenden Rasse. Man spricht in der Landwirtschaft von Reinzucht, wobei die verschiedenen Blutlinien einer Rasse, die die gewünschten Merkmale besonders ausgeprägt zeigen, auch miteinander gepaart werden, auch von Linienzucht. So erhält man eine verstärkte Auslesemöglichkeit.

13.2.1.2 Kombinationszucht

Als weitere Zuchtmethode wird die Kombinationszucht angewandt. Mit ihr werden im Rahmen der in Kapitel 6 aufgeführten Gesetzmäßigkeiten Neukombinationen von Anlagen erzielt.

Gebrauchskreuzung. Bei der Gebrauchskreuzung – einer Form der Kombinationszucht – werden bei Vorhandensein bestimmter genetischer Voraussetzungen verschiedene Rassen einer Art ohne spätere Weiterzucht der Kreuzungsprodukte miteinander gepaart. Diese Methode hat sich in der Praxis bewährt, da die Tiere der F_1-Generation (1. Generation) meistens eine besonders hohe Vitalität besitzen und sich durch wirtschaftliche Leistungsfähigkeit auszeichnen. Diese Rassekreuzungen müssen laufend neu durchgeführt werden, da aufgrund der Spaltungsregel bei einer Weiterzucht der F_1-Tiere mit großer Wahrscheinlichkeit eine wirtschaftlich nicht vertretbare Leistungsminderung in der F_2-Generation (2. Generation) auftritt. Die Gebrauchskreuzung spielt in der modernen Schweineproduktion eine große Rolle.

Kombinationskreuzung. Die Kombinationskreuzung verfolgt das Ziel, die erwünschten Erbmerkmale von zwei oder mehr Rassen durch Kreuzung und anschließende Auslese in der Nachkommenschaft zu kombinieren. Voraussetzung für den Erfolg ist, dass die Kreuzungspartner die erwünschten Merkmale möglichst vollkommen aufweisen. Das Ergebnis einer erfolgreichen Kombinationskreuzung ist eine neue Rasse, die dann durch Auslesezucht in ihren Merkmalen stabilisiert wird.

Veredlungskreuzung. Durch die Veredlungskreuzung soll eine bodenständige Rasse durch einmaliges oder wiederholtes Anpaaren mit Vatertieren einer anderen, meist hochleistungsfähigen Rasse in bestimmten Eigenschaften verbessert werden (z. B. Einkreuzung von Dänischen Rindern in das Schwarzbunte Niederungsrind).

Verdrängungskreuzung. Bei der Verdrängungskreuzung werden Vatertiere einer neuen reinen Zuchtrasse mit Weibchen vorhandener Rassen oder rasselosen Tieren und die daraus folgenden Generationen so lange miteinander verpaart, bis bei der Paarung der Nachkommen untereinander der in Form und Leistung erwünschte Rassetyp erhalten bleibt.

13.2.1.3 Bastardierung

Es soll hier nur darauf hingewiesen werden, dass diese Zuchtmethode zur Erlangung von Nutztieren (Pferdestute × Eselhengst = Maultier) und Veredlung bzw. Schaffung neuer Rassen (Merinoschaf × Mufflonbock = Berg-Merinoschaf) angewandt wird. Im ersten Beispiel ist ein kräftiges und genügsames Arbeitstier das Ergebnis und im zweiten eine an das Gebirgsleben angepasste Schafrasse, die eine qualitativ hochwertige Wolle (Merinowolle) liefert.

13.2.1.4 Mutationszüchtung

Bei der Mutationszüchtung wird das Erbgut gezielt, z. B. durch Röntgenstrahlung, so behandelt, dass Mutationen entstehen. Dies hat in der Pflanzenzüchtung bei der Herausbildung züchterisch wichtiger Faktoren schon wesentliche positive Ergebnisse gebracht. In der Tierzucht führte diese Methode bisher kaum zum Erfolg, da die Gendefekte häufig die Lebensfähigkeit negativ beeinflussen. Bei Seidenspinnern hat man durch den Einsatz von Röntgenstrahlen zwar bei einzelnen Mutanten eine Steigerung des Seidenertrags um 30 % erreicht, in anderen Fällen (Geflügel und Pelztierzucht) jedoch keine sichtbaren Erfolge erzielt. Hohe Individuenzahlen und Kosten, verbunden mit eventuell auftretenden großen Tierverlusten, schließen in der Regel diese Zuchtmethode in der Tierzüchtung aus.

13.2.1.5 Zuchtschäden

Bei jeder züchterischen Arbeit sind auftretende Zuchtschäden unvermeidlich. Es ist außerdem schwer, eine scharfe Grenze zwischen positiven und negativen Anlagen zu ziehen, da neben der extremen Ausbildung dieses und jenes Erbleidens alle Übergänge möglich sind.

Bei der **Haustierzüchtung** hängt es dabei vom Standpunkt und der Verantwortung des Züchters ab, ob er nicht sogar pathologische Anlagen als Rassemerkmale herauszüchtet (Kiefermissbildung bei Bulldoggen, O-Beinigkeit bei Dachshunden, Bewegungsstörungen bei Tanzmäusen u. a.).

Auch die hohen Leistungen der landwirtschaftlichen Nutztiere sind rein biologisch gesehen unnatürliche Erscheinungen, im Interesse der Wirtschaftlichkeit jedoch erstrebenswerte Zuchtziele. Da verschiedentlich auch Positives mit Negativem vereint ist, wird der Züchter weiter vor Fragen gestellt, ob er den Nachteil in Kauf nimmt oder die Anlage verwirft.

1933 trat in Norwegen auf einer Silberfuchsfarm als Mutante der Platinfuchs auf. Färbung und Zeichnung des Platinfuchses sind gegenüber den gleichen Merkmalen des Silberfuchses dominant. Bei der Kreuzung zweier Platinfüchse sind die Würfe (zwei Drittel Platinfüchse, ein Drittel Silberfüchse) um 25 % kleiner als bei den Paarungen Platinfuchs mit Silberfuchs oder zweier Silberfüchse, da der Platinfaktor reinerbig letal (tödlich) wirkt (siehe Kapitel 6).

So entscheidet der Züchter nach seinem Ermessen in der Haustierhaltung über den Wert der Anlagen für das von ihm gestellte Zuchtziel.

Bei der **Wildtierhaltung** darf als Zuchtziel nur die Ideal- und Normalform der nicht in menschlicher Obhut gehaltenen Wildtiere gelten. Jedes auftretende Erbleiden, aber auch jedes Abweichen einer Anlage vom Vorbild des frei lebenden Wildtieres muss im Bestand ausgemerzt werden. Durch Nichtbeachten dieser Prinzipien ist seinerzeit in den zoologischen Gärten durch Auslese nach damaligen Idealen über mehrere Generationen der „Zoolöwe“ entstanden, der im Phänotyp erheblich von den einzelnen Unterarten abwich.

Während dominant auftretende Erbleiden relativ leicht zu erkennen sind, weil sie sofort bei den Nachkommen in Erscheinung treten, können vor allem rezessive Erbfaktoren (verborgen vorhanden und durch dominante Erbanlage überdeckt, sich erst bei Homozygotie im Phänotyp äußernd) bei Nichtbeachtung verheerende Folgen zeigen und ganze Bestände schädigen. Im Zusammenhang mit den Letalfaktoren und der Inzucht wurden die Gesetzmäßigkeiten dieser Erscheinungen erläutert. Genauso wie bei der Inzucht die gewünschten Anlagen rein herausgezüchtet werden, geschieht das auch mit den unerwünschten, oft sogar schädlichen Merkmalen, sodass ein Nachlassen der Vitalität (Lebensfähigkeit), einsetzende Unfruchtbarkeit u.a. zu beobachten sind. Gleichzeitig ist bekannt, dass bei der Zucht unserer heutigen leistungsfähigen Pferde- und Rinderrassen relativ viel Inzucht angewandt wurde. Inzucht ist insgesamt eine brauchbare Zuchtmethode, Voraussetzung ist allerdings, dass bei der Nachkommenschaftskontrolle eine Verschärfung der Auslese eintritt.

Autorinnen und Autoren

Dr. Winfried Arnhold
Agrarwissenschaftler. Diplom und Promotion an der Universität Leipzig. 1989–1993 wissenschaftlicher Assistent und Kurator für Tierernährung und Haustiere am Zoologischen Garten Leipzig. 1993–1996 Visiting Scholar an der University of California, San Diego/USA und am Centre of Reproduction of Endangered Species of the Zoological Society of San Diego. 1996–1998 freier wissenschaftlicher Mitarbeiter an der Biologischen Fakultät der Universität Jena. Wissenschaftliche Tätigkeit auf den Gebieten der Zootierernährung, der Essentialität und Toxizität der Spurenelemente und der Versorgung von Tier und Mensch mit Spurenelementen. Seit 1998 leitende Tätigkeit in der Futtermittelindustrie.

Dr. Andreas Bernhard
Veterinärmediziner. Wissenschaftlicher Assistent am Zoologischen Garten Leipzig, Kurator, Fachtierarzt für Zoo-, Gehege- und Wildtiere. Seit 2009 Leitender Zootierarzt im Zoo Leipzig.

Prof. Dr. Lothar Dittrich
Biologe. Diplom und Promotion an der Universität Leipzig. Ab 1955 Assistent am Zoo Leipzig, ab 1961 wissenschaftlicher Leiter und 1972–1993 Direktor des Zoologischen Gartens Hannover. 1971 Lehrbeauftragter für Tiergartenbiologie an der Tierärztlichen Hochschule Hannover, 1979 Honorarprofessor ebenda. Publikationen zur Tiergarten- und zur Reproduktionsbiologie von Säugetieren, populärwissenschaftliche Aufsätze zur Biologie und Haltung von Wildtieren, Bücher, etwa „Lebensraum Zoo". 1965–1991 wissenschaftlicher Berater der Fernsehsendung „Aus dem Reich der Tiere" und „Telezoo" des ZDF. Arbeiten zur Geschichte der Zoos und zur Kulturgeschichte der Wildtierhaltung. 2021 verstorben.

Prof. Dr. Karl Elze
Veterinärmediziner. 1977–1996 Professor an der Ambulatorischen und Geburtshilflichen Tierklinik der Universität Leipzig. 1958–1990 ehrenamtlicher Zootierarzt im Zoologischen Garten Leipzig. Spezialist in Fragen der Fortpflanzung landwirtschaftlicher Nutztiere, Jungtier- und Zootierkrankheiten. 2001 verstorben.

Prof. Dr. Klaus Eulenberger
Veterinärmediziner. Nach dem Facharbeiterabschluss als Zootierpfleger im Thüringer Zoopark Erfurt ab 1964 Studium der Veterinärmedizin an der Universität Leipzig, tierärztliche Approbation 1971, Promotion 1973, Habilitation 1984. Seit 1992 Fachtierarzt für Zoo-, Gehege- und Wildtiere. 1971–1990 Assistent und Oberassistent an der Ambulatorischen und Geburtshilflichen Tierklinik der Universität Leipzig, gleichzeitig ehrenamtliche Tätigkeit als Zootierarzt am Zoo Leipzig. 1990–2008 Leitender Tierarzt im Zoo Leipzig, ab 1994 außerdem Honorarprofessor für Heim- und Zootiere an der Universität Leipzig. 1992–2000 Mitglied des Wissenschaftlichen Beirats des Instituts für Zoo- und Wildtierforschung Berlin, 1996-1998 Gründungspräsident der European Association of Zoo and Wildlife Veterinarians. Seit den 1970er und 1980er Jahren besonderes Interesse für die Krankheiten der Reptilien, das zu verschiedenen Buchpublikationen über diese Thematik führte. Seit 2009 ehrenamtlich als Vorsitzender des Fördervereins des „Amerika-Tierparks" in seiner Heimatstadt Limbach-Oberfrohna tätig.

Dipl.-Biologe Wolfgang Fischer
Biologe. Von 1955 bis zu seinem Tode 1982 Inspektor am Berliner Tierpark.

Dr. Udo Gansloßer
Biologe. Privatdozent für Zoologie an der Universität Greifswald. Untersuchung sozialen Verhaltens und sozialer Mechanismen von Säugetieren, von Sozialbeziehungen und sozialen Mechanismen von Haus- und Wildhundartigen, Beuteltieren, Bären und Nashörnern. Mitglied bzw. Vorsitzender mehrerer Gremien der EAZA.

Dipl.-Biologe Wolf-Dietrich Gürtler
Biologe und Biogeograph. Vor, neben und nach dem Studium der Biologie an der FU Berlin Tierpfleger im Zoo Berlin. Während der Diplomarbeit im Nationalpark Bayerischer Wald erste Beschäftigung mit Arten- und Naturschutzkonzepten. Ab 1980 Studium der Biogeographie in Saarbrücken, Freilandstudien über Fuchspopulationen. Ab 1984 Kurator, 1991–2005 Zoologischer Leiter des Ruhr-Zoo Gelsenkirchen. Umfangreiche Praxis mit Tiertransporten; Mitarbeit beim Aufbau des Zoo Tripolis, Libyen; Tierbegleiter bei der Wiederansiedlung der Addaxantilope in Marokko. Im Auftrag des VDZ Mitarbeiter im Sachgebiet Tiergehege der Fachgruppe „Forsten" des Bundesverbands der Unfallkassen. 2006–2017 wissenschaftlicher Koordinator in der ZOOM Erlebniswelt Gelsenkirchen. Besonderes Interesse an Raumbezügen von Tieren und deren Umsetzung im Zoo. 2025 verstorben.

Dipl.-Biologe Volker Homes
Biologe. 1989–1996 Studium an der Universität Marburg, Schwerpunkt Naturschutz. 1996–1998 Wissenschaftlicher Mitarbeiter an der TU München. 1998–2025 beim WWF Deutschland, zuletzt als Leiter des Bereichs Internationaler und Nationaler Artenschutz. Vertreter von TRAFFIC in Deutschland. Seit 2015 Geschäftsführer des Verbands der Zoologischen Gärten (VdZ) mit Sitz in Berlin. Chair des National Associations Committee des Europäischen Zooverbands EAZA, Stellvertretender Vorstandsvorsitzender der Stiftung Artenschutz.

Prof. Dr. Jörg Junhold
Veterinärmediziner. 1985–1990 Studium an der Universität Leipzig, dort anschließendes Forschungsstudium mit Promotion zum Dr. vet. med. 1994. 1992–1997 verschiedene Managementpositionen beim Tiernahrungshersteller Effem (Mars-Konzern). Seit 1997 Direktor des Zoo Leipzig. Seit 2000 Umsetzung des Masterplans „Zoo der Zukunft". Seit 2013 Honorarprofessor für Artenschutz und Zootierhaltung an der Universität Leipzig. 2005–2015 Mitglied im Council, 2011–2013 Präsident des Welt-Zoo-Verbandes (WAZA), seit 2013 Mitglied im Council des Europäischen Zooverbandes (EAZA), 2016–2019 Vizepräsident, seit 2019 Präsident des Verbandes der Zoologischen Gärten (VdZ). Seit 2018 Vorsitzender der Stiftung Artenschutz. Zahlreiche weitere Ehrenämter in der Region Leipzig. 2016 Sächsische Tierschutz-Medaille „Johann-Georg Palitzsch", 2019 Sächsischer Verdienstorden.

Dr. Thomas Kauffels
Biologe. 1977–1979 Ausbildung zum Zootierpfleger im Zoologischen Garten Krefeld, bis 1982 Tierpfleger im San Diego Zoo, San Diego Wild Animal Park (beide Kalifornien, USA), Zoologischen Garten Hannover und Zoologischen Garten Köln. 1982–1988 Biologie-Studium an den Universitäten Köln und Bonn, dort 1993 auch Promotion. 1988–1993 wissenschaftlicher Mitarbeiter, 1993–1998 stellvertretender Direktor im Zoologischen Garten Wuppertal. Seit 1998 Direktor im Georg-von-Opel-Freigehege für Tierforschung in Kronberg/Ts. 2007–2010 Vizepräsident, 2010–2013 Präsident des Verbands Deutscher Zoodirektoren (VDZ), Mitglied des Councils, des Executive committee und Vorsitzender des Legislation committee im Europäischen Zooverband EAZA, Mitglied des Membership committee beim Weltzooverband WAZA.

Dr. Lydia Kolter
Biologin. 1984–2017 wissenschaftliche Mitarbeiterin des Kölner Zoos, u.a. zuständig für Populationsmanagement von Bären und Przewalski-Pferden. Seit 1991 Mitglied der EAZA Bear Taxon Advisory Group, seit 2004 Mitglied der IUCN/SSC Bear Specialist Group.

Dr. Gisela Krische
Diplom-Landwirtin und Tierzuchtleiterin. Diplom und Promotion an der Universitä Leipzig. 1951–1959 wissenschaftliche Assistentin am Institut für Tierzucht und Tierernährung der Universität Leipzig. 1959–1961 Dozentin für Tierzucht und Tierernährung an der Fachschule für Land-

wirtschaft Bad Freienwalde. 1961–1990 wissenschaftliche Oberassistentin und Kuratorin für Tierernährung und Haustiere und 1979–1990 Kuratorin für Huftiere am Zoologischen Garten Leipzig. 2013 verstorben.

Dipl.-Biol. Kerstin Ludmann
Biologin. Seit 2010 Assistentin der Zoologie im Zoologisch-botanischen Garten Stuttgart (Wilhelma), Organisation von Tiertransporten, Führung der Tierkartei in ZIMS, Kuratorin für Mishme-Takine, Yaks, Mesopotamische Damhirsche und Kamele.

Dipl.-Biologin Irina von Maravić
Biologin. 1994–2003 Tierpflegerin im Kölner Zoo, 2004–2010 Studium der Biologie an der Universität zu Köln, seit 2012 tätig bei der Unteren Naturschutzbehörde Köln, Sachgebiet Artenschutz.

Dipl. Landwirt Martin Mosig
Diplom-Landwirt. 1961–1997 wissenschaftlicher Oberassistent und 1997–2001 stellvertretender Direktor des Tierparks Berlin-Friedrichsfelde. Kurator für Zootierernährung, Leitung der Futterwirtschaft. 2004 verstorben.

Dr. Siegfried Orban
Veterinärmediziner. 1985–2019 Amtstierarzt beim Landkreis Northeim. 1994–2003 Leiter des Arbeitskreises „Zirkus" der Tierärztlichen Vereinigung für Tierschutz (TVT). Mitarbeit in den BMVL-Sachverständigengruppen zur Überarbeitung des Säugetiergutachtens (1996 und 2014) und der Zirkustierleitlinie (2000). Fachtierarzt für Tierschutzkunde.

Dr. Ulrike Rademacher
Zoologin. Vor dem Biologie-Studium an der Uni Osnabrück von 1983–1985 Zootierpflegerlehre im Zoo Osnabrück. 1992–1996 Wissenschaftliche Mitarbeiterin im Institut für Zoo- und Wildtierforschung, Berlin. 1997 Promotion an der Universität Bielefeld. 1997–2006 Zoologische Assistentin und seit 2006 Kuratorin für Säugetiere im Zoologisch-Botanischen Garten Wilhelma in Stuttgart. Von 2002–2007 Mitarbeit am Aufbau der neuen Internationalen Zoodatenbank ZIMS.

Prof. Dr. Martin Schlegel
Biologe und Geograph. Studium der Biologie und Geographie an der Universität Tübingen. Promotion und Habilitation in Zoologie an der Universität Tübingen, Gastwissenschaftler u.a. ander Universität Edinburgh, GB, und am National Jewish Hospital in Denver, USA. 1994–2018 Professor für Zoologie und Evolutionsbiologie an der Universität Leipzig, 2019–2024 Seniorprofessor. Forschungsschwerpunkte: Biodiversität und Phylogenie von Protisten, Phylogeographie, Populationsbiologie und Speziation von Eidechsen.

Dr. Marion Schneider
Zoologin. 2003–2015 Mitglied der Arbeitsgruppe für Zoo- und Wildtierforschung des Kölner Zoos. 2004 Diplom an der Universität zu Köln. Wissenschaftlicher Hilfskraft an der Universität zu Köln in Zusammenarbeit mit dem Kölner Zoo, Forschungsschwerpunkt Ethologie. Wissenschaftliche Hilfskraft an der Universität zu Köln in Zusammenarbeit mit dem Kölner Zoo, Vorlesungen zur Einführung in die Verhaltensforschung, Anleitung und Betreuung von ethologischen Studien. Dozentin im Rahmen einer Tierpflegermeisterausbildung (Einführung in die Verhaltensbiologie). 1999–2015 ehrenamtliche Tätigkeit im Bereich Zoopädagogik im Kölner Zoo. 2008/2009 Volontariat in der wissenschaftlichen Abteilung des Kölner Zoos. 2011–2015/seit 2016 Lehrkraft für Biologie am Hildegard-von-Bingen-Gymnasium Köln. 2015 Promotion an der Universität zu Köln unter wissenschaftlicher Betreuung des Kölner Zoos, Forschungsschwerpunkt Ethologie. 2015–2016 Programmmanagerin am Bear Rescue Centre, Free the Bears, Laos, 2015–2018 Projektkoordinatorin für Forschung und Naturschutzerziehung, Free the Bears, Vietnam, seit 2018 Research Consultant, Free the Bears, Kambodscha, Laos, Vietnam. Wissenschaft-

liche Beraterin für verschiedene Wissenschaftsredaktionen und Tierdokumentationen. Autorin für Brockhaus Tierenzyklopädie. Gutachterin für wissenschaftliche Fachzeitschriften. Wissenschaftliche Beraterin der EAZA Bear Taxon Advisory Group (TAG). Mitglied des Sun Bear Expert Teams der IUCN/SSC Bear Specialist Group. *Ex situ* Management Focal Point, Sun Bear Conservation Action Plan.

Dr. Isabell Schumann
Biologin. Studium an der Universität Leipzig. 2021 Promotion im Bereich molekulare Genetik mit entomologischer Ausrichtung an der Universität Leipzig. 2016–2020 Lehrbeauftragte in den Bereichen Allgemeine und Spezielle Zoologie für Biologie im Bachelor- sowie im Lehramtsstudiengang. 2021–2024 Wissenschaftliche Mitarbeiterin im molekulargenetischen Labor der Humangenetik am Universitätsklinikum Leipzig. Seit 2024 Leiterin des molekulargenetischen Labors der Klink für medizinische Genetik am Universitätsklinikum Münster.

Dr. Ulrich Schürer
Biologe. Vor und neben dem Studium an der FU Berlin Arbeit als Tierpfleger in den Zoologischen Gärten Adelaide, Basel, Berlin und Wuppertal. Ab 1973 wissenschaftlicher Mitarbeiter am Zoo Wuppertal. 1978 Promotion, 1988–2012 Direktor des Zoologischen Gartens Wuppertal. Wissenschaftliche Arbeiten vor allem über das Verhalten von Kängurus, über die Haltung und Zucht tropischer Vögel und weitere tiergärtnerische Themen. Mehr als 100 wissenschaftliche und populärwissenschaftliche Zeitschriften- und Buchbeiträge. 1998–2001 Vizepräsident und 2001–2004 Präsident des Verbands Deutscher Zoodirektoren e.V., Mitglied des EAZA-Council, Vorsitzender des juristischen Komitees von EAZA, Mitglied im Beirat für die Ein- und Ausfuhr beim Bundesamt für Naturschutz und Zuchtbuchführer für Pudus und Schwarzfußkatzen.

Dr. Matthias Triphaus
Veterinärmediziner. 1980–1986 Studium in Hannover, 1988 Promotion. 1992–2015 Amtstierarzt im Kreis Minden-Lübbecke mit Schwerpunkt Tierschutz. Seit 2003 einer der Leiter des Arbeitskreises Zirkus und Zoo der Tierärztlichen Vereinigung für Tierschutz (TVT) und Organisator der Fortbildungsveranstaltung „Tierschutz in Zirkus und Zoo". Mitarbeit an der Zirkusregisterverordnung und dem Zirkusregister beim Herkunftssicherungs- und Informationssystem für Tiere (HI-Tier) sowie 2010–2014 in der Sachverständigengruppe zur Überarbeitung des Säugetiergutachtens des BMEL. Seit 2015 stellvertretender Leiter des Dezernats für Tierarzneimittelüberwachung beim Landesamt für Verbraucherschutz und Lebensmittelsicherheit (LAVES) in Niedersachsen. Fachtierarzt für öffentliches Veterinärwesen.

Dr. Klaus Wünnemann
Veterinärmediziner. 1981–1987 Studium mit Staatsexamensabschluss an der Tierärztlichen Hochschule Hannover. 1989–1991 wissenschaftlicher Assistent und Tierarzt an Hagenbecks Tierpark Hamburg. 1992 Betriebsleiter des Tierparks Gettorf und Promotion an der Tierärztlichen Hochschule Hannover. 1992–1998 Tierarzt und wissenschaftlicher Assistent am Zoologischen Garten Magdeburg. Seit 1998 Direktor des Tiergartens Heidelberg. Lehrbeauftragter für Tiergartenbiologie an der Universität Heidelberg. Vorsitzender der EAZA-Taxon-Beratergruppe für Eulen.

Dipl.-Landwirt Fritz Zwirner
Diplom-Landwirt. 1966–1990 Assistent und Kurator für Pädagogik im Tierpark Berlin. Bis 1990 Vorsitzender der Berufsfachkommission „Zootierpfleger" in der DDR, mitverantwortlich für die theoretische und praktische Ausbildung von Zootierpflegern. Bis dahin auch Leiter der Pädagogischen Abteilung (Zooschule) im Tierpark Berlin. 2013 verstorben.

Literatur

Das Tierreich im Überblick

Bundesministerium für Umwelt, Naturschutz und nukleare Sicherheit & Bundesamt für Naturschutz (Hrsg.) (2020): Die Lage der Natur in Deutschland. Ergebnisse von EU-Vogelschutz- und FFH-Bericht

Lomolino, M. V., Riddle, B. R. & Whittaker R. J. (2017): Biogeography. 5. Aufl., Oxford

Mehlhorn, H., Piekarski, G. (1995): Grundriß der Parasitenkunde. 4. Aufl., Stuttgart (antiquarisch)

Munk, K. (Hrsg.) (2010): Taschenlehrbuch Biologie: Zoologie. Stuttgart

Munk, K. (Hrsg.) (2021): Taschenlehrbuch Biologie: Ökologie-Evolution. 2. Aufl., Stuttgart

Schmitt, E., Schmitt, T., Glawion, R. & Klink, H.-J. (2012): Das Geographische Seminar/ Biogeographie. Braunschweig

Schulz, J. (2016): Die Ökozonen der Erde. 5. Aufl., Stuttgart

Schumann, I. & Schaffer, S. (2020): Prüfungstrainer Spezielle Zoologie. Heidelberg

Sedlag, U. (1995): Urania Tierreich: Tiergeographie. Leipzig, Jena, Berlin

Wenk, P. & Renz, A. (2008): Parasitologie: Biologie der Humanparasiten. Stuttgart (antiquarisch)

Westheide W. & Rieger, G. (Hrsg.) (2013): Spezielle Zoologie, Bd. 1. 3. Aufl., Heidelberg

Westheide W. & Rieger, G. (Hrsg.) (2014): Spezielle Zoologie, Bd. 2. 3. Aufl., Heidelberg

Vergleichende Anatomie und Physiologie der Wirbeltiere

Gansloßer, U. (Hrsg.) (1999): Spitzenleistungen. Fürth

Hildebrand, M. & Goslow, G. (2004): Vergleichende und funktionelle Anatomie der Wirbeltiere. Berlin

Reece, J., Urry. L., Cain, M., Wassermann, S., Minorsky, P. & Jackson, R. (eds.) (2016): Campbell Biologie. 10. Aufl., München

Romer A. S. & Parsons, T. S. (1983): Vergleichende Anatomie der Wirbeltiere. Berlin

Starck, D. (1978–1981): Vergleichende Anatomie der Wirbeltiere, Bde. I–II, Berlin

Westheide, W. & Rieger, R. (Hrsg.) (2004): Spezielle Zoologie, Bd. 2: Wirbeltiere. Heidelberg

Ökologie von Zootierhaltung und Populationsmanagement

Begon, M., Harper, J. L. & Townsend, C. (2004): Ökologie. 3. Aufl., Berlin

Remmert, H. (1990): Naturschutz. 2. Aufl., Berlin

Verhalten

Gansloßer, U. (1998): Säugetierverhalten. Fürth

Gansloßer, U. & Kaumanns, W. (Hrsg.) (1995): Research and Captive Propagation. Fürth

Immelmann, K., E. Pröve, & R. Sossinka (1996): Einführung in die Verhaltensforschung. 4. Aufl., Berlin & Wien

Kappeler, P. M. (2009): Verhaltensbiologie. 2. Aufl., Berlin & Heidelberg

Mason, G. & Rushen, J. (eds.) (2008): Stereotypic Animal Behaviour: Fundamentals and Applications to Welfare. 2nd edition, CAB International, Wallingford

Shephardson, D. J., Mellen, J. D. & Hutchins, M. (1998): Second Nature – Environmental Enrichment for Captive Animals. Washington & London

Vererbungslehre und Populationsgenetik

Bowling, A. T. (1996): Horse Genetics. CAB International, Wallingford

Deeming, D. C. & Ferguson, M. W. J. (eds.) (1991): Egg Incubation: its effects on embryonic developments in birds and reptiles. Cambridge u. a.

Frankham, R., Ballou, J. D. & Briscoe, D. A. (2002): Introduction to Conservation Genetics. Cambridge

Hoffman, A. A. & Parsons, P. A. (1994): Evolutionary Genetics and Environmental Stress. Oxford u.a.

Schaefer, C. & Schöer, T. (2004): Das große Lexikon der Aquaristik, Bd. 1., Stuttgart

Schreiber, A. & Lehmann, J. (Hrsg.) (1997): Populationsgenetik im Artenschutz: Einführung mit Fallbeispielen für die Praxis. Landesanstalt für Ökologie, Bodenordnung und Forsten, Landesamt für Agrarordnung, NRW, LÖBF-Schriftenreihe, Bd. 14

Tilson, R. & Nyhus, P. J. (eds.) (2010): Tigers of the World. 2nd edition, Amsterdam u.a.

Wehner, R. & Gehring, W. (2007): Zoologie. 24. Aufl., Stuttgart, New York

Zoologischer Garten Leipzig (Hrsg.) (1990): Verhandlungsbericht 5. Internationales Symposium zur Erhaltung des Przewalskipferdes. Leipzig

Zug, G. R., Vitt, L. R. & Caldwell, J. P. (2001): Herpetology: An Introductory Biology of Amphibians and Reptiles. 2nd edition, San Diego u.a.

Grundlagen der Tierernährung

Dänicke, S., Flachowski, G., Isselstein, J., Jeroch, H., Schenkel, H., Schöne, F., Steinhöfel, O. & Windisch, W. (Hrsg.) (2023): Handbuch der Futtermittel. Herkunft, Verarbeitung, Verwendung. Clenze

Deutsche Landwirtschafts-Gesellschaft: DLG-Datenbank Futtermittel, online recherchierbare Sammlung von Futtermitteldaten: https://datenbank.futtermittel.net

Durst, L., Freitag, M. & Bellof, G. (Hrsg.) (2021): Futtermittel für landwirtschaftliche Nutztiere. Frankfurt am Main

Elmadfa, I., Aign, W., Muskat, E., Fritsche, D. & Meyer, A. L. (2023): Die große GU Nährwert-Kalorien-Tabelle 2024/25. München

Friedrich, U. & Volland, W. (2005): Futtertierzucht. Lebendfutter für Vivarientiere. Stuttgart

Jeroch, H., Drochner, W., Rodehutscord, M., Simon, A., Simon O. & Zentek, J. (Hrsg.) (2020): Ernährung landwirtschaftlicher Nutztiere. Ernährungsphysiologie, Futtermittelkunde, Fütterung. 3. Aufl., Stuttgart

Legel, S. (Hrsg.) (1989): Nutztiere der Tropen und Subtropen, Bd. 1: Rinder. Stuttgart, Leipzig

Legel, S. (Hrsg.) (1990): Nutztiere der Tropen und Subtropen, Bd. 2: Büffel, Kamele, Schafe, Ziegen, Wildtiere. Stuttgart, Leipzig

Legel, S. (Hrsg.) (1993): Nutztiere der Tropen und Subtropen, Bd. 3: Pferde, Esel, Schweine, Elefanten, Geflügel, Bienen, Seidenspinner. Stuttgart, Leipzig

Richter, G., Dunkel, S., Löhnert, H.-J., Ochrimenko, W. I. & Arnhold, W. (2007): Zum Wasserbedarf landwirtschaftlicher Nutztiere. Tierärztl. Umschau 62, 369–373

Bedeutung der Zoos für den Naturschutz

Barongi, R., Fisken, F. A., Parker, M. & Gusset, M. (eds) (2015): Committing to Conservation: The World Zoo and Aquarium Conservation Strategy. Gland: WAZA Executive Office

Boehning-Gaese, K. & Bauer, F. (2023): Vom Verschwinden der Arten. Der Kampf um die Zukunft der Menschheit. Stuttgart

IUCN SSC (2023): Positionspapier zur Rolle von botanischen Gärten, Aquarien und Zoos im Artenschutz. Schweiz. https://www.iucn.org/sites/default/files/2023-10/2023-position-statement-on-the-role-of-botanic-gardens-aquariums-and-zoos-in-species-conservation-gr.pdf

McNally, X., Webb, T. L., Smith, C., Moss, A., & Gibson-Miller, J. (2024): A meta-analysis of the effect of visiting zoos and aquariums on visitors' conservation knowledge, beliefs, and behavior. Conservation Biology, e14237. https://doi.org/10.1111/cobi.14237

Spooner, S. L., Walker, S. L., Dowell, S. & Moss, A. (2023): The value of zoos for species and society: The need for a new model.

Biological Conservation, Vol. 279. https://www.sciencedirect.com/science/article/pii/S0006320723000253

Fang, Transport und Eingewöhnung von Zootieren

Bundesministerium für Ernährung und Landwirtschaft (Hrsg.) (2014): Gutachten über Mindestanforderungen an die Haltung von Säugetieren. Berlin

Bundesverband der Unfallkassen (Hrsg.) (2005): GUV-R 116/BGR 116. Regeln für Sicherheit und Unfallschutz, Haltung von Wildtieren. München

Engelmann, W. E. (Hrsg.) (2005): Zootierhaltung, Tiere in menschlicher Obhut: Fische. Frankfurt am Main

Engelmann, W. E. & Jacken, A. (Hrsg.) (2024): Zootierhaltung: Reptilien und Amphibien. 2. Aufl., Haan-Gruiten

Engelmann, W. E. & Lange, J. (Hrsg.) (2011): Zootierhaltung, Tiere in menschlicher Obhut: Wirbellose. Frankfurt am Main

IATA (2010): Live Animal Regulations (LAR). International Air Transport Association. Montreal, Geneva

Linhardt, P. (1999): Vom sachlichen Tiertransport zur verantwortungsbewussten Tierübersiedlung. In: Gansloßer, Udo (Hrsg): Tiergartenbiologie II. Fürth

Domestikation und Haustierzucht

Busch, W. & Holzmann, A. (Hrsg.) (2001): Veterinärmedizinische Andrologie. Stuttgart

Comberg, G. (Hrsg.) (1980): Tierzüchtungslehre. Stuttgart

Döcke, F. (Hrsg.) (1994): Veterinärmedizinische Endokrinologie. Stuttgart

Legel, S. (Hrsg.) (1989–1993): Nutztiere der Tropen und Subtropen. Stuttgart, Leipzig

Sambraus, H. H. (2001): Farbatlas der Nutztierrassen. Stuttgart

Bildnachweis

Bolk, L., Göppert, E., Kallius, E. & Lubosch, W. (Hrsg.) (1931/1937): Handbuch der vergleichenden Anatomie der Wirbeltiere. 1. und 3. Bd. Urban & Schwarzenberg, München: Abb. 3.26a–b

Grassé, P. P. (Hrsg.) (1957): Traité de Zoologie, Tome XIII, Fascicule II, Masson, Libraires de l'Academie de Medicine, Paris: Abb. 3.15c, 3.22

Henkel, F. W. & Schmidt, W. (1991): Geckos. Verlag Eugen Ulmer, Stuttgart: Abb. 3.40a, e–h

Herzog, K. (1968): Anatomie und Flugbiologie der Vögel. Gustav Fischer-Verlag, Stuttgart: Abb. 3.10, 3.20a

Holz, Claudia, Hammersbach: Abb. 3.9, 3.15, 3.19, 3.21, 3.29, 3.30b–c, 6.1, 6.4, 6.5, 6.6, 6.7, 6.8, 6.12

Lucas, A. M. & Stettenheim, P. R. (1972): Avian Anatomy. Integument Part 1. U.S. Government Printing Office: Abb. 3.41

Montagna, W. (1963): Comparative Anatomy. John Wiley, New York: Abb. 3.20b–c, 3.23a–c, 3.24, 3.25, 3.26c, d, 3.27

Rodewald, Andrea, Erlangen: Abb. 3.1, 3.2, 3.3, 3.4, 3.5, 3.6, 3.7, 3.8, 3.11, 3.12, 3.13, 3.33, 3.34, 3.35, 3.43, 3.45b–e

Schneider, Marion, Köln: Abb. 5.1

Schumann, Isabell, Leipzig: Abb. 2.2, 2.4, 2.5, 2.12, 2.13, 2.15, 2.17, 2.18, 2.19, 2.21, 2.22, 2.23, 2.24, 2.25, 2.26, 2.27, 2.28, 2.29

Schaffer, S. & Schumann, I. (2020): Prüfungstrainer Spezielle Zoologie. Springer Spektrum, Wiesbaden: Abb. 2.1, 2.3, 2.6, 2.7, 2.8, 2.9, 2.10, 2.11, 2.14, 2.16, 2.20

Walther, F. (1965): Verhaltensstudien an der Grantgazelle (*Gazella granti* Brooke, 1872) im Ngorongoro-Krater. Z. Tierpsychol. 22, 167–208: Abb. 5.2

Young, J. Z. (1975): The Life of Mammals. Their Anatomy and Physiology. Clarendon Press, Oxford: Abb. 3.32c, d, 3.36a, b, 3.37, 3.38

Index

A

B

C

D

E

F

I

J

K

L

M

N

O

P

T

U

V

W

Zootierhaltung

Die Bände dieser Reihe sind vor allem für Tierpflegende und Mitarbeitende in Tierparks geschrieben. Erkenntnisse über Verbreitung, Lebensweise in der Natur sowie Unterkunft, Umgang, Ernährung, Zucht etc. in zoologischen Gärten werden aufbereitet und so für die Tierpflege zugänglich gemacht.

Grundlagen
J. Junhold (Hrsg.)
13., aktualisierte Auflage 2025
456 Seiten, zahlreiche Abbildungen, gebunden
ISBN: 978-3-8085-5098-4 Europa-Nr.: 57402

Säugetiere
T. Schikora & F. Velte
7., vollständig überarbeitete Auflage 2025
ca. 1008 Seiten, ca. 300 s/w-Fotos, gebunden, digitales Zusatzmaterial
ISBN: 978-3-8085-5949-9 Europa-Nr.: 57440

Vögel
H. Strehlow (Hrsg.)
4., vollständig überarbeitete Auflage 2021
824 Seiten, ca. 580 s/w-Fotos, gebunden, digitales Zusatzmaterial
ISBN: 978-3-8085-5916-1 Europa-Nr.: 57464

Reptilien und Amphibien
W. E. Engelmann & A. Jacken (Hrsg.)
2., vollständig überarbeitete und aktualisierte Auflage 2024
631 Seiten, ca. 550 s/w-Fotos und Abbildungen, gebunden, digitales Zusatzmaterial
ISBN: 978-3-8085-5743-3 Europa-Nr.: 57426

Fische
W. E. Engelmann (Hrsg.)
1. Auflage 2005
890 Seiten, über 630 s/w-Fotos und Abbildungen, englische Broschur
ISBN: 978-3-8085-5738-9 Europa-Nr.: 57389

Wirbellose
W. E. Engelmann & J. Lange (Hrsg.)
1. Auflage 2011
1160 Seiten, ca. 830 s/w-Fotos, gebunden, Multiplattform-CD mit ca. 830 Farbfotos
ISBN: 978-3-8085-5748-8 Europa-Nr.: 57488